张天德 孙钦福 王利广
刘守民 张 彬
编著

全国大学生数学竞赛辅导

（数学类）

清華大學出版社
北 京

内容简介

本书是针对数学专业的全国大学生数学竞赛而编写的辅导用书，全书共安排四个部分。第一部分的内容是各届初赛试题及解答；第二、三部分为考点直击，结合考试大纲对数学分析和高等代数的要求，对每个专题进行考点直击，分章讲述，每章安排基本知识点和典型例题两节，第四部分是各届决赛试题及解答。在题目解答环节，为了拓展学生的思路，许多题目安排了多种解题方式。为便于读者及时地获取此竞赛的最新试题及相关信息，书中还设置了许多二维码。

图书在版编目(CIP)数据

全国大学生数学竞赛辅导：数学类 / 张天德等编著. —北京：清华大学出版社，2022.7(2023.10 重印)
ISBN 978-7-302-61092-2

Ⅰ. ①全…　Ⅱ. ①张…　Ⅲ. ①高等数学—高等学校—教学参考资料　Ⅳ. ①O13

中国版本图书馆 CIP 数据核字(2022)第 101034 号

责任编辑：刘　颖
封面设计：常雪影
责任校对：王淑云
责任印制：沈　露

出版发行：清华大学出版社
网　　址：http://www.tup.com.cn，http://www.wqbook.com
地　　址：北京清华大学学研大厦 A 座　　**邮　　编**：100084
社 总 机：010-83470000　　**邮　　购**：010-62786544
投稿与读者服务：010-62776969，c-service@tup.tsinghua.edu.cn
质量反馈：010-62772015，zhiliang@tup.tsinghua.edu.cn
印 装 者：三河市铭诚印务有限公司
经　　销：全国新华书店
开　　本：185mm×260mm　　**印　　张**：27.25　　**字　　数**：658 千字
版　　次：2022 年 7 月第 1 版　　**印　　次**：2023 年 10 月第 4 次印刷
定　　价：79.80 元

产品编号：095859-01

前　言

全国大学生数学竞赛是一项面向全国本科生的高水平学科竞赛，自2009年10月开始至今已经成功举办了13届。2019年，我们编写了全国大学生数学竞赛辅导书《全国大学生数学竞赛辅导指南(第3版)》。此书出版后，得到了热爱数学的广大学子的喜爱，短短3年时间内就重印了11次。

全国大学生数学竞赛分为数学专业组(含数学与应用数学、信息与计算科学专业的学生)和非数学专业组，不仅激发了广大青年学子学习数学的兴趣，为其提供了一展数学特长的舞台和与全国学子进行数学交流的平台，也为发现、选拔和培养具有创新精神和创造能力的优秀数学人才提供了契机。为了便于拟参加此项赛事的学生有效备考、迎战竞赛，一批参赛辅导书也相继问世，其中，面向非数学专业学子的辅导书相对较多，为数学专业学子准备的参赛辅导书在市面上并不多见。但随着数学专业组的参赛学生越来越多，该组的竞赛规模也越来越大，数学专业组参赛学子对竞赛参考资料的需求也日益高涨。为此我们专门着手编写了这本《全国大学生数学竞赛辅导(数学类)》。

本书针对数学专业的全国大学生数学竞赛所编写，它既可以作为参加数学竞赛的师生的应试教程，也可以为各类高校的大学生学习数学分析和高等代数准备考研提供有效的参考，同时还可以作为教师的教学参考用书。

本书共分为4个部分：第一部分是各届初赛试题及解答，以便使读者对初赛的赛题有一个全面系统的认识；第二、三部分为考点直击，编写组结合考试大纲对数学分析和高等代数的要求，在每个专题都进行考点直击，为了与课堂教学有效衔接，这两部分专门采取分章讲述的形式，每章都设置了基本知识点和典型例题，先对考点进行分析综述，然后列举相关考点的出题方式和解题思路，这样安排有利于考生有效地提高数学水平；第四部分则是各届决赛试题及解答，借此开阔读者视野。为了拓展学生的思路，在题目解答环节，许多题目安排了多种巧妙的解题方式。为便于读者及时获取竞赛的最新试题及相关信息，书中还设置了许多二维码，便于读者扫码了解相关详情，不遗漏任何重要信息。

本书是教育部基础学科拔尖计划2.0国家级重点课题(课题号：2021040，项目名称：拔尖计划2.0中数学人才的选拔与培养)的成果之一。参与此项课题的教师和学生为本书的编写作出了许多贡献，不一一列举，谨在此一并感谢。

鉴于作者水平有限，书中难免有不当之处，敬请各位专家、读者批评指正，便于以后改版修订。

张天德

2022年6月

目　录

第一部分　初赛试题及参考解答

第二部分　考点直击(数学分析)

第三部分　考点直击(高等代数)

第四部分　决赛试题及参考解答

第一部分

初赛试题及参考解答

第一届全国大学生数学竞赛初赛(数学类,2009年)

试　　题

一(15分)　求经过三平行直线 $L_1:x=y=z$,$L_2:x-1=y=z+1$,$L_3:x=y+1=z-1$ 的圆柱面的方程。

二(20分)　设 $\mathbb{C}^{n\times n}$ 是 $n\times n$ 复矩阵全体在通常的运算下所构成的复数域 $\mathbb{C}$ 上的线性空间,

$$\boldsymbol{F}=\begin{pmatrix}0&0&\cdots&0&-a_n\\1&0&\cdots&0&-a_{n-1}\\0&1&\cdots&0&-a_{n-2}\\\vdots&\vdots&&\vdots&\vdots\\0&0&\cdots&1&-a_1\end{pmatrix}。$$

(1) 假设 $\boldsymbol{A}=\begin{pmatrix}a_{11}&a_{12}&\cdots&a_{1n}\\a_{21}&a_{22}&\cdots&a_{2n}\\\vdots&\vdots&&\vdots\\a_{n1}&a_{n2}&\cdots&a_{nn}\end{pmatrix}$,若 $\boldsymbol{AF}=\boldsymbol{FA}$,证明:

$$\boldsymbol{A}=a_{n1}\boldsymbol{F}^{n-1}+a_{n-1,1}\boldsymbol{F}^{n-2}+\cdots+a_{21}\boldsymbol{F}+a_{11}\boldsymbol{E};$$

(2) 求 $\mathbb{C}^{n\times n}$ 的子空间 $C(\boldsymbol{F})=\{\boldsymbol{X}\in\mathbb{C}^{n\times n}\mid \boldsymbol{FX}=\boldsymbol{XF}\}$ 的维数。

三(15分)　假设 V 是复数域 $\mathbb{C}$ 上的 n 维线性空间($n>0$),f,g 是 V 上的线性变换,如果 $fg-gf=f$,证明:f 的特征值都是0,且 f,g 有公共特征向量。

四(10分)　设 $\{f_n(x)\}$ 是定义在 $[a,b]$ 上的无穷次可微的函数序列且逐点收敛,并在 $[a,b]$ 上满足 $|f_n'(x)|\leqslant M$。

(1) 证明 $\{f_n(x)\}$ 在 $[a,b]$ 上一致收敛;

(2) 设 $f(x)=\lim\limits_{n\to\infty}f_n(x)$,问 $f(x)$ 是否一定在 $[a,b]$ 上处处可导,为什么?

五(10分)　设 $a_n=\int_0^{\frac{\pi}{2}}t\left|\frac{\sin nt}{\sin t}\right|^3\mathrm{d}t$,证明 $\sum\limits_{n=1}^{\infty}\frac{1}{a_n}$ 发散。

六(15分)　设 $f(x,y)$ 是 $\{(x,y)\mid x^2+y^2\leqslant 1\}$ 上的二次连续可微函数,满足

$$\frac{\partial^2 f}{\partial x^2}+\frac{\partial^2 f}{\partial y^2}=x^2y^2,$$

计算积分 $I=\iint\limits_{x^2+y^2\leqslant 1}\left(\frac{x}{\sqrt{x^2+y^2}}\frac{\partial f}{\partial x}+\frac{y}{\sqrt{x^2+y^2}}\frac{\partial f}{\partial y}\right)\mathrm{d}x\,\mathrm{d}y$。

七(15分)　假设函数 $f(x)$ 在 $[0,1]$ 上连续,在 $(0,1)$ 内二阶可导,过点 $A(0,f(0))$,与点 $B(1,f(1))$ 的直线与曲线 $y=f(x)$ 相交于点 $C(c,f(c))$,其中 $0<c<1$。证明:在 $(0,1)$ 内至少存在一点 ξ,使 $f''(\xi)=0$。

参考解答

一　先求圆柱面的轴 L_0 的方程。由已知条件易知,圆柱面母线的方向是 $\boldsymbol{n}=(1,1,1)$,且圆柱面经过点 $O(0,0,0)$,过点 $O(0,0,0)$ 且垂直于 $\boldsymbol{n}=(1,1,1)$ 的平面 π 的方程为:$x+y+z=0$。π 与三已知直线的交点分别为

$$O(0,0,0),P(1,0,-1),Q(0,-1,1)。$$

圆柱面的轴 L_0 是到这三点等距离的点的轨迹,有

$$\begin{cases}x^2+y^2+z^2=(x-1)^2+y^2+(z+1)^2,\\ x^2+y^2+z^2=x^2+(y+1)^2+(z-1)^2,\end{cases}$$

即 $\begin{cases}x-z=1,\\ y-z=-1。\end{cases}$ 将 L_0 的方程改为标准方程 $x-1=y+1=z$。圆柱面的半径即为平行直线 $x=y=z$ 和 $x-1=y+1=z$ 间的距离。$P_0(1,-1,0)$ 为 L_0 上的点。对圆柱面上任意一点 $S(x,y,z)$,有 $\dfrac{|\boldsymbol{n}\times\overrightarrow{P_0S}|}{|\boldsymbol{n}|}=\dfrac{|\boldsymbol{n}\times\overrightarrow{P_0O}|}{|\boldsymbol{n}|}$,即

$$(-y+z-1)^2+(x-z-1)^2+(-x+y+2)^2=6,$$

所以,所求圆柱面的方程为

$$x^2+y^2+z^2-xy-xz-yz-3x+3y=0。$$

二　证法1　(1) 记

$$\boldsymbol{A}=(\boldsymbol{\alpha}_1,\boldsymbol{\alpha}_2,\cdots,\boldsymbol{\alpha}_n),\boldsymbol{M}=a_{n1}\boldsymbol{F}^{n-1}+a_{n-1,1}\boldsymbol{F}^{n-2}+\cdots+a_{21}\boldsymbol{F}+a_{11}\boldsymbol{E},则\ \boldsymbol{MF}=\boldsymbol{FM}。$$

要证明 $\boldsymbol{M}=\boldsymbol{A}$,只需证明 $\boldsymbol{A}$ 与 $\boldsymbol{M}$ 的各个列向量对应相等即可。若以 $\boldsymbol{e}_i$ 记第 i 个基本单位列向量。于是,只需证明:对每个 i,$\boldsymbol{Me}_i=\boldsymbol{Ae}_i(=\boldsymbol{\alpha}_i)$。

记 $\boldsymbol{\beta}=(-a_n,-a_{n-1},\cdots,-a_1)^{\mathrm{T}}$,则 $\boldsymbol{F}=(\boldsymbol{e}_2,\boldsymbol{e}_3,\cdots,\boldsymbol{e}_n,\boldsymbol{\beta})$。注意到

$$\boldsymbol{Fe}_1=\boldsymbol{e}_2,\boldsymbol{F}^2\boldsymbol{e}_1=\boldsymbol{Fe}_2=\boldsymbol{e}_3,\cdots,\boldsymbol{F}^{n-1}\boldsymbol{e}_1=\boldsymbol{F}(\boldsymbol{F}^{n-2}\boldsymbol{e}_1)=\boldsymbol{Fe}_{n-1}=\boldsymbol{e}_n。\qquad (*)$$

由

$$\begin{aligned}\boldsymbol{Me}_1&=(a_{n1}\boldsymbol{F}^{n-1}+a_{n-1,1}\boldsymbol{F}^{n-2}+\cdots+a_{21}\boldsymbol{F}+a_{11}\boldsymbol{E})\boldsymbol{e}_1\\&=a_{n1}\boldsymbol{F}^{n-1}\boldsymbol{e}_1+a_{n-1,1}\boldsymbol{F}^{n-2}\boldsymbol{e}_1+\cdots+a_{21}\boldsymbol{Fe}_1+a_{11}\boldsymbol{Ee}_1\\&=a_{n1}\boldsymbol{e}_n+a_{n-1,1}\boldsymbol{e}_{n-1}+\cdots+a_{21}\boldsymbol{e}_2+a_{11}\boldsymbol{e}_1\\&=\boldsymbol{\alpha}_1=\boldsymbol{Ae}_1,\end{aligned}$$

知

$$\begin{aligned}\boldsymbol{Me}_2&=\boldsymbol{MFe}_1=\boldsymbol{FMe}_1=\boldsymbol{FAe}_1=\boldsymbol{AFe}_1=\boldsymbol{Ae}_2,\\ \boldsymbol{Me}_3&=\boldsymbol{MF}^2\boldsymbol{e}_1=\boldsymbol{F}^2\boldsymbol{Me}_1=\boldsymbol{F}^2\boldsymbol{Ae}_1=\boldsymbol{AF}^2\boldsymbol{e}_1=\boldsymbol{Ae}_3,\cdots\\ \boldsymbol{Me}_n&=\boldsymbol{MF}^{n-1}\boldsymbol{e}_1=\boldsymbol{F}^{n-1}\boldsymbol{Me}_1=\boldsymbol{F}^{n-1}\boldsymbol{Ae}_1=\boldsymbol{AF}^{n-1}\boldsymbol{e}_1=\boldsymbol{Ae}_n。\end{aligned}$$

所以,$\boldsymbol{M}=\boldsymbol{A}$。

(2) 由(1)可知,$C(\boldsymbol{F})=\mathrm{span}\{\boldsymbol{E},\boldsymbol{F},\boldsymbol{F}^2,\cdots,\boldsymbol{F}^{n-1}\}$。

设 $x_0\boldsymbol{E}+x_1\boldsymbol{F}+x_2\boldsymbol{F}^2+\cdots+x_{n-1}\boldsymbol{F}^{n-1}=\boldsymbol{0}$,等式两边同时右乘 $\boldsymbol{e}_1$,利用(*)式得

$$\begin{aligned}\boldsymbol{0}=\boldsymbol{0e}_1&=(x_0\boldsymbol{E}+x_1\boldsymbol{F}+x_2\boldsymbol{F}^2+\cdots+x_{n-1}\boldsymbol{F}^{n-1})\boldsymbol{e}_1\\&=x_0\boldsymbol{Ee}_1+x_1\boldsymbol{Fe}_1+x_2\boldsymbol{F}^2\boldsymbol{e}_1+\cdots+x_{n-1}\boldsymbol{F}^{n-1}\boldsymbol{e}_1\\&=x_0\boldsymbol{e}_1+x_1\boldsymbol{e}_2+x_2\boldsymbol{e}_3+\cdots+x_{n-1}\boldsymbol{e}_n。\end{aligned}$$

因 $\boldsymbol{e}_1,\boldsymbol{e}_2,\cdots,\boldsymbol{e}_n$ 线性无关，故

$$x_0=x_1=x_2=\cdots=x_{n-1}=0,$$

所以，$\boldsymbol{E},\boldsymbol{F},\boldsymbol{F}^2,\cdots,\boldsymbol{F}^{n-1}$ 线性无关。

因此，$\boldsymbol{E},\boldsymbol{F},\boldsymbol{F}^2,\cdots,\boldsymbol{F}^{n-1}$ 是 $C(\boldsymbol{F})$ 的基，故，$\dim C(\boldsymbol{F})=n$。

证法 2　(1) 令 $V=\mathbb{C}^n$，对 $i=1,2,\cdots,n$，记 $\boldsymbol{\varepsilon}_i$ 为第 i 个分量为 1，其余分量为 0 的单位向量，则 $\boldsymbol{\varepsilon}_1,\boldsymbol{\varepsilon}_2,\cdots,\boldsymbol{\varepsilon}_n$ 为 V 的一组基。

设 $\boldsymbol{F}$ 为线性变换 σ 在基 $\boldsymbol{\varepsilon}_1,\boldsymbol{\varepsilon}_2,\cdots,\boldsymbol{\varepsilon}_n$ 下的矩阵，即

$$\sigma(\boldsymbol{\varepsilon}_1,\boldsymbol{\varepsilon}_2,\cdots,\boldsymbol{\varepsilon}_n)=(\boldsymbol{\varepsilon}_1,\boldsymbol{\varepsilon}_2,\cdots,\boldsymbol{\varepsilon}_n)\boldsymbol{F}。$$

故 $\sigma(\boldsymbol{\varepsilon}_1)=\boldsymbol{\varepsilon}_2,\sigma(\boldsymbol{\varepsilon}_2)=\boldsymbol{\varepsilon}_3,\cdots,\sigma(\boldsymbol{\varepsilon}_n)=-a_n\boldsymbol{\varepsilon}_1-a_{n-1}\boldsymbol{\varepsilon}_2-\cdots-a_1\boldsymbol{\varepsilon}_n$。

设 ψ 为与 σ 交换的线性变换，即 $\sigma\psi=\psi\sigma$。令

$$\psi(\boldsymbol{\varepsilon}_1)=b_1\boldsymbol{\varepsilon}_1+b_2\boldsymbol{\varepsilon}_2+\cdots+b_n\boldsymbol{\varepsilon}_n,$$

则

$$\psi(\boldsymbol{\varepsilon}_2)=\psi(\sigma(\boldsymbol{\varepsilon}_1))=\sigma(\psi(\boldsymbol{\varepsilon}_1))=b_1\boldsymbol{\varepsilon}_2+b_2\sigma(\boldsymbol{\varepsilon}_2)+\cdots+b_n\sigma^{n-1}(\boldsymbol{\varepsilon}_n)。$$

类似地，对 $i=3,\cdots,n$，有

$$\psi(\boldsymbol{\varepsilon}_i)=b_1\boldsymbol{\varepsilon}_i+b_2\sigma(\boldsymbol{\varepsilon}_i)+\cdots+b_n\sigma^{n-1}(\boldsymbol{\varepsilon}_i)。$$

因此 $\psi=b_1\mathrm{id}+b_2\sigma+\cdots+b_n\sigma^{n-1}$，其中 id 表示恒等变换。从而若 $\boldsymbol{A}$ 是矩阵且 $\boldsymbol{AF}=\boldsymbol{FA}$，则此时 $b_1=a_{11},b_2=a_{21},\cdots,b_n=a_{n1}$，因此

$$\boldsymbol{A}=a_{11}\boldsymbol{E}+a_{21}\boldsymbol{F}+\cdots+a_{n1}\boldsymbol{F}^{n-1}。$$

(2) 由(1)知

$$C(\boldsymbol{F})=\{b_1\boldsymbol{E}+b_2\boldsymbol{F}+\cdots+b_n\boldsymbol{F}^{n-1}\mid b_1,b_2,\cdots,b_n\in\mathbb{C}\}。$$

由于 $\boldsymbol{E},\boldsymbol{F},\cdots,\boldsymbol{F}^{n-1}$ 是线性无关的，故 $\dim C(\boldsymbol{F})=n$。

三　证法 1　假设 λ_0 是线性变换 f 的特征值，W 是相应的特征子空间，即 $W=\{\boldsymbol{\eta}\in V\mid f(\boldsymbol{\eta})=\lambda_0\boldsymbol{\eta}\}$。于是，$W$ 在 f 下是不变的。

下面先证明 $\lambda_0=0$。任取非零 $\boldsymbol{\eta}\in W$，记 m 为使得 $\boldsymbol{\eta},g(\boldsymbol{\eta}),g^2(\boldsymbol{\eta}),\cdots,g^m(\boldsymbol{\eta})$ 线性相关的最小的非负整数，于是，当 $0\leqslant i\leqslant m-1$ 时，$\boldsymbol{\eta},g(\boldsymbol{\eta}),g^2(\boldsymbol{\eta}),\cdots,g^i(\boldsymbol{\eta})$ 线性无关。

令 $W_i=\mathrm{span}\{\boldsymbol{\eta},g(\boldsymbol{\eta}),g^2(\boldsymbol{\eta}),\cdots,g^{i-1}(\boldsymbol{\eta})\}$，其中，$W_0=\{\boldsymbol{0}\}$。因此，$\dim W_i=i$ $(1\leqslant i\leqslant m)$，并且

$$W_m=W_{m+1}=W_{m+2}=\cdots。$$

显然，$g(W_i)\subseteq W_{i+1}$，特别地，W_m 在 g 下是不变的。

下面证明，W_m 在 f 下也是不变的。

事实上，由 $f(\boldsymbol{\eta})=\lambda_0\boldsymbol{\eta}$，知

$$\begin{aligned}fg(\boldsymbol{\eta})&=gf(\boldsymbol{\eta})+f(\boldsymbol{\eta})=\lambda_0g(\boldsymbol{\eta})+\lambda_0\boldsymbol{\eta},\\fg^2(\boldsymbol{\eta})&=gfg(\boldsymbol{\eta})+fg(\boldsymbol{\eta})\\&=g(\lambda_0g(\boldsymbol{\eta})+\lambda_0\boldsymbol{\eta})+(\lambda_0g(\boldsymbol{\eta})+\lambda_0\boldsymbol{\eta})\\&=\lambda_0g^2(\boldsymbol{\eta})+2\lambda_0g(\boldsymbol{\eta})+\lambda_0\boldsymbol{\eta}。\end{aligned}$$

根据

$$fg^k(\boldsymbol{\eta})=gfg^{k-1}(\boldsymbol{\eta})+fg^{k-1}(\boldsymbol{\eta})=g(fg^{k-1})(\boldsymbol{\eta})+fg^{k-1}(\boldsymbol{\eta}),$$

用归纳法不难证明 $fg^k(\boldsymbol{\eta})$ 一定可以表示成 $\boldsymbol{\eta},g(\boldsymbol{\eta}),g^2(\boldsymbol{\eta}),\cdots,g^k(\boldsymbol{\eta})$ 的线性组合，且表示式中 $g^k(\boldsymbol{\eta})$ 前的系数为 λ_0。

因此,W_m在f下也是不变的,f在W_m上的限制在基

$$\boldsymbol{\eta},g(\boldsymbol{\eta}),g^2(\boldsymbol{\eta}),\cdots,g^{m-1}(\boldsymbol{\eta})$$

下的矩阵是上三角矩阵,且对角线元素都是λ_0,因而,这一限制的迹为$m\lambda_0$。

由于$fg-gf=f$在W_m上仍然成立,而$fg-gf$的迹一定为零,故$m\lambda_0=0$,即$\lambda_0=0$。任取$\boldsymbol{\eta}\in W$,由于

$$f(\boldsymbol{\eta})=\mathbf{0},\quad fg(\boldsymbol{\eta})=gf(\boldsymbol{\eta})+f(\boldsymbol{\eta})=g(\mathbf{0})+f(\boldsymbol{\eta})=\mathbf{0},$$

所以,$g(\boldsymbol{\eta})\in W$。因此,$W$在$g$下是不变的。从而,在$W$中存在$g$的特征向量,这也是$f$,$g$的公共特征向量。

证法2 已知$fg-gf=f$,设V有一组基为$\boldsymbol{\varepsilon}_1,\boldsymbol{\varepsilon}_2,\cdots,\boldsymbol{\varepsilon}_n$,$f$在此基下的矩阵为$\boldsymbol{A}$,$g$在此基下的矩阵为$\boldsymbol{B}$,则$\boldsymbol{AB}-\boldsymbol{BA}=\boldsymbol{A}$,从而$\mathrm{tr}\boldsymbol{A}=0$,所以

$$\mathrm{tr}\boldsymbol{A}^2=\mathrm{tr}(\boldsymbol{ABA}-\boldsymbol{BAA})=\mathrm{tr}(\boldsymbol{A}^2\boldsymbol{B}-\boldsymbol{A}^2\boldsymbol{B})=0。$$

依此类推可知对任意自然数n,均有$\mathrm{tr}\boldsymbol{A}^n=0$。设$\boldsymbol{A}$的特征值为$\lambda_1,\lambda_2,\cdots,\lambda_n$,则$\boldsymbol{A}^k$的特征值为$\lambda_1^k,\lambda_2^k,\cdots,\lambda_n^k$。

下证$\lambda_1=\lambda_2=\cdots=\lambda_n=0$。若不然,则可以将$\lambda_1,\lambda_2,\cdots,\lambda_n$中不为0且互不相同的数记为$\mu_1,\mu_2,\cdots,\mu_m$,重数分别为$r_1,r_2,\cdots,r_m$,其中$r_i\geqslant 1,r_1+r_2+\cdots+r_m=n$。故有

$$\begin{cases}r_1\mu_1+r_2\mu_2+\cdots+r_m\mu_m=0,\\ r_1\mu_1^2+r_2\mu_2^2+\cdots+r_m\mu_m^2=0,\\ \qquad\vdots\\ r_1\mu_1^n+r_2\mu_2^n+\cdots+r_m\mu_m^n=0。\end{cases}$$

由于$\mu_1,\mu_2,\cdots,\mu_m$互不相同,故$\lambda_1=\lambda_2=\cdots=\lambda_n=0$,此矛盾。因而$\lambda_1=\lambda_2=\cdots=\lambda_n=0$。

令$W=\{\boldsymbol{\alpha}\mid f(\boldsymbol{\alpha})=\mathbf{0}\}$。由于$fg-gf=f$,故对于$W$中任意元素$\boldsymbol{\alpha}$,均有$f(g(\boldsymbol{\alpha}))=\mathbf{0}$,因而$g(\boldsymbol{\alpha})\in W$。所以$W$为$g$的不变子空间。考虑$g$在$W$上的限制$g|_W$,则$g|_W$有特征值$u$和特征向量$\boldsymbol{\beta}\in W$。因此$f$与$g$有公共特征向量$\boldsymbol{\beta}$。

四 (1) $\forall\varepsilon>0$,将$[a,b]K$等分,分点为

$$x_j=a+\frac{j(b-a)}{K},\quad j=0,1,2,\cdots,K,$$

使得$\dfrac{b-a}{K}<\varepsilon$。由于$\{f_n(x)\}$在有限个点$\{x_j\}$,$j=0,1,2,\cdots,K$上收敛,因此$\exists N,\forall m>n>N$,使得$|f_m(x_j)-f_n(x_j)|<\varepsilon$对每个$j=0,1,2,\cdots,K$成立。

于是$\forall x\in[a,b]$,设$x\in[x_j,x_{j+1}]$,则

$$\begin{aligned}|f_m(x)-f_n(x)|&\leqslant|f_m(x)-f_m(x_j)|+|f_m(x_j)-f_n(x_j)|+|f_n(x_j)-f_n(x)|\\&=|f'_m(\xi)(x-x_j)|+|f_m(x_j)-f_n(x_j)|+|f'_n(\eta)(x-x_j)|\\&<(2M+1)\varepsilon。\end{aligned}$$

因此$\{f_n(x)\}$在$[a,b]$上一致收敛。

(2) 不一定。令$f_n(x)=\sqrt{x^2+\dfrac{1}{n}}$,$x\in[-1,1]$,则$f(x)=\lim\limits_{n\to\infty}f_n(x)=|x|$在$[-1,1]$上不能保证处处可导。

五

$$\int_0^{\frac{\pi}{2}} t\left|\frac{\sin nt}{\sin t}\right|^3 \mathrm{d}t=\int_0^{\frac{\pi}{n}} t\left|\frac{\sin nt}{\sin t}\right|^3 \mathrm{d}t+\int_{\frac{\pi}{n}}^{\frac{\pi}{2}} t\left|\frac{\sin nt}{\sin t}\right|^3 \mathrm{d}t=I_1+I_2,$$

$$I_1=\int_0^{\frac{\pi}{n}} t\left|\frac{\sin nt}{\sin t}\right|^3 \mathrm{d}t<n^3\int_0^{\frac{\pi}{n}} t\,\mathrm{d}t=\frac{\pi^2 n}{2},$$

$$I_2=\int_{\frac{\pi}{n}}^{\frac{\pi}{2}} t\left|\frac{\sin nt}{\sin t}\right|^3 \mathrm{d}t<\int_{\frac{\pi}{n}}^{\frac{\pi}{2}} t\cdot\left(\frac{\pi}{2t}\right)^3 \mathrm{d}t=-\frac{\pi^3}{8}\int_{\frac{\pi}{n}}^{\frac{\pi}{2}} \mathrm{d}\left(\frac{1}{t}\right)=\frac{\pi^3}{8}\left(\frac{n}{\pi}-\frac{2}{\pi}\right)<\frac{\pi^2 n}{8},$$

因此 $\frac{1}{a_n}>\frac{1}{\pi^2 n}$，由此得到 $\sum_{n=1}^{\infty}\frac{1}{a_n}$ 发散。

六 令 $x=r\cos\theta, y=r\sin\theta$，则

$$I=\int_0^1 \mathrm{d}r\int_0^{2\pi}\left(\cos\theta\cdot\frac{\partial f}{\partial x}+\sin\theta\cdot\frac{\partial f}{\partial y}\right)r\,\mathrm{d}\theta=\int_0^1 \mathrm{d}r\int_{x^2+y^2=r^2}\left(\frac{\partial f}{\partial x}\mathrm{d}y-\frac{\partial f}{\partial y}\mathrm{d}x\right)$$

$$=\int_0^1 \mathrm{d}r\iint_{x^2+y^2\leqslant r^2}\left(\frac{\partial f}{\partial x^2}+\frac{\partial f}{\partial y^2}\right)\mathrm{d}x\,\mathrm{d}y=\int_0^1 \mathrm{d}r\iint_{x^2+y^2\leqslant r^2}(x^2y^2)\,\mathrm{d}x\,\mathrm{d}y$$

$$=\int_0^1 \mathrm{d}r\int_0^r \rho^5\,\mathrm{d}\rho\int_0^{2\pi}\cos^2\theta\sin^2\theta\,\mathrm{d}\theta=\frac{\pi}{168}。$$

七 因为 $f(x)$ 在 $[0,c]$ 上满足拉格朗日中值定理的条件，故存在 $\xi_1\in(0,c)$，使得 $f'(\xi_1)=\frac{f(c)-f(0)}{c-0}$。由于 c 在弦 AB 上，故有

$$\frac{f(c)-f(0)}{c-0}=\frac{f(1)-f(0)}{1-0}=f(1)-f(0),$$

从而 $f'(\xi_1)=f(1)-f(0)$。

同理可证，存在 $\xi_2\in(c,1)$，使得 $f'(\xi_2)=f(1)-f(0)$。由 $f'(\xi_1)=f'(\xi_2)$，知在 $[\xi_1,\xi_2]$ 上 $f'(x)$ 满足罗尔定理的条件，所以存在 $\xi\in(\xi_1,\xi_2)\subset(0,1)$，使得 $f''(\xi)=0$。

第二届全国大学生数学竞赛初赛(数学类,2010年)

试　　题

一(10分)　设 $\varepsilon\in(0,1)$,$x_0=a$,$x_{n+1}=a+\varepsilon\sin x_n$($n=0,1,2,\cdots$)。证明 $\xi=\lim\limits_{n\to\infty}x_n$ 存在,且 ξ 为方程 $x-\varepsilon\sin x=a$ 的唯一根。

二(15分)　设 $\boldsymbol{B}=\begin{pmatrix}0 & 10 & 30\\ 0 & 0 & 2010\\ 0 & 0 & 0\end{pmatrix}$。证明 $\boldsymbol{X}^2=\boldsymbol{B}$ 无解,这里 $\boldsymbol{X}$ 为三阶未知复方阵。

三(10分)　设 $D\subset\mathbb{R}^2$ 是凸区域,函数 $f(x,y)$ 是凸函数。证明或否定:$f(x,y)$ 在 D 上连续。

注　函数 $f(x,y)$ 为凸函数的定义是 $\forall\,\alpha\in(0,1)$ 以及 $(x_1,y_1),(x_2,y_2)\in D$,成立

$$f(\alpha x_1+(1-\alpha)x_2,\alpha y_1+(1-\alpha)y_2)\leqslant\alpha f(x_1,y_1)+(1-\alpha)f(x_2,y_2)。$$

四(10分)　设 $f(x)$ 在 $[0,1]$ 上黎曼可积,在 $x=1$ 可导,$f(1)=0$,$f'(1)=a$。证明:

$$\lim_{n\to\infty}n^2\int_0^1 x^n f(x)\mathrm{d}x=-a。$$

五(15分)　已知二次曲面 Σ(非退化)过以下九点:

$$A(1,0,0),B(1,1,2),C(1,-1,-2),D(3,0,0),E(3,1,2),$$

$$F(3,-2,-4),G(0,1,4),H(3,-1,-2),I(5,2\sqrt{2},8)。$$

问:Σ 是哪一类曲面?

六(20分)　设 $\boldsymbol{A}$ 为 $n\times n$ 实矩阵(未必对称),对任一 n 维实向量 $\boldsymbol{\alpha}=(\alpha_1,\alpha_2,\cdots,\alpha_n)$,$\boldsymbol{\alpha A\alpha}^{\mathrm{T}}\geqslant 0$(这里 $\boldsymbol{\alpha}^{\mathrm{T}}$ 表示 $\boldsymbol{\alpha}$ 的转置),且存在 n 维实向量 $\boldsymbol{\beta}$ 使得 $\boldsymbol{\beta A\beta}^{\mathrm{T}}=0$。同时对任意 n 维实向量 $\boldsymbol{x}$ 和 $\boldsymbol{y}$,当 $\boldsymbol{xAy}^{\mathrm{T}}\neq 0$ 时有 $\boldsymbol{xAy}^{\mathrm{T}}+\boldsymbol{yAx}^{\mathrm{T}}\neq 0$。证明:对任意 n 维实向量 $\boldsymbol{v}$,都有 $\boldsymbol{vA\beta}^{\mathrm{T}}=0$。

七(10分)　设 f 在区间 $[0,1]$ 上黎曼可积,$0\leqslant f\leqslant 1$。求证:对任何 $\varepsilon>0$,存在只取值为0和1的分段(段数有限)常值函数 $g(x)$,使得 $\forall\,[\alpha,\beta]\subseteq[0,1]$,

$$\left|\int_\alpha^\beta(f(x)-g(x))\mathrm{d}x\right|<\varepsilon。$$

八(10分)　已知 $\varphi:(0,+\infty)\to(0,+\infty)$ 是一个严格单调下降的连续函数,满足 $\lim\limits_{t\to0^+}\varphi(t)=+\infty$,且 $\int_0^{+\infty}\varphi(t)\mathrm{d}t=\int_0^{+\infty}\varphi^{-1}(t)\mathrm{d}t=a<+\infty$,其中 φ^{-1} 表示 φ 的反函数。求证:$\int_0^{+\infty}[\varphi(t)]^2\mathrm{d}t+\int_0^{+\infty}[\varphi^{-1}(t)]^2\mathrm{d}t\geqslant\frac{1}{2}a^{\frac{3}{2}}$。

参考解答

一　注意到 $|(\sin x)'|=|\cos x|\leqslant 1$,由中值定理,有

$$|\sin x-\sin y|\leqslant|x-y|,\quad \forall x,y\in\mathbb{R},$$

所以

$$|x_{n+2}-x_{n+1}|=|\varepsilon(\sin x_{n+1}-\sin x_n)|\leqslant\varepsilon|x_{n+1}-x_n|,\quad n=0,1,2,\cdots$$

从而可得

$$|x_{n+1}-x_n|\leqslant\varepsilon^n|x_1-x_0|,\quad \forall n=0,1,2,\cdots$$

于是级数 $\sum\limits_{n=0}^{\infty}(x_{n+1}-x_n)$ 绝对收敛，从而 $\xi=\lim\limits_{n\to\infty}x_n$ 存在。

在递推式 $x_{n+1}=a+\varepsilon\sin x_n$ 两边取极限即得 ξ 为 $x-\varepsilon\sin x=a$ 的根。

进一步，设 η 也为 $x-\varepsilon\sin x=a$ 的根，则

$$|\xi-\eta|=\varepsilon|\sin\xi-\sin\eta|\leqslant\varepsilon|\xi-\eta|。$$

所以由 $\varepsilon\in(0,1)$ 可得 $\eta=\xi$，即 $x-\varepsilon\sin x=a$ 的根唯一。

二　反证法。设方程有解，即存在复矩阵 $\boldsymbol{A}$ 使得 $\boldsymbol{A}^2=\boldsymbol{B}$。注意到 $\boldsymbol{B}$ 的特征根为 0，且其代数重数为 3。

设 λ 为 $\boldsymbol{A}$ 的一个特征根，则 λ^2 为 $\boldsymbol{B}$ 的特征根，所以 $\lambda=0$。从而 $\boldsymbol{A}$ 的特征根为 0。于是 $\boldsymbol{A}$ 的若尔当标准形只可能为

$$\boldsymbol{J}_1=\begin{pmatrix}0&0&0\\0&0&0\\0&0&0\end{pmatrix},\quad \boldsymbol{J}_2=\begin{pmatrix}0&1&0\\0&0&0\\0&0&0\end{pmatrix},\quad \boldsymbol{J}_3=\begin{pmatrix}0&1&0\\0&0&1\\0&0&0\end{pmatrix},$$

从而 $\boldsymbol{A}^2$ 的若尔当标准形只能为 $\boldsymbol{J}_1=\boldsymbol{J}_1^2=\boldsymbol{J}_2^2$ 或 $\boldsymbol{J}_2=\boldsymbol{J}_3^2$。因此 $\boldsymbol{A}^2$ 的秩不大于 1，与 $\boldsymbol{B}=\boldsymbol{A}^2$ 的秩为 2 矛盾。所以 $\boldsymbol{X}^2=\boldsymbol{B}$ 无解。

三　结论成立。分两步证明结论。

(1) 如题三图所示，对于 $\delta>0$ 以及 $[x_0-\delta,x_0+\delta]$ 上的凸函数 $g(x)$，容易验证 $\forall x\in(x_0-\delta,x_0+\delta)$，有

$$\frac{g(x_0)-g(x_0-\delta)}{\delta}\leqslant\frac{g(x)-g(x_0)}{x-x_0}\leqslant\frac{g(x_0+\delta)-g(x_0)}{\delta},$$

从而

$$\left|\frac{g(x)-g(x_0)}{x-x_0}\right|\leqslant\left|\frac{g(x_0+\delta)-g(x_0)}{\delta}\right|+\left|\frac{g(x_0)-g(x_0-\delta)}{\delta}\right|,\quad \forall x\in(x_0-\delta,x_0+\delta)。$$

由此即得 $g(x)$ 在 x_0 连续。一般地，可得开区间上的一元凸函数连续。

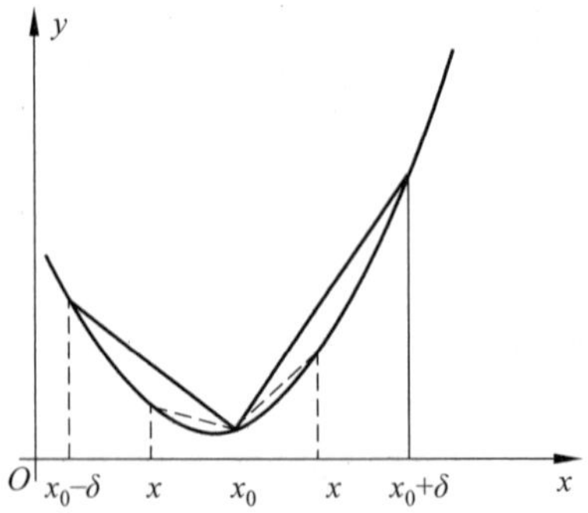

题三图

(2) 设 $(x_0,y_0)\in D$,则有 $\delta>0$ 使得 $E_\delta\equiv[x_0-\delta,x_0+\delta]\times[y_0-\delta,y_0+\delta]\subset D$。

注意到固定 x 或 y 时,$f(x,y)$ 作为一元函数都是凸函数,由(1)的结论,$f(x,y_0)$,$f(x,y_0+\delta)$,$f(x,y_0-\delta)$都是$[x_0-\delta,x_0+\delta]$上的连续函数,从而它们有界,即存在常数 $M_\delta>0$ 使得

$$\frac{|f(x,y_0+\delta)-f(x,y_0)|}{\delta}+\frac{|f(x,y_0)-f(x,y_0-\delta)|}{\delta}+$$
$$\frac{|f(x_0+\delta,y_0)-f(x_0,y_0)|}{\delta}+\frac{|f(x_0,y_0)-f(x_0-\delta,y_0)|}{\delta}\leqslant M_\delta,$$
$$\forall x\in[x_0-\delta,x_0+\delta]。$$

进一步,由(1)的结论,对于$(x,y)\in E_\delta$,有

$$|f(x,y)-f(x_0,y_0)|\leqslant|f(x,y)-f(x,y_0)|+|f(x,y_0)-f(x_0,y_0)|$$
$$\leqslant\left(\frac{|f(x,y_0+\delta)-f(x,y_0)|}{\delta}+\frac{|f(x,y_0)-f(x,y_0-\delta)|}{\delta}\right)|y-y_0|+$$
$$\left(\frac{|f(x_0+\delta,y_0)-f(x_0,y_0)|}{\delta}+\frac{|f(x_0,y_0)-f(x_0-\delta,y_0)|}{\delta}\right)|x-x_0|$$
$$\leqslant M_\delta|y-y_0|+M_\delta|x-x_0|,$$

于是$f(x,y)$在(x_0,y_0)处连续。

四　记 $M=\sup\limits_{x\in[0,1]}|f(x)|<+\infty$,令

$$r(x)=f(x)-f(1)-f'(1)(x-1)=f(x)-a(x-1)。$$

由佩亚诺型的泰勒展开式可得 $\forall\varepsilon>0,\exists\delta\in(0,1)$,使得当 $\delta<x\leqslant1$ 时,$|r(x)|\leqslant\varepsilon(1-x)$,故

$$\int_0^1x^nf(x)\mathrm{d}x=\int_0^\delta x^nf(x)\mathrm{d}x+\int_\delta^1ax^n(x-1)\mathrm{d}x+\int_\delta^1x^nr(x)\mathrm{d}x=R_1+R_2+R_3。$$

注意到

$$|R_1|\leqslant M\int_0^\delta x^n\mathrm{d}x=M\frac{\delta^{n+1}}{n+1},\quad R_2=-\frac{a}{(n+1)(n+2)}+a\left(\frac{\delta^{n+1}}{n+1}-\frac{\delta^{n+2}}{n+2}\right),$$
$$|R_3|\leqslant\int_\delta^1x^n|r(x)|\mathrm{d}x\leqslant\varepsilon\int_\delta^1x^n(1-x)\mathrm{d}x\leqslant\varepsilon\int_0^1x^n(1-x)\mathrm{d}x=\frac{\varepsilon}{(n+1)(n+2)},$$

有 $\lim\limits_{n\to\infty}|n^2R_1|=0,\lim\limits_{n\to\infty}|n^2R_2+a|=0,\varlimsup\limits_{n\to\infty}|n^2R_3|\leqslant\varepsilon$。所以

$$\varlimsup_{n\to\infty}\left|n^2\int_0^1x^nf(x)\mathrm{d}x+a\right|\leqslant\varepsilon。$$

由上式及 $\varepsilon>0$ 的任意性即得 $\lim\limits_{n\to\infty}n^2\int_0^1x^nf(x)\mathrm{d}x=-a$。

五　容易知道 A,B,C 共线,D,E,F 共线。而只有两种二次曲面上可能存在共线的三点:单叶双曲面和双曲抛物面。然后,可以看到直线 ABC 和直线 DEF 是平行的,且不是同一条直线。这又排除了双曲抛物面的可能(双曲抛物面的同族直母线都异面,不同族直母线都相交),所以只可能是单叶双曲面。

注　曲面方程是$(x-2)^2+y^2-\frac{z^2}{4}=1$(不要求写)。

六　取任意实数 r,由题设知 $(\boldsymbol{v}+r\boldsymbol{\beta})\boldsymbol{A}(\boldsymbol{v}+r\boldsymbol{\beta})^{\mathrm{T}}\geqslant0$,即

$$\boldsymbol{vA}\,\boldsymbol{v}^{\mathrm{T}}+r\,\boldsymbol{vA\beta}^{\mathrm{T}}+r\boldsymbol{\beta A}\,\boldsymbol{v}^{\mathrm{T}}+r^2\boldsymbol{\beta A\beta}^{\mathrm{T}}\geqslant 0,$$

亦即 $\boldsymbol{vA}\,\boldsymbol{v}^{\mathrm{T}}+r(\boldsymbol{vA\beta}^{\mathrm{T}}+\boldsymbol{\beta A}\,\boldsymbol{v}^{\mathrm{T}})+r^2\boldsymbol{\beta A\beta}^{\mathrm{T}}\geqslant 0$。

若 $\boldsymbol{vA\beta}^{\mathrm{T}}\neq 0$,则有 $\boldsymbol{vA\beta}^{\mathrm{T}}+\boldsymbol{\beta A}\,\boldsymbol{v}^{\mathrm{T}}\neq 0$,因此可取适当的实数 r 使得

$$\boldsymbol{vA}\,\boldsymbol{v}^{\mathrm{T}}+r(\boldsymbol{vA\beta}^{\mathrm{T}}+\boldsymbol{\beta A}\,\boldsymbol{v}^{\mathrm{T}})+r^2\boldsymbol{\beta A\beta}^{\mathrm{T}}<0,$$

矛盾。

七　取定 $n>\dfrac{2}{\varepsilon}$,定义

$$A_m=\left[\frac{m}{n},\frac{m}{n}+\int_{\frac{m}{n}}^{\frac{m+1}{n}}f(t)\mathrm{d}t\right],\quad g(x)=\begin{cases}1, & x\in\bigcup\limits_{m=0}^{n-1}A_m,\\ 0, & x\notin\bigcup\limits_{m=0}^{n-1}A_m。\end{cases}$$

对于 $0\leqslant\alpha<\beta\leqslant 1$,设非负整数 $k\leqslant l$ 满足 $\dfrac{k}{n}\leqslant\alpha<\dfrac{k+1}{n},\dfrac{l}{n}\leqslant\beta<\dfrac{l+1}{n}$,则

$$\begin{aligned}\left|\int_{\alpha}^{\beta}(f(x)-g(x))\mathrm{d}x\right|&\leqslant\int_{\alpha}^{\frac{k+1}{n}}|f(x)-g(x)|\,\mathrm{d}x+\\&\quad\left|\int_{\frac{k+1}{n}}^{\frac{l}{n}}(f(x)-g(x))\mathrm{d}x\right|+\int_{\frac{l}{n}}^{\beta}|f(x)-g(x)|\,\mathrm{d}x\\&\leqslant\int_{\alpha}^{\frac{k+1}{n}}1\mathrm{d}x+0+\int_{\frac{l}{n}}^{\beta}1\mathrm{d}x\leqslant\frac{2}{n}<\varepsilon。\end{aligned}$$

八　令 $P=\int_p^{+\infty}\varphi(t)\mathrm{d}t,Q=\int_q^{+\infty}\varphi^{-1}(t)\mathrm{d}t$, $I=a-P-Q$,其中 $pq=a$。则

$$\int_0^{+\infty}[\varphi^{-1}(t)]^2\mathrm{d}t\geqslant\int_0^q[\varphi^{-1}(t)]^2\mathrm{d}t\geqslant\frac{1}{q}\left(\int_0^q\varphi^{-1}(t)\mathrm{d}t\right)^2=\frac{1}{q}(a-Q)^2=\frac{1}{q}(I+P)^2,$$

$$\int_0^{+\infty}[\varphi(t)]^2\mathrm{d}t\geqslant\int_0^p[\varphi(t)]^2\mathrm{d}t\geqslant\frac{1}{p}\left(\int_0^p\varphi(t)\mathrm{d}t\right)^2=\frac{1}{p}(a-P)^2=\frac{1}{p}(I+Q)^2。$$

因此

$$\begin{aligned}\int_0^{+\infty}[\varphi(t)]^2\mathrm{d}t+\int_0^{+\infty}[\varphi^{-1}(t)]^2\mathrm{d}t&\geqslant\frac{1}{p}(I+Q)^2+\frac{1}{q}(I+P)^2\\&\geqslant\frac{2}{\sqrt{pq}}(I+P)(I+Q)=\frac{2}{\sqrt{a}}(QP+aI)。\end{aligned}$$

易见,可取到适当的 p,q 满足 $P=Q=\dfrac{a-I}{2}$,从而

$$\int_0^{+\infty}[\varphi(t)]^2\mathrm{d}t+\int_0^{+\infty}[\varphi^{-1}(t)]^2\mathrm{d}t\geqslant\frac{2}{\sqrt{a}}\left[\frac{(a-I)^2}{4}+aI\right]=\frac{2}{\sqrt{a}}\frac{(a+I)^2}{4}\geqslant\frac{1}{2}a^{\frac{3}{2}}。$$

第三届全国大学生数学竞赛初赛(数学类,2011年)

试　　题

一(15分)　已知四点$(1,2,7)$,$(4,3,3)$,$(5,-1,6)$,$(\sqrt{7},\sqrt{7},0)$。试求过这四点的球面方程。

二(10分)　设$f_1,f_2,\cdots,f_n$为$[0,1]$上的非负连续函数,求证:存在$\xi\in[0,1]$,使得

$$\prod_{k=1}^{n} f_k(\xi)\leqslant\prod_{k=1}^{n}\int_0^1 f_k(x)\mathrm{d}x。$$

三(15分)　设$V=F^n$是数域F上的n维列空间,$\sigma:F^n\to F^n$是一个线性变换。若

$$\forall \boldsymbol{A}\in M_n(F),\quad \sigma(\boldsymbol{A\alpha})=\boldsymbol{A}\sigma(\boldsymbol{\alpha}),\quad \forall \boldsymbol{\alpha}\in V,$$

其中$M_n(F)$表示数域F上的n阶方阵全体。证明:$\sigma=\lambda\cdot \mathrm{id}_{F^n}$,其中$\lambda$是$F$中的某个数,$\mathrm{id}_{F^n}$表示恒等变换。

四(10分)　对于$\triangle ABC$,求$3\sin A+4\sin B+18\sin C$的最大值。

五(15分)　对于任何实数α,求证存在取值于$\{-1,1\}$的数列$\{a_n\}_{n\geqslant 1}$满足

$$\lim_{n\to\infty}\Big(\sum_{k=1}^{n}\sqrt{n+a_k}-n^{\frac{3}{2}}\Big)=\alpha。$$

六(20分)　设$\boldsymbol{A}$是数域F上的n阶方阵。证明:$\boldsymbol{A}$在数域F上相似于$\begin{pmatrix}\boldsymbol{B} & \boldsymbol{0}\\ \boldsymbol{0} & \boldsymbol{C}\end{pmatrix}$,其中$\boldsymbol{B}$是可逆矩阵,$\boldsymbol{C}$是幂零矩阵,即存在$m$使得$\boldsymbol{C}^m=\boldsymbol{0}$。

七(15分)　设$F(x)$是$[0,+\infty)$上的单调递减函数,$\lim\limits_{x\to+\infty}F(x)=0$,且

$$\lim_{n\to\infty}\int_0^{+\infty}F(t)\sin\frac{t}{n}\mathrm{d}t=0。$$

证明:(1) $\lim\limits_{x\to+\infty}xF(x)=0$;(2) $\lim\limits_{x\to 0}\int_0^{+\infty}F(t)\sin(xt)\mathrm{d}t=0$。

参考解答

一　设所求球面的球心为$(\bar{x},\bar{y},\bar{z})$,则有

$$(\bar{x}-1)^2+(\bar{y}-2)^2+(\bar{z}-7)^2=(\bar{x}-4)^2+(\bar{y}-3)^2+(\bar{z}-3)^2$$

$$=(\bar{x}-5)^2+(\bar{y}+1)^2+(\bar{z}-6)^2=(\bar{x}-\sqrt{7})^2+(\bar{y}-\sqrt{7})^2+\bar{z}^2,$$

即$\begin{cases}3\bar{x}+\bar{y}-4\bar{z}=-10,\\ 4\bar{x}-3\bar{y}-\bar{z}=4,\\ (\sqrt{7}-1)\bar{x}+(\sqrt{7}-2)\bar{y}-7\bar{z}=-20。\end{cases}\Rightarrow(\bar{x},\bar{y},\bar{z})=(1,-1,3)。$

而$(\bar{x}-1)^2+(\bar{y}-2)^2+(\bar{z}-7)^2=25$,于是所求球面方程为

$$(x-1)^2+(y+1)^2+(z-3)^2=25。$$

二 记 $a_k=\int_0^1 f_k(x)\mathrm{d}x, k=1,2,\cdots,n$。当某个 $a_k=0$ 时，结论是平凡的。

下面设 $a_k>0(k=1,2,\cdots,n)$，于是有

$$\int_0^1 \sqrt[n]{\prod_{k=1}^{n}\frac{f_k(x)}{a_k}}\mathrm{d}x \leqslant \int_0^1 \frac{1}{n}\sum_{k=1}^{n}\frac{f_k(x)}{a_k}\mathrm{d}x=1。$$

由此立即可得存在 $\xi\in[0,1]$，使得 $\sqrt[n]{\prod_{k=1}^{n}\frac{f_k(\xi)}{a_k}}\leqslant 1$。结论得证。

三 设 σ 在 F^n 的标准基 $\boldsymbol{\varepsilon}_1,\boldsymbol{\varepsilon}_2,\cdots,\boldsymbol{\varepsilon}_n$ 下的矩阵为 $\boldsymbol{B}$，则

$$\sigma(\boldsymbol{\alpha})=\boldsymbol{B\alpha},\quad \forall\boldsymbol{\alpha}\in F^n。$$

由条件：$\forall \boldsymbol{A}\in M_n(F)$，$\sigma(\boldsymbol{A\alpha})=\boldsymbol{A}\sigma(\boldsymbol{\alpha})$，$\forall\boldsymbol{\alpha}\in F^n$，有 $\boldsymbol{BA\alpha}=\boldsymbol{AB\alpha}$。故 $\boldsymbol{BA}=\boldsymbol{AB}$，$\forall \boldsymbol{A}\in M_n(F)$。

设 $\boldsymbol{B}=(b_{ij})$，取 $\boldsymbol{A}=\mathrm{diag}(1,\cdots,1,c,1,\cdots,1)$，其中 $c\neq 0,1$，则由 $\boldsymbol{AB}=\boldsymbol{BA}$ 可得 $b_{ij}=0$，$\forall i\neq j$。又取

$$\boldsymbol{A}=\boldsymbol{E}_n-\boldsymbol{E}_{ii}-\boldsymbol{E}_{jj}+\boldsymbol{E}_{ij}+\boldsymbol{E}_{ji},$$

这里 $\boldsymbol{E}_{st}$ 是 (s,t) 位置为 1，其他位置为 0 的矩阵，则由 $\boldsymbol{AB}=\boldsymbol{BA}$ 可得 $a_{ii}=a_{jj}(\forall i,j)$。取 $\lambda=a_{11}$，故 $\boldsymbol{B}=\lambda\boldsymbol{E}_n$，从而 $\sigma=\lambda\cdot\mathrm{id}_{F^n}$。

四 三角形的三个角 A,B,C 的取值范围为

$$(A,B,C)\in D\equiv\{(\alpha,\beta,\gamma)\mid\alpha+\beta+\gamma=\pi,\alpha>0,\beta>0,\gamma>0\}。$$

首先考虑 $3\sin A+4\sin B+18\sin C$ 在 D 的闭包

$$E=\{(\alpha,\beta,\gamma)\mid\alpha+\beta+\gamma=\pi,\alpha\geqslant 0,\beta\geqslant 0,\gamma\geqslant 0\}$$

上的最大值。有

$$\begin{aligned}
&\max_{(A,B,C)\in E}(3\sin A+4\sin B+18\sin C)\\
=&\max_{\substack{A+C\leqslant\pi\\ A,C\geqslant 0}}(3\sin A+4\sin(A+C)+18\sin C)\\
=&\max_{0\leqslant C\leqslant\pi}\ \max_{0\leqslant A\leqslant\pi-C}((3+4\cos C)\sin A+4\sin C\cos A+18\sin C)\\
=&\max_{0\leqslant C\leqslant\pi}(\sqrt{(3+4\cos C)^2+16\sin^2 C}+18\sin C)\\
=&\max_{0\leqslant C\leqslant\pi}(\sqrt{25+24\cos C}+18\sin C)。
\end{aligned}$$

考虑 $f(C)=\sqrt{25+24\cos C}+18\sin C, 0\leqslant C\leqslant\pi$。容易知道

$$f(C)\geqslant f(\pi-C),\quad \forall C\in\left[0,\frac{\pi}{2}\right]。$$

直接计算导数，有

$$f'(C)=18\cos C-\frac{12\sin C}{\sqrt{25+24\cos C}}。$$

令 $f'(C)=0$，即 $(8\cos C-1)(27\cos^2 C+32\cos C+4)=0$。从而它在 $\left[0,\frac{\pi}{2}\right]$ 范围内的解为 $C=\arccos\frac{1}{8}$，于是

$$\max_{0\leqslant C\leqslant\pi} f(C)=\max_{0\leqslant C\leqslant\pi/2} f(C)=\max\left\{f\left(\arccos\frac{1}{8}\right),f(0),f\left(\frac{\pi}{2}\right)\right\}$$
$$=\max\left\{\frac{35\sqrt{7}}{4},7,23\right\}=\frac{35\sqrt{7}}{4}。$$

由此可得

$$\max_{(A,B,C)\in E}(3\sin A+4\sin B+18\sin C)=\frac{35\sqrt{7}}{4}。$$

另一方面,不难看到 $3\sin A+4\sin B+18\sin C$ 在 E 的边界上(A,B,C 之一为 0)的最大值为 22。所以所求最大值为 $\frac{35\sqrt{7}}{4}$。

五　由泰勒展开式,$\forall x\in\left[-\frac{1}{2},\frac{1}{2}\right]$,存在 $\xi\in\left[-\frac{1}{2},\frac{1}{2}\right]$使得

$$\sqrt{1+x}=1+\frac{x}{2}-\frac{x^2}{8(1+\xi)^{\frac{3}{2}}},$$

从而 $\left|\sqrt{1+x}-\left(1+\frac{x}{2}\right)\right|\leqslant x^2,\forall x\in\left[-\frac{1}{2},\frac{1}{2}\right]$。于是当 $n\geqslant 2$ 时,不管怎么选取只取值 ± 1 的数列$\{a_n\}_{n\geqslant 1}$均有

$$\left|\sum_{k=1}^{n}\sqrt{n+a_k}-n^{\frac{3}{2}}-\sum_{k=1}^{n}\frac{a_k}{2\sqrt{n}}\right|=\sqrt{n}\sum_{k=1}^{n}\left|\sqrt{1+\frac{a_k}{n}}-\left(1+\frac{a_k}{2n}\right)\right|$$
$$\leqslant\sqrt{n}\sum_{k=1}^{n}\left(\frac{a_k}{n}\right)^2\leqslant\frac{1}{\sqrt{n}}。$$

可以有很多种方法选取只取值为± 1的数列$\{a_n\}_{n\geqslant 1}$使得 $\lim\limits_{n\to\infty}\sum\limits_{k=1}^{n}\frac{a_k}{2\sqrt{n}}=\alpha$。此时成立

$$\lim_{n\to\infty}\left(\sum_{k=1}^{n}\sqrt{n+a_k}-n^{\frac{3}{2}}\right)=\alpha。$$

例如,可以按以下方式选取:取 $a_1=1$,依次定义

$$a_{n+1}=\begin{cases}1, & \sum\limits_{k=1}^{n}a_k<2\alpha\sqrt{n},\\ -1, & \sum\limits_{k=1}^{n}a_k\geqslant 2\alpha\sqrt{n}。\end{cases}$$

记 $y_n=\frac{1}{\sqrt{n}}\sum\limits_{k=1}^{n}a_k,n=1,2,\cdots$,则有 $-\sqrt{n}\leqslant y_n\leqslant\sqrt{n}$。若 $y_n>2\alpha$,则有

$$y_{n+1}-y_n=\frac{y_n\sqrt{n}-1}{\sqrt{n+1}}-y_n=-\frac{\sqrt{n+1}+\sqrt{n}+y_n}{\sqrt{n+1}(\sqrt{n+1}+\sqrt{n})},$$

这时 $-\frac{2}{\sqrt{n+1}}<y_{n+1}-y_n<0$;而当 $y_n<2\alpha$ 时,则有

$$y_{n+1}-y_n=\frac{y_n\sqrt{n}+1}{\sqrt{n+1}}-y_n=\frac{\sqrt{n+1}+\sqrt{n}-y_n}{\sqrt{n+1}(\sqrt{n+1}+\sqrt{n})},$$

这时 $0<y_{n+1}-y_n<\dfrac{2}{\sqrt{n+1}}$；于是当 $y_{n+1}-2\alpha, y_n-2\alpha$ 同号时，有

$$|y_{n+1}-2\alpha|\leqslant|y_n-2\alpha|;$$

当 $y_{n+1}-2\alpha, y_n-2\alpha$ 异号时，有

$$|y_{n+1}-2\alpha|\leqslant|y_{n+1}-y_n|\leqslant\frac{2}{\sqrt{n+1}}。$$

一般地有 $|y_{n+1}-2\alpha|\leqslant\max\left(|y_n-2\alpha|,\dfrac{2}{\sqrt{n+1}}\right)$。

注意到对任何 $N>0$，总有 $m\geqslant N$，使得 $y_{m+1}-2\alpha, y_m-2\alpha$ 异号。由上面的讨论可以得到

$$|y_k-2\alpha|\leqslant\frac{2}{\sqrt{m+1}}\leqslant\frac{2}{\sqrt{N+1}},\quad k=m+1,m+2,\cdots$$

因此，有 $\lim\limits_{n\to\infty}y_n=2\alpha$。

六 设 V 是 F 上 n 维线性空间，σ 是 V 上的线性变换，它在 V 的一组基下的矩阵为 $\boldsymbol{A}$。下面证明存在 σ-不变子空间 V_1,V_2 满足 $V=V_1\oplus V_2$，且 $\sigma|_{V_1}$ 是同构映射，$\sigma|_{V_2}$ 是幂零变换。

首先有子空间升链：$\ker\sigma\subseteq\ker\sigma^2\subseteq\cdots\subseteq\ker\sigma^k\subseteq\cdots$，从而存在正整数 m 使得 $\ker\sigma^m=\ker\sigma^{m+i}(i=1,2,\cdots)$。进而有 $\ker\sigma^m=\ker\sigma^{2m}$。

下面证明 $V=\ker\sigma^m\oplus\mathrm{Im}\sigma^m$。

$\forall\boldsymbol{\alpha}\in\ker\sigma^m\cap\mathrm{Im}\sigma^m$，由 $\boldsymbol{\alpha}\in\mathrm{Im}\sigma^m$，存在 $\boldsymbol{\beta}\in V$，使得 $\boldsymbol{\alpha}=\sigma^m(\boldsymbol{\beta})$。由此 $\boldsymbol{0}=\sigma^m(\boldsymbol{\alpha})=\sigma^{2m}(\boldsymbol{\beta})$，所以 $\boldsymbol{\beta}\in\ker\sigma^{2m}$，从而 $\boldsymbol{\beta}\in\ker\sigma^m=\ker\sigma^{2m}$。故

$$\boldsymbol{\alpha}=\sigma^m(\boldsymbol{\beta})=\boldsymbol{0},\quad \ker\sigma^m\cap\mathrm{Im}\sigma^m=\{\boldsymbol{0}\},$$

从而 $V=\ker\sigma^m\oplus\mathrm{Im}\sigma^m$。

由 $\sigma(\ker\sigma^m)\subseteq\ker\sigma^m$，$\sigma(\mathrm{Im}\sigma^m)\subseteq\mathrm{Im}\sigma^m$，知 $\ker\sigma^m$，$\mathrm{Im}\sigma^m$ 是 σ-不变子空间。又由 $\sigma^m(\ker\sigma^m)=\{\boldsymbol{0}\}$ 知 $\sigma|_{\ker\sigma^m}$ 是幂零变换。由 $\sigma(\mathrm{Im}\sigma^m)\subseteq\mathrm{Im}\sigma^m$ 知 $\sigma|_{\mathrm{Im}\sigma^m}$ 是满线性变换，从而可逆。

从 $V_1=\mathrm{Im}\sigma^m$，$V_2=\ker\sigma^m$ 中各找一组基 $\boldsymbol{\alpha}_1,\cdots,\boldsymbol{\alpha}_s$；$\boldsymbol{\beta}_1,\cdots,\boldsymbol{\beta}_t$，合并成 V 的一组基，σ 在此基下的矩阵为 $\begin{pmatrix}\boldsymbol{B}&\boldsymbol{0}\\\boldsymbol{0}&\boldsymbol{C}\end{pmatrix}$，其中 $\boldsymbol{B}$ 是 $\sigma|_{V_1}$ 在基 $\boldsymbol{\alpha}_1,\cdots,\boldsymbol{\alpha}_s$ 下的矩阵，从而可逆；$\boldsymbol{C}$ 是 $\sigma|_{V_2}$ 在基 $\boldsymbol{\beta}_1,\cdots,\boldsymbol{\beta}_t$ 下的矩阵，是幂零矩阵。从而 $\boldsymbol{A}$ 相似于 $\begin{pmatrix}\boldsymbol{B}&\boldsymbol{0}\\\boldsymbol{0}&\boldsymbol{C}\end{pmatrix}$，其中 $\boldsymbol{B}$ 是可逆矩阵，$\boldsymbol{C}$ 是幂零矩阵。

注 如果视 F 为复数域直接用若尔当标准形证明，证明正确可给 10 分：

存在可逆矩阵 $\boldsymbol{P}$，使得

$$\boldsymbol{P}^{-1}\boldsymbol{A}\boldsymbol{P}=\mathrm{diag}(\boldsymbol{J}(\lambda_1,n_1),\cdots,\boldsymbol{J}(\lambda_s,n_s),\boldsymbol{J}(0,m_1),\cdots,\boldsymbol{J}(0,m_t)),$$

其中 $\boldsymbol{J}(\lambda_i,n_i)$ 是特征值为 λ_i 的阶为 n_i 的若尔当块，$\lambda_i\neq0$；$\boldsymbol{J}(0,m_j)$ 是特征值为 0 的阶为 m_j 的若尔当块，令

$$\boldsymbol{B}=\mathrm{diag}(\boldsymbol{J}(\lambda_1,n_1),\cdots,\boldsymbol{J}(\lambda_s,n_s)),\quad \boldsymbol{C}=\mathrm{diag}(\boldsymbol{J}(0,m_1),\cdots,\boldsymbol{J}(0,m_t)),$$

则 $\boldsymbol{B}$ 为可逆矩阵，$\boldsymbol{C}$ 为幂零矩阵，$\boldsymbol{A}$ 相似于 $\begin{pmatrix}\boldsymbol{B}&\boldsymbol{0}\\\boldsymbol{0}&\boldsymbol{C}\end{pmatrix}$。

七　首先对于任何 $x\in\mathbb{R}$,不难由关于无穷积分收敛性的狄利克雷判别法得到 $\int_0^{+\infty}F(t)\sin(xt)\mathrm{d}t$ 收敛,记

$$f(x)=\int_0^{+\infty}F(t)\sin(xt)\mathrm{d}t,\quad \forall x\in\mathbb{R}。$$

由于 F 单调下降,则

$$\begin{aligned}&\int_{2k\pi}^{(2k+2)\pi}F(nt)\sin t\,\mathrm{d}t\\ =&\int_0^{\pi}(F(2nk\pi+nt)-F(2nk\pi+2n\pi-nt))\sin t\,\mathrm{d}t\geqslant 0,\quad k=0,1,2,\cdots\end{aligned}$$

从而

$$\begin{aligned}f\left(\frac{1}{n}\right)&=\int_0^{+\infty}F(t)\sin\frac{t}{n}\mathrm{d}t=\int_0^{+\infty}nF(nt)\sin t\,\mathrm{d}t\\&=\sum_{k=0}^{\infty}\int_{2k\pi}^{(2k+2)\pi}nF(nt)\sin t\,\mathrm{d}t\\&\geqslant\int_0^{2\pi}nF(nt)\sin t\,\mathrm{d}t=\int_0^{\pi}n(F(nt)-F(2n\pi-nt))\sin t\,\mathrm{d}t\\&\geqslant\int_0^{\pi/2}n(F(nt)-F(2n\pi-nt))\sin t\,\mathrm{d}t\\&\geqslant n\left[F\left(\frac{n\pi}{2}\right)-F\left(\frac{3n\pi}{2}\right)\right]\int_0^{\pi/2}\sin t\,\mathrm{d}t\\&=n\left[F\left(\frac{n\pi}{2}\right)-F\left(\frac{3n\pi}{2}\right)\right]\geqslant 0。\end{aligned}$$

结合 $\lim\limits_{n\to\infty}f\left(\frac{1}{n}\right)=0$ 得 $\lim\limits_{n\to\infty}n\left[F\left(\frac{n\pi}{2}\right)-F\left(\frac{3n\pi}{2}\right)\right]=0$。

这样,任取 $\delta>0$,有 $N>0$ 使得当 $n>N$ 时,有

$$n\left|F\left(\frac{n\pi}{2}\right)-F\left(\frac{3n\pi}{2}\right)\right|\leqslant\delta。$$

从而对于任何 $m>0,n>N$ 有

$$\begin{aligned}0\leqslant nF\left(\frac{n\pi}{2}\right)&\leqslant\sum_{k=0}^{m}n\left|F\left(\frac{3^k n\pi}{2}\right)-F\left(\frac{3^{k+1}n\pi}{2}\right)\right|+nF\left(\frac{3^{m+1}n\pi}{2}\right)\\&\leqslant\sum_{k=0}^{m}\frac{\delta}{3^k}+nF\left(\frac{3^{m+1}n\pi}{2}\right)\leqslant\frac{3\delta}{2}+nF\left(\frac{3^{m+1}n\pi}{2}\right)。\end{aligned}$$

上式中令 $m\to\infty$,由 $\lim\limits_{x\to+\infty}F(x)=0$ 得到

$$0\leqslant nF\left(\frac{n\pi}{2}\right)\leqslant\frac{3\delta}{2},\quad\forall n>N。$$

所以 $\lim\limits_{n\to\infty}nF\left(\frac{n\pi}{2}\right)=0$。进一步利用单调性,当 $x>\frac{\pi}{2}$ 时,有

$$0\leqslant xF(x)\leqslant\pi\left[\frac{2x}{\pi}\right]F\left(\left[\frac{2x}{\pi}\right]\cdot\frac{\pi}{2}\right),$$

其中 $[s]$ 表示实数 s 的整数部分。于是可得 $\lim\limits_{x\to+\infty}xF(x)=0$。

从而又知 $xF(x)$ 在 $[0,+\infty)$ 上有界,设上界为 $M\geqslant0$。$\forall\varepsilon\in(0,\pi)$,当 $x>0$ 时有

$$0 \leqslant f(x) = \int_0^{+\infty} x^{-1} F(x^{-1} t) \sin t \, \mathrm{d}t \leqslant \int_0^{\pi} x^{-1} t F(x^{-1} t) \frac{\sin t}{t} \mathrm{d}t$$

$$\leqslant x^{-1} \varepsilon F(x^{-1} \varepsilon) \int_{\varepsilon}^{\pi} \frac{\sin t}{t} \mathrm{d}t + M\varepsilon, \quad \forall x > 0。$$

于是 $0 \leqslant \overline{\lim\limits_{x \to 0^+}} f(x) \leqslant M\varepsilon$。由 $\varepsilon \in (0, \pi)$的任意性，可得 $\lim\limits_{x \to 0^+} f(x) = 0$。进而因 f 是奇函数推得$\lim\limits_{x \to 0} f(x) = 0$。

第四届全国大学生数学竞赛初赛(数学类,2012年)

试　　题

一(15分)　设Γ为椭圆抛物面$z=3x^2+4y^2+1$。从原点作Γ的切锥面。求切锥面的方程。

二(15分)　设Γ为抛物线,P是与焦点位于抛物线同侧的一点。过P的直线L与Γ围成的有界区域的面积记作$A(L)$。证明:$A(L)$取最小值当且仅当P恰为L被Γ所截出的线段的中点。

三(10分)　设$f\in C^1[0,+\infty),f(0)>0,f'(x)\geqslant 0,\forall x\in[0,+\infty)$。已知

$$\int_0^{+\infty}\frac{1}{f(x)+f'(x)}\mathrm{d}x<+\infty,$$

求证$\int_0^{+\infty}\frac{1}{f(x)}\mathrm{d}x<+\infty$。

四(10分)　设$\boldsymbol{A},\boldsymbol{B},\boldsymbol{C}$均为$n$阶正定矩阵,$\boldsymbol{P}(t)=\boldsymbol{A}t^2+\boldsymbol{B}t+\boldsymbol{C}$,$f(t)=\det\boldsymbol{P}(t)$,其中$t$为未定元,$\det\boldsymbol{P}(t)$表示$\boldsymbol{P}(t)$的行列式。若$\lambda$是$f(t)$的根,试证明:$\mathrm{Re}(\lambda)<0$,这里$\mathrm{Re}(\lambda)$表示$\lambda$的实部。

五(10分)　已知$\dfrac{(1+x)^n}{(1-x)^3}=\sum\limits_{i=0}^{\infty}a_ix^i$,$|x|<1$,$n$为正整数,求$\sum\limits_{i=0}^{n-1}a_i$。

六(15分)　设$f:[0,1]\to\mathbb{R}$可微,

$$f(0)=f(1),\quad\int_0^1 f(x)\mathrm{d}x=0\text{ 且 }f'(x)\neq 1,\forall x\in[0,1]。$$

求证:对于任意正整数n,有$\left|\sum\limits_{k=0}^{n-1}f\left(\dfrac{k}{n}\right)\right|<\dfrac{1}{2}$。

七(25分)　已知实矩阵$\boldsymbol{A}=\begin{pmatrix}2&2\\2&a\end{pmatrix}$,$\boldsymbol{B}=\begin{pmatrix}4&b\\3&1\end{pmatrix}$。证明:

(1) 矩阵方程$\boldsymbol{AX}=\boldsymbol{B}$有解但$\boldsymbol{BY}=\boldsymbol{A}$无解的充要条件是$a\neq 2,b=\dfrac{4}{3}$。

(2) $\boldsymbol{A}$相似于$\boldsymbol{B}$的充要条件是$a=3,b=\dfrac{2}{3}$。

(3) $\boldsymbol{A}$合同于$\boldsymbol{B}$的充要条件是$a<2,b=3$。

参考解答

一　设(x,y,z)为切锥面上的点(非原点)。存在唯一的t使得$t(x,y,z)$落在椭圆抛物面上。于是有

$$tz=(3x^2+4y^2)t^2+1,$$

并且这个关于 t 的二次方程只有一个根。于是,判别式

$$\Delta=z^2-4(3x^2+4y^2)=0。$$

这就是所求的切锥面的方程。

二 不妨设抛物线方程为 $y=x^2$,$P(x_0,y_0)$。P 与焦点在抛物线的同侧,则 $y_0>x_0^2$。设 L 的方程为 $y=k(x-x_0)+y_0$。L 与 Γ 的交点的 x 坐标满足

$$x^2=k(x-x_0)+y_0。$$

此方程有两个解 $x_1<x_2$ 满足 $x_1+x_2=k$,$x_1x_2=kx_0-y_0$。

L 与 x 轴,$x=x_1$,$x=x_2$ 构成的梯形面积

$$D=\frac{1}{2}(x_1^2+x_2^2)(x_2-x_1),$$

抛物线与 x 轴,$x=x_1$,$x=x_2$ 构成区域的面积为

$$\int_{x_1}^{x_2}x^2\mathrm{d}x=\frac{1}{3}(x_2^3-x_1^3),$$

于是有

$$A(L)=\frac{1}{2}(x_1^2+x_2^2)(x_2-x_1)-\frac{1}{3}(x_2^3-x_1^3)=\frac{1}{6}(x_2-x_1)^3,$$

$$\begin{aligned}36A(L)^2&=(x_2-x_1)^6=[(x_2+x_1)^2-4x_1x_2]^3\\&=(k^2-4kx_0+4y_0)^3=((k-2x_0)^2+4(y_0-x_0^2))^3\\&\geqslant 64(y_0-x_0^2)^3。\end{aligned}$$

等号成立当且仅当 $A(L)$ 取最小值,也就是,当且仅当 $k=2x_0$,即 $x_1+x_2=2x_0$。

三 由于 $f'(x)\geqslant 0$,$\forall x\in[0,+\infty)$,有

$$0\leqslant\int_0^N\frac{1}{f(x)}\mathrm{d}x-\int_0^N\frac{1}{f(x)+f'(x)}\mathrm{d}x\leqslant\int_0^N\frac{f'(x)}{f(x)(f(x)+f'(x))}\mathrm{d}x,$$

取极限,有

$$\lim_{N\to+\infty}\int_0^N\frac{f'(x)}{f(x)(f(x)+f'(x))}\mathrm{d}x\leqslant\lim_{N\to+\infty}\int_0^N\frac{f'(x)}{f^2(x)}\mathrm{d}x=\lim_{N\to+\infty}\left[-\frac{1}{f(x)}\right]_0^N=\frac{1}{f(0)}。$$

所以由已知条件,有

$$\int_0^{+\infty}\frac{1}{f(x)}\mathrm{d}x\leqslant\int_0^{+\infty}\frac{1}{f(x)+f'(x)}\mathrm{d}x+\frac{1}{f(0)}<+\infty。$$

四 设 λ 是 $f(t)$ 的根,则有 $\det\boldsymbol{P}(\lambda)=0$。从而 $\boldsymbol{P}(\lambda)$ 的 n 个列线性相关。于是存在 $\boldsymbol{\alpha}\neq\boldsymbol{0}$,使得 $\boldsymbol{P}(\lambda)\boldsymbol{\alpha}=\boldsymbol{0}$,进而 $\boldsymbol{\alpha}^*\boldsymbol{P}(\lambda)\boldsymbol{\alpha}=0$。

具体地,$\boldsymbol{\alpha}^*\boldsymbol{A}\boldsymbol{\alpha}\lambda^2+\boldsymbol{\alpha}^*\boldsymbol{B}\boldsymbol{\alpha}\lambda+\boldsymbol{\alpha}^*\boldsymbol{C}\boldsymbol{\alpha}=0$。令

$$a=\boldsymbol{\alpha}^*\boldsymbol{A}\boldsymbol{\alpha},\quad b=\boldsymbol{\alpha}^*\boldsymbol{B}\boldsymbol{\alpha},\quad c=\boldsymbol{\alpha}^*\boldsymbol{C}\boldsymbol{\alpha},$$

则由 $\boldsymbol{A},\boldsymbol{B},\boldsymbol{C}$ 皆为正定矩阵知 $a>0$,$b>0$,$c>0$,且 $\lambda=\dfrac{-b\pm\sqrt{b^2-4ac}}{2a}$。

注意到,当 $b^2-4ac\geqslant 0$ 时,$\sqrt{b^2-4ac}<b$,从而有

$$\mathrm{Re}(\lambda)=\frac{-b\pm\sqrt{b^2-4ac}}{2a}<0。$$

当 $b^2-4ac<0$ 时，$\sqrt{b^2-4ac}=\mathrm{i}\sqrt{4ac-b^2}$,从而有 $\mathrm{Re}(\lambda)=\dfrac{-b}{2a}<0$。

五　由于 $\sum\limits_{i=0}^{n-1}a_i$ 恰为 $\dfrac{(1+x)^n}{(1-x)^3}\dfrac{1}{1-x}$展开式中 x^{n-1}的系数,而

$$\frac{(1+x)^n}{(1-x)^4}=\frac{(2-(1-x))^n}{(1-x)^4}=\sum_{i=0}^{n}(-1)^i\mathrm{C}_n^i 2^{n-i}(1-x)^{i-4},$$

其 x^{n-1}项系数等于

$$2^n(1-x)^{-4}-n2^{n-1}(1-x)^{-3}+\frac{n(n-1)}{2}2^{n-2}(1-x)^{-2}-\frac{n(n-1)(n-2)}{6}2^{n-3}(1-x)^{-1}$$

的 x^{n-1}项系数,也就等于

$$\frac{2^n}{3!}((1-x)^{-1})'''-\frac{n2^{n-1}}{2!}((1-x)^{-1})''+\frac{n(n-1)2^{n-2}}{2}((1-x)^{-1})'-\frac{n(n-1)(n-2)2^{n-3}}{6}(1-x)^{-1}$$

的 x^{n-1}项系数,它等于

$$\frac{2^n}{3!}(n+2)(n+1)n-\frac{n2^{n-1}}{2!}(n+1)n+\frac{n(n-1)2^{n-2}}{2}n-\frac{n(n-1)(n-2)2^{n-3}}{6}。$$

所以 $\sum\limits_{i=0}^{n-1}a_i=\dfrac{n(n+2)(n+7)}{3}2^{n-4}$。

六　由于 $f(0)=f(1)$,故存在 $c\in(0,1)$使得 $f'(c)=0$。

又 $f'(x)\neq1,\forall x\in[0,1]$,由导函数介值性质恒有 $f'(x)<1$。令 $g(x)=f(x)-x$,则 $g(x)$为单调下降函数。故

$$-\frac{1}{2}+\frac{1}{n}=\int_0^1 g(x)\mathrm{d}x+\frac{1}{n}>\frac{1}{n}\left(\sum_{k=1}^{n}g\left(\frac{k}{n}\right)+1\right)$$
$$=\frac{1}{n}\sum_{k=0}^{n-1}g\left(\frac{k}{n}\right)>\int_0^1 g(x)\mathrm{d}x=-\frac{1}{2}。$$

于是有 $\left|\sum\limits_{k=0}^{n-1}f\left(\dfrac{k}{n}\right)\right|=\left|\sum\limits_{k=0}^{n-1}g\left(\dfrac{k}{n}\right)+\dfrac{n-1}{2}\right|<\dfrac{1}{2}$。

七　(1) 矩阵方程 $\boldsymbol{AX}=\boldsymbol{B}$ 有解等价于 $\boldsymbol{B}$ 的列向量可由 $\boldsymbol{A}$ 的列向量线性表示。$\boldsymbol{BY}=\boldsymbol{A}$ 无解等价于 $\boldsymbol{A}$ 的某个列向量不能由 $\boldsymbol{B}$ 的列向量线性表示。对$(\boldsymbol{A},\boldsymbol{B})$作初等行变换,有

$$\begin{pmatrix}2&2&4&b\\2&a&3&1\end{pmatrix}\to\begin{pmatrix}2&2&4&b\\0&a-2&-1&1-b\end{pmatrix}。$$

可知,$\boldsymbol{B}$ 的列向量组可由 $\boldsymbol{A}$ 的列向量线性表示当且仅当 $a\neq2$。对矩阵$(\boldsymbol{B},\boldsymbol{A})$做初等行变换,有

$$(\boldsymbol{B},\boldsymbol{A})=\begin{pmatrix}4&b&2&2\\3&1&2&a\end{pmatrix}\to\begin{pmatrix}4&b&2&2\\0&1-3b/4&1/2&a-3/2\end{pmatrix}。$$

由此可知 $\boldsymbol{A}$ 的列向量组不能由 $\boldsymbol{B}$ 的列向量线性表示的充要条件是 $b=\dfrac{4}{3}$。所以矩阵方程 $\boldsymbol{AX}=\boldsymbol{B}$ 有解但 $\boldsymbol{BY}=\boldsymbol{A}$ 无解的充要条件是 $a\neq2,b=\dfrac{4}{3}$。

(2) 若 $\boldsymbol{A},\boldsymbol{B}$ 相似,则有 $\mathrm{tr}\boldsymbol{A}=\mathrm{tr}\boldsymbol{B}$ 且 $|\boldsymbol{A}|=|\boldsymbol{B}|$,故有 $a=3,b=\frac{2}{3}$。反之,若 $a=3,b=\frac{2}{3}$,则有

$$\boldsymbol{A}=\begin{pmatrix}2 & 2\\2 & 3\end{pmatrix},\quad \boldsymbol{B}=\begin{pmatrix}4 & 2/3\\3 & 1\end{pmatrix},$$

$\boldsymbol{A}$ 和 $\boldsymbol{B}$ 的特征多项式均为 $\lambda^2-5\lambda+2$。由于 $\lambda^2-5\lambda+2=0$ 有两个不同的根,从而 $\boldsymbol{A}$ 和 $\boldsymbol{B}$ 都可以相似于同一对角阵,所以 $\boldsymbol{A}$ 和 $\boldsymbol{B}$ 相似。

(3) 由于 $\boldsymbol{A}$ 为对称阵,若 $\boldsymbol{A}$ 和 $\boldsymbol{B}$ 合同,则 $\boldsymbol{B}$ 也是对称阵,故 $b=3$。矩阵 $\boldsymbol{B}$ 对应的二次型为

$$g(x_1,x_2)=4x_1^2+6x_1x_2+x_2^2=(3x_1+x_2)^2-5x_1^2。$$

在可逆线性变换 $y_1=3x_1+x_2,y_2=x_1$ 下,$g(x_1,x_2)$ 变成标准形 $y_1^2-5y_2^2$。由此,$\boldsymbol{B}$ 的正、负惯性指数都为 1。类似地,$\boldsymbol{A}$ 对应的二次型为

$$f(x_1,x_2)=2x_1^2+4x_1x_2+ax_2^2=2(x_1+x_2)^2+(a-2)x_2^2。$$

在可逆线性变换 $z_1=x_1+x_2,z_2=x_2$ 下,$f(x_1,x_2)$ 变成标准形 $2z_1^2+(a-2)z_2^2$。$\boldsymbol{A}$ 和 $\boldsymbol{B}$ 合同的充要条件是它们有相同的正、负惯性指数,故 $\boldsymbol{A}$ 和 $\boldsymbol{B}$ 合同的充要条件是 $a<2$,$b=3$。

第五届全国大学生数学竞赛初赛(数学类,2013年)

试　　题

一(15分)　平面$\mathbb{R}^2$上两个半径为r的圆C_1,C_2外切于P点,将圆C_2沿C_1的圆周(无滑动)滚动一周,这时C_2上的P点也随C_2的运动而运动。记Γ为P点的运动轨迹曲线,称为心脏线。现设C为以P的初始位置(切点)为圆心的圆,其半径为R。记$\gamma:\mathbb{R}^2\cup\{\infty\}\to\mathbb{R}^2\cup\{\infty\}$为圆$C$的反演变换,它将$Q\in\mathbb{R}^2\setminus\{P\}$映成射线$PQ$上的点$Q'$,满足$\overrightarrow{PQ}\cdot\overrightarrow{PQ'}=R^2$。求证:$\gamma(\Gamma)$为抛物线。

二(10分)　设n阶方阵$\boldsymbol{B}(t)$和$n\times 1$矩阵$\boldsymbol{b}(t)$分别为

$$\boldsymbol{B}(t)=(b_{ij}(t)),\boldsymbol{b}(t)=(b_1(t),b_2(t),\cdots,b_n(t))^{\mathrm{T}},$$

其中$b_{ij}(t)$,$b_i(t)$均为关于t的实系数多项式,$i,j=1,2,\cdots,n$。记$d(t)$为$\boldsymbol{B}(t)$的行列式,$d_i(t)$为用$\boldsymbol{b}(t)$替代$\boldsymbol{B}(t)$的第i列后所得的n阶矩阵的行列式。若$d(t)$有实根t_0,使得$\boldsymbol{B}(t_0)\boldsymbol{x}=\boldsymbol{b}(t_0)$成为关于$\boldsymbol{x}$的相容线性方程组,试证明:$d(t)$,$d_1(t)$,$\cdots$,$d_n(t)$必有次数大于等于1的公因式。

三(15分)　设$f(x)$在区间$[0,a]$上有二阶连续导数,$f'(0)=1$,$f''(0)\neq 0$且$0<f(x)<x$,$x\in(0,a)$。令$x_{n+1}=f(x_n)$,$n=1,2,\cdots$,$x_1\in(0,a)$。

(1) 求证$\{x_n\}$收敛并求极限;

(2) 试问$\{nx_n\}$是否收敛。若不收敛,则说明理由;若收敛,则求其极限。

四(15分)　设$a>1$,函数$f:(0,+\infty)\to(0,+\infty)$可微,求证:存在趋于无穷的正数列$\{x_n\}$使得$f'(x_n)<f(ax_n)$,$n=1,2,\cdots$。

五(20分)　设$f:[-1,1]\to\mathbb{R}$为偶函数,f在$[0,1]$上单调递增。又设g是$[-1,1]$上的凸函数,即对任意x,$y\in[-1,1]$及$t\in(0,1)$有

$$g(tx+(1-t)y)\leqslant tg(x)+(1-t)g(y)。$$

求证:$2\int_{-1}^{1}f(x)g(x)\mathrm{d}x\geqslant\int_{-1}^{1}f(x)\mathrm{d}x\int_{-1}^{1}g(x)\mathrm{d}x$。

六(25分)　设$\mathbb{R}^{n\times n}$为n阶实方阵全体,$\boldsymbol{E}_{ij}$为(i,j)位置元素为1,其余位置元素为0的n阶方阵,$i,j=1,2,\cdots,n$。让Γ_r为秩等于r的n阶实方阵全体,$r=0,1,2,\cdots,n$,并让$\phi:\mathbb{R}^{n\times n}\to\mathbb{R}^{n\times n}$为可乘映射,即满足:$\phi(\boldsymbol{AB})=\phi(\boldsymbol{A})\phi(\boldsymbol{B})$,$\forall\boldsymbol{A},\boldsymbol{B}\in\mathbb{R}^{n\times n}$。

试证明:(1) $\forall\boldsymbol{A},\boldsymbol{B}\in\Gamma_r$,秩$\phi(\boldsymbol{A})=$秩$\phi(\boldsymbol{B})$。

(2) 若$\phi(\boldsymbol{0})=\boldsymbol{0}$,且存在某个秩为1的矩阵$\boldsymbol{W}$,使得$\phi(\boldsymbol{W})\neq\boldsymbol{0}$,则必存在可逆方阵$\boldsymbol{R}$使得$\phi(\boldsymbol{E}_{ij})=\boldsymbol{R}\boldsymbol{E}_{ij}\boldsymbol{R}^{-1}$对于一切$\boldsymbol{E}_{ij}$皆成立,$i,j=1,2,\cdots,n$。

参考解答

一　以C_1为圆心,O为原点建立直角坐标系,使得初始切点$P=(0,r)$。将圆C_2沿

C_1 的圆周滚动到 Q 点，记角 $\angle POQ=\theta$，则 $Q=(r\sin\theta, r\cos\theta)$。令 l_Q 为 C_1 在 Q 点的切线，它的单位法向量为 $\boldsymbol{n}=(\sin\theta,\cos\theta)$。这时，$P$ 点运动到 P 关于直线 l_Q 的对称点 $P'=P(\theta)$ 处。于是，$\overrightarrow{OP'}=\overrightarrow{OP}+\overrightarrow{PP'}=\overrightarrow{OP}-2(\overrightarrow{QP}\cdot\boldsymbol{n})\boldsymbol{n}$。故 P 点的运动轨迹曲线（心脏线）为

$$P(\theta)=P'=(2r(1-\cos\theta)\sin\theta, r+2r(1-\cos\theta)\cos\theta), 0\leqslant\theta\leqslant 2\pi。$$

容易得到，圆 C 的反演变换的坐标表示为

$$(\tilde{x},\tilde{y})=(0,r)+\frac{R^2}{x^2+(y-r)^2}(x,y-r)。$$

将 $(x,y)=P(\theta)$ 代入，得到

$$(\tilde{x},\tilde{y})=\left(\frac{R^2\sin\theta}{2r(1-\cos\theta)},\frac{R^2\cos\theta}{2r(1-\cos\theta)}+r\right)。$$

直接计算，得到抛物线方程为

$$\tilde{y}=\frac{r}{R^2}\tilde{x}^2+\left(r-\frac{R^2}{4r}\right)。$$

二　设 $\boldsymbol{B}(t)$ 的第 i 列为 $\boldsymbol{B}_i(t)$，$i=1,2,\cdots,n$。

断言：$t-t_0$ 是 $d(t),d_1(t),\cdots,d_n(t)$ 的公因式。

反证。不失一般性，设 $d_1(t_0)\neq 0$，于是

$$\text{秩}\,[\boldsymbol{B}(t_0),\boldsymbol{b}(t_0)]=n，\text{因为 } d_1(t_0)\neq 0。$$

注意到秩 $\boldsymbol{B}(t_0)\leqslant n-1$，从而有

$$\text{增广矩阵}[\boldsymbol{B}(t_0),\boldsymbol{b}(t_0)]\text{的秩}\neq\boldsymbol{B}(t_0)\text{的秩}，$$

从而 $\boldsymbol{B}(t_0)\boldsymbol{x}=\boldsymbol{b}(t_0)$ 不相容。矛盾。

三　(1) 由条件 $0<x_2=f(x_1)<x_1$，归纳可证得 $0<x_{n+1}<x_n$，于是 $\{x_n\}$ 有极限，设为 x_0。由 f 的连续性及 $x_{n+1}=f(x_n)$，得 $x_0=f(x_0)$。又因为当 $x>0$ 时，$f(x)>x$，所以只有 $x_0=0$，即 $\lim\limits_{n\to\infty}x_n=0$。

(2) 由施托尔茨定理和洛必达法则，有

$$\begin{aligned}\lim_{n\to\infty}nx_n&=\lim_{n\to\infty}\frac{n}{1/x_n}=\lim_{n\to\infty}\frac{1}{1/x_{n+1}-1/x_n}=\lim_{n\to\infty}\frac{x_nx_{n+1}}{x_n-x_{n+1}}=\lim_{n\to\infty}\frac{x_nf(x_n)}{x_n-f(x_n)}\\&=\lim_{x\to 0}\frac{xf(x)}{x-f(x)}=\lim_{x\to 0}\frac{f(x)+xf'(x)}{1-f'(x)}=\lim_{x\to 0}\frac{2f'(x)+xf''(x)}{-f''(x)}=-\frac{2}{f''(0)}。\end{aligned}$$

四　若结论不正确，则存在 $x_0>0$ 使得当 $x\geqslant x_0$ 时，有

$$f'(x)\geqslant f(ax)>0。$$

于是当 $x>x_0$ 时，$f(x)$ 严格递增，且由微分中值定理，有

$$f(ax)-f(x)=f'(\xi)(a-1)x\geqslant f(a\xi)(a-1)x>f(ax)(a-1)x。$$

但这对于 $x>\dfrac{1}{a-1}$ 是不能成立的。

五　由于 f 为偶函数，可得 $\int_{-1}^{1}f(x)g(x)\mathrm{d}x=\int_{-1}^{1}f(x)g(-x)\mathrm{d}x$。因而

$$\begin{aligned}2\int_{-1}^{1}f(x)g(x)\mathrm{d}x&=\int_{-1}^{1}f(x)(g(x)+g(-x))\mathrm{d}x\\&=2\int_{0}^{1}f(x)(g(x)+g(-x))\mathrm{d}x。\end{aligned}\tag{1}$$

因为 g 是$[-1,1]$上的凸函数,所以函数 $h(x)=g(x)+g(-x)$ 在$[0,1]$上递增,故对任意 $x,y\in[0,1]$,有 $(f(x)-f(y))(h(x)-h(y))\geqslant 0$,因而

$$\int_0^1\int_0^1(f(x)-f(y))(h(x)-h(y))\mathrm{d}x\mathrm{d}y\geqslant 0。$$

由此可得

$$\begin{aligned}2\int_0^1 f(x)h(x)\mathrm{d}x &\geqslant 2\int_0^1 f(x)\mathrm{d}x\cdot\int_0^1 h(x)\mathrm{d}x\\ &=\frac{1}{2}\int_{-1}^1 f(x)\mathrm{d}x\cdot\int_{-1}^1 h(x)\mathrm{d}x=\int_{-1}^1 f(x)\mathrm{d}x\cdot\int_{-1}^1 g(x)\mathrm{d}x。\end{aligned}$$

结合(1)式即得结论。

六　(1) $\forall \boldsymbol{A},\boldsymbol{B}\in\Gamma_r$ 表明 $\boldsymbol{A}$ 可以表示为 $\boldsymbol{A}=\boldsymbol{PBQ}$,其中 $\boldsymbol{P},\boldsymbol{Q}$ 可逆,结果 $\phi(\boldsymbol{A})=\phi(\boldsymbol{P})\phi(\boldsymbol{B})\phi(\boldsymbol{Q})$,从而秩 $\phi(\boldsymbol{A})\leqslant$ 秩 $\phi(\boldsymbol{B})$;对称地有,秩 $\phi(\boldsymbol{B})\leqslant$ 秩 $\phi(\boldsymbol{A})$;即有秩 $\phi(\boldsymbol{A})=$ 秩 $\phi(\boldsymbol{B})$成立。

(2) 考察矩阵集合 $\{\phi(\boldsymbol{E}_{ij})\mid i,j=1,2,\cdots,n\}$。考察 $\phi(\boldsymbol{E}_{11}),\cdots,\phi(\boldsymbol{E}_{nn})$。由(1)知 $\phi(\boldsymbol{E}_{ij})$为非零阵,特别地,$\phi(\boldsymbol{E}_{ii})$为非零幂等阵,故存在单位特征向量 $\boldsymbol{w}_i$ 使得

$$\phi(\boldsymbol{E}_{ii})\boldsymbol{w}_i=\boldsymbol{w}_i,\quad i=1,2,\cdots,n。$$

从而得向量组 $\boldsymbol{w}_1,\boldsymbol{w}_2,\cdots,\boldsymbol{w}_n$。

此向量组有如下性质:

a) $\phi(\boldsymbol{E}_{ii})\boldsymbol{w}_k=\begin{cases}\phi(\boldsymbol{E}_{ii})\phi(\boldsymbol{E}_{kk})\boldsymbol{w}_k=\phi(\boldsymbol{E}_{ii}\boldsymbol{E}_{kk})\boldsymbol{w}_k=\boldsymbol{0},k\neq i,\\ \boldsymbol{w}_i,k=i。\end{cases}$

b) $\boldsymbol{w}_1,\boldsymbol{w}_2,\cdots,\boldsymbol{w}_n$ 线性无关,从而构成$\mathbb{R}^n$的基,矩阵 $\boldsymbol{W}=[\boldsymbol{w}_1,\boldsymbol{w}_2,\cdots,\boldsymbol{w}_n]$为可逆矩阵。

事实上,若 $x_1\boldsymbol{w}_1+x_2\boldsymbol{w}_2+\cdots+x_n\boldsymbol{w}_n=\boldsymbol{0}$,则在两边用 $\phi(\boldsymbol{E}_{ii})$作用之,得

$$\boldsymbol{x}_i=\boldsymbol{0},\quad i=1,2,\cdots,n。$$

c) 当 $k\neq j$ 时,$\phi(\boldsymbol{E}_{ij})\boldsymbol{w}_k=\phi(\boldsymbol{E}_{ij})\phi(\boldsymbol{E}_{kk})\boldsymbol{w}_k=\phi(\boldsymbol{E}_{ij}\boldsymbol{E}_{kk})\boldsymbol{w}_k=\boldsymbol{0}$;

当 $k=j$ 时,$\phi(\boldsymbol{E}_{ij})\boldsymbol{w}_k=b_{1j}\boldsymbol{w}_1+\cdots+b_{ij}\boldsymbol{w}_i+\cdots+b_{nj}\boldsymbol{w}_n$。

两边分别用 $\phi(\boldsymbol{E}_{11}),\cdots,\phi(\boldsymbol{E}_{i-1,i-1}),\phi(\boldsymbol{E}_{i+1,i+1}),\cdots,\phi(\boldsymbol{E}_{nn})$作用,得

$$\boldsymbol{0}=\phi(\boldsymbol{E}_{11}\boldsymbol{E}_{ij})\boldsymbol{w}_j=\phi(\boldsymbol{E}_{11})\phi(\boldsymbol{E}_{ij})\boldsymbol{w}_k=b_{1j}\boldsymbol{w}_1,\cdots,$$
$$\boldsymbol{0}=\phi(\boldsymbol{E}_{nn}\boldsymbol{E}_{ij})\boldsymbol{w}_j=\phi(\boldsymbol{E}_{nn})(b_{1j}\boldsymbol{w}_1+\cdots+b_{ij}\boldsymbol{w}_i+\cdots+b_{nj}\boldsymbol{w}_n)=b_{nj}\boldsymbol{w}_n,$$

即有 $b_{1j}=\cdots=b_{i-1,j}=b_{i+1,j}=\cdots=b_{nj}=0$。从而 $\phi(\boldsymbol{E}_{ij})\boldsymbol{w}_j=b_{ij}\boldsymbol{w}_i$。

进一步,$b_{ij}\neq 0$,否则有 $\phi(\boldsymbol{E}_{ij})[\boldsymbol{w}_1,\boldsymbol{w}_2,\cdots,\boldsymbol{w}_n]=\boldsymbol{0}$,导致 $\phi(\boldsymbol{E}_{ij})$为零阵,不可能。这样通过计算 $\phi(\boldsymbol{E}_{ij})\boldsymbol{w}_j,i,j=1,2,\cdots,n$,我们得到 n^2 个非零实数构成的方阵

$$\begin{pmatrix}b_{11}&\cdots&b_{1n}\\ \vdots&&\vdots\\ b_{n1}&\cdots&b_{nn}\end{pmatrix}。$$

注意到 $\boldsymbol{E}_{mr}\boldsymbol{E}_{rs}=\boldsymbol{E}_{ms}$,从而有

$$b_{ms}\boldsymbol{w}_m=\phi(\boldsymbol{E}_{ms})\boldsymbol{w}_s=\phi(\boldsymbol{E}_{mr})\phi(\boldsymbol{E}_{rs})\boldsymbol{w}_s=\phi(\boldsymbol{E}_{mr})b_{rs}\boldsymbol{w}_r=b_{rs}b_{mr}\boldsymbol{w}_m,$$

因此有 $b_{mr}b_{rs}=b_{ms}$。

最后,令 $\boldsymbol{v}_i=b_{i1}\boldsymbol{w}_i,i=1,2,\cdots,n$,则有

$$\phi(\boldsymbol{E}_{ij})\boldsymbol{v}_k=\begin{cases}\phi(\boldsymbol{E}_{ij})b_{j1}\boldsymbol{w}_j=b_{j1}b_{ij}\boldsymbol{w}_i=b_{i1}\boldsymbol{w}_i=\boldsymbol{v}_i,& k=j,\\ \boldsymbol{0},& k\neq j。\end{cases}$$

令 $\boldsymbol{R}=(\boldsymbol{v}_1,\boldsymbol{v}_2,\cdots,\boldsymbol{v}_n)$，则 $\boldsymbol{R}=(\boldsymbol{w}_1,\boldsymbol{w}_2,\cdots,\boldsymbol{w}_n)\begin{pmatrix} b_{11} & & & \\ & b_{21} & & \\ & & \ddots & \\ & & & b_{n1} \end{pmatrix}$ 为可逆矩阵，且

$\phi(\boldsymbol{E}_{ij})\boldsymbol{R}=\phi(\boldsymbol{E}_{ij})(\boldsymbol{v}_1,\boldsymbol{v}_2,\cdots,\boldsymbol{v}_n)=(\boldsymbol{0},\cdots,\boldsymbol{0},\boldsymbol{v}_i,\boldsymbol{0},\cdots,\boldsymbol{0})=(\boldsymbol{v}_1,\boldsymbol{v}_2,\cdots,\boldsymbol{v}_n)\boldsymbol{E}_{ij}$，即 $\phi(\boldsymbol{E}_{ij})=\boldsymbol{R}\boldsymbol{E}_{ij}\boldsymbol{R}^{-1}$，对一切 $\boldsymbol{E}_{ij}$ 皆成立，$i,j=1,2,\cdots,n$。

第六届全国大学生数学竞赛初赛(数学类,2014年)

试　　题

一(15分)　已知空间的两条直线：

$$l_1:\frac{x-4}{1}=\frac{y-3}{-2}=\frac{z-8}{1},\quad l_2:\frac{x+1}{7}=\frac{y+1}{-6}=\frac{z+1}{1},$$

(1) 证明 l_1 和 l_2 异面；

(2) 求 l_1 和 l_2 公垂线的标准方程；

(3) 求连接 l_1 上任一点和 l_2 上的任一点线段中点的轨迹的一般方程。

二(15分)　设 $f\in C[0,1]$是非负的严格单调增加函数。

(1) 证明:对任意 $n\in\mathbb{N}^+$,存在唯一的 $x_n\in[0,1]$,使得 $(f(x_n))^n=\int_0^1(f(x))^n\mathrm{d}x$。

(2) 证明：$\lim\limits_{n\to\infty}x_n=1$。

三(15分)　设 V 为闭区间$[0,1]$上全体实函数构成的实向量空间,其中向量加法和纯量乘法均为通常的。$f_1,f_2,\cdots,f_n\in V$。证明以下两条等价：

(1) $f_1,f_2,\cdots,f_n$ 线性无关；

(2) $\exists a_1,a_2,\cdots,a_n\in[0,1]$使得 $\det[f_i(a_j)]\neq 0$,这里 det 表示行列式。

四(15分)　设 $f(x)$在$\mathbb{R}$上有二阶导函数,$f(x)$, $f'(x)$,$f''(x)$均大于零,假设存在正数 a,b,使得 $f''(x)\leqslant af(x)+bf'(x)$对于一切 $x\in\mathbb{R}$ 成立。

(1) 求证：$\lim\limits_{x\to-\infty}f'(x)=0$；

(2) 求证:存在常数 c 使得 $f'(x)\leqslant cf(x)$；

(3) 求使上面不等式成立的最小常数 c。

五(20分)　设 m 为给定的正整数。证明:对任何的正整数 n,l,存在 m 阶方阵 $\boldsymbol{X}$ 使得

$$\boldsymbol{X}^n+\boldsymbol{X}^l=\boldsymbol{E}+\begin{pmatrix}1&0&0&\cdots&0&0\\2&1&0&\cdots&0&0\\3&2&1&\cdots&0&0\\\vdots&\vdots&\vdots&\ddots&\vdots&\vdots\\m-1&m-2&m-3&\cdots&1&0\\m&m-1&m-2&\cdots&2&1\end{pmatrix}。$$

六(20分)　设 $\alpha\in(0,1)$,$\{a_n\}$是正数列且满足

$$\lim_{n\to\infty}n^\alpha\left(\frac{a_n}{a_{n+1}}-1\right)=\lambda\in(0,+\infty)。$$

求证：$\lim\limits_{n\to\infty}n^k a_n=0$,其中 $k>0$。

参考解答

一　(1) l_1 上有点 $R_1=(4,3,8)$，$\overrightarrow{OR_1}=\boldsymbol{r}_1$，方向向量为 $\boldsymbol{v}_1=(1,-2,1)$；$l_2$ 上有点 $R_2=(-1,-1,-1)$，$\overrightarrow{OR_2}=\boldsymbol{r}_2$，方向向量为 $\boldsymbol{v}_2=(7,-6,1)$。又混合积

$$(\boldsymbol{r}_1-\boldsymbol{r}_2,\boldsymbol{v}_1,\boldsymbol{v}_2)=\det\begin{pmatrix}5&4&9\\1&-2&1\\7&-6&1\end{pmatrix}\neq 0,$$

所以 l_1 和 l_2 异面。

(2) l_1 上任一点 $P_1(\overrightarrow{OP_1}=\boldsymbol{r}_1+t_1\boldsymbol{v}_1)$ 与 l_2 上的任一点 $P_2(\overrightarrow{OP_2}=\boldsymbol{r}_2+t_2\boldsymbol{v}_2)$ 的连线的方向向量为

$$\overrightarrow{P_1P_2}=\boldsymbol{r}_2-\boldsymbol{r}_1+t_2\boldsymbol{v}_2-t_1\boldsymbol{v}_1=(-5+7t_2-t_1,-4-6t_2+2t_1,-9+t_2-t_1)。$$

公垂线的方向向量为

$$\boldsymbol{v}=\boldsymbol{v}_1\times\boldsymbol{v}_2=\begin{vmatrix}\boldsymbol{i}&\boldsymbol{j}&\boldsymbol{k}\\1&-2&1\\7&-6&1\end{vmatrix}=(4,6,8)。$$

由于 $\overrightarrow{P_1P_2}/\!/\boldsymbol{v}$，所以 $(-5+7t_2-t_1):(-4-6t_2+2t_1):(-9+t_2-t_1)=4:6:8$，得 $t_1=-1$，$t_2=0$，故 $\boldsymbol{r}_2+0\boldsymbol{v}_2=(-1,-1,-1)$，即点 $(-1,-1,-1)$ 在公垂线上，从而公垂线的标准方程为

$$\frac{x+1}{4}=\frac{y+1}{6}=\frac{z+1}{8}。$$

(3) 由(2)得 P_1，P_2 的中点为

$$\frac{1}{2}(3+t_1+7t_2,2-2t_1-6t_2,7+t_1+t_2)。$$

因此中点的轨迹为一个平面，平面的法向量为 $\boldsymbol{v}=\boldsymbol{v}_1\times\boldsymbol{v}_2=(4,6,8)$。又 $\frac{1}{2}(3,2,7)$ 在平面上，故轨迹的方程为 $4x+6y+8z-40=0$，即 $2x+3y+4z-20=0$。

二　(1) $[f(0)]^n\leqslant\int_0^1(f(x))^n\mathrm{d}x\leqslant[f(1)]^n$，由连续函数的介值性质得到 x_n 的存在性。由于 f 是严格单调函数，所以 x_n 是唯一的。

(2) 对于任意小的 $\varepsilon>0$，由于 f 的非负性和单调性，有

$$(f(x_n))^n\geqslant\int_{1-\varepsilon}^1(f(1-\varepsilon))^n\mathrm{d}x=\varepsilon(f(1-\varepsilon))^n,$$

故 $f(x_n)\geqslant\sqrt[n]{\varepsilon}f(1-\varepsilon)$，从而 $\varliminf\limits_{n\to\infty}f(x_n)\geqslant f(1-\varepsilon)$。

由 f 的单调性，$\varliminf\limits_{n\to\infty}x_n\geqslant 1-\varepsilon$。由 ε 的任意性，有 $\lim\limits_{n\to\infty}x_n=1$。

三　(2)⇒(1)。

考虑方程 $\lambda_1f_1+\lambda_2f_2+\cdots+\lambda_nf_n=0$。将 $a_1,a_2,\cdots,a_n$ 分别代入，得

$$\begin{cases}\lambda_1f_1(a_1)+\lambda_2f_2(a_1)+\cdots+\lambda_nf_n(a_1)=0,\\ \qquad\vdots\\ \lambda_1f_1(a_n)+\lambda_2f_2(a_n)+\cdots+\lambda_nf_n(a_n)=0。\end{cases}$$

注意到上述齐次线性方程组的系数矩阵为$(f_i(a_j))^{\mathrm{T}}$,因此由$\det[f_i(a_j)]\neq 0$知方程组只有零解

$$\lambda_1=\lambda_2=\cdots=\lambda_n=0。$$

(1)⇒(2)。用归纳法。首先,$n=1$时显然成立;

其次,设当$n=k$时结论成立,则当$n=k+1$时,由$f_1,f_2,\cdots,f_{k+1}$线性无关知,$f_1,f_2,\cdots,f_k$线性无关。因此$\exists a_1,a_2,\cdots,a_k\in[0,1]$使得$\det[f_i(a_j)]_{k\times k}\neq 0$。观察函数

$$F(x)=\det\begin{pmatrix} f_1(a_1) & \cdots & f_1(a_k) & f_1(x) \\ \vdots & & \vdots & \vdots \\ f_k(a_1) & \cdots & f_k(a_k) & f_k(x) \\ f_{k+1}(a_1) & \cdots & f_{k+1}(a_k) & f_{k+1}(x) \end{pmatrix},$$

按最后一列展开得$F(x)=\lambda_1 f_1(x)+\cdots+\lambda_k f_k(x)+\lambda_{k+1}f_{k+1}(x)$,其中$\lambda_1,\lambda_2,\cdots,\lambda_{k+1}$均为常量。注意到$\lambda_{k+1}\neq 0$,由$f_1,f_2,\cdots,f_{k+1}$线性无关知$F(x)$不恒为0,从而$\exists a_{k+1}\in[0,1]$使得$F(a_{k+1})\neq 0$。亦即$a_1,a_2,\cdots,a_{k+1}\in[0,1]$,$\det[f_i(a_j)]\neq 0$。

四 由条件知f,f'是单调递增的正函数,因此$\lim\limits_{x\to-\infty}f(x)$,$\lim\limits_{x\to-\infty}f'(x)$都存在。根据微分中值定理,对任意的$x$,存在$\theta_x\in(0,1)$使得

$$f(x+1)-f(x)=f'(x+\theta_x)>f'(x)>0。$$

上式左边当$x\to-\infty$时极限为0,因而$\lim\limits_{x\to-\infty}f'(x)=0$。

设$c=\dfrac{b+\sqrt{b^2+4a}}{2}$,则$c>b>0$,且$\dfrac{a}{b-c}=-c$。于是根据条件有

$$f''(x)-cf'(x)\leqslant(b-c)f'(x)+af(x)=(b-c)(f'(x)-cf(x))。$$

这说明函数$\mathrm{e}^{-(b-c)x}(f'(x)-cf(x))$是单调递减的。注意到该函数当$x\to-\infty$时极限为0,因此$f'(x)-cf(x)\leqslant 0$,即$f'(x)\leqslant cf(x)$。

常数c是最佳的,这是因为对函数$f(x)=\mathrm{e}^{cx}$有$f''(x)=af(x)+bf'(x)$。

五 令$\boldsymbol{H}=\begin{pmatrix} 0 & & & \\ 1 & \ddots & & \\ & \ddots & \ddots & \\ & & 1 & 0 \end{pmatrix}$,则所求的方程变为

$$\boldsymbol{X}^n+\boldsymbol{X}^l=2\boldsymbol{E}+2\boldsymbol{H}+3\boldsymbol{H}^2+\cdots+m\boldsymbol{H}^{m-1}。$$

考察形如$\begin{pmatrix} 1 & 0 & 0 & \cdots & 0 & 0 \\ a_1 & 1 & 0 & \cdots & 0 & 0 \\ a_2 & a_1 & 1 & \cdots & 0 & 0 \\ \vdots & \vdots & \vdots & \ddots & \vdots & \vdots \\ a_{m-1} & a_{m-2} & a_{m-3} & \cdots & 1 & 0 \\ a_m & a_{m-1} & a_{m-2} & \cdots & a_1 & 1 \end{pmatrix}$的矩阵$\boldsymbol{X}$,则有

$$\boldsymbol{X}=\boldsymbol{E}+a_1\boldsymbol{H}+a_2\boldsymbol{H}^2+\cdots+a_m\boldsymbol{H}^{m-1}。$$

$$\begin{aligned}\boldsymbol{X}^n &=(\boldsymbol{E}+a_1\boldsymbol{H}+a_2\boldsymbol{H}^2+\cdots+a_m\boldsymbol{H}^{m-1})^n \\ &=\boldsymbol{E}+(na_1)\boldsymbol{H}+(na_2+f_1(a_1))\boldsymbol{H}^2+\cdots+(na_m+f_{m-1}(a_1,a_2,\cdots,a_{m-1}))\boldsymbol{H}^{m-1},\end{aligned}$$

其中$f_1(a_1)$由a_1确定,$\cdots$,$f_{m-1}(a_1,a_2,\cdots,a_{m-1})$由$a_1,a_2,\cdots,a_{m-1}$确定。

类似地，有

$\boldsymbol{X}^l=\boldsymbol{E}+(la_1)\boldsymbol{H}+(la_2+g_1(a_1))\boldsymbol{H}^2+\cdots+(la_m+g_{m-1}(a_1,a_2,\cdots,a_{m-1}))\boldsymbol{H}^{m-1}$。

观察下列方程组

$$\begin{cases}(n+l)a_1=2,\\(n+l)a_2+(f_1(a_1)+g_1(a_1))=3,\\ \qquad\vdots\\(n+l)a_m+(f_{m-1}(a_1,a_2,\cdots,a_{m-1})+g_{m-1}(a_1,a_2,\cdots,a_{m-1}))=m。\end{cases}$$

依次可得出该方程组有解。命题得证。

六 由条件可知从某项开始$\{a_n\}$单调递减。因此$\lim\limits_{n\to\infty}a_n=a\geqslant 0$。

若 $a>0$，则当 n 充分大时，$\dfrac{a_n-a_{n+1}}{1/n^\alpha}=n^\alpha\left(\dfrac{a_n}{a_{n+1}}-1\right)a_{n+1}=\dfrac{\lambda a}{2}>0$。

因为 $\sum\limits_{n=1}^{\infty}\dfrac{1}{n^\alpha}$ 发散，所以 $\sum\limits_{n=1}^{\infty}(a_n-a_{n+1})$ 也发散。但此级数显然收敛到 a_1-a。矛盾！所以 $a=0$。

令 $b_n=n^k a_n$，则有

$$n^\alpha\left(\frac{b_n}{b_{n+1}}-1\right)=\left(\frac{n}{n+1}\right)^k\left[n^\alpha\left(\frac{a_n}{a_{n+1}}-1\right)-n^\alpha\left(\left(1+\frac{1}{n}\right)^k-1\right)\right]。$$

因为$\left(1+\dfrac{1}{n}\right)^k-1\sim\dfrac{k}{n}(n\to\infty)$，所以由上式及条件可得

$$\lim_{n\to\infty}n^\alpha\left(\frac{b_n}{b_{n+1}}-1\right)=\lambda(n\to\infty)。$$

因此由开始所证，可得$\lim\limits_{n\to\infty}b_n=0$，即$\lim\limits_{n\to\infty}n^k a_n=0$。

第七届全国大学生数学竞赛初赛(数学类,2015年)

试　　题

一(15分)　设 L_1 和 L_2 是空间中两异面直线,在标准直角坐标系下直线 L_1 过坐标为 $\boldsymbol{a}$ 的点,以单位向量 $\boldsymbol{v}$ 为直线方向;直线 L_2 过坐标为 $\boldsymbol{b}$ 的点,以单位向量 $\boldsymbol{w}$ 为直线方向。

(1) 证明:存在唯一点 $P\in L_1$ 和 $Q\in L_2$ 使得两点连线 PQ 同时垂直于 L_1 和 L_2。

(2) 求 P 点和 Q 点的坐标(用 $\boldsymbol{a},\boldsymbol{b},\boldsymbol{v},\boldsymbol{w}$ 表示)。

二(20分)　设 $\boldsymbol{A}$ 为4阶复方阵,它满足关于迹的关系式 $\mathrm{tr}\boldsymbol{A}^i=i,i=1,2,3,4$。求 $\boldsymbol{A}$ 的行列式。

三(15分)　设 $\boldsymbol{A}$ 为 n 阶方阵,其 n 个特征值皆为偶数。试证明关于 $\boldsymbol{X}$ 的矩阵方程

$$\boldsymbol{X}+\boldsymbol{AX}-\boldsymbol{XA}^2=\boldsymbol{0}$$

只有零解。

四(15分)　数列 $\{a_n\}$ 满足关系式 $a_1>0,a_{n+1}=a_n+\dfrac{n}{a_n},n=1,2,\cdots$。求证:$\lim\limits_{n\to\infty}n(a_n-n)$存在。

五(15分)　设 $f(x)$是$[0,+\infty)$上的有界连续函数,$h(x)$是$[0,+\infty)$上的连续函数,且

$$\int_0^{+\infty}|h(t)|\mathrm{d}t=a<1。$$

构造函数序列:

$$g_0(x)=f(x),\quad g_n(x)=f(x)+\int_0^x h(t)g_{n-1}(t)\mathrm{d}t,\quad n=1,2,\cdots。$$

求证:$\{g_n(x)\}$收敛于一个连续函数,并求极限函数。

六(20分)　设 $f(x)$是$\mathbb{R}$上有下界或者有上界的连续函数且存在正数 a 使得

$$f(x)+a\int_{x-1}^x f(t)\mathrm{d}t$$

为常数。求证:$f(x)$必为常数。

参考解答

一　(1) 过直线 L_2 上一点和线性无关向量 $\boldsymbol{v}$ 和 $\boldsymbol{w}$ 作平面σ,则直线 L_2 落在平面σ上,且直线 L_1 平行于平面σ。过 L_1 作平面τ垂直于σ,记两平面的交线为 L_1^*。设两直线 L_1^* 和 L_2 的交点为 Q,过 Q 做平面σ的法线,交直线 L_1 为 P,则 PQ 同时垂直于 L_1 和 L_2。

设$\overrightarrow{OX}=\overrightarrow{OP}+s\boldsymbol{v}$,$\overrightarrow{OY}=\overrightarrow{OQ}+t\boldsymbol{w}$,则 $X\in L_1$,$Y\in L_2$,也使得$\overrightarrow{XY}$同时垂直于 L_1 和 L_2,则有

$$\overrightarrow{XY}=\overrightarrow{PQ}-s\boldsymbol{v}+t\boldsymbol{w}$$

垂直于 $\boldsymbol{v}$ 和 $\boldsymbol{w}$，故有

$$-s+(\boldsymbol{v},\boldsymbol{w})t=0 \text{ 和 } -s(\boldsymbol{v},\boldsymbol{w})+t=0。$$

由于 $(\boldsymbol{v},\boldsymbol{w})^2<1$，我们得到 $s=t=0$，即 $X=P,Y=Q$，这样 P,Q 存在且唯一。

(2) 设 $\overrightarrow{OP}=\boldsymbol{a}+s\boldsymbol{v}\in L_1$，$\overrightarrow{OQ}=\boldsymbol{b}+t\boldsymbol{w}\in L_2$，因为

$$\overrightarrow{PQ}=\lambda\boldsymbol{v}\times\boldsymbol{w}\Rightarrow(\boldsymbol{b}-\boldsymbol{a})-s\boldsymbol{v}+t\boldsymbol{w}=\lambda\boldsymbol{v}\times\boldsymbol{w}。$$

于是有

$$(\boldsymbol{b}-\boldsymbol{a})\cdot\boldsymbol{v}-s+t(\boldsymbol{v},\boldsymbol{w})=0,\quad (\boldsymbol{b}-\boldsymbol{a})\cdot\boldsymbol{w}-s(\boldsymbol{v},\boldsymbol{w})+t=0。$$

故有

$$s=\frac{(\boldsymbol{b}-\boldsymbol{a})\cdot(\boldsymbol{v}-(\boldsymbol{v},\boldsymbol{w})\boldsymbol{w})}{1-(\boldsymbol{v},\boldsymbol{w})^2},\quad t=\frac{(\boldsymbol{b}-\boldsymbol{a})\cdot(\boldsymbol{w}-(\boldsymbol{v},\boldsymbol{w})\boldsymbol{v})}{1-(\boldsymbol{v},\boldsymbol{w})^2},$$

于是得到 P 和 Q 的坐标分别为 $\boldsymbol{a}+\dfrac{(\boldsymbol{b}-\boldsymbol{a})\cdot(\boldsymbol{v}-(\boldsymbol{v},\boldsymbol{w})\boldsymbol{w})}{1-(\boldsymbol{v},\boldsymbol{w})^2}\boldsymbol{v}$，$\boldsymbol{b}+\dfrac{(\boldsymbol{b}-\boldsymbol{a})\cdot(\boldsymbol{w}-(\boldsymbol{v},\boldsymbol{w})\boldsymbol{v})}{1-(\boldsymbol{v},\boldsymbol{w})^2}\boldsymbol{w}$。

二 首先，记 $\boldsymbol{A}$ 的 4 个特征值为 $\lambda_1,\lambda_2,\lambda_3,\lambda_4$，$\boldsymbol{A}$ 的特征多项式为

$$p(\lambda)=\lambda^4+a_3\lambda^3+a_2\lambda^2+a_1\lambda+a_0,$$

则由 $p(\lambda)=(\lambda-\lambda_1)(\lambda-\lambda_2)(\lambda-\lambda_3)(\lambda-\lambda_4)$ 可知

$$\begin{cases}a_3=-(\lambda_1+\lambda_2+\lambda_3+\lambda_4),\\ a_2=\lambda_1\lambda_2+\lambda_1\lambda_3+\lambda_1\lambda_4+\lambda_2\lambda_3+\lambda_2\lambda_4+\lambda_3\lambda_4,\\ a_1=-(\lambda_1\lambda_2\lambda_3+\lambda_1\lambda_2\lambda_4+\lambda_1\lambda_3\lambda_4+\lambda_4\lambda_2\lambda_3),\\ a_0=|\boldsymbol{A}|=\lambda_1\lambda_2\lambda_3\lambda_4。\end{cases}$$

其次，由于迹在相似变换下保持不变，故由 $\boldsymbol{A}$ 的若尔当标准形，有

$$\begin{cases}\lambda_1+\lambda_2+\lambda_3+\lambda_4=1, & (1)\\ \lambda_1^2+\lambda_2^2+\lambda_3^2+\lambda_4^2=2, & (2)\\ \lambda_1^3+\lambda_2^3+\lambda_3^3+\lambda_4^3=3, & (3)\\ \lambda_1^4+\lambda_2^4+\lambda_3^4+\lambda_4^4=4。 & (4)\end{cases}$$

由(1)式和(2)式得 $a_2=\lambda_1\lambda_2+\lambda_1\lambda_3+\lambda_1\lambda_4+\lambda_2\lambda_3+\lambda_2\lambda_4+\lambda_3\lambda_4=-\dfrac{1}{2}$。由(1)式两边立方得

$$\begin{aligned}1=&\lambda_1^3+\lambda_2^3+\lambda_3^3+\lambda_4^3+3\lambda_1^2(\lambda_2+\lambda_3+\lambda_4)+3\lambda_2^2(\lambda_1+\lambda_3+\lambda_4)+\\&3\lambda_3^2(\lambda_1+\lambda_2+\lambda_4)+3\lambda_4^2(\lambda_1+\lambda_2+\lambda_3)-6a_1。\end{aligned}$$

再由(1)式、(2)式、(3)式，可以得到

$$1=3+3(\lambda_1^2+\lambda_2^2+\lambda_3^2+\lambda_4^2)-3(\lambda_1^3+\lambda_2^3+\lambda_3^3+\lambda_4^3)-6a_1,\ a_1=-\frac{1}{6}。$$

最后，由 $p(\lambda)=\lambda^4-\lambda^3-\dfrac{1}{2}\lambda^2-\dfrac{1}{6}\lambda+a_0$，得 $\begin{cases}p(\lambda_1)=0,\\ \quad\vdots\\ p(\lambda_4)=0。\end{cases}$ 相加得

$$4-3-\frac{1}{2}\times2-\frac{1}{6}\times1+4a_0=0\Rightarrow a_0=\frac{1}{24},$$

即 $|\boldsymbol{A}|=\dfrac{1}{24}$。

三　设 $\boldsymbol{C}=\boldsymbol{E}+\boldsymbol{A}$,$\boldsymbol{B}=\boldsymbol{A}^2$,$\boldsymbol{A}$ 的 n 个特征值为 $\lambda_1,\lambda_2,\cdots,\lambda_n$,则 $\boldsymbol{B}$ 的 n 个特征值为 $\lambda_1^2,\lambda_2^2,\cdots,\lambda_n^2$,$\boldsymbol{C}$ 的 n 个特征值为 $\mu_1=\lambda_1+1,\mu_2=\lambda_2+1,\cdots,\mu_n=\lambda_n+1$;$\boldsymbol{C}$ 的特征多项式为

$$p_C(\lambda)=(\lambda-\mu_1)(\lambda-\mu_2)\cdots(\lambda-\mu_n)。$$

若 $\boldsymbol{X}$ 为 $\boldsymbol{X}+\boldsymbol{AX}-\boldsymbol{XA}^2=\boldsymbol{0}$ 的解,则有 $\boldsymbol{CX}=\boldsymbol{XB}$,进而有

$$\boldsymbol{C}^2\boldsymbol{X}=\boldsymbol{XB}^2,\cdots,\boldsymbol{C}^k\boldsymbol{X}=\boldsymbol{XB}^k,\cdots。$$

结果有 $\boldsymbol{0}=p_C(\boldsymbol{C})\boldsymbol{X}=\boldsymbol{X}p_C(\boldsymbol{B})=\boldsymbol{X}(\boldsymbol{B}-\mu_1\boldsymbol{E})\cdots(\boldsymbol{B}-\mu_n\boldsymbol{E})$。注意到 $\boldsymbol{A}$ 的 n 个特征值皆为偶数,从而 $\boldsymbol{C}$ 的 n 个特征值皆为奇数,$\boldsymbol{B}$ 的 n 个特征值也皆为偶数,所以 $\boldsymbol{B}-\mu_1\boldsymbol{E},\cdots,\boldsymbol{B}-\mu_n\boldsymbol{E}$ 皆为可逆矩阵,结果由

$$\boldsymbol{0}=\boldsymbol{X}(\boldsymbol{B}-\mu_1\boldsymbol{E})\cdots(\boldsymbol{B}-\mu_n\boldsymbol{E})$$

立即可得 $\boldsymbol{X}=\boldsymbol{0}$。

四　注意到 $a_2=a_1+\dfrac{1}{a_1}\geqslant 2$,若 $a_n\geqslant n$,则

$$a_{n+1}-(n+1)=a_n+\frac{n}{a_n}-n-1=\left(1-\frac{1}{a_n}\right)(a_n-n)\geqslant 0,$$

故 $a_n\geqslant n$,$\forall n\geqslant 2$ 且 $\{a_n-n\}$ 单调递减。

令 $b_n=n(a_n-n)$,则

$$\begin{aligned}b_{n+1}&=(n+1)(a_{n+1}-n-1)=(n+1)\left(a_n+\frac{n}{a_n}-n-1\right)\\&=(a_n-n)(n+1)\left(1-\frac{1}{a_n}\right)=\left(1+\frac{1}{n}\right)\left(1-\frac{1}{a_n}\right)b_n\\&=\left(1+\frac{a_n-n}{na_n}-\frac{1}{na_n}\right)b_n=(1+R_n)b_n,\end{aligned}$$

其中 $R_n=\dfrac{a_n-n}{na_n}-\dfrac{1}{na_n}$,从而 $b_n=b_2\prod\limits_{k=2}^{n-1}(1+R_k)$。关于 R_n,有

$$|R_n|\leqslant\left|\frac{a_n-n}{na_n}\right|+\frac{1}{na_n}\leqslant\frac{1+|a_2-2|}{n^2},n\geqslant 2。$$

因此由 $\lim\limits_{n\to\infty}\prod\limits_{k=2}^{n-1}(1+R_k)$ 存在可知 $\lim\limits_{n\to\infty}n(a_n-n)$ 存在。

五　记 $M=\sup|f(x)|$,因而 $|g_0(x)|\leqslant M$。假设

$$|g_{n-1}(x)|\leqslant(1+a+\cdots+a^{n-1})M。$$

由 $g_n(x)$ 的表达式可得

$$\begin{aligned}|g_n(x)|&\leqslant|f(x)|+\int_0^x|h(t)||g_{n-1}(t)|\,\mathrm{d}t\\&\leqslant M+\int_0^{+\infty}|h(t)|(1+a+\cdots+a^{n-1})M\mathrm{d}t\\&=M+a(1+a+\cdots+a^{n-1})M\\&=(1+a+\cdots+a^{n-1}+a^n)M。\end{aligned}$$

因此 $|g_n(x)|\leqslant\dfrac{1-a^{n+1}}{1-a}M$。由 $g_n(x)$ 的表达式还可得

$$g_n(x)-g_{n-1}(x)=\int_0^x h(t)[g_{n-1}(t)-g_{n-2}(t)]\mathrm{d}t,$$

由此可得 $\sup|g_n(x)-g_{n-1}(x)|\leqslant a\sup|g_{n-1}(t)-g_{n-2}(t)|$，从而

$$\sup|g_n(x)-g_{n-1}(x)|\leqslant a^{n-1}\sup|g_1(t)-g_0(t)|\leqslant a^n M。$$

由于 $a\in[0,1)$，从上式可知函数项级数 $\sum\limits_{n=1}^{\infty}(g_n(x)-g_{n-1}(x))$ 在 $[0,+\infty)$ 上一致收敛，即函数列 $\{g_n(x)\}$ 在 $[0,+\infty)$ 上一致收敛。因为函数列的每一项都连续，因而其极限函数 $g(x)$ 也是连续函数。

对 $g_n(x)$ 的表达式的两边取极限，有

$$g(x)=f(x)+\int_0^x h(t)g(t)\mathrm{d}t。\tag{$*$}$$

记 $\varphi(x)=\int_0^x h(t)g(t)\mathrm{d}t$，$H(x)=\int_0^x h(t)\mathrm{d}t$，则这两个函数可导，且

$$\varphi'(x)=h(x)g(x),\quad H'(x)=h(x)。$$

由 $(*)$ 式可得

$$\varphi'(x)-h(x)\varphi(x)=h(x)f(x)。$$

因而 $[\mathrm{e}^{-H(x)}\varphi(x)]'=\mathrm{e}^{-H(x)}h(x)f(x)$。两边同时积分，得

$$\mathrm{e}^{-H(x)}\varphi(x)=\int_0^x \mathrm{e}^{-H(t)}h(t)f(t)\mathrm{d}t,$$

即 $\varphi(x)=\mathrm{e}^{H(x)}\int_0^x \mathrm{e}^{-H(t)}h(t)f(t)\mathrm{d}t$。将其代入 $(*)$ 式可得

$$g(x)=f(x)+\mathrm{e}^{H(x)}\int_0^x \mathrm{e}^{-H(t)}h(t)f(t)\mathrm{d}t。$$

六　不妨设 $f(x)$ 有下界。设

$$m=\inf_{x\in\mathbb{R}}f(x),\quad g(x)=f(x)-m,$$

则 $g(x)$ 为非负连续函数，且

$$A=g(x)+a\int_{x-1}^{x}g(t)\mathrm{d}t \tag{1}$$

为非负常函数。

由(1)式知 $g(x)$ 是可微函数，且

$$g'(x)+a(g(x)-g(x-1))=0。$$

由此，$[\mathrm{e}^{ax}g(x)]'=a\mathrm{e}^{ax}g(x-1)\geqslant 0$。这说明 $\mathrm{e}^{ax}g(x)$ 是递增函数。由(1)式可得

$$\begin{aligned}A&=g(x)+a\int_{x-1}^{x}\mathrm{e}^{at}g(t)\mathrm{e}^{-at}\mathrm{d}t\leqslant g(x)+a\mathrm{e}^{ax}g(x)\int_{x-1}^{x}\mathrm{e}^{-at}\mathrm{d}t\\&=g(x)+\mathrm{e}^{ax}g(x)(\mathrm{e}^{-a(x-1)}-\mathrm{e}^{-ax})=\mathrm{e}^{a}g(x)。\end{aligned}$$

由此可得 $g(x)\geqslant A\mathrm{e}^{-a}$。

由 $g(x)$ 的定义可知，$g(x)$ 的下确界为 0，因此 $A=0$。再根据(1)式可知 $g(x)$ 恒等于 0，即 $f(x)$ 为常数。

第八届全国大学生数学竞赛初赛(数学类,2016年)

试　　题

一(15分)　设 S 是空间中的一个椭球面。设方向为常向量 $\boldsymbol{v}$ 的一束平行光照射 S,其中部分光线与 S 相切,它们的切点在 S 上形成一条曲线 Γ。证明:Γ 落在一张过椭球中心的平面上。

二(15分)　设 n 为奇数,$\boldsymbol{A},\boldsymbol{B}$ 为两个 n 阶实方阵,且 $\boldsymbol{BA}=\boldsymbol{0}$。记 $\boldsymbol{A}+\boldsymbol{J}_A$ 的特征值集合为 S_1,$\boldsymbol{B}+\boldsymbol{J}_B$ 的特征值集合为 S_2,其中 $\boldsymbol{J}_A,\boldsymbol{J}_B$ 分别表示 $\boldsymbol{A},\boldsymbol{B}$ 的若尔当标准形。求证:$0\in S_1\cup S_2$。

三(20分)　设 $\boldsymbol{A}_1,\boldsymbol{A}_2,\cdots,\boldsymbol{A}_{2017}$ 为2016阶实方阵。证明关于 $x_1,x_2,\cdots,x_{2017}$ 的方程

$$\det(x_1\boldsymbol{A}_1+x_2\boldsymbol{A}_2+\cdots+x_{2017}\boldsymbol{A}_{2017})=0$$

至少有一组非零实数解,其中 det 表示行列式。

四(20分)　设 $f_0(x),f_1(x)$ 是$[0,1]$上的正连续函数,满足

$$\int_0^1 f_0(x)\mathrm{d}x\leqslant\int_0^1 f_1(x)\mathrm{d}x。$$

设 $f_{n+1}(x)=\dfrac{2f_n^2(x)}{f_n(x)+f_{n-1}(x)}$,$n=1,2,\cdots$,求证:数列 $a_n=\int_0^1 f_n(x)\mathrm{d}x$,$n=1,2,\cdots$ 单调递增且收敛。

五(15分)　设 $\alpha>1$。求证:不存在$[0,+\infty)$上可导的正函数 $f(x)$ 满足

$$f'(x)\geqslant f^{\alpha}(x),\quad x\in[0,+\infty)。\tag{1}$$

六(15分)　设 $f(x),g(x)$ 是$[0,1]$区间上的单调递增函数,满足

$$0\leqslant f(x),g(x)\leqslant 1,\quad \int_0^1 f(x)\mathrm{d}x=\int_0^1 g(x)\mathrm{d}x。$$

求证:$\int_0^1 |f(x)-g(x)|\mathrm{d}x\leqslant\dfrac{1}{2}$。

参考解答

一　证法1　在空间中取直角坐标系,记椭球面 S 的方程为

$$\frac{x^2}{a^2}+\frac{y^2}{b^2}+\frac{z^2}{c^2}=1,\quad \boldsymbol{v}=(\alpha,\beta,\gamma)。$$

设 $(x,y,z)\in\Gamma$,则光束中的光线

$$\boldsymbol{l}(t)=(x,y,z)+t(\alpha,\beta,\gamma),\quad t\in\mathbb{R}$$

是椭球面 S 的切线。

由于每条切线与椭球面有且仅有一个交点,故 $t=0$ 是方程

$$\frac{(x+t\alpha)^2}{a^2}+\frac{(y+t\beta)^2}{b^2}+\frac{(z+t\gamma)^2}{c^2}=1$$

的唯一解。由于$(x,y,z)\in\Gamma\subset S$,上述方程化为

$$\left(\frac{\alpha^2}{a^2}+\frac{\beta^2}{b^2}+\frac{\gamma^2}{c^2}\right)t^2+2\left(\frac{\alpha}{a^2}x+\frac{\beta}{b^2}y+\frac{\gamma}{c^2}z\right)t=0。$$

这个方程只有 $t=0$ 的唯一解,当且仅当 $\frac{\alpha}{a^2}x+\frac{\beta}{b^2}y+\frac{\gamma}{c^2}z=0$。这是一个过原点的平面方程,故 Γ 落在过椭球中心的一张平面上。

证法 2　在空间中做仿射变换,将椭球面映成圆球面。这时平行光束映成平行光束,切线映成切线,切点映成切点,椭球中心映成球面中心。

由于平行光束照圆球面的所有切线的切点是一个大圆,它落在过球心的平面上,而仿射变换将平面映成平面,故 Γ 落在一张过椭球中心的平面上。

二　由秩不等式 $\operatorname{rank}\boldsymbol{A}+\operatorname{rank}\boldsymbol{B}\leqslant\operatorname{rank}(\boldsymbol{BA})+n$,得 $\operatorname{rank}\boldsymbol{A}+\operatorname{rank}\boldsymbol{B}\leqslant n$。结果

$$\operatorname{rank}\boldsymbol{A}\leqslant\frac{n}{2}或\operatorname{rank}\boldsymbol{B}\leqslant\frac{n}{2}。$$

注意到 n 为奇数,故有 $\operatorname{rank}\boldsymbol{A}<\frac{n}{2}$ 或 $\operatorname{rank}\boldsymbol{B}<\frac{n}{2}$ 成立。

若 $\operatorname{rank}\boldsymbol{A}<\frac{n}{2}$,则 $\operatorname{rank}(\boldsymbol{A}+\boldsymbol{J}_{\boldsymbol{A}})\leqslant\operatorname{rank}\boldsymbol{A}+\operatorname{rank}\boldsymbol{J}_{\boldsymbol{A}}<n$,故 $0\in S_1$;或 $\operatorname{rank}\boldsymbol{B}<\frac{n}{2}$,则 $\operatorname{rank}(\boldsymbol{B}+\boldsymbol{J}_{\boldsymbol{B}})\leqslant\operatorname{rank}\boldsymbol{B}+\operatorname{rank}\boldsymbol{J}_{\boldsymbol{B}}<n$,故 $0\in S_2$。所以 $0\in S_1\cup S_2$。

三　记 $\boldsymbol{A}_1=(\boldsymbol{p}_1^{(1)},\cdots,\boldsymbol{p}_{2016}^{(1)}),\cdots,\boldsymbol{A}_{2017}=(\boldsymbol{p}_1^{(2017)},\cdots,\boldsymbol{p}_{2016}^{(2017)})$。考虑线性方程组

$$x_1\boldsymbol{p}_1^{(1)}+\cdots+x_{2017}\boldsymbol{p}_1^{(2017)}=\boldsymbol{0}。$$

由于未知数个数大于方程个数,故该线性方程组必有非零解 $(c_1,c_2,\cdots,c_{2017})$。从而 $c_1\boldsymbol{A}_1+c_2\boldsymbol{A}_2+\cdots+c_{2017}\boldsymbol{A}_{2017}$ 的第一列为 $\boldsymbol{0}$,更有

$$\det(c_1\boldsymbol{A}_1+c_2\boldsymbol{A}_2+\cdots+c_{2017}\boldsymbol{A}_{2017})=0。$$

四　因为

$$\begin{aligned}&\int_0^1\frac{f_1^2(x)}{f_1(x)+f_0(x)}\mathrm{d}x-\int_0^1\frac{f_0^2(x)}{f_1(x)+f_0(x)}\mathrm{d}x\\=&\int_0^1\frac{f_1^2(x)-f_0^2(x)}{f_1(x)+f_0(x)}\mathrm{d}x=\int_0^1 f_1(x)\mathrm{d}x-\int_0^1 f_0(x)\mathrm{d}x\geqslant 0,\end{aligned}$$

所以

$$\begin{aligned}a_2-a_1&=2\int_0^1\frac{f_1^2(x)}{f_1(x)+f_0(x)}\mathrm{d}x-\int_0^1 f_1(x)\mathrm{d}x\\&=\int_0^1\frac{f_1^2(x)}{f_1(x)+f_0(x)}\mathrm{d}x-\int_0^1\frac{f_1(x)f_0(x)}{f_1(x)+f_0(x)}\mathrm{d}x\\&\geqslant\frac{1}{2}\int_0^1\frac{f_1^2(x)+f_0^2(x)}{f_1(x)+f_0(x)}\mathrm{d}x-\int_0^1\frac{f_1(x)f_0(x)}{f_1(x)+f_0(x)}\mathrm{d}x\\&=\int_0^1\frac{[f_1(x)-f_0(x)]^2}{2[f_1(x)+f_0(x)]}\mathrm{d}x\geqslant 0。\end{aligned}$$

归纳地可以证明 $a_{n+1}\geqslant a_n,n=1,2,\cdots$。

由于 f_0,f_1 为正的连续函数,可取常数 $k\geqslant 1$,使得 $f_1\leqslant kf_0$。设 $c_1=k$。根据递推关

系式可以归纳证明

$$f_n(x)\leqslant c_n f_{n-1}(x), \tag{1}$$

其中 $c_{n+1}=\dfrac{2c_n}{c_n+1}, n=0,1,\cdots$。容易证明$\{c_n\}$单调递减趋于1,且

$$\frac{c_n}{c_n+1}\leqslant\frac{k}{k+1}。$$

以下证明$\{a_n\}$收敛。由(1)式可得 $a_{n+1}\leqslant c_{n+1}a_n$。因此

$$c_{n+1}a_{n+1}\leqslant\frac{2c_{n+1}}{c_n+1}c_n a_n=\frac{4c_n}{(c_n+1)^2}c_n a_n\leqslant c_n a_n。$$

这就说明 $\{c_n a_n\}$是正的单调递减数列,因而收敛。注意到$\{c_n\}$收敛到1,可知$\{a_n\}$收敛,且有 $\lim\limits_{n\to\infty}a_n\leqslant c_1 a_1=ka_1$。

五 若 $f(x)$是这样的函数,则 $f'(x)>0$。因此 $f(x)$是严格递增函数。题设中的(1)式可以表示为

$$\left(\frac{1}{\alpha-1}f^{1-\alpha}(x)+x\right)'\leqslant 0。$$

这说明 $\dfrac{1}{\alpha-1}f^{1-\alpha}(x)+x$ 是单调递减函数。因而

$$\frac{1}{\alpha-1}f^{1-\alpha}(x+1)+(x+1)\leqslant\frac{1}{\alpha-1}f^{1-\alpha}(x)+x,$$

即 $\alpha-1\leqslant f^{1-\alpha}(x)-f^{1-\alpha}(x+1)<f^{1-\alpha}(x)$。因此有 $f^{\alpha-1}(x)<\dfrac{1}{\alpha-1}$。从而 $f(x)$是有界函数。

从 $f(x)$的严格递增性,可知 $\lim\limits_{x\to+\infty}f(x)$存在。由微分中值定理,存在 $\xi\in(x,x+1)$,使得

$$f(x+1)-f(x)=f'(\xi)\geqslant f^{\alpha}(x)\geqslant f^{\alpha}(0)>0。$$

令 $x\to+\infty$,上式左端趋于0,矛盾!

六 由于 $f(x),g(x)$可用单调阶梯函数逼近,故不妨设它们都是单调增加的阶梯函数。令 $h(x)=f(x)-g(x)$,则 $\forall x,y\in[0,1]$,有$|h(x)-h(y)|\leqslant 1$。

事实上,对 $x\geqslant y$,我们有

$$\begin{aligned}-1&\leqslant-(g(x)-g(y))\leqslant h(x)-h(y)\\&=f(x)-f(y)-(g(x)-g(y))\leqslant f(x)-f(y)\leqslant 1,\end{aligned}$$

对 $x<y$,有

$$-1\leqslant f(x)-f(y)\leqslant h(x)-h(y)\leqslant g(y)-g(x)\leqslant 1。$$

现记

$$C_1=\{x\in[0,1]\mid f(x)\geqslant g(x)\},\quad C_2=\{x\in[0,1]\mid f(x)<g(x)\},$$

则 C_1,C_2 分别为有限个互不相交区间的并,且由 $\int_0^1 f(x)\mathrm{d}x=\int_0^1 g(x)\mathrm{d}x$,有

$$\int_{C_1}h(x)\mathrm{d}x=-\int_{C_2}h(x)\mathrm{d}x。$$

让$|C_i|(i=1,2)$表示 C_i 所含的那些区间的长度之和,则

$$|C_1|+|C_2|=1。$$

于是

$$
\begin{aligned}
2\int_0^1 |f(x)-g(x)|\,\mathrm{d}x &= 2\left(\int_{C_1} h(x)\mathrm{d}x - \int_{C_2} h(x)\mathrm{d}x\right)\\
&\leqslant \left(\frac{|C_2|}{|C_1|}\int_{C_1} h(x)\mathrm{d}x + \frac{|C_1|}{|C_2|}\int_{C_2}(-h(x))\mathrm{d}x\right)+\\
&\quad \int_{C_1} h(x)\mathrm{d}x - \int_{C_2} h(x)\mathrm{d}x\\
&= \frac{1}{|C_1|}\int_{C_1} h(x)\mathrm{d}x + \frac{1}{|C_2|}\int_{C_2}(-h(x))\mathrm{d}x\\
&\leqslant \sup_{C_1} h(x) + \sup_{C_2}(-h(x)) \leqslant 1。
\end{aligned}
$$

注意，上式中最后一个不等式来自 $|h(x)-h(y)|\leqslant 1$，另外，若有某个 $|C_i|$ 等于 0，则结论显然成立。

第九届全国大学生数学竞赛初赛(数学类,2017年)

试　　题

一(15分)　在空间直角坐标系中,设单叶双曲面Γ的方程为$x^2+y^2-z^2=1$。设P为空间中的平面,它交Γ于一抛物线C。求该平面P的法线与z轴的夹角。

二(15分)　设$\{a_n\}$是递增数列,$a_1>1$。求证:级数$\sum\limits_{n=1}^{\infty}\dfrac{a_{n+1}-a_n}{a_n\ln a_{n+1}}$收敛的充分必要条件是$\{a_n\}$有界。又问级数通项分母中的$a_n$能否换成$a_{n+1}$。

三(15分)　设$\Gamma=\{\boldsymbol{W}_1,\boldsymbol{W}_2,\cdots,\boldsymbol{W}_r\}$为$r$个各不相同的可逆$n$阶复方阵构成的集合。若该集合关于矩阵乘法封闭(即$\forall\boldsymbol{M},\boldsymbol{N}\in\Gamma$,有$\boldsymbol{MN}\in\Gamma$),证明:$\sum\limits_{i=1}^{r}\boldsymbol{W}_i=\boldsymbol{0}$当且仅当$\sum\limits_{i=1}^{r}\mathrm{tr}(\boldsymbol{W}_i)=0$,其中$\mathrm{tr}(\boldsymbol{W}_i)$表示矩阵$\boldsymbol{W}_i$的迹。

四(20分)　给定非零实数a及实n阶反对称矩阵$\boldsymbol{A}$(即$\boldsymbol{A}^{\mathrm{T}}=-\boldsymbol{A}$),记矩阵有序对集合$T$为

$$T=\{(\boldsymbol{X},\boldsymbol{Y})\mid\boldsymbol{X}\in\mathbb{R}^{n\times n},\boldsymbol{Y}\in\mathbb{R}^{n\times n},\boldsymbol{XY}=a\boldsymbol{E}+\boldsymbol{A}\},$$

其中$\boldsymbol{E}$为n阶单位阵,$\mathbb{R}^{n\times n}$为所有实n阶方阵构成的集合。证明:任取T中两元$(\boldsymbol{X},\boldsymbol{Y})$和$(\boldsymbol{M},\boldsymbol{N})$,必有$\boldsymbol{XN}+\boldsymbol{Y}^{\mathrm{T}}\boldsymbol{M}^{\mathrm{T}}\neq\boldsymbol{0}$。

五(15分)　设$f(x)=\arctan x$,A为常数。若$B=\lim\limits_{n\to\infty}\left(\sum\limits_{k=1}^{n}f\left(\dfrac{k}{n}\right)-An\right)$存在,求$A$,$B$。

六(20分)　设$f(x)=1-x^2+x^3\ (x\in[0,1])$,计算以下极限并说明理由:

$$\lim_{n\to\infty}\frac{\displaystyle\int_0^1 f^n(x)\ln(x+2)\mathrm{d}x}{\displaystyle\int_0^1 f^n(x)\mathrm{d}x}。$$

参考解答

一　设平面P上的抛物线C的顶点为X_0,其坐标为$\boldsymbol{X}_0=(x_0,y_0,z_0)$。取平面$P$上$X_0$处相互正交的两单位向量$\boldsymbol{\alpha}=(\alpha_1,\alpha_2,\alpha_3)$和$\boldsymbol{\beta}=(\beta_1,\beta_2,\beta_3)$,使得$\boldsymbol{\beta}$是抛物线$C$在平面$P$上的对称轴方向,则抛物线的参数方程为

$$\boldsymbol{X}(t)=\boldsymbol{X}_0+t\boldsymbol{\alpha}+\lambda t^2\boldsymbol{\beta},\quad t\in\mathbb{R},$$

λ为不等于0的常数。

记$\boldsymbol{X}(t)=(x(t),y(t),z(t))$,则

$$x(t)=x_0+\alpha_1 t+\lambda\beta_1 t^2,\quad y(t)=y_0+\alpha_2 t+\lambda\beta_2 t^2,\quad z(t)=z_0+\alpha_3 t+\lambda\beta_3 t^2。$$

因为 $\boldsymbol{X}(t)$落在单叶双曲面 Γ 上，代入方程 $x^2+y^2-z^2=1$，得到对任意 t 要满足的方程

$$\lambda^2(\beta_1^2+\beta_2^2-\beta_3^2)t^4+2\lambda(\alpha_1\beta_1+\alpha_2\beta_2-\alpha_3\beta_3)t^3+A_1t^2+A_2t+A_3=0,$$

其中 A_1,A_2,A_3 是与 $\boldsymbol{X}_0,\boldsymbol{\alpha},\boldsymbol{\beta}$ 相关的常数。于是得到

$$\beta_1^2+\beta_2^2-\beta_3^2=0,\quad \alpha_1\beta_1+\alpha_2\beta_2-\alpha_3\beta_3=0。$$

因为$\{\boldsymbol{\alpha},\boldsymbol{\beta}\}$是平面 P 上正交的两单位向量，则有

$$\alpha_1^2+\alpha_2^2+\alpha_3^2=1,\quad \beta_1^2+\beta_2^2+\beta_3^2=1,\quad \alpha_1\beta_1+\alpha_2\beta_2+\alpha_3\beta_3=0。$$

于是得到

$$\beta_1^2+\beta_2^2=\beta_3^2=\frac{1}{2},\quad \alpha_1\beta_1+\alpha_2\beta_2=0,\quad \alpha_3=0,\quad \alpha_1^2+\alpha_2^2=1;$$

故
$$\boldsymbol{\alpha}=(\alpha_1,\alpha_2,0),\quad \boldsymbol{\beta}=\left(-\frac{\varepsilon}{\sqrt{2}}\alpha_2,\frac{\varepsilon}{\sqrt{2}}\alpha_1,\beta_3\right),\quad \varepsilon=\pm1。$$

于是得到平面 P 的法向量 $\boldsymbol{n}=\boldsymbol{\alpha}\times\boldsymbol{\beta}=\left(A,B,\frac{\varepsilon}{\sqrt{2}}\right)$，它与 z 轴方向 $\boldsymbol{e}=(0,0,1)$的夹角 θ 满足 $\cos\theta=\boldsymbol{n}\cdot\boldsymbol{e}=\pm\frac{1}{\sqrt{2}}$，所以夹角为$\frac{\pi}{4}$或$\frac{3\pi}{4}$。

二 充分性：若$\{a_n\}$有界，则可设 $a_n\leqslant M$，于是

$$\sum_{n=1}^{m}\frac{a_{n+1}-a_n}{a_n\ln a_{n+1}}\leqslant\sum_{n=1}^{m}\frac{a_{n+1}-a_n}{a_1\ln a_1}=\frac{a_{m+1}-a_1}{a_1\ln a_1}\leqslant\frac{M}{a_1\ln a_1}。$$

由此知 $\sum\limits_{n=1}^{\infty}\frac{a_{n+1}-a_n}{a_n\ln a_{n+1}}$ 收敛。

必要性：设 $\sum\limits_{n=1}^{\infty}\frac{a_{n+1}-a_n}{a_n\ln a_{n+1}}$ 收敛。由于

$$\ln a_{n+1}-\ln a_n=\ln\left(1+\frac{a_{n+1}-a_n}{a_n}\right)\leqslant\frac{a_{n+1}-a_n}{a_n},$$

所以

$$\frac{b_{n+1}-b_n}{b_{n+1}}\leqslant\frac{a_{n+1}-a_n}{a_n\ln a_{n+1}},$$

其中 $b_n=\ln a_n$。因此，级数 $\sum\limits_{n=0}^{\infty}\frac{b_{n+1}-b_n}{b_{n+1}}$ 收敛。

由柯西收敛准则，存在自然数 m，使得对一切自然数 p，有

$$\frac{1}{2}>\sum_{n=m}^{m+p}\frac{b_{n+1}-b_n}{b_{n+1}}\geqslant\sum_{n=m}^{m+p}\frac{b_{n+1}-b_n}{b_{m+p+1}}=\frac{b_{m+p+1}-b_m}{b_{m+p+1}}=1-\frac{b_m}{b_{m+p+1}}。$$

由此可知$\{b_n\}$有界，因为 p 是任意的。因而$\{a_n\}$有界。

题中级数分母的 a_n 不能换成 a_{n+1}。例如：$a_n=\mathrm{e}^{n^2}$ 无界，但 $\sum\limits_{n=1}^{\infty}\frac{a_{n+1}-a_n}{a_{n+1}\ln a_{n+1}}$ 收敛。

三 必要性：由迹的线性性质直接知。

充分性：首先，对于可逆矩阵 $\boldsymbol{W}\in\Gamma$，有 $\boldsymbol{W}\boldsymbol{W}_1,\boldsymbol{W}\boldsymbol{W}_2,\cdots,\boldsymbol{W}\boldsymbol{W}_r$ 各不相同，故有

$$\boldsymbol{W}\Gamma\xlongequal{\text{def}}\{\boldsymbol{W}\boldsymbol{W}_1,\boldsymbol{W}\boldsymbol{W}_2,\cdots,\boldsymbol{W}\boldsymbol{W}_r\}=\{\boldsymbol{W}_1,\boldsymbol{W}_2,\cdots,\boldsymbol{W}_r\},$$

即 $\boldsymbol{W}\Gamma=\Gamma,\forall \boldsymbol{W}\in\Gamma$。

记 $\boldsymbol{S}=\sum_{i=1}^{r}\boldsymbol{W}_i$，则 $\boldsymbol{WS}=\boldsymbol{S},\forall\boldsymbol{W}\in\Gamma$。进而 $\boldsymbol{S}^2=r\boldsymbol{S}$，即 $\boldsymbol{S}^2-r\boldsymbol{S}=\boldsymbol{0}$。若 λ 为 $\boldsymbol{S}$ 的特征值，则 $\lambda^2-r\lambda=0$，即 $\lambda=0$ 或 r。

结合条件 $\sum_{i=1}^{r}\operatorname{tr}(\boldsymbol{W}_i)=0$ 知，$\boldsymbol{S}$ 的特征值只能为 0。因此有 $\boldsymbol{S}-r\boldsymbol{E}$ 可逆(例如取 $\boldsymbol{S}$ 的若尔当分解就可直接看出)。

再次注意到 $\boldsymbol{S}(\boldsymbol{S}-r\boldsymbol{E})=\boldsymbol{S}^2-r\boldsymbol{S}=\boldsymbol{0}$，此时右乘 $(\boldsymbol{S}-r\boldsymbol{E})^{-1}$ 即得 $\boldsymbol{S}=\boldsymbol{0}$。

四　反证。若 $\boldsymbol{XN}+\boldsymbol{Y}^{\mathrm T}\boldsymbol{M}^{\mathrm T}=\boldsymbol{0}$，则有 $\boldsymbol{N}^{\mathrm T}\boldsymbol{X}^{\mathrm T}+\boldsymbol{MY}=\boldsymbol{0}$。

另外，由 $(\boldsymbol{X},\boldsymbol{Y})\in T$ 得 $\boldsymbol{XY}+(\boldsymbol{XY})^{\mathrm T}=2a\boldsymbol{E}$，即 $\boldsymbol{XY}+\boldsymbol{Y}^{\mathrm T}\boldsymbol{X}^{\mathrm T}=2a\boldsymbol{E}$。类似有

$$\boldsymbol{MN}+\boldsymbol{N}^{\mathrm T}\boldsymbol{M}^{\mathrm T}=2a\boldsymbol{E}。$$

因此

$$\begin{pmatrix}\boldsymbol{X} & \boldsymbol{Y}^{\mathrm T}\\ \boldsymbol{M} & \boldsymbol{N}^{\mathrm T}\end{pmatrix}\begin{pmatrix}\boldsymbol{Y} & \boldsymbol{N}\\ \boldsymbol{X}^{\mathrm T} & \boldsymbol{M}^{\mathrm T}\end{pmatrix}=2a\begin{pmatrix}\boldsymbol{E} & \boldsymbol{0}\\ \boldsymbol{0} & \boldsymbol{E}\end{pmatrix},\quad 即\ \frac{1}{2a}\begin{pmatrix}\boldsymbol{Y} & \boldsymbol{N}\\ \boldsymbol{X}^{\mathrm T} & \boldsymbol{M}^{\mathrm T}\end{pmatrix}\begin{pmatrix}\boldsymbol{X} & \boldsymbol{Y}^{\mathrm T}\\ \boldsymbol{M} & \boldsymbol{N}^{\mathrm T}\end{pmatrix}=\begin{pmatrix}\boldsymbol{E} & \boldsymbol{0}\\ \boldsymbol{0} & \boldsymbol{E}\end{pmatrix},$$

进而得 $\boldsymbol{YY}^{\mathrm T}+\boldsymbol{NN}^{\mathrm T}=\boldsymbol{0}$，所以 $\boldsymbol{Y}=\boldsymbol{0},\boldsymbol{N}=\boldsymbol{0}$。这导致 $\boldsymbol{XY}=\boldsymbol{0}$，与 $\boldsymbol{XY}=a\boldsymbol{E}+\boldsymbol{A}\neq\boldsymbol{0}$ 矛盾。

五　**解法 1**　由定积分的定义有

$$A=\lim_{n\to\infty}\frac{1}{n}\sum_{k=1}^{n}f\left(\frac{k}{n}\right)=\int_0^1 f(x)\mathrm dx=x\arctan x\Big|_0^1-\int_0^1\frac{x}{1+x^2}\mathrm dx=\frac{\pi}{4}-\frac{\ln 2}{2}。$$

对于 $x\in\left(\frac{k-1}{n},\frac{k}{n}\right)(1\leqslant k\leqslant n)$，由泰勒展开式，存在 $\xi_{n,k}\in\left(\frac{k-1}{n},\frac{k}{n}\right)$ 使得

$$f(x)=f\left(\frac{k}{n}\right)+f'\left(\frac{k}{n}\right)\left(x-\frac{k}{n}\right)+\frac{f''(\xi_{n,k})}{2}\left(x-\frac{k}{n}\right)^2,$$

于是

$$\begin{aligned}&\left|\sum_{k=1}^{n}f\left(\frac{k}{n}\right)-nA+\sum_{k=1}^{n}n\int_{\frac{k-1}{n}}^{\frac{k}{n}}f'\left(\frac{k}{n}\right)\left(x-\frac{k}{n}\right)\mathrm dx\right|\\ =&\left|\sum_{k=1}^{n}n\int_{\frac{k-1}{n}}^{\frac{k}{n}}\left[f\left(\frac{k}{n}\right)+f'\left(\frac{k}{n}\right)\left(x-\frac{k}{n}\right)-f(x)\right]\mathrm dx\right|\\ \leqslant& M\sum_{k=1}^{n}n\int_{\frac{k-1}{n}}^{\frac{k}{n}}\left(x-\frac{k}{n}\right)^2\mathrm dx=\frac{M}{3n},\end{aligned}$$

其中 $M=\frac{1}{2}\max_{x\in[0,1]}|f''(x)|$。因此

$$\begin{aligned}\lim_{n\to\infty}\left(\sum_{k=1}^{n}f\left(\frac{k}{n}\right)-An\right)&=-\lim_{n\to\infty}\sum_{k=1}^{n}n\int_{\frac{k-1}{n}}^{\frac{k}{n}}f'\left(\frac{k}{n}\right)\left(x-\frac{k}{n}\right)\mathrm dx\\ &=\lim_{n\to\infty}\frac{1}{2n}\sum_{k=1}^{n}f'\left(\frac{k}{n}\right)=\frac{1}{2}\int_0^1 f'(x)\mathrm dx=\frac{\pi}{8}。\end{aligned}$$

解法 2　A 的求法及 $\lim_{n\to\infty}\left[\sum_{k=1}^{n}f\left(\frac{k}{n}\right)-An-\sum_{k=1}^{n}n\int_{\frac{k-1}{n}}^{\frac{k}{n}}f'(x)\left(\frac{k}{n}-x\right)\mathrm dx\right]=0$ 的证明同解法 1。因此

$$\lim_{n\to\infty}\left(\sum_{k=1}^{n}f\left(\frac{k}{n}\right)-An\right)=\lim_{n\to\infty}\sum_{k=1}^{n}n\int_{\frac{k-1}{n}}^{\frac{k}{n}}f'(x)\left(\frac{k}{n}-x\right)\mathrm dx$$

$$=\lim_{n\to\infty}\sum_{k=1}^{n}nf'(\eta_{n,k})\int_{\frac{k-1}{n}}^{\frac{k}{n}}\left(\frac{k}{n}-x\right)\mathrm{d}x$$

$$=\lim_{n\to\infty}\frac{1}{2n}\sum_{k=1}^{n}f'(\eta_{n,k})=\frac{1}{2}\int_0^1 f'(x)\mathrm{d}x=\frac{\pi}{8},$$

其中 $\eta_{n,k}\in\left(\frac{k-1}{n},\frac{k}{n}\right)$。

解法 3 A 的求法同解法 1。

对于 $x\in\left(\frac{k-\frac{1}{2}}{n},\frac{k+\frac{1}{2}}{n}\right)(1\leqslant k\leqslant n)$，由泰勒展开式，存在 $\xi_{n,k}\in\left(\frac{k-\frac{1}{2}}{n},\frac{k+\frac{1}{2}}{n}\right)$使得

$$f(x)=f\left(\frac{k}{n}\right)+f'\left(\frac{k}{n}\right)\left(x-\frac{k}{n}\right)+\frac{f''(\xi_{n,k})}{2}\left(x-\frac{k}{n}\right)^2。$$

于是

$$\left|\sum_{k=1}^{n}f\left(\frac{k}{n}\right)-nA-n\int_1^{1+\frac{1}{2n}}f(x)\mathrm{d}x+n\int_0^{\frac{1}{2n}}f(x)\mathrm{d}x\right|$$

$$=\left|\sum_{k=1}^{n}n\int_{\frac{k-\frac{1}{2}}{n}}^{\frac{k+\frac{1}{2}}{n}}\left[f\left(\frac{k}{n}\right)-f(x)+f'\left(\frac{k}{n}\right)\left(\frac{k}{n}-x\right)\right]\mathrm{d}x\right|$$

$$\leqslant M\sum_{k=1}^{n}n\int_{\frac{k-1}{n}}^{\frac{k}{n}}\left(\frac{k}{n}-x\right)^2\mathrm{d}x=\frac{M}{3n},$$

其中 $M=\frac{1}{2}\max\limits_{x\in[0,1]}|f''(x)|$。因此

$$\lim_{n\to\infty}\left(\sum_{k=1}^{n}f\left(\frac{k}{n}\right)-An\right)=\lim_{n\to\infty}n\int_1^{1+\frac{1}{2n}}f(x)\mathrm{d}x-\lim_{n\to\infty}n\int_0^{\frac{1}{2n}}f(x)\mathrm{d}x=\frac{f(1)}{2}-\frac{f(0)}{2}=\frac{\pi}{8}。$$

六 易见 $f(x)$连续。注意到 $f(x)=1-x^2(1-x)$，有

$$0<f(x)<1=f(0)=f(1),\quad \forall x\in(0,1)。$$

任取 $\delta\in\left(0,\frac{1}{2}\right)$，有 $\eta=\eta_\delta\in(0,\delta)$使得

$$m_\eta\xlongequal{\text{def}}\min_{x\in[0,\eta]}f(x)>M_\delta\xlongequal{\text{def}}\max_{x\in[\delta,1-\delta]}f(x)。$$

于是当 $n\geqslant\frac{1}{\delta^2}$时，有

$$0\leqslant\frac{\int_\delta^1 f^n(x)\mathrm{d}x}{\int_0^\delta f^n(x)\mathrm{d}x}=\frac{\int_{1-\delta}^1 f^n(x)\mathrm{d}x}{\int_0^\delta f^n(x)\mathrm{d}x}+\frac{\int_\delta^{1-\delta}f^n(x)\mathrm{d}x}{\int_0^\delta f^n(x)\mathrm{d}x}$$

$$=\frac{\int_0^\delta(1-x(1-x)^2)^n\mathrm{d}x}{\int_0^\delta(1-x^2(1-x))^n\mathrm{d}x}+\frac{\int_\delta^{1-\delta}f^n(x)\mathrm{d}x}{\int_0^\delta f^n(x)\mathrm{d}x}$$

$$\leqslant \frac{\int_0^\delta \left(1-\frac{x}{4}\right)^n \mathrm{d}x}{\int_0^\delta (1-x^2)^n \mathrm{d}x} + \frac{\int_\delta^{1-\delta} f^n(x)\mathrm{d}x}{\int_0^\eta f^n(x)\mathrm{d}x}$$

$$\leqslant \frac{\int_0^\delta \left(1-\frac{x}{4}\right)^n \mathrm{d}x}{\int_0^{\frac{1}{\sqrt{n}}} \left(1-\frac{x}{\sqrt{n}}\right)^n \mathrm{d}x} + \frac{(1-2\delta)M_\delta^n}{\eta m_\eta^n}$$

$$= \frac{\frac{4}{n+1}\left(1-\left(1-\frac{\delta}{4}\right)^{n+1}\right)}{\frac{\sqrt{n}}{n+1}\left(1-\left(1-\frac{1}{n}\right)^{n+1}\right)} + \frac{(1-\delta)}{\eta}\left(\frac{M_\delta}{m_\eta^n}\right)^n。$$

从而 $\lim\limits_{n\to\infty}\dfrac{\int_\delta^1 f^n(x)\mathrm{d}x}{\int_0^\delta f^n(x)\mathrm{d}x}=0$。

对于 $\varepsilon\in\left(0,\ln\frac{5}{4}\right)$,取 $\delta=2(\mathrm{e}^\varepsilon-1)$,则 $\delta\in\left(0,\frac{1}{2}\right)$,$\ln\frac{2+\delta}{2}=\varepsilon$。

另一方面,由前述结论,存在 $N\geqslant 1$ 使得当 $n\geqslant N$ 时,有 $\dfrac{\int_\delta^1 f^n(x)\mathrm{d}x}{\int_0^\delta f^n(x)\mathrm{d}x}\leqslant\varepsilon$。从而又有

$$\left|\frac{\int_0^1 f^n(x)\ln(x+2)\mathrm{d}x}{\int_0^1 f^n(x)\mathrm{d}x}-\ln 2\right| = \frac{\int_0^1 f^n(x)\ln\frac{x+2}{2}\mathrm{d}x}{\int_0^1 f^n(x)\mathrm{d}x}$$

$$\leqslant \frac{\int_0^\delta f^n(x)\ln\frac{x+2}{2}\mathrm{d}x}{\int_0^\delta f^n(x)\mathrm{d}x} + \frac{\int_\delta^1 f^n(x)\ln\frac{x+2}{2}\mathrm{d}x}{\int_0^\delta f^n(x)\mathrm{d}x}$$

$$\leqslant \ln\frac{\delta+2}{2} + \frac{\ln 2\int_\delta^1 f^n(x)\mathrm{d}x}{\int_0^\delta f^n(x)\mathrm{d}x} \leqslant \varepsilon(1+\ln 2)。$$

因此 $\lim\limits_{n\to\infty}\dfrac{\int_0^1 f^n(x)\ln(x+2)\mathrm{d}x}{\int_0^1 f^n(x)\mathrm{d}x}=\ln 2$。

第十届全国大学生数学竞赛初赛(数学类,2018年)

试　　题

一(15分)　在空间直角坐标系中,设马鞍面 S 的方程为 $x^2-y^2=2z$。设 σ 为平面 $z=\alpha x+\beta y+\gamma$,其中 α,β,γ 为给定常数。求马鞍面 S 上点 P 的坐标,使得过 P 且落在马鞍面 S 上的直线均平行于平面 σ。

二(15分)　$\boldsymbol{A}=(a_{ij})_{n\times n}$ 为 n 阶实方阵,满足

(1) $a_{11}=a_{22}=\cdots=a_{nn}=a>0$;

(2) 对每个 $i(i=1,2,\cdots,n)$,有 $\sum\limits_{j=1}^{n}|a_{ij}|+\sum\limits_{j=1}^{n}|a_{ji}|<4a$。

求 $f(x_1,x_2,\cdots,x_n)=(x_1,x_2,\cdots,x_n)\boldsymbol{A}\begin{pmatrix}x_1\\x_2\\\vdots\\x_n\end{pmatrix}$ 的规范形。

三(20分)　元素皆为整数的矩阵称为整矩阵。设 n 阶方阵 $\boldsymbol{A},\boldsymbol{B}$ 皆为整矩阵。

(1) 证明以下两条等价:①$\boldsymbol{A}$ 可逆且 $\boldsymbol{A}^{-1}$ 仍为整矩阵;②$\boldsymbol{A}$ 的行列式的绝对值为1。

(2) 若又知 $\boldsymbol{A},\boldsymbol{A}-2\boldsymbol{B},\boldsymbol{A}-4\boldsymbol{B},\cdots,\boldsymbol{A}-2n\boldsymbol{B},\boldsymbol{A}-2(n+1)\boldsymbol{B},\cdots,\boldsymbol{A}-2(n+n)\boldsymbol{B}$ 皆可逆,且它们的逆矩阵皆仍为整矩阵。证明:$\boldsymbol{A}+\boldsymbol{B}$ 可逆。

四(15分)　设 $f(x)$ 在 $[0,1]$ 上连续可微,在 $x=0$ 处有任意阶导数,$f^{(n)}(0)=0(\forall n>0)$,且存在常数 $C>0$ 使得

$$|xf'(x)|\leqslant C|f(x)|,\quad \forall x\in[0,1]。$$

证明:(1) $\lim\limits_{x\to0^+}\dfrac{f(x)}{x^n}=0(\forall n\geqslant0)$;(2)在 $[0,1]$ 上 $f(x)\equiv0$ 成立。

五(15分)　设 $\{a_n\},\{b_n\}$ 是两个数列,$a_n>0(n\geqslant1)$,$\sum\limits_{n=1}^{\infty}b_n$ 绝对收敛,且

$$\frac{a_n}{a_{n+1}}\leqslant1+\frac{1}{n}+\frac{1}{n\ln n}+b_n,\quad n\geqslant2。$$

求证:(1) $\dfrac{a_n}{a_{n+1}}<\dfrac{n+1}{n}\cdot\dfrac{\ln(n+1)}{\ln n}+b_n(n\geqslant2)$;(2) $\sum\limits_{n=1}^{\infty}a_n$ 发散。

六(20分)　设 $f:\mathbb{R}\to(0,+\infty)$ 是一可微函数,且对所有 $x,y\in\mathbb{R}$,有

$$|f'(x)-f'(y)|\leqslant|x-y|^{\alpha},$$

其中 $\alpha\in(0,1]$ 是常数。求证:对所有 $x\in\mathbb{R}$,有

$$|f'(x)|^{\frac{\alpha+1}{\alpha}}<\frac{\alpha+1}{\alpha}f(x)。$$

参考解答

一　设所求 P 点坐标为 $P=(a,b,c)$,满足 $a^2-b^2=2c$,则过点 P 的直线可以表示为

$$l: l(t)=(a,b,c)+t(u,v,w),\quad u^2+v^2+w^2\neq 0,\quad t\in\mathbb{R}。$$

直线 l 落在马鞍面 S 上,得到

$$(u^2-v^2)t^2+2(au-bv-w)t=0,\quad t\in\mathbb{R}。$$

由 t 的任意性得 $au-bv=w$,　$u^2-v^2=0$。于是有

$$v=\varepsilon u,\quad w=(a-\varepsilon b)u,\quad \varepsilon=\pm 1。$$

于是,过 P 点恰有两条直线落在马鞍面 S 上,分别为

$$l_1: l_1(t)=(a,b,c)+tu(1,1,a-b),\quad l_2: l_2(t)=(a,b,c)+tu(1,-1,a+b)。$$

这两条直线的方向向量 $(1,1,a-b)$ 和 $(1,-1,a+b)$ 均平行于平面 σ,而平面 σ 的法向量为 $(\alpha,\beta,-1)$,于是得到 $\alpha+\beta=a-b$,$\alpha-\beta=a+b$。由此可得

$$a=\alpha,\quad b=-\beta,\quad c=\frac{1}{2}(\alpha^2-\beta^2),$$

故所求点 P 的坐标为 $P=\left(\alpha,-\beta,\frac{1}{2}(\alpha^2-\beta^2)\right)$。

二　$f=(x_1,x_2,\cdots,x_n)\dfrac{\boldsymbol{A}+\boldsymbol{A}^{\mathrm{T}}}{2}\begin{pmatrix}x_1\\x_2\\\vdots\\x_n\end{pmatrix}$。令 $\boldsymbol{B}=(b_{ij})=\dfrac{\boldsymbol{A}+\boldsymbol{A}^{\mathrm{T}}}{2}$,则 $\boldsymbol{B}$ 为实对称阵,且

$$b_{11}=b_{22}=\cdots=b_{nn}=a,\qquad \sum_{j=1}^{n}|b_{ij}|=\sum_{j=1}^{n}\left|\frac{a_{ij}}{2}+\frac{a_{ji}}{2}\right|<2a。$$

因此,$b_{ii}>\sum\limits_{j\neq i}|b_{ij}|$。

若 λ 为 $\boldsymbol{B}$ 的特征值,$\boldsymbol{\alpha}=\begin{pmatrix}x_1\\x_2\\\vdots\\x_n\end{pmatrix}$ 为关于 λ 的非零特征向量,记 $|x_i|=\max\limits_{1\leqslant j\leqslant n}|x_j|>0$。由于 $\boldsymbol{B\alpha}=\lambda\boldsymbol{\alpha}$,则

$$\lambda=\frac{\sum\limits_{j=i}^{n}b_{ij}x_j}{x_i}\geqslant a-\sum_{j\neq i}|b_{ij}|>0。$$

故 $\boldsymbol{B}$ 为正定矩阵,f 的规范形为 $y_1^2+y_2^2+\cdots+y_n^2$。

三　(1) ①⇒②。由 $\boldsymbol{AA}^{-1}=\boldsymbol{E}$ 知 $|\boldsymbol{A}|\cdot|\boldsymbol{A}^{-1}|=1$。注意到 $|\boldsymbol{A}|$,$|\boldsymbol{A}^{-1}|$ 皆为整数,故 $\boldsymbol{A}$ 的行列式的绝对值为 1。

②⇒①。由 $\boldsymbol{AA}^*=|\boldsymbol{A}|\boldsymbol{E}$ 知 $\boldsymbol{A}^{-1}=\boldsymbol{A}^*/|\boldsymbol{A}|$,立即知①成立。

(2) 考虑多项式 $p(x)=|\boldsymbol{A}-x\boldsymbol{B}|^2$,则由已给条件得 $p(0),p(2),p(4),\cdots,p(4n)$ 的值皆为 1。结果多项式 $q(x)=p(x)-1$ 有超过 $2n$ 个零点,从而可得 $q(x)\equiv 0$,即 $p(x)\equiv 1$。

特别地，$p(-1)=|\boldsymbol{A}+\boldsymbol{B}|^2=1$。故 $\boldsymbol{A}+\boldsymbol{B}$ 可逆。

四　(1)由假设，对任何 $m\geqslant 0$，$f(x)$在零点附近有 $m+1$ 阶导数，从而 $f^{(m)}(x)$在 $x=0$ 连续。因此，$\lim\limits_{x\to 0^+}\dfrac{f(x)}{x^0}=f(0)=0$。

对于 $n\geqslant 1$，利用洛必达法则，有

$$\lim_{x\to 0^+}\frac{f(x)}{x^n}=\lim_{x\to 0^+}\frac{f'(x)}{nx^{n-1}}=\cdots=\lim_{x\to 0^+}\frac{f^{(n)}(x)}{n!}=0。$$

(2) 我们有

$$xf(x)f'(x)\leqslant x|f(x)||f'(x)|\leqslant C|f(x)|^2,\quad \forall x\in[0,1]。$$

从而

$$\left(\frac{f^2(x)}{x^{2C}}\right)'=\frac{2(xf(x)f'(x)-Cf^2(x))}{x^{2C+1}}\leqslant 0,\quad \forall x\in(0,1]。$$

因此$\dfrac{f^2(x)}{x^{2C}}$在$(0,1]$上单调减少，从而

$$\frac{f^2(x)}{x^{2C}}\leqslant\left(\frac{f(t)}{t^C}\right)^2,\quad \forall 0<t<x\leqslant 1。$$

所以

$$\frac{f^2(x)}{x^{2C}}\leqslant\lim_{t\to 0^+}\left(\frac{f(t)}{t^C}\right)^2=0,\quad \forall x\in(0,1]。$$

因此，$f(x)\equiv 0,x\in[0,1]$。

五　(1) 因为 $\ln\left(1+\dfrac{1}{n}\right)>\dfrac{1}{n+1}(n\geqslant 2)$，所以根据条件，有

$$\begin{aligned}\frac{a_n}{a_{n+1}}&\leqslant 1+\frac{1}{n}+\frac{n+1}{n\ln n}\cdot\frac{1}{n+1}+b_n<1+\frac{1}{n}+\frac{n+1}{n\ln n}\cdot\ln\left(1+\frac{1}{n}\right)+b_n\\&=\frac{n+1}{n}\cdot\frac{\ln(n+1)}{\ln n}+b_n。\end{aligned}$$

(2) **证法 1**　令 $c_n=(n\ln n)a_n$，$d_n=\dfrac{n\ln n}{(n+1)\ln(n+1)}|b_n|$，则有$\dfrac{c_n}{c_{n+1}}<1+d_n$。取对数，得

$$\ln c_n-\ln c_{n+1}<\ln(1+d_n)\leqslant d_n。$$

于是

$$\ln c_2-\ln c_n<\sum_{k=2}^{n-1}d_k,\quad n\geqslant 3。$$

由于 $0\leqslant d_n<|b_n|$，从 $\sum\limits_{n=1}^{\infty}b_n$ 绝对收敛，可知$\sum\limits_{n=1}^{\infty}d_n$ 收敛。故由上式可知存在常数 c 使得 $c\leqslant\ln c_n$，$n\geqslant 3$。即 $a_n\geqslant\dfrac{\mathrm{e}^c}{n\ln n}$，$n\geqslant 3$。于是 $\sum\limits_{n=1}^{\infty}a_n$ 发散。

(3) **证法 2**　由条件

$$\ln\frac{a_n}{a_{n+1}}\leqslant\ln\left(1+\frac{1}{n}+\frac{1}{n\ln n}+|b_n|\right)\leqslant\frac{1}{n}+\frac{1}{n\ln n}+|b_n|。$$

从 $3\sim n$ 求和,然后利用积分的性质可知存在常数 $C>0$,使得

$$\ln\frac{a_3}{a_{n+1}}\leqslant\sum_{k=3}^{n}\left(\frac{1}{k}+\frac{1}{k\ln k}+|b_k|\right)\leqslant C+\ln n+\ln\ln n。$$

于是 $a_{n+1}\geqslant\dfrac{a_3\mathrm{e}^{-C}}{n\ln n}$,故 $\sum\limits_{n=1}^{\infty}a_n$ 发散。

六　对固定的 $x\in\mathbb{R}$,若 $f'(x)=0$,则结论成立。

若 $f'(x)<0$,则 $h=(-f'(x))^{\frac{1}{\alpha}}>0$。根据牛顿-莱布尼茨公式和条件,得

$$\begin{aligned}0<f(x+h)&=f(x)+\int_x^{x+h}f'(t)\,\mathrm{d}t\\&=f(x)+\int_x^{x+h}(f'(t)-f'(x))\mathrm{d}t+f'(x)h\\&\leqslant f(x)+\int_x^{x+h}(t-x)^{\alpha}\mathrm{d}t+f'(x)h\\&=f(x)+\frac{1}{\alpha+1}h^{\alpha+1}+f'(x)h,\end{aligned}$$

故

$$\frac{1}{\alpha+1}h^{\alpha+1}+f'(x)h+f(x)>0。$$

将 $h=(-f'(x))^{\frac{1}{\alpha}}$ 代入上式,即得 $|f'(x)|^{\frac{\alpha+1}{\alpha}}<\dfrac{\alpha+1}{\alpha}f(x)$。

若 $f'(x)>0$,则记 $h=(f'(x))^{\frac{1}{\alpha}}$。根据牛顿-莱布尼茨公式和条件,得

$$\begin{aligned}0<f(x-h)&=-\int_{x-h}^{x}f'(t)\mathrm{d}t+f(x)\\&=\int_{x-h}^{x}(f'(x)-f'(t))\mathrm{d}t-f'(x)h+f(x)\\&\leqslant\int_{x-h}^{x}(x-t)^{\alpha}\mathrm{d}t-f'(x)h+f(x)\\&=\frac{1}{\alpha+1}h^{\alpha+1}-f'(x)h+f(x)。\end{aligned}$$

将 $h=(f'(x))^{\frac{1}{\alpha}}$ 代入上式,仍得 $(f'(x))^{\frac{\alpha+1}{\alpha}}<\dfrac{\alpha+1}{\alpha}f(x)$。

故对所有的 $x\in\mathbb{R}$,有 $|f'(x)|^{\frac{\alpha+1}{\alpha}}<\dfrac{\alpha+1}{\alpha}f(x)$。

第十一届全国大学生数学竞赛初赛(数学类,2019年)

A卷试题①

一(共15分)　空间中有两个球面 B_1 和 B_2,B_2 包含在 B_1 所围球体的内部,两球面之间的闭区域为 D。设 B 是含在 D 中的一个圆球,它与球面 B_1 和 B_2 均相切。问:

(1)(4分)B 的球心轨迹构成的曲面 S 是何种曲面;

(2)(2分)B_1 的球心和 B_2 的球心是曲面 S 的何种点?证明你的论断(9分)。

二(15分)　设 $\alpha>0$,$f(x)$在$[0,1]$上非负,有二阶导函数,$f(0)=0$,且在$[0,1]$上不恒为零。求证:存在 $\xi\in(0,1)$使得

$$\xi f''(\xi)+(\alpha+1)f'(\xi)>\alpha f(\xi)。$$

三(15分)　设 $\boldsymbol{A}$ 为 n 阶复方阵,$p(x)$为 $\boldsymbol{E}-\boldsymbol{A}\bar{\boldsymbol{A}}$ 的特征多项式,其中 $\bar{\boldsymbol{A}}$ 表示 $\boldsymbol{A}$ 的共轭矩阵。证明:$p(x)$必为实系数多项式。

四(20分)　已知 f_1 为实 n 元正定二次型。令 $V=\{f\mid f$ 为实 n 元二次型,满足:对任何实数 k 有 $kf+f_1$ 属于恒号二次型$\}$,这里恒号二次型为0二次型、正定二次型及负定二次型的总称。证明:V 按照通常的二次型加法和数乘构成一个实向量空间,并求这个向量空间的维数。

五(15分)　设 $\delta>0$,$\alpha\in(0,1)$,实数列$\{x_n\}$满足

$$x_{n+1}=x_n\left(1-\frac{h_n}{n^\alpha}\right)+\frac{1}{n^{\alpha+\delta}},\quad n\geqslant 1,$$

其中$\{h_n\}$有正的上下界。证明:$\{n^\delta x_n\}$有界。

六(20分)　设 $f(x)=\dfrac{1}{1+\mathrm{e}^x}$。

(1)证明 $f(x)$是$[0,+\infty)$上的凸函数。进一步证明当 $x,y\geqslant 0$ 时成立 $f(x)+f(y)\leqslant f(0)+f(x+y)$。

(2)设 $n\geqslant 3$,试确定集合 $E\xlongequal{\text{def}}\left\{\sum_{k=1}^{n}f(x_k)\;\middle|\;\sum_{k=1}^{n}x_k=0,x_1,x_2,\cdots,x_n\in\mathbb{R}\right\}$。

参考解答

一　B 的球心轨迹构成的曲面 S 为旋转椭球面;B_1 和 B_2 的球心为 S 的两个焦点。

设 B_1 的球心为 O_1,半径为 R_1,B_2 的球心为 O_2,半径为 R_2。设 B 是含在 D 中的一个球,球心在 P 点,半径为 r,它与球 B_1 和 B_2 均相切。因为 B 与 B_1 内切,所以 $PO_1=R_1-$

① 从2019年开始,全国大学生数学竞赛数学专业组的试卷进行了调整,分成A,B卷,其中A卷适用于“双一流”建设高校(含“双一流”建设学科高校)数学专业的学生,B卷适用于其他高校数学专业的学生。

r。因为 B 与 B_2 外切,所以 $PO_2=R_2+r$。于是有 $PO_1+PO_2=R_1+R_2$ 总是常数。

设 l 是过球心 O_1 和 O_2 的直线。因为 B_1 和 B_2 在以 l 为不动轴的空间旋转下不变,故区域 D 也在以 l 为不动轴的空间旋转下不变。B 在以 l 为不动轴的空间旋转下保持与 B_1 和 B_2 均相切,它的球心 P 在以 l 为不动轴的空间旋转下是一个圆周。在每个过直线 l 的平面 Σ 上,由于 $PO_1+PO_2=R_1+R_2$ 总是常数,B 的球心轨迹 P 在平面 Σ 上是一个椭圆。故 B 的球心轨迹构成的曲面 S 为旋转椭球,旋转轴为过 O_1 和 O_2 的直线,并且两球心 O_1 和 O_2 为旋转椭球的两个焦点。

二　(反证法)若结论不正确,则对一切 $x\in[0,1)$ 有

$$xf''(x)+(\alpha+1)f'(x)\leqslant\alpha f(x)。$$

这说明函数 $xf'(x)+\alpha f(x)-\alpha\int_0^x f(u)\mathrm{d}u$ 的导数非正,因而单调递减,但它在 $x=0$ 处取 0,故

$$xf'(x)+\alpha f(x)\leqslant\alpha\int_0^x f(u)\mathrm{d}u,\quad x\in[0,1]。$$

因而

$$x^\alpha f'(x)+\alpha x^{\alpha-1}f(x)\leqslant\alpha x^{\alpha-1}\int_0^x f(u)\mathrm{d}u,\quad x\in[0,1]。$$

将上式在$[0,x]$上积分,可得

$$x^\alpha f(x)\leqslant\alpha\int_0^x t^{\alpha-1}\left(\int_0^t f(u)\mathrm{d}u\right)\mathrm{d}t\leqslant\alpha\int_0^x t^{\alpha-1}\left(\int_0^x f(u)\mathrm{d}u\right)\mathrm{d}t=x^\alpha\int_0^x f(u)\mathrm{d}u。$$

故

$$f(x)\leqslant\int_0^x f(u)\mathrm{d}u。$$

记 $g(x)=\int_0^x f(u)\mathrm{d}u$。则从上式可得 $g'(x)\leqslant g(x)$。因此

$$(\mathrm{e}^{-x}g(x))'\leqslant 0。$$

这说明 $\mathrm{e}^{-x}g(x)$在$[0,1]$上递减。注意到 $g(0)=0$,可得 $g(x)\leqslant0$。但从 $f(x)$非负可知 $g(x)\geqslant0$,故 $g(x)\equiv0$,从而 $f(x)\equiv0$。这与 $f(x)$不恒为零矛盾!

三　记

$$p(t)=\det(t\boldsymbol{E}-(\boldsymbol{E}-\boldsymbol{A}\bar{\boldsymbol{A}}))=\det((t-1)\boldsymbol{E}+\boldsymbol{A}\bar{\boldsymbol{A}})$$

为 $\boldsymbol{E}-\boldsymbol{A}\bar{\boldsymbol{A}}$ 的特征多项式。对任何实数 t,有

$$\overline{p(t)}=\overline{\det((t-1)\boldsymbol{E}+\boldsymbol{A}\bar{\boldsymbol{A}})}=\det((t-1)\boldsymbol{E}+\bar{\boldsymbol{A}}\boldsymbol{A})。\qquad(*)$$

对任何两个方阵 $\boldsymbol{A}$ 和 $\boldsymbol{B}$,有 $\det(s\boldsymbol{E}+\boldsymbol{AB})=\det(s\boldsymbol{E}+\boldsymbol{BA})$,证明如下:取可逆矩阵序列 $\boldsymbol{B}_n$ 使得 $\boldsymbol{B}_n\to\boldsymbol{B}$(例如,对充分大的 n 取 $\boldsymbol{B}_n=\boldsymbol{B}+\frac{1}{n}\boldsymbol{E}$),则

$$\det(s\boldsymbol{E}+\boldsymbol{A}\boldsymbol{B}_n)=\det(s\boldsymbol{B}_n^{-1}+\boldsymbol{A})\det\boldsymbol{B}_n=\det\boldsymbol{B}_n\det(s\boldsymbol{B}_n^{-1}+\boldsymbol{A})=\det(s\boldsymbol{E}+\boldsymbol{B}_n\boldsymbol{A})。$$

令 $n\to\infty$,得到公式 $\det(s\boldsymbol{E}+\boldsymbol{AB})=\det(s\boldsymbol{E}+\boldsymbol{BA})$。用 $\boldsymbol{B}=\bar{\boldsymbol{A}}$ 代入公式,则有

$$\overline{p(t)}=\det((t-1)\boldsymbol{E}+\bar{\boldsymbol{A}}\boldsymbol{A})=\det((t-1)\boldsymbol{E}+\boldsymbol{A}\bar{\boldsymbol{A}})=p(t)$$

对所有的实数 t 成立,故 $p(t)$的系数都是实数。

注　也可利用分块矩阵的初等变换求$\begin{pmatrix}\boldsymbol{E} & \boldsymbol{B}\\ \boldsymbol{A} & s\boldsymbol{E}\end{pmatrix}$的行列式来证明公式 $\det(s\boldsymbol{E}-\boldsymbol{AB})=$

$\det(s\boldsymbol{E}-\boldsymbol{BA})$。具体地

$$\forall s\neq 0,\quad \begin{pmatrix}\boldsymbol{E} & \boldsymbol{0}\\ -\boldsymbol{A} & \boldsymbol{E}\end{pmatrix}\begin{pmatrix}\boldsymbol{E} & \boldsymbol{B}\\ \boldsymbol{A} & s\boldsymbol{E}\end{pmatrix}=\begin{pmatrix}\boldsymbol{E} & \boldsymbol{B}\\ \boldsymbol{0} & s\boldsymbol{E}-\boldsymbol{AB}\end{pmatrix},$$

$$\begin{pmatrix}\boldsymbol{E} & \boldsymbol{B}\\ \boldsymbol{A} & s\boldsymbol{E}\end{pmatrix}\begin{pmatrix}\boldsymbol{E} & \boldsymbol{0}\\ -\boldsymbol{A}/s & \boldsymbol{E}\end{pmatrix}=\begin{pmatrix}\boldsymbol{E}-\boldsymbol{BA}/s & \boldsymbol{B}\\ \boldsymbol{0} & s\boldsymbol{E}\end{pmatrix}。$$

对上两矩阵等式两边取行列式即得 $\det(s\boldsymbol{E}-\boldsymbol{AB})=\det(s\boldsymbol{E}-\boldsymbol{BA})$ 对一切非零的实数 s 均成立。从而多项式 $\det(s\boldsymbol{E}-\boldsymbol{AB})-\det(s\boldsymbol{E}-\boldsymbol{BA})\equiv 0$。因为多项式 $\det(s\boldsymbol{E}-\boldsymbol{AB})-\det(s\boldsymbol{E}-\boldsymbol{BA})$ 至多是 n 次多项式。获证。

四 证法1 设 $f\in V$，f 与 f_1 所对应的二次型矩阵分别为 $\boldsymbol{A}$ 和 $\boldsymbol{B}$。由 $\boldsymbol{B}$ 正定可推得

$\exists \boldsymbol{P}$ 可逆，使得 $\boldsymbol{B}=\boldsymbol{PP}^{\mathrm{T}}$，$\boldsymbol{A}=\boldsymbol{P}\begin{pmatrix}\lambda_1 & & \\ & \ddots & \\ & & \lambda_n\end{pmatrix}\boldsymbol{P}^{\mathrm{T}}$。

由条件：对任何实数 k 有 $kf+f_1$ 属于恒号二次型可推得 $\lambda_1=\cdots=\lambda_n$。

事实上，若 $\lambda_1\neq\lambda_2$，则由式子

$$kf+f_1=(z_1,z_2,\cdots,z_n)\boldsymbol{P}\begin{pmatrix}k\lambda_1+1 & & \\ & \ddots & \\ & & k\lambda_n+1\end{pmatrix}\boldsymbol{P}^{\mathrm{T}}\begin{pmatrix}z_1\\ z_2\\ \vdots\\ z_n\end{pmatrix}$$

知，总可取某实数 q，使得 $(q\lambda_1+1)(q\lambda_2+1)<0$。从而可取两点：$(z_1,z_2,\cdots,z_n)\boldsymbol{P}=(0,1,0,\cdots,0)$ 及 $(z_1,z_2,\cdots,z_n)\boldsymbol{P}=(1,0,0,\cdots,0)$，$qf+f_1$ 在该两点取值异号，矛盾。

到此，得到 $V=\{kf_1|k\in\mathbb{R}\}$。

直接可知，V 按照通常的二次型加法和数乘构成一个实向量空间，并且这个向量空间的维数是 1。证毕。

证法2 首先，$V\neq\varnothing$，因为 $0\in V$，且对任何实数 k 有 $kf_1\in V$。

其次，对任意非零 $f\in V$，若存在 $k\in\mathbb{R}$，使得 $kf+f_1\equiv 0$，则由 f_1 的正定性，可知 $k\neq 0$，从而 $f=-\dfrac{1}{k}f_1$；若对任意的 $k\in\mathbb{R}$，$kf+f_1\not\equiv 0$，则由条件知，$kf+f_1$ 要么为正定二次型，要么为负定二次型。断言：f 和 f_1 必线性相关。

反证法。若 f 和 f_1 线性无关，则由 f_1 正定知，存在点 P_1 使得 $f_1(P_1)>0$。此时考察二次型 $g=f_1(P_1)f-f(P_1)f_1$，由 f 和 f_1 线性无关知 $g\not\equiv 0$（因为 $\{f_1(P_1),-f(P_1)\}$ 是一组不全为零的数），故存在 P_2 使得

$$0\neq g(P_2)=f_1(P_1)f(P_2)-f(P_1)f_1(P_2)。\qquad (*)$$

此时有

(i) $P_2\neq(0,\cdots,0)$，$f_1(P_2)>0$；

(ii) $f(P_2)$，$f(P_1)$ 不同时为零。

先考虑 $f(P_1)\neq 0$ 的情形，由 $(*)$ 式有

$$-\frac{f_1(P_1)}{f(P_1)}f(P_2)+f_1(P_2)=-\frac{g(P_2)}{f(P_1)}\neq 0。$$

令 $k=-\dfrac{f_1(P_1)}{f(P_1)}$，由 $kf+f_1$ 恒号可知：

当$-\dfrac{g(P_2)}{f(P_1)}>0$时,$-\dfrac{f_1(P_1)}{f(P_1)}f(P_1)+f_1(P_1)>0$,明显上述不等式左边为零,矛盾。

当 $-\dfrac{g(P_2)}{f(P_1)}<0$时,得$-\dfrac{f_1(P_1)}{f(P_1)}f(P_1)+f_1(P_1)<0$,不等式左边为零,矛盾。

接下来考虑 $f(P_2)\neq 0$ 的情形。同样由($*$)式有

$$-\frac{f_1(P_2)}{f(P_2)}f(P_1)+f_1(P_1)=-\frac{g(P_2)}{f(P_2)}\neq 0。$$

令 $k=-\dfrac{f_1(P_2)}{f(P_2)}$,类似地,由 $kf+f_1$ 恒号可得矛盾。断言获证。

现在,f 与 f_1 线性相关,故存在一组不全为 0 的数 λ_1,μ,使得 $\lambda_1 f_1+\mu f=0$。

若 $\lambda_1=0$,则 $\mu\neq 0$,因此有 $f=-\dfrac{\lambda_1}{\mu}f_1$。若 $\lambda_1\neq 0$,则由 $\lambda_1 f_1\neq 0$ 知 $\mu\neq 0$,因此仍然有 $f=-\dfrac{\lambda_1}{\mu}f_1$。

至此,得到 $V=\{kf_1 \mid k\in\mathbb{R}\}$。

最后直接可知,V 按照通常的二次型加法和数乘构成一个实向量空间,且这个向量空间的维数是 1。

五　记 $c=\inf\limits_{n\geqslant 1}h_n$。由题设可知存在 $N\geqslant 1$ 使得当 $n\geqslant N$ 时,成立

$$|x_{n+1}|\leqslant\left(1-\frac{c}{n^\alpha}\right)|x_n|+\frac{1}{n^{\alpha+\delta}}\qquad 以及\frac{\delta}{n}\leqslant\frac{c}{2n^\alpha}。$$

取 $C=\max\left\{N^\delta|x_N|,\dfrac{2}{c}\right\}$。我们来证明对于 $n\geqslant N$ 成立 $|x_n|\leqslant\dfrac{C}{n^\delta}$。首先,由 C 的定义知当 $n=N$ 时,有 $|x_n|\leqslant\dfrac{C}{n^\delta}$。进一步,若对某个 $n\geqslant N$ 成立 $|x_n|\leqslant\dfrac{C}{n^\delta}$,则

$$\begin{aligned}|x_{n+1}|-\frac{C}{(n+1)^\delta}&\leqslant\left(1-\frac{c}{n^\alpha}\right)\frac{C}{n^\delta}+\frac{1}{n^{\alpha+\delta}}-\frac{C}{(n+1)^\delta}\\&=C\left(\frac{1}{n^\delta}-\frac{1}{(n+1)^\delta}\right)-\frac{Cc-1}{n^{\alpha+\delta}}\\&\leqslant\frac{C\delta}{n^{1+\delta}}-\frac{Cc-1}{n^{\alpha+\delta}}\leqslant\frac{Cc}{2n^{\alpha+\delta}}-\frac{Cc-1}{n^{\alpha+\delta}}=-\frac{Cc-2}{2n^{\alpha+\delta}}\leqslant 0。\end{aligned}$$

因此,由数学归纳法得到当 $n\geqslant N$ 时,总成立 $|x_n|\leqslant\dfrac{C}{n^\delta}$。因此,$\{n^\delta x_n\}$有界。

六　(1) 我们有

$$f'(x)=-\frac{e^x}{(1+e^x)^2},\quad f''(x)=\frac{e^x(e^x-1)}{(1+e^x)^3}。$$

当 $x\geqslant 0$ 时,成立 $f''(x)\geqslant 0$。所以 $f(x)$是$[0,+\infty)$上的凸函数。

从而 $f'(x)$在$[0,+\infty)$上单调增加,因此对于 $x,y\geqslant 0$,有

$$f(x+y)-f(x)-f(y)+f(0)=\int_0^y(f'(t+x)-f'(t))\mathrm{d}t\geqslant 0。$$

(2) 由连续性,易见 E 是一个区间。

我们有 $f(x)+f(-x)=1$。下面设 $x_1+x_2+\cdots+x_n=0$。

若 $x_1=x_2=\cdots=x_n=0$，则 $\sum_{j=1}^{n}f(x_j)=\frac{n}{2}$。

若 $x_1,x_2,\cdots,x_n$ 不全为零，设其中负数的个数为 k，非负数的个数为 m，则 $m+k=n$，$1\leqslant k\leqslant n-1$。

不妨设 $x_1,x_2,\cdots,x_m\geqslant 0$，$x_{m+1},\cdots,x_n<0$。记 $y_1=-x_{m+1}$，$y_2=-x_{m+2}$，$\cdots$，$y_k=-x_n$，$x=x_1+x_2+\cdots+x_m=y_1+y_2+\cdots+y_k$，则由(1)易得

$$f(y_1)+f(y_2)+\cdots+f(y_k)\leqslant(k-1)f(0)+f(x)。$$

注意到 $mf\left(\frac{x}{m}\right)-f(x)$ 在$[0,+\infty)$上严格单调减少，我们有

$$\begin{aligned}\sum_{j=1}^{n}f(x_j)&=\sum_{j=1}^{m}f(x_j)+k-\sum_{j=1}^{k}f(y_j)\\&\geqslant mf\left(\frac{x}{m}\right)+k-((k-1)f(0)+f(x))\\&>\lim_{u\to+\infty}\left[mf\left(\frac{u}{m}\right)+k-((k-1)f(0)+f(u))\right]=\frac{k+1}{2}\geqslant 1。\end{aligned}$$

这表明 $\inf E\geqslant 1$ 而 $1\notin E$。

另一方面，取 $u>0$，$x_1=x_2=\cdots=x_{n-1}=\frac{u}{n-1}$，$x_n=-u$，则

$$\lim_{u\to+\infty}\sum_{j=1}^{n}f(x_j)=\lim_{u\to+\infty}\left((n-1)f\left(\frac{u}{n-1}\right)+1-f(u)\right)=1。$$

因此，$\inf E=1$。

由 $f(-x)=1-f(x)$ 可得 $E=\{n-z\mid z\in E\}$。因此，$\sup E=n-1$，且 $n-1\notin E$。所以 E 为开区间$(1,n-1)$。

B 卷试题

一(15 分) 设 L_1 和 L_2 是空间中的两条不垂直的异面直线，点 B 是它们公垂线段的中点。点 A_1 和 A_2 分别在 L_1 和 L_2 上滑动，使得 $A_1B\perp A_2B$。证明直线 A_1A_2 的轨迹是单叶双曲面。

二(10 分) 计算 $\int_0^{+\infty}\frac{\mathrm{d}x}{(1+x^2)(1+x^{2019})}$。

三(15 分) 设数列$\{x_n\}$满足

$$x_1>0,x_{n+1}=\ln(1+x_n),n=1,2,\cdots。$$

证明$\{x_n\}$收敛并求其极限。

四(15 分) 设 $\{\varepsilon_1,\varepsilon_2,\cdots,\varepsilon_n\}$ 是 n 维实线性空间 V 的一组基，令 $\varepsilon_1,\varepsilon_2,\cdots,\varepsilon_n+\varepsilon_{n+1}=$

0。证明：

(1) 对 $i=1,2,\cdots,n+1$,$\{\varepsilon_1,\cdots,\varepsilon_{i-1},\varepsilon_{i+1},\cdots,\varepsilon_{n+1}\}$ 都构成 V 的基；

(2) $\forall\alpha\in V$,在(1)中的 $n+1$ 组基中,必存在一组基使 α 在此基下的坐标分量均非负；

(3) 若 $\alpha=a_1\varepsilon_1+a_2\varepsilon_2+\cdots+a_n\varepsilon_n$,且 $|a_i|(i=1,2,\cdots,n)$ 互不相同,则在(1)中的 $n+1$ 组基中,满足(2)中非负坐标表示的基是唯一的。

五(20分)　设 $\boldsymbol{A}$ 是数域 F 上的 n 阶矩阵,若 $\boldsymbol{A}^2=\boldsymbol{E}_n$($\boldsymbol{E}_n$表示单位矩阵),则称 $\boldsymbol{A}$ 为对合矩阵。试证：

(1) 若 $\boldsymbol{A}$ 是 n 阶对合矩阵,则

$$\operatorname{rank}(\boldsymbol{E}_n+\boldsymbol{A})+\operatorname{rank}(\boldsymbol{E}_n-\boldsymbol{A})=n;$$

(2) n 阶对合矩阵 $\boldsymbol{A}$ 一定可以对角化,其相似对角形为 $\begin{pmatrix}\boldsymbol{E}_r & \boldsymbol{0}\\ \boldsymbol{0} & -\boldsymbol{E}_{n-r}\end{pmatrix}$,其中 $r=\operatorname{rank}(\boldsymbol{E}_n+\boldsymbol{A})$；

(3) 若 $\boldsymbol{A},\boldsymbol{B}$ 均是 n 阶对合矩阵,且 $\boldsymbol{AB}=\boldsymbol{BA}$,则存在可逆矩阵 $\boldsymbol{P}$,使得 $\boldsymbol{P}^{-1}\boldsymbol{AP}$ 和 $\boldsymbol{P}^{-1}\boldsymbol{BP}$ 同时为对角矩阵。

六(15分)　设函数 $f(x)$ 为闭区间 $[a,b]$ 上的连续凹函数,满足 $f(a)=0,f(b)>0$ 且 $f(x)$ 在 $x=a$ 处存在非零的右导数。对 $n\geqslant 2$,记

$$S_n=\left\{\sum_{k=1}^{n}kx_k \mid \sum_{k=1}^{n}kf(x_k)=f(b),x_k\in[a,b]\right\}。$$

(1) 证明：$\forall\alpha\in(0,f(b))$,存在唯一 $x\in(a,b)$ 使得 $f(x)=\alpha$；

(2) 求 $\lim\limits_{n\to\infty}(\sup S_n-\inf S_n)$。

七(10分)　设正项级数 $\sum\limits_{n=1}^{\infty}\dfrac{1}{a_n}$ 收敛。证明级数 $\sum\limits_{n=1}^{\infty}\dfrac{n^2a_n}{S_n^2}$ 收敛,其中 $S_n=\sum\limits_{k=1}^{n}a_k$。

参考解答

一　取公垂线为 z 轴,B 为原点。取 x 轴使得 L_1 和 L_2 与之夹角相同。此时有

$$L_1:\begin{cases}ax+y=0,\\ z=c,\end{cases}\quad L_2:\begin{cases}ax-y=0,\\ z=-c,\end{cases}$$

其中 $c>0$。由于 L_1 与 L_2 不垂直,所以 $a\neq\pm1$。

设点 A_1 的坐标为 (x_1,y_1,c),A_2 的坐标为 $(x_2,y_2,-c)$,则

$$ax_1+y_1=0,\quad ax_2-y_2=0。\tag{1}$$

由 $A_1B\perp A_2B$ 得

$$x_1x_2+y_1y_2-c^2=0。\tag{2}$$

任取 A_1A_2 上的点 $M(x,y,z)$,有

$$\frac{x-x_2}{x_1-x_2}=\frac{y-y_2}{y_1-y_2}=\frac{z+c}{2c}。\tag{3}$$

消去 x_1,x_2,y_1,y_2,令 $\dfrac{z+c}{2c}=k$,由(1)式和(3)式得

$$x=kx_1-(k-1)x_2,\quad y=-akx_1-a(k-1)x_2。\tag{4}$$

由(1)式,(2)式得,$x_1x_2=\dfrac{c^2}{1-a^2}$。又 $k(k-1)=\dfrac{z^2-c^2}{4c^2}$,由(4)式解出 x_1,x_2,代入 $x_1x_2=\dfrac{c^2}{1-a^2}$,整理可得

$$a^2(1-a^2)x^2-(1-a^2)y^2+a^2z^2=a^2c^2。$$

所以轨迹是单叶双曲面。

二　因为

$$\int_0^{+\infty}\frac{dx}{(1+x^2)(1+x^{2019})}=\int_0^1\frac{dx}{(1+x^2)(1+x^{2019})}+\int_1^{+\infty}\frac{dx}{(1+x^2)(1+x^{2019})}。$$

对上式右端的第二个积分做变换 $x=\dfrac{1}{t}$,得到

$$\int_1^{+\infty}\frac{dx}{(1+x^2)(1+x^{2019})}=\int_0^1\frac{t^{2019}}{(1+t^2)(1+t^{2019})}dt,$$

于是

$$\begin{aligned}\int_0^{+\infty}\frac{dx}{(1+x^2)(1+x^{2019})}&=\int_0^1\frac{dx}{(1+x^2)(1+x^{2019})}+\int_1^{+\infty}\frac{dx}{(1+x^2)(1+x^{2019})}\\&=\int_0^1\frac{dx}{(1+x^2)(1+x^{2019})}+\int_0^1\frac{t^{2019}}{(1+t^2)(1+t^{2019})}dt\\&=\int_0^1\frac{dx}{1+x^2}=\arctan x\Big|_0^1=\frac{\pi}{4}。\end{aligned}$$

三　由于 $x_1>0$,所以 $x_2=\ln(1+x_1)>0$。由数学归纳法,$x_n>0,n=1,2,\cdots$。

$$x_{n+1}-x_n=\ln(1+x_n)-x_n=\frac{1}{1+\xi_n}x_n-x_n=\left(\frac{1}{1+\xi_n}-1\right)x_n=-\frac{\xi_n}{1+\xi_n}x_n<0,$$

这里 $\xi_n\in(0,x_n)$。所以数列$\{x_n\}$单调递减。由单调有界定理,知$\{x_n\}$收敛。

设 $\lim\limits_{n\to\infty}x_n=a\geqslant 0$。由 $x_{n+1}=\ln(1+x_n)$,知 $a=\ln(1+a)$。

令 $f(x)=x-\ln(1+x)$,则 $f'(x)=1-\dfrac{1}{1+x}>0,x\in(0,+\infty)$。而 $f(0)=0$,从而 $x=0$ 是 $f(x)$在$[0,+\infty)$上的唯一零点,所以$\lim\limits_{n\to\infty}x_n=0$。

四　(1) 若 $i=n+1$,显然有 $\varepsilon_1,\varepsilon_2,\cdots,\varepsilon_n$ 是 V 的一组基。若 $1\leqslant i\leqslant n$,令

$$k_1\varepsilon_1+k_2\varepsilon_2+\cdots+k_{i-1}\varepsilon_{i-1}+k_{i+1}\varepsilon_{i+1}+\cdots+k_n\varepsilon_n+k_{n+1}\varepsilon_{n+1}=0。$$

由于 $\varepsilon_1+\varepsilon_2+\cdots+\varepsilon_n+\varepsilon_{n+1}=0$,所以有

$$k_{n+1}(\varepsilon_1+\varepsilon_2+\cdots+\varepsilon_n+\varepsilon_{n+1})=0。$$

两式相减得

$$\begin{aligned}&(k_1-k_{n+1})\varepsilon_1+\cdots+(k_{i-1}-k_{n+1})\varepsilon_{i-1}-k_{n+1}\varepsilon_i+\\&(k_{i+1}-k_{n+1})\varepsilon_{i+1}+\cdots+(k_n-k_{n+1})\varepsilon_n=0。\end{aligned}$$

由于 $\varepsilon_1,\varepsilon_2,\cdots,\varepsilon_n$ 线性无关,故得

$$k_1-k_{n+1}=\cdots=k_{i-1}-k_{n+1}=-k_{n+1}=k_{i+1}-k_{n+1}=\cdots=k_n-k_{n+1}=0,$$

从而有

$$k_1=k_2=\cdots=k_{i-1}=k_{i+1}=\cdots=k_n=k_{n+1}=0。$$

因此可得 $\varepsilon_1,\cdots,\varepsilon_{i-1},\varepsilon_{i+1},\cdots,\varepsilon_{n+1}$线性无关。

(2) 由于

$$(\varepsilon_1,\cdots,\varepsilon_{i-1},\varepsilon_i,\varepsilon_{i+1},\cdots,\varepsilon_n)=(\varepsilon_1,\cdots,\varepsilon_{i-1},\varepsilon_{i+1},\cdots,\varepsilon_{n+1})\boldsymbol{A}$$

这里

$$\boldsymbol{A}=\begin{pmatrix}1 & & & -1 & & & \\ & \ddots & & \vdots & & & \\ & & 1 & -1 & & & \\ & & & -1 & 1 & & \\ & & & -1 & & \ddots & \\ & & & \vdots & & & 1 \\ & & & -1 & & & \end{pmatrix}$$

为两组基之间的过渡矩阵。

$\forall\alpha\in V$, 设 $\alpha=a_1\varepsilon_1+a_2\varepsilon_2+\cdots+a_n\varepsilon_n$, 若 $a_1,a_2,\cdots,a_n\geqslant0$, 则结论正确,否则令 a_i 是负坐标中绝对值最大者,那么

$$\alpha=(\varepsilon_1,\varepsilon_2,\cdots,\varepsilon_n)\begin{pmatrix}a_1\\a_2\\\vdots\\a_n\end{pmatrix}=(\varepsilon_1,\cdots,\varepsilon_{i-1},\varepsilon_{i+1},\cdots,\varepsilon_{n+1})\boldsymbol{A}\begin{pmatrix}a_1\\a_2\\\vdots\\a_n\end{pmatrix}$$

$$=(\varepsilon_1,\cdots,\varepsilon_{i-1},\varepsilon_{i+1},\cdots,\varepsilon_{n+1})\begin{pmatrix}a_1-a_i\\\vdots\\a_{i-1}-a_i\\a_{i+1}-a_i\\\vdots\\a_n-a_i\\-a_i\end{pmatrix},$$

于是 $\varepsilon_1,\cdots,\varepsilon_{i-1},\varepsilon_{i+1},\cdots,\varepsilon_{n+1}$ 即为所求的一组基。

(3) 设 $\alpha=a_1\varepsilon_1+a_2\varepsilon_2+\cdots+a_n\varepsilon_n$, 且 $|a_i|(i=1,2,\cdots,n)$ 互不相同。设 a_i 是负坐标中绝对值最大者,除了基 $\varepsilon_1,\cdots,\varepsilon_{i-1},\varepsilon_{i+1},\cdots,\varepsilon_{n+1}$ 之外,可以证明 α 无论在哪一组基下的坐标都有负的分量。事实上,对任意的 $k\neq i$ 都有

$$\alpha=(\varepsilon_1,\varepsilon_2,\cdots,\varepsilon_n)\begin{pmatrix}a_1\\a_2\\\vdots\\a_n\end{pmatrix}=(\varepsilon_1,\cdots,\varepsilon_{k-1},\varepsilon_{k+1},\cdots,\varepsilon_{n+1})\begin{pmatrix}a_1-a_k\\\vdots\\a_i-a_k\\\vdots\\a_n-a_k\\-a_k\end{pmatrix},$$

其中 $a_i-a_k<0$, 于是知满足(2)中非负坐标表示的基是唯一的。

五 (1) **证法 1** 因为 $\boldsymbol{A}^2=\boldsymbol{E}_n$, 故有 $\boldsymbol{E}_n-\boldsymbol{A}^2=\boldsymbol{0}$, 即 $(\boldsymbol{E}_n+\boldsymbol{A})(\boldsymbol{E}_n-\boldsymbol{A})=\boldsymbol{0}$, 于是

$$\operatorname{rank}(\boldsymbol{E}_n+\boldsymbol{A})+\operatorname{rank}(\boldsymbol{E}_n-\boldsymbol{A})\leqslant n。$$

又因为 $(\boldsymbol{E}_n+\boldsymbol{A})+(\boldsymbol{E}_n-\boldsymbol{A})=2\boldsymbol{E}_n$, 所以 $\operatorname{rank}(\boldsymbol{E}_n+\boldsymbol{A})+\operatorname{rank}(\boldsymbol{E}_n-\boldsymbol{A})\geqslant\operatorname{rank}(2\boldsymbol{E}_n)=n$。

从而得

$$\mathrm{rank}(\boldsymbol{E}_n+\boldsymbol{A})+\mathrm{rank}(\boldsymbol{E}_n-\boldsymbol{A})=n。$$

证法 2 设 $\boldsymbol{A}^2=\boldsymbol{E}_n$。作如下初等变换

$$\begin{pmatrix}\boldsymbol{E}_n+\boldsymbol{A} & \boldsymbol{0}\\ \boldsymbol{0} & \boldsymbol{E}_n-\boldsymbol{A}\end{pmatrix}\to\begin{pmatrix}\boldsymbol{E}_n+\boldsymbol{A} & \boldsymbol{E}_n+\boldsymbol{A}\\ \boldsymbol{0} & \boldsymbol{E}_n-\boldsymbol{A}\end{pmatrix}\to\begin{pmatrix}\boldsymbol{E}_n+\boldsymbol{A} & 2\boldsymbol{E}_n\\ \boldsymbol{0} & \boldsymbol{E}_n-\boldsymbol{A}\end{pmatrix}$$

$$\to\begin{pmatrix}\boldsymbol{0} & 2\boldsymbol{E}_n\\ -\frac{1}{2}(\boldsymbol{E}_n-\boldsymbol{A})(\boldsymbol{E}_n-\boldsymbol{A}) & \boldsymbol{E}_n-\boldsymbol{A}\end{pmatrix}\to\begin{pmatrix}\boldsymbol{0} & 2\boldsymbol{E}_n\\ \boldsymbol{0} & \boldsymbol{E}_n-\boldsymbol{A}\end{pmatrix}\to\begin{pmatrix}\boldsymbol{0} & 2\boldsymbol{E}_n\\ \boldsymbol{0} & \boldsymbol{0}\end{pmatrix}\to\begin{pmatrix}\boldsymbol{0} & \boldsymbol{E}_n\\ \boldsymbol{0} & \boldsymbol{0}\end{pmatrix},$$

因此

$$\mathrm{rank}(\boldsymbol{E}_n+\boldsymbol{A})+\mathrm{rank}(\boldsymbol{E}_n-\boldsymbol{A})=\mathrm{rank}(\boldsymbol{E}_n)=n。$$

(2) 先证 $\boldsymbol{A}$ 的特征值为 1 或 -1。设 λ 为 $\boldsymbol{A}$ 的任一特征值，则存在非零向量 $\boldsymbol{\alpha}$，使得 $\boldsymbol{A\alpha}=\lambda\boldsymbol{\alpha}$，由 $\boldsymbol{A}^2=\boldsymbol{E}_n$ 可得

$$\boldsymbol{\alpha}=\boldsymbol{A}^2\boldsymbol{\alpha}=\boldsymbol{A}(\boldsymbol{A\alpha})=\boldsymbol{A}(\lambda\boldsymbol{\alpha})=\lambda^2\boldsymbol{\alpha}。$$

由 $\boldsymbol{\alpha}\neq\boldsymbol{0}$，可得 $\lambda^2-1=0$，所以有 $\lambda=1$ 或 $\lambda=-1$。

下面证对合矩阵一定可以对角化。因为 $\boldsymbol{A}^2=\boldsymbol{E}_n$，故 $x^2-1=(x+1)(x-1)$ 为 $\boldsymbol{A}$ 的零化多项式，所以 $\boldsymbol{A}$ 的最小多项式一定为数域 F 上互素的一次因式的乘积，从而可知对合矩阵 $\boldsymbol{A}$ 一定可以对角化。

又因为对合矩阵 $\boldsymbol{A}$ 的特征值为 1 或 -1。由(1)知特征值 $\lambda=1$ 的几何重数 $r=\mathrm{rank}(\boldsymbol{E}_n+\boldsymbol{A})$，$\lambda=-1$ 的几何重数为 $n-r=\mathrm{rank}(\boldsymbol{E}_n-\boldsymbol{A})$，故其相似对角形为 $\begin{pmatrix}\boldsymbol{E}_r & \boldsymbol{0}\\ \boldsymbol{0} & -\boldsymbol{E}_{n-r}\end{pmatrix}$。

可对角化的另一证明思路：

对应于特征值 $\lambda=1$，有 $n-\mathrm{rank}(\boldsymbol{E}_n-\boldsymbol{A})$ 个线性无关的特征向量，对应于特征值 $\lambda=-1$，有 $n-\mathrm{rank}(-\boldsymbol{E}_n-\boldsymbol{A})$ 个线性无关的特征向量，由(1)知，$\boldsymbol{A}$ 共有 $n-\mathrm{rank}(\boldsymbol{E}_n-\boldsymbol{A})+n-\mathrm{rank}(-\boldsymbol{E}_n-\boldsymbol{A})=n$ 个线性无关的特征向量，从而 $\boldsymbol{A}$ 一定可以对角化，其相似对角形为 $\begin{pmatrix}\boldsymbol{E}_r & \boldsymbol{0}\\ \boldsymbol{0} & -\boldsymbol{E}_{n-r}\end{pmatrix}$。

(3) 由于 $\boldsymbol{A}$ 为对合矩阵，故存在可逆矩阵 $\boldsymbol{G}$，使得

$$\boldsymbol{G}^{-1}\boldsymbol{AG}=\begin{pmatrix}\boldsymbol{E}_r & \boldsymbol{0}\\ \boldsymbol{0} & -\boldsymbol{E}_{n-r}\end{pmatrix}。$$

又由 $\boldsymbol{AB}=\boldsymbol{BA}$，则有

$$(\boldsymbol{G}^{-1}\boldsymbol{AG})(\boldsymbol{G}^{-1}\boldsymbol{BG})=(\boldsymbol{G}^{-1}\boldsymbol{BG})(\boldsymbol{G}^{-1}\boldsymbol{AG})。$$

所以 $\boldsymbol{G}^{-1}\boldsymbol{BG}=\begin{pmatrix}\boldsymbol{B}_{11} & \boldsymbol{0}\\ \boldsymbol{0} & \boldsymbol{B}_{22}\end{pmatrix}$ 为一个准对角矩阵。

由于 $\boldsymbol{B}^2=\boldsymbol{E}_n$ 为对合矩阵，故 $\boldsymbol{B}_{11}^2=\boldsymbol{E}_r$，$\boldsymbol{B}_{22}^2=\boldsymbol{E}_{n-r}$ 也是对合矩阵。由(2)知，存在可逆矩阵 $\boldsymbol{G}_1$，$\boldsymbol{G}_2$，使得

$$\boldsymbol{G}_1^{-1}\boldsymbol{B}_{11}\boldsymbol{G}_1=\begin{pmatrix}\boldsymbol{E}_s & \boldsymbol{0}\\ \boldsymbol{0} & -\boldsymbol{E}_{r-s}\end{pmatrix},\quad \boldsymbol{G}_2^{-1}\boldsymbol{B}_{22}\boldsymbol{G}_2=\begin{pmatrix}\boldsymbol{E}_t & \boldsymbol{0}\\ \boldsymbol{0} & -\boldsymbol{E}_{n-r-t}\end{pmatrix}$$

为对角矩阵。令 $\boldsymbol{P}=\boldsymbol{G}\begin{pmatrix}\boldsymbol{G}_1 & \boldsymbol{0}\\ \boldsymbol{0} & \boldsymbol{G}_2\end{pmatrix}$，则 $\boldsymbol{P}$ 可逆，且 $\boldsymbol{P}^{-1}\boldsymbol{AP}$ 与 $\boldsymbol{P}^{-1}\boldsymbol{BP}$ 同时为对角矩阵。

六 (1) 因为函数 $f(x)$ 在 $[a,b]$ 上连续,于是 $\forall\alpha\in(0,f(b))$ 在 (a,b) 内至少存在一个点 ξ 使得 $f(\xi)=\alpha$。

下面证明满足上述要求的点是唯一的。假设 $\xi,\eta\in(a,b)$,满足 $\xi<\eta$ 及 $f(\xi)=f(\eta)=\alpha$。则点 $(\eta,f(\eta))=(\eta,\alpha)$ 落在端点为 $(\xi,f(\xi))=(\xi,\alpha)$,$(b,f(b))$ 的线段的下方,这与函数的凹性矛盾。

(2) 记

$$T_n=\left\{(x_1,x_2,\cdots,x_n)\ \Big|\ \sum_{k=1}^{n}kf(x_k)=f(b),x_k\in[a,b]\right\},n\geqslant 2。$$

$\forall(x_1,x_2,\cdots,x_n)\in T_n$,由函数的凹性有

$$\frac{2f(b)}{n(n+1)}=\frac{\sum\limits_{k=1}^{n}kf(x_k)}{1+2+\cdots+n}\leqslant f\left(\frac{x_1+2x_2+\cdots+nx_n}{1+2+\cdots+n}\right),$$

于是

$$\frac{x_1+2x_2+\cdots+nx_n}{1+2+\cdots+n}\geqslant f^{-1}\left(\frac{2f(b)}{n(n+1)}\right),\quad 即\sum_{k=1}^{n}kx_k\geqslant\frac{n(n+1)}{2}f^{-1}\left(\frac{2f(b)}{n(n+1)}\right)。$$

上面不等式当 $x_1=x_2=\cdots=x_n=f^{-1}\left(\frac{2f(b)}{n(n+1)}\right)\in[a,b]$ 时等号成立。而

$$(x_1,x_2,\cdots,x_n)=\left(f^{-1}\left(\frac{2f(b)}{n(n+1)}\right),f^{-1}\left(\frac{2f(b)}{n(n+1)}\right),\cdots,f^{-1}\left(\frac{2f(b)}{n(n+1)}\right)\right)\in T_n,$$

于是

$$\inf S_n=\frac{n(n+1)}{2}f^{-1}\left(\frac{2f(b)}{n(n+1)}\right)。$$

另一方面,连接点 $(a,f(a))$ 与点 $(b,f(b))$ 的直线段落在曲线 $y=f(x)$ 的下方。故对任意 $x\in[a,b]$,有

$$\frac{f(b)}{b-a}(x-a)\leqslant f(x),\quad 即\quad x\leqslant\frac{b-a}{f(b)}f(x)+a,$$

于是

$$\sum_{k=1}^{n}kx_k\leqslant\frac{b-a}{f(b)}\sum_{k=1}^{n}kf(x_k)+\frac{n(n+1)}{2}a=b-a+\frac{n(n+1)}{2}a。$$

注意,上式的等号当 $x_1=b,x_2=x_3=\cdots=x_n=a$ 时成立。而 $(x_1,x_2,\cdots,x_n)=(b,a,a,\cdots,a)\in T_n$,故有 $\sup S_n=b-a+\frac{n(n+1)}{2}a$,于是

$$\begin{aligned}\lim_{n\to\infty}(\sup S_n-\inf S_n)&=b-a+\lim_{n\to\infty}\frac{n(n+1)}{2}\left(a-f^{-1}\left(\frac{2f(b)}{n(n+1)}\right)\right)\\&=b-a+f(b)\lim_{n\to\infty}\frac{a-f^{-1}\left(\frac{2f(b)}{n(n+1)}\right)}{\frac{2f(b)}{n(n+1)}}\\&=b-a+f(b)\lim_{x\to0^+}\frac{a-f^{-1}(x)}{x}\end{aligned}$$

$$=b-a+f(b)\lim_{t\to a^+}\frac{a-t}{f(t)}=b-a-\frac{f(b)}{f'(a)}。$$

七　记 $S_0=0,\sigma=\sum\limits_{n=1}^{\infty}\frac{1}{a_n}$，则

$$\begin{aligned}\sum_{n=1}^{N}\frac{n^2a_n}{S_n^2}&=\sum_{n=1}^{N}\frac{n^2}{S_n^2}(S_n-S_{n-1})=\frac{1}{a_1}+\sum_{n=2}^{N}\frac{n^2}{S_n^2}(S_n-S_{n-1})\\&\leqslant\frac{1}{a_1}+\sum_{n=2}^{N}\frac{n^2}{S_nS_{n-1}}(S_n-S_{n-1})=\frac{1}{a_1}+\sum_{n=2}^{N}\frac{n^2}{S_{n-1}}-\sum_{n=2}^{N}\frac{n^2}{S_n}\\&=\frac{1}{a_1}+\sum_{n=1}^{N-1}\frac{(n+1)^2}{S_n}-\sum_{n=2}^{N}\frac{n^2}{S_n}\leqslant\frac{5}{a_1}+2\sum_{n=2}^{N}\frac{n}{S_n}+\sum_{n=2}^{N}\frac{1}{S_n}。\end{aligned}\tag{1}$$

由柯西不等式

$$\sum_{n=2}^{N}\frac{n}{S_n}\leqslant\sum_{n=2}^{N}\frac{n}{S_n}\sqrt{a_n}\,\frac{1}{\sqrt{a_n}}\leqslant\left(\sum_{n=1}^{N}\frac{n^2a_n}{S_n^2}\right)^{1/2}\left(\sum_{n=1}^{N}\frac{1}{a_n}\right)^{1/2},$$

由(1)式得

$$\sum_{n=1}^{N}\frac{n^2a_n}{S_n^2}\leqslant\frac{5}{a_1}+2\left(\sum_{n=1}^{N}\frac{n^2a_n}{S_n^2}\right)^{1/2}\sqrt{\sigma}+\sigma,$$

从而得到

$$\sum_{n=1}^{N}\frac{n^2a_n}{S_n^2}-2\left(\sum_{n=1}^{N}\frac{n^2a_n}{S_n^2}\right)^{1/2}\sqrt{\sigma}+\sigma\leqslant\frac{5}{a_1}+2\sigma,\quad 即\left(\sum_{n=1}^{N}\frac{n^2a_n}{S_n^2}\right)^{1/2}\leqslant\sqrt{\sigma}+\sqrt{2\sigma+5/a_1}。$$

于是级数 $\sum\limits_{n=1}^{\infty}\frac{n^2a_n}{S_n^2}$ 收敛。

第十二届全国大学生数学竞赛初赛(数学类,2020年)

A卷试题

一(15分)　设 $N(0,0,1)$ 是球面 $S: x^2+y^2+z^2=1$ 的北极点。$A(a_1,a_2,0)$，$B(b_1,b_2,0)$，$C(c_1,c_2,0)$ 为 xOy 平面上不同的三点。设连接 N 与 A,B,C 的三直线依次交球面 S 于点 A_1,B_1 与 C_1。

(1) 求连接 N 与 A 两点的直线方程。

(2) 求点 A_1,B_1 与 C_1 的坐标。

(3) 给定点 $A(1,-1,0)$，$B(-1,1,0)$，$C(1,1,0)$，求四面体 $NA_1B_1C_1$ 的体积。

二(15分)　求极限 $\lim\limits_{n\to\infty}\dfrac{\ln n}{\ln(1^{2020}+2^{2020}+\cdots+n^{2020})}$。

三(15分)　设 $\boldsymbol{A},\boldsymbol{B}$ 均为2020阶正交矩阵，齐次线性方程组 $\boldsymbol{Ax}=\boldsymbol{Bx}$ $(\boldsymbol{x}\in\mathbb{R}^{2020})$ 的解空间维数为3。问：矩阵 $\boldsymbol{A},\boldsymbol{B}$ 是否可能相似？证明你的结论。

四(20分)　称非常值一元 n 次多项式(合并同类项后)的 $n-1$ 次项(可能为0)为第二项。求所有2020次复系数首一多项式 $f(x)$，满足对 $f(x)$ 的每个复零点 x_k，都存在非常值复系数首一多项式 $g_k(x)$ 和 $h_k(x)$，使得 $f(x)=(x-x_k)g_k(x)h_k(x)$，且 $g_k(x)$ 与 $h_k(x)$ 的第二项系数相等。

五(15分)　设 φ 是 $\mathbb{R}$ 上严格单调增加的连续函数，ψ 是 φ 的反函数，实数列 $\{x_n\}$ 满足

$$x_{n+2}=\psi\left(\left(1-\frac{1}{\sqrt{n}}\right)\varphi(x_n)+\frac{1}{\sqrt{n}}\varphi(x_{n+1})\right),\quad n\geqslant 2。$$

证明 $\{x_n\}$ 收敛或举例说明 $\{x_n\}$ 有可能发散。

六(20分)　对于有界区间 $[a,b]$ 的划分 $P: a=x_0<x_1<\cdots<x_{n+1}=b$，其范数定义为 $\|P\|=\max\limits_{0\leqslant k\leqslant n}(x_{k+1}-x_k)$。现设 $[a,b]$ 上函数 f 满足利普希茨条件，即存在常数 $M>0$ 使得对任何 $x,y\in[a,b]$，成立 $|f(x)-f(y)|\leqslant M|x-y|$。定义 $s(f;P)\overset{\text{def}}{=\!=}\sum\limits_{k=0}^{n}\sqrt{|x_{k+1}-x_k|^2+|f(x_{k+1})-f(x_k)|^2}$。若 $\lim\limits_{\|P\|\to 0^+}s(f;P)$ 存在，则称曲线 $y=f(x)$ 可求长。记 P_n 为 $[a,b]$ 的 2^n 等分。证明：

(1) $\lim\limits_{n\to\infty}s(f;P_n)$ 存在。　　(2) 曲线 $y=f(x)$ 可求长。

参考解答

一 (1) 过 N,A 两点的直线方程为

$$\frac{x}{a_1}=\frac{y}{a_2}=\frac{z-1}{-1}$$

(2) 由此可得直线的参数方程为

$$x=a_1t,\quad y=a_2t,\quad z=1-t,$$

代入球面方程可得

$$(a_1t)^2+(a_2t)^2+(1-t)^2=1。$$

由此解得

$$t=\frac{2}{a_1^2+a_2^2+1}\quad 或\quad t=0。$$

从而得 A_1 的坐标为

$$\left(\frac{2a_1}{a_1^2+a_2^2+1},\frac{2a_2}{a_1^2+a_2^2+1},\frac{a_1^2+a_2^2-1}{a_1^2+a_2^2+1}\right)。$$

同理可得，A_2 的坐标为

$$\left(\frac{2b_1}{b_1^2+b_2^2+1},\frac{2b_2}{b_1^2+b_2^2+1},\frac{b_1^2+b_2^2-1}{b_1^2+b_2^2+1}\right),$$

以及 A_3 的坐标为

$$\left(\frac{2c_1}{c_1^2+c_2^2+1},\frac{2c_2}{c_1^2+c_2^2+1},\frac{c_1^2+c_2^2-1}{c_1^2+c_2^2+1}\right)。$$

(3) 当 $A(1,-1,0)$，$B(-1,1,0)$ 以及 $C(1,1,0)$ 给定时，经计算可得

$$A_1=\left(\frac{2}{3},-\frac{2}{3},\frac{1}{3}\right),\quad B_1=\left(-\frac{2}{3},\frac{2}{3},\frac{1}{3}\right),\quad C_1=\left(\frac{2}{3},\frac{2}{3},\frac{1}{3}\right)。$$

四面体 $NA_1B_1C_1$ 的体积为

$$V=\frac{1}{6}\left|(\overrightarrow{NA_1},\overrightarrow{NB_1},\overrightarrow{NC_1})\right|。$$

混合积 $(\overrightarrow{NA_1},\overrightarrow{NB_1},\overrightarrow{NC_1})$ 表示成矩阵的行列式，得

$$(\overrightarrow{NA_1},\overrightarrow{NB_1},\overrightarrow{NC_1})=\det\begin{pmatrix}\frac{2}{3} & -\frac{2}{3} & \frac{2}{3}\\ -\frac{2}{3} & \frac{2}{3} & \frac{2}{3}\\ -\frac{2}{3} & -\frac{2}{3} & -\frac{2}{3}\end{pmatrix}=\frac{32}{27},$$

于是得到 $V=\frac{1}{6}\times\frac{32}{27}=\frac{16}{81}$。

二

$$\lim_{n\to\infty}\frac{1}{n^{2021}}(1^{2020}+2^{2020}+\cdots+n^{2020})=\lim_{n\to\infty}\frac{1}{n}\left(\left(\frac{1}{n}\right)^{2020}+\left(\frac{2}{n}\right)^{2020}+\cdots+\left(\frac{n}{n}\right)^{2020}\right)$$

$$=\int_0^1 x^{2020}\,\mathrm{d}x=\frac{1}{2021}。$$

或用施托尔茨公式

$$\lim_{n\to\infty}\frac{1}{n^{2021}}(1^{2020}+2^{2020}+\cdots+n^{2020})=\lim_{n\to\infty}\frac{n^{2020}}{n^{2021}-(n-1)^{2021}}=\frac{1}{2021}。$$

因此，$\ln\frac{1^{2020}+2^{2020}+\cdots+n^{2020}}{n^{2021}}$ 有界。故

$$\lim_{n\to\infty}\frac{\ln n}{\ln(1^{2020}+2^{2020}+\cdots+n^{2020})}=\lim_{n\to\infty}\frac{\ln n}{2021\ln n+\ln\frac{1^{2020}+2^{2020}+\cdots+n^{2020}}{n^{2021}}}=\frac{1}{2021}。$$

三　$\boldsymbol{A},\boldsymbol{B}$ 一定不相似。证明如下。

令 $\boldsymbol{C}=\boldsymbol{A}\boldsymbol{B}^{-1}$。由于 $\boldsymbol{A},\boldsymbol{B}$ 均为正交矩阵,故 $\boldsymbol{C}$ 也是正交矩阵。$\boldsymbol{C}$ 视为复矩阵是酉矩阵,故可以复对角化,即存在复可逆矩阵 $\boldsymbol{T}$ 和复对角矩阵 $\boldsymbol{D}$,使得 $\boldsymbol{T}^{-1}\boldsymbol{C}\boldsymbol{T}=\boldsymbol{D}$,其中 $\boldsymbol{D}$ 的主对角线上的元素即为 $\boldsymbol{C}$ 的复特征值。

齐次线性方程组 $\boldsymbol{A}\boldsymbol{x}=\boldsymbol{B}\boldsymbol{x}$ 的解空间维数为 3,则 $\operatorname{rank}(\boldsymbol{A}-\boldsymbol{B})=2017$。进而

$$\begin{aligned}\operatorname{rank}(\boldsymbol{D}-\boldsymbol{E})&=\operatorname{rank}(\boldsymbol{T}^{-1}(\boldsymbol{C}-\boldsymbol{E})\boldsymbol{T})=\operatorname{rank}(\boldsymbol{C}-\boldsymbol{E})\\&=\operatorname{rank}((\boldsymbol{A}-\boldsymbol{B})\boldsymbol{B}^{-1})=\operatorname{rank}(\boldsymbol{A}-\boldsymbol{B})=2017。\end{aligned}$$

这表明对角矩阵 $\boldsymbol{D}$ 的主对角线上恰有 3 个元素是 1,即 $\boldsymbol{C}$ 有三重特征值 1,由于正交矩阵的实特征值为 1 或 -1,而非实数特征值共轭成对出现,共有偶数个。又 $\boldsymbol{C}$ 共有 2020 个特征值(计重数),故 $\boldsymbol{C}$ 有特征值 -1,且重数为奇数。

$\boldsymbol{C}$ 的行列式是其所有特征值(计重数)之积。注意到 $\boldsymbol{C}$ 的非实数特征值共轭成对出现,它们的乘积为正数,故 $\det\boldsymbol{C}<0$。特别地,$\det(\boldsymbol{A}\boldsymbol{B}^{-1})=\det\boldsymbol{C}\neq1$。即 $\det\boldsymbol{A}\neq\det\boldsymbol{B}$。从而 $\boldsymbol{A}$,$\boldsymbol{B}$ 不相似。

四　显然 $f(x)=x^{2020}$ 满足题意。

以下证明这是唯一解。设 $f(x)$ 的 2020 个复零点为 $x_1,x_2,\cdots,x_{2020}$。对每个 $k(1\leqslant k\leqslant2020)$,由题设条件可设 $f(x)=(x-x_k)g_k(x)h_k(x)$,其中 $g_k(x),h_k(x)$ 分别为 m_k 次和 n_k 次非常值首一多项式,第二项系数均为 a_k。设 $g_k(x)$ 的所有复零点为 $y_{k,1}$,$y_{k,2},\cdots,y_{k,m_k}$,$h_k(x)$ 的所有复零点为 $z_{k,1},z_{k,2},\cdots,z_{k,n_k}$。这些零点恰为所有 $x_j(j\neq k)$。由韦达定理,有

$$a_k=(-1)^{m_k-1}(y_{k,1}+y_{k,2}+\cdots+y_{k,m_k})=(-1)^{n_k-1}(z_{k,1}+z_{k,2}+\cdots+z_{k,n_k})。$$

对每个 k,将上式改写为

$$\sum_{j\neq k}\varepsilon_{kj}x_j=0,$$

其中 $\varepsilon_{kj}=1$ 或 -1。这样,得到关于 $x_1,x_2,\cdots,x_{2020}$ 的齐次线性方程组,其系数矩阵 $\boldsymbol{A}$ 为 2020 阶方阵,主对角线上元素为 0。主对角线外元素为 1 或 -1。令 $\boldsymbol{B}$ 为 2020 阶方阵,其主对角线上元素为 0,主对角线外元素为 1,则 $\det\boldsymbol{B}=-2019$。由行列式定义,$\det\boldsymbol{A}$ 与 $\det\boldsymbol{B}$ 的奇偶性相同,故 $\det\boldsymbol{A}\neq0$。

从而上述齐次线性方程组只有零解,即 $x_1=x_2=\cdots=x_{2020}=0$。故 $f(x)=x^{2020}$。

注　上面证明 $\det\boldsymbol{A}\neq0$ 也可以如下进行:

显然,$\det\boldsymbol{A}\equiv\det\boldsymbol{B}\pmod 2$。由于 $\det\boldsymbol{B}=-2019\equiv1\pmod 2$。所以 $\det\boldsymbol{A}\equiv1\pmod 2$。故 $\det\boldsymbol{A}\neq0$。

五　我们断言$\{x_n\}$收敛。证明如下。记 $y_n=\varphi(x_n)$,则

$$y_{n+2}=\left(1-\frac{1}{\sqrt{n}}\right)y_n+\frac{1}{\sqrt{n}}y_{n+1},\quad n\geqslant2。$$

令

$$a_n=\min\{y_n,y_{n-1}\},\quad b_n=\max\{y_n,y_{n-1}\},\quad n\geqslant3。$$

则

$$a_n \leqslant y_{n+1} \leqslant b_n, \quad n \geqslant 3,$$

进而

$$a_n \leqslant a_{n+1} \leqslant b_{n+1} \leqslant b_n, \quad n \geqslant 3。$$

所以$\{a_n\}$,$\{b_n\}$均单调有界,从而都收敛。

特别地,$\{y_n\}$有界。由于

$$y_{n+2}-y_{n+1}=-\left(1-\frac{1}{\sqrt{n}}\right)(y_{n+1}-y_n), \quad n \geqslant 2。$$

因此

$$|y_{n+2}-y_{n+1}| \leqslant |y_3-y_2| \prod_{k=2}^{n}\left(1-\frac{1}{\sqrt{k}}\right), \quad n \geqslant 2。$$

由 $\prod_{k=2}^{\infty}\left(1-\frac{1}{\sqrt{k}}\right)$ 收敛到零,得到 $\lim_{n\to\infty}(y_{n+1}-y_n)=0$。所以

$$b_n-a_n=|y_n-y_{n-1}| \to 0, \quad n\to\infty$$

这样,$\{a_n\}$与$\{b_n\}$的极限相等,从而$\{y_n\}$收敛。

最后,由 ψ 的连续性得到$\{x_n\}$收敛。

六　证法1　我们有

$$0 \leqslant s(f;P) \leqslant \sum_{k=0}^{n}\sqrt{M^2+1}\,|x_{k+1}-x_k|=(b-a)\sqrt{M^2+1}。$$

因此,$s(f;P)$有界。

(1) 由平面上点和点距离的三角不等式,立即有

$$s(f;P_n) \leqslant s(f;P_{n+1}), \quad \forall n \geqslant 1。$$

因此,$\{s(f;P_n)\}$单调增加,结合有界性知其收敛。设极限为 L。

(2) 一般地,对于划分 P,Q,用 $P\oplus Q$ 表示由 P 和 Q 的所有分点为分点的划分,则

$$s(f;P\oplus Q) \geqslant s(f;P)。$$

对于任何 $\varepsilon>0$,有 $m\geqslant 1$ 使得

$$s(f;P_m) \geqslant L-\varepsilon。$$

对于划分 P,用 $P\oplus P_m$ 表示由 P 和 P_m 的所有分点为分点的划分,则

$$s(f;P\oplus P_m) \geqslant s(f;P_m) \geqslant L-\varepsilon。$$

在 $s(f;P\oplus P_m)$的和式中,与 $s(f;P)$的和式中不同的项是涉及 P_m 的分点的项,总数不超过 2^{m+1}项,相应的小区间长度不超过 $\|P\oplus P_m\| \leqslant \|P\|$。因此,这些项的和不超过 $2^{m+1}\sqrt{M^2+1}\,\|P\|$。于是

$$s(f;P) \geqslant s(f;P\oplus P_m)-2^{m+1}\sqrt{M^2+1}\,\|P\| \geqslant L-\varepsilon-2^{m+1}\sqrt{M^2+1}。$$

这样

$$\varliminf_{\|P\|\to 0^+} s(f;P) \geqslant L-\varepsilon。$$

进而

$$\varliminf_{\|P\|\to 0^+} s(f;P) \geqslant L。$$

类似地,记 $K=\varlimsup_{\|P\|\to 0^+} s(f;P)$。对于任何 $\varepsilon>0$,有划分 Q 使得 $s(f;Q)\geqslant K-\varepsilon$。则

$$s(f;Q\oplus P_m)\geqslant s(f;Q)\geqslant K-\varepsilon。$$

在 $s(f;Q\oplus P_m)$的和式中,与 $s(f;P_m)$的和式中不同的项是涉及 Q 的分点的项,总数不超过 $2N$ 项,其中 N 是划分 Q 的分点数。因此,这些项的和不超过 $2N\sqrt{M^2+1}\,\|P_m\|$。于是

$$s(f;P_m)\geqslant s(f;Q\oplus P_m)-2N\sqrt{M^2+1}\,\|P_m\|\geqslant K-\varepsilon-2N\sqrt{M^2+1}\,\|P_m\|。$$

这样

$$L=\lim_{m\to\infty}s(f;P_m)\geqslant K-\varepsilon。$$

进而 $L\geqslant K$。结合 $K\geqslant \varliminf\limits_{\|P\|\to 0^+} s(f;P)\geqslant L$ 得到

$$\lim_{\|P\|\to 0^+} s(f;P)=L。$$

即 $y=f(x)$可求长。

证法 2　事实上,注意到(1)是(2)的推论,我们只需直接证明(2)。具体证明如下:

我们有

$$0\leqslant s(f,P)\leqslant \sum_{k=0}^{n}\sqrt{M^2+1}\,|x_{k+1}-x_k|=(b-a)\sqrt{M^2+1}。$$

因此,$s(f;P)$有界。

对于划分 P,Q,用 $P\oplus Q$ 表示由 P 和 Q 的所有分点为分点的划分,由平面上点和点距离的三角不等式,立即有

$$s(f;P\oplus Q)\geqslant s(f;P)。$$

考虑划分列$\{Q_k\}$使得 $\lim\limits_{k\to\infty}\|Q_k\|=0$,且

$$\lim_{k\to\infty}s(f;Q_k)=L\equiv \varlimsup_{\|P\|\to 0} s(f;P)。$$

对于每个 $k\geqslant 1$,设 N_k 为划分 Q_k 的分点数。

$$s(f;P\oplus P_m)\geqslant s(f;P_m)\geqslant L-\varepsilon。$$

在 $s(f;P\oplus Q_k)$的和式中,与 $s(f;P)$的和式中不同的项是涉及 Q_k 的分点的项,总数不超过 $2N_k$ 项,相应的小区间长度不超过 $\|P\oplus Q_k\|\leqslant\|P\|$。因此,这些项的和不超过 $2N_k\sqrt{M^2+1}\,\|P\|$。于是

$$s(f;P)\geqslant s(f;P\oplus Q_k)-2N_k\sqrt{M^2+1}\,\|P\|\geqslant s(f;Q_k)-2N_k\sqrt{M^2+1}\,\|P\|。$$

这样

$$\varliminf_{\|P\|\to 0^+} s(f;P)\geqslant s(f;Q_k),\quad \forall k\geqslant 1。$$

进而

$$\varliminf_{\|P\|\to 0^+} s(f;P)\geqslant L=\varlimsup_{\|P\|\to 0^+} s(f;P)。$$

所以 $\lim\limits_{\|P\|\to 0^+} s(f;P)$存在,即 $y=f(x)$可求长。自然也有 $\lim\limits_{n\to\infty}s(f;P_n)$存在。

B 卷 试 题

一（15 分）　已知椭球面

$$\Sigma_0: \frac{x^2}{a^2}+\frac{y^2}{b^2}+\frac{z^2}{c^2}=1,\quad a>b$$

的外切柱面 Σ_ε（$\varepsilon=1$ 或 -1）平行于已知直线

$$l_\varepsilon: \frac{x-2}{0}=\frac{y-1}{\varepsilon\sqrt{a^2-b^2}}=\frac{z-3}{c}。$$

试求与 Σ_ε 交于一个圆周的平面的法方向。

注：本题中的外切柱面指的是每一条直母线均与已知椭球面相切的柱面。

二（15 分）　设 $f(x)$ 在 $[0,1]$ 上连续，且 $1\leqslant f(x)\leqslant 3$，证明：

$$1\leqslant \int_0^1 f(x)\mathrm{d}x\int_0^1\frac{\mathrm{d}x}{f(x)}\leqslant\frac{4}{3}。$$

三（15 分）　设 $\boldsymbol{A}$ 为 n 阶复方阵，$p(x)$ 为 $\boldsymbol{A}$ 的特征多项式。又设 $g(x)$ 为 m 次复系数多项式，$m\geqslant 1$。证明：$g(\boldsymbol{A})$ 可逆当且仅当 $p(x)$ 与 $g(x)$ 互素。

四（20 分）　设 σ 为 n 维复向量空间 $\mathbb{C}^n$ 的一个线性变换。$\boldsymbol{I}$ 表示恒等变换。证明以下两条等价：

(1) $\sigma=k\boldsymbol{I}, k\in\mathbb{C}$；

(2) 存在 σ 的 $n+1$ 个特征向量：$\boldsymbol{v}_1,\boldsymbol{v}_2,\cdots,\boldsymbol{v}_{n+1}$，这 $n+1$ 个向量中任何 n 个向量均线性无关。

五（15 分）　计算广义积分 $\int_1^{+\infty}\frac{(x)}{x^3}\mathrm{d}x$，这里 (x) 表示 x 的小数部分（例如：当 n 为正整数且 $x\in[n,n+1)$ 时，$(x)=x-n$）。

六（20 分）　设函数 $f(x)$ 在 $[0,1]$ 上连续，且对任意 $x\in[0,1]$ 有

$$\int_{x^2}^{x} f(t)\mathrm{d}t\geqslant\frac{x^2-x^4}{2}。$$

证明：$\int_0^1 f^2(x)\mathrm{d}x\geqslant\frac{1}{10}$。

参 考 解 答

一　设 l 是柱面的任意一条直母线，则由假设，l 与已知椭球面 Σ_0 相切于一点 $M_1(x_1,y_1,z_1)$。因为 l 平行于已知直线 l_ε，所以 l 的标准方程和参数方程分别是

$$\frac{x-x_1}{0}=\frac{y-y_1}{\varepsilon\sqrt{a^2-b^2}}=\frac{z-z_1}{c},$$

$$x=x_1,\quad y=y_1+\varepsilon t\sqrt{a^2-b^2},\quad z=z_1+ct。$$

把 l 的参数方程代入曲面 Σ_0 的方程并化简得

$$t^2\left(\frac{a^2-b^2}{b^2}+1\right)+2t\left(\varepsilon\frac{\sqrt{a^2-b^2}}{b^2}y_1+\frac{1}{c}z_1\right)+\frac{x_1^2}{a^2}+\frac{y_1^2}{b^2}+\frac{z_1^2}{c^2}-1=0,\qquad(1)$$

其中首项系数$\dfrac{a^2-b^2}{a^2}+1>0$。

因为点 M_1 在 Σ_0 上,所以

$$\frac{x_1^2}{a^2}+\frac{y_1^2}{b^2}+\frac{z_1^2}{c^2}-1=0,$$

又因为 l 与 Σ_0 在 M_1 点相切,所以 $t=0$ 是二次方程(1)的重根。因此

$$\varepsilon\frac{\sqrt{a^2-b^2}}{b^2}y_1+\frac{1}{c}z_1=0,\quad 即\quad \varepsilon c\sqrt{a^2-b^2}\,y_1+b^2z_1=0。$$

此式与

$$\frac{y-y_1}{\varepsilon\sqrt{a^2-b^2}}=\frac{z-z_1}{c},\quad 即\quad \varepsilon cy_1-\sqrt{a^2-b^2}\,z_1=\varepsilon cy-\sqrt{a^2-b^2}\,z$$

联立解出

$$y_1=\frac{b^2}{ca^2}(cy-\varepsilon\sqrt{a^2-b^2}\,z),\quad z_1=-\varepsilon\frac{\sqrt{a^2-b^2}}{a^2}(cy-\varepsilon\sqrt{a^2-b^2}\,z)。$$

再把 $x_1=x$ 和上面的两式代入 Σ_0 的方程,得到外切柱面 Σ_ε 的方程为

$$\frac{x^2}{a^2}+\frac{b^2(cy-\varepsilon\sqrt{a^2-b^2}\,z)^2}{a^4c^2}+\frac{(a^2-b^2)(cy-\varepsilon\sqrt{a^2-b^2}\,z)^2}{a^4c^2}=1。$$

如果令 $z=0$,上式化为

$$\frac{x^2}{a^2}+\frac{b^2y^2}{a^4}+\frac{(a^2-b^2)y^2}{a^4}=1,\quad 即\quad x^2+y^2=a^2。$$

所以柱面 Σ_ε 与 xOy 坐标面相交于圆周

$$\begin{cases}x^2+y^2=a^2,\\ z=0。\end{cases}$$

由于与二次柱面 Σ_ε 的交线为圆周的所有平面都是平行的,故知所求的法方向唯一且为 xOy 平面的法方向,方向数为 0,0,1。

二　由施瓦茨不等式,得

$$1=\left(\int_0^1\sqrt{f(x)}\,\frac{1}{\sqrt{f(x)}}\mathrm{d}x\right)^2\leqslant\int_0^1 f(x)\mathrm{d}x\int_0^1\frac{\mathrm{d}x}{f(x)}。$$

又由于 $(f(x)-1)(f(x)-3)\leqslant 0$,故有 $\dfrac{(f(x)-1)(f(x)-3)}{f(x)}\leqslant 0$,即 $\displaystyle\int_0^1\left(f(x)+\frac{3}{f(x)}\right)\mathrm{d}x\leqslant 4$。

由 $4ab\leqslant(a+b)^2$ 知

$$\int_0^1 f(x)\mathrm{d}x\int_0^1\frac{3}{f(x)}\mathrm{d}x\leqslant\frac{\left(\int_0^1 f(x)\mathrm{d}x+\int_0^1\frac{3}{f(x)}\mathrm{d}x\right)^2}{4}\leqslant 4,$$

于是 $1\leqslant\displaystyle\int_0^1 f(x)\mathrm{d}x\int_0^1\frac{\mathrm{d}x}{f(x)}\leqslant\frac{4}{3}$。

三 证法1 取 $\boldsymbol{A}$ 的若尔当分解：$\boldsymbol{A}=\boldsymbol{P}\begin{pmatrix}\boldsymbol{J}_1 & & \\ & \ddots & \\ & & \boldsymbol{J}_s\end{pmatrix}\boldsymbol{P}^{-1}$，其中 $\boldsymbol{J}_i=\begin{pmatrix}\lambda_i & 1 & & \\ & \ddots & \ddots & \\ & & \ddots & 1 \\ & & & \lambda_i\end{pmatrix}$ 为若尔当块，则 $g(\boldsymbol{A})=\boldsymbol{P}\begin{pmatrix}g(\boldsymbol{J}_1) & & \\ & \ddots & \\ & & g(\boldsymbol{J}_s)\end{pmatrix}\boldsymbol{P}^{-1}=\boldsymbol{P}\begin{pmatrix}g(\lambda_1) & * & * \\ & \ddots & * \\ & & g(\lambda_s)\end{pmatrix}\boldsymbol{P}^{-1}$。

($\Leftarrow$) $p(x)$ 与 $g(x)$ 互素，于是 $p(x)$ 与 $g(x)$ 没有公共零点。注意到 $\lambda_1,\cdots,\lambda_s$ 为 $\boldsymbol{A}$ 的所有互不相同的特征根，故有 $g(\lambda_1),\cdots,g(\lambda_s)$ 均不为 0。故

$$|g(\boldsymbol{A})|=g(\lambda_1)\cdots g(\lambda_s)\neq 0,$$

$g(\boldsymbol{A})$ 可逆，得证。

($\Rightarrow$) $g(\boldsymbol{A})$ 可逆，从而 $|g(\boldsymbol{A})|\neq 0$。由 $|g(\boldsymbol{A})|=g(\lambda_1)\cdots g(\lambda_s)$ 知 $g(\lambda_1),\cdots,g(\lambda_s)$ 均不为 0，故 $p(x)$ 与 $g(x)$ 没有公共零点。当然 $p(x)$ 与 $g(x)$ 互素，否则导致 $p(x)$ 与 $g(x)$ 有公共零点，矛盾。

证法2 必要性 若 $g(x)$ 与 $p(x)$ 互素，则存在多项式 $u(x)$，$v(x)$，使得 $g(x)u(x)+p(x)v(x)=1$。又由哈密尔顿—凯莱定理得 $p(\boldsymbol{A})=0$，代入 $\boldsymbol{A}$，得到 $g(\boldsymbol{A})u(\boldsymbol{A})=\boldsymbol{E}$，所以 $g(\boldsymbol{A})$ 可逆。

充分性 若 $g(x)$ 与 $p(x)$ 不互素，则 $g(x)$ 与 $p(x)$ 在复数域中至少有公共的零点 λ_0，且 λ_0 为 $\boldsymbol{A}$ 的特征值，则存在多项式 $h(x)$ 使得 $g(x)=(x-\lambda_0)h(x)$，代入 $\boldsymbol{A}$ 得到 $g(\boldsymbol{A})=(\boldsymbol{A}-\lambda_0\boldsymbol{E})h(\boldsymbol{A})$，由于 $\boldsymbol{A}-\lambda_0\boldsymbol{E}$ 不可逆，所以 $g(\boldsymbol{A})$ 不可逆，矛盾。

四 (1)⇒(2)。取 $\boldsymbol{v}_1=\boldsymbol{e}_1=\begin{pmatrix}1\\0\\\vdots\\0\end{pmatrix}$，$\boldsymbol{v}_2=\boldsymbol{e}_2=\begin{pmatrix}0\\1\\\vdots\\0\end{pmatrix}$，$\cdots$，$\boldsymbol{v}_n=\boldsymbol{e}_n=\begin{pmatrix}0\\0\\\vdots\\1\end{pmatrix}$，$\boldsymbol{v}_{n+1}=\boldsymbol{e}_1+\boldsymbol{e}_2+\cdots+\boldsymbol{e}_n=\begin{pmatrix}1\\1\\\vdots\\1\end{pmatrix}$，则易知，$\boldsymbol{v}_1,\boldsymbol{v}_2,\cdots,\boldsymbol{v}_{n+1}$ 均是 σ 的特征向量。进一步，该组向量中任何 n 个向量必线性无关。事实上，不妨设这 n 个向量为：$\boldsymbol{v}_1,\boldsymbol{v}_2,\cdots,\boldsymbol{v}_{i-1},\boldsymbol{v}_{i+1},\cdots,\boldsymbol{v}_{n+1}$。于是

$$\begin{aligned}&a_1\boldsymbol{v}_1+\cdots+a_{i-1}\boldsymbol{v}_{i-1}+a_{i+1}\boldsymbol{v}_{i+1}+\cdots+a_{n+1}\boldsymbol{v}_{n+1}=\boldsymbol{0}\Leftrightarrow\\&(a_1+a_{n+1})\boldsymbol{e}_1+\cdots+(a_{i-1}+a_{n+1})\boldsymbol{e}_{i-1}+a_{n+1}\boldsymbol{e}_i+\\&(a_{i+1}+a_{n+1})\boldsymbol{e}_{i+1}+\cdots+(a_n+a_{n+1})\boldsymbol{e}_n=\boldsymbol{0}。\end{aligned}$$

故 $a_{n+1}=0$，进而 $a_1=\cdots=a_n=0$。所以 $\boldsymbol{v}_1,\cdots,\boldsymbol{v}_{i-1},\boldsymbol{v}_{i+1},\cdots,\boldsymbol{v}_{n+1}$ 线性无关。

(2)⇒(1)。记 $\lambda_1,\lambda_2,\cdots,\lambda_{n+1}$ 分别为相应于 $\boldsymbol{v}_1,\boldsymbol{v}_2,\cdots,\boldsymbol{v}_{n+1}$ 的 σ 的特征值，其和为 s，即 $s=\lambda_1+\lambda_2+\cdots+\lambda_{n+1}$。由条件知 $\boldsymbol{v}_1,\cdots,\boldsymbol{v}_{i-1},\boldsymbol{v}_{i+1},\cdots,\boldsymbol{v}_{n+1}$ 线性无关，因此它可充当 $\mathbb{C}^n$ 的基。设 σ 在此组基下的表示矩阵为 $\boldsymbol{A}$，即

$$\sigma(\boldsymbol{v}_1,\cdots,\boldsymbol{v}_{i-1},\boldsymbol{v}_{i+1},\cdots,\boldsymbol{v}_{n+1})=(\boldsymbol{v}_1,\cdots,\boldsymbol{v}_{i-1},\boldsymbol{v}_{i+1},\cdots,\boldsymbol{v}_{n+1})\boldsymbol{A},$$

故 $\mathrm{tr}\boldsymbol{A}=s-\lambda_i$。

又取 $\boldsymbol{v}_1,\cdots,\boldsymbol{v}_{j-1},\boldsymbol{v}_{j+1},\cdots,\boldsymbol{v}_{n+1}$，设 σ 在此组基下的表示矩阵为 $\boldsymbol{B}$，即

$$\sigma(\boldsymbol{v}_1,\cdots,\boldsymbol{v}_{j-1},\boldsymbol{v}_{j+1},\cdots,\boldsymbol{v}_{n+1})=(\boldsymbol{v}_1,\cdots,\boldsymbol{v}_{j-1},\boldsymbol{v}_{j+1},\cdots,\boldsymbol{v}_{n+1})\boldsymbol{B},$$

故 $\mathrm{tr}\boldsymbol{B}=s-\lambda_j$。注意到 $\boldsymbol{A}$ 与 $\boldsymbol{B}$ 相似,因为它们是同一线性变换在不同基下的表示矩阵,故 $s-\lambda_i=s-\lambda_j,\lambda_i=\lambda_j$。即 $\sigma=k\boldsymbol{I},k=\lambda_1$。

五　对于任意正整数 $l>2$,有

$$\begin{aligned}\int_1^l \frac{(x)}{x^3}\mathrm{d}x&=\sum_{n=1}^{l-1}\int_n^{n+1}\frac{x-n}{x^3}\mathrm{d}x=\sum_{n=1}^{l-1}\left(\int_n^{n+1}x^{-2}\mathrm{d}x-n\int_n^{n+1}x^{-3}\mathrm{d}x\right)\\&=\sum_{n=1}^{l-1}\frac{1}{n(n+1)}-\frac{1}{2}\sum_{n=1}^{l-1}\frac{2n+1}{n(n+1)^2}\\&=\sum_{n=1}^{l-1}\frac{1}{n(n+1)}-\frac{1}{2}\sum_{n=1}^{l-1}\left(\frac{2}{n(n+1)}-\frac{1}{n(n+1)^2}\right)\\&=\frac{1}{2}\sum_{n=1}^{l-1}\frac{1}{n(n+1)^2}=\frac{1}{2}\sum_{n=1}^{l-1}\left(\frac{1}{n(n+1)}-\frac{1}{(n+1)^2}\right)\\&=\frac{1}{2}\left(1-\frac{1}{l}\right)-\frac{1}{2}\sum_{n=2}^{l}\frac{1}{n^2}。\end{aligned}$$

对于 $y\in[l,l+1)$,有

$$\begin{aligned}\frac{1}{2}\left(1-\frac{1}{l}\right)-\frac{1}{2}\sum_{n=2}^{l}\frac{1}{n^2}=\int_1^l\frac{(x)}{x^3}\mathrm{d}x\leqslant\int_1^y\frac{(x)}{x^3}\mathrm{d}x\leqslant\int_1^{l+1}\frac{(x)}{x^3}\mathrm{d}x\\=\frac{1}{2}\left(1-\frac{1}{l+1}\right)-\frac{1}{2}\sum_{n=2}^{l+1}\frac{1}{n^2}\end{aligned}$$

于是得到

$$\int_1^{+\infty}\frac{(x)}{x^3}\mathrm{d}x=\frac{1}{2}-\frac{1}{2}\sum_{n=2}^{\infty}\frac{1}{n^2}=1-\frac{\pi^2}{12}。$$

六　证法 1　注意到

$$\int_0^1\mathrm{d}x\int_{x^2}^x f(t)\mathrm{d}t=\int_0^1\mathrm{d}t\int_t^{\sqrt{t}}f(t)\mathrm{d}x=\int_0^1(\sqrt{t}-t)f(t)\mathrm{d}t,$$

于是

$$\int_0^1(\sqrt{t}-t)f(t)\mathrm{d}t=\int_0^1\mathrm{d}x\int_{x^2}^x f(t)\mathrm{d}t\geqslant\int_0^1\frac{x^2-x^4}{2}\mathrm{d}x=\frac{1}{15}。$$

因为

$$0\leqslant\int_0^1(f(t)-(\sqrt{t}-t))^2\mathrm{d}t=\int_0^1 f^2(t)\mathrm{d}t-2\int_0^1(\sqrt{t}-t)f(t)\mathrm{d}t+\int_0^1(\sqrt{t}-t)^2\mathrm{d}t,$$

所以

$$\int_0^1 f^2(t)\mathrm{d}t\geqslant2\int_0^1(\sqrt{t}-t)f(t)\mathrm{d}t-\int_0^1(\sqrt{t}-t)^2\mathrm{d}t\geqslant\frac{2}{15}-\frac{1}{30}=\frac{1}{10}。$$

证法 2　注意到

$$\int_0^1\mathrm{d}x\int_{x^2}^x f(t)\mathrm{d}t=\int_0^1\mathrm{d}t\int_t^{\sqrt{t}}f(t)\mathrm{d}x=\int_0^1(\sqrt{t}-t)f(t)\mathrm{d}t,$$

于是

$$\int_0^1(\sqrt{t}-t)f(t)\mathrm{d}t=\int_0^1\mathrm{d}x\int_{x^2}^x f(t)\mathrm{d}t\geqslant\int_0^1\frac{x^2-x^4}{2}\mathrm{d}x=\frac{1}{15}。$$

因为对任意 $\beta\in(0,+\infty)$,有

$$0 \leqslant \int_0^1 (\beta f(t) - (\sqrt{t} - t))^2 \mathrm{d}t = \int_0^1 \beta^2 f^2(t)\mathrm{d}t - 2\beta\int_0^1 (\sqrt{t} - t) f(t)\mathrm{d}t + \int_0^1 (\sqrt{t} - t)^2 \mathrm{d}t,$$

所以

$$\int_0^1 f^2(t)\mathrm{d}t \geqslant \frac{2}{\beta}\int_0^1 (\sqrt{t} - t) f(t)\mathrm{d}t - \frac{1}{\beta^2}\int_0^1 (\sqrt{t} - t)^2 \mathrm{d}t \geqslant \frac{2}{15\beta} - \frac{1}{30\beta^2}$$

$$= \frac{1}{30}\left(4 \cdot \frac{1}{\beta} - \left(\frac{1}{\beta}\right)^2\right)。$$

容易得到当 $\beta \in [1/3, 1]$ 时，有

$$\int_0^1 f^2(t)\mathrm{d}t \geqslant \frac{1}{30}\left(4 \cdot \frac{1}{\beta} - \left(\frac{1}{\beta}\right)^2\right) \geqslant \frac{1}{10}。$$

特别地，当 $\beta = 1/2$ 时

$$\int_0^1 f^2(t)\mathrm{d}t \geqslant \frac{1}{30}(4 \times 2 - 2^2) = \frac{2}{15} > \frac{1}{10}。$$

证法 3 因为对任意 $0 < \beta < 1$，任意正整数 n，有

$$\int_{\beta^{2^n}}^{\beta} f(t)\mathrm{d}t = \sum_{k=1}^{n} \int_{\beta^{2^k}}^{\beta^{2^{k-1}}} f(t)\mathrm{d}t \geqslant \sum_{k=1}^{n} \frac{\beta^{2^k} - \beta^{2^{k+1}}}{2} = \frac{1}{2}(\beta^2 - \beta^{2^{n+1}}),$$

于是

$$\int_0^{\beta} f(t)\mathrm{d}t = \lim_{n \to \infty} \int_{\beta^{2^n}}^{\beta} f(t)\mathrm{d}t \geqslant \frac{\beta^2}{2}。$$

从而

$$\int_0^1 f(t)\mathrm{d}t = \lim_{\beta \to 1^-} \int_0^{\beta} f(t)\mathrm{d}t \geqslant \lim_{\beta \to 1^-} \frac{\beta^2}{2} = \frac{1}{2}。$$

最后，由柯西—施瓦茨不等式可得

$$\frac{1}{2} \leqslant \int_0^1 f(t)\mathrm{d}t \leqslant \left(\int_0^1 1^2 \mathrm{d}t\right)^{1/2} \left(\int_0^1 f^2(t)\mathrm{d}t\right)^{1/2},$$

于是

$$\int_0^1 f^2(x)\mathrm{d}x \geqslant \frac{1}{4} > \frac{1}{10}。$$

第十三届全国大学生数学竞赛初赛(数学类,2021年)

A 卷 试 题

一(15分) 设不全为零的 $a,b,c\in\mathbb{R}$,求直线 $\frac{x-1}{a}=\frac{y-1}{b}=\frac{z-1}{c}$ 绕 z 轴旋转所得的旋转曲面方程。

二(15分) 设 $B\subset\mathbb{R}^n(n\geqslant 2)$是单位开球,函数 u,v 在 $\bar{B}$ 上连续,在 B 内二阶连续可导,满足

$$\begin{cases}-\Delta u-(1-u^2-v^2)u=0, & \boldsymbol{x}\in B,\\ -\Delta v-(1-u^2-v^2)v=0, & \boldsymbol{x}\in B,\\ u(\boldsymbol{x})=v(\boldsymbol{x})=0, & \boldsymbol{x}\in\partial B,\end{cases}$$

其中,$\boldsymbol{x}=(x_1,x_2,\cdots,x_n)$,$\Delta u=\frac{\partial^2 u}{\partial x_1^2}+\frac{\partial^2 u}{\partial x_2^2}+\cdots+\frac{\partial^2 u}{\partial x_n^2}$,$\partial B$ 表示 B 的边界。证明:$u^2(\boldsymbol{x})+v^2(\boldsymbol{x})\leqslant 1(\forall\boldsymbol{x}\in\bar{B})$。

三(15分) 设 $f(x)=x^{2021}+a_{2020}x^{2020}+a_{2019}x^{2019}+\cdots+a_2x^2+a_1x+a_0$ 为整系数多项式,$a_0\neq 0$。设对任意 $0\leqslant k\leqslant 2020$ 有$|a_k|\leqslant 40$,证明:$f(x)=0$ 的根不可能全为实数。

四(20分) 设 $\boldsymbol{P}$ 为对称酉矩阵,证明:存在可逆复矩阵 $\boldsymbol{Q}$ 使得 $\boldsymbol{P}=\bar{\boldsymbol{Q}}\boldsymbol{Q}^{-1}$。

五(15分) 设 $\alpha>1$,证明:

(1) $\int_0^{+\infty}\mathrm{d}x\int_0^{+\infty}\mathrm{e}^{-t^\alpha x}\sin x\,\mathrm{d}t=\int_0^{+\infty}\mathrm{d}t\int_0^{+\infty}\mathrm{e}^{-t^\alpha x}\sin x\,\mathrm{d}x$。

(2) 计算 $\int_0^{+\infty}\sin x^3\,\mathrm{d}x\cdot\int_0^{+\infty}\sin x^{\frac{3}{2}}\,\mathrm{d}x$。

六(20分) 设 $f(x),g(x)$为$\mathbb{R}$上的非负连续可微函数,满足:$\forall x\in\mathbb{R}$,成立 $f'(x)\geqslant 6+f(x)-f^2(x)$,$g'(x)\leqslant 6+g(x)-g^2(x)$。证明:

(1) $\forall\varepsilon\in(0,1)$以及 $x\in\mathbb{R}$,存在 $\xi\in(-\infty,x)$使得 $f(\xi)\geqslant 3-\varepsilon$。

(2) $\forall x\in\mathbb{R}$,成立 $f(x)\geqslant 3$。

(3) $\forall x\in\mathbb{R}$,存在 $\eta\in(-\infty,x)$使得 $g(\eta)\leqslant 3$。

(4) $\forall x\in\mathbb{R}$,成立 $g(x)\leqslant 3$。

参 考 解 答

一 设点 $M_1(0,0,0)$,方向 $\boldsymbol{s}_1=(0,0,1)$,则 z 轴为直线 L_1:$\frac{x}{0}=\frac{y}{0}=\frac{z}{1}$。直线 L_2:$\frac{x-1}{a}=\frac{y-1}{b}=\frac{z-1}{c}$。过点 $M_2(1,1,1)$,方向为 $\boldsymbol{s}_2=(a,b,c)$。

$\boldsymbol{s}_1,\boldsymbol{s}_2,\overrightarrow{M_1M_2}$的混合积为

$$(\boldsymbol{s}_1,\boldsymbol{s}_2,\overrightarrow{M_1M_2})=a-b。$$

(1) 当 $a=b$ 时,L_2 与 L_1 共面。分以下 3 种情况讨论。

① 当 $\boldsymbol{s}_1\cdot\boldsymbol{s}_2=0$,即 $c=0$ 时,L_2 与 L_1 垂直,此时所得的旋转面是平面 $z=1$。

当 $\boldsymbol{s}_1\cdot\boldsymbol{s}_2\neq0$,即 $c\neq0$ 时,L_2 与 L_1 平行或者相交于一点,于是有以下两种情形。

② 当 L_2 平行于 L_1 时,所得的旋转曲面是圆柱面 $x^2+y^2=2$。

③ 当 L_1 与 L_2 相交于一点时,所得的旋转面为圆锥面,顶点为 $\left(0,0,\dfrac{a-c}{a}\right)$ 的锥面方程 $x^2+y^2-\dfrac{2a^2}{c^2}\left(z-\dfrac{a-c}{a}\right)=0$。

(2) 当 $a\neq b$ 时,即 L_2 与 L_1 不共面时,首先考虑 L_2 与 L_1 不垂直时的情形。设 $M_0(x_0,y_0,z_0)$ 为 L_2 上的任意一点,$M(x,y,z)$ 为过 M_0 的旋转曲面上的纬圆上的任意一点,则有

$$\begin{cases}\overrightarrow{M_0M}\cdot\boldsymbol{s}_1=0,\\ |\overrightarrow{M_1M_0}|=|\overrightarrow{M_1M}|,\\ \dfrac{x_0-1}{a}=\dfrac{y_0-1}{b}=\dfrac{z_0-1}{c}。\end{cases}$$

由此得到

$$\begin{cases}z-z_0=0,\\ x^2+y^2+z^2=x_0^2+y_0^2+z_0^2,\\ x_0=1+at,\\ y_0=1+bt,\\ z_0=1+ct,\end{cases}$$

其中 $t\in\mathbb{R}$ 为参数。因 L_1 与 L_2 不垂直,由 $\boldsymbol{s}_1\cdot\boldsymbol{s}_2=c\neq0$,得到 $t=\dfrac{z_0-1}{c}=\dfrac{z-1}{c}$,以及

$$x^2+y^2=x_0^2+y_0^2=\left[1+\frac{a}{c}(z-1)\right]^2+\left[1+\frac{b}{c}(z-1)\right]^2=Az^2+Bz+C,$$

其中

$$A=\frac{a^2+b^2}{c^2},\quad B=\frac{a(c-a)+b(c-b)}{c^2},\quad C=\frac{(c-a)^2+(c-b)^2}{c^2}。$$

经计算可得

$$AC-B^2=\frac{(a-b)}{c^2}>0。$$

注意到 $A>0$,以及

$$x^2+y^2=Az^2+2Bz+C=A\left(z+\frac{B}{A}\right)^2+\frac{AC-B^2}{A},$$

得到

$$\frac{A}{AC-B^2}(x^2+y^2)-\frac{A^2}{AC-B^2}\left(z+\frac{B}{A}\right)=1。$$

它是旋转单叶双曲面。

当 L_1 与 L_2 为异面直线而且垂直时,$c=0$。所得旋转曲面是一个挖去一个圆盘(半径

为 L_1 与 L_2 之间的距离 $\dfrac{|a-b|}{\sqrt{a^2+b^2}}$)的平面。

二　记 $w=w(\boldsymbol{x})=u^2(\boldsymbol{x})+v^2(\boldsymbol{x})$，则 w 满足问题

$$\begin{cases}-\Delta w-2(1-w)w=-2(|\nabla u|^2+|\nabla v|^2), & \boldsymbol{x}\in B,\\ w(\boldsymbol{x})=0, & \boldsymbol{x}\in\partial B。\end{cases}\tag{1}$$

显然，$w(\boldsymbol{x})\in C^2(B)\cap C(\bar{B})$。所以，$w(\boldsymbol{x})$ 必然在 $\bar{B}$ 上达到最大值。设最大值点为 $\boldsymbol{x}_1$。

若 $\boldsymbol{x}_1\in B$，则 $\nabla w(\boldsymbol{x}_1)=0$，$-\Delta w(\boldsymbol{x}_1)\geqslant 0$。于是由(1)式得到在 $\boldsymbol{x}_1$ 处，有

$$0\leqslant-\Delta w\leqslant 2(1-w)w-2(|\nabla u|^2+|\nabla u|^2)\leqslant 2(1-w)w。$$

而 $w(\boldsymbol{x}_1)\geqslant 0$，故上式表明 $w(\boldsymbol{x}_1)\leqslant 1$。

若 $\boldsymbol{x}_1\in\partial B$，则由(1)式，$w(\boldsymbol{x}_1)=0$。

综合之，恒有 $0\leqslant w\leqslant 1$，$\boldsymbol{x}\in\bar{B}$。

三　设 $f(x)=0$ 的 2021 个根分别为 $x_1, x_2,\cdots,x_{2021}$。由于 $a_0\neq 0$，所以 $x_i\neq 0$，$1\leqslant i\leqslant 2021$。若 $x_1,x_2,\cdots,x_{2021}$ 都是实数，由柯西不等式有

$$\sum_{i=1}^{2021}x_i^2\cdot\sum_{i=1}^{2021}\frac{1}{x_i^2}\geqslant\left(\sum_{i=1}^{2021}x_i\cdot\frac{1}{x_i}\right)^2=2021^2$$

由韦达定理，有

$$\sum_{i=1}^{2021}x_i=-a_{2020},\quad\sum_{1\leqslant i<j\leqslant 2021}x_ix_j=a_{2019},$$

由此得到

$$\sum_{i=1}^{2021}x_i^2=\left(\sum_{i=1}^{2021}x_i\right)^2-2\sum_{1\leqslant i<j\leqslant 2021}x_ix_j=a_{2020}^2-2a_{2019}。$$

注意到 $\dfrac{1}{x_1},\dfrac{1}{x_2},\cdots,\dfrac{1}{x_{2021}}$ 是多项式

$$g(x)=x^{2021}f\left(\frac{1}{x}\right)=a_0x^{2021}+a_1x^{2020}+a_2x^{2019}+\cdots+a_{2019}x^2+a_{2020}x+1$$

的零点。继续由韦达定理，有

$$\sum_{i=1}^{2021}\frac{1}{x_i}=-\frac{a_1}{a_0},\quad\sum_{1\leqslant i<j\leqslant 2021}\left(\frac{1}{x_i}\cdot\frac{1}{x_j}\right)=\frac{a_2}{a_0},$$

所以

$$\sum_{i=1}^{2021}\frac{1}{x_i^2}=\left(\sum_{i=1}^{2021}\frac{1}{x_i}\right)^2-2\sum_{1\leqslant i<j\leqslant 2021}\left(\frac{1}{x_i}\cdot\frac{1}{x_j}\right)=\frac{a_1^2}{a_0^2}-\frac{2a_2}{a_0}。$$

因为对任意 $0\leqslant k\leqslant 2020$ 有 $|a_k|\leqslant 40$，又 a_0 为非零整数，故 $|a_0|\geqslant 1$，所以

$$\sum_{i=1}^{2021}x_i^2\cdot\sum_{i=1}^{2021}\frac{1}{x_i^2}=(a_{2020}^2-2a_{2019})\left(\frac{a_1^2}{a_0^2}-\frac{2a_2}{a_0}\right)\leqslant(40^2+2\times 40)(40^2+2\times 40)=1680^2,$$

矛盾。

四　**证法 1**　设 $\boldsymbol{P}$ 为 n 阶矩阵。因为 $\boldsymbol{P}$ 为酉矩阵，自然为正规矩阵，所以存在酉矩阵 $\boldsymbol{U}$ 使得 $\boldsymbol{U}^{-1}\boldsymbol{PU}=\boldsymbol{D}$ 为对角阵。

设 $\boldsymbol{D}=\mathrm{diag}(\alpha_1,\alpha_2,\cdots,\alpha_n)$，并设 $\beta_1,\beta_2,\cdots,\beta_n$ 为复数满足 $\beta_i^2=\alpha_i$，$i=1,2,\cdots,n$，令 $\boldsymbol{F}=\mathrm{diag}(\beta_1,\beta_2,\cdots,\beta_n)$，由拉格朗日插值公式知存在复系数多项式 $f(x)$ 使得 $f(\alpha_i)=\beta_i$，$i=1,2,\cdots,n$，从而

$$\boldsymbol{F}=\operatorname{diag}(f(\alpha_1),f(\alpha_2),\cdots,f(\alpha_n))=f(\boldsymbol{D}),$$

且

$$\boldsymbol{F}^2=\operatorname{diag}(\beta_1^2,\beta_2^2,\cdots,\beta_n^2)=\operatorname{diag}(\alpha_1,\alpha_2,\cdots,\alpha_n)=\boldsymbol{D}。$$

现在 $\boldsymbol{D}^{\mathrm{T}}=\boldsymbol{D},\boldsymbol{P}^{\mathrm{T}}=\boldsymbol{P},\boldsymbol{U}^{\mathrm{T}}=\bar{\boldsymbol{U}}^{-1}$，所以

$$\boldsymbol{D}=\boldsymbol{D}^{\mathrm{T}}=(\boldsymbol{U}^{-1}\boldsymbol{P}\boldsymbol{U})^{\mathrm{T}}=\boldsymbol{U}^{\mathrm{T}}\boldsymbol{P}^{\mathrm{T}}(\boldsymbol{U}^{-1})^{\mathrm{T}}=\bar{\boldsymbol{U}}^{-1}\boldsymbol{P}\bar{\boldsymbol{U}}=\bar{\boldsymbol{U}}^{-1}\boldsymbol{U}\boldsymbol{D}\boldsymbol{U}^{-1}\bar{\boldsymbol{U}},$$

从而 $\boldsymbol{U}^{-1}\bar{\boldsymbol{U}}$ 与 $\boldsymbol{D}$ 可交换。又 $\boldsymbol{F}=f(\boldsymbol{D})$，所以 $\boldsymbol{F}$ 也与 $\boldsymbol{U}^{-1}\bar{\boldsymbol{U}}$ 可交换，即 $\boldsymbol{F}\boldsymbol{U}^{-1}\bar{\boldsymbol{U}}=\boldsymbol{U}^{-1}\bar{\boldsymbol{U}}\boldsymbol{F}$，或写为 $\boldsymbol{U}\boldsymbol{F}\bar{\boldsymbol{U}}^{-1}=\bar{\boldsymbol{U}}\boldsymbol{F}\bar{\boldsymbol{U}}^{-1}$。

由于 $\boldsymbol{P}$ 为酉矩阵，即 $\bar{\boldsymbol{P}}^{\mathrm{T}}\boldsymbol{P}=\boldsymbol{E}$，这里 $\boldsymbol{E}$ 为单位矩阵，再由 $\boldsymbol{U}$ 也是酉矩阵得到

$$\bar{\boldsymbol{D}}\boldsymbol{D}=\bar{\boldsymbol{D}}^{\mathrm{T}}\boldsymbol{D}=\overline{\boldsymbol{U}^{-1}\boldsymbol{P}\boldsymbol{U}}^{\mathrm{T}}\boldsymbol{U}^{-1}\boldsymbol{P}\boldsymbol{U}=\bar{\boldsymbol{U}}^{\mathrm{T}}\bar{\boldsymbol{P}}^{\mathrm{T}}(\bar{\boldsymbol{U}}^{-1})^{\mathrm{T}}\boldsymbol{U}^{-1}\boldsymbol{P}\boldsymbol{U}=\bar{\boldsymbol{U}}^{\mathrm{T}}\boldsymbol{U}=\boldsymbol{E}。$$

所以对 $i=1,2,\cdots,n$，$\bar{\alpha}_i\alpha_i=1$，即复数 α_i 的模为 1，从而复数 β_i 的模也是 1，故 $\bar{\beta}_i=\beta_i^{-1}$，由此得到 $\bar{\boldsymbol{F}}=\boldsymbol{F}^{-1}$。令 $\boldsymbol{Q}=\boldsymbol{U}\bar{\boldsymbol{F}}\boldsymbol{U}^{-1}$，则显然 $\boldsymbol{Q}$ 可逆且有 $\bar{\boldsymbol{Q}}=\bar{\boldsymbol{U}}\boldsymbol{F}\bar{\boldsymbol{U}}^{-1}=\boldsymbol{U}\boldsymbol{F}\boldsymbol{U}^{-1}$。又 $\boldsymbol{Q}^{-1}=\boldsymbol{U}\bar{\boldsymbol{F}}^{-1}\boldsymbol{U}^{-1}=\boldsymbol{U}\boldsymbol{F}\boldsymbol{U}^{-1}$，所以

$$\bar{\boldsymbol{Q}}\boldsymbol{Q}^{-1}=(\boldsymbol{U}\boldsymbol{F}\boldsymbol{U}^{-1})^2=\boldsymbol{U}\boldsymbol{F}^2\boldsymbol{U}^{-1}=\boldsymbol{U}\boldsymbol{D}\boldsymbol{U}^{-1}=\boldsymbol{P}。$$

证法 2　设 $\boldsymbol{P}=\boldsymbol{P}_1+\mathrm{i}\boldsymbol{P}_2$，其中 $\boldsymbol{P}_1,\boldsymbol{P}_2$ 为实矩阵。由于 $\boldsymbol{P}$ 是对称矩阵，则 $\boldsymbol{P}_1,\boldsymbol{P}_2$ 也为对称矩阵，则

$$\bar{\boldsymbol{P}}^{\mathrm{T}}=(\boldsymbol{P}_1-\mathrm{i}\boldsymbol{P}_2)^{\mathrm{T}}=\boldsymbol{P}_1-\mathrm{i}\boldsymbol{P}_2。$$

由 $\boldsymbol{P}\bar{\boldsymbol{P}}^{\mathrm{T}}=\bar{\boldsymbol{P}}^{\mathrm{T}}\boldsymbol{P}=\boldsymbol{E}$ 可得 $\boldsymbol{E}=\boldsymbol{P}_1^2+\boldsymbol{P}_2^2$ 且 $\boldsymbol{P}_1\boldsymbol{P}_2=\boldsymbol{P}_2\boldsymbol{P}_1$，所以 $\boldsymbol{P}_1,\boldsymbol{P}_2$ 可交换。又对称矩阵 $\boldsymbol{P}_1,\boldsymbol{P}_2$ 可对角化，则 $\boldsymbol{P}_1,\boldsymbol{P}_2$ 可同时对角化，即存在可逆的实矩阵 $\boldsymbol{C}$，使得

$$\boldsymbol{P}_1=\boldsymbol{C}\begin{pmatrix}\lambda_1&&&\\&\lambda_2&&\\&&\ddots&\\&&&\lambda_n\end{pmatrix}\boldsymbol{C}^{-1},\quad \boldsymbol{P}_2=\boldsymbol{C}\begin{pmatrix}\mu_1&&&\\&\mu_2&&\\&&\ddots&\\&&&\mu_n\end{pmatrix}\boldsymbol{C}^{-1}。$$

又 $\boldsymbol{E}=\boldsymbol{P}_1^2+\boldsymbol{P}_2^2$ 可知 $\mu_i^2+\lambda_i^2=1$，$i=1,2,\cdots,n$。又由

$$\boldsymbol{P}=\boldsymbol{C}\begin{pmatrix}\lambda_1+\mathrm{i}\mu_1&&&\\&\lambda_2+\mathrm{i}\mu_2&&\\&&\ddots&\\&&&\lambda_n+\mathrm{i}\mu_n\end{pmatrix}\boldsymbol{C}^{-1}。$$

取 $\beta_i^2=\lambda_i+\mathrm{i}\mu_i$，则 $\beta_i^{-1}=\bar{\beta}_i$，于是

$$\boldsymbol{P}=\boldsymbol{C}\begin{pmatrix}\beta_1&&&\\&\beta_2&&\\&&\ddots&\\&&&\beta_n\end{pmatrix}\boldsymbol{C}^{-1}\boldsymbol{C}\begin{pmatrix}\beta_1&&&\\&\beta_2&&\\&&\ddots&\\&&&\beta_n\end{pmatrix}\boldsymbol{C}^{-1}。$$

取 $\boldsymbol{Q}=\boldsymbol{C}\begin{pmatrix}\bar{\beta}_1&&&\\&\bar{\beta}_2&&\\&&\ddots&\\&&&\bar{\beta}_n\end{pmatrix}\boldsymbol{C}^{-1}$，则可验证 $\bar{\boldsymbol{Q}}=\boldsymbol{Q}^{-1}=\boldsymbol{C}\begin{pmatrix}\beta_1&&&\\&\beta_2&&\\&&\ddots&\\&&&\beta_n\end{pmatrix}\boldsymbol{C}^{-1}$。故 $\boldsymbol{P}=\bar{\boldsymbol{Q}}\boldsymbol{Q}^{-1}$。

五　(1) 对于 $s>0$ 以及 $0\leqslant a<b\leqslant+\infty$,我们有

$$\int_a^b e^{-sx}\sin x\,dx=\mathrm{Im}\int_a^b e^{-(s-i)x}\,dx=\mathrm{Im}\,\frac{e^{-(s-i)a}-e^{-(s-i)b}}{s-i}$$

$$=\frac{se^{-sa}\sin a-se^{-sb}\sin b+e^{-sa}\cos a-e^{-sb}\cos b}{s^2+1}。\tag{1}$$

由(1)式得

$$\int_0^{+\infty}dt\int_0^{+\infty}e^{-t^\alpha x}\sin x\,dx=\int_0^{+\infty}\frac{1}{t^{2\alpha}+1}dt,$$

收敛。

任取 $A>\varepsilon>0$,由魏尔斯特拉斯判别法,$\int_0^{+\infty}e^{-t^\alpha x}\sin x\,dt$ 关于 $x\in[\varepsilon,A]$一致收敛,因此,结合(1)式得

$$\left|\int_\varepsilon^A dx\int_0^{+\infty}e^{-t^\alpha x}\sin x\,dt-\int_0^{+\infty}dt\int_0^{+\infty}e^{-t^\alpha x}\sin x\,dx\right|$$

$$=\left|\int_0^{+\infty}dt\int_\varepsilon^A e^{-t^\alpha x}\sin x\,dx-\int_0^{+\infty}dt\int_0^{+\infty}e^{-t^\alpha x}\sin x\,dx\right|$$

$$\leqslant\left|\int_0^{+\infty}\left(\left|\int_A^{+\infty}e^{-t^\alpha x}\sin x\,dx\right|+\left|\int_0^\varepsilon e^{-t^\alpha x}\sin x\,dx\right|\right)dt\right|$$

$$\leqslant\left|\int_0^{+\infty}\frac{|t^\alpha e^{-t^\alpha A}\sin A+e^{-t^\alpha A}\cos A|+|-t^\alpha e^{-t^\alpha\varepsilon}\sin\varepsilon+1-e^{-t^\alpha\varepsilon}\cos\varepsilon|}{t^{2\alpha}+1}dt\right|$$

$$\leqslant\left|\int_0^{+\infty}(e^{-t^\alpha A}+|\sin\varepsilon|+|1-e^{-t^\alpha\varepsilon}\cos\varepsilon|)\frac{t^\alpha+1}{t^{2\alpha}+1}dt\right|。$$

利用一致收敛性,或控制收敛定理,得到

$$\int_0^{+\infty}dx\int_0^{+\infty}e^{-t^\alpha x}\sin x\,dt=\int_0^{+\infty}dt\int_0^{+\infty}e^{-t^\alpha x}\sin x\,dx。$$

(2) 对于 $\alpha>1$,以及 $x>0$,有

$$\int_0^{+\infty}e^{-t^\alpha x}\,dt=\frac{1}{\alpha}x^{-\frac{1}{\alpha}}\int_0^{+\infty}s^{\frac{1}{\alpha}-1}e^{-s}\,ds=\frac{1}{\alpha}x^{-\frac{1}{\alpha}}\Gamma\left(\frac{1}{\alpha}\right)。$$

以及

$$\int_0^{+\infty}\frac{1}{t^\alpha+1}dt=\frac{1}{\alpha}\int_0^1 s\left(\frac{1}{s}-1\right)^{\frac{1}{\alpha}-1}\frac{1}{s^2}ds=\frac{1}{\alpha}B\left(1-\frac{1}{\alpha},\frac{1}{\alpha}\right)=\frac{\pi}{\alpha\sin\frac{\pi}{\alpha}}。$$

从而

$$\int_0^{+\infty}\sin x^\alpha\,dx=\frac{1}{\alpha}\int_0^{+\infty}x^{\frac{1-\alpha}{\alpha}}\sin x\,dx$$

$$=\frac{1}{(\alpha-1)\Gamma\left(1-\frac{1}{\alpha}\right)}\int_0^{+\infty}dx\int_0^{+\infty}e^{-xt^{\frac{\alpha-1}{\alpha}}}\sin x\,dt$$

$$=\frac{1}{(\alpha-1)\Gamma\left(1-\frac{1}{\alpha}\right)}\int_0^{+\infty}dt\int_0^{+\infty}e^{-xt^{\frac{\alpha-1}{\alpha}}}\sin x\,dx$$

$$=\frac{1}{(\alpha-1)\Gamma\left(1-\frac{1}{\alpha}\right)}\int_0^{+\infty}\frac{1}{t^{\frac{2\alpha}{\alpha-1}}+1}\mathrm{d}t$$

$$=\frac{\pi}{2\alpha\Gamma\left(1-\frac{1}{\alpha}\right)\sin\frac{(\alpha-1)\pi}{2\alpha}}=\frac{1}{\alpha}\Gamma\left(\frac{1}{\alpha}\right)\sin\frac{\pi}{2\alpha}。$$

最后得到

$$\int_0^{+\infty}\sin x^3\mathrm{d}x\cdot\int_0^{+\infty}\sin x^{\frac{3}{2}}\mathrm{d}x=\frac{1}{3}\Gamma\left(\frac{1}{3}\right)\sin\frac{\pi}{6}\cdot\frac{2}{3}\Gamma\left(\frac{2}{3}\right)\sin\frac{\pi}{3}=\frac{\pi}{9}。$$

注 可以利用第二型曲线积分计算，对于 $\alpha>1$，在以 0 为顶点的锥形区域

$$D=\{r\mathrm{e}^{\mathrm{i}\theta}\mid r>0,\theta\in(0,\beta)\}$$

内，定义 $\mathrm{Ln}z$ 如下：

$$\mathrm{Ln}(r\mathrm{e}^{\mathrm{i}\theta})=\ln r+\mathrm{i}\theta,\quad \forall r\mathrm{e}^{\mathrm{i}\theta}\in D,$$

其中 $\beta=\frac{\pi}{2\alpha}$。则易见 $\mathrm{Ln}z$ 可以连续地把定义域延伸到 D 的边界。又易见，在 D 内成立 $\mathrm{Ln}z$ 在 D 内解析。

令 $z^\alpha=\mathrm{e}^{\alpha\mathrm{Ln}z}(z\in\overline{D})$，则 $\mathrm{e}^{\mathrm{i}z^\alpha}$ 在 D 内解析在 $\overline{D}$ 上连续。

任取 $R>0$，考虑 $D_R=B_R(0)\cap D$，则 $\int_{\partial D_R}\mathrm{e}^{\mathrm{i}z^\alpha}\mathrm{d}z=0$。由此即得

$$\int_0^R\mathrm{e}^{\mathrm{i}x^\alpha}\mathrm{d}x=\int_0^R\mathrm{e}^{\mathrm{i}r^\alpha\mathrm{e}^{\mathrm{i}\alpha\beta}}\mathrm{e}^{\mathrm{i}\beta}\mathrm{d}r-\int_0^\beta\mathrm{e}^{\mathrm{i}R^\alpha\mathrm{e}^{\mathrm{i}\alpha\theta}}\mathrm{i}R\mathrm{e}^{\mathrm{i}\theta}\mathrm{d}\theta$$

$$=\mathrm{e}^{\mathrm{i}\beta}\int_0^R\mathrm{e}^{-r^\alpha\sin(\alpha\beta)}\mathrm{e}^{\mathrm{i}r^\alpha\cos(\alpha\beta)}\mathrm{d}r-\mathrm{i}\int_0^\beta R\mathrm{e}^{-R^\alpha\sin(\alpha\theta)}\mathrm{e}^{\mathrm{i}R^\alpha\cos(\alpha\theta)}\mathrm{e}^{\mathrm{i}\theta}\mathrm{d}\theta$$

$$=\mathrm{e}^{\frac{\pi\mathrm{i}}{2\alpha}}\int_0^R\mathrm{e}^{-r^\alpha}\mathrm{d}r-\mathrm{i}\int_0^{\frac{\pi}{2\alpha}}R\mathrm{e}^{-R^\alpha\sin(\alpha\theta)}\mathrm{e}^{\mathrm{i}R^\alpha\cos(\alpha\theta)}\mathrm{e}^{\mathrm{i}\theta}\mathrm{d}\theta。$$

易见有常数 $C>0$ 使得

$$\left|\mathrm{i}\int_0^{\frac{\pi}{2\alpha}}R\mathrm{e}^{-R^\alpha\sin(\alpha\theta)}\mathrm{e}^{\mathrm{i}R^\alpha\cos(\alpha\theta)}\mathrm{e}^{\mathrm{i}\theta}\mathrm{d}\theta\right|\leqslant\left|\int_0^{\frac{\pi}{2\alpha}}R\mathrm{e}^{-R^\alpha\sin(\alpha\theta)}\mathrm{d}\theta\right|\leqslant\left|\int_0^{\frac{\pi}{2\alpha}}R\mathrm{e}^{-CR^\alpha\theta}\mathrm{d}\theta\right|\leqslant\frac{1}{CR^{\alpha-1}},$$

于是，可得 $\int_0^{+\infty}\mathrm{e}^{\mathrm{i}x^\alpha}\mathrm{d}x=\mathrm{e}^{\frac{\mathrm{i}\pi}{2\alpha}}\int_0^{+\infty}\mathrm{e}^{-r^\alpha}\mathrm{d}r=\frac{1}{\alpha}\Gamma\left(\frac{1}{\alpha}\right)\mathrm{e}^{\frac{\mathrm{i}\pi}{2\alpha}}$。

六 (1) 任取 $\varepsilon\in(0,1)$ 以及 $x\in\mathbb{R}$，若结论不真，则 $f(t)<3-\varepsilon(\forall t\leqslant x)$。因此

$$f'(t)\geqslant 6+f(t)-f^2(t)=(3-f(t))(2+f(t))>2\varepsilon,\quad \forall t\leqslant x。$$

于是

$$f(x)-f(t)>2\varepsilon(x-t),\quad \forall t\leqslant x。$$

从而 $\lim\limits_{t\to-\infty}f(t)=-\infty$。与 f 非负矛盾。因此，存在 $\xi<x$ 使得 $f(\xi)\geqslant 3-\varepsilon$。

(2) 任取 $x\in\mathbb{R}$，由连续性，只要证明对任何 $\varepsilon\in(0,1)$，成立 $f(x)\geqslant 3-\varepsilon$。由(1)的结论，存在 $\xi<x$ 使得 $f(\xi)\geqslant 3-\varepsilon$。令 $h(t)=f(t)-(3-\varepsilon)$，则有

$$h'(t)=f'(t)\geqslant(3-f(t))(2+f(t))\geqslant-(2+f(t))h(t),\quad \forall t\in\mathbb{R}。$$

记 $F(t)=\int_0^t(2+f(s))\mathrm{d}s$，则

$$(\mathrm{e}^{F(t)}h(t))'=\mathrm{e}^{F(t)}(h'(t)+(2+f(t))h(t))\geqslant 0,\quad \forall t\in\mathbb{R}。$$

因此

$$e^{F(x)}h(x)\geqslant e^{F(\xi)}h(\xi)\geqslant 0。$$

因此,$h(x)\geqslant 0$,即 $f(x)\geqslant 3-\varepsilon$。

(3) 任取 $x\in\mathbb{R}$,若结论不真,则 $g(t)>3(\forall t<x)$。因此

$$g'(t)\leqslant 6+g(t)-g^2(t)=-(g(t)-3)^2-5(g(t)-3)\leqslant-(g(t)-3)^2,\quad \forall t<x。$$

于是

$$\frac{g'(t)}{(g(t)-3)^2}\leqslant -1,\quad \forall t\leqslant x。$$

不等式两边在$[t,x]$上积分,得到

$$\frac{1}{g(t)-3}-\frac{1}{g(x)-3}\leqslant t-x,\quad \forall t<x。$$

进而

$$-\frac{1}{g(x)-3}\leqslant t-x,\quad \forall t<x。$$

在上式令 $t\to-\infty$即得矛盾。因此,存在 $\eta\in(-\infty,x)$使得 $g(\eta)\leqslant 3$。

(4) 任取 $x\in\mathbb{R}$,由(3)的结论,存在 $\eta\in(-\infty,x)$使得 $g(\eta)\leqslant 3$。于是

$$(g(t)-3)'\leqslant-(g(t)-3)(2+g(t)),\quad \forall t\in\mathbb{R}。$$

因此

$$(e^{G(t)}(g(t)-3))'=e^{G(t)}((g(t)-3)'+(2+g(t))(g(t)-3))\leqslant 0,\quad \forall t\in\mathbb{R}。$$

其中 $G(t)=\int_0^t(2+g(s))\mathrm{d}s$。从而

$$e^{G(x)}(g(x)-3)\leqslant e^{G(\eta)}(g(\eta)-3)\leqslant 0。$$

因此,$g(x)\leqslant 3$。

B 卷 试 题

一(15 分)　设球面 $S:x^2+y^2+z^2=1$,求以点 $M_0(0,0,a)(a\in\mathbb{R},|a|>1)$为顶点的与 S 相切的锥面方程。

二、三(15 分)　同本届 A 卷第二题 、第三题。

四(20 分)　设 $R=\{0,1,-1\}$,S 为 R 上的三阶行列式全体,即 $S=\{\det(a_{ij})_{3\times 3}\mid a_{ij}\in R\}$。证明:$S=\{-4,-3,-2,-1,0,1,2,3,4\}$。

五(15 分)　设函数 f 在$[-1,1]$上有定义,在 $x=0$ 的某邻域内连续可导,且 $\lim\limits_{x\to 0}\dfrac{f(x)}{x}=a>0$。证明:级数 $\sum\limits_{n=1}^{\infty}(-1)^n f\left(\dfrac{1}{n}\right)$ 收敛,$\sum\limits_{n=1}^{\infty}f\left(\dfrac{1}{n}\right)$ 发散。

六(20 分) 设 $f(x)=\ln\sum\limits_{n=1}^{\infty}\dfrac{e^{nx}}{n^2}$。证明函数 f 在$(-\infty,0)$内为严格凸的,并且对任意 $\xi\in(-\infty,0)$,存在 $x_1,x_2\in(-\infty,0)$使得

$$f'(\xi)=\frac{f(x_2)-f(x_1)}{x_2-x_1}。$$

(称(a,b)内的函数 S 为严格凸的,如果对任何 $\alpha\in(0,1)$,以及 $x,y\in(a,b)$,$x\neq y$ 成立 $S(\alpha x+(1-\alpha)y)<\alpha S(x)+(1-\alpha)S(y)$。)

参考解答

一 解法 1 设 L 为过顶点 $M_0(0,0,a)$,方向为 $\boldsymbol{s}=(l,m,n)$,与 S 相切的锥面上的任意一条母线,则对于 L 上任意一点 $M(x,y,z)$,L 的方程可以表示为

$$\frac{x-0}{l}=\frac{y-0}{m}=\frac{z-a}{n},$$

其中 $l,m,n\in\mathbb{R}$ 不全为零。设 L 的参数方程为

$$\begin{cases}x=lt,\\ y=mt,\\ z=a+nt,\end{cases}\tag{1}$$

其中 $t\in\mathbb{R}$ 为参数。将直线的参数方程(1)代入 S 的方程中可得

$$(l^2+m^2+n^2)t^2+2ant+a^2-1=0。$$

由直线 L 与球面 S 相切的条件可知

$$(2an)^2-4(l^2+m^2+n^2)(a^2-1)=0。$$

亦即

$$(l^2+m^2)a^2=(l^2+m^2+n^2)。\tag{2}$$

由(1)式和(2)式消去参数 t 可得锥面方程

$$(a^2-1)(x^2+y^2)-(z-a)^2=0,$$

其中$|a|>1$。

解法 2 设 $O(0,0,0)$为球心坐标,$M(x,y,z)$为切锥面与球面的切点,半顶角为 $\alpha=\angle(\overrightarrow{M_0O},\overrightarrow{M_0M})$,则有 $\sin\alpha=\dfrac{1}{|a|}$。注意到

$$\cos^2\alpha=\frac{|\overrightarrow{M_0O}\cdot\overrightarrow{M_0M}|^2}{|\overrightarrow{M_0O}|^2|\overrightarrow{M_0M}|^2},\quad \cos^2\alpha=1-\sin^2\alpha,$$

得到

$$\frac{(z-a)^2}{x^2+y^2+(z-a)^2}=\frac{a^2-1}{a^2},$$

即

$$(a^2-1)(x^2+y^2)-(z-a)^2=0,$$

其中$|a|>1$。

二、三 同本届 A 卷第二题、第三题的参考解答。

四 首先,通过直接检验可知

$$\begin{vmatrix}0&0&0\\0&0&0\\0&0&0\end{vmatrix}=0,\quad \begin{vmatrix}1&0&0\\0&1&0\\0&0&1\end{vmatrix}=1,\quad \begin{vmatrix}1&0&0\\0&1&-1\\0&1&1\end{vmatrix}=2,$$

$$\begin{vmatrix}1&-1&0\\1&1&-1\\0&1&1\end{vmatrix}=3,\quad \begin{vmatrix}1&1&1\\1&-1&1\\1&1&-1\end{vmatrix}=4。$$

其次,由于交换两行,行列式值改变符号,因此有 $S\supseteq\{-4,-3,-2,-1,0,1,2,3,4\}$。

最后,我们证明:$\forall\,(a_{ij})_{3\times3},a_{ij}\in R$,总有 $|\det(a_{ij})|\leqslant 4$。

事实上,由对角线法则可知

$$\det(a_{ij})=a_{11}a_{22}a_{33}+a_{12}a_{23}a_{31}+a_{13}a_{32}a_{21}-a_{13}a_{22}a_{31}-a_{12}a_{21}a_{33}-a_{11}a_{32}a_{23}。$$

记

$$b_1=a_{11}a_{22}a_{33},\quad b_2=a_{12}a_{23}a_{31},\quad b_3=a_{13}a_{32}a_{21},$$
$$b_4=-a_{13}a_{22}a_{31},\quad b_5=-a_{12}a_{21}a_{33},\quad b_6=-a_{11}a_{32}a_{23}。$$

直接观察可知:每个 a_{ij} 在单项 b_1,b_2,b_3,b_4,b_5,b_6 中共出现两次,且

$$b_1b_2b_3b_4b_5b_6=-a_{11}^2a_{12}^2a_{13}^2a_{21}^2a_{22}^2a_{23}^2a_{31}^2a_{32}^2a_{33}^2。$$

因此立即可得:若有某个 $a_{ij}=0$,则 $b_1,b_2,\cdots,b_6$ 中至少有两个为0,从而 $|\det(a_{ij})|\leqslant4$。倘若每个 a_{ij} 都不等于0,则由 $a_{ij}=\pm1$ 得 $b_1,b_2,\cdots,b_6$ 之积为 -1,从而至少有一个 b_i 为 -1,同时也至少有一个 b_j 为1,否则与 $b_1b_2b_3b_4b_5b_6=-1$ 矛盾。结果 b_i 与 b_j 互相抵消,仍有 $|\det(a_{ij})|\leqslant4$。

至此,综上所得,$S=\{-4,-3,-2,-1,0,1,2,3,4\}$,$S$ 共由9个元素所组成。

五　由 $\lim\limits_{x\to0}\dfrac{f(x)}{x}=a>0$。知 $\lim\limits_{x\to0}f(x)=0$。又 $f(x)$ 在 $x=0$ 的某邻域内连续可导,则 $f(0)=\lim\limits_{x\to0}f(x)=0$。

于是 $0<a=\lim\limits_{x\to0}\dfrac{f(x)}{x}=\lim\limits_{x\to0}\dfrac{f(x)-f(0)}{x}=f'(0)$。由于 $f'(x)$ 在 $x=0$ 的某邻域内连续,存在正数 $\delta>0$,使得 $\forall\,x\in[0,\delta]$,有 $f'(x)>0$。因此,在 $[0,\delta]$ 上 $f(x)$ 单调增加。

于是存在正整数 $N>\dfrac{1}{\delta}$,当 $n>N$ 时,$f\left(\dfrac{1}{n}\right)>0$ 且 $f\left(\dfrac{1}{n}\right)>f\left(\dfrac{1}{n+1}\right)$。由 $\lim\limits_{x\to0}f(x)=0$,知 $\lim\limits_{n\to\infty}f\left(\dfrac{1}{n}\right)=0$ 且 $\sum\limits_{n=N}^{\infty}(-1)^nf\left(\dfrac{1}{n}\right)$ 为交错级数,由莱布尼茨判别法,级数 $\sum\limits_{n=N}^{\infty}(-1)^nf\left(\dfrac{1}{n}\right)$ 收敛,故级数 $\sum\limits_{n=1}^{\infty}(-1)^nf\left(\dfrac{1}{n}\right)$ 收敛。

由于级数 $\sum\limits_{n=1}^{\infty}\dfrac{1}{n}$ 发散,而 $\lim\limits_{n\to\infty}\dfrac{f\left(\dfrac{1}{n}\right)}{1/n}=a>0$,故 $\sum\limits_{n=1}^{\infty}f\left(\dfrac{1}{n}\right)$ 发散。

六　记 $g(x)=\sum\limits_{n=1}^{\infty}\dfrac{e^{nx}}{n^2}$,则有

$$f'(x)=\frac{g'(x)}{g(x)},\quad f''(x)=\frac{g''(x)g(x)-(g'(x))^2}{g^2(x)}。$$

又因为

$$g'(x)=\sum_{n=1}^{\infty}\frac{\mathrm{e}^{nx}}{n},\quad g''(x)=\sum_{n=1}^{\infty}\mathrm{e}^{nx}。$$

于是,由赫尔德不等式,有

$$g''(x)g(x)-(g'(x))^2=\left(\sum_{n=1}^{\infty}\mathrm{e}^{nx}\right)\left(\sum_{n=1}^{\infty}\frac{\mathrm{e}^{nx}}{n^2}\right)-\left(\sum_{n=1}^{\infty}\frac{\mathrm{e}^{nx}}{n}\right)^2>0,$$

从而函数 $f(x)$为严格凸的。

记 $h(x)=f(x)-(f(\xi)+f'(\xi)(x-\xi))$,则 $h''(x)>0$ 及 $h'(\xi)=h(\xi)=0$。于是函数 $h(x)$在$(-\infty,\xi)$内严格递减,在$(\xi,0)$内严格增加。任取 $a\in(-\infty,\xi)$,$b\in(\xi,0)$。则 $h(a)>0$,$h(b)>0$。取 $c\in(0,\min\{h(a),h(b)\})$,则存在 $x_1\in(a,\xi)$,$x_2\in(\xi,b)$ 使得 $h(x_1)=h(x_2)=c$。于是

$$\begin{aligned}0&=h(x_2)-h(x_1)=f(x_2)-(f(\xi)+f'(\xi)(x_2-\xi))-f(x_1)+f(\xi)+f'(\xi)(x_1-\xi)\\&=f(x_2)-f(x_1)-f'(\xi)(x_2-x_1),\end{aligned}$$

故

$$f'(\xi)=\frac{f(x_2)-f(x_1)}{x_2-x_1}。$$

第二部分

考点直击(数学分析)

第 1 章　极限与连续

1.1　基本知识点

一、极限

1. 数列极限

$\lim\limits_{n\to\infty}a_n=a\Leftrightarrow\forall\varepsilon>0,\exists N$，当 $n>N$ 时，有 $|a_n-a|<\varepsilon$。

$\lim\limits_{n\to\infty}a_n\neq a\Leftrightarrow\exists\varepsilon_0>0,\forall N,\exists n_0:n_0>N$，但有 $|a_{n_0}-a|\geqslant\varepsilon_0$。

数列 $\{a_n\}$ 无极限 $\Leftrightarrow\forall a\in\mathbb{R},\exists\varepsilon_0>0,\forall N,\exists n_0:n_0>N$，但有 $|a_{n_0}-a|\geqslant\varepsilon_0$。

2. 函数极限

$\lim\limits_{x\to x_0}f(x)=A\Leftrightarrow\forall\varepsilon>0,\exists\delta>0,\forall x:0<|x-x_0|<\delta$，有 $|f(x)-A|<\varepsilon$。

$\lim\limits_{x\to x_0}f(x)=A\Leftrightarrow\forall\{x_n\}:x_n\neq x_0(n\in\mathbb{N}),\lim\limits_{n\to\infty}x_n=x_0$，有 $\lim\limits_{n\to\infty}f(x_n)=A$。

$\lim\limits_{x\to x_0}f(x)\neq A\Leftrightarrow\exists\varepsilon_0>0,\forall\delta>0,\exists x^*$，虽有 $0<|x^*-x_0|<\delta$，但 $|f(x^*)-A|\geqslant\varepsilon_0$。

$\lim\limits_{x\to x_0}f(x)\neq A\Leftrightarrow\exists\varepsilon_0>0,\exists\{x_n\},x_n\neq x_0,\lim\limits_{n\to\infty}x_n=x_0$，但有 $|f(x_n)-A|\geqslant\varepsilon_0$。

3. 有界

(1) 数列 $\{x_n\}$ 有界：$\exists M>0,\forall n\in\mathbb{N}$，有 $|x_n|\leqslant M$。

(2) 函数 $f(x)$ 在 X 上有界：$\exists M>0,\forall x\in X$，有 $|f(x)|\leqslant M$。

(3) 数集 E 有界：$\exists M>0,\forall x\in E$，有 $|x|\leqslant M$。

4. 上确界与下确界

(1) $\beta=\sup E\Leftrightarrow$(i) $\forall x\in E$，有 $x\leqslant\beta$；(ii) $\forall\varepsilon>0,\exists x_0\in E$，使 $x_0>\beta-\varepsilon$。

$\beta=\sup E\Leftrightarrow$(i) $\forall x\in E$，有 $x\leqslant\beta$；(ii) $\forall\{x_n\}\in E$，使 $\lim\limits_{n\to\infty}x_n=\beta$。

(2) $\alpha=\inf E\Leftrightarrow$(i) $\forall x\in E$，有 $x\geqslant\alpha$；(ii) $\forall\varepsilon>0,\exists x_0\in E$，使 $x_0<\alpha+\varepsilon$。

$\alpha=\inf E\Leftrightarrow$(i) $\forall x\in E$，有 $x\geqslant\alpha$；(ii) $\exists\{x_n\}\in E$，使 $\lim\limits_{n\to\infty}x_n=\alpha$。

5. 上极限与下极限

(1) 数列的上极限

$$H=\overline{\lim_{n\to\infty}}a_n=\lim_{n\to\infty}\sup_{k\geqslant1}\{a_{n+k}\}=\max\{a\mid a_{n_k}\to a,\{a_{n_k}\}\subset\{a_n\}\},$$

其中 a 可以为 $+\infty$ 或 $-\infty$。

数列的上极限的性质：

(i) H 有限 $\Leftrightarrow\forall\varepsilon>0$，在 $U(H;\varepsilon)=(H-\varepsilon,H+\varepsilon)$ 中含有 $\{a_n\}$ 的无限多项，而 $[H+\varepsilon,+\infty)$ 中至多含有 $\{a_n\}$ 的有限项。

(ii) $H=+\infty\Leftrightarrow\exists\{a_{n_k}\}\subset\{a_n\}$，使 $a_{n_k}\to+\infty(k\to+\infty)$。

(iii) $H=-\infty\Leftrightarrow\lim\limits_{n\to\infty}a_n=-\infty$。

对于数列的下极限有类似结论。

（2）函数的上极限

设 $f(x)$ 在 $U_0(x_0,\bar{\delta})$ 内有定义，称 A 为 $f(x)$ 当 $x\to x_0$ 时 $f(x)$ 的上极限，其中

$$A=\overline{\lim_{x\to x_0}}f(x)=\inf_{\delta>0}\sup_{0<|x-x_0|<\delta}f(x)\quad(\delta<\bar{\delta})$$
$$=\max\{a\mid \lim_{n\to\infty}x_n=x_0,\lim_{n\to\infty}f(x_n)=a\}$$

$\Leftrightarrow\forall\varepsilon>0$，(i) $\exists\delta>0$，当 $0<|x-x_0|<\delta$ 时，有 $f(x)<A+\varepsilon$；(ii) $\forall\delta>0$，$\exists x^*$：$0<|x^*-x_0|<\delta$，使 $f(x^*)>A-\varepsilon$。

对于函数的下极限也有类似结论。

6. $\{a_n\}$ 收敛 $\Leftrightarrow\{a_n\}$ 为柯西(Cauchy)列，即 $\forall\varepsilon>0$，$\exists N$，当 $n,m>N$ 时，有 $|a_n-a_m|<\varepsilon$。或 $\forall\varepsilon>0$，$\exists N$，当 $n>N$ 时，$\forall p\in\mathbb{N}$，有 $|a_{n+p}-a_n|<\varepsilon$。

$\{a_n\}$ 不收敛 $\Leftrightarrow\exists\varepsilon_0>0$，$\forall N$，$\exists n_0,m_0$：$n_0>N,m_0>N$，但有 $|a_{n_0}-a_{m_0}|\geqslant\varepsilon_0$。

7. 海涅(Heine)定理

$\lim\limits_{x\to x_0}f(x)=A\Leftrightarrow\forall\{x_n\}\subset D(f)$，$x_n\neq x_0$，$\lim\limits_{n\to\infty}x_n=x_0$，有 $\lim\limits_{n\to\infty}f(x_n)=A$。

8. 柯西收敛原理

$\lim\limits_{x\to x_0}f(x)$ 存在 $\Leftrightarrow\forall\varepsilon>0$，$\exists\delta>0$，$\forall x',x''\in D(f)$，只要 $0<|x'-x_0|<\delta$，$0<|x''-x_0|<\delta$，就有 $|f(x')-f(x'')|<\varepsilon$。

9. 单调有界定理

（1）数列 $\{a_n\}$ 单调上升有上界，则 $\{a_n\}$ 收敛。

（2）数列 $\{a_n\}$ 单调下降有下界，则 $\{a_n\}$ 收敛。

10. 施托尔茨(Stolz)定理及推广

（一）定理

定理1 $\left(\frac{0}{0}\right)$ 设(i) $\lim\limits_{n\to\infty}a_n=0$；(ii) $\{b_n\}$ 单调下降，且 $\lim\limits_{n\to\infty}b_n=0$；(iii) $\lim\limits_{n\to\infty}\dfrac{a_{n+1}-a_n}{b_{n+1}-b_n}=l(-\infty\leqslant l\leqslant+\infty)$，则 $\lim\limits_{n\to\infty}\dfrac{a_n}{b_n}=l$。

定理2 $\left(\frac{\infty}{\infty}\right)$ 设(i) $\{b_n\}$ 严格上升，且 $\lim\limits_{n\to\infty}b_n=+\infty$；(ii) $\lim\limits_{n\to\infty}\dfrac{a_{n+1}-a_n}{b_{n+1}-b_n}=l(-\infty\leqslant l\leqslant+\infty)$，则 $\lim\limits_{n\to\infty}\dfrac{a_n}{b_n}=l$（对分子没有要求）。

（二）施托尔茨定理的推广形式

定理1 $\left(\frac{0}{0}\right)$ 设 $T>0$ 为常数，若定义在 $[a,+\infty)$ 上的函数 $f(x)$，$g(x)$ 满足：

（1）$0<g(x+T)<g(x)$，$x\in[a,+\infty)$；

（2）$\lim\limits_{x\to+\infty}f(x)=0$，$\lim\limits_{x\to+\infty}g(x)=0$；

（3）$\lim\limits_{x\to+\infty}\dfrac{f(x+T)-f(x)}{g(x+T)-g(x)}=l(-\infty\leqslant l\leqslant+\infty)$，则 $\lim\limits_{x\to+\infty}\dfrac{f(x)}{g(x)}=l$。

定理2 $\left(\frac{\infty}{\infty}\right)$ 设 $T>0$ 为常数，若定义在 $[a,+\infty)$ 上的函数 $f(x)$，$g(x)$ 满足：

（1）$g(x+T)>g(x)$，$x\in[a,+\infty)$；

(2) $\lim\limits_{x\to+\infty} g(x)=+\infty$，$f(x)$，$g(x)$在$[a,+\infty)$的任何有限区间上有界；

(3) $\lim\limits_{x\to+\infty}\dfrac{f(x+T)-f(x)}{g(x+T)-g(x)}=l(-\infty\leqslant l\leqslant+\infty)$，则$\lim\limits_{x\to+\infty}\dfrac{f(x)}{g(x)}=l$。

11. 压缩映象原理

定理　设存在$k\in[0,1)$，使$\forall x,y\in(-\infty,+\infty)$，有$|f(x)-f(y)|\leqslant k|x-y|$，$\forall x_0\in(-\infty,+\infty)$，令$x_{n+1}=f(x_n)$，$n=1,2,\cdots$，则$\lim\limits_{n\to\infty}x_n$存在，且$x^*=\lim\limits_{n\to\infty}x_n$为$f(x)$的唯一不动点，且有误差估计$|x_n-x^*|\leqslant\dfrac{k^n}{1-k}|x_1-x_0|$。

证明　只需证明$\{x_n\}$为柯西列，因为

$$|x_{n+1}-x_n|=|f(x_n)-f(x_{n-1})|\leqslant k|x_n-x_{n-1}|\leqslant\cdots\leqslant k^n|x_1-x_0|,$$

所以对任意$n,p\in\mathbb{N}$，有

$$\begin{aligned}|x_{n+p}-x_n|&\leqslant|x_{n+p}-x_{n+p-1}|+|x_{n+p-1}-x_{n+p-2}|+\cdots+|x_{n+1}-x_n|\\&\leqslant(k^{n+p-1}+k^{n+p-2}+\cdots+k^n)|x_1-x_0|\\&=\frac{k^n-k^{n+p}}{1-k}|x_1-x_0|\leqslant\frac{k^n}{1-k}|x_1-x_0|,\end{aligned}\tag{*}$$

即$\{x_n\}$为柯西列，因而$\{x_n\}$收敛，设$x^*=\lim\limits_{n\to\infty}x_n$，由压缩条件可知$f(x)$连续，在$x_{n+1}=f(x_n)$中令$n\to\infty$得，$x^*=f(x^*)$，在(*)式中令$p\to+\infty$得误差估计

$$|x_n-x^*|\leqslant\frac{k^n}{1-k}|x_1-x_0|。$$

唯一性：反证法即可。

12. 阿贝尔(Abel)变换与阿贝尔引理

(1) 阿贝尔变换

令$B_i=\sum\limits_{k=1}^{i}b_k$，$i=1,2,\cdots$，则$b_i=B_i-B_{i-1}$，$i\geqslant1$，$B_0=0$，于是

$$\begin{aligned}\sum_{i=1}^{m}a_ib_i&=\sum_{i=1}^{m}a_i(B_i-B_{i-1})=\sum_{i=1}^{m}a_iB_i-\sum_{i=1}^{m}a_iB_{i-1}\\&=a_mB_m-\sum_{i=1}^{m-1}(a_{i+1}-a_i)B_i,\end{aligned}$$

$$\begin{aligned}\sum_{i=n}^{m}a_ib_i&=\sum_{i=1}^{m}a_ib_i-\sum_{i=1}^{n-1}a_ib_i\\&=a_mB_m-\sum_{i=1}^{m-1}(a_{i+1}-a_i)B_i-a_{n-1}B_{n-1}+\sum_{i=1}^{n-2}(a_{i+1}-a_i)B_i\\&=a_mB_m-a_{n-1}B_{n-1}-\sum_{i=n-1}^{m-1}(a_{i+1}-a_i)B_i\\&=a_mB_m-a_nB_{n-1}-\sum_{i=n}^{m-1}(a_{i+1}-a_i)B_i。\end{aligned}$$

(2) 阿贝尔引理：设$\{a_n\}$，$\{b_n\}$满足：(1) $\{a_n\}$单调，(2) $\{B_i\}$有界，即$\exists M>0$，使$|B_i|\leqslant$

$M, i=1,2,\cdots$，则 $\left|\sum_{i=1}^{m} a_i b_i\right| \leqslant M(|a_1|+2|a_m|)$。

证明　由阿贝尔变换

$$
\begin{aligned}
\left|\sum_{i=1}^{m} a_i b_i\right| &\leqslant |a_m||B_m| + \sum_{i=1}^{m-1} |a_{i+1}-a_i||B_i| \\
&\leqslant M\left(|a_m| + \sum_{i=1}^{m-1} |a_{i+1}-a_i|\right) \\
&= M\left(|a_m| + \left|\sum_{i=1}^{m-1}(a_{i+1}-a_i)\right|\right) \\
&= M(|a_m|+|a_m-a_1|) \leqslant M(|a_1|+2|a_m|)。
\end{aligned}
$$

13. 特普利茨(Toeplitz)变换

定理 1(特普利茨定理)　设

$$
\begin{pmatrix} y_1 \\ y_2 \\ \vdots \\ y_n \\ \vdots \end{pmatrix} = \begin{pmatrix} a_{11} & 0 & \cdots & 0 & \cdots \\ a_{21} & a_{22} & \cdots & 0 & \cdots \\ \vdots & \vdots & & \vdots & \\ a_{n1} & a_{n2} & \cdots & a_{nn} & \cdots \\ \vdots & \vdots & & \vdots & \end{pmatrix} \begin{pmatrix} x_1 \\ x_2 \\ \vdots \\ x_n \\ \vdots \end{pmatrix},
$$

其中无穷三角阵满足：

(1) $a_{ij} \geqslant 0, j \leqslant i, i, j=1,2,\cdots$,

(2) $\sum_{j=1}^{i} a_{ij} = 1, \forall i \in \mathbb{N}$,

(3) $\forall j, \lim_{n\to\infty} a_{nj} = 0$。

若 $\lim_{n\to\infty} x_n = l$，则 $\lim_{n\to\infty} \sum_{j=1}^{n} a_{nj} x_j = \lim_{n\to\infty} y_n = l$。

证明　因为 $\lim_{n\to\infty} x_n = l$，所以 $\exists M>0, \forall n$ 使 $|x_n - l| < M$，$\forall \varepsilon>0, \exists N_0$，当 $n>N_0$，有 $|x_n - l| < \frac{\varepsilon}{2}$。又因为 $\forall j, \lim_{n\to\infty} a_{nj} = 0$，所以 $\lim_{n\to\infty} M\sum_{j=1}^{N_0} a_{nj} = 0$，从而对 $\frac{\varepsilon}{2} > 0, \exists N_1$，当 $n > N_1$ 时，有 $M\sum_{j=1}^{N_0} a_{nj} < \frac{\varepsilon}{2}$，取 $N=N_0+N_1$，则当 $n>N$ 时，有

$$
\begin{aligned}
|y_n - l| &= \left|\sum_{j=1}^{n} a_{nj}x_j - l\right| = \left|\sum_{j=1}^{n} a_{nj}x_j - l\sum_{j=1}^{n} a_{nj}\right| = \left|\sum_{j=1}^{n} a_{nj}(x_j - l)\right| \\
&\leqslant \sum_{j=1}^{N_0} |a_{nj}||x_j - l| + \sum_{j=N_0+1}^{n} |a_{nj}||x_j - l| \\
&\leqslant M\sum_{j=1}^{N_0} a_{nj} + \frac{\varepsilon}{2}\sum_{j=N_0+1}^{n} a_{nj} \\
&< \frac{\varepsilon}{2} + \frac{\varepsilon}{2} = \varepsilon,
\end{aligned}
$$

所以 $\lim_{n\to\infty} y_n = l$。

定理 2　设(1) $\exists k>0$，使 $\forall n \in \mathbb{N}$，有 $|a_{n1}|+|a_{n2}|+\cdots+|a_{nn}| \leqslant k$；

(2) $\forall j, \lim\limits_{n\to\infty} a_{nj}=0$,

若$\lim\limits_{n\to\infty} x_n=0$，则$\lim\limits_{n\to\infty}\sum\limits_{j=1}^{n} a_{nj}x_j=\lim\limits_{n\to\infty} y_n=0$。

证明　因为$\lim\limits_{n\to\infty} x_n=0$,所以$\forall\varepsilon>0$,$\exists N_0$,当$n>N_0$时,有$|x_n|<\dfrac{\varepsilon}{2k}$。又因为$\forall j, \lim\limits_{n\to\infty} a_{nj}=0$，所以$\lim\limits_{n\to\infty} M\sum\limits_{j=1}^{N_0} a_{nj}=0$,从而对$\dfrac{\varepsilon}{2}>0$,$\exists N_1$,当$n>N_1$时,有$M\sum\limits_{j=1}^{N_0} a_{nj}<\dfrac{\varepsilon}{2}$,取$N=N_0+N_1$,则当$n>N$时,有

$$|y_n|=\left|\sum_{j=1}^{n} a_{nj}x_j\right|\leqslant\sum_{j=1}^{N_0}|a_{nj}||x_j|+\sum_{j=N_0+1}^{n}|a_{nj}||x_j|$$
$$\leqslant M\sum_{j=1}^{N_0} a_{nj}+\frac{\varepsilon}{2k}k<\frac{\varepsilon}{2}+\frac{\varepsilon}{2}=\varepsilon,$$

所以$\lim\limits_{n\to\infty} y_n=0$。

定理 3　设(1) $\exists k>0$,使$\forall n\in\mathbb{N}$,有$|a_{n1}|+|a_{n2}|+\cdots+|a_{nn}|\leqslant k$;

(2) $\forall j, \lim\limits_{n\to\infty} a_{nj}=0$;

(3) $A_n=a_{n1}+a_{n2}+\cdots+a_{nn}\to1(n\to\infty)$,

若$\lim\limits_{n\to\infty} x_n=l$,则

$$\lim_{n\to\infty}\sum_{j=1}^{n} a_{nj}x_j=\lim_{n\to\infty} y_n=l。$$

证明　令$A_n=1+\alpha_n$,则$\lim\limits_{n\to\infty}\alpha_n=0$,于是

$$\begin{aligned}y_n-l&=\sum_{j=1}^{n} a_{nj}x_j-l(A_n-\alpha_n)\\&=a_{n1}(x_1-l)+a_{n2}(x_2-l)+\cdots+a_{nn}(x_n-l)+l\alpha_n\\&\overset{\text{def}}{=}Z_n+l\alpha_n。\end{aligned}$$

因为$\lim\limits_{n\to\infty} x_n=l$,所以$\lim\limits_{n\to\infty}(x_n-l)=0$,由定理 2 知$\lim\limits_{n\to\infty} Z_n=0$,从而

$$\lim_{n\to\infty}(y_n-l)=\lim_{n\to\infty}(Z_n+l\alpha_n)=0,$$

所以

$$\lim_{n\to\infty}\sum_{j=1}^{n} a_{nj}x_j=\lim_{n\to\infty} y_n=l。$$

二、连续

1. 函数$f(x)$在x_0点连续：

(1) $\lim\limits_{x\to x_0} f(x)=f(x_0)$。

(2) $\forall\varepsilon>0$,$\exists\delta>0$,当$|x-x_0|<\delta$时,有$|f(x)-f(x_0)|<\varepsilon$。

(3) $\forall\{x_n\}$,$x_n\to x_0$,$x_n\in D(f)$,有$f(x_n)\to f(x_0)(n\to\infty)$。

(4) $f(x_0+0)=f(x_0-0)=f(x_0)$。

2. 函数$f(x)$在x_0点不连续：

(1) $\lim\limits_{x\to x_0} f(x)$存在但不等于$f(x_0)$或$f(x)$在$x_0$无定义(可去间断点)。

(2) $f(x_0+0)$与$f(x_0-0)$都存在但不相等(跳跃间断点)。

(3) $f(x_0+0)$与$f(x_0-0)$至少有一个不存在(第二类间断点)。

(4) $\exists \varepsilon_0>0, \forall \delta>0, \exists x^*: |x^*-x_0|<\delta$,但$|f(x^*)-f(x_0)|\geqslant\varepsilon_0$。

(5) $\exists \varepsilon_0>0, \exists \{x_n\}: x_n\to x_0$,但$|f(x_n)-f(x_0)|\geqslant\varepsilon_0$。

(6) $\exists \{x_n\}: x_n\to x_0, x_n\in D(f)$,但$|f(x_n)-f(x_0)|\not\to 0(n\to\infty)$。

3. $f(x)\in C(a,b)\Leftrightarrow f(x)$在$(a,b)$内连续。

4. $f(x)$在X上一致连续$\Leftrightarrow \forall \varepsilon>0, \exists \delta>0, \forall x', x''\in X$,只要$|x'-x''|<\delta$,就有$|f(x')-f(x'')|<\varepsilon$。

5. $f(x)$在X上非一致连续$\Leftrightarrow \exists \varepsilon_0>0, \forall \delta>0, \exists x', x''\in X$,虽有$|x'-x''|<\delta$,但有$|f(x')-f(x'')|\geqslant\varepsilon_0$。

6. $f(x)$在X上非一致连续$\Leftrightarrow \exists \{x_n\},\{y_n\}\in X$,虽有$|x_n-y_n|\to 0(n\to\infty)$,但有$|f(x_n)-f(y_n)|\not\to 0(n\to\infty)$。

1.2 典型例题

例1　若$\lim\limits_{n\to\infty}x_n=a$,则$\lim\limits_{n\to\infty}\dfrac{x_1+x_2+\cdots+x_n}{n}=a$。

证法1(利用定义)　因为$\lim\limits_{n\to\infty}x_n=a$,所以$\{x_n\}$有界,因而$\exists M>0, \forall n$,有$|x_n-a|\leqslant M$,且$\forall \varepsilon>0, \exists N_0$,当$n>N_0$时,有$|x_n-a|\leqslant\dfrac{\varepsilon}{2}$。又因为$\lim\limits_{n\to\infty}\dfrac{MN_0}{n}=0$,所以$\exists N_1$,当$n>N_1$时,有$\dfrac{MN_0}{n}<\dfrac{\varepsilon}{2}$,取$N=N_0+N_1$,当$n>N$时,有

$$\left|\frac{x_1+x_2+\cdots+x_n}{n}-a\right|\leqslant\frac{MN_0}{n}+\frac{\varepsilon}{2}\cdot\frac{n-N_0}{2}<\varepsilon,$$

所以

$$\lim_{n\to\infty}\frac{x_1+x_2+\cdots+x_n}{n}=a。$$

证法2(利用施托尔茨定理)　令$a_n=x_1+x_2+\cdots+x_n, b_n=n$,则$\{b_n\}$严格上升,且$\lim\limits_{n\to\infty}b_n=+\infty$,因为

$$\lim_{n\to\infty}\frac{a_{n+1}-a_n}{b_{n+1}-b_n}=\lim_{n\to\infty}x_{n+1}=a,$$

所以

$$\lim_{n\to\infty}\frac{x_1+x_2+\cdots+x_n}{n}=a。$$

例2　用定义证明:若$\lim\limits_{n\to\infty}x_{2n-1}=a, \lim\limits_{n\to\infty}x_{2n}=b$,则$\lim\limits_{n\to\infty}\dfrac{x_1+x_2+\cdots+x_n}{n}=\dfrac{a+b}{2}$。

证　记$y_n=\dfrac{x_1+x_2+\cdots+x_n}{n}$,则

$$\left|y_{2n}-\frac{a+b}{2}\right|=\left|\frac{x_1+x_2+\cdots+x_{2n}}{2n}-\frac{a+b}{2}\right|$$

$$=\left|\frac{(x_1-a)+\cdots+(x_{2n-1}-a)+(x_2-b)+\cdots+(x_{2n}-b)}{2n}\right|$$

$$\leqslant\frac{|x_1-a|+\cdots+|x_{2n-1}-a|+|x_2-b|+\cdots+|x_{2n}-b|}{2n}$$

$$=\frac{1}{2n}\sum_{k=1}^{N_1}|x_{2k-1}-a|+\frac{1}{2n}\sum_{k=1}^{N_2}|x_{2k}-b|+$$

$$\frac{1}{2n}\sum_{k=N_1+1}^{n}|x_{2k-1}-a|+\frac{1}{2n}\sum_{k=N_2+1}^{n}|x_{2k}-b|$$

$$=I_1+I_2+I_3+I_4。$$

易知$\lim\limits_{n\to\infty}(I_1+I_2)=0$,$\lim\limits_{n\to\infty}(I_3+I_4)=0$,因而有$\lim\limits_{n\to\infty}y_{2n}=\dfrac{a+b}{2}$。又

$$y_{2n+1}=\frac{x_1+x_2+\cdots+x_{2n+1}}{2n+1}$$

$$=\frac{x_1+x_2+\cdots+x_{2n}}{2n}\cdot\frac{2n}{2n+1}+\frac{x_{2n+1}}{2n+1}$$

$$=\frac{2n}{2n+1}y_{2n}+\frac{x_{2n+1}}{2n+1}\to\frac{a+b}{2}\quad(n\to\infty),$$

所以$\lim\limits_{n\to\infty}y_n=\dfrac{a+b}{2}$。

例 3　设$\lim\limits_{n\to\infty}x_n=a$,$\lim\limits_{n\to\infty}y_n=b$,证明:$\lim\limits_{n\to\infty}z_n=ab$,其中$z_n=\dfrac{x_1y_n+\cdots+x_ny_1}{n}$。

证　$$z_n-ab=\frac{x_1y_n+\cdots+x_ny_1}{n}-a\frac{y_n+\cdots+y_1}{n}+a\frac{y_n+\cdots+y_1}{n}-ab$$

$$=\frac{(x_1-a)y_n+\cdots+(x_n-a)y_1}{n}+a\left(\frac{y_n+\cdots+y_1}{n}-b\right)$$

$$=\frac{(x_1-a)(y_n-b)+\cdots+(x_n-a)(y_1-b)}{n}+$$

$$b\frac{(x_1-a)+\cdots+(x_n-a)}{n}+a\frac{(y_1-b)+\cdots+(y_n-b)}{n}。$$

由例 1 知

$$\lim_{n\to\infty}\frac{(x_1-a)+\cdots+(x_n-a)}{n}=0,\quad\lim_{n\to\infty}\frac{(y_1-b)+\cdots+(y_n-b)}{n}=0,$$

所以只需证明下列结论即可:若$\lim\limits_{n\to\infty}x_n=0$,$\lim\limits_{n\to\infty}y_n=0$,则

$$\lim_{n\to\infty}\frac{x_1y_n+\cdots+x_ny_1}{n}=0。$$

由$\lim\limits_{n\to\infty}x_n=0$,$\lim\limits_{n\to\infty}y_n=0$可知$\{x_n\}$,$\{y_n\}$有界,即$\exists M>0$,$\forall n$,有$|x_n|\leqslant M$,$|y_n|\leqslant M$,且$\forall\varepsilon>0$(不妨设$0<\varepsilon<\dfrac{1}{2}$),$\exists N_1$,当$n>N_1$时,有$|x_n|<\varepsilon$,$|y_n|<\varepsilon$,所以当$n>N_1$时,有

$$\left|\frac{x_1y_n+\cdots+x_ny_1}{n}\right|\leqslant\frac{|x_1||y_n|+\cdots+|x_n||y_1|}{n}$$

$$< M\left(\frac{|x_1|+\cdots+|x_{N_1}|}{n}+\frac{|y_1|+\cdots+|y_{N_1}|}{n}\right)+\frac{n-2N_1}{n}\varepsilon^2$$

$$< \frac{2N_1M^2}{n}+\frac{n-2N_1}{2n}\varepsilon。$$

由于$\lim\limits_{n\to\infty}\frac{2N_1M^2}{n}=0$，所以$\exists N>N_1$，当$n>N$时，有$\left|\frac{2NM^2}{n}\right|<\frac{\varepsilon}{2}$，因而当$n>N$时，有

$$\left|\frac{x_1y_n+\cdots+x_ny_1}{n}\right|<\varepsilon,$$

所以$\lim\limits_{n\to\infty}\frac{x_1y_n+\cdots+x_ny_1}{n}=0$，故$\lim\limits_{n\to\infty}z_n=ab$。

例4　设$x\to0$时，$f(x)\sim x$，$x_n=\sum\limits_{i=1}^{n}f\left(\frac{2i-1}{n^2}a\right)$，证明：$\lim\limits_{n\to\infty}x_n=a(a>0)$。

证　因为$a=\sum\limits_{i=1}^{n}\frac{2i-1}{n^2}a$，从而

$$|x_n-a|=\left|\sum_{i=1}^{n}f\left(\frac{2i-1}{n^2}a\right)-\sum_{i=1}^{n}\frac{2i-1}{n^2}a\right|\leqslant\sum_{i=1}^{n}\left|f\left(\frac{2i-1}{n^2}a\right)-\frac{2i-1}{n^2}a\right|。\tag{a}$$

若我们能证明：$\forall\varepsilon>0$，n充分大时有

$$\left|f\left(\frac{2i-1}{n^2}a\right)-\frac{2i-1}{n^2}a\right|<\frac{2i-1}{n^2}\varepsilon,\quad i=1,2,\cdots,n,\tag{b}$$

则(a)式右边$\leqslant\sum\limits_{i=1}^{n}\frac{2i-1}{n^2}\varepsilon=\varepsilon$，问题获证。要证明(b)式，亦即要证明

$$\left|\frac{f\left(\frac{2i-1}{n^2}a\right)}{\frac{2i-1}{n^2}a}-1\right|<\frac{\varepsilon}{a}。$$

事实上，因为$f(x)\sim x(x\to0)$，因此$\forall\varepsilon>0$，$\exists\delta>0$，当$0<|x|<\delta$时，有

$$\left|\frac{f(x)}{x}-1\right|<\frac{\varepsilon}{a},$$

取$N=\left[\frac{2a}{\delta}\right]$，则当$n>N$时，有$0<\frac{2i-1}{n^2}a<\delta(i=1,2,\cdots,n)$，从而有

$$\left|\frac{f\left(\frac{2i-1}{n^2}a\right)}{\frac{2i-1}{n^2}a}-1\right|<\frac{\varepsilon}{a},$$

进而有$|x_n-a|<\varepsilon$，所以$\lim\limits_{n\to\infty}x_n=a$。

例5　设$\lim\limits_{n\to\infty}x_n=a$，证明：将$\{x_n\}$的项任意颠倒次序后所得到的数列$\{y_n\}$仍有$\lim\limits_{n\to\infty}y_n=a$。

证　$\forall\varepsilon>0$，由$\lim\limits_{n\to\infty}x_n=a$，所以$\exists N_0$，当$n>N_0$时，有$|x_n-a|<\varepsilon$，将此数列的项任意颠倒次序后，设$x_1,x_2,\cdots,x_{N_0}$分别变为$y_{n_1},y_{n_2},\cdots,y_{n_{N_0}}$，取$N=\max\{n_1,n_2,\cdots,n_{N_0}\}$，则当$n>N$时，必有$|y_n-a|<\varepsilon$，所以$\lim\limits_{n\to\infty}y_n=a$。

例 6　设 $f(x)$在$[a,b]$上严格上升,且 $f(x)>0,f(b)=1$,证明 $\lim\limits_{n\to\infty}\int_a^b f^n(x)\mathrm{d}x=0$。

证　$\forall\varepsilon>0$,不妨设 $0<\varepsilon<b-a$,所以有

$$\int_a^b f^n(x)\mathrm{d}x=\int_a^{b-\varepsilon} f^n(x)\mathrm{d}x+\int_{b-\varepsilon}^b f^n(x)\mathrm{d}x<f^n(b-\varepsilon)(b-a-\varepsilon)+\varepsilon。$$

因为 $f(x)$在$[a,b]$上严格上升,且 $f(x)>0,f(b)=1$,因而 $0<f(b-\varepsilon)<1$,所以 $\lim\limits_{n\to\infty}f^n(b-\varepsilon)=0$,从而$\exists N$,当 $n>N$ 时,有 $f^n(b-\varepsilon)<\dfrac{\varepsilon}{b-a-\varepsilon}$,所以当 $n>N$ 时,有 $0<\int_a^b f^n(x)\mathrm{d}x<2\varepsilon$,即$\lim\limits_{n\to\infty}\int_a^b f^n(x)\mathrm{d}x=0$。

例 7　设数列$\{a_n\},\{b_n\}$满足 $a_{n+1}=\lambda a_n+b_n$,其中$|\lambda|<1$,则

$$\lim_{n\to\infty}b_n=0\Leftrightarrow\lim_{n\to\infty}a_n=0。$$

证　(充分性)设$\lim\limits_{n\to\infty}a_n=0$,则显然有$\lim\limits_{n\to\infty}b_n=0$。

(必要性)设$\lim\limits_{n\to\infty}b_n=0$,

(1) 当 $\lambda=0$ 时,有 $a_{n+1}=b_n$,显然有$\lim\limits_{n\to\infty}a_n=0$。

(2) 当 $0<|\lambda|<1$ 时,有

$$\begin{aligned}a_{n+1}&=\lambda a_n+b_n=b_n+\lambda(b_{n-1}+\lambda a_{n-1})\\&=b_n+\lambda b_{n-1}+\lambda^2a_{n-1}=\cdots\\&=b_n+\lambda b_{n-1}+\lambda^2b_{n-2}+\cdots+\lambda^{n-1}b_1+\lambda^na_1\\&=\frac{b_n\left(\frac{1}{\lambda}\right)^n+b_{n-1}\left(\frac{1}{\lambda}\right)^{n-1}+\cdots+b_1\frac{1}{\lambda}+a_1}{\left(\frac{1}{\lambda}\right)^n},\end{aligned}$$

因而有

$$|a_{n+1}|\leqslant\frac{|b_n|\left|\frac{1}{\lambda}\right|^n+|b_{n-1}|\left|\frac{1}{\lambda}\right|^{n-1}+\cdots+|b_1|\left|\frac{1}{\lambda}\right|+|a_1|}{\left|\frac{1}{\lambda}\right|^n}\overset{\text{def}}{=\!=}x_n。$$

由施托尔茨定理可得

$$\lim_{n\to\infty}x_n=\lim_{n\to\infty}\frac{|b_{n+1}|\left|\frac{1}{\lambda}\right|^{n+1}}{\left|\frac{1}{\lambda}\right|^{n+1}-\left|\frac{1}{\lambda}\right|^n}=\lim_{n\to\infty}\frac{|b_{n+1}|}{1-|\lambda|}=0。$$

例 8　设数列$\{x_n\},\{y_n\}$满足 $y_n=px_n+qx_{n+1},n=1,2,\cdots$,其中$|p|<|q|$,则$\{y_n\}$收敛$\Leftrightarrow\{x_n\}$收敛。

证　(充分性)若$\lim\limits_{n\to\infty}x_n=a$,则易知$\lim\limits_{n\to\infty}y_n=(p+q)a$。

(必要性)设$\lim\limits_{n\to\infty}y_n=y$,由$|p|<|q|$,可得 $p+q\neq0,q\neq0$。因为

$$y_n=px_n+qx_{n+1},$$

所以

$$y_n-y=p\left(x_n-\frac{y}{p+q}\right)+q\left(x_{n+1}-\frac{y}{p+q}\right),$$

因而有

$$x_{n+1}-\frac{y}{p+q}=-\frac{p}{q}\left(x_n-\frac{y}{p+q}\right)+\frac{1}{q}(y_n-y)。$$

令

$$a_n=x_n-\frac{y}{p+q},\quad b_n=\frac{1}{q}(y_n-y),\quad \lambda=-\frac{p}{q},$$

则 $a_{n+1}=\lambda a_n+b_n$，其中$\lim\limits_{n\to\infty}b_n=0$，$|\lambda|<1$，故由例 7 知$\lim\limits_{n\to\infty}a_n=0$，从而有

$$\lim_{n\to\infty}x_n=\frac{y}{p+q}。$$

例 9　设 $x_1\in(0,1)$，$x_{n+1}=x_n(1-x_n)$，$n=1,2,\cdots$，求：(1) $\lim\limits_{n\to\infty}x_n$；(2) $\lim\limits_{n\to\infty}nx_n$。

解　(1) 由 $x_1\in(0,1)$可得 $x_2=x_1(1-x_1)>0$，由归纳法易证 $x_n\in(0,1)$，$n=1,2,\cdots$。又由

$$0<\frac{x_{n+1}}{x_n}=1-x_n<1$$

可知$\{x_n\}$单调下降有下界，从而$\{x_n\}$收敛。设$\lim\limits_{n\to\infty}x_n=a$，在 $x_{n+1}=x_n(1-x_n)$两边取极限得

$$a=a(1-a)\Rightarrow a=0,$$

即$\lim\limits_{n\to\infty}x_n=0$。

(2) 由施托尔茨定理可得

$$\lim_{n\to\infty}nx_n=\lim_{n\to\infty}\frac{n}{\frac{1}{x_n}}=\lim_{n\to\infty}\frac{(n+1)-n}{\frac{1}{x_{n+1}}-\frac{1}{x_n}}=\lim_{n\to\infty}(1-x_n)=1。$$

例 10　设 $x\in(-\infty,+\infty)$，令 $x_1=\sin x$，$x_{n+1}=\sin x_n$，$n=1,2,\cdots$，若 $\sin x>0$，证明：$\lim\limits_{n\to\infty}\sqrt{\frac{n}{3}}x_n=1$。

证　固定 x，则显然有$\{x_n\}$单调下降有下界，故$\{x_n\}$收敛。设$\lim\limits_{n\to\infty}x_n=a$，在 $x_{n+1}=\sin x_n$ 两边取极限有 $a=\sin a$，所以 $a=0$，从而$\lim\limits_{n\to\infty}x_n=0$，故

$$\lim_{n\to\infty}nx_n^2=\lim_{n\to\infty}\frac{n}{\frac{1}{x_n^2}}=\lim_{n\to\infty}\frac{(n+1)-n}{\frac{1}{x_{n+1}^2}-\frac{1}{x_n^2}}=\lim_{n\to\infty}\frac{x_n^2x_{n+1}^2}{x_n^2-x_{n+1}^2}=\lim_{n\to\infty}\frac{x_n^2\sin^2 x_n}{x_n^2-\sin^2 x_n}。$$

因为

$$\lim_{t\to 0}\frac{t^2\sin^2 t}{t^2-\sin^2 t}=\lim_{t\to 0}\frac{t^4}{t^2-\sin^2 t}=\lim_{t\to 0}\frac{4t^3}{2t-2\sin t\cos t}=\cdots=3,$$

所以

$$\lim_{n\to\infty}\frac{x_n^2\sin^2 x_n}{x_n^2-\sin^2 x_n}=3,$$

从而$\lim\limits_{n\to\infty}\sqrt{\frac{n}{3}}x_n=1$。

例 11　设$\sum\limits_{n=1}^{\infty}a_n$收敛，$p_n>0$ 且严格上升，$\lim\limits_{n\to\infty}p_n=+\infty$，证明：

$$\lim_{n\to\infty}\frac{p_1a_1+p_2a_2+\cdots+p_na_n}{p_n}=0。$$

证　令 $s_n=a_1+a_2+\cdots+a_n$，设 $s=\sum_{n=1}^{\infty}a_n$，则 $\lim_{n\to\infty}s_n=s$。因为

$$a_1=s_1,\quad a_k=s_k-s_{k-1},\quad k=2,3,\cdots,$$

所以

$$\begin{aligned}&\frac{p_1a_1+p_2a_2+\cdots+p_na_n}{p_n}\\&=\frac{p_1s_1+p_2(s_2-s_1)+p_3(s_3-s_2)+\cdots+p_n(s_n-s_{n-1})}{p_n}\\&=\frac{s_1(p_1-p_2)+s_2(p_2-p_3)+\cdots+s_{n-1}(p_{n-1}-p_n)}{p_n}+s_n\\&\overset{\text{def}}{=}\frac{B_n}{p_n}+s_n,\end{aligned}$$

由施托尔茨定理

$$\lim_{n\to\infty}\frac{B_n}{p_n}=\lim_{n\to\infty}\frac{B_{n+1}-B_n}{p_{n+1}-p_n}=\lim_{n\to\infty}\frac{s_n(p_n-p_{n+1})}{p_{n+1}-p_n}=\lim_{n\to\infty}(-s_n)=-s,$$

所以

$$\lim_{n\to\infty}\frac{p_1a_1+p_2a_2+\cdots+p_na_n}{p_n}=0。$$

注　不能直接使用施托尔茨定理。

例 12　已知数列 $\{s_n\}$，令

$$\lambda_n=\frac{s_0+s_1+\cdots+s_n}{n+1},\quad n=0,1,2,\cdots,$$

$$a_n=s_n-s_{n-1},\quad n=1,2,\cdots,$$

其中 $s_n=s_0+a_1+a_2+\cdots+a_n$。若 $\lim_{n\to\infty}na_n=0$，且 $\{\lambda_n\}$ 收敛，则 $\{s_n\}$ 收敛，且

$$\lim_{n\to\infty}\lambda_n=\lim_{n\to\infty}s_n。$$

证　由于

$$\begin{aligned}s_n-\lambda_n&=s_n-\frac{s_0+s_1+\cdots+s_n}{n+1}\\&=\frac{(s_n-s_0)+(s_n-s_1)+\cdots+(s_n-s_{n-1})}{n+1}\\&=\frac{1}{n+1}\sum_{k=1}^{n}ka_k,\end{aligned}$$

由施托尔茨定理得

$$\lim_{n\to\infty}(s_n-\lambda_n)=\lim_{n\to\infty}\frac{\sum_{k=1}^{n+1}ka_k-\sum_{k=1}^{n}ka_k}{(n+2)-(n+1)}=\lim_{n\to\infty}(n+1)a_{n+1}=0。$$

又 $\lim_{n\to\infty}\lambda_n$ 存在，所以 $\{s_n\}$ 收敛，且 $\lim_{n\to\infty}\lambda_n=\lim_{n\to\infty}s_n$。

例 13 设 $s_n=\frac{1}{n^2}\sum_{k=0}^{n}\ln C_n^k$，求 $\lim_{n\to\infty}s_n$。

解 因为

$$\lim_{n\to\infty}\frac{\sum_{k=0}^{n+1}\ln C_{n+1}^k-\sum_{k=0}^{n}\ln C_n^k}{(n+1)^2-n^2}=\lim_{n\to\infty}\frac{\sum_{k=0}^{n}\ln\frac{C_{n+1}^k}{C_n^k}+\ln C_{n+1}^{n+1}}{2n+1}=\lim_{n\to\infty}\frac{\sum_{k=0}^{n}\ln\frac{C_{n+1}^k}{C_n^k}}{2n+1}$$

$$=\lim_{n\to\infty}\frac{\sum_{k=0}^{n}\ln\frac{n+1}{n+1-k}}{2n+1}=\lim_{n\to\infty}\frac{(n+1)\ln(n+1)-\sum_{k=1}^{n+1}\ln k}{2n+1}$$

$$=\lim_{n\to\infty}\frac{(n+1)\ln(n+1)-n\ln n-\ln(n+1)}{2(n+1)+1-(2n+1)}$$

$$=\lim_{n\to\infty}\frac{n\ln\left(1+\frac{1}{n}\right)}{2}=\frac{1}{2}。$$

所以 $\lim_{n\to\infty}s_n=\frac{1}{2}$。

例 14 设 $f_n(x)=e^{\frac{x}{n+1}}$，$n=1,2,\cdots$，求 $\lim_{n\to\infty}y_n$，其中数列 $\{y_n\}$ 满足：

(1) $y_1=c(c>0)$；

(2) $y_n=\frac{n}{n+1}\int_0^{y_{n+1}}f_n(x)\mathrm{d}x$，$n=1,2,\cdots$。

解 由条件(2)可得

$$n\int_0^{y_{n+1}}e^{\frac{x}{n+1}}\mathrm{d}\frac{x}{n+1}=y_n,\quad 即\quad \frac{y_{n+1}}{n+1}=\ln\left(1+\frac{y_n}{n}\right)。$$

令 $x_{n+1}=\frac{y_{n+1}}{n+1}$，则 $x_{n+1}=\ln(1+x_n)$，$y_n=nx_n$。又因为 $\ln(1+x)<x(x>0)$，所以 $x_{n+1}=\ln(1+x_n)<x_n$，因而 $\{x_n\}$ 单调下降。又

$$x_1=y_1=c>0,$$
$$x_2=\ln(1+x_1)=\ln(1+c)>0,\cdots,x_n>0,$$

所以 $\{x_n\}$ 单调下降有下界，因而 $\{x_n\}$ 收敛。设 $\lim_{n\to\infty}x_n=a$，由 $x_{n+1}=\ln(1+x_n)$ 可得 $a=\ln(1+a)$，因而 $a=0$，否则 $a=\ln(1+a)<a$ 矛盾，所以 $\left\{\frac{1}{x_n}\right\}$ 严格递增趋于 $+\infty$，因而有

$$\lim_{n\to\infty}y_n=\lim_{n\to\infty}nx_n=\lim_{n\to\infty}\frac{n}{\frac{1}{x_n}}=\lim_{n\to\infty}\frac{(n+1)-n}{\frac{1}{x_{n+1}}-\frac{1}{x_n}}$$

$$=\lim_{n\to\infty}\frac{x_nx_{n+1}}{x_n-x_{n+1}}=\lim_{n\to\infty}\frac{x_n\ln(1+x_n)}{x_n-\ln(1+x_n)}。$$

因为 $\lim_{t\to0}\frac{t\ln(1+t)}{t-\ln(1+t)}=2$，所以

$$\lim_{n\to\infty}y_n=\lim_{n\to\infty}\frac{x_n\ln(1+x_n)}{x_n-\ln(1+x_n)}=2。$$

例 15 设 $x_1>0, x_{n+1}=\dfrac{c(1+x_n)}{c+x_n}, n=1,2,\cdots, c>1$(常数),求 $\lim\limits_{n\to\infty}x_n$。

解法 1 (1) 若 $x_1=\sqrt{c}$,则易知这时一切 $x_n=\sqrt{c}$,从而 $\lim\limits_{n\to\infty}x_n=\sqrt{c}$。

(2) 若 $x_1>\sqrt{c}$,因 $f(x)=\dfrac{c(1+x)}{c+x}$ 为递增函数,故 $x_n>\sqrt{c}$ 时,有

$$x_{n+1}=\frac{c(1+x_n)}{c+x_n}=f(x_n)>f(c)=\sqrt{c},$$

因此由 $x_1>\sqrt{c}$ 可知一切 $x_n>\sqrt{c}$,进而由

$$x_{n+1}-x_n=\frac{c(1+x_n)}{c+x_n}-x_n=\frac{c-x_n^2}{c+x_n}<0$$

知 $\{x_n\}$ 单调下降。同理 $x_1<\sqrt{c}$ 时,有一切 $x_n<\sqrt{c}$,$\{x_n\}$ 单调上升,总之 $\{x_n\}$ 单调有界,极限存在,在 $x_{n+1}=\dfrac{c(1+x_n)}{c+x_n}$ 两边取极限,可得 $\lim\limits_{n\to\infty}x_n=\sqrt{c}$。

解法 2 因为 $x_n>0$,当 $x>0$ 时,对 $f(x)=\dfrac{c(1+x)}{c+x}$ 有

$$f'(x)=\frac{c(c-1)}{(c+x)^2}>0,$$

且由 $c>1$ 知

$$f'(x)=\frac{c(c-1)}{(c+x)^2}\leqslant\frac{c(c-1)}{c^2}=1-\frac{1}{c}<1,$$

故 $x_{n+1}=f(x_n)$ 为压缩映象,因而 $\{x_n\}$ 收敛,同上有 $\lim\limits_{n\to\infty}x_n=\sqrt{c}$。

例 16 设 $x_1>x_2>0, x_{n+2}=\sqrt{x_nx_{n+1}}, n=1,2,\cdots$,证明:数列 $\{x_n\}$ 收敛,并求其极限值.

证 因 $x_1>x_2>0$,于是有

$$x_3=\sqrt{x_1x_2}>x_2,\quad x_4=\sqrt{x_2x_3}<x_3,\cdots$$

用数学归纳法可证

$$x_{2n+1}>x_{2n},\quad x_{2n}<x_{2n-1},\quad \forall n\in\mathbb{N}。$$

由此得出

$$x_{2n+1}-x_{2n-1}=\sqrt{x_{2n}x_{2n-1}}-x_{2n-1}<0,$$

因此奇子列 $\{x_{2n-1}\}$ 单调递减.同理可证偶子列 $\{x_{2n}\}$ 单调递增,也即有

$$x_1>x_3>\cdots>x_{2n-1}>\cdots,\quad x_2<x_4<\cdots<x_{2n}<\cdots$$

因此有

$$x_{2n-1}>x_{2n}>x_2,\quad x_{2n}<x_{2n+1}<x_1,\quad \forall n\in\mathbb{N}。$$

于是 $\{x_{2n-1}\}$ 与 $\{x_{2n}\}$ 均为单调有界数列,必都收敛,记

$$\lim_{n\to\infty}x_{2n-1}=\alpha,\quad \lim_{n\to\infty}x_{2n}=\beta,$$

则易知 $\alpha>0,\beta>0$,在递推关系式

$$x_{2n-1}=\sqrt{x_{2n-2}x_{2n-3}},$$

两端同时令 $n\to\infty$,就有

$$\alpha=\sqrt{\alpha\beta}\Rightarrow\alpha=\beta。$$

从而数列$\{x_n\}$收敛，记$\lim\limits_{n\to\infty}x_n=a$，由$x_n=\sqrt{x_{n-1}x_{n-2}}$，$n=3,4,\cdots$，可知$x_n^2=x_{n-1}x_{n-2}$，于是有

$$x_n^2x_{n-1}=x_{n-1}^2x_{n-2}=\cdots=x_2^2x_1,$$

两端同时令$n\to\infty$，就有

$$a^3=x_2^2x_1\Rightarrow a=\sqrt[3]{x_2^2x_1},$$

也即有$\lim\limits_{n\to\infty}x_n=\sqrt[3]{x_2^2x_1}$，

例17 设$f(x)$在$[1,+\infty)$上单调下降，且$f(x)>0$，证明：$\{s_n\}$收敛，其中

$$s_n=\sum_{k=1}^{n}f(k)-\int_1^n f(x)\mathrm{d}x。$$

证 因为$f(x)$在$[1,+\infty)$单调下降，所以$f(x)$在$[n,n+1]$上可积，$n=1,2,\cdots$，从而

$$f(n+1)\leqslant\int_n^{n+1}f(x)\mathrm{d}x\leqslant f(n),$$

$$\sum_{k=1}^{n-1}f(k+1)\leqslant\sum_{k=1}^{n-1}\int_k^{k+1}f(x)\mathrm{d}x\leqslant\sum_{k=1}^{n-1}f(k),$$

即

$$\sum_{k=1}^{n}f(k)-f(1)\leqslant\int_1^n f(x)\mathrm{d}x\leqslant\sum_{k=1}^{n}f(k)-f(n),$$

所以

$$s_{n+1}-s_n=f(n+1)-\int_n^{n+1}f(x)\mathrm{d}x\leqslant 0,$$

所以$\{s_n\}$单调下降。又

$$s_n=\sum_{k=1}^{n}f(k)-\int_1^n f(x)\mathrm{d}x\geqslant f(n)>0,$$

即$\{s_n\}$有下界，因此$\{s_n\}$收敛。

例18 设$f(x)$可导，且$0<f'(x)\leqslant\dfrac{k}{1+x^2}(k>0)$，$\forall x_0\in\mathbb{R}$，令$x_{n+1}=f(x_n)$，$n=0,1,2,\cdots$。证明：$\{x_n\}$收敛于$f(x)$的不动点。

证 (1) 由微分中值定理有

$$x_{n+1}-x_n=f(x_n)-f(x_{n-1})=f'(\xi_n)(x_n-x_{n-1}),$$

其中ξ_n介于x_{n-1}与x_n之间。因为$f'(\xi_n)>0$，所以$x_{n+1}-x_n$与x_n-x_{n-1}同号，因而$\{x_n\}$单调。

(2) 因为$\forall n\in\mathbb{N}\setminus\{0\}$，有

$$\begin{aligned}|x_n|=|f(x_{n-1})|&=\left|f(x_0)+\int_{x_0}^{x_{n-1}}f'(x)\mathrm{d}x\right|\\&\leqslant|f(x_0)|+\int_{-\infty}^{+\infty}|f'(x)|\mathrm{d}x\\&\leqslant|f(x_0)|+\int_{-\infty}^{+\infty}\frac{k}{1+x^2}\mathrm{d}x\\&=|f(x_0)|+k\pi<+\infty,\end{aligned}$$

所以$\{x_n\}$有界,因而$\{x_n\}$收敛。设$\lim\limits_{n\to\infty}x_n=x^*$,由$x_{n+1}=f(x_n)$及$f(x)$连续知$f(x^*)=x^*$,即$\{x_n\}$收敛于$f(x)$的不动点。

例 19 设$\{p_n\}$,$\{q_n\}$满足:$p_{n+1}=p_n+2q_n$,$q_{n+1}=p_n+q_n$,$p_1=q_1=1$,证明:$\lim\limits_{n\to\infty}\dfrac{p_n}{q_n}$存在并且求此极限。

证法 1 显然$p_n>0$,$q_n>0$,且

$$\frac{p_{n+1}}{q_{n+1}}=\frac{p_n+2q_n}{p_n+q_n}=\frac{\dfrac{p_n}{q_n}+2}{\dfrac{p_n}{q_n}+1}。$$

令$a_n=\dfrac{p_n}{q_n}$,则$a_{n+1}=\dfrac{a_n+2}{a_n+1}$,且$a_1=1$,易知$a_n>0$,$n=1,2,\cdots$,所以

$$\begin{aligned}|a_n-\sqrt{2}|&=\left|\frac{a_{n-1}+2}{a_{n-1}+1}-\sqrt{2}\right|=\left|\frac{a_{n-1}-\sqrt{2}a_{n-1}+2-\sqrt{2}}{1+a_{n-1}}\right|\\&\leqslant|(1-\sqrt{2})a_{n-1}+\sqrt{2}(\sqrt{2}-1)|=(\sqrt{2}-1)|a_{n-1}-\sqrt{2}|\\&\leqslant(\sqrt{2}-1)^2|a_{n-2}-\sqrt{2}|\leqslant\cdots\leqslant(\sqrt{2}-1)^{n-1}|a_1-\sqrt{2}|\\&=(\sqrt{2}-1)^n,\end{aligned}$$

而$\lim\limits_{n\to\infty}(\sqrt{2}-1)^n=0$,所以$\lim\limits_{n\to\infty}a_n=\sqrt{2}$,即$\lim\limits_{n\to\infty}\dfrac{p_n}{q_n}=\sqrt{2}$。

证法 2 利用压缩映象原理,令$f(x)=\dfrac{x+2}{x+1}$,则$|f'(x)|=\left|-\dfrac{1}{(x+1)^2}\right|<1$,从而$f$是压缩映象。

例 20 设$f(x)$满足:

(i) $a\leqslant f(x)\leqslant b$,$x\in[a,b]$;

(ii) $|f(x)-f(y)|\leqslant k|x-y|$,$x,y\in[a,b]$,$0<k<1$,取$x_1\in[a,b]$,令

$$x_{n+1}=\frac{f(x_n)+x_n}{2},\quad n=1,2,\cdots,$$

证明:$\exists\xi\in[a,b]$,使$\lim\limits_{n\to\infty}x_n=\xi$且$f(\xi)=\xi$。

证 因为$f(x)\in C[a,b]$,所以只要证明$\{x_n\}$单调,且$\{x_n\}\subset[a,b]$即可。因为f映$[a,b]$到$[a,b]$,所以$x_2=\dfrac{x_1+f(x_1)}{2}\in[a,b]$,设$x_n\in[a,b]$,则$x_{n+1}=\dfrac{x_n+f(x_n)}{2}\in[a,b]$,即$\forall n$有$x_n\in[a,b]$。

(i) 若$x_1\leqslant f(x_1)$,则$x_2=\dfrac{x_1+f(x_1)}{2}\geqslant x_1$。设$x_{n-1}\leqslant x_n$,由

$$f(x_{n-1})-f(x_n)\leqslant|f(x_{n-1})-f(x_n)|\leqslant|x_n-x_{n-1}|,$$

知

$$x_{n-1}+f(x_{n-1})\leqslant x_n+f(x_n),$$

从而$x_n\leqslant x_{n+1}$,$\{x_n\}$单调上升,所以$\{x_n\}$收敛。

(ii) 若$x_1>f(x_1)$,同理可证$\{x_n\}$单调下降,$x_n\in[a,b]$,故$\{x_n\}$收敛。

设 $x_n\to\xi(n\to\infty)$，在 $x_{n+1}=\dfrac{x_n+f(x_n)}{2}$ 两边令 $n\to\infty$ 得 $f(\xi)=\xi$。

例 21 设 $f(x)\in C[a,b]$ 且单调上升，$a\leqslant f(x)\leqslant b, x\in[a,b]$，$\forall x_0\in[a,b]$，令 $x_{n+1}=f(x_n), n=0,1,2,\cdots$，则 $\{x_n\}$ 收敛于 $f(x)$ 的不动点。

证 $\forall x_0\in[a,b], x_1=f(x_0)\in[a,b]$，

(i) 若 $x_0\leqslant x_1$，则由 $f(x)$ 单调上升知，$x_1=f(x_0)\leqslant f(x_1)=x_2,\cdots$，由此可得

$$x_1\leqslant x_2\leqslant x_3\leqslant\cdots\leqslant x_n\leqslant\cdots\leqslant b。$$

(ii) 若 $x_0\geqslant x_1$，则由 $f(x)$ 单调上升知，$x_1=f(x_0)\geqslant f(x_1)=x_2,\cdots$，由此可得

$$x_1\geqslant x_2\geqslant x_3\geqslant\cdots\geqslant x_n\geqslant\cdots\geqslant a。$$

由(i)(ii)知 $\{x_n\}$ 收敛，设 $x_n\to x^*$，由 $f(x)$ 连续及 $x_{n+1}=f(x_n)$，可得 $x^*=f(x^*)$。

例 22 设 $f(x)$ 在 $[a,b]$ 上单调上升，且 $a<f(a), f(b)<b$，证明：$\exists c\in(a,b)$，使 $f(c)=c$。

证法 1(用闭区间套定理) 将 $[a,b]$ 二等分，分点记为 c_0，若 $f(c_0)=c_0$，则取 $c=c_0$ 即可；若 $f(c_0)\neq c_0$，当 $f(c_0)>c_0$ 时，取 $[a_1,b_1]=[c_0,b]$，否则取 $[a_1,b_1]=[a,c_0]$，这样有 $a_1\leqslant f(a_1), b_1\geqslant f(b_1)$，如此继续下去，若 $\exists n_0$，使 $f(c_{n_0})=c_{n_0}$，取 $c=c_{n_0}$ 即可，否则可无限进行下去得一闭区间列 $\{[a_n,b_n]\}$ 满足下列条件：

(i) $[a_{n+1},b_{n+1}]\subset[a_n,b_n],\quad n=1,2,\cdots$，

(ii) $b_n-a_n=\dfrac{b-a}{2^n}\to 0(n\to\infty)$，

(iii) $a_n\leqslant f(a_n), b_n\geqslant f(b_n), n=1,2,\cdots$。

由(i)(ii)及闭区间套定理知 $\exists c$，使 $a_n\to c, b_n\to c$，由 $f(x)$ 单调上升可知

$$f(c-0)=\lim_{n\to\infty}f(a_n)\geqslant\lim_{n\to\infty}a_n=c,\quad f(c+0)=\lim_{n\to\infty}f(b_n)\leqslant\lim_{n\to\infty}b_n=c。$$

再根据 $f(x)$ 单调上升可知

$$c\leqslant f(c-0)\leqslant f(c)\leqslant f(c+0)\leqslant c,$$

因而有 $f(c)=c$。

证法 2(用确界原理) 令 $E=\{x\in[a,b]\mid x\leqslant f(x)\}$，因为 $a\leqslant f(a)$，所以 $a\in E$，即 $E\neq\varnothing$，又因为 E 有界，所以 $c=\sup E$ 存在，则 $c\leqslant f(c)$，由 $f(x)$ 单调上升知，$f(c)\leqslant f(f(c))$，所以 $f(c)\in E, f(c)\leqslant c$，故 $f(c)=c$。

注 也可令 $E=\{x\in[a,b]\mid x\geqslant f(x)\}$。

例 23 若 $\forall x,y\in[a,b], x\neq y$，有 $|f(x)-f(y)|<|x-y|$，且 $\forall x\in[a,b]$，有 $a\leqslant f(x)\leqslant b$，则 $f(x)$ 在 $[a,b]$ 内有唯一的不动点。

证 易知 $f(x)\in C[a,b]$，因为 $|f(x)-x|\in C[a,b]$，所以 $\exists x_0\in[a,b]$，使

$$|f(x_0)-x_0|=\min_{x\in[a,b]}|f(x)-x|。$$

下证 $f(x_0)=x_0$，若 $f(x_0)\neq x_0$，令 $x_1=f(x_0)\in[a,b]$，则 $x_1\neq x_0$，且

$$|x_0-x_1|=|x_0-f(x_0)|\leqslant|f(x_1)-x_1|=|f(x_1)-f(x_0)|<|x_1-x_0|,$$

矛盾，因此 $f(x_0)=x_0$。

唯一性：若 x_0, y_0 都是 $f(x)$ 的不动点，则

$$|x_0-y_0|=|f(x_0)-f(y_0)|<|x_0-y_0|,$$

矛盾，所以 $f(x)$ 在 $[a,b]$ 内有唯一的不动点。

例 24 设 $f(x)$ 在 $(-\infty,+\infty)$ 上严格下降，且当 $x\neq y$ 时，$|f(x)-f(y)|<|x-y|$。证明：

(1) 存在唯一的一点 ξ，使 $f(\xi)=\xi$；

(2) $\forall x_1\in(-\infty,+\infty)$，记 $x_{n+1}=f(x_n)$，$n=1,2,\cdots$，则 $\{x_n\}$ 收敛于 ξ。

证 只要证 $\{x_n\}$ 收敛。

(1) 若 $x_1=f(x_1)$，则 $x_1=x_2=\cdots=x_n=\cdots$，则取 $\xi=x_1$ 即可。

(2) 若 $x_1>f(x_1)=x_2$，由 $f(x)$ 严格下降知

$$f(x_1)=x_2<f(x_2)=x_3,\quad f(x_2)=x_3>f(x_3)=x_4,$$

所以 $x_2<x_3$，$x_3>x_4$，从而

$$x_3-x_2=|x_3-x_2|=|f(x_2)-f(x_1)|<|x_1-x_2|=x_1-x_2,$$

故 $x_3<x_1$，再由 $f(x)$ 严格下降知，$x_4>x_2$，所以 $x_2<x_4<x_3<x_1$，由归纳法可证

$$x_2<x_4<\cdots<x_{2n}<x_{2n+1}<\cdots<x_3<x_1,$$

从而有 $x_{2n}\to a$，$x_{2n+1}\to b(n\to\infty)$。又 $x_{2n+1}=f(x_{2n})$，$x_{2n}=f(x_{2n-1})$，由 $f(x)$ 连续可得，$b=f(a)$，$a=f(b)$，若 $a\neq b$，则 $a<b$，所以

$$b-a=f(a)-f(b)=|f(a)-f(b)|<|a-b|=b-a,$$

矛盾，所以 $a=b$，即 $a=f(a)$，故 $\{x_n\}$ 收敛于 a，取 $\xi=a$ 即可。

(3) 若 $x_1<f(x_1)$，同(2)可证

$$x_1<x_3<\cdots<x_{2n-1}<x_{2n}<\cdots<|x_4<x_2|。$$

(4) 唯一性。若 $x_{i_1}\neq x_{i_2}$ 满足 $f(x_{i_1})=x_{i_1}$，$f(x_{i_2})=x_{i_2}$，则由下式可知矛盾

$$|x_{i_1}-x_{i_2}|=|f(x_{i_1})-f(x_{i_2})|<|x_{i_1}-x_{i_2}|。$$

例 25 设 $\{a_n\}$ 严格递增趋于 $+\infty$，且 $a_n>0$，$n=1,2,\cdots$，$\sum\limits_{k=1}^{\infty}b_k$ 收敛于 B，证明：

$$\lim_{n\to\infty}\frac{\sum\limits_{k=1}^{n}a_kb_k}{a_n}=0。$$

证 令 $B_n=\sum\limits_{i=1}^{n}b_i$，则 $\lim\limits_{n\to\infty}B_n=B$，由阿贝尔变换有

$$\begin{aligned}\sum_{k=1}^{n}a_kb_k&=a_nB_n-\sum_{i=1}^{n-1}(a_{i+1}-a_i)B_i\\&=a_nB_n-\sum_{i=1}^{n-1}(a_{i+1}-a_i)B_i+\sum_{i=1}^{n-1}(a_{i+1}-a_i)B-(a_n-a_1)B\\&=a_1B+a_n(B_n-B)-\sum_{i=1}^{n-1}(a_{i+1}-a_i)(B_i-B)。\end{aligned}$$

因为

$$\lim_{n\to\infty}\frac{a_1B+a_n(B_n-B)}{a_n}=0,$$

所以只需证明

$$\lim_{n\to\infty}\frac{\sum\limits_{i=1}^{n-1}(a_{i+1}-a_i)(B_i-B)}{a_n}=0。$$

由施托尔茨定理知

$$\lim_{n\to\infty}\frac{\sum_{i=1}^{n-1}(a_{i+1}-a_i)(B_i-B)}{a_n}$$

$$=\lim_{n\to\infty}\frac{\sum_{i=1}^{n}(a_{i+1}-a_i)(B_i-B)-\sum_{i=1}^{n-1}(a_{i+1}-a_i)(B_i-B)}{a_{n+1}-a_n}$$

$$=\lim_{n\to\infty}(B_n-B)=0。$$

例 26　设 $p_i>0,i=0,1,2,\cdots$，若 $\lim_{n\to\infty}\frac{p_n}{p_0+p_1+\cdots+p_n}=0$，$\lim_{n\to\infty}S_n=s$，则

$$\lim_{n\to\infty}\frac{S_0p_n+S_1p_{n-1}+\cdots+S_np_0}{p_0+p_1+\cdots+p_n}=s。$$

证法 1　令 $a_{nj}=\frac{p_{n-j}}{p_0+p_1+\cdots+p_n}$，$n=0,1,2,\cdots,j=0,1,2,\cdots,n$，则易知 $a_{nj}>0$，$\sum_{j=0}^{n}a_{nj}=1$，$\forall n\in\mathbb{N}\setminus\{0\}$。又 $\forall j$，有

$$0<a_{nj}=\frac{p_{n-j}}{p_0+p_1+\cdots+p_n}\leqslant\frac{p_{n-j}}{p_0+p_1+\cdots+p_{n-j}}\to 0(n\to\infty),$$

故 $\forall j$，有 $\lim_{n\to\infty}a_{nj}=0$，由特普利茨定理有

$$\lim_{n\to\infty}\frac{S_0p_n+S_1p_{n-1}+\cdots+S_np_0}{p_0+p_1+\cdots+p_n}=s。$$

证法 2　因为 $\lim_{n\to\infty}S_n=s$，所以 $\{S_n\}$ 有界，因而 $\exists M>0$，$\forall n$，有 $|S_n-s|\leqslant M$，且 $\forall\varepsilon>0$，$\exists N_0$，当 $n>N_0$ 时，有 $|S_n-s|\leqslant\frac{\varepsilon}{2}$，由条件 $\lim_{n\to\infty}\frac{p_n}{p_0+p_1+\cdots+p_n}=0$ 知

$$\lim_{n\to\infty}M\left(\frac{p_n}{p_0+\cdots+p_n}+\frac{p_{n-1}}{p_0+\cdots+p_{n-1}}+\cdots+\frac{p_{n-N_0}}{p_0+\cdots+p_{n-N_0}}\right)=0,$$

所以 $\exists N$，当 $n>N$ 时，有

$$\left|M\left(\frac{p_n}{p_0+\cdots+p_n}+\frac{p_{n-1}}{p_0+\cdots+p_{n-1}}+\cdots+\frac{p_{n-N_0}}{p_0+\cdots+p_{n-N_0}}\right)\right|<\frac{\varepsilon}{2}。$$

因而当 $n>N$ 时，有

$$\left|\frac{S_0p_n+S_1p_{n-1}+\cdots+S_np_0}{p_0+p_1+\cdots+p_n}-s\right|$$

$$=\left|\frac{(S_0-s)p_n+(S_1-s)p_{n-1}+\cdots+(S_n-s)p_0}{p_0+p_1+\cdots+p_n}\right|$$

$$\leqslant\frac{\sum_{j=0}^{N_0}p_{n-j}\ |S_j-s|}{p_0+p_1+\cdots+p_n}+\frac{\sum_{j=N_0+1}^{n}p_{n-j}\ |S_j-s|}{p_0+p_1+\cdots+p_n}$$

$$\leqslant M\frac{\sum_{j=0}^{N_0}p_{n-j}}{p_0+p_1+\cdots+p_n}+\frac{\varepsilon}{2}\cdot\frac{p_0+p_1+\cdots+p_{n-N_0-1}}{p_0+p_1+\cdots+p_n}$$

$$\leqslant M\left(\frac{p_n}{p_0+\cdots+p_n}+\frac{p_{n-1}}{p_0+\cdots+p_{n-1}}+\cdots+\frac{p_{n-N_0}}{p_0+\cdots+p_{n-N_0}}\right)+\frac{\varepsilon}{2}$$

$$\leqslant \frac{\varepsilon}{2}+\frac{\varepsilon}{2}=\varepsilon,$$

所以

$$\lim_{n\to\infty}\frac{S_0p_n+S_1p_{n-1}+\cdots+S_np_0}{p_0+p_1+\cdots+p_n}=s。$$

例 27 设数列$\{a_n\}$单调上升,$\{b_n\}$单调下降,且$\lim\limits_{n\to\infty}(a_n-b_n)=0$,证明:$\lim\limits_{n\to\infty}a_n$ 与$\lim\limits_{n\to\infty}b_n$ 都存在且相等。

证 因为$\lim\limits_{n\to\infty}(a_n-b_n)=0$,所以$\exists M>0$,使对一切 n 均有

$$-M\leqslant a_n-b_n\leqslant M,$$

从而

$$a_n=a_n-b_n+b_n\leqslant M+b_1,\quad b_n=b_n-a_n+a_n\geqslant -M+a_1,$$

所以$\{a_n\}$为单调上升有上界的数列,$\{b_n\}$为单调下降有下界的数列,因而$\lim\limits_{n\to\infty}a_n$ 与$\lim\limits_{n\to\infty}b_n$ 都存在且

$$\lim_{n\to\infty}a_n=\lim_{n\to\infty}(a_n-b_n)+\lim_{n\to\infty}b_n=\lim_{n\to\infty}b_n。$$

例 28 求$\lim\limits_{n\to\infty}\dfrac{1}{n^2}\sum\limits_{k=1}^{n}\sqrt{(n+k+1)(n+k)}$。

解
$$\frac{1}{n^2}\sum_{k=1}^{n}\sqrt{(n+k+1)(n+k)}$$
$$=\frac{1}{n^2}\sum_{k=1}^{n}(n+k)+\frac{1}{n^2}\sum_{k=1}^{n}\left(\sqrt{(n+k+1)(n+k)}-\sum_{k=1}^{n}\sqrt{(n+k)^2}\right)$$
$$=\frac{1}{n^2}\left(n^2+\frac{n(n+1)}{2}\right)+\frac{1}{n^2}\sum_{k=1}^{n}\frac{n+k}{\sqrt{(n+k+1)(n+k)}+(n+k)}$$
$$\to\frac{3}{2}+0=\frac{3}{2}\quad(n\to\infty),$$

所以

$$\lim_{n\to\infty}\frac{1}{n^2}\sum_{k=1}^{n}\sqrt{(n+k+1)(n+k)}=\frac{3}{2}。$$

例 29 证明:$\lim\limits_{n\to\infty}\sin n$ 不存在。

证 (反证)若$\lim\limits_{n\to\infty}\sin n=A$,因为 $\sin(n+2)-\sin n=2\sin 1\cos(n+1)$,所以

$$\lim_{n\to\infty}2\sin 1\cos(n+1)=\lim_{n\to\infty}(\sin(n+2)-\sin n)=A-A=0,$$

故$\lim\limits_{n\to\infty}\cos n=0$,所以 $A^2=\lim\limits_{n\to\infty}\sin^2 n=\lim\limits_{n\to\infty}(1-\cos^2 n)=1$,即 $A^2=1$。但 $\sin 2n=2\sin n\cos n$,取极限得 $A=0$,矛盾,所以$\lim\limits_{n\to\infty}\sin n$ 不存在。

例 30 设 $a_n>0,n=1,2,\cdots$。求证:$\sum\limits_{n=1}^{\infty}\dfrac{a_n}{(1+a_1)(1+a_2)\cdots(1+a_n)}$ 收敛,因而

$$\lim_{n\to\infty}\frac{a_n}{(1+a_1)(1+a_2)\cdots(1+a_n)}=0。$$

证 因为当 $n\geqslant 2$ 时，有

$$\begin{aligned}&\frac{a_n}{(1+a_1)(1+a_2)\cdots(1+a_n)}\\&=\frac{1}{(1+a_1)(1+a_2)\cdots(1+a_{n-1})}-\frac{1}{(1+a_1)(1+a_2)\cdots(1+a_n)},\end{aligned}$$

所以

$$\sum_{k=1}^{n}\frac{a_k}{(1+a_1)(1+a_2)\cdots(1+a_k)}=1-\frac{1}{(1+a_1)(1+a_2)\cdots(1+a_n)}<1。$$

因为 $a_n>0,n=1,2,\cdots$，所以所给正项级数的前 n 项和有上界，因而级数

$$\sum_{n=1}^{\infty}\frac{a_n}{(1+a_1)(1+a_2)\cdots(1+a_n)}$$

收敛，所以

$$\lim_{n\to\infty}\frac{a_n}{(1+a_1)(1+a_2)\cdots(1+a_n)}=0。$$

例 31 设非负实数列 $\{x_n\},\{a_n\}$ 满足 $x_{n+1}\leqslant\alpha x_n+a_n,n=1,2,\cdots$，其中 $0<\alpha<1$，$\lim\limits_{n\to\infty}a_n=0$，证明：$\lim\limits_{n\to\infty}x_n=0$。

证 因为非负实数列 $\{a_n\}$ 满足 $\lim\limits_{n\to\infty}a_n=0$，所以 $\forall\varepsilon>0,\exists N_0$，当 $n>N_0$ 时，有 $0\leqslant a_n<\varepsilon$，从而 $\forall n>N_0$ 有

$$\begin{aligned}0\leqslant x_{n+1}&\leqslant\alpha^{n+1-N_0}x_{N_0}+\alpha^{n-N_0}a_{N_0-1}+\cdots+\alpha a_{n-1}+a_n\\&\leqslant\alpha^{n+1-N_0}x_{N_0}+\varepsilon(\alpha^{n-N_0}+\alpha^{n-N_0-1}+\cdots+\alpha+1)\\&\leqslant\alpha^{n+1-N_0}x_{N_0}+\frac{\varepsilon}{1-\alpha},\end{aligned}$$

所以 $0\leqslant\overline{\lim\limits_{n\to\infty}}x_n\leqslant\dfrac{\varepsilon}{1-\alpha}$，由 ε 的任意性知 $\overline{\lim\limits_{n\to\infty}}x_n=0$。又

$$0\leqslant\underline{\lim_{n\to\infty}}x_n\leqslant\overline{\lim_{n\to\infty}}x_n=0,$$

所以 $\lim\limits_{n\to\infty}x_n=0$。

例 32 设 $\{x_n\},\{a_n\},\{b_n\}$ 为三个非负实数列，且满足

$$x_{n+1}\leqslant(1-t_n)x_n+a_n+b_n,\quad n=1,2,\cdots,$$

其中 $t_n\in[0,1]$，$\sum\limits_{n=1}^{\infty}t_n=+\infty$，$a_n=o(t_n)$，且 $\sum\limits_{n=1}^{\infty}b_n<+\infty$，证明：$\lim\limits_{n\to\infty}x_n=0$。

证 因为 $a_n=o(t_n)$，所以设 $a_n=c_nt_n$，则 $\lim\limits_{n\to\infty}c_n=0$。因为

$$x_{n+1}\leqslant(1-t_n)x_n+a_n+b_n,\quad n=1,2,\cdots,$$

所以 $\forall n>k$，有 $x_n\leqslant(1-t_{n-1})x_{n-1}+a_{n-1}+b_{n-1}$，故

$$\begin{aligned}0\leqslant x_{n+1}&\leqslant(1-t_n)(1-t_{n-1})x_{n-1}+(1-t_n)a_{n-1}+(1-t_n)b_{n-1}+a_n+b_n\\&\leqslant(1-t_n)(1-t_{n-1})(1-t_{n-2})x_{n-2}+(1-t_n)(1-t_{n-1})a_{n-2}+\\&\quad(1-t_n)(1-t_{n-1})b_{n-2}+(1-t_n)a_{n-1}+(1-t_n)b_{n-1}+a_n+b_n\\&\leqslant a_n+b_n+(1-t_n)(1-t_{n-1})\cdots(1-t_k)x_k+\\&\quad(1-t_n)a_{n-1}+(1-t_n)b_{n-1}+\end{aligned}$$

$$(1-t_n)(1-t_{n-1})a_{n-2}+(1-t_n)(1-t_{n-1})b_{n-2}+\cdots+$$
$$(1-t_n)(1-t_{n-1})\cdots(1-t_{k+1})a_k+(1-t_n)(1-t_{n-1})\cdots(1-t_{k+1})b_k$$
$$=x_k\prod_{j=k}^{n}(1-t_j)+\prod_{j=k}^{n}\left(a_j\prod_{i=j+1}^{n}(1-t_i)\right)+\prod_{j=k}^{n}\left(b_j\prod_{i=j+1}^{n}(1-t_i)\right)。\quad(*)$$

规定 $\prod_{i=n+1}^{n}(1-t_i)=1$，因而 $\forall n>k$，有

$$\begin{aligned}&\prod_{j=k}^{n}\left(t_j\prod_{i=j+1}^{n}(1-t_i)\right)\\&=t_n+t_{n-1}(1-t_n)+t_{n-2}(1-t_n)(1-t_{n-1})+\cdots+t_k(1-t_n)(1-t_{n-1})\cdots(1-t_{k+1})\\&=1-(1-t_n)(1-t_{n-1})+t_{n-2}(1-t_n)(1-t_{n-1})+\cdots+t_k(1-t_n)(1-t_{n-1})\cdots(1-t_{k+1})\\&=1-(1-t_n)(1-t_{n-1})(1-t_{n-2})+(1-t_n)(1-t_{n-1})(1-t_{n-2})t_{n-3}+\cdots+\\&\quad t_k(1-t_n)(1-t_{n-1})\cdots(1-t_{k+1})+\cdots\\&=1-(1-t_n)(1-t_{n-1})\cdots(1-t_k)\\&\leqslant 1。\end{aligned}$$

$\forall\varepsilon>0$，由 $\lim\limits_{n\to\infty}c_n=0$，$\sum\limits_{n=1}^{\infty}b_n$ 收敛，知 $\exists k$，使当 $j\geqslant k$ 时，有 $c_j<\varepsilon$，且 $\sum\limits_{j=k}^{\infty}b_n<\varepsilon$，故当 $j\geqslant k$ 时，由(*)式有

$$\begin{aligned}0\leqslant x_{n+1}&\leqslant x_k e^{-\sum\limits_{j=k}^{n}t_j}+\sum_{j=k}^{n}\left[t_j\prod_{i=j+1}^{n}(1-t_i)\right]c_j+\sum_{j=k}^{\infty}b_j\\&\leqslant x_k e^{-\sum\limits_{j=k}^{n}t_j}+\varepsilon+\varepsilon。\end{aligned}$$

因为 $\prod\limits_{j=k}^{n}(1-t_j)\leqslant\prod\limits_{j=k}^{n}e^{-t_j}=e^{-\sum\limits_{j=k}^{n}t_j}\to 0(n\to\infty)$，所以

$$0\leqslant\varliminf_{n\to\infty}x_{n+1}\leqslant\varlimsup_{n\to\infty}x_n\leqslant 2\varepsilon。$$

由 $\varepsilon>0$ 的任意性知 $\varliminf\limits_{n\to\infty}x_n=\varlimsup\limits_{n\to\infty}x_n=0$，所以 $\lim\limits_{n\to\infty}x_n=0$。

例 33　求 $\lim\limits_{n\to\infty}\left(\dfrac{\sin\frac{\pi}{n}}{n+1}+\dfrac{\sin\frac{2\pi}{n}}{n+\frac{1}{2}}+\cdots+\dfrac{\sin\pi}{n+\frac{1}{n}}\right)$。

解　由于

$$\frac{1}{n+1}\sum_{k=1}^{n}\sin\frac{k\pi}{n}<\frac{\sin\frac{\pi}{n}}{n+1}+\frac{\sin\frac{2\pi}{n}}{n+\frac{1}{2}}+\cdots+\frac{\sin\pi}{n+\frac{1}{n}}<\frac{1}{n}\sum_{k=1}^{n}\sin\frac{k\pi}{n}$$

且

$$\lim_{n\to\infty}\frac{1}{n+1}\sum_{k=1}^{n}\sin\frac{k\pi}{n}=\lim_{n\to\infty}\frac{n}{n+1}\sum_{k=1}^{n}\frac{1}{n}\sin\frac{k\pi}{n}=\int_0^1\sin\pi x\,dx=\frac{2}{\pi},$$

$$\lim_{n\to\infty}\frac{1}{n}\sum_{k=1}^{n}\sin\frac{k\pi}{n}=\int_0^1\sin\pi x\,dx=\frac{2}{\pi}。$$

由夹逼定理得

$$\lim_{n\to\infty}\left[\frac{\sin\frac{\pi}{n}}{n+1}+\frac{\sin\frac{2\pi}{n}}{n+\frac{1}{2}}+\cdots+\frac{\sin\pi}{n+\frac{1}{n}}\right]=\frac{2}{\pi}。$$

例 34　求$\lim\limits_{n\to\infty}\dfrac{1\cdot3\cdot\cdots\cdot(2n-1)}{2\cdot4\cdot\cdots\cdot(2n)}$，

解　记 $x_n=\dfrac{1}{2}\cdot\dfrac{3}{4}\cdot\cdots\cdot\dfrac{2n-1}{2n}$，则

$$x_n^2=\frac{1}{2}\cdot\frac{1}{2}\cdot\frac{3}{4}\cdot\frac{3}{4}\cdot\cdots\cdot\frac{2n-1}{2n}\cdot\frac{2n-1}{2n}<\frac{1}{2}\cdot\frac{2}{3}\cdot\frac{3}{4}\cdot\frac{4}{5}\cdot\cdots\cdot\frac{2n-1}{2n}\cdot\frac{2n}{2n+1}$$

$$=\frac{1}{2n+1},$$

故

$$0<\frac{1}{2}\cdot\frac{3}{4}\cdot\cdots\cdot\frac{2n-1}{2n}<\frac{1}{\sqrt{2n+1}}\to0\quad(n\to\infty)。$$

由夹逼定理得

$$\lim_{n\to\infty}\frac{1\cdot3\cdot\cdots\cdot(2n-1)}{2\cdot4\cdot\cdots\cdot(2n)}=0。$$

例 35　设 $x_n=\dfrac{n}{n^2+1}+\dfrac{n}{n^2+2^2}+\cdots+\dfrac{n}{n^2+n^2}$，$n=1,2,\cdots$，求：$\lim\limits_{n\to\infty}n\left(\dfrac{\pi}{4}-x_n\right)$。

解　由于

$$\lim_{n\to\infty}x_n=\lim_{n\to\infty}\left(\frac{n}{n^2+1}+\frac{n}{n^2+2^2}+\cdots+\frac{n}{n^2+2^2}\right)=\lim_{n\to\infty}\frac{1}{n}\sum_{k=1}^{n}\frac{1}{1+\left(\frac{k}{n}\right)^2}$$

$$=\int_0^1\frac{1}{1+x^2}\mathrm{d}x=\arctan x\Big|_0^1=\frac{\pi}{4}。$$

记 $f(x)=\dfrac{1}{1+x^2}$，$x_k=\dfrac{k}{n}$，由微分中值定理及积分中值定理得

$$J_n\overset{\text{def}}{=\!=}n\left(\frac{\pi}{4}-x_n\right)=n\left[\int_0^1\frac{1}{1+x^2}\mathrm{d}x-\frac{1}{n}\sum_{k=1}^{n}\frac{1}{1+\left(\frac{k}{n}\right)^2}\right]$$

$$=n\sum_{k=1}^{n}\int_{\frac{k-1}{n}}^{\frac{k}{n}}\left[\frac{1}{1+x^2}-\frac{1}{1+\left(\frac{k}{n}\right)^2}\right]\mathrm{d}x$$

$$=n\sum_{k=1}^{n}\int_{x_{k-1}}^{x_k}(f(x)-f(x_k))\mathrm{d}x=n\sum_{k=1}^{n}\int_{x_{k-1}}^{x_k}f'(\xi_k)(x-x_k)\mathrm{d}x$$

$$=n\sum_{k=1}^{n}f'(\eta_k)\int_{x_{k-1}}^{x_k}(x-x_k)\mathrm{d}x=-\frac{1}{2}n\sum_{k=1}^{n}f'(\eta_k)(x_{k-1}-x_k)^2=-\frac{1}{2n}\sum_{k=1}^{n}f'(\eta_k)。$$

再由定积分定义可知

$$\lim_{n\to\infty}J_n=-\frac{1}{2}\lim_{n\to\infty}\frac{1}{n}\sum_{k=1}^{n}f'(\eta_k)=-\frac{1}{2}\int_0^1f'(x)\mathrm{d}x=-\frac{1}{2}f(x)\Big|_0^1=\frac{1}{4}。$$

例 36　设 $f(x)$ 为 $[a,b]$ 上的严格单调递增的非负连续函数，且存在 $x_n\in[a,b]$ 使得

$$[f(x_n)]^n=\frac{1}{b-a}\int_a^b f^n(x)\mathrm{d}x。$$

求 $\lim\limits_{n\to\infty}x_n$。

解　由于 $\dfrac{1}{b-a}\displaystyle\int_a^b f^n(x)\mathrm{d}x\leqslant\dfrac{1}{b-a}\int_a^b f^n(x)\mathrm{d}x=f^n(b)$，$\forall\varepsilon>0$，有

$$\frac{\varepsilon}{b-a}f^n(b-\varepsilon)=\frac{1}{b-a}\int_{b-\varepsilon}^b f^n(b-\varepsilon)\mathrm{d}x\leqslant\frac{1}{b-a}\int_{b-\varepsilon}^b f^n(x)\mathrm{d}x\leqslant\frac{1}{b-a}\int_a^b f^n(x)\mathrm{d}x,$$

即

$$\frac{\varepsilon}{b-a}f^n(b-\varepsilon)\leqslant[f(x_n)]^n\leqslant f^n(b)。$$

因而有

$$\sqrt[n]{\frac{\varepsilon}{b-a}}f(b-\varepsilon)\leqslant f(x_n)\leqslant f(b),$$

因为 $\lim\limits_{n\to\infty}\sqrt[n]{\dfrac{\varepsilon}{b-a}}=1$，所以

$$f(b-\varepsilon)\leqslant\lim_{n\to\infty}f(x_n)\leqslant f(b)\Rightarrow b-\varepsilon\leqslant\lim_{n\to\infty}x_n\leqslant b,$$

由 ε 的任意性得 $\lim\limits_{n\to\infty}x_n=b$。

例 37　设 $a_n=\dfrac{1}{2\ln2}+\dfrac{1}{3\ln3}+\cdots+\dfrac{1}{n\ln n}-\ln\ln n$。证明 $\{a_n\}$ 收敛。

证　记 $a_n=\displaystyle\sum_{k=2}^n\frac{1}{k\ln k}-\ln\ln n$，则

$$\begin{aligned}a_{n+1}-a_n&=\frac{1}{(n+1)\ln(n+1)}-[\ln\ln(n+1)-\ln\ln n]\\&=\frac{1}{(n+1)\ln(n+1)}-\int_n^{n+1}\frac{1}{x\ln x}\mathrm{d}x\\&<\frac{1}{(n+1)\ln(n+1)}-\int_n^{n+1}\frac{1}{(n+1)\ln(n+1)}\mathrm{d}x=0。\end{aligned}\tag{1}$$

因为 $f(x)=\dfrac{1}{x\ln x}$ 在 $(1,+\infty)$ 上非负且单调递减，故

$$\ln\ln n-\ln\ln2=\int_2^n\frac{1}{x\ln x}\mathrm{d}x<\int_2^{n+1}\frac{1}{x\ln x}\mathrm{d}x<\sum_{k=2}^n\frac{1}{k\ln k},$$

即

$$a_n=\sum_{k=2}^n\frac{1}{k\ln k}-\ln\ln n>-\ln\ln2。\tag{2}$$

由(1)式，(2)式知 $\{a_n\}$ 单调递减且有下界，故 $\lim\limits_{n\to\infty}\left[\displaystyle\sum_{n=2}^n\frac{1}{k\ln k}-\ln\ln n\right]$ 存在且有限。

例 38　设数列 $x_n=1+\dfrac{1}{2^\alpha}+\cdots+\dfrac{1}{n^\alpha}$，判断 $\{x_n\}$ 是否收敛。

解　(1) 当 $\alpha\leqslant1$ 时，由积分判别法知级数 $\displaystyle\sum_{n=1}^\infty\frac{1}{n^\alpha}$ 发散，而 x_n 为级数的前 n 项和，因此

$\{x_n\}$发散.

(2) 当 $\alpha>1$ 时,$\{x_n\}$收敛。

解法 1　显然$\{x_n\}$为单调递增数列。下面考察$\{x_n\}$的有界性,当 $n\geqslant 2$ 时

$$\begin{aligned} x_{2n} &= \left(1+\frac{1}{3^\alpha}+\cdots+\frac{1}{(2n-1)^\alpha}\right)+\left(\frac{1}{2^\alpha}+\cdots+\frac{1}{(2n)^\alpha}\right) \\ &< \left(1+\frac{1}{3^\alpha}+\cdots+\frac{1}{(2n+1)^\alpha}\right)+\left(\frac{1}{2^\alpha}+\cdots+\frac{1}{(2n)^\alpha}\right) \\ &< 1+2\left(\frac{1}{2^\alpha}+\cdots+\frac{1}{(2n)^\alpha}\right)=1+2\,\frac{x_n}{2^\alpha}=1+\frac{x_n}{2^{\alpha-1}}。\end{aligned}$$

由于 $x_n<x_{2n}$,因此有

$$x_n<\frac{1}{1-\frac{1}{2^{\alpha-1}}},$$

即$\{x_n\}$为有界数列,由单调有界定理知$\{x_n\}$收敛。

解法 2　由积分判别法知级数$\sum\limits_{n=1}^{\infty}\dfrac{1}{n^\alpha}$收敛,而 x_n 为级数的前 n 项和,因此$\{x_n\}$收敛。

例 39　设 $0<c<1,a_1=\dfrac{c}{2},a_{n+1}=\dfrac{c}{2}+\dfrac{a_n^2}{2},n=1,2,\cdots$,证明$\{a_n\}$收敛并求其极限。

解　由于

$$a_{n+1}-a_n=\frac{a_n^2}{2}-\frac{a_{n-1}^2}{2}=\frac{1}{2}(a_n+a_{n-1})(a_n-a_{n-1})$$

且 $a_n+a_{n-1}>0$,因此 $a_{n+1}-a_n$ 与 a_2-a_1 同号,而 $a_2>a_1$,故$\{a_n\}$单调递增。由数学归纳法易证 $0<a_n<c$。由单调有界定理知$\{a_n\}$收敛,对 $a_{n+1}=\dfrac{c}{2}+\dfrac{a_n^2}{2}$,两边求极限可得 $l=1-\sqrt{1-c}$。

例 40　设 a_1,b_1 是任意两个正整数,且 $a_1<b_1$,设 $a_n=\dfrac{2a_{n-1}b_{n-1}}{a_{n-1}+b_{n-1}},b_n=\sqrt{a_{n-1}b_{n-1}}$ $(n=2,3,\cdots)$,证明序列$\{a_n\}$,$\{b_n\}$均收敛且有相同的极限。

解　由调和平均数$\leqslant$几何平均数$\leqslant$算术平均数可知

$$a_n=\frac{2}{\frac{1}{a_{n-1}}+\frac{1}{b_{n-1}}}\Rightarrow a_n\leqslant b_n。\tag{1}$$

由(1)式得

$$\frac{1}{b_{n-1}}\leqslant\frac{1}{a_{n-1}}\Rightarrow a_n=\frac{2}{\frac{1}{a_{n-1}}+\frac{1}{b_{n-1}}}\geqslant\frac{2}{\frac{1}{a_{n-1}}+\frac{1}{a_{n-1}}}=a_{n-1},\tag{2}$$

即$\{a_n\}$是递增数列

再由(1)式得

$$b_n=\sqrt{a_{n-1}b_{n-1}}\leqslant\sqrt{b_{n-1}^2}=b_{n-1},\tag{3}$$

即$\{b_n\}$是递减数列。

由(1)式～(3)式知$\{a_n\}$递增有上界b_1,$\{b_n\}$递减有下界a_1,从而它们的极限均存在。对$a_n=\dfrac{2a_{n-1}b_{n-1}}{a_{n-1}+b_{n-1}}$,$b_n=\sqrt{a_{n-1}b_{n-1}}$分别求极限即得结论成立。

例 41 设$a_1=\alpha$,$b_1=\beta(\alpha>\beta)$,$a_{n+1}=\dfrac{a_n+b_n}{2}$,$b_{n+1}=\dfrac{a_{n+1}+b_n}{2}(n=1,2,\cdots)$。证明$\lim\limits_{n\to\infty}a_n$,$\lim\limits_{n\to\infty}b_n$存在且相等,并求其极限值。

解 因为

$$a_{n+1}=\frac{a_n+b_n}{2}\Rightarrow b_n=2a_{n+1}-a_n,$$

代入$b_{n+1}=\dfrac{a_{n+1}+b_n}{2}$得

$$2a_{n+2}-a_{n+1}=\frac{1}{2}a_{n+1}+a_{n+1}-\frac{1}{2}a_n,$$

即

$$a_{n+2}-a_{n+1}=\frac{1}{4}(a_{n+1}-a_n), \tag{1}$$

故$\{a_n\}$为压缩数列,从而$\lim\limits_{n\to\infty}a_n$存在。结合$b_n=2a_{n+1}-a_n$得$\lim\limits_{n\to\infty}b_n$存在且与$\lim\limits_{n\to\infty}a_n$相等。

下面求极限值。由(1)式知

$$\begin{aligned}a_n-a_{n-1}&=\frac{1}{4}(a_{n-1}-a_{n-2})=\cdots=\frac{1}{4^{n-2}}(a_2-a_1)\\&=\frac{1}{4^{n-2}}\left(\frac{a_1+b_1}{2}-a_1\right)=\frac{1}{4^{n-2}}\left(\frac{\beta-\alpha}{2}\right),\end{aligned}$$

故

$$\begin{aligned}a_n&=a_{n-1}+\frac{1}{4^{n-2}}\left(\frac{\beta-\alpha}{2}\right)=a_{n-2}+\frac{1}{4^{n-3}}\left(\frac{\beta-\alpha}{2}\right)+\frac{1}{4^{n-2}}\left(\frac{\beta-\alpha}{2}\right)=\cdots\\&=a_1+\left(1+\frac{1}{4}+\cdots+\frac{1}{4^{n-2}}\right)\frac{\beta-\alpha}{2}。\end{aligned}$$

两边取极限得

$$\lim_{n\to\infty}a_n=\alpha+\frac{1}{1-\frac{1}{4}}\frac{\beta-\alpha}{2}=\frac{\alpha+2\beta}{3}。$$

例 42 求出使下列不等式对任意自然数n都成立的最大数α和最小数β:

$$\left(1+\frac{1}{n}\right)^{n+\alpha}\leqslant \mathrm{e}\leqslant\left(1+\frac{1}{n}\right)^{n+\beta}。$$

解 由$\left(1+\dfrac{1}{n}\right)^{n+\alpha}\leqslant\mathrm{e}\leqslant\left(1+\dfrac{1}{n}\right)^{n+\beta}$,得

$$(n+\alpha)\ln\left(1+\frac{1}{n}\right)\leqslant 1\leqslant(n+\beta)\ln\left(1+\frac{1}{n}\right),$$

即

$$\alpha\leqslant\frac{1}{\ln\left(1+\frac{1}{n}\right)}-n\leqslant\beta。$$

令 $f(x)=\frac{1}{\ln(1+x)}-\frac{1}{x},x\in(0,1]$，则

$$f'(x)=-\frac{\frac{1}{1+x}}{\ln^2(1+x)}+\frac{1}{x^2}=\frac{(1+x)\ln^2(1+x)-x^2}{x^2(1+x)\ln^2(1+x)}。$$

令 $g(x)=(1+x)\ln^2(1+x)-x^2,x\in(0,1)$，则

$$g'(x)=\ln^2(1+x)+2\ln(1+x)-2x,$$

$$g''(x)=2\ln(1+x)\frac{1}{1+x}+\frac{2}{1+x}-2=\frac{2[\ln(1+x)-x]}{1+x}<0,$$

所以 $g'(x)$ 单调递减。因为 $g'(0)=0$，所以 $g'(x)<0$。又因为 $g(0)=0$，所以 $g(x)<0$，故 $f'(x)<0$，所以

$$\max\alpha=\inf_{x\in(0,1]}f(x)=\lim_{x\to1^-}\left[\frac{1}{\ln(1+x)}-\frac{1}{x}\right]=\frac{1}{\ln2}-1,$$

$$\min\beta=\sup_{x\in(0,1]}f(x)=\lim_{x\to0^+}\left[\frac{1}{\ln(1+x)}-\frac{1}{x}\right]=\frac{1}{2}。$$

例 43　设函数 $f(x)$ 是周期为 $T(T>0)$ 的连续函数。证明：

$$\lim_{x\to+\infty}\frac{1}{x}\int_0^x f(t)\mathrm{d}t=\frac{1}{T}\int_0^T f(t)\mathrm{d}t。$$

证　(1) 若 $f(x)\geqslant0$，则 $\forall x,\exists n$，使得 $nT\leqslant x<(n+1)T$，由 $f(x)\geqslant0$，有

$$n\int_0^T f(t)\mathrm{d}t=\int_0^{nT}f(t)\mathrm{d}t\leqslant\int_0^x f(t)\mathrm{d}t\leqslant\int_0^{(n+1)T}f(t)\mathrm{d}t=(n+1)\int_0^T f(t)\mathrm{d}t,$$

从而有

$$\frac{n}{(n+1)T}\int_0^T f(t)\mathrm{d}t\leqslant\frac{1}{x}\int_0^x f(t)\mathrm{d}t\leqslant\frac{n+1}{nT}\int_0^T f(t)\mathrm{d}t。$$

由夹逼定理得

$$\lim_{x\to+\infty}\frac{1}{x}\int_0^x f(t)\mathrm{d}t=\frac{1}{T}\int_0^T f(t)\mathrm{d}t。$$

(2) 当 $f(x)$ 是任意以 T 为周期的连续函数时，则存在 M，使得 $|f(x)|\leqslant M,\forall x\in[0,T]$。再由 $f(x)$ 的周期性，则 $|f(x)|\leqslant M,\forall x\in D_f$。令 $g(x)=M-f(x)$，则 $g(x)\geqslant0$ 且以 T 为周期。由(1)知

$$\lim_{x\to+\infty}\frac{1}{x}\int_0^x g(t)\mathrm{d}t=\frac{1}{T}\int_0^T g(t)\mathrm{d}t,$$

即

$$\lim_{x\to+\infty}\frac{1}{x}\int_0^x (M-f(t))\mathrm{d}t=\frac{1}{T}\int_0^T (M-f(t))\mathrm{d}t,$$

故

$$\lim_{x\to+\infty}\frac{1}{x}\int_0^x f(t)\mathrm{d}t=\frac{1}{T}\int_0^T f(t)\mathrm{d}t。$$

例 44　设 $f(x)\in C[0,1]$ 且满足 $f(0)=0,f'(0)=a$，求极限

$$\lim_{n\to\infty}\left[f\left(\frac{1}{n^2}\right)+f\left(\frac{2}{n^2}\right)+\cdots+f\left(\frac{n}{n^2}\right)\right]。$$

解 由泰勒公式得

$$f\left(\frac{k}{n^2}\right)=f(0)+f'(0)\frac{k}{n^2}+o\left(\frac{k}{n^2}\right)=\frac{ka}{n^2}+o\left(\frac{k}{n^2}\right),\quad k=1,2,\cdots,n。$$

因此

$$\sum_{k=1}^{n}f\left(\frac{k}{n^2}\right)=\frac{n(n+1)}{2n^2}a+\sum_{k=1}^{n}o\left(\frac{k}{n^2}\right)。$$

而

$$\left|\sum_{k=1}^{n}o\left(\frac{k}{n^2}\right)\right|\leqslant\sum_{k=1}^{n}\left|o\left(\frac{k}{n^2}\right)\right|\leqslant n\left|o\left(\frac{n}{n^2}\right)\right|\to 0,\quad(n\to\infty)。$$

所以

$$\lim_{n\to\infty}\left[f\left(\frac{1}{n^2}\right)+f\left(\frac{2}{n^2}\right)+\cdots+f\left(\frac{n}{n^2}\right)\right]=\frac{a}{2}。$$

例 45 设 f 在区间 I 上有界,记 $M=\sup\limits_{x\in I}f(x)$,$m=\inf\limits_{x\in I}f(x)$,证明:

$$\sup_{x',x''\in I}|f(x')-f(x'')|=M-m。$$

证 $\forall x',x''\in I$ 有 $m\leqslant f(x')\leqslant M$,$m\leqslant f(x'')\leqslant M$,故

$$m-M\leqslant f(x')-f(x'')\leqslant M-m\Rightarrow|f(x')-f(x'')|\leqslant M-m。\tag{1}$$

下面证明 $\forall\varepsilon>0$,$\exists x_1,x_2\in I$ 使得 $M-m-\varepsilon<|f(x_1)-f(x_2)|$。事实上,由上、下确界的定义知 $\forall\varepsilon>0$,存在 x_1,x_2 使得

$$f(x_1)>M-\frac{\varepsilon}{2},\quad f(x_2)<m+\frac{\varepsilon}{2}\Rightarrow M-m-\varepsilon<f(x_1)-f(x_2)\leqslant|f(x_1)-f(x_2)|。\tag{2}$$

由(1),(2)知结论成立。

例 46 设 S 为有界数集,证明:若 $\sup S=a\notin S$,则存在严格递增数列 $\{x_n\}\subset S$ 使得 $\lim\limits_{n\to\infty}x_n=a$。

证 由上确界定义及 $a\notin S$ 知 $\forall\varepsilon>0$,$\exists x\in S$ 使得

$$a-\varepsilon<x<a。$$

取 $\varepsilon_1=1$,存在 $x_1\in S$ 使得 $a-\varepsilon_1<x_1<a$;

取 $\varepsilon_2=\min\left\{\frac{1}{2},a-x_1\right\}$,存在 $x_2\in S$ 使得

$$a-\varepsilon_2<x_2<a\quad 且\quad x_2>a-\varepsilon_2\geqslant a-(a-x_1)=x_1;$$

……

一般地,取 $\varepsilon_n=\min\left\{\frac{1}{n},a-x_{n-1}\right\}$,存在 $x_n\in S$ 使得

$$a-\varepsilon_n<x_n<a\quad 且\quad x_n>a-\varepsilon_n\geqslant a-(a-x_{n-1})=x_{n-1},$$

这样得到数列 $\{x_n\}$ 满足:①严格递增;②$|x_n-a|\leqslant\frac{1}{n}$,即 $\lim\limits_{n\to\infty}x_n=a$。

注 类似地可以证明:若 $\inf S=a\notin S$,则存在严格递减数列 $\{x_n\}\subset S$ 使得 $\lim\limits_{n\to\infty}x_n=a$。

例 47 设 $0<a_1<b_1<c_1$,令

$$a_{n+1}=\frac{3}{\frac{1}{a_n}+\frac{1}{b_n}+\frac{1}{c_n}},\quad b_{n+1}=\sqrt[3]{a_nb_nc_n},\quad c_{n+1}=\frac{a_n+b_n+c_n}{3}。$$

证明：$\{a_n\}$，$\{b_n\}$，$\{c_n\}$收敛于同一实数。

证法1　由题设$0<a_1<b_1<c_1$知$\forall n$，有$a_n, b_n, c_n>0$，且

$$a_{n+1}=\frac{3}{\frac{1}{a_n}+\frac{1}{b_n}+\frac{1}{c_n}}<\sqrt[3]{a_nb_nc_n}=b_{n+1},$$

$$b_{n+1}=\sqrt[3]{a_nb_nc_n}<\frac{a_n+b_n+c_n}{3}=c_{n+1},$$

即$a_{n+1}<b_{n+1}<c_{n+1}$。又

$$a_{n+1}=\frac{3}{\frac{1}{a_n}+\frac{1}{b_n}+\frac{1}{c_n}}>\frac{3}{\frac{1}{a_n}+\frac{1}{a_n}+\frac{1}{a_n}}=a_n,$$

$$c_{n+1}=\frac{a_n+b_n+c_n}{3}<\frac{c_n+c_n+c_n}{3}=c_n,$$

数列$\{a_n\}$单调增，$\{c_n\}$单调减，且$a_1<a_n<c_n<c_1$，因此$\{a_n\}$，$\{c_n\}$都收敛。记$a=\lim\limits_{n\to\infty}a_n$，$c=\lim\limits_{n\to\infty}c_n$，则$a>0$，$c>0$。又因

$$\frac{3}{a_{n+1}}=\frac{1}{a_n}+\frac{1}{b_n}+\frac{1}{c_n}=\frac{1}{a_n}+\frac{1}{3c_{n+1}-a_n-c_n}+\frac{1}{c_n},$$

令$n\to\infty$得

$$\frac{3}{a}=\frac{1}{a}+\frac{1}{3c-a-c}+\frac{1}{c}=\frac{1}{a}+\frac{1}{2c-a}+\frac{1}{c},$$

即$\frac{2}{a}=\frac{3c-a}{c(2c-a)}$，化简得

$$(a-c)(a-4c)=0。$$

又因为

$$3c_{n+1}-a_n-c_n=b_n>0,$$

故令$n\to\infty$得

$$0\leqslant 3c-a-c=2c-a<4c-a,$$

因此$4c-a\neq 0$。于是$c=a$，即$\lim\limits_{n\to\infty}a_n=\lim\limits_{n\to\infty}c_n$。再由夹逼定理，得

$$\lim_{n\to\infty}b_n=\lim_{n\to\infty}a_n=\lim_{n\to\infty}c_n。$$

证法2　由证法1知$\{a_n\}$，$\{c_n\}$收敛，令$\lim\limits_{n\to\infty}a_n=a$，$\lim\limits_{n\to\infty}c_n=c$，则$\lim\limits_{n\to\infty}b_n=\lim\limits_{n\to\infty}(3c_{n+1}-a_n-c_n)=3c-a-c=2c-a$。令$b=\lim\limits_{n\to\infty}b_n$，得

$$b=2c-a,\quad 即\quad a-c=c-b。$$

而$a_n<b_n<c_n$，蕴涵着$a\leqslant b\leqslant c$，代入上式得

$$0\geqslant a-c=c-b\geqslant 0。$$

从而$a-c=c-b=0$，即$a=b=c$。

例48　数列$\{u_n\}$定义如下：$u_1=b$，$u_{n+1}=u_n^2+(1-2a)u_n+a^2$，$n\in\mathbb{N}^+$。问$a$，$b$为何值时$\{u_n\}$收敛，并求出其极限值。

解　由$u_{n+1}-u_n=u_n^2-2au_n+u_n+a^2-u_n=(u_n-a)^2\geqslant 0$，知$\{u_n\}$为单调增数列。若$\{u_n\}$收敛，设$\lim\limits_{n\to\infty}u_n=x$为有限数。由$u_{n+1}$与$u_n$的关系式得

$$x=x^2+(1-2a)x+a^2=(x-a)^2+x,$$

所以 $x=a$。即若$\{u_n\}$收敛,其极限值必为 a。

因为$\{u_n\}$单调增,所以 $\forall n\in\mathbb{N}^+, u_n\leqslant a$。特别 $u_1=b\leqslant a$。由此知若 $b>a$,$\{u_n\}$必发散。

(i) 若 $u_1=b=a$,则 $u_2=u_3=\cdots=u_n=a$。数列收敛。

(ii) 考虑 $u_1=b<a$ 的情形。

$$u_2=(b-a)^2+b。$$

当 $u_1=b=a-1$ 时,$u_2=b+1=a$,于是当 $n\geqslant 2$ 时,$u_n=a$,数列也收敛。

当 $u_1=b<a-1$ 时,$u_2-a=(b-a)^2+b-a=(b-a)(b-a+1)>0$,$u_2>a$,与 $\forall n\in\mathbb{N}^+, u_n\leqslant a$ 矛盾。此时,$\{u_n\}$发散。

当 $a-1<u_1=b<a$ 时,有 $-1<u_1-a<0$,递推得 $\forall n\in\mathbb{N}^+, a-1<u_n<a$,数列收敛。

综上所述,当 $b\in[a-1,a]$时,$\{u_n\}$收敛于 a。否则发散。

例 49 证明:$\lim\limits_{n\to\infty}\left(1+\dfrac{1}{n^2}\right)\left(1+\dfrac{2}{n^2}\right)\cdots\left(1+\dfrac{n}{n^2}\right)=e^{\frac{1}{2}}$。

证 $\forall\, 0<k\leqslant n$,有

$$1+\frac{1}{n}<\left(1+\frac{k}{n^2}\right)\left(1+\frac{n+1-k}{n^2}\right)=1+\frac{n+1}{n^2}+\frac{k(n+1-k)}{n^4}$$
$$\leqslant 1+\frac{1}{n}+\frac{1}{n^2}+\frac{(n+1)^2}{4n^4}。$$

所以

$$\left(1+\frac{1}{n}\right)^{\frac{n}{2}}\leqslant\left[\prod_{k=1}^{n}\left(1+\frac{k}{n^2}\right)\left(1+\frac{n+1-k}{n^2}\right)\right]^{\frac{1}{2}}\leqslant\left[1+\frac{1}{n}+\frac{1}{n^2}+\frac{(n+1)^2}{4n^4}\right]^{\frac{n}{2}}。$$

设 $A_n=\dfrac{1}{n}+\dfrac{1}{n^2}+\dfrac{(n+1)^2}{4n^4}$,则$\lim\limits_{n\to\infty}A_n=0$,且

$$\lim_{n\to\infty}\frac{n}{2}A_n=\lim_{n\to\infty}\left(\frac{1}{2}+\frac{1}{2n}+\frac{(n+1)^2}{8n^3}\right)=\frac{1}{2}。$$

因此

$$\lim_{n\to\infty}\left[1+\frac{1}{n}+\frac{1}{n^2}+\frac{(n+1)^2}{4n^4}\right]^{\frac{n}{2}}=\lim_{n\to\infty}(1+A_n)^{\frac{n}{2}}=\lim_{n\to\infty}\left[(1+A_n)^{\frac{1}{A_n}}\right]^{\frac{n}{2}A_n}=e^{\frac{1}{2}}。$$

再由$\lim\limits_{n\to\infty}\left(1+\dfrac{1}{n}\right)^{\frac{n}{2}}=e^{\frac{1}{2}}$及夹逼定理就有

$$\lim_{n\to\infty}\left(1+\frac{1}{n^2}\right)\left(1+\frac{2}{n^2}\right)\cdots\left(1+\frac{n}{n^2}\right)=\lim_{n\to\infty}\left[\prod_{k=1}^{n}\left(1+\frac{k}{n}\right)\left(1+\frac{n+1-k}{n^2}\right)\right]^{\frac{1}{2}}=e^{\frac{1}{2}}。$$

例 50 设数列$\{b_n\}$满足

$$b_n=\sum_{k=0}^{n}\frac{1}{C_n^k},\quad n=1,2,\cdots。$$

证明:(1) 当 $n\geqslant 2$ 时,$b_n=\dfrac{n+1}{2n}b_{n-1}+1$;(2) $\lim\limits_{n\to\infty}b_n=2$。

证：(1) $b_n=\frac{n+1}{2n}b_{n-1}+1 \Leftrightarrow 2b_n-b_{n-1}-2=\frac{b_{n-1}}{n}$。

由于 $b_n=\sum_{k=0}^{n}\frac{1}{C_n^k}=1+\sum_{k=0}^{n-1}\frac{1}{C_n^{k+1}}$ 及 $b_n=\sum_{k=0}^{n}\frac{1}{C_n^k}=\sum_{k=0}^{n-1}\frac{1}{C_n^k}+1$，所以

$$\begin{aligned}2b_n-b_{n-1}-2&=\sum_{k=0}^{n-1}\left(\frac{1}{C_n^k}+\frac{1}{C_n^{k+1}}-\frac{1}{C_{n-1}^k}\right)\\&=\sum_{k=0}^{n-1}\left[\frac{k!\,(n-k)!}{n!}+\frac{(k+1)!\,(n-k-1)!}{n!}-\frac{k!\,(n-k-1)!}{(n-1)!}\right]\\&=\sum_{k=0}^{n-1}\frac{k!\,(n-k-1)!\,(n-k+k+1-n)}{n!}\\&=\sum_{k=0}^{n-1}\frac{k!\,(n-1-k)!}{(n-1)!}\cdot\frac{1}{n}=\frac{1}{n}b_{n-1}。\end{aligned}$$

(1) 得证。

(2) 显然 $b_n>0(n=1,2,\cdots)$，由(1)知

$$2b_n=\frac{n+1}{n}b_{n-1}+2,$$

所以

$$\begin{aligned}2(b_n-b_{n+1})&=\frac{n+1}{n}b_{n-1}-\frac{n+2}{n+1}b_n=b_{n-1}-b_n+\frac{1}{n}b_{n-1}-\frac{1}{n+1}b_n\\&>(b_{n-1}-b_n)+\frac{1}{n+1}(b_{n-1}-b_n)=\frac{n+2}{n+1}(b_{n-1}-b_n)。\end{aligned}$$

经计算知 $b_1=2,b_2=\frac{5}{2},b_3=2+\frac{2}{3}=b_4,b_5=2+\frac{3}{5}$，因此，当 $n>4$ 时，$b_n-b_{n+1}>0$，$\{b_n\}$单调减，$b_n>2$，有下界。故$\{b_n\}$收敛。设 $\lim\limits_{n\to\infty}b_n=b$，于是有 $b=\lim\limits_{n\to\infty}b_n=\lim\limits_{n\to\infty}\left(\frac{n+1}{2n}b_{n-1}+1\right)=\frac{b}{2}+1$。解得

$$b=2=\lim_{n\to\infty}b_n。$$

例 51　设 $f(x)$在区间$[a,b]$上有定义，$x_0\in(a,b)$，令

$$\omega(f,x_0,r)=\sup\{|f(x')-f(x'')|\,|\,x',x''\in(x_0-r,x_0+r),\quad r>0\},$$

那么 $f(x)$在点 x_0 连续的充要条件是 $\lim\limits_{r\to0^+}\omega(f,x_0,r)=0$。

证　(必要性) $\forall\varepsilon>0$，由 $f(x)$在 x_0 点连续知，存在 $\delta>0$，$\forall x\in(x_0-\delta,x_0+\delta)$，有 $|f(x)-f(x_0)|<\frac{\varepsilon}{2}$，故当 $x',x''\in(x_0-\delta,x_0+\delta)$时，有

$$|f(x')-f(x'')|\leqslant|f(x')-f(x_0)|+|f(x'')-f(x_0)|<\varepsilon,$$

所以 $\omega(f,x_0,\delta)\leqslant\varepsilon$，因此当 $0<r<\delta$ 时，有 $\omega(f,x_0,r)\leqslant\omega(f,x_0,\delta)\leqslant\varepsilon$，即 $\lim\limits_{r\to0^+}\omega(f,x_0,r)=0$。

(充分性) $\forall\varepsilon>0$，由 $\lim\limits_{r\to0^+}\omega(f,x_0,r)=0$，知 $\exists\delta_1>0$，当 $0<r<\delta_1$ 时，有 $\omega(f,x_0,r)<\varepsilon$，取 δ：$0<\delta<\delta_1$，于是，$\forall x\in(x_0-\delta,x_0+\delta)$，有

$$|f(x)-f(x_0)|\leqslant \omega(f,x_0,\delta)<\varepsilon,$$

即 $f(x)$在点 x_0 连续。

例 52 设 $f(x)$在$(0,1)$内有定义,且函数 $e^x f(x)$与 $e^{-f(x)}$在$(0,1)$内都是单调不减的,求证:$f(x)\in C(0,1)$。

证 $\forall x_0\in(0,1)$。

(1) 因为 $e^{-f(x)}$单调不减,所以当 $x>x_0$ 时,有 $e^{-f(x)}\geqslant e^{-f(x_0)}$,所以 $f(x_0)\geqslant f(x)$,$f(x)$单调下降,因而$\forall x_0\in(0,1)$,有 $f(x_0+0)$与 $f(x_0-0)$都存在。

(2) 由 $e^x f(x)$单调不减知,当 $x>x_0$ 时,$e^x f(x)\geqslant e^{x_0} f(x_0)$,令 $x\to x_0^+$ 得,$f(x_0+0)\geqslant f(x_0)$。在 $f(x_0)\geqslant f(x)$两边令 $x\to x_0^+$,得 $f(x_0)\geqslant f(x_0+0)$。

综上可得 $f(x_0)=f(x_0+0)$;同理可证:$f(x_0)=f(x_0-0)$。

从而 $f(x)$在 x_0 处连续,由 x_0 的任意性知 $f(x)$在$(0,1)$内连续。

例 53 设 $f(x)$在$(a,+\infty)$上可导,且 $\lim\limits_{x\to+\infty}f'(x)=+\infty$,则 $f(x)$在$(a,+\infty)$上非一致连续,从而证明 $f(x)=x\ln x$ 在$(0,+\infty)$上非一致连续。

证 (i) 取 $\varepsilon_0=\dfrac{1}{2}$,$\forall\delta>0$,因为 $\lim\limits_{x\to+\infty}f'(x)=+\infty$,所以$\exists X>0$,当 $x>X$ 时,有 $f'(x)>\dfrac{1}{\delta}$,取 $x_1,x_2\in(X,+\infty)$,且$|x_1-x_2|=\dfrac{\delta}{2}<\delta$,但有

$$|f(x_1)-f(x_2)|=|f'(\xi)\|x_1-x_2|>\frac{1}{\delta}\cdot\frac{\delta}{2}=\frac{1}{2}=\varepsilon_0,$$

其中 ξ 介于 x_1 与 x_2 之间,所以 $f(x)$在$(a,+\infty)$上非一致连续。

(ii) 因为 $\lim\limits_{x\to+\infty}f'(x)=\lim\limits_{x\to+\infty}(1+\ln x)=+\infty$,所以 $f(x)=x\ln x$ 在$(0,+\infty)$上不一致连续。

例 54 设 $f(x)$在区间 I 上有定义,那么 $f(x)$在 I 上一致连续$\Leftrightarrow\forall x_n,y_n\in I(n=1,2,\cdots)$,只要$\lim\limits_{n\to\infty}(x_n-y_n)=0$,就有$\lim\limits_{n\to\infty}(f(x_n)-f(y_n))=0$。

证 (必要性)$\forall x_n,y_n\in I$,$\lim\limits_{n\to\infty}(x_n-y_n)=0$,下证$\lim\limits_{n\to\infty}(f(x_n)-f(y_n))=0$。

$\forall\varepsilon>0$,由 $f(x)$在 I 上一致连续知,存在 $\delta>0$,$\forall x',x''\in I$,只要$|x'-x''|<\delta$,就有$|f(x')-f(x'')|<\varepsilon$,由$\lim\limits_{n\to\infty}(x_n-y_n)=0$,知$\exists N$,当 $n>N$ 时,有$|x_n-y_n|<\delta$,故当 $n>N$ 时,有$|f(x_n)-f(y_n)|<\varepsilon$,即

$$\lim_{n\to\infty}(f(x_n)-f(y_n))=0。$$

(充分性)若 $f(x)$在 I 上非一致连续,则$\exists\varepsilon_0>0$,$\forall\delta>0$,$\exists x',x''$,虽有$|x'-x''|<\delta$,但有$|f(x')-f(x'')|\geqslant\varepsilon_0$,特别地

对 $\delta_1=1$,$\exists x_1,y_1\in I$,虽有 $|x_1-y_1|<1$,但有 $|f(x_1)-f(y_1)|\geqslant\varepsilon_0$,

对 $\delta_2=\dfrac{1}{2}$,$\exists x_2,y_2\in I$,虽有 $|x_2-y_2|<\dfrac{1}{2}$,但有 $|f(x_2)-f(y_2)|\geqslant\varepsilon_0$,

……

对 $\delta_n=\dfrac{1}{n}$,$\exists x_n,y_n\in I$, 虽有 $|x_n-y_n|<\delta$,但有 $|f(x_n)-f(y_n)|\geqslant\varepsilon_0$,

如此继续下去,可得数列$\{x_n\}$,$\{y_n\}$满足$|x_n-y_n|<\dfrac{1}{n}$,且$|f(x_n)-f(y_n)|\geqslant\varepsilon_0$,即

$\lim\limits_{n\to\infty}(x_n-y_n)=0$，但$\lim\limits_{n\to\infty}(f(x_n)-f(y_n))\neq 0$，矛盾，所以 $f(x)$在 I 上一致连续。

例 55　证明：$f(x)=\sin^3 x+\sin x^3$ 在$(-\infty,+\infty)$上非一致连续。

证　取 $x_n=\sqrt[3]{2n\pi+\frac{\pi}{2}}$，$y_n=\sqrt[3]{2n\pi}$，则 $x_n-y_n\to 0(n\to\infty)$，但

$$|f(x_n)-f(y_n)|=\left|\sin^3\sqrt[3]{2n\pi+\frac{\pi}{2}}+\sin\left(\sqrt[3]{2n\pi+\frac{\pi}{2}}\right)^3-\sin^3\sqrt[3]{2n\pi}-0\right|$$

$$\geqslant 1-\left|\sin^3\sqrt[3]{2n\pi+\frac{\pi}{2}}-\sin^3\sqrt[3]{2n\pi}\right|$$

$$\geqslant 1-3\left|\sqrt[3]{2n\pi+\frac{\pi}{2}}-\sqrt[3]{2n\pi}\right|\to 1,$$

所以 $f(x)$在$(-\infty,+\infty)$上非一致连续。

例 56　设 $f(x)$在$(-\infty,+\infty)$上为周期连续函数，则 $f(x)$在$(-\infty,+\infty)$上一致连续。

证　设 T 为 $f(x)$的一个周期$(T>0)$，$\forall\varepsilon>0$，由 $f(x)\in C[0,2T]$知，$f(x)$在$[0,2T]$上一致连续，所以$\exists\delta>0(\delta<T)$，使$\forall x',x''\in[0,2T]$，且$|x'-x''|<\delta$，有

$$|f(x')-f(x'')|<\varepsilon,$$

所以$\forall x,y\in(-\infty,+\infty)$，且$|x-y|<\delta$(不妨设 $x<y$)，且 $x\in[nT,(n+1)T)$，即

$$x=nT+x_1,\quad 0\leqslant x_1<T。$$

(i) 若 $y\in[nT,(n+1)T)$，则 $y=nT+y_1$，$0\leqslant y_1<T$，且$|x_1-y_1|=|x-y|<\delta$，所以

$$|f(x)-f(y)|=|f(x_1)-f(y_1)|<\varepsilon。$$

(ii) 若 $y\in[(n+1)T,(n+2)T)$，那么 $y=(n+1)T+y_2$，$0\leqslant y_2<T$。所以$|x_1-(T+y_2)|=|x-y|<\delta$，且 $x_1,T+y_2\in[0,2T]$，所以

$$|f(x)-f(y)|=|f(x_1)-f(T+y_2)|<\varepsilon。$$

因此 $f(x)$在$(-\infty,+\infty)$上一致连续。

例 57　设 $f(x)$在有限区间 I 上有定义，那么 $f(x)$在 I 上一致连续$\Leftrightarrow$对任意柯西列$\{x_n\}\subset I$，$\{f(x_n)\}$也是柯西列。

证　(必要性)$\forall\varepsilon>0$，由 $f(x)$在 I 上一致连续知，$\exists\delta>0$，$\forall x',x''\in I$，只要$|x'-x''|<\delta$，就有$|f(x')-f(x'')|<\varepsilon$，对 $\delta>0$，由$\{x_n\}$为柯西列知，$\exists N$，$\forall n,m>N$，有$|x_n-x_m|<\delta$，从而$|f(x_n)-f(x_m)|<\varepsilon$，即$\{f(x_n)\}$为柯西列。

(充分性)若 $f(x)$在 I 上非一致连续，则$\exists\varepsilon_0>0$，$\exists x_n,y_n\in I$，虽有$\lim\limits_{n\to\infty}(x_n-y_n)=0$。但有$|f(x_n)-f(y_n)|\geqslant\varepsilon_0$。

因为$\{x_n\}$，$\{y_n\}$有界，所以存在收敛的子列$\{x_{n_k}\}$，$\{y_{n_k}\}$，因为$\lim\limits_{n\to\infty}(x_n-y_n)=0$，所以

$$x_{n_1},y_{n_1},x_{n_2},y_{n_2},\cdots,x_{n_k},y_{n_k},\cdots$$

也收敛，且是柯西列，但

$$f(x_{n_1}),f(y_{n_1}),f(x_{n_2}),f(y_{n_2}),\cdots,f(x_{n_k}),f(y_{n_k}),\cdots$$

不收敛，不是柯西列，此为矛盾，故 $f(x)$在 I 上一致连续。

例 58　设 $f(x)=\frac{x+2}{x+1}\sin\frac{1}{x}$，$a>0$，证明：

(1) $f(x)$在$[a,+\infty)$上一致连续。

(2) $f(x)$在$(0,a)$内非一致连续。

证 (1) **证法1** $\forall x_1,x_2\in[a,+\infty)$,有

$$
\begin{aligned}
&|f(x_1)-f(x_2)|\\
=&\left|\frac{x_1+2}{x_1+1}\sin\frac{1}{x_1}-\frac{x_2+2}{x_2+1}\sin\frac{1}{x_2}\right|\\
\leqslant&\left|\frac{x_1+2}{x_1+1}\sin\frac{1}{x_1}-\frac{x_2+2}{x_2+1}\sin\frac{1}{x_1}\right|+\left|\frac{x_2+2}{x_2+1}\sin\frac{1}{x_1}-\frac{x_2+2}{x_2+1}\sin\frac{1}{x_2}\right|\\
=&\left|\sin\frac{1}{x_1}\right|\left|\frac{x_2-x_1}{(x_1+1)(x_2+1)}\right|+\left|\frac{x_2+2}{x_2+1}\right|\left|\sin\frac{1}{x_1}-\sin\frac{1}{x_2}\right|\\
\leqslant&\frac{1}{(a+1)^2}|x_2-x_1|+\left|\frac{x_2+2}{x_2+1}\right|\left|2\sin\frac{1}{2}\left(\frac{1}{x_1}-\frac{1}{x_2}\right)\cos\frac{1}{2}\left(\frac{1}{x_1}+\frac{1}{x_2}\right)\right|\\
\leqslant&\frac{1}{(a+1)^2}|x_2-x_1|+\frac{x_2+2}{x_2+1}\frac{1}{x_1x_2}|x_1-x_2|\\
\leqslant&\left[\frac{1}{(a+1)^2}+\left(1+\frac{1}{a+1}\right)\frac{1}{a^2}\right]|x_1-x_2|\\
=&L|x_1-x_2|,
\end{aligned}
$$

其中$L=\dfrac{1}{(a+1)^2}+\dfrac{a+2}{a^2(a+1)}$,则$f(x)$在$[a,+\infty)$上满足利普希茨条件,因而$f(x)$在$[a,+\infty)$上一致连续。

证法2 因为

$$\lim_{x\to+\infty}\frac{x+2}{x+1}\sin\frac{1}{x}=0,\quad \lim_{x\to a^+}\frac{x+2}{x+1}\sin\frac{1}{x}=\frac{a+2}{a+1}\sin\frac{1}{a}$$

及$f(x)\in C[a,+\infty)$,所以$f(x)$在$[a,+\infty)$上一致连续。

证法3

$$f(x)=\sin\frac{1}{x}+\frac{1}{x+1}\sin\frac{1}{x},$$

$$f'(x)=-\frac{1}{x^2}\cos\frac{1}{x}-\frac{1}{(x+1)^2}\sin\frac{1}{x}-\frac{1}{(x+1)x^2}\cos\frac{1}{x}。$$

因而

$$|f'(x)|\leqslant\frac{1}{x^2}+\frac{1}{(x+1)^2}+\frac{1}{(x+1)x^2}\leqslant\frac{1}{a^2}+\frac{1}{(a+1)^2}+\frac{1}{a^2(a+1)}$$

有界,所以$f(x)$在$[a,+\infty)$上一致连续。

(2) 取$x_n=\dfrac{1}{2n\pi+\dfrac{\pi}{2}}$,$y_n=\dfrac{1}{2n\pi-\dfrac{\pi}{2}}$,则$x_n-y_n\to0$,但

$$|f(x_n)-f(y_n)|>2。$$

例59 设$f(x)$在$(-\infty,+\infty)$上一致连续,则存在常数$a>0,b>0$,使$\forall x\in\mathbb{R}$有$|f(x)|\leqslant a|x|+b$。

证 对$\varepsilon=1$,由$f(x)$在$(-\infty,+\infty)$上一致连续知,$\exists\delta>0$,$\forall x',x''\in(-\infty,+\infty)$,只要$|x'-x''|<\delta$,就有$|f(x')-f(x'')|<1$,$\forall x\in\mathbb{R}$,记$x=n\delta+x_0$,其中$x_0\in(-\delta,\delta)$,

n 为整数，因为 $f(x)\in C[-\delta,\delta]$，所以 $f(x)$ 在 $[-\delta,\delta]$ 上有界，即 $\exists M>0$，使 $\forall x\in[-\delta,\delta]$，有 $|f(x)|\leqslant M$，从而 $\forall x\in\mathbb{R}$，有

$$\begin{aligned}|f(x)|&=\left|\sum_{k=1}^{n}[f(k\delta+x_0)-f((k-1)\delta+x_0)]+f(x_0)\right|\\&\leqslant\sum_{k=1}^{n}1+|f(x_0)|\leqslant|n|+M。\end{aligned}$$

因为 $x=n\delta+x_0$，所以 $n=\dfrac{x-x_0}{\delta}$，因而有

$$|f(x)|\leqslant\frac{|x-x_0|}{\delta}+M\leqslant\frac{|x|}{\delta}+\frac{|x_0|}{\delta}+M。$$

取 $a=\dfrac{1}{\delta}$，$b=\dfrac{|x_0|}{\delta}+M$，即 $\forall x\in\mathbb{R}$，有 $|f(x)|\leqslant a|x|+b$。

例 60　设 $f(x)$ 在 $[0,+\infty)$ 上一致连续，又 $\forall x\in[0,+\infty)$，有 $\lim\limits_{n\to\infty}f(x+n)=0$，求证：$\lim\limits_{x\to+\infty}f(x)=0$。

证　因为 $f(x)$ 在 $[0,+\infty)$ 上一致连续，所以 $\forall\varepsilon>0$，$\exists\delta>0(0<\delta<1)$，$\forall x',x''\in[0,+\infty)$，只要 $|x'-x''|<\delta$，就有

$$|f(x')-f(x'')|<\frac{\varepsilon}{2}。\tag{$*$}$$

取 $k>\dfrac{1}{\delta}$，将 $[0,1]$ 作 k 等分，分点为

$$x_i=\frac{i}{k},\quad i=1,2,\cdots,k,\quad \Delta x_i=x_i-x_{i-1}=\frac{1}{k}<\delta,$$

由已知，在每个分点 $x_i=\dfrac{i}{k}(i=1,2,\cdots,k)$，有 $\lim\limits_{n\to\infty}f(x_i+n)=0$，从而存在 N_i，当 $n>N_i$ 时，有

$$|f(x_i+n)|<\frac{\varepsilon}{2}\quad(i=1,2,\cdots,k)。$$

取 $N=\max\{N_1,N_2,\cdots,N_k\}$，则当 $n>N$ 时，有

$$|f(x_i+n)|<\frac{\varepsilon}{2}\quad(i=1,2,\cdots,k)。$$

取 $A=N+1$，则当 $x>A$ 时，有 $|f(x)|<\varepsilon$。

事实上，$\forall x>A=N+1$，令 $n=[x]\geqslant N+1>N$，因为 $x-n\in[0,1]$，所以 $\exists i\in\{1,2,\cdots,k\}$，使 $|(x-n)-x_i|<\delta$，即 $|x-(n+x_i)|<\delta$，故由 $(*)$ 式知 $|f(x)-f(n+x_i)|<\dfrac{\varepsilon}{2}$，从而当 $x>A$ 时，有

$$|f(x)|\leqslant|f(x)-f(x_i+n)|+|f(n+x_i)|<\frac{\varepsilon}{2}+\frac{\varepsilon}{2}=\varepsilon。$$

故 $\lim\limits_{x\to+\infty}f(x)=0$。

例 61　若 $f_n(x)\rightrightarrows f(x)$，$x\in(-\infty,+\infty)$，且每个 $f_n(x)$ 都在 $\mathbb{R}$ 上一致连续，则 $f(x)$ 也在 $\mathbb{R}$ 上一致连续。

证　因为$f_n(x)\rightrightarrows f(x),x\in\mathbb{R}$，所以$\forall\varepsilon>0,\exists N,\forall x\in\mathbb{R}$，就有

$$|f_N(x)-f(x)|<\frac{\varepsilon}{3}。$$

又$f_N(x)$在$\mathbb{R}$上一致连续，所以$\exists\delta>0,\forall x_1,x_2\in\mathbb{R}$，只要$|x_1-x_2|<\delta$，有

$$|f_N(x_1)-f_N(x_2)|<\frac{\varepsilon}{3},$$

从而$\forall x_1,x_2\in(-\infty,+\infty)$，只要$|x_1-x_2|<\delta$，就有

$$|f(x_1)-f(x_2)|\leqslant|f(x_1)-f_N(x_1)|+|f_N(x_1)-f_N(x_2)|+|f_N(x_2)-f(x_2)|$$
$$<\frac{\varepsilon}{3}+\frac{\varepsilon}{3}+\frac{\varepsilon}{3}=\varepsilon,$$

所以$f(x)$在$(-\infty,+\infty)$上一致连续。

例 62　设$f(x)$在$(a,+\infty)$上连续且有界，证明：对于任何数T，可找到数列$\{x_n\}$，使$x_n\to+\infty$，而且

$$\lim_{n\to\infty}[f(x_n+T)-f(x_n)]=0。$$

证　不妨设$T>0$，令$F(x)=f(x+T)-f(x)$。

(1) 若$\exists A>0$，使当$x>A$时，$F(x)\geqslant0$，则此时取$x_n=A+nT\to+\infty$，

$$F(x_n)=f(T+x_n)-f(x_n)=f(A+(n+1)T)-f(x_n)=f(x_{n+1})-f(x_n)\geqslant0,$$

即$\{f(x_n)\}$单调上升，有界，因而$\lim\limits_{n\to\infty}f(x_n)$存在，设为$c$，所以

$$\lim_{n\to\infty}[f(x_n+T)-f(x_n)]=\lim_{n\to\infty}(f(x_{n+1})-f(x_n))=c-c=0。$$

(2) 若$\exists A>0$，当$x>A$时，$F(x)\leqslant0$，方法同(1)(此时$\{f(x_n)\}$单调下降，有界)。

(3) 若对$\forall A>0,\exists x',x''>A$，使$F(x')<0,F(x'')>0$，则存在$x'_n,x''_n>n$，使$F(x'_n)<0,F(x''_n)>0$，且$x'_n\to+\infty,x''_n\to+\infty$，由连续函数的介值定理知，在$x'_n$与$x''_n$之间存在$x_n$，使$F(x_n)=0$，显然$x_n\to+\infty$，且

$$\lim_{n\to\infty}[f(x_n+T)-f(x_n)]=\lim_{n\to\infty}F(x_n)=0。$$

例 63　证明：不存在$\mathbb{R}$上的连续函数$f(x)$，使$f(f(x))=-x,x\in\mathbb{R}$。

证　若存在连续函数$f(x)$，使$f(f(x))=-x,\forall x\in\mathbb{R}$，令$y=f(x)$，则$f(y)=f(f(x))=-x$，所以$-y=f(f(y))=f(-x)$，即$f(-x)=-f(x)$，且$f(0)=0$($f(x)$为奇函数)。

若$\exists\xi\neq0$，使$f(\xi)=0$，则$-\xi=f(f(\xi))=f(0)=0$，所以$\xi=0$，矛盾，故$f(x)$的零点$x=0$唯一。

$\forall a>0$，令$f(a)=b$，则$b\neq0$。

(i) 若$f(a)=b>0$，则$f(b)=f(f(a))=-a<0$，从而由连续函数的介值性知在a，b之间存在$\xi>0$(因为$a>0,b>0$)，使$f(\xi)=0$.此与$f(x)$的零点唯一矛盾。

(ii) 若$f(a)=b<0$，令$c=f(b)$，则$c=f(b)=f(f(a))=-a<0$。又$f(c)=f(f(b))=-b>0$，且$f(b)=c<0$，由连续函数的介值性知，在b,c之间存在$\xi<0$(因为$b<0,c<0$)，使$f(\xi)=0$，此与$f(x)$的零点唯一矛盾，所以$\forall a>0,f(f(a))=-a$不成立。

同理$\forall a<0,f(f(a))=-a$也不成立，综上结论成立。

注　但存在连续函数$f(x)$，使$f(f(x))=x$，例如，$f(x)=x$或$f(x)=-x$。

例 64　设$f:[0,1]\to[0,1]$为连续函数，$f(0)=0,f(1)=1,f(f(x))=x$，证明：

$f(x)=x$。

证 (1) 先证明 $f(x)$是单调递增的(反证法),若不然,则$\exists x_1,x_2\in[0,1](x_1<x_2)$,使得$f(x_1)>f(x_2)$,而$f(x)\in[0,1]$且$f(x)$在$[0,1]$上具有介值性,故必$\exists x_3(x_2<x_3\leqslant 1)$,使得$f(x_3)=f(x_1)$,但由条件有

$$x_1=f(f(x_1))=f(f(x_3))=x_3,$$

这与假设条件$x_1<x_2<x_3$矛盾,因此$f(x)$在$[0,1]$上是单调递增的。

(2) $\forall x\in[0,1]$:

(i) 若$x\leqslant f(x)$,则$f(x)\leqslant f(f(x))=x$,从而有$f(x)=x$;

(ii) 若$x\geqslant f(x)$,则$f(x)\geqslant f(f(x))=x$,从而有$f(x)=x$,故$\forall x\in[0,1]$,有$f(x)=x$。

例 65 设$f_n(x)=x+x^2+\cdots+x^n(n=2,3,\cdots)$。证明:

(1) 方程$f_n(x)=1$在$[0,+\infty)$上有唯一实根x_n。

(2) 数列$\{x_n\}$有极限,并求出$\lim\limits_{n\to\infty}x_n$。

证 (1) 令$F(x)=f_n(x)-1$,即$F(x)=x^n+x^{n-1}+\cdots+x^2+(x-1),x\in[0,+\infty)$。

当$x\geqslant 1$时,$F(x)>0$,所以$F(x)$在$[1,+\infty)$上无实根;

当$x\in[0,1]$时,由于$F(0)=-1<0,F(1)>0$,由连续函数介值定理知存在$\xi\in(0,1)$,使得$F(\xi)=f_n(\xi)-1=0$。下面说明$F(x)$实根仅有一个。事实上

$$F'(x)=nx^{n-1}+(n-1)x^{n-2}+\cdots+2x+1>0,\quad \forall x\in[0,1],$$

即$F(x)$严格递增,即$F(x)$仅有一个零点,故$f_n(x)=1$只有一个根。

(2) $\forall x\in[0,+\infty),f_n(x)>f_{n-1}(x)$,所以$\{x_n\}$单调递减且有下界,故$\lim\limits_{n\to\infty}x_n$存在,设为$l$,则

$$1=x_n^n+x_n^{n-1}+\cdots+x_n=\frac{x_n(1-x_n^n)}{1-x_n}\to\frac{l}{1-l},$$

即$l=\dfrac{1}{2}$。

例 66 设f为$[a,b]$上连续的非常值的函数,记$M=\max\limits_{x\in[a,b]}f(x),m=\min\limits_{x\in[a,b]}f(x)$。证明:存在$[\alpha,\beta]\subset[a,b]$满足

(1) $m<f(x)<M,x\in(\alpha,\beta)$;

(2) $f(\alpha)=m,f(\beta)=M$(或$f(\alpha)=M,f(\beta)=m$)。

证 记

$$E=\{x\mid f(x)=m,x\in[a,b]\},\quad F=\{x\mid f(x)=M,x\in[a,b]\},$$

则E,F均为非空有界集,因此存在上、下确界。记$a_1=\sup E,b_1=\sup F$,下面证明$a_1\in E$,$b_1\in F$。事实上,由确界定义可知存在$\{x_n\}\subset E$,使得$\lim\limits_{n\to\infty}x_n=a_1$,由$E$的定义及$f$的连续性得$f(a_1)=\lim\limits_{n\to\infty}f(x_n)=m$,因此$a_1\in E$,即$f(a_1)=m$。同理可知$b_1\in F$。

不妨设$a_1<b_1$,取$\alpha=a_1,\beta=\inf\{x\mid f(x)=M,x\in[a_1,b_1]\}$,同上可知$f(\beta)=M$。

因此在$[\alpha,\beta]$上满足(2)。下面再说明在$[\alpha,\beta]$上满足(1),如不然,$\exists x_0\in(\alpha,\beta)$使得$f(x_0)=m$或$f(x_0)=M$,若$f(x_0)=m$,这与$\alpha=a_1=\sup E$矛盾;若$f(x_0)=M$,这与$\beta=\inf\{x\mid f(x)=M,x\in[a_1,b_1]\}$矛盾。因此在$[\alpha,\beta]$上满足(1)。

第 2 章　一元函数微分学

2.1　基本知识点

一、导数与微分

（一）导数

1. 导数的概念

（1）设函数 $f(x)$ 在 x_0 点的某邻域内有定义，若极限

$$\lim_{x\to x_0}\frac{f(x)-f(x_0)}{x-x_0} \tag{1}$$

存在，则称 $f(x)$ 在 x_0 点可导，并称极限值为函数 $f(x)$ 在 x_0 的导数，记 $f'(x_0)$，$f'(x)\Big|_{x=x_0}$。

若(1)式极限不存在，则称 $f(x)$ 在 x_0 点不可导。

若 $\lim\limits_{x\to x_0^-}\dfrac{f(x)-f(x_0)}{x-x_0}$ 存在，则称 $f(x)$ 在 x_0 点左可导，并称极限值为函数 $f(x)$ 在 x_0 的左导数，记 $f'_-(x_0)$，$f'_-(x)\Big|_{x=x_0}$。

若 $\lim\limits_{x\to x_0^+}\dfrac{f(x)-f(x_0)}{x-x_0}$ 存在，则称 $f(x)$ 在 x_0 点右可导，并称极限值为函数 $f(x)$ 在 x_0 的右导数，记 $f'_+(x_0)$，$f'_+(x)\Big|_{x=x_0}$。

（2）函数可导的充要条件是函数左、右导数存在且相等。

2. 导函数的性质

（1）**导函数极限定理**　设函数 $f(x)$ 在 $U(x_0)$ 内连续，在 $U^\circ(x_0)$ 可导，且 $\lim\limits_{x\to x_0}f'(x)$ 存在，则 $f(x)$ 在 x_0 点可导，且 $f'(x_0)=\lim\limits_{x\to x_0}f'(x)$。

（2）**导函数介值性定理**。若函数 $f(x)$ 在 $[a,b]$ 上可导，且 $f'_+(a)\cdot f'_-(b)<0$，则至少存在 $\xi\in(a,b)$ 使得 $f'(\xi)=0$。

注　① 如果函数 $f(x)$ 在 I 内可导且 $f'(x)\neq 0$，$\forall x\in I$，则 $f(x)$ 在 I 内一定严格单调。

② **定理**　导函数至多有第二类间断点，即具有第一类间断点的函数一定没有原函数。

③ **命题**　若 $f(x)$ 在 (a,b) 内可导且 $f'(x)$ 在 (a,b) 内单调，则 $f'(x)$ 在 (a,b) 内连续。

（3）可导的奇（偶）函数的导函数是偶（奇）函数；可导的周期函数的导函数一定是周期函数；但周期函数的原函数不一定是周期函数。

3. 莱布尼茨公式　设 $u(x)$，$v(x)$ 都 n 阶可导，则

$$[u(x)v(x)]^{(n)}=\sum_{k=0}^{n}\mathrm{C}_n^k u^{(k)}(x)v^{(n-k)}(x)。$$

（二）微分

1. 微分的定义

若 $\Delta y=f(x_0+\Delta x)-f(x_0)=A\Delta x+o(\Delta x)$，其中 A 是与 Δx 无关的常数，则称 $f(x)$ 在点 x_0 处可微，并称 $A\Delta x$ 为 $f(x)$ 在点 x_0 处的微分，记作

$$\mathrm{d}f(x)\Big|_{x=x_0}=A\Delta x=A\mathrm{d}x。$$

高阶微分定义　n 阶微分是 $n-1$ 阶微分的微分，记 $\mathrm{d}^n f(x)$，即

$$\mathrm{d}^n f(x)=\mathrm{d}(\mathrm{d}^{n-1}f(x))=\mathrm{d}(f^{(n-1)}\mathrm{d}x^{n-1})=f^{(n)}(x)\mathrm{d}x^n。$$

注　(i) $\mathrm{d}x^2=(\mathrm{d}x)^2$；$\mathrm{d}^2(x)=\mathrm{d}(\mathrm{d}x)=0$；$\mathrm{d}(x^2)=2x\mathrm{d}x$。

(ii) 一阶微分具有形式不变性，即 $\mathrm{d}y=f'(u)\mathrm{d}u$ 不论 u 自变量还是因变量均成立。而高阶微分不具有微分形式的不变性。

2. 微分的求法

为求 $f(x)$ 的 n 阶微分，只要求出 $f(x)$ 的 n 阶导数 $f^{(n)}$，即可得到 n 阶微分 $\mathrm{d}^n f(x)=f^{(n)}(x)\mathrm{d}x^n$。

二、微分中值定理

定理 1(费马定理)　设函数 $f(x)$ 在点 x_0 处可导，x_0 为极值点，则 $f'(x_0)=0$。

定理 2(罗尔定理)　设函数 $f(x)$ 满足(1)在 $[a,b]$ 上连续，(2)在 (a,b) 内可导，(3) $f(a)=f(b)$，则至少存在一点 $\xi\in(a,b)$，使 $f'(\xi)=0$。

定理 3(拉格朗日中值定理)　设函数 $f(x)$ 满足(1)在 $[a,b]$ 上连续，(2)在 (a,b) 内可导，则至少存在一点 $\xi\in(a,b)$，使 $f'(\xi)=\dfrac{f(b)-f(a)}{b-a}$。

定理 4(柯西中值定理)　设函数 $f(x),g(x)$ 满足：

(1) $f(x),g(x)$ 在 $[a,b]$ 上连续；(2) $f(x),g(x)$ 在 (a,b) 内可导且 $g'(x)\neq0$。则至少存在一点 $\xi\in(a,b)$，使

$$\frac{f'(\xi)}{g'(\xi)}=\frac{f(b)-f(a)}{g(b)-g(a)}。$$

定理 5(泰勒中值定理)　(1) 设函数 $f(x)$ 在 x_0 点存在直至 n 阶导数，则

$$f(x)=f(x_0)+f'(x_0)(x-x_0)+\frac{f''(x_0)}{2!}(x-x_0)^2+\cdots+\frac{f^{(n)}(x_0)}{n!}(x-x_0)^n+o((x-x_0)^n)。$$

(2) 若函数 $f(x)$ 在 $[a,b]$ 上存在直至 n 阶的连续导函数，在 (a,b) 内存在 $n+1$ 阶导函数，则 $\forall x,x_0\in[a,b]$，至少存在 $\xi\in(a,b)$ 使得

$$f(x)=f(x_0)+f'(x_0)(x-x_0)+\frac{f''(x_0)}{2!}(x-x_0)^2+\cdots+\frac{f^{(n)}(x_0)}{n!}(x-x_0)^n+\frac{f^{(n+1)}(\xi)}{(n+1)!}(x-x_0)^{(n+1)}。$$

(3) 若 $f(x)$ 在 x_0 点的某邻域 $U(x_0)$ 内有 $n+1$ 阶连续导函数，则

$$f(x)=f(x_0)+f'(x_0)(x-x_0)+\frac{f''(x_0)}{2!}(x-x_0)^2+\cdots+\frac{f^{(n)}(x_0)}{n!}(x-x_0)^n+$$

$$\frac{1}{n!}\int_{x_0}^{x} f^{(n+1)}(t)(x-t)^n \mathrm{d}t, \quad x \in U(x_0)。$$

三、洛必达法则

定理 1$\left(\frac{0}{0}\text{型}\right)$ 设 $f(x),g(x)$在 x_0 的某去心邻域$\mathring{U}(x_0)$内有定义,如果:

(1) $\lim\limits_{x\to x_0} f(x)=0, \lim\limits_{x\to x_0} g(x)=0$,

(2) $f(x),g(x)$在 x_0 的去心邻域$\mathring{U}(x_0)$内可导,且 $g'(x)\neq 0$,

(3) $\lim\limits_{x\to x_0}\dfrac{f'(x)}{g'(x)}=A$ (A 为有限数,或$\pm\infty,\infty$),

那么$\lim\limits_{x\to x_0}\dfrac{f(x)}{g(x)}=\lim\limits_{x\to x_0}\dfrac{f'(x)}{g'(x)}=A$($A$ 为有限数,或$\pm\infty,\infty$)。

定理 2$\left(\frac{\infty}{\infty}\text{型}\right)$设 $f(x),g(x)$在 x_0 的某去心邻域$\mathring{U}(x_0)$内有定义,如果:

(1) $\lim\limits_{x\to x_0} f(x)=\infty, \lim\limits_{x\to x_0} g(x)=\infty$,

(2) $f(x),g(x)$在 x_0 的去心邻域$\mathring{U}(x_0)$内可导,且 $g'(x)\neq 0$,

(3) $\lim\limits_{x\to x_0}\dfrac{f'(x)}{g'(x)}=A$($A$ 为有限数,或$\pm\infty,\infty$),

那么$\lim\limits_{x\to x_0}\dfrac{f(x)}{g(x)}=\lim\limits_{x\to x_0}\dfrac{f'(x)}{g'(x)}=A$($A$ 为有限数,或$\pm\infty,\infty$)。

定理 3$\left(\frac{*}{\infty}\text{型}\right)$ 设 $f(x),g(x)$在 x_0 的某去心邻域内$\mathring{U}(x_0)$有定义,如果:

(1) $\lim\limits_{x\to x_0} g(x)=\infty$,

(2) $f(x),g(x)$在 x_0 的去心邻域$\mathring{U}(x_0)$内可导,且 $g'(x)\neq 0$,

(3) $\lim\limits_{x\to x_0}\dfrac{f'(x)}{g'(x)}=A$($A$ 为有限数,或$\pm\infty,\infty$),

那么$\lim\limits_{x\to x_0}\dfrac{f(x)}{g(x)}=\lim\limits_{x\to x_0}\dfrac{f'(x)}{g'(x)}=A$($A$ 为有限数,或$\pm\infty,\infty$)。

2.2 典型例题

例 1 设 $f(x)$在$[a,b]$上有定义且在点 $x_0\in(a,b)$可导,数列$\{a_n\},\{b_n\}$满足条件:(1)$a<a_n<x_0<b_n<b$;(2)$\lim\limits_{n\to\infty}a_n=\lim\limits_{n\to\infty}b_n=x_0$,则

$$\lim_{n\to\infty}\frac{f(b_n)-f(a_n)}{b_n-a_n}=f'(x_0)。$$

分析与解 因为$\lim\limits_{n\to\infty}\dfrac{f(b_n)-f(x_0)}{b_n-x_0}=f'(x_0)$,所以

$$\frac{f(b_n)-f(a_n)}{b_n-a_n}-f'(x_0)$$

$$=\frac{f(b_n)-f(x_0)}{b_n-x_0}\cdot\frac{b_n-x_0}{b_n-a_n}+\frac{f(x_0)-f(a_n)}{x_0-a_n}\cdot\frac{x_0-a_n}{b_n-a_n}-f'(x_0)$$

$$=\left[\frac{f(b_n)-f(x_0)}{b_n-x_0}-f'(x_0)\right]\cdot\frac{b_n-x_0}{b_n-a_n}+\left[\frac{f(x_0)-f(a_n)}{x_0-a_n}-f'(x_0)\right]\cdot\frac{x_0-a_n}{b_n-a_n}$$

$$\to 0\left(因\ 0<\frac{b_n-x_0}{b_n-a_n},\frac{x_0-a_n}{b_n-a_n}<1\right)。$$

例 2　设 $f(x)$ 在 $[0,+\infty)$ 上可导，且 $\forall x\in[0,+\infty)$，有 $f(x)+f'(x)\leqslant 1$，证明：

$$\overline{\lim_{x\to+\infty}}f(x)\leqslant 1。$$

证　因为

$$(\mathrm{e}^x f(x))'=\mathrm{e}^x(f(x)+f'(x))\leqslant \mathrm{e}^x,$$

所以

$$\int_0^x(\mathrm{e}^x f(x))'\mathrm{d}x\leqslant\int_0^x\mathrm{e}^x\mathrm{d}x,\quad 即\quad \mathrm{e}^x f(x)-f(0)\leqslant \mathrm{e}^x-1,$$

所以

$$f(x)\leqslant\frac{\mathrm{e}^x-1+f(0)}{\mathrm{e}^x},$$

因而有

$$\overline{\lim_{x\to+\infty}}f(x)\leqslant\overline{\lim_{x\to+\infty}}\left(\frac{\mathrm{e}^x-1+f(0)}{\mathrm{e}^x}\right)=1+\overline{\lim_{x\to+\infty}}\frac{f(0)-1}{\mathrm{e}^x}=1。$$

例 3　设 $f(x)$ 在 (a,b)（有穷或无穷区间）中任意点有有限导数，且 $\lim\limits_{x\to a^+}f(x)=\lim\limits_{x\to b^-}f(x)$。证明：存在 $\xi\in(a,b)$ 使得 $f'(\xi)=0$。

证　(1) 当 (a,b) 为有限区间，设 $c=\lim\limits_{x\to a^+}f(x)=\lim\limits_{x\to b^-}f(x)$，令

$$F(x)=\begin{cases}f(x), & x\in(a,b),\\ c, & x=a\ 或\ x=b。\end{cases}$$

则 $F(x)$ 在 $[a,b]$ 上连续，在 (a,b) 内可导，$F(a)=F(b)$，由罗尔定理知存在 $\xi\in(a,b)$，使得 $F'(\xi)=f'(\xi)=0$。

(2) 若 $a=-\infty$，$b=+\infty$，可设 $x=\tan t$，$t\in\left(-\frac{\pi}{2},\frac{\pi}{2}\right)$，令 $G(t)=f(\tan t)$，$t\in\left(-\frac{\pi}{2},\frac{\pi}{2}\right)$，由条件知存在 $t_0\in\left(-\frac{\pi}{2},\frac{\pi}{2}\right)$ 使得

$$G'(t_0)=f'(\tan t_0)\sec^2 t_0=0。$$

因为 $\sec^2 t_0\neq 0$，所以 $f'(\tan t_0)=0$，故取 $\xi=\tan t_0$ 即可。

(3) 若 a 有限，$b=+\infty$，令 $G(t)=f(\tan t)$，$t\in\left(\arctan a,\frac{\pi}{2}\right)$ 即可，

(4) 若 $a=-\infty$，b 有限，类似(3)的讨论，存在 $\xi\in(-\infty,0)$ 使得 $f'(\xi)=0$。

注　此题为罗尔定理的推广。

例 4　设 $f''(x)$ 在 $(a,+\infty)$ 上存在，且 $f(a+0)=f(+\infty)=0$，证明：$\exists x_0\in(a,+\infty)$，使 $f''(x_0)=0$。

证（反证法）　若不然，由导函数的介值定理知，$f''(x)$ 恒正或恒负，不妨设 $f''(x)>0$，则

$f'(x)$严格单调上升，因为 $f(a+0)=f(+\infty)$，所以由推广的罗尔定理(参见例 3)知，$\exists c\in(a,+\infty)$，使 $f'(c)=0$，从而由 $f'(x)$严格上升知，当 $x>c$ 时，$f'(x)>f'(c)=0$，再由 $f''(x)>0$ 知，$f(x)$为凸函数，从而 $\forall \xi>c$，有

$$f(x)\geqslant f'(\xi)(x-\xi)+f(\xi)。$$

令 $x\to+\infty$，得 $f(x)\to+\infty$，此与 $f(+\infty)=0$ 矛盾，所以 $\exists x_0\in(-\infty,+\infty)$，使 $f''(x_0)=0$。

例 5　设 $f(x)\in C[a,b]$，$0\leqslant a<b$，$f(x)$在(a,b)内可微，且 $f(a)\neq f(b)$，则 $\exists \xi,\eta\in(a,b)$，使$\dfrac{f'(\eta)}{2\eta}=\dfrac{f'(\xi)}{b+a}$。

证　对 $f(x)$与 x^2 在$[a,b]$上应用柯西中值定理可得

$$\frac{f(b)-f(a)}{b^2-a^2}=\frac{f'(\eta)}{2\eta},\quad \eta\in(a,b)。$$

对 $f(x)$在$[a,b]$上应用拉格朗日中值定理可得

$$\frac{f(b)-f(a)}{b-a}=f'(\xi),\quad \xi\in(a,b)。$$

所以$\dfrac{f'(\eta)}{2\eta}=\dfrac{f'(\xi)}{b+a}$。

例 6　设 $f(x)$在$[0,+\infty)$上可导，且 $0\leqslant f(x)\leqslant\dfrac{x}{1+x^2}$，证明：$\exists \xi>0$，使

$$f'(\xi)=\frac{1-\xi^2}{(1+\xi^2)^2}。$$

证　令

$$F(x)=f(x)-\frac{x}{1+x^2},\quad x\in[0,+\infty),$$

则 $F(0)=0$，$F(+\infty)=\lim\limits_{x\to+\infty}\left(f(x)-\dfrac{x}{1+x^2}\right)=0$，所以由推广的罗尔定理(参见例 3)知，$\exists \xi\in(0,+\infty)$，使 $F'(\xi)=0$，即

$$f'(\xi)=\frac{1-\xi^2}{(1+\xi^2)^2}。$$

例 7　设 $f(x)\in C[a,b]$，在(a,b)内二阶可导，证明：$\exists c\in(a,b)$，使

$$f(b)-2f\left(\frac{a+b}{2}\right)+f(a)=\frac{(b-a)^2}{4}f''(c)。$$

证

$$\begin{aligned}&f(b)-2f\left(\frac{a+b}{2}\right)+f(a)\\=&\left[f(b)-f\left(\frac{a+b}{2}\right)\right]-\left[f\left(\frac{a+b}{2}\right)-f(a)\right]\\=&\left[f\left(\frac{a+b}{2}+\frac{b-a}{2}\right)-f\left(\frac{a+b}{2}\right)\right]-\left[f\left(a+\frac{b-a}{2}\right)-f(a)\right]。\end{aligned}$$

令

$$\varphi(x)=f\left(x+\frac{b-a}{2}\right)-f(x),\quad x\in\left[a,\frac{a+b}{2}\right],$$

则

$$f(b)-2f\left(\frac{a+b}{2}\right)+f(a)=\varphi\left(\frac{a+b}{2}\right)-\varphi(a)=\varphi'(\xi)\cdot\frac{b-a}{2}$$

$$=\left[f'\left(\xi+\frac{b-a}{2}\right)-f'(\xi)\right]\cdot\frac{b-a}{2}$$

$$=f''(c)\,\frac{(b-a)^2}{4}\quad\left(c=\xi+\theta\cdot\frac{b-a}{2}\in(a,b),0<\theta<1\right)。$$

例 8　设：(1) $f(x)\in C[a,b]$，$f(a)=f(b)=0$；

(2) $f(x)$在$[a,b]$内可导，且 $f'_+(a)>0$；

(3) $f(x)$在(a,b)内二阶可导。则$\exists c\in(a,b)$，使 $f''(c)<0$。

证法 1　因为 $f'_+(a)>0$，所以 $f(x)$在 a 点严格增加，因而$\exists x_0\in(a,b)$，使 $f(x_0)>f(a)=0$，于是$\exists\xi_1\in(a,x_0)$，使

$$f'(\xi_1)=\frac{f(x_0)-f(a)}{x_0-a}>0,$$

$\exists\xi_2\in(x_0,b)$，使

$$f'(\xi_2)=\frac{f(b)-f(x_0)}{b-x_0}<0,$$

因而$\exists c\in(\xi_1,\xi_2)\subset(a,b)$使

$$f''(c)=\frac{f'(\xi_2)-f'(\xi_1)}{\xi_2-\xi_1}<0。$$

证法 2(反证法)　若$\forall x\in(a,b)$，有 $f''(x)\geqslant0$，所以 $f(x)$在$[a,b]$内为凸函数，所以$\forall x\in(a,b)$，令 $x=\lambda a+(1-\lambda)b$，有

$$f(x)=f(\lambda a+(1-\lambda)b)\leqslant\lambda f(a)+(1-\lambda)f(b)=0。$$

又 $f'_+(a)>0$，所以$\exists\delta>0$，当 $x\in(a,a+\delta)$时，有 $f(x)>f(a)$，矛盾。

例 9　设 $f(x)$在$[0,+\infty)$上可微，$f(0)=0$，若有常数 $A>0$，使

$$|f'(x)|\leqslant A|f(x)|,\quad x\in[0,+\infty),$$

则 $f(x)\equiv0$，$x\in[0,+\infty)$。

证(反证法)　若不然，则$\exists x_0\in(0,+\infty)$，使 $f(x_0)\neq0$，不妨设 $f(x_0)>0$，令

$$x_1=\inf\{x\in(0,+\infty)\mid f(x)>0,\quad x\in(x,x_0)\}。$$

由函数的局部保号性知，只能有 $f(x_1)=0$，即$\forall x\in(x_1,x_0)$，有 $f(x)>0$，令 $g(x)=\ln f(x)$，$x\in(x_1,x_0)$，则

$$|g'(x)|=\left|\frac{f'(x)}{f(x)}\right|\leqslant A,$$

从而 $g(x)$在有限区间(x_1,x_0)上有界，但 $\lim\limits_{x\to x_1^+}f(x)=f(x_1)$，故

$$\lim_{x\to x_1^+}g(x)=\lim_{x\to x_1^+}\ln f(x)=-\infty,$$

此与 $g(x)$在(x_1,x_0)上有界矛盾，所以 $f(x)\equiv0$，$x\in[0,+\infty)$。

例 10　设 $f(x)$在$[a,b]$上有界，$g(x)$在$[a,b]$上可导，$g(a)=0$，$\lambda\neq0$。若

$$|g(x)f(x)+\lambda g'(x)|\leqslant|g(x)|,\quad x\in(a,b),$$

则 $g(x)\equiv0$，$x\in[a,b]$。

证法 1 因为 $f(x)$ 在 $[a,b]$ 上有界,所以 $\exists M>0$,使 $\forall x\in[a,b]$,有 $|f(x)|\leqslant M$,记 $A=\frac{1}{|\lambda|}(1+M)$,则

$$\begin{aligned}|g'(x)|&=\frac{1}{|\lambda|}|\lambda g'(x)+g(x)f(x)-f(x)g(x)|\\&\leqslant\frac{1}{|\lambda|}(|\lambda g'(x)+g(x)f(x)|+|f(x)g(x)|)\\&\leqslant\frac{1}{|\lambda|}(|g(x)|+|f(x)||g(x)|)\\&\leqslant\frac{1}{|\lambda|}(1+M)|g(x)|\\&=A|g(x)|。\end{aligned}$$

由上题知 $g(x)\equiv 0,x\in[a,b]$。

证法 2(反证法) 若不然,则 $\exists x_0\in(a,b]$,使 $g(x_0)>0$,令

$$x_1=\inf\{x\in[a,b]\mid g(x)>0,\quad x\in(x,x_0)\},$$

由函数的局部保号性知,只能有 $g(x_1)=0$,即 $\forall x\in(x_1,x_0)$,有 $g(x)>0$,因为

$$|f(x)g(x)+\lambda g'(x)|\leqslant|g(x)|,$$

所以

$$\left|f(x)+\lambda\frac{g'(x)}{g(x)}\right|\leqslant 1,\quad x\in(x_1,x_0),$$

所以

$$\left|\lambda\frac{g'(x)}{g(x)}\right|\leqslant 1+|f(x)|\leqslant A,\quad A=1+M,$$

其中 M 为 $f(x)$ 在 $[a,b]$ 上的界。

令 $h(x)=\ln g(x)$,则 $|\lambda h'(x)|\leqslant A$,即 $h'(x)$ 在 (x_1,x_0) 上有界,从而 $h(x)$ 在 (x_1,x_0) 上有界,但由于 $\lim\limits_{x\to x_1^+}g(x)=g(x_1)=0$,所以 $\lim\limits_{x\to x_1^+}h(x)=-\infty$,矛盾,所以 $g(x)\equiv 0,x\in[a,b]$。

例 11 已知函数 $f(x)\in C[0,1]$ 且 $f(0)=0$。证明:若存在 $\alpha>\beta>0$ 使得

$$\lim_{x\to 0^+}\frac{f(\alpha x)-f(\beta x)}{x}=c\quad(c\in\mathbb{R}\text{ 为常数}),$$

则 $f(x)$ 在 $x=0$ 点可导。

证 由于

$$\lim_{x\to 0^+}\frac{f(\alpha x)-f(\beta x)}{x}\xlongequal{\alpha x=t}\alpha\lim_{t\to 0^+}\frac{f(t)-f\left(\frac{\beta}{\alpha}t\right)}{t}=c,$$

即

$$\lim_{x\to 0^+}\frac{f(x)-f\left(\frac{\beta}{\alpha}x\right)}{x}=\frac{c}{\alpha},\qquad\text{亦即 } f(x)-f\left(\frac{\beta}{\alpha}x\right)=\frac{c}{\alpha}x+o(x)。$$

从而

$$\begin{cases} f(x)-f\left(\dfrac{\beta}{\alpha}x\right)=\dfrac{c}{\alpha}x+o(x), \\ f\left(\dfrac{\beta}{\alpha}x\right)-f\left(\dfrac{\beta^2}{\alpha^2}x\right)=\dfrac{c}{\alpha}\dfrac{\beta}{\alpha}x+o\left(\dfrac{\beta}{\alpha}x\right), \\ \quad\vdots \\ f\left(\dfrac{\beta^n}{\alpha^n}x\right)-f\left(\dfrac{\beta^{n+1}}{\alpha^{n+1}}x\right)=\dfrac{c}{\alpha}\dfrac{\beta^n}{\alpha^n}x+o\left(\dfrac{\beta^n}{\alpha^n}x\right), \end{cases}$$

这样

$$f(x)-f\left(\frac{\beta^{n+1}}{\alpha^{n+1}}x\right)=\frac{c}{\alpha}x\left(1+\frac{\beta}{\alpha}+\frac{\beta^2}{\alpha^2}+\cdots+\frac{\beta^n}{\alpha^n}\right)+\sum_{k=0}^{n}o\left(\frac{\beta^k}{\alpha^k}x\right)。\tag{1}$$

由于 $f(x)$在 $x=0$ 连续，对(1)式两边令 $n\to\infty$，得 $f(x)-f(0)=\dfrac{c}{\alpha-\beta}x+o(x)$，故

$$\lim_{x\to0}\frac{f(x)-f(0)}{x}=\frac{c}{\alpha-\beta}。$$

例 12　设 $f(x)$在$[0,+\infty)$内可微，且 $0\leqslant f(x)\leqslant\ln\dfrac{2x+1}{x+\sqrt{1+x^2}}$，$\forall x\in[0,+\infty)$。证明：存在 $\xi\in(0,+\infty)$，使得 $f'(\xi)=\dfrac{2}{2\xi+1}-\dfrac{1}{\sqrt{1+\xi^2}}$。

证　令 $F(x)=f(x)-\ln\dfrac{2x+1}{x+\sqrt{1+x^2}}$，由于 $0\leqslant f(x)\leqslant\ln\dfrac{2x+1}{x+\sqrt{1+x^2}}$，$\forall x\in[0,+\infty)$，故

$$F(0)=0,\quad \lim_{x\to+\infty}F(x)=0。$$

由推广的罗尔定理知存在 $\xi\in(0,+\infty)$，使得 $F'(\xi)=0$，即

$$f'(\xi)=\frac{2}{2\xi+1}-\frac{1}{\sqrt{1+\xi^2}}。$$

例 13　设 $f(x)\in C[0,1]$，在$(0,1)$内可导，且 $f(0)=f(1)=0$，$f\left(\dfrac{1}{2}\right)=1$。证明：$\forall\lambda$，$\exists\eta\in(0,1)$，使得

$$f'(\eta)-\lambda[f(\eta)-\eta]=1。$$

证　记 $F(x)=f(x)-x$，由 $F\left(\dfrac{1}{2}\right)>0$，$F(1)<0$ 及连续函数介值定理，存在 $\xi\in\left(\dfrac{1}{2},1\right)$使得 $F(\xi)=0$，即 $f(\xi)=\xi$。

令 $G(x)=\mathrm{e}^{-\lambda x}[f(x)-x]$，则 $G(0)=f(0)=0$，$G(\xi)=0$，由罗尔定理知存在 $\eta\in(0,\xi)$，使得 $G'(\eta)=0$，即 $f'(\eta)-\lambda[f(\eta)-\eta]=1$。

例 14　证明：若 $x>0$，则：

(1) $\sqrt{x+1}-\sqrt{x}=\dfrac{1}{2\sqrt{x+\theta(x)}}$，其中$\dfrac{1}{4}<\theta(x)<\dfrac{1}{2}$；

(2) $\lim\limits_{x\to0^+}\theta(x)=\dfrac{1}{4}$，$\lim\limits_{x\to+\infty}\theta(x)=\dfrac{1}{2}$。

证 (1) 由拉格朗日中值定理得

$$\sqrt{x+1}-\sqrt{x}=\frac{1}{2\sqrt{x+\theta(x)}}\Rightarrow\frac{1}{2\sqrt{x+\theta(x)}}=\frac{1}{\sqrt{x+1}+\sqrt{x}},$$

即

$$\theta(x)=\left(\frac{\sqrt{x+1}+\sqrt{x}}{2}\right)^2-x=\frac{2x+1+2\sqrt{x(x+1)}}{4}-x=\frac{1+2\sqrt{x(x+1)}-2x}{4}$$

$$=\frac{1}{4}+\frac{1}{2}[\sqrt{x(x+1)}-x]=\frac{1}{4}+\frac{1}{2}\frac{x}{\sqrt{x(x+1)}+x}=\frac{1}{4}+\frac{1}{2}\frac{1}{\sqrt{1+\frac{1}{x}}+1}。$$

而

$$0<\frac{1}{2}\frac{1}{\sqrt{1+\frac{1}{x}}+1}<\frac{1}{4},\qquad 故\frac{1}{4}<\theta(x)<\frac{1}{2}。$$

(2) 由

$$\theta(x)=\frac{1}{4}+\frac{1}{2}\frac{x}{\sqrt{x(x+1)}+x}=\frac{1}{4}+\frac{1}{2}\frac{1}{\sqrt{1+\frac{1}{x}}+1},$$

得

$$\lim_{x\to 0^+}\theta(x)=\frac{1}{4},\quad \lim_{x\to+\infty}\theta(x)=\frac{1}{2}。$$

例 15 设 $f(x)=\begin{cases}|x|, & x\neq 0,\\ 1, & x=0。\end{cases}$证明:不存在函数以 $f(x)$为其导函数。

证(反证法) 假设存在 $F(x)$使得 $F'(x)=f(x)$,即

$$F'(x)=\begin{cases}x, & x>0,\\ 1, & x=0,\\ -x, & x<0,\end{cases}$$

则当 $x>0$ 时,$F(x)=\frac{1}{2}x^2+C_1$;当 $x<0$ 时,$F(x)=-\frac{1}{2}x^2+C_2$。

由于 $F(x)$连续,故 $C_1=C_2=F(0)$,即

$$F(x)=\begin{cases}\frac{1}{2}x^2+C_1, & x>0,\\ C_1, & x=0,\\ -\frac{1}{2}x^2+C_1, & x<0。\end{cases}$$

所以 $\lim\limits_{x\to 0^+}\frac{F(x)-F(0)}{x}=0$,即 $F'(0)=0$,这与 $F'(x)$的表达式矛盾。

例 16(导函数的介值定理) 设 $f(x)$在$[a,b]$上可导,且 $f'(a)\neq f'(b)$,c 为介于 $f'(a)$与 $f'(b)$之间的任意实数,则 $\exists\,\xi\in(a,b)$,使 $f'(\xi)=c$。

证 不妨设 $f'(a)<c<f'(b)$。

(i) 做辅助函数 $g(x)=f(x)-cx$,则 $g(x)$在$[a,b]$上处处可导,且

$$g'(a)=f'(a)-c<0,\quad g'(b)=f'(b)-c>0,$$

所以只要证明 $\exists\,\xi\in(a,b)$，使 $g'(\xi)=0$，即 $f'(\xi)=c$。

(ii) 由于

$$\lim_{x\to a^+}\frac{g(x)-g(a)}{x-a}=g'(a)<0,$$

所以当 $x>a$，且 x 与 a 充分接近时，有 $g(x)<g(a)$。同理由 $g'(b)>0$ 知，当 $x<b$，且 x 与 b 充分接近时，有 $g(x)<g(b)$，故 $g(x)$ 在端点 a,b 处不取最小值，但 $g(x)\in C[a,b]$，从而在 $[a,b]$ 上有最小值，所以 $\exists\,\xi\in(a,b)$，使

$$g(\xi)=\min\{g(x)\mid x\in[a,b]\}。$$

由费马定理，$g'(\xi)=0$，即 $f'(\xi)=c$。

例 17　设 $f(x)$ 在 $[0,1]$ 上二次可微，且 $f(1)=f(0)=0$，$\min\limits_{[0,1]}f(x)=-1$，则 $\exists\,\xi\in(0,1)$，使 $f''(\xi)\geqslant 8$。

证　因为 $f(x)\in C[0,1]$，$f(1)=f(0)=0$，$\min\limits_{[0,1]}f(x)=-1$，所以 $\exists\,\eta\in(0,1)$，使

$$f(\eta)=\min\{f(x)\mid x\in[0,1]\}=-1,$$

从而 $f'(\eta)=0$，把 $f(0)$，$f(1)$ 在 η 点泰勒展开得

$$0=f(0)=f(\eta)+f'(\eta)(-\eta)+\frac{\eta^2}{2}f''(\xi_1),\quad 0<\xi_1<\eta,$$

$$0=f(1)=f(\eta)+f'(\eta)(1-\eta)+\frac{(1-\eta)^2}{2}f''(\xi_2),\quad \eta<\xi_2<1,$$

因而有

$$f''(\xi_1)=\frac{2}{\eta^2},\quad f''(\xi_2)=\frac{2}{(1-\eta)^2},\quad 0<\eta<1,$$

所以，当 $0<\eta\leqslant\frac{1}{2}$ 时，$f''(\xi_1)=\frac{2}{\eta^2}\geqslant 8$；当 $\frac{1}{2}<\eta<1$ 时，$f''(\xi_2)=\frac{2}{(1-\eta)^2}\geqslant 8$。

例 18　设 $f(x)$ 在 $[a,b]$ 上二阶可导，$f'(a)=f'(b)=0$，证明：$\exists\,\xi\in(a,b)$，使

$$|f''(\xi)|\geqslant\frac{4}{(b-a)^2}|f(b)-f(a)|。$$

证　将 $f\left(\frac{a+b}{2}\right)$ 分别在 a,b 点泰勒展开，得

$$f\left(\frac{a+b}{2}\right)=f(a)+\frac{1}{2}f''(\xi_1)\left(\frac{b-a}{2}\right)^2,\quad a<\xi_1<\frac{a+b}{2},$$

$$f\left(\frac{a+b}{2}\right)=f(b)+\frac{1}{2}f''(\xi_2)\left(\frac{b-a}{2}\right)^2,\quad \frac{a+b}{2}<\xi_2<b。$$

两式相减得

$$f(b)-f(a)+\frac{1}{8}(f''(\xi_2)-f''(\xi_1))(b-a)^2=0。$$

取 $|f''(\xi)|=\max\{|f''(\xi_1)|,|f''(\xi_2)|\}$，所以

$$\frac{4|f(b)-f(a)|}{(b-a)^2}\leqslant\frac{1}{2}(|f''(\xi_1)|+|f''(\xi_2)|)\leqslant|f''(\xi)|,$$

即

$$|f''(\xi)|\geqslant\frac{4}{(b-a)^2}|f(b)-f(a)|。$$

例 19　设 $f(x)$在$[-1,1]$上三阶可导，$f(0)=f(-1)=0,f(1)=1,f'(0)=0$，证明：$\exists\xi\in[-1,1]$，使 $f'''(\xi)=3$。

证　将 $f(-1)$与 $f(1)$分别在 $x=0$ 处泰勒展开得

$$0=f(-1)=f(0)+f'(0)(-1)+\frac{f''(0)}{2}(-1)^2+\frac{f'''(c_1)}{3!}(-1)^3,$$

$$1=f(1)=f(0)+f'(0)+\frac{f''(0)}{2}+\frac{f'''(c_2)}{3!},$$

故 $f''(0)=\frac{f'''(c_1)}{3}$，$1=\frac{f''(0)}{2}+\frac{f'''(c_2)}{6}$，因而有

$$3=\frac{f'''(c_1)+f'''(c_2)}{2},$$

由导函数的介值定理知，$\exists\xi\in(-1,1)$，使 $f'''(\xi)=3$。

例 20　设 $f(x)$在$(-\infty,+\infty)$上二次可微，

$$M_k=\sup\{|f^{(k)}(x)|,x\in(-\infty,+\infty)\}<+\infty,\quad k=0,1,2,(f^{(0)}(x)=f(x))。$$

证明：$M_1=\sup\{|f'(x)|,x\in(-\infty,+\infty)\}<+\infty$，且 $M_1^2\leqslant 2M_0M_2$。

证　将 $f(x+h)$与 $f(x-h)$分别在 x 处泰勒展开得

$$f(x+h)=f(x)+f'(x)h+\frac{1}{2}f''(\xi)h^2,$$

$$f(x-h)=f(x)-f'(x)h+\frac{1}{2}f''(\eta)h^2,$$

其中 ξ 介于 x 与 $x+h$ 之间，η 介于 x 与 $x-h$ 之间。两式相减得

$$f(x+h)-f(x-h)=2f'(x)h+\frac{h^2}{2}(f''(\xi)-f''(\eta)),$$

即

$$2f'(x)h=f(x+h)-f(x-h)-\frac{h^2}{2}(f''(\xi)-f''(\eta)),$$

所以

$$2|f'(x)|h\leqslant 2|f'(x)h|\leqslant 2M_0+h^2M_2,$$

即对 $\forall h\in\mathbb{R}$ 有

$$M_2h^2-2|f'(x)|h+2M_0\geqslant 0,\qquad 所以\ \Delta=4(f'(x))^2-8M_0M_2\leqslant 0,$$

即$(f'(x))^2\leqslant 2M_0M_2$，$\forall x\in\mathbb{R}$，所以 $M_1^2\leqslant 2M_0M_2$。

例 21　设 $f(x)$在$(-1,1)$内有二阶导数，$f(0)=f'(0)=0$，且 $\forall x\in(-1,1)$有

$$|f''(x)|\leqslant|f(x)|+|f'(x)|,$$

证明：$\exists\delta>0$，$\forall x\in(-\delta,\delta)$，有 $f(x)\equiv 0$。

分析与证明　将 $f(x)$，$f'(x)$在 $x=0$ 点泰勒展开得

$$f(x)=f(0)+f'(0)x+\frac{f''(\xi)}{2}x^2=\frac{f''(\xi)}{2}x^2,$$

$$f'(x)=f'(0)+f''(\eta)x=f''(\eta)x,$$

其中 ξ,η 介于 0 与 x 之间，所以

$$|f(x)|+|f'(x)|=\frac{1}{2}|f''(\xi)|x^2+|f''(\eta)||x|。$$

$\forall\delta<1$，因为 $|f(x)|+|f'(x)|\in C[-\delta,\delta]$，所以 $\exists x_0\in[-\delta,\delta]$，使

$$M=|f(x_0)|+|f'(x_0)|=\max\{|f(x)|+|f'(x)|\mid x\in[-\delta,\delta]\}。$$

现找一个 $\delta>0$，使 $M=0$ 即可。而

$$\begin{aligned}M&=|f(x_0)|+|f'(x_0)|=\frac{1}{2}|f''(\xi_0)x_0^2|+|f''(\eta_0)x_0|\\&\leqslant\delta(|f''(\xi_0)|+|f''(\eta_0)|)\\&\leqslant\delta(|f(\xi_0)|+|f'(\xi_0)|+|f(\eta_0)|+|f'(\eta_0)|)\leqslant 2M\delta,\end{aligned}$$

所以只需 $2\delta<1$，即 $\delta<\frac{1}{2}$，就有 $M=0$。

例如在 $\left[-\frac{1}{3},\frac{1}{3}\right]$ 上，有 $f(x)\equiv 0$。

例 22　设 $f(x)$ 在 x_0 的附近有 $n+1$ 阶连续导数，且 $f^{(n+1)}(x_0)\neq 0$，

$$f(x_0+h)=f(x_0)+hf'(x_0)+\cdots+\frac{h^{n-1}}{(n-1)!}f^{(n-1)}(x_0)+\frac{h^n}{n!}f^{(n)}(x_0+\theta h),\quad 0<\theta<1。\tag{$*$}$$

证明：$\lim\limits_{h\to 0}\theta=\frac{1}{n+1}$。

证　由泰勒展开式得

$$f(x_0+h)=f(x_0)+hf'(x_0)+\cdots+\frac{h^n}{n!}f^{(n)}(x_0)+\frac{f^{(n+1)}(x_0+\theta_1 h)}{(n+1)!}h^{n+1},\quad 0<\theta_1<1。\tag{$**$}$$

由($*$)式和($**$)式得

$$\frac{h^n}{n!}f^{(n)}(x_0+\theta h)=\frac{h^n}{n!}f^{(n)}(x_0)+\frac{h^{n+1}}{(n+1)!}f^{(n+1)}(x_0+\theta_1 h),$$

所以

$$f^{(n)}(x_0+\theta h)-f^{(n)}(x_0)=\frac{h}{n+1}f^{(n+1)}(x_0+\theta_1 h),$$

因而有

$$f^{(n+1)}(x_0+\theta_2\theta h)\theta=\frac{1}{n+1}f^{(n+1)}(x_0+\theta_1 h),$$

所以

$$\lim_{h\to 0}\theta=\lim_{h\to 0}\frac{f^{(n+1)}(x_0+\theta_1 h)}{n+1}\,\frac{1}{f^{(n+1)}(x_0+\theta_2\theta h)}=\frac{f^{(n+1)}(x_0)}{(n+1)f^{(n+1)}(x_0)}=\frac{1}{n+1}。$$

例 23　设：(1) $f(x)$ 在 $(x_0-\delta,x_0+\delta)$ 内 n 阶连续可导，

(2) $f^{(k)}(x_0)=0,k=2,3,\cdots,n-1$，但 $f^{(n)}(x_0)\neq 0$，

(3) 当 $0<|h|<\delta$ 时，

$$\frac{f(x_0+h)-f(x_0)}{h}=f'(x_0+h\theta),\quad 0<\theta<1。\tag{*}$$

证明：$\lim\limits_{h\to 0}\theta(h)=\sqrt[n-1]{\dfrac{1}{n}}$。

证　设法将 $\theta(h)$ 解出来，为此，将 $f(x_0+h)$ 及右端的 $f'(x_0+h\theta)$ 在 x_0 处泰勒展开，由条件(2)知，$\exists\,\theta_1,\theta_2\in(0,1)$，使得

$$f(x_0+h)=f(x_0)+hf'(x_0)+\frac{h^n}{n!}f^{(n)}(x_0+\theta_1 h),$$

$$f'(x_0+\theta h)=f'(x_0)+\frac{h^{n-1}\theta^{n-1}}{(n-1)!}f^{(n)}(x_0+\theta_2 h\theta),$$

于是(*)式变为

$$f'(x_0)+\frac{h^{n-1}}{n!}f^{(n)}(x_0+\theta_1 h)=f'(x_0)+\frac{h^{n-1}\theta^{n-1}}{(n-1)!}f^{(n)}(x_0+\theta_2 h\theta),$$

所以

$$\theta(h)=\sqrt[n-1]{\frac{f^{(n)}(x_0+\theta_1 h)}{nf^{(n)}(x_0+\theta_2 h\theta)}}。$$

因为 $\theta_1,\theta_2,\theta(h)\in(0,1)$，利用 $f^{(n)}(x)$ 的连续性，即可得 $\lim\limits_{h\to 0}\theta(h)=\sqrt[n-1]{\dfrac{1}{n}}$。

例 24　设 $f(x)$ 在 $[a,b]$ 上三阶可导。证明：存在 $\xi\in(a,b)$，使得

$$f(b)=f(a)+\frac{1}{2}(b-a)[f'(a)+f'(b)]-\frac{1}{12}(b-a)^3f'''(\xi)。$$

证　令

$$F(x)=f(x)-f(a)-\frac{1}{2}(x-a)[f'(a)+f'(x)],\quad G(x)=(x-a)^3。$$

下面只要证明 $F(b)=-\dfrac{1}{12}f''(\xi)(b-a)^3$。

事实上，显然

$$F(a)=0,\quad G(a)=0,$$

$$F'(x)=\frac{1}{2}[f'(x)-f'(a)]-\frac{1}{2}f''(x)(x-a),$$

$$G'(x)=3(x-a)^2\Rightarrow F'(a)=G'(a)=0。$$

由柯西中值定理得

$$\frac{F(b)}{G(b)}=\frac{F(b)-F(a)}{G(b)-G(a)}=\frac{F'(\eta)}{G'(\eta)}=\frac{F'(\eta)-F'(a)}{G'(\eta)-G'(a)}=\frac{F''(\xi)}{G''(\xi)}=-\frac{1}{12}f'''(\xi),$$

即

$$F(b)=-\frac{1}{12}f'''(\xi)(b-a)^3。$$

例 25　设 $f(x)$ 在 $(a,+\infty)$ 内具有连续导函数，若 $\lim\limits_{x\to+\infty}f(x)=A$，

(1) 能否推出 $\lim\limits_{x\to+\infty}f'(x)=0$?

（2）再加上何条件可以推出 $\lim\limits_{x\to+\infty} f'(x)=0$？

解 （1）$\lim\limits_{x\to+\infty} f(x)=A$，推不出 $\lim\limits_{x\to+\infty} f'(x)=0$。如：$f(x)=\dfrac{\sin x^2}{x}$，易知

$$\lim_{x\to+\infty} f(x)=0,\quad f'(x)=2\cos x^2-\frac{\sin x^2}{x^2},$$

显然，$\lim\limits_{x\to+\infty} f'(x)$不存在。

（2）若 $\lim\limits_{x\to+\infty} f(x)=A$，且满足下面条件之一，则有 $\lim\limits_{x\to+\infty} f'(x)=0$。

（i）$f''(x)$在$(0,+\infty)$内有界；

（ii）$\lim\limits_{x\to+\infty} f'(x)$存在。

证 （i）记 $F(x)=f(x)-A$，则 $\lim\limits_{x\to+\infty} F(x)=0$。$\forall x\in(0,+\infty)$，$h>0$，由泰勒公式有

$$F(x+h)=F(x)+F'(x)h+\frac{1}{2}F''(\xi)h^2,\quad x<\xi<x+h。$$

所以

$$F'(x)=\frac{1}{h}[F(x+h)-F(x)]-\frac{1}{2}F''(\xi)h。\tag{1}$$

由条件知存在 $c>0$ 使得$|F''(x)|=|f''(x)|\leqslant c$。

因为 $\lim\limits_{x\to+\infty} F(x)=0$，所以$\forall\varepsilon>0$，$\exists X>0$，当 $x>X$ 时有

$$|F(x)|<\varepsilon。$$

结合(1)式知，当 $x>X$ 时有

$$|F'(x)|\leqslant\frac{1}{h}2\varepsilon+\frac{1}{2}ch。\tag{2}$$

取 $h=\sqrt{\varepsilon}$，由(2)式知$|F'(x)|\leqslant 2\sqrt{\varepsilon}+\dfrac{1}{2}c\sqrt{\varepsilon}$。所以

$$\lim_{x\to+\infty} F'(x)=0\Rightarrow\lim_{x\to+\infty} f'(x)=0。$$

（ii）**证法 1** 若 $\lim\limits_{x\to+\infty} f'(x)=A\neq 0$，不妨设 $A>0$，则存在 $M>0$ 当 $x>M$ 时，有

$$f'(x)>\frac{A}{2}>0。$$

故当 $x>M$ 时，有

$$f(x)-f(M)=f'(\xi)(x-M)>\frac{A}{2}(x-M)。$$

从而

$$f(x)>\frac{A}{2}(x-M)+f(M)\to+\infty(x\to+\infty)。$$

这与 $\lim\limits_{x\to+\infty} f(x)=k$（常数）矛盾。

证法 2 由洛必达法则得

$$\lim_{x\to+\infty} f(x)=\lim_{x\to+\infty}\frac{e^x f(x)}{e^x}=\lim_{x\to+\infty}[f(x)+f'(x)]=\lim_{x\to+\infty} f(x)+\lim_{x\to+\infty} f'(x),$$

故 $\lim\limits_{x\to+\infty} f'(x)=0$。

例 26　设

$$f(x)=a_1\sin x+a_2\sin 2x+\cdots+a_n\sin nx,$$

其中 $a_1,a_2,\cdots,a_n$ 是实数，n 是正整数，若 $|f(x)|\leqslant|\sin x|$，$x\in(-\infty,+\infty)$，求证：

$$|a_1+2a_2+\cdots+na_n|\leqslant 1。$$

证　由 $f'(x)=a_1\cos x+2a_2\cos 2x+\cdots+na_n\cos nx$ 知

$$f'(0)=a_1+2a_2+\cdots+na_n。$$

由

$$f'(0)=\lim_{x\to 0}\frac{f(x)-f(0)}{x}=\lim_{x\to 0}\frac{f(x)}{x}$$

及 $\left|\dfrac{f(x)}{x}\right|\leqslant\left|\dfrac{\sin x}{x}\right|$ 知，$|f'(0)|\leqslant 1$，即 $|a_1+2a_2+\cdots+na_n|\leqslant 1$。

例 27　设 $f(x)\in C[a,b]$，且 $\forall x\in[a,b]$，有 $f(x)\leqslant\int_a^x f(t)\mathrm{d}t$，证明：$f(x)\leqslant 0$，$x\in[a,b]$。

证　令

$$F(x)=\int_a^x f(t)\mathrm{d}t,\quad x\in[a,b]。$$

由 $f(x)\in C[a,b]$ 知，$F(x)$ 在 $[a,b]$ 可导，且

$$(\mathrm{e}^{-x}F(x))'=\mathrm{e}^{-x}\left(f(x)-\int_a^x f(t)\mathrm{d}t\right)\leqslant 0,$$

故 $\mathrm{e}^{-x}F(x)$ 在 $[a,b]$ 上单调减少，因此，$\forall x\in[a,b]$，有

$$\mathrm{e}^{-x}F(x)\leqslant\mathrm{e}^{-a}F(a)=0。$$

由此即知，$\forall x\in[a,b]$，有 $f(x)\leqslant F(x)\leqslant 0$。

例 28　设 $f(x)$ 在 $(0,a]$ 上可导，且 $\lim\limits_{x\to 0^+}\sqrt{x}f'(x)$ 存在且有限，试证：$f(x)$ 在 $(0,a]$ 上一致连续。

证　只要证明 $\lim\limits_{x\to 0^+}f(x)$ 存在且有限，$\forall\varepsilon>0$，设 $\lim\limits_{x\to 0^+}\sqrt{x}f'(x)=l$，所以 $\exists\delta_0>0(\delta_0<a)$，$\forall x:0<x<\delta_0$，有 $|\sqrt{x}f'(x)-l|<1$，即 $|\sqrt{x}f'(x)|\leqslant|l|+1$，$\forall x,y\in(0,a]$，由柯西中值定理知

$$\frac{f(x)-f(y)}{\sqrt{x}-\sqrt{y}}=\frac{f'(\xi)}{\dfrac{1}{2\sqrt{\xi}}}=2\sqrt{\xi}f'(\xi),$$

其中 ξ 介于 x 与 y 之间，因此

$$|f(x)-f(y)|=|2\sqrt{\xi}f'(\xi)||\sqrt{x}-\sqrt{y}|。$$

由 $\lim\limits_{x\to 0^+}\sqrt{z}$ 存在且有限知，对于 $\dfrac{\varepsilon}{2(|l|+1)}>0$，$\exists\delta>0(\delta<\delta_0)$，$\forall z',z''$：$0<z'<\delta$，$0<z''<\delta$ 有

$$|\sqrt{z'}-\sqrt{z''}|<\frac{\varepsilon}{2(|l|+1)},$$

于是 $\forall x',x''$：$0<x'<\delta,0<x''<\delta$ 有

$$|f(x')-f(x'')|=|2\sqrt{\eta}f'(\eta)||\sqrt{x'}-\sqrt{x''}|<2(|l|+1)\frac{\varepsilon}{2(|l|+1)}=\varepsilon,$$

其中 η 介于 x' 与 x'' 之间，由柯西收敛原理知 $\lim\limits_{x\to 0^+}f(x)$ 存在且有限，令

$$F(x)=\begin{cases}f(x), & x\in(0,a],\\ f(0+0), & x=0,\end{cases}$$

则 $F(x)\in C[0,a]$，因此 $F(x)$ 在 $[0,a]$ 上一致连续，从而 $F(x)$ 在 $(0,a]$ 上一致连续，即 $f(x)$ 在 $(0,a]$ 上一致连续。

第3章　一元函数积分学

3.1　基本知识点

一、不定积分

1. 原函数

(1) 设函数 $f(x)$ 与 $F(x)$ 在区间 I 上都有定义，若 $F'(x)=f(x), x\in I$，则称 $F(x)$ 为 $f(x)$ 在区间 I 上的一个原函数。

(2) 原函数存在定理　若函数 $f(x)$ 在区间 I 上连续，则函数 $f(x)$ 在区间 I 存在原函数 $F(x)$，即 $F'(x)=f(x), x\in I$。

(3) 设函数 $F(x)$ 为 $f(x)$ 在区间 I 上的原函数，则：

① $F(x)+C$ 也是 $f(x)$ 在区间 I 上的原函数，其中 C 为任意常数；

② $f(x)$ 在区间 I 上的任意两个原函数之间，至多相差一个常数。

2. 不定积分

(1) 函数 $f(x)$ 在区间 I 上所有原函数的全体称为 $f(x)$ 的不定积分。

(2) 不定积分的几何意义：若 $F(x)$ 是 $f(x)$ 的一个原函数，则称 $y=F(x)$ 的图形为 $f(x)$ 的一条积分曲线。于是，$f(x)$ 的不定积分在几何上表示 $f(x)$ 的某一积分曲线沿纵轴方向任意平移所得一切积分曲线组成的曲线族。显然，若在每一条积分曲线上横坐标相同的点处作切线，则这些切线互相平行。

3. 第一换元积分法　设 $f(t)$ 存在原函数 $F(t)$，又函数 $t=\varphi(x)$ 可微，则

$$\int f[\varphi(x)]\varphi'(x)\mathrm{d}x=F[\varphi(x)]+C。$$

4. 第二换元积分法　设 $t=\varphi(x)$ 是严格单调的可微函数，并且 $\varphi'(x)\neq 0$，又

$$\int f[\varphi(x)]\varphi'(x)\mathrm{d}x=F(x)+C,$$

则 $\int f(t)\mathrm{d}t=F[\varphi^{-1}(t)]+C$，其中 $\varphi^{-1}(t)$ 为函数 $\varphi(x)$ 的反函数。

(1) 三角代换　三角代换包括弦代换、切代换、割代换 3 种。

① 弦代换：被积函数中含有 $\sqrt{a^2-x^2}\,(a>0)$ 的根式时，令 $x=a\sin t$，变量还原时，常用辅助直角三角形。

② 切代换：被积函数中含有 $\sqrt{a^2+x^2}\,(a>0)$ 的根式时，令 $x=a\tan t$，变量还原时，常用辅助直角三角形。

③ 割代换：被积函数中含有 $\sqrt{x^2-a^2}\,(a>0)$ 的根式时，令 $x=a\sec t$，变量还原时，常用辅助直角三角形。

(2) 无理代换　若被积函数是 $\sqrt[n_1]{x},\sqrt[n_2]{x},\cdots,\sqrt[n_k]{x}$ 的有理式，设 n 为 $n_i(1\leqslant i\leqslant k)$ 的最小

公倍数，令 $t=\sqrt[n]{x}$；若被积函数中只有一种根式 $\sqrt[n]{ax+b}$ 或 $\sqrt[n]{\dfrac{ax+b}{cx+d}}$，则令 $t=\sqrt[n]{ax+b}$ 或 $t=\sqrt[n]{\dfrac{ax+b}{cx+d}}$，可化被积函数为 t 的有理函数。

(3) 倒数代换　设被积函数的分子、分母关于 x 的最高次数分别为 m 和 n，若 $n-m>1$，可以考虑令 $x=\dfrac{1}{t}$。

5. 分部积分法　设函数 $u(x)$ 与 $v(x)$ 都可微，不定积分 $\int v(x)u'(x)\mathrm{d}x$ 存在，则 $\int u(x)v'(x)\mathrm{d}x$ 也存在，且有

$$\int u(x)v'(x)\mathrm{d}x=u(x)v(x)-\int v(x)u'(x)\mathrm{d}x。$$

这个公式称为分部积分公式。

注　分部积分法的关键是合理选取 $u(x)$ 与 $v(x)$，一般来说有下列结论。

(1) 形如 $\int x^n \mathrm{e}^{ax}\mathrm{d}x$，取 $u(x)=x^n$，$v(x)=\mathrm{e}^{ax}$。

(2) 形如 $\int x^n \sin ax\,\mathrm{d}x$（或 $\int x^n\cos ax\,\mathrm{d}x$），取 $u(x)=x^n$，$v(x)=\sin ax$（或 $\cos ax$）。

(3) 形如 $\int x^n \ln^m x\,\mathrm{d}x$，取 $u(x)=\ln^m x$，$v(x)=x^n$。

(4) 形如 $\int x^n\arctan x\,\mathrm{d}x$，$\int x^n\operatorname{arccot}x\,\mathrm{d}x$，$\int x^n\arcsin x\,\mathrm{d}x$，$\int x^n\arccos x\,\mathrm{d}x$，取 $u(x)$ 为反三角函数，$v(x)=x^n$。

(5) 形如 $\int \mathrm{e}^{ax}\sin bx\,\mathrm{d}x$ 或 $\int \mathrm{e}^{ax}\cos bx\,\mathrm{d}x$，取 $u(x)=\sin bx$（或 $\cos bx$），$v(x)=\mathrm{e}^{ax}$；也可以取 $u(x)=\mathrm{e}^{ax}$，$v(x)=\sin bx$（或 $\cos bx$）。

6. 有理函数的积分

(1) 有理函数(有理分式)　函数 $\dfrac{P(x)}{Q(x)}$ 叫作有理函数，其中 $P(x)$ 与 $Q(x)$ 是没有公因式的多项式。如果 $P(x)$ 的次数大于或等于 $Q(x)$ 的次数，则叫作假分式。如果 $Q(x)$ 的次数大于 $P(x)$ 的次数，则叫作真分式。

注　① 任何一个假分式总可以化为整式与有理真分式和的形式。

② 首项系数为 1 的 m 次实系数多项式 $Q(x)$ 必可唯一地分解为以下形式：

$$Q(x)=(x-a_1)^{\lambda_1}\cdots(x-a_k)^{\lambda_k}(x^2+p_1x+q_1)^{\mu_1}\cdots(x^2+p_nx+q_n)^{\mu_n},$$

其中 $\lambda_1,\cdots,\lambda_k,\mu_1,\cdots,\mu_n$ 都是自然数，$\lambda_1+\cdots+\lambda_k+2(\mu_1+\cdots+\mu_n)=m$ 且二次三项式 $x^2+p_ix+q_i$ 满足 $p_i^2-4q_i<0(i=1,2,\cdots,n)$。

(2) 分解原理　如下所示。

$$\frac{P(x)}{Q(x)}=\left[\frac{A_1^{(1)}}{x-a_1}+\cdots+\frac{A_{\lambda_1}^{(1)}}{(x-a_1)^{\lambda_1}}\right]+\cdots+\left[\frac{A_1^{(k)}}{x-a_k}+\cdots+\frac{A_{\lambda_k}^{(k)}}{(x-a_k)^{\lambda_k}}\right]+$$

$$\left[\frac{B_1^{(1)}x+C_1^{(1)}}{x^2+p_1x+q_1}+\cdots+\frac{B_{\mu_1}^{(1)}x+C_{\mu_1}^{(1)}}{(x^2+p_1x+q_1)^{\mu_1}}\right]+\cdots+$$

$$\left[\frac{B_1^{(n)}x+C_1^{(n)}}{x^2+p_nx+q_n}+\cdots+\frac{B_{\mu_n}^{(n)}x+C_{\mu_n}^{(n)}}{(x^2+p_nx+q_n)^{\mu_n}}\right]。$$

注 计算有理函数的积分时,要将有理分式分解为部分分式,必须熟悉上述分解原理,最终化为$\int\frac{A}{x-a}\mathrm{d}x$,$\int\frac{A}{(x-a)^n}\mathrm{d}x\,(n>1)$,$\int\frac{A}{x^2+px+q}\mathrm{d}x$,$\int\frac{A}{(x^2+px+q)^n}\mathrm{d}x\,(n>1)$这4种形式。

7. 三角有理函数的积分 三角有理函数的积分总可以通过万能代换将其化为有理函数的积分,但通过万能代换后被积函数往往很复杂,因此,一般情况下尽量不用这种方法,通常根据被积函数的特点,通过三角恒等变形或凑微分等方法,对其进行化简后视具体形式再积分,计算三角有理函数的积分$\int R(\sin x,\cos x)\mathrm{d}x$时,可灵活运用以下技巧。

(1) 若$R(\sin x,\cos x)$满足条件$R(-\sin x,\cos x)=-R(\sin x,\cos x)$,则令$\cos x=t$。

(2) 若$R(\sin x,\cos x)$满足条件$R(\sin x,-\cos x)=-R(\sin x,\cos x)$,则令$\sin x=t$。

(3) 若$R(\sin x,\cos x)$满足条件$R(-\sin x,-\cos x)=R(\sin x,\cos x)$,则令$\tan x=t$。

(4) 利用积化和差公式

$$\sin x\cos y=\frac{1}{2}[\sin(x+y)+\sin(x-y)],$$

$$\sin x\sin y=\frac{1}{2}[\cos(x-y)-\cos(x+y)],$$

$$\cos x\cos y=\frac{1}{2}[\cos(x+y)+\cos(x-y)]。$$

(5) 利用降幂公式 $\sin^2x=\frac{1-\cos2x}{2},\cos^2x=\frac{1+\cos2x}{2}$。

(6) 利用万能代换 令$\tan\frac{x}{2}=t$,则

$$\int R(\sin x,\cos x)\mathrm{d}x=\int R\left(\frac{2t}{1+t^2},\frac{1-t^2}{1+t^2}\right)\frac{2}{1+t^2}\mathrm{d}t。$$

8. 一些不能用初等函数表达的积分

$$\int \mathrm{e}^{x^2}\mathrm{d}x,\quad \int \mathrm{e}^{-x^2}\mathrm{d}x,\quad \int\frac{\sin x}{x}\mathrm{d}x,\quad \int\frac{\cos x}{x}\mathrm{d}x,\quad \int\sin x^2\mathrm{d}x,\int\cos x^2\mathrm{d}x,\quad \int\frac{\mathrm{d}x}{\ln x},\quad \int\frac{\mathrm{d}x}{\sqrt{1+x^4}}。$$

二、定积分

1. 可积条件

(1) 可积的必要条件 $f(x)\in\mathrm{R}[a,b]\Rightarrow f(x)$在$[a,b]$上有界。

(2) 可积的充要条件 设$f(x)$在$[a,b]$上有界,则$f(x)\in\mathrm{R}[a,b]$

$\Leftrightarrow\forall\varepsilon>0,\exists\delta>0$,对$[a,b]$的任意分法$(T)$,只要$\lambda(T)<\delta$,

有$\sum\limits_{i=1}^{n}\omega_i(f)\Delta x_i=\overline{S}(T)-\underline{S}(T)<\varepsilon$ (第一充要条件)

$\Leftrightarrow\lim\limits_{\lambda(T)\to0}[\overline{S}(T)-\underline{S}(T)]=0$

$\Leftrightarrow\lim\limits_{\lambda(T)\to0}\overline{S}(T)=\lim\limits_{\lambda(T)\to0}\underline{S}(T)$

$\Leftrightarrow \forall \varepsilon > 0$，$\exists[a,b]$的一个分法$(T)$，使$\bar{S}(T)-\underline{S}(T)<\varepsilon$(第二充要条件)

$\Leftrightarrow \forall \varepsilon>0,\forall \sigma>0,\exists \delta>0$，对$[a,b]$的任意分法$(T)$，只要$\lambda(T)<\delta$，那些对应于振幅$\omega_{i'}\geqslant\varepsilon$的小区间长度之和$\sum\limits_{\omega_{i'}\geqslant\varepsilon}\Delta x_{i'}<\sigma$。(第三充要条件)

2. 定积分的性质

(1) 线性性质　若$f(x),g(x)\in R[a,b]$，则$\alpha f(x)\pm\beta g(x)\in R[a,b]$，且

$$\int_a^b(\alpha f(x)\pm\beta g(x))\mathrm{d}x=\alpha\int_a^b f(x)\mathrm{d}x\pm\beta\int_a^b g(x)\mathrm{d}x。$$

(2) 若$f(x),g(x)\in R[a,b]$，则$f(x)\cdot g(x)\in R[a,b]$。

(3) 若$f(x),g(x)\in R[a,b]$，$f(x)\leqslant g(x)$，$x\in[a,b]$，则$\int_a^b f(x)\mathrm{d}x\leqslant\int_a^b g(x)\mathrm{d}x$。

(4) 绝对可积性　若$f(x)\in R[a,b]$，则$|f(x)|\in R[a,b]$，且$\left|\int_a^b f(x)\mathrm{d}x\right|\leqslant\int_a^b|f(x)|\mathrm{d}x$。

(5) 可加性　$\int_a^b f(x)\mathrm{d}x=\int_a^c f(x)\mathrm{d}x+\int_c^b f(x)\mathrm{d}x$。

3. 可积函数类

(1) 若$f(x)\in C[a,b]$，则$f(x)\in R[a,b]$。

(2) 若$f(x)$在$[a,b]$上单调，则$f(x)\in R[a,b]$。

(3) 若$f(x)$在$[a,b]$上有界，且有有限个间断点，则$f(x)\in R[a,b]$。

(4) 若$f(x)$在$[a,b]$上有界，α_n为$f(x)$的不连续点$(n=1,2,\cdots)$，且$\alpha_n\to\alpha(n\to\infty)$，则$f(x)\in R[a,b]$。

4. 积分第一中值定理　设$f(x)\in C[a,b]$，$g(x)$在$[a,b]$上可积不变号，则$\exists\xi\in[a,b]$，使

$$\int_a^b f(x)g(x)\mathrm{d}x=f(\xi)\int_a^b g(x)\mathrm{d}x$$

5. 积分第二中值定理　设函数$f(x)\in R[a,b]$。

(1) 若函数$g(x)$在$[a,b]$上单调减少，且$g(x)\geqslant0$，则存在$\xi\in[a,b]$，使得

$$\int_a^b f(x)g(x)\mathrm{d}x=g(a)\int_a^\xi f(x)\mathrm{d}x。$$

(2) 若函数$g(x)$在$[a,b]$上单调增加，且$g(x)\geqslant0$，则存在$\xi\in[a,b]$，使得

$$\int_a^b f(x)g(x)\mathrm{d}x=g(b)\int_\xi^b f(x)\mathrm{d}x。$$

推论　设$f(x)\in R[a,b]$，若$g(x)$为单调函数，则存在$\xi\in[a,b]$，使得

$$\int_a^b f(x)g(x)\mathrm{d}x=g(a)\int_a^\xi f(x)\mathrm{d}x+g(b)\int_\xi^b f(x)\mathrm{d}x。$$

6. $f,f^2,|f|$三者可积性之间的关系

(1) $f\in R[a,b]\Rightarrow f^2\in R[a,b]$，$|f|\in R[a,b]$。

(2) $f^2\in R[a,b]\Rightarrow|f|\in R[a,b]$，$f^2\in R[a,b]\nRightarrow f\in R[a,b]$。

(3) $|f|\in R[a,b]\Rightarrow f^2\in R[a,b]$，$|f|\in R[a,b]\nRightarrow f\in R[a,b]$。

例如，$f(x)=\begin{cases}1, & x\in\mathbb{Q},\\-1, & x\notin\mathbb{Q}。\end{cases}$

7. $f(x),g(x)\in \mathrm{R}[a,b]\Rightarrow \max\{f(x),g(x)\}\in \mathrm{R}[a,b]$,

$f(x),g(x)\in \mathrm{R}[a,b]\Rightarrow \min\{f(x),g(x)\}\in \mathrm{R}[a,b]$。

8. (1) $f(x)\in \mathrm{R}[a,b]\Rightarrow F(x)=\int_a^x f(t)\mathrm{d}t\in C[a,b]$。

(2) $f(x)\in C[a,b]\Rightarrow F'(x)=f(x),x\in[a,b]$。

(3) $f(x)\in \mathrm{R}[a,b]\nRightarrow \left(\int_a^x f(t)\mathrm{d}t\right)'=f(x)$。

例如,$\mathrm{R}(x)=\begin{cases}\dfrac{1}{q}, & x=\dfrac{p}{q},x\in\mathbb{Q},\\ 0, & x\notin\mathbb{Q}。\end{cases}$

(4) $f(x)\in C[a,b]$,ψ,φ 在$[a,b]$上可导,$a\leqslant\varphi(x),\psi(x)\leqslant b,x\in[a,b]$,则

$$\left(\int_{\varphi(x)}^{\psi(x)} f(t)\mathrm{d}t\right)'=f(\psi(x))\psi'(x)-f(\varphi(x))\varphi'(x)。$$

9. 牛顿-莱布尼茨(Newton-Leibniz)公式

(1) $f(x)$在$[a,b]$上有原函数$\nRightarrow f(x)\in \mathrm{R}[a,b]$。

例如,$f(x)=\begin{cases}\dfrac{3}{2}x^{\frac{1}{2}}\sin\dfrac{1}{x}-\dfrac{1}{\sqrt{x}}\cos\dfrac{1}{x}, & x\in(0,1],\\ 0, & x=0\end{cases}$ 在$[0,1]$上无界,所以 $f(x)\notin \mathrm{R}[0,1]$,但 $f(x)$在$[0,1]$上有原函数

$$F(x)=\begin{cases}x^{\frac{3}{2}}\sin\dfrac{1}{x}, & x\in(0,1],\\ 0, & x=0。\end{cases}$$

(2) 设 $f(x)\in C[a,b],F'(x)=f(x),x\in[a,b]$,则$\int_a^b f(x)\mathrm{d}x=F(b)-F(a)$。

(3) **推广形式** 设 $f(x)\in \mathrm{R}[a,b],F(x)\in C[a,b]$,且当 $x\in(a,b)$ 时,$F'(x)=f(x)$(至多在有限个点例外),则$\int_a^b f(x)\mathrm{d}x=F(b)-F(a)$。

10. 换元积分法 关键是注意下限对应下限,上限对应上限。

11. 分部积分法 关键是合理选择 $u(x),v(x)$,同不定积分的分部积分法。

12. $\int_{-a}^a f(x)\mathrm{d}x=\int_0^a[f(x)+f(-x)]\mathrm{d}x=\begin{cases}2\int_0^a f(x)\mathrm{d}x, & f(x)=f(-x),\\ 0, & f(x)=-f(-x)。\end{cases}$

13. 若 $f(x)$以 $T>0$ 为周期,则

$$\int_a^{a+T} f(x)\mathrm{d}x=\int_0^T f(x)\mathrm{d}x,\quad \int_a^{a+nT} f(x)\mathrm{d}x=n\int_0^T f(x)\mathrm{d}x。$$

14. $\int_0^{\frac{\pi}{2}}\sin^n x\,\mathrm{d}x=\int_0^{\frac{\pi}{2}}\cos^n x\,\mathrm{d}x=\begin{cases}\dfrac{(2k-1)!!}{(2k)!!}\dfrac{\pi}{2}, & n=2k,\\ \dfrac{(2k)!!}{(2k+1)!!}, & n=2k+1。\end{cases}$

15. 记

$$f^{+}(x)=\max\{f(x),0\}=\frac{f(x)+|f(x)|}{2}=\begin{cases}f(x), & f(x)\geqslant 0,\\ 0, & f(x)<0;\end{cases}$$

$$f^{-}(x)=-\min\{f(x),0\}=\frac{|f(x)|-f(x)}{2}=\begin{cases}-f(x), & f(x)\leqslant 0,\\ 0, & f(x)>0。\end{cases}$$

则 $f(x)\in \mathrm{R}[a,b]\Leftrightarrow f^{+}(x),f^{-}(x)\in \mathrm{R}[a,b]$。

16. 设 $f(x)$ 在 $[a,b]$ 上有界，则

$$\begin{aligned}\omega(f)=M-m&=\sup_{x\in[a,b]}f(x)-\inf_{x\in[a,b]}f(x)\\&=\sup\{|f(x)-f(y)|: x,y\in[a,b]\}。\end{aligned}$$

17. 定积分的应用。

(1) 平面曲线的弧长

① 设 $C:\begin{cases}x=\varphi(t),\\ y=\psi(t),\end{cases}t\in[\alpha,\beta]$ 为光滑曲线，则弧长计算公式为

$$L=\int_{\alpha}^{\beta}\sqrt{\varphi'^{2}(t)+\psi'^{2}(t)}\,\mathrm{d}t。$$

② 设 $f(x)\in C^{1}[a,b]$，则曲线 $y=f(x),x\in[a,b]$ 的弧长为

$$L=\int_{a}^{b}\sqrt{1+f'^{2}(t)}\,\mathrm{d}t。$$

③ 设 $r(\theta)\in C^{1}[\alpha,\beta]$，则曲线 $r=r(\theta),\theta\in[\alpha,\beta]$ 的弧长为

$$L=\int_{\alpha}^{\beta}\sqrt{r^{2}(\theta)+r'^{2}(\theta)}\,\mathrm{d}\theta。$$

(2) 平面图形的面积

① 由连续曲线 $y=f(x)$ 及两条直线 $x=a,x=b(a<b)$ 所围成平面图形的面积为

$$S=\int_{a}^{b}|f(x)|\,\mathrm{d}x。$$

② 由两条连续曲线 $y=f_1(x)$ 与 $y=f_2(x)$ 以及两条直线 $x=a,x=b(a<b)$ 所围成平面图形的面积为

$$S=\int_{a}^{b}|f_2(x)-f_1(x)|\,\mathrm{d}x。$$

③ 设 $C:\begin{cases}x=\varphi(t),\\ y=\psi(t),\end{cases}t\in[\alpha,\beta]$ 为连续曲线且 $\varphi\in C^{1}[\alpha,\beta],\varphi'(t)\neq 0$。记 $a=x(\alpha),b=x(\beta)$，则由曲线 C 及直线 $x=a,x=b$ 和 x 轴所围成图形的面积为

$$S=\int_{\alpha}^{\beta}|\psi(t)\varphi'(t)|\,\mathrm{d}t。$$

④ 由连续曲线 $C: r=r(\theta),\theta\in[\alpha,\beta],\beta-\alpha\leqslant 2\pi$ 与两条射线 $\theta=\alpha,\theta=\beta$ 所围成的平面图形的面积为

$$S=\frac{1}{2}\int_{\alpha}^{\beta}r^{2}(\theta)\,\mathrm{d}\theta。$$

(3) 几何体的体积

① 设几何体 Ω 被夹在两平面 $x=a$ 与 $x=b$ 之间 $(a<b)$，垂直于 x 轴的界面面积函数为 $A(x)$，则几何体的体积为

$$V=\int_{a}^{b}A(x)\,\mathrm{d}x。$$

② 绕 x 轴旋转所得旋转体的体积，

(a) 连续曲线 C：$y=f(x),x\in[a,b]$及两条直线 $x=a,x=b(a<b)$所围成的平面图形绕 x 轴旋转一周所得旋转体的体积为

$$V_x=\pi\int_a^b f^2(x)\mathrm{d}x。$$

(b) 设 C：$\begin{cases}x=\varphi(t),\\ y=\psi(t),\end{cases}t\in[\alpha,\beta]$为连续曲线且 $\varphi\in C^1[\alpha,\beta],\varphi'(t)\neq 0$。记 $a=x(\alpha)$，$b=x(\beta)$，则由曲线 C 及直线 $x=a,x=b$ 和 x 轴所围成的图形绕 x 轴旋转一周所得旋转体的体积为

$$V_x=\pi\left|\int_\alpha^\beta\psi^2(t)\varphi'(t)\mathrm{d}t\right|。$$

(c) 在极坐标系内由连续曲线 C：$r=r(\theta),\theta\in[\alpha,\beta]\subset[0,\pi]$所表示的图形绕极轴旋转一周所得几何体的体积为

$$V=\frac{2\pi}{3}\int_\alpha^\beta r^3(\theta)\sin\theta\mathrm{d}\theta。$$

③ 曲边梯形 $0\leqslant y\leqslant f(x),a\leqslant x\leqslant b$ 绕 y 轴旋转所得几何体的体积为

$$V=2\pi\int_a^b xf(x)\mathrm{d}x。$$

(4) 旋转曲面的面积

① 平面曲线 C：$y=f(x),x\in[a,b]$(不妨设 $f(x)\geqslant 0$)绕 x 轴旋转一周得到旋转曲面的面积为

$$S=2\pi\int_a^b f(x)\sqrt{1+f'^2(x)}\mathrm{d}x。$$

② 设 C：$\begin{cases}x=\varphi(t),\\ y=\psi(t),\end{cases}t\in[\alpha,\beta]$为光滑曲线，且 $\psi(t)\geqslant 0$，曲线 C 绕 x 轴旋转所得旋转曲面的面积为

$$S=2\pi\int_\alpha^\beta\psi(t)\sqrt{\varphi'^2(t)+\psi'^2(t)}\mathrm{d}t。$$

③ 设 $r(\theta)\in C^1[\alpha,\beta]$，曲线 C：$r=r(\theta),\theta\in[\alpha,\beta]$绕极轴旋转一周所得旋转曲面的面积为

$$S=2\pi\int_\alpha^\beta r(\theta)\sin\theta\sqrt{r^2(\theta)+r'^2(\theta)}\mathrm{d}\theta。$$

三、反常积分

1. 定义

(1) 设 $f(x)$定义在$[a,+\infty)$上，且 $\forall[a,A]\subset[a,+\infty)$，$f(x)\in R[a,A]$，若 $\lim\limits_{A\to+\infty}\int_a^A f(x)\mathrm{d}x$ 存在，则称$\int_a^{+\infty}f(x)\mathrm{d}x$ 收敛，且有

$$\int_a^{+\infty}f(x)\mathrm{d}x=\lim_{A\to+\infty}\int_a^A f(x)\mathrm{d}x。$$

(2) 设 $f(x)$定义在$[a,b)$上，b 是 $f(x)$的唯一瑕点，且 $\forall\eta$：$0<\eta<b-a$，$f(x)\in R[a,b-\eta]$，若$\lim\limits_{\eta\to 0^+}\int_a^{b-\eta}f(x)\mathrm{d}x$ 存在，则称$\int_a^b f(x)\mathrm{d}x$ 收敛，且有

$$\int_a^b f(x)\mathrm{d}x=\lim_{\eta\to0^+}\int_a^{b-\eta}f(x)\mathrm{d}x=\lim_{t\to b^-}\int_a^t f(x)\mathrm{d}x。$$

2. 性质

(1) 可加性　$\int_a^{+\infty}f(x)\mathrm{d}x=\int_a^c f(x)\mathrm{d}x+\int_c^{+\infty}f(x)\mathrm{d}x$。

(2) 线性性质　$\int_a^{+\infty}(\alpha f(x)\pm\beta g(x))\mathrm{d}x=\alpha\int_a^{+\infty}f(x)\mathrm{d}x\pm\beta\int_a^{+\infty}g(x)\mathrm{d}x$。

(3) 若$\int_a^{+\infty}f(x)\mathrm{d}x$ 与$\int_a^{+\infty}g(x)\mathrm{d}x$ 都收敛，且 $f(x)\leqslant g(x),x\in[a,+\infty)$，则

$$\int_a^{+\infty}f(x)\,\mathrm{d}x\leqslant\int_a^{+\infty}g(x)\mathrm{d}x。$$

(4) 对乘法不封闭

例 1　$\int_0^1\frac{1}{\sqrt{x}}\mathrm{d}x$ 收敛，但$\int_0^1\frac{1}{x}\mathrm{d}x$ 发散。

例 2　$\int_1^{+\infty}\frac{\sin x}{\sqrt{x}}\mathrm{d}x$ 收敛，但$\int_1^{+\infty}\frac{\sin^2x}{x}\mathrm{d}x$ 发散。

例 3

$$f(x)=\begin{cases}n^2, & n\leqslant x<n+\dfrac{1}{n^4},\\ 0, & n+\dfrac{1}{n^4}\leqslant x<n+1,\end{cases}$$

所以

$$\int_1^n f(x)\mathrm{d}x=\sum_{k=1}^{n-1}\frac{1}{k^2}\to\sum_{n=1}^{\infty}\frac{1}{n^2},$$

因而$\int_1^{+\infty}f(x)\mathrm{d}x$ 收敛，但$\int_1^{+\infty}f^2(x)\mathrm{d}x$ 发散。

(5) 可积、绝对可积、平方可积三者之间的关系：

(i) 绝对可积的前提：$\forall[a,A]\subset[a,+\infty)$，有 $f(x)\in\mathrm{R}[a,A]$，若$\int_a^{+\infty}|f(x)|\mathrm{d}x$ 收敛，则$\int_a^{+\infty}f(x)\mathrm{d}x$ 收敛。若无前提条件结论不一定成立。例如

$$f(x)=\begin{cases}\dfrac{1}{x^2}, & x\in[1,+\infty)\cap\mathbb{Q},\\ -\dfrac{1}{x^2}, & x\in[1,+\infty)\cap\overline{\mathbb{Q}}。\end{cases}$$

反之不一定成立。

例 1　设 $f(x)=\frac{\sin x}{x},x\in[1,+\infty)$，则$\int_1^{+\infty}\frac{\sin x}{x}\mathrm{d}x$ 收敛，但$\int_1^{+\infty}\frac{|\sin x|}{x}\mathrm{d}x$ 发散。

例 2　设 $g(x)=\dfrac{\sin\frac{1}{x}}{x},x\in(0,1]$，则$\int_0^1 g(x)\mathrm{d}x$ 收敛，但$\int_0^1|g(x)|\mathrm{d}x$ 发散。

(ii) $f(x)$可积$\nRightarrow f^2(x)$可积。

例 1　$f(x)=\frac{1}{\sqrt{x}},x\in(0,1]$。

例 2　$f(x)=\dfrac{\sin x}{\sqrt{x}},x\in[1,+\infty)$。

(iii) 若$\int_a^b f^2(x)\mathrm{d}x$ 收敛,则$\int_a^b |f(x)|\mathrm{d}x$ 收敛,但反之不然。(其中 $x=b$ 为$f(x)$的唯一瑕点)

证　因为 $|f(x)|\leqslant\dfrac{1+f^2(x)}{2}$,所以由$\int_a^b f^2(x)\mathrm{d}x$ 收敛知$\int_a^b |f(x)|\mathrm{d}x$ 收敛。

反例为:$f(x)=\dfrac{1}{\sqrt{x}},x\in(0,1]$。

注:对无穷限反常积分 $\int_a^{+\infty} f^2(x)\mathrm{d}x$ 与$\int_a^{+\infty} |f(x)|\mathrm{d}x$ 之间没有必然的联系。

例 1　$\int_1^{+\infty}\dfrac{\sin x}{\sqrt{x}}\mathrm{d}x$ 收敛,但$\int_1^{+\infty}\dfrac{\sin^2 x}{x}\mathrm{d}x$ 发散。

例 2　$\int_a^{+\infty}\dfrac{1}{x^{\frac{2}{3}}}\mathrm{d}x$ 发散,但$\int_a^{+\infty}\dfrac{1}{x^{\frac{4}{3}}}\mathrm{d}x$ 收敛$(a>0)$。

3. 反常积分与级数的关系

(1) 反常积分$\int_a^{+\infty} f(x)\mathrm{d}x$ 收敛 $\Leftrightarrow\lim\limits_{A\to+\infty}\int_a^A f(x)\mathrm{d}x$ 存在 $\Leftrightarrow\forall\{A_n\}(A_0=a)(A_n\neq a)$ $(n=1,2,\cdots),\lim\limits_{n\to\infty}A_n=+\infty$ 有 $\sum\limits_{n=1}^{\infty}\int_{A_{n-1}}^{A_n} f(x)\mathrm{d}x$ 收敛。

(2) 设 $f(x)\geqslant 0,\int_a^{+\infty} f(x)\mathrm{d}x$ 收敛 $\Leftrightarrow\exists A_n\to+\infty$,使$\sum\limits_{n=1}^{\infty}\int_{A_{n-1}}^{A_n} f(x)\mathrm{d}x$ 收敛。$(A_n\neq a,n=1,2,\cdots,A_0=a)$

4. 无穷积分与瑕积分的关系

分别令 $x=b-\dfrac{1}{y}$ 及 $x=\dfrac{1}{y}$,则有

$$\int_a^b f(x)\mathrm{d}x=\int_{\frac{1}{b-a}}^{+\infty} f\left(b-\frac{1}{y}\right)\frac{1}{y^2}\mathrm{d}y,\qquad \int_a^{+\infty} f(x)\mathrm{d}x=\int_0^{\frac{1}{a}} f\left(\frac{1}{y}\right)\cdot\frac{1}{y^2}\mathrm{d}y。$$

5. 无穷积分的敛散性判别法

(1) 基本定理　设 $f(x)\geqslant 0,x\in[a,+\infty)$,则$\int_a^{+\infty} f(x)\mathrm{d}x$ 收敛的充要条件是函数 $I(A)=\int_a^A f(x)\mathrm{d}x$ 有上界。

(2) 比较判别法

① 设 $0\leqslant f(x)\leqslant g(x),x\in[a,+\infty)$,则:

(i) 若$\int_a^{+\infty} g(x)\mathrm{d}x$ 收敛,则$\int_a^{+\infty} f(x)\mathrm{d}x$ 收敛。

(ii) 若$\int_a^{+\infty} f(x)\mathrm{d}x$ 发散,则$\int_a^{+\infty} g(x)\mathrm{d}x$ 发散。

② 设 $f(x)\geqslant 0,g(x)\geqslant 0,x\in[a,+\infty)$,且 $\lim\limits_{x\to+\infty}\dfrac{f(x)}{g(x)}=k$,则:

(i) 当 $k=0$ 时,由$\int_a^{+\infty} g(x)\mathrm{d}x$ 收敛可推出$\int_a^{+\infty} f(x)\mathrm{d}x$ 收敛。

(ii) 当 $k=+\infty$ 时，由 $\int_a^{+\infty} g(x)\mathrm{d}x$ 发散可推出 $\int_a^{+\infty} f(x)\mathrm{d}x$ 发散。

(iii) 当 $0<k<+\infty$ 时，$\int_a^{+\infty} f(x)\mathrm{d}x$ 与 $\int_a^{+\infty} g(x)\mathrm{d}x$ 敛散性一致。

(3) 柯西判别法　设 $f(x)\geqslant 0, x\in[a,+\infty), a>0$，且 $\lim\limits_{x\to+\infty} x^p f(x)=k$，则：

(i) 若 $0\leqslant k<+\infty$，且 $p>1$，则 $\int_a^{+\infty} f(x)\mathrm{d}x$ 收敛。

(ii) 若 $0<k\leqslant+\infty$，且 $p\leqslant 1$，则 $\int_a^{+\infty} f(x)\mathrm{d}x$ 发散。

(4) 阿贝尔判别法　设(1) $\int_a^{+\infty} f(x)\mathrm{d}x$ 收敛；(2) $g(x)$ 在 $[a,+\infty)$ 上单调有界，则 $\int_a^{+\infty} f(x)g(x)\mathrm{d}x$ 收敛。

(5) 狄利克雷(Dirichlet) 判别法　设(1) $\int_a^{A} f(x)\mathrm{d}x$ 在 $[a,+\infty)$ 上关于 A 有界；(2) $g(x)$ 在 $[a,+\infty)$ 上单调且 $\lim\limits_{x\to+\infty} g(x)=0$，则 $\int_a^{+\infty} f(x)g(x)\mathrm{d}x$ 收敛。

(6) 柯西收敛准则　$\int_a^{+\infty} f(x)\mathrm{d}x$ 收敛 $\Leftrightarrow \forall\varepsilon>0, \exists A_0>a, \forall A', A''>A_0$，就有 $\left|\int_{A'}^{A''} f(x)\mathrm{d}x\right|<\varepsilon$。

(7) 利用无穷级数

(8) 利用定义　$\int_a^{+\infty} f(x)\mathrm{d}x=\lim\limits_{A\to+\infty}\int_a^{A} f(x)\mathrm{d}x$。

(9) 利用性质

① $\int_a^{+\infty} f(x)\mathrm{d}x$ 与 $\int_a^{+\infty} g(x)\mathrm{d}x$ 都收敛，则 $\int_a^{+\infty} (\alpha f(x)+\beta g(x))\mathrm{d}x$ 也收敛。

② $\int_a^{+\infty} f(x)\mathrm{d}x$ 与 $\int_a^{+\infty} g(x)\mathrm{d}x$ 一个收敛一个发散，则 $\int_a^{+\infty} (f(x)\pm g(x))\mathrm{d}x$ 必发散。

(10) 若 $\lim\limits_{x\to+\infty} f(x)=d\neq 0$，则 $\int_a^{+\infty} f(x)\mathrm{d}x$ 必发散。

6. 瑕积分的敛散性判别法

(1) 比较判别法

① 设 $x=a$ 为 $f(x), g(x)$ 的瑕点，$0\leqslant f(x)\leqslant g(x), x\in(a,b]$，则：

(i) 若 $\int_a^{b} g(x)\mathrm{d}x$ 收敛，则 $\int_a^{b} f(x)\mathrm{d}x$ 收敛；

(ii) 若 $\int_a^{b} f(x)\mathrm{d}x$ 发散，则 $\int_a^{b} g(x)\mathrm{d}x$ 发散。

② 设 $x=a$ 为 $f(x), g(x)$ 的瑕点，$f(x)\geqslant 0, g(x)>0$ 且 $\lim\limits_{x\to a^+}\dfrac{f(x)}{g(x)}=C$，则：

(i) 当 $0<C<+\infty$ 时，$\int_a^{b} f(x)\mathrm{d}x$ 与 $\int_a^{b} g(x)\mathrm{d}x$ 的敛散性一致。

(ii) 当 $C=0$ 时，由 $\int_a^{b} g(x)\mathrm{d}x$ 收敛可推知 $\int_a^{b} f(x)\mathrm{d}x$ 收敛。

(iii) 当 $C=+\infty$ 时,由$\int_a^b g(x)\mathrm{d}x$ 发散可推知$\int_a^b f(x)\mathrm{d}x$ 发散。

③ 设 $f(x)$ 在 $(a,b]$ 内有定义,$f(x)\geqslant 0$,a 为 $f(x)$ 的瑕点,且 $\lim\limits_{x\to a^+}(x-a)^p f(x)=\lambda$,则:

(i) 当 $0<p<1$,$0\leqslant\lambda<+\infty$ 时,$\int_a^b f(x)\mathrm{d}x$ 收敛。

(ii) 当 $p\geqslant 1$,$0<\lambda\leqslant+\infty$ 时,$\int_a^b f(x)\mathrm{d}x$ 发散。

(2) 狄利克雷判别法　设 a 为 $f(x)$ 的瑕点,$F(u)=\int_u^b f(x)\mathrm{d}x$ 在 $(a,b]$ 上有界,函数 $g(x)$ 在 $(a,b]$ 上单调且 $\lim\limits_{x\to a^+}g(x)=0$,则瑕积分$\int_a^b f(x)g(x)\mathrm{d}x$ 收敛。

(3) 阿贝尔判别法　设 a 为 $f(x)$ 的瑕点,瑕积分$\int_a^b f(x)\mathrm{d}x$ 收敛,函数 $g(x)$ 在 $(a,b]$ 上单调且有界,则瑕积分$\int_a^b f(x)g(x)\mathrm{d}x$ 收敛。

(4) 柯西收敛准则　瑕积分$\int_a^b f(x)\mathrm{d}x$(瑕点为 a)收敛的充要条件是 $\forall\varepsilon>0$,$\exists\delta>0$,只要 $0<\delta_1,\delta_2<\delta$,就有 $\left|\int_{a+\delta_1}^{a+\delta_2}f(x)\mathrm{d}x\right|<\varepsilon$。

(5) 利用定义　$\int_a^b f(x)\mathrm{d}x=\lim\limits_{\varepsilon\to 0^+}\int_{a+\varepsilon}^b f(x)\mathrm{d}x$,$a$ 为 $f(x)$ 的瑕点。

(6) 利用性质

(i) 设 $x=a$ 为 $f(x)$,$g(x)$ 的瑕点,则当$\int_a^b f(x)\mathrm{d}x$ 与$\int_a^b g(x)\mathrm{d}x$ 都收敛时,有$\int_a^b (f(x)+g(x))\mathrm{d}x$ 也收敛,且$\int_a^b (f(x)+g(x))\mathrm{d}x=\int_a^b f(x)\mathrm{d}x+\int_a^b g(x)\mathrm{d}x$。

(ii) 设 $x=a$ 为 $f(x)$ 的唯一瑕点,$c\in(a,b)$,则瑕积分$\int_a^b f(x)\mathrm{d}x$ 收敛 $\Leftrightarrow\int_a^c f(x)\mathrm{d}x$ 收敛。

3.2 典型例题

例 1　设 $f(x)$ 在 $[a,b]$ 上有界且有无穷个不连续点 $\alpha_n(n=1,2,\cdots)$,且 $\alpha_n\to\alpha_0(n\to\infty)$,证明:$f(x)\in R[a,b]$。

证法 1　$\forall\varepsilon>0$ 及 $\sigma>0$,对于 $\frac{\sigma}{16}>0$,由 $\lim\limits_{n\to\infty}\alpha_n=\alpha_0\in(a,b)$(不妨设 $a<\alpha_0<b$),则 $\exists N$,当 $n>N$ 时,有

$$\alpha_0-\frac{\sigma}{16}<\alpha_n<\alpha_0+\frac{\sigma}{16}。$$

记

$$a_1=\alpha_0-\frac{\sigma}{16},\quad b_1=\alpha_0+\frac{\sigma}{16},$$

则 $f(x)$在$[a,a_1]\cup[b_1,b]$上至多含有 N 个间断点，所以

$$f(x)\in \mathrm{R}[a,a_1],\quad f(x)\in \mathrm{R}[b_1,b]。$$

取 $\delta=\dfrac{\sigma}{16}$，对于$[a,a_1]$上的任意分法$(T_1)$，$[b_1,b]$上的任意分法$(T_2)$，当 $\lambda(T_1)<\delta$，$\lambda(T_2)<\delta$ 时，使 $\omega_{k'}\geqslant\varepsilon$（$k'$表示$[a,a_1]$上的），$\omega_{k''}\geqslant\varepsilon$（$k''$表示$[b_1,b]$上的）诸区间长度之和

$$\sum_{k'}\Delta x_{k'}^{(1)}<\frac{\sigma}{4},\quad \sum_{k''}\Delta x_{k''}^{(2)}<\frac{\sigma}{4}。$$

对$[a,b]$的任一分法(T)：$a=x_0<x_1<\cdots<x_n=b$，当 $\lambda(T)<\delta$ 时，使 $\omega_{k'[a,b]}\geqslant\varepsilon$ 的诸区间长度之和

$$\begin{aligned}\sum_{k'}\Delta x_{k'}&\leqslant\sum_{k'}\Delta x_{k'}^{(1)}+\sum_{k''}\Delta x_{k''}^{(1)}+(b_1-a_1)+2\lambda(T)\\&<\frac{\sigma}{4}+\frac{\sigma}{4}+\frac{\sigma}{8}+2\cdot\frac{\sigma}{16}<\sigma。\end{aligned}$$

由可积的第三充要条件知 $f(x)\in\mathrm{R}[a,b]$。

证法 2　设 $\exists M>0$，使$|f(x)|\leqslant M$，$x\in[a,b]$，因为 $\lim\limits_{n\to\infty}\alpha_n=\alpha_0$，所以 $\alpha_0\in[a,b]$，不妨设 $a<\alpha_0<b$，$\forall\varepsilon>0$，$\exists[c,d]\subset[a,b]$，使 $\alpha_0\in[c,d]$，且 $2M(d-c)<\dfrac{\varepsilon}{3}$。又因为 $\alpha_n\to\alpha_0$ $(n\to\infty)$，所以在$[a,c]$，$[d,b]$内至多含有 α_n 中的有限项，所以 $f(x)\in\mathrm{R}[a,c]$，$f(x)\in\mathrm{R}[d,b]$，所以存在$[a,c]$上的分法(T_1)：

$$a=x_0<x_1<\cdots<x_k=c$$

使$\displaystyle\sum_{i=1}^{k}\omega_i(f)\Delta x_i<\frac{\varepsilon}{3}$，存在$[d,b]$上的分法$(T_2)$：

$$d=x_{k+1}<x_{k+2}<\cdots<x_n=b$$

使 $\displaystyle\sum_{i=k+1}^{n}\omega_i(f)\Delta x_i<\frac{\varepsilon}{3}$，对$[a,b]$上的分法 $T=T_1\cup T_2$：

$$a=x_0<x_1<\cdots<x_k=c<d=x_{k+1}<x_{k+2}<\cdots<x_n=b$$

有

$$\begin{aligned}\sum_{i=1}^{n}\omega_i(f)\Delta x_i&=\sum_{i=1}^{k}\omega_i(f)\Delta x_i+\omega_{[c+d]}(f)(d-c)+\sum_{i=k+1}^{n}\omega_i(f)\Delta x_i\\&<\frac{\varepsilon}{3}+\frac{\varepsilon}{3}+\frac{\varepsilon}{3}=\varepsilon。\end{aligned}$$

由可积的第二充要条件知 $f(x)\in\mathrm{R}[a,b]$。

例 2　设

$$R(x)=\begin{cases}\dfrac{1}{p}, & x=\dfrac{q}{p},(p,q)=1,p\neq0,\\ 0, & x\notin\mathbb{Q}\text{ 或 }x=0,\end{cases}$$

则 $R(x)\in\mathrm{R}[0,1]$，且$\displaystyle\int_0^1R(x)\mathrm{d}x=0$。

证法 1　$\forall\varepsilon>0$ 及 $\sigma>0$，则在$[0,1]$上满足$\dfrac{1}{p}\geqslant\varepsilon$ 的有理点至多只有有限个，设为 x_1'，

x_2',…,x_k'共 k 个(这里 k 与 ε 有关),取 $\delta=\dfrac{\sigma}{2k+1}$,则对$[0,1]$上的任意分法$(T)$,当 $\lambda(T)<\delta$ 时,那些使 $\omega_i\geqslant\varepsilon$ 的区间$[x_{i-1},x_i]$也就是包含有 $x_i'(i=1,2,\cdots,k)$的区间,而这种区间至多有 $2k$ 个,而每一个小区间的长度 $\Delta x_i\leqslant\lambda(T)<\delta=\dfrac{\sigma}{2k+1}$,于是,使 $\omega_i\geqslant\varepsilon$ 的区间长度之和

$$\sum_{i'}\Delta x_{i'}<2k\delta=\frac{2k}{2k+1}\sigma<\sigma。$$

由可积的第三充要条件可知 $R(x)\in\mathrm{R}[0,1]$,由 $R(x)$ 在$[0,1]$上的下和$\underline{s}(T)=0$ 可知 $\int_0^1 R(x)\mathrm{d}x=0$。

证法 2　由黎曼函数的性质,$\forall\varepsilon>0$,在$[0,1]$上使得 $R(x)>\dfrac{\varepsilon}{2}$的有理点至多只有有限个,不妨设为 k 个,记为 $0<p_1'<p_2'<\cdots<p_k'<1$,作$[0,1]$的分点

$$0=x_0<x_1<x_2<\cdots<x_{2k+1},$$

使得满足:

$$p'_1\in[x_1,x_2],\quad x_2-x_1<\frac{\varepsilon}{2k},$$

$$p'_2\in[x_3,x_4],\quad x_4-x_3<\frac{\varepsilon}{2k},$$

$$p'_k\in[x_{2k-1},x_{2k}],\quad x_{2k}-x_{2k-1}<\frac{\varepsilon}{2k}。$$

由于

$$\sum_{i=1}^{2k+1}\omega_i\Delta x_i=\sum_{j=0}^{k}\omega_{2j+1}\Delta x_{2j+1}+\sum_{j=1}^{k}\omega_{2j}\Delta x_{2j},$$

而在右边的第一个和式中,有 $\omega_{2j+1}\leqslant\dfrac{\varepsilon}{2}$,且 $\sum\limits_{i=1}^{k}\Delta x_{2j+1}<1$,而在第二个和式中,有 $\Delta x_{2j}<\dfrac{\varepsilon}{2k}$且 $\omega_{2j}\leqslant 1$,由此得到

$$\sum_{i=1}^{2k+1}\omega_i\Delta x_i<\frac{\varepsilon}{2}+k\cdot\frac{\varepsilon}{2k}=\varepsilon。$$

由可积的第二充要条件知黎曼函数在$[0,1]$上可积。

例 3　设 $f(x),g(x)\in C[a,b]$,证明:

$$\lim_{\lambda(T)\to 0}\sum_{i=1}^{n}f(\xi_i)g(\theta_i)\Delta x_i=\int_a^b f(x)g(x)\mathrm{d}x,$$

其中 $x_{i-1}\leqslant\xi_i,\theta_i\leqslant x_i(i=1,2,\cdots,n)$,$\lambda(T)=\max\{\Delta x_i:1\leqslant i\leqslant n\}$,$x_0=a$,$x_n=b$。

证　因为 $f(x),g(x)\in C[a,b]$,所以 $f(x)g(x)\in C[a,b]$,因而有

$$\lim_{\lambda(T)\to 0}\sum_{i=1}^{n}f(\xi_i)g(\xi_i)\Delta x_i=\int_a^b f(x)g(x)\mathrm{d}x。$$

而

$$\sum_{i=1}^{n}f(\xi_i)g(\theta_i)\Delta x_i=\sum_{i=1}^{n}f(\xi_i)g(\xi_i)\Delta x_i+\sum_{i=1}^{n}f(\xi_i)(g(\theta_i)-g(\xi_i))\Delta x_i,$$

因为 $f(x)\in C[a,b]$，所以 $\exists M>0$，使 $|f(x)|\leqslant M, x\in[a,b]$。又因为 $g(x)\in C[a,b]$，所以 $g(x)$ 在 $[a,b]$ 上一致连续，所以 $\forall\varepsilon>0$，$\exists\delta>0$，$\forall x',x''\in[a,b]$，当 $|x'-x''|<\delta$ 时，有

$$|g(x')-g(x'')|<\frac{\varepsilon}{M(b-a)},$$

所以当 $\lambda(T)=\max\{\Delta x_i:1\leqslant i\leqslant n\}<\delta$ 时，有

$$\begin{aligned}\left|\sum_{i=1}^{n}f(\xi_i)(g(\theta_i)-g(\xi_i))\Delta x_i\right| &\leqslant \sum_{i=1}^{n}|f(\xi_i)||g(\theta_i)-g(\xi_i)|\Delta x_i\\ &\leqslant \sum_{i=1}^{n}M\cdot\frac{\varepsilon}{M(b-a)}\Delta x_i=\varepsilon,\end{aligned}$$

所以

$$\lim_{\lambda(T)\to0}\sum_{i=1}^{n}f(\xi_i)(g(\theta_i)-g(\xi_i))\Delta x_i=0,$$

因而有

$$\lim_{\lambda(T)\to0}\sum_{i=1}^{n}f(\xi_i)g(\theta_i)\Delta x_i=\int_a^b f(x)g(x)\mathrm{d}x。$$

例 4　设 $f(x)\in C[0,1]$，证明：$\lim\limits_{h\to0^+}\int_0^1\frac{h}{x^2+h^2}f(x)\mathrm{d}x=\frac{\pi}{2}f(0)$。

证法 1

$$\begin{aligned}I&=\int_0^1\frac{h}{x^2+h^2}f(x)\mathrm{d}x\\ &=\int_0^{h^{\frac14}}\frac{h}{x^2+h^2}f(x)\mathrm{d}x+\int_{h^{\frac14}}^1\frac{h}{x^2+h^2}f(x)\mathrm{d}x\\ &=f(\xi)\int_0^{h^{\frac14}}\frac{h}{x^2+h^2}\mathrm{d}x+\int_{h^{\frac14}}^1\frac{h}{x^2+h^2}f(x)\mathrm{d}x\\ &=f(\xi)\arctan\frac{1}{h^{\frac34}}+\int_{h^{\frac14}}^1\frac{h}{x^2+h^2}f(x)\mathrm{d}x\quad\left(0<\xi<h^{\frac14}\right)。\end{aligned}$$

所以当 $h\to0^+$ 时，有 $\xi\to0^+$，所以

$$\lim_{h\to0^+}f(\xi)\arctan\frac{1}{h^{\frac34}}=\frac{\pi}{2}f(0)。$$

又

$$\begin{aligned}\left|\int_{h^{\frac14}}^1\frac{h}{x^2+h^2}f(x)\mathrm{d}x\right|&\leqslant\int_{h^{\frac14}}^1|f(x)|\frac{h}{x^2+h^2}\mathrm{d}x\\ &\leqslant M\int_{h^{\frac14}}^1\frac{h}{x^2+h^2}\mathrm{d}x\\ &=M\left(\arctan\frac{1}{h}-\arctan\frac{1}{h^{\frac34}}\right)\to0\quad(h\to0^+),\end{aligned}$$

所以

$$\lim_{h\to0^+}\int_{h^{\frac14}}^1\frac{h}{x^2+h^2}f(x)\mathrm{d}x=0,$$

故

$$\lim_{h\to0^+}\int_0^1\frac{h}{x^2+h^2}f(x)\mathrm{d}x=\frac{\pi}{2}f(0)。$$

证法 2 因为

$$\lim_{h\to0^+}\int_0^1\frac{h}{x^2+h^2}\mathrm{d}x=\frac{\pi}{2},$$

所以只需证

$$\lim_{h\to0^+}\int_0^1(f(x)-f(0))\frac{h}{x^2+h^2}\mathrm{d}x=0。$$

$\forall\varepsilon>0$,因为 $f(x)\in C[0,1]$,所以 $\exists\delta_1>0$(不妨设 $\delta_1<1$),只要 $0<x<\delta_1$,有

$$|f(x)-f(0)|<\frac{\varepsilon}{\pi}。$$

对固定的 δ_1,因为 $f(x)\in C[0,1]$,所以 $\exists M>0$,使 $|f(x)|\leqslant M$, $x\in[0,1]$,所以

$$\lim_{h\to0^+}2M\left(\arctan\frac{1}{h}-\arctan\frac{\delta_1}{h}\right)=0,$$

则对 $\frac{\varepsilon}{2}>0$, $\exists\delta>0$,只要 $0<h<\delta$,就有

$$2M\left(\arctan\frac{1}{h}-\arctan\frac{\delta_1}{h}\right)<\frac{\varepsilon}{2},$$

即

$$2M\int_{\delta_1}^1\frac{h}{x^2+h^2}\mathrm{d}x<\frac{\varepsilon}{2},$$

则当 $0<h<\delta$ 时,有

$$\begin{aligned}&\left|\int_0^1\frac{h}{x^2+h^2}(f(x)-f(0))\mathrm{d}x\right|\\ \leqslant&\int_0^{\delta_1}\frac{h}{x^2+h^2}|f(x)-f(0)|\mathrm{d}x+\int_{\delta_1}^1\frac{h}{x^2+h^2}|f(x)-f(0)|\mathrm{d}x\\ <&\frac{\varepsilon}{\pi}\int_0^{\delta_1}\frac{h}{x^2+h^2}\mathrm{d}x+2M\int_{\delta_1}^1\frac{h}{x^2+h^2}\mathrm{d}x\\ <&\frac{\varepsilon}{\pi}\cdot\frac{\pi}{2}+\frac{\varepsilon}{2}=\varepsilon。\end{aligned}$$

所以

$$\lim_{h\to0^+}\int_0^1\frac{h}{x^2+h^2}f(x)\mathrm{d}x=\frac{\pi}{2}f(0)。$$

例 5 设 $f'(x)\in R[a,b]$,令

$$A_n=\sum_{i=1}^n f\left(a+\frac{i(b-a)}{n}\right)\cdot\frac{b-a}{n}-\int_a^b f(x)\mathrm{d}x,$$

证明: $\lim\limits_{n\to\infty}nA_n=\frac{b-a}{2}(f(b)-f(a))$。

证 将 $[a,b]$ n 等分,此分法记作 T: $a=x_0<x_1<\cdots<x_n=b$,所以

$$nA_n=n\left[\sum_{i=1}^n f(x_i)\frac{b-a}{n}-\sum_{i=1}^n\int_{x_{i-1}}^{x_i}f(x)\mathrm{d}x\right]$$

$$=n\sum_{i=1}^{n}\int_{x_{i-1}}^{x_i}(f(x_i)-f(x))\mathrm{d}x$$

$$=n\sum_{i=1}^{n}\int_{x_{i-1}}^{x_i}f'(\xi_i)(x_i-x)\mathrm{d}x\quad (x_{i-1}<\xi_i<x_i)。$$

设 $m_i\leqslant f'(x)\leqslant M_i,x\in[x_{i-1},x_i]$，则

$$n\sum_{i=1}^{n}\int_{x_{i-1}}^{x_i}m_i(x_i-x)\mathrm{d}x\leqslant n\sum_{i=1}^{n}\int_{x_{i-1}}^{x_i}f'(\xi_i)(x_i-x)\mathrm{d}x$$

$$\leqslant n\sum_{i=1}^{n}\int_{x_{i-1}}^{x_i}M_i(x_i-x)\mathrm{d}x,$$

即

$$\sum_{i=1}^{n}\frac{(b-a)^2}{2n}m_i\leqslant nA_n\leqslant\sum_{i=1}^{n}\frac{(b-a)^2}{2n}M_i,$$

所以

$$\frac{b-a}{2}\sum_{i=1}^{n}\frac{(b-a)}{n}m_i\leqslant nA_n\leqslant\frac{b-a}{2}\sum_{i=1}^{n}\frac{b-a}{n}M_i。$$

因为 $f'(x)\in\mathrm{R}[a,b]$，所以有

$$\lim_{n\to\infty}\sum_{i=1}^{n}\frac{b-a}{n}m_i=\lim_{n\to\infty}\sum_{i=1}^{n}\frac{b-a}{n}M_i=\int_a^b f'(x)\mathrm{d}x=f(b)-f(a),$$

所以

$$\lim_{n\to\infty}nA_n=\frac{b-a}{2}(f(b)-f(a))。$$

例 6　设 $f(x)\in\mathrm{R}[a,b]$，$g(x)\geqslant0$，且 $g(x)$ 以 $T>0$ 为周期，$g(x)\in\mathrm{R}[0,T]$，证明：

$$\lim_{n\to\infty}\int_a^b f(x)g(nx)\mathrm{d}x=\frac{1}{T}\int_0^T g(x)\mathrm{d}x\int_a^b f(x)\mathrm{d}x。$$

证　因为 $g(x)$ 以 $T>0$ 为周期，所以 $\frac{T}{n}$ 为 $g(nx)$ 的周期，取 $m\in\mathbb{N}^+$，使

$$[a,b]\subset[-mT,mT]=[A,B],$$

则 $[A,B]$ 为 $2mn$ 个周期，令

$$F(x)=\begin{cases}f(x), & x\in[a,b],\\ 0, & x\in[A,B]\backslash[a,b],\end{cases}$$

则 $F(x)\in\mathrm{R}[A,B]$，且

$$I_n=\int_a^b f(x)g(nx)\mathrm{d}x=\int_A^B F(x)g(nx)\mathrm{d}x。$$

将区间 $[A,B]$ $2mn$ 等分，每段长为 $\frac{T}{n}$，所以有

$$I_n=\sum_{i=1}^{2mn}\int_{x_{i-1}}^{x_i}F(x)g(nx)\mathrm{d}x=\sum_{i=1}^{2mn}C_i\int_{x_{i-1}}^{x_i}g(nx)\mathrm{d}x\quad(因为\ g(x)\geqslant0),$$

其中 $m_i\leqslant C_i\leqslant M_i$，$M_i$ 与 m_i 分别是 $F(x)$ 在 $[x_{i-1},x_i]$ 上的上、下确界。又

$$\int_0^{\frac{T}{n}}g(nx)\mathrm{d}x=\frac{1}{n}\int_0^T g(x)\mathrm{d}x,$$

所以

$$I_n=\sum_{i=1}^{2mn}C_i\int_0^{\frac{T}{n}}g(nx)\mathrm{d}x=\frac{1}{T}\int_0^T g(x)\mathrm{d}x\cdot\sum_{i=1}^{2mn}C_i\cdot\frac{T}{n}。$$

而

$$\sum_{i=1}^{2mn}m_i\cdot\frac{T}{n}\leqslant\sum_{i=1}^{2mn}C_i\cdot\frac{T}{n}\leqslant\sum_{i=1}^{2mn}M_i\cdot\frac{T}{n}。$$

因为 $F(x)\in \mathrm{R}[A,B]$,所以有

$$\lim_{n\to\infty}\sum_{i=1}^{2mn}m_i\cdot\frac{T}{n}=\lim_{n\to\infty}\sum_{i=1}^{2mn}M_i\cdot\frac{T}{n}=\int_A^B F(x)\mathrm{d}x=\int_a^b f(x)\mathrm{d}x,$$

所以

$$\lim_{n\to\infty}I_n=\frac{1}{T}\int_0^T g(x)\mathrm{d}x\int_a^b f(x)\mathrm{d}x,$$

即

$$\lim_{n\to\infty}\int_a^b f(x)g(nx)\mathrm{d}x=\frac{1}{T}\int_0^T g(x)\mathrm{d}x\int_a^b f(x)\mathrm{d}x。$$

注 因为 $g(x)=g^+(x)-g^-(x)$,其中

$$g^+(x)=\frac{g(x)+|g(x)|}{2},\quad g^-(x)=\frac{|g(x)|-g(x)}{2},$$

则 $g^+(x)\geqslant 0,g^-(x)\geqslant 0$,对 $g^+(x),g^-(x)$ 应用到本题,即可得 $\forall g(x)\in \mathrm{R}[0,T]$,以 $T>0$ 为周期结论仍成立。

例 7 设 $f(x)\in C[0,1]$,证明:$\lim\limits_{n\to\infty}n\int_0^1 x^n f(x)\mathrm{d}x=f(1)$。

分析 因为$(n+1)\int_0^1 x^n\mathrm{d}x=1$,所以只需证

$$\lim_{n\to\infty}\left(n\int_0^1 x^n f(x)\mathrm{d}x-(n+1)\int_0^1 x^n f(1)\mathrm{d}x\right)=0。$$

因为 $\lim\limits_{n\to\infty}\int_0^1 x^n\mathrm{d}x=0$,所以只需证$\lim\limits_{n\to\infty}n\int_0^1 x^n(f(x)-f(1))\mathrm{d}x=0$。

证 $\forall\varepsilon>0$,由 $\lim\limits_{x\to 1^-}f(x)=f(1)$,所以 $\exists\delta>0$(不妨设 $\delta<1$),当 $0<1-x<\delta$ 时,有 $|f(x)-f(1)|<\frac{\varepsilon}{2}$,且 $\exists M>0$,使 $\forall x\in[0,1]$,有 $|f(x)|\leqslant M$,所以

$$\begin{aligned}&\left|n\int_0^1 x^n(f(x)-f(1))\mathrm{d}x\right|\\&\leqslant n\int_0^1 x^n|f(x)-f(1)|\mathrm{d}x\\&=n\int_0^{1-\delta}x^n|f(x)-f(1)|\mathrm{d}x+n\int_{1-\delta}^1 x^n|f(x)-f(1)|\mathrm{d}x\\&<2Mn\frac{(1-\delta)^{n+1}}{n+1}+\frac{\varepsilon}{2}\cdot\frac{n}{n+1}\\&<2M(1-\delta)^{n+1}+\frac{\varepsilon}{2}。\end{aligned}$$

因为

$$\lim_{n\to\infty}2M(1-\delta)^{n+1}=0,$$

所以$\exists N$，当$n>N$时，有$2M(1-\delta)^{n+1}<\frac{\varepsilon}{2}$，所以当$n>N$时，有

$$\left|n\int_0^1 x^n(f(x)-f(1))\mathrm{d}x\right|<2M(1-\delta)^{n+1}+\frac{\varepsilon}{2}<\frac{\varepsilon}{2}+\frac{\varepsilon}{2}=\varepsilon,$$

因而有

$$\lim_{n\to\infty}n\int_0^1 x^n f(x)\mathrm{d}x=f(1)。$$

例 8　设$f(x)\in C[0,1]$，且$\forall x\in(0,1)$，有$|f(x)|<1$，则$\lim\limits_{n\to\infty}\int_0^1 f^n(x)\mathrm{d}x=0$。

分析

$$\begin{aligned}\left|\int_0^1 f^n(x)\mathrm{d}x\right| &\leqslant \left|\int_0^\delta f^n(x)\mathrm{d}x\right|+\left|\int_\delta^{1-\delta} f^n(x)\mathrm{d}x\right|+\left|\int_{1-\delta}^1 f^n(x)\mathrm{d}x\right|\\ &=I_1+I_2+I_3。\end{aligned}$$

(i) 因为$f(x)\in C[0,1]$，且$\forall x\in(0,1)$，有$|f(x)|<1$，所以$\forall x\in[0,1]$，有$|f(x)|\leqslant 1$，因而有$|I_1|\leqslant\delta$，$|I_3|\leqslant\delta$。$\left(取\ \delta=\frac{\varepsilon}{4}\right)$

(ii) 因为$f(x)\in C[\delta,1-\delta]$，所以$\exists x_0\in[\delta,1-\delta]$，使

$$|f(x_0)|=\max\{|f(x)|: x\in[\delta,1-\delta]\}<1,$$

因而有$|I_2|\leqslant(1-2\delta)|f^n(x_0)|$，而$\lim\limits_{n\to\infty}(1-2\delta)|f^n(x_0)|=0$，所以$\forall\varepsilon>0$，$\exists N$，当$n>N$时，有$(1-2\delta)|f^n(x_0)|<\frac{\varepsilon}{2}$，所以有$|I|\leqslant I_1+I_2+I_3<\varepsilon$，即$\lim\limits_{n\to\infty}\int_0^1 f^n(x)\mathrm{d}x=0$。

证　$\forall\varepsilon>0$，由于$\forall x\in(0,1)$，$|f(x)|<1$，且$f(x)\in C[0,1]$，知$|f(x)|\leqslant 1$，$x\in[0,1]$，取δ：$0<\delta<\frac{1}{2}$，且$\delta<\frac{\varepsilon}{4}$，令

$$a=\max\{|f(x)|: x\in[\delta,1-\delta]\},$$

则$a<1$，由$a^n\to 0$，可知$\exists N$，当$n>N$时，有$a^n<\frac{\varepsilon}{2(1-2\delta)}$，故当$n>N$时，有

$$\begin{aligned}\left|\int_0^1 f^n(x)\mathrm{d}x\right| &\leqslant\int_0^1|f^n(x)|\mathrm{d}x\\ &=\int_0^\delta|f^n(x)|\mathrm{d}x+\int_\delta^{1-\delta}|f^n(x)|\mathrm{d}x+\int_{1-\delta}^1|f^n(x)|\mathrm{d}x\\ &\leqslant 2\delta+a^n(1-2\delta)\\ &<\frac{\varepsilon}{2}+\frac{\varepsilon}{2}=\varepsilon,\end{aligned}$$

所以有$\lim\limits_{n\to\infty}\int_0^1 f^n(x)\mathrm{d}x=0$。

例 9　证明：$\int_0^{\sqrt{2\pi}}\sin x^2\mathrm{d}x>0$。

证　作代换$t=x^2$，则

$$I=\int_0^{\sqrt{2\pi}}\sin x^2\mathrm{d}x=\int_0^{2\pi}\frac{\sin t}{2\sqrt{t}}\mathrm{d}t=\frac{1}{2}\int_0^\pi\frac{\sin t}{\sqrt{t}}\mathrm{d}t+\frac{1}{2}\int_\pi^{2\pi}\frac{\sin t}{\sqrt{t}}\mathrm{d}t。$$

由于

$$\int_{\pi}^{2\pi}\frac{\sin t}{\sqrt{t}}\mathrm{d}t=\int_{0}^{\pi}\frac{\sin(u+\pi)}{\sqrt{u+\pi}}\mathrm{d}u=-\int_{0}^{\pi}\frac{\sin t}{\sqrt{t+\pi}}\mathrm{d}t,$$

所以

$$I=\frac{1}{2}\int_{0}^{\pi}\left(\frac{1}{\sqrt{t}}-\frac{1}{\sqrt{t+\pi}}\right)\sin t\,\mathrm{d}t>0。$$

例 10　设函数 $f(x)$在$[0,1]$上有连续的二阶导数,$f(0)=f(1)=0$,$f(x)\neq 0$,$x\in(0,1)$,证明:$\int_{0}^{1}\left|\frac{f''(x)}{f(x)}\right|\mathrm{d}x\geqslant 4$。

证　因为在$(0,1)$内 $f(x)\neq 0$,由 $f(x)$连续可知 $f(x)$在$(0,1)$内恒正或恒负(否则由介值性 $f(x)$在$(0,1)$内必有零点与 $f(x)\neq 0$ 矛盾),不妨设 $f(x)>0$,因为 $f(x)\in C[0,1]$,所以$\exists c\in(0,1)$,使

$$f(c)=\max\{f(x):0\leqslant x\leqslant 1\}>0。$$

由拉格朗日中值定理以及 $f(0)=f(1)=0$,$\exists\xi\in(0,c)$,$\exists\eta\in(c,1)$,使得

$$f'(\xi)=\frac{f(c)-f(0)}{c-0}=\frac{f(c)}{c},\quad f'(\eta)=\frac{f(1)-f(c)}{1-c}=\frac{f(c)}{c-1},$$

所以有

$$\begin{aligned}\int_{0}^{1}\left|\frac{f''(x)}{f(x)}\right|\mathrm{d}x&\geqslant\frac{1}{f(c)}\int_{0}^{1}|f''(x)|\mathrm{d}x\geqslant\frac{1}{f(c)}\int_{\xi}^{\eta}|f''(x)|\mathrm{d}x\\&\geqslant\frac{1}{f(c)}\left|\int_{\xi}^{\eta}f''(x)\mathrm{d}x\right|=\frac{1}{f(c)}|f'(\eta)-f'(\xi)|\\&=\left|\frac{1}{c-1}-\frac{1}{c}\right|\geqslant 4。\end{aligned}$$

例 11　设 $f(x)\in C[0,1]$,$\int_{0}^{1}f(x)\mathrm{d}x=0$,$\int_{0}^{1}xf(x)\mathrm{d}x=1$,则$\exists x_0\in(0,1)$,使得$|f(x_0)|\geqslant 4$。

证　若不然$\forall x\in(0,1)$,有$|f(x)|<4$,则$\forall\alpha\in[0,1]$,有

$$\begin{aligned}1&=\int_{0}^{1}(x-\alpha)f(x)\mathrm{d}x\leqslant\int_{0}^{1}|x-\alpha||f(x)|\mathrm{d}x<4\int_{0}^{1}|x-\alpha|\mathrm{d}x\\&=4\int_{0}^{\alpha}(\alpha-x)\mathrm{d}x+4\int_{\alpha}^{1}(x-\alpha)\mathrm{d}x=2(2\alpha^2-2\alpha+1)。\end{aligned}$$

取 $\alpha=\frac{1}{2}$得

$$1=\int_{0}^{1}\left(x-\frac{1}{2}\right)f(x)\mathrm{d}x<1,$$

矛盾,所以$\exists x_0\in(0,1)$,使$|f(x_0)|\geqslant 4$。

例 12　设 $f(x)$在$[a,b]$上可导,且 $f'(x)$单调下降,$f'(x)\geqslant m>0$,$x\in[a,b]$,则

$$\left|\int_{a}^{b}\cos f(x)\mathrm{d}x\right|\leqslant\frac{2}{m}。$$

证　由 $f'(x)>0$,$x\in[a,b]$知,$f(x)$连续且严格上升,故 f^{-1}存在、可导且严格上升,并有

$$0<(f^{-1}(y))'=\frac{1}{f'(x)}\leqslant\frac{1}{m}。$$

作代换 $y=f(x)$，并利用积分第二中值定理，有

$$\int_a^b \cos f(x)\mathrm{d}x=\int_{f(a)}^{f(b)} \cos y(f^{-1}(y))'\mathrm{d}y=(f^{-1})'(f(b))\int_{\xi}^{f(b)} \cos y\mathrm{d}y,$$

其中 $f(a)<\xi<f(b)$，所以

$$\left|\int_a^b \cos f(x)\mathrm{d}x\right|=\left|(f^{-1})'(f(b))\int_{\xi}^{f(b)} \cos y\mathrm{d}y\right|\leqslant 2(f^{-1})'(f(b))\leqslant \frac{2}{m}。$$

例 13　设 $a>0, f'(x)\in C[0,a]$，则 $|f(0)|\leqslant \frac{1}{a}\int_0^a |f(x)|\mathrm{d}x+\int_0^a |f'(x)|\mathrm{d}x$。

证　$\forall x\in[0,a]$，有 $f(x)-f(0)=\int_0^x f'(t)\mathrm{d}t$，故有

$$|f(0)|\leqslant|f(x)|+\left|\int_0^x f'(t)\mathrm{d}t\right|。$$

又由 $f\in C[0,a]$知，$\exists c\in[0,a]$，使

$$\int_0^a |f(t)|\mathrm{d}t=|f(c)|\cdot a,$$

即 $|f(c)|=\frac{1}{a}\int_0^a |f(t)|\mathrm{d}t$，取 $x=c$ 有

$$\begin{aligned}|f(0)|&\leqslant|f(c)|+\left|\int_0^c f'(t)\mathrm{d}t\right|\\&=\frac{1}{a}\int_0^a |f(t)|\mathrm{d}t+\left|\int_0^c f'(t)\mathrm{d}t\right|\\&\leqslant\frac{1}{a}\int_0^a |f(t)|\mathrm{d}t+\int_0^a |f'(t)|\mathrm{d}t。\end{aligned}$$

例 14　若 $f'(x)\in C[a,b]$，则

$$\max_{x\in[a,b]}|f(x)|\leqslant\left|\frac{1}{b-a}\int_a^b f(x)\mathrm{d}x\right|+\int_a^b |f'(x)|\mathrm{d}x。$$

证　设

$$|f(x_0)|=\max\{|f(x)|: x\in[a,b]\}。$$

$\forall x\in[a,b]$，有

$$f(x)=f(x_0)+\int_{x_0}^x f'(t)\mathrm{d}t,$$

所以

$$|f(x_0)|\leqslant|f(x)|+\left|\int_{x_0}^x f'(t)\mathrm{d}t\right|。$$

又

$$\int_a^b f(x)\mathrm{d}x=f(\xi)(b-a),\quad a<\xi<b,$$

取 $x=\xi$ 就有

$$\begin{aligned}|f(x_0)|&\leqslant|f(\xi)|+\left|\int_{x_0}^{\xi} f'(t)\mathrm{d}t\right|\\&\leqslant\left|\frac{1}{b-a}\int_a^b f(x)\mathrm{d}x\right|+\int_{x_0}^{\xi}|f'(x)|\mathrm{d}x\end{aligned}$$

$$\leqslant\left|\frac{1}{b-a}\int_a^b f(x)\mathrm{d}x\right|+\int_a^b |f'(x)|\mathrm{d}x。$$

例 15　设$[\alpha_i,\beta_i](i=1,2,\cdots,n)$是$[0,1]$内的 n 个区间,且$\forall x\in[0,1]$,x 至少属于这些区间中的 q 个,证明:在这些区间中至少有一个其长度$\geqslant\frac{q}{n}$。

证　令 $f_i(x)=\begin{cases}1, & x\in[\alpha_i,\beta_i],\\ 0, & x\notin[\alpha_i,\beta_i]\end{cases}(i=1,2,\cdots,n)$,则$\int_0^1 f_i(x)\mathrm{d}x=\beta_i-\alpha_i$。令 $f(x)=\sum_{i=1}^n f_i(x)$,则 $f(x)\geqslant q$,所以

$$\sum_{i=1}^n(\beta_i-\alpha_i)=\sum_{i=1}^n\int_0^1 f_i(x)\mathrm{d}x=\int_0^1 f(x)\mathrm{d}x\geqslant q。$$

若$\forall i=1,2,\cdots,n$,有 $\beta_i-\alpha_i<\frac{q}{n}$,则

$$\sum_{i=1}^n(\beta_i-\alpha_i)<\frac{q}{n}n=q,$$

矛盾,因此$\exists[\alpha_i,\beta_i]$,使 $\beta_i-\alpha_i\geqslant\frac{q}{n}$。

例 16　设 $f(x)\in C[0,+\infty)$且严格单调,$f(0)=0$,又设 $g(x)$为 $f(x)$的反函数,

$$F(x)=xf(x)-\int_0^{f(x)}g(t)\mathrm{d}t。$$

证明:$F(x)$在$[0,+\infty)$上可导,且$\forall x\in[0,+\infty)$,有 $F'(x)=f(x)$。

证　不妨设 $f(x)$严格上升,$\forall x\geqslant0$,$\forall y>x$,有

$$\begin{aligned}\frac{F(y)-F(x)}{y-x}-f(x)&=\frac{1}{y-x}\left[y(f(y)-f(x))-\int_{f(x)}^{f(y)}g(t)\mathrm{d}t\right]\\&=\frac{1}{y-x}[y(f(y)-f(x))-g(\xi)(f(y)-f(x))]\\&=|f(y)-f(x)|\cdot\frac{y-g(\xi)}{y-x}\\&\qquad(f(x)<\xi<f(y),x<g(\xi)<y),\end{aligned}$$

所以

$$\left|\frac{F(y)-F(x)}{y-x}-f(x)\right|\leqslant|f(y)-f(x)|。$$

令 $y\to x^+$,得 $F'_+(x)=f(x)$,同理可证 $F'_-(x)=f(x)$,所以 $F(x)$在$[0,+\infty)$上可导,且$\forall x\geqslant0$ 时,有 $F'(x)=f(x)$。

例 17　设 $f(x)$在$[0,1]$上可导,且当 $x\in(0,1)$时,$0<f'(x)<1$,$f(0)=0$。证明:

$$\left(\int_0^1 f(x)\mathrm{d}x\right)^2>\int_0^1 f^3(x)\mathrm{d}x。$$

证　令 $F(x)=\left(\int_0^x f(t)\mathrm{d}t\right)^2-\int_0^x f^3(t)\mathrm{d}t,x\in[0,1]$,则 $F(0)=0$,所以只需证 $F'(x)>0,x\in(0,1)$。易求

$$F'(x)=2\int_0^x f(t)\mathrm{d}t\cdot f(x)-f^3(x)=f(x)\left(2\int_0^x f(t)\mathrm{d}t-f^2(x)\right)。$$

因为 $f'(x)>0$，所以 $f(x)$ 严格增加，因而当 $x\in(0,1)$ 时，有 $f(x)>f(0)=0$，令

$$G(x)=2\int_0^x f(t)\mathrm{d}t-f^2(x),\qquad x\in[0,1],$$

则 $G(0)=0$，且

$$G'(x)=2f(x)-2f(x)f'(x)=2f(x)(1-f'(x))>0,$$

所以 $G(x)$ 严格增加，因而当 $x\in(0,1)$ 时，有 $G(x)>G(0)=0$，从而当 $x\in(0,1)$ 时，有 $F'(x)>0$，所以 $F(1)>F(0)=0$，即

$$\left(\int_0^1 f(x)\mathrm{d}x\right)^2>\int_0^1 f^3(x)\mathrm{d}x\text{。}$$

例 18　设 $f(x)\in C[a,b]$ 且单调增加，证明：$\int_a^b xf(x)\mathrm{d}x\geqslant\frac{a+b}{2}\int_a^b f(x)\mathrm{d}x$。

证法 1　令 $F(x)=\int_a^x tf(t)\mathrm{d}t-\frac{a+x}{2}\int_a^x f(t)\mathrm{d}t,x\in[a,b]$，则 $F(a)=0$，所以只需证明 $F'(x)\geqslant 0$ 即可。

证法 2　因为 $f(x)$ 单调增加，所以

$$\left(x-\frac{a+b}{2}\right)\left(f(x)-f\left(\frac{a+b}{2}\right)\right)\geqslant 0,$$

因而有

$$\int_a^b\left(x-\frac{a+b}{2}\right)\left(f(x)-f\left(\frac{a+b}{2}\right)\right)\mathrm{d}x\geqslant 0\text{。}$$

整理即得

$$\int_a^b xf(x)\mathrm{d}x\geqslant\frac{a+b}{2}\int_a^b f(x)\mathrm{d}x\text{。}$$

证法 3　应用积分第一中值定理

$$\begin{aligned}\int_a^b\left(x-\frac{a+b}{2}\right)f(x)\mathrm{d}x&=\int_a^{\frac{a+b}{2}}\left(x-\frac{a+b}{2}\right)f(x)\mathrm{d}x+\int_{\frac{a+b}{2}}^b\left(x-\frac{a+b}{2}\right)f(x)\mathrm{d}x\\&=(f(\eta)-f(\xi))\frac{(b-a)^2}{8}\geqslant 0\left(a<\xi<\frac{a+b}{2}<\eta<b\right)\text{。}\end{aligned}$$

例 19　设 $f(x)\in C^2[0,2]$，$f(1)=0$，证明：$\left|\int_0^2 f(x)\mathrm{d}x\right|\leqslant\frac{1}{3}\max\limits_{x\in[0,2]}|f''(x)|$。

证　$\forall x\in(0,2)$，将 $f(x)$ 在 $x=1$ 处泰勒展开得

$$\begin{aligned}f(x)&=f(1)+f'(1)(x-1)+\frac{f''(\xi)}{2}(x-1)^2\\&=f'(1)(x-1)+\frac{f''(\xi)}{2}(x-1)^2,\end{aligned}$$

所以

$$\begin{aligned}\int_0^2 f(x)\mathrm{d}x&=f'(1)\int_0^2(x-1)\mathrm{d}x+\int_0^2\frac{f''(\xi)}{2}(x-1)^2\mathrm{d}x\\&=\frac{f''(\xi)}{2}\int_0^2(x-1)^2\mathrm{d}x=\frac{1}{3}f''(\xi),\end{aligned}$$

故

$$\left|\int_0^2 f(x)\mathrm{d}x\right|=\frac{1}{3}\mid f''(\xi)\mid\leqslant\frac{1}{3}\max_{x\in[0,2]}\mid f''(x)\mid。$$

例 20 设 $f'(x)\in C[a,b]$，$M=\max\{|f'(x)|:a\leqslant x\leqslant b\}$，证明：

$$\left|\int_a^b f(x)\mathrm{d}x-\frac{b-a}{n}\sum_{i=1}^n f(x_i)\right|\leqslant\frac{(b-a)^2}{2n}\cdot M,\qquad x_i=a+\frac{i(b-a)}{n}。$$

证

$$\begin{aligned}
&\left|\int_a^b f(x)\mathrm{d}x-\frac{b-a}{n}\sum_{i=1}^n f(x_i)\right|\\
&=\left|\sum_{i=1}^n\int_{x_{i-1}}^{x_i}f(x)\mathrm{d}x-\sum_{i=1}^n\int_{x_{i-1}}^{x_i}f(x_i)\mathrm{d}x\right|\\
&\leqslant\sum_{i=1}^n\int_{x_{i-1}}^{x_i}\mid f(x)-f(x_i)\mid\mathrm{d}x=\sum_{i=1}^n\int_{x_{i-1}}^{x_i}\mid f'(\xi)\mid\mid x-x_i\mid\mathrm{d}x\\
&\leqslant M\sum_{i=1}^n\int_{x_{i-1}}^{x_i}(x_i-x)\mathrm{d}x=\frac{M}{2}\sum_{i=1}^n(x_i-x_{i-1})^2\\
&=\frac{M}{2}\sum_{i=1}^n\left(\frac{b-a}{n}\right)^2=\frac{M(b-a)^2}{2n}。
\end{aligned}$$

例 21 设 $p(x)\in R[a,b]$，$p(x)>0$，$x\in[a,b]$，$f(x)$，$g(x)$在$[a,b]$上单调性一致，则

$$\int_a^b p(x)f(x)\mathrm{d}x\int_a^b p(x)g(x)\mathrm{d}x\leqslant\int_a^b p(x)\mathrm{d}x\int_a^b p(x)f(x)g(x)\mathrm{d}x。$$

证 记 $I=\int_a^b p(x)\mathrm{d}x\int_a^b p(x)f(x)g(x)\mathrm{d}x-\int_a^b p(x)f(x)\mathrm{d}x\int_a^b p(x)g(x)\mathrm{d}x$，则

$$I=\int_a^b\int_a^b p(x)p(y)g(y)(f(y)-f(x))\mathrm{d}x\mathrm{d}y。$$

同理可得

$$I=\int_a^b\int_a^b p(x)p(y)g(x)(f(x)-f(y))\mathrm{d}x\mathrm{d}y。$$

所以

$$2I=\int_a^b\int_a^b p(x)p(y)(g(x)-g(y))(f(x)-f(y))\mathrm{d}x\mathrm{d}y\geqslant 0,$$

因而有

$$\int_a^b p(x)f(x)\mathrm{d}x\int_a^b p(x)g(x)\mathrm{d}x\leqslant\int_a^b p(x)\mathrm{d}x\int_a^b p(x)f(x)g(x)\mathrm{d}x。$$

例 22 设 $f'(x)\in C[a,b]$，$f(a)=0$，证明：$\int_a^b f^2(x)\mathrm{d}x\leqslant\frac{(b-a)^2}{2}\int_a^b(f'(x))^2\mathrm{d}x$。

证 因为

$$\begin{aligned}
f^2(x)=(f(x)-f(a))^2=\left(\int_a^x f'(t)\mathrm{d}t\right)^2&\leqslant\int_a^x(f'(t))^2\mathrm{d}t\cdot\int_a^x 1^2\mathrm{d}t\\
&=(x-a)\int_a^x(f'(t))^2\mathrm{d}t\leqslant(x-a)\int_a^b(f'(t))^2\mathrm{d}t,
\end{aligned}$$

所以

$$\int_a^b f^2(x)\mathrm{d}x\leqslant\int_a^b(f'(t))^2\mathrm{d}t\int_a^b(x-a)\mathrm{d}x=\frac{(b-a)^2}{2}\int_a^b(f'(x))^2\mathrm{d}x。$$

例 23　设 $f'(x)$ 在 $[a,b]$ 上连续，$f(a)=0$，证明：

$$\int_a^b |f(x)f'(x)|\mathrm{d}x \leqslant \frac{b-a}{2}\int_a^b (f'(x))^2\mathrm{d}x。$$

证　令 $g(x)=\int_a^x |f'(t)|\mathrm{d}t, x\in[a,b]$，则 $g'(x)=|f'(x)|$，因而有

$$|f(x)|=|f(x)-f(a)|=\left|\int_a^x f'(t)\mathrm{d}t\right|\leqslant\int_a^x |f'(t)|\mathrm{d}t=g(x),$$

所以

$$\begin{aligned}\int_a^b |f(x)f'(x)|\mathrm{d}x &\leqslant \int_a^b g(x)g'(x)\mathrm{d}x\\ &=\frac{1}{2}g^2(x)\Big|_a^b=\frac{1}{2}\left(\int_a^b |f'(t)|\mathrm{d}t\right)^2\\ &\leqslant\frac{1}{2}\left(\int_a^b 1^2\mathrm{d}t\right)\cdot\left(\int_a^b |f'(t)|^2\mathrm{d}t\right)\\ &=\frac{b-a}{2}\int_a^b (f'(x))^2\mathrm{d}x。\end{aligned}$$

例 24　设 $f(x)\in \mathrm{R}[a,b]$，且 $m\leqslant f(x)\leqslant M, x\in[a,b]$，$\varphi(u)$ 是 $[m,M]$ 上连续的凸函数，求证：

$$\varphi\left(\frac{1}{b-a}\int_a^b f(x)\mathrm{d}x\right)\leqslant\frac{1}{b-a}\int_a^b \varphi(f(x))\mathrm{d}x。$$

证　将 $[a,b]$ n 等分，分点为 $a=x_0<x_1<\cdots<x_n=b$，由 $\varphi(u)$ 是凸函数知

$$\varphi\left(\frac{f(x_1)+f(x_2)+\cdots+f(x_n)}{n}\right)\leqslant\frac{1}{n}[\varphi(f(x_1))+\varphi(f(x_2))+\cdots+\varphi(f(x_n))],$$

即

$$\varphi\left(\frac{1}{b-a}\sum_{i=1}^n f(x_i)\,\frac{b-a}{n}\right)\leqslant\frac{1}{b-a}\sum_{i=1}^n \varphi(f(x_i))\,\frac{b-a}{n}。$$

由 $f(x)\in \mathrm{R}[a,b]$，$\varphi(u)\in C[m,M]$ 知，$\varphi(f(x))\in \mathrm{R}[a,b]$。令 $n\to\infty$，得

$$\varphi\left(\frac{1}{b-a}\int_a^b f(x)\mathrm{d}x\right)\leqslant\frac{1}{b-a}\int_a^b \varphi(f(x))\mathrm{d}x。$$

例 25　设 $f(x)\in \mathrm{R}[a,b]$，且 $m\leqslant f(x)\leqslant M, x\in[a,b]$，$p(x)\in \mathrm{R}[a,b]$，$p(x)>0$，$\int_a^b p(x)\mathrm{d}x>0$。又 $\varphi(u)$ 是 $[m,M]$ 上的连续的凸函数，求证：

$$\varphi\left(\frac{\int_a^b p(x)f(x)\mathrm{d}x}{\int_a^b p(x)\mathrm{d}x}\right)\leqslant\frac{\int_a^b p(x)\varphi(f(x))\mathrm{d}x}{\int_a^b p(x)\mathrm{d}x}。$$

证　将 $[a,b]$ n 等分，分点为 $a=x_0<x_1<\cdots<x_n=b$，由 φ 是凸函数知

$$\varphi\left(\frac{\sum_{i=1}^n p(x_i)f(x_i)}{\sum_{i=1}^n p(x_i)}\right)\leqslant\frac{\sum_{i=1}^n p(x_i)\varphi(f(x_i))}{\sum_{i=1}^n p(x_i)},$$

所以

$$\varphi\left(\frac{\sum_{i=1}^{n}p(x_i)f(x_i)\cdot\frac{b-a}{n}}{\sum_{i=1}^{n}p(x_i)\cdot\frac{b-a}{n}}\right)\leqslant\frac{\sum_{i=1}^{n}p(x_i)\varphi(f(x_i))\cdot\frac{b-a}{n}}{\sum_{i=1}^{n}p(x_i)\cdot\frac{b-a}{n}}。$$

令 $n\to\infty$ 得

$$\varphi\left(\frac{\int_a^b p(x)f(x)\mathrm{d}x}{\int_a^b p(x)\mathrm{d}x}\right)\leqslant\frac{\int_a^b p(x)\varphi(f(x))\mathrm{d}x}{\int_a^b p(x)\mathrm{d}x}。$$

例 26　设 $f(x)$ 为 $[a,b]$ 上的正值连续函数，证明：

$$\frac{1}{b-a}\int_a^b \ln f(x)\mathrm{d}x\leqslant\ln\left(\frac{1}{b-a}\int_a^b f(x)\mathrm{d}x\right)。$$

证　因为 $y=\ln x$ 为凹函数，所以

$$\frac{\ln f(x_1)+\ln f(x_2)+\cdots+\ln f(x_n)}{n}\leqslant\ln\frac{f(x_1)+f(x_2)+\cdots+f(x_n)}{n},$$

即

$$\frac{1}{b-a}\sum_{i=1}^{n}\ln f(x_i)\cdot\frac{b-a}{n}\leqslant\ln\left(\frac{1}{b-a}\sum_{i=1}^{n}f(x_i)\cdot\frac{b-a}{n}\right)。$$

令 $n\to\infty$ 得

$$\frac{1}{b-a}\int_a^b \ln f(x)\mathrm{d}x\leqslant\ln\left(\frac{1}{b-a}\int_a^b f(x)\mathrm{d}x\right)。$$

例 27(阿达马(Hadamard)定理)　设 $f(x)$ 为 $[a,b]$ 上连续的凸函数，证明：$\forall x_1,x_2\in[a,b]$，$x_1<x_2$ 有

$$f\left(\frac{x_1+x_2}{2}\right)\leqslant\frac{1}{x_2-x_1}\int_{x_1}^{x_2}f(x)\mathrm{d}x\leqslant\frac{f(x_1)+f(x_2)}{2}。$$

证　$\forall x_1,x_2\in[a,b]$，分别令

$$x=x_1+\lambda(x_2-x_1),\quad x=x_2+\lambda(x_1-x_2),$$

则有

$$\frac{1}{x_2-x_1}\int_{x_1}^{x_2}f(x)\mathrm{d}x=\int_0^1 f(x_1+\lambda(x_2-x_1))\mathrm{d}\lambda,$$

$$\frac{1}{x_2-x_1}\int_{x_1}^{x_2}f(x)\mathrm{d}x=\int_0^1 f(x_2-\lambda(x_2-x_1))\mathrm{d}\lambda。$$

两式相加得

$$\frac{1}{x_2-x_1}\int_{x_1}^{x_2}f(x)\mathrm{d}x=\frac{1}{2}\left\{\int_0^1[f(x_1+\lambda(x_2-x_1))+f(x_2-\lambda(x_2-x_1))]\mathrm{d}\lambda\right\}。$$

因为

$$\frac{x_1+\lambda(x_2-x_1)+x_2-\lambda(x_2-x_1)}{2}=\frac{x_1+x_2}{2},$$

所以

$$f\left(\frac{x_1+x_2}{2}\right)\leqslant\frac{1}{2}\left\{\int_0^1[f(x_1+\lambda(x_2-x_1))+f(x_2-\lambda(x_2-x_1))]\mathrm{d}\lambda\right\},$$

从而有

$$f\left(\frac{x_1+x_2}{2}\right)\leqslant\frac{1}{x_2-x_1}\int_{x_1}^{x_2}f(x)\mathrm{d}x。$$

又

$$\begin{aligned}\frac{1}{x_2-x_1}\int_{x_1}^{x_2}f(x)\mathrm{d}x&=\int_0^1 f(x_1+\lambda(x_2-x_1))\mathrm{d}\lambda\\&=\int_0^1 f(\lambda x_2+(1-\lambda)x_1)\mathrm{d}\lambda\\&\leqslant\int_0^1[\lambda f(x_2)+(1-\lambda)f(x_1)]\mathrm{d}\lambda\\&=\frac{f(x_1)+f(x_2)}{2},\end{aligned}$$

所以

$$f\left(\frac{x_1+x_2}{2}\right)\leqslant\frac{1}{x_2-x_1}\int_{x_1}^{x_2}f(x)\mathrm{d}x\leqslant\frac{f(x_1)+f(x_2)}{2}。$$

例 28　证明：$\int_0^{+\infty}\frac{\mathrm{d}x}{(1+x^2)(1+x^\alpha)}$ 与 α 无关。

证　由于

$$\int_0^{+\infty}\frac{\mathrm{d}x}{(1+x^2)(1+x^\alpha)}=\int_0^1\frac{\mathrm{d}x}{(1+x^2)(1+x^\alpha)}+\int_1^{+\infty}\frac{\mathrm{d}x}{(1+x^2)(1+x^\alpha)},$$

令 $x=\frac{1}{t}$，有

$$\int_0^1\frac{\mathrm{d}x}{(1+x^2)(1+x^\alpha)}=\int_1^{+\infty}\frac{x^\alpha\mathrm{d}x}{(1+x^2)(1+x^\alpha)},$$

所以

$$\int_0^{+\infty}\frac{\mathrm{d}x}{(1+x^2)(1+x^\alpha)}=\int_1^{+\infty}\frac{\mathrm{d}x}{1+x^2}=\arctan x\Big|_1^{+\infty}=\frac{\pi}{2}-\frac{\pi}{4}=\frac{\pi}{4}。$$

例 29　证明：$\int_1^{+\infty}\left(\frac{1}{[x]}-\frac{1}{x}\right)\mathrm{d}x=\lim\limits_{n\to\infty}\left(1+\frac{1}{2}+\frac{1}{3}+\cdots+\frac{1}{n}-\ln n\right)=C$。

证　(1) $\forall\,1<x<2$，$\frac{1}{[x]}=1$，所以$\frac{1}{[x]}-\frac{1}{x}=\frac{x-1}{x}\to 0(x\to 1^+)$，所以 $x=1$ 不是$\frac{1}{[x]}-\frac{1}{x}$的瑕点。

(2) 对 $x>2$，$x-1<[x]\leqslant x$，所以

$$\frac{1}{[x]}-\frac{1}{x}=\frac{x-[x]}{[x]x}\leqslant\frac{1}{x(x-1)}。$$

而$\int_2^{+\infty}\frac{\mathrm{d}x}{x(x-1)}$ 收敛，又因为 $x=1$ 不是瑕点，所以$\int_1^{+\infty}\left(\frac{1}{[x]}-\frac{1}{x}\right)\mathrm{d}x$ 收敛。

(3)

$$\begin{aligned}\int_1^{+\infty}\left(\frac{1}{[x]}-\frac{1}{x}\right)\mathrm{d}x&=\lim_{n\to\infty}\int_1^n\left(\frac{1}{[x]}-\frac{1}{x}\right)\mathrm{d}x\\&=\lim_{n\to\infty}\sum_{k=1}^{n-1}\int_k^{k+1}\left(\frac{1}{k}-\frac{1}{x}\right)\mathrm{d}x\end{aligned}$$

$$=\lim_{n\to\infty}\sum_{k=1}^{n-1}\left(\frac{1}{k}-(\ln(k+1)-\ln k)\right)$$

$$=\lim_{n\to\infty}\left(\sum_{k=1}^{n-1}\frac{1}{k}-\ln n\right)$$

$$=\lim_{n\to\infty}\left(1+\frac{1}{2}+\frac{1}{3}+\cdots+\frac{1}{n-1}-\ln n\right)$$

$$=\lim_{n\to\infty}\left(1+\frac{1}{2}+\frac{1}{3}+\cdots+\frac{1}{n}-\ln n\right)=C。$$

例 30 已知 $y>0$，计算反常积分 $I=\int_{-\infty}^{+\infty}|t-x|^{\frac{1}{2}}\frac{y}{(t-x)^2+y^2}\mathrm{d}t$。

解 令(1)$t-x=u$，(2)$v=\frac{\sqrt{u}}{\sqrt{y}}$，则

$$I=\int_{-\infty}^{+\infty}|u|^{\frac{1}{2}}\frac{y\,\mathrm{d}u}{u^2+y^2}=2\int_0^{+\infty}\frac{u^{\frac{1}{2}}y\,\mathrm{d}u}{u^2+y^2}=4\sqrt{y}\int_0^{+\infty}\frac{v^2\,\mathrm{d}v}{v^4+1}。$$

记 $I_1=\int_0^{+\infty}\frac{v^2\,\mathrm{d}v}{v^4+1}$，令 $v=\frac{1}{w}$，则 $I_1=\int_0^{+\infty}\frac{1}{w^4+1}\mathrm{d}w$，于是

$$2I_1=\int_0^{+\infty}\frac{v^2+1}{v^4+1}\mathrm{d}v=\int_0^{+\infty}\frac{1+\frac{1}{v^2}}{v^2+\frac{1}{v^2}}\mathrm{d}v=\int_0^{+\infty}\frac{\mathrm{d}\left(v-\frac{1}{v}\right)}{\left(v-\frac{1}{v}\right)^2+2}$$

$$=\frac{1}{\sqrt{2}}\arctan\left(\frac{v-\frac{1}{v}}{\sqrt{2}}\right)\Bigg|_0^{+\infty}=\frac{\pi}{\sqrt{2}}。$$

所以 $I=4\sqrt{y}\cdot\frac{\pi}{2\sqrt{2}}=\sqrt{2y}\,\pi$。

例 31 设 $f(x)$ 在 $[a,+\infty)$ 上恒正且单调下降，求证：$\int_a^{+\infty}f(x)\mathrm{d}x$ 与 $\int_a^{+\infty}f(x)\sin^2x\,\mathrm{d}x$ 的敛散性一致。

证 (1) 设 $\int_a^{+\infty}f(x)\mathrm{d}x$ 收敛，那么 $\forall x\in[a,+\infty)$，有 $0\leqslant f(x)\sin^2x\leqslant f(x)$，因而由比较判别法可知 $\int_a^{+\infty}f(x)\sin^2x\,\mathrm{d}x$ 收敛。

(2) 设 $\int_a^{+\infty}f(x)\mathrm{d}x$ 发散，那么级数 $\sum_{n=0}^{\infty}\int_{a+n\pi}^{a+(n+1)\pi}f(x)\,\mathrm{d}x$ 发散，又

$$\int_{a+n\pi}^{a+(n+1)\pi}f(x)\sin^2x\,\mathrm{d}x\geqslant f(a+(n+1)\pi)\int_{a+n\pi}^{a+(n+1)\pi}\sin^2x\,\mathrm{d}x$$

$$=\frac{\pi}{2}f(a+(n+1)\pi)\geqslant\frac{1}{2}\int_{a+(n+1)\pi}^{a+(n+2)\pi}f(x)\mathrm{d}x,$$

故级数 $\sum_{n=0}^{\infty}\int_{a+n\pi}^{a+(n+1)\pi}f(x)\sin^2x\,\mathrm{d}x$ 发散，从而 $\int_0^{+\infty}f(x)\sin^2x\,\mathrm{d}x$ 发散。

例 32　讨论积分 $I=\int_2^{+\infty}\frac{\sin^2 x}{x^p(x^p+\sin x)}\mathrm{d}x\ (p>0)$ 的敛散性。

解　被积函数为非负函数的积分，可用比较判别法，由不等式

$$\frac{\sin^2 x}{x^p(x^p+1)}<\frac{\sin^2 x}{x^p(x^p+\sin x)}<\frac{1}{x^p(x^p-1)}$$

可知：

(1) 若 $p>\frac{1}{2}$，则积分$\int_2^{+\infty}\frac{\mathrm{d}x}{x^p(x^p-1)}$ 收敛，从而$\int_2^{+\infty}\frac{\sin^2 x\,\mathrm{d}x}{x^p(x^p+\sin x)}$ 收敛。

(2) **解法 1**　若 $p\leqslant\frac{1}{2}$，由积分$\int_2^{+\infty}\frac{\mathrm{d}x}{x^p(x^p+1)}$ 发散，据上题可知$\int_2^{+\infty}\frac{\sin^2 x\,\mathrm{d}x}{x^p(x^p+1)}$ 也发散，从而积分$\int_2^{+\infty}\frac{\sin^2 x\,\mathrm{d}x}{x^p(x^p+\sin x)}$ 也发散。

解法 2

$$\frac{\sin^2 x}{x^p(x^p+1)}=\frac{1}{2x^p(x^p+1)}-\frac{\cos 2x}{2x^p(x^p+1)}。$$

因为 $\int_2^{+\infty}\frac{\mathrm{d}x}{2x^p(x^p+1)}$ 发散，$\int_2^{+\infty}\frac{\cos 2x}{2x^p(x^p+1)}\mathrm{d}x$ 收敛，所以$\int_2^{+\infty}\frac{\sin^2 x}{x^p(x^p+1)}\mathrm{d}x$ 发散，因而 $\int_2^{+\infty}\frac{\sin^2 x}{x^p(x^p+\sin x)}\mathrm{d}x$ 发散。

例 33　证明：$\int_0^{+\infty}(-1)^{[x^2]}\mathrm{d}x$ 收敛。

证　(1) 考查级数

$$\sum_{n=0}^{\infty}\int_{\sqrt{n}}^{\sqrt{n+1}}(-1)^{[x^2]}\mathrm{d}x。\qquad (*)$$

由于

$$\int_{\sqrt{n}}^{\sqrt{n+1}}(-1)^{[x^2]}\mathrm{d}x=(-1)^n(\sqrt{n+1}-\sqrt{n})=\frac{(-1)^n}{\sqrt{n+1}+\sqrt{n}},$$

而级数 $\sum_{n=0}^{\infty}\frac{(-1)^n}{\sqrt{n+1}+\sqrt{n}}$ 为莱布尼茨型级数，故级数($*$)收敛，设其和为 I。

(2) 下证$\int_0^{+\infty}(-1)^{[x^2]}\mathrm{d}x$ 收敛于 I。

$\forall\varepsilon>0$，由级数($*$)收敛于 I 知，$\exists N$，当 $n\geqslant N$ 时，有

$$\left|\int_0^{\sqrt{n}}(-1)^{[x^2]}\mathrm{d}x-I\right|<\varepsilon。$$

$\forall A>\sqrt{N}$，于是 $\exists n_0\geqslant N$，使得

$$\sqrt{n_0}\leqslant A<\sqrt{n_0+1}。$$

由于$(-1)^{[x^2]}$ 在$\sqrt{n_0}$ 与$\sqrt{n_0+1}$ 之间不变号，故$\int_0^A(-1)^{[x^2]}\mathrm{d}x$ 介于$\int_0^{\sqrt{n_0}}(-1)^{[x^2]}\mathrm{d}x$ 与 $\int_0^{\sqrt{n_0+1}}(-1)^{[x^2]}\mathrm{d}x$ 之间，因此由(1)的结论即知

$$\left|\int_0^A(-1)^{[x^2]}\mathrm{d}x-I\right|<\varepsilon。$$

故原级数收敛于 I。

例 34　讨论积分 $\int_0^{+\infty}\frac{x}{1+x^\alpha\sin^2 x}\mathrm{d}x$ 的敛散性。

解　注意到被积函数非负。

(1) 当 $\alpha>4$ 时，考虑级数 $\sum_{n=0}^{\infty}\int_{n\pi}^{(n+1)\pi}\frac{x}{1+x^\alpha\sin^2 x}\mathrm{d}x$。由于

$$\begin{aligned}\int_{n\pi}^{(n+1)\pi}\frac{x}{1+x^\alpha\sin^2 x}\mathrm{d}x&=\int_0^{\pi}\frac{t+n\pi}{1+(t+n\pi)^\alpha\sin^2 t}\mathrm{d}t\\&=\int_0^{\frac{\pi}{2}}\frac{t+n\pi}{1+(t+n\pi)^\alpha\sin^2 x}\mathrm{d}x+\int_{\frac{\pi}{2}}^{\pi}\frac{t+n\pi}{1+(t+n\pi)^\alpha\sin^2 t}\mathrm{d}t\\&=\int_0^{\frac{\pi}{2}}\frac{t+n\pi}{1+(t+n\pi)^\alpha\sin^2 x}\mathrm{d}x+\int_0^{\frac{\pi}{2}}\frac{n\pi+\pi-t}{1+(n\pi+\pi-t)^\alpha\sin^2 t}\mathrm{d}t。\end{aligned}$$

又当 $0\leqslant t\leqslant\frac{\pi}{2}, n\geqslant 1$ 时

$$(t+n\pi)^\alpha\sin^2 t\geqslant(n\pi)^\alpha\cdot\left(\frac{2}{\pi}t\right)^2=4n^\alpha\pi^{\alpha-2}t^2,$$

且 $n\pi+t\leqslant\left(n+\frac{1}{2}\right)\pi$，故

$$\begin{aligned}\int_0^{\frac{\pi}{2}}\frac{t+n\pi}{1+(t+n\pi)^\alpha\sin^2 t}\mathrm{d}t&\leqslant\int_0^{\frac{\pi}{2}}\frac{\left(n+\frac{1}{2}\right)\pi\mathrm{d}t}{1+4n^\alpha\pi^{\alpha-2}t^2}\\&\leqslant\frac{\pi}{2\pi^{\frac{\alpha}{2}-1}}\int_0^{+\infty}\frac{n+\frac{1}{2}}{n^{\frac{\alpha}{2}}}\cdot\frac{\mathrm{d}y}{1+y^2}\\&=\frac{\pi^2}{4\pi^{\frac{\alpha}{2}-1}}\cdot\frac{n+\frac{1}{2}}{n^{\frac{\alpha}{2}}}。\end{aligned}$$

由此易知

$$\sum_{n=0}^{\infty}\int_0^{\frac{\pi}{2}}\frac{t+n\pi}{1+(t+n\pi)^\alpha\sin^2 t}\mathrm{d}t$$

收敛。类似可证

$$\sum_{n=0}^{\infty}\int_0^{\frac{\pi}{2}}\frac{n\pi+\pi-t}{1+(n\pi+\pi-t)^\alpha\sin^2 t}\mathrm{d}t$$

收敛，因此

$$\sum_{n=0}^{\infty}\int_{n\pi}^{(n+1)\pi}\frac{x}{1+x^\alpha\sin^2 x}\mathrm{d}x$$

收敛，从而当 $\alpha>4$ 时，$\int_0^{+\infty}\frac{x}{1+x^\alpha\sin^2 x}\mathrm{d}x$ 收敛。

(2) 当 $\alpha\leqslant 4$ 时，如果 $x\geqslant\pi$，则 $\frac{x}{1+x^\alpha\sin^2 x}\geqslant\frac{x}{1+x^4\sin^2 x}$。考虑级数

$$\sum_{n=1}^{\infty}\int_{n\pi}^{(n+1)\pi}\frac{x}{1+x^{4}\sin^{2}x}\mathrm{d}x。$$

由于

$$\begin{aligned}\int_{n\pi}^{(n+1)\pi}\frac{x}{1+x^{4}\sin^{2}x}\mathrm{d}x&=\int_{0}^{\pi}\frac{t+n\pi}{1+(t+n\pi)^{4}\sin^{2}t}\mathrm{d}t\\&\geqslant\int_{0}^{\frac{1}{(n+1)^{2}\pi^{2}}}\frac{t+n\pi}{1+(t+n\pi)^{4}\sin^{2}t}\mathrm{d}t\\&\geqslant\frac{n\pi}{1+(1+n)^{4}\pi^{4}\cdot\dfrac{1}{(n+1)^{4}\pi^{4}}}\cdot\frac{1}{(n+1)^{2}\pi^{2}}\\&=\frac{n}{2\pi(n+1)^{2}},\end{aligned}$$

所以 $\sum\limits_{n=1}^{\infty}\int_{n\pi}^{(n+1)\pi}\frac{x}{1+x^{4}\sin^{2}x}\mathrm{d}x$ 发散，从而 $\sum\limits_{n=1}^{\infty}\int_{n\pi}^{(n+1)\pi}\frac{x}{1+x^{\alpha}\sin^{2}x}\mathrm{d}x$ 发散，因此当 $\alpha\leqslant4$ 时积分 $\int_{0}^{+\infty}\frac{x}{1+x^{\alpha}\sin^{2}x}\mathrm{d}x$ 发散。

例 35　讨论积分 $\int_{0}^{+\infty}|\ln x|^{\lambda}\cdot\frac{\sin x}{x}\mathrm{d}x\,(\lambda\geqslant0)$ 的敛散性。

解　(1) 当 $\lambda=0$ 时，易证 $\int_{0}^{+\infty}\frac{\sin x}{x}\mathrm{d}x$ 条件收敛。

(2) 当 $\lambda>0$ 时，有

$$\begin{aligned}I&=\int_{0}^{+\infty}|\ln x|^{\lambda}\cdot\frac{\sin x}{x}\mathrm{d}x\\&=\int_{0}^{1}|\ln x|^{\lambda}\cdot\frac{\sin x}{x}\mathrm{d}x+\int_{1}^{+\infty}|\ln x|^{\lambda}\cdot\frac{\sin x}{x}\mathrm{d}x\\&=I_{1}+I_{2}。\end{aligned}$$

对 I_1：$\lim\limits_{x\to0^{+}}x^{\frac{1}{2}}\cdot|\ln x|^{\lambda}\cdot\frac{\sin x}{x}=0,p=\frac{1}{2}<1$，所以 I_1 收敛。

对 I_2：$\frac{|\ln x|^{\lambda}}{x}$ 单调下降，且 $\lim\limits_{x\to+\infty}\frac{|\ln x|^{\lambda}}{x}=0$，$\left|\int_{1}^{A}\sin x\,\mathrm{d}x\right|\leqslant2$。由狄利克雷判别法知，$I_2$ 收敛。所以当 $\lambda\geqslant0$ 时，积分 $\int_{0}^{+\infty}|\ln x|^{\lambda}\cdot\frac{\sin x}{x}\mathrm{d}x$ 收敛。

例 36　讨论积分 $\int_{1}^{+\infty}\frac{\sin x}{x^{p}}\mathrm{d}x$ 的绝对收敛与条件收敛性。

解　易知当 $p\leqslant0$ 时积分发散，$0<p\leqslant1$ 时积分条件收敛，当 $p>1$ 时积分绝对收敛。

例 37　讨论积分 $\int_{0}^{+\infty}\frac{\sin x}{x^{p}}\mathrm{d}x$ 的绝对收敛与条件收敛性。

解　由例 36 知，只需讨论 $\int_{0}^{1}\frac{\sin x}{x^{p}}\mathrm{d}x$。当 $x\in(0,1]$ 时，$\frac{\sin x}{x^{p}}>0$，因为

$$\lim_{x\to0^{+}}\frac{\sin x}{x}\cdot\frac{x}{x^{p}}\cdot x^{p-1}=1,$$

所以 $\int_0^1 \frac{\sin x}{x^p}\mathrm{d}x$ 收敛 $\Leftrightarrow \int_0^1 \frac{\sin x}{x^p}\mathrm{d}x$ 绝对收敛 $\Leftrightarrow p-1<1 \Leftrightarrow p<2$。

所以当 $0<p\leqslant 1$ 时条件收敛，当 $1<p<2$ 时绝对收敛，当 $p\geqslant 2$ 或 $p\leqslant 0$ 时发散。

例 38 设 α,β 为实数，讨论 $I=\int_0^{+\infty} x^{\alpha}\sin(x^{\beta})\mathrm{d}x$ 的绝对收敛与条件收敛性。

解 (1) 若 $\beta=0$，则

$$I=\sin 1\int_0^1 x^{\alpha}\mathrm{d}x+\sin 1\int_1^{+\infty} x^{\alpha}\mathrm{d}x=I_1+I_2。$$

对 I_1：$-1<\alpha<0$ 时收敛，对 I_2：$\alpha<-1$ 时收敛，所以对 $\forall\alpha\in\mathbb{R}$，积分均发散。

(2) 若 $\beta\neq 0$，令 $t=x^{\beta}$，则

$$I=\begin{cases}\int_0^{+\infty} t^{\frac{\alpha}{\beta}}\sin t\cdot\frac{1}{\beta}\cdot t^{\frac{1}{\beta}-1}\mathrm{d}t, & \beta>0,\\ -\int_0^{+\infty} t^{\frac{\alpha}{\beta}}\sin t\cdot\frac{1}{\beta}\cdot t^{\frac{1}{\beta}-1}\mathrm{d}t, & \beta<0\end{cases}=\frac{1}{|\beta|}\int_0^{+\infty} t^{\frac{\alpha+1-\beta}{\beta}}\sin t\,\mathrm{d}t。$$

令 $\mu=1-\frac{\alpha+1}{\beta}$，则

$$I=\frac{1}{|\beta|}\int_0^{+\infty}\frac{\sin t}{t^{\mu}}\mathrm{d}t=\frac{1}{|\beta|}\int_0^1\frac{\sin t}{t^{\mu}}\mathrm{d}t+\frac{1}{|\beta|}\int_1^{+\infty}\frac{\sin t}{t^{\mu}}\mathrm{d}t\overset{\text{def}}{=}I_1+I_2。$$

(i) 对于 $I_1=\frac{1}{|\beta|}\int_0^1\frac{\sin t}{t^{\mu}}\mathrm{d}t$，因为

$$\lim_{x\to 0^+}\frac{\frac{\sin t}{t^{\mu}}}{t^{1-\mu}}=1,$$

故 I_1 与 $\int_0^1 t^{1-\mu}\mathrm{d}t$ 的敛散性相同，因而 I_1 当且仅当 $\mu-1<1$(即 $\mu<2$)亦即 $1-\frac{\alpha+1}{\beta}<2$ 时收敛，即 $\frac{\alpha+1}{\beta}>-1$ 时收敛，因被积函数非负，收敛亦为绝对收敛。

(ii) 对于 $I_2=\frac{1}{|\beta|}\int_1^{+\infty}\frac{\sin t}{t^{\mu}}\mathrm{d}t$ 我们只需讨论 $\mu<2$ 时的情形。

易知，$0<\mu\leqslant 1$ 时条件收敛，$\mu>1$ 时绝对收敛，$\mu\leqslant 0$ 时发散。

综上可得，当 $1<\mu<2$ 时，积分 I_2 绝对收敛，当 $0<\mu\leqslant 1$ 时，积分 I_2 条件收敛，当 $\mu\leqslant 0$ 时，积分 I_2 发散。

所以，当 $-1<\frac{\alpha+1}{\beta}<0$ 时积分绝对收敛；当 $0\leqslant\frac{\alpha+1}{\beta}<1$ 时积分条件收敛；当 $\frac{\alpha+1}{\beta}\geqslant 1$ 或 $\frac{\alpha+1}{\beta}\leqslant -1$ 时积分发散。

例 39 讨论积分 $I=\int_0^{+\infty}\frac{\cos x^2}{x^p}\mathrm{d}x$ 的敛散性。

解 (1) 考虑积分 $\int_0^1\frac{\cos x^2}{x^p}\mathrm{d}x$，当 $0<x\leqslant 1$ 时，有 $0\leqslant\frac{\cos x^2}{x^p}\leqslant\frac{1}{x^p}$，故当 $p<1$ 时，积分 $\int_0^1\frac{\cos x^2}{x^p}\mathrm{d}x$ 收敛。

当 $0<x\leqslant 1$ 时，有 $\frac{\cos x^2}{x^p}\geqslant\frac{\cos 1}{x^p}$，故当 $p\geqslant 1$ 时，积分 $\int_0^1\frac{\cos x^2}{x^p}\mathrm{d}x$ 发散。

(2) 考虑积分

$$\int_1^{+\infty}\frac{\cos x^2}{x^p}\mathrm{d}x。\tag{*}$$

令 $y=x^2$，则

$$\int_1^{+\infty}\frac{\cos x^2}{x^p}\mathrm{d}x=\frac{1}{2}\int_1^{+\infty}\frac{\cos y}{y^{\frac{p+1}{2}}}\mathrm{d}y。$$

所以当 $\frac{p+1}{2}>0$，即 $p>-1$ 时，由狄利克雷判别法知积分(*)收敛；当 $\frac{p+1}{2}\leqslant 0$，即 $p\leqslant -1$ 时，$\forall n\geqslant 1$ 有

$$\int_{2n\pi}^{2n\pi+\frac{\pi}{3}}\frac{\cos y}{y^{\frac{p+1}{2}}}\mathrm{d}y\geqslant\frac{1}{2}(2n\pi)^{-\frac{p+1}{2}}\cdot\frac{\pi}{3}\geqslant\frac{\pi}{6}。$$

由柯西准则知，积分(*)发散。

综上所述，当 $-1<p<1$ 时，原积分收敛；当 $p\leqslant -1$ 或 $p\geqslant 1$ 时，原积分发散。

例 40　若 $f(x)$ 在 $[a,+\infty)$ 上一致连续，且 $\int_a^{+\infty}f(x)\mathrm{d}x$ 收敛，则 $\lim\limits_{x\to+\infty}f(x)=0$。

证法 1　$\forall\varepsilon>0$，由 $f(x)$ 在 $[a,+\infty)$ 上一致连续，所以 $\exists\delta>0$，$\forall x',x''\in[a,+\infty)$，当 $|x'-x''|<\delta$ 时，有 $|f(x')-f(x'')|<\frac{\varepsilon}{2}$，由于 $\int_a^{+\infty}f(x)\mathrm{d}x$ 收敛，所以 $\exists A>a$，$\forall A'$，$A''>A$，有

$$\left|\int_{A'}^{A''}f(x)\mathrm{d}x\right|<\frac{\varepsilon\delta}{2},$$

所以 $\forall x>A$，由积分第一中值定理有

$$\begin{aligned}|f(x)|&\leqslant\left|f(x)-\frac{1}{\delta}\int_x^{x+\delta}f(t)\mathrm{d}t\right|+\left|\frac{1}{\delta}\int_x^{x+\delta}f(t)\,\mathrm{d}t\right|\\&=|f(x)-f(\xi)|+\left|\frac{1}{\delta}\int_x^{x+\delta}f(t)\mathrm{d}t\right|\\&<\frac{\varepsilon}{2}+\frac{1}{\delta}\cdot\frac{\varepsilon\delta}{2}=\varepsilon,\xi\in(x,x+\delta)。\end{aligned}$$

所以 $\lim\limits_{x\to+\infty}f(x)=0$。

证法 2(反证法)　若 $\lim\limits_{x\to+\infty}f(x)\neq 0$，则 $\exists\varepsilon_0>0$，使得 $\forall A>0$，$\exists x_1>A$，使 $|f(x_1)|\geqslant\varepsilon_0$。又因为 $f(x)$ 在 $[a,+\infty)$ 上一致连续，对 $\frac{\varepsilon_0}{2}>0$，$\exists\delta>0$，当 $|x'-x''|<\delta$ 时，有 $|f(x')-f(x'')|<\frac{\varepsilon}{2}$，故当 $x\in[x_1,x_1+\delta]$ 时，有

$$|f(x)|\geqslant\big||f(x_1)|-|f(x_1)-f(x)|\big|>\frac{\varepsilon_0}{2}。\tag{*}$$

并且 $f(x)$ 与 $f(x_1)$ 同号(如果不然的话 $|f(x_1)-f(x)|>\varepsilon_0$，产生矛盾)。

若 $f(x_1)>0$，则 $f(x)>0$，从而由(*)式知 $f(x)>\frac{\varepsilon_0}{2}$，故

$$\left|\int_{x_1}^{x_1+\delta} f(x)\mathrm{d}x\right| \geqslant \frac{\varepsilon_0}{2}\int_{x_1}^{x_1+\delta}\mathrm{d}x = \frac{\varepsilon_0\delta}{2}。$$

同理，若 $f(x_1)<0$，亦有 $\left|\int_{x_1}^{x_1+\delta} f(x)\mathrm{d}x\right| \geqslant \frac{\varepsilon_0\delta}{2}$，这就证明了对 $\frac{\varepsilon_0\delta}{2}>0$，$\forall A>a$，$\exists x_1+\delta>x_1>A$，使得

$$\left|\int_{x_1}^{x_1+\delta} f(x)\mathrm{d}x\right| \geqslant \frac{\varepsilon_0\delta}{2}。$$

根据柯西准则，积分 $\int_a^{+\infty} f(x)\mathrm{d}x$ 发散，矛盾。

例 41　设函数 $f(x)$ 单调，且 $\lim\limits_{x\to0^+} f(x)=+\infty$，证明：若 $\int_0^1 f(x)\mathrm{d}x$ 收敛，则

$$\lim_{x\to0^+} xf(x)=0。$$

$\left(\text{更一般的有，若}\int_0^1 x^p f(x)\mathrm{d}x \text{ 收敛，则} \lim\limits_{x\to0^+} x^{p+1}f(x)=0\right)$

证　因为 $\lim\limits_{x\to0^+} f(x)=+\infty$，所以 $\exists\delta>0$，当 $x\in(0,\delta)$ 时，有 $f(x)>1$，且 $f(x)$ 在 $(0,\delta)$ 内单调下降，由 $\int_0^1 f(x)\,\mathrm{d}x$ 收敛，根据柯西准则，$\forall\varepsilon>0$，$\exists\delta_1>0(0<\delta_1<\delta)$，$\forall x',x''\in(0,\delta_1)$ 有

$$\left|\int_{x'}^{x''} f(x)\mathrm{d}x\right| < \frac{\varepsilon}{2},$$

所以当 $0<x<\delta_1$ 时，有 $0<\frac{x}{2}<\delta_1$，因而当 $0<x<\delta_1$ 时，有

$$\left|\int_{\frac{x}{2}}^{x} f(t)\mathrm{d}t\right| = \int_{\frac{x}{2}}^{x} f(t)\mathrm{d}t < \frac{\varepsilon}{2},$$

所以当 $0<x<\delta_1$ 时，有

$$0<\frac{x}{2}f(x) \leqslant \int_{\frac{x}{2}}^{x} f(t)\mathrm{d}t < \frac{\varepsilon}{2},$$

即当 $0<x<\delta_1$ 时，有 $0<xf(x)<\varepsilon$，因而有 $\lim\limits_{x\to0^+} xf(x)=0$。

例 42　设函数 $xf(x)$ 在 $[a,+\infty)$ 上单调递减，积分 $\int_a^{+\infty} f(x)\mathrm{d}x$ 收敛，则有

$$\lim_{x\to+\infty} xf(x)\ln x=0。$$

证　不失一般性，可假设 $a\geqslant1$，否则，可将积分拆成

$$\int_a^1 f(x)\mathrm{d}x + \int_1^{+\infty} f(x)\mathrm{d}x,$$

只要对后一积分作分析即可。

先证明 $\forall x\geqslant a$，有 $xf(x)\geqslant0$。用反证法，若 $\exists x_0\geqslant a$，使 $x_0f(x_0)=C<0$，由 $xf(x)$ 的单调递减性，得 $\forall x\geqslant x_0$，有

$$xf(x)\leqslant C \Rightarrow f(x)\leqslant \frac{C}{x},$$

于是有

$$\int_{x_0}^{+\infty} f(x)\mathrm{d}x \leqslant C\int_{x_0}^{+\infty}\frac{\mathrm{d}x}{x} = -\infty,$$

这与$\int_a^{+\infty} f(x)\mathrm{d}x$ 收敛矛盾。

再证 $\lim\limits_{x\to+\infty} xf(x)\ln x=0$，由反常积分收敛的柯西准则，$\forall\varepsilon>0$，$\exists A>a\geqslant 1$，对 $\forall x>\sqrt{x}>A$ 有

$$\varepsilon>\left|\int_{\sqrt{x}}^{x} f(t)\mathrm{d}t\right|=\int_{\sqrt{x}}^{x}\frac{tf(t)}{t}\mathrm{d}t\geqslant xf(x)\int_{\sqrt{x}}^{x}\frac{1}{t}\mathrm{d}t=\frac{1}{2}xf(x)\ln x,$$

即

$$\lim_{x\to+\infty} xf(x)\ln x=0。$$

例 43　设 $f(x)$在$[0,+\infty)$上连续，$\int_0^{+\infty}\varphi(x)\mathrm{d}x$ 绝对收敛，则

$$\lim_{n\to\infty}\int_0^{\sqrt{n}} f\left(\frac{x}{n}\right)\varphi(x)\mathrm{d}x=f(0)\int_0^{+\infty}\varphi(x)\mathrm{d}x。$$

证　令 $\beta=\int_0^{+\infty}|\varphi(x)|\mathrm{d}x$，$\forall\varepsilon>0$，由$\int_0^{+\infty}\varphi(x)\mathrm{d}x$ 绝对收敛知，$\exists A_0>0$，$\forall A>A_0$，有

$$\int_A^{+\infty}|\varphi(x)|\mathrm{d}x<\frac{\varepsilon}{2(|f(0)|+1)}。$$

由 $\lim\limits_{x\to 0^+} f(x)=f(0)$知，$\exists\delta>0$，$\forall x$：$0<x<\delta$，有

$$|f(x)-f(0)|<\frac{\varepsilon}{2(\beta+1)}。$$

取 $N=\left[\frac{1}{\delta^2}\right]+[A_0^2]$，于是 $\forall n>N$，有

$$\begin{aligned}&\left|\int_0^{\sqrt{n}} f\left(\frac{x}{n}\right)\varphi(x)\mathrm{d}x-\int_0^{+\infty} f(0)\varphi(x)\mathrm{d}x\right|\\ \leqslant&\int_0^{\sqrt{n}}\left|f\left(\frac{x}{n}\right)-f(0)\right||\varphi(x)|\mathrm{d}x+\int_{\sqrt{n}}^{+\infty}|f(0)||\varphi(x)|\mathrm{d}x\\ <&\frac{\varepsilon}{2(\beta+1)}\cdot\beta+|f(0)|\cdot\frac{\varepsilon}{2(|f(0)|+1)}<\varepsilon,\end{aligned}$$

所以

$$\lim_{n\to\infty}\int_0^{\sqrt{n}} f\left(\frac{x}{n}\right)\varphi(x)\mathrm{d}x=f(0)\int_0^{+\infty}\varphi(x)\mathrm{d}x。$$

例 44　设 $f(x)\in C[0,1]$，试求$\lim\limits_{n\to\infty}\int_0^1\sqrt{n}\,\mathrm{e}^{-nx^2}f(x)\mathrm{d}x$。

解　令 $u=\sqrt{n}x$，则

$$\int_0^1\sqrt{n}\,\mathrm{e}^{-nx^2}f(x)\mathrm{d}x=\int_0^{\sqrt{n}}\mathrm{e}^{-u^2}f\left(\frac{u}{\sqrt{n}}\right)\mathrm{d}u。$$

由 $f(x)\in C[0,1]$知，$\exists M>0$，$\forall x\in[0,1]$，有$|f(x)|\leqslant M$。下证

$$\lim_{n\to\infty}\int_0^{\sqrt{n}}\mathrm{e}^{-u^2}f\left(\frac{u}{\sqrt{n}}\right)\mathrm{d}u=\frac{\sqrt{\pi}}{2}f(0)。$$

$\forall\varepsilon>0$，由 $f(x)$在点 $x=0$ 右连续知，$\exists\delta>0(\delta<1)$，使 $\forall x$：$0\leqslant x<\delta$ 有$|f(x)-f(0)|<\frac{\varepsilon}{2\sqrt{\pi}}$，由$\int_0^{+\infty}\mathrm{e}^{-z^2}\mathrm{d}z$ 收敛知，$\exists A_1>1$，$\forall A>A_1$，有

$$\int_A^{+\infty} e^{-z^2}\,dz < \frac{\varepsilon}{2(|f(0)|+1)},$$

且 $\exists A_2>1,\forall A',A''>A_2$(不妨设 $A'<A''$)有 $\int_{A'}^{A''} e^{-z^2}\,dz<\frac{\varepsilon}{8M}$,取 $N=\max\left\{[A_2^4],[A_1^2],\left[\frac{1}{\delta^4}\right]\right\}+1$,于是当 $n>N$ 时,有

$$\begin{aligned}
&\left|\int_0^1 \sqrt{n}\,e^{-nx^2}f(x)\,dx-\frac{\sqrt{\pi}}{2}f(0)\right|\\
&=\left|\int_0^{\sqrt{n}} e^{-z^2}f\left(\frac{z}{\sqrt{n}}\right)dz-\int_0^{+\infty}e^{-z^2}f(0)\,dz\right|\\
&\leqslant\int_0^{\sqrt[4]{n}}e^{-z^2}\left|f\left(\frac{z}{\sqrt{n}}\right)-f(0)\right|dz+\\
&\quad\int_{\sqrt[4]{n}}^{\sqrt{n}}e^{-z^2}\left|f\left(\frac{z}{\sqrt{n}}\right)-f(0)\right|dz+|f(0)|\frac{\varepsilon}{2(|f(0)|+1)}\\
&<\frac{\varepsilon}{2\sqrt{\pi}}\int_0^{+\infty}e^{-z^2}\,dz+2M\cdot\int_{\sqrt[4]{n}}^{\sqrt{n}}e^{-z^2}\,dz+\frac{\varepsilon}{2}\\
&<\frac{\varepsilon}{2\sqrt{\pi}}\cdot\frac{\sqrt{\pi}}{2}+2M\cdot\frac{\varepsilon}{8M}+\frac{\varepsilon}{2}=\varepsilon,
\end{aligned}$$

所以

$$\lim_{n\to\infty}\int_0^1\sqrt{n}\,e^{-nx^2}f(x)\,dx=\frac{\sqrt{\pi}}{2}f(0)。$$

例 45 设 $\forall[a,b]\subset(-\infty,+\infty)$,$f(x)\in R[a,b]$,且 $\int_{-\infty}^{+\infty}|f(x)|\,dx$ 收敛,证明:$F(x)=\int_{-\infty}^{+\infty}f(t)\cos(2\pi tx)\,dt$ 在 $(-\infty,+\infty)$ 上一致连续。

证 $\forall\varepsilon>0$,由 $\int_{-\infty}^{+\infty}|f(x)|\,dx$ 收敛知,$\exists A_0>0$,使

$$\int_{-\infty}^{-A_0}|f(t)|\,dt+\int_{A_0}^{+\infty}|f(t)|\,dt<\frac{\varepsilon}{4}。$$

取 $\delta=\dfrac{\varepsilon}{4\pi A_0\left(\int_{-A_0}^{A_0}|f(t)|\,dt+1\right)}>0$,则 $\forall x_1,x_2\in(-\infty,+\infty)$,且 $|x_1-x_2|<\delta$ 有

$$\begin{aligned}
&|F(x_1)-F(x_2)|\\
&=\left|\int_{-\infty}^{+\infty}f(t)(\cos2\pi tx_1-\cos2\pi tx_2)\,dt\right|\\
&\leqslant\int_{-\infty}^{-A_0}|f(t)||\cos2\pi tx_1-\cos2\pi tx_2|\,dt+\int_{A_0}^{+\infty}|f(t)||\cos2\pi x_1-\cos2\pi x_2|\,dt+\\
&\quad\int_{-A_0}^{A_0}|f(t)||\cos2\pi tx_1-\cos2\pi tx_2|\,dt\\
&\leqslant 2\int_{-\infty}^{-A_0}|f(t)|\,dt+2\int_{A_0}^{+\infty}|f(t)|\,dt+\int_{-A_0}^{A_0}|f(t)||(-\sin2\pi t\xi)\cdot2\pi t\cdot(x_1-x_2)|\,dt\\
&<\frac{\varepsilon}{2}+2\pi A_0|x_1-x_2|\int_{-A_0}^{A_0}|f(t)|\,dt
\end{aligned}$$

$$<\frac{\varepsilon}{2}+\frac{\varepsilon}{2}=\varepsilon,$$

所以 $F(x)=\int_{-\infty}^{+\infty}f(t)\cos 2\pi tx\,\mathrm{d}x$ 在$(-\infty,+\infty)$上一致连续。

例 46　设 $f(x)$在$(-\infty,+\infty)$上有定义，且 $\forall[a,b]\subset(-\infty,+\infty)$，$f(x)\in R[a,b]$。又设$\int_{-\infty}^{+\infty}|f(t)|^2\mathrm{d}x<+\infty$，证明：积分$\int_{-\infty}^{+\infty}\frac{f(x)}{(x-t)^\alpha}\mathrm{d}x$ 绝对收敛$\left(\frac{1}{2}<\alpha<1\right)$。

证　$\forall t\in(-\infty,+\infty)$，$x=t$ 是奇点。

(1) 考虑积分

$$\int_{-\infty}^{t-1}\frac{f(x)}{(x-t)^\alpha}\mathrm{d}x,\quad \int_{t+1}^{+\infty}\frac{f(x)}{(x-t)^\alpha}\mathrm{d}x。$$

由柯西积分不等式有

$$\begin{aligned}\int_{-\infty}^{t-1}\frac{|f(x)|}{(x-t)^\alpha}\mathrm{d}x&\leqslant\left(\int_{-\infty}^{t-1}|f(x)|^2\mathrm{d}x\right)^{\frac{1}{2}}\left(\int_{-\infty}^{t-1}\frac{\mathrm{d}x}{(x-t)^{2\alpha}}\right)^{\frac{1}{2}}\\&\leqslant\left(\int_{-\infty}^{+\infty}|f(x)|^2\mathrm{d}x\right)^{\frac{1}{2}}\left(\int_{-\infty}^{t-1}\frac{\mathrm{d}x}{(x-t)^{2\alpha}}\right)^{\frac{1}{2}}<+\infty,\end{aligned}$$

即$\int_{-\infty}^{t-1}\frac{|f(x)|}{|(x-t)^\alpha|}\mathrm{d}x$ 有上界，因而收敛，即绝对收敛；

同理可证$\int_{t+1}^{+\infty}\frac{f(x)}{(x-t)^\alpha}\mathrm{d}x$ 绝对收敛。

(2) 考虑积分

$$\int_{t-1}^{t}\frac{f(x)}{(x-t)^\alpha}\mathrm{d}x,\qquad \int_{t}^{t+1}\frac{f(x)}{(x-t)^\alpha}\mathrm{d}x。$$

由 $f(x)\in R[t-1,t]$知，$\exists M>0$，使 $\forall x\in[t-1,t]$，有$|f(x)|\leqslant M$，于是 $\forall x\in[t-1,t)$有

$$\left|\frac{f(x)}{(x-t)^\alpha}\right|\leqslant\left|\frac{M}{(x-t)^\alpha}\right|,$$

而$\int_{t-1}^{t}\frac{M}{(x-t)^\alpha}\mathrm{d}x$ 收敛，故$\int_{t-1}^{t}\frac{f(x)}{(x-t)^\alpha}\mathrm{d}x$ 绝对收敛；

同理可证$\int_{t}^{t+1}\frac{f(x)}{(x-t)^\alpha}\mathrm{d}x$ 绝对收敛。

所以当$\frac{1}{2}<\alpha<1$ 时积分$\int_{-\infty}^{+\infty}\frac{f(x)}{(x-t)^\alpha}\mathrm{d}x$ 绝对收敛。

例 47　设 $\varphi(x)=\int_0^x\cos\frac{1}{t}\mathrm{d}t$，求 $\varphi'(0)$。

解　由导数定义有

$$\varphi'(0)=\lim_{x\to0}\frac{\varphi(x)-\varphi(0)}{x-0}=\lim_{x\to0}\frac{\int_0^x\cos\frac{1}{t}\mathrm{d}t}{x}。$$

令$\frac{1}{t}=u$，有

$$\int_0^x\cos\frac{1}{t}\mathrm{d}t=\int_{\frac{1}{x}}^{+\infty}\frac{\cos u}{u^2}\mathrm{d}u=\frac{1}{u^2}\sin u\Big|_{\frac{1}{x}}^{+\infty}+\int_{\frac{1}{x}}^{+\infty}\frac{2\sin u}{u^3}\mathrm{d}u=-x^2\sin\frac{1}{x}+\int_{\frac{1}{x}}^{+\infty}\frac{2\sin u}{u^3}\mathrm{d}u,$$

所以

$$\left|\frac{\int_0^x \cos\frac{1}{t}\mathrm{d}t}{x}\right| \leqslant |x| \left|\sin\frac{1}{x}\right| + \frac{1}{|x|}\int_{\frac{1}{x}}^{+\infty}\frac{2}{u^3}\mathrm{d}u = |x|\left(\left|\sin\frac{1}{x}\right|+1\right) \to 0 \quad (x\to 0),$$

所以 $\varphi'(0)=0$。

例 48 设 $\forall b\in(0,+\infty)$，$f(x)\in R[0,b]$，且 $\lim\limits_{x\to+\infty}f(x)=\alpha$，证明：

$$\lim_{t\to 0^+} t\int_0^{+\infty}\mathrm{e}^{-tx}f(x)\mathrm{d}x=\alpha。$$

证 因为当 $t\neq 0$ 时，有 $\int_0^{+\infty}\alpha t\mathrm{e}^{-tx}\mathrm{d}x=\alpha$，所以只需证明

$$\lim_{t\to 0^+} t\int_0^{+\infty}\mathrm{e}^{-tx}(f(x)-\alpha)\mathrm{d}x=0。$$

$\forall\varepsilon>0$，由 $\lim\limits_{x\to+\infty}f(x)=\alpha$ 知，$\exists\Delta>0$，当 $x>\Delta$ 时，有 $|f(x)-\alpha|<\frac{\varepsilon}{2}$，取 $A>\Delta$，因为 $f(x)$ 在 $[0,A]$ 上有界，所以 $\exists M>0$，$\forall x\in[0,A]$，有 $|f(x)|+|\alpha|\leqslant M$，于是

$$\begin{aligned}\left|t\int_0^{+\infty}\mathrm{e}^{-tx}f(x)\mathrm{d}x-\alpha\right| &= \left|\int_0^{+\infty}t\mathrm{e}^{-tx}(f(x)-\alpha)\mathrm{d}x\right|\\ &\leqslant \int_0^{+\infty}t\mathrm{e}^{-tx}|f(x)-\alpha|\mathrm{d}x\\ &= \int_0^{A}t\mathrm{e}^{-tx}|f(x)-\alpha|\mathrm{d}x+\int_A^{+\infty}t\mathrm{e}^{-tx}|f(x)-\alpha|\mathrm{d}x\\ &\leqslant \int_0^{A}t\mathrm{e}^{-tx}(|f(x)|+|\alpha|)\mathrm{d}x+\frac{\varepsilon}{2}\int_A^{+\infty}t\mathrm{e}^{-tx}\mathrm{d}x\\ &\leqslant M\int_0^{A}t\mathrm{e}^{-tx}\mathrm{d}x+\frac{\varepsilon}{2}\int_A^{+\infty}t\mathrm{e}^{-tx}\mathrm{d}x\\ &< M(1-\mathrm{e}^{-tA})+\frac{\varepsilon}{2}。\end{aligned}$$

因为 $\lim\limits_{t\to 0^+}(1-\mathrm{e}^{-tA})=0$，所以对上述 $\varepsilon>0$，$\exists\delta>0$，当 $0<t<\delta$ 时，有 $M(1-\mathrm{e}^{-tA})<\frac{\varepsilon}{2}$，所以当 $0<t<\delta$ 时有

$$\left|\int_0^{+\infty}t\mathrm{e}^{-tx}f(x)\mathrm{d}x-\alpha\right|<\varepsilon。$$

因此

$$\lim_{t\to 0^+} t\int_0^{+\infty}\mathrm{e}^{-tx}f(x)\mathrm{d}x=\alpha。$$

第 4 章 无穷级数

4.1 基本知识点

一、数项级数

1. 正项级数的敛散性判别法

$$\sum_{n=1}^{\infty} u_n,\quad u_n \geqslant 0,\quad s_n = \sum_{k=1}^{n} u_k。$$

(1) $\sum\limits_{n=1}^{\infty} u_n$ 收敛 $\Leftrightarrow \{s_n\}$ 收敛 $\Leftrightarrow \{s_n\}$ 有上界(基本定理)。

(2) $\sum\limits_{n=1}^{\infty} u_n$ 收敛 $\Leftrightarrow \forall \varepsilon > 0, \exists N$,当 $n > N$ 时,对 $\forall p \in \mathbb{N}^+$,有 $|u_{n+1} + \cdots + u_{n+p}| < \varepsilon$。

(3) $\lim\limits_{n\to\infty} u_n \neq 0 \Rightarrow \sum\limits_{n=1}^{\infty} u_n$ 发散。

(4) 性质

(i) $\sum\limits_{n=1}^{\infty} u_n$ 收敛,$\sum\limits_{n=1}^{\infty} v_n$ 收敛,则 $\sum\limits_{n=1}^{\infty} (\alpha u_n \pm \beta v_n)$ 收敛。

(ii) $\sum\limits_{n=1}^{\infty} u_n$ 收敛,则对其项任意加括号后所得到的级数也收敛,且其和不变。

(iii) 若对 $\sum\limits_{n=1}^{\infty} u_n$ 的项加括号后所组成的级数收敛,则 $\sum\limits_{n=1}^{\infty} u_n$ 收敛。

(5) 比较判别法

(i) 若 $\exists N$,当 $n > N$ 时,$u_n \leqslant c v_n (c > 0)$,则:

① $\sum\limits_{n=1}^{\infty} v_n$ 收敛 $\Rightarrow \sum\limits_{n=1}^{\infty} u_n$ 收敛;② $\sum\limits_{n=1}^{\infty} u_n$ 发散 $\Rightarrow \sum\limits_{n=1}^{\infty} v_n$ 发散。

(ii) 若 $\exists N$,当 $n > N$ 时,$\dfrac{u_{n+1}}{u_n} \leqslant \dfrac{v_{n+1}}{v_n}$,则:

① $\sum\limits_{n=1}^{\infty} v_n$ 收敛 $\Rightarrow \sum\limits_{n=1}^{\infty} u_n$ 收敛;② $\sum\limits_{n=1}^{\infty} u_n$ 发散 $\Rightarrow \sum\limits_{n=1}^{\infty} v_n$ 发散。

(iii) 设 $\lim\limits_{n\to\infty} \dfrac{u_n}{v_n} = k$,则:

① 当 $0 \leqslant k < +\infty$ 时,$\sum\limits_{n=1}^{\infty} v_n$ 收敛 $\Rightarrow \sum\limits_{n=1}^{\infty} u_n$ 收敛;

② 当 $0 < k \leqslant +\infty$ 时,$\sum\limits_{n=1}^{\infty} v_n$ 发散 $\Rightarrow \sum\limits_{n=1}^{\infty} u_n$ 发散;

③ 当 $0 < k < \infty$ 时,$\sum\limits_{n=1}^{\infty} u_n$ 与 $\sum\limits_{n=1}^{\infty} v_n$ 的敛散性一致。

(6) 柯西判别法

(i) 若$\exists N$,当$n>N$时,有$\sqrt[n]{u_n}\leqslant q<1$,则$\sum\limits_{n=1}^{\infty}u_n$收敛。

(ii) 若有无穷多个n,使$\sqrt[n]{u_n}\geqslant 1$,则$\sum\limits_{n=1}^{\infty}u_n$发散。

(iii) 设$r=\overline{\lim\limits_{n\to\infty}}\sqrt[n]{u_n}$,则当$r<1$时,$\sum\limits_{n=1}^{\infty}u_n$收敛,当$r>1$时,$\sum\limits_{n=1}^{\infty}u_n$发散,当$r=1$时,不能判定。

(7) 达朗贝尔判别法

(i) 若$\exists N$,当$n>N$时,有$\dfrac{u_{n+1}}{u_n}\leqslant q<1$,则$\sum\limits_{n=1}^{\infty}u_n$收敛;若$\exists N$,当$n>N$时,有$\dfrac{u_{n+1}}{u_n}\geqslant 1$,则$\sum\limits_{n=1}^{\infty}u_n$发散。

(ii) 设$\bar{r}=\overline{\lim\limits_{n\to\infty}}\dfrac{u_{n+1}}{u_n}$,$\underline{r}=\underline{\lim\limits_{n\to\infty}}\dfrac{u_{n+1}}{u_n}$,则:

① 当$\bar{r}<1$时,$\sum\limits_{n=1}^{\infty}u_n$收敛;

② 当$\underline{r}>1$时,$\sum\limits_{n=1}^{\infty}u_n$发散;

③ 当$\bar{r}\geqslant 1$且$\underline{r}\leqslant 1$时,不能判定。

(8) 积分判别法 设$f(x)\geqslant 0$,$x\in[1,+\infty)$,$f(x)$单调下降,则$\sum\limits_{n=1}^{\infty}f(n)$收敛$\Leftrightarrow$反常积分$\int_1^{+\infty}f(x)\mathrm{d}x$收敛。

(9) 拉比(Raabe)判别法 令$R_n=n\left(\dfrac{u_n}{u_{n+1}}-1\right)$,则:

(i) 若$\exists N$,当$n>N$时,$R_n\geqslant r>1$,则$\sum\limits_{n=1}^{\infty}u_n$收敛;

(ii) 若$\exists N$,当$n>N$时,$R_n\leqslant 1$,则$\sum\limits_{n=1}^{\infty}u_n$发散;

(iii) 若$\lim\limits_{n\to\infty}R_n=r>1$,则$\sum\limits_{n=1}^{\infty}u_n$收敛;若$\lim\limits_{n\to\infty}R_n=r<1$,则$\sum\limits_{n=1}^{\infty}u_n$发散;当$r=1$时,不能判定。

(10) 库默尔(Kummer)判别法 设$a_n>0$,$b_n>0(n=1,2,\cdots)$,则:

(i) 若$\exists\alpha>0$,使得$\dfrac{b_n}{b_{n+1}}a_n-a_{n+1}\geqslant\alpha(n=1,2,\cdots)$,则$\sum\limits_{n=1}^{\infty}b_n$收敛。

(ii) 若$\sum\limits_{n=1}^{\infty}\dfrac{1}{a_n}$发散,且$\dfrac{b_n}{b_{n+1}}a_n-a_{n+1}\leqslant 0(n=1,2,\cdots)$,则$\sum\limits_{n=1}^{\infty}b_n$发散。

(11) 高斯判别法 设$u_n>0$,$n=1,2,\cdots$,且$\dfrac{u_n}{u_{n+1}}=\lambda+\dfrac{\mu}{n}+\dfrac{\theta_n}{n^{1+\varepsilon}}$,其中$\lambda,\mu$是常数,$|\theta_n|\leqslant M$,则:

(i) $\sum_{n=1}^{\infty} u_n$ 收敛 $\Leftrightarrow \lambda > 1$，或 $\lambda = 1$ 且 $\mu > 1$。

(ii) $\sum_{n=1}^{\infty} u_n$ 发散 $\Leftrightarrow \lambda < 1$，或 $\lambda = 1$ 且 $\mu \leqslant 1$。

(12) 对数判别法

(i) 若 $\exists N, \forall n > N$，有 $\dfrac{\ln \dfrac{1}{u_n}}{\ln n} \geqslant 1+\alpha$，其中 $\alpha > 0$，则 $\sum_{n=1}^{\infty} u_n$ 收敛。

(ii) 若 $\exists N$，当 $n > N$ 时，有 $\dfrac{\ln \dfrac{1}{u_n}}{\ln n} \leqslant 1$，则 $\sum_{n=1}^{\infty} u_n$ 发散。

(iii) 若 $\varliminf\limits_{n\to\infty} \dfrac{\ln \dfrac{1}{u_n}}{\ln n} = r > 1$，则 $\sum_{n=1}^{\infty} u_n$ 收敛。

(iv) 若 $\varlimsup\limits_{n\to\infty} \dfrac{\ln \dfrac{1}{u_n}}{\ln n} = r < 1$，则 $\sum_{n=1}^{\infty} u_n$ 发散。

2. 任意项级数的敛散性判别及性质

(1) 条件收敛与绝对收敛

(2) 判别法

① 若 $\lim\limits_{n\to\infty} u_n \neq 0$，则 $\sum_{n=1}^{\infty} u_n$ 发散。

② 若 $\sum_{n=1}^{\infty} |u_n|$ 收敛，则 $\sum_{n=1}^{\infty} u_n$ 收敛。

③ 莱布尼茨判别法　设交错级数 $\sum_{n=1}^{\infty} (-1)^{n-1} u_n (u_n > 0)$ 满足

(i) $\{u_n\}$ 单调下降；(ii) $\lim\limits_{n\to\infty} u_n = 0$，则 $\sum_{n=1}^{\infty} (-1)^{n-1} u_n$ 收敛，且

$$0 \leqslant \sum_{n=1}^{\infty} (-1)^{n-1} u_n \leqslant u_1, \quad 0 \leqslant \left| \sum_{k=n+1}^{\infty} (-1)^{k-1} u_k \right| \leqslant u_{n+1}。$$

④ 阿贝尔判别法　设(i) $\sum_{n=1}^{\infty} b_n$ 收敛；(ii) 数列 $\{a_n\}$ 单调有界，则 $\sum_{n=1}^{\infty} a_n b_n$ 收敛。

⑤ 狄利克雷判别法　设(i) $s_n = \sum_{k=1}^{n} b_k$ 有界；(ii) 数列 $\{a_n\}$ 单调趋于零，则 $\sum_{n=1}^{\infty} a_n b_n$ 收敛。

⑥ 用柯西判别法和狄利克雷判别法判断 $\sum_{n=1}^{\infty} |u_n|$ 发散，则 $\sum_{n=1}^{\infty} u_n$ 发散。

⑦ 记 $u_n^+ = \dfrac{|u_n| + u_n}{2}$，$u_n^- = \dfrac{|u_n| - u_n}{2}$，则：

(i) $\sum_{n=1}^{\infty} |u_n|$ 收敛 $\Leftrightarrow \sum_{n=1}^{\infty} u_n^+$ 与 $\sum_{n=1}^{\infty} u_n^-$ 都收敛。

(ii) 若$\sum\limits_{n=1}^{\infty}u_n^+$与$\sum\limits_{n=1}^{\infty}u_n^-$一个收敛一个发散,则$\sum\limits_{n=1}^{\infty}u_n$发散。

(iii) 若$\sum\limits_{n=1}^{\infty}u_n$条件收敛,则$\sum\limits_{n=1}^{\infty}u_n^+$与$\sum\limits_{n=1}^{\infty}u_n^-$都发散。

(3) 性质

① $\sum\limits_{n=1}^{\infty}(\alpha u_n+\beta v_n)=\alpha\sum\limits_{n=1}^{\infty}u_n+\beta\sum\limits_{n=1}^{\infty}v_n$。

② 若对$\sum\limits_{n=1}^{\infty}u_n$的项按某种方式加括号后发散,则$\sum\limits_{n=1}^{\infty}u_n$发散。

③ $\sum\limits_{n=1}^{\infty}u_n$绝对收敛,则$\sum\limits_{n=1}^{\infty}u'_n=\sum\limits_{n=1}^{\infty}u_n\left(\text{其中}\sum\limits_{n=1}^{\infty}u'_n\text{为}\sum\limits_{n=1}^{\infty}u_n\text{的更序级数}\right)$。

④ $\sum\limits_{n=1}^{\infty}u_n$条件收敛,$\forall\alpha,\beta$:$-\infty\leqslant\alpha\leqslant\beta\leqslant+\infty$,则存在更序级数$\sum\limits_{n=1}^{\infty}u'_n$,它的部分和$s'_n$满足:

$$\overline{\lim_{n\to\infty}}s'_n=\beta,\qquad \underline{\lim_{n\to\infty}}s'_n=\alpha。$$

⑤ 乘积

(i) 若$\sum\limits_{n=1}^{\infty}u_n$与$\sum\limits_{n=1}^{\infty}v_n$一个条件收敛,一个绝对收敛,和分别为$U$和$V$,则它们的柯西乘积$\sum\limits_{n=1}^{\infty}c_n$收敛到$UV$。

(ii) 若$\sum\limits_{n=1}^{\infty}u_n$与$\sum\limits_{n=1}^{\infty}v_n$都绝对收敛,和分别为$U$和$V$,则它们的柯西乘积$\sum\limits_{n=1}^{\infty}c_n$也绝对收敛,且$u_iv_j$按任意方式排列所得级数都绝对收敛且收敛到$UV$。

二、函数项级数

1. 一致收敛的概念

(1) $s_n(x)\rightrightarrows s(x),x\in X\Leftrightarrow\forall\varepsilon>0,\exists N,\forall n>N,\forall x\in X$有$|s_n(x)-s(x)|<\varepsilon$。

(2) $s_n(x)\not\rightrightarrows s(x),x\in X\Leftrightarrow\exists\varepsilon_0>0,\forall N,\exists n_0>N,\exists x_0\in X$,但有

$$|s_{n_0}(x_0)-s(x_0)|\geqslant\varepsilon_0。$$

(3) $\sum\limits_{n=1}^{\infty}u_n(x)$在$X$上一致收敛于$s(x)\Leftrightarrow s_n(x)=\sum\limits_{k=1}^{n}u_k(x)\rightrightarrows s(x),x\in X$。

2. 一致收敛判别法

(1) 函数列的一致收敛性判别

(i) 用定义:一致收敛与非一致收敛。

(ii) 用一致收敛的柯西原理判别(a)一致收敛;(b)非一致收敛。

(iii) 迪尼(Dini)定理

(a) $f(x),f_n(x)\in C[a,b],n=1,2,\cdots$;

(b) $\forall x\in[a,b],\{f_n(x)\}$单调;

(c) $\forall x\in[a,b],\lim\limits_{n\to\infty}f_n(x)=f(x)$,则$f_n(x)\rightrightarrows f(x),x\in[a,b]$。

(iv) 利用性质(连续性定理)

(a) $f_n(x)\in C(X), n=1,2,\cdots$;

(b) $f_n(x)\to f(x), x\in X$;

(c) $f(x)\notin C(X)$，则$\{f_n(x)\}$在 X 上非一致收敛于 $f(x)$。

(v) $f_n(x)\rightrightarrows f(x), x\in X\Leftrightarrow M_n=\sup\limits_{x\in X}|f_n(x)-f(x)|\to 0(n\to\infty)$

(vi) $f_n(x)\rightrightarrows f(x), x\in X\Leftrightarrow \forall x_n\in X$，有$\lim\limits_{n\to\infty}|f_n(x_n)-f(x_n)|=0$

(vii) $f_n(x)\not\rightrightarrows f(x), x\in X\Leftrightarrow \exists x_n\in X$，使$|f_n(x_n)-f(x_n)|\not\to 0(n\to\infty)$

(viii) 把$\{f_n(x)\}$转化成函数项级数考虑，令 $f_0(x)\equiv 0$，考虑

$$\sum_{n=1}^{\infty}(f_n(x)-f_{n-1}(x))。$$

(ix) 若 $f_n(x)$在 c 点左连续$(n=1,2,\cdots)$，但$\{f_n(c)\}$发散，则在任何开区间$(c-\delta,c)$内$(\delta>0)$，$\{f_n(x)\}$非一致收敛。

(x) 若 $f_n(x)$在 c 点右连续$(n=1,2,\cdots)$，但$\{f_n(c)\}$发散，则在任何开区间$(c,c+\delta)$内$(\delta>0)$，$\{f_n(x)\}$非一致收敛。

(2) 函数项级数的一致收敛性判别

(i) 用定义

(ii) 柯西一致收敛原理：函数项级数 $\sum\limits_{n=1}^{\infty}u_n(x)$ 在 X 上一致收敛 $\Leftrightarrow\forall\varepsilon>0,\exists N$，$\forall n>\mathbb{N}$，$\forall p\in\mathbb{N}$，$\forall x\in X$，有

$$|u_{n+1}(x)+u_{n+2}(x)+\cdots+u_{n+p}(x)|<\varepsilon。$$

(a) 可证一致收敛

(b) 可证非一致收敛

(c) 若$\{u_n(x)\}$在 X 上非一致收敛于 0，则 $\sum\limits_{n=1}^{\infty}u_n(x)$ 在 X 上非一致收敛。

(iii) 迪尼定理

(a) $\forall x\in[a,b]$，$\sum\limits_{n=1}^{\infty}u_n(x)=u(x)$；

(b) $u_n(x), u(x)\in C[a,b], n=1,2,\cdots$；

(c) $\forall x\in[a,b]$，$\{u_n(x)\}$ 同号，则 $\sum\limits_{n=1}^{\infty}u_n(x)$ 在$[a,b]$上一致收敛于 $u(x)$。

(iv) 魏尔斯特拉斯(Weierstrass) 判别法

(a) 若 $\exists N,\forall n>N,\forall x\in X$，有 $|u_n(x)|\leqslant a_n$，且$\sum\limits_{n=1}^{\infty}a_n$ 收敛，则$\sum\limits_{n=1}^{\infty}u_n(x)$在 X 上一致收敛。

(b) 若 $|u_n(x)|\leqslant c_n(x), n=1,2,\cdots, x\in X$，且 $\sum\limits_{n=1}^{\infty}c_n(x)$ 在 X 上一致收敛，则 $\sum\limits_{n=1}^{\infty}u_n(x)$ 在 X 上一致收敛。(柯西原理证明)

(c) 若 $\forall x\in X, a_n(x)\leqslant c_n(x)\leqslant b_n(x), n=1,2,\cdots$，且 $\sum\limits_{n=1}^{\infty}a_n(x)$，$\sum\limits_{n=1}^{\infty}b_n(x)$ 都在

X 上一致收敛,则 $\sum_{n=1}^{\infty} c_n(x)$ 在 X 上也一致收敛。(柯西原理证明)

(v) 利用性质(连续性定理)

设 $u(x)=\sum_{n=1}^{\infty} u_n(x)$,$u_n(x)\in C(X)$,$u(x)\notin C(X)$,则 $\sum_{n=1}^{\infty} u_n(x)$ 在 X 上非一致收敛。

(vi) 阿贝尔判别法

(a) $\sum_{n=1}^{\infty}\beta_n(x)$ 在 X 上一致收敛;

(b) $\forall x\in X$,$\{\alpha_n(x)\}$ 单调且一致有界,则 $\sum_{n=1}^{\infty}\alpha_n(x)\beta_n(x)$ 在 X 上一致收敛。

(vii) 狄利克雷判别法

(a) $B_n(x)=\sum_{k=1}^{n}\beta_k(x)$ 在 X 上一致有界;

(b) $\forall x\in X$,$\{\alpha_n(x)\}$ 单调且 $\alpha_n(x)\rightrightarrows 0$,$x\in X$,则 $\sum_{n=1}^{\infty}\alpha_n(x)\beta_n(x)$ 在 X 上一致收敛。

(viii) 若 $u_n(x)$ 在 c 点左连续,$\sum_{n=1}^{\infty} u_n(c)$ 发散,则 $\forall\delta>0$,$\sum_{n=1}^{\infty} u_n(x)$ 在 $(c-\delta,c)$ 上非一致收敛。

(3) 一致收敛的结论及性质

(i) $f_n(x)\rightrightarrows f(x)$,$g_n(x)\rightrightarrows g(x)$,$x\in X$,则 $\alpha f_n(x)+\beta g_n(x)\rightrightarrows \alpha f(x)+\beta g(x)$,$x\in X$。

(ii) $f_n(x)\rightrightarrows f(x)(x\in X_1)$,$f_n(x)\rightrightarrows f(x)(x\in X_2)$,则 $f_n(x)\rightrightarrows f(x)$,$x\in X_1\cup X_2$。

(iii) $f_n(x)\rightrightarrows f(x)$,$x\in X$,且存在 $M_n>0$,使 $\forall x\in X$,$|f_n(x)|\leqslant M_n$,则 $\{f_n(x)\}$ 在 X 上一致有界,从而 $f(x)$ 在 X 上有界。

(iv) 若 $\{f_n(x)\}$ 与 $\{g_n(x)\}$ 在 X 上分别一致收敛于 $f(x)$ 与 $g(x)$,且 $\exists M_n>0$,使 $\forall x\in X$ 有 $|f_n(x)|\leqslant M_n$,$|g_n(x)|\leqslant M_n$,则 $f_n(x)g_n(x)\rightrightarrows f(x)g(x)$,$x\in X$。

证　由(iii)知 $\{f_n(x)\}$ 与 $\{g_n(x)\}$ 在 X 上一致有界,且 $f(x)$,$g(x)$ 在 X 上有界,不妨设

$$|f_n(x)|\leqslant M,\quad |g_n(x)|\leqslant M,\quad |f(x)|\leqslant M,\quad |g(x)|\leqslant M,\quad \forall n\in\mathbb{N}^+,\quad \forall x\in X。$$

由 $f_n(x)\rightrightarrows f(x)$,$g_n(x)\rightrightarrows g(x)$,$x\in X$ 可知,$\forall\varepsilon>0$,$\exists N$,$\forall n>N$,$\forall x\in X$ 有

$$|f_n(x)-f(x)|<\frac{\varepsilon}{2M},\quad |g_n(x)-g(x)|<\frac{\varepsilon}{2M}。$$

所以当 $n>N$ 时,$\forall x\in X$ 有

$$\begin{aligned}&|f_n(x)g_n(x)-f(x)g(x)|\\ \leqslant&|f_n(x)||g_n(x)-g(x)|+|g(x)||f_n(x)-f(x)|\\ <&M\cdot\frac{\varepsilon}{2M}+M\cdot\frac{\varepsilon}{2M}=\varepsilon,\end{aligned}$$

所以 $f_n(x)g_n(x)\rightrightarrows f(x)g(x)$,$x\in X$。

(v) 若 $f_n(x)\rightrightarrows f(x)$，且 $g(x)$在 X 上有界，$|g(x)|\leqslant M$，$\forall x\in X$，则 $f_n(x)g(x)\rightrightarrows f(x)g(x)$，$x\in X$。

(vi) 若 $\sum\limits_{n=1}^{\infty}|u_n(x)|$ 在 X 上一致收敛，则 $\sum\limits_{n=1}^{\infty}u_n(x)$ 在 X 上绝对收敛且一致收敛。

(4) 一致收敛级数的性质

1) 极限次序交换问题

(i) 设 x_0 是数集 X 的聚点，

(a) $f_n(x)\rightrightarrows f(x)$，$x\in X\backslash\{x_0\}$；

(b) $\forall n$，$\lim\limits_{x\to x_0}f_n(x)=A_n$，则 $\lim\limits_{n\to\infty}A_n=\lim\limits_{x\to x_0}f(x)$，即

$$\lim_{n\to\infty}\lim_{x\to x_0}f_n(x)=\lim_{x\to x_0}\lim_{n\to\infty}f_n(x)。$$

(ii) 设 x_0 是数集 X 的聚点，

(a) $\sum\limits_{n=1}^{\infty}u_n(x)$ 在 $X\backslash\{x_0\}$ 上一致收敛于 $s(x)$；

(b) $\forall n$，$\lim\limits_{x\to x_0}u_n(x)=\alpha_n$，则数项级数 $\sum\limits_{n=1}^{\infty}\alpha_n$ 收敛，极限 $\lim\limits_{x\to x_0}s(x)$存在，且

$$\lim_{x\to x_0}s(x)=\sum_{n=1}^{n}\alpha_n。$$

2) 和函数的连续性

(i) 设 $f_n(x)\in C(X)$，$n=1,2,\cdots$，$f_n(x)\rightrightarrows f(x)$，$x\in X$，则 $f(x)\in C(X)$。

(ii) 设 $u_n(x)\in C(X)$，$n=1,2,\cdots$，$\sum\limits_{n=1}^{\infty}u_n(x)$ 在 X 上一致收敛于 $s(x)$，则 $s(x)\in C(X)$。

3) 逐项积分问题

(i) 设 $f_n(x)\in C\langle a,b\rangle$①，$n=1,2,\cdots$，$f_n(x)\rightrightarrows f(x)$，$x\in\langle a,b\rangle$，则 $\forall[\alpha,\beta]\subset\langle a,b\rangle$有

$$\lim_{n\to\infty}\int_\alpha^\beta f_n(x)\mathrm{d}x=\int_\alpha^\beta\lim_{n\to\infty}f_n(x)\mathrm{d}x=\int_\alpha^\beta f(x)\mathrm{d}x,$$

且函数列 $\left\{\int_a^x f_n(t)\mathrm{d}t\right\}$ 在$[\alpha,\beta]$上一致收敛于 $\int_a^x f(t)\mathrm{d}t$。

(ii) 设 $u_n(x)\in C\langle a,b\rangle$，$n=1,2,\cdots$，$\sum\limits_{n=1}^{\infty}u_n(x)$ 在$[\alpha,\beta]\subset\langle a,b\rangle$上一致收敛于 $s(x)$，则

$$\sum_{n=1}^{\infty}\int_\alpha^\beta u_n(x)\mathrm{d}x=\int_\alpha^\beta\sum_{n=1}^{\infty}u_n(x)\mathrm{d}x=\int_\alpha^\beta s(x)\mathrm{d}x,$$

且 $\sum\limits_{n=1}^{\infty}\int_a^x u_n(t)\mathrm{d}t$ 在$[\alpha,\beta]$上一致收敛于 $\int_a^x s(t)\mathrm{d}t$。

4) 逐项微分问题

(i) 设(a) $f_n'(x)\in C\langle a,b\rangle$，$n=1,2,\cdots$；

(b) $\lim\limits_{n\to\infty}f_n(x)=f(x)$，$x\in\langle a,b\rangle$；

(c) $f_n'(x)\rightrightarrows\sigma(x)$，$x\in\langle a,b\rangle$，则 $f'(x)=\sigma(x)$ 且 $\forall[\alpha,\beta]\subset\langle a,b\rangle$，有 $f_n(x)\rightrightarrows f(x)$，$x\in[\alpha,\beta]$。

---

① $\langle a,b\rangle$表示$[a,b]$，$[a,b)$，$(a,b]$，(a,b)之一。

(ii) 设(a)$u_n'(x)\in C\langle a,b\rangle$,$n=1,2,\cdots$;

(b) $\sum\limits_{n=1}^{\infty}u_n(x)$ 在$\langle a,b\rangle$上收敛于$s(x)$;

(c) $\sum\limits_{n=1}^{\infty}u'_n(x)$ 在$\langle a,b\rangle$上一致收敛于$\sigma(x)$,则:

① $s'(x)=\sigma(x)$,$x\in\langle a,b\rangle$;

② $\forall[\alpha,\beta]\subset\langle a,b\rangle$,$\sum\limits_{n=1}^{\infty}u_n(x)$ 在$[\alpha,\beta]$上一致收敛于$s(x)$。

三、幂级数

1. 收敛半径与性质

考虑幂级数

$$\sum_{n=0}^{\infty}a_n(x-x_0)^n。\qquad (*)$$

(1) 方法 1:$\overline{\lim\limits_{n\to\infty}}\sqrt[n]{|a_n|}=l$,则 $R=\begin{cases}+\infty, & l=0,\\ \dfrac{1}{l}, & 0<l<+\infty,\\ 0, & l=+\infty;\end{cases}$

方法 2:$\lim\limits_{n\to\infty}\left|\dfrac{a_{n+1}}{a_n}\right|=l$,则 $R=\begin{cases}+\infty, & l=0,\\ \dfrac{1}{l}, & 0<l<+\infty,\\ 0, & l=+\infty。\end{cases}$

幂级数$(*)$在(x_0-R,x_0+R)内绝对收敛,在$[x_0-R,x_0+R]$外发散,当 $x=x_0\pm R$ 时须另加讨论。

(2) 若幂级数$\sum\limits_{n=0}^{\infty}a_nx^n$ 的收敛半径为R_1,$\sum\limits_{n=0}^{\infty}b_nx^n$ 的收敛半径为R_2。

(i) 若 $R_1\neq R_2$,则$\sum\limits_{n=0}^{\infty}(a_n+b_n)x^n$ 的收敛半径 $R\geqslant\min\{R_1,R_2\}$。

(ii) 若 $R_1=R_2$,则$\sum\limits_{n=0}^{\infty}(a_n+b_n)x^n$ 的收敛半径 $R\geqslant R_1=R_2$。

(iii) $\sum\limits_{n=0}^{\infty}(a_nb_n)x^n$ 的收敛半径 $R\geqslant R_1R_2$。

(3) 若 $\exists N$,当 $n>N$ 时,$|a_n|\leqslant|b_n|$,则$\sum\limits_{n=0}^{\infty}a_nx^n$ 的收敛半径R_1不小于$\sum\limits_{n=0}^{\infty}b_nx^n$ 的收敛半径 R_2,即 $R_1\geqslant R_2$。

(4) 若$\sum\limits_{n=0}^{\infty}a_nx^n$ 的收敛半径为R,且在$(-R,R)$上一致收敛,则$\sum\limits_{n=0}^{\infty}a_nx^n$ 在$[-R,R]$上一致收敛。(利用柯西原理,证$\sum\limits_{n=0}^{\infty}a_nx^n$ 在 $x=\pm R$ 处收敛)

(5) $\sum\limits_{n=0}^{\infty}a_nx^n$ 在收敛域 J_R 上内闭一致收敛。

(6) $s(x)=\sum_{n=0}^{\infty}a_nx^n$ 在收敛域 J_R 上连续。

(7) 若 $\sum_{n=0}^{\infty}a_n$ 收敛，则 $s(x)=\sum_{n=0}^{\infty}a_nx^n$ 在 $x=1$ 点左连续，此时，只要先求出当 $|x|<1$ 时 $s(x)$，则 $\sum_{n=0}^{\infty}a_n=\lim_{x\to1^-}s(x)$。

2. 幂级数展开

(1) 直接展开；

(2) 间接展开：利用已知展开式以及逐项积分或逐项微分；

(3) 熟悉常见函数的幂级数展开式。

四、傅里叶级数

1. 设 $f(x)$在$(a,a+T)$内可积和绝对可积，则

$$a_0=\frac{2}{T}\int_a^{a+T}f(x)\mathrm{d}x,\qquad a_n=\frac{2}{T}\int_a^{a+T}f(x)\cos\frac{2n\pi}{T}x\,\mathrm{d}x,\quad n=1,2,\cdots$$

$$b_n=\frac{2}{T}\int_a^{a+T}f(x)\sin\frac{2n\pi}{T}x\,\mathrm{d}x,\quad n=1,2,\cdots$$

$$f(x)\sim\frac{a_0}{2}+\sum_{n=1}^{\infty}\left(a_n\cos\frac{2n\pi}{T}x+b_n\sin\frac{2n\pi}{T}x\right)。$$

2. 贝塞尔(Bessel)不等式

$$\frac{a_0^2}{2}+\sum_{n=1}^{\infty}(a_n^2+b_n^2)\leqslant\frac{2}{T}\int_a^{a+T}f^2(x)\mathrm{d}x。$$

因而有

$$\lim_{n\to\infty}a_n=\lim_{n\to\infty}b_n=0。$$

3. 若 $f(x)\in C[-\pi,\pi]$，则有帕塞瓦尔(Parseval)等式

$$\frac{a_0^2}{2}+\sum_{n=1}^{\infty}(a_n^2+b_n^2)=\frac{1}{\pi}\int_{-\pi}^{\pi}f^2(x)\mathrm{d}x$$

4. 傅里叶(Fourier)级数收敛性判别法

(1) 若 $f(x)$在点 x 的左、右导数存在，则 $f(x)$的傅里叶级数在点 x 收敛于 $f(x)$；

(2) 若 $f(x)$在$[x-h,x+h]$上分段单调，则在间断点 x 处收敛于

$$\frac{f(x+0)+f(x-0)}{2},$$

在连续点 x 处收敛于 $f(x)$。

5. 傅里叶级数展开

步骤：(1) 将 $f(x)$进行周期延拓 $f^*(x)$(作图)；

(2) $f^*(x)\sim\frac{a_0}{2}+\sum_{n=1}^{\infty}(a_n\cos nx+b_n\sin nx)$；

(3) 讨论级数在给定区间上的收敛性，“～”改写为“＝”。

6. 黎曼(Riemann)引理：设函数 $f(x)$在(a,b)内可积且绝对可积，则

$$\lim_{p\to+\infty}\int_a^b f(x)\sin px\,\mathrm{d}x=0,\qquad\lim_{p\to+\infty}\int_a^b f(x)\cos px\,\mathrm{d}x=0。$$

4.2 典型例题

例 1 设 $f(x)$ 为单调减少的正值函数,且 $\lim\limits_{x\to+\infty}\dfrac{e^x f(e^x)}{f(x)}=\lambda$,则:

(1) 当 $\lambda>1$ 时,$\sum\limits_{n=1}^{\infty}f(n)$ 发散;(2) 当 $\lambda<1$ 时,$\sum\limits_{n=1}^{\infty}f(n)$ 收敛。

分析 因为 $f(x)>0$ 单调下降,所以由柯西积分判别法知 $\sum\limits_{n=1}^{\infty}f(n)$ 与 $\int_1^{+\infty}f(x)\mathrm{d}x$ 的敛散性一致。因此要考察正值函数的反常积分 $\int_1^{+\infty}f(x)\mathrm{d}x$ 的敛散性,只需要取一序列 $\{x_n\}$ 满足 $x_1<x_2<\cdots<x_n<\cdots$ 且 $x_n\to+\infty$,看极限 $\lim\limits_{n\to\infty}\int_1^{x_n}f(x)\mathrm{d}x$ 是否存在?

证 已知 $\lim\limits_{x\to+\infty}\dfrac{e^x f(e^x)}{f(x)}=\lambda$。

(1) 若 $\lambda>1$,则 $\exists A>1$,使当 $x>A$ 时,有 $e^x f(e^x)>f(x)$(广义保号性)。从而 $\forall x_{n-1}<x_n$,有

$$\int_{x_{n-1}}^{x_n}e^x f(e^x)\mathrm{d}x>\int_{x_{n-1}}^{x_n}f(x)\mathrm{d}x。$$

在左边的积分中令 $e^x=t$ 得

$$\int_{x_{n-1}}^{x_n}e^x f(e^x)\mathrm{d}x=\int_{e^{x_{n-1}}}^{e^{x_n}}f(t)\mathrm{d}t,$$

所以

$$\int_{e^{x_{n-1}}}^{e^{x_n}}f(x)\mathrm{d}x>\int_{x_{n-1}}^{x_n}f(x)\mathrm{d}x。$$

若取序列 $\{x_n\}$ 如下:

$$x_1=1,x_2=e,x_3=e^{x_2},\cdots,x_n=e^{x_{n-1}},x_{n+1}=e^{x_n},\cdots$$

则

$$\int_{e^{x_{n-1}}}^{e^{x_n}}f(x)\mathrm{d}x=\int_{x_n}^{x_{n+1}}f(x)\mathrm{d}x>\int_{x_{n-1}}^{x_n}f(x)\mathrm{d}x,\quad n=2,3,\cdots,$$

于是

$$\int_1^{x_n}f(x)\mathrm{d}x=\sum_{k=2}^{n}\int_{x_{k-1}}^{x_k}f(x)\mathrm{d}x>(n-1)\int_1^{e}f(x)\mathrm{d}x\to+\infty(n\to\infty),$$

所以 $\lim\limits_{n\to\infty}\int_1^{x_n}f(x)\mathrm{d}x$ 不存在,因而当 $\lambda>1$ 时,有 $\sum\limits_{n=1}^{\infty}f(n)$ 发散。

(2) 若 $\lambda<1$,取 q:使 $\lambda<q<1$,由 $\lim\limits_{x\to+\infty}\dfrac{e^x f(e^x)}{f(x)}=\lambda<q<1$,所以 $\exists A>1$,当 $x>A$ 时,有 $\dfrac{e^x f(e^x)}{f(x)}<q$,即 $e^x f(e^x)<qf(x)$,同(1)可得

$$\int_{x_n}^{x_{n+1}}f(x)\mathrm{d}x<q\int_{x_{n-1}}^{x_n}f(x)\mathrm{d}x,$$

所以

$$\int_1^{x_n} f(x)\mathrm{d}x=\sum_{k=2}^{n}\int_{x_{k-1}}^{x_k} f(x)\mathrm{d}x<\sum_{k=2}^{n}q^{k-2}\int_1^{\mathrm{e}} f(x)\mathrm{d}x<\frac{\int_1^{\mathrm{e}} f(x)\mathrm{d}x}{1-q}<+\infty,$$

所以$\lim\limits_{n\to\infty}\int_1^{x_n} f(x)\mathrm{d}x$ 存在,即$\int_1^{+\infty} f(x)\mathrm{d}x$ 收敛,从而$\sum\limits_{n=1}^{\infty} f(n)$ 收敛。

例 2　设 $a_n>0$,单调下降,证明:$\sum\limits_{n=1}^{\infty}a_n$ 与$\sum\limits_{n=1}^{\infty}2^n a_{2^n}$ 同时敛散。

证　因为对正项级数,任意加括号不改变敛散性,因此由

$$\begin{aligned}\sum_{n=1}^{\infty}a_n&=a_1+(a_2+a_3)+(a_4+a_5+a_6+a_7)+(a_8+\cdots+a_{15})+\cdots\\&\leqslant a_1+2a_2+4a_4+8a_8+\cdots=\sum_{n=0}^{\infty}2^n a_{2^n}\end{aligned}$$

知,当级数$\sum\limits_{n=0}^{\infty}a_n$ 发散时,$\sum\limits_{n=1}^{\infty}2^n a_{2^n}$ 也发散。另外由

$$\begin{aligned}\sum_{n=1}^{\infty}a_n&=a_1+a_2+(a_3+a_4)+(a_5+a_6+a_7+a_8)+(a_9+\cdots+a_{16})+\cdots\\&\geqslant a_1+a_2+2a_4+2^2a_{2^3}+2^3a_{2^4}+\cdots\\&=a_1+\frac{1}{2}\sum_{n=1}^{\infty}2^n a_{2^n}\end{aligned}$$

知,当$\sum\limits_{n=1}^{\infty}a_n$ 收敛时,级数$\sum\limits_{n=0}^{\infty}2^n a_{2^n}$ 也收敛,总之两级数的敛散性一致。

例 3　设正项级数$\sum\limits_{n=1}^{\infty}a_n$ 收敛,且 $\mathrm{e}^{a_n}=a_n+\mathrm{e}^{a_n+b_n}(n=1,2,\cdots)$,证明:$\sum\limits_{n=1}^{\infty}b_n$ 收敛。

证　由 $\mathrm{e}^{a_n}=a_n+\mathrm{e}^{a_n+b_n}$,可得 $b_n=\ln(\mathrm{e}^{a_n}-a_n)-a_n$,所以只需证$\sum\limits_{n=1}^{\infty}\ln(\mathrm{e}^{a_n}-a_n)$ 收敛,因为$\sum\limits_{n=1}^{\infty}a_n$ 收敛,所以$\lim\limits_{n\to\infty}a_n=0$。又因为

$$\lim_{x\to0}\frac{\ln(\mathrm{e}^x-x)}{x}=\lim_{x\to0}\frac{\mathrm{e}^x-1}{\mathrm{e}^x-x}=0,\quad \text{所以}\lim_{n\to\infty}\frac{\ln(\mathrm{e}^{a_n}-a_n)}{a_n}=0,$$

从而由比较判别法的极限形式知$\sum\limits_{n=1}^{\infty}\ln(\mathrm{e}^{a_n}-a_n)$ 收敛,故$\sum\limits_{n=1}^{\infty}b_n$ 收敛。

例 4　设$\sum\limits_{n=1}^{\infty}a_n$ 为正项级数,满足(1)$\sum\limits_{k=1}^{n}(a_k-a_n)$ 对 n 有界;(2)$\{a_n\}$ 单调下降且$\lim\limits_{n\to\infty}a_n=0$,则级数$\sum\limits_{n=1}^{\infty}a_n$ 收敛。

证　因为$\sum\limits_{n=1}^{\infty}a_n$ 为正项级数,所以只需证明 $\exists M>0$,使 $\forall n\in\mathbb{N}^+$,有$\sum\limits_{k=1}^{n}a_k\leqslant M$(即部分和数列$\{S_n\}$ 有上界)。

由已知$\sum\limits_{k=1}^{n}(a_k-a_n)$有界,所以 $\exists M>0$,使$\sum\limits_{k=1}^{n}(a_k-a_n)\leqslant M$,$\forall n\in\mathbb{N}^+$,所以 $\forall n\in\mathbb{N}^+$,当 $m>n$ 时,有

$$\sum_{k=1}^{n}a_k-na_m=\sum_{k=1}^{n}(a_k-a_m)\leqslant\sum_{k=1}^{m}(a_k-a_m)\leqslant M。$$

令 $m\to\infty$,由已知 $\lim\limits_{m\to\infty}a_m=0$,所以 $\sum\limits_{k=1}^{n}a_k\leqslant M$,因而 $\sum\limits_{n=1}^{\infty}a_n$ 收敛。

例 5　设 x_n 为方程 $x^n+nx-1=0$ 的正根,定出 α 的取值范围,使 $\sum\limits_{n=1}^{\infty}x_n^{\alpha}$ 收敛。

解　设 $f(x)=x^n+nx-1$,则 $f'(x)=nx^{n-1}+n>0,x\in[0,+\infty)$,所以 $f(x)$ 严格上升,$x\in[0,+\infty)$。又 $f(0)=-1,f\left(\frac{1}{n}\right)=\left(\frac{1}{n}\right)^n>0$,所以 $0<x_n<\frac{1}{n}$。

(1) 当 $\alpha>1$ 时,由 $0<x_n^{\alpha}<\frac{1}{n^{\alpha}}$ 及 $\sum\limits_{n=1}^{\infty}\frac{1}{n^{\alpha}}$ 收敛,可知 $\sum\limits_{n=1}^{\infty}x_n^{\alpha}$ 收敛。

(2) 当 $\alpha=1$ 时,因为 $0<x_n<\frac{1}{n}$,所以

$$0<x_n^n<\frac{1}{n^n}\Rightarrow x_n^n\to0(n\to\infty),$$

因而 $\frac{x_n}{\frac{1}{n}}=1-x_n^n\to1(n\to\infty)$,由比较判别法知 $\sum\limits_{n=1}^{\infty}x_n$ 发散。

(3) 当 $\alpha<1$ 时,由 $x_n^{\alpha}>x_n$ 及 $\sum\limits_{n=1}^{\infty}x_n$ 发散知 $\sum\limits_{n=1}^{\infty}x_n^{\alpha}$ 发散。

例 6　设 $\varphi(x)$ 是 $(-\infty,+\infty)$ 上的连续周期函数,周期为 1,且 $\int_0^1\varphi(x)\mathrm{d}x=0$,函数 $f(x)$ 在 $[0,1]$ 上可微且有连续的一阶导数,令

$$a_n=\int_0^1 f(x)\varphi(nx)\mathrm{d}x,\quad n=1,2,\cdots,$$

证明:级数 $\sum\limits_{n=1}^{\infty}a_n^2$ 收敛。

证　令 $F(x)=\int_0^x\varphi(nt)\mathrm{d}t$,则 $F'(x)=\varphi(nx)$,从而有

$$F(0)=0,F(1)=\int_0^1\varphi(nx)\mathrm{d}x=\frac{1}{n}\int_0^n\varphi(u)\mathrm{d}u=\int_0^1\varphi(u)\mathrm{d}u=0,$$

所以

$$a_n=\int_0^1 f(x)F'(x)\mathrm{d}x=f(x)F(x)\Big|_0^1-\int_0^1F(x)f'(x)\mathrm{d}x=-\int_0^1F(x)f'(x)\mathrm{d}x,$$

故

$$\begin{aligned}|a_n|&=\left|\int_0^1F(x)f'(x)\mathrm{d}x\right|\leqslant\int_0^1|F(x)||f'(x)|\mathrm{d}x\\&\leqslant\max_{x\in[0,1]}|f'(x)|\int_0^1|F(x)|\mathrm{d}x。\end{aligned}$$

记 $M_1=\max\limits_{x\in[0,1]}|f'(x)|,M_2=\max\limits_{x\in[0,1]}|\varphi(x)|$,而

$$F(x)=\int_0^x\varphi(nt)\mathrm{d}t=\frac{1}{n}\int_0^{nx}\varphi(u)\mathrm{d}u=\frac{1}{n}\int_{[nx]}^{nx}\varphi(u)\mathrm{d}u,$$

则 $|F(x)| \leqslant \frac{M_2}{n}$，所以 $|a_n| \leqslant \frac{M_1M_2}{n}$，从而有 $a_n^2 \leqslant \frac{M_1^2M_2^2}{n^2}$，所以 $\sum_{n=1}^{\infty} a_n^2$ 收敛。

例 7　设级数 $\sum_{n=1}^{\infty} a_n (a_n > 0)$ 收敛，则存在发散到正无穷大的数列 $\{b_n\}$，使 $\sum_{n=1}^{\infty} a_n b_n$ 仍收敛。

证　令 $r_n = \sum_{m=n}^{\infty} a_m$，则 $r_n \to 0 (n \to \infty)$，对任意的 n 有

$$\frac{a_n}{\sqrt{r_n}} = \frac{r_n - r_{n+1}}{\sqrt{r_n}} = \frac{(\sqrt{r_n} - \sqrt{r_{n+1}})(\sqrt{r_n} + \sqrt{r_{n+1}})}{\sqrt{r_n}} \leqslant 2(\sqrt{r_n} - \sqrt{r_{n+1}})。$$

而级数 $\sum_{n=1}^{\infty} 2(\sqrt{r_n} - \sqrt{r_{n+1}})$ 收敛，故 $\sum_{n=1}^{\infty} \frac{a_n}{\sqrt{r_n}}$ 收敛。令 $b_n = \frac{1}{\sqrt{r_n}}$，则 $b_n \to +\infty$，从而 $\{b_n\}$ 即为所求，此时 $\sum_{n=1}^{\infty} a_n b_n$ 收敛。

例 8　设级数 $\sum_{n=1}^{\infty} a_n (a_n > 0)$ 发散，则存在收敛于 0 的正项数列 $\{b_n\}$，使级数 $\sum_{n=1}^{\infty} a_n b_n$ 仍发散。

证　令 $S_n = \sum_{i=1}^{n} a_i$，则 $S_n \to +\infty (n \to \infty)$，且 $\{S_n\}$ 单调上升，设 $b_n = \frac{1}{S_n}$，则 $\{b_n\}$ 单调下降，且 $\lim\limits_{n\to\infty} b_n = 0$，下面利用柯西原理证明级数 $\sum_{n=1}^{\infty} a_n b_n$ 仍发散。

取 $\varepsilon_0 = \frac{1}{2}$，$\forall N$，取 $n_0 = N+1 > N$，因为 $\lim\limits_{p\to+\infty} \frac{S_{N+1}}{S_{N+1+p}} = 0$，所以 $\exists p_0$，使 $\frac{S_{N+1}}{S_{N+1+p_0}} < \frac{1}{2}$，因而

$$\begin{aligned}
& a_{N+2}b_{N+2} + a_{N+3}b_{N+3} + \cdots + a_{N+1+p_0}b_{N+1+p_0} \\
= & \frac{S_{N+2} - S_{N+1}}{S_{N+2}} + \frac{S_{N+3} - S_{N+2}}{S_{N+3}} + \cdots + \frac{S_{N+1+p_0} - S_{N+p_0}}{S_{N+1+p_0}} \\
\geqslant & \frac{S_{N+1+p_0} - S_{N+1}}{S_{N+1+p_0}} = 1 - \frac{S_{N+1}}{S_{N+1+p_0}} > \frac{1}{2} = \varepsilon_0,
\end{aligned}$$

所以 $\sum_{n=1}^{\infty} a_n b_n$ 发散。

注　由此可知当 $0 \leqslant \lambda \leqslant 1$ 时，$\sum_{n=1}^{\infty} \frac{a_n}{S_n^{\lambda}}$ 发散 $\left(\frac{a_n}{S_n^{\lambda}} \geqslant \frac{a_n}{S_n}\right)$。

例 9　若级数的项加括号后所做成的级数收敛，并且在同一个括号内项的符号相同，那么去掉括号后，此级数也收敛，并由此考察级数 $\sum_{n-1}^{\infty} \frac{(-1)^{[\sqrt{n}]}}{n}$ 的收敛性。

证　(1) 设给定级数为 $a_1 + a_2 + \cdots + a_n + \cdots$，其部分和为 S_n，加括号后的级数为

$$\begin{gathered}
(a_1 + \cdots + a_{n_1}) + (a_{n_1+1} + \cdots + a_{n_2}) + \cdots + \\
(a_{n_{k-1}+1} + a_{n_{k-1}+2} + \cdots + a_{n_k}) + \cdots,
\end{gathered}$$

其部分和为 U_{n_k}，则当 $n_k \leqslant n \leqslant n_{k+1}$ 时，S_n 必介于 U_{n_k} 与 $U_{n_{k+1}}$ 之间，因为加括号后的级数收敛，所以 $\lim\limits_{k\to\infty} U_{n_k}$ 存在，设为 s，由夹逼定理，有 $\lim\limits_{n\to\infty} S_n = s$，即原级数收敛。

(2) 考查

$$\sum_{k=1}^{\infty}(-1)^k\left[\frac{1}{k^2}+\frac{1}{k^2+1}+\cdots+\frac{1}{(k+1)^2-1}\right]=\sum_{k=1}^{\infty}(-1)^k b_k,$$

其中

$$b_k=\frac{1}{k^2}+\frac{1}{k^2+1}+\cdots+\frac{1}{(k+1)^2-1},$$

则$\frac{2}{k+1}<b_k<\frac{2}{k}$,因而 $b_{k+1}<b_k$,所以$\{b_k\}$单调下降。又

$$0<\frac{1}{k^2}+\frac{1}{k^2+1}+\cdots+\frac{1}{(k+1)^2-1}<\frac{2k+1}{k^2}\to 0(k\to\infty),$$

所以$\sum_{k=1}^{\infty}(-1)^k b_k$ 为莱布尼茨型级数,因而收敛,从而由本题(1) 的结论知级数$\sum_{n=1}^{\infty}\frac{(-1)^{[\sqrt{n}]}}{n}$收敛。

例 10 证明如下级数收敛:

$$1-\frac{1}{3}\left(1+\frac{1}{2}\right)+\frac{1}{5}\left(1+\frac{1}{2}+\frac{1}{3}\right)-\frac{1}{7}\left(1+\frac{1}{2}+\frac{1}{3}+\frac{1}{4}\right)+\cdots。$$

证 记 $a_n=\frac{1}{2n-1}\left(1+\frac{1}{2}+\frac{1}{3}+\cdots+\frac{1}{n}\right)$,则

$$\begin{aligned}a_n&=\frac{1}{2n-1}\left(1+\frac{1}{2}+\frac{1}{3}+\cdots+\frac{1}{n}\right)=\frac{(2n-1)+2}{(2n-1)(2n+1)}\left(1+\frac{1}{2}+\cdots+\frac{1}{n}\right)\\&=\frac{1}{2n+1}\left(1+\frac{2}{2n-1}\right)\left(1+\frac{1}{2}+\cdots+\frac{1}{n}\right)\\&>\frac{1}{2n+1}\left(1+\frac{1}{2}+\frac{1}{3}+\cdots+\frac{1}{n}+\frac{1}{n+1}\right)=a_{n+1},\quad n=1,2,\cdots,\end{aligned}$$

即$\{a_n\}$单调下降。又

$$a_n=\frac{1}{2n-1}\left(1+\frac{1}{2}+\cdots+\frac{1}{n}\right)=\frac{c+\ln n+\varepsilon_n}{2n-1}\to 0(n\to\infty),$$

故原级数为莱布尼茨型级数,因而收敛。

例 11 讨论级数

$$\sum_{n=1}^{\infty}a_n=\frac{1}{1^p}-\frac{1}{2^q}+\frac{1}{3^p}-\frac{1}{4^q}+\cdots+\frac{1}{(2n-1)^p}-\frac{1}{(2n)^q}+\cdots(p>0,q>0)$$

的绝对收敛与条件收敛性。

解 (1) 若 $p>1,q>1$,则$\sum_{n=1}^{\infty}a_n$ 绝对收敛$\left(\text{假设 } p\geqslant q>1\text{,则 } |a_n|\leqslant\frac{1}{n^q}\right)$。

(2) 若 $0<p=q\leqslant 1$,则$\sum_{n=1}^{\infty}a_n$ 为莱布尼茨型级数,此时条件收敛。

(3) 若 $p>1,0<q\leqslant 1$ 或 $q>1,0<p\leqslant 1$ 时,考虑

$$\sum_{n=1}^{\infty}\left(\frac{1}{(2n-1)^p}-\frac{1}{(2n)^q}\right),$$

此时$\sum_{n=1}^{\infty}\frac{1}{(2n-1)^p}$ 与$\sum_{n=1}^{\infty}\frac{1}{(2n)^q}$ 一个收敛一个发散,因而$\sum_{n=1}^{\infty}\left(\frac{1}{(2n-1)^p}-\frac{1}{(2n)^q}\right)$ 发散,所

以$\sum_{n=1}^{\infty}a_n$发散。

(4) 若$0<p<q\leqslant 1$时，$\frac{1}{(2n-1)^p}-\frac{1}{(2n)^q}>0$，且

$$\lim_{n\to\infty}\frac{\frac{1}{(2n-1)^p}-\frac{1}{(2n)^q}}{\frac{1}{(2n-1)^p}}=\lim_{n\to\infty}\left(1-\frac{(2n-1)^p}{(2n)^q}\right)=1。$$

而$\sum_{n=1}^{\infty}\frac{1}{(2n-1)^p}$发散，由比较判别法可知$\sum_{n=1}^{\infty}\left(\frac{1}{(2n-1)^p}-\frac{1}{(2n)^q}\right)$发散，所以$\sum_{n=1}^{\infty}a_n$发散。

(5) 若$0<q<p\leqslant 1$，同(4)知级数$\sum_{n=1}^{\infty}a_n$发散。

例 12　讨论级数$\sum_{n=1}^{\infty}\frac{(-1)^{n-1}}{n^{p+\frac{1}{n}}}$的绝对收敛与条件收敛性。

解　(1) 当$p\leqslant 0$时，通项不趋于零，级数发散。

(2) 当$p>1$时，$\left|\frac{(-1)^{n-1}}{n^{p+\frac{1}{n}}}\right|<\frac{1}{n^p}$，此时原级数绝对收敛。

(3) 当$0<p\leqslant 1$时，$\sum_{n=1}^{\infty}\frac{(-1)^{n-1}}{n^p}$收敛，$\left\{\frac{1}{n^{\frac{1}{n}}}\right\}$单调有界，由阿贝尔判别法知级数收敛，又

$$\frac{\left|\frac{(-1)^{n-1}}{n^{p+\frac{1}{n}}}\right|}{\frac{1}{n^p}}\to 1\ (n\to\infty),$$

故此时原级数条件收敛。

例 13　设级数$\sum_{n=1}^{\infty}a_n$收敛，级数$\sum_{n=1}^{\infty}(b_{n+1}-b_n)$绝对收敛，证明：级数$\sum_{n=1}^{\infty}a_nb_n$收敛。

证　因为$\sum_{n=1}^{\infty}(b_{n+1}-b_n)$收敛，设$s=\sum_{k=1}^{\infty}(b_{k+1}-b_k)$，则

$$\lim_{n\to\infty}\sum_{k=1}^{n}(b_{k+1}-b_k)=s,$$

即$\lim_{n\to\infty}b_{n+1}=s+b_1$，设$A_n=\sum_{k=1}^{n}a_k$，由$\sum_{n=1}^{\infty}a_n$收敛知，$\exists M>0$，使$|A_n|\leqslant M(n=1,2,\cdots)$，由阿贝尔变换有

$$\sum_{k=1}^{n}a_kb_k=b_nA_n-\sum_{i=1}^{n-1}(b_{i+1}-b_i)A_i,$$

其中$A_i=a_1+a_2+\cdots+a_i$，由$\sum_{n=1}^{\infty}(b_{n+1}-b_n)$绝对收敛及$\{A_n\}$有界知$\sum_{n=1}^{\infty}(b_{n+1}-b_n)A_n$绝对收敛，所以$\sum_{n=1}^{\infty}(b_{n+1}-b_n)A_n$收敛，所以

$$\lim_{n\to\infty}\left[b_nA_n-\sum_{i=1}^{n-1}(b_{i+1}-b_i)A_i\right]$$

存在(有限),即$\sum\limits_{n=1}^{\infty}a_nb_n$ 收敛。

例 14 设级数$\sum\limits_{n=1}^{\infty}a_n$ 与$\sum\limits_{n=0}^{\infty}|b_n-b_{n+1}|$都收敛,证明:对每一个正整数$q$,级数$\sum\limits_{n=1}^{\infty}a_nb_n^q$收敛。

证 记$A_i=a_1+a_2+\cdots+a_i$,则

$$s_n=\sum_{k=0}^{n}a_kb_k^q=b_n^qA_n-\sum_{k=0}^{n-1}(b_{k+1}^q-b_k^q)A_k。$$

因为$\sum\limits_{n=0}^{\infty}|b_n-b_{n+1}|$收敛,所以$\sum\limits_{n=0}^{\infty}(b_n-b_{n+1})$收敛,从而$\sum\limits_{k=0}^{n}(b_k-b_{k+1})=b_0-b_{n+1}$收敛。再由$\sum\limits_{n=1}^{\infty}a_n$ 收敛知,$\{A_n\}$收敛且有上界,所以$\{b_n^qA_n\}$收敛。又因为

$$|(b_{n+1}^q-b_n^q)A_n|=|b_{n+1}-b_n||b_{n+1}^{q-1}+\cdots+b_n^{q-1}||A_n|\leqslant M|b_{n+1}-b_n|,$$

由$\sum\limits_{n=0}^{\infty}|b_n-b_{n+1}|$收敛知$\sum\limits_{n=0}^{\infty}(b_{n+1}^q-b_n^q)A_n$ 收敛,即$\sum\limits_{k=0}^{n-1}(b_{k+1}^q-b_k^q)A_k$ 收敛,从而$\{s_n\}$收敛,即级数$\sum\limits_{n=0}^{\infty}a_nb_n^q$ 收敛。

例 15 研究级数$\sum\limits_{n=1}^{\infty}\dfrac{\sin n}{n}$,把这个级数的前$n$项和分成两项

$$s_n=\sum_{k=1}^{n}\frac{\sin k}{k}=s_n^++s_n^-,$$

其中s_n^+与s_n^-分别是正项之和与负项之和,证明:$\lim\limits_{n\to\infty}\dfrac{s_n^+}{s_n^-}$存在并求其值。

解 (1) 利用狄利克雷判别法可知,$\sum\limits_{n=1}^{\infty}\dfrac{\sin n}{n}$ 收敛。

(2) 因为

$$\left|\frac{\sin n}{n}\right|\geqslant\frac{\sin^2 n}{n}=\frac{1}{2n}-\frac{\cos 2n}{2n},$$

由此可知$\sum\limits_{n=1}^{\infty}\dfrac{\sin n}{n}$ 条件收敛,易知

$$s_n^-=\frac{s_n^++s_n^--(s_n^+-s_n^-)}{2}=\frac{s_n-\sigma_n}{2}\to-\infty,$$

其中$\sigma_n=\sum\limits_{k=1}^{n}\left|\dfrac{\sin k}{k}\right|\to+\infty$,$\{s_n\}$收敛,因而有

$$\frac{s_n^+}{s_n^-}=\frac{s_n^++s_n^-}{s_n^-}-\frac{s_n^-}{s_n^-}=\frac{s_n}{s_n^-}-1\to-1(n\to\infty)。$$

注 本题结论对任意条件收敛级数都成立。

例 16 设$f(x)\in C(-\infty,+\infty)$,且$f_n(x)=\sum\limits_{k=0}^{n-1}\dfrac{1}{n}f\left(x+\dfrac{k}{n}\right)$,证明:函数列

$\{f_n(x)\}$在任何有限区间上一致收敛。

分析　显然 $f_n(x)\to\int_0^1 f(x+t)\mathrm{d}t$，考察

$$\begin{aligned}\left|f_n(x)-\int_0^1 f(x+t)\mathrm{d}t\right|&=\left|\sum_{k=0}^{n-1}\int_{\frac{k}{n}}^{\frac{k+1}{n}} f\left(x+\frac{k}{n}\right)\mathrm{d}t-\sum_{k=0}^{n-1}\int_{\frac{k}{n}}^{\frac{k+1}{n}} f(x+t)\mathrm{d}t\right|\\&=\left|\sum_{k=0}^{n-1}\int_{\frac{k}{n}}^{\frac{k+1}{n}}\left(f\left(x+\frac{k}{n}\right)-f(x+t)\right)\mathrm{d}t\right|\\&\leqslant\sum_{k=0}^{n-1}\int_{\frac{k}{n}}^{\frac{k+1}{n}}\left|f\left(x+\frac{k}{n}\right)-f(x+t)\right|\mathrm{d}t。\end{aligned}$$

证　$\forall[a,b]\subset(-\infty,+\infty)$，因为 $f(x)\in C(-\infty,+\infty)$，所以 $f(x)\in C[a,b+1]$，从而在$[a,b+1]$上一致连续，所以 $\forall\varepsilon>0$，$\exists\delta>0(\delta<1)$，$\forall x',x''\in[a,b+1]$，只要$|x'-x''|<\delta$，就有$|f(x')-f(x'')|<\varepsilon$，取 $N=\left[\frac{1}{\delta}\right]+1$，则当 $n>N$ 时，$\forall x\in[a,b]$，$t\in\left[\frac{k}{n},\frac{k+1}{n}\right]$，有

$$\left|\left(x+\frac{k}{n}\right)-(x+t)\right|=\left|\frac{k}{n}-t\right|<\frac{1}{n}<\delta,$$

从而$\left|f\left(x+\frac{k}{n}\right)-f(x+t)\right|<\varepsilon$，故当 $n>N$ 时，$\forall x\in[a,b]$有

$$\left|f_n(x)-\int_0^1 f(x+t)\mathrm{d}t\right|\leqslant\sum_{k=0}^{n-1}\int_{\frac{k}{n}}^{\frac{k+1}{n}}\left|f\left(x+\frac{k}{n}\right)-f(x+t)\right|\mathrm{d}t<\sum_{k=0}^{n-1}\int_{\frac{k}{n}}^{\frac{k+1}{n}}\varepsilon\,\mathrm{d}t=\varepsilon,$$

故 $f_n(x)\rightrightarrows\int_0^1 f(x+t)\mathrm{d}t$，$x\in[a,b]$。

例 17　设函数 $f(x)$在$(-\infty,+\infty)$上有连续的导函数 $f'(x)$，且

$$f_n(x)=\mathrm{e}^n[f(x+\mathrm{e}^{-n})-f(x)],$$

则$\{f_n(x)\}(n=1,2,\cdots)$在任一有限区间$[a,b]$内一致收敛于 $f'(x)$。

证　由微分中值定理得

$$|f_n(x)-f'(x)|=\left|\frac{f(x+\mathrm{e}^{-n})-f(x)}{\mathrm{e}^{-n}}-f'(x)\right|=|f'(\xi_n)-f'(x)|,$$

其中 $x<\xi_n<x+\mathrm{e}^{-n}$，$\forall\varepsilon>0$，由 $f'(x)$在$[a,b+1]$上一致连续知，$\exists\delta>0(\delta<1)$，$\forall x_1,x_2\in[a,b+1]$，只要$|x_1-x_2|<\delta$，就有$|f'(x_1)-f'(x_2)|<\varepsilon$，取 $N=\left[\ln\frac{1}{\delta}\right]$，则 $\forall n>N$，$\forall x\in[a,b]$，有 $0<\xi_n-x<\mathrm{e}^{-n}<\delta$，所以

$$|f_n(x)-f'(x)|=|f'(\xi_n)-f'(x)|<\varepsilon,$$

所以 $f_n(x)\rightrightarrows f'(x)$，$x\in[a,b]$。

例 18　设 $g(x)\in C[0,1]$，$f_n(x)=x^n g(x)$，$x\in[0,1]$，证明：函数列$\{f_n(x)\}$在$[0,1]$上一致收敛$\Leftrightarrow g(1)=0$。

证(必要性)　设 $f_n(x)\rightrightarrows f(x)$，$x\in[0,1]$，易知 $f(x)=\begin{cases}0, & 0\leqslant x<1,\\ g(1), & x=1。\end{cases}$ 由 $f_n(x)\in C[0,1]$知，$f(x)\in C[0,1]$，所以 $g(1)=f(1)=0$。

(充分性)　由 $g(x)\in C[0,1]$，且 $g(1)=0$ 知，$\exists M>0$，$\forall x\in[0,1]$，有$|g(x)|\leqslant M$，

且 $\forall\varepsilon>0$，$\exists 0<\alpha<1$，$\forall x\in[\alpha,1]$，有 $|g(x)|<\varepsilon$。又 $\lim\limits_{n\to\infty}\alpha^n M=0$，所以 $\exists N$，当 $n>N$ 时，有 $\alpha^n M<\varepsilon$，因此，$\forall n>N$，$\forall x\in[0,1]$，有

$$|f_n(x)|=|x^n g(x)|\leqslant\begin{cases}|g(x)|, & x\in(\alpha,1],\\ M\alpha^n, & x\in[0,\alpha]\end{cases}<\varepsilon$$

所以 $\{f_n(x)\}$ 在 $[0,1]$ 上一致收敛于 0。

例 19　对 $\forall n$，$\{f_n(x)\}$ 在 $[a,b]$ 上单调增加且 $\{f_n(x)\}$ 收敛于连续函数 $f(x)$，证明：$f_n(x)\rightrightarrows f(x)$，$x\in[a,b]$。

证　由 $\{f_n(x)\}$ 在 $[a,b]$ 上单调增加知，$f(x)$ 在 $[a,b]$ 上也是单调增加的，$\forall\varepsilon>0$，由 $f(x)$ 在 $[a,b]$ 上一致连续知，$\exists\delta>0$，$\forall x',x''\in[a,b]$，只要 $|x'-x''|<\delta$，就有 $|f(x')-f(x'')|<\dfrac{\varepsilon}{2}$，取自然数 m，使 $\dfrac{b-a}{m}<\delta$，将 $[a,b]$ m 等分，$a=x_0<x_1<\cdots<x_m=b$，由

$$\lim_{n\to\infty}f_n(x_k)=f(x_k),\quad k=0,1,2,\cdots,m$$

知 $\exists N$，$\forall n>N$ 有

$$|f_n(x_k)-f(x_k)|<\frac{\varepsilon}{4},\quad k=0,1,2,\cdots,m。$$

因此，$\forall n>N$，$\forall x\in[a,b]$，不妨设 $x\in[x_{k-1},x_k]$，有

$$f(x_{k-1})-\frac{\varepsilon}{4}<f_n(x_{k-1})\leqslant f_n(x_k)\leqslant f(x_k)<f(x_k)+\frac{\varepsilon}{4}。$$

又

$$f(x_{k-1})-\frac{\varepsilon}{4}<f(x_{k-1})\leqslant f(x)\leqslant f(x_k)<f(x_k)+\frac{\varepsilon}{4},$$

故

$$|f_n(x)-f(x)|\leqslant f(x_k)-f(x_{k-1})+\frac{\varepsilon}{2}<\varepsilon,$$

即 $f_n(x)\rightrightarrows f(x)$，$x\in[a,b]$。

例 20　讨论级数 $\sum\limits_{n=1}^{\infty}\dfrac{\sin nx}{n}$ 在(1) $[0,\pi]$，(2) $[a,\pi]$ $(0<a<\pi)$ 上的一致收敛性。

解　(1) 取 $\varepsilon_0=\dfrac{1}{4}\sin\dfrac{1}{2}>0$，$\forall N$，取 $n_0=N+1>N$，$p_0=N+1$，$x_0=\dfrac{1}{2N+2}\in[0,\pi]$，但

$$\left|\frac{\sin(n_0+1)x_0}{n_0+1}+\frac{\sin(n_0+2)x_0}{n_0+2}+\cdots+\frac{\sin(n_0+p_0)x_0}{n_0+p_0}\right|$$

$$=\frac{\sin\dfrac{n_0+1}{2n_0}}{n_0+1}+\cdots+\frac{\sin 1}{2n_0}\geqslant\frac{\sin\dfrac{n_0+1}{2n_0}}{2n_0}\cdot n_0$$

$$=\frac{1}{2}\sin\left(\frac{1}{n}+\frac{1}{2n_0}\right)>\frac{1}{2}\sin\frac{1}{2}>\varepsilon_0,$$

所以 $\sum\limits_{n=1}^{\infty}\dfrac{\sin nx}{n}$ 在 $[0,\pi]$ 上非一致收敛。

（2）易知$\left\{\dfrac{1}{n}\right\}$单调下降趋于 0，且

$$\left|\sum_{k=1}^{n}\sin kx\right|\leqslant\frac{1}{\sin\dfrac{x}{2}}\leqslant\frac{1}{\sin\dfrac{a}{2}}$$

一致有界，由狄利克雷判别法知，$\sum\limits_{n=1}^{\infty}\dfrac{\sin nx}{n}$ 在$[a,\pi]$上一致收敛。

例 21　讨论下列级数在(0,1]上的一致收敛性：

（1）$\sum\limits_{n=1}^{\infty}x^n\ln^2 x$；　　（2）$\sum\limits_{n=1}^{\infty}x^n\ln x$。

（1）**解法 1**　$s(x)=\sum\limits_{n=1}^{\infty}x^n\ln^2 x=\begin{cases}\dfrac{x\ln^2 x}{1-x}, & x\in(0,1),\\ 0, & x=1,\end{cases}$ 当 $x=0$ 时，令 $x^n\ln^2 x=0$，$n=1,2,\cdots$，则 $s(0)=0$，所以级数 $\sum\limits_{n=1}^{\infty}x^n\ln^2 x$ 在$[0,1]$上满足迪尼定理的条件，因而级数 $\sum\limits_{n=1}^{\infty}x^n\ln^2 x$ 在(0,1]上一致收敛。

解法 2　先求 $\sup\limits_{x\in[0,1]}x^n\ln^2 x$，利用导数方法易求当 $x=\mathrm{e}^{-\frac{2}{n}}$ 时取最大值，所以

$$0\leqslant x^n\ln^2 x\leqslant\frac{4}{n^2\mathrm{e}^2},\quad x\in(0,1]。$$

而 $\sum\limits_{n=1}^{\infty}\dfrac{1}{n^2}$ 收敛，所以 $\sum\limits_{n=1}^{\infty}x^n\ln^2 x$ 在(0,1]上一致收敛。

（2）$s(x)=\sum\limits_{n=1}^{\infty}x^n\ln x=\begin{cases}\dfrac{x\ln x}{1-x}, & x\in(0,1),\\ 0, & x=1。\end{cases}$ 因为

$$\lim_{x\to1^-}s(x)=\lim_{x\to1^-}\frac{x\ln x}{1-x}=-1\neq s(1),$$

所以 $s(x)\notin C(0,1]$，而 $x^n\ln x\in C(0,1]$，$n=1,2,\cdots$，所以 $\sum\limits_{n=1}^{\infty}x^n\ln x$ 在(0,1]上非一致收敛。

例 22　证明：$f(x)=\sum\limits_{n=1}^{\infty}n\mathrm{e}^{-nx}$ 在$(0,+\infty)$内连续。

证　$\forall x_0\in(0,+\infty)$，取 α,β，使 $x_0\in[\alpha,\beta]\subset(0,+\infty)$，下证 $f(x)$在$[\alpha,\beta]$上连续。

（1）$n\mathrm{e}^{-nx}\in C[\alpha,\beta]$；

（2）$\sum\limits_{n=1}^{\infty}n\mathrm{e}^{-nx}$ 在$[\alpha,\beta]$上一致收敛。

事实上，$\forall x\in[\alpha,\beta]$，有 $|n\mathrm{e}^{-nx}|\leqslant n\mathrm{e}^{-n\alpha}$，而 $\sum\limits_{n=1}^{\infty}n\mathrm{e}^{-n\alpha}$ 收敛，所以由优级数判别法可知，$\sum\limits_{n=1}^{\infty}n\mathrm{e}^{-nx}$ 在$[\alpha,\beta]$上一致收敛。

由连续性定理知 $f(x)$在$[\alpha,\beta]$上连续，从而在 x_0 连续，由 $x_0\in(0,+\infty)$的任意性可知

$f(x)$在$(0,+\infty)$内连续。

例 23　试举例说明：

(1) $\sum_{n=1}^{\infty}u_n(x)$ 在 X 上一致收敛,但 $\forall x\in X$,$\sum_{n=1}^{\infty}u_n(x)$ 不一定绝对收敛。

例如,$\sum_{n=1}^{\infty}(-1)^{n-1}\dfrac{1}{n+x^2}$ 在$(-\infty,+\infty)$上一致收敛,非绝对收敛。

(2) $\forall x\in X$,$\sum_{n=1}^{\infty}u_n(x)$ 绝对收敛,但$\sum_{n=1}^{\infty}u_n(x)$ 在 X 上不一定一致收敛。

例如,$\sum_{n=1}^{\infty}\dfrac{x^2}{(1+x^2)^n}$ 在$(-\infty,+\infty)$上绝对收敛,非一致收敛。

例 24　设 $u_n(x)\in C[a,b]$,$\sum_{n=1}^{\infty}u_n(x)$ 在(a,b)内一致收敛,证明：

(1) $\sum_{n=1}^{\infty}u_n(a)$,$\sum_{n=1}^{\infty}u_n(b)$ 收敛；　　(2) $\sum_{n=1}^{\infty}u_n(x)$ 在$[a,b]$上一致收敛；

(3) $s(x)=\sum_{n=1}^{\infty}u_n(x)$ 在$[a,b]$上连续；　　(4) $s(x)$在$[a,b]$上一致连续。

证　$\forall\varepsilon>0$,由$\sum_{n=1}^{\infty}u_n(x)$在$(a,b)$内一致收敛,所以 $\exists N$,当$n>N$时,对 $\forall p\in\mathbb{N}^+$,$\forall x\in(a,b)$,有

$$|u_{n+1}(x)+u_{n+2}(x)+\cdots+u_{n+p}(x)|<\frac{\varepsilon}{2}。$$

因为$u_n(x)\in C[a,b]$,分别令 $x\to a^+$,$x\to b^-$得

$$|u_{n+1}(a)+u_{n+2}(a)+\cdots+u_{n+p}(a)|<\varepsilon,$$
$$|u_{n+1}(b)+u_{n+2}(b)+\cdots+u_{n+p}(b)|<\varepsilon,$$

所以$\sum_{n=1}^{\infty}u_n(a)$与$\sum_{n=1}^{\infty}u_n(b)$都收敛。由以上证明可知 $\forall\varepsilon>0$,$\exists N$,当$n>N$时,对 $\forall p\in\mathbb{N}^+$,$\forall x\in[a,b]$,有

$$|u_{n+1}(x)+u_{n+2}(x)+\cdots+u_{n+p}(x)|<\varepsilon,$$

从而由柯西一致收敛原理知$\sum_{n=1}^{\infty}u_n(x)$在$[a,b]$上一致收敛。据连续性定理,$s(x)\in C[a,b]$。再由一致连续性定理知,$s(x)$ 在$[a,b]$上一致连续。

例 25　设 $\sum_{n=1}^{\infty}u_n(x)$ 在 $[a,b]$ 上收敛,且 $\exists M>0$,$\forall n$,$\forall x\in(a,b)$,有 $\left|\sum_{k=1}^{n}u'_k(x)\right|\leqslant M$,证明：$\sum_{n=1}^{\infty}u_n(x)$ 在$[a,b]$上一致收敛。

分析　$\forall n$,$\forall p$

$$\left|\sum_{k=n+1}^{n+p}u_k(x)\right|\leqslant\left|\sum_{k=n+1}^{n+p}(u_k(x)-u_k(x_i))\right|+\left|\sum_{k=n+1}^{n+p}u_k(x_i)\right|$$
$$\leqslant\left|\sum_{k=n+1}^{n+p}u'_k(\xi)(x-x_i)\right|+\frac{\varepsilon}{2}\leqslant\delta\left|\sum_{k=n+1}^{n+p}u'_n(\xi_n)\right|+\frac{\varepsilon}{2}$$

$$\leqslant 2M\delta+\frac{\varepsilon}{2}<\varepsilon。$$

证　$\forall \varepsilon>0$，取 $\delta=\frac{\varepsilon}{4M}$，取 m 使 $\frac{b-a}{m}<\delta$，将 $[a,b]$ m 等分

$$a=x_0<x_1<\cdots<x_m=b。$$

$\forall i=1,2,\cdots,m$，有 $\sum\limits_{n=1}^{\infty}u_n(x_i)$ 收敛，对 $\frac{\varepsilon}{2}>0$，$\exists N$，$\forall n>N$，$\forall p\in\mathbb{N}^+$，有

$$\left|\sum_{k=n+1}^{n+p}u_k(x_i)\right|<\frac{\varepsilon}{2},\quad i=1,2,\cdots,m。$$

$\forall n>N$，$\forall p$，$\forall x\in[a,b]$，且 $x\in[x_{i-1},x_i]$，有

$$\begin{aligned}\left|\sum_{k=n+1}^{n+p}u_k(x)\right| &\leqslant \left|\sum_{k=n+1}^{n+p}[u_k(x)-u_k(x_i)]\right|+\left|\sum_{k=n+1}^{n+p}u_k(x_i)\right| \\ &=\left|\sum_{k=n+1}^{n+p}u'_k(\xi)(x-x_i)\right|+\left|\sum_{k=n+1}^{n+p}u_k(x_i)\right| \\ &<\delta\left|\sum_{k=n+1}^{n+p}u'_k(\xi)\right|+\frac{\varepsilon}{2}<2M\delta+\frac{\varepsilon}{2}=\varepsilon,\end{aligned}$$

所以 $\sum\limits_{n=1}^{\infty}u_n(x)$ 在 $[a,b]$ 上一致收敛。

例 26　假设：

(1) $f(x)\in C(-\infty,+\infty)$；

(2) $x\neq 0$ 时，有 $|f(x)|<|x|$；

(3) $f_1(x)=f(x)$，$f_2(x)=f(f_1(x))$，$\cdots$，$f_n(x)=f(f_{n-1}(x))$，$\cdots$。

证明：$\{f_n(x)\}$ 在 $[-A,A]$ 上一致收敛（其中 A 为正常数）。

证　因为 $x\neq 0$ 时，有 $0\leqslant|f(x)|<|x|$，令 $x\to 0$ 得，$f(0)=0$（因为 $f(x)$ 在 $x=0$ 处连续），从而由条件(2)在 $[-A,A]$ 上恒有 $|f(x)|\leqslant|x|$。

$\forall\varepsilon>0$（不妨设 $A>\varepsilon$），当 $x\in[-\varepsilon,\varepsilon]$ 时，有 $|f(x)|\leqslant|x|\leqslant\varepsilon$；在 $[-A,-\varepsilon]\cup[\varepsilon,A]$ 上，有 $\left|\frac{f(x)}{x}\right|<1$，$\frac{f(x)}{x}$ 连续，且有最大值 q：$0<q<1$，于是 $|f(x)|\leqslant q|x|\leqslant qA$，因而在 $[-A,A]$ 上总有

$$|f(x)|\leqslant\max\{\varepsilon,qA\},\quad\forall x\in[-A,A],$$

若 $|f(x)|\leqslant\varepsilon$，则

$$|f_2(x)|=|f(f(x))|\leqslant|f(x)|\leqslant\varepsilon。$$

若 $|f(x)|\in[\varepsilon,A]$，则

$$|f_2(x)|=|f(f(x))|\leqslant q|f(x)|\leqslant q\max\{\varepsilon,qA\}\leqslant\max\{\varepsilon,q^2A\}。$$

因而 $\forall x\in[-A,A]$，有

$$|f_2(x)|\leqslant\max\{\varepsilon,q^2A\},\cdots$$

一般地 $\forall x\in[-A,A]$ 有 $|f_n(x)|\leqslant\max\{\varepsilon,q^nA\}$，因为 $q^nA\to 0$，所以 $\exists N$，当 $n>N$ 时，有 $q^nA<\varepsilon$，所以

$$|f_n(x)|\leqslant\varepsilon,\ \forall x\in[-A,A],\ \forall n\in\mathbb{N}^+,$$

所以 $\{f_n(x)\}$ 在 $[-A,A]$ 上一致收敛于 0。

例 27 在区间[0,1]上：

(1) 证明：函数列$\left\{\left(1+\dfrac{x}{n}\right)^n\right\}$一致收敛；

(2) 证明：函数列$\{f_n(x)\}$一致收敛,其中

$$f_n(x)=\frac{1}{e^{\frac{x}{n}}+\left(1+\frac{x}{n}\right)^n},\quad n=1,2,\cdots;$$

(3) 求极限$\lim\limits_{n\to\infty}\displaystyle\int_0^1\frac{dx}{e^{\frac{x}{n}}+\left(1+\frac{x}{n}\right)^n}$。

(1) **证法 1** $\lim\limits_{n\to\infty}\left(1+\dfrac{x}{n}\right)^n=e^x$,则易知$\left(1+\dfrac{x}{n}\right)^n(n=1,2,\cdots)$及 e^x 均在[0,1]上连续,且$\forall x\in[0,1]$,$\left\{\left(1+\dfrac{x}{n}\right)^n\right\}$为单调数列,由迪尼定理知$\left(1+\dfrac{x}{n}\right)^n\rightrightarrows e^x$。

证法 2 $\left(e^x-\left(1+\dfrac{x}{n}\right)^n\right)_x'=e^x-\left(1+\dfrac{x}{n}\right)^{n-1}>0$,所以 $e^x-\left(1+\dfrac{x}{n}\right)^n$ 关于 x 单调上升,故当 $x\in[0,1]$时,有

$$0\leqslant e^x-\left(1+\frac{x}{n}\right)^n\leqslant e-\left(1+\frac{1}{n}\right)^n\to 0(n\to\infty),$$

所以在[0,1]上有

$$\left(1+\frac{x}{n}\right)^n\rightrightarrows e^x(n\to\infty)。$$

(2) 极限函数

$$f(x)=\lim_{n\to\infty}f_n(x)=\lim_{n\to\infty}\frac{1}{e^{\frac{x}{n}}+\left(1+\frac{x}{n}\right)^n}=\frac{1}{1+e^x},$$

所以在[0,1]上,有

$$\left|\frac{1}{1+e^x}-\frac{1}{e^{\frac{x}{n}}+\left(1+\frac{x}{n}\right)^n}\right|=\left|\frac{e^{\frac{x}{n}}+\left(1+\frac{x}{n}\right)^n-1-e^x}{(1+e^x)\left(e^{\frac{x}{n}}+\left(1+\frac{x}{n}\right)^n\right)}\right|$$

$$\leqslant\left|e^x-\left(1+\frac{x}{n}\right)^n\right|+|e^{\frac{x}{n}}-1|$$

$$\leqslant\left(e^x-\left(1+\frac{x}{n}\right)^n\right)+(e^{\frac{1}{n}}-1)\rightrightarrows 0,$$

所以

$$f_n(x)\rightrightarrows\frac{1}{1+e^x},\quad x\in[0,1]。$$

(3)由(2)知可在积分号下取极限

$$\lim_{n\to\infty}\int_0^1\frac{dx}{e^{\frac{x}{n}}+\left(1+\frac{x}{n}\right)^n}=\int_0^1\frac{dx}{1+e^x}=1+\ln\frac{2}{1+e}。$$

例 28　设 $g(x),f_n(x)\in R[a,b]$，$f_n(x)\geqslant 0$，且 $\forall c\in(a,b)$，$f_n(x)\rightrightarrows 0,x\in[c,b]$，若

$$\lim_{n\to\infty}\int_a^b f_n(x)\mathrm{d}x=1,\lim_{x\to a^+}g(x)=A,$$

则

$$\lim_{n\to\infty}\int_a^b f_n(x)g(x)\mathrm{d}x=A。$$

分析　因为 $\lim\limits_{n\to\infty}\int_a^b f_n(x)\mathrm{d}x=1$，要证 $\lim\limits_{n\to\infty}\int_a^b f_n(x)g(x)\mathrm{d}x=A$，只需证

$$\lim_{n\to\infty}\int_a^b (g(x)-A)f_n(x)\mathrm{d}x=0。$$

证　因为 $g(x)\in R[a,b]$，所以 $g(x)$ 在 $[a,b]$ 上有界，即 $\exists M>0$，$\forall x\in[a,b]$，有 $|g(x)|\leqslant M$。$\forall\varepsilon>0$，由 $\lim\limits_{x\to a^+}g(x)=A$，所以 $\exists\delta>0(\delta<b-a)$，$\forall x\in(a,a+\delta)$ 有

$$|g(x)-A|<\frac{\varepsilon}{4}。$$

因为 $\lim\limits_{n\to\infty}\int_a^b f_n(x)\mathrm{d}x=1$，所以 $\exists N_1$，当 $n>N_1$ 时，有 $\int_a^b f_n(x)\mathrm{d}x<2$。又因为 $f_n(x)\rightrightarrows 0,x\in[a+\delta,b]$，所以 $\exists N_2$，当 $n>N_2$ 时，$\forall x\in[a+\delta,b]$，有

$$|f_n(x)|<\frac{\varepsilon}{2(|A|+M)(b-a)},$$

则 $\forall n>N_1+N_2$ 有

$$\begin{aligned}
&\left|\int_a^b f_n(x)g(x)\mathrm{d}x-\int_a^b Af_n(x)\mathrm{d}x\right|=\left|\int_a^b(g(x)-A)f_n(x)\mathrm{d}x\right|\\
\leqslant&\int_a^{a+\delta}|g(x)-A|f_n(x)\mathrm{d}x+\int_{a+\delta}^b(|A|+M)f_n(x)\mathrm{d}x\\
<&\frac{\varepsilon}{4}\int_a^b f_n(x)\mathrm{d}x+(|A|+M)\int_{a+\delta}^b f_n(x)\mathrm{d}x\\
<&\frac{\varepsilon}{2}+(|A|+M)\frac{\varepsilon}{2(|A|+M)(b-a)}(b-a-\delta)\\
<&\varepsilon,
\end{aligned}$$

所以

$$\lim_{n\to\infty}\int_a^b f_n(x)g(x)\mathrm{d}x=A。$$

例 29　设 $f(x)=\sum\limits_{n=0}^{\infty}a_nx^n$，当 $|x|<r$ 时收敛，那么当 $\sum\limits_{n=0}^{\infty}\frac{a_n}{n+1}r^{n+1}$ 收敛时，有

$$\int_0^r f(x)\mathrm{d}x=\sum_{n=0}^{\infty}\frac{a_n}{n+1}r^{n+1}。$$

证　$\forall t:0<t<r$，有

$$\int_0^t f(x)\mathrm{d}x=\sum_{n=0}^{\infty}\int_0^t a_nx^n\mathrm{d}x=\sum_{n=0}^{\infty}\frac{a_n}{n+1}t^{n+1}。$$

又因为 $\sum\limits_{n=0}^{\infty}\frac{a_n}{n+1}r^{n+1}$ 收敛，所以 $s(t)=\sum\limits_{n=0}^{\infty}\frac{a_n}{n+1}t^{n+1}$ 在 $t=r$ 左连续，因而有

$$\lim_{t\to r^-}\int_0^t f(x)\mathrm{d}x=\lim_{t\to r^-}\sum_{n=0}^{\infty}\frac{a_n}{n+1}t^{n+1},\quad 即\int_0^r f(x)\mathrm{d}x=\sum_{n=0}^{\infty}\frac{a_n}{n+1}r^{n+1}。$$

例 30 设 $a_n \geqslant 0$，$\sum\limits_{n=1}^{\infty} a_n$ 发散，且 $\lim\limits_{n\to\infty}\dfrac{a_n}{a_1+a_2+\cdots+a_n}=0$，证明：$\overline{\lim\limits_{n\to\infty}}\sqrt[n]{a_n}=1$。

证 因为 $\sum\limits_{n=1}^{\infty} a_n$ 发散，所以 $\sum\limits_{n=1}^{\infty} a_n x^n$ 的收敛半径 $R\leqslant 1$，即 $\overline{\lim\limits_{n\to\infty}}\sqrt[n]{a_n}\geqslant 1$。记 $A_n=a_1+a_2+\cdots+a_n$，则

$$\lim_{n\to\infty}\frac{a_n}{a_1+a_2+\cdots+a_n}=\lim_{n\to\infty}\frac{A_n-A_{n-1}}{A_n}=1-\lim_{n\to\infty}\frac{A_{n-1}}{A_n}=0,$$

所以

$$\lim_{n\to\infty}\frac{A_{n-1}}{A_n}=1\Rightarrow\lim_{n\to\infty}\frac{A_n}{A_{n-1}}=1\Rightarrow\lim_{n\to\infty}\sqrt[n]{A_n}=1。$$

因为

$$a_n\leqslant a_1+a_2+\cdots+a_n=A_n,$$

所以 $\overline{\lim\limits_{n\to\infty}}\sqrt[n]{a_n}\leqslant\overline{\lim\limits_{n\to\infty}}\sqrt[n]{A_n}=1$，因而 $\overline{\lim\limits_{n\to\infty}}\sqrt[n]{a_n}=1$。

例 31 若 $f(x)=\sum\limits_{n=0}^{\infty} a_n x^n\,(a_n>0, n=0,1,2,\cdots)$ 的收敛半径为 $+\infty$，且 $\sum\limits_{n=0}^{\infty} a_n n!$ 收敛，则 $\int_0^{+\infty}\mathrm{e}^{-x}f(x)\mathrm{d}x$ 也收敛，且 $\int_0^{+\infty}\mathrm{e}^{-x}f(x)\mathrm{d}x=\sum\limits_{n=0}^{\infty} a_n n!$。

证

$$\begin{aligned}\int_0^{+\infty}\mathrm{e}^{-x}f(x)\mathrm{d}x&=\int_0^{+\infty}\left(\mathrm{e}^{-x}\sum_{n=0}^{\infty}a_nx^n\right)\mathrm{d}x=\lim_{A\to+\infty}\int_0^A\left(\sum_{n=0}^{\infty}a_nx^n\mathrm{e}^{-x}\right)\mathrm{d}x\\&=\lim_{A\to+\infty}\sum_{n=0}^{\infty}a_n\left(\int_0^A x^n\mathrm{e}^{-x}\mathrm{d}x\right)\qquad\text{(a)}\\&=\sum_{n=0}^{\infty}a_n\lim_{A\to+\infty}\int_0^A x^n\mathrm{e}^{-x}\mathrm{d}x\qquad\text{(b)}\\&=\sum_{n=0}^{\infty}a^n\int_0^{+\infty}x^n\mathrm{e}^{-x}\mathrm{d}x=\sum_{n=0}^{\infty}a_nn!。\end{aligned}$$

等式(a)是因为 $\forall x\geqslant 0$ 有

$$|a_nx^n\mathrm{e}^{-x}|=\frac{a_nx^n}{1+x+\cdots+\dfrac{x^n}{n!}+\cdots}<\frac{a_nx^n}{\dfrac{x^n}{n!}}=a_nn!,$$

且 $\sum\limits_{n=0}^{\infty}a_nn!$ 收敛，故 $\sum\limits_{n=0}^{\infty}a_nx^n\mathrm{e}^{-x}$ 在 $[0,A]$ 上一致收敛，可逐项积分。

等式(b)是因为 $\forall A\geqslant 0$ 有

$$\left|a_n\int_0^A x^n\mathrm{e}^{-x}\mathrm{d}x\right|=a_n\int_0^A x^n\mathrm{e}^{-x}\mathrm{d}x\leqslant a_n\int_0^{+\infty}x^n\mathrm{e}^{-x}\mathrm{d}x=a_nn!,$$

且已知 $\sum\limits_{n=0}^{\infty}a_nn!$ 收敛，因此 $\sum\limits_{n=0}^{\infty}a_n\int_0^A x^n\mathrm{e}^{-x}\mathrm{d}x$ 关于 A 在 $[0,+\infty)$ 上一致收敛，故可逐项求极限得等式(b)。

例 32 设 $f(x)$ 在 $(-\infty,+\infty)$ 上无穷次可微，并且满足：

(1) $\exists M>0$，$\forall x\in\mathbb{R}$，有 $|f^{(k)}(x)|\leqslant M\,(k=0,1,2,\cdots)$；

(2) $f\left(\frac{1}{2^n}\right)=0(n=1,2,\cdots)$，

证明：在$(-\infty,+\infty)$内 $f(x)\equiv 0$。

证　将 $f(x)$在 $x=0$ 点泰勒展开可得

$$f(x)=\sum_{k=0}^{n}\frac{f^{(k)}(0)}{k!}x^k+\frac{f^{(n+1)}(\xi)}{(n+1)!}x^{n+1}。$$

因为

$$|R_n(x)|=\left|\frac{f^{(n+1)}(\xi)}{(n+1)!}x^{n+1}\right|\leqslant\frac{M}{(n+1)!}|x|^{n+1}\to 0(n\to\infty),$$

所以 $\forall x\in\mathbb{R}$，有 $f(x)=\sum\limits_{n=0}^{\infty}\frac{f^n(0)}{n!}x^n$。

由 $f\left(\frac{1}{2^n}\right)=0$ 知，$f(0)=\lim\limits_{n\to\infty}f\left(\frac{1}{2^n}\right)=0$。设

$$f(x)=a_0+a_1x+a_2x^2+\cdots+a_nx^n+\cdots,$$

由 $f(0)=0$ 得，$a_0=0$ 所以

$$f(x)=x(a_1+a_2x+\cdots+a_nx^{n-1}+\cdots)。$$

令

$$g(x)=a_1+a_2x+a_3x^2+\cdots+a_nx^{n-1},$$

由 $f\left(\frac{1}{2^n}\right)=0$ 得，$g\left(\frac{1}{2^n}\right)=0$，从而有 $g(0)=0$，所以 $a_1=0$。类似可得

$$a_0=a_1=\cdots=a_n=\cdots=0,$$

所以 $f(x)\equiv 0, x\in\mathbb{R}$。

例 33　设 $f(x)$是以 2π 为周期的函数，满足 α 阶的利普希茨条件：

$$|f(x)-f(y)|\leqslant L|x-y|^{\alpha}(0<\alpha\leqslant 1)。$$

证明：$a_n=O\left(\frac{1}{n^{\alpha}}\right)$，$b_n=O\left(\frac{1}{n^{\alpha}}\right)(n\to\infty)$。

证

$$\begin{aligned}a_n&=\frac{1}{\pi}\int_{-\pi}^{\pi}f(x)\cos nx\,\mathrm{d}x=\frac{1}{\pi}\int_{-\pi-\frac{\pi}{n}}^{\pi-\frac{\pi}{n}}f\left(t+\frac{\pi}{n}\right)\cos(nt+\pi)\,\mathrm{d}t\\&=-\frac{1}{\pi}\int_{-\pi}^{\pi}f\left(t+\frac{\pi}{n}\right)\cos nt\,\mathrm{d}t=-\frac{1}{\pi}\int_{-\pi}^{\pi}f\left(x+\frac{\pi}{n}\right)\cos nx\,\mathrm{d}x,\end{aligned}$$

所以

$$a_n=\frac{1}{2\pi}\int_{-\pi}^{\pi}\left[f(x)-f\left(x+\frac{\pi}{n}\right)\right]\cos nx\,\mathrm{d}x,$$

故

$$\begin{aligned}|a_n|&\leqslant\frac{1}{2\pi}\int_{-\pi}^{\pi}\left|f(x)-f\left(x+\frac{\pi}{n}\right)\right||\cos nx|\,\mathrm{d}x\\&\leqslant\frac{1}{2\pi}L\cdot\left(\frac{\pi}{n}\right)^{\alpha}\cdot 2\pi=L\cdot\left(\frac{\pi}{n}\right)^{\alpha}=L\cdot\pi^{\alpha}\cdot\frac{1}{n^{\alpha}},\end{aligned}$$

因此 $a_n=O\left(\frac{1}{n^{\alpha}}\right)$。同理可证 $b_n=O\left(\frac{1}{n^{\alpha}}\right)$。

例 34 设 $f(x)=\pi-x, x\in(0,\pi)$,(1)将 $f(x)$展开为正弦级数;(2)该级数在$(0,\pi)$上是否一致收敛。

解 将 $f(x)$奇延拓到$[-\pi,0]$上,求延拓后的函数在$[-\pi,\pi]$上的傅里叶级数,这时

$$a_n=0(n=0,1,2,\cdots),\quad b_n=\frac{2}{\pi}\int_0^{\pi}(\pi-x)\sin nx\,\mathrm{d}x=\frac{2}{n}(n=1,2,\cdots)。$$

因延拓后的函数分段光滑,据收敛原理

$$f(x)\sim\sum_{n=1}^{\infty}\frac{2}{n}\sin nx=\begin{cases}\pi-x, & x\in(0,\pi),\\ 0, & x=0,\pi。\end{cases}$$

(2) 该级数在$(0,\pi)$上非一致收敛,因为在 $x=0,\pi$ 级数收敛,若级数在$(0,\pi)$上一致收敛,则该级数在$[0,\pi]$上一致收敛,从而和函数应在$[0,\pi]$上连续,矛盾。

例 35 (1) 将周期为 2π 的函数 $f(x)=\frac{1}{4}x(2\pi-x), x\in[0,2\pi]$ 展开为傅里叶级数,并由此求出$\sum_{n=1}^{\infty}\frac{1}{n^2}$。

(2) 通过傅里叶级数的逐项积分求出$\sum_{n=1}^{\infty}\frac{1}{n^4}$。

解 (1) 先求傅里叶系数

$$a_0=\frac{1}{\pi}\int_0^{2\pi}\frac{1}{4}x(2\pi-x)\mathrm{d}x=\frac{\pi^2}{3},$$

$$a_n=\frac{1}{\pi}\int_0^{2\pi}\frac{1}{4}x(2\pi-x)\cos nx\,\mathrm{d}x=-\frac{1}{n^2}(n=1,2,\cdots),$$

$$b_n=\frac{1}{\pi}\int_0^{2\pi}\frac{1}{4}x(2\pi-x)\sin nx\,\mathrm{d}x=0(n=1,2,\cdots)。$$

所以

$$f(x)\sim\frac{\pi^2}{6}-\sum_{n=1}^{\infty}\frac{\cos nx}{n^2}=\frac{1}{4}x(2\pi-x), x\in[0,2\pi]。$$

令 $x=0$ 得$\sum_{n=1}^{\infty}\frac{1}{n^2}=\frac{\pi^2}{6}$。

(2) 由(1)得

$$\int_0^x\left[\frac{1}{4}t(2\pi-t)-\frac{\pi^2}{6}\right]\mathrm{d}t=-\int_0^x\left(\sum_{n=1}^{\infty}\frac{1}{n^2}\cos nt\right)\mathrm{d}t,$$

即

$$\frac{1}{6}\pi^2x-\frac{1}{4}\pi x^2+\frac{x^3}{12}=\sum_{n=1}^{\infty}\frac{1}{n^3}\sin nx。$$

此式为左边函数的傅里叶展开式,同理继续逐项积分两次得

$$-\frac{1}{36}\pi^2x^3+\frac{1}{48}\pi x^4-\frac{x^5}{240}=\sum_{n=1}^{\infty}\frac{1}{n^4}\left(\frac{\sin nx}{n}-x\right), x\in[0,2\pi]。$$

令 $x=2\pi$ 得$\sum_{n=1}^{\infty}\frac{1}{n^4}=\frac{1}{90}\pi^4$。

第 5 章 多元函数微分学

5.1 基本知识点

一、常见的几种关系

1. 二重极限与二次极限之间的关系

记 $A=\lim\limits_{\substack{x\to x_0\\y\to y_0}}f(x,y)$，$A_{12}=\lim\limits_{y\to y_0}\lim\limits_{x\to x_0}f(x,y)$，$A_{21}=\lim\limits_{x\to x_0}\lim\limits_{y\to y_0}f(x,y)$。

(1) A 存在

① A_{12}，A_{21}至少有一个不存在。

例 1 $f(x,y)=x\sin\dfrac{1}{y}+y\sin\dfrac{1}{x}$，在$(0,0)$点，$A_{12}$，$A_{21}$都不存在。

例 2 $f(x,y)=x\sin\dfrac{1}{y}$，在$(0,0)$点，$A_{12}=0$，A_{21}不存在。

② A_{12}，A_{21}都存在。

例 3 $f(x,y)=\dfrac{x^2y}{x^2+y^2}$，在$(0,0)$点，$A_{12}=A_{21}=0$。

(2) A 不存在

① A_{12}，A_{21}至少有一个不存在。

例 4 $f(x,y)=\sin\dfrac{1}{xy}$，在$(0,0)$点，A_{12}，A_{21}都不存在。

例 5 $f(x,y)=\dfrac{x}{x^2+y^2}$，在$(0,0)$点，$A_{12}=0$，$A_{21}$不存在。

② A_{12}，A_{21}都存在。

例 6 $f(x,y)=\dfrac{x^2-y^2+x^3+y^3}{x^2+y^2}$，在$(0,0)$点，$A_{12}=-1$，$A_{21}=1$。

例 7 $f(x,y)=\dfrac{xy}{x^2+y^2}$，在$(0,0)$点，$A_{12}=A_{21}=0$。

定理 1 设$\lim\limits_{\substack{x\to x_0\\y\to y_0}}f(x,y)=A$。

(1) 若$\forall y\in(y_0-\delta,y_0+\delta)$，$y\neq y_0$，$\lim\limits_{x\to x_0}f(x,y)=\varphi(y)$存在，则 A_{12}存在，且 $A_{12}=A$；

(2) 若$\forall x\in(x_0-\eta,x_0+\eta)$，$x\neq x_0$，$\lim\limits_{y\to y_0}f(x,y)=\varphi(x)$存在，则 A_{21}存在，且 $A_{21}=A$。

注 ①若 A，A_{12}，A_{21}都存在，则 $A=A_{12}=A_{21}$；②若 $A_{12}\neq A_{21}$，则 A 不存在。

定理 2　设 x_0 是 X 的聚点，y_0 是 D 的聚点，$f(x,y)$ 定义在 $X\times D$ 上，若(1) $\forall y\in D$，$\lim\limits_{x\to x_0} f(x,y)=\psi(y)$；(2) $f(x,y) \underset{(y\to y_0)}{\rightrightarrows} \varphi(x), x\in X$，即 $\forall \varepsilon>0$，$\exists \delta>0$，当 $0<|y-y_0|<\delta$ 时，$\forall x\in X$，有 $|f(x,y)-\varphi(x)|<\varepsilon$，则

$$\lim_{x\to x_0}\lim_{y\to y_0} f(x,y)=\lim_{y\to y_0}\lim_{x\to x_0} f(x,y),$$

即 $\lim\limits_{x\to x_0}\varphi(x)=\lim\limits_{y\to y_0}\psi(y)$。

证　①先证 $\lim\limits_{y\to y_0}\psi(y)$ 存在。

$\forall \varepsilon>0$，由(2)知 $\exists \delta>0$，$\forall y$：$0<|y-y_0|<\delta$，$\forall x\in X$ 有 $|f(x,y)-\varphi(x)|<\dfrac{\varepsilon}{2}$，从而 $\forall y',y''$：$0<|y'-y_0|<\delta$，$0<|y''-y_0|<\delta$，$\forall x\in X$ 有

$$|f(x,y'')-f(x,y')|\leqslant |f(x,y'')-\varphi(x)|+|f(x,y')-\varphi(x)|<\frac{\varepsilon}{2}+\frac{\varepsilon}{2}=\varepsilon。$$

令 $x\to x_0$，则 $\forall y',y''$：$0<|y'-y_0|<\delta$，$0<|y''-y_0|<\delta$ 有

$$|\psi(y')-\psi(y'')|\leqslant\varepsilon,$$

故由柯西准则知 $\lim\limits_{y\to y_0}\psi(y)$ 存在，设为 A，即 $\lim\limits_{y\to y_0}\psi(y)=A$。

② 再证 $\lim\limits_{x\to x_0}\varphi(x)=A$。

分析　$|\varphi(x)-A|\leqslant|\varphi(x)-f(x,y)|+|f(x,y)-\psi(y)|+|\psi(y)-A|$。

$\forall \varepsilon>0$，由 $\lim\limits_{y\to y_0}\psi(y)=A$ 及(2)知，$\exists \delta_1>0$，$\forall y$：$0<|y-y_0|<\delta_1$ 有 $|\psi(y)-A|<\dfrac{\varepsilon}{3}$，且 $\forall x\in X$ 有 $|f(x,y)-\varphi(x)|<\dfrac{\varepsilon}{3}$，取 y'：$0<|y'-y_0|<\delta_1$，则 $\forall x\in X$ 有

$$|\psi(y')-A|<\frac{\varepsilon}{3},\ |f(x,y')-\varphi(x)|<\frac{\varepsilon}{3}。$$

由(1)知 $\lim\limits_{x\to x_0} f(x,y')=\psi(y')$，所以 $\exists \delta>0$，$\forall x\in X$，当 $0<|x-x_0|<\delta$ 时，有

$$|f(x,y')-\psi(y')|<\frac{\varepsilon}{3},$$

从而 $\forall x\in X$，当 $0<|x-x_0|<\delta$ 时，有

$$\begin{aligned}|\varphi(x)-A|&\leqslant|\varphi(x)-f(x,y')|+|f(x,y')-\psi(y')|+|\psi(y')-A|\\&<\frac{\varepsilon}{3}+\frac{\varepsilon}{3}+\frac{\varepsilon}{3}=\varepsilon,\end{aligned}$$

所以 $\lim\limits_{x\to x_0}\varphi(x)=A$，因而 $\lim\limits_{x\to x_0}\lim\limits_{y\to y_0} f(x,y)=\lim\limits_{y\to y_0}\lim\limits_{x\to x_0} f(x,y)$。

2. 连续、偏导数存在、可微之间的关系

(1) $f(x,y)$ 在 P_0 点可微，则 $f(x,y)$ 在 P_0 点连续，且 $f'_x(P_0)$，$f'_y(P_0)$ 存在，但反之不然。

例 8　$f(x,y)=\sqrt{|xy|}$ 在 $(0,0)$ 连续，$f'_x(0,0)=f'_y(0,0)=0$，但 $f(x,y)$ 在 $(0,0)$ 不可微。

(2) $f'_x(P_0)$，$f'_y(P_0)$ 存在不能推出 $f(x,y)$ 在 P_0 点连续。

例 9　$f(x,y)=\begin{cases}\dfrac{xy}{x^2+y^2}, & x^2+y^2\neq 0,\\ 0, & x^2+y^2=0,\end{cases}$ 则 $f'_x(0,0)=f'_y(0,0)=0$，但 $f(x,y)$ 在

$(0,0)$点不连续。

(3) $f(x,y)$在 P_0 点连续不能推出 $f'_x(P_0)$, $f'_y(P_0)$存在。

例 10　$f(x,y)=|x|+|y|$在$(0,0)$点连续,但 $f'_x(0,0)$, $f'_y(0,0)$都不存在。

定理 1　若 $f'_x(x,y)$, $f'_y(x,y)$在 $U(P_0;\delta)$内存在且有界,则 $f(x,y)$在点 P_0 连续。

证　因为 $f'_x(x,y)$, $f'_y(x,y)$在 $U(P_0;\delta)$内存在且有界,所以 $\exists M>0$, $\forall (x,y)\in U(P_0;\delta)$有$|f'_x(x,y)|\leqslant M$, $|f'_y(x,y)|\leqslant M$,于是当$(x,y)\in U(P_0;\delta)$时,有

$$\begin{aligned}&|f(x,y)-f(x_0,y_0)|\\ \leqslant&|f(x,y)-f(x_0,y)|+|f(x_0,y)-f(x_0,y_0)|\\ =&|f'_x(x_0+\theta_1(x-x_0),y)\cdot(x-x_0)|+|f'_y(x_0,y_0+\theta_2(y-y_0))\cdot(y-y_0)|\\ \leqslant&M(|x-x_0|+|y-y_0|),\end{aligned}$$

因而有$\lim\limits_{\substack{x\to x_0\\ y\to y_0}} f(x,y)=f(x_0,y_0)$,故 $f(x,y)$在点 P_0 连续。

(4) $f'_x(x,y)$, $f'_y(x,y)$在点 P_0 存在不能推出 $f(x,y)$在点 P_0 可微。

例 11　$f(x,y)=\begin{cases}\dfrac{xy}{x^2+y^2}, & x^2+y^2\neq 0,\\ 0, & x^2+y^2=0,\end{cases}$在$(0,0)$点有 $f'_x(0,0)=f'_y(0,0)=0$,但 $f(x,y)$在$(0,0)$点不连续,因而不可微。

定理 2　若 $f'_x(x,y)$, $f'_y(x,y)$在 $U(P_0;\delta)$内存在,且 $f'_x(x,y)$, $f'_y(x,y)$在点 P_0 连续,则 $f(x,y)$在点 P_0 可微。

定理 3　若 $f'_x(x,y)$, $f'_y(x,y)$在 $U(P_0;\delta)$内存在,且至少有一个在点 P_0 连续,则 $f(x,y)$在点 P_0 可微。

证　不妨设 $f'_x(x,y)$在点 P_0 连续,当$(x,y)\in U(P_0;\delta)$时,有

$$\begin{aligned}&f(x,y)-f(x_0,y_0)\\ =&f(x,y)-f(x_0,y)+f(x_0,y)-f(x_0,y_0)\\ =&f'_x(x_0+\theta_1(x-x_0),y)\cdot(x-x_0)+f'_y(x_0,y_0)(y-y_0)+o(y-y_0)\\ =&(f'_x(x_0,y_0)+\alpha)(x-x_0)+f'_y(x_0,y_0)(y-y_0)+o(y-y_0)\\ =&f'_x(x_0,y_0)(x-x_0)+f'_y(x_0,y_0)(y-y_0)+\alpha(x-x_0)+o(y-y_0),\end{aligned}$$

其中$\lim\limits_{\substack{x\to x_0\\ y\to y_0}}\alpha=0$。因为

$$\left|\frac{\alpha(x-x_0)+o(y-y_0)}{\sqrt{(x-x_0)^2+(y-y_0)^2}}\right|\leqslant|\alpha|+\left|\frac{o(y-y_0)}{y-y_0}\right|\to 0\quad\begin{pmatrix}x\to x_0\\ y\to y_0\end{pmatrix},$$

所以

$$\alpha(x-x_0)+o(y-y_0)=o(\rho),$$

故 $f(x,y)$在 P_0 点可微。

3. 方向导数与连续、偏导数存在、可微之间的关系

(1) $f(x,y)$在点 P_0 可微,则 $f(x,y)$在点 P_0 沿任何方向$\boldsymbol{\ell}=(\cos\alpha,\cos\beta)$的方向导数存在,且

$$\left.\frac{\partial f}{\partial \boldsymbol{\ell}}\right|_{P_0}=\left.\frac{\partial f}{\partial x}\right|_{P_0}\cos\alpha+\left.\frac{\partial f}{\partial y}\right|_{P_0}\cos\beta。$$

但反之不然。

例 12　$f(x,y)=\sqrt{x^2+y^2}$,则 $f(x,y)$在(0,0)点沿任何方向$\boldsymbol{l}$的方向导数存在且都等于 1,但 $f'_x(0,0)$,$f'_y(0,0)$都不存在,因而 $f(x,y)$在(0,0)点不可微。

(2) $f'_x(x_0,y_0)$,$f'_y(x_0,y_0)$都存在与 $f(x,y)$在 P_0 点的方向导数存在没有必然的联系。

例 13　$f(x,y)=\begin{cases}x^2+y^2, & xy=0,\\ 1, & xy\neq 0,\end{cases}$在(0,0)点 $f'_x(0,0)=f'_y(0,0)=0$,但 $f(x,y)$在(0,0)点沿方向$\boldsymbol{l}=(\cos\alpha,\sin\alpha)$,$\left(\alpha\neq 0,\frac{\pi}{2},\pi,\frac{3\pi}{2},2\pi\right)$的方向导数不存在。

例 14　$f(x,y)=\sqrt{x^2+y^2}$在(0,0)点沿$\boldsymbol{l}=(\cos\alpha,\sin\alpha)$的方向导数都存在,但 $f'_x(0,0)$,$f'_y(0,0)$都不存在。

(3) $f(x,y)$在点 P_0 连续与 $f(x,y)$在 P_0 点的方向导数存在没有必然的联系。

例 15　$f(x,y)=\begin{cases}y\sin\dfrac{1}{x^2+y^2}, & x^2+y^2\neq 0,\\ 0, & x^2+y^2=0,\end{cases}$则 $f(x,y)$在(0,0)点连续,但 $f(x,y)$在(0,0)点沿任何方向的方向导数都不存在。

例 16　$f(x,y)=\begin{cases}\dfrac{y}{x}\sqrt{x^2+y^2}, & xy\neq 0,\\ 0, & xy=0,\end{cases}$则 $f(x,y)$在(0,0)点沿任何方向的方向导数存在,但 $f(x,y)$在(0,0)点不连续。

4. 混合偏导数之间的关系

定理 1　若 f''_{xy}与 f''_{yx}在 $U(P_0;\delta)$内存在,且在 P_0 点连续,则 $f''_{xy}(P_0)=f''_{yx}(P_0)$,但反之不然。

例 17　$f(x,y)=\begin{cases}x^2y\sin\dfrac{1}{x}+xy^2\sin\dfrac{1}{y}, & xy\neq 0,\\ 0, & xy=0,\end{cases}$则 $f''_{xy}(0,0)=f''_{yx}(0,0)=0$,但 $f''_{xy}(x,y)$与$f''_{yx}(x,y)$在(0,0)点不连续。

例 18　$f(x,y)=\begin{cases}(x^2+y^2)\sin\dfrac{1}{x^2+y^2}, & x^2+y^2\neq 0,\\ 0, & x^2+y^2=0,\end{cases}$则 $f''_{xy}(0,0)=f''_{yx}(0,0)=0$,但 $f''_{xy}(x,y)$与 $f''_{yx}(x,y)$在(0,0)点不连续。

定理 2　设(1)f'_x,f'_y,f''_{yx}在 $U(P_0;\delta)$存在;(2)f''_{yx}在点 P_0 连续,则 f''_{xy}在点 P_0 存在,且 $f''_{yx}(P_0)=f''_{xy}(P_0)$。

证　取 $\Delta x,\Delta y$ 使$(x_0+\Delta x,y_0+\Delta y)\in U(P_0;\delta)$,令

$$\frac{\Phi(\Delta x,\Delta y)}{\Delta x\cdot\Delta y}=\frac{\varphi(y_0+\Delta y)-\varphi(y_0)}{\Delta x\cdot\Delta y},$$

其中

$$\varphi(y)=f(x_0+\Delta x,y)-f(x_0,y),$$

所以

$$\begin{aligned}\frac{\Phi(\Delta x,\Delta y)}{\Delta x\cdot\Delta y}&=\frac{\varphi'(y_0+\theta_1\Delta y)}{\Delta x}\\&=\frac{f_y'(x_0+\Delta x,y_0+\theta_1\Delta y)-f_y'(x_0,y_0+\theta_1\Delta y)}{\Delta x}\\&=f_{yx}''(x_0+\theta_2\Delta x,y_0+\theta_1\Delta y),\end{aligned}$$

其中 $0<\theta_1<1$，由 f_{yx}'' 在 P_0 点连续知

$$\lim_{\substack{\Delta x\to0\\\Delta y\to0}}f_{yx}''(x_0+\theta_2\Delta x,y_0+\theta_1\Delta y)=f_{yx}''(x_0,y_0)。$$

又因为对固定的 $\Delta y\neq0$，有

$$\begin{aligned}&\lim_{\Delta x\to0}\frac{\Phi(\Delta x,\Delta y)}{\Delta x\cdot\Delta y}\\&=\frac{1}{\Delta y}\lim_{\Delta x\to0}\left[\frac{f(x_0+\Delta x,y_0+\Delta y)-f(x_0,y_0+\Delta y)}{\Delta x}-\frac{f(x_0+\Delta x,y_0)-f(x_0,y_0)}{\Delta x}\right]\\&=\frac{1}{\Delta y}(f_x'(x_0,y_0+\Delta y)-f_x'(x_0,y_0))\end{aligned}$$

存在，由二重极限与累次极限的关系知

$$\lim_{\Delta y\to0}\lim_{\Delta x\to0}\frac{\Phi(\Delta x,\Delta y)}{\Delta x\cdot\Delta y}=\lim_{\Delta y\to0}\frac{f_x'(x_0,y_0+\Delta y)-f_x'(x_0,y_0)}{\Delta y}=f_{xy}''(x_0,y_0)$$

存在，且

$$f_{xy}''(x_0,y_0)=\lim_{\substack{\Delta x\to0\\\Delta y\to0}}\frac{\Phi(\Delta x,\Delta y)}{\Delta x\cdot\Delta y}=f_{yx}''(x_0,y_0)。$$

二、泰勒公式、隐函数定理

1. 二元函数的泰勒公式

设 $f(x,y)$ 在点 (x_0,y_0) 的邻域 $U((x_0,y_0),r)$ 上具有 $k+1$ 阶连续偏导数，那么对于 U 内的每一点 $(x_0+\Delta x,y_0+\Delta y)$ 都有

$$\begin{aligned}&f(x_0+\Delta x,y_0+\Delta y)=f(x_0,y_0)+\left(\Delta x\frac{\partial}{\partial x}+\Delta y\frac{\partial}{\partial y}\right)f(x_0,y_0)+\\&\frac{1}{2!}\left(\Delta x\frac{\partial}{\partial x}+\Delta y\frac{\partial}{\partial y}\right)^2f(x_0,y_0)+\cdots+\frac{1}{k!}\left(\Delta x\frac{\partial}{\partial x}+\Delta y\frac{\partial}{\partial y}\right)^kf(x_0,y_0)+\\&\frac{1}{(k+1)!}\left(\Delta x\frac{\partial}{\partial x}+\Delta y\frac{\partial}{\partial y}\right)^{k+1}f(x_0+\theta\Delta x,y_0+\theta\Delta y),\end{aligned}$$

其中 $\theta\in(0,1)$ 且

$$\left(\Delta x\frac{\partial}{\partial x}+\Delta y\frac{\partial}{\partial y}\right)^kf(x_0,y_0)=\sum_{i=0}^{k}\mathrm{C}_k^i\frac{\partial^k}{\partial x^i\partial y^{k-i}}f(x_0,y_0)\Delta x^i\Delta y^{k-i}。$$

2. 隐函数定理

(1) 隐函数存在唯一性定理

若满足下列条件：

① 函数 $F(x,y)$ 在以 $P_0(x_0,y_0)$ 为内点的某一区域 $D\subset\mathbb{R}^2$ 上连续；

② $F(x_0,y_0)=0$(初始条件)；

③ 在 D 内存在连续的偏导数 $F'_y(x,y)$；

④ $F'_y(x_0,y_0)\neq 0$。

则在点 P_0 的某邻域 $U(P_0)\subset D$ 内，方程 $F(x,y)=0$ 唯一地确定了一个定义在区间 $(x_0-\alpha,x_0+\alpha)$ 上的函数(隐函数) $y=f(x)$，满足：

(i) 当 $x\in(x_0-\alpha,x_0+\alpha)$ 时，有 $(x,f(x))\in U(P_0)$，且 $F(x,f(x))\equiv 0$，以及 $y_0=f(x_0)$；

(ii) $f(x)$ 在 $(x_0-\alpha,x_0+\alpha)$ 内连续。

(2) 隐函数的可微性定理

设 $F(x,y)$ 满足隐函数存在唯一性定理中的条件①～④，且在 D 内存在连续的偏导数 $F'_x(x,y)$，则由 $F(x,y)=0$ 所确定的函数 $y=f(x)$ 在其定义域 $(x_0-\alpha,x_0+\alpha)$ 内有一阶连续的导数，且

$$f'(x)=-\frac{F'_x(x,y)}{F'_y(x,y)}。$$

注　如果 $F'_x(x,y)$，$F'_y(x,y)$ 都连续，则 $F(x,y)$ 一定可微，从而一定连续，这样条件①就包含在 $F'_x(x,y)$，$F'_y(x,y)$ 连续之中。

(3) n 元隐函数定理

① 若函数 $F(x_1,x_2,\cdots,x_n,y)$ 在以点 $P_0(x_1^0,x_2^0,\cdots,x_n^0,y^0)$ 为内点的区域 $D\subset\mathbb{R}^{n+1}$ 上连续；

② $F(x_1^0,x_2^0,\cdots,x_n^0,y^0)=0$；

③ 偏导数 $F'_{x_1},F'_{x_2},\cdots,F'_{x_n},F'_y$ 在 D 内存在且连续；

④ $F'_y(x_1^0,x_2^0,\cdots,x_n^0,y^0)\neq 0$，

则在点 P_0 的某邻域 $U(P_0)\subset D$ 内，方程 $F(x_1,x_2,\cdots,x_n,y)=0$ 唯一地确定一个定义在 $Q_0(x_1^0,x_2^0,\cdots,x_n^0)$ 的某邻域 $U(Q_0)\subset\mathbb{R}^n$ 内的 n 元连续函数(隐函数) $y=f(x_1,x_2,\cdots,x_n)$，使得：

(i) 当 $(x_1,x_2,\cdots,x_n)\in U(Q_0)$ 时，有

$$(x_1,x_2,\cdots,x_n,f(x_1,x_2,\cdots,x_n))\in U(P_0),$$
$$F(x_1,x_2,\cdots,x_n,f(x_1,x_2,\cdots,x_n))\equiv 0;$$
$$y^0=f(x_1^0,x_2^0,\cdots,x_n^0);$$

(ii) $y=f(x_1,x_2,\cdots,x_n)$ 在 $U(Q_0)$ 内连续；

(iii) $y=f(x_1,x_2,\cdots,x_n)$ 在 $U(Q_0)$ 内有连续偏导数：$f'_{x_1},f'_{x_2},\cdots,f'_{x_n}$，且

$$f'_{x_1}=-\frac{F'_{x_1}}{F'_y},f'_{x_2}=-\frac{F'_{x_2}}{F'_y},\cdots,f'_{x_n}=-\frac{F'_{x_n}}{F'_y}。$$

注　条件①中 F 的连续性包含在条件③之中；结论(ii)包含在(iii)之中。

(4) 隐函数组定理

若①$F(x,y,u,v)$ 与 $G(x,y,u,v)$ 在以点 $P_0(x_0,y_0,u_0,v_0)$ 为内点的区域 $V\subset\mathbb{R}^4$ 内连续；

② $F(x_0,y_0,u_0,v_0)=0$，$G(x_0,y_0,u_0,v_0)=0$(初始条件)；

③ 在 V 内 F,G 具有一阶连续偏导数；

④ $J(P_0)=\left.\dfrac{\partial(F,G)}{\partial(u,v)}\right|_{P_0}\neq 0$，

则在点 P_0 的某一邻域 $U(P_0)\subset V$ 内，方程组 $\begin{cases}F(x,y,u,v)=0,\\G(x,y,u,v)=0\end{cases}$ 唯一确定了定义在点 $Q_0(x_0,y_0)$ 的某一邻域 $U(Q_0)$ 内的两个二元隐函数 $\begin{cases}u=f(x,y),\\v=g(x,y),\end{cases}$ 使得：

(i) 当 $(x,y)\in U(Q_0)$ 时，有

$$(x,y,f(x,y),g(x,y))\in U(P_0),$$

$$\begin{cases}F(x,y,f(x,y),g(x,y))=0,\\G(x,y,f(x,y),g(x,y))=0,\end{cases}$$

$$u_0=f(x_0,y_0),v_0=g(x_0,y_0);$$

(ii) $f(x,y)$，$g(x,y)$ 在 $U(Q_0)$ 内连续；

(iii) $f(x,y)$，$g(x,y)$ 在 $U(Q_0)$ 内有一阶连续偏导数，且

$$\frac{\partial u}{\partial x}=-\frac{1}{J}\frac{\partial(F,G)}{\partial(x,v)},\frac{\partial u}{\partial y}=-\frac{1}{J}\frac{\partial(F,G)}{\partial(y,v)};\frac{\partial v}{\partial x}=-\frac{1}{J}\frac{\partial(F,G)}{\partial(u,x)},\frac{\partial v}{\partial y}=-\frac{1}{J}\frac{\partial(F,G)}{\partial(u,y)},$$

其中 $J=\dfrac{\partial(F,G)}{\partial(u,v)}$。

(5) 反函数组定理

设函数组

$$\begin{cases}u=u(x,y),\\v=v(x,y)\end{cases}$$

及其一阶偏导数在以点 $P_0(x_0,y_0)$ 为内点的区域 $D\subset\mathbb{R}^2$ 上连续，且

$$u_0=u(x_0,y_0),\quad v_0=v(x_0,y_0),\quad \left.\frac{\partial(u,v)}{\partial(x,y)}\right|_{P_0}\neq 0,$$

则在点 $\widetilde{P}_0(u_0,v_0)$ 的某一邻域 $U(\widetilde{P}_0)$ 内存在唯一的反函数组

$$\begin{cases}x=x(u,v),\\y=y(u,v),\end{cases}$$

使得 $x_0=x(u_0,v_0)$，$y_0=y(u_0,v_0)$，且当 $(u,v)\in U(\widetilde{P}_0)$ 时，有

$$(x(u,v),y(u,v))\in U(P_0),$$

$$u\equiv u(x(u,v),y(u,v));\quad v\equiv v(x(u,v),y(u,v));$$

反函数组在 $U(\widetilde{P}_0)$ 内存在连续的一阶偏导数，且

$$\frac{\partial x}{\partial u}=\frac{\partial v}{\partial y}\Big/\frac{\partial(u,v)}{\partial(x,y)},\quad \frac{\partial y}{\partial u}=-\frac{\partial v}{\partial x}\Big/\frac{\partial(u,v)}{\partial(x,y)};\quad \frac{\partial x}{\partial v}=-\frac{\partial u}{\partial y}\Big/\frac{\partial(u,v)}{\partial(x,y)},\quad \frac{\partial y}{\partial v}=\frac{\partial u}{\partial x}\Big/\frac{\partial(u,v)}{\partial(x,y)}。$$

三、二元函数的极值

1. 无条件极值求解步骤：首先确定函数 $z=f(x,y)$ 的定义域和驻点 (x_0,y_0)，再利用判别法判断驻点是否为极值点。令 $A=f''_{xx}(x_0,y_0)$，$B=f''_{xy}(x_0,y_0)$，$C=f''_{yy}(x_0,y_0)$，则：

(1) 若 $AC-B^2>0$，则点 (x_0,y_0) 为函数 $z=f(x,y)$ 的极值点，并且当 $A>0(A<0)$ 时，点 (x_0,y_0) 为函数 $z=f(x,y)$ 的极小值点(极大值点)。

(2) 若 $AC-B^2<0$,则点(x_0,y_0)不是函数 $z=f(x,y)$的极值点。

(3) 若 $AC-B^2=0$,则无法判断点(x_0,y_0)是否为函数 $z=f(x,y)$的极值点。

2. 条件极值求解步骤:求函数 $z=f(x,y)$在约束条件 $\varphi(x,y)=0$ 下的极值,一般有以下两种求解方法。

(1) 拉格朗日乘数法:令 $F(x,y,\lambda)=f(x,y)+\lambda\varphi(x,y)$,由$\begin{cases}F'_x=f'_x+\lambda\varphi'_x=0,\\F'_y=f'_y+\lambda\varphi'_y=0,\\F'_\lambda=\varphi(x,y)=0\end{cases}$求出可能的极值点$(x_0,y_0)$,再利用无条件极值判别法确定极值。

(2) 转化为一元函数的极值:由 $\varphi(x,y)=0$ 求出 $y=y(x)$,代入 $z=f(x,y)$得 $z=f[x,y(x)]$,再求一元函数 $z=f[x,y(x)]$的极值即可。

5.2 典型例题

例 1 函数 $f(x,y)=\dfrac{x^4y^4}{(x^3+y^6)^2}$在(0,0)点的极限$\lim\limits_{\substack{x\to0\\y\to0}}f(x,y)$存在吗?若存在,则求其值。

解 取 $x=my^2$,则

$$\lim_{\substack{x=my^2\\y\to0}}f(x,y)=\lim_{\substack{x=my^2\\y\to0}}\frac{x^4y^4}{(x^3+y^6)^2}=\lim_{\substack{y\to0\\x=my^2}}\frac{m^4y^{12}}{(m^3+1)^2y^{12}}=\frac{m^4}{(m^3+1)^2}。$$

显然此极限随 m 的变化而变化,因而极限$\lim\limits_{\substack{x\to0\\y\to0}}f(x,y)$不存在。

例 2 函数 $f(x,y)=\dfrac{x^2y^2}{x^3+y^3}$在(0,0)点的极限$\lim\limits_{\substack{x\to0\\y\to0}}f(x,y)$存在吗?若存在,则求其值。

解 ①沿 $x=y$;②沿 $y^3=-x^3+x^6$,极限$\lim\limits_{\substack{x\to0\\y\to0}}f(x,y)$不存在。

例 3 设 $f(x,y)$可微,证明:$f(x,y)$为 k 次齐次函数的充要条件是

$$xf'_x(x,y)+yf'_y(x,y)=kf(x,y)。$$

证(必要性) 因为 $y=f(x,y)$为 k 次齐次函数,所以 $\forall t\in\mathbb{R}$,有

$$f(tx,ty)=t^kf(x,y)。$$

上式两边对 t 求导得

$$x\frac{\partial f(tx,ty)}{\partial(tx)}+y\frac{\partial f(tx,ty)}{\partial(ty)}=kt^{k-1}f(x,y)。$$

令 $t=1$ 得

$$xf'_x(x,y)+yf'_y(x,y)=kf(x,y)。$$

(充分性)令 $\varphi(t)=\dfrac{f(tx,ty)}{t^k}$,则 $\varphi(1)=f(x,y)$,所以只需证 $\varphi'(t)\equiv0$。

$$\varphi'(t)=\frac{(xf'_1(tx,ty)+yf'_2(tx,ty))t^k-kt^{k-1}f(tx,ty)}{t^{2k}}$$

$$=\frac{(txf_1'(tx,ty)+tyf_2'(tx,ty))t^{k-1}}{t^{2k}}-\frac{kf(tx,ty)}{t^{k+1}}$$

$$=\frac{kf(tx,ty)}{t^{k+1}}-\frac{kf(tx,ty)}{t^{k+1}}=0,$$

所以 $\varphi(t)\equiv C$。又 $\varphi(1)=f(x,y)$，所以 $\varphi(t)=f(x,y)$，即 $f(tx,ty)=t^kf(x,y)$。

例 4　设 $f(x,y)$ 为区域 $D:\{(x,y)\,|\,|x|\leqslant 1,|y|\leqslant 1\}$ 上的有界 k 次齐次函数($k\geqslant 1$)，问极限 $\lim\limits_{\substack{x\to 0\\ y\to 0}}(f(x,y)+(x-1)\mathrm{e}^y)$ 是否存在？若存在，试求其值。

解　因为 $f(x,y)$ 是 k 次齐次函数，所以 $\forall t\in\mathbb{R}$，有 $f(tx,ty)=t^kf(x,y)$，因此

$$f(r\cos\theta,r\sin\theta)=r^kf(\cos\theta,\sin\theta)。$$

又因为 $f(x,y)$ 有界，即 $\exists M>0,\forall(x,y)\in D$，有 $|f(x,y)|\leqslant M$，所以

$$|f(r\cos\theta,r\sin\theta)|=|r^kf(\cos\theta,\sin\theta)|\leqslant r^k\cdot M\rightrightarrows 0,$$

当 $r\to 0$ 时关于 $\theta\in[0,2\pi]$ 一致，于是 $\lim\limits_{\substack{x\to 0\\ y\to 0}}(f(x,y)+(x-1)\mathrm{e}^y)=-1$。

例 5　设 $f(x,y)$ 在区域 D 上分别对 x 和 y 连续，且对固定的 x，函数 $f(x,y)$ 是 y 的单调函数，则 $f(x,y)$ 在 D 上连续。

分析　不妨设 $f(x,y)$ 关于 y 单调上升，$M_0(x_0,y_0)$ 为任意一点，则

$$f(x,y_0-\delta)-f(x_0,y_0)<f(x,y)-f(x_0,y_0)<f(x,y_0+\delta)-f(x_0,y_0),$$

所以

$$\begin{aligned}&|f(x,y)-f(x_0,y_0)|\leqslant\max\{|f(x,y_0-\delta)-f(x_0,y_0)|,\\&\qquad|f(x,y_0+\delta)-f(x_0,y_0)|\},\\&|f(x,y_0+\delta)-f(x_0,y_0)|\leqslant|f(x,y_0+\delta)-f(x_0,y_0+\delta)|+\\&\qquad|f(x_0,y_0+\delta)-f(x_0,y_0)|,\\&|f(x,y_0-\delta)-f(x_0,y_0)|\leqslant|f(x,y_0-\delta)-f(x_0,y_0-\delta)|+\\&\qquad|f(x_0,y_0-\delta)-f(x_0,y_0)|。\end{aligned}$$

证　不妨设 $f(x,y)$ 关于 y 单调上升，$M_0(x_0,y_0)$ 为任意一点。因为 $f(x,y)$ 关于 y 连续，所以 $\forall\varepsilon>0,\exists\delta>0$，使

$$|f(x_0,y_0\pm\delta)-f(x_0,y_0)|<\frac{\varepsilon}{2}。$$

又因为 $f(x,y)$ 关于 x 连续，所以 $\exists\delta_1>0$，当 $|x-x_0|<\delta_1$ 时，有

$$|f(x,y_0\pm\delta)-f(x_0,y_0\pm\delta)|<\frac{\varepsilon}{2}。$$

取 $\delta_2=\min\{\delta,\delta_1\}$，则当 $|x-x_0|<\delta_2,|y-y_0|<\delta_2$ 时，有

$$f(x,y_0-\delta)-f(x_0,y_0)\leqslant f(x,y)-f(x_0,y_0)\leqslant f(x,y_0+\delta)-f(x_0,y_0),$$

所以

$$|f(x,y)-f(x_0,y_0)|\leqslant\max\{|f(x,y_0-\delta)-f(x_0,y_0)|,|f(x,y_0+\delta)-f(x_0,y_0)|\},$$

所以当 $|x-x_0|<\delta_2<\delta_1$ 时，有

$$\begin{aligned}&|f(x,y_0\pm\delta)-f(x_0,y_0)|\\&\leqslant|f(x,y_0\pm\delta)-f(x_0,y_0\pm\delta)|+|f(x_0,y_0\pm\delta)-f(x_0,y_0)|\\&<\frac{\varepsilon}{2}+\frac{\varepsilon}{2}=\varepsilon,\end{aligned}$$

从而当$|x-x_0|<\delta_2$，$|y-y_0|<\delta_2$时，有

$$|f(x,y)-f(x_0,y_0)|<\varepsilon。$$

所以$f(x,y)$在$M_0(x_0,y_0)$点连续，由M_0的任意性知，$f(x,y)$是二元连续函数。

例 6　设$f(x,y)$定义在凸区域G上，试证：在下列条件之一满足时，$f(x,y)$在区域G上连续：

(1) $f(x,y)$对y连续，且对x连续关于y一致；(即$\forall x_0$，$\forall \varepsilon>0$，$\exists \delta(\varepsilon,x_0)>0$(与$y$无关)，当$|x-x_0|<\delta$，$\forall y$，有$|f(x,y)-f(x_0,y)|<\varepsilon$。)

(2) $f(x,y)$对x连续，且对y连续关于x一致；

(3) $f(x,y)$对y连续，且$\exists L>0$，$\forall x_1,x_2$：$|f(x_1,y)-f(x_2,y)|\leqslant L|x_1-x_2|$；

(4) $f(x,y)$对x连续，且$\exists L>0$，$\forall y_1,y_2$：$|f(x,y_1)-f(x,y_2)|\leqslant L|y_1-y_2|$；

(5) $f(x,y)$对y连续，且$f'_x(x,y)$有界；

(6) $f(x,y)$对x连续，且$f'_y(x,y)$有界。

证　(1) $\forall (x_0,y_0)\in G$，

$\forall \varepsilon>0$，$\forall \delta_1=\delta_1(\varepsilon,x_0)>0$(与$y$无关)，当$|x-x_0|<\delta_1$时，$\forall y$有

$$|f(x,y)-f(x_0,y)|<\frac{\varepsilon}{2}。$$

又$f(x_0,y)$在$y=y_0$处连续，所以$\exists \delta_2>0$，当$|y-y_0|<\delta_2$时，有

$$|f(x_0,y)-f(x_0,y_0)|<\frac{\varepsilon}{2}。$$

取$\delta=\min\{\delta_1,\delta_2\}$，则当$|x-x_0|<\delta$，$|y-y_0|<\delta$时，有

$$|f(x,y)-f(x_0,y_0)|\leqslant|f(x,y)-f(x_0,y)|+|f(x_0,y)-f(x_0,y_0)|<\varepsilon,$$

所以$f(x,y)$在(x_0,y_0)处连续，由(x_0,y_0)的任意性知，$f(x,y)$在区域G上连续。

(2) 证明类似(1)。

(3) 由(3)可得(1)。

(4) 由(4)可得(2)。

(5) 由(5)可得(3)。

(6) 由(6)可得(4)。

例 7　证明：$f(x,y)=\cos xy$在$\mathbb{R}^2$上非一致连续。

证　取$(x_n^{(1)},y_n^{(1)})=(\sqrt{2n\pi},\sqrt{2n\pi})$，$(x_n^{(2)},y_n^{(2)})=\left(\sqrt{2n\pi+\frac{\pi}{2}},\sqrt{2n\pi+\frac{\pi}{2}}\right)$，则

$$|x_n^{(1)}-x_n^{(2)}|=\left|\sqrt{2n\pi}-\sqrt{2n\pi+\frac{\pi}{2}}\right|=\frac{\frac{\pi}{2}}{\sqrt{2n\pi}+\sqrt{2n\pi+\frac{\pi}{2}}}\to 0(n\to\infty),$$

$$|y_n^{(1)}-y_n^{(2)}|\to 0(n\to\infty)。$$

但

$$|f(x_n^{(1)},y_n^{(1)})-f(x_n^{(2)},y_n^{(2)})|=\left|\cos 2n\pi-\cos\left(2n\pi+\frac{\pi}{2}\right)\right|=1,$$

所以$f(x,y)=\cos xy$在$\mathbb{R}^2$上非一致连续。

例 8　设 $f(x,y)$ 在 $C:(x-a)^2+(y-b)^2=r^2$ 上连续，则 $f(x,y)$ 在 C 上取最大值 M 和最小值 m，且 $f(x,y)$ 能取得 $[m,M]$ 上的一切值。

证　令

$$\begin{cases}x=a+r\cos t,\\ y=b+r\sin t\end{cases}(0\leqslant t\leqslant 2\pi),$$

记

$$f(x,y)=f(a+r\cos t,b+r\sin t)=F(t),$$

易知 $F(t)\in C[0,2\pi]$，故存在 $t_1,t_2\in[0,2\pi]$，使

$$F(t_1)=\max_{t\in[0,2\pi]}F(t)=M,\quad F(t_2)=\min_{t\in[0,2\pi]}F(t)=m。$$

令

$$\begin{cases}x_1=a+r\cos t_1,\\ y_1=b+r\sin t_1,\end{cases}\quad\begin{cases}x_2=a+r\cos t_2,\\ y_2=b+r\sin t_2,\end{cases}$$

则易知 $f(x,y)$ 在点 (x_1,y_1) 取最大值 M，$f(x,y)$ 在点 (x_2,y_2) 取最小值 m，由连续函数的介值性知，$\forall\xi\in[m,M]$，$\exists t_0\in[0,2\pi]$，使 $F(t_0)=\xi$，令

$$\begin{cases}x_0=a+r\cos t_0,\\ y_0=b+r\sin t_0,\end{cases}$$

于是 $f(x,y)$ 在点 (x_0,y_0) 取值 ξ。

例 9　试构造例子，使满足：

(1) 当 (x,y) 沿任何射线趋于 $(0,0)$ 时，$f(x,y)$ 都趋于 A（常数）；

(2) 在 $(0,0)$ 点的两个累次极限存在但不相等。

解　$f(x,y)=\begin{cases}1, & |y|\leqslant x^2 \text{ 但 } y\neq 0,\\ 0, & |y|>x^2 \text{ 或 } y=0,\end{cases}$ 则 $A=0$，$A_{12}=0$，$A_{21}=1$。

例 10　若 (x,y) 沿任何射线趋于 $(0,0)$ 时，都有 $f(x,y)$ 趋于 A（常数），在 $(0,0)$ 点的两个累次极限均等于 B，是否必有 $A=B$？

解　$f(x,y)=\begin{cases}1, & \begin{cases}|y|\geqslant x^2\\ y^2\leqslant|x|\end{cases}\text{或 } xy=0,\\ 0, & \text{其他},\end{cases}$ 则 $A=1$，$B=0$，但 $A\neq B$。

例 11　设 $f(x,y)=\begin{cases}x-y+\dfrac{xy^3}{x^2+y^4}, & (x,y)\neq(0,0),\\ 0, & (x,y)=(0,0),\end{cases}$ 证明：

(1) $f(x,y)$ 在点 $(0,0)$ 处连续；

(2) $f(x,y)$ 在点 $(0,0)$ 处沿任何方向的方向导数存在；

(3) $f(x,y)$ 在点 $(0,0)$ 处不可微。

证　(1) 因为

$$|f(x,y)|\leqslant|x|+|y|+\frac{|2xy^2|}{x^2+y^4}\cdot\frac{|y|}{2}\leqslant|x|+\frac{3}{2}|y|\leqslant|x|+2|y|,$$

所以 $f(x,y)$ 在点 $(0,0)$ 处连续。

(2) $f(x,y)$ 在点 $(0,0)$ 处沿方向 $(\cos\theta,\sin\theta)$ 的方向导数为

$$\lim_{\rho\to 0}\frac{f(\rho\cos\theta,\rho\sin\theta)-f(0,0)}{\rho}=\lim_{\rho\to 0}\frac{\rho\cos\theta-\rho\sin\theta+\dfrac{\rho^4\cos\theta\cdot\sin^3\theta}{\rho^2\cos^2\theta+\rho^4\sin^4\theta}}{\rho}$$

$$=\lim_{\rho\to 0}\left(\cos\theta-\sin\theta+\frac{\rho\cos\theta\sin^3\theta}{\cos^3\theta+\rho^2\sin^4\theta}\right)$$

$$=\cos\theta-\sin\theta。$$

(3) 易知 $f'_x(0,0)=1,f'_y(0,0)=-1$,沿曲线 $x=ky^2$ 有

$$\frac{f(x,y)-f(0,0)-f'_x(0,0)x-f'_y(0,0)y}{\rho}=\frac{f(x,y)-x+y}{\rho}$$

$$=\frac{xy^3}{\sqrt{x^2+y^2}(x^2+y^4)}$$

$$=\frac{ky^5}{(k^2+1)\sqrt{k^2y^2+1}\cdot y^5}$$

$$=\frac{k}{(k^2+1)\sqrt{k^2y^2+1}}\to\frac{k}{k^2+1}\quad\begin{pmatrix}x\to 0\\ y\to 0\end{pmatrix},$$

所以 $f(x,y)$ 在点 $(0,0)$ 处不可微。

例 12　设 $f(x,y)=\begin{cases}(x+y)^p\sin\dfrac{1}{\sqrt{x^2+y^2}}, & (x,y)\neq(0,0),\\ 0, & (x,y)=(0,0),\end{cases}$ 其中 p 为正整数,问:

(1) 对于 p 的哪些值,$f(x,y)$ 在点 $(0,0)$ 处连续?

(2) 对于 p 的哪些值,$f'_x(0,0)$,$f'_y(0,0)$ 都存在?

(3) 对于 p 的哪些值,$f'_x(x,y)$,$f'_y(x,y)$ 在点 $(0,0)$ 处连续?

(4) 对于 p 的哪些值,$f(x,y)$ 在点 $(0,0)$ 处可微?

解　(1) 当 p 是任意正整数时,由 $\lim\limits_{\substack{x\to 0\\ y\to 0}}(x+y)^p=0$ 及

$$0\leqslant|f(x,y)-f(0,0)|\leqslant|(x+y)^p|$$

知 $f(x,y)$ 在点 $(0,0)$ 处连续。

(2) 因为当 $x\neq 0$ 时,有

$$\frac{f(x,0)-f(0,0)}{x}=x^{p-1}\cdot\sin\frac{1}{|x|},$$

所以,当 $p>1$ 时,$f'_x(0,0)=0$,当 $p=1$ 时,$f'_x(0,0)$ 不存在;

同理,当 $p>1$ 时,$f'_y(0,0)=0$,当 $p=1$ 时,$f'_y(0,0)$ 不存在。

(3) 当 $p>1$ 时,有

$$f'_x(x,y)=\begin{cases}p(x+y)^{p-1}\sin\dfrac{1}{\sqrt{x^2+y^2}}-\dfrac{x(x+y)^p}{(x^2+y^2)^{3/2}}\cos\dfrac{1}{\sqrt{x^2+y^2}}, & x^2+y^2\neq 0,\\ 0, & x^2+y^2=0,\end{cases}$$

$$f'_y(x,y)=\begin{cases}p(x+y)^{p-1}\sin\dfrac{1}{\sqrt{x^2+y^2}}-\dfrac{y(x+y)^p}{(x^2+y^2)^{3/2}}\cos\dfrac{1}{\sqrt{x^2+y^2}}, & x^2+y^2\neq 0,\\ 0, & x^2+y^2=0。\end{cases}$$

① 当 $p>2$ 时，有

$$\lim_{\substack{x\to 0\\ y\to 0}} p(x+y)^{p-1}\sin\frac{1}{\sqrt{x^2+y^2}}=0。$$

又

$$\left|\frac{x(x+y)^p}{(x^2+y^2)^{3/2}}\cos\frac{1}{\sqrt{x^2+y^2}}\right|\leqslant\frac{(|x|+|y|)^{p+1}}{(x^2+y^2)^{3/2}}$$

$$\leqslant\frac{(2\max\{|x|,|y|\})^{p+1}}{(x^2+y^2)^{3/2}}\leqslant\frac{2^{p+1}\cdot(|x|^2+|y|^2)^{\frac{p+1}{2}}}{(x^2+y^2)^{3/2}}$$

$$=2^{p+1}\cdot(x^2+y^2)^{\frac{p-2}{2}}\to 0\quad\begin{pmatrix}x\to 0\\ y\to 0\end{pmatrix},$$

所以 $\lim\limits_{\substack{x\to 0\\ y\to 0}} f'_x(x,y)=0=f'_x(0,0)$，即 $f'_x(x,y)$ 在点 $(0,0)$ 处连续。

同理可证，当 $p>2$ 时，$f'_y(x,y)$ 在点 $(0,0)$ 处连续。

② 当 $p=2$ 时，$f'_x(x,y)$，$f'_y(x,y)$ 在点 $(0,0)$ 处不连续，这是因为

$$f'_x(x,y)=\begin{cases}2(x+y)\sin\dfrac{1}{\sqrt{x^2+y^2}}-\dfrac{x(x+y)^2}{(x^2+y^2)^{3/2}}\cos\dfrac{1}{\sqrt{x^2+y^2}}, & x^2+y^2\neq 0,\\ 0, & x^2+y^2=0。\end{cases}$$

因为

$$\lim_{\substack{x\to 0\\ y\to 0}} 2(x+y)\sin\frac{1}{\sqrt{x^2+y^2}}=0。$$

又取 $x_n=y_n=\dfrac{1}{\sqrt{2}n\pi}$，有 $\dfrac{x_n(x_n+y_n)^2}{(x_n^2+y_n^2)^{3/2}}\cos\dfrac{1}{\sqrt{x_n^2+y_n^2}}=\sqrt{2}\cdot(-1)^n$，所以

$$\lim_{\substack{x\to 0\\ y\to 0}}\frac{x(x+y)^2}{(x^2+y^2)^{3/2}}\cos\frac{1}{\sqrt{x^2+y^2}}$$

不存在，因而 $\lim\limits_{\substack{x\to 0\\ y\to 0}} f'_x(x,y)$ 不存在，故 $f'_x(x,y)$ 在点 $(0,0)$ 处不连续。

同理可证，当 $p=2$ 时，$f'_y(x,y)$ 在点 $(0,0)$ 处不连续。

(4) 由(3)知，当 $p>2$ 时，$f(x,y)$ 在点 $(0,0)$ 处可微，当 $p=1$ 时，$f'_x(0,0)$，$f'_y(0,0)$ 不存在，所以当 $p=1$ 时，$f(x,y)$ 在点 $(0,0)$ 处不可微。

现考虑当 $p=2$ 的情形，此时 $f'_x(0,0)=0$，$f'_y(0,0)=0$，由于

$$\left|\frac{f(x,y)-f(0,0)-f'_x(0,0)x-f'_y(0,0)y}{\sqrt{x^2+y^2}}\right|$$

$$=\left|\frac{f(x,y)}{\sqrt{x^2+y^2}}\right|=\left|\frac{(x+y)^2\cdot\sin\dfrac{1}{\sqrt{x^2+y^2}}}{\sqrt{x^2+y^2}}\right|$$

$$\leqslant\frac{(|x|+|y|)^2}{\sqrt{x^2+y^2}}\leqslant\frac{2(x^2+y^2)}{\sqrt{x^2+y^2}}$$

$$=2\sqrt{x^2+y^2}\to 0\quad\begin{pmatrix}x\to 0\\ y\to 0\end{pmatrix},$$

所以 $f(x,y)$在点$(0,0)$处可微,故当 $p\geqslant 2$ 时,$f(x,y)$在点$(0,0)$处可微。

例 13 设 $F(x,y,z)$在$\mathbb{R}^3$中有连续的一阶偏导数,并且$\forall(x,y,z)\in\mathbb{R}^3$,有

$$y\frac{\partial F}{\partial x}-x\frac{\partial F}{\partial y}+\frac{\partial F}{\partial z}\geqslant\alpha>0,$$

其中 α 为常数,试证:当(x,y,z)沿着曲线 Γ: $\begin{cases}x=-\cos t,\\ y=\sin t,\\ z=t\end{cases}$ $(t\geqslant 0)$趋于无穷时,$F(x,y,z)\to+\infty$。

证 令

$$\begin{aligned}\varphi(t)&=F(-\cos t,\sin t,t)=\varphi(0)+\varphi'(\xi)\cdot t\quad(0<\xi<t)\\&=F(-1,0,0)+\left(\left(\frac{\partial F}{\partial x}\cdot\sin t+\frac{\partial F}{\partial y}\cdot\cos t+\frac{\partial F}{\partial z}\right)\bigg|_{t=\xi}\right)t,\end{aligned}$$

$Q(\xi)=(-\cos\xi,\sin\xi,\xi)$,记 $Q=(\xi_1,\xi_2,\xi_3)$,则

$$\begin{aligned}F(x,y,z)=\varphi(t)&=F(-1,0,0)+\left(\xi_2\cdot\frac{\partial F}{\partial x}-\xi_1\cdot\frac{\partial F}{\partial y}+\frac{\partial F}{\partial z}\right)t\\&\geqslant F(-1,0,0)+\alpha t\to+\infty\quad(t\to+\infty)。\end{aligned}$$

例 14 试将方程$\frac{\partial^2 z}{\partial x^2}+\frac{\partial^2 z}{\partial y^2}=0$ 变换为极坐标的形式。

解 $z=z(x,y)$,令 $x=r\cos\theta,y=r\sin\theta$,则

$$\begin{cases}\dfrac{\partial z}{\partial r}=\dfrac{\partial z}{\partial x}\cos\theta+\dfrac{\partial z}{\partial r}\sin\theta,\\[2mm]\dfrac{\partial z}{\partial\theta}=-\dfrac{\partial z}{\partial x}\cdot r\sin\theta+\dfrac{\partial z}{\partial y}\cdot r\cos\theta,\end{cases}$$

因而有

$$\begin{cases}\dfrac{\partial z}{\partial x}=\dfrac{\partial z}{\partial r}\cos\theta-\dfrac{\partial z}{\partial\theta}\cdot\dfrac{1}{r}\sin\theta,\\[2mm]\dfrac{\partial z}{\partial y}=\dfrac{\partial z}{\partial r}\sin\theta+\dfrac{\partial z}{\partial\theta}\cdot\dfrac{1}{r}\cos\theta,\end{cases}$$

所以

$$\begin{aligned}\frac{\partial^2 z}{\partial x^2}=&\frac{\partial^2 z}{\partial r^2}\cos^2\theta-\frac{\partial^2 z}{\partial r\partial\theta}\frac{1}{r}\sin\theta\cos\theta+\frac{\partial z}{\partial\theta}\frac{1}{r^2}\sin\theta\cos\theta-\\&\frac{\partial^2 z}{\partial\theta\partial r}\frac{1}{r}\cos\theta\sin\theta+\frac{\partial z}{\partial r}\frac{1}{r}\sin^2\theta+\frac{\partial^2 z}{\partial\theta^2}\frac{1}{r^2}\sin^2\theta+\frac{\partial z}{\partial\theta}\frac{1}{r^2}\sin\theta\cos\theta,\\\frac{\partial^2 z}{\partial y^2}=&\frac{\partial^2 z}{\partial r^2}\sin^2\theta+\frac{\partial^2 z}{\partial r\partial\theta}\frac{1}{r}\sin\theta\cos\theta-\frac{\partial z}{\partial\theta}\frac{1}{r^2}\sin\theta\cos\theta+\\&\frac{\partial^2 z}{\partial\theta\partial r}\frac{1}{r}\cos\theta\sin\theta+\frac{\partial z}{\partial r}\frac{1}{r}\cos^2\theta+\frac{\partial^2 z}{\partial\theta^2}\frac{1}{r^2}\cos^2\theta-\frac{\partial z}{\partial\theta}\frac{1}{r^2}\sin\theta\cos\theta,\end{aligned}$$

代入化简,得

$$\frac{\partial^2 z}{\partial r^2}+\frac{1}{r}\cdot\frac{\partial z}{\partial r}+\frac{1}{r^2}\cdot\frac{\partial^2 z}{\partial\theta^2}=0。$$

例 15　设 $x=u, y=\dfrac{u}{1+uv}, z=\dfrac{u}{1+uw}$，变换方程 $x^2\dfrac{\partial z}{\partial x}+y^2\dfrac{\partial z}{\partial y}=z^2$。

解　函数 $z=z(x,y)$ 通过变换成为 $w=w(u,v)$，由所给变换可得

$$\begin{cases}\dfrac{\partial x}{\partial u}=1,\\ \dfrac{\partial x}{\partial v}=0,\\ \dfrac{\partial y}{\partial u}=\dfrac{1}{(1+uv)^2},\\ \dfrac{\partial y}{\partial v}=-\dfrac{u^2}{(1+uv)^2},\\ \dfrac{\partial z}{\partial u}=\dfrac{1}{(1+uw)^2}-\dfrac{u^2}{(1+uw)^2}\cdot\dfrac{\partial w}{\partial u},\\ \dfrac{\partial z}{\partial v}=-\dfrac{u^2}{(1+uw)^2}\cdot\dfrac{\partial w}{\partial v},\end{cases}$$

所以

$$\begin{cases}\dfrac{\partial z}{\partial u}=\dfrac{\partial z}{\partial x}\dfrac{\partial x}{\partial u}+\dfrac{\partial z}{\partial y}\dfrac{\partial y}{\partial u}=\dfrac{\partial z}{\partial x}+\dfrac{1}{(1+uv)^2}\dfrac{\partial z}{\partial y},\\ \dfrac{\partial z}{\partial v}=\dfrac{\partial z}{\partial x}\dfrac{\partial x}{\partial v}+\dfrac{\partial z}{\partial y}\dfrac{\partial y}{\partial v}=-\dfrac{u^2}{(1+uv)^2}\dfrac{\partial z}{\partial y},\end{cases}$$

故

$$x^2\frac{\partial z}{\partial x}+y^2\frac{\partial z}{\partial y}=z^2-\frac{u^4}{(1+uw)^2}\frac{\partial w}{\partial v},$$

故原方程变为 $\dfrac{\partial w}{\partial u}=0$。

例 16　设二元函数 $f(x,y)$ 有连续偏导数，并且 $f(1,0)=f(0,1)$，求证：在单位圆周上至少有两点满足方程

$$yf'_x(x,y)=xf'_y(x,y)。\tag{a}$$

证　令 $\varphi(\theta)=f(\cos\theta,\sin\theta)$，$\theta\in[0,2\pi]$，易知 $\varphi\in C[0,2\pi]$，在 $(0,2\pi)$ 内可导，且

$$\varphi(\theta)=\varphi\left(\frac{\pi}{2}\right)=\varphi(2\pi),$$

故由罗尔定理知，$\exists\,\theta_1,\theta_2: 0<\theta_1<\dfrac{\pi}{2}<\theta_2<2\pi$，使

$$\varphi'(\theta_1)=\varphi'(\theta_2)=0。\tag{b}$$

又

$$\varphi'(\theta)=-\sin\theta\cdot f'_x(\cos\theta,\sin\theta)+\cos\theta\cdot f'_y(\cos\theta,\sin\theta),$$

令

$$\begin{cases}x_1=\cos\theta_1,\\ y_1=\sin\theta_1,\end{cases}\quad\begin{cases}x_2=\cos\theta_2,\\ y_2=\sin\theta_2,\end{cases}$$

于是由(b)式知单位圆周上的点 (x_1,y_1)，(x_2,y_2) 满足方程(a)。

例 17　设 $\boldsymbol{A}=(a_{ij})_{n\times n}$ 为正定矩阵，则 $\exists\alpha>0,\beta>0$ 使得 $\forall(x_1,x_2,\cdots,x_n)\in\mathbb{R}^n$ 有

$$\alpha\sum_{i=1}^{n}x_i^2\leqslant\sum_{i,j=1}^{n}a_{ij}x_ix_j\leqslant\beta\sum_{i=1}^{n}x_i^2。$$

证　$\forall(x_1,x_2,\cdots,x_n)\neq(0,0,\cdots,0)$，只要证明

$$\alpha\leqslant\sum_{i,j=1}^{n}a_{ij}\frac{x_i}{\sqrt{x_1^2+x_2^2+\cdots+x_n^2}}\frac{x_j}{\sqrt{x_1^2+x_2^2+\cdots+x_n^2}}\leqslant\beta。$$

记 $y_k=\dfrac{x_k}{\sqrt{x_1^2+x_2^2+\cdots+x_n^2}}(k=1,2,\cdots)$。由于 n 元函数 $\sum\limits_{i,j=1}^{n}a_{ij}y_iy_j$ 在闭集 $y_1^2+y_2^2+\cdots+y_n^2=1$ 上连续，且 $\boldsymbol{A}=(a_{ij})_{n\times n}$ 为正定矩阵，记

$$\alpha=\min_{y_1^2+y_2^2+\cdots+y_n^2=1}\sum_{i,j=1}^{n}a_{ij}y_iy_j,\quad\beta=\max_{y_1^2+y_2^2+\cdots+y_n^2=1}\sum_{i,j=1}^{n}a_{ij}y_iy_j,$$

则 $\alpha>0,\beta>0$，即有

$$\alpha\leqslant\sum_{i,j=1}^{n}a_{ij}\frac{x_i}{\sqrt{x_1^2+x_2^2+\cdots+x_n^2}}\frac{x_j}{\sqrt{x_1^2+x_2^2+\cdots+x_n^2}}\leqslant\beta。$$

例 18　设 f'_x,f'_y 在 (x_0,y_0) 的某邻域内存在，且在 (x_0,y_0) 可微，证明：

$$f''_{xy}(x_0,y_0)=f''_{yx}(x_0,y_0)。$$

证　由可微与偏导数存在的关系知 $f''_{xy}(x_0,y_0),f''_{yx}(x_0,y_0)$ 均存在，下面只要证明

$$f''_{xy}(x_0,y_0)=f''_{yx}(x_0,y_0)。$$

记

$$w=f(x_0+\Delta x,y_0+\Delta y)-f(x_0,y_0+\Delta y)-f(x_0+\Delta x,y_0)+f(x_0,y_0)。$$

令 $\varphi(y)=f(x_0+\Delta x,y)-f(x_0,y)$，则由微分中值定理得

$$\begin{aligned}\frac{w}{\Delta x\Delta y}&=\frac{1}{\Delta x\Delta y}[\varphi(y_0+\Delta y)-\varphi(y_0)]=\frac{1}{\Delta x}\varphi'_y(y_0+\theta\Delta y)\\&=\frac{1}{\Delta x}[f'_y(x_0+\Delta x,y_0+\theta\Delta y)-f'_y(x_0,y_0+\theta\Delta y)]\quad(0<\theta<1)。\end{aligned}\tag{1}$$

因为 $f'_y(x,y)$ 在 (x_0,y_0) 点可微，故

$$f'_y(x_0+\Delta x,y_0+\theta\Delta y)=f'_y(x_0,y_0)+f''_{yx}(x_0,y_0)\Delta x+f''_{yy}(x_0,y_0)\theta\Delta y+o(\sqrt{(\Delta x)^2+(\theta\Delta y)^2}),$$

$$f'_y(x_0,y_0+\theta\Delta y)=f'_y(x_0,y_0)+f''_{yy}(x_0,y_0)\theta\Delta y+o(\sqrt{(\theta\Delta y)^2}),$$

即有

$$\begin{aligned}&f'_y(x_0+\Delta x,y_0+\theta\Delta y)-f'_y(x_0,y_0+\theta\Delta y)\\=&f''_{yx}(x_0,y_0)\Delta x+o(\sqrt{(\Delta x)^2+(\theta\Delta y)^2})。\end{aligned}\tag{2}$$

由(1)式，(2)式得

$$\frac{w}{\Delta x\Delta y}=f''_{yx}(x_0,y_0)+\frac{1}{\Delta x}o(\sqrt{(\Delta x)^2+(\theta\Delta y)^2})。\tag{3}$$

再令 $\psi(x)=f(x,y_0+\Delta y)-f(x,y_0)$，由微分中值定理得

$$\frac{w}{\Delta x\Delta y}=\frac{1}{\Delta x\Delta y}[\psi(x_0+\Delta x)-\psi(x_0)]=\frac{1}{\Delta y}\psi'_x(x_0+\eta\Delta x)$$

$$=\frac{1}{\Delta y}[f'_x(x_0+\eta\Delta x,y_0+\Delta y)-f'_x(x_0+\eta\Delta x,y_0)]\quad(0<\eta<1)。\tag{4}$$

因为 $f'_x(x,y)$ 在 (x_0,y_0) 点可微，故

$$f'_x(x_0+\eta\Delta x,y_0+\Delta y)=f'_x(x_0,y_0)+f''_{xx}(x_0,y_0)\eta\Delta x+f''_{xy}(x_0,y_0)\Delta y+o(\sqrt{(\eta\Delta x)^2+(\Delta y)^2}),$$

$$f'_x(x_0+\eta\Delta x,y_0)=f'_x(x_0,y_0)+f''_{xx}(x_0,y_0)\eta\Delta x+o(\sqrt{(\eta\Delta x)^2}),$$

即有

$$\begin{aligned}&f'_x(x_0+\eta\Delta x,y_0+\Delta y)-f'_x(x_0+\eta\Delta x,y_0)\\&=f''_{xy}(x_0,y_0)\Delta y+o(\sqrt{(\eta\Delta x)^2+(\Delta y)^2})。\end{aligned}\tag{5}$$

由(4)式，(5)式得

$$\frac{w}{\Delta x\Delta y}=f''_{xy}(x_0,y_0)+\frac{1}{\Delta y}o(\sqrt{(\eta\Delta x)^2+(\Delta y)^2})。\tag{6}$$

在(3)式、(6)式中令 $\Delta x=\Delta y\to 0$ 得 $f''_{xy}(x_0,y_0)=f''_{yx}(x_0,y_0)$。

例 19　设 $\boldsymbol{A}=(a_{ij})$ 是实对称矩阵。求二次型 $\sum\limits_{i,j=1}^{n}a_{ij}x_ix_j$ 在 n 维球面 $x_1^2+x_2^2+\cdots+x_n^2=1$ 上的最大值与最小值。

解　作

$$L(x_1,x_2,\cdots,x_n,\lambda)=\sum_{i,j=1}^{n}a_{ij}x_ix_j-\lambda(x_1^2+x_2^2+\cdots+x_n^2-1)。$$

令

$$\begin{cases}\dfrac{1}{2}L'_{x_k}=\sum\limits_{i=1}^{n}a_{ki}x_i-\lambda x_k=0(k=1,2,\cdots,n),\\ L'_\lambda=x_1^2+x_2^2+\cdots+x_n^2-1=0,\end{cases}\tag{*}$$

则

$$\sum_{i,k=1}^{n}a_{ik}x_ix_k-\lambda\sum_{k=1}^{n}x_k^2=0,$$

即在 n 维球面 $x_1^2+x_2^2+\cdots+x_n^2=1$ 上：

$$\sum_{i,j=1}^{n}a_{ij}x_ix_j=\lambda。$$

下面求 λ 的最大值和最小值。由方程组(*)知，在 n 维球面上存在点 $(x_1,x_2,\cdots,x_n)$ 使得 $\boldsymbol{Ax}=\lambda\boldsymbol{x}$，即 λ 是 $\boldsymbol{A}$ 的特征值。故二次型 $\sum\limits_{i,j=1}^{n}a_{ij}x_ix_j$ 在 n 维球面 $x_1^2+x_2^2+\cdots+x_n^2=1$ 上的最大值与最小值分别为 $\boldsymbol{A}$ 的特征值的最大者与最小者。

第6章　含参变量积分

6.1　基本知识点

一、含参变量的定积分的性质

1. 连续性

(1) 设 $f(x,y)\in C([a,b]\times\langle c,d\rangle)$，$-\infty\leqslant c<d\leqslant+\infty$，则 $\varphi(y)=\int_a^b f(x,y)\mathrm{d}x$ 是 $\langle c,d\rangle$ 上的连续函数。

证　$\forall y_0\in\langle c,d\rangle$，取 $[y_0-\delta,y_0+\delta]\subset\langle c,d\rangle$，由

$$f(x,y)\in C([a,b]\times[y_0-\delta,\ y_0+\delta]),$$

可知 $\varphi(y)=\int_a^b f(x,y)\mathrm{d}x$ 在 $[y_0-\delta,y_0+\delta]$ 上连续，从而在 y_0 连续，由 $y_0\in\langle c,d\rangle$ 的任意性知 $\varphi(y)\in C\langle c,d\rangle$。

(2) 若 $f(x,y)$ 在 y_0 点连续关于 x 在 $[a,b]$ 上一致，即 $\forall\varepsilon>0$，$\exists\delta>0$，只要 $|y-y_0|<\delta$，$\forall x\in[a,b]$，有 $|f(x,y)-f(x,y_0)|<\varepsilon$，则在积分号下可以取极限，即

$$\lim_{y\to y_0}\int_a^b f(x,y)\mathrm{d}x=\int_a^b\lim_{y\to y_0}f(x,y)\mathrm{d}x=\int_a^b f(x,y_0)\mathrm{d}x。$$

(3) $f(x,y)\in C([a,b]\times\langle c,d\rangle)$，有 $a(y),b(y)\in C\langle c,d\rangle$，且 $\forall y\in\langle c,d\rangle$，$a(y)$，$b(y)\in[a,b]$，则 $\varphi(y)=\int_{a(y)}^{b(y)}f(x,y)\mathrm{d}x$ 在 $\langle c,d\rangle$ 上连续。

2. 积分号下取极限

定理　设 y_0 是数集 Y 的聚点（y_0 可以是 ∞），$f(x,y)$ 定义在 $[a,b]\times Y$ 上，$\forall y\in Y$，$f(x,y)$ 关于 x 在 $[a,b]$ 上可积，若 $f(x,y)\rightrightarrows\varphi(x)$，$x\in[a,b]$，$(y\to y_0)$，则

$$\lim_{y\to y_0}\int_a^b f(x,y)\mathrm{d}x=\int_a^b\varphi(x)\mathrm{d}x=\int_a^b\lim_{y\to y_0}f(x,y)\mathrm{d}x=\int_a^b f(x,y_0)\mathrm{d}x。$$

证　不妨设 y_0 是有限数。

(1) 证明：$\varphi(x)\in\mathrm{R}[a,b]$

$\forall\varepsilon>0$，由 $f(x,y)\rightrightarrows\varphi(x)$，$x\in[a,b]$，$(y\to y_0)$ 知，$\exists y'\in Y$，使 $\forall x\in[a,b]$，有

$$|f(x,y')-\varphi(x)|<\frac{\varepsilon}{4(b-a)}。$$

再由对于 $y'\in Y$，$f(x,y')$ 关于 x 在 $[a,b]$ 上黎曼可积知，存在 $[a,b]$ 的分法 (T)：

$$a=x_0<x_1<\cdots<x_n=b,$$

使 $\overline{S}(T)-\underline{S}(T)<\frac{\varepsilon}{2}$，所以 $\forall x\in[x_{i-1},x_i]$，$i=1,2,\cdots,n$，有

$$f(x,y')-\frac{\varepsilon}{4(b-a)}<\varphi(x)<f(x,y')+\frac{\varepsilon}{4(b-a)},$$

故

$$M_i(\varphi)-m_i(\varphi)\leqslant M_i(f)-m_i(f)+\frac{\varepsilon}{2(b-a)},$$

其中 $M_i(\varphi)$ 与 $m_i(\varphi)$ 分别为 $\varphi(x)$ 在 $[x_{i-1},x_i]$ 的上、下确界；$M_i(f)$ 与 $m_i(f)$ 分别为 $f(x,y')$ 在 $[x_{i-1},x_i]$ 的上、下确界，因此

$$\overline{S}(\varphi,T)-\underline{S}(\varphi,T)\leqslant\overline{S}(f,T)-\underline{S}(f,T)+\frac{\varepsilon}{2(b-a)}\cdot(b-a)<\frac{\varepsilon}{2}+\frac{\varepsilon}{2}<\varepsilon,$$

所以 $\varphi(x)\in\mathrm{R}[a,b]$。

(2) 证明 $\lim\limits_{y\to y_0}\int_a^b f(x,y)\mathrm{d}x=\int_a^b\varphi(x)\mathrm{d}x$。

$\forall\varepsilon>0$，由 $f(x,y)\rightrightarrows\varphi(x)$，$x\in[a,b]$，$(y\to y_0)$，知 $\exists\delta>0$，$\forall y\in Y$，且 $0<|y-y_0|<\delta$，$\forall x\in[a,b]$，有 $|f(x,y)-\varphi(x)|<\frac{\varepsilon}{b-a}$，因此，当 $y\in Y$ 且 $0<|y-y_0|<\delta$ 时，有

$$\left|\int_a^b f(x,y)\mathrm{d}x-\int_a^b\varphi(x)\mathrm{d}x\right|\leqslant\int_a^b|f(x,y)-\varphi(x)|\mathrm{d}x<\frac{\varepsilon}{b-a}\cdot(b-a)=\varepsilon,$$

所以，$\lim\limits_{y\to y_0}f(x,y)\mathrm{d}x=\int_a^b\varphi(x)\mathrm{d}x$。

注 由此可知，若 $f_n(x)\rightrightarrows\varphi(x)$，$x\in[a,b]$ 且 $f_n(x)\in\mathrm{R}[a,b]$，$n=1,2,\cdots$，那么 $f(x)\in\mathrm{R}[a,b]$，且 $\lim\limits_{n\to\infty}\int_a^b f_n(x)\mathrm{d}x=\int_a^b f(x)\mathrm{d}x$。

3. 积分号下求导和积分号下求积分

(1) 设 $f(x,y)$，$f'_y(x,y)$ 在 $[a,b]\times\langle c,d\rangle$ 上连续，则函数 $\varphi(y)=\int_a^b f(x,y)\mathrm{d}x$ 在 $\langle c,d\rangle$ 上可微，且

$$\varphi'(y)=\frac{\mathrm{d}}{\mathrm{d}y}\left(\int_a^b f(x,y)\mathrm{d}x\right)=\int_a^b f'_y(x,y)\mathrm{d}x。$$

(2) 设 $f(x,y)$，$f'_y(x,y)$ 在 $[a,b]\times\langle c,d\rangle$ 上连续，$a(y)$，$b(y)$ 在 $\langle c,d\rangle$ 上可微，且 $a\leqslant a(y)$，$b(y)\leqslant b$，$y\in\langle c,d\rangle$，则 $\forall y\in\langle c,d\rangle$，有

$$\frac{\mathrm{d}}{\mathrm{d}y}\left(\int_{a(y)}^{b(y)}f(x,y)\mathrm{d}x\right)=\int_{a(y)}^{b(y)}f'_y(x,y)\mathrm{d}x+f(b(y),y)b'(y)-f(a(y),y)a'(y)。$$

(3) $f(x,y)\in C([a,b]\times[c,d])$，则 $\int_a^b\mathrm{d}x\int_c^d f(x,y)\mathrm{d}y=\int_c^d\mathrm{d}y\int_a^b f(x,y)\mathrm{d}x$。

二、含参变量的反常积分

1. 含参变量的反常积分的一致收敛性

(1) 定义：$\forall y\in Y$，$\int_a^{+\infty}f(x,y)\mathrm{d}x$ 收敛，如果 $\forall\varepsilon>0$，$\exists A_0>a$，当 $A>A_0$ 时，$\forall y\in Y$，有 $\left|\int_A^{+\infty}f(x,y)\mathrm{d}x\right|<\varepsilon$ 成立，则称 $\int_a^{+\infty}f(x,y)\mathrm{d}x$ 关于 y 在 Y 上一致收敛。

(2) $\int_a^{+\infty}f(x,y)\mathrm{d}x$ 关于 y 在 Y 上非一致收敛 $\Leftrightarrow\exists\varepsilon_0>0$，$\forall A>a$，$\exists A^*>A$，$\exists y^*\in Y$，但有 $\left|\int_{A^*}^{+\infty}f(x,y^*)\mathrm{d}x\right|\geqslant\varepsilon_0$。

(3) 柯西收敛原理 $\int_a^{+\infty} f(x,y)\mathrm{d}x$ 关于y在Y上一致收敛$\Leftrightarrow \forall \varepsilon>0, \exists A>a, \forall A'$, $A''>A, \forall y \in Y$,有

$$\left|\int_{A'}^{A''} f(x,y)\mathrm{d}x\right|<\varepsilon。$$

(4) 魏尔斯特拉斯判别法

1) 设 $\forall y \in Y$,$\int_a^{+\infty} f(x,y)\mathrm{d}x$ 收敛,如果:

① $\forall x\in[a,+\infty), \forall y\in Y$,有$|f(x,y)|\leqslant F(x)$;

② $\int_a^{+\infty} F(x)\mathrm{d}x$ 收敛,

则$\int_a^{+\infty} f(x,y)\mathrm{d}x$ 关于 y 在 Y 上一致收敛。

2) 若对充分大的 x 及 $\forall y \in Y$,有 $G(x)\leqslant f(x,y)\leqslant F(x)$,且$\int_a^{+\infty} G(x)\mathrm{d}x$ 和 $\int_a^{+\infty} F(x)\mathrm{d}x$ 都收敛,则$\int_a^{+\infty} f(x,y)\mathrm{d}x$ 关于 y 在 Y 上一致收敛。

(5) 阿贝尔判别法 如果:

① $\int_a^{+\infty} f(x,y)\mathrm{d}x$ 关于y在Y上一致收敛;

② $g(x,y)$对于每一$y\in Y$是x的单调函数,并且关于y在Y上一致有界,即存在$L>0$,当$x\in[a,+\infty), y\in Y$时,有$|g(x,y)|\leqslant L$,

则$\int_a^{+\infty} f(x,y)g(x,y)\mathrm{d}x$ 关于 y 在 Y 上一致收敛。

(6) 狄利克雷判别法 如果:

① $\int_a^{A} f(x,y)\mathrm{d}x$ 关于y在Y上一致有界,即$\exists M>0$,当$A\in[a,+\infty), y\in Y$时,有 $\left|\int_a^{A} f(x,y)\mathrm{d}x\right|\leqslant M$;

② $g(x,y)$对于每一$y\in Y$是x的单调函数,并且当$x\to+\infty$时,关于y在Y上一致趋于零,

则$\int_a^{+\infty} f(x,y)g(x,y)\mathrm{d}x$ 关于 y 在 Y 上一致收敛。

(7) 设 $f(x,y)\in C[a,+\infty;c,d]$,对$[c,d)$上的每一个 y,$\int_a^{+\infty} f(x,y)\mathrm{d}x$ 收敛,但积分在 $y=d$ 发散,则$\int_a^{+\infty} f(x,y)\mathrm{d}x$ 关于 y 在$[c,d)$上非一致收敛。

(8) $\int_a^{+\infty} f(x,y)\mathrm{d}x$ 关于 y 在 Y 上一致收敛$\Leftrightarrow \forall\{A_n\}$ 单调上升,且$\lim\limits_{n\to\infty}A_n=+\infty(A_1=a)$,函数项级数$\sum\limits_{n=1}^{\infty}\int_{A_n}^{A_{n+1}} f(x,y)\mathrm{d}x$ 关于 y 在 Y 上一致收敛。

(9) 迪尼定理 设

① $f(x,y)$在$[a,+\infty)\times[c,d]$上连续,并且保持定号;

② $I(y)=\int_a^{+\infty} f(x,y)\mathrm{d}x$ 在$[c,d]$上连续，

则$\int_a^{+\infty} f(x,y)\mathrm{d}x$ 关于 y 在$[c,d]$上一致收敛。

2. 含参变量的反常积分的极限与连续

(1) 设 y_0 是 $\overline{Y}$ 的聚点，$f(x,y)$定义在$[a,+\infty)\times Y$ 上，且满足：

① $\forall A>a,\forall y\in Y,f(x,y)$关于 x 在$[a,A]$上黎曼可积；

② $\forall A>a,f(x,y)\rightrightarrows\varphi(x),x\in[a,A],(y\to y_0)$，($\varphi(x)$定义在$[a,+\infty)$上)；

③ $\int_a^{+\infty} f(x,y)\mathrm{d}x$ 关于 y 在 Y 上一致收敛，

则

$$\lim_{y\to y_0}\int_a^{+\infty} f(x,y)\mathrm{d}x=\int_a^{+\infty}\varphi(x)\mathrm{d}x。$$

证 令 $F(A,y)=\int_a^A f(x,y)\mathrm{d}x,(A,y)\in[a,+\infty)\times Y$。

$\forall A>a$，由含参变量定积分的极限，有

$$\lim_{y\to y_0}F(A,y)=\lim_{y\to y_0}\int_a^A f(x,y)\mathrm{d}x=\int_a^A\varphi(x)\mathrm{d}x。$$

由条件 ③ 知 $F(A,y)\rightrightarrows\int_a^{+\infty} f(x,y)\mathrm{d}x,y\in\overline{Y},(A\to+\infty)$，由极限交换定理有

$$\lim_{y\to y_0}\lim_{A\to+\infty}F(A,y)=\lim_{A\to+\infty}\lim_{y\to y_0}F(A,y),$$

即

$$\lim_{y\to y_0}\int_a^{+\infty} f(x,y)\mathrm{d}x=\int_a^{+\infty}\varphi(x)\mathrm{d}x。$$

(2) 若 ①$\{f_n(x)\}$在$[a,+\infty)$上内闭一致收敛于 $f(x)$；②$\int_a^{+\infty} f_n(x)\mathrm{d}x$ 关于 $n\in\mathbb{N}^+$一致收敛，则

$$\lim_{n\to\infty}\int_a^{+\infty} f_n(x)\mathrm{d}x=\int_a^{+\infty} f(x)\mathrm{d}x。$$

(3) 若 ①$f(x,y)$在$[a,+\infty)\times\langle c,d\rangle$上连续；②$\int_a^{+\infty} f(x,y)\mathrm{d}x$ 关于 y 在$\langle c,d\rangle$上内闭一致收敛，则 $\varphi(y)=\int_a^{+\infty} f(x,y)\mathrm{d}x$ 在$\langle c,d\rangle$上连续。

3. 含参变量的反常积分的积分号交换与积分号下求导

定理 1 若(1)$f(x,y)\in C([a,+\infty)\times[c,d])$；

(2) $\varphi(y)=\int_a^{+\infty} f(x,y)\mathrm{d}x$ 关于 y 在$[c,d]$上一致收敛，

则函数 $\varphi(y)=\int_a^{+\infty} f(x,y)\mathrm{d}x$ 在$[c,d]$上可积，且

$$\int_c^d\varphi(y)\mathrm{d}y=\int_a^{+\infty}\mathrm{d}x\int_c^d f(x,y)\mathrm{d}y,$$

即

$$\int_c^d\mathrm{d}y\int_a^{+\infty} f(x,y)\mathrm{d}x=\int_a^{+\infty}\mathrm{d}x\int_c^d f(x,y)\mathrm{d}y。$$

定理 2　若(1) $f(x,y)\in C([a,+\infty)\times[c,+\infty))$；

(2) $\forall b\in[c,+\infty)$，$\int_a^{+\infty}f(x,y)\mathrm{d}x$ 关于 y 在 $[c,b]$ 上一致收敛，$\forall A\in[a,+\infty)$，$\int_c^{+\infty}f(x,y)\mathrm{d}y$ 关于 x 在 $[a,A]$ 上一致收敛；

(3) $\int_a^{+\infty}\mathrm{d}x\int_c^{+\infty}|f(x,y)|\mathrm{d}y$ 与 $\int_c^{+\infty}\mathrm{d}y\int_a^{+\infty}|f(x,y)|\mathrm{d}x$ 有一个存在，

则

$$\int_a^{+\infty}\mathrm{d}x\int_c^{+\infty}f(x,y)\mathrm{d}y=\int_c^{+\infty}\mathrm{d}y\int_a^{+\infty}f(x,y)\mathrm{d}x。$$

证　由条件(3)不妨设 $\int_a^{+\infty}\mathrm{d}x\int_c^{+\infty}|f(x,y)|\mathrm{d}y$ 收敛。令 $\varphi(x)=\int_c^{+\infty}f(x,y)\mathrm{d}y$，则 $|\varphi(x)|\leqslant\int_c^{+\infty}|f(x,y)|\mathrm{d}y$，由 $\int_a^{+\infty}\mathrm{d}x\int_c^{+\infty}|f(x,y)|\mathrm{d}y$ 收敛知，$\int_a^{+\infty}\varphi(x)\mathrm{d}x$ 收敛，即

$$\int_a^{+\infty}\mathrm{d}x\int_c^{+\infty}f(x,y)\mathrm{d}y$$

收敛，只要证明下式成立即可

$$\lim_{d\to+\infty}\int_c^{d}\mathrm{d}y\int_a^{+\infty}f(x,y)\mathrm{d}x=\int_a^{+\infty}\mathrm{d}x\int_c^{+\infty}f(x,y)\mathrm{d}y。$$

由于

$$\begin{aligned}
I&=\left|\int_c^{d}\mathrm{d}y\int_a^{+\infty}f(x,y)\mathrm{d}x-\int_a^{+\infty}\mathrm{d}x\int_c^{+\infty}f(x,y)\mathrm{d}y\right|\\
&=\left|\int_c^{d}\mathrm{d}y\int_a^{+\infty}f(x,y)\mathrm{d}x-\int_a^{+\infty}\mathrm{d}x\int_c^{d}f(x,y)\mathrm{d}y-\int_a^{+\infty}\mathrm{d}x\int_d^{+\infty}f(x,y)\mathrm{d}y\right|\\
&=\left|\int_a^{+\infty}\mathrm{d}x\int_d^{+\infty}f(x,y)\mathrm{d}y\right|\\
&\leqslant\left|\int_a^{A}\mathrm{d}x\int_d^{+\infty}f(x,y)\mathrm{d}y\right|+\left|\int_A^{+\infty}\mathrm{d}x\int_d^{+\infty}f(x,y)\mathrm{d}y\right|\\
&\leqslant\int_a^{A}\mathrm{d}x\left|\int_d^{+\infty}f(x,y)\mathrm{d}y\right|+\int_A^{+\infty}\mathrm{d}x\int_d^{+\infty}|f(x,y)|\mathrm{d}y\\
&\leqslant\int_a^{A}\mathrm{d}x\left|\int_d^{+\infty}f(x,y)\mathrm{d}y\right|+\int_A^{+\infty}\mathrm{d}x\int_c^{+\infty}|f(x,y)|\mathrm{d}y。
\end{aligned}$$

因为 $\int_a^{+\infty}\mathrm{d}x\int_c^{+\infty}|f(x,y)|\mathrm{d}y$ 收敛，所以 $\forall\varepsilon>0$，$\exists A>a$，使

$$\int_A^{+\infty}\mathrm{d}x\int_c^{+\infty}|f(x,y)|\mathrm{d}y<\frac{\varepsilon}{2}。$$

又因为 $\int_c^{+\infty}f(x,y)\mathrm{d}y$ 关于 x 在 $[a,A]$ 上一致收敛，所以 $\exists D>c$，$\forall d>D$，$\forall x\in[a,A]$ 时，有

$$\left|\int_d^{+\infty}f(x,y)\mathrm{d}y\right|<\frac{\varepsilon}{2(A-a)},$$

故当 $d>D$ 时，有

$$I<\int_a^{A}\frac{\varepsilon}{2(A-a)}\mathrm{d}x+\frac{\varepsilon}{2}=\frac{\varepsilon}{2}+\frac{\varepsilon}{2}=\varepsilon。$$

定理 3　如果：

(1) $f(x,y),f'_y(x,y)$在$[a,+\infty)\times[c,d]$上连续；

(2) $\forall y\in[c,d],\int_a^{+\infty}f(x,y)\mathrm{d}x$ 收敛；

(3) $\int_a^{+\infty}f'_y(x,y)\mathrm{d}x$ 关于 y 在$[c,d]$上一致收敛，

则 $\varphi(y)=\int_a^{+\infty}f(x,y)\mathrm{d}x$ 在$[c,d]$上可微，且 $\varphi'(y)=\int_a^{+\infty}f'_y(x,y)\mathrm{d}x,y\in[c,d]$，即

$$\frac{\mathrm{d}}{\mathrm{d}y}\left(\int_a^{+\infty}f(x,y)\mathrm{d}x\right)=\int_a^{+\infty}f'_y(x,y)\mathrm{d}x。$$

6.2　典型例题

例 1　求 $\lim\limits_{y\to0^+}\int_0^1\frac{\mathrm{d}x}{1+(1+xy)^{\frac{1}{y}}}$。

解　令 $f(x,y)=\begin{cases}\dfrac{1}{1+(1+xy)^{\frac{1}{y}}}, & y\neq0,\\ \dfrac{1}{1+\mathrm{e}^x}, & y=0,\end{cases}$ 则 $f(x,y)\in C([0,1]\times[0,1])$，所以

$$\lim_{y\to0^+}\int_0^1\frac{\mathrm{d}x}{1+(1+xy)^{\frac{1}{y}}}=\int_0^1\frac{\mathrm{d}x}{1+\mathrm{e}^x}=1+\ln\frac{2}{1+\mathrm{e}}。$$

例 2　讨论 $F(y)=\int_0^1\frac{yf(x)}{x^2+y^2}\mathrm{d}x$ 的连续性，其中 $f(x)\in C[0,1]$，且 $\forall x\in[0,1]$，$f(x)>0$。

解　令 $\varphi(x,y)=\dfrac{yf(x)}{x^2+y^2},(x,y)\in[0,1]\times(-\infty,+\infty)$，则 $\forall y_0\in(-\infty,+\infty)$：

(1) 当 $y_0=0$ 时，则 $F(0)=0$，由 $f(x)\in C[0,1]$，且 $\forall x\in[0,1],f(x)>0$ 知，$\exists m>0$，使 $\forall x\in[0,1]$，有 $f(x)\geqslant m>0$，所以当 $y>0$ 时，有

$$F(y)\geqslant m\int_0^1\frac{y}{x^2+y^2}\mathrm{d}x=m\arctan\frac{1}{y},$$

故

$$\lim_{y\to0^+}F(y)\geqslant\lim_{y\to0^+}m\arctan\frac{1}{y}=\frac{\pi m}{2},$$

所以 $\lim\limits_{y\to0^+}F(y)\neq F(0)$，从而 $F(y)$在 $y_0=0$ 点不连续。

(2) 当 $y_0\neq0$ 时，取 $\delta>0$，使 $0\notin[y_0-\delta,y_0+\delta]$，则易知 $\varphi(x,y)\in C([0,1]\times[y_0-\delta,y_0+\delta])$，由连续性定理

$$F(y)=\int_0^1\frac{yf(x)}{x^2+y^2}\mathrm{d}x\in C[y_0-\delta,y_0+\delta],$$

所以 $F(y)$在 y_0 点连续，即 $F(y)$在$(-\infty,0)\cup(0,+\infty)$内连续。

例 3　设 $F(r)=\int_0^{2\pi}\mathrm{e}^{r\cos\theta}\cos(r\sin\theta)\mathrm{d}\theta$，求证：$F(r)\equiv2\pi$。

证 因为 $F(0)=2\pi$,所以要证 $F(r)\equiv 2\pi$,只要证明 $F(r)$ 为常数,为此我们考虑 $F(r)$ 的导数。由于

$$F'(r)=\int_0^{2\pi}[e^{r\cos\theta}\cos(r\sin\theta)]'_r\,d\theta=\int_0^{2\pi}e^{r\cos\theta}\cos(\theta+r\sin\theta)\,d\theta,$$

所以

$$F''(r)=\int_0^{2\pi}e^{r\cos\theta}\cos(2\theta+r\sin\theta)\,d\theta,$$

$$F^{(n)}(r)=\int_0^{2\pi}e^{r\cos\theta}\cos(n\theta+r\sin\theta)\,d\theta,\quad n=1,2,\cdots,\tag{$*$}$$

且 $F^{(n)}(0)=\int_0^{2\pi}\cos n\theta\,d\theta=0,n=1,2,\cdots$,根据泰勒展开式

$$F(r)-F(0)=\sum_{k=1}^{n-1}\frac{F^{(k)}(0)}{k!}r^k+\frac{F^{(n)}(\theta_1 r)}{n!}r^n=\frac{F^{(n)}(\theta_1 r)}{n!}r^n\quad(0<\theta_1<1)。$$

由($*$)式可得 $|F^{(n)}(\theta_1 r)|\leqslant 2\pi e^r$,所以

$$\left|\frac{F^{(n)}(\theta_1 r)r^n}{n!}\right|\leqslant\frac{2\pi e^r\cdot r^n}{n!}\to 0\quad(n\to\infty),$$

所以 $F(r)\equiv F(0)=2\pi$。

例 4 证明:$\int_0^{+\infty}x\,e^{-\alpha x}\,dx$ 在$[\alpha_0,+\infty)(\alpha_0>0)$上一致收敛,而在$(0,+\infty)$内非一致收敛。($\alpha_0>0$)

证 (1) 由于 $A>0,\alpha>\alpha_0$ 时有

$$0\leqslant\int_A^{+\infty}x\,e^{-\alpha x}\,dx=\frac{1}{\alpha^2}\int_{\alpha A}^{+\infty}t\,e^{-t}\,dt$$

$$=\frac{A}{\alpha}e^{-\alpha A}+\frac{e^{-\alpha A}}{\alpha^2}\leqslant\frac{A\,e^{-\alpha_0 A}}{\alpha_0}+\frac{e^{-\alpha_0 A}}{\alpha_0^2}\to 0(A\to+\infty),$$

即 $\forall\varepsilon>0,\exists A_0>0$,当 $A>A_0$ 时,$\forall\alpha\in[\alpha_0,+\infty)$ 有 $\left|\int_A^{+\infty}x\,e^{-\alpha x}\,dx\right|<\varepsilon$,由一致收敛的定义知$\int_a^{+\infty}x\,e^{-\alpha x}\,dx$ 关于 α 在$[\alpha_0,+\infty)$上一致收敛。

(2) **证法 1** 同上 $\forall A>0$,有

$$\int_A^{+\infty}x\,e^{-\alpha x}\,dx=\frac{1}{\alpha}A\,e^{-\alpha A}+\frac{1}{\alpha^2}e^{-\alpha A}。$$

固定 A,令 $\alpha\to 0$,上式$\to+\infty$,故原积分关于 α 在$(0,+\infty)$内非一致收敛。

证法 2 取 $\varepsilon_0=\frac{1}{2e}$,$\forall A>0$,取 $A_0=A+1>A$,取 $\alpha_0=\frac{1}{A+1}\in(0,+\infty)$,但有

$$\int_{A_0}^{+\infty}x\,e^{-\alpha_0 x}\,dx>\frac{1}{\alpha_0}A_0\,e^{-\alpha_0 A_0}=\frac{(A+1)^2}{e}>\varepsilon_0,$$

所以$\int_0^{+\infty}x\,e^{-\alpha_0 x}\,dx$ 在$(0,+\infty)$内非一致收敛。

例 5 证明:$\int_0^1\frac{1}{x^\alpha}\sin\frac{1}{x}\,dx$ 在 $0<\alpha<2$ 内非一致收敛。

证 令 $x=\frac{1}{t}$,则

$$\int_0^1 \frac{1}{x^{\alpha}}\sin\frac{1}{x}\mathrm{d}x=\int_1^{+\infty}\frac{\sin t}{t^{2-\alpha}}\mathrm{d}t,$$

显然在 $0<\alpha<2$ 内收敛。又 $\frac{\sin t}{t^{2-\alpha}}$ 在 $[0,+\infty)\times[0,2]$ 上连续，但当 $\alpha=2$ 时，$\int_1^{+\infty}\sin t\,\mathrm{d}t$ 发散，所以由一致收敛性的判别条件(7)知，$\int_1^{+\infty}\frac{\sin t}{t^{2-\alpha}}\mathrm{d}t$ 在 $0<\alpha<2$ 内非一致收敛，即 $\int_0^1\frac{1}{x^{\alpha}}\sin\frac{1}{x}\mathrm{d}x$ 在 $0<\alpha<2$ 内非一致收敛。

例 6　试证积分 $\int_0^{+\infty}\frac{\cos x^2}{x^p}\mathrm{d}x$ 在 $|p|\leqslant p_0<1$ 上一致收敛。

证　$I=\int_0^{+\infty}\frac{\cos x^2}{x^p}\mathrm{d}x=\int_0^1\frac{\cos x^2}{x^p}\mathrm{d}x+\int_1^{+\infty}\frac{\cos x^2}{x^p}\mathrm{d}x=I_1+I_2$。

对于 $I_1=\int_0^1\frac{\cos x^2}{x^p}\mathrm{d}x$，由于 $\left|\frac{\cos x^2}{x^p}\right|\leqslant\frac{1}{x^{p_0}}(0<x\leqslant 1,p\leqslant p_0<1)$，且 $\int_0^1\frac{1}{x^{p_0}}\mathrm{d}x$ 收敛，故由魏尔斯特拉斯判别法知，I_1 在 $p\leqslant p_0<1$ 上一致收敛。

对于 $I_2=\int_1^{+\infty}\frac{\cos x^2}{x^p}\mathrm{d}x$，令 $x=\sqrt{t}$，则 $I_2=\int_1^{+\infty}\frac{\cos t}{2t^{\frac{p+1}{2}}}\mathrm{d}t$。因为 $\left|\int_0^A\cos t\,\mathrm{d}t\right|\leqslant 2$ 一致有界，$\frac{1}{2t^{\frac{p+1}{2}}}$ 对 t 单调，且 $\frac{1}{2t^{\frac{p+1}{2}}}\rightrightarrows 0(p\geqslant -p_0>-1)$，$(t\to+\infty)$，故由狄利克雷判别法知，$I_2$ 关于 $p\geqslant -p_0>-1$ 时一致收敛，总之，原积分在 $|p|\leqslant p_0<1$ 上一致收敛。

例 7　设函数 $f(t)$ 在 $t>0$ 时连续，积分 $\int_0^{+\infty}t^{\lambda}f(t)\mathrm{d}t$ 在 $\lambda=a,\lambda=b(a<b)$ 时收敛，证明：该积分关于 λ 在 $[a,b]$ 上一致收敛。

证　(1) 考虑积分 $\int_0^1 t^{\lambda}f(t)\mathrm{d}t$。

因为 $\forall\lambda\in[a,b]$，$t^{\lambda-a}$ 对 t 单调，且 $\forall\lambda\in[a,b]$ 及 $\forall t\in[0,1]$，有 $|t^{\lambda-a}|\leqslant 1$ 一致有界。又积分 $\int_0^1 t^{a}f(t)\mathrm{d}t$ 收敛，从而关于 λ 在 $[a,b]$ 上一致收敛，所以由阿贝尔判别法知，$\int_0^1 t^{\lambda}f(t)\mathrm{d}t$ 关于 λ 在 $[a,b]$ 上一致收敛。

(2) 考虑积分 $\int_1^{+\infty}t^{\lambda}f(t)\mathrm{d}t$。

因为 $\forall\lambda\in[a,b]$，$t^{\lambda-b}$ 对 t 单调，且 $\forall\lambda\in[a,b]$ 及 $\forall t\in[1,+\infty)$，有 $|t^{\lambda-b}|\leqslant 1$ 一致有界。又积分 $\int_1^{+\infty}t^{b}f(t)\mathrm{d}t$ 收敛，从而关于 λ 在 $[a,b]$ 上一致收敛，所以由阿贝尔判别法知，$\int_1^{+\infty}t^{\lambda}f(t)\mathrm{d}t$ 关于 λ 在 $[a,b]$ 上一致收敛。

由(1)(2)可知，积分 $\int_0^{+\infty}t^{\lambda}f(t)\mathrm{d}t$ 关于 λ 在 $[a,b]$ 上一致收敛。

例 8　计算 $I(y)=\int_0^{+\infty}\mathrm{e}^{-a^2x^2}\cos(2xy)\mathrm{d}x\,(a>0)$。

解　令 $f(x,y)=\mathrm{e}^{-a^2x^2}\cos(2xy)$，$(x,y)\in([0,+\infty)\times(-\infty,+\infty))$，于是

$$f_y'(x,y)=-2x\mathrm{e}^{-a^2x^2}\sin(2xy)。$$

易知 $f(x,y)$ 及 $f'_y(x,y)$ 在 $[0,+\infty)\times(-\infty,+\infty)$ 上连续,并且 $\forall y\in(-\infty,+\infty)$,

$$\int_0^{+\infty}\mathrm{e}^{-a^2x^2}\cos(2xy)\mathrm{d}x$$

收敛。又由于 $\forall x\in[0,+\infty)$ 及 $\forall y\in(-\infty,+\infty)$,有

$$|f_y'(x,y)|=|-2x\mathrm{e}^{-a^2x^2}\sin(2xy)|\leqslant 2x\mathrm{e}^{-a^2x^2},$$

并且 $\int_0^{+\infty}2x\mathrm{e}^{-a^2x^2}$ 收敛,由魏尔斯特拉斯判别法知,$\int_0^{+\infty}f_y'(x,y)\mathrm{d}x$ 关于 y 在 $(-\infty,+\infty)$ 上一致收敛,所以当 $y\in(-\infty,+\infty)$ 时,有

$$I'(y)=\int_0^{+\infty}f_y'(x,y)\mathrm{d}x=-2\int_0^{+\infty}\mathrm{e}^{-a^2x^2}\sin(2xy)\mathrm{d}x=-\frac{2y}{a^2}I(y),$$

所以 $I(y)=C\mathrm{e}^{-\frac{y^2}{a^2}}$。又 $I(0)=C$,所以 $I(y)=I(0)\mathrm{e}^{-\frac{y^2}{a^2}}$,而

$$I(0)=\int_0^{+\infty}\mathrm{e}^{-a^2x^2}\mathrm{d}x=\frac{\sqrt{\pi}}{2a},$$

所以 $I(y)=\frac{\sqrt{\pi}}{2a}\mathrm{e}^{-\frac{y^2}{a^2}}$。

例 9 设 $\{f_n(x)\}$ 是 $[0,+\infty)$ 上的连续函数序列。

(1) 在 $[0,+\infty)$ 上 $|f_n(x)|\leqslant g(x)$,且 $\int_0^{+\infty}g(x)\mathrm{d}x$ 收敛;

(2) 在任何有限区间 $[0,A]$ 上 $(A>0)$,序列 $\{f_n(x)\}$ 一致收敛于 $f(x)$,证明:

$$\lim_{n\to\infty}\int_0^{+\infty}f_n(x)\mathrm{d}x=\int_0^{+\infty}f(x)\mathrm{d}x。$$

分析 问题在于证明 $\forall\varepsilon>0$,$\exists N$,当 $n>N$ 时,有

$$\left|\int_0^{+\infty}f_n(x)\mathrm{d}x-\int_0^{+\infty}f(x)\mathrm{d}x\right|<\varepsilon。$$

又

$$\begin{aligned}&\left|\int_0^{+\infty}f_n(x)\mathrm{d}x-\int_0^{+\infty}f(x)\mathrm{d}x\right|\\ \leqslant&\left|\int_0^{A}(f_n(x)-f(x))\mathrm{d}x\right|+\int_A^{+\infty}|f_n(x)|\mathrm{d}x+\int_A^{+\infty}|f(x)|\mathrm{d}x\\ \leqslant&\int_0^{A}|f_n(x)-f(x)|\mathrm{d}x+2\int_A^{+\infty}g(x)\mathrm{d}x,\end{aligned}$$

所以只需证明

$$\int_0^{A}|f_n(x)-f(x)|\mathrm{d}x<\frac{\varepsilon}{3},\int_A^{+\infty}g(x)\mathrm{d}x<\frac{\varepsilon}{3}$$

即可。

事实上,由 $\int_0^{+\infty}g(x)\mathrm{d}x$ 收敛,故当 A 充分大时,有 $0\leqslant\int_A^{+\infty}g(x)\mathrm{d}x<\frac{\varepsilon}{3}$,此后将 A 固定,因已知在 $[0,A]$ 上,$f_n(x)\rightrightarrows f(x)$,所以 $\exists N$,当 $n>N$ 时,$\forall x\in[0,A]$,有

$$|f_n(x)-f(x)|<\frac{\varepsilon}{3A},$$

因而

$$\int_0^A |f_n(x)-f(x)|\,dx<\frac{\varepsilon}{3}。$$

例 10　求极限 $\lim\limits_{\alpha\to0^+}\int_0^{+\infty}\frac{\sin2x}{x+\alpha}e^{-\alpha x}dx$。

解　令

$$f(x,\alpha)=\begin{cases}\dfrac{\sin2x}{x+\alpha}e^{-\alpha x}, & x\in[0,+\infty),\alpha\in(0,\delta),\\ \dfrac{\sin2x}{x}, & x\in(0,+\infty),\alpha=0,\\ 2, & x=0,\alpha=0,\end{cases}$$

则：(1) $f(x,\alpha)$在$[0,+\infty)\times[0,\delta]$上连续；

(2) $\int_0^{+\infty}\frac{\sin2x}{x+\alpha}e^{-\alpha x}dx$ 在$[0,\delta]$上关于 α 一致收敛。事实上

① $e^{-\alpha x}$对 x 单调，且$|e^{-\alpha x}|\leqslant1(\forall\alpha\geqslant0,x>0)$一致有界；

② $\int_0^{+\infty}\frac{\sin2x}{x+\alpha}dx$ 关于 α 在$[0,\delta]$上一致收敛，这是因为

(a) $\left|\int_0^A\sin2x\right|\leqslant1$；(b) $\frac{1}{x+\alpha}$对 x 单调，且$\frac{1}{x+\alpha}\rightrightarrows0,(x\to+\infty)$。

由狄利克雷判别法知，$\int_0^{+\infty}\frac{\sin2x}{x+\alpha}dx$ 在$[0,\delta]$上关于 α 一致收敛，再根据阿贝尔判别法可知$\int_0^{+\infty}f(x,\alpha)dx$ 关于 α 在$[0,\delta]$上一致收敛，所以积分号下可以取极限，因而

$$\lim_{\alpha\to0^+}\int_0^{+\infty}\frac{\sin2x}{x+\alpha}e^{-\alpha x}dx=\int_0^{+\infty}\frac{\sin2x}{x}dx=\frac{\pi}{2}。$$

例 11　确定函数 $g(\alpha)=\int_0^{+\infty}\frac{\ln(1+x^3)}{x^\alpha}dx$ 的连续范围。

解　(1) 先证明 $g(\alpha)$的收敛区间为$(1,4)$。

(2) 再证明 $g(\alpha)$在$(1,4)$上内闭一致收敛。

(1)

$$g(\alpha)=\int_0^1\frac{\ln(1+x^3)}{x^\alpha}dx+\int_1^{+\infty}\frac{\ln(1+x^3)}{x^\alpha}dx=I_1+I_2。$$

对 I_1：$x=0$ 为瑕点，因为

$$\lim_{x\to0^+}x^{\alpha-3}\frac{\ln(1+x^3)}{x^\alpha}=1,$$

所以当 $\alpha-3<1$ 时，I_1 收敛，即 $\alpha<4$ 时 I_1 收敛。

对 I_2，因为

$$\lim_{x\to+\infty}x^\lambda\frac{\ln(1+x^3)}{x^\alpha}dx=\begin{cases}+\infty, & \lambda\geqslant\alpha,\\ 0, & \lambda<\alpha。\end{cases}$$

① 当 $\alpha>1$ 时，取 λ：$1<\lambda<\alpha$，易知 $g(\alpha)$收敛。

② 当 $\alpha\leqslant1$ 时，取 $\lambda=1$，易知 $g(\alpha)$发散，所以当 $\alpha>1$ 时，I_2 收敛，所以 $g(\alpha)$的收敛区间为$(1,4)$。

(2) $\forall [a,b] \subset (1,4)(a<b)$，对 $I_1=\int_0^1 \frac{\ln(1+x^3)}{x^\alpha}\mathrm{d}x$，由于

$$\left|\frac{\ln(1+x^3)}{x^\alpha}\right|=\frac{\ln(1+x^3)}{x^\alpha}\leqslant\frac{\ln(1+x^3)}{x^b},$$

且$\int_0^{+\infty}\frac{\ln(1+x^3)}{x^b}\mathrm{d}x$ 收敛，所以 I_1 关于 α 在$[a,b]$上一致收敛。

对 $I_2=\int_1^{+\infty}\frac{\ln(1+x^3)}{x^\alpha}\mathrm{d}x$，由于

$$\left|\frac{\ln(1+x^3)}{x^\alpha}\right|=\frac{\ln(1+x^3)}{x^\alpha}\leqslant\frac{\ln(1+x^3)}{x^a}$$

且

$$\int_1^{+\infty}\frac{\ln(1+x^3)}{x^a}\mathrm{d}x$$

收敛，所以 I_2 关于 α 在$[a,b]$上一致收敛，所以

$$g(\alpha)=\int_0^{+\infty}\frac{\ln(1+x^3)}{x^\alpha}\mathrm{d}x$$

关于 α 在$(1,4)$上内闭一致收敛，又显然有

$$\frac{\ln(1+x^3)}{x^\alpha}\in C((0,+\infty)\times(1,4)),$$

由连续性定理可知

$$g(\alpha)=\int_0^{+\infty}\frac{\ln(1+x^3)}{x^\alpha}\mathrm{d}x$$

在$(1,4)$内连续。

例 12　设$\int_a^{+\infty}f(x)\mathrm{d}x$ 收敛，$a>0$，证明：$\lim\limits_{y\to0^+}\int_a^{+\infty}\mathrm{e}^{-xy}f(x)\mathrm{d}x=\int_a^{+\infty}f(x)\mathrm{d}x$。

证　因为$\int_a^{+\infty}f(x)\mathrm{d}x$ 收敛，$|\mathrm{e}^{-xy}|\leqslant1$，$x\in[a,+\infty)$，$y\in[0,1]$，且 e^{-xy} 对于固定的 y 关于 x 单调，所以由阿贝尔判别法知，$\int_a^{+\infty}\mathrm{e}^{-xy}f(x)\mathrm{d}x$ 关于 y 在$[0,1]$上一致收敛，所以 $\forall\varepsilon>0$，$\exists A_0>a$，使

$$\left|\int_{A_0}^{+\infty}f(x)\mathrm{d}x\right|<\frac{\varepsilon}{3},$$

且 $\forall y\in[0,1]$有

$$\left|\int_{A_0}^{+\infty}\mathrm{e}^{-xy}f(x)\mathrm{d}x\right|<\frac{\varepsilon}{3}。$$

因为 $f(x)\in R[a,A_0]$，所以 $\exists M>0$，使 $\forall x\in[a,A_0]$，有 $|f(x)|\leqslant M$。又

$$\lim_{y\to0^+}M(A_0-a)(1-\mathrm{e}^{-yA_0})=0,$$

对$\frac{\varepsilon}{3}>0$，$\exists\delta(0<\delta<1)$，使当 $0<y<\delta$ 时，有

$$M(A_0-a)(1-\mathrm{e}^{-yA_0})<\frac{\varepsilon}{3},$$

从而当 $0<y<\delta$ 时，有

$$\begin{aligned}&\left|\int_a^{+\infty}\mathrm{e}^{-xy}f(x)\mathrm{d}x-\int_a^{+\infty}f(x)\mathrm{d}x\right|\\ \leqslant&\left|\int_a^{A_0}(1-\mathrm{e}^{-xy})f(x)\mathrm{d}x\right|+\left|\int_{A_0}^{+\infty}\mathrm{e}^{-xy}f(x)\mathrm{d}x\right|+\left|\int_{A_0}^{+\infty}f(x)\mathrm{d}x\right|\\ \leqslant&M(A_0-a)(1-\mathrm{e}^{-yA_0})+\frac{\varepsilon}{3}+\frac{\varepsilon}{3}\\ <&\frac{\varepsilon}{3}+\frac{\varepsilon}{3}+\frac{\varepsilon}{3}=\varepsilon,\end{aligned}$$

所以

$$\lim_{y\to0^+}\int_a^{+\infty}\mathrm{e}^{-xy}f(x)\mathrm{d}x=\int_a^{+\infty}f(x)\mathrm{d}x。$$

注　若 $\int_a^{+\infty}f(x)\mathrm{d}x$ 绝对收敛，此时不需要验证一致收敛，因为

$$\left|\int_a^{+\infty}\mathrm{e}^{-xy}f(x)\mathrm{d}x-\int_a^{+\infty}f(x)\mathrm{d}x\right|\leqslant M(A-a)(1-\mathrm{e}^{-yA})+2\int_A^{+\infty}|f(x)|\mathrm{d}x。$$

例13　设 $\varphi(x),f(x)$ 在 $(-\infty,+\infty)$ 上连续，且 $\exists R>0$，使当 $|x|\geqslant R$ 时，$\varphi(x)\equiv 0$，证明：(1) $\varphi(x)f\left(\frac{x}{n}\right)\rightrightarrows\varphi(x)f(0)$；(2) 若还有 $\int_{-\infty}^{+\infty}\varphi(x)=1$，则

$$\lim_{n\to\infty}n\int_{-\infty}^{+\infty}\varphi(nx)f(x)\mathrm{d}x=f(0)。$$

证　(1) $\forall\varepsilon>0$，因为 $\lim\limits_{x\to0}f(x)=f(0)$，所以 $\exists\delta>0$，当 $|x|<\delta$ 时，有

$$|f(x)-f(0)|<\varepsilon。$$

因为当 $|x|\geqslant R$ 时，$\varphi(x)=0$，$\varphi(x)\in C[-R,R]$，所以 $\exists M>0$，$\forall x\in\mathbb{R}$，有 $|\varphi(x)|\leqslant M$，取 $N=\left[\frac{R}{\delta}\right]$，则当 $n>N$ 时，$\forall x\in[-R,R]$，有 $\left|\frac{x}{n}\right|\leqslant\frac{R}{n}<\delta$，从而当 $n>N$ 时，$\forall x\in\mathbb{R}$ 有

$$\left|\varphi(x)f\left(\frac{x}{n}\right)-\varphi(x)f(0)\right|\leqslant M\left|f\left(\frac{x}{n}\right)-f(0)\right|<M\varepsilon,$$

所以

$$\varphi(x)f\left(\frac{x}{n}\right)\rightrightarrows\varphi(x)f(0)。$$

(2) 因为当 $|x|\geqslant R$ 时，$\varphi(x)\equiv0$，所以当 $|nx|\geqslant R$ 即 $|x|\geqslant\frac{R}{n}$ 时，有 $\varphi(nx)\equiv0$。

要证

$$\lim_{n\to\infty}n\int_{-\infty}^{+\infty}\varphi(nx)f(x)\mathrm{d}x=f(0),$$

所以只需证

$$\lim_{n\to\infty}\int_{-\infty}^{+\infty}\varphi(x)f\left(\frac{x}{n}\right)\mathrm{d}x=f(0)。$$

因为当 $|x|\geqslant R$ 时，$\varphi(x)\equiv0$，所以只需证

$$\lim_{n\to\infty}\int_{-R}^{R}\varphi(x)f\left(\frac{x}{n}\right)\mathrm{d}x=f(0)。$$

因为$\int_{-\infty}^{+\infty}\varphi(x)\mathrm{d}x=1$,所以$\int_{-\infty}^{+\infty}\varphi(x)f(0)\mathrm{d}x=f(0)$。

由(1)的结论有

$$\lim_{n\to\infty}\int_{-R}^{R}\varphi(x)f\left(\frac{x}{n}\right)\mathrm{d}x=\int_{-R}^{R}\varphi(x)f(0)\mathrm{d}x=f(0),$$

所以

$$\lim_{n\to\infty}n\int_{-\infty}^{+\infty}\varphi(nx)f(x)\mathrm{d}x=f(0)。$$

例 14　求$\lim\limits_{n\to\infty}\int_{0}^{+\infty}\mathrm{e}^{-x^n}\mathrm{d}x$。

解　作代换 $x^n=t$,则

$$\int_{0}^{+\infty}\mathrm{e}^{-x^n}\mathrm{d}x=\frac{1}{n}\int_{0}^{+\infty}t^{\frac{1}{n}-1}\mathrm{e}^{t}\mathrm{d}t=\frac{1}{n}\Gamma\left(\frac{1}{n}\right)=\Gamma\left(\frac{1}{n}+1\right),$$

所以

$$\lim_{n\to\infty}\int_{0}^{+\infty}\mathrm{e}^{-x^n}\mathrm{d}x=\lim_{n\to\infty}\Gamma\left(\frac{1}{n}+1\right)=\Gamma(1)=\int_{0}^{+\infty}\mathrm{e}^{-t}\mathrm{d}t=1。$$

例 15　证明:$\int_{0}^{+\infty}\mathrm{e}^{-x^4}\mathrm{d}x\int_{0}^{+\infty}x^2\mathrm{e}^{-x^4}\mathrm{d}x=\frac{\sqrt{2}\pi}{16}$。

证　令 $x^4=t$,则 $\mathrm{d}x=\frac{1}{4}t^{-\frac{3}{4}}\mathrm{d}t$,所以

$$\int_{0}^{+\infty}\mathrm{e}^{-x^4}\mathrm{d}x\int_{0}^{+\infty}x^2\mathrm{e}^{-x^4}\mathrm{d}x=\frac{1}{16}\Gamma\left(\frac{1}{4}\right)\Gamma\left(\frac{3}{4}\right)=\frac{1}{16}\frac{\pi}{\sin\frac{\pi}{4}}=\frac{\sqrt{2}\pi}{16}。$$

例 16　计算 $I=\int_{0}^{+\infty}\frac{\cos\alpha x-\cos\beta x}{x^2}\mathrm{d}x\quad(0<\alpha<\beta)$。

解　令 $f(x,y)=\begin{cases}\frac{\sin xy}{x}, & x\neq 0,\\ y, & x=0,\end{cases}$ 则 $f(x,y)\in C([0,+\infty)\times[\alpha,\beta])$,且 $\int_{0}^{+\infty}\frac{\sin xy}{x}\mathrm{d}x$ 关于 y 在$[\alpha,\beta]$上一致收敛,因此有

$$I=\int_{0}^{+\infty}\mathrm{d}x\int_{\alpha}^{\beta}\frac{\sin xy}{x}\mathrm{d}x=\int_{\alpha}^{\beta}\mathrm{d}y\int_{0}^{+\infty}\frac{\sin xy}{x}\mathrm{d}x=\int_{\alpha}^{\beta}\frac{\pi}{2}\mathrm{d}y=\frac{\pi}{2}(\beta-\alpha)。$$

例 17　证明:$I=\int_{0}^{+\infty}\mathrm{e}^{-px}\left(\frac{\cos\alpha x-\cos\beta x}{x}\right)\mathrm{d}x=\frac{1}{2}\ln\frac{p^2+\beta^2}{p^2+\alpha^2}(\alpha,\beta,p>0)$。

证　不妨设 $0<\alpha<\beta$,因为

$$\int_{\alpha}^{\beta}\sin xy\,\mathrm{d}y=\frac{\cos\alpha x-\cos\beta x}{x},$$

所以

$$I=\int_{0}^{+\infty}\mathrm{e}^{-px}\left(\frac{\cos\alpha x-\cos\beta x}{x}\right)\mathrm{d}x=\int_{0}^{+\infty}\mathrm{d}x\int_{\alpha}^{\beta}\mathrm{e}^{-px}\sin xy\,\mathrm{d}y。$$

令 $f(x,y)=\mathrm{e}^{-px}\sin xy,(x,y)\in[0,+\infty)\times[\alpha,\beta]$,则:

(1) $f(x,y)\in C[0,+\infty)\times[\alpha,\beta]$。

(2) 又因为 $|f(x,y)|\leqslant e^{-px}$，且 $\int_0^{+\infty} e^{-px}dx$ 收敛，所以 $\int_0^{+\infty} f(x,y)dx$ 关于 y 在 $[\alpha,\beta]$ 上一致收敛，从而

$$I=\int_\alpha^\beta dy\int_0^{+\infty} e^{-px}\sin xy\,dx=\int_\alpha^\beta\left(\frac{-p\sin xy-y\cos xy}{p^2+y^2}e^{-px}\Bigg|_{x=0}^{x=+\infty}\right)dy$$

$$=\int_\alpha^\beta \frac{y\,dy}{p^2+y^2}=\frac{1}{2}\ln(p^2+y^2)\Bigg|_{y=\alpha}^{y=\beta}=\frac{1}{2}\ln\frac{p^2+\beta^2}{p^2+\alpha^2}。$$

例 18　已知 $\int_0^{+\infty} e^{-x^2}dx=\frac{\sqrt{\pi}}{2}$，求 $\int_0^{+\infty}\frac{e^{-ax^2}-e^{-bx^2}}{x^2}dx\ (b>a>0)$。

解　因为 e^{-x^2y} 在 $[0,+\infty)\times[a,b]$ 上连续，$\int_0^{+\infty} e^{-x^2y}dx$ 关于 $y\in[a,b]$ 一致收敛，由含参变量反常积分一致收敛的性质得

$$\int_0^{+\infty}\frac{e^{-ax^2}-e^{-bx^2}}{x^2}dx=\int_0^{+\infty}\left(\frac{1}{x^2}e^{-yx^2}\Bigg|_a^b\right)dx=-\int_0^{+\infty}\int_b^a e^{-x^2y}dx\,dy$$

$$=\int_a^b dy\int_0^{+\infty} e^{-x^2y}dx, \tag{1}$$

$$\int_0^{+\infty} e^{-yx^2}dx \xlongequal{\sqrt{y}x=t}\int_0^{+\infty} e^{-t^2}\frac{1}{\sqrt{y}}dt=\frac{\sqrt{\pi}}{2}\frac{1}{\sqrt{y}}。 \tag{2}$$

由(1)式、(2)式得

$$\int_0^{+\infty}\frac{e^{-ax^2}-e^{-bx^2}}{x^2}dx=\sqrt{\pi}\,y^{\frac{1}{2}}\Big|_a^b=\sqrt{\pi}(\sqrt{b}-\sqrt{a})。$$

第7章　多元函数积分学

7.1　基本知识点

一、重积分

1. 二重积分

(1) 二重积分的定义和性质

① 设 D 是有界可求积区域，且 $f(x,y)$ 定义在 D 上，若 $f(x,y)$ 在 D 上可积，则 $f(x,y)$ 在 D 上有界。

② $f(x,y)$ 在有界可求积的区域 D 上可积的充要条件是下列条件之一成立：

(a) $\lim\limits_{\lambda(T)\to 0}(\overline{S}(T)-\underline{S}(T))=0$。

(b) $\forall\varepsilon>0$，$\exists D$ 的分法 (T)，使 $\overline{S}(T)-\underline{S}(T)<\varepsilon$。

(c) $\lim\limits_{\lambda(T)\to 0}\overline{S}(T)=\lim\limits_{\lambda(T)\to 0}\underline{S}(T)$。

③ 可积函数类

(a) 若 $f(x,y)$ 在 D 上连续，则 $f(x,y)\in \mathrm{R}(D)$。

(b) 设 $f(x,y)$ 定义在 D 上且不连续点分布在面积为 0 的曲线段上，则 $f(x,y)\in \mathrm{R}(D)$。

④ 二重积分的简单性质

(a) 若 $f(x,y)\in \mathrm{R}(D)$，$g(x,y)\in \mathrm{R}(D)$，则 $\alpha f(x,y)\pm\beta g(x,y)\in \mathrm{R}(D)$，且

$$\iint\limits_D[\alpha f(x,y)\pm\beta g(x,y)]\mathrm{d}x\mathrm{d}y=\alpha\iint\limits_D f(x,y)\mathrm{d}x\mathrm{d}y\pm\beta\iint\limits_D g(x,y)\mathrm{d}x\mathrm{d}y。$$

(b) 若 D_1 与 D_2 无公共内点，且 $D=D_1\cup D_2$，那么

$$\iint\limits_D f(x,y)\mathrm{d}x\mathrm{d}y=\iint\limits_{D_1} f(x,y)\mathrm{d}x\mathrm{d}y+\iint\limits_{D_2} f(x,y)\mathrm{d}x\mathrm{d}y。$$

(c) 若 $f(x,y)\leqslant g(x,y)$，$(x,y)\in D$，则

$$\iint\limits_D f(x,y)\mathrm{d}x\mathrm{d}y\leqslant\iint\limits_D g(x,y)\mathrm{d}x\mathrm{d}y。$$

若 $f(x,y)$，$g(x,y)\in C(D)$ 且存在一点 $(x_0,y_0)\in D$，使得 $f(x_0,y_0)<g(x_0,y_0)$，则

$$\iint\limits_D f(x,y)\mathrm{d}x\mathrm{d}y<\iint\limits_D g(x,y)\mathrm{d}x\mathrm{d}y。$$

(d) 若 $f(x,y)\in \mathrm{R}(D)$，则 $|f(x,y)|\in \mathrm{R}(D)$，且

$$\left|\iint\limits_D f(x,y)\mathrm{d}x\mathrm{d}y\right|\leqslant\iint\limits_D|f(x,y)|\mathrm{d}x\mathrm{d}y。$$

(e) 若 $f(x,y)\in \mathrm{R}(D)$，$g(x,y)\in \mathrm{R}(D)$，且 $g(x,y)$ 在 D 上不变号，则 $\exists(x_0,y_0)\in D$，使得

$$\iint\limits_D f(x,y)g(x,y)\mathrm{d}x\mathrm{d}y = f(x_0,y_0)\iint\limits_D g(x,y)\mathrm{d}x\mathrm{d}y。$$

（2）二重积分的计算

① 设 $D:[a,b]\times[c,d]$，$f(x,y)\in C(D)$，则

$$\iint\limits_D f(x,y)\mathrm{d}x\mathrm{d}y = \int_a^b \mathrm{d}x\int_c^d f(x,y)\mathrm{d}y = \int_c^d \mathrm{d}y\int_a^b f(x,y)\mathrm{d}x。$$

② 若 $D:\begin{cases}a\leqslant x\leqslant b,\\ y_1(x)\leqslant y\leqslant y_2(x)\end{cases}$（$x$ 型区域），且 $f(x,y)\in C(D)$，则有

$$\iint\limits_D f(x,y)\mathrm{d}x\mathrm{d}y = \int_a^b \mathrm{d}x\int_{y_1(x)}^{y_2(x)} f(x,y)\mathrm{d}y。$$

③ $\begin{cases}x=x(u,v),\\ y=y(u,v)\end{cases}$ $(u,v)\in(D')$ 满足 $D'\to(D)$（一对一），$x(u,v)$，$y(u,v)$ 关于 u,v 的一阶偏导数连续，且 $J(u,v)=\begin{vmatrix}\dfrac{\partial x}{\partial u} & \dfrac{\partial x}{\partial v}\\ \dfrac{\partial y}{\partial u} & \dfrac{\partial y}{\partial v}\end{vmatrix}\neq 0$，$(u,v)\in D'$，则

$$\iint\limits_D f(x,y)\mathrm{d}x\mathrm{d}y = \iint\limits_{D'} f(x(u,v),y(u,v))\,|J(u,v)|\,\mathrm{d}u\mathrm{d}v。$$

④ 极坐标变换 $\begin{cases}x=r\cos\theta,\\ y=r\sin\theta\end{cases}$ $(r,\theta)\in(D')$，$|J(r,\theta)|=r$，则

$$\iint\limits_D f(x,y)\mathrm{d}x\mathrm{d}y = \iint\limits_{D'} f(r\cos\theta,r\sin\theta)r\mathrm{d}r\mathrm{d}\theta。$$

⑤ 广义极坐标变换 $\begin{cases}x=ar\cos\theta,\\ y=br\sin\theta\end{cases}$ $(r,\theta)\in(D')$，$|J(r,\theta)|=abr$，则

$$\iint\limits_D f(x,y)\mathrm{d}x\mathrm{d}y = \iint\limits_{D'} f(ar\cos\theta,br\sin\theta)abr\mathrm{d}r\mathrm{d}\theta。$$

2. 三重积分

（1）积分区域 $V:[a,b]\times[c,d]\times[e,f]$，则

$$\iiint\limits_V f(x,y,z)\mathrm{d}x\mathrm{d}y\mathrm{d}z = \int_a^b \mathrm{d}x\int_c^d \mathrm{d}y\int_e^f f(x,y,z)\mathrm{d}z。$$

（2）化为二重积分里套定积分（3＝2＋1）（投影法）：若积分区域 V 可写成

$$V=\{(x,y,z)\mid (x,y)\in D_{xy},z_1(x,y)\leqslant z\leqslant z_2(x,y)\},$$

则

$$\iiint\limits_V f(x,y,z)\mathrm{d}V = \iint\limits_{D_{xy}} \mathrm{d}x\mathrm{d}y\int_{z_1(x,y)}^{z_2(x,y)} f(x,y,z)\mathrm{d}z。$$

（3）化为定积分里套二重积分（3＝1＋2）（截面法）：若积分区域 V 可写成

$$V=\{(x,y,z)\mid a\leqslant z\leqslant b,(x,y)\in D_z\},$$

则

$$\iiint\limits_V f(x,y,z)\mathrm{d}V = \int_a^b \mathrm{d}z\iint\limits_{D_z} f(x,y,z)\mathrm{d}x\mathrm{d}y。$$

(4) 球面坐标变换 $\begin{cases}x=r\cos\theta\sin\varphi,\\ y=r\sin\theta\sin\varphi,\\ z=r\cos\varphi,\end{cases}$ 则

$$\iiint_V f(x,y,z)\mathrm{d}x\mathrm{d}y\mathrm{d}z=\iiint_{V'} f(r\cos\theta\sin\varphi,r\sin\theta\sin\varphi,r\cos\varphi)r^2\sin\varphi\mathrm{d}r\mathrm{d}\theta\mathrm{d}\varphi。$$

(5) 广义球面坐标变换 $\begin{cases}x=ar\cos\theta\sin\varphi,\\ y=br\sin\theta\sin\varphi,\\ z=cr\cos\varphi,\end{cases}$ 则

$$\iiint_V f(x,y,z)\mathrm{d}x\mathrm{d}y\mathrm{d}z=\iiint_{V'} f(ar\cos\theta\sin\varphi,br\sin\theta\sin\varphi,cr\cos\varphi)abcr^2\sin\varphi\mathrm{d}r\mathrm{d}\theta\mathrm{d}\varphi。$$

(6) 柱面坐标变换 $\begin{cases}x=r\cos\theta,\\ y=r\sin\theta,\\ z=z,\end{cases}$ 则

$$\iiint_V f(x,y,z)\mathrm{d}x\mathrm{d}y\mathrm{d}z=\iiint_{V'} f(r\cos\theta,r\sin\theta,z)r\mathrm{d}r\mathrm{d}\theta\mathrm{d}z。$$

二、曲线积分

1. 第一型曲线积分

(1) 积分 $\int_{\widehat{AB}} f(x,y)\mathrm{d}l$ 与方向无关,即 $\int_{\widehat{AB}} f(x,y)\mathrm{d}l=\int_{\widehat{BA}} f(x,y)\mathrm{d}s$。

(2) 曲线 $l:\begin{cases}x=x(t),\\ y=y(t)\end{cases}$ 为光滑曲线,$f(x,y)$ 在 l 上连续,$t\in[\alpha,\beta]$,则

$$\int_l f(x,y)\mathrm{d}s=\int_\alpha^\beta f(x(t),y(t))\sqrt{(x'(t))^2+(y'(t))^2}\,\mathrm{d}t。$$

注 参数一定是从小到大。

(3) 曲线 $l:r=r(\theta),\alpha\leqslant\theta\leqslant\beta,r(\theta)$ 具有连续的导数,则

$$\int_l f(x,y)\mathrm{d}s=\int_\alpha^\beta f(r(\theta)\cos\theta,r(\theta)\sin\theta)\sqrt{r^2(\theta)+(r'(\theta))^2}\,\mathrm{d}\theta。$$

2. 第二型曲线积分

(1) 积分 $\int_{\widehat{AB}} P(x,y)\mathrm{d}x+Q(x,y)\mathrm{d}y$ 与方向有关,且

$$\int_{\widehat{AB}} P(x,y)\mathrm{d}x+Q(x,y)\mathrm{d}y=-\int_{\widehat{BA}} P(x,y)\mathrm{d}x+Q(x,y)\mathrm{d}y$$

(2) 设 $l:\begin{cases}x=x(t),\\ y=y(t),\\ z=z(t)\end{cases}(\alpha\leqslant t\leqslant\beta)$ 为光滑曲线,起点 $A(x(\beta),y(\beta),z(\beta))$,终点 $B(x(\alpha),y(\alpha),z(\alpha))$,$P(x,y,z),Q(x,y,z),R(x,y,z)$ 在 l 上连续,则

$$\begin{aligned}&\int_{\widehat{AB}} P(x,y,z)\mathrm{d}x+Q(x,y,z)\mathrm{d}y+R(x,y,z)\mathrm{d}z\\ =&\int_\beta^\alpha [P(x(t),y(t),z(t))x'(t)+Q(x(t),y(t),z(t))y'(t)\end{aligned}$$

$$+R(x(t),y(t),z(t))z'(t)]\mathrm{d}t。$$

注　下限对应起点，上限对应终点。

(3) 两类曲线积分之间的关系

$$\int_{\widehat{AB}} P\mathrm{d}x+Q\mathrm{d}y+R\mathrm{d}z=\int_{\widehat{AB}}(P\cos\alpha+Q\cos\beta+R\cos\gamma)\mathrm{d}s,$$

其中 α,β,γ 分别是曲线$\widehat{AB}$上切线正向与 x 轴、y 轴、z 轴正向间的夹角。

(4) 格林公式：设 $P(x,y),Q(x,y),\dfrac{\partial P}{\partial y},\dfrac{\partial Q}{\partial x}$在区域 D 及∂D 上连续，则

$$\iint_D\left(\frac{\partial Q}{\partial x}-\frac{\partial P}{\partial y}\right)\mathrm{d}x\mathrm{d}y=\oint_{\partial D^+}P(x,y)\mathrm{d}x+Q(x,y)\mathrm{d}y。$$

(5) 曲线积分与路径无关的条件

设 D 是一个单连通区域，函数 $P(x,y),Q(x,y)$以及$\dfrac{\partial P}{\partial y},\dfrac{\partial Q}{\partial x}$都在 D 内连续，则以下 4 个条件等价：

① 沿 D 中任一逐段光滑的简单闭曲线 L

$$\oint_L P(x,y)\mathrm{d}x+Q(x,y)\mathrm{d}x=0。$$

② 沿 D 中任一逐段光滑的简单曲线$\widehat{AB}$，积分

$$\int_{\widehat{AB}}P(x,y)\mathrm{d}x+Q(x,y)\mathrm{d}y$$

的值与路径$\widehat{AB}$无关，而只与 A,B 有关，此时可表示为

$$\int_{\widehat{AB}}P(x,y)\mathrm{d}x+Q(x,y)\mathrm{d}y=\int_{(x_A,y_A)}^{(x_B,y_B)}P(x,y)\mathrm{d}x+Q(x,y)\mathrm{d}y。$$

③ 存在函数 u，使 $\mathrm{d}u=P\mathrm{d}x+Q\mathrm{d}y$。

④ 在 D 内任一点(x,y)，有$\dfrac{\partial P}{\partial y}=\dfrac{\partial Q}{\partial x}$。

(6) 可以利用曲线积分与路径无关求原函数

三、曲面积分

1. 第一型曲面积分

(1) 若曲面 S 由方程 $z=z(x,y)$给出，S 在 xy 平面上的投影区域为 D，$f(x,y,z)$在 S 上连续，则

$$\iint_S f(x,y,z)\mathrm{d}S=\iint_D f(x,y,z(x,y))\sqrt{1+\left(\frac{\partial z}{\partial x}\right)^2+\left(\frac{\partial z}{\partial y}\right)^2}\mathrm{d}x\mathrm{d}y。$$

(2) 若曲面 S 由参数方程$\begin{cases}x=x(u,v),\\y=y(u,v),(u,v)\in\Delta\\z=z(u,v),\end{cases}$ 给出，$f(x,y,z)$在曲面 S 上连续，则

$$\iint_S f(x,y,z)\mathrm{d}S=\iint_\Delta f(x(u,v),y(u,v),z(u,v))\sqrt{EG-F^2}\mathrm{d}u\mathrm{d}v,$$

其中

$$E=\left(\frac{\partial x}{\partial u}\right)^2+\left(\frac{\partial y}{\partial u}\right)^2+\left(\frac{\partial z}{\partial u}\right)^2,$$

$$G=\left(\frac{\partial x}{\partial v}\right)^2+\left(\frac{\partial y}{\partial v}\right)^2+\left(\frac{\partial z}{\partial v}\right)^2,$$

$$F=\frac{\partial x}{\partial u}\cdot\frac{\partial x}{\partial v}+\frac{\partial y}{\partial u}\cdot\frac{\partial y}{\partial v}+\frac{\partial z}{\partial u}\cdot\frac{\partial z}{\partial v}。$$

2. 第二型曲面积分

(1) 设 $P(x,y,z),Q(x,y,z),R(x,y,z)$ 都在光滑曲面 S 上连续,D_{xy},D_{yz},D_{zx} 分别表示曲面 S 在 xy,yz,zx 平面上的投影区域,若曲面 S 可表示为

① $x=x(y,z),(y,z)\in D_{yz}$;

② $y=y(z,x),(z,x)\in D_{zx}$;

③ $z=z(x,y),(x,y)\in D_{xy}$,则

$$\iint_S P(x,y,z)\mathrm{d}y\mathrm{d}z=\pm\iint_{D_{yz}}P(x(y,z),y,z)\mathrm{d}y\mathrm{d}z,$$

$$\iint_S Q(x,y,z)\mathrm{d}z\mathrm{d}x=\pm\iint_{D_{zx}}Q(x,y(z,x),z)\mathrm{d}z\mathrm{d}x,$$

$$\iint_S R(x,y,z)\mathrm{d}x\mathrm{d}y=\pm\iint_{D_{xy}}R(x,y,z(x,y))\mathrm{d}x\mathrm{d}y。$$

(2) 若曲面 S 由参数方程 $\begin{cases}x=x(u,v),\\y=y(u,v),(u,v)\in\Sigma\\z=z(u,v),\end{cases}$ 给出,P,Q,R 在 S 上连续,则

$$\iint_S P\mathrm{d}y\mathrm{d}z+Q\mathrm{d}z\mathrm{d}x+R\mathrm{d}x\mathrm{d}y=\pm\iint_\Sigma(P\cdot A+Q\cdot B+R\cdot C)\mathrm{d}u\mathrm{d}v,$$

其中

$$A=\frac{D(y,z)}{D(u,v)},\quad B=\frac{D(z,x)}{D(u,v)},\quad C=\frac{D(x,y)}{D(u,v)}。$$

(3) 一点定号法则

设曲面 S 由参数方程 $\begin{cases}x=x(u,v),\\y=y(u,v),(u,v)\in D\\z=z(u,v),\end{cases}$ 给出。

① 设曲面 S 可分为前后两侧,在 D 上 $A=\dfrac{D(y,z)}{D(u,v)}\neq 0$,若 $\exists(u_0,v_0)\in D$,使 $(A\cos\alpha)|_{(u_0,v_0)}>0$,则下列三式右边均取正号,否则取负号。

② 设曲面 S 可分为左右两侧,在 D 上 $B=\dfrac{D(z,x)}{D(u,v)}\neq 0$,若 $\exists(u_0,v_0)\in D$,使 $(B\cos\beta)|_{(u_0,v_0)}>0$,则下列三式右边均取正号,否则取负号。

③ 设曲面 S 可分为上下两侧,在 D 上 $C=\dfrac{D(x,y)}{D(u,v)}\neq 0$,若 $\exists(u_0,v_0)\in D$,使 $(C\cos\gamma)|_{(u_0,v_0)}>0$,则下列三式右边均取正号,否则取负号。

$$\iint_S f(x,y,z)\mathrm{d}y\mathrm{d}z = \pm\iint_D f(x(u,v),y(u,v),z(u,v))A\mathrm{d}u\mathrm{d}v,$$

$$\iint_S f(x,y,z)\mathrm{d}z\mathrm{d}x = \pm\iint_D f(x(u,v),y(u,v),z(u,v))B\mathrm{d}u\mathrm{d}v,$$

$$\iint_S f(x,y,z)\mathrm{d}x\mathrm{d}y = \pm\iint_D f(x(u,v),y(u,v),z(u,v))C\mathrm{d}u\mathrm{d}v,$$

其中

$$\cos\alpha = \frac{A}{\pm\sqrt{A^2+B^2+C^2}},\cos\beta = \frac{B}{\pm\sqrt{A^2+B^2+C^2}},\cos\gamma = \frac{C}{\pm\sqrt{A^2+B^2+C^2}}。$$

(4) 两类曲面积分之间的关系

设 P,Q,R 为光滑曲面 S 上的连续函数，且$(\cos\alpha,\cos\beta,\cos\gamma)$为曲面法线方向的方向余弦，则

$$\iint_S P\mathrm{d}y\mathrm{d}z + Q\mathrm{d}z\mathrm{d}x + R\mathrm{d}x\mathrm{d}y = \iint_S (P\cos\alpha + Q\cos\beta + R\cos\gamma)\mathrm{d}S。$$

(5) 高斯公式

定理　设 V 是空间中的一个有界闭区域，V 的边界为逐段光滑的闭曲面 S，函数 $P(x,y,z)$，$Q(x,y,z)$，$R(x,y,z)$在曲面 V 及 S 上有连续的偏导数，则

$$\begin{aligned}\iint_{S_{外}} P\mathrm{d}y\mathrm{d}z + Q\mathrm{d}z\mathrm{d}x + R\mathrm{d}x\mathrm{d}y &= \iiint_V \left(\frac{\partial P}{\partial x}+\frac{\partial Q}{\partial y}+\frac{\partial R}{\partial z}\right)\mathrm{d}x\mathrm{d}y\mathrm{d}z \\ &= \iint_S (P\cos\alpha + Q\cos\beta + R\cos\gamma)\mathrm{d}S,\end{aligned}$$

其中 α,β,γ 为 S 的外法线方向与 x 轴、y 轴、z 轴正向的夹角。

(6) 斯托克斯公式

定理　(1)设光滑曲面 S 的边界 L 是按段光滑的连续曲线，函数 $P(x,y,z)$，$Q(x,y,z)$，$R(x,y,z)$在曲面 S(连同 L)上连续，且有一阶连续偏导数，则

$$\int_L P\mathrm{d}x + Q\mathrm{d}y + R\mathrm{d}z = \iint_S \begin{vmatrix} \cos\alpha & \cos\beta & \cos\gamma \\ \dfrac{\partial}{\partial x} & \dfrac{\partial}{\partial y} & \dfrac{\partial}{\partial z} \\ P & Q & R \end{vmatrix}\mathrm{d}S = \iint_S \begin{vmatrix} \mathrm{d}y\mathrm{d}z & \mathrm{d}z\mathrm{d}x & \mathrm{d}x\mathrm{d}y \\ \dfrac{\partial}{\partial x} & \dfrac{\partial}{\partial y} & \dfrac{\partial}{\partial z} \\ P & Q & R \end{vmatrix},$$

其中 S 的侧与 L 的方向符合右手系，$\cos\alpha,\cos\beta,\cos\gamma$ 为 S 的法线方向余弦。

7.2　典型例题

例 1　设 $f(x,y)$在$[0,1]\times[0,1]$上(正常)可积，证明：

$$\lim_{n\to\infty}\prod_{i=1}^{n}\prod_{j=1}^{n}\left[1+\frac{1}{n^2}f\left(\frac{i}{n},\frac{j}{n}\right)\right] = \mathrm{e}^{\int_0^1\mathrm{d}x\int_0^1 f(x,y)\mathrm{d}y}。$$

分析　右端 $=\mathrm{e}^{\lim\limits_{n\to\infty}\sum\limits_{i=1}^{n}\sum\limits_{j=1}^{n}\frac{1}{n^2}f\left(\frac{i}{n},\frac{j}{n}\right)}$，左端 $=\mathrm{e}^{\lim\limits_{n\to\infty}\sum\limits_{i=1}^{n}\sum\limits_{j=1}^{n}\ln\left[1+\frac{1}{n^2}f\left(\frac{i}{n},\frac{j}{n}\right)\right]}$，要证结论成立，只需证明

$$\lim_{n\to\infty}\left\{\sum_{i=1}^{n}\sum_{j=1}^{n}\ln\left[1+\frac{1}{n^2}f\left(\frac{i}{n},\frac{j}{n}\right)\right]-\sum_{i=1}^{n}\sum_{j=1}^{n}\frac{1}{n^2}f\left(\frac{i}{n},\frac{j}{n}\right)\right\}=0,$$

或

$$\lim_{n\to\infty}\sum_{i=1}^{n}\sum_{j=1}^{n}\left|\ln\left[1+\frac{1}{n^2}f\left(\frac{i}{n},\frac{j}{n}\right)\right]-\frac{1}{n^2}f\left(\frac{i}{n},\frac{j}{n}\right)\right|=0。$$

又 $f(x,y)\in \mathrm{R}([0,1]\times[0,1])$，从而有界，记 $M\equiv\sup\{|f(x,y)|(x,y)\in[0,1]\times[0,1]\}$，则当 n 充分大时，有

$$\left|\frac{1}{n^2}f\left(\frac{i}{n},\frac{j}{n}\right)\right|\leqslant\frac{M}{n^2}<\frac{1}{2},$$

于是由已知不等式

$$|\ln(1+x)-x|\leqslant x^2\left(|x|<\frac{1}{2}\right)$$

得

$$\begin{aligned}&\sum_{i=1}^{n}\sum_{j=1}^{n}\left|\ln\left[1+\frac{1}{n^2}f\left(\frac{i}{n},\frac{j}{n}\right)\right]-\frac{1}{n^2}f\left(\frac{i}{n},\frac{j}{n}\right)\right|\\ \leqslant&\frac{1}{n^2}\sum_{i=1}^{n}\sum_{j=1}^{n}f^2\left(\frac{i}{n},\frac{j}{n}\right)\cdot\frac{1}{n^2}\\ \to&\,0\cdot\iint\limits_{[0,1]\times[0,1]}f^2(x,y)\mathrm{d}x\mathrm{d}y=0(n\to\infty)。\end{aligned}$$

例 2 设二元函数 $f(x,y)$ 在 $D=\{(x,y)|a\leqslant x\leqslant b,c\leqslant y\leqslant d\}$ 上有定义，并且 $f(x,y)$ 对于确定的 $x\in[a,b]$ 是 y 在 $[c,d]$ 上单调增加函数，对于确定 $y\in[c,d]$ 是 x 在 $[a,b]$ 上的单调增加函数，证明：$f(x,y)$ 在 D 上可积。

证 在 x 轴上将 $[a,b]$ n 等分，在 y 轴上将 $[c,d]$ n 等分，得分法：

$$a=x_0<x_1<x_2<\cdots<x_n=b,$$
$$c=y_0<y_1<y_2<\cdots<y_n=d。$$

过这些等分点做平行坐标轴的直线，将区域 D 分成 n^2 个小矩形，显然当 $n\to\infty$ 时小矩形的直径趋向于零，小矩形的面积为 $\frac{(b-a)(d-c)}{n^2}\overset{\text{def}}{=}\frac{\Delta}{n^2}$ 若能证明 $\sum\limits_{i,j=1}^{n}w_{ij}\frac{\Delta}{n^2}\to 0(n\to\infty)$，则 $f(x,y)$ 在 D 上可积。

因为 $f(x,y)$ 分别关于 x,y 递增，所以在每个小矩形上有

$$w_{ij}=f(x_i,y_j)-f(x_{i-1},y_{j-1}),$$

$$\sum_{i,j=1}^{n}w_{ij}\frac{\Delta}{n^2}=\frac{\Delta}{n^2}\sum_{i,j=1}^{n}(f(x_i,y_j)-f(x_{i-1},y_{j-1}))。$$

相加时，D 内部每个网点上，值 $f(x_i,y_j)$ 各取了两次，一正一负，被消去，只剩下边界网点之值，因此

$$\sum_{i,j=1}^{n}w_{ij}\frac{\Delta}{n^2}=\frac{\Delta}{n^2}\left[\sum_{i=1}^{n}(f(x_i,y_n)-f(x_0,y_{i-1}))+\sum_{i=1}^{n-1}(f(x_n,y_i)-f(x_i,y_0))\right]。$$

但

$$f(x_i,y_n)-f(x_0,y_{i-1})\leqslant f(x_n,y_n)-f(x_0,y_0),$$
$$f(x_n,y_i)-f(x_i,y_0)\leqslant f(x_n,y_n)-f(x_0,y_0),$$

所以

$$\sum_{i,j=1}^{n} w_{ij}\frac{\Delta}{n^2}\leqslant\frac{\Delta}{n^2}[f(x_n,y_n)-f(x_0,y_0)](2n-1)$$

$$<\frac{2\Delta}{n}[f(b,d)-f(a,c)]\to 0,(n\to\infty),$$

故 $f(x,y)$在 D 上可积。

例 3　设 $f(t)$连续，$D:|x|\leqslant\dfrac{A}{2},|y|\leqslant\dfrac{A}{2},A>0$，证明：

$$\iint_D f(x-y)\mathrm{d}x\mathrm{d}y=\int_{-A}^{A}f(t)(A-|t|)\mathrm{d}t。$$

证

$$I=\iint_D f(x-y)\mathrm{d}x\mathrm{d}y=\int_{-\frac{A}{2}}^{\frac{A}{2}}\mathrm{d}x\int_{-\frac{A}{2}}^{\frac{A}{2}}f(x-y)\mathrm{d}y$$

$$=\int_{-\frac{A}{2}}^{\frac{A}{2}}\mathrm{d}x\int_{x-\frac{A}{2}}^{x+\frac{A}{2}}f(t)\mathrm{d}t$$

$$=\int_{-A}^{0}\mathrm{d}t\int_{-\frac{A}{2}}^{t+\frac{A}{2}}f(t)\mathrm{d}x+\int_{0}^{A}\mathrm{d}t\int_{t-\frac{A}{2}}^{\frac{A}{2}}f(t)\mathrm{d}x$$

$$=\int_{-A}^{0}f(t)(t+A)\mathrm{d}t+\int_{0}^{A}f(t)(A-t)\mathrm{d}t$$

$$=\int_{-A}^{A}f(t)(A-|t|)\mathrm{d}t。$$

例 4　求 $I=\iint\limits_D \max\{x,y\}\mathrm{e}^{-x^2-y^2}\mathrm{d}x\mathrm{d}y,D:\{(x,y)\mid x\geqslant 0,y\geqslant 0\}$。

解法 1

$$I=\iint\limits_{y\geqslant x}y\mathrm{e}^{-x^2-y^2}\mathrm{d}x\mathrm{d}y+\iint\limits_{y<x}x\mathrm{e}^{-x^2-y^2}\mathrm{d}x\mathrm{d}y$$

$$=\int_0^{+\infty}\mathrm{e}^{-x^2}\mathrm{d}x\int_x^{+\infty}y\mathrm{e}^{-y^2}\mathrm{d}y+\int_0^{+\infty}\mathrm{e}^{-y^2}\mathrm{d}y\int_y^{+\infty}x\mathrm{e}^{-x^2}\mathrm{d}x$$

$$=2\int_0^{+\infty}\mathrm{e}^{-x^2}\mathrm{d}x\int_x^{+\infty}y\mathrm{e}^{-y^2}\mathrm{d}y=\int_0^{+\infty}\mathrm{e}^{-2x^2}\mathrm{d}x=\frac{\sqrt{\pi}}{2\sqrt{2}}。$$

解法 2

$$I=\iint\limits_{y\geqslant x}y\mathrm{e}^{-x^2-y^2}\mathrm{d}x\mathrm{d}y+\iint\limits_{y<x}x\mathrm{e}^{-x^2-y^2}\mathrm{d}x\mathrm{d}y$$

$$=\int_{\frac{\pi}{4}}^{\frac{\pi}{2}}\mathrm{d}\theta\int_0^{+\infty}r\sin\theta\mathrm{e}^{-r^2}r\mathrm{d}r+\int_0^{\frac{\pi}{4}}\mathrm{d}\theta\int_0^{+\infty}r\cos\theta\mathrm{e}^{-r^2}r\mathrm{d}r$$

$$=\sqrt{2}\int_0^{+\infty}r^2\mathrm{e}^{-r^2}\mathrm{d}r=\frac{\sqrt{\pi}}{2\sqrt{2}}。$$

例 5　设 $f(x,y)\geqslant 0$，且 $f(x,y)$在 $D:x^2+y^2\leqslant a^2$ 上有连续的一阶偏导数，且在边界上取值为 0，证明：

$$\left|\iint_D f(x,y)\mathrm{d}x\mathrm{d}y\right| \leqslant \frac{\pi}{3}a^3 M,$$

其中

$$M = \max_{(x,y)\in D}\sqrt{\left(\frac{\partial f}{\partial x}\right)^2 + \left(\frac{\partial f}{\partial y}\right)^2}。$$

证　$\forall P(x,y)\in D$,设 $P(x,y)$ 与 $(0,0)$ 的连线交圆 $x^2+y^2\leqslant a^2$ 边界于点 $P_0(x_0,y_0)$,将 $f(x,y)$ 在点 (x_0,y_0) 处展开得

$$\begin{aligned} f(x,y) &= f(x_0,y_0) + f'_x(\xi,\eta)(x-x_0) + f'_y(\xi,\eta)(y-y_0) \\ &= f'_x(\xi,\eta)(x-x_0) + f'_y(\xi,\eta)(y-y_0) \\ &\leqslant \sqrt{(f'_x(\xi,\eta))^2 + (f'_y(\xi,\eta))^2}\sqrt{(x-x_0)^2+(y-y_0)^2} \\ &\leqslant M(a-r)\quad (r=\sqrt{x^2+y^2}), \end{aligned}$$

所以

$$\left|\iint_D f(x,y)\mathrm{d}x\mathrm{d}y\right| \leqslant M\left|\iint_D (a-r)\mathrm{d}x\mathrm{d}y\right| = M\int_0^{2\pi}\mathrm{d}\theta\int_0^a (a-r)r\mathrm{d}r \leqslant \frac{\pi}{3}a^3 M。$$

例 6　设 $f\in C[0,1]$,证明:$\int_0^1\mathrm{d}x\int_x^1\mathrm{d}y\int_x^y f(x)f(y)f(z)\mathrm{d}z = \frac{1}{3!}\left(\int_0^1 f(t)\mathrm{d}t\right)^3$。

证　令 $F(x)=\int_0^x f(t)\mathrm{d}t$,则 $F'(x)=f(x)$,$F(y)-F(x)=\int_x^y f(t)\mathrm{d}t$,因而有

$$\begin{aligned} \int_0^1\mathrm{d}x\int_x^1\mathrm{d}y\int_x^y f(x)f(y)f(z)\mathrm{d}z &= \int_0^1\mathrm{d}x\int_x^1 f(x)f(y)(F(y)-F(x))\mathrm{d}y \\ &= \int_0^1 f(x)\mathrm{d}x\int_x^1 (F(y)-F(x))\mathrm{d}F(y) \\ &= \int_0^1 f(x)\left(\left[\frac{1}{2}F^2(y)-F(x)F(y)\right]\Big|_{y=x}^{y=1}\right)\mathrm{d}x \\ &= \int_0^1 f(x)\left(\frac{1}{2}F^2(x)-F(x)F(1)+\frac{1}{2}F^2(1)\right)\mathrm{d}x \\ &= \int_0^1 \left(\frac{1}{2}F^2(x)-F(x)F(1)+\frac{1}{2}F^2(1)\right)\mathrm{d}F(x) \\ &= \frac{1}{6}F^3(1) = \frac{1}{3!}\left(\int_0^1 f(t)\mathrm{d}t\right)^3。 \end{aligned}$$

例 7　求曲面 $\left(\frac{x}{a}\right)^{\frac{2}{3}}+\left(\frac{y}{b}\right)^{\frac{2}{3}}+\left(\frac{z}{c}\right)^{\frac{2}{3}}=1$ 所围成空间区域的体积 $V(a,b,c>0)$。

解　令 $\begin{cases} x=ar\sin^3\varphi\cos^3\theta, \\ y=br\sin^3\varphi\sin^3\theta, \\ z=cr\cos^3\varphi, \end{cases}$ 则区域 V':$\begin{cases} 0\leqslant r\leqslant 1, \\ 0\leqslant\varphi\leqslant\pi, \\ 0\leqslant\theta\leqslant 2\pi, \end{cases}$ 且

$$|J| = 9abcr^2\sin^5\varphi\cos^2\varphi\sin^2\theta\cos^2\theta,$$

因而有

$$\begin{aligned} V &= \iiint_V \mathrm{d}x\mathrm{d}y\mathrm{d}z = \int_0^1 r^2\mathrm{d}r\int_0^{\pi} 9abc\sin^5\varphi\cos^2\varphi\mathrm{d}\varphi\int_0^{2\pi}\sin^2\theta\cos^2\theta\mathrm{d}\theta \\ &= 9abc\,\frac{1}{3}\times\frac{16}{105}\times\frac{\pi}{4} = \frac{4}{35}\pi abc。 \end{aligned}$$

例 8　求曲面 $\left(\frac{x}{a}\right)^{\frac{2}{5}}+\left(\frac{y}{b}\right)^{\frac{2}{5}}+\left(\frac{z}{c}\right)^{\frac{2}{5}}=1$ 所围成空间区域的体积 $V(a,b,c>0)$。

解　令 $\begin{cases}x=ar\sin^5\varphi\cos^5\theta,\\ y=br\sin^5\varphi\sin^5\theta,\\ z=cr\cos^5\varphi,\end{cases}$ 则区域 V'：$\begin{cases}0\leqslant r\leqslant 1,\\ 0\leqslant\varphi\leqslant\pi,\\ 0\leqslant\theta\leqslant 2\pi,\end{cases}$ 且

$$|J|=25abcr^2\sin^9\varphi\cos^4\varphi\sin^4\theta\cos^4\theta,$$

因而有

$$V=\int_0^1 r^2\mathrm{d}r\int_0^{\pi}25abc\sin^9\varphi\cos^4\varphi\mathrm{d}\varphi\int_0^{2\pi}\sin^4\theta\cos^4\theta\mathrm{d}\theta=\frac{20}{1001}\pi abc。$$

例 9　设 V 是三维空间内一区域，V 在 x 轴、y 轴、z 轴上的投影长度分别是 l_x,l_y,l_z，$|V|$ 表示 V 的体积，设 (a,b,c) 为 V 内任一点，证明：

(1) $\left|\iiint\limits_V(x-a)(y-b)(z-c)\mathrm{d}x\mathrm{d}y\mathrm{d}z\right|\leqslant l_xl_yl_z|V|$；

(2) $\left|\iiint\limits_V(x-a)(y-b)(z-c)\mathrm{d}x\mathrm{d}y\mathrm{d}z\right|\leqslant\frac{1}{8}l_x^2l_y^2l_z^2$。

证　(1) 设在 V 中 x 的变化范围是 $[x_1,x_2]$，y 的变化范围是 $[y_1,y_2]$，z 的变化范围是 $[z_1,z_2]$，故 $l_x=x_2-x_1$，$l_y=y_2-y_1$，$l_z=z_2-z_1$，因此

$$\begin{aligned}\left|\iiint\limits_V(x-a)(y-b)(z-c)\mathrm{d}x\mathrm{d}y\mathrm{d}z\right|&\leqslant\iiint\limits_V|x-a||y-b||z-c|\mathrm{d}x\mathrm{d}y\mathrm{d}z\\&\leqslant l_xl_yl_z|V|。\end{aligned}$$

(2)

$$\begin{aligned}\left|\iiint\limits_V(x-a)(y-b)(z-c)\mathrm{d}x\mathrm{d}y\mathrm{d}z\right|&\leqslant\iiint\limits_V|x-a||y-b||z-c|\mathrm{d}x\mathrm{d}y\mathrm{d}z\\&\leqslant\int_{x_1}^{x_2}\int_{y_1}^{y_2}\int_{z_1}^{z_2}|x-a||y-b||z-c|\mathrm{d}x\mathrm{d}y\mathrm{d}z\\&=\int_{x_1}^{x_2}|x-a|\mathrm{d}x\int_{y_1}^{y_2}|y-b|\mathrm{d}y\int_{z_1}^{z_2}|z-c|\mathrm{d}z,\end{aligned}$$

而

$$\begin{aligned}\int_{x_1}^{x_2}|x-a|\mathrm{d}x&=\int_{x_1}^{a}(a-x)\mathrm{d}x+\int_a^{x_2}(x-a)\mathrm{d}x\\&=\frac{1}{2}((a-x_1)^2+(x_2-a)^2)\\&\leqslant\frac{1}{2}((a-x_1)^2+2(a-x_1)(x_2-a)+(x_2-a)^2)\\&=\frac{1}{2}(x_1-x_2)^2=\frac{1}{2}l_x^2。\end{aligned}$$

同理

$$\int_{y_1}^{y_2}|y-b|\mathrm{d}y\leqslant\frac{1}{2}l_y^2,\int_{z_1}^{z_2}|z-c|\mathrm{d}z\leqslant\frac{1}{2}l_z^2,$$

故

$$\left|\iiint\limits_V (x-a)(y-b)(z-c)\mathrm{d}x\mathrm{d}y\mathrm{d}z\right| \leqslant \frac{1}{8}l_x^2 l_y^2 l_z^2。$$

例 10　设 $f(x,y)$ 在单位圆上有连续的偏导数,且在边界上取值为零,证明:

$$f(0,0)=\lim_{\varepsilon\to 0}\frac{-1}{2\pi}\iint\limits_D \frac{xf'_x+yf'_y}{x^2+y^2}\mathrm{d}x\mathrm{d}y,$$

其中 D 为圆环域:$\varepsilon^2\leqslant x^2+y^2\leqslant 1$。

解　采用极坐标,令 $x=r\cos\theta, y=r\sin\theta$,则

$$\frac{\partial f}{\partial r}=\frac{\partial f}{\partial x}\frac{\partial x}{\partial r}+\frac{\partial f}{\partial y}\frac{\partial y}{\partial r}=\frac{\partial f}{\partial x}\cos\theta+\frac{\partial f}{\partial y}\sin\theta,$$

$$r\frac{\partial f}{\partial r}=r\cos\theta\frac{\partial f}{\partial x}+r\sin\theta\frac{\partial f}{\partial y}=xf'_x+yf'_y,$$

于是

$$\begin{aligned}I&=\iint\limits_D \frac{xf'_x+yf'_y}{x^2+y^2}\mathrm{d}x\mathrm{d}y=\iint\limits_D \frac{r\dfrac{\partial f}{\partial r}}{r^2}r\mathrm{d}\theta\mathrm{d}r\\&=\int_0^{2\pi}\mathrm{d}\theta\int_\varepsilon^1\frac{\partial f}{\partial r}\mathrm{d}r=\int_0^{2\pi}f(r\cos\theta,r\sin\theta)\Big|_\varepsilon^1\mathrm{d}\theta\\&=\int_0^{2\pi}f(\cos\theta,\sin\theta)\mathrm{d}\theta-\int_0^{2\pi}f(\varepsilon\cos\theta,\varepsilon\sin\theta)\mathrm{d}\theta。\end{aligned}$$

因为 $f(x,y)$ 在单位圆的边界上取值为零,故 $f(\cos\theta,\sin\theta)=0$,再利用积分中值定理,可知

$$I=-\int_0^{2\pi}f(\varepsilon\cos\theta,\varepsilon\sin\theta)\mathrm{d}\theta=-2\pi f(\varepsilon\cos\theta^*,\varepsilon\sin\theta^*),$$

其中 $\theta^*\in[0,2\pi]$,故

$$\lim_{\varepsilon\to 0}\frac{-1}{2\pi}\iint\limits_D \frac{xf'_x+yf'_y}{x^2+y^2}\mathrm{d}x\mathrm{d}y=\lim_{\varepsilon\to 0}\frac{-1}{2\pi}(-2\pi)f(\varepsilon\cos\theta^*,\varepsilon\sin\theta^*)=f(0,0)。$$

例 11　证明 $\int_0^1\int_0^1(xy)^{xy}\mathrm{d}x\mathrm{d}y=\int_0^1 y^y\mathrm{d}y$。

证　设 $f(x,y)=\begin{cases}(xy)^{xy}, & xy\neq 0,\\ 0, & xy=0,\end{cases}$ 则 $f(x,y)$ 在 $[0,1]\times[0,1]$ 上连续,于是有

$$\int_0^1\int_0^1(xy)^{xy}\mathrm{d}x\mathrm{d}y=\int_0^1\mathrm{d}y\int_0^1(xy)^{xy}\mathrm{d}x。$$

在里面的积分中作替换 $xy=t$,有

$$\int_0^1\int_0^1(xy)^{xy}\mathrm{d}x\mathrm{d}y=\int_0^1\frac{\mathrm{d}y}{y}\int_0^y t^t\mathrm{d}t。$$

将 $\frac{1}{y}\int_0^y t^t\mathrm{d}t$ 看作 y 的函数,分部积分,得到表达式

$$\int_0^1\int_0^1(xy)^{xy}\mathrm{d}x\mathrm{d}y=\int_0^1\frac{\mathrm{d}y}{y}\int_0^y t^t\mathrm{d}t=\ln y\int_0^y t^t\mathrm{d}t\Big|_0^1-\int_0^1 y^y\ln y\mathrm{d}y,$$

这里 $\ln y\int_0^y t^t\mathrm{d}t\Big|_0^1$,当 $y\to 0$ 是不定式,由 $\int_0^y t^t\mathrm{d}t$ 当 $y\to 0$ 时与 y 是等价无穷小,$\lim\limits_{y\to 0^+}y\ln y=0$ 可知该不定式极限为零,因此

$$\int_0^1\int_0^1 (xy)^{xy}\mathrm{d}x\mathrm{d}y=-\int_0^1 y^y\ln y\mathrm{d}y$$

成立。再由

$$\int_0^1 (y^y\ln y+y^y)\mathrm{d}y=\int_0^1 (y^y)'\mathrm{d}y=y^y\Big|_0^1=0$$

可得 $-\int_0^1 y^y\ln y\mathrm{d}y=\int_0^1 y^y\mathrm{d}y$，这样便有 $\int_0^1\int_0^1 (xy)^{xy}\mathrm{d}x\mathrm{d}y=\int_0^1 y^y\mathrm{d}y$。

例 12　计算积分 $\iint\limits_{x^4+y^4\leqslant 1}(x^2+y^2)\mathrm{d}x\mathrm{d}y$。

解　记

$$D_1=\{(x,y)\mid x^4+y^4\leqslant 1,x\geqslant 0,y\geqslant 0\},$$
$$D_2=\{(u,v)\mid u^2+v^2\leqslant 1,u\geqslant 0,v\geqslant 0\},$$
$$D_3=\left\{(r,\theta)\mid 0\leqslant r\leqslant 1,0\leqslant\theta\leqslant\frac{\pi}{2}\right\}。$$

由对称性知

$$\iint\limits_{x^4+y^4\leqslant 1}(x^2+y^2)\mathrm{d}x\mathrm{d}y=4\iint\limits_{D_1}(x^2+y^2)\mathrm{d}x\mathrm{d}y=8\iint\limits_{D_1}x^2\mathrm{d}x\mathrm{d}y。$$

作代换 $x=\sqrt{u}$，$y=\sqrt{v}$，则 $x^4+y^4\leqslant 1(x\geqslant 0,y\geqslant 0)$ 变为 $u^2+v^2\geqslant 1(u\geqslant 0,v\geqslant 0)$，且 $\dfrac{D(x,y)}{D(u,v)}=\dfrac{1}{4\sqrt{uv}}$，这样便有

$$\iint\limits_{x^4+y^4\leqslant 1}(x^2+y^2)\mathrm{d}x\mathrm{d}y=8\iint\limits_{D_1}x^2\mathrm{d}x\mathrm{d}y=8\iint\limits_{D_2}\frac{u}{4\sqrt{uv}}\mathrm{d}u\mathrm{d}v=2\iint\limits_{D_2}\frac{\sqrt{u}}{\sqrt{v}}\mathrm{d}u\mathrm{d}v。$$

再作代换 $u=r\cos\theta$，$v=r\sin\theta$，则有

$$\begin{aligned}\iint\limits_{x^4+y^4\leqslant 1}(x^2+y^2)\mathrm{d}x\mathrm{d}y&=2\iint\limits_{D_2}\frac{\sqrt{u}}{\sqrt{v}}\mathrm{d}u\mathrm{d}v=2\iint\limits_{D_3}\sqrt{\frac{\cos\theta}{\sin\theta}}r\mathrm{d}r\mathrm{d}\theta\\&=\int_0^{\frac{\pi}{2}}\cos^{\frac{1}{2}}\theta\sin^{-\frac{1}{2}}\theta\mathrm{d}\theta\\&=\frac{1}{2}\mathrm{B}\left(\frac{3}{4},\frac{1}{4}\right)=\frac{1}{2}\Gamma\left(\frac{3}{4}\right)\Gamma\left(\frac{1}{4}\right)\\&=\frac{\pi}{2\sin\frac{\pi}{4}}=\frac{\pi}{\sqrt{2}}。\end{aligned}$$

例 13　设曲线 l 为圆：$\begin{cases}x^2+y^2+z^2=a^2,\\x+y+z=0\end{cases}(a>0)$，计算积分 $I=\oint_l(x^2+y)\mathrm{d}s$。

解法 1　由对称性知

$$\oint_l x^2\mathrm{d}s=\oint_l y^2\mathrm{d}s=\oint_l z^2\mathrm{d}s,\oint_l x\mathrm{d}s=\oint_l y\mathrm{d}s=\oint_l z\mathrm{d}s,$$

所以

$$I=\frac{1}{3}\oint_l(x^2+y^2+z^2+x+y+z)\mathrm{d}s=\frac{a^2}{3}\oint_l\mathrm{d}s=\frac{2\pi a^3}{3}。$$

解法 2 曲线 l 的参数方程为$\begin{cases} x=\dfrac{a}{\sqrt{2}}\cos\theta-\dfrac{a}{\sqrt{6}}\sin\theta, \\ y=\dfrac{2a}{\sqrt{6}}\sin\theta, \\ z=-\dfrac{a}{\sqrt{2}}\cos\theta-\dfrac{a}{\sqrt{6}}\sin\theta, \end{cases}$ $0\leqslant\theta\leqslant2\pi$,所以

$$I=\oint_{l}(x^2+y)\mathrm{d}s=\int_0^{2\pi}\left[\left(\frac{a}{\sqrt{2}}\cos\theta-\frac{a}{\sqrt{6}}\sin\theta\right)^2+\frac{2a}{\sqrt{6}}\sin\theta\right]\mathrm{d}\theta=\frac{2\pi a^3}{3}。$$

例 14 设 P,Q 在 Γ 上连续,Γ 为光滑弧段,弧长为 L,证明:$\left|\int_{\Gamma}P\mathrm{d}x+Q\mathrm{d}y\right|\leqslant ML$,其中 $M=\max\limits_{(x,y)\in\Gamma}\sqrt{P^2+Q^2}$,利用这个不等式估计

$$I_R=\oint_{x^2+y^2=R^2}\frac{y\mathrm{d}x-x\mathrm{d}y}{(x^2+xy+y^2)^2},$$

并证明:$\lim\limits_{R\to+\infty}I_R=0$。

证 (1)

$$\begin{aligned}\left|\int_{\Gamma}P\mathrm{d}x+Q\mathrm{d}y\right|&=\left|\int_{\Gamma}(P\cos\alpha+Q\cos\beta)\mathrm{d}s\right|\\&\leqslant\int_{\Gamma}|P\cos\alpha+Q\cos\beta|\mathrm{d}s\\&\leqslant\int_{\Gamma}\sqrt{P^2+Q^2}\sqrt{\cos^2\alpha+\cos^2\beta}\,\mathrm{d}s\leqslant ML。\end{aligned}$$

(2)

$$P(x,y)=\frac{y}{(x^2+xy+y^2)^2},Q(x,y)=\frac{-x}{(x^2+xy+y^2)^2},$$

$$\sqrt{P^2+Q^2}=\frac{\sqrt{x^2+y^2}}{(x^2+xy+y^2)^2}\leqslant\frac{\sqrt{x^2+y^2}}{\left[\frac{1}{2}(x^2+y^2)\right]^2}=\frac{4}{(x^2+y^2)^{\frac{3}{2}}},$$

所以

$$M=\max\{\sqrt{P^2+Q^2}\mid x^2+y^2\leqslant R^2\}=\frac{4}{R^3}。$$

易知点$\left(-\frac{\sqrt{2}}{2}R,\frac{\sqrt{2}}{2}R\right)$与$\left(\frac{\sqrt{2}}{2}R,-\frac{\sqrt{2}}{2}R\right)$使$\sqrt{P^2+Q^2}$最大,从而

$$I(R)=\oint_{x^2+y^2=R^2}\frac{y\mathrm{d}x-x\mathrm{d}y}{(x^2+xy+y^2)^2}\leqslant\frac{4}{R^3}\cdot2\pi R=\frac{8\pi}{R^2}。$$

所以$\lim\limits_{R\to+\infty}J(R)=0$。

例 15 设 C 为包含(0,0)点的简单光滑曲线,计算积分 $I=\oint_C\dfrac{x\mathrm{d}y-y\mathrm{d}x}{x^2+2xy+10y^2}$。

解 作 $\Gamma:x^2+2xy+10y^2=\varepsilon^2$,使之含于曲线 C 所围成的区域内,记 Γ 与 C 所围成区域为 D,所以

$$I=\oint_{C^+\cup\Gamma^-}-\oint_{\Gamma^-}=\oint_{\Gamma^+}\frac{x\mathrm{d}y-y\mathrm{d}x}{x^2+2xy+10y^2}$$

$$=\frac{1}{\varepsilon^2}\oint_{\Gamma^+} x\mathrm{d}y - y\mathrm{d}x = \frac{2}{\varepsilon^2}\iint_{D_1}\mathrm{d}x\mathrm{d}y = \frac{2}{\varepsilon^2}\cdot\pi\cdot\frac{\varepsilon^2}{3} = \frac{2}{3}\pi。$$

例 16　设 l 为平面上逐段光滑的闭曲线，D 是 L 所包围的区域，$u=u(x,y)$ 在 D 内直到边界 L 有二阶连续偏导数，证明：

$$\oint_L \frac{\partial u}{\partial \boldsymbol{n}}\mathrm{d}s = \iint_D\left(\frac{\partial^2 u}{\partial x^2}+\frac{\partial^2 u}{\partial y^2}\right)\mathrm{d}x\mathrm{d}y,$$

其中 $\boldsymbol{n}$ 为 L 的外法线方向。

证

$$\begin{aligned}\oint_L \frac{\partial u}{\partial \boldsymbol{n}}\mathrm{d}s &= \oint_L\left(\frac{\partial u}{\partial x}\cos(\boldsymbol{n},\boldsymbol{i})+\frac{\partial u}{\partial y}\cos(\boldsymbol{n},\boldsymbol{j})\right)\mathrm{d}s\\ &= \oint_L \frac{\partial u}{\partial x}\mathrm{d}y - \frac{\partial u}{\partial y}\mathrm{d}x = \iint_D\left(\frac{\partial^2 u}{\partial x^2}+\frac{\partial^2 u}{\partial y^2}\right)\mathrm{d}x\mathrm{d}y。\end{aligned}$$

例 17　设 $u=u(x,y)$ 有连续的二阶偏导数，证明：

$$\Delta=\frac{\partial^2 u}{\partial x^2}+\frac{\partial^2 u}{\partial y^2}=0 \Leftrightarrow \oint_C \frac{\partial u}{\partial \boldsymbol{n}}\mathrm{d}s=0,(x,y)\in D,$$

其中 C 为 D 内任意光滑闭曲线，$\boldsymbol{n}$ 为 C 的外法线方向。

证　必要性　由上题即得。

充分性(反证法)　若 $\forall(x,y)\in D$，$\frac{\partial^2 u}{\partial x^2}+\frac{\partial^2 u}{\partial y^2}$ 不恒为 0，则存在封闭曲线 C，使

$$\frac{\partial^2 u}{\partial x^2}+\frac{\partial^2 u}{\partial y^2}\neq 0,(x,y)\in D_1 \quad (D_1 \text{ 为 } C \text{ 所围}),$$

而 $\oint_C \frac{\partial u}{\partial \boldsymbol{n}}\mathrm{d}s=0$，又

$$\oint_C \frac{\partial u}{\partial \boldsymbol{n}}\mathrm{d}s = \iint_{D_1}\left(\frac{\partial^2 u}{\partial x^2}+\frac{\partial^2 u}{\partial y^2}\right)\mathrm{d}x\mathrm{d}y \neq 0,$$

矛盾，所以结论成立。

例 18　设 C 为光滑曲线，所围成的区域为 D，$\boldsymbol{n}$ 是 C 的外法线方向，证明：

$$\iint_D\left[\left(\frac{\partial u}{\partial x}\right)^2+\left(\frac{\partial u}{\partial y}\right)^2\right]\mathrm{d}x\mathrm{d}y = -\iint_D u\Delta u\,\mathrm{d}x\mathrm{d}y + \oint_{C^+} u\cdot\frac{\partial u}{\partial \boldsymbol{n}}\mathrm{d}s,$$

其中 $\Delta u=\frac{\partial^2 u}{\partial x^2}+\frac{\partial^2 u}{\partial y^2}$。

证

$$\begin{aligned}\oint_{C^+} u\cdot\frac{\partial u}{\partial \boldsymbol{n}}\mathrm{d}s &= \oint_{C^+} u\frac{\partial u}{\partial x}\mathrm{d}y - u\frac{\partial u}{\partial y}\mathrm{d}x\\ &= \iint_D\left[\left(\frac{\partial u}{\partial x}\right)^2 + u\frac{\partial^2 u}{\partial x^2} + u\frac{\partial^2 u}{\partial y^2} + \left(\frac{\partial u}{\partial y}\right)^2\right]\mathrm{d}x\mathrm{d}y\\ &= \iint_D\left[\left(\frac{\partial u}{\partial x}\right)^2+\left(\frac{\partial u}{\partial y}\right)^2\right]\mathrm{d}x\mathrm{d}y + \iint_D u\Delta u\,\mathrm{d}x\mathrm{d}y,\end{aligned}$$

移项即得结论。

例 19 设$\boldsymbol{F}(x,y)=P(x,y)\boldsymbol{i}+Q(x,y)\boldsymbol{j}$在开区域$D$内处处连续可微,在$D$内任一圆周$C$上,有$\oint_C \boldsymbol{F}\cdot\boldsymbol{n}\mathrm{d}s=0$,其中$\boldsymbol{n}$是圆周外法线单位向量,证明:在$D$内恒有

$$\frac{\partial P}{\partial x}+\frac{\partial Q}{\partial y}=0。$$

证 因为$\boldsymbol{n}$为外法线单位向量,所以

$$\boldsymbol{n}=\cos(\boldsymbol{n},\boldsymbol{i})\boldsymbol{i}+\cos(\boldsymbol{n},\boldsymbol{j})\boldsymbol{j},\quad \boldsymbol{F}\cdot\boldsymbol{n}=P(x,y)\cos(\boldsymbol{n},\boldsymbol{i})+Q(x,y)\cos(\boldsymbol{n},\boldsymbol{j}),$$

故

$$\oint_C \boldsymbol{F}\cdot\boldsymbol{n}\mathrm{d}s=\oint_C[P(x,y)\cos(\boldsymbol{n},\boldsymbol{i})+Q(x,y)\cos(\boldsymbol{n},\boldsymbol{j})]\mathrm{d}s。$$

又$\cos(\boldsymbol{n},\boldsymbol{i})\mathrm{d}s=\mathrm{d}y$,$\cos(\boldsymbol{n},\boldsymbol{j})\mathrm{d}s=-\mathrm{d}x$,故

$$0=\oint_C \boldsymbol{F}\cdot\boldsymbol{n}\mathrm{d}s=\oint_C P(x,y)\mathrm{d}y-Q(x,y)\mathrm{d}x=\iint_{\Delta}\left(\frac{\partial P}{\partial x}+\frac{\partial Q}{\partial y}\right)\mathrm{d}x\mathrm{d}y,\qquad (*)$$

(其中Δ为C所包围的区域)。

现用反证法证明在D内恒有$\frac{\partial P}{\partial x}+\frac{\partial Q}{\partial y}=0$成立,若不然,存在某点$M_0\in D$,使

$$\left(\frac{\partial P}{\partial x}+\frac{\partial Q}{\partial y}\right)\bigg|_{M_0}>0,\qquad (**)$$

则由$\frac{\partial P}{\partial x}$,$\frac{\partial Q}{\partial y}$的连续性,以及连续函数的局部保号性,存在$M_0$的一个充分小的圆邻域$\Delta\in N(M_0)$,使得(* *)式在$\Delta$上保持成立,从而积分$\iint_{\Delta}\left(\frac{\partial P}{\partial x}+\frac{\partial Q}{\partial y}\right)\mathrm{d}x\mathrm{d}y>0$与(*)式矛盾,因此在$D$内恒有$\frac{\partial P}{\partial x}+\frac{\partial Q}{\partial y}=0$。

例 20 计算曲线积分$I=\int_{\widehat{AMB}}[\varphi(y)\cos x-\pi y]\mathrm{d}x+[\varphi'(y)\sin x-\pi]\mathrm{d}y$,其中$\widehat{AMB}$为连接点$A(\pi,2)$与点$B(3\pi,4)$的线段$\overline{AB}$之下方的任意路线,且该路线与线段$\overline{AB}$所围图形面积为 2。

解

$$\frac{\partial P}{\partial y}=\frac{\partial[\varphi(y)\cos x-\pi y]}{\partial y}=\varphi'(y)\cos x-\pi,$$

$$\frac{\partial Q}{\partial x}=\frac{\partial[\varphi'(y)\sin x-\pi]}{\partial x}=\varphi'(y)\cos x。$$

因为$\varphi(y)$是抽象函数,所以这类问题一般是加边使曲线封闭,再用格林公式,为此

$$I=\int_{\widehat{AMB}}+\int_{\overline{BA}}-\int_{\overline{BA}}=\oint_{\widehat{AMBA}}-\int_{\overline{BA}},$$

$$\oint_{\widehat{AMBA}}P\mathrm{d}x+Q\mathrm{d}y=\iint_D\left(\frac{\partial Q}{\partial x}-\frac{\partial P}{\partial y}\right)=\pi\iint_D\mathrm{d}x\mathrm{d}y=2\pi。$$

因为$\overline{BA}:y=\frac{x}{\pi}+1$,所以

$$\int_{\overline{BA}}=\int_{3\pi}^{\pi}\left[\varphi\left(\frac{x}{\pi}+1\right)\cos x-\pi\left(\frac{x}{\pi}+1\right)\right]\mathrm{d}x+\int_{3\pi}^{\pi}\left[\varphi'\left(\frac{x}{\pi}+1\right)\sin x-\pi\right]\cdot\frac{1}{\pi}\mathrm{d}x$$

$$=\int_{3\pi}^{\pi}\varphi\left(\frac{x}{\pi}+1\right)\cos x\,\mathrm{d}x+\int_{3\pi}^{\pi}\frac{1}{\pi}\varphi'\left(\frac{x}{\pi}+1\right)\sin x\,\mathrm{d}x-\int_{3\pi}^{\pi}(\pi+1+x)\,\mathrm{d}x$$

$$=\int_{3\pi}^{\pi}\varphi\left(\frac{x}{\pi}+1\right)\cos x\,\mathrm{d}x+\varphi\left(\frac{x}{\pi}+1\right)\sin x\Big|_{3\pi}^{\pi}-$$

$$\int_{3\pi}^{\pi}\varphi\left(\frac{x}{\pi}+1\right)\cos x\,\mathrm{d}x-\left[(\pi+1)x+\frac{x^2}{2}\right]\Big|_{3\pi}^{\pi}$$

$$=2\pi(1+3\pi)。$$

故 $I=2\pi-2\pi(1+3\pi)=-6\pi^2$。

例 21　设曲线 L 是正向圆周 $(x-a)^2+(y-a)^2=1$，$\varphi(x)$ 是连续的正函数，证明：

$$\oint_L \frac{x}{\varphi(y)}\mathrm{d}y-y\varphi(x)\,\mathrm{d}x\geqslant 2\pi。$$

证　设 L 所围成的闭区域为 D，由格林公式得

$$\oint_L \frac{x}{\varphi(y)}\mathrm{d}y-y\varphi(x)\,\mathrm{d}x=\iint_D\left[\frac{1}{\varphi(y)}+\varphi(x)\right]\mathrm{d}x\,\mathrm{d}y。$$

因为区域 D 关于直线 $y=x$ 对称，所以

$$\iint_D\varphi(x)\,\mathrm{d}x\,\mathrm{d}y=\iint_D\varphi(y)\,\mathrm{d}x\,\mathrm{d}y,$$

于是

$$\oint_L \frac{x}{\varphi(y)}\mathrm{d}y-y\varphi(x)\,\mathrm{d}x=\iint_D\left[\frac{1}{\varphi(y)}+\varphi(y)\right]\mathrm{d}x\,\mathrm{d}y$$

$$\geqslant 2\iint_D\sqrt{\varphi(y)\,\frac{1}{\varphi(y)}}\,\mathrm{d}x\,\mathrm{d}y=2\iint_D\mathrm{d}x\,\mathrm{d}y=2\pi。$$

例 22　设曲面 Σ：$x^2+y^2+z^2=a^2(z\geqslant 0)$，试计算曲面积分

$$I=\iint_\Sigma\frac{\mathrm{d}S}{\sqrt{x^2+y^2+(z+a)^2}}。$$

解　曲面 Σ 的参数方程为 $\begin{cases}x=a\sin\varphi\cos\theta,\\ y=a\sin\varphi\sin\theta,\\ z=a\cos\varphi,\end{cases}$ 则 $\begin{cases}0\leqslant\varphi\leqslant\dfrac{\pi}{2},\\ 0\leqslant\theta\leqslant 2\pi,\end{cases}$ 且 $\sqrt{EG-F^2}=a^2\sin\varphi$，因而有

$$I=\int_0^{\frac{\pi}{2}}\mathrm{d}\varphi\int_0^{2\pi}\frac{a^2\sin\varphi}{\sqrt{a^2\sin^2\varphi+a^2(1+\cos\varphi)^2}}\mathrm{d}\theta=\int_0^{2\pi}\mathrm{d}\theta\int_0^{\frac{\pi}{2}}\frac{a\sin\varphi}{\sqrt{2+2\cos\varphi}}\mathrm{d}\varphi=2\pi a(2-\sqrt{2})。$$

例 23　设 S 是柱面 $\dfrac{x^2}{16}+\dfrac{y^2}{4}=1$ 截平面 $x+2z-4=0$ 的部分，计算曲面积分

$$I=\iint_S \mathrm{e}^{x^2+4y^2}\,\mathrm{d}y\,\mathrm{d}z+\sin(x+z)\,\mathrm{d}z\,\mathrm{d}x。$$

解　S 在 yOz 平面的投影为 D_{yz}：$(z-2)^2+y^2=4$，因为 $x+2z-4=0$ 是与 y 轴平行的平面，所以 S 在 zOx 平面的投影只是线段，即 S 与 zOx 平面垂直，所以

$$\iint_S\sin(x+z)\,\mathrm{d}z\,\mathrm{d}x=0,$$

因而

$$I=\iint_{D_{yz}} \mathrm{e}^{(4-2z)^2+4y^2}\,\mathrm{d}y\mathrm{d}z=\int_0^{2\pi}\mathrm{d}\theta\int_0^2 \mathrm{e}^{4r^2} r\mathrm{d}r=\frac{\pi}{4}(\mathrm{e}^{16}-1)。$$

例 24　设 S^+ 为 $z-c=\sqrt{R^2-(x-a)^2-(y-b)^2}$ 的上侧，试计算曲面积分

$$I=\iint_{S^+} x^2\mathrm{d}y\mathrm{d}z+y^2\mathrm{d}z\mathrm{d}x+(x-a)yz\mathrm{d}x\mathrm{d}y。$$

解法 1

$$\iint_{S^+} x^2\mathrm{d}y\mathrm{d}z=\iint_{S_1^+} x^2\mathrm{d}y\mathrm{d}z+\iint_{S_2^+} x^2\mathrm{d}y\mathrm{d}z,$$

其中 S_1^+ 与 S_2^+ 的方程分别为

$$x_1=a+\sqrt{R^2-(y-b)^2-(z-c)^2},\quad x_2=a-\sqrt{R^2-(y-b)^2-(z-c)^2}。$$

所以

$$\begin{aligned}\iint_{S^+} x^2\mathrm{d}y\mathrm{d}z&=\iint_{D_{yz}}(a+\sqrt{R^2-(y-b)^2-(z-c)^2})^2\mathrm{d}y\mathrm{d}z-\\&\quad\iint_{D_{yz}}(a-\sqrt{R^2-(y-b)^2-(z-c)^2})^2\mathrm{d}y\mathrm{d}z\\&=4a\iint_{D_{yz}}\sqrt{R^2-(y-b)^2-(z-c)^2}\,\mathrm{d}y\mathrm{d}z\\&=4a\int_0^{\pi}\mathrm{d}\theta\int_0^R\sqrt{R^2-r^2}\,r\mathrm{d}r\\&=\frac{4}{3}\pi aR^3。\end{aligned}$$

同理

$$\iint_{S^+} y^2\mathrm{d}z\mathrm{d}x=\frac{4}{3}\pi bR^3,$$

$$\begin{aligned}\iint_{S^+}(x-a)yz\mathrm{d}x\mathrm{d}y&=\iint_{D_{xy}}(x-a)y[c+\sqrt{R^2-(x-a)^2-(y-b)^2}]\mathrm{d}x\mathrm{d}y\\&=\int_0^{2\pi}\mathrm{d}\theta\int_0^R r\cos\theta(b+r\sin\theta)[c+\sqrt{R^2-r^2}]r\mathrm{d}r\\&=\int_0^{2\pi}\mathrm{d}\theta\int_0^R r^2\cos\theta(b+r\sin\theta)(c+\sqrt{R^2-r^2})\mathrm{d}r\\&=\int_{-\pi}^{\pi}\left[\int_0^R r^2\cos\theta(b+r\sin\theta)(c+\sqrt{R^2-r^2})\mathrm{d}r\right]\mathrm{d}\theta\\&=\int_{-\pi}^{\pi}\left(\int_0^R r^2\cos\theta\cdot b(c+\sqrt{R^2-r^2})\mathrm{d}r\right)\mathrm{d}\theta\\&=0。\end{aligned}$$

所以

$$I=\iint_{S^+} x^2\mathrm{d}y\mathrm{d}z+y^2\mathrm{d}z\mathrm{d}x+(x-a)yz\mathrm{d}x\mathrm{d}y=\frac{4}{3}(a+b)\pi R^3。$$

解法 2　令$\begin{cases}x=a+R\sin\varphi\cos\theta,\\ y=b+R\sin\varphi\sin\theta,\\ z=c+R\cos\varphi,\end{cases}$则$\begin{cases}0\leqslant\theta\leqslant 2\pi,\\ 0\leqslant\varphi\leqslant\dfrac{\pi}{2},\end{cases}$所以有

$$A=\frac{D(y,z)}{D(\varphi,\theta)}=R^2\sin^2\varphi\cos\theta,$$

因而有$(A\cos\alpha)\big|_{(\frac{\pi}{4},\frac{\pi}{4})}>0$，所以

$$\iint_{S^+}x^2\mathrm{d}y\mathrm{d}z=\int_0^{2\pi}\mathrm{d}\theta\int_0^{\frac{\pi}{2}}(a+R\sin\varphi\cos\theta)^2R^2\sin^2\varphi\cos\theta\mathrm{d}\varphi=\frac{4}{3}\pi aR^3。$$

同理有

$$\iint_{S^+}y^2\mathrm{d}z\mathrm{d}x=\frac{4}{3}\pi bR^3,\quad \iint_{S^+}(x-a)yz\mathrm{d}x\mathrm{d}y=0。$$

所以

$$I=\iint_{S^+}x^2\mathrm{d}y\mathrm{d}z+y^2\mathrm{d}z\mathrm{d}x+(x-a)yz\mathrm{d}x\mathrm{d}y=\frac{4}{3}(a+b)\pi R^3。$$

例 25　计算曲面积分$I=\iint\limits_{\Sigma}(-y)\mathrm{d}z\mathrm{d}x+(z+1)\mathrm{d}x\mathrm{d}y$，其中$\Sigma$是圆柱面$x^2+y^2=4$被平面$x+z=2$和$z=0$所截出部分的外侧。

解　记$\Sigma_1:x+z=2,\Sigma_2:x^2+y^2=4,\Sigma_3:z=0$，则

$$I=\iint_{\Sigma_1+\Sigma_2+\Sigma_3}-\iint_{\Sigma_1}-\iint_{\Sigma_3},$$

$$\iint_{\Sigma_1+\Sigma_2+\Sigma_3}(-y)\mathrm{d}z\mathrm{d}x+(z+1)\mathrm{d}x\mathrm{d}y=\iiint_D(-1+1)\mathrm{d}x\mathrm{d}y\mathrm{d}z=0,$$

$$\begin{aligned}\iint_{\Sigma_1}(-y)\mathrm{d}z\mathrm{d}x+(z+1)\mathrm{d}x\mathrm{d}y&=\iint_{\Sigma_1}(0,-y,z+1)\cdot(1,0,1)\mathrm{d}x\mathrm{d}y\\&=\iint_{\Sigma_1}(z+1)\mathrm{d}x\mathrm{d}y=\iint_{D_{xy}}(3-x)\mathrm{d}x\mathrm{d}y\\&=\int_0^{2\pi}\mathrm{d}\theta\int_0^2(3-r\cos\theta)r\mathrm{d}r=12\pi,\end{aligned}$$

$$\iint_{\Sigma_3}(-y)\mathrm{d}z\mathrm{d}x+(z+1)\mathrm{d}x\mathrm{d}y=\iint_{\Sigma_3}\mathrm{d}x\mathrm{d}y=-4\pi。$$

故$I=0-12\pi+4\pi=-8\pi$。

例 26　计算曲面积分

$$I=\iint_{\Sigma}(x^3+az^2)\mathrm{d}y\mathrm{d}z+(y^3+ax^2)\mathrm{d}z\mathrm{d}x+(z^3+ay^2)\mathrm{d}x\mathrm{d}y,$$

其中Σ为上半球面$z=\sqrt{a^2-x^2-y^2}$的上侧。

解　$I=\iint\limits_{\Sigma+\Sigma^*}-\iint\limits_{\Sigma^*}$，其中$\Sigma^*$为$z=0$所确定的平面，取下侧。

$$\iint\limits_{\Sigma+\Sigma^*} = \iiint\limits_{\Omega}\left(\frac{\partial P}{\partial x}+\frac{\partial Q}{\partial y}+\frac{\partial R}{\partial z}\right)\mathrm{d}x\mathrm{d}y\mathrm{d}z = 3\iiint\limits_{\Omega}(x^2+y^2+z^2)\mathrm{d}x\mathrm{d}y\mathrm{d}z$$

$$= 3\int_0^{\frac{\pi}{2}}\mathrm{d}\varphi\int_0^{2\pi}\mathrm{d}\theta\int_0^a r^4\sin\varphi\mathrm{d}r = \frac{6}{5}\pi a^5,$$

$$\iint\limits_{\Sigma^*} ay^2\mathrm{d}x\mathrm{d}y = -a\int_0^{2\pi}\mathrm{d}\theta\int_0^a r^3\sin^2\theta\mathrm{d}r = -\frac{1}{4}\pi a^5。$$

所以 $I=\frac{6}{5}\pi a^5+\frac{1}{4}\pi a^5=\frac{29}{20}\pi a^5$。

例 27 计算曲面积分 $I=\iint\limits_{\Sigma}4zx\,\mathrm{d}y\mathrm{d}z-2z\mathrm{d}z\mathrm{d}x+(1-z^2)\mathrm{d}x\mathrm{d}y$，其中 Σ 为曲线 $\begin{cases}z=a^y,\\x=0\end{cases}(0\leqslant y\leqslant 2,a>0,a\neq 1)$ 绕 z 轴旋转一周所成曲面的下侧。

解 Σ 的方程：$z=a^{\sqrt{x^2+y^2}}(x^2+y^2\leqslant 4)$，添加一个平面 $\Sigma_1:z=a^2$，则 Σ 与 Σ_1 构成闭曲面 Σ^*，其所围区域记为 Ω，于是 $I=\iint\limits_{\Sigma+\Sigma_1}-\iint\limits_{\Sigma_1}$，而

$$\iint\limits_{\Sigma^*} = \iiint\limits_{\Omega}\left(\frac{\partial P}{\partial x}+\frac{\partial Q}{\partial y}+\frac{\partial R}{\partial z}\right)\mathrm{d}x\mathrm{d}y\mathrm{d}z$$

$$= \iiint\limits_{\Omega}(4z-2z)\mathrm{d}x\mathrm{d}y\mathrm{d}z = 2\iiint\limits_{\Omega}z\mathrm{d}x\mathrm{d}y\mathrm{d}z$$

$$= 2\int_0^{2\pi}\mathrm{d}\theta\int_0^2 r\mathrm{d}r\int_{a^r}^{a^2}z\mathrm{d}z$$

$$= 4\pi a^4-2\pi\left[\frac{a^4}{\ln a}-\frac{a^4}{(2\ln a)^2}+\frac{1}{(2\ln a)^2}\right],$$

$$\iint\limits_{\Sigma_1} = \iint\limits_{D_{xy}}(1-a^4)\mathrm{d}x\mathrm{d}y = (1-a^4)\iint\limits_{x^2+y^2\leqslant 4}\mathrm{d}x\mathrm{d}y = 4\pi(1-a^4)。$$

故 $I=4\pi(2a^4-1)-2\pi\left[\frac{a^4}{\ln a}-\frac{a^4}{(2\ln a)^2}+\frac{1}{(2\ln a)^2}\right]$。

例 28 计算曲面积分

$$I=\iint\limits_{S_{外}}(x-y+z)\mathrm{d}y\mathrm{d}z+(2y+\sin(z+x))\mathrm{d}z\mathrm{d}x+(3z+\mathrm{e}^{x+y})\mathrm{d}x\mathrm{d}y,$$

其中 $S:|x-y+z|+|y-z+x|+|z-x+y|=1$。

解 由高斯公式，$I=6\iiint\limits_{V}\mathrm{d}x\mathrm{d}y\mathrm{d}z$，$V$ 为 S 所围区域，令 $\begin{cases}u=x-y+z,\\v=y-z+x,\\w=z-x+y,\end{cases}$ 得

$$|J(u,v,w)|=\left|\frac{D(x,y,z)}{D(u,v,w)}\right|=\frac{1}{4},$$

所以

$$I=\frac{6}{4}\iiint\limits_{V'}\mathrm{d}x\mathrm{d}y\mathrm{d}z=2,$$

其中 $V':|u|+|v|+|w|\leqslant 1$。

例 29　计算曲面积分 $I=\iint\limits_{S_{上}}\dfrac{x\mathrm{d}y\mathrm{d}z+y\mathrm{d}z\mathrm{d}x+z\mathrm{d}x\mathrm{d}y}{\sqrt{(x^2+y^2+z^2)^3}}$，其中 $S:1-\dfrac{z}{7}=\dfrac{(x-2)^2}{25}+\dfrac{(y-1)^2}{16}(z\geqslant 0)$ 的上侧。

解　用 Γ 表示以原点为中心，r 为半径的上半球面，$\Gamma_{内}$ 表示 Γ 的内侧，取 r 充分小，使 Γ 在 S 之内部，记 Σ 为 $z=0$ 平面上

$$x^2+y^2\geqslant r^2,\quad \frac{(x-2)^2}{25}+\frac{(y-1)^2}{16}\leqslant 1$$

的部分，$\Sigma_{下}$ 表示 Σ 的下侧，V 表示 S 与 Σ 所围的区域，则

$$I=\iint\limits_{S_{上}}\frac{x\mathrm{d}y\mathrm{d}z+y\mathrm{d}z\mathrm{d}x+z\mathrm{d}x\mathrm{d}y}{\sqrt{(x^2+y^2+z^2)^3}}=\iint\limits_{S_{上}+\Gamma_{内}+\Sigma_{下}}-\iint\limits_{\Sigma_{下}}-\iint\limits_{\Gamma_{内}}=\iiint\limits_{V}0\mathrm{d}x\mathrm{d}y\mathrm{d}z-\iint\limits_{\Sigma_{下}}+\iint\limits_{\Gamma_{外}}。$$

$\Sigma_{下}$ 上的积分为 0，因为 Σ 与 yOz，zOx 平面均垂直，且在 Σ 上 $z=0$，所以

$$I=\iint\limits_{\Gamma_{外}}\frac{x\mathrm{d}y\mathrm{d}z+y\mathrm{d}z\mathrm{d}x+z\mathrm{d}x\mathrm{d}y}{\sqrt{(x^2+y^2+z^2)^3}}=\frac{1}{r^3}\iint\limits_{\Gamma_{外}}x\mathrm{d}y\mathrm{d}z+y\mathrm{d}z\mathrm{d}x+z\mathrm{d}x\mathrm{d}y。$$

记 yOx 平面上 $x^2+y^2\leqslant r^2$ 的部分下侧为 $\sigma_{下}$，则此时

$$\iint\limits_{\sigma_{下}}x\mathrm{d}y\mathrm{d}z+y\mathrm{d}z\mathrm{d}x+z\mathrm{d}x\mathrm{d}y=0,$$

因而

$$I=\frac{1}{r^3}\iint\limits_{\Gamma_{外}+\sigma_{下}}x\mathrm{d}y\mathrm{d}z+y\mathrm{d}z\mathrm{d}x+z\mathrm{d}x\mathrm{d}y=\frac{3}{r^3}\iiint\limits_{V_1}\mathrm{d}x\mathrm{d}y\mathrm{d}z=2\pi,$$

其中 $V_1=\{(x,y,z)\mid x^2+y^2+z^2\leqslant r^2,z\geqslant 0\}$。

例 30　计算曲面积分 $I=\iint\limits_{S_{外}}\dfrac{x\mathrm{d}y\mathrm{d}z+y\mathrm{d}z\mathrm{d}x+z\mathrm{d}x\mathrm{d}y}{\sqrt{(x^2+y^2+z^2)^3}}$，其中 S 为 $V=\{(x,y,z)\mid |x|\leqslant 2,|y|\leqslant 2,|z|\leqslant 2\}$ 的表面。

解　因为

$$\frac{\partial P}{\partial x}+\frac{\partial Q}{\partial y}+\frac{\partial R}{\partial z}=0,$$

所以选择球面 $\Gamma:x^2+y^2+z^2=r^2$，使 r 充分小，Γ 在 S 的内部，设 V 是 S 和 Γ 所围区域，所以

$$I=\iint\limits_{S_{外}}\frac{x\mathrm{d}y\mathrm{d}z+y\mathrm{d}z\mathrm{d}x+z\mathrm{d}x\mathrm{d}y}{\sqrt{(x^2+y^2+z^2)^3}}=\iint\limits_{\Gamma_{外}+\Gamma_{内}}-\iint\limits_{\Gamma_{内}}=\iint\limits_{\Gamma_{外}}=\frac{3}{r^3}\iiint\limits_{V}\mathrm{d}x\mathrm{d}y\mathrm{d}z=4\pi。$$

例 31　计算高斯曲面积分 $I=\iint\limits_{S}\dfrac{\cos(\boldsymbol{n},\boldsymbol{r})}{r^2}\mathrm{d}S$，其中 S 是光滑封闭曲面，原点不在 S 上，r 是 S 上动点到原点的距离，$(\boldsymbol{n},\boldsymbol{r})$ 是动点处外法线方向 $\boldsymbol{n}$ 与径向量 $\boldsymbol{r}$ 的夹角。

解　$\boldsymbol{r}=(x,y,z)$ 表示动点 (x,y,z) 的径向量，则 $r=\sqrt{x^2+y^2+z^2}$，$\boldsymbol{n}=(\cos\alpha,\cos\beta,\cos\gamma)$ 表示 S 在动点的外法线单位向量，则

$$\cos(\boldsymbol{n},\boldsymbol{r})=\frac{\boldsymbol{n}\cdot\boldsymbol{r}}{r}=\frac{1}{r}(x\cos\alpha+y\cos\beta+z\cos\gamma)。$$

(1) 若原点位于 S 外部区域，则函数

$$P=\frac{x}{\sqrt{(x^2+y^2+z^2)^3}},Q=\frac{y}{\sqrt{(x^2+y^2+z^2)^3}},R=\frac{z}{\sqrt{(x^2+y^2+z^2)^3}}$$

在曲面 S 的内部直到边界 S 上连续且有连续的偏导数,因此可以应用高斯公式,得

$$\iint_S \frac{\cos(\boldsymbol{n},\boldsymbol{r})}{r^2}\mathrm{d}S=\iint_S \frac{x}{r^3}\mathrm{d}y\mathrm{d}z+\frac{y}{r^3}\mathrm{d}z\mathrm{d}x+\frac{z}{r^3}\mathrm{d}y\mathrm{d}x$$

$$=\iiint_V\left(\frac{\partial\left(\frac{x}{r^3}\right)}{\partial x}+\frac{\partial\left(\frac{y}{r^3}\right)}{\partial y}+\frac{\partial\left(\frac{z}{r^3}\right)}{\partial z}\right)\mathrm{d}x\mathrm{d}y\mathrm{d}z=0。$$

(2) 若原点位于 S 的内部区域,这时 P,Q,R 在原点处不连续,不能直接在 S 的内部区域上应用高斯公式,今以原点为中心,以 $\varepsilon>0$(充分小)为半径,作一球面 Γ_ε,使得 Γ_ε 全位于 S 的内部区域,以 V 表示 S 与 Γ 之间的区域,则 V 内不含原点可以应用(1)中已得结论。因此原积分

$$I=\iint_S \frac{x}{r^3}\mathrm{d}y\mathrm{d}z+\frac{y}{r^3}\mathrm{d}z\mathrm{d}x+\frac{z}{r^3}\mathrm{d}y\mathrm{d}x$$

$$=\iint_{S_{外}+\Gamma_{内}} \frac{x}{r^3}\mathrm{d}y\mathrm{d}z+\frac{y}{r^3}\mathrm{d}z\mathrm{d}x+\frac{z}{r^3}\mathrm{d}y\mathrm{d}x-\iint_{\Gamma_{\varepsilon内}} \frac{x}{r^3}\mathrm{d}y\mathrm{d}z+\frac{y}{r^3}\mathrm{d}z\mathrm{d}x+\frac{z}{r^3}\mathrm{d}y\mathrm{d}x$$

$$=0+\iint_{\Gamma_{\varepsilon外}} \frac{x}{r^3}\mathrm{d}y\mathrm{d}z+\frac{y}{r^3}\mathrm{d}z\mathrm{d}x+\frac{z}{r^3}\mathrm{d}y\mathrm{d}x$$

$$=\frac{1}{\varepsilon^3}\iint_{\Gamma_{\varepsilon外}} x\mathrm{d}y\mathrm{d}z+y\mathrm{d}z\mathrm{d}x+z\mathrm{d}x\mathrm{d}y$$

$$=\frac{3}{\varepsilon^3}\iiint_{V}\mathrm{d}x\mathrm{d}y\mathrm{d}z=4\pi。$$

总之

$$I=\begin{cases}0, & 当原点位于 S 的外部区域,\\ 4\pi, & 当原点位于 S 的内部区域。\end{cases}$$

例 32　证明:高斯第二公式

$$\iiint_V\begin{vmatrix}\nabla^2 u & \nabla^2 v\\ u & v\end{vmatrix}\mathrm{d}x\mathrm{d}y\mathrm{d}z=\iint_\Sigma\begin{vmatrix}\frac{\partial u}{\partial \boldsymbol{n}} & \frac{\partial v}{\partial \boldsymbol{n}}\\ u & v\end{vmatrix}\mathrm{d}S,$$

其中 V 是曲面 Σ 所围成的区域,$\boldsymbol{n}$ 是曲面 Σ 的单位外法向量,$u(x,y,z)$,$v(x,y,z)$在一包含 $\bar{V}$ 的某区域上有连续的二阶偏导数。$\nabla^2 u=\frac{\partial^2 u}{\partial^2 x}+\frac{\partial^2 u}{\partial^2 y}+\frac{\partial^2 u}{\partial^2 z}$。

证

$$\iint_\Sigma\begin{vmatrix}\frac{\partial u}{\partial \boldsymbol{n}} & \frac{\partial v}{\partial \boldsymbol{n}}\\ u & v\end{vmatrix}\mathrm{d}S=\iint_\Sigma\left(\frac{\partial u}{\partial \boldsymbol{n}}v-\frac{\partial v}{\partial \boldsymbol{n}}u\right)\mathrm{d}S$$

$$=\iint_\Sigma\left[\left(\frac{\partial u}{\partial x}\cos\alpha+\frac{\partial u}{\partial y}\cos\beta+\frac{\partial u}{\partial z}\cos\gamma\right)v-\left(\frac{\partial v}{\partial x}\cos\alpha+\frac{\partial v}{\partial y}\cos\beta+\frac{\partial v}{\partial z}\cos\gamma\right)u\right]\mathrm{d}S$$

$$=\iint_{\Sigma}\left(\frac{\partial u}{\partial x}v-\frac{\partial v}{\partial x}u\right)\mathrm{d}y\mathrm{d}z+\left(\frac{\partial u}{\partial y}v-\frac{\partial v}{\partial y}u\right)\mathrm{d}z\mathrm{d}x+\left(\frac{\partial u}{\partial z}v-\frac{\partial v}{\partial z}u\right)\mathrm{d}x\mathrm{d}y$$

$$=\iiint_{V}\left[\frac{\partial^2 u}{\partial x^2}v+\frac{\partial u}{\partial x}\frac{\partial v}{\partial x}-\frac{\partial^2 v}{\partial x^2}u-\frac{\partial u}{\partial x}\frac{\partial v}{\partial x}+\frac{\partial^2 u}{\partial y^2}v-\frac{\partial^2 v}{\partial y^2}u+\frac{\partial^2 u}{\partial z^2}v-\frac{\partial^2 v}{\partial z^2}u\right]\mathrm{d}x\mathrm{d}y\mathrm{d}z$$

$$=\iiint_{V}\left[\left(\frac{\partial^2 u}{\partial x^2}+\frac{\partial^2 u}{\partial y^2}+\frac{\partial^2 u}{\partial z^2}\right)v-\left(\frac{\partial^2 v}{\partial x^2}+\frac{\partial^2 v}{\partial y^2}+\frac{\partial^2 v}{\partial z^2}\right)u\right]\mathrm{d}x\mathrm{d}y\mathrm{d}z$$

$$=\iiint_{V}\begin{vmatrix}\nabla^2 u & \nabla^2 v\\ u & v\end{vmatrix}\mathrm{d}x\mathrm{d}y\mathrm{d}z。$$

例 33　设 $V\subset\mathbb{R}^3$，V 的边界曲面 S 是逐段光滑的闭曲面，$u(x,y,z)$ 在 $\bar{V}$ 上有连续的二阶偏导数，$\dfrac{\partial u}{\partial \boldsymbol{n}}$ 为沿 S 的外法线方向的方向导数，证明：$\displaystyle\iiint_{V}\nabla^2 u\,\mathrm{d}x\mathrm{d}y\mathrm{d}z=\iint_{S}\frac{\partial u}{\partial \boldsymbol{n}}\mathrm{d}S$。

证

$$\iint_{S_{外}}\frac{\partial u}{\partial \boldsymbol{n}}\mathrm{d}S=\iint_{S_{外}}\left(\frac{\partial u}{\partial x}\cos\alpha+\frac{\partial u}{\partial y}\cos\beta+\frac{\partial u}{\partial z}\cos\gamma\right)\mathrm{d}S$$

$$=\iint_{S_{外}}\frac{\partial u}{\partial x}\mathrm{d}y\mathrm{d}z+\frac{\partial u}{\partial y}\mathrm{d}z\mathrm{d}x+\frac{\partial u}{\partial z}\mathrm{d}x\mathrm{d}y$$

$$=\iiint_{V}\left(\frac{\partial^2 u}{\partial^2 x}+\frac{\partial^2 u}{\partial^2 y}+\frac{\partial^2 u}{\partial^2 z}\right)\mathrm{d}x\mathrm{d}y\mathrm{d}z$$

$$=\iiint_{V}\nabla^2 u\,\mathrm{d}x\mathrm{d}y\mathrm{d}z。$$

例 34　设 $f(x,y,z)$ 表示从原点到椭球面 $\Sigma:\dfrac{x^2}{a^2}+\dfrac{y^2}{b^2}+\dfrac{z^2}{c^2}=1$ 上点 $P(x,y,z)$ 的切平面的距离，证明：$\displaystyle\iint_{\Sigma}\frac{\mathrm{d}S}{f(x,y,z)}=\frac{4\pi}{3abc}(b^2c^2+c^2a^2+a^2b^2)$。

证　椭球面 $\Sigma:\dfrac{x^2}{a^2}+\dfrac{y^2}{b^2}+\dfrac{z^2}{c^2}=1$ 上点 $P(x,y,z)$ 的外法向量为 $\boldsymbol{n}=\left(\dfrac{x}{a^2},\dfrac{y}{b^2},\dfrac{z}{c^2}\right)$，原点到点 $P(x,y,z)$ 的切平面的距离为

$$f(x,y,z)=\frac{1}{\sqrt{\left(\frac{x}{a^2}\right)^2+\left(\frac{y}{b^2}\right)^2+\left(\frac{z}{c^2}\right)^2}},$$

因此有

$$\iint_{\Sigma}\frac{\mathrm{d}S}{f(x,y,z)}=\iint_{\Sigma}\sqrt{\left(\frac{x}{a^2}\right)^2+\left(\frac{y}{b^2}\right)^2+\left(\frac{z}{c^2}\right)^2}\,\mathrm{d}S$$

$$=\iint_{\Sigma}\left(\frac{x}{a^2}\cos\alpha+\frac{y}{b^2}\cos\beta+\frac{z}{c^2}\cos\gamma\right)\mathrm{d}S$$

$$=\iiint_{V}\left(\frac{1}{a^2}+\frac{1}{b^2}+\frac{1}{c^2}\right)\mathrm{d}x\mathrm{d}y\mathrm{d}z$$

$$=\frac{4\pi}{3abc}(b^2c^2+c^2a^2+a^2b^2),$$

其中 $V:\frac{x^2}{a^2}+\frac{y^2}{b^2}+\frac{z^2}{c^2}\leqslant 1$。

例 35　计算曲线积分 $I=\oint_{L^+}x\,\mathrm{d}y-y\,\mathrm{d}x$，其中 L^+ 为上半球面 $x^2+y^2+z^2=1,z\geqslant 0$ 与柱面 $x^2+y^2=x$ 的交线，从 z 轴正向向下看 L 正向取逆时针方向。

解法 1　用 S^+ 表示上半球面在柱面 $x^2+y^2=x$ 内的部分之上侧，则 S^+ 与 L^+ 符合右手系，于是由斯托克斯公式，有

$$I=2\iint_{S^+}\mathrm{d}x\,\mathrm{d}y=2\iint_{\left(x-\frac{1}{2}\right)^2+y^2\leqslant\frac{1}{4}}\mathrm{d}x\,\mathrm{d}y=\frac{\pi}{2}。$$

解法 2(直接利用参数方程化为定积分)　$L^+:\begin{cases}x=\frac{1}{2}+\frac{1}{2}\cos\theta,\\ y=\frac{1}{2}\sin\theta,\\ z=\frac{1}{\sqrt{2}}\sqrt{1-\cos\theta}\end{cases}$　$(0\leqslant\theta\leqslant 2\pi)$，所以

$$I=\oint_{L^+}x\,\mathrm{d}y-y\,\mathrm{d}x=\int_0^{2\pi}\left(\frac{1}{4}\cos 2\theta+\frac{1}{4}\right)\mathrm{d}\theta=\frac{\pi}{2}。$$

第三部分

考点直击（高等代数）

第1章　多　项　式

1.1　基本知识点

1. 多项式的定义　设 P 为一个数域，x 为一个未定元。当 $a_0, a_1, \cdots, a_n \in P$，称 $f(x) = a_n x^n + \cdots + a_1 x + a_0$ 为数域 P 上的一个(一元)多项式。若 $a_n \neq 0$，则称 $f(x)$ 是 n 次多项式，a_n 称为 $f(x)$ 的首项系数，n 为 $f(x)$ 的次数，记为 $n = \deg(f(x))$。若 $a_n = \cdots = a_1 = a_0 = 0$，此时称 $f(x)$ 为零多项式，记为 $f(x) = 0$，并规定零多项式没有次数。注意零次多项式为非零常数。

用 $P[x]$ 表示数域 P 上的所有一元多项式构成的集合。称 $P[x]$ 为数域 P 上的一元多项式环。

2. 带余除法　对于 $P[x]$ 中任意两个多项式 $f(x)$ 与 $g(x)$，其中 $g(x) \neq 0$，一定存在 $P[x]$ 中的多项式 $q(x)$ 和 $r(x)$ 使得 $f(x) = q(x)g(x) + r(x)$ 成立，其中 $\deg(r(x)) < \deg(g(x))$ 或 $r(x) = 0$，并且这样的 $q(x)$，$r(x)$ 是唯一的。

3. 整除　设 $f(x)$ 和 $g(x)$ 为 $P[x]$ 中的两个多项式。若存在 $h(x) \in P[x]$ 使得 $g(x) = f(x)h(x)$，则称 $f(x)$ 整除 $g(x)$，记为 $f(x) \mid g(x)$。

4. 整除的性质　设 $f(x)$，$g(x)$，$h(x)$ 是数域 P 上的多项式，多项式的整除有以下性质：

(1) 若 $g(x) \neq 0$，则 $g(x) \mid f(x)$ 的充要条件为 $g(x)$ 按带余除法除 $f(x)$ 所得的余式为零。

(2) $f(x) \mid f(x)$，$f(x) \mid 0$。

(3) 如果 $f(x) \mid g(x)$，$g(x) \mid f(x)$，那么 $f(x) = Cg(x)$，其中 C 为非零常数。

特别地，$f(x) = g(x)$ 的充要条件为 $f(x)$ 与 $g(x)$ 的首项系数相同，且 $f(x) \mid g(x)$，$g(x) \mid f(x)$。

(4) 如果 $f(x) \mid g(x)$，$g(x) \mid h(x)$，那么 $f(x) \mid h(x)$，即整除具有传递性。

(5) 设 $g_1(x), g_2(x), \cdots, g_r(x) \in P[x]$。如果 $f(x) \mid g_i(x)$，$i = 1, 2, \cdots, r$，那么 $f(x) \mid [u_1(x)g_1(x) + u_2(x)g_2(x) + \cdots + u_r(x)g_r(x)]$，其中 $u_i(x)$ 为 $P[x]$ 中的任意多项式，称 $u_1(x)g_1(x) + u_2(x)g_2(x) + \cdots + u_r(x)g_r(x)$ 为 $g_1(x), g_2(x), \cdots, g_r(x)$ 的一个组合。

5. 综合除法　用 $x - a$ 除 $f(x) = a_0 x^n + a_1 x^{n-1} + \cdots + a_{n-1} x + a_n$ 时，常用如下简便格式求得商式 $q(x) = b_0 x^{n-1} + b_1 x^{n-2} + \cdots + b_{n-1}$ 及余式 $r = f(a)$。

$$
\begin{array}{c|cccccc}
 & a_0 & a_1 & a_2 & \cdots & a_{n-1} & a_n \\
a & \downarrow & ab_0 & ab_1 & \cdots & ab_{n-2} & ab_{n-1} \\
\hline
 & b_0 = a_0 & b_1 & b_2 & \cdots & b_{n-1} & \multicolumn{1}{|c}{r}
\end{array}
$$

6. 最大公因式　设 $f(x),g(x),d(x)\in P[x]$。称 $d(x)$ 为 $f(x)$ 和 $g(x)$ 的一个最大公因式，如果它满足：

(1) $d(x)\mid f(x),d(x)\mid g(x)$，即 $d(x)$ 为 $f(x)$ 和 $g(x)$ 的一个公因式；

(2) 对 $\varphi(x)\in P[x],\varphi(x)\mid f(x),\varphi(x)\mid g(x)$，都有 $\varphi(x)\mid d(x)$。

注　求两个多项式的最大公因式最一般的方法是辗转相除法。

7. 定理　对于 $P[x]$ 中任意两个多项式 $f(x),g(x)$，在 $P[x]$ 中存在一个最大公因式 $d(x)$，且存在 $u(x),v(x)\in P[x]$ 使

$$d(x)=u(x)f(x)+v(x)g(x)。$$

满足上式的 $u(x)$ 和 $v(x)$ 未必唯一。

8. 设 $f(x),g(x)\in P[x]$。

(1) $f(x)$ 和 $g(x)$ 的最大公因式的非零常数倍仍是 $f(x)$ 和 $g(x)$ 的最大公因式。若 $f(x)$ 和 $g(x)$ 不全为 0，则 $f(x)$ 和 $g(x)$ 的最大公因式不为 0。此时用 $(f(x),g(x))$ 表示 $f(x)$ 和 $g(x)$ 的首项系数为 1 的那个最大公因式。

(2) 如果 $f(x)=q(x)g(x)+r(x)$ 成立，那么 $f(x),g(x)$ 和 $g(x),r(x)$ 的公因式的集合是相同的，特别地，它们也具有相同的最大公因式。

(3) 两个多项式的最大公因式在相差一个非零倍数的前提下是唯一的。

9. 证明最大公因式的方法　设 $f(x),g(x),h(x)\in P[x],f(x),g(x)$ 不全为 0。证明 $(f(x),g(x))=h(x)$ 的常用办法有：

(1) 根据最大公因式的定义；

(2) 证明 $(f(x),g(x))=h(x)$ 的等式左右两边相互整除，且首项系数均为 1；

(3) 证明 $h(x)\mid f(x),h(x)\mid g(x)$ 且 $h(x)$ 为 $f(x),g(x)$ 的组合，再证明 $h(x)$ 的首项系数为 1。

10. 多项式互素的定义　设 $f(x),g(x)\in P[x]$。若 $(f(x),g(x))=1$，则称 $f(x)$ 和 $g(x)$ 是互素的。

11. 多项式互素的性质　设 $f(x),g(x),h(x),f_1(x),f_2(x)\in P[x],a,b\in P$。

(1) $f(x),g(x)$ 互素的充要条件为存在 $P[x]$ 中的多项式 $u(x),v(x)$ 使

$$u(x)f(x)+v(x)g(x)=1。$$

(2) 如果 $(f(x),g(x))=1$，且 $f(x)\mid g(x)h(x)$，那么 $f(x)\mid h(x)$。

(3) 如果 $f_1(x)\mid g(x),f_2(x)\mid g(x)$，且 $(f_1(x),f_2(x))=1$，那么

$$f_1(x)f_2(x)\mid g(x)。$$

(4) 如果 $(f(x),g(x))=1,(f(x),h(x))=1$，那么 $(f(x),g(x)h(x))=1$。

(5) 一次多项式 $x-a$ 与 $x-b$ 互素当且仅当 $a\neq b$。

12. 多个多项式的最大公因式　设 $f_1(x),f_2(x),\cdots,f_n(x)\in P[x]$ 不全为 0，则其最大公因式 $d(x)=(f_1(x),f_2(x),\cdots,f_n(x))$ 存在且唯一，并且存在 $u_1(x),u_2(x),\cdots,u_n(x)\in P[x]$ 使 $u_1(x)f_1(x)+u_2(x)f_2(x)+\cdots+u_n(x)f_n(x)=d(x)$。

注　数域 P 上的两个多项式的最大公因式、互素等不随数域的扩大而改变。

13. 最小公倍式　设 $f(x),g(x),m(x)\in P[x]$，称 $m(x)$ 为 $f(x),g(x)$ 的一个最小公倍式，如果它满足：(1) $f(x)\mid m(x),g(x)\mid m(x)$，即 $m(x)$ 为 $f(x),g(x)$ 的公倍式，(2) $m(x)$ 能整除 $f(x),g(x)$ 的任一公倍式。

14. 不可约多项式的定义　设 $f(x)$ 是数域 P 上的多项式，$\deg(f(x))\geqslant 1$，若 $f(x)$ 不能表示为两个次数都比 $f(x)$ 低的多项式的乘积，则称 $f(x)$ 为数域 P 上的一个不可约多项式。

15. 多项式的因式分解定理　数域 P 上每个次数 $\geqslant 1$ 的多项式 $f(x)$ 都可以唯一地分解成数域 P 上一些不可约多项式的乘积。所谓唯一性是指如果有两个这样的分解式

$$f(x)=p_1(x)\cdots p_s(x)=q_1(x)\cdots q_t(x),$$

那么必有 $s=t$，并且适当排列因式的次序后有 $p_i(x)=c_iq_i(x)$，$i=1,\cdots,s$，其中 $c_i(i=1,\cdots,s)$ 是一些非零常数。

16. 标准分解式　设 P 为一个数域。$P[x]$ 中任一次数 $\geqslant 1$ 的多项式 $f(x)$ 有唯一的标准分解式 $f(x)=cp_1^{r_1}(x)p_2^{r_2}(x)\cdots p_s^{r_s}(x)$，这里 $p_1(x),p_2(x),\cdots,p_s(x)$ 为首项系数为 1 的两两互素的不可约多项式，r_i 为正整数，$i=1,2,\cdots,s$。

17. 复系数多项式因式分解定理　每个次数 $\geqslant 1$ 的复系数多项式在复数域上都可以唯一地分解成一些一次因式的乘积。因此，复系数多项式 $f(x)$ 具有标准分解式 $f(x)=c(x-a_1)^{r_1}\cdots(x-a_s)^{r_s}$，其中 $a_1,\cdots,a_s$ 是不同的复数，$r_1,\cdots,r_s$ 是正整数。

18. 实系数多项式因式分解定理　每个次数 $\geqslant 1$ 的实系数多项式在实数域上都可以唯一地分解成一些一次因式与二次不可约因式的乘积。

19. 重因式的定义　设 $k\in\mathbb{N}^+$，$p(x)$ 为数域 P 上的不可约多项式。若 $p^k(x)\mid f(x)$，而 $p^{k+1}(x)\nmid f(x)$，则称 $p(x)$ 为 $f(x)$ 的一个 k 重因式。

20. 重因式的性质　设 P 为一个数域，$f(x),p(x)\in P[x]$。如果 $p(x)$ 是不可约多项式，$p(x)$ 为 $f(x)$ 的 k 重因式，那么它是微商 $f'(x)$ 的 $k-1$ 重因式，进而，它分别是 $f''(x),\cdots,f^{(k-1)}(x)$ 的 $k-2,\cdots,1$ 重因式，而不是 $f^{(k)}(x)$ 的因式。不可约多项式 $p(x)$ 为 $f(x)$ 的重因式的充要条件为 $p(x)$ 为 $f(x)$ 与 $f'(x)$ 的公因式。从而多项式 $f(x)$ 没有重因式当且仅当 $(f(x),f'(x))=1$。

21. 余数定理　设 $f(x)\in P[x]$，$a\in P$。用一次多项式 $x-a$ 去除多项式 $f(x)$，所得的余式是一个常数，这个常数等于函数值 $f(a)$。

22. 多项式函数零点的定义　设 $f(x)\in P[x]$，$a\in P$，若 $f(a)=0$，则称 a 为 $f(x)$ 在数域 P 中的一个零点。

23. 多项式函数零点的性质。设 $f(x)\in P[x]$，$a\in P$。

(1) a 是 $f(x)$ 零点的充要条件是 $(x-a)\mid f(x)$。

(2) $P[x]$ 中 $n(n\geqslant 0)$ 次多项式在数域 P 中的零点不可能多于 n 个，重零点按重数计算。

24. 定理　设 $f(x),g(x)\in P[x]$。如果 $f(x),g(x)$ 的次数都不超过 n，而它们在 $n+1$ 个两两不同的数 $a_1,a_2,\cdots,a_{n+1}$ 上有相同的函数值，即 $f(a_i)=g(a_i)$，$i=1,2,\cdots,n+1$，那么 $f(x)=g(x)$。

25. 代数基本定理　每个次数 $\geqslant 1$ 的复系数多项式在复数域中一定有一个零点。

26. 多项式函数有重零点的判定。设 $f(x)\in P[x]$，$c\in P$。

(1) c 为 $f(x)$ 的重零点，当且仅当 $f(c)=f'(c)=0$；

(2) c 为 $f(x)$ 的重零点，当且仅当 c 为 $(f(x),f'(x))$ 的零点；

(3) 若 $(f(x),f'(x))=1$，则 $f(x)$ 无重零点；

(4) 若 $f(x)$ 在数域 P 上不可约，则 $f(x)$ 无重零点，特别地，在复数域 $\mathbb{C}$ 上无重零点。

27. 设 $f(x)$ 与 $g(x)$ 是 $P[x]$ 中两个多项式。$f(x)\mid g(x)$ 当且仅当 $f(x)$ 的零点全是 $g(x)$ 的零点(计算重数)。

28. 本原多项式　设 $f(x)=a_nx^n+a_{n-1}x^{n-1}+\cdots+a_1x+a_0$ 是一个整系数多项式。如果系数 $a_0,a_1,\cdots,a_n$ 除 ±1 外没有其他的公因数,则称 $f(x)$ 为一个本原多项式。

29. 定理　任一非零的有理系数多项式 $f(x)$ 都可以表示为一个有理数 r 与一个本原多项式 $g(x)$ 的乘积,且这种表示除相差一个正负号外是唯一的。

30. 高斯(Gauss)引理　两个本原多项式的乘积还是本原多项式。

31. 定理　如果一非零的整系数多项式能够分解成两个次数较低的有理系数多项式的乘积,那么它一定能够分解成两个次数较低的整系数多项式的乘积。

32. 性质　设 $f(x),g(x)$ 是整系数多项式,且 $g(x)$ 是本原多项式。如果 $f(x)=g(x)h(x)$,其中 $h(x)$ 是有理系数多项式,那么 $h(x)$ 一定是整系数的。

33. 整系数多项式的有理零点　设

$$f(x)=a_nx^n+a_{n-1}x^{n-1}+\cdots+a_1x+a_0$$

是一个整系数多项式,而 $\frac{r}{s}$ 是它的一个有理零点,其中 r,s 是互素的整数,那么必有 $s\mid a_n,r\mid a_0$,特别地,如果 $f(x)$ 的首项系数 $a_n=1$,那么 $f(x)$ 的有理根都是整零点,而且是 a_0 的因子。

34. 艾森斯坦判别法　设

$$f(x)=a_nx^n+a_{n-1}x^{n-1}+\cdots+a_1x+a_0$$

是一个整系数多项式,如果有一个素数 p 使得

(1) $p\mid a_0,p\mid a_1,\cdots,p\mid a_{n-1}$,

(2) $p\nmid a_n$,

(3) $p^2\nmid a_0$。

那么 $f(x)$ 在有理数域上不可约。

35. x^n-1 在复数域上有 n 个根,令 $\omega=\cos\frac{2\pi}{n}+\mathrm{i}\sin\frac{2\pi}{n}$,则

$$\begin{aligned}x^n-1&=(x-1)(x^{n-1}+x^{n-2}+\cdots+x^2+x+1)\\&=(x-1)(x-\omega)(x-\omega^2)\cdots(x-\omega^{n-1}),\end{aligned}$$

其中 ω 叫作 n 次单位根。

36. 多元多项式　设 P 为一个数域,$x_1,x_2,\cdots,x_n$ 是 n 个文字。形如 $ax_1^{k_1}x_2^{k_2}\cdots x_n^{k_n}$ 的式子称为一个单项式,其中 $a\in P,k_1,k_2,\cdots,k_n$ 是非负整数。$k_1+k_2+\cdots+k_n$ 称为该单项式的次数。

一些单项式的和 $\sum\limits_{k_1,k_2,\cdots,k_n}a_{k_1,k_2,\cdots,k_n}x_1^{k_1}x_2^{k_2}\cdots x_n^{k_n}$ 称为 n 元多项式。其中系数不为0的次数最高的单项式的次数称为这个多项式的次数。称所有系数在数域 P 中的 n 元多项式的全体 $P[x_1,x_2,\cdots,x_n]$ 为数域 P 上的 n 元多项式环。

37. 定理　当 $f(x_1,x_2,\cdots,x_n)\neq0,g(x_1,x_2,\cdots,x_n)\neq0$ 时,乘积 $f(x_1,x_2,\cdots,x_n)\cdot g(x_1,x_2,\cdots,x_n)$ 的首项等于 $f(x_1,x_2,\cdots,x_n)$ 与 $g(x_1,x_2,\cdots,x_n)$ 的首项的乘积。

38. 齐次多项式　若多项式

$$f(x_1,x_2,\cdots,x_n)=\sum_{k_1,k_2,\cdots,k_n}a_{k_1,k_2,\cdots,k_n}x_1^{k_1}x_2^{k_2}\cdots x_n^{k_n}$$

中每个单项式全是 m 次的,则称 $f(x_1,x_2,\cdots,x_n)$为 m 次齐次多项式。

(1) 两个齐次多项式的乘积仍是齐次多项式,乘积的次数等于这两个齐次多项式的次数之和。

(2) 任一 m 次多项式 $f(x_1,x_2,\cdots,x_n)$都可唯一地表示成

$$f(x_1,x_2,\cdots,x_n)=\sum_{i=1}^{m}f_i(x_1,x_2,\cdots,x_n),$$

其中 $f_i(x_1,x_2,\cdots,x_n)$是 i 次齐次多项式,称为 $f(x_1,x_2,\cdots,x_n)$的 i 次齐次成分。

(3) 设 $f(x_1,x_2,\cdots,x_n)=\sum\limits_{i=1}^{m}f_i(x_1,x_2,\cdots,x_n)$,

$$g(x_1,x_2,\cdots,x_n)=\sum_{i=1}^{l}g_i(x_1,x_2,\cdots,x_n),$$

则 $h(x_1,x_2,\cdots,x_n)=f(x_1,x_2,\cdots,x_n)g(x_1,x_2,\cdots,x_n)$ 的 k 次齐次成分为

$$h_k(x_1,x_2,\cdots,x_n)=\sum_{i+j=k}f_i(x_1,x_2,\cdots,x_n)g_i(x_1,x_2,\cdots,x_n),$$

特别地,$h(x_1,x_2,\cdots,x_n)$的最高次齐次成分为

$$h_{m+l}(x_1,x_2,\cdots,x_n)=f_m(x_1,x_2,\cdots,x_n)g_l(x_1,x_2,\cdots,x_n)。$$

39. 对称多项式 设 $f(x_1,x_2,\cdots,x_n)\in P[x_1,x_2,\cdots,x_n]$,若对任意 $i,j,1\leqslant i,j\leqslant n$,有

$$f(x_1,\cdots,x_i,\cdots,x_j,\cdots,x_n)=f(x_1,\cdots,x_j,\cdots,x_i,\cdots,x_n)$$

则称该多项式为对称多项式。

40. 初等对称多项式 称

$$\begin{cases}\sigma_1=x_1+x_2+\cdots+x_n,\\ \sigma_2=x_1x_2+x_2x_3+\cdots+x_{n-1}x_n,\\ \vdots\\ \sigma_n=x_1x_2\cdots x_n\end{cases}$$

为 n 个未定元 $x_1,x_2,\cdots,x_n$ 的初等对称多项式。

41. 对称多项式基本定理 对任一 n 元对称多项式 $f(x_1,x_2,\cdots,x_n)$,都存在唯一 n 元多项式 $\varphi(y_1,y_2,\cdots,y_n)$,使得 $f(x_1,x_2,\cdots,x_n)=\varphi(\sigma_1,\sigma_2,\cdots,\sigma_n)$。

42. 一元多项式的判别式 对 $x_1,x_2,\cdots,x_n$,差积的平方

$$D_1(x_1,x_2,\cdots,x_n)=\prod_{i<j}(x_i-x_j)^2$$

是一个重要的对称多项式。由对称多项式基本定理知存在 n 元多项式 $D_2(x_1,x_2,\cdots,x_n)$使

$$D_1(x_1,x_2,\cdots,x_n)=D_2(\sigma_1,\sigma_2,\cdots,\sigma_n)。\qquad (*)$$

当 $x_1,x_2,\cdots,x_n$ 是一元多项式 $f(x)=x^n+a_1x^{n-1}+\cdots+a_n$ 的零点时,由零点与系数的关系知 $a_i=(-1)^i\sigma_i,i=1,2,\cdots,n$。代入(*)式得

$$D_1(x_1,x_2,\cdots,x_n)=D_2(\sigma_1,\sigma_2,\cdots,\sigma_n)=D(a_1,a_2,\cdots,a_n)。$$

显然,多项式 $f(x)$有重零点的充要条件是 $D_1(x_1,x_2,\cdots,x_n)=0$,即 $D(a_1,a_2,\cdots,a_n)=0$。因此,$D(a_1,a_2,\cdots,a_n)=0$ 称为多项式 $f(x)$的判别式。

1.2 典型例题

例 1　设 $f(x),g(x)\in\mathbb{R}[x]$，且 $f^2(x)+g^2(x)=0$，则 $f(x)=g(x)=0$。

证法 1　反证法。假设 $f(x)\neq 0$ 或 $g(x)\neq 0$。记 $f(x)=a_nx^n+a_{n-1}x^{n-1}+\cdots+a_1x+a_0$，$g(x)=b_mx^m+b_{m-1}x^{m-1}+\cdots+b_1x+b_0$。不妨设 $n\geqslant m$。则 $f^2(x)+g^2(x)$ 的首项系数为 $a_n^2+b_n^2$ 或 a_n^2。即 $f^2(x)+g^2(x)$ 的首项系数不为 0，与题设矛盾。

证法 2　$\forall a\in\mathbb{R}$，则 $f(a)\in\mathbb{R}$，$g(a)\in\mathbb{R}$，则 $f^2(a)+g^2(a)=0$。所以 $f(a)=0$，$g(a)=0$，即 $f(x)$，$g(x)$ 存在无穷多个根，所以 $f(x)=g(x)=0$。

例 2　设 $f(x)=3x^4-4x^3+5x-1$，$g(x)=x^2-x+1$。求 $f(x)$ 除以 $g(x)$ 的商式和余式。

解

$f(x)$	$3x^4$	$-4x^3$	0	$5x$	-1	x^2	$-x$	1	$g(x)$
	$3x^4$	$-3x^3$	$3x^2$			$3x^2$	$-x$	-4	$q(x)$
		$-x^3$	$-3x^2$	$5x$	-1				
		$-x^3$	x^2	$-x$					
			$-4x^2$	$6x$	-1				
			$-4x^2$	$4x$	-4				
				$2x$	3	$r(x)$			

其分离系数的计算式为

$f(x)$	3	-4	0	5	-1	1	-1	1	$g(x)$
	3	-3	3			3	-1	-4	$q(x)$
		-1	-3	5	-1				
		-1	1	-1					
			-4	6	-1				
			-4	4	-4				
				2	3	$r(x)$			

故所求商式和余式分别是 $q(x)=3x^2-x-4$，$r(x)=2x+3$。

例 3　设 $f(x)$ 除以 x^2+1，x^2+2 的余式分别为 $4x+4$，$4x+8$。求 $f(x)$ 除以 $(x^2+1)(x^2+2)$ 的余式。

解　因 $(-1)(x^2+1)+1(x^2+2)=1$，由中国剩余定理知

$$\begin{aligned}f(x)&=t(x)(x^2+1)(x^2+2)+(x^2+2)(4x+4)-(x^2+1)(4x+8)\\&=t(x)(x^2+1)(x^2+2)-4x^2+4x。\end{aligned}$$

所以 $f(x)$ 除以 $(x^2+1)(x^2+2)$ 的余式为 $-4x^2+4x$。

例 4　设 $f(x),g(x)\in P[x]$。证明：$(f(x),g(x))\neq 1$ 的充要条件是存在 P 上不可约多项式 $p(x)$，使得 $p(x)\mid(f(x)+g(x))$ 且 $p(x)\mid f(x)g(x)$。

证　必要性。设 $d(x)=(f(x),g(x))$。由已知 $d(x)\neq 1$，可取到 $d(x)$ 的不可约因式 $p(x)$，故 $p(x)\mid f(x)$ 且 $p(x)\mid g(x)$。所以 $p(x)\mid(f(x)+g(x))$，$p(x)\mid f(x)g(x)$。

充分性。因 $p(x)\mid f(x)g(x)$，而 $p(x)$ 不可约，所以或 $p(x)\mid f(x)$ 或 $p(x)\mid g(x)$。不妨

设 $p(x)\mid f(x)$。因为 $p(x)\mid(f(x)+g(x))$，所以 $p(x)\mid g(x)$。故 $(f(x),g(x))\neq 1$。

例 5　设 $f(x),p(x)\in P[x]$，且 $p(x)$ 为不可约多项式。若 $p(x),f(x)$ 在 $\mathbb{C}$ 上有公共零点 α，则 $p(x)\mid f(x)$。

证　因为 $p(x)$ 是不可约多项式，所以或 $(f(x),p(x))=1$ 或 $p(x)\mid f(x)$。假设 $(p(x),f(x))=1$，则存在 $u(x),v(x)\in P[x]$，使得 $u(x)f(x)+v(x)p(x)=1$。此式在 $\mathbb{C}[x]$ 上也成立。令 $x=\alpha$，则 $0=u(\alpha)f(\alpha)+v(\alpha)p(\alpha)=1$，矛盾。所以 $p(x)\mid f(x)$。

例 6　设 $f(x)=x^{3m}+x^{3n+1}+x^{3p+2}$，其中 m,n,p 为自然数，又 $g(x)=x^2+x+1$，求证：$g(x)\mid f(x)$。

证　$g(x)=(x-\omega_1)(x-\omega_2)$，其中 $\omega_1=\dfrac{-1+\sqrt{3}\mathrm{i}}{2}$，$\omega_2=\dfrac{-1-\sqrt{3}\mathrm{i}}{2}$。所以对于 $j=1,2$，有 $\omega_j^3=1$，$f(\omega_j)=\omega_j^{3m}+\omega_j^{3n+1}+\omega_j^{3p+2}=1+\omega_j+\omega_j^2=g(\omega_j)=0$，所以 ω_j 是 $f(x)$ 的根，即 $(x-\omega_j)\mid f(x)$。因为 $(x-\omega_1,x-\omega_2)=1$，所以 $g(x)\mid f(x)$。

例 7　设 $f(x)=a_nx^n+a_{n-1}x^{n-1}+\cdots+a_0$ 的 n 个互异的非零零点为 $c_1,c_2,\cdots,c_n$，求以 $\dfrac{1}{c_1},\dfrac{1}{c_2},\cdots,\dfrac{1}{c_n}$ 为零点的多项式。

解　因

$$0=f(c_i)=a_nc_i^n+a_{n-1}c_i^{n-1}+\cdots+a_1c_i+a_0,$$

所以

$$0=c_i^{-n}f(c_i)=a_n+a_{n-1}\frac{1}{c_i}+\cdots+a_1\left(\frac{1}{c_i}\right)^{n-1}+a_0\left(\frac{1}{c_i}\right)^n。$$

令

$$g(x)=a_0x^n+a_1x^{n-1}+\cdots+a_{n-1}x+a_n,$$

则 $g\left(\dfrac{1}{c_i}\right)=0$。从而 $g(x)$ 为所求。

例 8　设 $f(x)\in\mathbb{C}[x]$。对于任意的 $c\in\mathbb{R}$，$f(c)\in\mathbb{R}$。求证：$f(x)\in\mathbb{R}[x]$。

证　设 $f(x)=a_nx^n+a_{n-1}x^{n-1}+\cdots+a_1x+a_0$，其中 $a_i\in\mathbb{C}\,(i=0,1,\cdots,n)$。下面证明 $a_i\in\mathbb{R}\,(i=0,1,\cdots,n)$。事实上，设

$$\begin{cases}a_n\cdot 1^n+a_{n-1}\cdot 1^{n-1}+\cdots+a_1\cdot 1+a_0=b_1\\ a_n\cdot 2^n+a_{n-1}\cdot 2^{n-1}+\cdots+a_1\cdot 2+a_0=b_2\\ \qquad\vdots\\ a_n(n+1)^n+a_{n-1}(n+1)^{n-1}+\cdots+a_1(n+1)+a_0=b_{n+1}\end{cases}$$

由题设，$b_i\in\mathbb{R}\,(i=1,2,\cdots,n+1)$。视 $a_0,a_1,\cdots,a_n$ 为未知量，得到 $n+1$ 元一次非齐次线性方程组，系数矩阵的行列式是范德蒙德行列式，其值非零。根据克莱姆法则，方程组有唯一解，且解是系数矩阵中的元素和 $b_1,b_2,\cdots,b_{n+1}$ 经过实数的四则运算得到，故 $a_i\in\mathbb{R}\,(i=0,1,\cdots,n)$。

例 9　证明多项式 $f(u(X),v(X))$ 的 $n(>1)$ 重零点是 $f(u'(X),v'(X))$ 的 $n-1$ 重零点。其中 $u(X),v(X)$ 是互素多项式，$u'(X),v'(X)$ 互素，$f(X,Y)$ 是没有一次重因子的齐次多项式。

证　(1) 可设

$$f(u,v)=a_0(u-a_1v)\cdots(u-a_mv)v, \tag{*}$$

其中 $a_i\in\mathbb{C}$ 互异(最后一个 v 可能没有),事实上,因 $f(u,v)$ 是齐次多项式,设为 d 次,则

$$v^{-d}f(u,v)=f\left(\frac{u}{v},1\right)$$

作为 $t=\frac{u}{v}$ 的多项式可在复数域中完全分解为一次因子之积(可能有重的),再乘以 v^d 即得(*)式(注意 $f(u,v)$ 无一次重因子)。例如若 $f(u,v)=u^2v+3uv^2+2v^3$,则

$$v^{-3}f(u,v)=\left(\frac{u}{v}\right)^2+3\left(\frac{u}{v}\right)+2=\left(\frac{u}{v}+2\right)\left(\frac{u}{v}+1\right),$$

故

$$f(u,v)=(u+2v)(u+v)v。$$

(2) 设 x_0 是 $f(u(X),v(X))=0$ 的 n 重零点,以 $u=u(x_0)$,$v=v(x_0)$ 代入(*)式,可知必有一个因子为 0,而且只有这一个因子为 0,不妨设为 $u(x_0)-a_1v(x_0)=0$,事实上,在 uv 平面上(见图 1-1),(*)式代表 $m+1$ 条互异直线 l_i: $u-a_iv=0$,第 i 个因子(代入后)为 0,意味着 $P_0=(u(x_0),v(x_0))$ 在 l_i 上。而 P_0 在 l_i 上,又在 l_j 上 $(i\neq j)$ 则意味着 P_0 为原点,即 $u(x_0)=v(x_0)=0$,与 $u(X)$,$v(X)$ 互素矛盾。

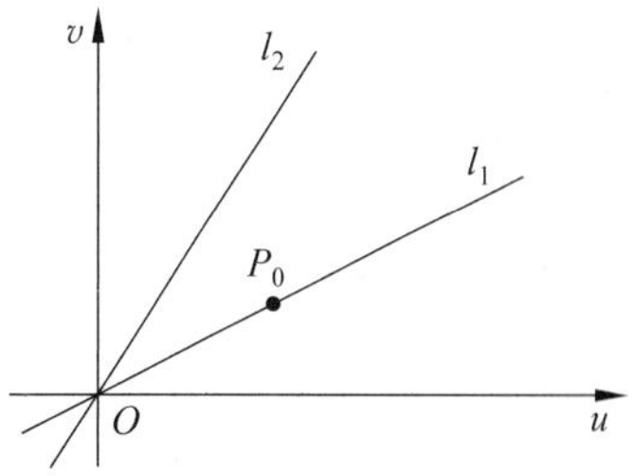

图　1-1

(3) 于是

$$f(u'(X),v'(X))=a_0(u'(X)-a_1v'(X))\cdots(u'(X)-a_mv'(X))v(X), \tag{**}$$

且以 $X=x_0$ 代入后第一个因子为 0,即

$$u'(x_0)-a_1v'(x_0)=0\quad(\text{因 } n>1, \text{故 } x_0 \text{ 是其 } n-1 \text{ 重零点}),$$

由 $u'(X)$ 与 $v'(X)$ 互素,可知 x_0 不是其余因子的根(与(2)同理)。

例 10　在 $\mathbb{R}[X]$ 中分别求多项式 $X^{2n}-1$, $X^{2n+1}-1$, $X^{2n+1}+1$, $X^{2n}+1$ 的标准分解式。

解　因为

$$X^m-1=\prod_{k=0}^{m-1}(X-\omega_k),\quad \omega_k=e^{i\frac{2k\pi}{m}},$$

其中 $1,\omega_1,\omega_2,\cdots,\omega_{m-1}$ 为 $x^m-1=0$ 的 m 次单位根。又因为实系数多项式复零点共轭出现,而

$$(X-\omega_k)(X-\omega_{m-k})=\left(X^2-2\cos\frac{2k\pi}{m}X+1\right),$$

当 m 为偶数时,±1 均为根,m 为奇数时只有 1 为零点,即 $m=2n$ 时,有

$$X^{2n}-1=(X^2-1)\prod_{k=1}^{n-1}\left(X^2-2X\cos\frac{k\pi}{n}+1\right); \tag{1}$$

$m=2n+1$ 时,有

$$X^{2n+1}-1=(X-1)\prod_{k=1}^{n}\left(X^2-2X\cos\frac{2k\pi}{2n+1}+1\right); \tag{2}$$

同理

$$X^m+1=\prod_{k=0}^{m-1}(X-\zeta_k),\quad \zeta_k=\mathrm{e}^{\mathrm{i}\frac{\pi+2k\pi}{m}},$$

当 m 为偶数时,无实根,当 m 为奇数时,-1 为零点,即当 $m=2n+1$ 时,有

$$X^{2n+1}+1=(X+1)\prod_{k=1}^{n}\left(X^2-2X\cos\frac{(2k-1)\pi}{2n+1}+1\right); \tag{3}$$

当 $m=2n$ 时,有

$$X^{2n}+1=\prod_{k=1}^{n}\left(X^2-2X\cos\frac{2k-1}{2n}\pi+1\right)。 \tag{4}$$

例 11 设 $f(x),g(x)$是 $P[x]$中的非零多项式,$\deg(g(x))=n>0$,则 $f(x)$可唯一表示为

$$f(x)=r_m(x)g^m(x)+r_{m-1}(x)g^{m-1}(x)+\cdots+r_1(x)g(x)+r_0(x)$$

的形式,其中 $r_i(x)=0$ 或 $\deg(r_i(x))<n,i=0,1,2,\cdots,m$。

证 存在性。由带余除法,存在 $q_0(x),r_0(x)\in P[x]$,使

$$f(x)=g(x)q_0(x)+r_0(x),$$

其中 $r_0(x)=0$ 或 $\deg(r_0(x))<n$。

若 $q_0(x)=0$,则 $f(x)=r_0(x)$即可。

若 $\deg(q_0(x))<n$,令 $r_1(x)=q_0(x)$即可。

若 $\deg(q_0(x))\geqslant n$,则由带余除法,存在 $q_1(x),r_1(x)$使

$$q_0(x)=q_1(x)g(x)+r_1(x)。$$

若 $\deg(q_1(x))<n$,则令 $r_2(x)=q_1(x)$,可得结论成立。

若 $\deg(q_1(x))\geqslant n$,继续下去,直到 $\deg(q_{m-1}(x))<n$,即

$$q_{m-2}(x)=q_{m-1}(x)g(x)+r_{m-1}(x),$$

从而就有

$$\begin{aligned}
&f(x)=g(x)q_0(x)+r_0(x),\\
&q_0(x)=q_1(x)g(x)+r_1(x),\\
&q_1(x)=q_2(x)g(x)+r_2(x),\\
&\vdots,\\
&q_{m-3}(x)=q_{m-2}(x)g(x)+r_{m-2}(x),\\
&q_{m-2}(x)=q_{m-1}(x)g(x)+r_{m-1}(x)。
\end{aligned}$$

令 $r_m(x)=q_{m-1}(x)$,可得

$$f(x)=r_m(x)g^m(x)+r_{m-1}(x)g^{m-1}(x)+\cdots+r_1(x)g(x)+r_0(x)。$$

唯一性。假设存在多项式 $d_0(x),d_1(x),\cdots,d_t(x)$满足

$$f(x)=d_t(x)g^t(x)+\cdots+d_1(x)g(x)+d_0(x),$$

其中 $d_t(x)\neq 0,d_i(x)=0$ 或 $\deg(d_i(x))<\deg(g(x)),i=0,1,\cdots,t-1$。则

$$\begin{aligned}
&r_m(x)g^m(x)+r_{m-1}(x)g^{m-1}(x)+\cdots+r_1(x)g(x)+r_0(x)\\
=&d_t(x)g^t(x)+\cdots+d_1(x)g(x)+d_0(x),
\end{aligned}$$

从而

$$[d_t(x)g^{t-1}(x)-r_m(x)g^{m-1}(x)+\cdots+d_1(x)-r_1(x)]g(x)=r_0(x)-d_0(x),$$

若 $d_t(x)g^{t-1}(x)-r_m(x)g^{m-1}(x)+\cdots+d_1(x)-r_1(x)\neq 0$,则上式两端的次数不相等,矛

盾，故

$$d_t(x)g^{t-1}(x)-r_m(x)g^{m-1}(x)+\cdots+d_1(x)-r_1(x)=0,$$

从而得 $d_0(x)=r_0(x)$。同理可得 $d_1(x)=r_1(x)$，如此下去。如果 $t>m$，最后必有

$$d_t(x)g^{t-m-1}(x)+\cdots+d_{m+2}(x)g(x)+d_{m+1}(x)=0,$$

即

$$[d_t(x)g^{t-m-2}(x)+\cdots+d_{m+2}(x)]g(x)=-d_{m+1}(x),$$

则必有 $d_{m+1}(x)=0$，若不然，上式两边次数矛盾。同理有

$$d_{m+2}(x)=d_{m+3}(x)=\cdots=d_t(x)=0。$$

但是 $d_t(x)\neq 0$。矛盾，故 $t>m$ 不成立。类似可证 $t<m$ 也不成立。于是 $t=m$，并且 $r_i(x)=d_i(x),i=0,1,2,\cdots,m$。

例 12　设 $f(x),g(x)\in P[x]$，n 为任意正整数，求证：

$$(f(x),g(x))^n=(f^n(x),g^n(x))。$$

证　$f(x),g(x)$都为 0 或其中之一为 0 或其中之一为非零常数时，结论显然成立。

下设 $f(x),g(x)$的次数都大于 0。

证法 1　令 $d(x)=(f(x),g(x))$，只需证明 $d^n(x)=(f^n(x),g^n(x))$。由 $d(x)=(f(x),g(x))$，可设

$$f(x)=d(x)f_1(x),g(x)=d(x)g_1(x),$$

其中$(f_1(x),g_1(x))=1$。则

$$f^n(x)=d^n(x)f_1^n(x),g^n(x)=d^n(x)g_1^n(x)。$$

即 $d^n(x)\mid f^n(x),d^n(x)\mid g^n(x)$。于是 $d^n(x)$为 $f^n(x),g^n(x)$的公因式。

由$(f_1(x),g_1(x))=1$ 知$(f_1^n(x),g_1^n(x))=1$，于是存在 $u(x),v(x)\in P[x]$使得

$$f_1^n(x)u(x)+g_1^n(x)v(x)=1。$$

等式两边乘以 $d^n(x)$，得

$$f^n(x)u(x)+g^n(x)v(x)=d^n(x)。$$

若 $\varphi(x)\in P[x]$，且 $\varphi(x)\mid f^n(x),\varphi(x)\mid g^n(x)$，由上式知 $\varphi(x)\mid d^n(x)$。故 $d^n(x)$是 $f^n(x)$，$g^n(x)$的最大公因式。

证法 2　令 $d(x)=(f(x),g(x))$，可设

$$f(x)=d(x)f_1(x),g(x)=d(x)g_1(x),$$

其中$(f_1(x),g_1(x))=1$，则$(f_1^n(x),g_1^n(x))=1$。于是

$$\begin{aligned}(f^n(x),g^n(x))&=(d^n(x)f_1^n(x),d^n(x)g_1^n(x))\\&=d^n(x)(f_1^n(x),g_1^n(x))=d^n(x)。\end{aligned}$$

即结论成立。

注　这里利用了一个结论：若 $h(x)$的首项系数为 1，则

$$(f(x),g(x))h(x)=(f(x)h(x),g(x)h(x))。$$

证法 3　设 $f(x),g(x)$的标准分解式为

$$f(x)=ap_1^{r_1}(x)p_2^{r_2}(x)\cdots p_l^{r_l}(x)p_{l+1}^{r_{l+1}}(x)\cdots p_k^{r_k}(x),$$

$$g(x)=bp_1^{s_1}(x)p_2^{s_2}(x)\cdots p_l^{s_l}(x)p_{l+1}^{s_{l+1}}(x)\cdots p_m^{s_m}(x),$$

其中，$p_1,p_2,\cdots,p_l,p_{l+1}(x),\cdots,p_k(x),q_{l+1}(x),\cdots,q_m(x)\in P[x]$是首项系数为 1 互异

的不可约多项式。令 $t_i=\min\{r_i,s_i\}$，$i=1,2,\cdots,l$，则

$$(f^n(x),g^n(x))=p_1^{nt_1}(x)p_2^{nt_2}(x)\cdots p_l^{nt_l}(x)=(p_1^{t_1}(x)p_2^{t_2}(x)\cdots p_l^{t_1}(x))^n=(f(x),g(x))^n。$$

即结论成立。

例 13　设 $P[x]$ 为数域 P 上的一元多项式环，α 为一复数，$M=\{f(\alpha)\mid f(x)\in P[x]\}$。证明：$M$ 为数域的充要条件为 α 是 $P[x]$ 中某个不可约多项式的零点。

证　必要性。若 M 为数域，设 $f(x)$ 为数域 P 上的次数大于 0 的多项式且标准分解式为

$$f(x)=ap_1^{r_1}(x)\cdots p_s^{r_s}(x),$$

其中 a 为 $f(x)$ 的首项系数，$p_1(x),\cdots,p_s(x)$ 为数域 P 上的首项系数为 1 的互不相同的不可约多项式，$r_1,\cdots,r_s$ 为非负整数。

若 $f(\alpha)=0$，则存在 $p_i(x)$ 使得 $p_i(\alpha)=0$。即 α 为不可约多项式 $p_i(x)$ 的零点。

若 $f(\alpha)\neq 0$，由 $f(\alpha)\in M$ 及 M 为数域有 $\dfrac{1}{f(\alpha)}\in M$。故存在 $g(x)\in P[x]$ 使得

$$g(\alpha)=\frac{1}{f(\alpha)},$$

从而 $f(x)g(x)-1$ 以 α 为零点，于是 $f(x)g(x)-1$ 的一个不可约因式以 α 为零点。故结论成立。

充分性。设 α 为不可约多项式 $p(x)$ 的零点。显然 M 对加、减、乘运算封闭。令 $f(x)=0,1$，则 $f(\alpha)=0,1\in M$。下证 M 对除法运算封闭。任取 $f(\alpha),g(\alpha)\in M$，$g(\alpha)\neq 0$，由 $p(x)$ 不可约，可得

$$(p(x),g(x))=1,$$

故存在 $u(x),v(x)\in P[x]$ 使得

$$p(x)u(x)+g(x)v(x)=1,$$

令 $x=\alpha$ 得 $g(\alpha)v(\alpha)=1$，于是

$$\frac{f(\alpha)}{g(\alpha)}=f(\alpha)v(\alpha)\in M,$$

即 M 对除法运算封闭，从而 M 是数域。

例 14　设 $f(x)=(f(x),f'(x))g(x)$，且 $g(x)$ 在复数域内只有两个零点 $2,-3$，又 $g(1)=-20$，求 $g(x)$。若 $f(0)=1620$，求 $f(x)$。

解　由条件知

$$g(x)=a(x-2)(x+3),$$

其中 a 为待定常数。由 $g(1)=-20$，可得 $a=5$，故

$$g(x)=5(x-2)(x+3)。$$

由于 $\dfrac{f(x)}{(f(x),f'(x))}=g(x)$ 与 $f(x)$ 有相同的不可约因式，可设

$$f(x)=5(x-2)^n(x+3)^m,$$

其中 m,n 为待定的正整数。由 $1620=f(0)=5\times(-2)^n\times 3^m=5\times(-2)^2\times 3^4$，可得 $n=2$，$m=4$，即

$$f(x)=5(x-2)^2(x+3)^4。$$

例 15　设 $a_1,a_2,\cdots,a_n$ 是 n 个互不相同的整数，证明：

$$f(x)=(x-a_1)^2(x-a_2)^2\cdots(x-a_n)^2+1$$

在有理数域上不可约。

证　首先，注意到 $f(x)$ 的首项系数为 1 且无实零点。若 $f(x)$ 在有理数域上可约，则存在次数大于 0 的首项系数为 1 的整系数多项式 $g(x),h(x)$ 使得

$$f(x)=g(x)h(x),$$

由 $1=f(a_i)=g(a_i)h(a_i),i=1,2,\cdots,n$，则 $g(a_i)=h(a_i)=\pm 1$。若 $g(a_i)=-1$，由于 $g(x)$ 是首项系数为 1 的多项式，故存在充分大的数 c 使得 $g(c)>0$，由介值定理知 $g(x)$ 有实零点，这样 $f(x)$ 就有实零点，矛盾。于是

$$g(a_i)=h(a_i)=1,i=1,2,\cdots,n,$$

即 $a_1,a_2,\cdots,a_n$ 是 $g(x)-1,h(x)-1$ 的 n 个互不相同的零点，从而 $\deg(g(x)-1)\geqslant n$，$\deg(h(x)-1)\geqslant n$，而 $2n=\deg(f(x))=\deg(g(x))+\deg(h(x))$，所以 $\deg(g(x))=\deg(h(x))=n$，这样

$$g(x)=h(x)=(x-a_1)(x-a_2)\cdots(x-a_n)+1,$$

于是

$$\begin{aligned}f(x)&=g(x)h(x)=[(x-a_1)(x-a_2)\cdots(x-a_n)+1]^2\\&\neq(x-a_1)^2(x-a_2)^2\cdots(x-a_n)^2+1。\end{aligned}$$

矛盾。

例 16（笛卡儿符号判则）　实系数多项式 $f(X)$ 的正零点个数 r（重根记入），等于其系数的变号数 v 或比 v 少一个正偶数。$f(X)$ 的负零点个数，等于 $f(-X)$ 的系数变号数或差一个正偶数。（这里 $f(X)=a_0X^n+a_1X^{n-1}+\cdots+a_{n-1}X+a_n$ 的系数的变号数 v 定义如下。从左向右考察 $f(X)$ 的系数序列 $a_0,a_1,\cdots,a_{n-1},a_n$（删除零），相邻两数正负号改变的次数，即称为系数的变号数。例如 $f(X)=X^5-3X^3-X+1$ 的系数变号数为 $v(f)=2$。）

证　当 $n=\deg f=1$ 时显然成立。当 $n=2$ 时可设 $f=X^2+bX+c=(X-c_1)(X-c_2)$，$b=-(c_1+c_2),c=c_1c_2$。分不同情形：$c_1,c_2$ 均正；c_1,c_2 一正一负；c_1,c_2 均负；c_1,c_2 均非实数（为共轭复数）；以及 c_1,c_2 中有零。分别讨论，易知笛卡儿符号判则成立。

对一般情形，可设

$$f(X)=X^n+a_1X^{n-1}+\cdots+a_{n-1}X+a_n$$

为首一多项式（事实上，用首项系数除各个系数即可，这样既不改变系数变号数 v，也不改变根）。也不妨设常数项 $a_n\neq 0$（否则可设 $f(X)=X^sf_1(X)$，$f_1(X)$ 的常数项非零。f_1 与 f 的正零点相同，系数的变号数也相同）。

若 $a_n>0$，则系数序列变号数 v 必为偶数，因为首尾两系数均为正数。而且正实数零点的个数 r 也必是偶数，因为当 $X\geqslant M$ 充分大时 $f(X)>0$；当 $X=0$ 时 $f(0)=a_n>0$，故 $f(X)=0$ 的图像曲线在区间 $(0,M)$ 只能交 X 轴偶数次。故 r 与 v 同奇偶。

而若 $a_n<0$，同上可知 v 必为奇数，正实数零点的个数 r 是奇数（因为 $f(M)>0,f(0)=a_n<0$，图像曲线在区间 $(0,M)$ 交 X 轴奇数次）。故 r 与 v 的奇偶性也相同。

如果 $r(f)>v(f)$，则 $r(f)\geqslant v(f)+2$。而 $f(X)$ 的每两个相邻实零点之间必有 $f'(X)$ 的实零点，故 $r(f')\geqslant v(f)+1$。但是 $v(f')\leqslant v(f)$，而且由归纳法可假设 $r(f')\leqslant v(f')$。于是 $r(f')\leqslant v(f')\leqslant v(f)$，矛盾。这就说明 $r(f)\leqslant v(f)$，而且 $r(f)=v(f)-2k$

(其中 $k\geqslant 0$ 为整数)。证毕。

例 17　形式幂级数 $f=a_0+a_1X+a_2X^2+\cdots\in P[[X]]$可以表示为两个多项式的商,即

$$f=p(X)/q(X)(p,q\in P[X])$$

的充分必要条件为存在一个非负整数 s,使得对任意充分大的 n(即当 n 大于某 N 时)总有 $\det\boldsymbol{A}_{n,s}=0$,其中

$$\boldsymbol{A}=\boldsymbol{A}_{n,s}=\begin{pmatrix}a_n & a_{n+1} & \cdots & a_{n+s}\\ a_{n+1} & a_{n+2} & \cdots & a_{n+s+1}\\ \vdots & \vdots & & \vdots\\ a_{n+s} & a_{n+s+1} & \cdots & a_{n+2s}\end{pmatrix}。$$

证　$f(X)=p(X)/q(X)$相当于 $f(X)q(X)=p(X)$,记 $p=b_0+b_1X+\cdots+b_rX^r$,$q=c_0+c_1X+\cdots+c_sX^s$,比较两边系数得

$$b_{i+s}=a_ic_s+a_{i+1}c_{s-1}\cdots+a_{i+s}c_0=0\quad(对充分大的所有\ i)。$$

也就是说,"f 可表为多项式之商"当且仅当"如下无限多方程有公共解":

$$a_iX_s+a_{i+1}X_{s-1}+\cdots+a_{i+s}X_0=0\quad(对充分大的所有\ i)。\qquad(E_i)$$

特别地,取 $s+1$ 个相邻的方程 $E_n,E_{n+1},\cdots,E_{n+s}$ 构成线性方程组,即为 $\boldsymbol{A}_{n,s}\boldsymbol{x}=\boldsymbol{0}$。因为它有非零解$(c_s,c_{s-1},\cdots,c_0)$,故知 $\det\boldsymbol{A}_{n,s}=0$。

反之,若 $\det\boldsymbol{A}=\det\boldsymbol{A}_{n,s}=0$(当 n 充分大,即大于某个正整数 N),我们可取 s 为满足此条件的最小可能值。若 $s=0$,则 $0=\det\boldsymbol{A}=a_n$(当 $n>N$),则 f 是多项式。设 $s\geqslant 1$。由条件 $\det\boldsymbol{A}=0$ 知方程组 $\boldsymbol{Ax}=\boldsymbol{0}$ 有非零解(即方程 $E_n,E_{n+1},\cdots,E_{n+s}$ 有公共非零解)。我们将证明,此方程组中的前 s 个方程 $E_n,E_{n+1},\cdots,E_{n+s-1}$ 的公共解 $\boldsymbol{c}=(c_s,c_{s-1}\cdots,c_0)$,自动满足最后一个方程 E_{n+s}。这样即可递推:由 $\boldsymbol{c}$ 满足 $E_{n+1},\cdots,E_{n+s}$ 又知 $\boldsymbol{c}$ 满足 E_{n+s+1},等等。从而知 $\boldsymbol{c}$ 满足所有 E_i(当 $i>N$),令 $q=c_0+c_1X+\cdots+c_sX^s$ 则说明 $f(X)q(X)$的高于 $n+s$ 的所有项均为零,故 $f(X)q(X)=p(X)$为多项式,就可得到 $f(X)=p(X)/q(X)$。

为此我们断言:"若 $\det\boldsymbol{A}=\det\boldsymbol{A}_{n,s}=0$,则 $\boldsymbol{A}$ 的左上角 s 阶子方阵 $\boldsymbol{A}'=\boldsymbol{A}_{n,s-1}$ 的行列式非零(当 $n>N$)。"如果断言不成立,即若对某 $n=n_0>N$ 有 $\det\boldsymbol{A}'=0$。则有两种可能:

(1) $\boldsymbol{A}'$的后 $s-1$ 行线性相关。则 $\boldsymbol{A}$ 的左下角 s 阶子式为零,即 $\det\boldsymbol{A}_{n+1,s-1}=0$。

(2) $\boldsymbol{A}'$的后 $s-1$ 行线性无关,则其首行是后面各行的线性组合。将 $\boldsymbol{A}$ 的后面各行的适当倍加到首行去,可将 $\boldsymbol{A}$ 的首行化为$(0,\cdots,0,b)$,按第一行展开 $\det\boldsymbol{A}$ 得

$$0=\det\boldsymbol{A}=b\ \det\boldsymbol{A}_{n+1,s-1}。$$

若 $b\neq 0$ 则 $\det\boldsymbol{A}_{n+1,s-1}=0$。若 $b=0$ 则 $\boldsymbol{A}$ 的右上角 s 阶子式为零,此子式也为 $\det\boldsymbol{A}_{n+1,s-1}$。

总之,假若对某 $n=n_0>N$ 有 $\det\boldsymbol{A}'=\det\boldsymbol{A}_{n,s-1}=0$,则导致 $\det\boldsymbol{A}_{n+1,s-1}=0$。由此递推,又导致 $\det\boldsymbol{A}_{n+2,s-1}=0$,$\det\boldsymbol{A}_{n+3,s-1}=0$ 等。这就是说,对所有充分大的 n 总有 $\det\boldsymbol{A}_{n,s-1}=0$。这与我们选取的 s 的最小性矛盾。故得断言,即 $\det\boldsymbol{A}'\neq 0$。

因为 $\det\boldsymbol{A}=0$ 而 $\det\boldsymbol{A}'\neq 0$,可知 $\boldsymbol{A}$ 的最后一行能表为其余行的线性组合。这说明线性方程组 $\boldsymbol{Ax}=\boldsymbol{0}$ 中前 s 个方程的非零解自动满足最后一个方程。注意前 s 个方程一定有一个非零解(因为方程个数比未知量个数少 1)。按上面的说明即得证。

例 18　分解三元多项式 $f(X,Y,Z)=X^3+Y^3+Z^3-3XYZ$。

解　视 $f(X,Y,Z)\in\mathbb{Q}[Y,Z][X]$,即以 Y,Z 的函数为系数的 X 的多项式(这里的道理与 $f\in\mathbb{Z}[X]$类似,环$\mathbb{Q}[Y,Z]$类比于$\mathbb{Z}$,域$\mathbb{Q}(Y,Z)$类比于$\mathbb{Q}$)。按 X 的降幂写为

$$f(X,Y,Z)=X^3-3YZX+(Y^3+Z^3)。$$

这是三次本原多项式，如果可约则应有一次因子 $X-\alpha$，即在$\mathbb{Q}(Y,Z)$中有根 $\alpha=b/a$，其中 $a,b\in\mathbb{Q}[Y,Z]$，而且 b 应当整除 Y^3+Z^3（即不含 X 的"常数项"），a 应当整除首项系数 1。所以 $\alpha=b/a=b$ 整除 Y^3+Z^3。故在$\mathbb{Q}[Y,Z]$中作分解

$$Y^3+Z^3=(Y+Z)(Y^2-YZ+Z^2)。$$

所以 b 的可能取值是$\pm1,\pm(Y+Z),\pm(Y^2-YZ+Z^2)$，或 Y^3+Z^3。但因为 $f(X,Y,Z)$是三次齐次多项式，故其因子 $X-b$ 也应当是齐次多项式，所以只可能是

$$X-\alpha=X\pm(Y+Z)。$$

作除法验证可知

$$f(X,Y,Z)=(X+Y+Z)(X^2-(Y+Z)X+(Y^2-YZ+Z^2))。$$

即上式最后一个因子 $g(X,Y,Z)=X^2-(Y+Z)X+(Y^2-YZ+Z^2)$。因为 Y^2-YZ+Z^2 在有理数域上不可约，所以 $g(X,Y,Z)$在有理数域上也不可约，上式即是 f 在有理数域上的分解。因为 $g(X,Y,Z)$是 X 的二次三项式，其判别式$\Delta(g)$和根 $\beta_\pm$ 如下：

$$\Delta(g)=(Y+Z)^2-4(Y^2-YZ+Z^2)=-3(Y-Z)^2,$$

例 19　设 $f(x)$为实系数多项式，证明：对任何实数 c 都有 $f(c)\geqslant0$ 的充要条件为存在实系数多项式 $g(x),h(x)$使得

$$f(x)=g^2(x)+h^2(x)。$$

证　充分性。显然。

必要性。设

$$f(x)=a_nx^n+a_{n-1}x^{n-1}+\cdots+a_1x+a_0,$$

若 $f(x)=0$，则结论成立。

若 $\deg(f(x))=0$，则 $f(x)=a_0>0$，易知结论成立。

若 $\deg(f(x))>0$，则

$$f(x)=x^n\left(a_n+a_{n-1}\frac{1}{x}+\cdots+\frac{a_0}{x_n}\right)$$

由于对任何实数 c 都有 $f(c)\geqslant0$，故 $a_n>0$。

设

$$f(x)=a_n(x-\alpha_1)^{k_1}\cdots(x-\alpha_n)^{k_s}f_2(x),$$

其中 $f_2(x)$无实零点，且首项系数为 1。则可证 $\forall c\in\mathbb{R}$，有 $f_2(c)>0$。从而可知 k_1，$k_2,\cdots,k_s$ 皆为偶数。实际上，不妨设

$$\alpha_1<\alpha_2<\cdots<\alpha_s,$$

若 $k_1,k_2,\cdots,k_s$ 不都是偶数，设从右边起第一个奇数为 k_i，取 $c\in(\alpha_{i-1},\alpha_i)$，则

$$f(c)=a_n(c-\alpha_1)^{k_1}\cdots(c-\alpha_{i-1})^{k_{i-1}}(c-\alpha_i)^{k_i}\cdots(c-\alpha_s)^{k_s}f_2(c)<0。$$

这与条件矛盾。所以 $f(x)$的所有实零点必为偶数重的，于是

$$f(x)=f_1^2(x)f_2(x),$$

其中 $f_1(x)=\sqrt{a_n}(x-\alpha_1)^{\frac{k_1}{2}}\cdots(x-\alpha_s)^{\frac{k_s}{2}}$，易知存在实系数多项式 $g_1(x),g_2(x)$使得

$$f_2(x)=g_1^2(x)+g_2^2(x),$$

于是

$$f(x)=f_1^2(x)(g_1^2(x)+g_2^2(x))=(f_1(x)g_1(x))^2+(f_1(x)g_2(x))^2。$$

令 $g(x)=f_1(x)g_1(x)$，$h(x)=f_1(x)g_2(x)$即得结论成立。

第2章　行　列　式

2.1　基本知识点

1. 行列式的定义　设 $a_{ij}\in P, i,j=1,2,\cdots,n$。称

$$\begin{vmatrix} a_{11} & a_{12} & \cdots & a_{1n} \\ a_{21} & a_{22} & \cdots & a_{2n} \\ \vdots & \vdots & & \vdots \\ a_{n1} & a_{n2} & \cdots & a_{nn} \end{vmatrix} = \sum_{j_1j_2\cdots j_n}(-1)^{\tau(j_1j_2\cdots j_n)}a_{1j_1}a_{2j_2}\cdots a_{nj_n}$$

为数域 P 上的一个行列式，这里 $j_1j_2\cdots j_n$ 取遍 $12\cdots n$ 的所有排列，$\tau(j_1j_2\cdots j_n)$是其逆序数。

2. 行列式的性质

(1) 行列互换，行列式的值不变，即

$$\begin{vmatrix} a_{11} & a_{12} & \cdots & a_{1n} \\ a_{21} & a_{22} & \cdots & a_{2n} \\ \vdots & \vdots & & \vdots \\ a_{n1} & a_{n2} & \cdots & a_{nn} \end{vmatrix} = \begin{vmatrix} a_{11} & a_{21} & \cdots & a_{n1} \\ a_{12} & a_{22} & \cdots & a_{n2} \\ \vdots & \vdots & & \vdots \\ a_{1n} & a_{2n} & \cdots & a_{nn} \end{vmatrix}。$$

(2) 行列式的某行(或列)乘以常数 k 得到的新行列式等于数 k 乘以原来的行列式。

$$\begin{vmatrix} a_{11} & a_{12} & \cdots & a_{1n} \\ \vdots & \vdots & & \vdots \\ ka_{i1} & ka_{i2} & \cdots & ka_{in} \\ \vdots & \vdots & & \vdots \\ a_{n1} & a_{n2} & \cdots & a_{nn} \end{vmatrix} = k\begin{vmatrix} a_{11} & a_{12} & \cdots & a_{1n} \\ \vdots & \vdots & & \vdots \\ a_{i1} & a_{i2} & \cdots & a_{in} \\ \vdots & \vdots & & \vdots \\ a_{n1} & a_{n2} & \cdots & a_{nn} \end{vmatrix}。$$

(3) 如果行列式的某行(或某列)的每个数都能写成两个数的和，则原行列式也能写成两个行列式的和。

$$\begin{vmatrix} a_{11} & a_{12} & \cdots & a_{1n} \\ \vdots & \vdots & & \vdots \\ b_1+c_1 & b_2+c_2 & \cdots & b_n+c_n \\ \vdots & \vdots & & \vdots \\ a_{n1} & a_{n2} & \cdots & a_{nn} \end{vmatrix} = \begin{vmatrix} a_{11} & a_{12} & \cdots & a_{1n} \\ \vdots & \vdots & & \vdots \\ b_1 & b_2 & \cdots & b_n \\ \vdots & \vdots & & \vdots \\ a_{n1} & a_{n2} & \cdots & a_{nn} \end{vmatrix} + \begin{vmatrix} a_{11} & a_{12} & \cdots & a_{1n} \\ \vdots & \vdots & & \vdots \\ c_1 & c_2 & \cdots & c_n \\ \vdots & \vdots & & \vdots \\ a_{n1} & a_{n2} & \cdots & a_{nn} \end{vmatrix}$$

(4) 行列式有两行(或者两列)相等，则行列式为 0。

$$\begin{vmatrix} a_{11} & a_{12} & \cdots & a_{1n} \\ \vdots & \vdots & & \vdots \\ a_{i1} & a_{i2} & \cdots & a_{in} \\ \vdots & \vdots & & \vdots \\ a_{i1} & a_{i2} & \cdots & a_{in} \\ \vdots & \vdots & & \vdots \\ a_{n1} & a_{n2} & \cdots & a_{nn} \end{vmatrix} = 0。$$

(5) 行列式有两行(或者两列)对应成中例,则行列式为 0。

$$\begin{vmatrix} a_{11} & a_{12} & \cdots & a_{1n} \\ \vdots & \vdots & & \vdots \\ a_{i1} & a_{i2} & \cdots & a_{in} \\ \vdots & \vdots & & \vdots \\ ka_{i1} & ka_{i2} & \cdots & ka_{in} \\ \vdots & \vdots & & \vdots \\ a_{n1} & a_{n2} & \cdots & a_{nn} \end{vmatrix}=0。$$

(6) 行列式的某行(或列)乘以常数 k 加到另一行(或列)上,行列式不变。

$$\begin{vmatrix} a_{11} & a_{12} & \cdots & a_{1n} \\ \vdots & \vdots & & \vdots \\ a_{j1}+ka_{i1} & a_{j2}+ka_{i2} & \cdots & a_{jn}+ka_{in} \\ \vdots & \vdots & & \vdots \\ a_{i1} & a_{i2} & \cdots & a_{in} \\ \vdots & \vdots & & \vdots \\ a_{n1} & a_{n2} & \cdots & a_{nn} \end{vmatrix}=\begin{vmatrix} a_{11} & a_{12} & \cdots & a_{1n} \\ \vdots & \vdots & & \vdots \\ a_{j1} & a_{j2} & \cdots & a_{jn} \\ \vdots & \vdots & & \vdots \\ a_{i1} & a_{i2} & \cdots & a_{in} \\ \vdots & \vdots & & \vdots \\ a_{n1} & a_{n2} & \cdots & a_{nn} \end{vmatrix}。$$

(7) 交换行列式的两行(或者两列),行列式变为原行列式的相反数。

$$\begin{vmatrix} a_{11} & a_{12} & \cdots & a_{1n} \\ \vdots & \vdots & & \vdots \\ a_{i1} & a_{i2} & \cdots & a_{in} \\ \vdots & \vdots & & \vdots \\ a_{j1} & a_{j2} & \cdots & a_{jn} \\ \vdots & \vdots & & \vdots \\ a_{n1} & a_{n2} & \cdots & a_{nn} \end{vmatrix}=-\begin{vmatrix} a_{11} & a_{12} & \cdots & a_{1n} \\ \vdots & \vdots & & \vdots \\ a_{j1} & a_{j2} & \cdots & a_{jn} \\ \vdots & \vdots & & \vdots \\ a_{i1} & a_{i2} & \cdots & a_{in} \\ \vdots & \vdots & & \vdots \\ a_{n1} & a_{n2} & \cdots & a_{nn} \end{vmatrix}。$$

3. 余子式、代数余子式。在行列式

$$\begin{vmatrix} a_{11} & a_{12} & \cdots & a_{1n} \\ \vdots & \vdots & & \vdots \\ a_{21} & a_{22} & \cdots & a_{2n} \\ \vdots & \vdots & & \vdots \\ a_{n1} & a_{n2} & \cdots & a_{nn} \end{vmatrix}$$

中消去 a_{ij} 所在的行和列所得到的 $n-1$ 阶行列式记为 M_{ij},称为元素 a_{ij} 的余子式。称$A_{ij}=(-1)^{i+j}M_{ij}$ 为 a_{ij} 的代数余子式。

注 元素 a_{ij} 的余子式、代数余子式只与 a_{ij} 所在的位置有关,而与元素 a_{ij} 本身的数值大小没有关系。

4. 行列式按行(列)展开。对 $i=1,2,\cdots,n$,有

$$\begin{vmatrix} a_{11} & a_{12} & \cdots & a_{1n} \\ a_{21} & a_{22} & \cdots & a_{2n} \\ \vdots & \vdots & & \vdots \\ a_{n1} & a_{n2} & \cdots & a_{nn} \end{vmatrix}=a_{i1}A_{i1}+a_{i2}A_{i2}+\cdots+a_{in}A_{in}=a_{1j}A_{1j}+a_{2j}A_{2j}+\cdots+a_{nj}A_{nj}.$$

5. 令 $d=\begin{vmatrix} a_{11} & a_{12} & \cdots & a_{1n} \\ a_{21} & a_{22} & \cdots & a_{2n} \\ \vdots & \vdots & & \vdots \\ a_{n1} & a_{n2} & \cdots & a_{nn} \end{vmatrix}$,则

$$a_{k1}A_{i1}+a_{k2}A_{i2}+\cdots+a_{kn}A_{in}=\begin{cases} d, & \text{当 } k=i, \\ 0, & \text{当 } k\neq i。\end{cases}$$

$$A_{1l}A_{1j}+a_{2l}A_{2j}+\cdots+a_{nl}A_{nj}=\begin{cases} d, & \text{当 } l=j, \\ 0, & \text{当 } l\neq j。\end{cases}$$

6. 范德蒙德(Vandermonde)行列式。

$$\begin{vmatrix} 1 & 1 & 1 & \cdots & 1 \\ a_1 & a_2 & a_3 & \cdots & a_n \\ a_1^2 & a_2^2 & a_3^2 & \cdots & a_n^2 \\ \vdots & \vdots & \vdots & & \\ a_1^{n-1} & a_2^{n-1} & a_3^{n-1} & \cdots & a_n^{n-1} \end{vmatrix}=\prod_{1\leqslant j<i\leqslant n}(a_i-a_j)。$$

7. 克莱姆(Cramer)法则。如果线性方程组

$$\begin{cases} a_{11}x_1+a_{12}x_2+\cdots+a_{1n}x_n=b_1, \\ a_{21}x_1+a_{22}x_2+\cdots+a_{2n}x_n=b_2, \\ \qquad\qquad\vdots \qquad\qquad\qquad \vdots \\ a_{n1}x_1+a_{n2}x_2+\cdots+a_{nn}x_n=b_n \end{cases}$$

的系数矩阵

$$\boldsymbol{A}=\begin{pmatrix} a_{11} & a_{12} & \cdots & a_{1n} \\ a_{21} & a_{22} & \cdots & a_{2n} \\ \vdots & \vdots & & \vdots \\ a_{n1} & a_{n2} & \cdots & a_{nn} \end{pmatrix}$$

的行列式 $d=|\boldsymbol{A}|\neq 0$,那么线性方程组有解且唯一,解可通过系数表达为 $x_1=\frac{d_1}{d}, x_2=\frac{d_2}{d},\cdots, x_n=\frac{d_n}{d}$,其中 d_i 为 d 的第 i 列换成常数项 $b_1,b_2,\cdots,b_n$,而其余各列不动所得的行列式。

8. 齐次线性方程组

$$\begin{cases} a_{11}x_1+a_{12}x_2+\cdots+a_{1n}x_n=0, \\ a_{21}x_1+a_{22}x_2+\cdots+a_{2n}x_n=0, \\ \qquad\qquad\vdots \\ a_{n1}x_1+a_{n2}x_2+\cdots+a_{nn}x_n=0 \end{cases}$$

只有零解的充要条件为方程组的系数矩阵 $\boldsymbol{A}$ 的行列式 $|\boldsymbol{A}|\neq 0$,而有非零解的充要条件为 $|\boldsymbol{A}|=0$。

9. 拉普拉斯(Laplace)定理。设在行列式 D 中任意取定 k 行。由这 k 行元素所能组成的一切 k 级子式与它们的代数余子式的乘积的和等于行列式 D。

注　设 $\boldsymbol{A}$ 为 m 阶方阵,$\boldsymbol{B}$ 为 n 阶方阵,则

$$\begin{vmatrix} \boldsymbol{A} & \boldsymbol{0} \\ * & \boldsymbol{B} \end{vmatrix} = |\boldsymbol{A}||\boldsymbol{B}|,\quad \begin{vmatrix} \boldsymbol{0} & \boldsymbol{A} \\ \boldsymbol{B} & * \end{vmatrix} = (-1)^{mn}|\boldsymbol{A}||\boldsymbol{B}|。$$

10. 设 $\boldsymbol{A}$ 和 $\boldsymbol{B}$ 是 n 阶方阵，则 $|\boldsymbol{AB}|=|\boldsymbol{A}||\boldsymbol{B}|$。

11. 两个重要结论。

(1) 设 $\boldsymbol{A}$ 为 n 阶可逆方阵，$\boldsymbol{\alpha},\boldsymbol{\beta}$ 为 n 维列向量，则 $|\boldsymbol{A}+\boldsymbol{\alpha}\boldsymbol{\beta}^{\mathrm{T}}|=|\boldsymbol{A}|(1+\boldsymbol{\beta}^{\mathrm{T}}\boldsymbol{A}^{-1}\boldsymbol{\alpha})$。

(2) 设 $\boldsymbol{A}$ 是 $n\times m$ 矩阵，$\boldsymbol{B}$ 是 $m\times n$ 矩阵，$\lambda\neq 0$，则

$$|\lambda\boldsymbol{E}_n-\boldsymbol{AB}|=\lambda^{n-m}|\lambda\boldsymbol{E}_m-\boldsymbol{BA}|。$$

2.2 典型例题

例 1　计算 n 阶行列式

$$D_n=\begin{vmatrix} \lambda & a & a & \cdots & a \\ b & \alpha & \beta & \cdots & \beta \\ b & \beta & \alpha & \cdots & \beta \\ \vdots & \vdots & \vdots & & \vdots \\ b & \beta & \beta & \cdots & \alpha \end{vmatrix}。$$

解法 1　将 D_n 的最后一行乘以 -1 加到第 i 行($i=2,3,\cdots,n-1$)得

$$D_n=\begin{vmatrix} \lambda & a & a & \cdots & a & a \\ 0 & \alpha-\beta & 0 & \cdots & 0 & \beta-\alpha \\ 0 & 0 & \alpha-\beta & \cdots & 0 & \beta-\alpha \\ \vdots & \vdots & \vdots & & \vdots & \vdots \\ 0 & 0 & 0 & \cdots & \alpha-\beta & \beta-\alpha \\ b & \beta & \beta & \cdots & \beta & \alpha \end{vmatrix}$$

再将第 i 列($i=2,3,\cdots,n-1$)全加到第 n 列，得

$$D_n=\begin{vmatrix} \lambda & a & a & \cdots & a & (n-1)a \\ 0 & \alpha-\beta & 0 & \cdots & 0 & 0 \\ \vdots & \vdots & \vdots & & \vdots & \vdots \\ 0 & 0 & 0 & \cdots & \alpha-\beta & 0 \\ b & \beta & \beta & \cdots & \beta & \alpha+(n-2)\beta \end{vmatrix},$$

再按第一列展开得

$$D_n=(\alpha-\beta)^{n-2}[\lambda\alpha+(n-2)\lambda\beta-(n-1)ab].$$

解法 2　将 D_n 按照第一列拆成两个行列式的和，得

$$D_n=\begin{vmatrix} a+(\lambda-a) & a+0 & a+0 & \cdots & a+0 \\ b & \alpha & \beta & \cdots & \beta \\ b & \beta & \alpha & \cdots & \beta \\ \vdots & \vdots & \vdots & & \vdots \\ b & \beta & \beta & \cdots & \alpha \end{vmatrix}$$

$$=\begin{vmatrix} a & a & a & \cdots & a \\ b & \alpha & \beta & \cdots & \beta \\ b & \beta & \alpha & \cdots & \beta \\ \vdots & \vdots & \vdots & & \vdots \\ b & \beta & \beta & \cdots & \alpha \end{vmatrix}+\begin{vmatrix} \lambda-a & 0 & 0 & \cdots & 0 \\ b & \alpha & \beta & \cdots & \beta \\ b & \beta & \alpha & \cdots & \beta \\ \vdots & \vdots & \vdots & & \vdots \\ b & \beta & \beta & \cdots & \alpha \end{vmatrix}$$

$$=a\begin{vmatrix} 1 & 1 & 1 & \cdots & 1 \\ b & \alpha & \beta & \cdots & \beta \\ b & \beta & \alpha & \cdots & \beta \\ \vdots & \vdots & \vdots & & \vdots \\ b & \beta & \beta & \cdots & \alpha \end{vmatrix}+(\lambda-a)\begin{vmatrix} \alpha & \beta & \cdots & \beta \\ \beta & \alpha & \cdots & \beta \\ \vdots & \vdots & & \vdots \\ \beta & \beta & \cdots & \alpha \end{vmatrix}$$

$$=a\begin{vmatrix} 1 & 1 & 1 & \cdots & 1 \\ b-\beta & \alpha-\beta & 0 & \cdots & 0 \\ b-\beta & 0 & \alpha-\beta & \cdots & 0 \\ \vdots & \vdots & \vdots & & \vdots \\ b-\beta & 0 & 0 & \cdots & \alpha-\beta \end{vmatrix}+(\lambda-a)[\alpha+(n-2)\beta](\alpha-\beta)^{n-2}。$$

当 $\alpha\neq\beta$ 时，第 $2,3,\cdots,n$ 列乘以 $-\dfrac{b-\beta}{\alpha-\beta}$ 都加到第一列，则

$$\begin{vmatrix} 1 & 1 & 1 & \cdots & 1 \\ b-\beta & \alpha-\beta & 0 & \cdots & 0 \\ b-\beta & 0 & \alpha-\beta & \cdots & 0 \\ \vdots & \vdots & \vdots & & \vdots \\ b-\beta & 0 & 0 & \cdots & \alpha-\beta \end{vmatrix}=\begin{vmatrix} 1-\dfrac{(n-1)(b-\beta)}{\alpha-\beta} & 1 & 1 & \cdots & 1 \\ 0 & \alpha-\beta & 0 & \cdots & 0 \\ 0 & 0 & \alpha-\beta & \cdots & 0 \\ \vdots & \vdots & \vdots & & \vdots \\ 0 & 0 & 0 & \cdots & \alpha-\beta \end{vmatrix}$$

$$=(\alpha-\beta)^{n-1}-(n-1)(b-\beta)(\alpha-\beta)^{n-2}。$$

于是

$$\begin{aligned} D_n&=a[(\alpha-\beta)^{n-1}-(n-1)(b-\beta)(\alpha-\beta)^{n-2}]+(\lambda-a)[\alpha+(n-2)\beta](\alpha-\beta)^{n-2} \\ &=(\alpha-\beta)^{n-2}[\lambda\alpha+(n-2)\lambda\beta-(n-1)ab]。\end{aligned}$$

例 2　计算 n 阶行列式

$$D_n=\begin{vmatrix} x & -1 & 0 & \cdots & 0 & 0 \\ 0 & x & -1 & \cdots & 0 & 0 \\ 0 & 0 & x & \cdots & 0 & 0 \\ \vdots & \vdots & \vdots & & \vdots & \vdots \\ 0 & 0 & 0 & \cdots & x & -1 \\ a_n & a_{n-1} & a_{n-2} & \cdots & a_2 & x+a_1 \end{vmatrix}。$$

解法 1　将 D_n 按第一列展开可得递推关系式

$$D_n=xD_{n-1}+a_n,$$

由此可得

$$\begin{aligned} D_n&=xD_{n-1}+a_n \\ &=x(xD_{n-2}+a_{n-1})+a_n \end{aligned}$$

$$=x^2D_{n-2}+a_{n-1}x+a_n$$

$$\vdots$$

$$=x^{n-1}D_1+a_2x^{n-2}+\cdots+a_{n-1}x+a_n。$$

由于 $D_1=x+a_1$，故

$$D_n=x^n+a_1x^{n-1}+a_2x^{n-2}+\cdots+a_{n-1}x+a_n。$$

解法 2　从最后一列开始，每一列乘以 x 加到前一列可得

$$D_n=\begin{vmatrix} 0 & -1 & 0 & \cdots & 0 & 0 \\ 0 & 0 & -1 & \cdots & 0 & 0 \\ 0 & 0 & 0 & \cdots & 0 & 0 \\ \vdots & \vdots & \vdots & & \vdots & \vdots \\ 0 & 0 & 0 & \cdots & 0 & -1 \\ b_n & b_{n-1} & b_{n-2} & \cdots & b_2 & x+a_1 \end{vmatrix},$$

其中

$$b_2=x^2+a_1x+a_2,\cdots,b_{n-1}=x^{n-1}+a_1x^{n-2}+a_2x^{n-3}+\cdots+a_{n-1},$$

$$b_n=x^n+a_1x^{n-1}+a_2x^{n-2}+\cdots+a_{n-1}x+a_n。$$

再按第一列展开可得

$$D_n=x^n+a_1x^{n-1}+a_2x^{n-2}+\cdots+a_{n-1}x+a_n。$$

例 3　计算行列式

$$D_n=\begin{vmatrix} x & a & a & \cdots & a \\ -a & x & a & \cdots & a \\ -a & -a & x & \cdots & a \\ \vdots & \vdots & \vdots & & \vdots \\ -a & -a & -a & \cdots & x \end{vmatrix}。$$

解　将 D_n 按第一列拆成两个行列式的和，得

$$D_n=\begin{vmatrix} x-a+a & 0+a & 0+a & \cdots & 0+a \\ -a & x & a & \cdots & a \\ -a & -a & x & \cdots & a \\ \vdots & \vdots & \vdots & & \vdots \\ -a & -a & -a & \cdots & x \end{vmatrix}$$

$$=\begin{vmatrix} x-a & 0 & 0 & \cdots & 0 \\ -a & x & a & \cdots & a \\ -a & -a & x & \cdots & a \\ \vdots & \vdots & \vdots & & \vdots \\ -a & -a & -a & \cdots & x \end{vmatrix}+\begin{vmatrix} a & a & a & \cdots & a \\ -a & x & a & \cdots & a \\ -a & -a & x & \cdots & a \\ \vdots & \vdots & \vdots & & \vdots \\ -a & -a & -a & \cdots & x \end{vmatrix}$$

$$=(x-a)D_{n-1}+a(x+a)^{n-1}。$$

由于 a 与 $-a$ 的地位是对称的，可得

$$D_n=(x+a)D_{n-1}-a(x-a)^{n-1}。$$

当 $a\neq0$ 时，由上两式可得 $D_n=\dfrac{1}{2}[(x+a)^n+(x-a)^n]$，当 $a=0$ 时，$D_n=x^n$。因此，不论

a 为何值,都有

$$D_n=\frac{1}{2}[(x+a)^n+(x-a)^n]。$$

例 4　设 $\boldsymbol{A},\boldsymbol{B},\boldsymbol{C},\boldsymbol{D}$ 为 n 阶方阵,若 $\operatorname{rank}\begin{pmatrix}\boldsymbol{A} & \boldsymbol{B}\\ \boldsymbol{C} & \boldsymbol{D}\end{pmatrix}=n$,证明:

$$\begin{vmatrix}|\boldsymbol{A}| & |\boldsymbol{B}|\\ |\boldsymbol{C}| & |\boldsymbol{D}|\end{vmatrix}=0。$$

而且若 $\boldsymbol{A}$ 可逆,则 $\boldsymbol{D}=\boldsymbol{C}\boldsymbol{A}^{-1}\boldsymbol{B}$。

证　首先

$$\begin{vmatrix}|\boldsymbol{A}| & |\boldsymbol{B}|\\ |\boldsymbol{C}| & |\boldsymbol{D}|\end{vmatrix}=|\boldsymbol{A}||\boldsymbol{D}|-|\boldsymbol{B}||\boldsymbol{C}|。$$

(1) 若 $|\boldsymbol{A}|\neq 0$,即 $\boldsymbol{A}$ 可逆,由矩阵的初等变换不改变矩阵的秩,于是由

$$\begin{pmatrix}\boldsymbol{E} & \boldsymbol{0}\\ -\boldsymbol{C}\boldsymbol{A}^{-1} & \boldsymbol{E}\end{pmatrix}\begin{pmatrix}\boldsymbol{A} & \boldsymbol{B}\\ \boldsymbol{C} & \boldsymbol{D}\end{pmatrix}\begin{pmatrix}\boldsymbol{E} & -\boldsymbol{A}^{-1}\boldsymbol{B}\\ \boldsymbol{0} & \boldsymbol{E}\end{pmatrix}=\begin{pmatrix}\boldsymbol{A} & \boldsymbol{0}\\ \boldsymbol{0} & \boldsymbol{D}-\boldsymbol{C}\boldsymbol{A}^{-1}\boldsymbol{B}\end{pmatrix},$$

以及条件 $\operatorname{rank}\begin{pmatrix}\boldsymbol{A} & \boldsymbol{B}\\ \boldsymbol{C} & \boldsymbol{D}\end{pmatrix}=n$,可得

$$\boldsymbol{D}-\boldsymbol{C}\boldsymbol{A}^{-1}\boldsymbol{B}=\boldsymbol{0},$$

即若 $\boldsymbol{A}$ 可逆,则 $\boldsymbol{D}=\boldsymbol{C}\boldsymbol{A}^{-1}\boldsymbol{B}$,并且

$$\begin{aligned}\begin{vmatrix}|\boldsymbol{A}| & |\boldsymbol{B}|\\ |\boldsymbol{C}| & |\boldsymbol{D}|\end{vmatrix}&=|\boldsymbol{A}||\boldsymbol{C}\boldsymbol{A}^{-1}\boldsymbol{B}|-|\boldsymbol{B}||\boldsymbol{C}|\\ &=|\boldsymbol{A}||\boldsymbol{C}||\boldsymbol{A}^{-1}||\boldsymbol{B}|-|\boldsymbol{B}||\boldsymbol{C}|=0。\end{aligned}$$

(2) 若 $|\boldsymbol{A}|=0$,只需证 $|\boldsymbol{B}||\boldsymbol{C}|=0$。若 $|\boldsymbol{B}|\neq 0$,则由

$$\begin{pmatrix}\boldsymbol{E} & \boldsymbol{0}\\ -\boldsymbol{D}\boldsymbol{B}^{-1} & \boldsymbol{E}\end{pmatrix}\begin{pmatrix}\boldsymbol{A} & \boldsymbol{B}\\ \boldsymbol{C} & \boldsymbol{D}\end{pmatrix}\begin{pmatrix}\boldsymbol{E} & \boldsymbol{0}\\ -\boldsymbol{B}^{-1}\boldsymbol{A} & \boldsymbol{E}\end{pmatrix}=\begin{pmatrix}\boldsymbol{0} & \boldsymbol{B}\\ \boldsymbol{C}-\boldsymbol{D}\boldsymbol{B}^{-1}\boldsymbol{A} & \boldsymbol{0}\end{pmatrix},$$

有 $\boldsymbol{C}-\boldsymbol{D}\boldsymbol{B}^{-1}\boldsymbol{A}=\boldsymbol{0}$,注意到 $|\boldsymbol{A}|=0$,故

$$|\boldsymbol{C}|=|\boldsymbol{D}\boldsymbol{B}^{-1}\boldsymbol{A}|=|\boldsymbol{D}||\boldsymbol{B}^{-1}||\boldsymbol{A}|=0。$$

同理可证若 $|\boldsymbol{C}|\neq 0$,则 $|\boldsymbol{B}|=0$。

综上,结论成立。

例 5　设 n 阶行列式

$$\begin{vmatrix}a_{11} & a_{12} & \cdots & a_{1n}\\ a_{21} & a_{22} & \cdots & a_{2n}\\ \vdots & \vdots & & \vdots\\ a_{n1} & a_{n2} & \cdots & a_{nn}\end{vmatrix}=1,$$

且满足 $a_{ij}=-a_{ji}$,$i,j=1,2,\cdots,n$。对任意数 b,求 n 阶行列式

$$\begin{vmatrix}a_{11}+b & a_{12}+b & \cdots & a_{1n}+b\\ a_{21}+b & a_{22}+b & \cdots & a_{2n}+b\\ \vdots & \vdots & & \vdots\\ a_{n1}+b & a_{n2}+b & \cdots & a_{nn}+b\end{vmatrix}=?。$$

解法 1　由于

$$\begin{vmatrix} a_{11}+b & a_{12}+b & \cdots & a_{1n}+b \\ a_{21}+b & a_{22}+b & \cdots & a_{2n}+b \\ \vdots & \vdots & & \vdots \\ a_{n1}+b & a_{n2}+b & \cdots & a_{nn}+b \end{vmatrix} = 1+b\sum_{i=1}^{n}\sum_{j=1}^{n}A_{ji}。$$

记 $\boldsymbol{A}=(a_{ij})_{n\times n}$，由条件知 $\boldsymbol{A}^{\mathrm{T}}=-\boldsymbol{A}$ 且 n 为偶数，故 $\boldsymbol{A}^{*}=\boldsymbol{A}^{-1}$。而

$$(\boldsymbol{A}^{*})^{\mathrm{T}}=(\boldsymbol{A}^{-1})^{\mathrm{T}}=(\boldsymbol{A}^{\mathrm{T}})^{-1}=(-\boldsymbol{A})^{-1}=-\boldsymbol{A}^{-1}=-\boldsymbol{A}^{*},$$

于是 $\sum_{i=1}^{n}\sum_{j=1}^{n}A_{ji}=0$。从而所求行列式的值为 1。

解法 2　记 $\boldsymbol{A}=(a_{ij})_{n\times n}$，$\boldsymbol{e}=(1,1,\cdots,1)^{\mathrm{T}}$，$\boldsymbol{B}=(a_{ij}+b)$，$\boldsymbol{A}^{-1}=(c_{ij})_{n\times n}$则

$$|\boldsymbol{B}|=\begin{vmatrix} 1 & b & b & \cdots & b \\ 0 & a_{11}+b & a_{12}+b & \cdots & a_{1n}+b \\ 0 & a_{21}+b & a_{22}+b & \cdots & a_{2n}+b \\ \vdots & \vdots & \vdots & & \vdots \\ 0 & a_{n1}+b & a_{n2}+b & \cdots & a_{nn}+b \end{vmatrix}=\begin{vmatrix} 1 & b & b & \cdots & b \\ -1 & a_{11} & a_{12} & \cdots & a_{1n} \\ -1 & a_{21} & a_{22} & \cdots & a_{2n} \\ \vdots & \vdots & \vdots & & \vdots \\ -1 & a_{n1} & a_{n2} & \cdots & a_{nn} \end{vmatrix}=\begin{vmatrix} 1 & b\boldsymbol{e}^{\mathrm{T}} \\ -\boldsymbol{e} & \boldsymbol{A} \end{vmatrix},$$

由

$$\begin{pmatrix} 1 & -b\boldsymbol{e}^{\mathrm{T}}\boldsymbol{A}^{-1} \\ 0 & \boldsymbol{E} \end{pmatrix}\begin{pmatrix} 1 & b\boldsymbol{e}^{\mathrm{T}} \\ -\boldsymbol{e} & \boldsymbol{A} \end{pmatrix}=\begin{pmatrix} 1+b\boldsymbol{e}^{\mathrm{T}}\boldsymbol{A}^{-1}\boldsymbol{e} & 0 \\ -\boldsymbol{e} & \boldsymbol{A} \end{pmatrix},$$

注意到 $\boldsymbol{A}^{-1}$ 为反对称矩阵，所以 $\boldsymbol{e}^{\mathrm{T}}\boldsymbol{A}^{-1}\boldsymbol{e}=0$，从而 $|\boldsymbol{B}|=|\boldsymbol{A}|(1-b\boldsymbol{e}^{\mathrm{T}}\boldsymbol{A}^{-1}\boldsymbol{e})=1$。

例 6　设 $n\geqslant 2$，$f_1(x),f_2(x),\cdots,f_n(x)$是关于 x 的次数小于等于 $n-2$ 的多项式，$a_1,a_2,\cdots,a_n$ 为任意数，证明

$$\begin{vmatrix} f_1(a_1) & f_2(a_1) & \cdots & f_n(a_1) \\ f_1(a_2) & f_2(a_2) & \cdots & f_n(a_2) \\ \vdots & \vdots & & \vdots \\ f_1(a_n) & f_2(a_n) & \cdots & f_n(a_n) \end{vmatrix}=0。$$

证法 1　(1) 当 $a_1,a_2,\cdots,a_n$ 中有两数相同时，结论显然成立。

(2) 当 $a_1,a_2,\cdots,a_n$ 互不相同时，令

$$F(x)=\begin{vmatrix} f_1(x) & f_2(x) & \cdots & f_n(x) \\ f_1(a_2) & f_2(a_2) & \cdots & f_n(a_2) \\ \vdots & \vdots & & \vdots \\ f_1(a_n) & f_2(a_n) & \cdots & f_n(a_n) \end{vmatrix}。$$

由于 $\deg(f_i(x))\leqslant n-2(i=1,2,\cdots,n)$，故 $F(x)$只有两种可能：

(i) 若 $F(x)=0$，则将 $x=a_1$ 代入即得结论成立。

(ii) 若 $F(x)\neq 0$，则 $\deg(F(x))\leqslant n-2$。但若令 $x=a_2,\cdots,a_n$ 均有

$$F(a_i)=0, i=2,3,\cdots,n。$$

即 $F(x)$有 $n-1$ 个互不相同的根，矛盾。故 $F(x)=0$。

证法 2　由于 $f_1(x),f_2(x),\cdots,f_n(x)\in P[x]_{n-1}$，故 $f_1(x),f_2(x),\cdots,f_n(x)$线性相关，即存在不全为零的数 $k_1,k_2,\cdots,k_n$ 使得

$$k_1f_1(x)+k_2f_2(x)+\cdots+k_nf_n(x)=0,$$

从而方程组

$$\begin{cases}k_1f_1(a_1)+k_2f_2(a_1)+\cdots+k_nf_n(a_1)=0,\\ k_1f_1(a_2)+k_2f_2(a_2)+\cdots+k_nf_n(a_2)=0,\\ \qquad\vdots\\ k_1f_1(a_n)+k_2f_2(a_n)+\cdots+k_nf_n(a_n)=0\end{cases}$$

有非零解,故

$$\begin{vmatrix}f_1(a_1)&f_2(a_1)&\cdots&f_n(a_1)\\ f_1(a_2)&f_2(a_2)&\cdots&f_n(a_2)\\ \vdots&\vdots&&\vdots\\ f_1(a_n)&f_2(a_n)&\cdots&f_n(a_n)\end{vmatrix}=0。$$

例 7　设

$$\det\boldsymbol{A}=\begin{vmatrix}a_{11}&a_{12}&\cdots&a_{1n}\\ \vdots&\vdots&&\vdots\\ a_{n-1,1}&a_{n-1,2}&\cdots&a_{n-1,n}\\ 1&1&\cdots&1\end{vmatrix},$$

用 $\det\boldsymbol{A}_j(j=1,2,\cdots,n)$ 表示把 $\det\boldsymbol{A}$ 中第 j 列元素换为 $x_1,x_2,\cdots,x_{n-1},1$ 后而得的新行列式。试证:$\sum\limits_{j=1}^{n}\det\boldsymbol{A}_j=\det\boldsymbol{A}$。

证法 1　利用加边的方法,因为

$$\Delta_{n+1}=\begin{vmatrix}1&1\ \cdots\ 1\\ x_1&\\ \vdots&\boldsymbol{A}\\ x_{n-1}&\\ 1&\end{vmatrix}=0,$$

然后按第 1 行展开得

$$\det\boldsymbol{A}-\det\boldsymbol{A}_1-\det\boldsymbol{A}_2-\cdots-\det\boldsymbol{A}_n=0。$$

证法 2　把所有的 $\boldsymbol{A}_j$ 加边,然后进行 $1,j$ 列的对换,再按第 1 行相加,即

$$\det\boldsymbol{A}_j=\begin{vmatrix}1&0\ \cdots\ 0\\ a_{1j}&\\ \vdots&\boldsymbol{A}_j\\ a_{n-1j}&\\ 1&\end{vmatrix}\xlongequal{c_1\leftrightarrow c_j}-\begin{vmatrix}0&\cdots\ 1\ \cdots\ 0\\ x_1&\\ \vdots&\boldsymbol{A}\\ x_{n-1}&\\ 1&\end{vmatrix},$$

所以

$$\sum_{j=1}^{n}\det\boldsymbol{A}_j=-\begin{vmatrix}0&1&\cdots&1\\ x_1&a_{11}&\cdots&a_{1n}\\ \vdots&\vdots&&\vdots\\ x_{n-1}&a_{n-11}&\cdots&a_{n-1n}\\ 1&1&\cdots&1\end{vmatrix}\xlongequal{-r_{n+1}+r_1}\begin{vmatrix}1&0\ \cdots\ 0\\ x_1&\\ \vdots&\boldsymbol{A}\\ x_{n-1}&\\ 1&\end{vmatrix}=\det\boldsymbol{A}。$$

证法 3　把 $\boldsymbol{A}_j$ 按第 j 列展开,用 A_{ij} 记 $\det\boldsymbol{A}$ 中 (i,j) 位元素的代数余子式,于是 $\det\boldsymbol{A}=$

$A_{n1}+A_{n2}+\cdots+A_{nn}$，则有

$$\sum_{j=1}^{n}\det\boldsymbol{A}_j=\sum_{j=1}^{n}\left(\sum_{i=1}^{n-1}x_iA_{ij}+A_{nj}\right)=\sum_{j=1}^{n}A_{nj}+\sum_{i=1}^{n-1}x_i\sum_{j=1}^{n}A_{ij}=\det\boldsymbol{A}。$$

这里用到 $\det\boldsymbol{A}=\sum\limits_{j=1}^{n}A_{nj}$ 以及 $\sum\limits_{j=1}^{n}A_{ij}=0$，后者相当把 $\det\boldsymbol{A}$ 的第 i 行换成 $1,1,\cdots,1$ 所得行列式按第 i 行的展开，$i=1,2,\cdots,n-1$。这 $n-1$ 个行列式值均为 0(因其都有两行元素对应相等)。

例 8　计算 n 阶行列式

$$\Delta_n=\begin{vmatrix}1 & a_1 & \cdots & a_1^k & a_1^{k+3} & \cdots & a_1^{n+1}\\ 1 & a_2 & \cdots & a_2^k & a_2^{k+3} & \cdots & a_2^{n+1}\\ \vdots & \vdots & & \vdots & \vdots & & \vdots\\ 1 & a_n & \cdots & a_n^k & a_n^{k+3} & \cdots & a_n^{n+1}\end{vmatrix}。$$

解　把 Δ_n 添加两行两列得到一个 $n+2$ 个变元的范德蒙德行列式。

$$\Delta_{n+2}=\begin{vmatrix}1 & a_1 & \cdots & a_1^k & a_1^{k+1} & a_1^{k+2} & a_1^{k+3} & \cdots & a_1^{n+1}\\ \vdots & \vdots & & \vdots & \vdots & \vdots & \vdots & & \vdots\\ 1 & a_n & \cdots & a_n^k & a_n^{k+1} & a_n^{k+2} & a_n^{k+3} & \cdots & a_n^{n+1}\\ 1 & z_1 & \cdots & z_1^k & z_1^{k+1} & z_1^{k+2} & z_1^{k+3} & \cdots & z_1^{n+1}\\ 1 & z_2 & \cdots & z_2^k & z_2^{k+1} & z_2^{k+2} & z_2^{k+3} & \cdots & z_2^{n+1}\end{vmatrix}=V_{n+2}(a_1,a_2,\cdots,a_n,z_1,z_2),$$

显然 Δ_n 是 Δ_{n+2} 中子式 $\begin{vmatrix}z_1^{k+1} & z_1^{k+2}\\ z_2^{k+1} & z_2^{k+2}\end{vmatrix}$ 的余子式，也是 $z_1^{k+1}z_2^{k+2}$ 的系数。

再看等式右边 $z_1^{k+1}z_2^{k+2}$ 的系数，为此把右边写成如下形式

$$\begin{aligned}V_{n+2}(a_1,a_2,\cdots,a_n,z_1,z_2)=&(z_2-z_1)(z_2-a_n)(z_2-a_{n-1})\cdots(z_2-a_1)\cdot\\ &(z_1-a_n)(z_1-a_{n-1})\cdots(z_1-a_1)V_n(a_1,a_2,\cdots,a_n)。\end{aligned}$$

(1) 若 z_1^{k+1} 全由第 2 行取，则系数为 $V_n\cdot\sigma_{n-k-1}\cdot\sigma_{n-k-1}(-1)^{2(n-k-1)}$；

(2) 若 z_1^{k+1} 在第 1 行取 z_1，则系数为 $V_n\cdot\sigma_{n-k-2}\cdot\sigma_{n-k}(-1)^{(n-k)+(n-k-2)+1}$。所以在右边的乘积中 $z_1^{k+1}z_2^{k+2}$ 的系数为 $V_n(\sigma_{n-k-1}^2-\sigma_{n-k}\sigma_{n-k-2})$，故

$$\Delta_n=(\sigma_{n-k-1}^2-\sigma_{n-k}\sigma_{n-k-2})V_n(a_1,a_2,\cdots,a_n)。$$

其中 $\sigma_k=\sum\limits_{1\leqslant i_1<\cdots<i_k\leqslant n}a_{i_1}\cdots a_{i_k}$ 是 $a_1,a_2,\cdots,a_n$ 的初等对称多项式。

例 9　设 a_{ij},b_{ij} 分别为 n 阶行列式 $\det\boldsymbol{A},\det\boldsymbol{B}$ 的元素，且满足 $b_{ij}=\sum\limits_{k=1}^{n}a_{ik}-a_{ij}(i=1,2,\cdots,n,j=1,2,\cdots,n)$，试证：$\det\boldsymbol{B}=(-1)^{n-1}(n-1)\det\boldsymbol{A}$。

证法 1　记 $s_i=\sum\limits_{k=1}^{n}a_{ik}$，则 $b_{ij}=s_i-a_{ij}$，于是

$$\det\boldsymbol{B}\xlongequal{\text{加边}}\begin{vmatrix}1 & 0 & \cdots & 0\\ s_1 & s_1-a_{11} & \cdots & s_1-a_{1n}\\ \vdots & \vdots & & \vdots\\ s_n & s_n-a_{n1} & \cdots & s_n-a_{nn}\end{vmatrix}=\begin{vmatrix}1 & -1 & \cdots & -1\\ s_1 & -a_{11} & \cdots & -a_{1n}\\ \vdots & \vdots & & \vdots\\ s_n & -a_{n1} & \cdots & -a_{nn}\end{vmatrix}$$

$$=\begin{vmatrix} -(n-1) & -1 & \cdots & -1 \\ 0 & -a_{11} & \cdots & -a_{1n} \\ \vdots & \vdots & & \vdots \\ 0 & -a_{n1} & \cdots & -a_{nn} \end{vmatrix}=-(n-1)(-1)^n\det\boldsymbol{A}。$$

证法 2　利用矩阵乘法和公式 $\det(\boldsymbol{E}_n-\boldsymbol{\alpha\alpha}^{\mathrm{T}})=\det(1-\boldsymbol{\alpha}^{\mathrm{T}}\boldsymbol{\alpha})$。

$$\begin{aligned}\det\boldsymbol{B}=\det(s_i-a_{ij})&=\left|\boldsymbol{A}\begin{bmatrix}1\\ \vdots\\ 1\end{bmatrix}(1\ \ \cdots\ \ 1)-\boldsymbol{A}\right|\\ &=(\det\boldsymbol{A})(-1)^n\left|\boldsymbol{E}-\begin{bmatrix}1\\ \vdots\\ 1\end{bmatrix}(1\ \ \cdots\ \ 1)\right|\\ &=\det\boldsymbol{A}\cdot(-1)^n\cdot\left|1-(1\ \ \cdots\ \ 1)\begin{bmatrix}1\\ \vdots\\ 1\end{bmatrix}\right|\\ &=(-1)^n(1-n)\cdot\det\boldsymbol{A}。\end{aligned}$$

例 10　证明 $n+1$ 阶行列式

$$\begin{vmatrix} (a_0+b_0)^n & (a_0+b_1)^n & \cdots & (a_0+b_n)^n \\ (a_1+b_0)^n & (a_1+b_1)^n & \cdots & (a_1+b_n)^n \\ \vdots & \vdots & & \vdots \\ (a_n+b_0)^n & (a_n+b_1)^n & \cdots & (a_n+b_n)^n \end{vmatrix}=\mathrm{C}_n^1\mathrm{C}_n^2\cdots\mathrm{C}_n^{n-1}\prod_{0\leqslant j<i\leqslant n}(a_j-a_i)(b_i-b_j)。$$

证　因由二项式展开，有

$$(a_0+b_0)^n=a_0^n+\mathrm{C}_n^1a_0^{n-1}b_0+\mathrm{C}_n^2a_0^{n-2}b_0^2+\cdots+\mathrm{C}_n^{n-1}a_0b_0^{n-1}+b_0^n,$$

同理，对任意 $i,j=0,1,\cdots,n$，有

$$(a_i+b_j)^n=a_i^n+\mathrm{C}_n^1a_i^{n-1}b_j+\mathrm{C}_n^2a_i^{n-2}b_j^2+\cdots+\mathrm{C}_n^{n-1}a_ib_j^{n-1}+b_j^n。$$

$$\begin{aligned}&\begin{vmatrix} a_0^n & \mathrm{C}_n^1a_0^{n-1}b_1 & \mathrm{C}_n^2a_0^{n-2}b_2^2 & \cdots & \mathrm{C}_n^{n-1}a_0b_{n-1}^{n-1} & b_n^n \\ a_1^n & \mathrm{C}_n^1a_1^{n-1}b_1 & \mathrm{C}_n^2a_1^{n-2}b_2^2 & \cdots & \mathrm{C}_n^{n-1}a_1b_{n-1}^{n-1} & b_n^n \\ \vdots & \vdots & \vdots & & \vdots & \vdots \\ a_n^n & \mathrm{C}_n^1a_n^{n-1}b_1 & \mathrm{C}_n^2a_n^{n-2}b_2^2 & \cdots & \mathrm{C}_n^{n-1}a_nb_{n-1}^{n-1} & b_n^n \end{vmatrix}\\ &=\mathrm{C}_n^1\mathrm{C}_n^2\cdots\mathrm{C}_n^{n-1}\cdot1\cdot b_1b_2^2\cdots b_{n-1}^{n-1}b_n^n\begin{vmatrix} a_0^n & a_0^{n-1} & \cdots & a_0 & 1 \\ a_1^n & a_1^{n-1} & \cdots & a_1 & 1 \\ \vdots & \vdots & & \vdots & \vdots \\ a_n^n & a_n^{n-1} & \cdots & a_n & 1 \end{vmatrix}\\ &=\mathrm{C}_n^1\mathrm{C}_n^2\cdots\mathrm{C}_n^{n-1}\prod_{0\leqslant j<i\leqslant n}(a_j-a_i)\cdot1\cdot b_1b_2^2\cdots b_{n-1}^{n-1}b_n^n。\end{aligned}$$

易知，$\mathrm{C}_n^1\mathrm{C}_n^2\cdots\mathrm{C}_n^{n-1}\prod\limits_{0\leqslant j<i\leqslant n}(a_j-a_i)$ 是这 $(n+1)!$ 个行列式的公因数，把它提到外面，里面是 $(n+1)!$ 个数相加，其中每个数都是 $b_0,b_1,\cdots,b_n$ 的不同方幂的乘积，其前面所带的正负号由行列式的各列取二项展开式的第几项所构成的排列决定。如上面的行列式所对应的排列为(自然排列)

$$1,2,\cdots,n+1。$$

如某个行列式的取项恰为把上述行列式的各列取项改为;第 1 列取第 4 项,第 4 列取第 1 项,其余不动。则其所对应的排列为

$$(4,2,3,1,5,\cdots,n+1)$$

这时该行列式值为

$$\mathrm{C}_n^1\cdots\mathrm{C}_n^{n-1}b_0^3b_1b_2^2\cdot 1\cdot b_4^4\cdots b_n^n\begin{vmatrix} a_0^{n-3} & a_0^{n-1} & a_0^{n-2} & a_0^n & \cdots & a_0 & 1 \\ a_1^{n-3} & a_1^{n-1} & a_1^{n-2} & a_1^n & \cdots & a_1 & 1 \\ \vdots & \vdots & \vdots & \vdots & & \vdots & \vdots \\ a_n^{n-3} & a_n^{n-1} & a_n^{n-2} & a_n^n & \cdots & a_n & 1 \end{vmatrix}$$

$$=\mathrm{C}_n^1\cdots\mathrm{C}_n^{n-1}\prod_{0\leqslant j<i\leqslant n}(a_j-a_i)(-1)^{(4,2,3,1,5,\cdots,n+1)}\cdot 1\cdot b_1b_2^2b_0^3\cdot b_4^4\cdots b_n^n,$$

故各项提出公因数后,里面 $n+1$ 个数之和恰为

$$V_{n+1}(b_0,b_1,\cdots,b_n)=\begin{vmatrix} 1 & 1 & \cdots & 1 & 1 \\ b_0 & b_1 & \cdots & b_{n-1} & b_n \\ \vdots & \vdots & & \vdots & \vdots \\ b_0^{n-1} & b_1^{n-1} & \cdots & b_{n-1}^{n-1} & b_n^{n-1} \\ b_0^n & b_1^n & \cdots & b_{n-1}^n & b_n^n \end{vmatrix}。$$

记原行列式为 $\det\boldsymbol{A}$。

证　由二项式展开知,矩阵 $\boldsymbol{A}$ 的每个元素都是 $n+1$ 项的和,再分析 $\boldsymbol{A}$ 的行、列元素的特点,故可以把 $\boldsymbol{A}$ 拆开成两个矩阵 $\boldsymbol{B}$,$\boldsymbol{C}$ 的乘积,且 $\boldsymbol{B}$,$\boldsymbol{C}$ 的行列式都容易算出,即有

$$\det\boldsymbol{A}=\det\boldsymbol{B}\cdot\det\boldsymbol{C}$$

$$=\begin{vmatrix} a_0^n & \mathrm{C}_n^1a_0^{n-1} & \cdots & \mathrm{C}_n^{n-1}a_0 & 1 \\ a_1^n & \mathrm{C}_n^1a_1^{n-1} & \cdots & \mathrm{C}_n^{n-1}a_1 & 1 \\ \vdots & \vdots & & \vdots & \vdots \\ a_{n-1}^n & \mathrm{C}_n^1a_{n-1}^{n-1} & \cdots & \mathrm{C}_n^{n-1}a_{n-1} & 1 \\ a_n^n & \mathrm{C}_n^1a_n^{n-1} & \cdots & \mathrm{C}_n^{n-1}a_n & 1 \end{vmatrix}\begin{vmatrix} 1 & 1 & \cdots & 1 & 1 \\ b_0 & b_1 & \cdots & b_{n-1} & b_n \\ \vdots & \vdots & & \vdots & \vdots \\ b_0^{n-1} & b_1^{n-1} & \cdots & b_{n-1}^{n-1} & b_n^{n-1} \\ b_0^n & b_1^n & \cdots & b_{n-1}^n & b_n^n \end{vmatrix}$$

$$=\mathrm{C}_n^1\cdot\mathrm{C}_n^2\cdot\cdots\cdot\mathrm{C}_n^{n-1}(-1)^{\frac{n(n-1)}{2}}V_{n+1}(a_0,a_1,\cdots,a_n)V_{n+1}(b_0,b_1,\cdots,b_n)$$

$$=\mathrm{C}_n^1\cdot\mathrm{C}_n^2\cdot\cdots\cdot\mathrm{C}_n^{n-1}\prod_{0\leqslant j<i\leqslant n}(a_j-a_i)(b_i-b_j)$$

上面倒数第 2 个等号是因为 $\det\boldsymbol{C}$ 已是范德蒙德行列式,而 $\det\boldsymbol{B}$ 的 $2,\cdots,n$ 列分别提出公因数 $\mathrm{C}_n^1,\mathrm{C}_n^2,\cdots,\mathrm{C}_n^{n-1}$ 后,再进行列的调整,即把最后一列调到第 1 列,n 列调到第 2 列……就可以化为范德蒙德行列式。

第3章 线性方程组

3.1 基本知识点

1. 设 P 为一个数域，$n\in\mathbb{N}^{+}$。若 $a_1,a_2,\cdots,a_n\in P$，则称 $\boldsymbol{\alpha}=(a_1,a_2,\cdots,a_n)$ 为数域 P 上的一个 n 维行向量。称 $\boldsymbol{\beta}=\begin{pmatrix}a_1\\a_2\\\vdots\\a_n\end{pmatrix}$ 为一个 n 维列向量。对 n 维行向量和列向量不加以区分，简称为 n 维向量。

2. 线性组合、线性表出、向量组的等价。

(1) 向量 $\boldsymbol{\alpha}$ 称为向量组 $\boldsymbol{\beta}_1,\boldsymbol{\beta}_2,\cdots,\boldsymbol{\beta}_s$ 的一个线性组合或向量 $\boldsymbol{\alpha}$ 可由向量组 $\boldsymbol{\beta}_1,\boldsymbol{\beta}_2,\cdots,\boldsymbol{\beta}_s$ 线性表出，如果存在数域 P 中的数 $k_1,k_2,\cdots,k_s$ 使得

$$\boldsymbol{\alpha}=k_1\boldsymbol{\beta}_1+k_2\boldsymbol{\beta}_2+\cdots+k_s\boldsymbol{\beta}_s。$$

(2) 记向量组 $\boldsymbol{\beta}_1,\boldsymbol{\beta}_2,\cdots,\boldsymbol{\beta}_s$ 的所有线性组合构成的集合为

$$L(\boldsymbol{\beta}_1,\boldsymbol{\beta}_2,\cdots,\boldsymbol{\beta}_s)=\{t_1\boldsymbol{\beta}_1+t_2\boldsymbol{\beta}_2+\cdots+t_s\boldsymbol{\beta}_s\mid t_1,t_2,\cdots,t_s\in P\}。$$

(3) 若向量组 $\boldsymbol{\alpha}_1,\boldsymbol{\alpha}_2,\cdots,\boldsymbol{\alpha}_s$ 中的每个向量都可以由向量组 $\boldsymbol{\beta}_1,\boldsymbol{\beta}_2,\cdots,\boldsymbol{\beta}_t$ 线性表出，则称向量组 $\boldsymbol{\alpha}_1,\boldsymbol{\alpha}_2,\cdots,\boldsymbol{\alpha}_s$ 可以由向量组 $\boldsymbol{\beta}_1,\boldsymbol{\beta}_2,\cdots,\boldsymbol{\beta}_t$ 线性表出。

(4) 两个向量组 $\boldsymbol{\alpha}_1,\boldsymbol{\alpha}_2,\cdots,\boldsymbol{\alpha}_s$ 与 $\boldsymbol{\beta}_1,\boldsymbol{\beta}_2,\cdots,\boldsymbol{\beta}_t$ 称为等价的，如果它们可以相互线性表出。向量组的等价具有自反性、对称性和传递性。

3. 线性相关和线性无关。

(1) 向量组 $\boldsymbol{\alpha}_1,\boldsymbol{\alpha}_2,\cdots,\boldsymbol{\alpha}_s$ 称为线性相关的，如果存在数域 P 中不全为零的数 $k_1,k_2,\cdots,k_s$ 使得 $k_1\boldsymbol{\alpha}_1+k_2\boldsymbol{\alpha}_2+\cdots+k_s\boldsymbol{\alpha}_s=\mathbf{0}$ 成立。

当 $s=1$ 时，$\boldsymbol{\alpha}_1$ 线性相关的充要条件为 $\boldsymbol{\alpha}_1=\mathbf{0}$。

当 $s\geqslant 2$ 时，$\boldsymbol{\alpha}_1,\boldsymbol{\alpha}_2,\cdots,\boldsymbol{\alpha}_s$ 线性相关的充要条件为其中有一个向量可由其余的向量线性表出，或其中有一个向量可由前面的向量线性表出。

(2) 向量组 $\boldsymbol{\alpha}_1,\boldsymbol{\alpha}_2,\cdots,\boldsymbol{\alpha}_s$ 称为线性无关的，如果不存在数域 P 中不全为零的数 $k_1,k_2,\cdots,k_s$ 使得 $k_1\boldsymbol{\alpha}_1+k_2\boldsymbol{\alpha}_2+\cdots+k_s\boldsymbol{\alpha}_s=\mathbf{0}$ 或立。或向量组 $\boldsymbol{\alpha}_1,\boldsymbol{\alpha}_2,\cdots,\boldsymbol{\alpha}_s$ 称为线性无关的，若 $k_1\boldsymbol{\alpha}_1+k_2\boldsymbol{\alpha}_2+\cdots+k_s\boldsymbol{\alpha}_s=\mathbf{0}$，则必有 $k_1,k_2,\cdots,k_s$ 全为零。

当 $s=1$ 时，$\boldsymbol{\alpha}_1$ 线性无关的充要条件为 $\boldsymbol{\alpha}_1\neq\mathbf{0}$。

当 $s\geqslant 2$ 时，$\boldsymbol{\alpha}_1,\boldsymbol{\alpha}_2,\cdots,\boldsymbol{\alpha}_s$ 线性无关的充要条件为其中任一向量都不能由其余的向量线性表出。

4. 线性相关和线性无关的一些性质。

(1) 若一个向量组的部分相关，则整个向量组线性相关；

若一个向量组线性无关，则它的部分组也线性无关。

(2) 一个向量组线性相关(线性无关)，则截断后(延长后)的向量组线性相关(线性

无关）。

(3) 设 $\boldsymbol{\alpha}_1,\boldsymbol{\alpha}_2,\cdots,\boldsymbol{\alpha}_r$ 与 $\boldsymbol{\beta}_1,\boldsymbol{\beta}_2,\cdots,\boldsymbol{\beta}_s$ 是两个向量组。如果向量组 $\boldsymbol{\alpha}_1,\boldsymbol{\alpha}_2,\cdots,\boldsymbol{\alpha}_r$ 可由向量组 $\boldsymbol{\beta}_1,\boldsymbol{\beta}_2,\cdots,\boldsymbol{\beta}_s$ 线性表出且 $r>s$，则 $\boldsymbol{\alpha}_1,\boldsymbol{\alpha}_2,\cdots,\boldsymbol{\alpha}_r$ 线性相关。或者说，一个线性无关组不可能由比它含向量个数少的向量组线性表出。如果向量组 $\boldsymbol{\alpha}_1,\boldsymbol{\alpha}_2,\cdots,\boldsymbol{\alpha}_r$ 可由 $\boldsymbol{\beta}_1,\boldsymbol{\beta}_2,\cdots,\boldsymbol{\beta}_s$ 线性表出且 $\boldsymbol{\alpha}_1,\boldsymbol{\alpha}_2,\cdots,\boldsymbol{\alpha}_r$ 线性无关，那么 $r\leqslant s$。

(4) 任意 $n+1$ 个 n 维向量必线性相关。

(5) 两个等价的线性无关的向量组必含有相同个数的向量。

5. 极大线性无关组。设 $\boldsymbol{\alpha}_1,\boldsymbol{\alpha}_2,\cdots,\boldsymbol{\alpha}_k$ 为一个非零向量组，$\boldsymbol{\alpha}_{i_1},\boldsymbol{\alpha}_{i_2},\cdots\boldsymbol{\alpha}_{i_r}(r\geqslant 1)$ 为其一个子组，$\{i_1,i_2,\cdots,i_r\}\subset\{1,2,\cdots,k\}$。若 $\boldsymbol{\alpha}_{i_1},\boldsymbol{\alpha}_{i_2},\cdots,\boldsymbol{\alpha}_{i_r}$ 是线性无关的，且任给 $\boldsymbol{\alpha}_t\in\{\boldsymbol{\alpha}_1,\boldsymbol{\alpha}_2,\cdots,\boldsymbol{\alpha}_k\}\backslash\{\boldsymbol{\alpha}_{i_1},\boldsymbol{\alpha}_{i_2},\cdots\boldsymbol{\alpha}_{i_r}\}$，$\boldsymbol{\alpha}_t,\boldsymbol{\alpha}_{i_1},\boldsymbol{\alpha}_{i_2},\cdots,\boldsymbol{\alpha}_{i_r}$ 是线性相关的，则称 $\boldsymbol{\alpha}_{i_1},\boldsymbol{\alpha}_{i_2},\cdots,\boldsymbol{\alpha}_{i_r}$ 为 $\boldsymbol{\alpha}_1,\boldsymbol{\alpha}_2,\cdots,\boldsymbol{\alpha}_k$ 的一个极大线性无关组。

6. 向量组的秩。(1)非零向量组的任意一个极大线性无关组所含有的个数是固定的，它是由向量组本身确定的，称为向量组的秩。

(2) 等价的向量组有相同的秩。

7. 矩阵。设 $\boldsymbol{a}_{ij}\in P,i,j=1,2,\cdots,n$。称

$$\boldsymbol{A}=\begin{pmatrix} a_{11} & a_{12} & \cdots & a_{1n} \\ a_{21} & a_{22} & \cdots & a_{2n} \\ \vdots & \vdots & & \vdots \\ a_{s1} & a_{s2} & \cdots & a_{sn} \end{pmatrix}$$

为数域 P 上一个 s 行 n 列的矩阵，记为 $\boldsymbol{A}=(a_{ij})_{s\times n}$。称

$$\boldsymbol{\alpha}_1=(a_{11},a_{12},\cdots,a_{1n}),\boldsymbol{\alpha}_2=(a_{21},a_{22},\cdots,a_{2n}),\cdots,\boldsymbol{\alpha}_s=(a_{s1},a_{s2},\cdots,a_{sn})$$

为矩阵 $\boldsymbol{A}$ 的行向量组。类似地，有 $\boldsymbol{A}$ 的列向量组。称 $\boldsymbol{A}$ 的行向量组的秩为 $\boldsymbol{A}$ 的行秩，$\boldsymbol{A}$ 的列向量组的秩为 $\boldsymbol{A}$ 的列秩。

8. 矩阵的秩。

(1) 对任意的矩阵 $\boldsymbol{A}$，$\boldsymbol{A}$ 的行秩和列秩相等，统称为矩阵的秩，记为 $\text{rank}(\boldsymbol{A})$。若矩阵 $\boldsymbol{A}$ 为零矩阵，$\text{rank}(\boldsymbol{A})=0$。

(2) 对非零矩阵 $\boldsymbol{A}$，$\text{rank}(\boldsymbol{A})=r$ 当且仅当 A 有一个 r 阶子式不为 0，而所有 $r+1$ 阶子式全为 0。

(3) 矩阵 $\boldsymbol{A}$ 有一个 k 阶子式不为 0 当且仅当 $\text{rank}(\boldsymbol{A})\geqslant k$。

(4) $\boldsymbol{A}$ 的所有 s 阶子式都是 0 当且仅当 $\text{rank}(\boldsymbol{A})\leqslant s-1$。

(5) 矩阵的秩即其最高阶非零子式的阶数。

(6) $|\boldsymbol{A}_{n\times n}|=0\Leftrightarrow\boldsymbol{A}$ 的行(列)向量组线性相关$\Leftrightarrow\text{rank}(\boldsymbol{A})<n$。

(7) n 阶方阵 $\boldsymbol{A}$ 的秩为 $n\Leftrightarrow|\boldsymbol{A}|\neq 0$。

9. 给定一个线性方程组

$$\begin{cases} a_{11}x_1+a_{12}x_2+\cdots+a_{1n}x_n=b_1, \\ a_{21}x_1+a_{22}x_2+\cdots+a_{2n}x_n=b_2, \\ \qquad\qquad\vdots \qquad\qquad\qquad \vdots \\ a_{s1}x_1+a_{s2}x_2+\cdots+a_{sn}x_n=b_s。\end{cases}$$

用 $\boldsymbol{A}\boldsymbol{x}=\boldsymbol{b}$ 来表示上述线性方程组，

$$\boldsymbol{A}=\begin{pmatrix} a_{11} & a_{12} & \cdots & a_{1n} \\ a_{21} & a_{22} & \cdots & a_{2n} \\ \vdots & \vdots & & \vdots \\ a_{s1} & a_{s2} & \cdots & a_{sn} \end{pmatrix},\boldsymbol{x}=\begin{pmatrix} x_1 \\ x_2 \\ \vdots \\ x_n \end{pmatrix},\boldsymbol{b}=\begin{pmatrix} b_1 \\ b_2 \\ \vdots \\ b_s \end{pmatrix}。$$

若 $b_1,b_2,\cdots,b_s$ 全为 0,称上述方程组为齐次线性方程组;若 $b_1,b_2,\cdots,b_s$ 不全为 0,称上述方程组为非齐次线性方程组。方程组的初等变换有三种:(1)交换两方程的位置;(2)某一方程乘一非零数;(3)某一方程乘一数加到另一方程。方程组的初等变换将方程组化为同解的方程组。

通过上述三种初等变换可以将一个线性方程组化为阶梯形方程组(不妨设阶梯形方程组如下):

$$\begin{cases} c_{11}x_1+c_{12}x_2+\cdots+c_{1r}x_r+\cdots+c_{1n}x_n=d_1, \\ \qquad c_{22}x_2+\cdots+c_{2r}x_r+\cdots+c_{2n}x_n=d_2, \\ \qquad\qquad \vdots \\ \qquad\qquad c_{rr}x_r+\cdots+c_{rn}x_n=d_r, \\ \qquad\qquad\qquad 0=d_{r+1}, \\ \qquad\qquad\qquad 0=0, \\ \qquad\qquad\qquad \vdots \\ \qquad\qquad\qquad 0=0。 \end{cases}$$

方程组无解(有解)$\Leftrightarrow d_{r+1}\neq 0$ 出现(不出现);方程组有唯一解 $\Leftrightarrow r=n$;方程组有无穷多解 $\Leftrightarrow r<n$,此时有 $n-r$ 个自由未知量。

10. 线性方程组 $\boldsymbol{Ax}=\boldsymbol{b}$ 有解的充要条件为 $\boldsymbol{A}$ 与 $\bar{\boldsymbol{A}}=(\boldsymbol{A},\boldsymbol{b})$ 的秩相同。

11. 令 $\boldsymbol{\alpha}_i=\begin{pmatrix} a_{1i} \\ a_{2i} \\ \vdots \\ a_{si} \end{pmatrix},i=1,2,\cdots,n,\boldsymbol{b}=\begin{pmatrix} b_1 \\ b_2 \\ \vdots \\ b_n \end{pmatrix}$,则方程组 $\boldsymbol{Ax}=\boldsymbol{b}$ 有解等价于存在 $x_1,x_2,\cdots,x_n$ 使得 $x_1\boldsymbol{\alpha}_1+x_2\boldsymbol{\alpha}_2+\cdots+x_n\boldsymbol{\alpha}_n=\boldsymbol{b}$,从而 $\boldsymbol{Ax}=\boldsymbol{b}$ 有解 $\Leftrightarrow \boldsymbol{b}$ 可由 $\boldsymbol{\alpha}_1,\boldsymbol{\alpha}_2,\cdots,\boldsymbol{\alpha}_n$ 线性表出;$\boldsymbol{Ax}=\boldsymbol{b}$ 有唯一解 $\Leftrightarrow \boldsymbol{b}$ 可由 $\boldsymbol{\alpha}_1,\boldsymbol{\alpha}_2,\cdots,\boldsymbol{\alpha}_n$ 线性表出且表示法唯一 $\Leftrightarrow \boldsymbol{b}$ 可由 $\boldsymbol{\alpha}_1,\boldsymbol{\alpha}_2,\cdots,\boldsymbol{\alpha}_n$ 线性表出且 $\boldsymbol{\alpha}_1,\boldsymbol{\alpha}_2,\cdots,\boldsymbol{\alpha}_n$ 线性无关;$\boldsymbol{Ax}=\boldsymbol{b}$ 有无穷多解 $\Leftrightarrow \boldsymbol{\alpha}_1,\boldsymbol{\alpha}_2,\cdots,\boldsymbol{\alpha}_n$ 线性相关。

12. 齐次线性方程组 $\boldsymbol{Ax}=\boldsymbol{0}$ 的两个解的和仍是它的解;一个解的倍数仍是它的解,因此解的线性组合仍是它的解。

13. 设 $\boldsymbol{A}=(a_{ij})_{s\times n}$,则齐次线性方程组 $\boldsymbol{Ax}=\boldsymbol{0}$ 有非零解 $\Leftrightarrow \operatorname{rank}(\boldsymbol{A})<n$ ($s=n$ 时,$|\boldsymbol{A}|=0$)。特别地,$s<n$ 时有非零解。

14. 设齐次线性方程组 $\boldsymbol{Ax}=\boldsymbol{0}$ 有非零解,$\boldsymbol{\eta}_1,\boldsymbol{\eta}_2,\cdots,\boldsymbol{\eta}_s$ 为 $\boldsymbol{Ax}=\boldsymbol{0}$ 的解。

若(1) $\boldsymbol{\eta}_1,\boldsymbol{\eta}_2,\cdots,\boldsymbol{\eta}_s$ 线性无关。

(2) $\boldsymbol{Ax}=\boldsymbol{0}$ 的任一解可以表示为 $\boldsymbol{\eta}_1,\boldsymbol{\eta}_2,\cdots,\boldsymbol{\eta}_s$ 的线性组合,则称 $\boldsymbol{\eta}_1,\boldsymbol{\eta}_2,\cdots,\boldsymbol{\eta}_s$ 为 $\boldsymbol{Ax}=\boldsymbol{0}$ 的基础解系。

15. (1) 非齐次线性方程组 $\boldsymbol{Ax}=\boldsymbol{b}(\boldsymbol{b}\neq\boldsymbol{0})$ 的两个解的差是其导出组 $\boldsymbol{Ax}=\boldsymbol{0}$ 的解;$\boldsymbol{Ax}=\boldsymbol{b}$ 的一个解与其导出组 $\boldsymbol{Ax}=\boldsymbol{0}$ 的一个解的和是该方程组的解。

(2) 在 $\boldsymbol{Ax}=\boldsymbol{b}$ 有解的情况下,设 $\boldsymbol{\gamma}_0$ 为 $\boldsymbol{Ax}=\boldsymbol{b}$ 的一个特解,则 $\boldsymbol{Ax}=\boldsymbol{b}$ 的任一解可表成

$\boldsymbol{\gamma}=\boldsymbol{\gamma}_0+\boldsymbol{\eta}$,其中 $\boldsymbol{\eta}$ 为 $\boldsymbol{Ax}=\boldsymbol{0}$ 的一个解。

16. 齐次线性方程组 $\boldsymbol{Ax}=\boldsymbol{0}$ 与 $\boldsymbol{Bx}=\boldsymbol{0}$ 同解的充要条件为 $\boldsymbol{A}$ 与 $\boldsymbol{B}$ 的行向量组等价。

3.2 典型例题

例 1　设向量组

$$(\text{Ⅰ}):\boldsymbol{\alpha}_1,\boldsymbol{\alpha}_2,\cdots,\boldsymbol{\alpha}_s$$

的秩为 r,在(Ⅰ)中任取 m 个向量得到子组

$$(\text{Ⅱ}):\boldsymbol{\alpha}_{i_1},\boldsymbol{\alpha}_{i_2},\cdots,\boldsymbol{\alpha}_{i_m}。$$

证明:(Ⅱ)的秩$\geqslant r+m-s$。

证　若(Ⅱ)的秩为0,则 $r+m-s\leqslant 0$,结论显然成立。下面假设(Ⅱ)的秩 t 大于0。不妨设 $\boldsymbol{\alpha}_{i_1},\boldsymbol{\alpha}_{i_2}\cdots,\boldsymbol{\alpha}_{i_t}$ 为(Ⅱ)的极大线性无关组。将之扩充为(Ⅰ)的极大线性无关组

$$\boldsymbol{\alpha}_{i_1},\boldsymbol{\alpha}_{i_2}\cdots,\boldsymbol{\alpha}_{i_t},\boldsymbol{\alpha}_{j_1},\boldsymbol{\alpha}_{j_2}\cdots,\boldsymbol{\alpha}_{j_{r-t}},$$

则 $r-t\leqslant s-m$。因此结论成立。

例 2　设 $\boldsymbol{\alpha}_1,\boldsymbol{\alpha}_2,\cdots,\boldsymbol{\alpha}_r$ 线性无关。$\boldsymbol{\beta}_i=\sum\limits_{j=1}^{r}a_{ij}\boldsymbol{\alpha}_j$,则 $\boldsymbol{\beta}_1,\boldsymbol{\beta}_2,\cdots,\boldsymbol{\beta}_r$ 线性无关$\Leftrightarrow|a_{ij}|\neq 0$。

证　由已知得

$$(\boldsymbol{\beta}_1,\boldsymbol{\beta}_2,\cdots,\boldsymbol{\beta}_r)=(\boldsymbol{\alpha}_1,\boldsymbol{\alpha}_2,\cdots,\boldsymbol{\alpha}_r)\begin{pmatrix}a_{11}&a_{21}&\cdots&a_{r1}\\a_{12}&a_{22}&\cdots&a_{r2}\\\vdots&\vdots&&\vdots\\a_{1r}&a_{2r}&\cdots&a_{rr}\end{pmatrix}。$$

令

$$\boldsymbol{\gamma}_i=\begin{pmatrix}a_{i1}\\a_{i2}\\\vdots\\a_{ir}\end{pmatrix},i=1,2,\cdots,r。$$

($\Rightarrow$)若$|a_{ij}|=0$,则 $\boldsymbol{\gamma}_1,\boldsymbol{\gamma}_2,\cdots,\boldsymbol{\gamma}_r$ 是线性相关的。因此存在 $\boldsymbol{\gamma}_{i0}$,使得 $\boldsymbol{\gamma}_{i0}$ 可由其余的向量线性表出,不妨设 $\boldsymbol{\gamma}_{i0}$ 为 $\boldsymbol{\gamma}_r$。设

$$\boldsymbol{\gamma}_r=k_1\boldsymbol{\gamma}_1+k_2\boldsymbol{\gamma}_2+\cdots+k_{r-1}\boldsymbol{\gamma}_{r-1},$$

则 $\boldsymbol{\beta}_r=k_1\boldsymbol{\beta}_1+k_2\boldsymbol{\beta}_2+\cdots+k_{r-1}\boldsymbol{\beta}_{r-1}$,这与 $\boldsymbol{\beta}_1,\boldsymbol{\beta}_2,\cdots,\boldsymbol{\beta}_r$ 线性无关矛盾。故$|a_{ij}|\neq 0$。

($\Leftarrow$)反证法。若 $\boldsymbol{\beta}_1,\boldsymbol{\beta}_2,\cdots,\boldsymbol{\beta}_r$ 线性相关,设 $\boldsymbol{\beta}_r=k_1\boldsymbol{\beta}_1+k_2\boldsymbol{\beta}_2+\cdots+k_{r-1}\boldsymbol{\beta}_{r-1}$。则

$$(\boldsymbol{\alpha}_1,\boldsymbol{\alpha}_2,\cdots,\boldsymbol{\alpha}_r)(k_1\boldsymbol{\gamma}_1+k_2\boldsymbol{\gamma}_2+\cdots+k_{r-1}\boldsymbol{\gamma}_{r-1})=(\boldsymbol{\alpha}_1,\boldsymbol{\alpha}_2,\cdots,\boldsymbol{\alpha}_r)\boldsymbol{\gamma}_r。$$

即$(\boldsymbol{\alpha}_1,\boldsymbol{\alpha}_2,\cdots,\boldsymbol{\alpha}_r)(\boldsymbol{\gamma}_r-k_1\boldsymbol{\gamma}_1-k_2\boldsymbol{\gamma}_2-\cdots-k_{r-1}\boldsymbol{\gamma}_{r-1})=\boldsymbol{0}$。

因为 $\boldsymbol{\alpha}_1,\boldsymbol{\alpha}_2,\cdots,\boldsymbol{\alpha}_r$ 线性无关,所以

$$\boldsymbol{\gamma}_r-k_1\boldsymbol{\gamma}_1-k_2\boldsymbol{\gamma}_2-\cdots-k_{r-1}\boldsymbol{\gamma}_{r-1}=\boldsymbol{0}。$$

因此 $\boldsymbol{\gamma}_1,\boldsymbol{\gamma}_2,\cdots,\boldsymbol{\gamma}_r$ 是线性相关的,则$|a_{ij}|=0$,这与已知矛盾。故 $\boldsymbol{\beta}_1,\boldsymbol{\beta}_2,\cdots,\boldsymbol{\beta}_r$ 线性无关。

例 3　设 $\boldsymbol{\alpha}_1,\boldsymbol{\alpha}_2,\cdots,\boldsymbol{\alpha}_m,\boldsymbol{\alpha}_m\neq\boldsymbol{0}(m\geqslant 2)$为向量。证明:对任意的 $k_1,k_2,\cdots,k_{m-1}$,

$$\boldsymbol{\beta}_1=\boldsymbol{\alpha}_1+k_1\boldsymbol{\alpha}_m,\boldsymbol{\beta}_2=\boldsymbol{\alpha}_2+k_2\boldsymbol{\alpha}_m,\cdots,\boldsymbol{\beta}_{m-1}=\boldsymbol{\alpha}_{m-1}+k_{m-1}\boldsymbol{\alpha}_m$$

线性无关$\Leftrightarrow\boldsymbol{\alpha}_1,\boldsymbol{\alpha}_2,\cdots,\boldsymbol{\alpha}_m$ 线性无关。

证 ($\Rightarrow$)取 $k_1=k_2=\cdots=k_{m-1}=0$,则 $\boldsymbol{\alpha}_1,\boldsymbol{\alpha}_2,\cdots,\boldsymbol{\alpha}_{m-1}$线性无关。若 $\boldsymbol{\alpha}_1,\boldsymbol{\alpha}_2,\cdots,\boldsymbol{\alpha}_m$ 线性相关,则 $\boldsymbol{\alpha}_m$ 可由 $\boldsymbol{\alpha}_1,\boldsymbol{\alpha}_2,\cdots,\boldsymbol{\alpha}_{m-1}$线性表出。设

$$\boldsymbol{\alpha}_m=l_1\boldsymbol{\alpha}_1+l_2\boldsymbol{\alpha}_2+\cdots+l_{m-1}\boldsymbol{\alpha}_{m-1},$$

因为 $\boldsymbol{\alpha}_m\neq\mathbf{0}$,所以 $l_1,l_2,\cdots,l_{m-1}$不全为 0。设 $l_1\neq 0$,则

$$\boldsymbol{\alpha}_1+\frac{l_2}{l_1}\boldsymbol{\alpha}_2+\cdots+\frac{l_{m-1}}{l_1}\boldsymbol{\alpha}_{m-1}-\frac{1}{l_1}\boldsymbol{\alpha}_m=\mathbf{0}。$$

令 $k_1=-\dfrac{1}{l_1},k_2=\cdots=k_{m-1}=0$,则

$$\boldsymbol{\beta}_1+\frac{l_2}{l_1}\boldsymbol{\beta}_2+\cdots+\frac{l_{m-1}}{l_1}\boldsymbol{\beta}_{m-1}=\mathbf{0}。$$

因此 $\boldsymbol{\beta}_1,\boldsymbol{\beta}_2,\cdots,\boldsymbol{\beta}_{m-1}$线性相关,这与已知矛盾。故 $\boldsymbol{\alpha}_1,\boldsymbol{\alpha}_2,\cdots,\boldsymbol{\alpha}_m$ 线性无关。

($\Leftarrow$)设 $l_1\boldsymbol{\beta}_1+l_2\boldsymbol{\beta}_2+\cdots+l_{m-1}\boldsymbol{\beta}_{m-1}=\mathbf{0}$,将 $\boldsymbol{\beta}_1,\boldsymbol{\beta}_2,\cdots,\boldsymbol{\beta}_{m-1}$的表达式代入上式,经过计算可得 $l_1=l_2=\cdots=l_{m-1}=0$,故 $\boldsymbol{\beta}_1,\boldsymbol{\beta}_2,\cdots,\boldsymbol{\beta}_{m-1}$线性无关。

例 4 讨论 $b_1,b_2,\cdots,b_n(n\geqslant 2)$满足什么条件时,线性方程组

$$\begin{cases}x_1+x_2=b_1,\\x_2+x_3=b_2,\\\quad\vdots\\x_{n-1}+x_n=b_{n-1},\\x_n+x_1=b_n\end{cases}$$

有解,并求解。

解 方程组的增广矩阵为

$$\bar{\mathbf{A}}=\begin{pmatrix}1&1&\cdots&0&b_1\\0&1&\cdots&0&b_2\\\vdots&\vdots&&\vdots&\vdots\\0&0&\cdots&1&b_{n-1}\\1&0&\cdots&1&b_n\end{pmatrix}。$$

(1) 当 n 为偶数时,将 $\bar{\mathbf{A}}$ 的第 $i(i=1,2,\cdots,n-1)$行乘以$(-1)^i$ 加到最后一行,得

$$\bar{\mathbf{A}}\rightarrow\begin{pmatrix}1&1&\cdots&0&b_1\\0&1&\cdots&0&b_2\\\vdots&\vdots&&\vdots&\vdots\\0&0&\cdots&1&b_{n-1}\\0&0&\cdots&0&\sum\limits_{i=1}^{n}(-1)^ib_i\end{pmatrix}。$$

故当$\sum\limits_{i=1}^{n}(-1)^ib_i=0$ 时,方程组有无穷多解,一般解为

$$\begin{cases} x_1=\sum\limits_{i=1}^{n-1}(-1)^{i-1}b_i+(-1)^1x_n, \\ x_2=\sum\limits_{i=2}^{n-1}(-1)^{i-2}b_i+(-1)^2x_n, \\ \vdots \\ x_{n-2}=b_{n-2}-b_{n-1}+(-1)^{n-2}x_n, \\ x_{n-1}=b_{n-1}+(-1)^{n-1}x_n, \end{cases}$$

其中 x_n 为自由未知量。

(2) 当 n 为奇数时,有

$$\overline{\boldsymbol{A}}\to\begin{pmatrix} 1 & 1 & \cdots & 0 & 0 & b_1 \\ 0 & 1 & \cdots & 0 & 0 & b_2 \\ 0 & 0 & \cdots & 0 & 0 & b_3 \\ \vdots & \vdots & & \vdots & \vdots & \vdots \\ 0 & 0 & \cdots & 1 & 1 & b_{n-1} \\ 0 & 0 & \cdots & 0 & 2 & b_n+\sum\limits_{i=1}^{n-1}(-1)^ib_i \end{pmatrix}。$$

此时无论 $b_1,b_2,\cdots,b_n(n\geqslant 2)$取何值,方程组都有唯一解为

$$\begin{cases} x_1=\sum\limits_{i=1}^{n-1}(-1)^{i-1}b_i+(-1)^{n-1}x_n, \\ x_2=\sum\limits_{i=2}^{n-1}(-1)^{i-2}b_i+(-1)^{n-2}x_n, \\ \vdots \\ x_{n-2}=b_{n-2}-b_{n-1}+(-1)^2x_n, \\ x_{n-1}=b_{n-1}+(-1)^1x_n, \\ x_n=\dfrac{1}{2}b_n+\sum\limits_{i=1}^{n-1}(-1)^ib_i。 \end{cases}$$

例 5　设

$$\boldsymbol{A}=\begin{pmatrix} a_{11} & a_{12} & \cdots & a_{1n} \\ a_{21} & a_{22} & \cdots & a_{2n} \\ \vdots & \vdots & & \vdots \\ a_{n-1,1} & a_{n-1,2} & \cdots & a_{n-1,n} \end{pmatrix}$$

的行向量组是线性方程 $x_1+x_2+\cdots+x_n=0$ 的解。令 M_i 表示 $\boldsymbol{A}$ 中划掉第 i 列的 $n-1$ 阶行列式。

(1) 证明 $\sum\limits_{i=1}^{n}(-1)^iM_i=0$ 的充要条件为 $\boldsymbol{A}$ 的行向量组不是

$$x_1+x_2+\cdots+x_n=0$$

的基础解系。

(2) 设 $\sum\limits_{i=1}^{n}(-1)^iM_i=1$。求 M_i。

证 (1)必要性。若 $\boldsymbol{A}$ 的行向量组是 $x_1+x_2+\cdots+x_n=0$ 的基础解系，则 $\boldsymbol{A}$ 的行向量组线性无关。于是行列式

$$D=\begin{vmatrix} a_{11} & a_{12} & a_{13} & \cdots & a_{1n} \\ 1 & 1 & 1 & \cdots & 1 \\ a_{21} & a_{22} & a_{23} & \cdots & a_{2n} \\ \vdots & \vdots & \vdots & & \vdots \\ a_{n-1,1} & a_{n-1,2} & a_{n-1,3} & \cdots & a_{n-1,n} \end{vmatrix} \neq 0$$

(因为 D 的第二行不是 $x_1+x_2+\cdots+x_n=0$ 的解，故此行不能用其余行表示，从而 D 的行向量组线性无关。)而行列式 D 按第二行展开可得

$$0\neq D=(-1)^{2+1}M_1+(-1)^{2+2}M_2+\cdots+(-1)^{2+n}M_n=\sum_{i=1}^{n}(-1)^{i}M_i。$$

这与条件矛盾。故结论成立。

充分性。可知 $\boldsymbol{A}$ 的行向量组的秩小于 $n-1$，从而 $D=0$ 可得。

(2) 由(1)以及条件知 $D=1$，将 D 的各列都加到第一列，得

$$D=\begin{vmatrix} 0 & a_{12} & a_{13} & \cdots & a_{1n} \\ n & 1 & 1 & \cdots & 1 \\ 0 & a_{22} & a_{23} & \cdots & a_{2n} \\ \vdots & \vdots & \vdots & & \vdots \\ 0 & a_{n-1,2} & a_{n-1,3} & \cdots & a_{n-1,n} \end{vmatrix}=1。$$

按第一列展开可得 $n(-1)^{2+1}M_1=1$，故 $M_1=(-1)^1\dfrac{1}{n}$。同样，将各列都加到第二列可求 $M_2=(-1)^2\dfrac{1}{n}$，如此下去可得 $M_i=(-1)^i\dfrac{1}{n}$。

例 6 对于 n 元齐次线性方程组(Ⅰ)$\boldsymbol{A}_{m_1\times n}\boldsymbol{x}=\boldsymbol{0}$ 与(Ⅱ)$\boldsymbol{B}_{m_2\times n}\boldsymbol{x}=\boldsymbol{0}$ 有

(1)(Ⅰ)与(Ⅱ)有非零公共解的充要条件是 $\operatorname{rank}\begin{pmatrix}\boldsymbol{A}\\ \boldsymbol{B}\end{pmatrix}<n$。

(2) 设 $\boldsymbol{\eta}_1,\boldsymbol{\eta}_2,\cdots,\boldsymbol{\eta}_s(s=n-\operatorname{rank}(\boldsymbol{B}))$ 是(Ⅱ)的基础解系，则(Ⅰ)与(Ⅱ)有非零公共解的充要条件是 $\boldsymbol{A\eta}_1,\boldsymbol{A\eta}_2,\cdots,\boldsymbol{A\eta}_s$ 线性相关。

(3) 设 $\boldsymbol{\gamma}_1,\boldsymbol{\gamma}_2,\cdots,\boldsymbol{\gamma}_t(t=n-\operatorname{rank}(\boldsymbol{A}))$ 为(Ⅰ)的基础解系，$\boldsymbol{\eta}_1,\boldsymbol{\eta}_2,\cdots,\boldsymbol{\eta}_s(s=n-\operatorname{rank}(\boldsymbol{B}))$ 是(Ⅱ)的基础解系，则(Ⅰ)与(Ⅱ)有非零公共解的充要条件是 $\boldsymbol{\gamma}_1,\boldsymbol{\gamma}_2,\cdots,\boldsymbol{\gamma}_t,\boldsymbol{\eta}_1,\boldsymbol{\eta}_2,\cdots,\boldsymbol{\eta}_s$ 线性相关。

证 (1) 必要性。设(Ⅰ)与(Ⅱ)的非零公共解为 $\boldsymbol{x}_0$，即 $\boldsymbol{Ax}_0=\boldsymbol{0},\boldsymbol{Bx}_0=\boldsymbol{0}$，从而

$$\begin{pmatrix}\boldsymbol{A}\\ \boldsymbol{B}\end{pmatrix}\boldsymbol{x}_0=\boldsymbol{0},$$

即线性方程组 $\begin{pmatrix}\boldsymbol{A}\\ \boldsymbol{B}\end{pmatrix}\boldsymbol{x}=\boldsymbol{0}$ 有非零解，从而 $\operatorname{rank}\begin{pmatrix}\boldsymbol{A}\\ \boldsymbol{B}\end{pmatrix}<n$。

充分性。由 $\operatorname{rank}\begin{pmatrix}\boldsymbol{A}\\ \boldsymbol{B}\end{pmatrix}<n$，则线性方程组

$$\begin{pmatrix}\boldsymbol{A}\\ \boldsymbol{B}\end{pmatrix}\boldsymbol{x}=\boldsymbol{0}$$

有非零解，设为 $\boldsymbol{x}_0$，即

$$\begin{pmatrix}\boldsymbol{A}\\ \boldsymbol{B}\end{pmatrix}\boldsymbol{x}_0=\boldsymbol{0}。$$

从而 $\boldsymbol{A}\boldsymbol{x}_0=\boldsymbol{0}$，$\boldsymbol{B}\boldsymbol{x}_0=\boldsymbol{0}$，即 $\boldsymbol{x}_0$ 是(Ⅰ)与(Ⅱ)的非零公共解。

(2) 必要性。设 $\boldsymbol{x}_0$ 是(Ⅰ)与(Ⅱ)的非零公共解，则 $\boldsymbol{x}_0$ 可由 $\boldsymbol{\eta}_1,\boldsymbol{\eta}_2,\cdots,\boldsymbol{\eta}_s$ 线性表示，设为

$$\boldsymbol{x}_0=k_1\boldsymbol{\eta}_1+k_2\boldsymbol{\eta}_2+\cdots+k_s\boldsymbol{\eta}_s,$$

其中 $k_1,k_2,\cdots,k_s$ 不全为 0。由 $\boldsymbol{A}\boldsymbol{x}_0=\boldsymbol{0}$ 有

$$\boldsymbol{0}=\boldsymbol{A}\boldsymbol{x}_0=\boldsymbol{A}(k_1\boldsymbol{\eta}_1+k_2\boldsymbol{\eta}_2+\cdots+k_s\boldsymbol{\eta}_s)=k_1\boldsymbol{A}\boldsymbol{\eta}_1+k_2\boldsymbol{A}\boldsymbol{\eta}_2+\cdots+k_s\boldsymbol{A}\boldsymbol{\eta}_s。$$

由于 $k_1,k_2,\cdots,k_s$ 不全为 0，故 $\boldsymbol{A}\boldsymbol{\eta}_1,\boldsymbol{A}\boldsymbol{\eta}_2,\cdots,\boldsymbol{A}\boldsymbol{\eta}_s$ 线性相关。

充分性。由 $\boldsymbol{A}\boldsymbol{\eta}_1,\boldsymbol{A}\boldsymbol{\eta}_2,\cdots,\boldsymbol{A}\boldsymbol{\eta}_s$ 线性相关，则存在不全为 0 的数 $k_1,k_2,\cdots,k_s$ 使得

$$\boldsymbol{0}=k_1\boldsymbol{A}\boldsymbol{\eta}_1+k_2\boldsymbol{A}\boldsymbol{\eta}_2+\cdots+k_s\boldsymbol{A}\boldsymbol{\eta}_s=\boldsymbol{A}(k_1\boldsymbol{\eta}_1+k_2\boldsymbol{\eta}_2+\cdots+k_s\boldsymbol{\eta}_s),$$

令 $\boldsymbol{x}_0=k_1\boldsymbol{\eta}_1+k_2\boldsymbol{\eta}_2+\cdots+k_s\boldsymbol{\eta}_s$，则 $\boldsymbol{x}_0$ 显然是(Ⅱ)的解，且满足 $\boldsymbol{A}\boldsymbol{x}_0=\boldsymbol{0}$，即 $\boldsymbol{x}_0$ 是(Ⅰ)与(Ⅱ)的公共解。

(3) 必要性。设 $\boldsymbol{x}_0$ 是(Ⅰ)与(Ⅱ)的非零公共解，则可设

$$\boldsymbol{x}_0=k_1\boldsymbol{\gamma}_1+k_2\boldsymbol{\gamma}_2+\cdots+k_t\boldsymbol{\gamma}_t=l_1\boldsymbol{\eta}_1+l_2\boldsymbol{\eta}_2+\cdots+l_s\boldsymbol{\eta}_s,$$

其中 $k_1,k_2,\cdots,k_t$ 不全为 0，$l_1,l_2,\cdots,l_s$ 不全为 0。于是

$$k_1\boldsymbol{\gamma}_1+k_2\boldsymbol{\gamma}_2+\cdots+k_t\boldsymbol{\gamma}_t-l_1\boldsymbol{\eta}_1-l_2\boldsymbol{\eta}_2-\cdots-l_s\boldsymbol{\eta}_s=\boldsymbol{0}。$$

从而 $\boldsymbol{\gamma}_1,\boldsymbol{\gamma}_2,\cdots,\boldsymbol{\gamma}_t,\boldsymbol{\eta}_1,\boldsymbol{\eta}_2,\cdots,\boldsymbol{\eta}_s$ 线性相关。

充分性。由 $\boldsymbol{\gamma}_1,\boldsymbol{\gamma}_2,\cdots,\boldsymbol{\gamma}_t,\boldsymbol{\eta}_1,\boldsymbol{\eta}_2,\cdots,\boldsymbol{\eta}_s$ 线性相关，则存在不全为 0 的数 $k_1,k_2,\cdots,k_t$，$l_1,l_2,\cdots,l_s$ 使得

$$k_1\boldsymbol{\gamma}_1+k_2\boldsymbol{\gamma}_2+\cdots+k_t\boldsymbol{\gamma}_t+l_1\boldsymbol{\eta}_1+l_2\boldsymbol{\eta}_2+\cdots+l_s\boldsymbol{\eta}_s=\boldsymbol{0}。$$

令 $\boldsymbol{x}_0=k_1\boldsymbol{\gamma}_1+k_2\boldsymbol{\gamma}_2+\cdots+k_t\boldsymbol{\gamma}_t$，则 $\boldsymbol{x}_0\neq\boldsymbol{0}$（否则可得 $k_1,k_2,\cdots,k_t,l_1,l_2,\cdots,l_s$ 全为 0）且 $\boldsymbol{x}_0=-l_1\boldsymbol{\eta}_1-l_2\boldsymbol{\eta}_2-\cdots-l_s\boldsymbol{\eta}_s$，从而 $\boldsymbol{x}_0$ 是(Ⅰ)与(Ⅱ)的非零公共解。

例 7　设线性方程组

$$\begin{cases}x_1+ax_2+bx_3+x_4=0,\\ 2x_1+x_2+x_3+2x_4=0,\\ 3x_1+(2+a)x_2+(4+b)x_3+4x_4=1。\end{cases}$$

已知 $(1,-1,1,-1)^{\mathrm{T}}$ 为其一个解。求：

(1) 方程组的全部解；

(2) 该方程组满足 $x_2=x_3$ 的全部解。

解　(1) 将 $(1,-1,1,-1)^{\mathrm{T}}$ 代入方程组可得 $a=b$。对方程组增广矩阵进行初等行变换可得

$$\bar{\boldsymbol{A}}=\begin{pmatrix}1 & a & a & 1 & 0\\ 2 & 1 & 1 & 2 & 0\\ 3 & 2+a & 4+a & 4 & 1\end{pmatrix}\to\begin{pmatrix}1 & 0 & -2a & 1-a & -a\\ 0 & 1 & 3 & 1 & 1\\ 0 & 0 & 2(2a-1) & 2a-1 & 2a-1\end{pmatrix}。$$

(Ⅰ) 当 $a\neq\dfrac{1}{2}$ 时，方程组有无穷多解：

$$x=\left(0,-\frac{1}{2},\frac{1}{2},0\right)^{\mathrm{T}}+k(-2,1,-1,2)^{\mathrm{T}},k\text{ 为任意常数。}$$

（Ⅱ）当 $a=\frac{1}{2}$ 时，方程组有无穷多解：

$$x=\left(-\frac{1}{2},1,0,0\right)^{\mathrm{T}}+k_1(1,-3,1,0)^{\mathrm{T}}+k_2(-1,-2,0,2)^{\mathrm{T}},k_1,k_2\text{ 为任意常数。}$$

(2) 当 $a\neq\frac{1}{2}$ 时，由于 $x_2=x_3$，即 $-\frac{1}{2}+k=\frac{1}{2}-k$，可得 $k=\frac{1}{2}$，解为

$$x=\left(0,-\frac{1}{2},\frac{1}{2},0\right)^{\mathrm{T}}+\frac{1}{2}(-2,1,-1,2)^{\mathrm{T}}=(-1,0,0,1)^{\mathrm{T}}。$$

当 $a=\frac{1}{2}$ 时，同样可得

$$x=\left(-\frac{1}{4},\frac{1}{4},\frac{1}{4},0\right)^{\mathrm{T}}+k_2\left(-\frac{3}{2},-\frac{1}{2},-\frac{1}{2},2\right)^{\mathrm{T}},k_2\text{ 为任意常数。}$$

例 8　已知方程组

$$\begin{cases}x_1+x_2+ax_3+x_4=1,\\-x_1+x_2-x_3+bx_4=2,\\2x_1+x_2+x_3+x_4=c\end{cases}\tag{$*$}$$

与

$$\begin{cases}x_1+x_4=-1,\\x_2-2x_4=d,\\x_3+x_4=e\end{cases}\tag{$**$}$$

同解。求 a,b,c,d,e。

解法 1　令 $x_4=t$，则方程组($**$)的一般解为

$$\begin{cases}x_1=-1-t,\\x_2=d+2t,\\x_3=e-t,\\x_4=t。\end{cases}$$

代入方程组($*$)，可得

$$\begin{cases}(2-a)t=2-d-ae,\\(b+4)t=1-d+e,\\0=c-d-e+2。\end{cases}$$

由 t 的任意性，可得 $a=2,b=-4$。从而

$$\begin{cases}0=2-d-2e,\\0=1-d+e,\\0=c-d-e+2。\end{cases}$$

解得 $d=\frac{4}{3},e=\frac{1}{3},c=-\frac{1}{3}$。

解法 2　由于

$$\begin{pmatrix} A & b \\ B & d \end{pmatrix}=\begin{pmatrix} 1 & 1 & a & 1 & 1 \\ -1 & 1 & -1 & b & 2 \\ 2 & 1 & 1 & 1 & c \\ 1 & 0 & 0 & 1 & -1 \\ 0 & 1 & 0 & -2 & d \\ 0 & 0 & 1 & 1 & e \end{pmatrix} \to \begin{pmatrix} 1 & 0 & 0 & 0 & 0 \\ 0 & 0 & 0 & b-a+6 & 3-2d+(1-a)e \\ 0 & 0 & 0 & 2a-4 & c-2+d+(2a-1)e \\ 0 & 0 & 0 & a-2 & d-2+ae \\ 0 & 1 & 0 & 0 & 0 \\ 0 & 0 & 1 & 0 & 0 \end{pmatrix},$$

易知 $\operatorname{rank}(\boldsymbol{B})=3$，由 $\operatorname{rank}\begin{pmatrix} \boldsymbol{A} & \boldsymbol{b} \\ \boldsymbol{B} & \boldsymbol{d} \end{pmatrix}=\operatorname{rank}(\boldsymbol{B})$ 可得

$$a-2=0, 2a-4=0, b-a+6=0, 3-2d+(1-a)e=0,$$
$$c-2+d+(2a-1)e=0, d-2+ae=0。$$

解得 $a=2, b=-4, d=\frac{4}{3}, e=\frac{1}{3}, c=-\frac{1}{3}$。

例 9　设 $\boldsymbol{A}$ 是一个 $m\times n$ 矩阵，$\boldsymbol{b}$ 是一个 m 维列向量。证明：$\boldsymbol{Ax}=\boldsymbol{b}$ 有解的充要条件为方程组 $\begin{pmatrix} \boldsymbol{A}^{\mathrm{T}} \\ \boldsymbol{b}^{\mathrm{T}} \end{pmatrix}\boldsymbol{x}=\begin{pmatrix} \boldsymbol{0} \\ 1 \end{pmatrix}$ 无解。

证　必要性。由 $\boldsymbol{Ax}=\boldsymbol{b}$ 有解，则 $\operatorname{rank}(\boldsymbol{A})=\operatorname{rank}(\boldsymbol{A},\boldsymbol{b})$，从而 $\operatorname{rank}(\boldsymbol{A}^{\mathrm{T}})=\operatorname{rank}\begin{pmatrix} \boldsymbol{A}^{\mathrm{T}} \\ \boldsymbol{b}^{\mathrm{T}} \end{pmatrix}$。于是

$$\operatorname{rank}\begin{bmatrix} \boldsymbol{A}^{\mathrm{T}} & \boldsymbol{0} \\ \boldsymbol{b}^{\mathrm{T}} & 1 \end{bmatrix} \geqslant \operatorname{rank}(\boldsymbol{A}^{\mathrm{T}})+1=\operatorname{rank}\begin{pmatrix} \boldsymbol{A}^{\mathrm{T}} \\ \boldsymbol{b}^{\mathrm{T}} \end{pmatrix}+1>\operatorname{rank}\begin{pmatrix} \boldsymbol{A}^{\mathrm{T}} \\ \boldsymbol{b}^{\mathrm{T}} \end{pmatrix}。$$

故结论成立。

充分性。由于

$$\begin{pmatrix} \boldsymbol{A}^{\mathrm{T}} & \boldsymbol{0} \\ \boldsymbol{b}^{\mathrm{T}} & 1 \end{pmatrix} \to \begin{pmatrix} \boldsymbol{A}^{\mathrm{T}} & \boldsymbol{0} \\ \boldsymbol{0} & 1 \end{pmatrix},$$

于是由条件有

$$\operatorname{rank}\begin{pmatrix} \boldsymbol{A}^{\mathrm{T}} \\ \boldsymbol{b}^{\mathrm{T}} \end{pmatrix}+1=\operatorname{rank}\begin{bmatrix} \boldsymbol{A}^{\mathrm{T}} & \boldsymbol{0} \\ \boldsymbol{b}^{\mathrm{T}} & 1 \end{bmatrix}=\operatorname{rank}(\boldsymbol{A}^{\mathrm{T}})+1,$$

即 $\operatorname{rank}\begin{pmatrix} \boldsymbol{A}^{\mathrm{T}} \\ \boldsymbol{b}^{\mathrm{T}} \end{pmatrix}=\operatorname{rank}(\boldsymbol{A}^{\mathrm{T}})$，从而 $\operatorname{rank}(\boldsymbol{A})=\operatorname{rank}(\boldsymbol{A},\boldsymbol{b})$。即结论成立。

例 10　设 $\boldsymbol{A}$ 是 n 阶对称矩阵，$\boldsymbol{\beta}$ 是 n 维非零列向量，分块矩阵 $\boldsymbol{B}=\begin{pmatrix} \boldsymbol{A} & \boldsymbol{\beta} \\ \boldsymbol{\beta}^{\mathrm{T}} & 0 \end{pmatrix}$，证明：

(1) 若 $\boldsymbol{A}$ 的秩为 n，则 $\boldsymbol{B}$ 可逆的充要条件是 $\boldsymbol{\beta}^{\mathrm{T}}\boldsymbol{A}^{-1}\boldsymbol{\beta}\neq 0$；

(2) 若 $\boldsymbol{A}$ 的秩为 r，则 $\boldsymbol{B}$ 的秩也为 r 的充要条件是方程组 $\begin{cases} \boldsymbol{Ax}=\boldsymbol{\beta}, \\ \boldsymbol{\beta}^{\mathrm{T}}\boldsymbol{x}=0 \end{cases}$ 有解；

(3) 若 $\boldsymbol{A}$ 的秩为 $n-1$，则 $\boldsymbol{B}$ 可逆的充要条件是方程组 $\boldsymbol{Ax}=\boldsymbol{\beta}$ 无解。

证　(1) 由于

$$\begin{pmatrix} \boldsymbol{E} & \boldsymbol{0} \\ -\boldsymbol{\beta}^{\mathrm{T}}\boldsymbol{A}^{-1} & 1 \end{pmatrix}\begin{pmatrix} \boldsymbol{A} & \boldsymbol{\beta} \\ \boldsymbol{\beta}^{\mathrm{T}} & 0 \end{pmatrix}=\begin{pmatrix} \boldsymbol{A} & \boldsymbol{\beta} \\ \boldsymbol{0} & -\boldsymbol{\beta}^{\mathrm{T}}\boldsymbol{A}^{-1}\boldsymbol{\beta} \end{pmatrix},$$

故 $|\boldsymbol{B}|=|\boldsymbol{A}|(-\boldsymbol{\beta}^{\mathrm{T}}\boldsymbol{A}^{-1}\boldsymbol{\beta})$。于是由 $\boldsymbol{A}$ 的秩为 n 知 $\boldsymbol{B}$ 可逆的充要条件为 $\boldsymbol{\beta}^{\mathrm{T}}\boldsymbol{A}^{-1}\boldsymbol{\beta}\neq 0$。

(2) 必要性。由条件有

$$r=\operatorname{rank}(\boldsymbol{B})=\operatorname{rank}\begin{pmatrix}\boldsymbol{A} & \boldsymbol{\beta}\\ \boldsymbol{\beta}^{\mathrm{T}} & 0\end{pmatrix}\geqslant\operatorname{rank}(\boldsymbol{A},\boldsymbol{\beta})\geqslant\operatorname{rank}(\boldsymbol{A})=r,$$

故

$$\operatorname{rank}(\boldsymbol{A},\boldsymbol{\beta})=\operatorname{rank}\begin{pmatrix}\boldsymbol{A} & \boldsymbol{\beta}\\ \boldsymbol{\beta}^{\mathrm{T}} & 0\end{pmatrix},$$

于是

$$\operatorname{rank}\begin{pmatrix}\boldsymbol{A}\\ \boldsymbol{\beta}^{\mathrm{T}}\end{pmatrix}=\operatorname{rank}(\boldsymbol{A},\boldsymbol{\beta})=\operatorname{rank}\begin{pmatrix}\boldsymbol{A} & \boldsymbol{\beta}\\ \boldsymbol{\beta}^{\mathrm{T}} & 0\end{pmatrix},$$

即方程组$\begin{cases}\boldsymbol{Ax}=\boldsymbol{\beta},\\ \boldsymbol{\beta}^{\mathrm{T}}\boldsymbol{x}=0\end{cases}$有解。

充分性。首先由条件有

$$\operatorname{rank}(\boldsymbol{B})=\operatorname{rank}\begin{pmatrix}\boldsymbol{A} & \boldsymbol{\beta}\\ \boldsymbol{\beta}^{\mathrm{T}} & 0\end{pmatrix}=\operatorname{rank}\begin{pmatrix}\boldsymbol{A}\\ \boldsymbol{\beta}^{\mathrm{T}}\end{pmatrix}=\operatorname{rank}(\boldsymbol{A},\boldsymbol{\beta}),$$

其次,由$\begin{cases}\boldsymbol{Ax}=\boldsymbol{\beta},\\ \boldsymbol{\beta}^{\mathrm{T}}\boldsymbol{x}=0\end{cases}$有解知 $\boldsymbol{Ax}=\boldsymbol{\beta}$ 有解,故 $\operatorname{rank}(\boldsymbol{A},\boldsymbol{\beta})=\operatorname{rank}(\boldsymbol{A})$,这样

$$\operatorname{rank}(\boldsymbol{B})=\operatorname{rank}\begin{pmatrix}\boldsymbol{A} & \boldsymbol{\beta}\\ \boldsymbol{\beta}^{\mathrm{T}} & 0\end{pmatrix}=\operatorname{rank}\begin{pmatrix}\boldsymbol{A}\\ \boldsymbol{\beta}^{\mathrm{T}}\end{pmatrix}=\operatorname{rank}(\boldsymbol{A},\boldsymbol{\beta})=\operatorname{rank}(\boldsymbol{A})=r。$$

(3) 必要性。由 $\boldsymbol{B}$ 可逆可知 $\boldsymbol{B}$ 的行向量组线性无关,从而 $\operatorname{rank}(\boldsymbol{A},\boldsymbol{\beta})=n$,而 $\operatorname{rank}(\boldsymbol{A})=n-1$,故 $\boldsymbol{Ax}=\boldsymbol{\beta}$ 无解。

充分性。由 $\boldsymbol{Ax}=\boldsymbol{\beta}$ 无解有

$$\operatorname{rank}(\boldsymbol{A},\boldsymbol{\beta})=\operatorname{rank}(\boldsymbol{A})+1=n-1+1=n,$$

而

$$n+1\geqslant\operatorname{rank}(\boldsymbol{B})=\operatorname{rank}\begin{pmatrix}\boldsymbol{A} & \boldsymbol{\beta}\\ \boldsymbol{\beta}^{\mathrm{T}} & 0\end{pmatrix}\geqslant\operatorname{rank}(\boldsymbol{A},\boldsymbol{\beta})=n,$$

若 $\operatorname{rank}(\boldsymbol{B})=\operatorname{rank}\begin{pmatrix}\boldsymbol{A} & \boldsymbol{\beta}\\ \boldsymbol{\beta}^{\mathrm{T}} & 0\end{pmatrix}=n$,则有 $n=\operatorname{rank}(\boldsymbol{B})=\operatorname{rank}\begin{pmatrix}\boldsymbol{A} & \boldsymbol{\beta}\\ \boldsymbol{\beta}^{\mathrm{T}} & 0\end{pmatrix}\geqslant\operatorname{rank}(\boldsymbol{A},\boldsymbol{\beta})=n$,即 $\operatorname{rank}\begin{pmatrix}\boldsymbol{A} & \boldsymbol{\beta}\\ \boldsymbol{\beta}^{\mathrm{T}} & 0\end{pmatrix}=\operatorname{rank}(\boldsymbol{A},\boldsymbol{\beta})=\operatorname{rank}\begin{pmatrix}\boldsymbol{A}\\ \boldsymbol{\beta}^{\mathrm{T}}\end{pmatrix}$,于是线性方程组$\begin{cases}\boldsymbol{Ax}=\boldsymbol{\beta},\\ \boldsymbol{\beta}^{\mathrm{T}}\boldsymbol{x}=\boldsymbol{0}\end{cases}$有解,从而 $\boldsymbol{Ax}=\boldsymbol{\beta}$ 有解,这与条件矛盾。

所以结论成立。

例 11 设 $\boldsymbol{A},\boldsymbol{B}$ 分别为 $m\times n$ 与 $n\times m$ 矩阵,$\boldsymbol{C}$ 为 n 阶可逆矩阵,且 $\operatorname{rank}(\boldsymbol{A})=r<n$,$\boldsymbol{A}(\boldsymbol{C}+\boldsymbol{BA})=\boldsymbol{0}$。证明:

(1) $\operatorname{rank}(\boldsymbol{C}+\boldsymbol{BA})=n-r$;

(2) 线性方程组 $\boldsymbol{Ax}=\boldsymbol{0}$ 的通解为 $\boldsymbol{x}=(\boldsymbol{C}+\boldsymbol{BA})\boldsymbol{z}$,其中 $\boldsymbol{z}$ 为任意的 n 维列向量。

证 (1) 首先,由 $\boldsymbol{A}(\boldsymbol{C}+\boldsymbol{BA})=\boldsymbol{0}$ 有 $\operatorname{rank}(\boldsymbol{A})+\operatorname{rank}(\boldsymbol{C}+\boldsymbol{BA})\leqslant n$,即

$$\operatorname{rank}(\boldsymbol{C}+\boldsymbol{BA})\leqslant n-r,$$

其次

$$\operatorname{rank}(\boldsymbol{C}+\boldsymbol{BA})\geqslant\operatorname{rank}(\boldsymbol{C})-\operatorname{rank}(\boldsymbol{BA})\geqslant\operatorname{rank}(\boldsymbol{C})-\operatorname{rank}(\boldsymbol{A})=n-r,$$

于是 $\operatorname{rank}(\boldsymbol{C}+\boldsymbol{BA})=n-r$。

(2) 由于 $\operatorname{rank}(\boldsymbol{A})=r$，从而 $\boldsymbol{Ax}=\boldsymbol{0}$ 的基础解系有 $n-r$ 个解向量，由 $\boldsymbol{A}(\boldsymbol{C}+\boldsymbol{BA})=\boldsymbol{0}$，知 $\boldsymbol{C}+\boldsymbol{BA}$ 的列向量为 $\boldsymbol{Ax}=\boldsymbol{0}$ 的解向量，而 $\operatorname{rank}(\boldsymbol{C}+\boldsymbol{BA})=n-r$，故 $\boldsymbol{C}+\boldsymbol{BA}$ 的列向量是 $\boldsymbol{Ax}=\boldsymbol{0}$ 的基础解系，故结论成立。

例 12　设向量组(Ⅰ)$\boldsymbol{\alpha}_1,\boldsymbol{\alpha}_2,\cdots,\boldsymbol{\alpha}_m$ 与向量组(Ⅱ)$\boldsymbol{\beta}_1,\boldsymbol{\beta}_2,\cdots,\boldsymbol{\beta}_m$ 等价。证明：存在可逆矩阵 $\boldsymbol{T}$ 使得

$$(\boldsymbol{\alpha}_1,\boldsymbol{\alpha}_2,\cdots,\boldsymbol{\alpha}_m)\boldsymbol{T}=(\boldsymbol{\beta}_1,\boldsymbol{\beta}_2,\cdots,\boldsymbol{\beta}_m)。$$

证　不妨设 $\boldsymbol{\alpha}_1,\boldsymbol{\alpha}_2,\cdots,\boldsymbol{\alpha}_r$ 与 $\boldsymbol{\beta}_1,\boldsymbol{\beta}_2,\cdots,\boldsymbol{\beta}_r$ 是(Ⅰ)与(Ⅱ)的极大无关组，则存在行满秩矩阵 $\boldsymbol{P}_1=(\boldsymbol{A}_r,\boldsymbol{B})$ 使得

$$(\boldsymbol{\beta}_1,\boldsymbol{\beta}_2,\cdots,\boldsymbol{\beta}_m)=(\boldsymbol{\alpha}_1,\boldsymbol{\alpha}_2,\cdots,\boldsymbol{\alpha}_r)\boldsymbol{P},$$

其中 $\boldsymbol{A}_r$ 为 r 阶满秩方阵。由 $\boldsymbol{\alpha}_1,\boldsymbol{\alpha}_2,\cdots,\boldsymbol{\alpha}_r$ 是 $\boldsymbol{\alpha}_1,\boldsymbol{\alpha}_2,\cdots,\boldsymbol{\alpha}_m$ 的极大无关组，故对 $r+1\leqslant k\leqslant m$ 的正整数 k，存在数 $l_{1k},l_{2k},\cdots,l_{rk}$ 使得

$$\boldsymbol{\alpha}_k=l_{1k}\boldsymbol{\alpha}_1+l_{2k}\boldsymbol{\alpha}_2+\cdots+l_{rk}\boldsymbol{\alpha}_r,$$

即存在列满秩矩阵

$$\boldsymbol{P}_2=\begin{pmatrix}\boldsymbol{B}_r\\ \boldsymbol{E}_{m-r}\end{pmatrix}$$

使得

$$(\boldsymbol{\alpha}_1,\boldsymbol{\alpha}_2,\cdots,\boldsymbol{\alpha}_m)\boldsymbol{P}_2=(\boldsymbol{0},\boldsymbol{0},\cdots,\boldsymbol{0}),$$

令 $\boldsymbol{T}=\begin{pmatrix}\boldsymbol{A}_r & \boldsymbol{B}+\boldsymbol{B}_r\\ \boldsymbol{0} & \boldsymbol{E}_{m-r}\end{pmatrix}$，则 $(\boldsymbol{\beta}_1,\boldsymbol{\beta}_2,\cdots,\boldsymbol{\beta}_m)=(\boldsymbol{\alpha}_1,\boldsymbol{\alpha}_2,\cdots,\boldsymbol{\alpha}_m)\boldsymbol{T}$。

第4章 矩 阵

4.1 基本知识点

1. 矩阵的运算。设 $\boldsymbol{A}=(a_{ij})_{s\times n}$，$\boldsymbol{B}=(b_{ij})_{s\times n}$ 两个矩阵。定义

$$\boldsymbol{A}+\boldsymbol{B}=(a_{ij}+b_{ij}),\qquad \boldsymbol{A}-\boldsymbol{B}=(a_{ij}-b_{ij})。$$

分别称为 $\boldsymbol{A}$，$\boldsymbol{B}$ 的和与差。

矩阵的加法满足交换律和结合律。若 $\boldsymbol{A}=(a_{ij})_{s\times n}$，且每个 a_{ij} 都等于 0，则称 $\boldsymbol{A}$ 为零矩阵，记为 $\boldsymbol{0}$。对任意的 $\boldsymbol{A}=(a_{ij})_{s\times n}$，有 $\boldsymbol{A}+\boldsymbol{0}=\boldsymbol{A}$。

2. 矩阵的乘积。设 $\boldsymbol{A}=(a_{ij})_{s\times n}$，$\boldsymbol{B}=(b_{jk})_{n\times m}$。对 $i=1,2,\cdots,s$，$k=1,2,\cdots,m$，令 $c_{ik}=\sum\limits_{j=1}^{n}a_{ij}b_{jk}$。称 $\boldsymbol{C}=(c_{ik})_{s\times m}$ 为矩阵 $\boldsymbol{A}$，$\boldsymbol{B}$ 的乘积，记为 $\boldsymbol{C}=\boldsymbol{AB}$。

称 $\boldsymbol{E}_n=\begin{pmatrix}1&0&\cdots&0\\0&1&\cdots&0\\\vdots&\vdots&\ddots&\vdots\\0&0&\cdots&1\end{pmatrix}$ 为 n 阶单位矩阵。设 $\boldsymbol{A}=(a_{ij})_{s\times n}$，$\boldsymbol{B}=(b_{jk})_{n\times m}$，有 $\boldsymbol{AE}_n=\boldsymbol{A}$，$\boldsymbol{E}_n\boldsymbol{B}=\boldsymbol{B}$。

3. 转置。设 $\boldsymbol{A}=(a_{ij})_{s\times n}$，对 $i=1,2,\cdots,s$，$j=1,2,\cdots,n$。令 $b_{ij}=a_{ji}$，称 $\boldsymbol{B}=(b_{ij})_{n\times s}$ 为矩阵 $\boldsymbol{A}$ 的转置，记为 $\boldsymbol{A}^{\mathrm{T}}$。明显地，$(\boldsymbol{A}^{\mathrm{T}})^{\mathrm{T}}=\boldsymbol{A}$，$(\boldsymbol{AB})^{\mathrm{T}}=\boldsymbol{B}^{\mathrm{T}}\boldsymbol{A}^{\mathrm{T}}$。

4. 数量乘法。设 $\boldsymbol{A}=(a_{ij})_{s\times n}$，$t\in P$，称 $\boldsymbol{B}=(ta_{ij})_{s\times n}$ 为 $\boldsymbol{A}$ 与 t 的数乘，记为 $t\boldsymbol{A}$。

5. 伴随矩阵。设 $\boldsymbol{A}=(a_{ij})_{n\times n}$ 为 n 阶方阵，对 $i,j=1,2,\cdots,n$，用 A_{ij} 表示 a_{ij} 的代数余子式。称

$$\boldsymbol{A}^*=\begin{pmatrix}A_{11}&A_{21}&\cdots&A_{n1}\\A_{12}&A_{22}&\cdots&A_{n2}\\\vdots&\vdots&&\vdots\\A_{1n}&A_{2n}&\cdots&A_{nn}\end{pmatrix}$$

为 $\boldsymbol{A}$ 的伴随矩阵。

6. 可逆矩阵　设 $\boldsymbol{A}=(a_{ij})_{n\times n}$ 为 n 阶方阵。若存在 n 阶方阵 $\boldsymbol{B}$ 使得 $\boldsymbol{AB}=\boldsymbol{BA}=\boldsymbol{E}_n$，称矩阵 $\boldsymbol{A}$ 是可逆的，$\boldsymbol{B}$ 是 $\boldsymbol{A}$ 的逆矩阵，并记 $\boldsymbol{B}=\boldsymbol{A}^{-1}$。

若 $\boldsymbol{A}$ 可逆，则 $|\boldsymbol{A}|\neq 0$，反之，若 $|\boldsymbol{A}|\neq 0$，则由 $\boldsymbol{AA}^*=\boldsymbol{A}^*\boldsymbol{A}=|\boldsymbol{A}|\boldsymbol{E}_n$ 得到 $\boldsymbol{A}\left(\dfrac{1}{|\boldsymbol{A}|}\boldsymbol{A}^*\right)=\left(\dfrac{1}{|\boldsymbol{A}|}\boldsymbol{A}^*\right)\boldsymbol{A}=\boldsymbol{E}_n$，故 $\boldsymbol{A}^{-1}=\dfrac{1}{|\boldsymbol{A}|}\cdot\boldsymbol{A}^*$。

与伴随矩阵相关的重要结论有

(1) 基本关系　$\boldsymbol{AA}^*=\boldsymbol{A}^*\boldsymbol{A}=|\boldsymbol{A}|\boldsymbol{E}_n$。

(2) 求逆公式　$\boldsymbol{A}^{-1}=\dfrac{1}{|\boldsymbol{A}|}\cdot\boldsymbol{A}^*$，$(\boldsymbol{A}^*)^{-1}=\dfrac{1}{|\boldsymbol{A}|}\boldsymbol{A}$。

(3) 若 $\boldsymbol{A}$ 可逆，则 $\boldsymbol{A}^*=|\boldsymbol{A}|\boldsymbol{A}^{-1}$。

(4) 运算交换次序　$(\boldsymbol{A}^{\mathrm{T}})^{-1}=(\boldsymbol{A}^{-1})^{\mathrm{T}}$，$(\boldsymbol{A}^*)^{-1}=(\boldsymbol{A}^{-1})^*$，$(\boldsymbol{A}^{\mathrm{T}})^*=(\boldsymbol{A}^*)^{\mathrm{T}}$。

(5) 设 $\boldsymbol{A}$ 为 n 阶矩阵，则 $(k\boldsymbol{A})^*=k^{n-1}\boldsymbol{A}^*$。

7. 矩阵的初等变换。称以下三种变换为矩阵的初等行变换。

(1) 交换矩阵的 i,j 两行($i\neq j$)；

(2) 某行乘以非零常数 c；

(3) 矩阵的第 j 行乘以 k 加到第 i 行。

类似地，也可以定义矩阵的初等列变换。

8. 矩阵的初等变换与矩阵乘法的关系。

对矩阵 $\boldsymbol{A}$ 进行上述三种初等行变换相当于是在 $\boldsymbol{A}$ 的左边分别乘上矩阵 $\boldsymbol{P}(i,j)$，$\boldsymbol{P}(i(c))$，$\boldsymbol{P}(i,j(k))$。对初等列变换，也有类似的结论。

9. 矩阵的等价。设 $\boldsymbol{A},\boldsymbol{B}$ 是 $s\times n$ 矩阵。称 $\boldsymbol{A}$ 与 $\boldsymbol{B}$ 等价，若 $\boldsymbol{B}$ 可经一系列的初等变换化为 $\boldsymbol{A}$，即存在一系列初等矩阵 $\boldsymbol{P}_1,\boldsymbol{P}_2,\cdots,\boldsymbol{P}_s,\boldsymbol{Q}_1,\boldsymbol{Q}_2,\cdots,\boldsymbol{Q}_t$，使得

$$\boldsymbol{A}=\boldsymbol{P}_s\cdots\boldsymbol{P}_1\boldsymbol{B}\boldsymbol{Q}_1\cdots\boldsymbol{Q}_t。$$

注　(1) 两同阶矩阵 $\boldsymbol{A},\boldsymbol{B}$ 等价当且仅当 $\boldsymbol{A},\boldsymbol{B}$ 的秩相等。

(2) 任何一矩阵 $\boldsymbol{A}$ 与 $\begin{pmatrix}\boldsymbol{E}_r & \boldsymbol{0}\\ \boldsymbol{0} & \boldsymbol{0}\end{pmatrix}$ 等价，即存在可逆矩阵 $\boldsymbol{P},\boldsymbol{Q}$ 使得

$$\boldsymbol{A}=\boldsymbol{P}\begin{pmatrix}\boldsymbol{E}_r & \boldsymbol{0}\\ \boldsymbol{0} & \boldsymbol{0}\end{pmatrix}\boldsymbol{Q}。$$

(3) 矩阵 $\boldsymbol{A}$ 可逆当且仅当存在一系列初等矩阵 $\boldsymbol{P}_1,\boldsymbol{P}_2,\cdots,\boldsymbol{P}_t$ 使得 $\boldsymbol{A}=\boldsymbol{P}_1\boldsymbol{P}_2\cdots\boldsymbol{P}_t$。

(4) 可逆矩阵总可以经过一系列的初等行变换化成单位矩阵。

(5) 可逆矩阵总可以经过一系列的初等列变换化成单位矩阵。

(6) 可逆矩阵总可以经过一系列的初等变换化成单位矩阵。

(7) 对矩阵 $\boldsymbol{A}$ 做初等变换不改变矩阵 $\boldsymbol{A}$ 的秩。因此，若 $\boldsymbol{P},\boldsymbol{Q}$ 可逆，则

$$\mathrm{rank}(\boldsymbol{PA})=\mathrm{rank}(\boldsymbol{AQ})=\mathrm{rank}(\boldsymbol{PAQ})=\mathrm{rank}(\boldsymbol{A})。$$

10. 初等变换法求矩阵的逆　由于 n 阶可逆矩阵 $\boldsymbol{A}$ 总可以经过一系列的初等行变换化成单位矩阵，即存在一系列初等矩阵 $\boldsymbol{P}_1,\boldsymbol{P}_2,\cdots,\boldsymbol{P}_t$ 使 $\boldsymbol{P}_t\cdots\boldsymbol{P}_2\boldsymbol{P}_1\boldsymbol{A}=\boldsymbol{E}_n$，由此可见 $\boldsymbol{A}^{-1}=\boldsymbol{P}_t\cdots\boldsymbol{P}_2\boldsymbol{P}_1=\boldsymbol{P}_t\cdots\boldsymbol{P}_2\boldsymbol{P}_1\boldsymbol{E}_n$。

可用如下格式方便地计算矩阵的逆：$(\boldsymbol{A}|\boldsymbol{E})\rightarrow(\boldsymbol{E}|\boldsymbol{A}^{-1})$。

11. 分块矩阵　为了简化矩阵运算以及讨论问题的方便，我们常用到矩阵分块的方法，就是把大矩阵看成是由一些小的矩阵组成的。相对矩阵的乘积 $\boldsymbol{A}_{s\times n}\boldsymbol{B}_{n\times m}$ 而言，只有 $\boldsymbol{A}$ 的列的分法与 $\boldsymbol{B}$ 的行的分法一样时，才能做分块矩阵的乘法。

12. 常用矩阵分块方法　矩阵常用的分块方法有

(1) 设 $\boldsymbol{A}_{s\times n},\boldsymbol{B}_{n\times m}$ 为两个矩阵。$\boldsymbol{AB}=(\boldsymbol{A\beta}_1,\boldsymbol{A\beta}_2,\cdots,\boldsymbol{A\beta}_m)$，这里 $\boldsymbol{\beta}_1,\boldsymbol{\beta}_2,\cdots,\boldsymbol{\beta}_m$ 为 $\boldsymbol{B}$ 的列向量。

(2) 设 $\boldsymbol{A}_{s\times n},\boldsymbol{B}_{n\times m}$ 为两个矩阵。$\boldsymbol{AB}=\begin{pmatrix}\boldsymbol{\alpha}_1\boldsymbol{B}\\ \boldsymbol{\alpha}_2\boldsymbol{B}\\ \vdots\\ \boldsymbol{\alpha}_s\boldsymbol{B}\end{pmatrix}$，这里 $\boldsymbol{\alpha}_1,\boldsymbol{\alpha}_2,\cdots,\boldsymbol{\alpha}_s$ 为 $\boldsymbol{A}$ 的行向量。

(3) 设 $\boldsymbol{A}_{s\times n}$,$\boldsymbol{B}_{n\times m}$ 为两个矩阵。对 $\boldsymbol{A}$ 按列分块,设 $\boldsymbol{A}=(\boldsymbol{\alpha}_1,\boldsymbol{\alpha}_2,\cdots,\boldsymbol{\alpha}_n)$,则

$$\boldsymbol{AB}=(\boldsymbol{\alpha}_1,\boldsymbol{\alpha}_2,\cdots,\boldsymbol{\alpha}_n)\begin{pmatrix} b_{11} & b_{12} & \cdots & b_{1m} \\ b_{21} & b_{22} & \cdots & b_{2m} \\ \vdots & \vdots & & \vdots \\ b_{n1} & b_{n2} & \cdots & b_{nm} \end{pmatrix}$$

$$=(b_{11}\boldsymbol{\alpha}_1+b_{21}\boldsymbol{\alpha}_2+\cdots+b_{n1}\boldsymbol{\alpha}_n,\cdots,b_{1m}\boldsymbol{\alpha}_1+b_{2m}\boldsymbol{\alpha}_2+\cdots+b_{nm}\boldsymbol{\alpha}_n),$$

即 $\boldsymbol{AB}$ 的列向量组是 $\boldsymbol{A}$ 的列向量组的线性组合。

同理,对 $\boldsymbol{B}$ 按行分块,设 $\boldsymbol{B}=\begin{pmatrix} \boldsymbol{\beta}_1 \\ \boldsymbol{\beta}_2 \\ \vdots \\ \boldsymbol{\beta}_n \end{pmatrix}$则

$$\boldsymbol{AB}=\begin{pmatrix} a_{11} & a_{12} & \cdots & a_{1n} \\ a_{21} & a_{22} & \cdots & a_{2n} \\ \vdots & \vdots & & \vdots \\ a_{s1} & a_{s2} & \cdots & a_{sn} \end{pmatrix}\begin{pmatrix} \boldsymbol{\beta}_1 \\ \boldsymbol{\beta}_2 \\ \vdots \\ \boldsymbol{\beta}_n \end{pmatrix}=\begin{pmatrix} a_{11}\boldsymbol{\beta}_1+a_{12}\boldsymbol{\beta}_2+\cdots+a_{1n}\boldsymbol{\beta}_n \\ a_{21}\boldsymbol{\beta}_1+a_{22}\boldsymbol{\beta}_2+\cdots+a_{2n}\boldsymbol{\beta}_n \\ \vdots \\ a_{s1}\boldsymbol{\beta}_1+a_{s2}\boldsymbol{\beta}_2+\cdots+a_{sn}\boldsymbol{\beta}_n \end{pmatrix},$$

即 $\boldsymbol{AB}$ 的行向量组是 $\boldsymbol{B}$ 的行向量组的线性组合。

(4) 若 $\boldsymbol{AB}=\boldsymbol{0}$,往往将 $\boldsymbol{B}$ 按列分块,则 $\boldsymbol{B}$ 的列向量都是齐次线性方程组 $\boldsymbol{Ax}=\boldsymbol{0}$ 的解且 $\mathrm{rank}(\boldsymbol{A})+\mathrm{rank}(\boldsymbol{B})\leqslant n$,其中 n 为 $\boldsymbol{A}$ 的列数。

(5) 矩阵的每个元素算一块。

(6) 把大矩阵分成$\begin{pmatrix} \boldsymbol{A} & \boldsymbol{B} \\ \boldsymbol{C} & \boldsymbol{D} \end{pmatrix}$的形式,其中往往要求 $\boldsymbol{A}$ 与 $\boldsymbol{D}$ 均为方阵且其中有一个是可逆的。

13. 设 $\lambda_1,\lambda_2,\cdots,\lambda_s$ 两两不同。则与$\begin{pmatrix} \lambda_1\boldsymbol{E}t_1 & & & \\ & \lambda_2\boldsymbol{E}t_2 & & \\ & & \ddots & \\ & & & \lambda_s\boldsymbol{E}t_s \end{pmatrix}$可交换的矩阵只能形如$\begin{pmatrix} \boldsymbol{B}_1 & & & \\ & \boldsymbol{B}_2 & & \\ & & \ddots & \\ & & & \boldsymbol{B}_s \end{pmatrix}$,这里 $\boldsymbol{B}_1,\boldsymbol{B}_2,\cdots,\boldsymbol{B}_s$ 分别是 $t_1,t_2,\cdots,t_s$ 阶方阵。

特别地,设 $\lambda_1,\lambda_2,\cdots,\lambda_s$ 两两不同,则与$\begin{pmatrix} \lambda_1 & & & \\ & \lambda_2 & & \\ & & \ddots & \\ & & & \lambda_s \end{pmatrix}$可交换的矩阵只能是对角矩阵$\begin{pmatrix} b_1 & & & \\ & b_2 & & \\ & & \ddots & \\ & & & b_s \end{pmatrix}$,这里 $b_1,b_2,\cdots,b_s$ 为常数。

14. 常用的关于矩阵的秩的不等式。

(1) $\operatorname{rank}\begin{pmatrix}\boldsymbol{A} & \boldsymbol{B}\\ \boldsymbol{C} & \boldsymbol{D}\end{pmatrix}\geqslant\operatorname{rank}(\boldsymbol{A}),\operatorname{rank}(\boldsymbol{B}),\operatorname{rank}(\boldsymbol{C}),\operatorname{rank}(\boldsymbol{D})$。

(2) $\operatorname{rank}\begin{pmatrix}\boldsymbol{A} & \boldsymbol{0}\\ \boldsymbol{0} & \boldsymbol{C}\end{pmatrix}=\operatorname{rank}(\boldsymbol{A})+\operatorname{rank}(\boldsymbol{C})$。

(3) $\boldsymbol{AB}=\boldsymbol{0}\Rightarrow\operatorname{rank}(\boldsymbol{A})+\operatorname{rank}(\boldsymbol{B})\leqslant n$。

(4) $\operatorname{rank}(\boldsymbol{A}+\boldsymbol{B})\leqslant\operatorname{rank}(\boldsymbol{A})+\operatorname{rank}(\boldsymbol{B})$。

(5) $\operatorname{rank}\begin{pmatrix}\boldsymbol{0} & \boldsymbol{A}\\ \boldsymbol{C} & \boldsymbol{D}\end{pmatrix}\geqslant\operatorname{rank}(\boldsymbol{A})+\operatorname{rank}(\boldsymbol{C})$。

(6) $\operatorname{rank}(\boldsymbol{A}_{s\times n})+\operatorname{rank}(\boldsymbol{B}_{n\times s})-n\leqslant\operatorname{rank}(\boldsymbol{AB})\leqslant\min\{\operatorname{rank}(\boldsymbol{A}),\operatorname{rank}(\boldsymbol{B})\}$。

15. 分块矩阵的广义初等变换　我们只对形如$\begin{bmatrix}\boldsymbol{A}_{sn} & \boldsymbol{B}_{sm}\\ \boldsymbol{C}_{rn} & \boldsymbol{D}_{rm}\end{bmatrix}$的分块矩阵讨论其广义初等行变换(列变换也可以类似讨论)。

(1) 交换两行位置。

(2) 某一行左乘一个可逆矩阵。

(3) 某一行左乘一个矩阵加到另一行。

对分块单位矩阵$\begin{bmatrix}\boldsymbol{E}_n & \boldsymbol{0}\\ \boldsymbol{0} & \boldsymbol{E}_m\end{bmatrix}$进行一次广义初等变换,得到的矩阵称为广义初等矩阵。

4.2 典型例题

例 1　设 $\boldsymbol{A}_{n\times n}$ 为实方阵,n 为奇数($n\geqslant3$)。若 $a_{ij}=A_{ij}$ 且至少有一 $a_{ij}\neq0$。证明:$|\boldsymbol{E}_n-\boldsymbol{A}|=0$。

证　设 $a_{sj}\neq0$,将$|\boldsymbol{A}|$按照第 s 行展开,

$$|\boldsymbol{A}|=\sum_{j=1}^{n}a_{sj}A_{sj}=\sum_{j=1}^{n}a_{sj}^2>0。$$

由 $a_{ij}=A_{ij}$,即 $\boldsymbol{A}^*=\boldsymbol{A}^{\mathrm{T}}$,故

$$|\boldsymbol{AA}^*|=|\boldsymbol{AA}^{\mathrm{T}}|=||\boldsymbol{A}|\boldsymbol{E}_n|=|\boldsymbol{A}|^n,$$

从而$|\boldsymbol{A}|=|\boldsymbol{A}^*|=|\boldsymbol{A}|^{n-1}$,即$|\boldsymbol{A}|^{n-2}=1$,故$|\boldsymbol{A}|=1$。由 $\boldsymbol{AA}^*=|\boldsymbol{A}|\boldsymbol{E}_n$,

$$\boldsymbol{A}^{-1}=\frac{\boldsymbol{A}^*}{|\boldsymbol{A}|}=\frac{\boldsymbol{A}^{\mathrm{T}}}{|\boldsymbol{A}|}=\boldsymbol{A}^{\mathrm{T}},$$

从而

$$|\boldsymbol{E}_n-\boldsymbol{A}|=|\boldsymbol{A}||\boldsymbol{A}^{-1}-\boldsymbol{E}_n|=|\boldsymbol{A}||\boldsymbol{A}^{\mathrm{T}}-\boldsymbol{E}_n|=(-1)^n|\boldsymbol{A}||\boldsymbol{E}_n-\boldsymbol{A}|,$$

又由 n 为奇数,$|\boldsymbol{E}_n-\boldsymbol{A}|=-|\boldsymbol{E}_n-\boldsymbol{A}|$,故$|\boldsymbol{E}_n-\boldsymbol{A}|=0$。

例 2　设 $\boldsymbol{A}$ 为 n 阶方阵,$n>1$。证明:$\operatorname{rank}(\boldsymbol{A}^*)=\begin{cases}n, & \operatorname{rank}(\boldsymbol{A})=n,\\ 1, & \operatorname{rank}(\boldsymbol{A})=n-1,\\ 0, & \operatorname{rank}(\boldsymbol{A})<n-1。\end{cases}$

证　(1) 由 $\operatorname{rank}(\boldsymbol{A})=n$,$\boldsymbol{AA}^*=|\boldsymbol{A}|\boldsymbol{E}_n$,从而 $\boldsymbol{A}^*=|\boldsymbol{A}|\boldsymbol{A}^{-1}$,故 $\operatorname{rank}(\boldsymbol{A}^*)=n$。

(2) 由 $\operatorname{rank}(\boldsymbol{A})=n-1$,故 $\boldsymbol{A}$ 有一个 $n-1$ 阶子式不为 0,从而 $\boldsymbol{A}^*\neq\boldsymbol{0}$,因此 $\operatorname{rank}(\boldsymbol{A}^*)$

>0。由于

$$\boldsymbol{A}\boldsymbol{A}^{*}=|\boldsymbol{A}|\boldsymbol{E}_n=\boldsymbol{0},$$

故 $\mathrm{rank}(\boldsymbol{A})+\mathrm{rank}(\boldsymbol{A}^{*})\leqslant n$,从而 $\mathrm{rank}(\boldsymbol{A}^{*})\leqslant 1$,故 $\mathrm{rank}(\boldsymbol{A}^{*})=1$。

(3) 由 $\mathrm{rank}(\boldsymbol{A})<n-1$,$\boldsymbol{A}$ 的所有 $n-1$ 阶子式均为零,从而 $\boldsymbol{A}^{*}=\boldsymbol{0}$,故 $\mathrm{rank}(\boldsymbol{A}^{*})=0$。

例 3 设 $\boldsymbol{A},\boldsymbol{B}$ 分别是数域 P 上的 $n\times m$ 和 $m\times n$ 矩阵。证明:若 $\boldsymbol{E}_n-\boldsymbol{A}\boldsymbol{B}$ 可逆,则 $\boldsymbol{E}_m-\boldsymbol{B}\boldsymbol{A}$ 可逆,并且求 $(\boldsymbol{E}_m-\boldsymbol{B}\boldsymbol{A})^{-1}$。

证 我们设法找 $\boldsymbol{X}$ 使得 $(\boldsymbol{E}_m-\boldsymbol{B}\boldsymbol{A})(\boldsymbol{E}_m+\boldsymbol{X})=\boldsymbol{E}_m$。

由上式,我们得到

$$-\boldsymbol{BA}-\boldsymbol{BAX}+\boldsymbol{X}=\boldsymbol{0},\quad 即\quad \boldsymbol{X}-\boldsymbol{BAX}=\boldsymbol{BA}。$$

设 $\boldsymbol{X}=\boldsymbol{BYA}$。其中 $\boldsymbol{Y}$ 是待定的矩阵.代入上式得到

$$\boldsymbol{BYA}-\boldsymbol{BABYA}=\boldsymbol{BA},\quad 即\quad \boldsymbol{B}(\boldsymbol{Y}-\boldsymbol{ABY})\boldsymbol{A}=\boldsymbol{BA}。$$

若能找到 $\boldsymbol{Y}$ 使得 $\boldsymbol{Y}-\boldsymbol{ABY}=\boldsymbol{E}_n$,则上式成立。由于 $\boldsymbol{Y}-\boldsymbol{ABY}=\boldsymbol{E}_n$ 等价于 $(\boldsymbol{E}_n-\boldsymbol{AB})\boldsymbol{Y}=\boldsymbol{E}_n$,根据已知 $\boldsymbol{E}_n-\boldsymbol{AB}$ 可逆,因此 $\boldsymbol{Y}=(\boldsymbol{E}_n-\boldsymbol{AB})^{-1}$。则有

$$\begin{aligned}
&(\boldsymbol{E}_m-\boldsymbol{BA})[\boldsymbol{E}_m+\boldsymbol{B}(\boldsymbol{E}_n-\boldsymbol{AB})^{-1}\boldsymbol{A}]\\
&=\boldsymbol{E}_m+\boldsymbol{B}(\boldsymbol{E}_n-\boldsymbol{AB})^{-1}\boldsymbol{A}-\boldsymbol{BA}-\boldsymbol{BAB}(\boldsymbol{E}_n-\boldsymbol{AB})^{-1}\boldsymbol{A}\\
&=\boldsymbol{E}_m-\boldsymbol{BA}+\boldsymbol{B}[(\boldsymbol{E}_n-\boldsymbol{AB})^{-1}-\boldsymbol{AB}(\boldsymbol{E}_n-\boldsymbol{AB})^{-1}]\boldsymbol{A}\\
&=\boldsymbol{E}_m-\boldsymbol{BA}+\boldsymbol{B}[(\boldsymbol{E}_n-\boldsymbol{AB})(\boldsymbol{E}_n-\boldsymbol{AB})^{-1}]\boldsymbol{A}\\
&=\boldsymbol{E}_m-\boldsymbol{BA}+\boldsymbol{BE}_n\boldsymbol{A}\\
&=\boldsymbol{E}_m。
\end{aligned}$$

因此 $\boldsymbol{E}_m-\boldsymbol{BA}$ 可逆且逆为 $\boldsymbol{E}_m+\boldsymbol{B}(\boldsymbol{E}_n-\boldsymbol{AB})^{-1}\boldsymbol{A}$。

例 4 设 $\boldsymbol{A}$ 为 n 阶可逆阵,$\boldsymbol{B},\boldsymbol{C}$ 分别为 $n\times m$,$m\times n$ 矩阵.证明:$\boldsymbol{E}_m+\boldsymbol{CA}^{-1}\boldsymbol{B}$ 可逆$\Leftrightarrow$ $\boldsymbol{A}+\boldsymbol{BC}$ 可逆,且

$$(\boldsymbol{A}+\boldsymbol{BC})^{-1}=\boldsymbol{A}^{-1}-\boldsymbol{A}^{-1}\boldsymbol{B}(\boldsymbol{E}_m+\boldsymbol{CA}^{-1}\boldsymbol{B})^{-1}\boldsymbol{CA}^{-1}。$$

证 由 $\begin{bmatrix}\boldsymbol{E}_n & \boldsymbol{0}\\ \boldsymbol{CA}^{-1} & \boldsymbol{E}_m\end{bmatrix}\begin{pmatrix}\boldsymbol{A} & \boldsymbol{B}\\ -\boldsymbol{C} & \boldsymbol{E}_m\end{pmatrix}=\begin{bmatrix}\boldsymbol{A} & \boldsymbol{B}\\ \boldsymbol{0} & \boldsymbol{E}_m+\boldsymbol{CA}^{-1}\boldsymbol{B}\end{bmatrix}$,

则 $\boldsymbol{E}_m+\boldsymbol{CA}^{-1}\boldsymbol{B}$ 可逆$\Leftrightarrow\begin{pmatrix}\boldsymbol{A} & \boldsymbol{B}\\ -\boldsymbol{C} & \boldsymbol{E}_m\end{pmatrix}$可逆。

又由 $\begin{pmatrix}\boldsymbol{A} & \boldsymbol{B}\\ -\boldsymbol{C} & \boldsymbol{E}_m\end{pmatrix}\begin{bmatrix}\boldsymbol{E}_n & \boldsymbol{0}\\ \boldsymbol{C} & \boldsymbol{E}_m\end{bmatrix}=\begin{pmatrix}\boldsymbol{A}+\boldsymbol{BC} & \boldsymbol{B}\\ \boldsymbol{0} & \boldsymbol{E}_m\end{pmatrix}$,故 $\boldsymbol{E}_m+\boldsymbol{CA}^{-1}\boldsymbol{B}$ 可逆$\Leftrightarrow\boldsymbol{A}+\boldsymbol{BC}$ 可逆。由

$$\begin{aligned}
&(\boldsymbol{A}+\boldsymbol{BC})(\boldsymbol{A}^{-1}-\boldsymbol{A}^{-1}\boldsymbol{B}(\boldsymbol{E}_m+\boldsymbol{CA}^{-1}\boldsymbol{B})^{-1}\boldsymbol{CA}^{-1})\\
&=\boldsymbol{E}_n-\boldsymbol{B}(\boldsymbol{E}_m+\boldsymbol{CA}^{-1}\boldsymbol{B})^{-1}\boldsymbol{CA}^{-1}+\boldsymbol{BCA}^{-1}-\boldsymbol{BCA}^{-1}\boldsymbol{B}(\boldsymbol{E}_m+\boldsymbol{CA}^{-1}\boldsymbol{B})^{-1}\boldsymbol{CA}^{-1}\\
&=\boldsymbol{E}_n+\boldsymbol{BCA}^{-1}-\boldsymbol{BCA}^{-1}\\
&=\boldsymbol{E}_n,
\end{aligned}$$

可知 $(\boldsymbol{A}+\boldsymbol{BC})^{-1}=\boldsymbol{A}^{-1}-\boldsymbol{A}^{-1}\boldsymbol{B}(\boldsymbol{E}_m+\boldsymbol{CA}^{-1}\boldsymbol{B})^{-1}\boldsymbol{CA}^{-1}$。

例 5 设 P 为数域,$a_1,a_2,\cdots,a_n\in P$。证明 n 阶循环矩阵

$$\boldsymbol{A}=\begin{bmatrix}
a_1 & a_2 & a_3 & \cdots & a_n\\
a_n & a_1 & a_2 & \cdots & a_{n-1}\\
a_{n-1} & a_n & a_1 & \cdots & a_{n-2}\\
\vdots & \vdots & \vdots & & \vdots\\
a_2 & a_3 & a_4 & \cdots & a_1
\end{bmatrix}$$

可逆当且仅当多项式$\sum_{i=1}^{n}a_ix^{i-1}$与x^n-1互素。

证　设$f(x)=a_1+a_2x+\cdots+a_nx^{n-1}$，而$\omega=\mathrm{e}^{\sqrt{\frac{2\pi}{n}\mathrm{i}}}$，即$1,\omega,\cdots,\omega^{n-1}$为1的$n$个$n$次方根。令

$$\boldsymbol{V}=\begin{pmatrix}1 & 1 & 1 & \cdots & 1\\ 1 & \omega & \omega^2 & \cdots & \omega^{n-1}\\ 1 & \omega^2 & \omega^4 & \cdots & \omega^{2(n-1)}\\ \vdots & \vdots & \vdots & & \vdots\\ 1 & \omega^{n-1} & \omega^{2(n-1)} & \cdots & \omega^{(n-1)(n-1)}\end{pmatrix},$$

则

$$\boldsymbol{AV}=\begin{pmatrix}f(1) & f(\omega) & f(\omega^2) & \cdots & f(\omega^{n-1})\\ f(1) & \omega f(\omega) & \omega^2 f(\omega^2) & \cdots & \omega^{n-1}f(\omega^{n-1})\\ f(1) & \omega^2 f(\omega) & \omega^4 f(\omega^2) & \cdots & \omega^{2(n-1)}f(\omega^{n-1})\\ \vdots & \vdots & \vdots & & \vdots\\ f(1) & \omega^{n-1}f(\omega) & \omega^{2(n-1)}f(\omega^2) & \cdots & \omega^{(n-1)(n-1)}f(\omega^{n-1})\end{pmatrix},$$

故

$$|\boldsymbol{AV}|=f(1)f(\omega)\cdots f(\omega^{n-1})\,|\boldsymbol{V}|。$$

从而$\boldsymbol{A}$可逆当且仅当$|\boldsymbol{A}|=f(1)f(\omega)\cdots f(\omega^{n-1})\neq 0$当且仅当

$$f(1)\neq 0,f(\omega)\neq 0,\cdots,f(\omega^{n-1})\neq 0,$$

这又等价于$f(x)$与x^n-1无公共根，即$f(x)$与x^n-1互素。

例 6　设n阶矩阵$\boldsymbol{A},\boldsymbol{B}$满足$\boldsymbol{A}+\boldsymbol{BA}=\boldsymbol{B}$，且$\lambda_1,\lambda_2,\cdots,\lambda_n$是$\boldsymbol{A}$的特征值。

(1) 证明$\lambda_i\neq 1,i=1,2,\cdots,n$；

(2) 证明：若$\boldsymbol{A}$是实对称矩阵，则存在正交阵$\boldsymbol{P}$使得

$$\boldsymbol{P}^{-1}\boldsymbol{BP}=\mathrm{diag}\left(\frac{\lambda_1}{1-\lambda_1},\frac{\lambda_2}{1-\lambda_2},\cdots,\frac{\lambda_n}{1-\lambda_n}\right)。$$

证　(1) **证法 1**　由$\boldsymbol{A}+\boldsymbol{BA}=\boldsymbol{B}$有

$$(-\boldsymbol{B}-\boldsymbol{E})(\boldsymbol{A}-\boldsymbol{E})=\boldsymbol{E},$$

故$\boldsymbol{A}-\boldsymbol{E}$可逆，即$|\boldsymbol{A}-\boldsymbol{E}|\neq 0$。从而1不是$\boldsymbol{A}$的特征值，故结论成立。

证法 2　反证法。若$\boldsymbol{A}$有一个特征值为1，相应的特征向量为$\boldsymbol{\alpha}$，即$\boldsymbol{A\alpha}=\boldsymbol{\alpha}$。于是

$$\boldsymbol{A\alpha}+\boldsymbol{BA\alpha}=\boldsymbol{B\alpha},\quad 即\quad \boldsymbol{\alpha}+\boldsymbol{B\alpha}=\boldsymbol{B\alpha},$$

从而$\boldsymbol{\alpha}=\boldsymbol{0}$。矛盾。

(2) **证法 1**　由于$\boldsymbol{A}$为实对称矩阵，故存在正交矩阵$\boldsymbol{P}$使得

$$\boldsymbol{P}^{-1}\boldsymbol{AP}=\mathrm{diag}(\lambda_1,\lambda_2,\cdots,\lambda_n)。$$

将$\boldsymbol{P}$按列分块为$\boldsymbol{P}=(\boldsymbol{p}_1,\boldsymbol{p}_2,\cdots,\boldsymbol{p}_n)$，则有

$$\boldsymbol{A}(\boldsymbol{p}_1,\boldsymbol{p}_2,\cdots,\boldsymbol{p}_n)=\boldsymbol{AP}=\boldsymbol{P}\mathrm{diag}(\lambda_1,\lambda_2,\cdots,\lambda_n)=(\boldsymbol{p}_1,\boldsymbol{p}_2,\cdots,\boldsymbol{p}_n)\mathrm{diag}(\lambda_1,\lambda_2,\cdots,\lambda_n),$$

即

$$\boldsymbol{Ap}_i=\lambda_i\boldsymbol{p}_i,\quad i=1,2,\cdots,n。$$

由$\boldsymbol{A}+\boldsymbol{BA}=\boldsymbol{B}$有

$$\lambda_i\boldsymbol{p}_i+\lambda_i(\boldsymbol{Bp}_i)=\boldsymbol{Ap}_i+\boldsymbol{BAp}_i=\boldsymbol{Bp}_i,\quad i=1,2,\cdots,n,$$

从而

$$\lambda_i \boldsymbol{p}_i=(1-\lambda_i)\boldsymbol{B}\boldsymbol{p}_i,\quad i=1,2,\cdots,n,$$

由 $\lambda_i\neq 1$ 有

$$\boldsymbol{B}\boldsymbol{p}_i=\frac{\lambda_i}{1-\lambda_i}\boldsymbol{p}_i,\quad i=1,2,\cdots,n,$$

即

$$\boldsymbol{B}(\boldsymbol{p}_1,\boldsymbol{p}_2,\cdots,\boldsymbol{p}_n)=(\boldsymbol{p}_1,\boldsymbol{p}_2,\cdots,\boldsymbol{p}_n)\operatorname{diag}\left(\frac{\lambda_1}{1-\lambda_1},\frac{\lambda_2}{1-\lambda_2},\cdots,\frac{\lambda_n}{1-\lambda_n}\right),$$

故

$$\boldsymbol{P}^{-1}\boldsymbol{B}\boldsymbol{P}=\operatorname{diag}\left(\frac{\lambda_1}{1-\lambda_1},\frac{\lambda_2}{1-\lambda_2},\cdots,\frac{\lambda_n}{1-\lambda_n}\right)。$$

证法 2　由于 $\boldsymbol{A}$ 为实对称矩阵,故存在正交矩阵 $\boldsymbol{P}$ 使得

$$\boldsymbol{P}^{-1}\boldsymbol{A}\boldsymbol{P}=\operatorname{diag}(\lambda_1,\lambda_2,\cdots,\lambda_n),\quad 即\quad \boldsymbol{A}\boldsymbol{P}=\boldsymbol{P}\operatorname{diag}(\lambda_1,\lambda_2,\cdots,\lambda_n)。$$

这样

$$\boldsymbol{B}\boldsymbol{P}=\boldsymbol{A}\boldsymbol{P}+\boldsymbol{B}\boldsymbol{A}\boldsymbol{P}=\boldsymbol{P}\operatorname{diag}(\lambda_1,\lambda_2,\cdots,\lambda_n)+\boldsymbol{B}\boldsymbol{P}\operatorname{diag}(\lambda_1,\lambda_2,\cdots,\lambda_n),$$

于是

$$\boldsymbol{B}\boldsymbol{P}\operatorname{diag}(1-\lambda_1,1-\lambda_2,\cdots,1-\lambda_n)=\boldsymbol{P}\operatorname{diag}(\lambda_1,\lambda_2,\cdots,\lambda_n),$$

由(1)知 $\operatorname{diag}(1-\lambda_1,1-\lambda_2,\cdots,1-\lambda_n)$ 可逆,所以

$$\begin{aligned}\boldsymbol{P}^{-1}\boldsymbol{B}\boldsymbol{P}&=\operatorname{diag}(\lambda_1,\lambda_2,\cdots,\lambda_n)\operatorname{diag}(1-\lambda_1,1-\lambda_2,\cdots,1-\lambda_n)^{-1}\\&=\operatorname{diag}\left(\frac{\lambda_1}{1-\lambda_1},\frac{\lambda_2}{1-\lambda_2},\cdots,\frac{\lambda_n}{1-\lambda_n}\right)。\end{aligned}$$

从而结论成立。

例 7　$\boldsymbol{A}\in P^{s\times n},\boldsymbol{B}\in P^{n\times m}$,证明:

$$\min\{\operatorname{rank}(\boldsymbol{A}),\operatorname{rank}(\boldsymbol{B})\}\geqslant\operatorname{rank}(\boldsymbol{AB})\geqslant\operatorname{rank}(\boldsymbol{A})+\operatorname{rank}(\boldsymbol{B})-n。$$

证　由

$$\begin{pmatrix}\boldsymbol{A}&\boldsymbol{0}\\\boldsymbol{E}_n&\boldsymbol{B}\end{pmatrix}\to\begin{pmatrix}\boldsymbol{0}&-\boldsymbol{AB}\\\boldsymbol{E}_n&\boldsymbol{B}\end{pmatrix}\to\begin{pmatrix}\boldsymbol{0}&-\boldsymbol{AB}\\\boldsymbol{E}_n&\boldsymbol{0}\end{pmatrix}$$

可得 $\operatorname{rank}(\boldsymbol{A})+\operatorname{rank}(\boldsymbol{B})\leqslant\operatorname{rank}(\boldsymbol{AB})+\operatorname{rank}(\boldsymbol{E}_n)$。

设 $\operatorname{rank}(\boldsymbol{A})=r,\operatorname{rank}(\boldsymbol{B})=s$,则存在可逆矩阵 $\boldsymbol{P}_1,\boldsymbol{P}_2,\boldsymbol{Q}_1,\boldsymbol{Q}_2$ 使得

$$\boldsymbol{A}=\boldsymbol{P}_1\begin{pmatrix}\boldsymbol{E}_r&\boldsymbol{0}\\\boldsymbol{0}&\boldsymbol{0}\end{pmatrix}\boldsymbol{Q}_1,\quad\boldsymbol{B}=\boldsymbol{P}_2\begin{pmatrix}\boldsymbol{E}_s&\boldsymbol{0}\\\boldsymbol{0}&\boldsymbol{0}\end{pmatrix}\boldsymbol{Q}_2$$

将 $\boldsymbol{Q}_1\boldsymbol{P}_2$ 分块为

$$\boldsymbol{Q}_1\boldsymbol{P}_2=\begin{pmatrix}\boldsymbol{C}_{r\times s}&\boldsymbol{D}\\\boldsymbol{F}&\boldsymbol{G}\end{pmatrix},$$

则有

$$\boldsymbol{AB}=\boldsymbol{P}_1\begin{pmatrix}\boldsymbol{E}_r&\boldsymbol{0}\\\boldsymbol{0}&\boldsymbol{0}\end{pmatrix}\begin{pmatrix}\boldsymbol{C}_{r\times s}&\boldsymbol{D}\\\boldsymbol{F}&\boldsymbol{G}\end{pmatrix}\begin{pmatrix}\boldsymbol{E}_s&\boldsymbol{0}\\\boldsymbol{0}&\boldsymbol{0}\end{pmatrix}\boldsymbol{Q}_2=\boldsymbol{P}_1\begin{pmatrix}\boldsymbol{C}_{r\times s}&\boldsymbol{0}\\\boldsymbol{0}&\boldsymbol{0}\end{pmatrix}\boldsymbol{Q}_2,$$

于是 $\operatorname{rank}(\boldsymbol{AB})=\operatorname{rank}(\boldsymbol{C}_{r\times s})\leqslant\min\{r,s\}$。

例 8　设 $f(x),g(x)\in P[x],\boldsymbol{A}\in P^{n\times n},(f(x),g(x))=1$。则

$$\operatorname{rank}(f(\boldsymbol{A}))+\operatorname{rank}(g(\boldsymbol{A}))=n+\operatorname{rank}(f(\boldsymbol{A})g(\boldsymbol{A}))。$$

证 由$(f(x),g(x))=1$,则存在$u(x),v(x)\in P[x]$,使得

$$f(x)u(x)+g(x)v(x)=1,$$

从而有

$$f(\boldsymbol{A})u(\boldsymbol{A})+g(\boldsymbol{A})v(\boldsymbol{A})=\boldsymbol{E}。$$

由

$$\begin{pmatrix}\boldsymbol{E} & \boldsymbol{0}\\ -u(\boldsymbol{A}) & \boldsymbol{E}\end{pmatrix}\begin{pmatrix}f(\boldsymbol{A}) & \boldsymbol{0}\\ \boldsymbol{E} & g(\boldsymbol{A})\end{pmatrix}\begin{pmatrix}\boldsymbol{E} & \boldsymbol{0}\\ -v(\boldsymbol{A}) & \boldsymbol{E}\end{pmatrix}=\begin{pmatrix}f(\boldsymbol{A}) & \boldsymbol{0}\\ \boldsymbol{0} & g(\boldsymbol{A})\end{pmatrix},$$

故

$$\operatorname{rank}\begin{pmatrix}f(\boldsymbol{A}) & \boldsymbol{0}\\ \boldsymbol{E} & g(\boldsymbol{A})\end{pmatrix}=\operatorname{rank}\begin{pmatrix}f(\boldsymbol{A}) & \boldsymbol{0}\\ \boldsymbol{0} & g(\boldsymbol{A})\end{pmatrix}=\operatorname{rank}(f(\boldsymbol{A}))+\operatorname{rank}(g(\boldsymbol{A}))。$$

由

$$\begin{pmatrix}\boldsymbol{E} & -f(\boldsymbol{A})\\ \boldsymbol{0} & \boldsymbol{E}\end{pmatrix}\begin{pmatrix}f(\boldsymbol{A}) & \boldsymbol{0}\\ \boldsymbol{E} & g(\boldsymbol{A})\end{pmatrix}\begin{pmatrix}\boldsymbol{E} & -g(\boldsymbol{A})\\ \boldsymbol{0} & \boldsymbol{E}\end{pmatrix}=\begin{pmatrix}\boldsymbol{0} & -f(\boldsymbol{A})g(\boldsymbol{A})\\ \boldsymbol{E} & \boldsymbol{0}\end{pmatrix},$$

可得

$$\operatorname{rank}\begin{pmatrix}f(\boldsymbol{A}) & \boldsymbol{0}\\ \boldsymbol{E} & g(\boldsymbol{A})\end{pmatrix}=\operatorname{rank}\begin{pmatrix}\boldsymbol{0} & -f(\boldsymbol{A})g(\boldsymbol{A})\\ \boldsymbol{E} & \boldsymbol{0}\end{pmatrix}=n+\operatorname{rank}(f(\boldsymbol{A})g(\boldsymbol{A}))。$$

从而结论成立。

例 9 设$\boldsymbol{A},\boldsymbol{B}_i\in M_n(P)$,$\operatorname{rank}(\boldsymbol{A})<n$,且$\boldsymbol{A}=\boldsymbol{B}_1\boldsymbol{B}_2\cdots\boldsymbol{B}_k$,其中$\boldsymbol{B}_i^2=\boldsymbol{B}_i$,$i=1,2,\cdots,k$。证明:$\operatorname{rank}(\boldsymbol{E}-\boldsymbol{A})\leqslant k(n-\operatorname{rank}(\boldsymbol{A}))$。

证 由

$$\boldsymbol{E}-\boldsymbol{A}=\boldsymbol{E}-\boldsymbol{B}_1\boldsymbol{B}_2\cdots\boldsymbol{B}_k=(\boldsymbol{E}-\boldsymbol{B}_1\boldsymbol{B}_2\cdots\boldsymbol{B}_{k-1})\boldsymbol{B}_k+(\boldsymbol{E}-\boldsymbol{B}_k),$$

有

$$\operatorname{rank}(\boldsymbol{E}-\boldsymbol{A})\leqslant\operatorname{rank}(\boldsymbol{E}-\boldsymbol{B}_1\boldsymbol{B}_2\cdots\boldsymbol{B}_{k-1})+\operatorname{rank}(\boldsymbol{E}-\boldsymbol{B}_k)。$$

类似地,有

$$\boldsymbol{E}-\boldsymbol{B}_1\boldsymbol{B}_2\cdots\boldsymbol{B}_{k-1}=(\boldsymbol{E}-\boldsymbol{B}_1\boldsymbol{B}_2\cdots\boldsymbol{B}_{k-2})\boldsymbol{B}_{k-1}+\boldsymbol{E}-\boldsymbol{B}_{k-1},$$

故

$$\begin{aligned}\operatorname{rank}(\boldsymbol{E}-\boldsymbol{A})&\leqslant\operatorname{rank}(\boldsymbol{E}-\boldsymbol{B}_1\boldsymbol{B}_2\cdots\boldsymbol{B}_{k-1})+\operatorname{rank}(\boldsymbol{E}-\boldsymbol{B}_k)\\&\leqslant\operatorname{rank}(\boldsymbol{E}-\boldsymbol{B}_1\boldsymbol{B}_2\cdots\boldsymbol{B}_{k-2})+\operatorname{rank}(\boldsymbol{E}-\boldsymbol{B}_{k-1})+\operatorname{rank}(\boldsymbol{E}-\boldsymbol{B}_k)\\&\ \ \vdots\\&\leqslant\operatorname{rank}(\boldsymbol{E}-\boldsymbol{B}_1)+\operatorname{rank}(\boldsymbol{E}-\boldsymbol{B}_2)+\cdots+\operatorname{rank}(\boldsymbol{E}-\boldsymbol{B}_{k-1})+\operatorname{rank}(\boldsymbol{E}-\boldsymbol{B}_k)。\end{aligned}$$

注意到$\boldsymbol{B}_i^2=\boldsymbol{B}_i$,$i=1,2,\cdots,k$ 故$\operatorname{rank}(\boldsymbol{E}-\boldsymbol{B}_i)+\operatorname{rank}(\boldsymbol{B}_i)=n$,于是

$$\operatorname{rank}(\boldsymbol{E}-\boldsymbol{B}_i)=n-\operatorname{rank}(\boldsymbol{B}_i)\leqslant n-\operatorname{rank}(\boldsymbol{A})。$$

从而

$$\begin{aligned}\operatorname{rank}(\boldsymbol{E}-\boldsymbol{A})&\leqslant\operatorname{rank}(\boldsymbol{E}-\boldsymbol{B}_1)+\operatorname{rank}(\boldsymbol{E}-\boldsymbol{B}_2)+\cdots+\operatorname{rank}(\boldsymbol{E}-\boldsymbol{B}_{k-1})+\operatorname{rank}(\boldsymbol{E}-\boldsymbol{B}_k)\\&\leqslant k(n-\operatorname{rank}(\boldsymbol{A}))。\end{aligned}$$

例 10 设$\boldsymbol{P}_i,\boldsymbol{Q}_i(i=1,2,\cdots,k)$是$n$阶方阵,对$1\leqslant i,j\leqslant k-1$满足$\boldsymbol{P}_i\boldsymbol{Q}_j=\boldsymbol{Q}_j\boldsymbol{P}_i$,$\operatorname{rank}(\boldsymbol{P}_i)=\operatorname{rank}(\boldsymbol{P}_i\boldsymbol{Q}_i)$,证明:$\operatorname{rank}(\boldsymbol{P}_1\boldsymbol{P}_2\cdots\boldsymbol{P}_k)=\operatorname{rank}(\boldsymbol{P}_1\boldsymbol{P}_2\cdots\boldsymbol{P}_k\boldsymbol{Q}_1\boldsymbol{Q}_2\cdots\boldsymbol{Q}_k)$。

证法 1 先证明下列两个引理。

引理 1　设 $\boldsymbol{A},\boldsymbol{B}\in P^{n\times n}$，则 $\operatorname{rank}(\boldsymbol{B})=\operatorname{rank}(\boldsymbol{AB})$ 的充要条件是 $\boldsymbol{Bx}=\boldsymbol{0}$ 与 $\boldsymbol{ABx}=\boldsymbol{0}$ 同解。

证　充分性显然。下证必要性。记 $V_{\boldsymbol{B}}=\{\boldsymbol{x}\mid\boldsymbol{Bx}=\boldsymbol{0}\}$，$V_{\boldsymbol{AB}}=\{\boldsymbol{x}\mid\boldsymbol{ABx}=\boldsymbol{0}\}$。则对任意的 $\boldsymbol{x}\in V_{\boldsymbol{B}}$，$\boldsymbol{Bx}=\boldsymbol{0}$，从而 $\boldsymbol{ABx}=\boldsymbol{0}$。即 $V_{\boldsymbol{B}}\subseteq V_{\boldsymbol{AB}}$，又由设 $\operatorname{rank}(\boldsymbol{B})=\operatorname{rank}(\boldsymbol{AB})$，则 $\dim V_{\boldsymbol{B}}=\dim V_{\boldsymbol{AB}}$，因此 $V_{\boldsymbol{B}}=V_{\boldsymbol{AB}}$。

引理 2　设 $\boldsymbol{A},\boldsymbol{B}\in P^{n\times n}$，且 $\operatorname{rank}(\boldsymbol{B})=\operatorname{rank}(\boldsymbol{AB})$，则对任意的 $\boldsymbol{C}\in P^{n\times n}$，有 $\operatorname{rank}(\boldsymbol{ABC})=\operatorname{rank}(\boldsymbol{BC})$。

证　一方面，由秩的基本性质，$\operatorname{rank}(\boldsymbol{ABC})\leqslant\operatorname{rank}(\boldsymbol{BC})$。

另一方面，对任意的 $\boldsymbol{x}\in V_{\boldsymbol{ABC}}=\{\boldsymbol{x}\mid\boldsymbol{ABCx}=\boldsymbol{0}\}$，则 $\boldsymbol{ABCx}=\boldsymbol{0}$，从而 $\boldsymbol{Cx}\in V_{\boldsymbol{AB}}$，由条件 $\operatorname{rank}(\boldsymbol{AB})=\operatorname{rank}(\boldsymbol{B})$ 及引理 1 知，$\boldsymbol{Cx}\in V_{\boldsymbol{B}}$，故 $\boldsymbol{BCx}=\boldsymbol{0}$，从而 $\boldsymbol{x}\in V_{\boldsymbol{BC}}=\{\boldsymbol{x}\mid\boldsymbol{BCx}=\boldsymbol{0}\}$。因此 $V_{\boldsymbol{ABC}}\subseteq V_{\boldsymbol{BC}}$，所以 $\operatorname{rank}(\boldsymbol{ABC})\geqslant\operatorname{rank}(\boldsymbol{BC})$。至此证明了 $\operatorname{rank}(\boldsymbol{ABC})=\operatorname{rank}(\boldsymbol{BC})$。

现证命题。对 k 用数学归纳法。

当 $k=2$ 时，由设 $\operatorname{rank}(\boldsymbol{P}_1)=\operatorname{rank}(\boldsymbol{P}_1\boldsymbol{Q}_1)=\operatorname{rank}(\boldsymbol{Q}_1\boldsymbol{P}_1)$，应用引理 2 有，$\operatorname{rank}(\boldsymbol{P}_1\boldsymbol{P}_2\boldsymbol{Q}_2)=\operatorname{rank}(\boldsymbol{Q}_1\boldsymbol{P}_1\boldsymbol{P}_2\boldsymbol{Q}_2)$，又因为 $\boldsymbol{P}_i\boldsymbol{Q}_j=\boldsymbol{Q}_j\boldsymbol{P}_i$，故 $\operatorname{rank}(\boldsymbol{P}_1\boldsymbol{P}_2\boldsymbol{Q}_2)=\operatorname{rank}(\boldsymbol{P}_1\boldsymbol{Q}_1\boldsymbol{P}_2\boldsymbol{Q}_2)\cdot\operatorname{rank}(\boldsymbol{P}_1\boldsymbol{P}_2\boldsymbol{Q}_1\boldsymbol{Q}_2)$。另外，$\operatorname{rank}(\boldsymbol{P}_2)=\operatorname{rank}(\boldsymbol{P}_2\boldsymbol{Q}_2)$，则 $\operatorname{rank}(\boldsymbol{P}_2^{\mathrm{T}})=\operatorname{rank}(\boldsymbol{Q}_2^{\mathrm{T}}\boldsymbol{P}_2^{\mathrm{T}})$。应用引理 2 得到 $\operatorname{rank}(\boldsymbol{P}_2^{\mathrm{T}}\boldsymbol{P}_1^{\mathrm{T}})=\operatorname{rank}(\boldsymbol{Q}_2^{\mathrm{T}}\boldsymbol{P}_2^{\mathrm{T}}\boldsymbol{P}_1^{\mathrm{T}})$，从而 $\operatorname{rank}(\boldsymbol{P}_1\boldsymbol{P}_2)=\operatorname{rank}(\boldsymbol{P}_1\boldsymbol{P}_2\boldsymbol{Q}_2)$，因此 $\operatorname{rank}(\boldsymbol{P}_1\boldsymbol{P}_2)=\operatorname{rank}(\boldsymbol{P}_1\boldsymbol{P}_2\boldsymbol{Q}_1\boldsymbol{Q}_2)$。

假设结论对 $k-1$ 成立，即若 $\boldsymbol{P}_i\boldsymbol{Q}_j=\boldsymbol{Q}_j\boldsymbol{P}_i$，$\operatorname{rank}(\boldsymbol{P}_i)=\operatorname{rank}(\boldsymbol{P}_i\boldsymbol{Q}_i)$，则

$$\operatorname{rank}(\boldsymbol{P}_1\boldsymbol{P}_2\cdots\boldsymbol{P}_{k-1})=\operatorname{rank}(\boldsymbol{P}_1\boldsymbol{P}_2\cdots\boldsymbol{P}_{k-1}\boldsymbol{Q}_1\boldsymbol{Q}_2\cdots\boldsymbol{Q}_{k-1})。$$

当 k 时，容易验证

$$\boldsymbol{P}_i\boldsymbol{Q}_{k-1}\boldsymbol{Q}_k=\boldsymbol{Q}_{k-1}\boldsymbol{Q}_k\boldsymbol{P}_i,\quad \boldsymbol{P}_{k-1}\boldsymbol{P}_k\boldsymbol{Q}_i=\boldsymbol{Q}_i\boldsymbol{P}_{k-1}\boldsymbol{P}_k,\quad \boldsymbol{P}_{k-1}\boldsymbol{P}_k\boldsymbol{Q}_{k-1}\boldsymbol{Q}_k=\boldsymbol{Q}_{k-1}\boldsymbol{Q}_k\boldsymbol{P}_{k-1}\boldsymbol{P}_k,$$

其中 $1\leqslant i\leqslant k-2$，且 $\operatorname{rank}(\boldsymbol{P}_{k-1}\boldsymbol{P}_k)=\operatorname{rank}(\boldsymbol{P}_{k-1}\boldsymbol{P}_k\boldsymbol{Q}_{k-1}\boldsymbol{Q}_k)$。因此，$\boldsymbol{P}_1,\cdots,\boldsymbol{P}_{k-2},\boldsymbol{P}_{k-1}\boldsymbol{P}_k$ 和 $\boldsymbol{Q}_1,\cdots,\boldsymbol{Q}_{k-2},\boldsymbol{Q}_{k-1}\boldsymbol{Q}_k$ 满足假设，故 $\operatorname{rank}(\boldsymbol{P}_1\boldsymbol{P}_2\cdots\boldsymbol{P}_k)=\operatorname{rank}(\boldsymbol{P}_1\boldsymbol{P}_2\cdots\boldsymbol{P}_k\boldsymbol{Q}_1\boldsymbol{Q}_2\cdots\boldsymbol{Q}_k)$。

证法 2　设

$$U=\{\boldsymbol{x}\mid\boldsymbol{P}_1\boldsymbol{P}_2\cdots,\boldsymbol{P}_{k-1}\boldsymbol{x}=\boldsymbol{0}\},\quad V=\{\boldsymbol{x}\mid\boldsymbol{P}_1\boldsymbol{P}_2\cdots\boldsymbol{P}_{k-1}\boldsymbol{Q}_1\boldsymbol{Q}_2\cdots\boldsymbol{Q}_{k-1}\boldsymbol{x}=\boldsymbol{0}\},$$

则 $U\subseteq V$。因为 $\forall\,\boldsymbol{x}\in U$，$\boldsymbol{P}_1\boldsymbol{P}_2\cdots\boldsymbol{P}_{k-1}\boldsymbol{x}=\boldsymbol{0}$。由设 $\boldsymbol{P}_i\boldsymbol{Q}_j=\boldsymbol{Q}_j\boldsymbol{P}_i$，有

$$\boldsymbol{P}_1\boldsymbol{P}_2\cdots\boldsymbol{P}_{k-1}\boldsymbol{Q}_1\boldsymbol{Q}_2\cdots\boldsymbol{Q}_{k-1}\boldsymbol{x}=\boldsymbol{Q}_1\boldsymbol{Q}_2\cdots\boldsymbol{Q}_{k-1}\boldsymbol{P}_1\boldsymbol{P}_2\cdots\boldsymbol{P}_{k-1}\boldsymbol{x}=\boldsymbol{0},$$

即 $\boldsymbol{x}\in V$。

下证 $V\subseteq U$。$\forall\,\boldsymbol{x}\in V$，即 $\boldsymbol{P}_1\boldsymbol{P}_2\cdots\boldsymbol{P}_{k-1}\boldsymbol{Q}_1\boldsymbol{Q}_2\cdots\boldsymbol{Q}_{k-1}\boldsymbol{x}=\boldsymbol{0}$，有

$$\boldsymbol{P}_1\boldsymbol{Q}_1(\boldsymbol{P}_2\cdots\boldsymbol{P}_{k-1}\boldsymbol{Q}_2\cdots\boldsymbol{Q}_{k-1})\boldsymbol{x}=\boldsymbol{0},\qquad \boldsymbol{Q}_1\boldsymbol{P}_1(\boldsymbol{P}_2\cdots\boldsymbol{P}_{k-1}\boldsymbol{Q}_2\cdots\boldsymbol{Q}_{k-1})\boldsymbol{x}=\boldsymbol{0}。$$

又因为 $\operatorname{rank}(\boldsymbol{P}_1)=\operatorname{rank}(\boldsymbol{P}_1\boldsymbol{Q}_1)=\operatorname{rank}(\boldsymbol{Q}_1\boldsymbol{P}_1)$，所以 $\boldsymbol{P}_1\boldsymbol{y}=\boldsymbol{0}$ 与 $\boldsymbol{Q}_1\boldsymbol{P}_1\boldsymbol{y}=\boldsymbol{0}$ 同解，从而有

$$\boldsymbol{P}_1\boldsymbol{P}_2(\boldsymbol{P}_3\cdots\boldsymbol{P}_{k-1}\boldsymbol{Q}_2\cdots\boldsymbol{Q}_{k-1})\boldsymbol{x}=\boldsymbol{0},\qquad \boldsymbol{Q}_2\boldsymbol{P}_1\boldsymbol{P}_2(\boldsymbol{P}_3\cdots\boldsymbol{P}_{k-1}\boldsymbol{Q}_3\cdots\boldsymbol{Q}_{k-1})\boldsymbol{x}=\boldsymbol{0}。$$

又由 $\operatorname{rank}(\boldsymbol{P}_2)=\operatorname{rank}(\boldsymbol{P}_2\boldsymbol{Q}_2)$，推知

$$\operatorname{rank}(\boldsymbol{P}_2^{\mathrm{T}})=\operatorname{rank}(\boldsymbol{Q}_2^{\mathrm{T}}\boldsymbol{P}_2^{\mathrm{T}}),\operatorname{rank}(\boldsymbol{Q}_2^{\mathrm{T}}\boldsymbol{P}_2^{\mathrm{T}}\boldsymbol{P}_1^{\mathrm{T}})=\operatorname{rank}(\boldsymbol{P}_2^{\mathrm{T}}\boldsymbol{P}_1^{\mathrm{T}}),\operatorname{rank}(\boldsymbol{P}_1\boldsymbol{P}_2)=\operatorname{rank}(\boldsymbol{P}_1\boldsymbol{P}_2\boldsymbol{Q}_2),$$

从而 $\operatorname{rank}(\boldsymbol{P}_1\boldsymbol{P}_2)=\operatorname{rank}(\boldsymbol{P}_1\boldsymbol{P}_2\boldsymbol{Q}_2)=\operatorname{rank}(\boldsymbol{Q}_2\boldsymbol{P}_2\boldsymbol{P}_1)$，故 $\boldsymbol{P}_1\boldsymbol{P}_2\boldsymbol{y}=\boldsymbol{0}$ 与 $\boldsymbol{Q}_2\boldsymbol{P}_2\boldsymbol{P}_1\boldsymbol{y}=\boldsymbol{0}$ 同解，故有

$$\boldsymbol{P}_1\boldsymbol{P}_2(\boldsymbol{P}_3\cdots\boldsymbol{P}_{k-1}\boldsymbol{Q}_3\cdots\boldsymbol{Q}_{k-1})\boldsymbol{x}=\boldsymbol{0}。$$

同理可知

$$\operatorname{rank}(\boldsymbol{P}_1\boldsymbol{P}_2\boldsymbol{P}_3)=\operatorname{rank}(\boldsymbol{P}_1\boldsymbol{P}_2\boldsymbol{P}_3\boldsymbol{Q}_3),\quad \boldsymbol{P}_1\boldsymbol{P}_2\boldsymbol{P}_3(\boldsymbol{P}_4\cdots\boldsymbol{P}_{k-1}\boldsymbol{Q}_4\cdots\boldsymbol{Q}_{k-1})\boldsymbol{x}=\boldsymbol{0}。$$

以此类推，有

$$\operatorname{rank}(\boldsymbol{P}_1\boldsymbol{P}_2\cdots\boldsymbol{P}_m)=\operatorname{rank}(\boldsymbol{P}_1\boldsymbol{P}_2\cdots\boldsymbol{P}_m\boldsymbol{Q}_m),$$

$$\boldsymbol{P}_1\cdots\boldsymbol{P}_m(\boldsymbol{P}_{m+1}\cdots\boldsymbol{P}_{k-1}\boldsymbol{Q}_{m+1}\cdots\boldsymbol{Q}_{k-1})\boldsymbol{x}=\boldsymbol{0},\quad m=2,3,\cdots,k-1。$$

故 $V\subseteq U$。

例 11　设 $\boldsymbol{A}$ 为 n 阶方阵，证明存在 n 阶方阵 $\boldsymbol{B}$ 使得 $\boldsymbol{A}=\boldsymbol{ABA}$，$\boldsymbol{B}=\boldsymbol{BAB}$。

证　设 $\operatorname{rank}(\boldsymbol{A})=r$，则存在可逆矩阵 $\boldsymbol{P},\boldsymbol{Q}$ 使得

$$\boldsymbol{PAQ}=\begin{pmatrix}\boldsymbol{E}_r & \boldsymbol{0}\\ \boldsymbol{0} & \boldsymbol{0}\end{pmatrix},$$

故

$$\begin{pmatrix}\boldsymbol{E}_r & \boldsymbol{0}\\ \boldsymbol{0} & \boldsymbol{0}\end{pmatrix}=\begin{pmatrix}\boldsymbol{E}_r & \boldsymbol{0}\\ \boldsymbol{0} & \boldsymbol{0}\end{pmatrix}\boldsymbol{PAQ}\begin{pmatrix}\boldsymbol{E}_r & \boldsymbol{0}\\ \boldsymbol{0} & \boldsymbol{0}\end{pmatrix},$$

即

$$\boldsymbol{Q}\begin{pmatrix}\boldsymbol{E}_r & \boldsymbol{0}\\ \boldsymbol{0} & \boldsymbol{0}\end{pmatrix}\boldsymbol{P}=\boldsymbol{Q}\begin{pmatrix}\boldsymbol{E}_r & \boldsymbol{0}\\ \boldsymbol{0} & \boldsymbol{0}\end{pmatrix}\boldsymbol{PAQ}\begin{pmatrix}\boldsymbol{E}_r & \boldsymbol{0}\\ \boldsymbol{0} & \boldsymbol{0}\end{pmatrix}\boldsymbol{P},$$

令

$$\boldsymbol{B}=\boldsymbol{Q}\begin{pmatrix}\boldsymbol{E}_r & \boldsymbol{0}\\ \boldsymbol{0} & \boldsymbol{0}\end{pmatrix}\boldsymbol{P}$$

即可。

例 12　设

$$D=\begin{vmatrix}a_{11} & a_{12} & \cdots & a_{1n}\\ a_{21} & a_{22} & \cdots & a_{2n}\\ \vdots & \vdots & & \vdots\\ a_{n1} & a_{n2} & \cdots & a_{nn}\end{vmatrix}$$

A_{ij} 是 a_{ij} 的代数余子式。求证：

$$\begin{vmatrix}A_{11} & A_{12} & \cdots & A_{1,n-1}\\ A_{21} & A_{22} & \cdots & A_{2,n-1}\\ \vdots & \vdots & & \vdots\\ A_{n-1,1} & A_{n-1,2} & \cdots & A_{n-1,n-1}\end{vmatrix}=a_{nn}D^{n-2}。$$

证　令

$$\boldsymbol{A}=\begin{pmatrix}a_{11} & a_{21} & \cdots & a_{1n}\\ a_{12} & a_{22} & \cdots & a_{2n}\\ \vdots & \vdots & & \vdots\\ a_{n1} & a_{n2} & \cdots & a_{nn}\end{pmatrix},$$

则

$$\boldsymbol{A}^*=\begin{pmatrix}A_{11} & A_{12} & \cdots & A_{n-1,1} & A_{n1}\\ A_{21} & A_{22} & \cdots & A_{n-1,2} & A_{n2}\\ \vdots & \vdots & & \vdots & \vdots\\ A_{1,n-1} & A_{2,n-1} & \cdots & A_{n-1,n-1} & A_{n-1,n}\\ A_{1n} & A_{2n} & \cdots & A_{n,n-1} & A_{nn}\end{pmatrix}。$$

注意到所求的行列式是 $\boldsymbol{A}^*$ 的元素 A_{nn} 的代数余子式,也就是 $(\boldsymbol{A}^*)^*$ 的 (n,n) 位置的元素,由 $(\boldsymbol{A}^*)^*=|\boldsymbol{A}|^{n-2}\boldsymbol{A}$ 可知结论成立。

例 13 已知矩阵 $\boldsymbol{A}$ 是 n 阶不可逆矩阵,$\boldsymbol{A}^*$ 是 $\boldsymbol{A}$ 的伴随矩阵,证明至多存在两个非零复数 k,使得 $k\boldsymbol{E}+\boldsymbol{A}^*$ 为不可逆矩阵。

证 由 $\boldsymbol{A}$ 是 n 阶不可逆矩阵,故 $\operatorname{rank}(\boldsymbol{A})\leqslant n-1$。

(1) 若 $\operatorname{rank}(\boldsymbol{A})=n-1$,此时 $\operatorname{rank}(\boldsymbol{A}^*)=1$,故 $\boldsymbol{A}^*$ 的特征值为 $0(n-1$ 重$)$,$\operatorname{tr}(\boldsymbol{A}^*)(\neq 0)$,从而 $k\boldsymbol{E}+\boldsymbol{A}^*$ 的特征值为 $k(n-1$ 重$)$,$k+\operatorname{tr}(\boldsymbol{A}^*)$,于是使得 $k\boldsymbol{E}+\boldsymbol{A}^*$ 为不可逆矩阵的非零复数 $k=-\operatorname{tr}(\boldsymbol{A}^*)$。

(2) 若 $\operatorname{rank}(\boldsymbol{A})<n-1$,此时 $\boldsymbol{A}^*=\boldsymbol{0}$,故 $\boldsymbol{A}^*$ 的特征值全为 0,从而 $k\boldsymbol{E}+\boldsymbol{A}^*$ 的特征值为 $k(n$ 重$)$,于是使得 $k\boldsymbol{E}+\boldsymbol{A}^*$ 为不可逆矩阵的非零复数 k 不存在。

综上,可知结论成立。

例 14 设 $\boldsymbol{A}$ 是数域 P 上的 n 阶方阵。证明:

(1) 如果矩阵 $\boldsymbol{A}$ 的各阶顺序主子式都不为 0,那么 $\boldsymbol{A}$ 可以唯一地分解成 $\boldsymbol{A}=\boldsymbol{BC}$,其中 $\boldsymbol{B}$ 是主对角元素都为 1 的下三角形矩阵,$\boldsymbol{C}$ 是上三角形矩阵。

(2) 设 $\boldsymbol{A}$ 可逆。试问:$\boldsymbol{A}$ 是否可以分解成 $\boldsymbol{A}=\boldsymbol{BC}$,其中 $\boldsymbol{B}$ 是主对角元素都为 1 的下三角矩阵,$\boldsymbol{C}$ 是上三角形矩阵?说明理由。

证 (1) 我们先证明分解的存在性。对矩阵 $\boldsymbol{A}$ 的阶数 n 进行归纳。$n=1$ 时结论显然成立。设 $n-1$ 时结论成立。则当阶数为 n 时,用 $\boldsymbol{A}_1$ 表示 $\boldsymbol{A}$ 左上角的 $n-1$ 阶方阵。则

$$\boldsymbol{A}=\begin{pmatrix}\boldsymbol{A}_1 & \boldsymbol{\alpha}\\ \boldsymbol{\beta}^{\mathrm{T}} & a_{nn}\end{pmatrix},\quad \text{因此}\quad \begin{pmatrix}\boldsymbol{E}_{n-1} & \boldsymbol{0}\\ -\boldsymbol{\beta}^{\mathrm{T}}\boldsymbol{A}_1^{-1} & 1\end{pmatrix}\boldsymbol{A}=\begin{pmatrix}\boldsymbol{A}_1 & \boldsymbol{\alpha}\\ \boldsymbol{0} & a_{nn}-\boldsymbol{\beta}^{\mathrm{T}}\boldsymbol{A}_1^{-1}\boldsymbol{\alpha}\end{pmatrix}。$$

记 $\boldsymbol{P}=\begin{pmatrix}\boldsymbol{E}_{n-1} & \boldsymbol{0}\\ -\boldsymbol{\beta}^{\mathrm{T}}\boldsymbol{A}_1^{-1} & 1\end{pmatrix}$,则 $\boldsymbol{P}^{-1}$ 也是下三角形矩阵且对角线上元素全为 1。因此

$$\boldsymbol{A}=\boldsymbol{P}^{-1}\begin{pmatrix}\boldsymbol{A}_1 & \boldsymbol{\alpha}\\ \boldsymbol{0} & a_{nn}-\boldsymbol{\beta}^{\mathrm{T}}\boldsymbol{A}_1^{-1}\boldsymbol{\alpha}\end{pmatrix}。$$

由于 $\boldsymbol{A}_1$ 的各阶顺序主子式都不为 0,由归纳假设,存在主对角线上元素全为 1 的 $n-1$ 阶下三角形矩阵 $\boldsymbol{B}_1$ 和上三角形矩阵 $\boldsymbol{C}_1$ 使得 $\boldsymbol{A}_1=\boldsymbol{B}_1\boldsymbol{C}_1$。因此

$$\boldsymbol{A}=\boldsymbol{P}^{-1}\begin{pmatrix}\boldsymbol{B}_1 & \boldsymbol{0}\\ \boldsymbol{0} & 1\end{pmatrix}\begin{pmatrix}\boldsymbol{C}_1 & \boldsymbol{B}_1^{-1}\boldsymbol{\alpha}\\ \boldsymbol{0} & a_{nn}-\boldsymbol{\beta}^{\mathrm{T}}\boldsymbol{A}_1^{-1}\boldsymbol{\alpha}\end{pmatrix}。$$

令

$$\boldsymbol{B}=\boldsymbol{P}^{-1}\begin{pmatrix}\boldsymbol{B}_1 & \boldsymbol{0}\\ \boldsymbol{0} & 1\end{pmatrix},\quad \boldsymbol{C}=\begin{pmatrix}\boldsymbol{C}_1 & \boldsymbol{B}_1^{-1}\boldsymbol{\alpha}\\ \boldsymbol{0} & a_{nn}-\boldsymbol{\beta}^{\mathrm{T}}\boldsymbol{A}_1^{-1}\boldsymbol{\alpha}\end{pmatrix}。$$

则 $\boldsymbol{B}$,$\boldsymbol{C}$ 为所求的矩阵。存在性证毕。

分解的唯一性。设 $\boldsymbol{A}=\boldsymbol{BC}=\boldsymbol{B}_1\boldsymbol{C}_1$。故 $\boldsymbol{B}^{-1}\boldsymbol{B}=\boldsymbol{C}\boldsymbol{C}_1^{-1}$。上式左端为主对角线上元素为 1 的上三角形矩阵,右端为下三角形矩阵,因此 $\boldsymbol{B}^{-1}\boldsymbol{B}=\boldsymbol{C}\boldsymbol{C}_1^{-1}=\boldsymbol{E}_n$。从而 $\boldsymbol{B}=\boldsymbol{B}_1$,$\boldsymbol{C}=\boldsymbol{C}_1$。这就证明了唯一性。

(2) 不一定能够实现。设 $\boldsymbol{A}=(a_{ij})_{n\times n}$ 为数域 P 上的可逆矩阵且 $a_{11}=0$。比如取 $\boldsymbol{A}=\begin{pmatrix}0 & 1\\ 1 & 0\end{pmatrix}$,则不存在题目中要求的分解。事实上,若 $\boldsymbol{A}=\boldsymbol{BC}$,$\boldsymbol{B}=(b_{ij})$ 是主对角元素都为 1 的

下三角形矩阵，$\boldsymbol{C}=(c_{ij})$是上三角形矩阵。则 $\boldsymbol{B},\boldsymbol{C}$ 均可逆。$b_{11}\neq 0$，$c_{11}\neq 0$。但是根据矩阵乘法，$a_{11}=b_{11}c_{11}=0$。此为矛盾。因此 $\boldsymbol{A}$ 不能分解为一个主对角元素都为 1 的下三角形矩阵与一个上三角形矩阵的乘积。

注　上例中的(1)实际上也说明了以下事实：若数域 P 上矩阵 $\boldsymbol{A}=(a_{ij})_{n\times n}$的所有顺序主子式均不为零，则存在下三角形矩阵 $\boldsymbol{B}$，使得 $\boldsymbol{BA}$ 为上三角形矩阵。

例 15　设 $\boldsymbol{A}_{n\times n}$为数域 P 上方阵，$\operatorname{rank}(\boldsymbol{A})=r$。证明：存在秩为 r 的方阵 $\boldsymbol{B},\boldsymbol{C}$，使得 $\boldsymbol{AB}=\boldsymbol{CA}$。

证　由 $\operatorname{rank}(\boldsymbol{A})=r$，存在可逆矩阵 $\boldsymbol{P},\boldsymbol{Q}$，使得 $\boldsymbol{PAQ}=\begin{pmatrix}\boldsymbol{E}_r & \boldsymbol{0}\\ \boldsymbol{0} & \boldsymbol{0}\end{pmatrix}$，则 $\boldsymbol{A}=\boldsymbol{P}^{-1}\begin{pmatrix}\boldsymbol{E}_r & \boldsymbol{0}\\ \boldsymbol{0} & \boldsymbol{0}\end{pmatrix}\boldsymbol{Q}^{-1}$。

令

$$\boldsymbol{B}=\boldsymbol{Q}\begin{pmatrix}\boldsymbol{E}_r & \boldsymbol{0}\\ \boldsymbol{0} & \boldsymbol{0}\end{pmatrix}\boldsymbol{Q}^{-1},$$

从而

$$\boldsymbol{AB}=\boldsymbol{AQ}\begin{pmatrix}\boldsymbol{E}_r & \boldsymbol{0}\\ \boldsymbol{0} & \boldsymbol{0}\end{pmatrix}\boldsymbol{Q}^{-1}=\boldsymbol{P}^{-1}\begin{pmatrix}\boldsymbol{E}_r & \boldsymbol{0}\\ \boldsymbol{0} & \boldsymbol{0}\end{pmatrix}\boldsymbol{Q}^{-1}\boldsymbol{Q}\begin{pmatrix}\boldsymbol{E}_r & \boldsymbol{0}\\ \boldsymbol{0} & \boldsymbol{0}\end{pmatrix}\boldsymbol{Q}^{-1}=\boldsymbol{P}^{-1}\begin{pmatrix}\boldsymbol{E}_r & \boldsymbol{0}\\ \boldsymbol{0} & \boldsymbol{0}\end{pmatrix}\boldsymbol{Q}^{-1}。$$

令

$$\boldsymbol{C}=\boldsymbol{P}^{-1}\begin{pmatrix}\boldsymbol{E}_r & \boldsymbol{0}\\ \boldsymbol{0} & \boldsymbol{0}\end{pmatrix}\boldsymbol{P}。$$

则有

$$\boldsymbol{CA}=\boldsymbol{P}^{-1}\begin{pmatrix}\boldsymbol{E}_r & \boldsymbol{0}\\ \boldsymbol{0} & \boldsymbol{0}\end{pmatrix}\boldsymbol{PP}^{-1}\begin{pmatrix}\boldsymbol{E}_r & \boldsymbol{0}\\ \boldsymbol{0} & \boldsymbol{0}\end{pmatrix}\boldsymbol{Q}^{-1}=\boldsymbol{P}^{-1}\begin{pmatrix}\boldsymbol{E}_r & \boldsymbol{0}\\ \boldsymbol{0} & \boldsymbol{0}\end{pmatrix}\boldsymbol{Q}^{-1}。$$

故 $\boldsymbol{AB}=\boldsymbol{CA}$。

第 5 章　二　次　型

5.1　基本知识点

1. 二次型的定义　设 P 为数域，$a_{ij}\in P(i,j=1,2,\cdots,n)$，$x_1,x_2,\cdots,x_n$ 为文字或符号。称二次齐次多项式

$$f(x_1,x_2,\cdots,x_n)=a_{11}x_1^2+2a_{12}x_1x_2+\cdots+2a_{1n}x_1x_n+ a_{22}x_2^2+\cdots+2a_{2n}x_2x_n+\cdots+a_{nn}x_n^2 \tag{1}$$

为数域 P 上的一个二次型。

将上面(1)式中混合项 $x_ix_j(1\leqslant i<j\leqslant n)$的系数 $2a_{ij}$ 平分成两个数的和，一个用 a_{ij} 表示，另一个用 a_{ji} 表示，即 $a_{ij}=a_{ji}(1\leqslant i<j\leqslant n)$。

由于 $x_ix_j=x_jx_i$，所以二次型(1)可以写成

$$\begin{aligned}f(x_1,x_2,\cdots,x_n)&=a_{11}x_1^2+a_{12}x_1x_2+\cdots+a_{1n}x_1x_n+a_{21}x_2x_1+a_{22}x_2^2+\cdots+\\&\quad a_{2n}x_2x_n+\cdots+a_{n1}x_nx_1+a_{n2}x_nx_2+\cdots+a_{nn}x_n^2\\&=\sum_{i=1}^n\sum_{j=1}^n a_{ij}x_ix_j\\&=\boldsymbol{x}^{\mathrm{T}}\boldsymbol{A}\boldsymbol{x},\end{aligned}$$

这里 $\boldsymbol{x}=(x_1,x_2,\cdots,x_n)^{\mathrm{T}}$，$\boldsymbol{A}=(a_{ij})$为 n 阶对称矩阵。称 $\boldsymbol{A}$ 为二次型 $f(x_1,x_2,\cdots,x_n)$的矩阵，它由二次型唯一确定。

称二次型 $f(x_1,x_2,\cdots,x_n)$的矩阵 $\boldsymbol{A}$ 的秩为二次型的秩。二次型实质上就是一个 n 元二次多项式函数。

2. 定理　设二次型 $f(x_1,x_2,\cdots,x_n)=\boldsymbol{x}^{\mathrm{T}}\boldsymbol{A}\boldsymbol{x}$，这里 $\boldsymbol{A}$ 为对称矩阵。记 $\boldsymbol{y}=(y_1,y_2,\cdots,y_n)^{\mathrm{T}}$。则存在一个可逆矩阵 $\boldsymbol{P}_{n\times n}$使得非退化线性替换 $\boldsymbol{x}=\boldsymbol{P}\boldsymbol{y}$ 将关于 $x_1,x_2,\cdots,x_n$ 的二次型$f(x_1,x_2,\cdots,x_n)$化成关于 $y_1,y_2,\cdots,y_n$ 的二次型 $g(y_1,y_2,\cdots,y_n)$使得 $f(x_1,x_2,\cdots,x_n)$的矩阵 $\boldsymbol{A}$ 变成 $g(y_1,y_2,\cdots,y_n)$的矩阵 $\boldsymbol{P}^{\mathrm{T}}\boldsymbol{A}\boldsymbol{P}$，非退化线性替换就是函数论中的变量替换。

3. 矩阵的合同　设 $\boldsymbol{A},\boldsymbol{B}$ 为数域 P 上的 n 阶方阵。若存在数域 P 上的 n 阶可逆矩阵 $\boldsymbol{P}$ 使得 $\boldsymbol{B}=\boldsymbol{P}^{\mathrm{T}}\boldsymbol{A}\boldsymbol{P}$，则称 $\boldsymbol{A}$ 与 $\boldsymbol{B}$ 合同。合同是矩阵间的一种等价关系，满足自反性，对称性和传递性，即：

(1) $\boldsymbol{A}$ 与 $\boldsymbol{A}$ 合同；

(2) 若 $\boldsymbol{A}$ 与 $\boldsymbol{B}$ 合同，则 $\boldsymbol{B}$ 与 $\boldsymbol{A}$ 合同；

(3) 若 $\boldsymbol{A}$ 与 $\boldsymbol{B}$ 合同，$\boldsymbol{B}$ 与 $\boldsymbol{C}$ 合同，则 $\boldsymbol{A}$ 与 $\boldsymbol{C}$ 合同。

4. 定理　数域 $\boldsymbol{P}$ 上任意一个二次型都可经非退化线性替换化成标准形 $d_1y_1^2+d_2y_2^2+\cdots+d_ny_n^2$ 的形式，但标准形不唯一。也就是说任意一个对称矩阵都合同于一个对角矩阵。

注　化二次型为标准形的方法有两种：配方法及对矩阵进行合同变换。

5. 规范形　复数域$\mathbb{C}$上的任意一个二次型 $f(x_1,x_2,\cdots,x_n)$都可经非退化线性替换化

成标准形 $y_1^2+y_2^2+\cdots+y_r^2$ 的形式，这里 r 为二次型的秩。此时我们称 $y_1^2+y_2^2+\cdots+y_r^2$ 为 $f(x_1,x_2,\cdots,x_n)$ 的规范形。复数域上二次型的规范形是唯一的。

6. 惯性定理　任一实二次型 $f(x_1,x_2,\cdots,x_n)=\boldsymbol{x}^{\mathrm{T}}\boldsymbol{A}\boldsymbol{x}$ 一定可经非退化线性替换 $\boldsymbol{x}=\boldsymbol{P}\boldsymbol{y}$ 化成规范形

$$g(y_1,y_2,\cdots,y_n)=y_1^2+y_2^2+\cdots+y_p^2-y_{p+1}^2-y_{p+2}^2-\cdots-y_{p+q}^2。$$

也就是说 $\boldsymbol{A}$ 合同于 $\begin{pmatrix}\boldsymbol{E}_p & & \\ & -\boldsymbol{E}_q & \\ & & \boldsymbol{0}\end{pmatrix}$，其中 p 为正惯性指数，q 为负惯性指数，$p+q$ 为二次型的秩，也就是 $\boldsymbol{A}$ 的秩。

7. 性质　非退化线性替换不改变实二次型的正负惯性指数。

8. 正定矩阵的判定　实二次型 $f(x_1,x_2,\cdots,x_n)=\boldsymbol{x}^{\mathrm{T}}\boldsymbol{A}\boldsymbol{x}$ 正定的判定方法：

(1) 利用定义：证明对任意一组不全为零的数 $c_1,c_2,\cdots,c_n$ 有 $f(c_1,c_2,\cdots,c_n)>0$。

(2) 证明标准形为 $g(y_1,y_2,\cdots,y_n)=d_1y_1^2+d_2y_2^2+\cdots+d_ny_n^2$，其中 $d_i>0,i=1,2,\cdots,n$，即规范形为 $h(z_1,z_2,\cdots,z_n)=z_1^2+z_2^2+\cdots+z_n^2$，即正惯性指数为 n。

(3) 证明 $\boldsymbol{A}$ 合同于 $\boldsymbol{E}_n$。

(4) 证明 $\boldsymbol{A}$ 的所有(顺序)主子式全大于零。

(5) 证明存在可逆矩阵 $\boldsymbol{P}$ 使得 $\boldsymbol{A}=\boldsymbol{P}^{\mathrm{T}}\boldsymbol{P}$。

(6) 证明 $\boldsymbol{A}$ 的特征值全大于零。

9. 半正定矩阵的判定　实二次型 $f(x_1,x_2,\cdots,x_n)=\boldsymbol{x}^{\mathrm{T}}\boldsymbol{A}\boldsymbol{x}$ 半正定的判定方法：

(1) 利用定义：证明对任意一组不全为零的数 $c_1,c_2,\cdots,c_n$ 有 $f(c_1,c_2,\cdots,c_n)\geqslant 0$。

(2) 证明标准形为 $g(y_1,y_2,\cdots,y_n)=d_1y_1^2+d_2y_2^2+\cdots+d_ny_n^2$，其中 $d_i\geqslant 0,i=1,2,\cdots,n$，即规范形为 $h(z_1,z_2,\cdots,z_n)=z_1^2+z_2^2+\cdots+z_p^2$，即正惯性指数与秩相等。

(3) $\boldsymbol{A}$ 合同于 $\begin{pmatrix}\boldsymbol{E}_p & \boldsymbol{0}\\ \boldsymbol{0} & \boldsymbol{0}\end{pmatrix}$。

(4) 证明 $\boldsymbol{A}$ 的所有主子式全大于或等于零。

(5) 证明存在实矩阵 $\boldsymbol{C}$ 使得 $\boldsymbol{A}=\boldsymbol{C}^{\mathrm{T}}\boldsymbol{C}$。

(6) 证明 $\boldsymbol{A}$ 的特征值全大于或等于零。

5.2 典型例题

例1　证明：

(1) 实二次型

$$f(x_1,x_2,\cdots,x_n)=\sum_{i=1}^{s}(a_{i1}x_1+a_{i2}x_2+\cdots+a_{in}x_n)^2$$

的秩为矩阵 $\boldsymbol{A}=(a_{ij})_{s\times n}$ 的秩。

(2) 求出

$$f(x_1,x_2,\cdots,x_n)=n\sum_{i=1}^{n}x_i^2-\left(\sum_{i=1}^{n}x_i\right)^2$$

的秩，正惯性指数和负惯性指数。

证　(1) 由 $f(x_1,x_2,\cdots,x_n)=\boldsymbol{x}^{\mathrm{T}}\boldsymbol{A}^{\mathrm{T}}\boldsymbol{A}\boldsymbol{x}$ 及 $\boldsymbol{A}^{\mathrm{T}}\boldsymbol{A}$ 对称知 $f(x_1,x_2,\cdots,x_n)$ 的矩阵为 $\boldsymbol{A}^{\mathrm{T}}\boldsymbol{A}$，又 $\boldsymbol{A}$ 为实矩阵，故 $\mathrm{rank}(\boldsymbol{A}^{\mathrm{T}}\boldsymbol{A})=\mathrm{rank}(\boldsymbol{A})$，从而命题成立。

(2) 由

$$\begin{aligned}f(x_1,x_2,\cdots,x_n)&=n(x_1^2+x_2^2+\cdots+x_n^2)-(x_1^2+x_2^2+\cdots+x_n^2+2x_1x_2+\cdots+\\&\quad 2x_1x_n+2x_2x_3+\cdots+2x_2x_n+\cdots+2x_{n-1}x_n)\\&=(n-1)\sum_{i=1}^{n}x_i^2-2\sum_{1\leqslant i<j\leqslant n}x_ix_j\\&=\sum_{1\leqslant i<j\leqslant n}(x_i^2-2x_ix_j+x_j^2)=\sum_{1\leqslant i<j\leqslant n}(x_i-x_j)^2\\&=(x_1-x_2)^2+\cdots+(x_1-x_n)^2+(x_2-x_3)^2+\cdots+\\&\quad(x_2-x_n)^2+\cdots+(x_{n-1}-x_n)^2,\end{aligned}$$

据(1)，$\boldsymbol{A}$ 的前 $n-1$ 行显然线性无关，即 $\mathrm{rank}(\boldsymbol{A})\geqslant n-1$. 又 $f(1,1,\cdots,1)=0$，即 $f(x_1,x_2,\cdots,x_n)$ 不正定。故 $f(x_1,x_2,\cdots,x_n)$ 的秩与正惯性指数均为 r，而负惯性指数为 0。

当然也可以把二次型的矩阵 $\boldsymbol{A}$ 写出来再进行判断。事实上

$$\boldsymbol{A}=\begin{pmatrix}n-1&-1&\cdots&-1\\-1&n-1&\cdots&-1\\\vdots&\vdots&&\vdots\\-1&-1&\cdots&n-1\end{pmatrix}。$$

容易验证 $\boldsymbol{A}$ 的所有的主子式和 $\boldsymbol{A}$ 的行列式形状相同，均 $\geqslant 0$，因此 $\boldsymbol{A}$ 半正定。其余的可类似证明。

例 2　若实二次型 $f(x_1,x_2,\cdots,x_n)=\boldsymbol{x}^{\mathrm{T}}\boldsymbol{A}\boldsymbol{x}$ 的矩阵 $\boldsymbol{A}$ 满足 $|\boldsymbol{A}|\neq 0$，当 $x_{k+1}=\cdots=x_n=0$ 时，$f(x_1,x_2,\cdots,x_n)=0$，其中 $k\leqslant\dfrac{n}{2}$。证明：$f(x_1,x_2,\cdots,x_n)$ 的符号差 t 满足 $|t|\leqslant n-2k$。

证　设 $f(x_1,x_2,\cdots,x_n)$ 的正惯性指数为 p，则符号差为 $t=2p-n$，即证 $k\leqslant p\leqslant n-k$。设 $f(x_1,x_2,\cdots,x_n)$ 经非退化线性替换 $\boldsymbol{x}=\boldsymbol{C}\boldsymbol{y}$ 化成规范形

$$g(y_1,y_2,\cdots,y_n)=y_1^2+\cdots+y_p^2-y_{p+1}^2-\cdots-y_n^2。$$

设 $\boldsymbol{y}=\boldsymbol{C}^{-1}\boldsymbol{x}=(c_{ij})\boldsymbol{x}$。若 $k>p$，令

$$\begin{cases}c_{11}x_1+\cdots+c_{1n}x_n=0,\\\qquad\vdots\\c_{p1}x_1+\cdots+c_{pn}x_n=0,\\\qquad x_{k+1}=0,\\\qquad\vdots\\\qquad x_n=0。\end{cases}$$

则方程的个数 $p+n-k<n$，故有非零解 $\boldsymbol{x}_0$，令

$$\boldsymbol{y}_0=\boldsymbol{C}^{-1}\boldsymbol{x}_0=\begin{pmatrix}a_1\\a_2\\\vdots\\a_n\end{pmatrix}$$

因 $a_1=a_2=\cdots=a_p=0$，故 $a_{p+1},\cdots,a_n$ 不全为零，从而

$$0=f(\boldsymbol{x}_0)=-a_{p+1}^2-\cdots-a_n^2<0,$$

矛盾，故 $k\leqslant p$。

下证 $p\leqslant n-k$。我们仍然采用反证法。设 $p>n-k$。考虑线性方程组

$$\begin{cases}c_{p+1,1}x_1+\cdots+c_{p+1,n}x_n=0,\\ \qquad\vdots\\ c_{n1}x_1+\cdots+c_{nn}x_n=0,\\ x_{k+1}=0,\\ \qquad\vdots\\ x_n=0。\end{cases}$$

由于方程的个数 $n-p+n-k<n$，上述方程组有非零解 $\boldsymbol{x}_1$，令

$$\boldsymbol{y}_1=\boldsymbol{C}^{-1}\boldsymbol{x}_1=\begin{pmatrix}b_1\\ b_2\\ \vdots\\ b_n\end{pmatrix}$$

则 $b_{p+1}=\cdots=b_n=0$，故 $b_1,\cdots,b_p$ 不全为零，从而 $0=f(x_1)=b_1^2+\cdots+b_p^2>0$，矛盾。故 $p\leqslant n-k$。

例 3 证明一个实二次型可以分解成两个实系数的一次齐次多项式的乘积的充要条件为它的秩为 2 和符号差等于 0 或者秩等于 1。

证 必要性。由条件可设

$$f(x_1,x_2,\cdots,x_n)=(a_1x_1+a_2x_2+\cdots+a_nx_n)(b_1x_1+b_2x_2+\cdots+b_nx_n)。$$

(1) 若向量 $(a_1,a_2,\cdots,a_n)$ 与 $(b_1,b_2,\cdots,b_n)$ 线性相关，不妨设 $(b_1,b_2,\cdots,b_n)=k(a_1,a_2,\cdots,a_n)$，则

$$f(x_1,x_2,\cdots,x_n)=k(a_1x_1+a_2x_2+\cdots+a_nx_n)^2。$$

令

$$y_1=\sqrt{k}(a_1x_1+a_2x_2+\cdots+a_nx_n)(k>0),\quad y_i=x_i,i=2,\cdots,n,$$

或

$$y_1=\sqrt{-k}(a_1x_1+a_2x_2+\cdots+a_nx_n)(k<0)\quad,y_i=x_i,i=2,\cdots,n,$$

则 $f(x_1,x_2,\cdots,x_n)$ 的规范形为 y_1^2 或 $-y_1^2$，即此时 $f(x_1,x_2,\cdots,x_n)$ 的秩等于 1。

(2) 若向量 $(a_1,a_2,\cdots,a_n)$ 与 $(b_1,b_2,\cdots,b_n)$ 线性无关，令

$$y_1=a_1x_1+a_2x_2+\cdots+a_nx_n,$$
$$y_2=b_1x_1+b_2x_2+\cdots+b_nx_n,$$
$$y_i=x_i,\quad i=3,\cdots,n,$$

及

$$z_1=y_1+y_2,\quad z_2=y_1-y_2,\quad z_i=y_i,\quad i=3,\cdots,n,$$

则 $f(x_1,x_2,\cdots,x_n)$ 的规范形为 $z_1^2-z_2^2$，即此时 $f(x_1,x_2,\cdots,x_n)$ 的秩等于 2 而符号差为 0。

充分性。若 $f(x_1,x_2,\cdots,x_n)$ 的秩等于 2 而符号差为 0,则存在非退化线性替换 $\boldsymbol{x}=\boldsymbol{C}\boldsymbol{y}$ 使得其规范形为 $y_1^2-y_2^2=(y_1+y_2)(y_1-y_2)$。而 $y_1\pm y_2$ 均为 $x_1,x_2,\cdots,x_n$ 的实系数一次齐次式。

若 $f(x_1,x_2,\cdots,x_n)$ 的秩等于 1,则存在非退化线性替换 $\boldsymbol{x}=\boldsymbol{C}\boldsymbol{y}$ 使得其规范形为 $\pm y_1^2=(\pm y_1)y_1$,而 $\pm y_1,y_1$ 均为 $x_1,x_2,\cdots,x_n$ 的实系数一次齐次式。

例 4　求实二次型

$$f(x_1,x_2,\cdots,x_n)=2\sum_{i=1}^{n}x_i^2-2(x_1x_2+x_2x_3+\cdots+x_{n-1}x_n+x_nx_1)$$

的正、负惯性指数、符号差及秩。

解　注意到

$$\begin{aligned}&f(x_1,x_2,\cdots,x_n)\\&=2\sum_{i=1}^{n}x_i^2-2(x_1x_2+x_2x_3+\cdots+x_{n-1}x_n+x_nx_1)\\&=(x_1^2-2x_1x_2+x_2^2)+\cdots+(x_{n-1}^2-2x_{n-1}x_n+x_n^2)+(x_n^2-2x_nx_1+x_1^2)\\&=(x_1-x_2)^2+\cdots+(x_{n-1}-x_n)^2+(x_n-x_1)^2,\end{aligned}$$

作非退化线性替换

$$\begin{cases}y_1=x_1-x_2,\\y_2=x_2-x_3,\\\quad\vdots\\y_{n-1}=x_{n-1}-x_n,\\y_n=x_n,\end{cases}$$

则

$$f(x_1,x_2,\cdots,x_n)=y_1^2+\cdots+y_{n-1}^2+(y_1+y_2+\cdots+y_{n-1})^2,$$

此二次型的矩阵为

$$\boldsymbol{A}=\begin{pmatrix}2&1&\cdots&1&0\\1&2&\cdots&1&0\\\vdots&\vdots&&\vdots&\vdots\\1&1&\cdots&2&0\\0&0&\cdots&0&0\end{pmatrix}$$

$\boldsymbol{A}$ 的特征值为 $\lambda_1=n,\lambda_2=\cdots=\lambda_{n-2}=\lambda_{n-1}=1,\lambda_n=0$。从而原二次型正惯性指数、负惯性指数、符号差以及秩分别为 $n-1,0,n-1,n-1$。

例 5　设二次型 $f(x_1,x_2,x_3)=2x_1^2+3x_2^2+3x_3^2+2tx_2x_3$ 经过正交变换 $\boldsymbol{x}=\boldsymbol{T}\boldsymbol{y}$ 化为标准形 $f=2y_1^2+y_2^2+5y_3^2$,这里 $t>0$ 为参数,$\boldsymbol{x}=(x_1,x_2,x_3)^{\mathrm{T}}$,$\boldsymbol{y}=(y_1,y_2,y_3)^{\mathrm{T}}$。

(1) 求参数 t 和正交矩阵 $\boldsymbol{T}$;

(2) 证明:在 $x_1^2+x_2^2+x_3^2=1$ 的条件下,$f(x_1,x_2,x_3)$ 的最大值为 5。

解　(1) 二次型 $f(x_1,x_2,x_3)$ 的矩阵

$$\boldsymbol{A}=\begin{pmatrix}2&0&0\\0&3&t\\0&t&3\end{pmatrix},$$

由条件知，$T^{-1}AT=\mathrm{diag}(2,1,5)$，于是 $10=|A|=18-2t^2$，故 $t=2$ 或 $t=-2$。

当 $t=2$ 时，可以求得 A 的属于特征值 2,1,5 的特征向量分别为

$$\boldsymbol{\alpha}_1=(1,0,0)^{\mathrm T},\quad \boldsymbol{\alpha}_2=(0,-1,1)^{\mathrm T},\quad \boldsymbol{\alpha}_3=(0,1,1)^{\mathrm T}。$$

将其施密特正交化，单位化可得

$$\boldsymbol{\beta}_1=(1,0,0)^{\mathrm T},\quad \boldsymbol{\beta}_2=\left(0,\frac{-1}{\sqrt2},\frac{1}{\sqrt2}\right)^{\mathrm T},\quad \boldsymbol{\beta}_3=\left(0,\frac{1}{\sqrt2},\frac{1}{\sqrt2}\right)^{\mathrm T},$$

则

$$\boldsymbol{T}=(\boldsymbol{\beta}_1,\boldsymbol{\beta}_2,\boldsymbol{\beta}_3)=\begin{pmatrix}1&0&0\\0&\frac{-1}{\sqrt2}&\frac{1}{\sqrt2}\\0&\frac{1}{\sqrt2}&\frac{1}{\sqrt2}\end{pmatrix}。$$

当 $t=-2$ 时，类似地可求 $\boldsymbol{T}$。

(2) 由条件有

$$\begin{aligned}f(x_1,x_2,x_3)&=\boldsymbol{x}^{\mathrm T}\boldsymbol{A}\boldsymbol{x}\xlongequal{\boldsymbol{x}=\boldsymbol{T}\boldsymbol{y}}\boldsymbol{y}^{\mathrm T}\boldsymbol{T}^{\mathrm T}\boldsymbol{A}\boldsymbol{T}\boldsymbol{y}=2y_1^2+y_2^2+5y_3^2\\&\leqslant 5(y_1^2+y_2^2+y_3^2)=5\boldsymbol{y}^{\mathrm T}\boldsymbol{y}\xlongequal{\boldsymbol{y}=\boldsymbol{T}^{-1}\boldsymbol{x}}5\boldsymbol{x}^{\mathrm T}\boldsymbol{x}=5。\end{aligned}$$

且令 $\boldsymbol{x}_0=\boldsymbol{T}\boldsymbol{y}_0$，$\boldsymbol{y}_0=(0,0,1)^{\mathrm T}$，有

$$\boldsymbol{x}_0^{\mathrm T}\boldsymbol{A}\boldsymbol{x}_0=\boldsymbol{y}_0^{\mathrm T}\boldsymbol{T}^{\mathrm T}\boldsymbol{A}\boldsymbol{T}\boldsymbol{y}_0=5。$$

从而结论成立。

例 6　设 $\boldsymbol{A}=(a_{ij})_{n\times n}$ 为实方阵，$\begin{vmatrix}a_{mm}&\cdots&a_{mn}\\\vdots&&\vdots\\a_{nm}&\cdots&a_{nn}\end{vmatrix}>0$，$m=2,3,\cdots,n$，且存在非零矩阵 $\boldsymbol{B}$ 使得 $\boldsymbol{AB}=\boldsymbol{0}$。则 $\boldsymbol{A}$ 是半正定矩阵。

证　$\boldsymbol{B}$ 为非零矩阵且 $\boldsymbol{AB}=\boldsymbol{0}$ 可知 $|\boldsymbol{A}|=0$。设

$$\boldsymbol{A}=\begin{pmatrix}a_{11}&\boldsymbol{\alpha}\\\boldsymbol{\alpha}^{\mathrm T}&\boldsymbol{A}_1\end{pmatrix}。$$

由已知条件可知 $\boldsymbol{A}_1$ 为正定矩阵(先交换 $\boldsymbol{A}$ 的第 1 行和第 n 行，再交换第 1 列和第 n 列；然后交换 $\boldsymbol{A}$ 的第 2 行和第 $n-2$ 行，再交换第 2 列和第 $n-2$ 列；一直这样进行下去，可知 $\boldsymbol{A}_1$ 合同于一个正定矩阵，令 $\boldsymbol{Q}=\begin{pmatrix}1&-\boldsymbol{\alpha}\boldsymbol{A}_1^{-1}\\\boldsymbol{0}&\boldsymbol{E}_{n-1}\end{pmatrix}$。由

$$\boldsymbol{QAQ}^{\mathrm T}=\begin{pmatrix}1-\boldsymbol{\alpha}\boldsymbol{A}_1^{-1}\boldsymbol{\alpha}^{\mathrm T}&\boldsymbol{0}\\\boldsymbol{0}&\boldsymbol{A}_1\end{pmatrix}$$

知 $1-\boldsymbol{\alpha}\boldsymbol{A}_1^{-1}\boldsymbol{\alpha}^{\mathrm T}=0$。因此 $\boldsymbol{A}$ 合同于 $\begin{pmatrix}1-\boldsymbol{\alpha}\boldsymbol{A}_1^{-1}\boldsymbol{\alpha}^{\mathrm T}&\boldsymbol{0}\\\boldsymbol{0}&\boldsymbol{A}_1\end{pmatrix}$，故 $\boldsymbol{A}$ 是半正定矩阵。

例 7　设 $\boldsymbol{S}=\begin{pmatrix}0 & 1\\ -1 & 0\end{pmatrix}$，证明实反对称矩阵 $\boldsymbol{A}$ 合同于 $\begin{pmatrix}\boldsymbol{S} & & & \\ & \ddots & & \\ & & \boldsymbol{S} & \\ & & & \boldsymbol{0}\end{pmatrix}$。

证　对矩阵 $\boldsymbol{A}$ 的阶数 n 进行归纳。当 $n=1$ 时，$\boldsymbol{A}=\boldsymbol{0}$，命题成立。

当 $n=2$ 时，$\boldsymbol{A}=\begin{pmatrix}0 & a\\ -a & 0\end{pmatrix}$。若 $a=1$，显然成立。若 $a\neq 1$，令 $\boldsymbol{T}=\begin{pmatrix}1 & 0\\ 0 & \dfrac{1}{a}\end{pmatrix}$，则 $\boldsymbol{T}$ 可逆，$\boldsymbol{A}$ 合同于 $\boldsymbol{T}^{\mathrm{T}}\boldsymbol{A}\boldsymbol{T}=\begin{pmatrix}0 & 1\\ -1 & 0\end{pmatrix}$。命题成立。

设阶数小于 n 时结论成立，则阶数为 n 时，若 $\boldsymbol{A}=(a_{ij})$，$a_{12}=\cdots=a_{1n}=0$，则 $a_{21}=\cdots=a_{n1}=0$。令

$$\boldsymbol{T}=\begin{pmatrix}0 & 0 & \cdots & 0 & 1\\ 0 & 1 & \cdots & 0 & 0\\ \vdots & \vdots & & \vdots & \vdots\\ 0 & 0 & \cdots & 1 & 0\\ 1 & 0 & \cdots & 0 & 0\end{pmatrix},\quad \text{则 } \boldsymbol{A} \text{ 合同于 } \boldsymbol{T}^{\mathrm{T}}\boldsymbol{A}\boldsymbol{T}=\begin{pmatrix}\boldsymbol{A}_1 & \boldsymbol{0}\\ \boldsymbol{0} & \boldsymbol{0}\end{pmatrix},$$

其中 $\boldsymbol{A}_1$ 为 $n-1$ 阶反对称矩阵，由假设，存在可逆矩阵 $\boldsymbol{T}_1$，使得

$$\boldsymbol{T}_1^{\mathrm{T}}\boldsymbol{A}_1\boldsymbol{T}_1=\begin{pmatrix}\boldsymbol{S} & & & \\ & \ddots & & \\ & & \boldsymbol{S} & \\ & & & \boldsymbol{0}\end{pmatrix}。$$

令 $\boldsymbol{P}=\boldsymbol{T}\begin{pmatrix}\boldsymbol{T}_1 & \boldsymbol{0}\\ \boldsymbol{0} & 1\end{pmatrix}$，则

$$\boldsymbol{P}^{\mathrm{T}}\boldsymbol{A}\boldsymbol{P}=\begin{pmatrix}\boldsymbol{S} & & & \\ & \ddots & & \\ & & \boldsymbol{S} & \\ & & & \boldsymbol{0}\end{pmatrix}。$$

若存在 $a_{1i}\neq 0$，对 $\boldsymbol{A}$ 依次进行合同变换 $\boldsymbol{P}\left(j+i\left(-\dfrac{a_{1j}}{a_{1i}}\right)\right)^{\mathrm{T}}\boldsymbol{A}\boldsymbol{P}\left(j+i\left(-\dfrac{a_{1j}}{a_{1i}}\right)\right)$，$(j=2,\cdots,i-1,i+1,\cdots,n)$ 得矩阵 $\boldsymbol{B}$，再进行合同变换 $\boldsymbol{P}\left(i\left(\dfrac{1}{a_{1i}}\right)\right)^{\mathrm{T}}\boldsymbol{B}\boldsymbol{P}\left(i\left(\dfrac{1}{a_{1i}}\right)\right)$ 得 $\boldsymbol{C}$。对 $\boldsymbol{C}$ 进行合同变换 $\boldsymbol{P}(2,i)^{\mathrm{T}}\boldsymbol{C}\boldsymbol{P}(2,i)$ 知 $\boldsymbol{A}$ 合同于 $\boldsymbol{D}=\begin{pmatrix}\boldsymbol{S} & \boldsymbol{0}\\ \boldsymbol{0} & \boldsymbol{A}_1\end{pmatrix}$，其中 $\boldsymbol{A}_1$ 为 $n-2$ 阶反对称矩阵，由假设，$\boldsymbol{A}_1$ 合同于

$$\begin{pmatrix}\boldsymbol{S} & & & \\ & \ddots & & \\ & & \boldsymbol{S} & \\ & & & \boldsymbol{0}\end{pmatrix},$$

从而 $\boldsymbol{A}$ 合同于

$$\begin{pmatrix} \boldsymbol{S} & & & \\ & \ddots & & \\ & & \boldsymbol{S} & \\ & & & \boldsymbol{0} \end{pmatrix}。$$

例 8　设 $f(\boldsymbol{x})=\boldsymbol{x}^{\mathrm{T}}\boldsymbol{A}\boldsymbol{x}$，$g(\boldsymbol{x})=\boldsymbol{x}^{\mathrm{T}}\boldsymbol{B}\boldsymbol{x}$ 为实二次型，$\boldsymbol{B}$ 可逆，$|\boldsymbol{A}-\lambda\boldsymbol{B}|=0$ 有 n 个互异的实根。证明：存在非退化线性变换 $\boldsymbol{x}=\boldsymbol{P}\boldsymbol{y}$ 使得 $f(\boldsymbol{x})$，$g(\boldsymbol{x})$同时化为标准形。

证　由 $\boldsymbol{B}$ 可逆及

$$|\boldsymbol{A}-\lambda\boldsymbol{B}|=0 \Leftrightarrow |\boldsymbol{B}^{-1}\boldsymbol{A}-\lambda\boldsymbol{E}_n|=0$$

知 $\boldsymbol{B}^{-1}\boldsymbol{A}$ 有互异的实特征值 $\lambda_1,\lambda_2,\cdots,\lambda_n$，设 $\boldsymbol{x}_1,\boldsymbol{x}_2,\cdots,\boldsymbol{x}_n$ 为相应的特征向量，即

$$\boldsymbol{B}^{-1}\boldsymbol{A}\boldsymbol{x}_i=\lambda_i\boldsymbol{x}_1,\quad i=1,2,\cdots,n。$$

令 $\boldsymbol{P}=(\boldsymbol{x}_1,\boldsymbol{x}_2,\cdots,\boldsymbol{x}_n)$，则

$$\boldsymbol{B}^{-1}\boldsymbol{A}\boldsymbol{P}=\boldsymbol{P}\begin{pmatrix} \lambda_1 & & & \\ & \lambda_2 & & \\ & & \ddots & \\ & & & \lambda_n \end{pmatrix},\quad 故\quad \boldsymbol{P}^{\mathrm{T}}\boldsymbol{A}\boldsymbol{P}=\boldsymbol{P}^{\mathrm{T}}\boldsymbol{B}\boldsymbol{P}\begin{pmatrix} \lambda_1 & & & \\ & \lambda_2 & & \\ & & \ddots & \\ & & & \lambda_n \end{pmatrix}。$$

由 $\boldsymbol{P}^{\mathrm{T}}\boldsymbol{A}\boldsymbol{P}$ 为对称矩阵，$\boldsymbol{P}^{\mathrm{T}}\boldsymbol{B}\boldsymbol{P}$ 与 $\begin{pmatrix} \lambda_1 & & & \\ & \lambda_2 & & \\ & & \ddots & \\ & & & \lambda_n \end{pmatrix}$ 可交换，令

$$\boldsymbol{P}^{\mathrm{T}}\boldsymbol{B}\boldsymbol{P}=\begin{pmatrix} \mu_1 & & & \\ & \mu_2 & & \\ & & \ddots & \\ & & & \mu_n \end{pmatrix},\quad 则\quad \boldsymbol{P}^{\mathrm{T}}\boldsymbol{A}\boldsymbol{P}=\begin{pmatrix} \lambda_1\mu_1 & & & \\ & \lambda_2\mu_2 & & \\ & & \ddots & \\ & & & \lambda_n\mu_n \end{pmatrix},$$

故非退化线性变换 $\boldsymbol{x}=\boldsymbol{P}\boldsymbol{y}$ 将 $f(\boldsymbol{x})$，$g(\boldsymbol{x})$同时化为标准形。

例 9　证明：若 $\boldsymbol{S}$ 为 n 阶正定矩阵，则存在唯一的正定矩阵 $\boldsymbol{S}_1$ 使得 $\boldsymbol{S}=\boldsymbol{S}_1^2$。

证　由 $\boldsymbol{S}$ 正定，存在正交矩阵 $\boldsymbol{T}$ 使得

$$\boldsymbol{S}=\boldsymbol{T}^{\mathrm{T}}\begin{pmatrix} \lambda_1\boldsymbol{E}_{i_1} & & & \\ & \lambda_2\boldsymbol{E}_{i_2} & & \\ & & \ddots & \\ & & & \lambda_s\boldsymbol{E}_{i_s} \end{pmatrix}\boldsymbol{T},$$

其中 $\lambda_1,\lambda_2,\cdots,\lambda_s$ 为两两不同的正实数.取

$$\boldsymbol{S}_1=\boldsymbol{T}^{\mathrm{T}}\begin{pmatrix} \sqrt{\lambda_1}\boldsymbol{E}_{i_1} & & & \\ & \sqrt{\lambda_2}\boldsymbol{E}_{i_2} & & \\ & & \ddots & \\ & & & \sqrt{\lambda_s}\boldsymbol{E}_{i_s} \end{pmatrix}\boldsymbol{T}$$

即满足要求。若还有正定矩阵 $\boldsymbol{S}_2$ 满足 $\boldsymbol{S}=\boldsymbol{S}_2^2$，则存在正交矩阵 $\boldsymbol{Q}$ 使得

$$\boldsymbol{S}_2=\boldsymbol{Q}^{\mathrm{T}}\begin{pmatrix}\sqrt{\lambda_1}\boldsymbol{E}_{i_1} & & & \\ & \sqrt{\lambda_2}\boldsymbol{E}_{i_2} & & \\ & & \ddots & \\ & & & \sqrt{\lambda_s}\boldsymbol{E}_{i_s}\end{pmatrix}\boldsymbol{Q}。$$

因此

$$\begin{pmatrix}\lambda_1\boldsymbol{E}_{i_1} & & & \\ & \lambda_2\boldsymbol{E}_{i_2} & & \\ & & \ddots & \\ & & & \lambda_s\boldsymbol{E}_{i_s}\end{pmatrix}=\boldsymbol{T}\boldsymbol{Q}^{\mathrm{T}}\begin{pmatrix}\lambda_1\boldsymbol{E}_{i_1} & & & \\ & \lambda_2\boldsymbol{E}_{i_2} & & \\ & & \ddots & \\ & & & \lambda_s\boldsymbol{E}_{i_s}\end{pmatrix}\boldsymbol{Q}\boldsymbol{T}^{\mathrm{T}},$$

即 $\boldsymbol{Q}\boldsymbol{T}^{\mathrm{T}}$ 与 $\begin{pmatrix}\lambda_1\boldsymbol{E}_{i_1} & & & \\ & \lambda_2\boldsymbol{E}_{i_2} & & \\ & & \ddots & \\ & & & \lambda_s\boldsymbol{E}_{i_s}\end{pmatrix}$ 可交换,从而存在矩阵 $\boldsymbol{P}_1,\boldsymbol{P}_2,\cdots,\boldsymbol{P}_s$ 使得

$$\boldsymbol{Q}\boldsymbol{T}^{\mathrm{T}}=\begin{pmatrix}\boldsymbol{P}_1 & & & \\ & \boldsymbol{P}_2 & & \\ & & \ddots & \\ & & & \boldsymbol{P}_s\end{pmatrix},$$

故 $\boldsymbol{Q}\boldsymbol{T}^{\mathrm{T}}$ 与 $\begin{pmatrix}\sqrt{\lambda_1}\boldsymbol{E}_{i_1} & & & \\ & \sqrt{\lambda_2}\boldsymbol{E}_{i_2} & & \\ & & \ddots & \\ & & & \sqrt{\lambda_s}\boldsymbol{E}_{i_s}\end{pmatrix}$ 可交换,即

$$\begin{pmatrix}\sqrt{\lambda_1}\boldsymbol{E}_{i_1} & & & \\ & \sqrt{\lambda_2}\boldsymbol{E}_{i_2} & & \\ & & \ddots & \\ & & & \sqrt{\lambda_s}\boldsymbol{E}_{i_s}\end{pmatrix}=\boldsymbol{T}^{\mathrm{T}}\boldsymbol{Q}\begin{pmatrix}\sqrt{\lambda_1}\boldsymbol{E}_{i_1} & & & \\ & \sqrt{\lambda_2}\boldsymbol{E}_{i_2} & & \\ & & \ddots & \\ & & & \sqrt{\lambda_s}\boldsymbol{E}_{i_s}\end{pmatrix}\boldsymbol{Q}\boldsymbol{T}^{\mathrm{T}},$$

因此 $\boldsymbol{S}_1=\boldsymbol{S}_2$。

例 10　设 $\boldsymbol{A},\boldsymbol{B}$ 为 n 阶实矩阵,$\boldsymbol{AB}+\boldsymbol{BA}=\boldsymbol{0}$,且 $\boldsymbol{A}$ 半正定。证明:

$$\boldsymbol{AB}=\boldsymbol{BA}=\boldsymbol{0}。$$

证　设 $\operatorname{rank}(\boldsymbol{A})=k$,则 $\boldsymbol{A}$ 的 k 个非零特征值为 $t_1,t_2,\cdots,t_k$。令

$$\boldsymbol{A}_1=\begin{pmatrix}t_1 & & & \\ & t_2 & & \\ & & \ddots & \\ & & & t_k\end{pmatrix},$$

则存在正交矩阵 $\boldsymbol{Q}$ 使得 $\boldsymbol{A}=\boldsymbol{Q}^{\mathrm{T}}\begin{pmatrix}\boldsymbol{A}_1 & \boldsymbol{0}\\ \boldsymbol{0} & \boldsymbol{0}\end{pmatrix}\boldsymbol{Q}$。由 $\boldsymbol{AB}+\boldsymbol{BA}=\boldsymbol{0}$ 可知

$$\boldsymbol{Q}^{\mathrm{T}}\begin{pmatrix}\boldsymbol{A}_1 & \boldsymbol{0}\\ \boldsymbol{0} & \boldsymbol{0}\end{pmatrix}\boldsymbol{QB}=-\boldsymbol{BQ}^{\mathrm{T}}\begin{pmatrix}\boldsymbol{A}_1 & \boldsymbol{0}\\ \boldsymbol{0} & \boldsymbol{0}\end{pmatrix}\boldsymbol{Q}。$$

因此

$$\begin{pmatrix}\boldsymbol{A}_1 & \boldsymbol{0}\\ \boldsymbol{0} & \boldsymbol{0}\end{pmatrix}\boldsymbol{QBQ}^{\mathrm{T}}=-\boldsymbol{QBQ}^{\mathrm{T}}\begin{pmatrix}\boldsymbol{A}_1 & \boldsymbol{0}\\ \boldsymbol{0} & \boldsymbol{0}\end{pmatrix}。$$

设 $\boldsymbol{QBQ}^{\mathrm{T}}=\begin{bmatrix}\boldsymbol{C}_1 & \boldsymbol{C}_2\\ \boldsymbol{C}_3 & \boldsymbol{C}_4\end{bmatrix}$，则有

$$\begin{pmatrix}\boldsymbol{A}_1 & \boldsymbol{0}\\ \boldsymbol{0} & \boldsymbol{0}\end{pmatrix}\begin{bmatrix}\boldsymbol{C}_1 & \boldsymbol{C}_2\\ \boldsymbol{C}_3 & \boldsymbol{C}_4\end{bmatrix}=\begin{bmatrix}\boldsymbol{C}_1 & \boldsymbol{C}_2\\ \boldsymbol{C}_3 & \boldsymbol{C}_4\end{bmatrix}\begin{pmatrix}\boldsymbol{A}_1 & \boldsymbol{0}\\ \boldsymbol{0} & \boldsymbol{0}\end{pmatrix},$$

即

$$\begin{pmatrix}\boldsymbol{A}_1\boldsymbol{C}_1 & \boldsymbol{A}_1\boldsymbol{C}_2\\ \boldsymbol{0} & \boldsymbol{0}\end{pmatrix}=-\begin{bmatrix}\boldsymbol{C}_1\boldsymbol{A}_1 & \boldsymbol{0}\\ \boldsymbol{C}_3\boldsymbol{A}_1 & \boldsymbol{0}\end{bmatrix}$$

由此得

$$\boldsymbol{A}_1\boldsymbol{C}_1=-\boldsymbol{C}_1\boldsymbol{A}_1,\quad \boldsymbol{A}_1\boldsymbol{C}_2=\boldsymbol{0},\quad \boldsymbol{C}_3\boldsymbol{A}_1=\boldsymbol{0},$$

故 $\boldsymbol{C}_2=\boldsymbol{0},\boldsymbol{C}_3=\boldsymbol{0}$。由 $\boldsymbol{A}_1\boldsymbol{C}_1=-\boldsymbol{C}_1\boldsymbol{A}_1$ 可知 $\boldsymbol{C}_1=\boldsymbol{0}$（将 $\boldsymbol{C}_1$ 设为 (c_{ij})，可以推出 $\boldsymbol{C}_1=\boldsymbol{0}$）。因此

$$\begin{bmatrix}\boldsymbol{C}_1 & \boldsymbol{C}_2\\ \boldsymbol{C}_3 & \boldsymbol{C}_4\end{bmatrix}=\begin{pmatrix}\boldsymbol{0} & \boldsymbol{0}\\ \boldsymbol{0} & \boldsymbol{C}_4\end{pmatrix}。$$

所以

$$\boldsymbol{AB}=\boldsymbol{Q}^{\mathrm{T}}\begin{pmatrix}\boldsymbol{A}_1 & \boldsymbol{0}\\ \boldsymbol{0} & \boldsymbol{0}\end{pmatrix}\boldsymbol{QB}=\boldsymbol{Q}^{\mathrm{T}}\begin{pmatrix}\boldsymbol{A}_1 & \boldsymbol{0}\\ \boldsymbol{0} & \boldsymbol{0}\end{pmatrix}\boldsymbol{QBQ}^{\mathrm{T}}\boldsymbol{Q}=\boldsymbol{Q}^{\mathrm{T}}\begin{pmatrix}\boldsymbol{A}_1 & \boldsymbol{0}\\ \boldsymbol{0} & \boldsymbol{0}\end{pmatrix}\begin{pmatrix}\boldsymbol{0} & \boldsymbol{0}\\ \boldsymbol{0} & \boldsymbol{C}_4\end{pmatrix}\boldsymbol{Q}=\boldsymbol{0}。$$

进而 $\boldsymbol{BA}=-\boldsymbol{AB}=\boldsymbol{0}$。

例 11　设 $f(\lambda)=\lambda^n+a_1\lambda^{n-1}+\cdots+a_{n-1}\lambda+a_n$ 为实对称阵 $\boldsymbol{A}$ 的特征多项式。证明 $\boldsymbol{A}$ 为负定矩阵的充要条件为 $a_1,a_2,\cdots,a_{n-1},a_n$ 均大于 0。

证　必要性。设矩阵 $\boldsymbol{A}$ 的特征值为 $\lambda_1,\lambda_2,\cdots,\lambda_n$，则

$$f(\lambda)=(\lambda-\lambda_1)(\lambda-\lambda_2)\cdots(\lambda-\lambda_n)。$$

由根与系数的关系可得

$$\begin{cases}a_1=-(\lambda_1+\lambda_2+\cdots+\lambda_n),\\ a_2=\sum\limits_{1\leqslant i_1<i_2\leqslant n}\lambda_{i_1}\lambda_{i_2},\\ \quad\vdots\\ a_k=(-1)^k\sum\limits_{1\leqslant i_1<\cdots<i_k\leqslant n}\lambda_{i_1}\cdots\lambda_{i_k},\\ \quad\vdots\\ a_n=(-1)^n\lambda_1\lambda_2\cdots\lambda_n。\end{cases}$$

由 $\boldsymbol{A}$ 是负定矩阵，则 $\lambda_1,\lambda_2,\cdots,\lambda_n$ 均小于 0，由上式可知 $a_1,a_2,\cdots,a_{n-1},a_n$ 均大于 0。

充分性。设 λ_0 是 $\boldsymbol{A}$ 的任一特征值，若 $\lambda_0>0$，则由 $a_1,a_2,\cdots,a_{n-1},a_n$ 均大于 0 知 $f(\lambda_0)>0$，这与 λ_0 是 $\boldsymbol{A}$ 的特征值矛盾，从而 $\lambda_0\leqslant 0$。若 $\lambda_0=0$，则 $f(\lambda_0)=f(0)=a_n>0$。矛盾。故 $\lambda_0<0$。从而 $\boldsymbol{A}$ 是负定矩阵。

例 12　若 $\boldsymbol{A},\boldsymbol{B}$ 均为n 阶实对称矩阵，且 $\boldsymbol{A}$ 正定，则存在可逆矩阵 $\boldsymbol{T}$ 使得

$$T^{\mathrm{T}}AT=E,\quad T^{\mathrm{T}}BT=\mathrm{diag}(\lambda_1,\lambda_2,\cdots,\lambda_n),$$

其中 $\lambda_1,\lambda_2,\cdots,\lambda_n$ 为 $|\lambda A-B|=0$ 的 n 个实根。并且若 B 正定,则 $\lambda_i>0,i=1,2,\cdots,n$。

证　由 A 正定,故存在可逆矩阵 P 使得

$$P^{\mathrm{T}}AP=E,$$

而由于 B 为实对称矩阵,故 $P^{\mathrm{T}}BP$ 为实对称矩阵,从而存在正交矩阵 Q 使得

$$Q^{\mathrm{T}}P^{\mathrm{T}}BPQ=\mathrm{diag}(\lambda_1,\lambda_2,\cdots,\lambda_n)。$$

令 $T=PQ$,则

$$T^{\mathrm{T}}AT=E,\quad T^{\mathrm{T}}BT=\mathrm{diag}(\lambda_1,\lambda_2,\cdots,\lambda_n),$$

而

$$|T^{\mathrm{T}}\|\lambda A-B\|T|=|\lambda T^{\mathrm{T}}AT-T^{\mathrm{T}}BT|=(\lambda-\lambda_1)(\lambda-\lambda_2)\cdots(\lambda-\lambda_n),$$

故 $\lambda_1,\lambda_2,\cdots,\lambda_n$ 为 $|\lambda A-B|=0$ 的 n 个实根。易知 B 正定时,$P^{\mathrm{T}}BP$ 也正定,故 B 正定时,$\lambda_i>0,i=1,2,\cdots,n$。

例 13　设 A,B 均为 n 阶实对称矩阵且 B 正定,则:

(1) $|\lambda B-A|=0$ 的根全为实数;

(2) 设 $|\lambda B-A|=0$ 的根为 $\lambda_i,i=1,2,\cdots,n$ 且满足 $\lambda_1\leqslant\lambda_2\leqslant\cdots\leqslant\lambda_n$。求证 $x^{\mathrm{T}}Ax$ 在约束条件 $x^{\mathrm{T}}Bx=1$ 下的最小值和最大值分别为 λ_1,λ_n。

证　(1) 由条件可知,存在可逆阵 P 使得

$$P^{\mathrm{T}}BP=E,\quad P^{\mathrm{T}}AP=\mathrm{diag}(\lambda_1,\lambda_2,\cdots,\lambda_n),\quad \lambda_i\in\mathbb{R},$$

于是

$$0=|\lambda B-A|=|P^{\mathrm{T}}(\lambda B-A)P|=(\lambda-\lambda_1)(\lambda-\lambda_2)\cdots(\lambda-\lambda_n),$$

故结论成立。

(2) 由 $x^{\mathrm{T}}Bx=1$,故

$$1=x^{\mathrm{T}}(P^{\mathrm{T}})^{-1}(P^{\mathrm{T}}BP)P^{-1}x=x^{\mathrm{T}}(P^{\mathrm{T}})^{-1}P^{-1}x=(P^{-1}x)^{\mathrm{T}}P^{-1}x,$$

若令 $P^{-1}x=(y_1,y_2,\cdots,y_n)^{\mathrm{T}}$,则 $y_1^2+y_2^2+\cdots+y_n^2=1$。从而

$$\begin{aligned}x^{\mathrm{T}}Ax&=x^{\mathrm{T}}(P^{\mathrm{T}})^{-1}(P^{\mathrm{T}}AP)(P^{-1}x)\\&=\lambda_1y_1^2+\lambda_2y_2^2+\cdots+\lambda_ny_n^2\geqslant\lambda_1(y_1^2+y_2^2+\cdots+y_n^2)=\lambda_1,\end{aligned}$$

且若取 $y_1=1,y_2=\cdots=y_n=0$,则 $x^{\mathrm{T}}Ax=\lambda_1$,即 $x^{\mathrm{T}}Ax$ 在约束条件 $x^{\mathrm{T}}Bx=1$ 下的最小值为 λ_1。同理可证 $x^{\mathrm{T}}Ax$ 在约束条件 $x^{\mathrm{T}}Bx=1$ 下的最大值为 λ_n。

例 14　证明函数 log det(·)在对称正定矩阵集上是凹函数,即对于任意两个 n 阶对称正定阵 A,B 及 $\forall\lambda\in[0,1]$ 有

$$\log\det(\lambda A+(1-\lambda)B)\geqslant\lambda\log\det(A)+(1-\lambda)\log\det(B),$$

其中 $\log\det(A)$ 表示先对 A 取行列式再取自然对数。

证　存在可逆矩阵 P,使得

$$A=PEP^{\mathrm{T}},\quad B=PDP^{\mathrm{T}},$$

其中 $D=\mathrm{diag}(\mu_1,\mu_2,\cdots,\mu_n),\mu_i>0,i=1,2,\cdots,n$。于是

$$\log\det(\lambda A+(1-\lambda)B)=\log\det(A)+\log\det(\lambda E+(1-\lambda)D),$$

而

$$\begin{aligned}\lambda\log\det(A)+(1-\lambda)\log\det(B)&=\lambda\log\det(A)+(1-\lambda)\log(\det(A)+\det(D))\\&=\log\det(A)+(1-\lambda)\log\det(D),\end{aligned}$$

从而只需证明

$$\log\det(\lambda\boldsymbol{E}+(1-\lambda)\boldsymbol{D})\geqslant(1-\lambda)\log\det(\boldsymbol{D}),$$

因为对数函数为严格上凸函数，故

$$\begin{aligned}\log\det(\lambda\boldsymbol{E}+(1-\lambda)\boldsymbol{D})&=\log\prod_{i=1}^{n}(\lambda+(1-\lambda)\mu_i)\\&=\sum_{i=1}^{n}\log(\lambda+(1-\lambda)\mu_i)\\&\geqslant\sum_{i=1}^{n}[\lambda\log 1+(1-\lambda)\log\mu_i]\\&=(1-\lambda)\sum_{i=1}^{n}\log\mu_i=(1-\lambda)\log\det(\boldsymbol{D}).\end{aligned}$$

从而结论成立。

例 15　设 $\boldsymbol{Q}$ 为 n 阶对称正定阵，$\boldsymbol{x}$ 为 n 维实列向量.证明

$$0\leqslant\boldsymbol{x}^{\mathrm{T}}(\boldsymbol{Q}+\boldsymbol{x}\boldsymbol{x}^{\mathrm{T}})^{-1}\boldsymbol{x}<1。$$

证　若 $\boldsymbol{x}=\boldsymbol{0}$，结论显然成立。下设 $\boldsymbol{x}\neq\boldsymbol{0}$，由于 $\boldsymbol{Q}$ 为正定矩阵，$\boldsymbol{x}\boldsymbol{x}^{\mathrm{T}}$ 为实对称半正定阵，故存在可逆阵 $\boldsymbol{P}$ 使得

$$\boldsymbol{Q}=\boldsymbol{P}^{\mathrm{T}}\boldsymbol{E}\boldsymbol{P},\quad \boldsymbol{x}\boldsymbol{x}^{\mathrm{T}}=\boldsymbol{P}^{\mathrm{T}}\mathrm{diag}(\lambda_1,\lambda_2,\cdots,\lambda_n)\boldsymbol{P},$$

其中 $\lambda_i\geqslant0(i=1,2,\cdots,n)$，注意到 $\mathrm{rank}(\boldsymbol{x}\boldsymbol{x}^{\mathrm{T}})=1$，则 $\lambda_i(i=1,2,\cdots,n)$ 中只有一个不为 0，不妨设 $\lambda_1>0,\lambda_2=\cdots=\lambda_n=0$，于是

$$\boldsymbol{Q}+\boldsymbol{x}\boldsymbol{x}^{\mathrm{T}}=\boldsymbol{P}^{\mathrm{T}}\mathrm{diag}(1+\lambda_1,1,\cdots,1)\boldsymbol{P},$$

于是

$$(\boldsymbol{Q}+\boldsymbol{x}\boldsymbol{x}^{\mathrm{T}})^{-1}=\boldsymbol{P}^{-1}\mathrm{diag}\left(\frac{1}{1+\lambda_1},1,\cdots,1\right)(\boldsymbol{P}^{-1})^{\mathrm{T}}。$$

由于 $\frac{1}{1+\lambda_1}>0$，所以 $(\boldsymbol{Q}+\boldsymbol{x}\boldsymbol{x}^{\mathrm{T}})^{-1}$ 正定，故 $\boldsymbol{x}^{\mathrm{T}}(\boldsymbol{Q}+\boldsymbol{x}\boldsymbol{x}^{\mathrm{T}})^{-1}\boldsymbol{x}>0$。

记 $(\boldsymbol{P}^{-1})^{\mathrm{T}}\boldsymbol{x}=(y_1,y_2,\cdots,y_n)^{\mathrm{T}}$，由 $\boldsymbol{x}\boldsymbol{x}^{\mathrm{T}}=\boldsymbol{P}^{\mathrm{T}}\mathrm{diag}(\lambda_1,\lambda_2,\cdots,\lambda_n)\boldsymbol{P}$ 有

$$\mathrm{diag}(\lambda_1,\lambda_2,\cdots,\lambda_n)=(\boldsymbol{P}^{-1})^{\mathrm{T}}\boldsymbol{x}\boldsymbol{x}^{\mathrm{T}}\boldsymbol{P}^{-1}=(y_1,y_2,\cdots,y_n)^{\mathrm{T}}(y_1,y_2,\cdots,y_n),$$

则有 $y_1^2=\lambda_1,y_2^2=\cdots=y_n^2=0$，于是

$$\begin{aligned}\boldsymbol{x}^{\mathrm{T}}(\boldsymbol{Q}+\boldsymbol{x}\boldsymbol{x}^{\mathrm{T}})^{-1}\boldsymbol{x}&=\boldsymbol{x}^{\mathrm{T}}\boldsymbol{P}^{-1}\mathrm{diag}\left(\frac{1}{1+\lambda_1},1,\cdots,1\right)(\boldsymbol{P}^{-1})^{\mathrm{T}}\boldsymbol{x}\\&=(y_1,y_2,\cdots,y_n)\mathrm{diag}\left(\frac{1}{1+\lambda_1},1,\cdots,1\right)(y_1,y_2,\cdots,y_n)^{\mathrm{T}}\\&=\frac{1}{1+\lambda_1}y_1^2+y_2^2+\cdots+y_n^2\\&=\frac{\lambda_1}{1+\lambda_1}<1。\end{aligned}$$

故结论成立。

例 16　如果 $\boldsymbol{M}_1,\boldsymbol{M}_2$ 是 n 阶正定矩阵，则

$$\frac{2^{n+1}}{|\boldsymbol{M}_1+\boldsymbol{M}_2|}\leqslant\frac{1}{|\boldsymbol{M}_1|}+\frac{1}{|\boldsymbol{M}_2|},$$

且等号成立的充要条件为 $\boldsymbol{M}_1=\boldsymbol{M}_2$。

证 由于存在可逆矩阵 $\boldsymbol{Q}$ 使得

$$\boldsymbol{M}_1=\boldsymbol{Q}^{\mathrm{T}}\boldsymbol{E}\boldsymbol{Q},\quad \boldsymbol{M}_2=\boldsymbol{Q}^{\mathrm{T}}\mathrm{diag}(\lambda_1,\lambda_2,\cdots,\lambda_n)\boldsymbol{Q},$$

其中 $\lambda_i>0,i=1,2,\cdots,n$。于是

$$|\boldsymbol{M}_1+\boldsymbol{M}_2|=|\boldsymbol{Q}|^2(1+\lambda_1)(1+\lambda_2)\cdots(1+\lambda_n),\quad |\boldsymbol{M}_1|=|\boldsymbol{Q}|^2,$$

$$|\boldsymbol{M}_2|=|\boldsymbol{Q}|^2(\lambda_1\lambda_2\cdots\lambda_n)。$$

从而只需证明:

$$\frac{2^{n+1}}{(1+\lambda_1)(1+\lambda_2)\cdots(1+\lambda_n)}\leqslant 1+\frac{1}{\lambda_1\lambda_2\cdots\lambda_n}。$$

由于

$$1+\lambda_i\geqslant 2\sqrt{\lambda_i},\quad i=1,2,\cdots,n,$$

故只需证明

$$\frac{2}{\sqrt{\lambda_1\lambda_2\cdots\lambda_n}}\leqslant 1+\frac{1}{\lambda_1\lambda_2\cdots\lambda_n}。$$

令 $y=\lambda_1\lambda_2\cdots\lambda_n$,则 $y>0$,只需证明:

$$\frac{2}{\sqrt{y}}\leqslant 1+\frac{1}{y}。$$

即证明:$2y\leqslant(1+y)\sqrt{y}$,也即 $4y^2\leqslant(1+y)^2y$,也就是 $4y\leqslant(1+y)^2$,此式显然成立。故结论成立。等号成立的充要条件由上面的证明易知。

第6章 线性空间

6.1 基本知识点

1. 线性空间的定义　设 V 是一个集合，P 为一个数域。若对任意的 $\alpha,\beta\in V$，存在唯一的元素 γ 与之对应，称为 α 与 β 的和，记为 $\gamma=\alpha+\beta$。

对任意的 $\alpha\in V,k\in P$，存在唯一的元素 δ 与之对应，称为 k 与 α 的数量乘积，记为 $\delta=k\alpha$。且满足下列条件：对任意的 $\alpha,\beta,\gamma\in V,k,l\in P$。

(1) $\alpha+\beta=\beta+\alpha$；

(2) $(\alpha+\beta)+\gamma=\alpha+(\beta+\gamma)$；

(3) 在 V 中存在元素 0，使得对任意 $\alpha\in V$，均有 $0+\alpha=\alpha$；

(4) 对任意 $\alpha\in V$，存在 $\beta\in V$ 使得 $\alpha+\beta=0$（β 称为 α 的负元素，记为 $-\alpha$）；

(5) $1\alpha=\alpha$；

(6) $k(l\alpha)=(kl)\alpha$；

(7) $(k+l)\alpha=k\alpha+l\alpha$；

(8) $k(\alpha+\beta)=k\alpha+k\beta$，

我们就称 V 为数域 P 上的一个线性空间。

如果 V 为数域 P 上的一个线性空间，W 是 V 的一个子集合，且 W 关于 V 中的加法和数量乘法也构成了数域 P 上的一个线性空间，则称 W 是 V 的一个线性子空间，简称为 V 的一个子空间。

2. 线性相关、线性无关、极大线性无关组、秩。

设 V 为数域 P 上的一个线性空间，$\alpha,\beta_1,\beta_2,\cdots,\beta_s\in V$。如果存在数域 P 中的数 $k_1,k_2,\cdots,k_s$ 使得 $\alpha=k_1\beta_1+k_2\beta_2+\cdots+k_s\beta_s$，就称 α 为向量组 $\beta_1,\beta_2,\cdots,\beta_s$ 的一个线性组合或者说 α 可由向量组 $\beta_1,\beta_2,\cdots,\beta_s$ 线性表出。

设 $\alpha_1,\alpha_2,\cdots,\alpha_s$ 为数域 P 上线性空间 V 中的一个向量组。如果存在数域 P 中不全为零的数 $k_1,k_2,\cdots,k_s$ 使得 $k_1\alpha_1+k_2\alpha_2+\cdots+k_s\alpha_s=0$ 成立，就称 $\alpha_1,\alpha_2,\cdots,\alpha_s$ 是线性相关的。向量组 $\alpha_1,\alpha_2,\cdots,\alpha_s$ 称为线性无关的，如果不存在数域 P 中不全为零的数 $k_1,k_2,\cdots,k_s$ 使得 $k_1\alpha_1+k_2\alpha_2+\cdots+k_s\alpha_s=0$ 成立。

设 $\alpha_1,\alpha_2,\cdots,\alpha_k$ 为 V 中的一个非零向量组，$\alpha_{i_1},\alpha_{i_2},\cdots,\alpha_{i_r}$ $(r\geqslant1)$ 为其一个子组（即 $\{i_1,i_2,\cdots,i_r\}\subseteqq\{1,2,\cdots,k\}$）。若 $\alpha_{i_1},\alpha_{i_2},\cdots,\alpha_{i_r}$ 是线性无关的，且任给

$$\alpha_t\in\{\alpha_1,\alpha_2,\cdots,\alpha_k\}\backslash\{\alpha_{i_1},\alpha_{i_2},\cdots,\alpha_{i_r}\},$$

$\alpha_t,\alpha_{i_1},\alpha_{i_2},\cdots,\alpha_{i_r}$ 是线性相关的，则称 $\alpha_{i_1},\alpha_{i_2},\cdots,\alpha_{i_r}$ 为 $\alpha_1,\alpha_2,\cdots,\alpha_k$ 的一个极大线性无关组。

线性空间中非零向量组的任意一个极大线性无关组所含有的个数 r 是唯一确定的，称 r 为向量组的秩。

3. 基、维数与坐标。

若 $\alpha_1,\alpha_2,\cdots,\alpha_n$ 为线性空间 V 中的一个线性无关的向量组，且 V 中每个向量都可以用

$\alpha_1,\alpha_2,\cdots,\alpha_n$ 线性表出,我们就称 $\alpha_1,\alpha_2,\cdots,\alpha_n$ 为 V 的一组基,称 V 为数域 P 上的一个 n 维线性空间,称 n 为 V 的维数,记为 $\dim V=n$。若 $V=\{0\}$,规定 $\dim V=0$。

设 $\alpha_1,\alpha_2,\cdots,\alpha_n$ 为线性空间 V 的一组基。若 $\alpha\in V$,且存在数域 P 中的数 $t_1,t_2,\cdots,t_n$ 使得 $\alpha=t_1\alpha_1+t_2\alpha_2+\cdots+t_n\alpha_n$,我们就称 $(t_1,t_2,\cdots,t_n)$ 为 α 在基 $\alpha_1,\alpha_2,\cdots,\alpha_n$ 下的坐标。

若 $\alpha_1,\alpha_2,\cdots,\alpha_n$ 为线性空间 V 中的一个向量组,则集合

$$L(\alpha_1,\alpha_2,\cdots,\alpha_n)=\{t_1\alpha_1+t_2\alpha_2+\cdots+t_n\alpha_n\mid t_1,t_2,\cdots,t_n\in P\}$$

是 V 的一个子空间,且其维数等于向量组 $\{\alpha_1,\alpha_2,\cdots,\alpha_n\}$ 的秩。

4. 设 $\alpha_1,\alpha_2,\cdots,\alpha_n$ 与 $\beta_1,\beta_2,\cdots,\beta_n$ 为数域 P 上 n 维线性空间 V 的两组基。

(1) 若 $(\alpha_1,\alpha_2,\cdots,\alpha_n)=(\beta_1,\beta_2,\cdots,\beta_n)\boldsymbol{A}$,则称 $\boldsymbol{A}$ 为由基 $\beta_1,\beta_2,\cdots,\beta_n$ 到基 $\alpha_1,\alpha_2,\cdots,\alpha_n$ 的过渡矩阵。

(2) 若 $\boldsymbol{A}$ 为由基 $\beta_1,\beta_2,\cdots,\beta_n$ 到基 $\alpha_1,\alpha_2,\cdots,\alpha_n$ 的过渡矩阵,$\gamma\in V$,在 $\alpha_1,\alpha_2,\cdots,\alpha_n$ 与 $\beta_1,\beta_2,\cdots,\beta_n$ 这两组基下的坐标分别是 $\boldsymbol{x},\boldsymbol{y}$,即 $\gamma=(\alpha_1,\alpha_2,\cdots,\alpha_n)\boldsymbol{x}$,$\gamma=(\beta_1,\beta_2,\cdots,\beta_n)\boldsymbol{y}$,则 $\boldsymbol{y}=\boldsymbol{A}\boldsymbol{x}$。

(3) 设 $\boldsymbol{A},\boldsymbol{B}\in P^{n\times n}$,则 $[(\alpha_1,\alpha_2,\cdots,\alpha_n)\boldsymbol{A}]\boldsymbol{B}=(\alpha_1,\alpha_2,\cdots,\alpha_n)\boldsymbol{AB}$。

$(\alpha_1,\alpha_2,\cdots,\alpha_n)\boldsymbol{A}+(\beta_1,\beta_2,\cdots,\beta_n)\boldsymbol{A}=(\alpha_1+\beta_1,\alpha_2+\beta_2,\cdots,\alpha_n+\beta_n)\boldsymbol{A}$,

$(\alpha_1,\alpha_2,\cdots,\alpha_n)\boldsymbol{A}+(\alpha_1,\alpha_2,\cdots,\alpha_n)\boldsymbol{B}=(\alpha_1,\alpha_2,\cdots,\alpha_n)(\boldsymbol{A}+\boldsymbol{B})$。

5. 基扩充定理　设 V 是数域 P 上的一个 n 维线性空间,V_1 是 V 的非零子空间,$\dim V_1=k$ 且 $k<n$。若 $\alpha_1,\alpha_2,\cdots,\alpha_k$ 为 V_1 的一组基,则在 V 中存在 $n-k$ 个向量 $a_{k+1},\cdots,a_n$ 使得 $\alpha_1,\alpha_2,\cdots,\alpha_k,\alpha_{k+1},\cdots,\alpha_n$ 为 V 的一组基。

6. 子空间的交与和。设 V 是数域 P 上的一个 n 维线性空间,V_1,V_2 是 V 的线性子空间。分别称

$$V_1\cap V_2=\{\alpha\mid\alpha\in V_1,\alpha\in V_2\},\qquad V_1+V_2=\{\alpha+\beta\mid\alpha\in V_1,\beta\in V_2\}$$

为 V_1 与 V_2 的交与和。

维数公式:$\dim(V_1+V_2)=\dim V_1+\dim V_2-\dim(V_1\cap V_2)$。

7. 直和。设 V_1,V_2 是线性空间 V 的两个子空间。若 V_1+V_2 中每个向量的分解都是唯一的,则称 V_1+V_2 为直和,记为 $V_1\oplus V_2$。

下列条件是等价的:

(1) $V_1+V_2=V_1\oplus V_2$,

(2) $\alpha_1+\alpha_2=0,\alpha_1\in V_1,\alpha_2\in V_2\Rightarrow\alpha_1=\alpha_2=0$,即零向量的分解唯一,

(3) V_1+V_2 中存在一个向量,其分解是唯一的,

(4) $V_1\cap V_2=\{0\}$,

(5) $\dim V_1+\dim V_2=\dim(V_1+V_2)$。

8. 直和补的存在性　若 U 为线性空间 V 的子空间,则存在 V 的子空间 W 使得 $V=U\oplus W$。我们称 W 为 U 的一个直和补(或余子空间)。

若 U 为线性空间 V 的子空间,则 U 在 V 中的直和补唯一当且仅当 $U=\{0\}$ 或 $U=V$。

9. 同构　设 V 和 V' 为数域 P 上两个线性空间,σ 是 V 到 V' 的映射,对任给的 $\alpha,\beta\in V$,任意 $k\in P$,若

(1) σ 为一一映射(即 σ 既是单射,又是满射),

(2) $\sigma(\alpha+\beta)=\sigma(\alpha)+\sigma(\beta)$,即保持加法,

(3) $\sigma(k\alpha)=k\sigma(\alpha)$，即保持数乘，

则称 σ 为线性空间 V 到线性空间 V' 的同构映射，此时我们称线性空间 V 和 V' 是同构的。

若 σ 为线性空间 V 到线性空间 V' 的同构映射，则 σ^{-1} 为 V' 到 V 的同构映射，且 σ 满足

(1) $\sigma(0)=0$

(2) $\sigma(-\alpha)=-\sigma(\alpha)$，

(3) $\sigma(k_1\alpha_1+k_2\alpha_2+\cdots+k_r\alpha_r)=k_1\sigma(\alpha_1)+k_2\sigma(\alpha_2)+\cdots+k_r\sigma(\alpha_r)$。

(4) 若 $\alpha_1,\alpha_2,\cdots,\alpha_r$ 线性相关，则 $\sigma(\alpha_1),\sigma(\alpha_2),\cdots,\sigma(\alpha_r)$ 线性相关。

若 $\sigma(\alpha_1),\sigma(\alpha_2),\cdots,\sigma(\alpha_r)$ 线性无关，则 $\alpha_1,\alpha_2,\cdots,\alpha_r$ 也线性无关。

6.2 典型例题

例 1　设 V 是数域 P 上的 n 维线性空间。$W=L(\boldsymbol{\alpha}_1,\boldsymbol{\alpha}_2,\boldsymbol{\alpha}_3,\boldsymbol{\alpha}_4)$ 为 V 的一个子空间，$\boldsymbol{\beta}_1,\boldsymbol{\beta}_2\in W$ 且线性无关，证明：可用 $\boldsymbol{\beta}_1,\boldsymbol{\beta}_2$ 代替 $\boldsymbol{\alpha}_1,\boldsymbol{\alpha}_2,\boldsymbol{\alpha}_3,\boldsymbol{\alpha}_4$ 中的两个向量 $\boldsymbol{\alpha}_{i_1},\boldsymbol{\alpha}_{i_2}$ 使得 $W=L(\boldsymbol{\beta}_1,\boldsymbol{\beta}_2,\boldsymbol{\alpha}_{i_3},\boldsymbol{\alpha}_{i_4})$。

证　首先 $\dim W\geqslant 2$。我们首先考虑 $\boldsymbol{\alpha}_1,\boldsymbol{\alpha}_2,\boldsymbol{\alpha}_3,\boldsymbol{\alpha}_4$ 线性无关的情况，设

$$(\boldsymbol{\beta}_1,\boldsymbol{\beta}_2)=(\boldsymbol{\alpha}_1,\boldsymbol{\alpha}_2,\boldsymbol{\alpha}_3,\boldsymbol{\alpha}_4)\begin{pmatrix}a_1 & b_1\\ a_2 & b_2\\ a_3 & b_3\\ a_4 & b_4\end{pmatrix}。$$

由 $\boldsymbol{\beta}_1,\boldsymbol{\beta}_2$ 线性无关，$\begin{pmatrix}a_1 & b_1\\ a_2 & b_2\\ a_3 & b_3\\ a_4 & b_4\end{pmatrix}$ 的秩为 2，存在一个二级子式 $\begin{vmatrix}a_{i_1} & b_{i_1}\\ a_{i_2} & b_{i_2}\end{vmatrix}\neq 0$。故

$$\boldsymbol{\beta}_1=a_{i_1}\boldsymbol{\alpha}_{i_1}+a_{i_2}\boldsymbol{\alpha}_{i_2}+a_{i_3}\boldsymbol{\alpha}_{i_3}+a_{i_4}\boldsymbol{\alpha}_{i_4}\quad \boldsymbol{\beta}_2=b_{i_1}\boldsymbol{\alpha}_{i_1}+b_{i_2}\boldsymbol{\alpha}_{i_2}+b_{i_3}\boldsymbol{\alpha}_{i_3}+b_{i_4}\boldsymbol{\alpha}_{i_4},$$

从而

$$(\boldsymbol{\alpha}_{i_1},\boldsymbol{\alpha}_{i_2})\begin{pmatrix}a_{i_1} & b_{i_1}\\ a_{i_2} & b_{i_2}\end{pmatrix}=(\boldsymbol{\beta}_1,\boldsymbol{\beta}_2,\boldsymbol{\alpha}_{i_3},\boldsymbol{\alpha}_{i_4})\begin{pmatrix}1 & 0\\ 0 & 1\\ -a_{i_3} & -b_{i_3}\\ -a_{i_4} & -b_{i_4}\end{pmatrix},$$

即

$$(\boldsymbol{\alpha}_{i_1},\boldsymbol{\alpha}_{i_2})=(\boldsymbol{\beta}_1,\boldsymbol{\beta}_2,\boldsymbol{\alpha}_{i_3},\boldsymbol{\alpha}_{i_4})\begin{pmatrix}1 & 0\\ 0 & 1\\ -a_{i_3} & -b_{i_3}\\ -a_{i_4} & -b_{i_4}\end{pmatrix}\begin{pmatrix}a_{i_1} & b_{i_1}\\ a_{i_2} & b_{i_2}\end{pmatrix}^{-1},$$

故 $W=L(\boldsymbol{\beta}_1,\boldsymbol{\beta}_2,\boldsymbol{\alpha}_{i_3},\boldsymbol{\alpha}_{i_4})$。

若 $\boldsymbol{\alpha}_1,\boldsymbol{\alpha}_2,\boldsymbol{\alpha}_3,\boldsymbol{\alpha}_4$ 线性相关，由于其秩 $\geqslant 2$，以其极大线性无关组代替 $\boldsymbol{\alpha}_1,\boldsymbol{\alpha}_2,\boldsymbol{\alpha}_3,\boldsymbol{\alpha}_4$。由上面的证明可知可以用 $\boldsymbol{\beta}_1,\boldsymbol{\beta}_2$ 代替其极大线性无关组中的两个向量，进而替换 $\boldsymbol{\alpha}_1,\boldsymbol{\alpha}_2,\boldsymbol{\alpha}_3$，

$\boldsymbol{\alpha}_4$ 中的两个向量使得结论成立。

例 2　设 $\boldsymbol{A},\boldsymbol{B}$ 分别为数域 P 上 $n\times m,m\times p$ 矩阵。设 $\boldsymbol{x}$ 为 n 维行向量。令

$$V=\{\boldsymbol{\beta}\mid\boldsymbol{\beta}=\boldsymbol{xA},\boldsymbol{xAB}=\boldsymbol{0}\}。$$

证明：V 为线性空间且 $\dim V=\text{rank}(\boldsymbol{A})-\text{rank}(\boldsymbol{AB})$。

证　易证 V 为 P^n 的子空间。令 $W=\{\boldsymbol{x}\mid\boldsymbol{xAB}=\boldsymbol{0}\}$，则

$$\dim W=n-\text{rank}(\boldsymbol{AB})=s。$$

令 $W_0=\{\boldsymbol{x}\mid\boldsymbol{xA}=\boldsymbol{0}\}$，则

$$\dim W_0=n-\text{rank}(\boldsymbol{A})=t。$$

易知 W_0 为 W 的子空间。若 $W_0\neq\{\boldsymbol{0}\}$，我们设 $\boldsymbol{\alpha}_1,\boldsymbol{\alpha}_2,\cdots,\boldsymbol{\alpha}_t$ 为 W_0 的一组基(当 $W_0=\{\boldsymbol{0}\}$ 时类似可以证明)，并扩充为 W 的一组基 $\boldsymbol{\alpha}_1,\boldsymbol{\alpha}_2,\cdots,\boldsymbol{\alpha}_t,\boldsymbol{\alpha}_{t+1},\cdots,\boldsymbol{\alpha}_s$(我们不妨设 $t<s$；$t=s$ 的情形类似可以证明)，则

$$V=L(\boldsymbol{\alpha}_1\boldsymbol{A},\boldsymbol{\alpha}_2\boldsymbol{A},\cdots,\boldsymbol{\alpha}_s\boldsymbol{A})=L(\boldsymbol{\alpha}_{t+1}\boldsymbol{A},\cdots,\alpha_s\boldsymbol{A})$$

下证 $\boldsymbol{\alpha}_{t+1}\boldsymbol{A},\cdots,\boldsymbol{\alpha}_s\boldsymbol{A}$ 线性无关，设

$$k_{t+1}\boldsymbol{\alpha}_{t+1}\boldsymbol{A}+\cdots+k_s\boldsymbol{\alpha}_s\boldsymbol{A}=\boldsymbol{0},$$

即 $(k_{t+1}\boldsymbol{\alpha}_{t+1}+\cdots+k_s\boldsymbol{\alpha}_s)\boldsymbol{A}=\boldsymbol{0}$，故 $k_{t+1}\boldsymbol{\alpha}_{t+1}+\cdots+k_s\boldsymbol{\alpha}_s$ 为 $\boldsymbol{xA}=\boldsymbol{0}$ 的解，从而可由 $\boldsymbol{\alpha}_1,\boldsymbol{\alpha}_2,\cdots,\boldsymbol{\alpha}_t$ 线性表出，设

$$k_{t+1}\boldsymbol{\alpha}_{t+1}+\cdots+k_s\boldsymbol{\alpha}_s=k_1\boldsymbol{\alpha}_1+k_2\boldsymbol{\alpha}_2+\cdots+k_t\boldsymbol{\alpha}_t,$$

由 $\boldsymbol{\alpha}_1,\boldsymbol{\alpha}_2,\cdots,\boldsymbol{\alpha}_s$ 线性无关知

$$k_1=k_2=\cdots=k_s=0。$$

故 $\boldsymbol{\alpha}_{t+1}\boldsymbol{A},\boldsymbol{\alpha}_{t+2}\boldsymbol{A},\cdots,\boldsymbol{\alpha}_s\boldsymbol{A}$ 线性无关，从而

$$\dim V=s-t=\text{rank}(\boldsymbol{A})-\text{rank}(\boldsymbol{AB})。$$

例 3　设 $\boldsymbol{A}\in\mathbb{R}^{n\times n}$，已知 $\boldsymbol{A}$ 在 $\mathbb{R}^{n\times n}$ 中的中心化子

$$C(\boldsymbol{A})=\{\boldsymbol{X}\in\mathbb{R}^{n\times n}\mid\boldsymbol{AX}=\boldsymbol{XA}\}$$

是 $\mathbb{R}^{n\times n}$ 的子空间。证明当 $\boldsymbol{A}$ 为实对称阵时，$C(\boldsymbol{A})$ 的维数 $\dim C(\boldsymbol{A})\geqslant n$，且等号成立当且仅当 $\boldsymbol{A}$ 有 n 个不同的特征值。

证法 1　由于 $\boldsymbol{A}$ 为实对称阵，故存在正交阵 $\boldsymbol{Q}$ 使得

$$\boldsymbol{A}=\boldsymbol{Q}^{\mathrm{T}}\begin{pmatrix}\lambda_1\boldsymbol{E}_{r_1}&&&\\&\lambda_2\boldsymbol{E}_{r_2}&&\\&&\ddots&\\&&&\lambda_s\boldsymbol{E}_{r_s}\end{pmatrix}\boldsymbol{Q},$$

其中，$\lambda_1,\lambda_2,\cdots,\lambda_s$ 为 $\boldsymbol{A}$ 的互不相同的特征值，重数分别为 $r_1,r_2,\cdots,r_s$。则 $r_1+r_2+\cdots+r_s=n$。由 $\boldsymbol{AX}=\boldsymbol{XA}$ 可得 $\boldsymbol{QAXQ}^{\mathrm{T}}=\boldsymbol{QXAQ}^{\mathrm{T}}$，即

$$\begin{pmatrix}\lambda_1\boldsymbol{E}_{r_1}&&&\\&\lambda_2\boldsymbol{E}_{r_2}&&\\&&\ddots&\\&&&\lambda_s\boldsymbol{E}_{r_s}\end{pmatrix}\boldsymbol{QXQ}^{\mathrm{T}}=\boldsymbol{QXQ}^{\mathrm{T}}\begin{pmatrix}\lambda_1\boldsymbol{E}_{r_1}&&&\\&\lambda_2\boldsymbol{E}_{r_2}&&\\&&\ddots&\\&&&\lambda_s\boldsymbol{E}_{r_s}\end{pmatrix},$$

即 $\boldsymbol{QXQ}^{\mathrm{T}}$ 与准对角矩阵可换，从而 $\boldsymbol{QXQ}^{\mathrm{T}}$ 也是准对角矩阵，设

$$X=Q^{\mathrm{T}}\begin{pmatrix}B_{r_1} & & & \\ & B_{r_2} & & \\ & & \ddots & \\ & & & B_{r_s}\end{pmatrix}Q,$$

其中 B_{r_i} 为 r_i 阶方阵，故

$$\dim C(A)=r_1^2+r_2^2+\cdots+r_s^2\geqslant n。$$

且等号成立的充要条件为 $s=n$，故结论成立。

证法 2　由证法 1 知

$$X=Q^{\mathrm{T}}\begin{pmatrix}B_{r_1} & & & \\ & B_{r_2} & & \\ & & \ddots & \\ & & & B_{r_s}\end{pmatrix}Q,$$

其中 B_{r_i} 为 r_i 阶方阵。显然当 $B_{r_i}=E_{r_i}$ 时，$X\in C(A)$，即 $Q^{\mathrm{T}}E_{ii}Q\in C(A)(i=1,2,\cdots,n)$，故

$$\dim C(A)\geqslant n。$$

下证等号成立当且仅当 A 有 n 个不同的特征值。

充分性。由于 A 有 n 个不同的特征值，由前面的证明知 $r_1=r_2=\cdots=r_n=1$，从而 $\dim C(A)=n$。

必要性。反证法。不妨设 $r_1>1$，则 $Q^{\mathrm{T}}E_{12}Q\in C(A)$ 且 $Q^{\mathrm{T}}E_{12}Q,Q^{\mathrm{T}}E_{ii}Q(i=1,2,\cdots,n)$ 线性无关，这与 $\dim C(A)=n$ 矛盾。

例 4　设 K,F,E 都是数域，满足 $K\subseteq F\subseteq E$，则在通常的运算下，F 和 E 为数域 K 上的向量空间，E 又是 F 上的向量空间。假设作为 K 上的线性空间 F 是有限维的。作为 F 上的线性空间 E 是有限维的。求证作为 K 上的线性空间 E 是有限维的。

证　设 F 作为 K 上的线性空间是 n 维的。$e_1,e_2,\cdots,e_n$ 为其一个基，E 作为 F 上的线性空间是 m 维的，$\varepsilon_1,\varepsilon_2,\cdots,\varepsilon_m$ 为其基，则

$$\{e_i\varepsilon_j\mid i=1,2,\cdots,n,j=1,2,\cdots,m\}$$

为 E 作为 K 上的线性空间的基。事实上，任取 $\alpha\in E$，则

$$\alpha=b_1\varepsilon_1+\cdots+b_m\varepsilon_m,\quad b_i\in F,i=1,2,\cdots,m$$

而 F 为 K 上的线性空间，故

$$b_i=a_{i1}e_1+a_{i2}e_2+\cdots+a_{in}e_n,\quad a_{ij}\in K,\quad i=1,2,\cdots,m,j=1,2,\cdots,n,$$

故

$$\alpha=\sum_{i=1}^{m}\sum_{j=1}^{n}(a_{ij}e_j\varepsilon_i),$$

设

$$\sum_{i=1}^{m}\sum_{j=1}^{n}(k_{ij}e_j\varepsilon_i)=\mathbf{0},\quad k_{ij}\in F,i=1,2,\cdots,m,j=1,2,\cdots,n,$$

则

$$\sum_{i=1}^{m}\Big(\sum_{j=1}^{n}(k_{ij}e_j)\varepsilon_i\Big)=\mathbf{0},$$

故由 $\boldsymbol{\varepsilon}_1,\boldsymbol{\varepsilon}_2,\cdots,\boldsymbol{\varepsilon}_m$ 线性无关可得

$$\sum_{j=1}^{n}(k_{ij}\boldsymbol{e}_j)=\boldsymbol{0}。$$

从而 $k_{ij}=0$。故结论成立。

例 5　设 $f(x_1,x_2,\cdots,x_n)=\boldsymbol{x}^{\mathrm{T}}\boldsymbol{A}\boldsymbol{x}$,$\mathrm{rank}(\boldsymbol{A})=r$,$p,q$ 分别为 $\boldsymbol{A}$ 的正负惯性指数,令

$$K=\{\boldsymbol{x}\mid\boldsymbol{x}^{\mathrm{T}}\boldsymbol{A}\boldsymbol{x}=0\}。$$

证明含于 K 中的线性子空间的维数最大为 $\min\{p,q\}+n-r$。

证　由于存在可逆矩阵 $\boldsymbol{Q}$ 使得

$$\boldsymbol{Q}^{\mathrm{T}}\boldsymbol{A}\boldsymbol{Q}=\begin{pmatrix}\boldsymbol{E}_p&&\\&-\boldsymbol{E}_q&\\&&\boldsymbol{0}\end{pmatrix},$$

其中 $p,q>0$,$p+q=r=\mathrm{rank}(\boldsymbol{A})$。不妨设 $p\leqslant q$,令 $\boldsymbol{x}=\boldsymbol{Q}\boldsymbol{y}$,则

$$f(x_1,x_2,\cdots,x_n)=\boldsymbol{x}^{\mathrm{T}}\boldsymbol{A}\boldsymbol{x}=\boldsymbol{y}^{\mathrm{T}}\boldsymbol{Q}^{\mathrm{T}}\boldsymbol{A}\boldsymbol{Q}\boldsymbol{y}=y_1^2+\cdots+y_p^2-y_{p+1}^2-\cdots-y_{p+q}^2,$$

令

$$\begin{aligned}\boldsymbol{y}_1^{\mathrm{T}}&=(1,0,0,\cdots,0,1,0,\cdots,0),\\\boldsymbol{y}_2^{\mathrm{T}}&=(0,1,0,\cdots,0,0,1,\cdots,0),\\&\vdots\\\boldsymbol{y}_p^{\mathrm{T}}&=(0,\cdots,0,1,0,\cdots,0,1,\cdots,0),\\\boldsymbol{y}_{p+1}^{\mathrm{T}}&=(0,\cdots,0,1,0,\cdots,0),\\&\vdots\\\boldsymbol{y}_{n-q}^{\mathrm{T}}&=(0,\cdots,0,0,0,\cdots,1),\end{aligned}$$

即 $\boldsymbol{y}_1,\cdots,\boldsymbol{y}_p$ 为第 i 与第 $p+i$ 个分量为 1,其余分量全为 0 的向量,$\boldsymbol{y}_{p+1},\cdots,\boldsymbol{y}_{n-q}$ 为第 $q+i$ 个分量为 1,其余分量全为 0 的向量。

令 $\boldsymbol{x}_i=\boldsymbol{Q}\boldsymbol{y}_i$,则易知 $L(\boldsymbol{x}_1,\cdots,\boldsymbol{x}_{n-q})\subseteq K$,且 $\dim L(\boldsymbol{x}_1,\cdots,\boldsymbol{x}_{n-q})=\min\{p,q\}+n-r$。若存在 K 的子空间 L_1 使得 $L(\boldsymbol{x}_1,\cdots,\boldsymbol{x}_{n-q})\subseteq L_1$,则存在 $\boldsymbol{x}_0\in L_1$,但是 $\boldsymbol{x}_0\notin L(\boldsymbol{x}_1,\cdots,\boldsymbol{x}_{n-q})$。

令

$$\boldsymbol{y}_0=\boldsymbol{Q}^{\mathrm{T}}\boldsymbol{x}_0=(a_1,\cdots,a_p,a_{p+1},\cdots,a_{p+q},a_{p+q+1},\cdots,a_n)^{\mathrm{T}},$$

则

$$a_1^2+\cdots+a_p^2-a_{p+1}^2-\cdots-a_{p+q}^2=0,$$

由

$$\boldsymbol{y}_0-a_1\boldsymbol{y}_1-\cdots-a_p\boldsymbol{y}_p=(0,\cdots,0,a_{p+1}-a_1,\cdots,a_{2p}-a_p,a_{2p+1},\cdots,a_{p+q},\cdots,a_n)^{\mathrm{T}},$$

而 $\boldsymbol{Q}(\boldsymbol{y}_0-a_1\boldsymbol{y}_1-\cdots-a_p\boldsymbol{y}_p)\in L_1$,故

$$-(a_{p+1}-a_1)^2-\cdots-(a_{2p}-a_p)^2-a_{2p+1}^2-\cdots-a_{p+q}^2=0,$$

从而

$$a_{p+1}=a_1,\cdots,a_{2p}=a_p,\quad a_{2p+1}=\cdots=a_{p+q}=0,$$

即 $\boldsymbol{y}_0$ 可由 $\boldsymbol{y}_1,\cdots,\boldsymbol{y}_p,\boldsymbol{y}_{p+1},\cdots,\boldsymbol{y}_{n-q}$ 线性表示,从而 $\boldsymbol{x}_0$ 可由 $\boldsymbol{x}_1,\cdots,\boldsymbol{x}_{n-q}$ 线性表示。这与 $\boldsymbol{x}_0\notin L(\boldsymbol{x}_1,\cdots,\boldsymbol{x}_{n-q})$ 矛盾。

例 6　设 W 是实 n 维向量空间 $\mathbb{R}^n$ 的一个子空间,且在 W 中每个非零向量 $\boldsymbol{\alpha}=(a_1,a_2,$

$\cdots,a_n$)中零分量的个数不超过 r,证明：$\dim W\leqslant r+1$。

证　反证法。若 $\dim W>r+1$,则在 W 中存在 $r+2$ 个线性无关的向量,设为

$$\boldsymbol{\alpha}_1=\begin{pmatrix}a_{11}\\ \vdots\\ a_{1(r+1)}\\ a_{1(r+2)}\\ \vdots\\ a_{1n}\end{pmatrix},\quad \boldsymbol{\alpha}_2=\begin{pmatrix}a_{21}\\ \vdots\\ a_{2(r+1)}\\ a_{2(r+2)}\\ \vdots\\ a_{2n}\end{pmatrix},\cdots,\boldsymbol{\alpha}_{r+1}=\begin{pmatrix}a_{(r+1)1}\\ \vdots\\ a_{(r+1)(r+1)}\\ a_{(r+1)(r+2)}\\ \vdots\\ a_{(r+1)n}\end{pmatrix},\quad \boldsymbol{\alpha}_{r+2}=\begin{pmatrix}a_{(r+2)1}\\ \vdots\\ a_{(r+2)(r+1)}\\ a_{(r+2)(r+2)}\\ \vdots\\ a_{(r+2)n}\end{pmatrix},$$

考虑 $\boldsymbol{\alpha}_1,\boldsymbol{\alpha}_2,\cdots,\boldsymbol{\alpha}_{r+1},\boldsymbol{\alpha}_{r+2}$ 的前 $r+1$ 个分量构成的向量组

$$\boldsymbol{\beta}_1=\begin{pmatrix}a_{11}\\ \vdots\\ a_{1(r+1)}\end{pmatrix},\quad \boldsymbol{\beta}_2=\begin{pmatrix}a_{21}\\ \vdots\\ a_{2(r+1)}\end{pmatrix},\cdots,\boldsymbol{\beta}_{r+1}=\begin{pmatrix}a_{(r+1)1}\\ \vdots\\ a_{(r+1)(r+1)}\end{pmatrix},\quad \boldsymbol{\beta}_{r+2}=\begin{pmatrix}a_{(r+2)1}\\ \vdots\\ a_{(r+2)(r+1)}\end{pmatrix},$$

由于 $\boldsymbol{\beta}_1,\boldsymbol{\beta}_2,\cdots,\boldsymbol{\beta}_{r+1},\boldsymbol{\beta}_{r+2}$ 是 $r+2$ 个 $r+1$ 维的向量组,所以一定线性相关,从而存在不全为 0 的实数 $k_1,k_2,\cdots,k_{r+1},k_{r+2}$ 使得

$$k_1\boldsymbol{\beta}_1+k_2\boldsymbol{\beta}_2+\cdots+k_{r+1}\boldsymbol{\beta}_{r+1}+k_{r+2}\boldsymbol{\beta}_{r+2}=\mathbf{0},$$

由于 W 是线性空间,故

$$k_1\boldsymbol{\alpha}_1+k_2\boldsymbol{\alpha}_2+\cdots+k_{r+1}\boldsymbol{\alpha}_{r+1}+k_{r+2}\boldsymbol{\alpha}_{r+2}\in W,$$

并且由 $\boldsymbol{\alpha}_1,\boldsymbol{\alpha}_2,\cdots,\boldsymbol{\alpha}_{r+1},\boldsymbol{\alpha}_{r+2}$ 线性无关知

$$k_1\boldsymbol{\alpha}_1+k_2\boldsymbol{\alpha}_2+\cdots+k_{r+1}\boldsymbol{\alpha}_{r+1}+k_{r+2}\boldsymbol{\alpha}_{r+2}\neq\mathbf{0},$$

但是

$$k_1\boldsymbol{\alpha}_1+k_2\boldsymbol{\alpha}_2+\cdots+k_{r+1}\boldsymbol{\alpha}_{r+1}+k_{r+2}\boldsymbol{\alpha}_{r+2}$$

的前 $r+1$ 个分量都是 0,这与条件矛盾。

例 7　设 W 为数域 P 上的 n 维线性空间 V 的一个非平凡子空间,证明 W 在 V 中有无穷多个余子空间。

证　设 W 的基为 $\boldsymbol{\alpha}_1,\cdots,\boldsymbol{\alpha}_r$,将其扩充为 V 的基 $\boldsymbol{\alpha}_1,\cdots,\boldsymbol{\alpha}_r,\boldsymbol{\alpha}_{r+1},\cdots,\boldsymbol{\alpha}_n$。$\forall k\in P$,令

$$W_k=L(k\boldsymbol{\alpha}_1+\boldsymbol{\alpha}_{r+1},\boldsymbol{\alpha}_{r+2},\cdots,\boldsymbol{\alpha}_n),$$

则由

$$\boldsymbol{\alpha}_1,\cdots,\boldsymbol{\alpha}_r,\quad k\boldsymbol{\alpha}_1+\boldsymbol{\alpha}_{r+1},\boldsymbol{\alpha}_{r+2},\cdots,\boldsymbol{\alpha}_n$$

与

$$\boldsymbol{\alpha}_1,\cdots,\boldsymbol{\alpha}_r,\boldsymbol{\alpha}_{r+1},\cdots,\boldsymbol{\alpha}_n$$

等价,可知

$$V=W\oplus W_k。$$

下证当 $k\neq l$ 时,$W_k\neq W_l$,从而 W 有无穷多个余子空间。

由于 $W_k=L(k\boldsymbol{\alpha}_1+\boldsymbol{\alpha}_{r+1},\boldsymbol{\alpha}_{r+2},\cdots,\boldsymbol{\alpha}_n)$,$W_l=L(l\boldsymbol{\alpha}_1+\boldsymbol{\alpha}_{r+1},\boldsymbol{\alpha}_{r+2},\cdots,\boldsymbol{\alpha}_n)$,若 $W_k=W_l$,则

$$k\boldsymbol{\alpha}_1+\boldsymbol{\alpha}_{r+1},\boldsymbol{\alpha}_{r+2},\cdots,\boldsymbol{\alpha}_n\quad 与\quad l\boldsymbol{\alpha}_1+\boldsymbol{\alpha}_{r+1},\boldsymbol{\alpha}_{r+2},\cdots,\boldsymbol{\alpha}_n$$

等价。故

$$k\boldsymbol{\alpha}_1+\boldsymbol{\alpha}_{r+1}=m_{r+1}(l\boldsymbol{\alpha}_1+\boldsymbol{\alpha}_{r+1})+m_{r+2}\boldsymbol{\alpha}_{r+2}+\cdots+m_n\boldsymbol{\alpha}_n,$$

即

$$(m_{r+1}l-k)\boldsymbol{\alpha}_1+(m_{r+1}-1)\boldsymbol{\alpha}_{r+1}+m_{r+2}\boldsymbol{\alpha}_{r+2}+\cdots+m_n\boldsymbol{\alpha}_n=\mathbf{0},$$

由 $\boldsymbol{\alpha}_1,\boldsymbol{\alpha}_{r+1},\cdots,\boldsymbol{\alpha}_n$ 线性无关,可得 $l=k$。矛盾。

例 8 V 为 n 维线性空间,V_1 为 V 的子空间,且 $\dim V_1\geqslant\frac{n}{2}$,则存在 V 的子空间 W_1,W_2 使得 $V=V_1\oplus W_1=V_1\oplus W_2$,$W_1\cap W_2=\{\mathbf{0}\}$,问 $\dim V_1<\frac{n}{2}$时,上述结论是否成立?

证 将 V_1 的基 $\boldsymbol{\alpha}_1,\cdots,\boldsymbol{\alpha}_r$ 扩充为 V 的基 $\boldsymbol{\alpha}_1,\cdots,\boldsymbol{\alpha}_r,\boldsymbol{\alpha}_{r+1},\cdots,\boldsymbol{\alpha}_n$。

令 $W_1=L(\boldsymbol{\alpha}_{r+1},\cdots,\boldsymbol{\alpha}_n)$,则 $V=V_1\oplus W_1$。

令 $W_2=L(\boldsymbol{\alpha}_{r+1}+\boldsymbol{\alpha}_1,\cdots,\boldsymbol{\alpha}_n+\boldsymbol{\alpha}_{n-r})$,其中 $n-r\leqslant r$。易证

$$\boldsymbol{\alpha}_1,\cdots,\boldsymbol{\alpha}_r,\quad \boldsymbol{\alpha}_{r+1}+\boldsymbol{\alpha}_1,\cdots,\boldsymbol{\alpha}_n+\boldsymbol{\alpha}_{n-r}$$

线性无关,故 $V=V_1\oplus W_2$。

$\forall\boldsymbol{\alpha}\in W_1\cap W_2$,设

$$\boldsymbol{\alpha}=k_{r+1}\boldsymbol{\alpha}_{r+1}+\cdots+k_n\boldsymbol{\alpha}_n=l_{r+1}(\boldsymbol{\alpha}_{r+1}+\boldsymbol{\alpha}_1)+\cdots+l_n(\boldsymbol{\alpha}_n+\boldsymbol{\alpha}_{n-r}),$$

易得 $k_{r+1}=\cdots=k_n=0$,即 $\boldsymbol{\alpha}=\mathbf{0}$,从而 $W_1\cap W_2=\{\mathbf{0}\}$。

若 $r<\frac{n}{2}$,上述结论不成立。

反证法。若 $V=V_1\oplus W_1=V_1\oplus W_2$,$W_1\cap W_2=\{\mathbf{0}\}$,分别取 W_1 与 W_2 的基 $\boldsymbol{\alpha}_{r+1},\cdots,\boldsymbol{\alpha}_n$ 与 $\boldsymbol{\beta}_{r+1},\cdots,\boldsymbol{\beta}_n$。则 $\boldsymbol{\alpha}_{r+1},\cdots,\boldsymbol{\alpha}_n,\boldsymbol{\beta}_{r+1},\cdots,\boldsymbol{\beta}_n$ 线性无关。

事实上,若

$$k_{r+1}\boldsymbol{\alpha}_{r+1}+\cdots+k_n\boldsymbol{\alpha}_n+l_{r+1}\boldsymbol{\beta}_{r+1}+\cdots+l_n\boldsymbol{\beta}_n=\mathbf{0},$$

则

$$\boldsymbol{\gamma}=k_{r+1}\boldsymbol{\alpha}_{r+1}+\cdots+k_n\boldsymbol{\alpha}_n=-l_{r+1}\boldsymbol{\beta}_{r+1}-\cdots-l_n\boldsymbol{\beta}_n\in W_1\cap W_2=\{\mathbf{0}\},$$

故 $k_{r+1}\boldsymbol{\alpha}_{r+1}+\cdots+k_n\boldsymbol{\alpha}_n=\mathbf{0}$,从而由 $\boldsymbol{\alpha}_{r+1},\cdots,\boldsymbol{\alpha}_n$ 线性无关知结论成立。而

$$\boldsymbol{\alpha}_{r+1},\cdots,\boldsymbol{\alpha}_n,\boldsymbol{\beta}_{r+1},\cdots,\boldsymbol{\beta}_n$$

中有$(n-r)+(n-r)=n+(n-2r)$个向量。但 $r<\frac{n}{2}$,即 $n-2r>0$,故

$$(n-r)+(n-r)=n+(n-2r)>0。$$

矛盾。

例 9 设 V 为 n 维线性空间,$V_1,V_2,\cdots,V_s$ 为 V 非零真子空间,且维数相等,则存在 V 的子空间 W 使得

$$V=V_1\oplus W=V_2\oplus W=\cdots=V_s\oplus W$$

且满足条件的 W 有无穷多个。

证 令

$$\dim V_1=\dim V_2=\cdots=\dim V_s=m$$

由 $V_1,V_2,\cdots,V_s$ 为 V 非零真子空间,故存在 $\boldsymbol{\alpha}_1\notin V_i,i=1,2,\cdots,s$。

若 $n=m+1$,令 $W=L(\boldsymbol{\alpha}_1)$即可。

若 $n>m+1$,继续下去可得 W 使得

$$V=V_1\oplus W=V_2\oplus W=\cdots=V_s\oplus W$$

成立。

下证明 W 有无穷多个。因 $\dim W<n$,故存在

$$\boldsymbol{\beta}_1 \notin V_i, \quad i=1,2,\cdots,s, \quad \boldsymbol{\beta}_1 \notin W,$$

若 $n=m+1$，令 $W_1=L(\boldsymbol{\beta}_1)$有

$$V=V_1 \oplus W_1=V_2 \oplus W_1=\cdots=V_s \oplus W_1,$$

显然 $W_1 \neq W$。

若 $n>m+1$，则存在 $\boldsymbol{\beta}_2$ 使得

$$\boldsymbol{\beta}_2 \notin V_i, \quad i=1,2,\cdots,s, \quad \boldsymbol{\beta}_2 \notin W, L(\boldsymbol{\beta}_1)。$$

这样下去，令

$$W_1=L(\boldsymbol{\beta}_1, \boldsymbol{\beta}_2, \cdots, \boldsymbol{\beta}_{n-m})$$

则

$$V=V_1 \oplus W_1=V_2 \oplus W_1=\cdots=V_s \oplus W_1,$$

且 $W_1 \neq W$。

再考虑 $V_1,\cdots,V_s,W,W_1$ 为真子空间，同样由上述做法，可得无限多个 $W,W_1,\cdots$ 满足条件。

例 10　设 V 为数域 P 上的一个 n 维线性空间，$\boldsymbol{\alpha}_1,\boldsymbol{\alpha}_2,\cdots,\boldsymbol{\alpha}_n$ 为 V 的一个基，用 V_1 表示由 $\boldsymbol{\alpha}_1+\boldsymbol{\alpha}_2+\cdots+\boldsymbol{\alpha}_n$ 生成的线性子空间，令

$$V_2=\left\{\sum_{i=1}^n k_i \boldsymbol{\alpha}_i \,\middle|\, \sum_{i=1}^n k_i=0, k_i \in P\right\},$$

(1) 证明 $V=V_1 \oplus V_2$。

(2) 设 V 上的线性变换 σ 在基 $\boldsymbol{\alpha}_1,\boldsymbol{\alpha}_2,\cdots,\boldsymbol{\alpha}_n$ 下的矩阵 $\boldsymbol{A}$ 为置换阵(即：$\boldsymbol{A}$ 的每一行与每一列都只有一个元素为 1，其余为 0)，证明 V_1,V_2 都是 σ 的不变子空间。

证　(1) 先证 $V=V_1+V_2$。显然 $V_1+V_2 \subseteq V$。下证 $V \subseteq V_1+V_2$。

$\forall \boldsymbol{\alpha}=\sum_{i=1}^n s_i \boldsymbol{\alpha}_i \in V$，则

$$\boldsymbol{\alpha}=\left(\frac{s_1+s_2+\cdots+s_n}{n}\right)(\boldsymbol{\alpha}_1+\boldsymbol{\alpha}_2+\cdots+\boldsymbol{\alpha}_n)+\sum_{i=1}^n\left(s_i-\frac{s_1+s_2+\cdots+s_n}{n}\right)\boldsymbol{\alpha}_i,$$

且

$$\left(\frac{s_1+s_2+\cdots+s_n}{n}\right)(\boldsymbol{\alpha}_1+\boldsymbol{\alpha}_2+\cdots+\boldsymbol{\alpha}_n) \in V_1, \quad \sum_{i=1}^n\left(s_i-\frac{s_1+s_2+\cdots+s_n}{n}\right)\boldsymbol{\alpha}_i \in V_2,$$

故 $V \subseteq V_1+V_2$，从而 $V=V_1+V_2$。

$\forall \boldsymbol{\gamma} \in V_1 \cap V_2$，由 $\boldsymbol{\gamma} \in V_1$ 可设

$$\boldsymbol{\gamma}=l(\boldsymbol{\alpha}_1+\boldsymbol{\alpha}_2+\cdots+\boldsymbol{\alpha}_n),$$

由 $\boldsymbol{\gamma} \in V_2$，有 $nl=0$，从而 $l=0$，故 $\boldsymbol{\gamma}=\mathbf{0}$，于是 $V_1 \cap V_2=\{\mathbf{0}\}$。故结论成立。

(2) 由于

$$\sigma(\boldsymbol{\alpha}_1,\boldsymbol{\alpha}_2,\cdots,\boldsymbol{\alpha}_n)=(\boldsymbol{\alpha}_1,\boldsymbol{\alpha}_2,\cdots,\boldsymbol{\alpha}_n)\boldsymbol{A},$$

而 $\boldsymbol{A}$ 为置换矩阵，故可设

$$\sigma(\boldsymbol{\alpha}_k)=\boldsymbol{\alpha}_{i_k}, \quad k=1,2,\cdots,n,$$

其中 $i_1,i_2,\cdots,i_n$ 为 $1,2,\cdots,n$ 的一个排列。$\forall \boldsymbol{\beta}=l(\boldsymbol{\alpha}_1+\boldsymbol{\alpha}_2+\cdots+\boldsymbol{\alpha}_n) \in V_1$。则

$$\sigma(\boldsymbol{\beta})=l\sigma(\boldsymbol{\alpha}_1+\boldsymbol{\alpha}_2+\cdots+\boldsymbol{\alpha}_n)=l(\boldsymbol{\alpha}_{i_1}+\boldsymbol{\alpha}_{i_2}+\cdots+\boldsymbol{\alpha}_{i_n})=l(\boldsymbol{\alpha}_1+\boldsymbol{\alpha}_2+\cdots+\boldsymbol{\alpha}_n)=\boldsymbol{\beta} \in V_1,$$

故 V_1 为 σ 的不变子空间。同理可证 V_2 也是 σ 的不变子空间。

例 11 设 P 是数域,V_1 是 P 上的 n 阶上三角矩阵的全体,V_2 是 P 上 n 阶反对称矩阵的全体,即

$$V_1=\{\boldsymbol{A}=(a_{ij})_{n\times n}\in \boldsymbol{P}^{n\times n}\mid a_{ij}=0,1\leqslant j<i\leqslant n\},\quad V_2=\{\boldsymbol{A}\in P^{n\times n}\mid \boldsymbol{A}^{\mathrm{T}}=-\boldsymbol{A}\}。$$

(1) 证明:$P^{n\times n}$中的任意矩阵$\boldsymbol{A}$ 均可表示为一个上三角矩阵和一个反对称矩阵的和;

(2) 证明:$P^{n\times n}=V_1\oplus V_2$。

证 (1) 设 $\boldsymbol{A}=\boldsymbol{B}+\boldsymbol{C}$,其中

$$\boldsymbol{A}=\begin{pmatrix}a_{11}&a_{12}&\cdots&a_{1n}\\a_{21}&a_{22}&\cdots&a_{2n}\\\vdots&\vdots&&\vdots\\a_{n1}&a_{n2}&\cdots&a_{nn}\end{pmatrix},\quad \boldsymbol{B}=\begin{pmatrix}b_{11}&b_{12}&\cdots&b_{1n}\\&b_{22}&\cdots&b_{2n}\\&&\ddots&\vdots\\&&&b_{nn}\end{pmatrix},\quad \boldsymbol{C}=\begin{pmatrix}0&c_{12}&\cdots&c_{1n}\\-c_{12}&0&\cdots&c_{2n}\\\vdots&\vdots&\ddots&\vdots\\-c_{1n}&-c_{2n}&\cdots&0\end{pmatrix}$$

即 $\boldsymbol{B}\in V_1$,$\boldsymbol{C}\in V_2$,则可得

$$b_{ii}=a_{ii},\quad i=1,2,\cdots,n,$$
$$-c_{ij}=a_{ji},\quad 1\leqslant i<j\leqslant n,i\neq j,$$
$$b_{ij}+c_{ij}=a_{ij},\quad 1\leqslant i<j\leqslant n,i\neq j,$$

从而

$$\boldsymbol{B}=\begin{pmatrix}a_{11}&a_{12}+a_{21}&\cdots&a_{1n}+a_{n1}\\&a_{22}&\cdots&a_{2n}+a_{n2}\\&&\ddots&\vdots\\&&&a_{nn}\end{pmatrix},\quad \boldsymbol{C}=\begin{pmatrix}0&-a_{21}&\cdots&-a_{n1}\\a_{21}&0&\cdots&-a_{n2}\\\vdots&\vdots&\ddots&\vdots\\a_{n1}&a_{n2}&\cdots&0\end{pmatrix}。$$

故结论成立。

(2) 显然 $V_1+V_2\subseteq P^{n\times n}$。其次,由(1)知 $P^{n\times n}\subseteq V_1+V_2$,从而 $P^{n\times n}=V_1+V_2$。又 $\forall \boldsymbol{A}\in V_1\cap V_2$,易知 $\boldsymbol{A}=\boldsymbol{0}$,故 $V_1\cap V_2=\{\boldsymbol{0}\}$。故 $P^{n\times n}=V_1\oplus V_2$。

例 12 设 $\boldsymbol{A},\boldsymbol{B},\boldsymbol{C},\boldsymbol{D}$ 是数域 P 上 n 阶方阵,两两可交换,且 $\boldsymbol{AC}+\boldsymbol{BD}=\boldsymbol{E}_n$ 为 n 阶单位矩阵。设

$$V_1=\{\boldsymbol{x}\in P^n\mid \boldsymbol{ABx}=\boldsymbol{0}\};\quad V_2=\{\boldsymbol{x}\in P^n\mid \boldsymbol{Ax}=\boldsymbol{0}\};\quad V_3=\{\boldsymbol{x}\in P^n\mid \boldsymbol{Bx}=\boldsymbol{0}\}。$$

证明:$V_1=V_2\oplus V_3$。

证 首先容易看出 $V_2\subset V_1$,$V_3\subset V_1$,因此 $V_2+V_3\subset V_1$。对任给的 $\boldsymbol{x}\in V_2\cap V_3$,因为 $\boldsymbol{CA}+\boldsymbol{DB}=\boldsymbol{E}_n$,因此 $\boldsymbol{x}=\boldsymbol{CAx}+\boldsymbol{DBx}=\boldsymbol{0}$。故 $V_2+V_3=V_2\oplus V_3$。下面证明

$$\dim V_1=\dim V_2+\dim V_3。$$

只需证明

$$n-\operatorname{rank}(\boldsymbol{AB})=n-\operatorname{rank}(\boldsymbol{A})+n-\operatorname{rank}(\boldsymbol{B}),$$

即 $n+\operatorname{rank}(\boldsymbol{AB})=\operatorname{rank}(\boldsymbol{A})+\operatorname{rank}(\boldsymbol{B})$。

由于

$$\begin{pmatrix}\boldsymbol{A}&\boldsymbol{0}\\\boldsymbol{0}&\boldsymbol{B}\end{pmatrix}\to\begin{pmatrix}\boldsymbol{A}&\boldsymbol{0}\\\boldsymbol{CA}&\boldsymbol{B}\end{pmatrix}\to\begin{pmatrix}\boldsymbol{A}&\boldsymbol{0}\\\boldsymbol{CA}+\boldsymbol{DB}&\boldsymbol{B}\end{pmatrix}$$
$$\to\begin{pmatrix}\boldsymbol{A}&\boldsymbol{0}\\\boldsymbol{E}_n&\boldsymbol{B}\end{pmatrix}\to\begin{pmatrix}\boldsymbol{A}&-\boldsymbol{AB}\\\boldsymbol{E}_n&\boldsymbol{0}\end{pmatrix}\to\begin{pmatrix}\boldsymbol{0}&-\boldsymbol{AB}\\\boldsymbol{E}_n&\boldsymbol{0}\end{pmatrix}$$

故上式成立,从而 $V_1=V_2\oplus V_3$。

第 7 章　线 性 变 换

7.1　基本知识点

1. 线性变换的定义及基本性质　设 V 为数域 P 上的线性空间，$\sigma: V \to V$ 为一个映射。若对任意的 $k \in P, \alpha, \beta \in V$，均有

$$\sigma(\alpha+\beta)=\sigma(\alpha)+\sigma(\beta), \quad \sigma(k\alpha)=k\sigma(\alpha)。$$

则称 σ 为线性空间 V 上的一个线性变换。

若 σ 为线性空间 V 上的一个线性变换，则

(1) $\sigma(0)=0, \sigma(-\alpha)=-\sigma(\alpha)$。

(2) 线性变换保持线性组合与线性关系式不变。换言之，设 $\beta, \alpha_1, \alpha_2, \cdots, \alpha_r \in V, k_1, k_2, \cdots, k_r \in P, \beta=k_1\alpha_1+k_2\alpha_2+\cdots+k_r\alpha_r$，则

$$\sigma(\beta)=k_1\sigma(\alpha_1)+k_2\sigma(\alpha_2)+\cdots+k_r\sigma(\alpha_r),$$

(3) 线性变换把线性相关的向量组变成线性相关的向量组。

2. 线性变换的加法，数乘和乘积　设 V 为数域 P 上的 n 维线性空间，V 上的全体线性变换记为 $L(V)$。在 $L(V)$ 上定义如下的加法和数量乘法：对任意的 $\sigma, \tau \in L(V), \boldsymbol{\alpha} \in V, k \in P$，令

$$(\sigma+\tau)(\boldsymbol{\alpha})=\sigma(\boldsymbol{\alpha})+\tau(\boldsymbol{\alpha}), \quad (k\sigma)(\boldsymbol{\alpha})=k\sigma(\boldsymbol{\alpha}),$$

则 $\sigma+\tau, k\sigma$ 均为线性变换，且 $L(V)$ 关于上面定义的加法和数量乘法构成了数域 P 上的一个线性空间。

3. 线性变换在一组基下的矩阵　设 V 为数域 P 上的 n 维线性空间，$\sigma, \tau \in L(V)$。

(1) 线性变换完全由它在一组基下的像来确定，即两个线性变换 $\sigma=\tau$ 当且仅当对 V 的任意一组基 $\boldsymbol{\varepsilon}_1, \boldsymbol{\varepsilon}_2, \cdots, \boldsymbol{\varepsilon}_n$，都有 $\sigma(\boldsymbol{\varepsilon}_1)=\tau(\boldsymbol{\varepsilon}_1), \sigma(\boldsymbol{\varepsilon}_2)=\tau(\boldsymbol{\varepsilon}_2), \cdots, \sigma(\boldsymbol{\varepsilon}_n)=\tau(\boldsymbol{\varepsilon}_n)$。

(2) 设 $\boldsymbol{\varepsilon}_1, \boldsymbol{\varepsilon}_2, \cdots, \boldsymbol{\varepsilon}_n$ 是线性空间 V 的一组基，$\boldsymbol{\beta}_1, \boldsymbol{\beta}_2, \cdots, \boldsymbol{\beta}_n$ 是 V 中任意 n 个向量，一定存在唯一的线性变换 $\sigma \in L(V)$ 使得 $\sigma(\boldsymbol{\varepsilon}_i)=\boldsymbol{\beta}_i, i=1,2,\cdots,n$。

(3) 设 σ 为数域 P 上的 n 维线性空间 V 上的线性变换，$\boldsymbol{\varepsilon}_1, \boldsymbol{\varepsilon}_2, \cdots, \boldsymbol{\varepsilon}_n$ 为 V 的一组基，设 $\sigma(\boldsymbol{\varepsilon}_1, \boldsymbol{\varepsilon}_2, \cdots, \boldsymbol{\varepsilon}_n)=(\sigma(\boldsymbol{\varepsilon}_1), \sigma(\boldsymbol{\varepsilon}_2), \cdots, \sigma(\boldsymbol{\varepsilon}_n))=(\boldsymbol{\varepsilon}_1, \boldsymbol{\varepsilon}_2, \cdots, \boldsymbol{\varepsilon}_n)\boldsymbol{A}$，这里 $\boldsymbol{A}$ 是数域 P 上的 n 阶方阵，$\boldsymbol{A}$ 的第 1 列，第 2 列，…，第 n 列分别是 $\sigma(\boldsymbol{\varepsilon}_1), \sigma(\boldsymbol{\varepsilon}_2), \cdots, \sigma(\boldsymbol{\varepsilon}_n)$ 在基 $\boldsymbol{\varepsilon}_1, \boldsymbol{\varepsilon}_2, \cdots, \boldsymbol{\varepsilon}_n$ 下的坐标的转置。设 $\boldsymbol{\alpha}, \boldsymbol{\beta} \in V$，且

$$\boldsymbol{\alpha}=(\boldsymbol{\varepsilon}_1, \boldsymbol{\varepsilon}_2, \cdots, \boldsymbol{\varepsilon}_n)\boldsymbol{x}, \quad \boldsymbol{\beta}=(\boldsymbol{\varepsilon}_1, \boldsymbol{\varepsilon}_2, \cdots, \boldsymbol{\varepsilon}_n)\boldsymbol{y},$$

即它们在基 $\boldsymbol{\varepsilon}_1, \boldsymbol{\varepsilon}_2, \cdots, \boldsymbol{\varepsilon}_n$ 下的坐标分别为 $\boldsymbol{x}, \boldsymbol{y}$。则

$$\boldsymbol{\beta}=\sigma(\boldsymbol{\alpha}) \Leftrightarrow \boldsymbol{y}=\boldsymbol{A}\boldsymbol{x},$$

这里 n 阶方阵 $\boldsymbol{A}$ 称为 σ 在基 $\boldsymbol{\alpha}_1, \boldsymbol{\alpha}_2, \cdots, \boldsymbol{\alpha}_n$ 下的矩阵。

4. 定理　设 V 为数域 P 上的 n 维线性空间。则 $L(V)$ 与 $P^{n\times n}$ 是同构的，它们之间的同构映射 φ 可依下面的方法建立：

$$\varphi: L(V) \to P^{n\times n}$$
$$\sigma \mapsto \boldsymbol{A}$$

即取定 V 的一组基后，规定 σ 在 φ 之下的像就是它在这组基下的矩阵 $\boldsymbol{A}$。因此 $L(V)$是数域 P 上的 $n\times n$ 维线性空间。

5. 设 V 为数域 P 上的 n 维线性空间，线性变换 $\sigma,\tau\in L(V)$，$k\in P$，设 σ,τ 在基 $\boldsymbol{\varepsilon}_1,\boldsymbol{\varepsilon}_2,\cdots,\boldsymbol{\varepsilon}_n$ 下的矩阵分别为 $\boldsymbol{A},\boldsymbol{B}$，则

(1) $\sigma+\tau$ 在基 $\boldsymbol{\varepsilon}_1,\boldsymbol{\varepsilon}_2,\cdots,\boldsymbol{\varepsilon}_n$ 下的矩阵为 $\boldsymbol{A}+\boldsymbol{B}$。

(2) $k\sigma$ 在基 $\boldsymbol{\varepsilon}_1,\boldsymbol{\varepsilon}_2,\cdots,\boldsymbol{\varepsilon}_n$ 下的矩阵为 $k\boldsymbol{A}$。

(3) $\sigma\tau$ 在基 $\boldsymbol{\alpha}_1,\boldsymbol{\alpha}_2,\cdots,\boldsymbol{\alpha}_n$ 下的矩阵为 $\boldsymbol{AB}$。

(4) 设 $f(x)\in P[x]$，则 $f(\sigma)$在基 $\boldsymbol{\varepsilon}_1,\boldsymbol{\varepsilon}_2,\cdots,\boldsymbol{\varepsilon}_n$ 下的矩阵为 $f(\boldsymbol{A})$。

6. 矩阵的相似　设 $\boldsymbol{A},\boldsymbol{B}\in P^{n\times n}$。若存在可逆矩阵 $\boldsymbol{P}\in P^{n\times n}$ 使得 $\boldsymbol{P}^{-1}\boldsymbol{AP}=\boldsymbol{B}$，则称 $\boldsymbol{A}$ 与 $\boldsymbol{B}$ 是相似的，记为 $\boldsymbol{A}\sim\boldsymbol{B}$。

对 $\boldsymbol{A},\boldsymbol{B}\in P^{n\times n}$，$a\in P$，$k\in\mathbb{N}$，我们有以下结论：

(1) 若 $\boldsymbol{A}\sim\boldsymbol{B}$，则 $|\boldsymbol{A}|=|\boldsymbol{B}|$，$\operatorname{rank}(\boldsymbol{A})=\operatorname{rank}(\boldsymbol{B})$，$\boldsymbol{A},\boldsymbol{B}$ 有相同的特征多项式和最小多项式；

(2) $\boldsymbol{A}\sim\boldsymbol{B}\Leftrightarrow\boldsymbol{A}^{\mathrm{T}}\sim\boldsymbol{B}^{\mathrm{T}}$；

(3) $\boldsymbol{A}\sim\boldsymbol{B}$，$\boldsymbol{A}$ 可逆$\Rightarrow\boldsymbol{A}^{-1}\sim\boldsymbol{B}^{-1}$；

(4) $\boldsymbol{A}\sim\boldsymbol{B}\Rightarrow a\boldsymbol{A}\sim a\boldsymbol{B},\boldsymbol{A}^k\sim\boldsymbol{B}^k$；

(5) $\boldsymbol{A}\sim\boldsymbol{B}\Rightarrow\boldsymbol{A}^*\sim\boldsymbol{B}^*$；

(6) $\boldsymbol{A}^*\sim\boldsymbol{B}^*$，$|\boldsymbol{A}|=|\boldsymbol{B}|\neq0\Rightarrow\boldsymbol{A}\sim\boldsymbol{B}$；

(7) $\boldsymbol{A}\sim\boldsymbol{B}\Leftrightarrow\lambda\boldsymbol{E}_n-\boldsymbol{A},\lambda\boldsymbol{E}_n-\boldsymbol{B}$ 等价；

(8) $\boldsymbol{A}\sim\boldsymbol{A}^{\mathrm{T}}$。

7. 线性变换 σ 的多项式　设 σ 是数域 P 上线性空间 V 上的一个线性变换，设 σ 在某组基下的矩阵为 $\boldsymbol{A}$，$f(x)=a_mx^m+\cdots+a_1x+a_0\in P[x]$。称 $f(\sigma)=a_m\sigma^m+\cdots+a_1\sigma+a_0\mathrm{id}_V\in L(V)$为 σ 的一个多项式。

8. 矩阵的特征值、特征向量和特征子空间　设 $\boldsymbol{A}\in P^{n\times n}$，$\lambda\in P$，如果存在一个非零向量 $\boldsymbol{x}\in P^n$，使得 $\boldsymbol{Ax}=\lambda\boldsymbol{x}$，那么 λ 称为 $\boldsymbol{A}$ 的一个特征值，而 $\boldsymbol{x}$ 称为 $\boldsymbol{A}$ 的属于特征值 λ 的一个特征向量。

称$\{\boldsymbol{\alpha}:\boldsymbol{A\alpha}=\lambda\boldsymbol{\alpha}\}\subset P^n$ 为 $\boldsymbol{A}$ 的属于特征值 λ 的特征子空间，记为 V_λ^A 或 V_λ。

9. 线性变换的特征值、特征向量和特征子空间。

设 V 为数域 P 上的 n 维线性空间，$\sigma\in L(V)$。如果对于 $\lambda\in P$，存在一个非零向量 $\boldsymbol{\xi}\in V$，使得 $\sigma(\boldsymbol{\xi})=\lambda\boldsymbol{\xi}$，那么 λ 称为 σ 的一个特征值，而 $\boldsymbol{\xi}$ 称为 σ 的属于特征值 λ 的一个特征向量。

10. 特征多项式　设 $\boldsymbol{A}$ 为数域 P 上的 n 阶方阵，称

$$f(\lambda)=|\lambda\boldsymbol{E}_n-\boldsymbol{A}|=\lambda^n-a_1\lambda^{n-1}+a_2\lambda^{n-2}+\cdots+(-1)^na_n$$

为 $\boldsymbol{A}$ 的特征多项式。

11. 哈密尔顿-凯莱(Hamilton-Caylay)定理　设 $\boldsymbol{A}$ 是数域 P 上的 $n\times n$ 矩阵，$f(\lambda)=|\lambda\boldsymbol{E}_n-\boldsymbol{A}|$为 $\boldsymbol{A}$ 的特征多项式，则

$$f(\boldsymbol{A})=\boldsymbol{A}^n-(a_{11}+\cdots+a_{nn})\boldsymbol{A}^{n-1}+\cdots+(-1)^n|\boldsymbol{A}|\boldsymbol{E}_n=\boldsymbol{0}。$$

12. 零化多项式　设 $\boldsymbol{A}$ 是数域 P 上的一个 n 阶矩阵。若 $f(x)\in P[x]$ 使得 $f(\boldsymbol{A})=\boldsymbol{0}$，则称 $f(x)$ 为 $\boldsymbol{A}$ 的一个零化多项式。

13. 最小多项式　设 $\boldsymbol{A}$（或 $\sigma\in L(V)$）为数域 P 上一 n 阶方阵（或一线性变换）。称 $\boldsymbol{A}$ 的首项系数为 1 的次数最低的零化多项式 $g(x)$ 为 $\boldsymbol{A}$（或 σ）的最小多项式，记为 $m_{\boldsymbol{A}}(x)$ 或 $m(x)$。

14. 数域 P 上线性空间 V 上的线性变换 σ 的属于不同特征值的特征向量线性无关，如果 $\lambda_1,\lambda_2,\cdots,\lambda_s$ 是线性变换 σ 的不同特征值，而 $\boldsymbol{\alpha}_{i_1},\boldsymbol{\alpha}_{i_2},\cdots,\boldsymbol{\alpha}_{ir_i}$ 是属于特征值 λ_i 的线性无关的特征向量，$i=1,2,\cdots,s$，那么向量组 $\boldsymbol{\alpha}_{1_1},\cdots,\boldsymbol{\alpha}_{1_{r_1}},\boldsymbol{\alpha}_{2_1},\cdots,\boldsymbol{\alpha}_{2_{r_2}},\cdots,\boldsymbol{\alpha}_{s_1},\cdots,\boldsymbol{\alpha}_{s_{r_s}}$，线性无关，即 $V_{\lambda_1}+\cdots+V_{\lambda_s}$ 为直和。

15. 线性变换的值域与核　设 V 为数域 P 上的 n 维线性空间，$\boldsymbol{\varepsilon}_1,\boldsymbol{\varepsilon}_2,\cdots,\boldsymbol{\varepsilon}_n$ 为 V 的一组基，线性变换 $\sigma\in L(V)$ 在该基下的矩阵为 $\boldsymbol{A}$。称

$$\sigma V=\{\sigma(\boldsymbol{\alpha})\mid\boldsymbol{\alpha}\in V\}=L(\sigma(\boldsymbol{\varepsilon}_1),\sigma(\boldsymbol{\varepsilon}_2),\cdots,\sigma(\boldsymbol{\varepsilon}_n))\subset V$$

为 σ 的值域，记作 $\mathrm{Im}\sigma$。称

$$\sigma^{-1}(\boldsymbol{0})=\{\boldsymbol{\alpha}\in V\mid\sigma(\boldsymbol{\alpha})=\boldsymbol{0}\}\subset V$$

为 σ 的核或者零空间，记作 $\ker\sigma$。

16. 维数公式　设 σ 为数域 P 上 n 维线性空间 V 上的线性变换，则 σ 的秩 $+\sigma$ 的零度 $=n$，其中 σ 的秩为值域的维数，σ 的零度为核的维数。

17. 不变子空间　设 V 为数域 P 上的一个线性空间，W 是 V 的一个子空间，$\sigma\in L(V)$ 是一个线性变换。若对任意的 $\boldsymbol{\alpha}\in W$，有 $\sigma(\boldsymbol{\alpha})\in W$，称 W 是 σ 的一个不变子空间，简称 σ-子空间。

18. 设 σ 为 n 维线性空间 V 上的线性变换，$W=L(\boldsymbol{\alpha}_1,\boldsymbol{\alpha}_2,\cdots,\boldsymbol{\alpha}_s)\subset V$。则 W 为 σ-子空间的充要条件为 $\sigma(\boldsymbol{\alpha}_1),\sigma(\boldsymbol{\alpha}_2),\cdots,\sigma(\boldsymbol{\alpha}_s)\in W$。

19. 定理　设 V 为数域 P 上的一个 n 维线性空间。若 V 上的线性变换 σ 的特征多项式 $f(\lambda)$ 可分解成互素的一次因式的方幂的乘积

$$f(\lambda)=(\lambda-\lambda_1)^{r_1}(\lambda-\lambda_2)^{r_2}\cdots(\lambda-\lambda_s)^{r_s},$$

则 V 可分解成不变子空间的直和 $V=V_1\oplus V_2\oplus\cdots\oplus V_s$，其中

$$V_i=\{\boldsymbol{\alpha}\in V\mid(\sigma-\lambda_i I_V)^{r_i}(\boldsymbol{\alpha})=\boldsymbol{0},\quad\boldsymbol{\alpha}\in V\}。$$

20. 定理　设 V 是数域 P 上的 n 维线性空间，$\sigma\in L(V)$，σ 的最小多项式 $g(x)$ 是 P 上互素的一次因式的乘积：$g(x)=(x-\lambda_1)(x-\lambda_2)\cdots(x-\lambda_s)$，这里 $\lambda_1,\lambda_2,\cdots,\lambda_s$ 两两不同，则 σ 有 n 个线性无关的特征向量构成了 V 的一组基。

7.2 典型例题

例 1　设 σ 为数域 P 上 n 维线性空间 V 上的线性变换，设 $\boldsymbol{\alpha}_1,\boldsymbol{\alpha}_2,\cdots,\boldsymbol{\alpha}_r$ 为 σV 的一组基，$\boldsymbol{\beta}_1,\boldsymbol{\beta}_2,\cdots,\boldsymbol{\beta}_r$ 为 $\boldsymbol{\alpha}_1,\boldsymbol{\alpha}_2,\cdots,\boldsymbol{\alpha}_r$ 在 σ 下的原像。则

$$V=L(\boldsymbol{\beta}_1,\boldsymbol{\beta}_2,\cdots,\boldsymbol{\beta}_r)\oplus\sigma^{-1}(\boldsymbol{0})。$$

证　由 $\sigma(\boldsymbol{\beta}_1),\sigma(\boldsymbol{\beta}_2),\cdots,\sigma(\boldsymbol{\beta}_r)$ 线性无关，$\boldsymbol{\beta}_1,\boldsymbol{\beta}_2,\cdots,\boldsymbol{\beta}_r$ 线性无关。明显地，

$$\dim L(\boldsymbol{\beta}_1,\boldsymbol{\beta}_2,\cdots,\boldsymbol{\beta}_r)+\dim\sigma^{-1}(\boldsymbol{0})=n。$$

我们只需证明

$$L(\boldsymbol{\beta}_1,\boldsymbol{\beta}_2,\cdots,\boldsymbol{\beta}_r)\cap\sigma^{-1}(\mathbf{0})=\{\mathbf{0}\}$$

即可。

若 $\boldsymbol{\alpha}\in L(\boldsymbol{\beta}_1,\boldsymbol{\beta}_2,\cdots,\boldsymbol{\beta}_r)\cap\sigma^{-1}(\mathbf{0})$，则存在数 $t_1,t_2,\cdots,t_r$ 使得

$$\boldsymbol{\alpha}=t_1\boldsymbol{\beta}_1+t_2\boldsymbol{\beta}_2+\cdots+t_r\boldsymbol{\beta}_r$$

且 $\sigma(\boldsymbol{\alpha})=\mathbf{0}$。因此

$$\sigma(t_1\boldsymbol{\beta}_1+t_2\boldsymbol{\beta}_2+\cdots+t_r\boldsymbol{\beta}_r)=t_1\boldsymbol{\alpha}_1+t_2\boldsymbol{\alpha}_2+\cdots+t_r\boldsymbol{\alpha}_r=\mathbf{0}。$$

由 $\boldsymbol{\alpha}_1,\boldsymbol{\alpha}_2,\cdots,\boldsymbol{\alpha}_n$ 线性无关可知 $t_1=t_2=\cdots=t_r=0$。因此 $\boldsymbol{\alpha}=\mathbf{0}$。故命题成立。

例 2 设 $\boldsymbol{A}$ 为数域 P 上的 n 阶方阵。

(1) 若 $\boldsymbol{A}$ 在 P 中有 n 个特征值 $\lambda_1,\lambda_2,\cdots,\lambda_n$，则 $\boldsymbol{A}$ 在 P 上相似于上三角方阵 $\boldsymbol{B}$，$\boldsymbol{B}$ 的对角线元素为 $\lambda_1,\lambda_2,\cdots,\lambda_n$。

(2) 若 $\lambda_1,\lambda_2,\cdots,\lambda_r$ 是 $\boldsymbol{A}$ 在 P 中的特征值，则 $\boldsymbol{A}$ 在 P 上相似于 $\boldsymbol{B}=\begin{pmatrix}\boldsymbol{B}_1 & \boldsymbol{B}_2\\ \mathbf{0} & \boldsymbol{B}_3\end{pmatrix}$，其中 $\boldsymbol{B}_1=\begin{pmatrix}\lambda_1 & & *\\ & \ddots & \\ & & \lambda_r\end{pmatrix}$ 为上三角形矩阵。

证 (1)为(2)的特殊情况。

(2) 对 r 归纳。当 $r=1$ 时，设 $\boldsymbol{\alpha}_1\in P^n$ 为 $\boldsymbol{A}$ 属于 λ_1 的特征向量，扩充为 P^n 的基 $\boldsymbol{\alpha}_1$，$\boldsymbol{\alpha}_2,\cdots,\boldsymbol{\alpha}_n$。令 $\boldsymbol{P}=(\boldsymbol{\alpha}_1,\boldsymbol{\alpha}_2,\cdots,\boldsymbol{\alpha}_n)$，则

$$\boldsymbol{P}^{-1}\boldsymbol{A}\boldsymbol{P}=\begin{pmatrix}\lambda_1 & \boldsymbol{B}_2\\ \mathbf{0} & \boldsymbol{B}_3\end{pmatrix},$$

命题成立。设为 $r-1$ 时成立，则为 r 时，由 λ_1 为 $\boldsymbol{A}$ 的特征值，存在 λ_1 的特征向量 $\boldsymbol{\alpha}_1\in P^n$，扩充为 P^n 的基 $\boldsymbol{\alpha}_1,\boldsymbol{\alpha}_2,\cdots,\boldsymbol{\alpha}_n$，令 $\boldsymbol{P}_1=(\boldsymbol{\alpha}_1,\boldsymbol{\alpha}_2,\cdots,\boldsymbol{\alpha}_n)$，则

$$\boldsymbol{P}_1^{-1}\boldsymbol{A}\boldsymbol{P}_1=\begin{pmatrix}\lambda_1 & \boldsymbol{B}_2\\ \mathbf{0} & \boldsymbol{B}_3\end{pmatrix}。$$

设 $\lambda_2,\cdots,\lambda_r$ 为 $\boldsymbol{B}_3$ 的特征值，由假设，存在可逆矩阵 $\boldsymbol{Q}$ 使得

$$\boldsymbol{Q}^{-1}\boldsymbol{B}_3\boldsymbol{Q}=\begin{pmatrix}\boldsymbol{C}_1 & \boldsymbol{C}_2\\ \mathbf{0} & \boldsymbol{C}_3\end{pmatrix},\quad \boldsymbol{C}_1=\begin{pmatrix}\lambda_2 & & *\\ & \ddots & \\ & & \lambda_r\end{pmatrix}。$$

令 $\boldsymbol{P}=\boldsymbol{P}_1\begin{pmatrix}1 & \mathbf{0}\\ \mathbf{0} & \boldsymbol{Q}\end{pmatrix}$，则 $\boldsymbol{P}^{-1}\boldsymbol{A}\boldsymbol{P}=\begin{pmatrix}\boldsymbol{B}_1 & \boldsymbol{B}_2\\ \mathbf{0} & \boldsymbol{B}_3\end{pmatrix}$，这里 $\boldsymbol{B}_1=\begin{pmatrix}\lambda_1 & & *\\ & \ddots & \\ & & \lambda_r\end{pmatrix}$ 为上三角方阵。

例 3 设 $V=P^{n\times n}$，$\boldsymbol{A}\in V$ 有特征值 $\lambda_i(i=1,2,\cdots,n)$，但是 $-\lambda_i$ 均不是 $\boldsymbol{A}$ 的特征值。证明变换 $\varphi:\boldsymbol{X}\to\boldsymbol{X}\boldsymbol{A}+\boldsymbol{A}^{\mathrm{T}}\boldsymbol{X}$ 是同构变换。

证 对任意的 $\boldsymbol{X},\boldsymbol{Y}\in V$，$k,l\in P$，由于 $\varphi(k\boldsymbol{X}+l\boldsymbol{Y})=k\varphi(\boldsymbol{X})+l\varphi(\boldsymbol{Y})$，故 φ 为线性变换。

由例 2(1)的结果可知存在可逆矩阵 $\boldsymbol{P}$ 使得 $\boldsymbol{P}^{-1}\boldsymbol{A}\boldsymbol{P}$ 是对角线元素为 $\lambda_i(i=1,2,\cdots,n)$ 的上三角形矩阵，即

$$P^{-1}AP=\begin{pmatrix}\lambda_1 & b_{12} & b_{13} & \cdots & b_{1,n-1} & b_{1n}\\ & \lambda_2 & b_{23} & \cdots & b_{2,n-1} & b_{2n}\\ & & \lambda_3 & \cdots & b_{3,n-1} & b_{3n}\\ & & & \ddots & \vdots & \vdots\\ & & & & \lambda_{n-1} & b_{n-1,n}\\ & & & & & \lambda_n\end{pmatrix}$$

设 $X\in V$ 满足 $XA+A^{\mathrm{T}}X=0$,即 $XA=-A^{\mathrm{T}}X$。则

$$P^{-1}XPP^{-1}AP=-P^{-1}A^{\mathrm{T}}PP^{-1}XP。$$

令 $P^{-1}XP=(\boldsymbol{\alpha}_1,\boldsymbol{\alpha}_2,\cdots,\boldsymbol{\alpha}_n)$,则

$$P^{-1}A^{\mathrm{T}}P\boldsymbol{\alpha}_1=-\lambda_1\boldsymbol{\alpha}_1。$$

由 $-\lambda_1$ 不为 A 的特征值,从而也不是 A^{T} 的特征值知 $\boldsymbol{\alpha}_1=\mathbf{0}$。故

$$P^{-1}A^{\mathrm{T}}P\boldsymbol{\alpha}_2=-\lambda_2\boldsymbol{\alpha}_2,$$

同样 $\boldsymbol{\alpha}_2=\mathbf{0}$,这样下去,有 $X=\mathbf{0}$,故 φ 为单射,由 V 为有限维线性空间知 φ 也是满射,从而 φ 为同构变换。

例 4 设 $\sigma_1,\sigma_2,\cdots,\sigma_t$ 为 n 维线性空间 V 的线性变换,满足

(1) $\sigma_i^2=\sigma_i,i=1,2,\cdots,t$。

(2) $\sigma_i\sigma_j=0,i\neq j,i,j=1,2,\cdots,t$。证明

$$V=\mathrm{Im}\sigma_1\oplus\mathrm{Im}\sigma_2\oplus\cdots\oplus\mathrm{Im}\sigma_t\oplus\bigcap_{i=1}^{n}\ker\sigma_i。$$

证 先证和,易知

$$\mathrm{Im}\sigma_1+\mathrm{Im}\sigma_2+\cdots+\mathrm{Im}\sigma_t+\bigcap_{i=1}^{n}\ker\sigma_i\subseteq V。$$

$\forall\boldsymbol{\alpha}\in V$,令 $\sigma=\sigma_1+\sigma_2+\cdots+\sigma_t$,则

$$\boldsymbol{\alpha}=\sigma(\boldsymbol{\alpha})+(I-\sigma)(\boldsymbol{\alpha})=\sigma_1(\boldsymbol{\alpha})+\sigma_2(\boldsymbol{\alpha})+\cdots+\sigma_t(\boldsymbol{\alpha})+(I-\sigma)(\boldsymbol{\alpha}),$$

显然 $\sigma_i(\boldsymbol{\alpha})\in\mathrm{Im}\sigma_i,i=1,2,\cdots,t$,下证 $(I-\sigma)(\boldsymbol{\alpha})\in\bigcap_{i=1}^{n}\ker\sigma_i$。

记 $W=\bigcap_{i=1}^{n}\ker\sigma_i$,则

$$\sigma_i(I-\sigma)(\boldsymbol{\alpha})=\sigma_i(\boldsymbol{\alpha})-\sigma_i\sigma(\boldsymbol{\alpha})=\sigma_i(\boldsymbol{\alpha})-\sigma_i(\sigma_1+\sigma_2+\cdots+\sigma_t)(\boldsymbol{\alpha})=\mathbf{0},$$

于是,$(I-\sigma)(\boldsymbol{\alpha})\in\ker\sigma_i,i=1,2,\cdots,t$,从而 $(I-\sigma)(\boldsymbol{\alpha})\in\bigcap_{i=1}^{n}\ker\sigma_i$,故

$$V=\mathrm{Im}\sigma_1+\mathrm{Im}\sigma_2+\cdots+\mathrm{Im}\sigma_t+\bigcap_{i=1}^{n}\ker\sigma_i。$$

再证直和,设

$$\sigma_1(\boldsymbol{\alpha}_1)+\sigma_2(\boldsymbol{\alpha}_2)+\cdots+\sigma_t(\boldsymbol{\alpha}_t)+\boldsymbol{y}=\mathbf{0},$$

其中 $\sigma_i(\boldsymbol{\alpha}_i)\in\mathrm{Im}\sigma_i,\boldsymbol{y}\in\bigcap_{i=1}^{n}\ker\sigma_i$,则

$$\mathbf{0}=\sigma_i(\sigma_1(\boldsymbol{\alpha}_1)+\sigma_2(\boldsymbol{\alpha}_2)+\cdots+\sigma_t(\boldsymbol{\alpha}_t)+\boldsymbol{y})=\sigma_i^2(\boldsymbol{\alpha}_i)=\sigma(\boldsymbol{\alpha}_i),\quad i=1,2,\cdots,t,$$

故

$$\sigma_i(\boldsymbol{\alpha}_i)=\mathbf{0},\quad i=1,2,\cdots,t,\boldsymbol{y}=\mathbf{0},$$

从而结论成立。

例 5 设 σ 是数域 P 上 n 维线性空间 V 的线性变换，σ 满足 $\sigma^{k-1}\neq 0,\sigma^k=0$，其中 $k\geqslant 2$ 是正整数。证明：

(1) σ 在 V 的任何一组基下的矩阵不可能是对角阵；

(2) 如果 σ 的秩是 r，则 $k\leqslant r+1$；

(3) 如果 $k=n$，则 σ 在 V 的某组基下的矩阵是 $\begin{pmatrix} 0 & & & & \\ 1 & 0 & & & \\ & 1 & 0 & & \\ & & \ddots & \ddots & \\ & & & 1 & 0 \end{pmatrix}$。

证 (1) 反证法。由 $\sigma^k=0$ 知 σ 的特征值都是 0，若 σ 在 V 的某组基下的矩阵是对角阵 $\boldsymbol{D}$，则 $\boldsymbol{D}=\boldsymbol{0}$，从而 $\sigma=0$，这与 $\sigma^{k-1}\neq 0$ 矛盾。

(2) 首先，易知存在 $\boldsymbol{\alpha}\in V$ 使得 $\sigma^k(\boldsymbol{\alpha})=\boldsymbol{0},\sigma^{k-1}(\boldsymbol{\alpha})\neq\boldsymbol{0}$。下证 $\boldsymbol{\alpha},\sigma(\boldsymbol{\alpha}),\cdots,\sigma^{k-1}(\boldsymbol{\alpha})$ 线性无关，设

$$l_0\boldsymbol{\alpha}+l_1\sigma(\boldsymbol{\alpha})+\cdots+l_{k-1}\sigma^{k-1}(\boldsymbol{\alpha})=\boldsymbol{0},$$

用 σ^{k-1} 作用上式两边，可得 $l_0\sigma^{k-1}(\boldsymbol{\alpha})=\boldsymbol{0}$，注意到 $\sigma^{k-1}(\boldsymbol{\alpha})\neq\boldsymbol{0}$，可得 $l_0=0$。类似可得 $l_1=\cdots=l_{k-1}=0$。

将 $\boldsymbol{\alpha},\sigma(\boldsymbol{\alpha}),\cdots,\sigma^{k-1}(\boldsymbol{\alpha})$ 扩充为 V 的一组基

$$\boldsymbol{\alpha},\sigma(\boldsymbol{\alpha}),\cdots,\sigma^{k-1}(\boldsymbol{\alpha}),\boldsymbol{\beta}_k,\cdots,\boldsymbol{\beta}_n,$$

则 σ 在此基下的矩阵为

$$\boldsymbol{A}=\begin{pmatrix} \boldsymbol{J}_k(0) & \boldsymbol{A}_2 \\ \boldsymbol{0} & \boldsymbol{A}_3 \end{pmatrix},\quad 其中\ \boldsymbol{J}_k(0)=\begin{pmatrix} 0 & & & \\ 1 & 0 & & \\ & \ddots & \ddots & \\ & & 1 & 0 \end{pmatrix}_{k\times k},$$

于是

$$r=\operatorname{rank}(\sigma)=\operatorname{rank}(\boldsymbol{A})\geqslant\operatorname{rank}(\boldsymbol{J}_k(0))=k-1,$$

故 $k\leqslant r+1$。

(3) 由(2)的证明可知 $\boldsymbol{\alpha},\sigma(\boldsymbol{\alpha}),\cdots,\sigma^{n-1}(\boldsymbol{\alpha})$ 线性无关，可知 σ 在此基下的矩阵是

$$\begin{pmatrix} 0 & & & & \\ 1 & 0 & & & \\ & 1 & 0 & & \\ & & \ddots & \ddots & \\ & & & 1 & 0 \end{pmatrix}。$$

例 6 设 V 为数域 P 上的 n 维线性空间，φ 为 V 上的线性变换，且存在非零向量 $\boldsymbol{\alpha}\in V$ 使得 $V=L(\boldsymbol{\alpha},\varphi(\boldsymbol{\alpha}),\varphi^2(\boldsymbol{\alpha}),\cdots)$。

(1) 证明：$\{\boldsymbol{\alpha},\varphi(\boldsymbol{\alpha}),\cdots,\varphi^{n-1}(\boldsymbol{\alpha})\}$ 为 V 的一组基。

(2) 设 $\varphi^n(\boldsymbol{\alpha})=-a_0\boldsymbol{\alpha}-a_1\varphi(\boldsymbol{\alpha})-\cdots-a_{n-1}\varphi^{n-1}(\boldsymbol{\alpha})$，令 $f(x)=x^n+a_{n-1}x^{n-1}+\cdots+a_1x+a_0\in P[x]$，证明：如果 $f(x)$ 在数域 P 上至少有两个互异的首一不可约因式，则存在非零向量 $\boldsymbol{\beta},\boldsymbol{\gamma}\in V$ 使得 $V=L(\boldsymbol{\beta},\varphi(\boldsymbol{\beta}),\varphi^2(\boldsymbol{\beta}),\cdots)\oplus L(\boldsymbol{\gamma},\varphi(\boldsymbol{\gamma}),\varphi^2(\boldsymbol{\gamma}),\cdots)$。

证　(1) 设 $k=\max\{r\in\mathbb{Z}^+\mid \boldsymbol{\alpha},\varphi(\boldsymbol{\alpha}),\cdots,\varphi^{r-1}(\boldsymbol{\alpha})$线性无关$\}$。由于 $\boldsymbol{\alpha}\neq\mathbf{0}$ 且 $\dim V$ 有限,故这样的最大值 k 必存在。于是 $\boldsymbol{\alpha},\varphi(\boldsymbol{\alpha}),\cdots,\varphi^{k-1}(\boldsymbol{\alpha})$线性无关且易证 $\varphi^k(\boldsymbol{\alpha})$是

$$\boldsymbol{\alpha},\varphi(\boldsymbol{\alpha}),\cdots,\varphi^{k-1}(\boldsymbol{\alpha})$$

的线性组合。利用数学归纳法易证对任意的 $j\geqslant k$,$\varphi^j(\boldsymbol{\alpha})$都是 $\boldsymbol{\alpha},\varphi(\boldsymbol{\alpha}),\cdots,\varphi^{k-1}(\boldsymbol{\alpha})$的线性组合,故 $V=L(\boldsymbol{\alpha},\varphi(\boldsymbol{\alpha}),\varphi^2(\boldsymbol{\alpha}),\cdots)=L(\boldsymbol{\alpha},\varphi(\boldsymbol{\alpha}),\cdots,\varphi^{k-1}(\boldsymbol{\alpha}))$,从而 $k=\dim V=n$,即 $\{\boldsymbol{\alpha},\varphi(\boldsymbol{\alpha}),\cdots,\varphi^{n-1}(\boldsymbol{\alpha})\}$是 V 的一组基。

(2) 由(1)可知:对任意非零多项式 $g(x)$且 $\deg(g(x))<n$,均有 $g(\varphi)(\boldsymbol{\alpha})\neq\mathbf{0}$。由假设知 $f(\varphi)(\boldsymbol{\alpha})=\mathbf{0}$,从而对任意的 $\boldsymbol{v}\in V$ 均有 $f(\varphi)(\boldsymbol{v})=\mathbf{0}$。由假设不妨设 $f(x)=g(x)h(x)$,其中 $\deg(g(x))<n$,$\deg(h(x))<n$,$(g(x),h(x))=1$。因此存在 $u(x)$,$v(x)\in P[x]$使得

$$g(x)u(x)+h(x)v(x)=1,$$

代入 $x=\varphi$ 有

$$g(\varphi)u(\varphi)+h(\varphi)v(\varphi)=\mathrm{id}_V。$$

由此式及 $g(\varphi)h(\varphi)(\boldsymbol{v})=\mathbf{0}$ 对任意的$\boldsymbol{v}\in V$ 成立,容易证明:

$$V=\ker g(\varphi)\oplus\ker h(\varphi)。$$

令 $\boldsymbol{\beta}=h(\varphi)(\boldsymbol{\alpha})$,则 $\mathbf{0}\neq\boldsymbol{\beta}\in\ker g(\varphi)$;令 $\boldsymbol{\gamma}=g(\varphi)(\boldsymbol{\alpha})$,则 $\mathbf{0}\neq\boldsymbol{\gamma}\in\ker h(\varphi)$,注意到

$$\begin{aligned}\boldsymbol{\alpha}&=v(\varphi)h(\varphi)(\boldsymbol{\alpha})+u(\varphi)g(\varphi)(\boldsymbol{\alpha})\\&=v(\varphi)(\boldsymbol{\beta})+u(\varphi)(\boldsymbol{\gamma})\in L(\boldsymbol{\beta},\varphi(\boldsymbol{\beta}),\cdots)+L(\boldsymbol{\gamma},\varphi(\boldsymbol{\gamma}),\cdots)。\end{aligned}$$

又 $L(\boldsymbol{\beta},\varphi(\boldsymbol{\beta}),\cdots)\subseteq\ker g(\varphi)$,$L(\boldsymbol{\gamma},\varphi(\boldsymbol{\gamma}),\cdots)\subseteq\ker h(\varphi)$,故有

$$V=L(\boldsymbol{\alpha},\varphi(\boldsymbol{\alpha}),\cdots)\subseteq L(\boldsymbol{\beta},\varphi(\boldsymbol{\beta}),\cdots)\oplus L(\boldsymbol{\gamma},\varphi(\boldsymbol{\gamma}),\cdots)\subseteq\ker g(\varphi)\oplus\ker h(\varphi)=V。$$

因此

$$V=L(\boldsymbol{\beta},\varphi(\boldsymbol{\beta}),\cdots)\oplus L(\boldsymbol{\gamma},\varphi(\boldsymbol{\gamma}),\cdots)。$$

例7　设 σ 为 n 维线性空间 V 的线性变换,σ 在 V 的某组基下的矩阵为 $\boldsymbol{A}$,证明 $\mathrm{rank}(\boldsymbol{A}^2)=\mathrm{rank}(\boldsymbol{A})$的充要条件为 $V=\mathrm{Im}\sigma\oplus\ker\sigma$。

证　必要性。设 $\boldsymbol{\alpha}_1,\boldsymbol{\alpha}_2,\cdots,\boldsymbol{\alpha}_n$ 为 V 的基,且

$$\sigma(\boldsymbol{\alpha}_1,\boldsymbol{\alpha}_2,\cdots,\boldsymbol{\alpha}_n)=(\boldsymbol{\alpha}_1,\boldsymbol{\alpha}_2,\cdots,\boldsymbol{\alpha}_n)\boldsymbol{A},$$

则

$$\sigma^2(\boldsymbol{\alpha}_1,\boldsymbol{\alpha}_2,\cdots,\boldsymbol{\alpha}_n)=(\boldsymbol{\alpha}_1,\boldsymbol{\alpha}_2,\cdots,\boldsymbol{\alpha}_n)\boldsymbol{A}^2,$$

$$\mathrm{Im}\sigma=L(\sigma(\boldsymbol{\alpha}_1),\sigma(\boldsymbol{\alpha}_2),\cdots,\sigma(\boldsymbol{\alpha}_n))=L(\boldsymbol{\beta}_1,\cdots,\boldsymbol{\beta}_s),$$

其中 $\boldsymbol{\beta}_1,\cdots,\boldsymbol{\beta}_s$ 为 $\mathrm{Im}\sigma$ 的一组基。则

$$\mathrm{Im}\sigma^2=L(\sigma(\boldsymbol{\beta}_1),\cdots,\sigma(\boldsymbol{\beta}_s))。$$

由于 $\mathrm{rank}(\boldsymbol{A}^2)=\mathrm{rank}(\boldsymbol{A})$,故

$$\dim\mathrm{Im}\sigma^2=\dim\mathrm{Im}\sigma,$$

于是 $\sigma(\boldsymbol{\beta}_1),\cdots,\sigma(\boldsymbol{\beta}_s)$为 $\mathrm{Im}\sigma^2$ 的一组基。

$\forall\boldsymbol{\alpha}\in\mathrm{Im}\sigma\cap\ker\sigma$,设 $\boldsymbol{\alpha}=k_1\boldsymbol{\beta}_1+\cdots+k_s\boldsymbol{\beta}_s$,由于

$$\mathbf{0}=\sigma(\boldsymbol{\alpha})=k_1\sigma(\boldsymbol{\beta}_1)+\cdots+k_s\sigma(\boldsymbol{\beta}_s),$$

以及 $\sigma(\boldsymbol{\beta}_1),\cdots,\sigma(\boldsymbol{\beta}_s)$线性无关,可得 $k_1=\cdots=k_s=0$,故 $\boldsymbol{\alpha}=\mathbf{0}$。即 $\mathrm{Im}\sigma\cap\ker\sigma=\{\mathbf{0}\}$。又

$$\dim(\mathrm{Im}\sigma+\ker\sigma)=\dim\mathrm{Im}\sigma+\dim\ker\sigma-\dim(\mathrm{Im}\sigma\cap\ker\sigma)=n=\dim V,$$

且 $\mathrm{Im}\sigma+\ker\sigma$ 是 V 的子空间,从而 $V=\mathrm{Im}\sigma\oplus\ker\sigma$。

充分性。显然 $\mathrm{Im}\sigma^2\subseteq\mathrm{Im}\sigma$。$\forall\sigma(\boldsymbol{\alpha})\in\mathrm{Im}\sigma,\boldsymbol{\alpha}\in V$,则由 $V=\mathrm{Im}\sigma\oplus\ker\sigma$ 可设

$$\boldsymbol{\alpha}=\sigma(\boldsymbol{\beta})+\boldsymbol{\gamma},\sigma(\boldsymbol{\beta})\in\mathrm{Im}\sigma,\boldsymbol{\gamma}\in\ker\sigma,$$

于是 $\sigma(\boldsymbol{\alpha})=\sigma^2(\boldsymbol{\beta})\in\mathrm{Im}\sigma^2$,即 $\mathrm{Im}\sigma\subseteq\mathrm{Im}\sigma^2$,从而 $\mathrm{Im}\sigma^2=\mathrm{Im}\sigma$,故 $\mathrm{rank}(\boldsymbol{A}^2)=\mathrm{rank}(\boldsymbol{A})$。

例 8 设 $\boldsymbol{X},\boldsymbol{B}_0$ 为 n 阶实矩阵,按归纳法定义矩阵序列

$$\boldsymbol{B}_i=\boldsymbol{B}_{i-1}\boldsymbol{X}-\boldsymbol{X}\boldsymbol{B}_{i-1},\quad i=1,2,\cdots。$$

证明:如果 $\boldsymbol{B}_{n^2}=\boldsymbol{X}$,那么 $\boldsymbol{X}=\boldsymbol{0}$。

证法 1 首先,$\boldsymbol{B}_{n^2}\boldsymbol{X}=\boldsymbol{X}\boldsymbol{B}_{n^2}$,故 $\boldsymbol{B}_{n^2+1}=\boldsymbol{B}_{n^2}\boldsymbol{X}-\boldsymbol{X}\boldsymbol{B}_{n^2}=\boldsymbol{0}$。从而

$$\boldsymbol{B}_{n^2+j}=\boldsymbol{0},\quad j=1,2,\cdots,n,\cdots。$$

由于 $\boldsymbol{B}_0,\boldsymbol{B}_1,\cdots,\boldsymbol{B}_{n^2}$ 线性相关,设 $\lambda_0\boldsymbol{B}_0+\lambda_1\boldsymbol{B}_1+\cdots+\lambda_{n^2}\boldsymbol{B}_{n^2}=\boldsymbol{0}$,且 $\lambda_0,\lambda_1,\cdots,\lambda_{n^2}$ 中第一个不为 0 的数为 λ_i,则

$$\boldsymbol{B}_i=a_1\boldsymbol{B}_{i+1}+\cdots+a_{n^2-1}\boldsymbol{B}_{n^2},\quad a_k=\frac{\lambda_{k+1}}{\lambda_i},$$

于是

$$\boldsymbol{B}_i\boldsymbol{X}=a_1\boldsymbol{B}_{i+1}\boldsymbol{X}+\cdots+a_{n^2-i}\boldsymbol{B}_{n^2}\boldsymbol{X},\quad \boldsymbol{X}\boldsymbol{B}_i=a_1\boldsymbol{X}\boldsymbol{B}_{i+1}+\cdots+a_{n^2-i}\boldsymbol{X}\boldsymbol{B}_{n^2}。$$

两式相减可得

$$\begin{aligned}\boldsymbol{B}_{i+1}&=\boldsymbol{B}_i\boldsymbol{X}-\boldsymbol{X}\boldsymbol{B}_i\\&=a_1(\boldsymbol{B}_{i+1}\boldsymbol{X}-\boldsymbol{X}\boldsymbol{B}_{i+1})+\cdots+a_{n^2-1}(\boldsymbol{B}_{n^2}\boldsymbol{X}-\boldsymbol{X}\boldsymbol{B}_{n^2})\\&=a_1\boldsymbol{B}_{i+2}+\cdots+a_{n^2-i-1}\boldsymbol{B}_{n^2},\end{aligned}$$

由此下去,可得 $\boldsymbol{B}_{n^2}=\boldsymbol{0}$。

证法 2 首先证明 $\boldsymbol{X}^n=\boldsymbol{0}$。设 $\boldsymbol{X}$ 的特征值为 $\lambda_1,\lambda_2,\cdots,\lambda_n$,则 $\boldsymbol{X}^k$ 的特征值为 λ_1^k,$\lambda_2^k,\cdots,\lambda_n^k$,从而 $\mathrm{tr}(\boldsymbol{X}^k)=\sum\limits_{i=1}^{n}\lambda_i^k$。

由矩阵迹的性质 $\mathrm{tr}(\boldsymbol{AB})=\mathrm{tr}(\boldsymbol{BA})$,有

$$\begin{aligned}\mathrm{tr}(\boldsymbol{X})&=\mathrm{tr}(\boldsymbol{B}_{n^2})=\mathrm{tr}(\boldsymbol{B}_{n^2-1}\boldsymbol{X}-\boldsymbol{X}\boldsymbol{B}_{n^2-1})=0,\\&\vdots\\\mathrm{tr}(\boldsymbol{X}^n)&=\mathrm{tr}(\boldsymbol{X}^{n-1}\boldsymbol{X})=\mathrm{tr}(\boldsymbol{X}^{n-1}(\boldsymbol{B}_{n^2-1}\boldsymbol{X}-\boldsymbol{X}\boldsymbol{B}_{n^2-1}))\\&=\mathrm{tr}(\boldsymbol{B}_{n^2-1}\boldsymbol{X}\boldsymbol{X}^{n-1}-\boldsymbol{X}\boldsymbol{X}^{n-1}\boldsymbol{B}_{n^2-1})\\&=\mathrm{tr}(\boldsymbol{B}_{n^2-1}\boldsymbol{X}^n-\boldsymbol{X}^n\boldsymbol{B}_{n^2-1})=0。\end{aligned}$$

由牛顿公式知,$\boldsymbol{X}$ 的特征多项式为 λ^n,于是 $\boldsymbol{X}^n=\boldsymbol{0}$。

其次,证明 $\boldsymbol{X}=\boldsymbol{0}$。由已知直接计算可得,对任意的正整数 k,有

$$\boldsymbol{B}_k=\boldsymbol{B}_0\boldsymbol{X}^k-\mathrm{C}_k^1\boldsymbol{X}\boldsymbol{B}_0\boldsymbol{X}^{k-1}+\mathrm{C}_k^2\boldsymbol{X}^2\boldsymbol{B}_0\boldsymbol{X}^{k-2}+\cdots+(-1)^k\mathrm{C}_k^k\boldsymbol{X}^k\boldsymbol{B}_0。$$

特别地,当 $k=n^2$ 时,上式中的第 i 项为 $(-1)^i\mathrm{C}_k^i\boldsymbol{X}^i\boldsymbol{B}_0\boldsymbol{X}^{n^2-i}$。

无论 i 为何值,$\boldsymbol{X}^i,\boldsymbol{X}^{n^2-i}$ 中必有一个为零,因此 $\boldsymbol{X}=\boldsymbol{B}_{n^2}=\boldsymbol{0}$。得证。

例 9 设 V,U 分别为数域 P 上的 n,m 维线性空间,σ 为 V 到 U 的一个线性映射,即 σ 是 V 到 U 的映射且满足

$$\sigma(\boldsymbol{\alpha}+\boldsymbol{\beta})=\sigma(\boldsymbol{\alpha})+\sigma(\boldsymbol{\beta}),\quad\forall\boldsymbol{\alpha},\boldsymbol{\beta}\in V,$$
$$\sigma(k\boldsymbol{\alpha})=k\sigma(\boldsymbol{\alpha}),\quad\forall\boldsymbol{\alpha}\in V,k\in P,$$

令 $\ker\sigma=\{\boldsymbol{\alpha}\in V\mid\sigma(\boldsymbol{\alpha})=\boldsymbol{0}\}$,称为 σ 的核,它为 V 的一个子空间,用 $\mathrm{Im}\sigma=\{\sigma(\boldsymbol{\alpha})\mid\boldsymbol{\alpha}\in V\}$ 表示 σ 的像,即值域,它是 U 的一个子空间。证明

(1) 若 $\boldsymbol{\alpha}_1,\boldsymbol{\alpha}_2,\cdots,\boldsymbol{\alpha}_n$ 为 V 的一个基，则 $\mathrm{Im}\sigma=L(\sigma(\boldsymbol{\alpha}_1),\sigma(\boldsymbol{\alpha}_2),\cdots,\sigma(\boldsymbol{\alpha}_n))$；

(2) $\dim\ker\sigma+\dim\mathrm{Im}\sigma=\dim V$；

(3) 若 $\dim V=\dim U$，则 σ 为单射的充要条件是 σ 为满射。

证　(1) 显然 $\sigma(\boldsymbol{\alpha}_i)\in\mathrm{Im}\sigma$，故

$$L(\sigma(\boldsymbol{\alpha}_1),\sigma(\boldsymbol{\alpha}_2),\cdots,\sigma(\boldsymbol{\alpha}_n))\subseteq\mathrm{Im}\sigma。$$

任取 $\boldsymbol{\alpha}\in\mathrm{Im}\sigma$，则存在 $\boldsymbol{\beta}\in V$，使得 $\sigma(\boldsymbol{\beta})=\boldsymbol{\alpha}$，令 $\boldsymbol{\beta}=k_1\boldsymbol{\alpha}_1+k_2\boldsymbol{\alpha}_2+\cdots+k_n\boldsymbol{\alpha}_n$，则

$$\boldsymbol{\alpha}=\sigma(\boldsymbol{\beta})=k_1\sigma(\boldsymbol{\alpha}_1)+k_2\sigma(\boldsymbol{\alpha}_2)+\cdots+k_n\sigma(\boldsymbol{\alpha}_n),$$

故 $\boldsymbol{\alpha}\in L(\sigma(\boldsymbol{\alpha}_1),\sigma(\boldsymbol{\alpha}_2),\cdots,\sigma(\boldsymbol{\alpha}_n))$，即结论成立。

(2) 设 $\dim\ker\sigma=r$。

(Ⅰ) 若 $r=0$，即 $\ker\sigma=\{\mathbf{0}\}$，取 V 的一组基 $\boldsymbol{\alpha}_1,\boldsymbol{\alpha}_2,\cdots,\boldsymbol{\alpha}_n$，则 $\sigma(\boldsymbol{\alpha}_1),\sigma(\boldsymbol{\alpha}_2),\cdots,\sigma(\boldsymbol{\alpha}_n)$ 线性无关。事实上，设

$$k_1\sigma(\boldsymbol{\alpha}_1)+k_2\sigma(\boldsymbol{\alpha}_2)+\cdots+k_n\sigma(\boldsymbol{\alpha}_n)=\mathbf{0},\quad 即\quad \sigma(k_1\boldsymbol{\alpha}_1+k_2\boldsymbol{\alpha}_2+\cdots+k_n\boldsymbol{\alpha}_n)=\mathbf{0},$$

于是

$$k_1\boldsymbol{\alpha}_1+k_2\boldsymbol{\alpha}_2+\cdots+k_n\boldsymbol{\alpha}_n\in\ker\sigma=\{\mathbf{0}\},$$

从而 $k_1=k_2=\cdots=k_n=0$，于是 $\mathrm{Im}\sigma=L(\sigma(\boldsymbol{\alpha}_1),\sigma(\boldsymbol{\alpha}_2),\cdots,\sigma(\boldsymbol{\alpha}_n))$。此时结论成立。

(Ⅱ) 若 $r\neq0$，取 $\ker\sigma$ 的一组基 $\boldsymbol{\alpha}_1,\cdots,\boldsymbol{\alpha}_r$，将其扩充为 V 的一组基

$$\boldsymbol{\alpha}_1,\cdots,\boldsymbol{\alpha}_r,\boldsymbol{\alpha}_{r+1},\cdots,\boldsymbol{\alpha}_n,$$

则

$$\mathrm{Im}\sigma=L(\sigma(\boldsymbol{\alpha}_1),\cdots,\sigma(\boldsymbol{\alpha}_r),\sigma(\boldsymbol{\alpha}_{r+1}),\cdots,\sigma(\boldsymbol{\alpha}_n))=L(\sigma(\boldsymbol{\alpha}_{r+1}),\cdots,\sigma(\boldsymbol{\alpha}_n)),$$

下证 $\sigma(\boldsymbol{\alpha}_{r+1}),\cdots,\sigma(\boldsymbol{\alpha}_n)$ 线性无关，设

$$k_{r+1}\sigma(\boldsymbol{\alpha}_{r+1})+\cdots+k_n\sigma(\boldsymbol{\alpha}_n)=\mathbf{0},\quad 则\quad \sigma(k_{r+1}\boldsymbol{\alpha}_{r+1}+\cdots+k_n\boldsymbol{\alpha}_n)=\mathbf{0},$$

即 $k_{r+1}\boldsymbol{\alpha}_{r+1}+\cdots+k_n\boldsymbol{\alpha}_n\in\ker\sigma$。设

$$k_{r+1}\boldsymbol{\alpha}_{r+1}+\cdots+k_n\boldsymbol{\alpha}_n=k_1\boldsymbol{\alpha}_1+\cdots+k_r\boldsymbol{\alpha}_r,$$

而 $\boldsymbol{\alpha}_1,\cdots,\boldsymbol{\alpha}_r,\boldsymbol{\alpha}_{r+1},\cdots,\boldsymbol{\alpha}_n$ 是 V 的基，是线性无关的，于是

$$k_1=\cdots=k_r=k_{r+1}=\cdots=k_n=\mathbf{0}。$$

故结论成立。

(3) 设 $\dim V=\dim U=n$。

必要性。若 σ 为单射，则 $\ker\sigma=\{\mathbf{0}\}$，故 $\dim\mathrm{Im}\sigma=n$，又 $\mathrm{Im}\sigma\subseteq U$，故 $\mathrm{Im}\sigma=U$，从而 σ 为满射。

充分性。若 σ 为满射，则 $\mathrm{Im}\sigma=U$，即 $\dim\mathrm{Im}\sigma=n$，从而 $\dim\ker\sigma=0$.于是 $\ker\sigma=\{\mathbf{0}\}$，故 σ 为单射。

例 10　设 V 为数域 P 上的 n 维线性空间，σ 为 V 的线性变换。证明

(1) $\dim(\mathrm{Im}\sigma+\ker\sigma)\geqslant\dfrac{n}{2}$；

(2) $\dim(\mathrm{Im}\sigma+\ker\sigma)=\dfrac{n}{2}$ 的充要条件为 $\mathrm{Im}\sigma=\ker\sigma$。

证　(1) 由于

$$\dim(\mathrm{Im}\sigma+\ker\sigma)=\dim\mathrm{Im}\sigma+\dim\ker\sigma-\dim(\mathrm{Im}\sigma\cap\ker\sigma)=n-\dim(\mathrm{Im}\sigma\cap\ker\sigma),$$

要证明结论成立，只需证明 $\dim(\mathrm{Im}\sigma\cap\ker\sigma)\leqslant\dfrac{n}{2}$。

反证法。否则由 $\mathrm{Im}\sigma\cap\ker\sigma$ 是 $\mathrm{Im}\sigma(\ker\sigma)$的子空间,可知

$$\dim \mathrm{Im}\sigma > \frac{n}{2},\dim \ker\sigma > \frac{n}{2},$$

这与 $\dim \mathrm{Im}\sigma + \dim \ker\sigma = n$ 矛盾。

(2) 充分性,显然。

必要性。由条件易知

$$\dim(\mathrm{Im}\sigma \cap \ker\sigma) = \frac{n}{2},$$

从而可得

$$\dim \mathrm{Im}\sigma \geqslant \frac{n}{2},\quad \dim \ker\sigma \geqslant \frac{n}{2}。$$

但是 $\dim \mathrm{Im}\sigma>\frac{n}{2}$与 $\dim \ker\sigma>\frac{n}{2}$都不成立,故

$$\dim \mathrm{Im}\sigma = \dim \ker\sigma = \dim(\mathrm{Im}\sigma \cap \ker\sigma) = \frac{n}{2}。$$

而 $\mathrm{Im}\sigma\cap\ker\sigma$ 是 $\mathrm{Im}\sigma(\ker\sigma)$的子空间,故 $\mathrm{Im}\sigma=\ker\sigma=(\mathrm{Im}\sigma\cap\ker\sigma)$。即结论成立。

例 11　设 σ 为有限维线性空间 V 的线性变换,W 是 V 的子空间。证明

$$\dim\sigma(W) + \dim(\sigma^{-1}(\mathbf{0}) \cap W) = \dim W。$$

证　设 $\dim W=m$,$\dim(\sigma^{-1}(\mathbf{0})\cap W)=r$。

(1) 若 $r=0$,设 $\boldsymbol{\alpha}_1,\boldsymbol{\alpha}_2,\cdots,\boldsymbol{\alpha}_m$ 为 W 的一组基,则

$$\sigma(W) = L(\sigma(\boldsymbol{\alpha}_1),\sigma(\boldsymbol{\alpha}_2),\cdots,\sigma(\boldsymbol{\alpha}_m)),$$

这样只需证明

$$\sigma(\boldsymbol{\alpha}_1),\sigma(\boldsymbol{\alpha}_2),\cdots,\sigma(\boldsymbol{\alpha}_m)$$

线性无关即可,设

$$k_1\sigma(\boldsymbol{\alpha}_1)+k_2\sigma(\boldsymbol{\alpha}_2)+\cdots+k_m\sigma(\boldsymbol{\alpha}_m),\quad 即\quad \sigma(k_1\boldsymbol{\alpha}_1+k_2\boldsymbol{\alpha}_2+\cdots+k_m\boldsymbol{\alpha}_m)=\mathbf{0},$$

于是 $k_1\boldsymbol{\alpha}_1+k_2\boldsymbol{\alpha}_2+\cdots+k_m\boldsymbol{\alpha}_m\in\sigma^{-1}(\mathbf{0})\cap W=\{\mathbf{0}\}$,从而 $k_1=k_2=\cdots=k_m=0$,故结论成立。

(2) 若 $r>0$,设

$$\boldsymbol{\alpha}_1,\boldsymbol{\alpha}_2,\cdots,\boldsymbol{\alpha}_r$$

为 $\sigma^{-1}(\mathbf{0})\cap W$ 的一组基,将其扩充为 W 的一组基

$$\boldsymbol{\alpha}_1,\cdots,\boldsymbol{\alpha}_r,\boldsymbol{\alpha}_{r+1},\cdots,\boldsymbol{\alpha}_m,$$

则

$$\sigma(W)=L(\sigma(\boldsymbol{\alpha}_1),\cdots,\sigma(\boldsymbol{\alpha}_r),\sigma(\boldsymbol{\alpha}_{r+1}),\cdots,\sigma(\boldsymbol{\alpha}_n))=L(\sigma(\boldsymbol{\alpha}_{r+1}),\cdots,\sigma(\boldsymbol{\alpha}_n)).$$

只需证明 $\sigma(\boldsymbol{\alpha}_{r+1}),\cdots,\sigma(\boldsymbol{\alpha}_n)$线性无关即可。设

$$k_{r+1}\sigma(\boldsymbol{\alpha}_{r+1})+\cdots+k_n\sigma(\boldsymbol{\alpha}_n)=\mathbf{0},\quad 即\quad \sigma(k_{r+1}\boldsymbol{\alpha}_{r+1}+\cdots+k_n\boldsymbol{\alpha}_n)=\mathbf{0},$$

于是 $k_{r+1}\boldsymbol{\alpha}_{r+1}+\cdots+k_n\boldsymbol{\alpha}_n\in\sigma^{-1}(\mathbf{0})\cap W$,设

$$k_{r+1}\boldsymbol{\alpha}_{r+1}+\cdots+k_n\boldsymbol{\alpha}_n=k_1\boldsymbol{\alpha}_1+\cdots+k_r\boldsymbol{\alpha}_r,$$

则易知 $k_1=\cdots=k_r=k_{r+1}=\cdots=k_n=0$,即 $\sigma(\boldsymbol{\alpha}_{r+1}),\cdots,\sigma(\boldsymbol{\alpha}_n)$线性无关,从而

$$\dim\sigma(W)=m-r,$$

故

$$\dim\sigma(W)+\dim(\sigma^{-1}(\mathbf{0})\cap W)=\dim W。$$

例 12　设 σ 为数域 P 上 n 维线性空间 V 上的一个线性变换，在 $P[x]$中，

$$f(x)=f_1(x)f_2(x),\text{其中}(f_1(x),f_2(x))=1。$$

求证

$$\ker f(\sigma)=\ker f_1(\sigma)\oplus\ker f_2(\sigma)。$$

证　首先证明 $\ker f_1(\sigma)+\ker f_2(\sigma)\subseteq\ker f(\sigma)$。

$\forall\boldsymbol{\alpha}\in\ker f_1(\sigma)+\ker f_2(\sigma)$，设 $\boldsymbol{\alpha}=\boldsymbol{\alpha}_1+\boldsymbol{\alpha}_2$，$\boldsymbol{\alpha}_i\in\ker f_i(\sigma)$，$i=1,2$，则

$$f(\sigma)(\boldsymbol{\alpha})=f_1(\sigma)f_2(\sigma)(\boldsymbol{\alpha}_1)+f_1(\sigma)f_2(\sigma)(\boldsymbol{\alpha}_2)=\mathbf{0}。$$

即 $\boldsymbol{\alpha}\in\ker f(\sigma)$，从而 $\ker f_1(\sigma)+\ker f_2(\sigma)\subseteq\ker f(\sigma)$。

再证明 $\ker f(\sigma)\subseteq\ker f_1(\sigma)+\ker f_2(\sigma)$。

由于$(f_1(x),f_2(x))=1$，故存在 $u(x),v(x)\in P[x]$使得

$$f_1(x)u(x)+f_2(x)v(x)=1,$$

从而

$$f_1(\sigma)u(\sigma)+f_2(\sigma)v(\sigma)=\mathrm{id}。$$

$\forall\boldsymbol{\alpha}\in\ker f(\sigma)$，有

$$\boldsymbol{\alpha}=f_1(\sigma)u(\sigma)(\boldsymbol{\alpha})+f_2(\sigma)v(\sigma)(\boldsymbol{\alpha}),$$

易知

$$f_1(\sigma)u(\sigma)(\boldsymbol{\alpha})\in\ker f_2(\sigma),f_2(\sigma)v(\sigma)(\boldsymbol{\alpha})\in\ker f_1(\sigma)$$

从而 $\ker f(\sigma)\subseteq\ker f_1(\sigma)+\ker f_2(\sigma)$。这就证明了

$$\ker f(\sigma)=\ker f_1(\sigma)+\ker f_2(\sigma)。$$

$\forall\boldsymbol{\alpha}\in\ker f_1(\sigma)\cap\ker f_2(\sigma)$，则

$$\boldsymbol{\alpha}=f_1(\sigma)u(\sigma)(\boldsymbol{\alpha})+f_2(\sigma)v(\sigma)(\boldsymbol{\alpha}),$$

从而 $\boldsymbol{\alpha}=\mathbf{0}$。故 $\ker f_1(\sigma)\cap\ker f_2(\sigma)=\{\mathbf{0}\}$，从而

$$\ker f(\sigma)=\ker f_1(\sigma)\oplus\ker f_2(\sigma)。$$

例 13　设 σ 是复数域上 6 维线性空间 V 上的线性变换，σ 的特征多项式为

$$f(\lambda)=(\lambda-1)^3(\lambda+1)^2(\lambda+2)。$$

证明:V 能够分解为三个 σ-不变子空间的直和，且它们的维数分别是 1,2,3。

证　用 id 表示 V 上的恒等变换。由哈密尔顿-凯莱定理，有

$$(\sigma-\mathrm{id})^3(\sigma+\mathrm{id})^2(\sigma+2\mathrm{id})=0。$$

令

$$W_1=\ker(\sigma-\mathrm{id})^3,\quad W_2=\ker(\sigma+\mathrm{id})^2,\quad W_3=\ker(\sigma+2\mathrm{id})。$$

下面证明 $V=W_1\oplus W_2\oplus W_3$。令

$$f_1(\lambda)=(\lambda+1)^2(\lambda+2),\quad f_2(\lambda)=(\lambda-1)^3(\lambda+2),\quad f_3(\lambda)=(\lambda-1)^3(\lambda+1)^2。$$

则

$$(f_1(\lambda),f_2(\lambda),f_3(\lambda))=1。$$

从而存在 $u_1(\lambda),u_2(\lambda),u_3(\lambda)$使得

$$u_1(\lambda)f_1(\lambda)+u_2(\lambda)f_2(\lambda)+u_3(\lambda)f_3(\lambda)=1。$$

因此

$$\mathrm{id}=u_1(\sigma)f_1(\sigma)+u_2(\sigma)f_2(\sigma)+u_3(\sigma)f_3(\sigma)。$$

任给 $\boldsymbol{\alpha}\in V$。

$$\boldsymbol{\alpha}=u_1(\sigma)f_1(\sigma)\boldsymbol{\alpha}+u_2(\sigma)f_2(\sigma)\boldsymbol{\alpha}+u_3(\sigma)f_3(\sigma)\boldsymbol{\alpha}=\boldsymbol{\alpha}_1+\boldsymbol{\alpha}_2+\boldsymbol{\alpha}_3。$$

这里

$$\boldsymbol{\alpha}_1=u_1(\sigma)f_1(\sigma)\boldsymbol{\alpha},\boldsymbol{\alpha}_2=u_2(\sigma)f_2(\sigma)\boldsymbol{\alpha},\boldsymbol{\alpha}_3=u_3(\sigma)f_3(\sigma)\boldsymbol{\alpha}。$$

容易验证 $\boldsymbol{\alpha}_i\in W_i(i=1,2,3)$。所以 $W=W_1+W_2+W_3$。

若 $\boldsymbol{\alpha}\in W_1\cap(W_2+W_3)$，则由于 $((\lambda-1)^3,f_1(\lambda))=1$，存在 $v_1(\lambda),v_2(\lambda)$ 使得

$$v_1(\lambda)(\lambda-1)^3+v_2(\lambda)f_1(\lambda)=1。$$

故

$$\boldsymbol{\alpha}=v_1(\sigma)(\sigma-\mathrm{id})^3\boldsymbol{\alpha}+v_2(\sigma)f_1(\sigma)\boldsymbol{\alpha}。$$

由于 $\boldsymbol{\alpha}\in W_1$，故 $(\sigma-\mathrm{id})^3\boldsymbol{\alpha}=\mathbf{0}$。而 $f_1(\sigma)\boldsymbol{\alpha}=(\sigma+\mathrm{id})^2(\sigma+2\mathrm{id})\boldsymbol{\alpha}=\mathbf{0}$，故 $\boldsymbol{\alpha}=\mathbf{0}$。类似可证明 $W_2\cap(W_1+W_3)=\{\mathbf{0}\}$，$W_3\cap(W_1+W_2)=\{\mathbf{0}\}$。故 $V=W_1\oplus W_2\oplus W_3$。

由于 σ 与 $(\sigma-\mathrm{id})^3$，$(\sigma+\mathrm{id})^2$，$(\sigma+2\mathrm{id})$ 都交换。故 W_1,W_2,W_3 是 σ 的不变子空间。设 σ 在 V 的一组基下的矩阵的若尔当标准形为

$$\boldsymbol{J}=\begin{pmatrix}\boldsymbol{J}_1&\mathbf{0}&\mathbf{0}\\\mathbf{0}&\boldsymbol{J}_2&\mathbf{0}\\\mathbf{0}&\mathbf{0}&\boldsymbol{J}_3\end{pmatrix}$$

其中 $\boldsymbol{J}_1,\boldsymbol{J}_2,\boldsymbol{J}_3$ 是分别对应于特征值 $1,-1,-2$ 的三阶，二阶，一阶若尔当块。考虑方程组 $(\boldsymbol{J}-\boldsymbol{E}_6)^3\boldsymbol{x}=\mathbf{0}$。由于 $\mathrm{rank}((\boldsymbol{J}-\boldsymbol{E}_6)^3)=1+2=3$，故其解空间维数为 3，即 $\dim W_1=3$；类似可证明 $\dim W_2=2$，$\dim W_3=1$。综上可知 V 能够分解为三个 σ-不变子空间的直和，其维数分别是 1，2，3。

例 14　证明：复数域上的所有 n 阶循环矩阵都可以对角化，并且能同时找到一个可逆矩阵 $\boldsymbol{P}$ 使得它们同时对角化。

证　由 $a_1,a_2,\cdots,a_n$ 构成的 n 阶循环矩阵 $\boldsymbol{A}$ 的全部特征值是 $f(1),f(\omega),\cdots,f(\omega^{n-1})$，其中，$f(x)=a_1+a_2x+\cdots+a_nx^{n-1}$，$\omega=\mathrm{e}^{\frac{\mathrm{i}2\pi}{n}}$，属于 $f(\omega^m)$ 的特征向量为 $(1,\omega,\omega^2,\cdots,\omega^{n-1})^{\mathrm{T}}$，令

$$\boldsymbol{P}=\begin{pmatrix}1&1&1&\cdots&1\\1&\omega&\omega^2&\cdots&\omega^{n-1}\\1&\omega^2&\omega^4&\cdots&\omega^{2(n-1)}\\\vdots&\vdots&\vdots&&\vdots\\1&\omega^{n-1}&\omega^{2(n-1)}&\cdots&\omega^{(n-1)(n-1)}\end{pmatrix}。$$

因为 $|\boldsymbol{P}|\neq0$，故 $\boldsymbol{P}$ 的列向量组线性无关，因此 $\boldsymbol{A}$ 有 n 个线性无关的特征向量，故 $\boldsymbol{A}$ 可以对角化，且

$$\boldsymbol{P}^{-1}\boldsymbol{A}\boldsymbol{P}=\begin{pmatrix}f(1)&&&\\&f(\omega)&&\\&&\ddots&\\&&&f(\omega^{n-1})\end{pmatrix}。$$

由于 $\boldsymbol{P}$ 与构成循环矩阵 $\boldsymbol{A}$ 的 n 个数 $a_1,a_2,\cdots,a_n$ 无关，因此所有 n 阶循环矩阵都可以用 $\boldsymbol{P}$ 同时对角化。

例 15　设 $\boldsymbol{A},\boldsymbol{B}$ 为数域 P 上的 n 阶方阵，$\boldsymbol{A}$ 的特征值两两不同。证明：$\boldsymbol{A}$ 的特征向量均

为 $\boldsymbol{B}$ 的特征向量当且仅当 $\boldsymbol{AB}=\boldsymbol{BA}$。

证　($\Rightarrow$)设 $\boldsymbol{A}$ 的特征值为 $\lambda_1,\lambda_2,\cdots,\lambda_n$，$\boldsymbol{\alpha}_1,\boldsymbol{\alpha}_2,\cdots,\boldsymbol{\alpha}_n$ 分别为属于 $\lambda_1,\lambda_2,\cdots,\lambda_n$ 的特征向量，$\boldsymbol{\alpha}_1,\boldsymbol{\alpha}_2,\cdots,\boldsymbol{\alpha}_n$ 为 P^n 的列向量，则

$$\boldsymbol{A}(\boldsymbol{\alpha}_1,\boldsymbol{\alpha}_2,\cdots,\boldsymbol{\alpha}_n)=(\boldsymbol{\alpha}_1,\boldsymbol{\alpha}_2,\cdots,\boldsymbol{\alpha}_n)\mathrm{diag}(\lambda_1,\lambda_2,\cdots,\lambda_n),$$

由 $\boldsymbol{\alpha}_1,\boldsymbol{\alpha}_2,\cdots,\boldsymbol{\alpha}_n$ 也为 $\boldsymbol{B}$ 的特征向量得

$$\boldsymbol{B}(\boldsymbol{\alpha}_1,\boldsymbol{\alpha}_2,\cdots,\boldsymbol{\alpha}_n)=(\boldsymbol{\alpha}_1,\boldsymbol{\alpha}_2,\cdots,\boldsymbol{\alpha}_n)\mathrm{diag}(\mu_1,\mu_2,\cdots,\mu_n)。$$

令 $\boldsymbol{P}=(\boldsymbol{\alpha}_1,\boldsymbol{\alpha}_2,\cdots,\boldsymbol{\alpha}_n)$，则 $\boldsymbol{P}$ 可逆，且 $\boldsymbol{P}^{-1}\boldsymbol{AP},\boldsymbol{P}^{-1}\boldsymbol{BP}$ 均为对角矩阵，故

$$\boldsymbol{P}^{-1}\boldsymbol{APP}^{-1}\boldsymbol{BP}=\boldsymbol{P}^{-1}\boldsymbol{BPP}^{-1}\boldsymbol{AP},$$

即 $\boldsymbol{AB}=\boldsymbol{BA}$。

($\Leftarrow$)由 $\boldsymbol{A}$ 有互异的特征值，存在可逆矩阵 $\boldsymbol{P}$ 使得

$$\boldsymbol{P}^{-1}\boldsymbol{AP}=\mathrm{diag}(\lambda_1,\lambda_2,\cdots,\lambda_n),$$

由

$$\boldsymbol{AB}=\boldsymbol{BA},\quad \boldsymbol{P}^{-1}\boldsymbol{APP}^{-1}\boldsymbol{BP}=\boldsymbol{P}^{-1}\boldsymbol{BPP}^{-1}\boldsymbol{AP},$$

而 $\lambda_1,\lambda_2,\cdots,\lambda_n$ 互异，故

$$\boldsymbol{P}^{-1}\boldsymbol{BP}=\mathrm{diag}(\mu_1,\mu_2,\cdots,\mu_n)。$$

令 $\boldsymbol{P}=(\boldsymbol{\alpha}_1,\boldsymbol{\alpha}_2,\cdots,\boldsymbol{\alpha}_n)$，则

$$\boldsymbol{A}(\boldsymbol{\alpha}_1,\boldsymbol{\alpha}_2,\cdots,\boldsymbol{\alpha}_n)=(\boldsymbol{\alpha}_1,\boldsymbol{\alpha}_2,\cdots,\boldsymbol{\alpha}_n)\mathrm{diag}(\lambda_1,\lambda_2,\cdots,\lambda_n),$$

$$\boldsymbol{B}(\boldsymbol{\alpha}_1,\boldsymbol{\alpha}_2,\cdots,\boldsymbol{\alpha}_n)=(\boldsymbol{\alpha}_1,\boldsymbol{\alpha}_2,\cdots,\boldsymbol{\alpha}_n)\mathrm{diag}(\mu_1,\mu_2,\cdots,\mu_n),$$

即 $\boldsymbol{A\alpha}_i=\lambda_i\boldsymbol{\alpha}_i,\boldsymbol{B\alpha}_i=\mu_i\boldsymbol{\alpha}_i,i=1,2,\cdots,n$，而 $\boldsymbol{A}$ 的特征向量全为 $k_i\boldsymbol{\alpha}_i(k_i\neq 0),i=1,2,\cdots,n$，而显然它们均为 $\boldsymbol{B}$ 的特征向量。

例 16　设 σ 为数域 P 上 n 维线性空间 V 的线性变换，$\sigma^2=\sigma$。证明：

(1) $\sigma^{-1}(\boldsymbol{0})=\{\boldsymbol{\alpha}-\sigma(\boldsymbol{\alpha})\mid\boldsymbol{\alpha}\in V\}$。

(2) $\sigma^{-1}(\boldsymbol{0})\oplus\sigma V=V$。

(3) 若 $\tau\in L(V)$，则 $\sigma^{-1}(\boldsymbol{0}),\sigma V$ 为 τ-子空间$\Leftrightarrow\sigma\tau=\tau\sigma$。

证　(1) 任给 $\boldsymbol{\alpha}\in V$，由

$$\sigma(\boldsymbol{\alpha}-\sigma(\boldsymbol{\alpha}))=\sigma(\boldsymbol{\alpha})-\sigma^2(\boldsymbol{\alpha})=\boldsymbol{0},\quad 知\quad \{\boldsymbol{\alpha}-\sigma(\boldsymbol{\alpha})\mid\boldsymbol{\alpha}\in V\}\subseteq\sigma^{-1}(\boldsymbol{0})。$$

反之，若 $\boldsymbol{\beta}\in\sigma^{-1}(\boldsymbol{0})$，则 $\sigma(\boldsymbol{\beta})=\boldsymbol{0}$，故

$$\boldsymbol{\beta}=\boldsymbol{\beta}-\sigma(\boldsymbol{\beta})\in\{\boldsymbol{\alpha}-\sigma(\boldsymbol{\alpha})\mid\boldsymbol{\alpha}\in V\}。$$

总之

$$\sigma^{-1}(\boldsymbol{0})=\{\boldsymbol{\alpha}-\sigma(\boldsymbol{\alpha})\mid\boldsymbol{\alpha}\in V\}。$$

(2) 设 $\boldsymbol{\alpha}\in\sigma^{-1}(\boldsymbol{0})\cap\sigma V$，则存在 $\boldsymbol{\beta}\in V$ 使得 $\boldsymbol{\alpha}=\sigma(\boldsymbol{\beta})$，故

$$\boldsymbol{0}=\sigma(\boldsymbol{\alpha})=\sigma^2(\boldsymbol{\beta})=\sigma(\boldsymbol{\beta})=\boldsymbol{\alpha},$$

即 $\sigma^{-1}(\boldsymbol{0})\cap\sigma V=\{\boldsymbol{0}\}$，又

$$\dim\sigma^{-1}(\boldsymbol{0})+\dim\sigma V=n,$$

故 $V=\sigma^{-1}(\boldsymbol{0})\oplus\sigma V$。

(3) ($\Rightarrow$)若 $V=\sigma^{-1}(\boldsymbol{0})\oplus\sigma V$，对 $\boldsymbol{\alpha}\in V$，有 $\boldsymbol{\alpha}=\boldsymbol{\alpha}_1+\boldsymbol{\alpha}_2$，其中 $\boldsymbol{\alpha}_1\in\sigma^{-1}(\boldsymbol{0}),\boldsymbol{\alpha}_2\in\sigma V$，从而存在 $\boldsymbol{\beta}\in V$ 使得 $\boldsymbol{\alpha}_2=\sigma(\boldsymbol{\beta})$，由 $\tau(\boldsymbol{\alpha}_1)\in\sigma^{-1}(\boldsymbol{0})$，

$$\sigma\tau(\boldsymbol{\alpha})=\sigma\tau(\boldsymbol{\alpha}_1+\boldsymbol{\alpha}_2)=\sigma(\tau(\boldsymbol{\alpha}_1)+\tau(\boldsymbol{\alpha}_2))=\sigma(\tau(\boldsymbol{\alpha}_1))+\sigma(\tau(\boldsymbol{\alpha}_2))=\sigma(\tau(\boldsymbol{\alpha}_2))。$$

由 $\tau(\boldsymbol{\alpha}_2)\in\sigma V$，存在 $\boldsymbol{\gamma}\in V$ 使得 $\tau(\boldsymbol{\alpha}_2)=\sigma(\boldsymbol{\gamma})$，故 $\sigma\tau(\boldsymbol{\alpha})=\sigma\sigma(\boldsymbol{\gamma})=\sigma(\boldsymbol{\gamma})=\tau(\boldsymbol{\alpha}_2)$，而

$$\tau\sigma(\boldsymbol{\alpha})=\tau\sigma(\boldsymbol{\alpha}_2)=\tau\sigma\sigma(\boldsymbol{\beta})=\tau\sigma(\boldsymbol{\beta})=\tau(\boldsymbol{\alpha}_2),$$

故 $\sigma\tau(\boldsymbol{\alpha})=\tau\sigma(\boldsymbol{\alpha})$，即 $\sigma\tau=\tau\sigma$。

($\Leftarrow$)设 $\boldsymbol{\alpha}\in\sigma^{-1}(\mathbf{0})$，则 $\sigma\tau(\boldsymbol{\alpha})=\tau\sigma(\boldsymbol{\alpha})=\mathbf{0}$，即 $\tau(\boldsymbol{\alpha})\in\sigma^{-1}(\mathbf{0})$，故 $\sigma^{-1}(\mathbf{0})$ 为 τ-子空间。若 $\boldsymbol{\alpha}\in\sigma V$，则 $\boldsymbol{\alpha}=\sigma(\boldsymbol{\beta})$，这里 $\boldsymbol{\beta}\in V$。故 $\tau(\boldsymbol{\alpha})=\tau\sigma(\boldsymbol{\beta})=\sigma\tau(\boldsymbol{\beta})\in\sigma V$，故 σV 为 τ-子空间。

例 17 设矩阵 $\boldsymbol{A}=\begin{pmatrix}2&1&1\\1&2&1\\1&1&a\end{pmatrix}$ 可逆，向量 $\boldsymbol{\alpha}=\begin{pmatrix}1\\b\\1\end{pmatrix}$ 是 $\boldsymbol{A}$ 的伴随矩阵 $\boldsymbol{A}^*$ 的特征向量，λ 是对应的特征值，试求 a,b 及 λ 的值，并讨论 $\boldsymbol{A}$ 是否可以对角化。

解 由条件有 $\boldsymbol{A}^*\boldsymbol{\alpha}=\lambda\boldsymbol{\alpha}$，左乘 $\boldsymbol{A}$ 有 $|\boldsymbol{A}|\boldsymbol{\alpha}=\lambda\boldsymbol{A}\boldsymbol{\alpha}$，即

$$(3a-2)\begin{pmatrix}1\\b\\1\end{pmatrix}=\lambda\begin{pmatrix}2&1&1\\1&2&1\\1&1&a\end{pmatrix}\begin{pmatrix}1\\b\\1\end{pmatrix},$$

故有

$$\begin{cases}3a-2=\lambda(3+b),\\(3a-2)b=\lambda(2+2b),\\3a-2=\lambda(1+b+a)。\end{cases}$$

解得

$$\begin{cases}a=2,\\b=1,\\\lambda=1。\end{cases}\quad 或 \quad\begin{cases}a=2,\\b=-2,\\\lambda=4。\end{cases}$$

易求 $\boldsymbol{A}$ 的特征值为 $\lambda_1=\lambda_2=1,\lambda_3=4$，对应的特征向量分别为 $\boldsymbol{\alpha}_1=(-1,0,1)^{\mathrm{T}},\boldsymbol{\alpha}_2=(-1,1,0)^{\mathrm{T}},\boldsymbol{\alpha}_3=(1,1,1)^{\mathrm{T}}$ 线性无关，故 $\boldsymbol{A}$ 能够对角化。

例 18 设 $\boldsymbol{A}$ 是 n 阶方阵，a 是 $\boldsymbol{A}$ 的单重特征值，$\boldsymbol{x}_0$ 是 $\boldsymbol{A}$ 的对应特征值 a 的特征向量，证明：线性方程组 $(a\boldsymbol{E}-\boldsymbol{A})\boldsymbol{x}=\boldsymbol{x}_0$ 无解。

证 反证法。若 $(a\boldsymbol{E}-\boldsymbol{A})\boldsymbol{x}=\boldsymbol{x}_0$ 有解 $\bar{\boldsymbol{x}}$，则有

$$\boldsymbol{A}\bar{\boldsymbol{x}}=a\bar{\boldsymbol{x}}-\boldsymbol{x}_0$$

注意到 $\boldsymbol{A}\boldsymbol{x}_0=a\boldsymbol{x}_0$，从而 $\boldsymbol{A}^k\boldsymbol{x}_0=a^k\boldsymbol{x}_0$，故利用数学归纳法可知

$$\boldsymbol{A}^k\bar{\boldsymbol{x}}=a^k\bar{\boldsymbol{x}}-ka^{k-1}\boldsymbol{x}_0。$$

设 $f_{\boldsymbol{A}}(x)=|x\boldsymbol{E}-\boldsymbol{A}|=x^n+b_{n-1}x^{n-1}+\cdots+b_1x+b_0$ 是 $\boldsymbol{A}$ 的特征多项式，则

$$\begin{aligned}f_{\boldsymbol{A}}(\boldsymbol{A})\bar{\boldsymbol{x}}&=\boldsymbol{A}^n\bar{\boldsymbol{x}}+b_{n-1}\boldsymbol{A}^{k-1}\bar{\boldsymbol{x}}+\cdots+b_1\boldsymbol{A}\bar{\boldsymbol{x}}+b_0\boldsymbol{E}\bar{\boldsymbol{x}}\\&=a^n\bar{\boldsymbol{x}}-na^{n-1}\boldsymbol{x}_0+b_{n-1}a^{n-1}\bar{\boldsymbol{x}}-(n-1)b_{n-1}a^{n-2}\boldsymbol{x}_0+\cdots+b_1a\bar{\boldsymbol{x}}-b_1\boldsymbol{x}_0+b_0\bar{\boldsymbol{x}}\\&=f_{\boldsymbol{A}}(a)\bar{\boldsymbol{x}}-f'_{\boldsymbol{A}}(a)\boldsymbol{x}_0。\end{aligned}$$

由于 $f_{\boldsymbol{A}}(\boldsymbol{A})=\mathbf{0},f_{\boldsymbol{A}}(a)=0$，故

$$f'_{\boldsymbol{A}}(a)\boldsymbol{x}_0=\mathbf{0},$$

而 a 是 $\boldsymbol{A}$ 的单重特征值，从而 $f'_{\boldsymbol{A}}(a)\neq0$，故 $\boldsymbol{x}_0=\mathbf{0}$。这与 $\boldsymbol{x}_0$ 是特征向量矛盾。故线性方程组 $(a\boldsymbol{E}-\boldsymbol{A})\boldsymbol{x}=\boldsymbol{x}_0$ 无解。

例 19 设 n 维线性空间 V 的线性变换 σ 有 n 个互异的特征值，证明线性变换 τ 与 σ 可变换的充要条件为 τ 是 $\mathrm{id},\sigma,\sigma^2,\cdots,\sigma^{n-1}$ 的线性组合。

证　必要性。记

$$W=\{\tau\in L(V)\mid\sigma\tau=\tau\sigma\},$$

其中 $L(V)$ 表示线性空间 V 的所有线性变换的集合，设 σ 在 V 的基 $\boldsymbol{\alpha}_1,\boldsymbol{\alpha}_2,\cdots,\boldsymbol{\alpha}_n$ 下的矩阵为

$$\boldsymbol{A}=\mathrm{diag}(\lambda_1,\lambda_2,\cdots,\lambda_n),\quad \lambda_i\neq\lambda_j,i\neq j。$$

τ 在 V 的基 $\boldsymbol{\alpha}_1,\boldsymbol{\alpha}_2,\cdots,\boldsymbol{\alpha}_n$ 下的矩阵为 $\boldsymbol{B}$，由 $\sigma\tau=\tau\sigma$ 可得 $\boldsymbol{AB}=\boldsymbol{BA}$，于是

$$\boldsymbol{B}=\mathrm{diag}(\mu_1,\mu_2,\cdots,\mu_n),$$

从而 $\dim W=n$。

显然

$$\mathrm{id},\sigma,\sigma^2,\cdots,\sigma^{n-1}\in W,$$

且若

$$k_0\mathrm{id}+k_1\sigma+k_2\sigma^2+\cdots+k_{n-1}\sigma^{n-1}=0,$$

则

$$k_0\boldsymbol{E}+k_1\mathrm{diag}(\lambda_1,\lambda_2,\cdots,\lambda_n)+\cdots+k_{n-1}\mathrm{diag}(\lambda_1^{n-1},\lambda_2^{n-1},\cdots,\lambda_n^{n-1})=\boldsymbol{0},$$

可得 $k_0=\cdots=k_{n-1}=0$。即 $\mathrm{id},\sigma,\sigma^2,\cdots,\sigma^{n-1}$ 线性无关，从而为 W 的基，故结论成立。

充分性。显然。

例 20　设 $\boldsymbol{A},\boldsymbol{B}$ 为 n 阶方阵，$\boldsymbol{AB}=\boldsymbol{BA}$，且 $\boldsymbol{A}$ 有 n 个互不相同的特征值 $\lambda_1,\lambda_2,\cdots,\lambda_n$，证明：

(1) 存在可逆矩阵 $\boldsymbol{P}$ 使得 $\boldsymbol{P}^{-1}\boldsymbol{AP},\boldsymbol{P}^{-1}\boldsymbol{BP}$ 同时为对角形；

(2) 存在次数小于等于 $n-1$ 的多项式 $f(x)$，使得 $\boldsymbol{B}=f(\boldsymbol{A})$。

证　(1) 存在可逆矩阵 $\boldsymbol{P}$ 使得

$$\boldsymbol{P}^{-1}\boldsymbol{AP}=\mathrm{diag}(\lambda_1,\lambda_2,\cdots,\lambda_n),$$

于是由 $\boldsymbol{AB}=\boldsymbol{BA}$ 有

$$(\boldsymbol{P}^{-1}\boldsymbol{AP})(\boldsymbol{P}^{-1}\boldsymbol{BP})=(\boldsymbol{P}^{-1}\boldsymbol{BP})(\boldsymbol{P}^{-1}\boldsymbol{AP}),$$

从而可得 $\boldsymbol{P}^{-1}\boldsymbol{BP}=\mathrm{diag}(\mu_1,\mu_2,\cdots,\mu_n)$。故结论成立。

(2) 设 $f(x)=a_{n-1}x^{n-1}+\cdots+a_1x+a_0$ 满足 $f(\boldsymbol{A})=\boldsymbol{B}$，则

$$a_{n-1}\boldsymbol{A}^{n-1}+\cdots+a_1\boldsymbol{A}+a_0\boldsymbol{E}=\boldsymbol{B},$$

从而

$$a_{n-1}(\boldsymbol{P}^{-1}\boldsymbol{AP})^{n-1}+\cdots+a_1(\boldsymbol{P}^{-1}\boldsymbol{AP})+a_0\boldsymbol{E}=\boldsymbol{P}^{-1}\boldsymbol{BP},$$

即

$$\begin{cases}a_{n-1}\lambda_1^{n-1}+\cdots+a_1\lambda_1+a_0=\mu_1,\\ a_{n-1}\lambda_2^{n-1}+\cdots+a_1\lambda_2+a_0=\mu_2,\\ \qquad\qquad\vdots\\ a_{n-1}\lambda_n^{n-1}+\cdots+a_1\lambda_n+a_0=\mu_n,\end{cases}$$

易知此关于未知量 $a_{n-1},\cdots,a_0$ 的线性方程组有唯一解，故结论成立。

例 21　设 σ 是欧氏空间 V 的正交变换，且 $\sigma^m=\mathrm{id}$（$m>1$ 整数，id 为恒等变换）。记

$$V_\sigma=\{\boldsymbol{u}\mid\boldsymbol{u}\in V,\sigma(\boldsymbol{u})=\boldsymbol{u}\},$$

称为 V 的不动点子空间，$V_\sigma^\perp$ 为 V_σ 的正交补。证明：

(1) $V_\sigma^\perp$ 为 σ 的不变子空间；

(2) $\forall\boldsymbol{u}\in V$，记 $\bar{\boldsymbol{u}}=\dfrac{1}{m}\sum\limits_{i=0}^{m-1}\sigma^i(\boldsymbol{u})$（其中 $\sigma^0=\mathrm{id}$），则 $\bar{\boldsymbol{u}}\in V_\sigma$；

(3) 对任何 $\boldsymbol{u}\in V$,$\boldsymbol{u}$ 的直和分解式

$$\boldsymbol{u}=\boldsymbol{u}_1\oplus\boldsymbol{u}_2,\boldsymbol{u}_1\in V_\sigma,\boldsymbol{u}_2\in V_\sigma^\perp,$$

中,有 $\boldsymbol{u}_1=\bar{\boldsymbol{u}}$。

证 (1) $\forall\boldsymbol{\alpha}\in V_\sigma^\perp,\boldsymbol{\beta}\in V_\sigma$,则 $(\boldsymbol{\alpha},\boldsymbol{\beta})=0,\boldsymbol{\beta}=\sigma(\boldsymbol{\beta})$,于是

$$(\sigma(\boldsymbol{\alpha}),\boldsymbol{\beta})=(\boldsymbol{\alpha},\sigma(\boldsymbol{\beta}))=(\boldsymbol{\alpha},\boldsymbol{\beta})=0,$$

此即 $\sigma(\boldsymbol{\alpha})\perp V_\sigma$,从而 $\sigma(\boldsymbol{\alpha})\in V_\sigma^\perp$。故 $V_\sigma^\perp$ 为 σ 的不变子空间。

(2) 由于 $\sigma^m=\mathrm{id}$,于是

$$\sigma(\bar{\boldsymbol{u}})=\sigma\left(\frac{1}{m}\sum_{i=0}^{m-1}\sigma^i(\boldsymbol{u})\right)=\frac{1}{m}\sigma(\boldsymbol{u}+\sigma(\boldsymbol{u})+\cdots+\sigma^{m-2}(\boldsymbol{u})+\sigma^{m-1}(\boldsymbol{u}))$$

$$=\frac{1}{m}(\sigma(\boldsymbol{u})+\sigma^2(\boldsymbol{u})+\cdots+\sigma^{m-1}(\boldsymbol{u})+\boldsymbol{u})=\bar{\boldsymbol{u}}。$$

故 $\bar{\boldsymbol{u}}\in V_\sigma$。

(3) 记 $W=\{\boldsymbol{\alpha}\mid\boldsymbol{\alpha}\in V,(\sigma^{m-1}+\cdots+\sigma+\mathrm{id})(\boldsymbol{\alpha})=\boldsymbol{0}\}$,下证 $V_\sigma^\perp=W$,由正交补子空间的唯一性,只需证明 $V=V_\sigma\oplus W$。

首先证明 $V=V_\sigma+W$。显然 $W+V_\sigma\subseteq V$,下证 $V\subseteq V_\sigma+W$。

令 $f(x)=x-1,g(x)=x^{m-1}+\cdots+x+1$,则 $(f(x),g(x))=1,f(x)g(x)=x^m-1$,于是存在 $u(x),v(x)$ 使得

$$f(x)u(x)+g(x)v(x)=1,$$

于是

$$f(\sigma)u(\sigma)+g(\sigma)v(\sigma)=\mathrm{id},\quad f(\sigma)g(\sigma)=\sigma^m-\mathrm{id}=0。$$

$\forall\boldsymbol{u}\in V$,有

$$\boldsymbol{u}=\mathrm{id}(\boldsymbol{u})=f(\sigma)u(\sigma)(\boldsymbol{u})+g(\sigma)v(\sigma)(\boldsymbol{u}),$$

注意到 $f(\sigma)g(\sigma)=\sigma^m-\mathrm{id}=0$,容易验证

$$f(\sigma)u(\sigma)(\boldsymbol{u})\in W,\quad g(\sigma)v(\sigma)(\boldsymbol{u})\in V_\sigma,$$

从而 $V\subseteq V_\sigma+W$,于是 $V=V_\sigma+W$。

再证明 $V_\sigma\cap W=\{0\}$,$\forall\boldsymbol{u}\in V_\sigma\cap W$,则

$$\boldsymbol{u}=\mathrm{id}(\boldsymbol{u})=f(\sigma)u(\sigma)(\boldsymbol{u})+g(\sigma)v(\sigma)(\boldsymbol{u})=\boldsymbol{0}。$$

从而 $V_\sigma\cap W=\{\boldsymbol{0}\}$,这样 $V=V_\sigma\oplus W$。

于是 $\forall\boldsymbol{u}\in V$,$\boldsymbol{u}$ 有直和分解式

$$\boldsymbol{u}=\boldsymbol{u}_1\oplus\boldsymbol{u}_2,\quad\boldsymbol{u}_1\in V_\sigma,\quad\boldsymbol{u}_2\in V_\sigma^\perp=W,$$

从而有

$$\boldsymbol{u}=\boldsymbol{u}_1+\boldsymbol{u}_2,$$

$$\sigma(\boldsymbol{u})=\boldsymbol{u}_1+\sigma(\boldsymbol{u}_2),$$

$$\cdots$$

$$\sigma^{m-1}(\boldsymbol{u})=\boldsymbol{u}_1+\sigma^{m-1}(\boldsymbol{u}_2)。$$

将上述等式两边相加,$\boldsymbol{u}_2\in W$,满足 $\sigma^{m-1}(\boldsymbol{u}_2)+\cdots+\sigma(\boldsymbol{u}_2)+\boldsymbol{u}_2=\boldsymbol{0}$,从而

$$\boldsymbol{u}_1=\frac{1}{m}\sum_{i=0}^{m-1}\sigma^i(\boldsymbol{u})=\bar{\boldsymbol{u}}。$$

第 8 章 λ-矩阵

8.1 基本知识点

1. 多项式矩阵(λ-矩阵)的定义　设 $\boldsymbol{A}(\lambda)=(a_{ij}(\lambda))$是一个 $m\times n$ 矩阵,其中 $a_{ij}(\lambda)$是数域 P 上的以 λ 为未知量的多项式,则称$\boldsymbol{A}(\lambda)$是多项式矩阵或 λ-矩阵。

2. 可逆 λ-矩阵　设 $\boldsymbol{A}(\lambda)$,$\boldsymbol{B}(\lambda)$均是 λ-矩阵,若 $\boldsymbol{A}(\lambda)\boldsymbol{B}(\lambda)=\boldsymbol{B}(\lambda)\boldsymbol{A}(\lambda)=\boldsymbol{E}_n$,则称 $\boldsymbol{A}(\lambda)$为可逆 λ-矩阵。

3. 定理　两个 n 阶数字方阵 $\boldsymbol{A}$ 和 $\boldsymbol{B}$ 相似当且仅当它们的特征矩阵 $\lambda\boldsymbol{E}_n-\boldsymbol{A}$ 和 $\lambda\boldsymbol{E}_n-\boldsymbol{B}$ 作为λ-矩阵是等价的。

4. 定理　设 $\boldsymbol{A}(\lambda)$是 $s\times n$ 的λ-矩阵,则 $\boldsymbol{A}(\lambda)$等价于

$$\begin{pmatrix} d_1(\lambda) & & & & & \\ & \ddots & & & & \\ & & d_r(\lambda) & & & \\ & & & 0 & & \\ & & & & \ddots & \\ & & & & & 0 \end{pmatrix}$$

其中 $d_i(\lambda)$是首项系数为 1 的多项式,且 $d_i(\lambda)\mid d_{i+1}(\lambda)(i=1,\cdots,r-1)$,称这个矩阵为 $\boldsymbol{A}(\lambda)$的标准形。

5. 行列式因子　设 $\boldsymbol{A}(\lambda)$是 n 阶λ-矩阵,k 是不超过 n 的自然数。如果 $\boldsymbol{A}(\lambda)$有一个 k 阶子式不为 0,则称 $\boldsymbol{A}(\lambda)$的所有 k 阶子式的首项系数为 1 的最大公因式为 $\boldsymbol{A}(\lambda)$的 k 阶行列式因子,记为 $D_k(\lambda)$。

6. 不变因子　设 $s\times n$ 的λ-矩阵 $\boldsymbol{A}(\lambda)$的行列式因子为 $D_1(\lambda),D_2(\lambda),\cdots,D_m(\lambda)$,则 $D_i(\lambda)\mid D_{i+1}(\lambda)(i=1,2,\cdots,m-1)$,记

$$d_1(\lambda)=D_1(\lambda),\quad d_i(\lambda)=\frac{D_i(\lambda)}{D_{i-1}(\lambda)},\quad i=2,\cdots,m。$$

多项式 $d_1(\lambda),d_2(\lambda),\cdots,d_m(\lambda)$称为 $\boldsymbol{A}(\lambda)$的不变因子。

7. 定理　若矩阵 $\boldsymbol{A}$ 和 $\boldsymbol{B}$ 是数域 P 上的 n 阶方阵,则它们在 P 上相似当且仅当它们有相同的不变因子。

8. 伴侣阵　称下面形状的矩阵

$$\boldsymbol{A}=\begin{pmatrix} 0 & 0 & \cdots & 0 & -a_0 \\ 1 & 0 & \cdots & 0 & -a_1 \\ 0 & 1 & \cdots & 0 & -a_2 \\ \vdots & \vdots & & \vdots & \vdots \\ 0 & 0 & \cdots & 1 & -a_{n-1} \end{pmatrix}$$

为多项式 $f(x)=x^n+a_{n-1}x^{n-1}+\cdots+a_1x+a_0$ 的伴侣阵。

9. 定理　若数域 P 上 n 阶方阵 $\boldsymbol{A}$ 的非常数不变因子为 $d_1(\lambda),d_2(\lambda),\cdots,d_m(\lambda)$，则 $\boldsymbol{A}$ 必在 P 上相似于准对角矩阵

$$\boldsymbol{B}=\begin{pmatrix}\boldsymbol{F}_1 & & & \\ & \boldsymbol{F}_2 & & \\ & & \ddots & \\ & & & \boldsymbol{F}_m\end{pmatrix},$$

其中 $\boldsymbol{F}_i$ 是 $d_i(\lambda)$的伴侣阵($i=1,2,\cdots,m$)。

10. 定理　若数域 P 上 n 阶方阵 $\boldsymbol{A}$ 的非常数不变因子为 $d_1(\lambda),d_2(\lambda),\cdots,d_m(\lambda)$，则 $\boldsymbol{A}$ 的特征多项式为 $d_1(\lambda)d_2(\lambda)\cdots d_m(\lambda)$，最小多项式为最后一个不变因子 $d_m(\lambda)$。矩阵 $\boldsymbol{A}$ 与对角矩阵相似当且仅当 $\boldsymbol{A}$ 的最后一个不变因子 $d_m(\lambda)$在 P 上没有重根。

11. 定理　数域 P 上的两个方阵 $\boldsymbol{A},\boldsymbol{B}$ 相似当且仅当它们有相同的初等因子组。

12. 定理　设 $\boldsymbol{A}$ 是复数域$\mathbb{C}$上的 n 阶方阵，且 $\boldsymbol{A}$ 在复数域$\mathbb{C}$上的初等因子组为 $(\lambda-\lambda_1)^{r_1},(\lambda-\lambda_2)^{r_2},\cdots,(\lambda-\lambda_k)^{r_k}$，则 $\boldsymbol{A}$ 相似于准对角矩阵 $\boldsymbol{J}=\begin{pmatrix}\boldsymbol{J}_1 & & & \\ & \boldsymbol{J}_2 & & \\ & & \ddots & \\ & & & \boldsymbol{J}_k\end{pmatrix}$，其中 $\boldsymbol{J}_i$ 为 r_i 阶若尔当块，$\boldsymbol{J}_i=\begin{pmatrix}\lambda_i & 1 & & & \\ & \lambda_i & 1 & & \\ & & \lambda_i & \ddots & \\ & & & \ddots & 1 \\ & & & & \lambda_i\end{pmatrix}$，称 $\boldsymbol{J}$ 为矩阵 $\boldsymbol{A}$ 的若尔当标准形。

13. 定理　复数域$\mathbb{C}$上的 n 阶方阵 $\boldsymbol{A}$ 可以对角化当且仅当 $\boldsymbol{A}$ 的初等因子全是一次因子。

8.2　典型例题

例 1　设

$$\boldsymbol{A}=\begin{pmatrix}-3 & -1 & -1\\ 1 & -1 & -3\\ 0 & 0 & 2\end{pmatrix},$$

求 $\boldsymbol{A}$ 的若尔当标准形 $\boldsymbol{J}$，并求可逆矩阵 $\boldsymbol{T}$ 使得 $\boldsymbol{T}^{-1}\boldsymbol{A}\boldsymbol{T}=\boldsymbol{J}$。

解　因为

$$\lambda\boldsymbol{E}_3-\boldsymbol{A}=\begin{pmatrix}\lambda+3 & 1 & 1\\ -1 & \lambda+1 & 3\\ 0 & 0 & \lambda-2\end{pmatrix},$$

故

$$|\lambda\boldsymbol{E}_3-\boldsymbol{A}|=(\lambda-2)(\lambda+2)^2,$$

且其二阶子式 $\begin{vmatrix}1 & 1\\ \lambda+1 & 3\end{vmatrix}=2-\lambda$ 与二阶子式 $\begin{vmatrix}\lambda+3 & 1\\ -1 & \lambda+1\end{vmatrix}=(\lambda+2)^2$ 互素，因此 $\boldsymbol{A}$ 的最小

多项式为$(\lambda-2)(\lambda+2)^2$，因此 $\boldsymbol{A}$ 的若尔当标准形为

$$\boldsymbol{J}=\begin{pmatrix}2&0&0\\0&-2&1\\0&0&-2\end{pmatrix}。$$

解线性方程组$(2\boldsymbol{E}_3-\boldsymbol{A})\boldsymbol{x}=\boldsymbol{0}$ 推出$(0,1,-1)^{\mathrm{T}}$ 为 2 的一个特征向量。解线性方程组$(-2\boldsymbol{E}_3-\boldsymbol{A})\boldsymbol{x}=\boldsymbol{0}$ 推出$(1,-1,0)^{\mathrm{T}}$ 为对应的特征向量，设

$$\boldsymbol{T}=\begin{pmatrix}0&1&a\\1&-1&b\\-1&0&c\end{pmatrix}$$

为所求可逆矩阵满足 $\boldsymbol{T}^{-1}\boldsymbol{A}\boldsymbol{T}=\boldsymbol{J}$，即 $\boldsymbol{A}\boldsymbol{T}=\boldsymbol{T}\boldsymbol{J}$。因此

$$\begin{pmatrix}-3&-1&-1\\1&-1&-3\\0&0&2\end{pmatrix}\begin{pmatrix}0&1&a\\1&-1&b\\-1&0&c\end{pmatrix}=\begin{pmatrix}0&1&a\\1&-1&b\\-1&0&c\end{pmatrix}\begin{pmatrix}2&0&0\\0&-2&1\\0&0&-2\end{pmatrix}。$$

得到

$$\begin{pmatrix}*&*&-3a-b-c\\ *&*&a-b-3c\\ *&*&2c\end{pmatrix}=\begin{pmatrix}*&*&1-2a\\ *&*&-1-2b\\ *&*&-2c\end{pmatrix},$$

由此 $c=0,a+b=-1$，只需取 $a=-1,b=0,c=0$ 即可，故

$$\boldsymbol{T}=\begin{pmatrix}0&1&-1\\1&-1&0\\-1&0&0\end{pmatrix}。$$

例 2　设 $a,b\in\mathbb{C}$，根据不同的 a,b，求 n 阶上三角形矩阵

$$\boldsymbol{A}=\begin{pmatrix}a&b&\cdots&b&b\\ &a&\cdots&b&b\\ &&\ddots&\vdots&\vdots\\ &&&a&b\\ &&&&a\end{pmatrix}$$

的最小多项式和若尔当标准形。

解　若 $b=0$，则

$$\boldsymbol{A}=\begin{pmatrix}a&&\\&\ddots&\\&&a\end{pmatrix}$$

已为若尔当标准形，且最小多项式为 $\lambda-a$。

若 $b\neq0$，则

$$\lambda\boldsymbol{E}_n-\boldsymbol{A}=\begin{pmatrix}\lambda-a&-b&\cdots&-b&-b\\ &\lambda-a&\cdots&-b&-b\\ &&\ddots&\vdots&\vdots\\ &&&\lambda-a&-b\\ &&&&\lambda-a\end{pmatrix},$$

其行列式因子为 $1,1,\cdots,(\lambda-a)^n$，这是因为若记

$$A_1=\begin{pmatrix}-b & -b & \cdots & -b & -b\\ \lambda-a & -b & \cdots & -b & -b\\ & \ddots & \ddots & \vdots & \vdots\\ & & \lambda-a & -b & -b\\ & & & \lambda-a & -b\end{pmatrix}_{(n-1)\times(n-1)}$$

表示 λE_n-A 右上角的 $n-1$ 阶方阵，并记 $g(\lambda)=|A_1|$，则 $g(a)\neq 0$。而 λE_n-A 左上角的 $n-1$ 阶方阵的行列式为

$$\begin{vmatrix}\lambda-a & -b & \cdots & -b\\ & \lambda-a & \cdots & -b\\ & & \ddots & \vdots\\ & & & \lambda-a\end{vmatrix}=(\lambda-a)^{n-1},$$

于是

$$(g(\lambda),(\lambda-a)^{n-1})=1。$$

所以 A 的不变因子为 $1,\cdots,1,(\lambda-a)^n$，最小多项式为 $(\lambda-a)^n$，若尔当标准形为

$$\begin{pmatrix}a & 1 & & & \\ & a & \ddots & & \\ & & \ddots & \ddots & \\ & & & a & 1\\ & & & & a\end{pmatrix}。$$

例 3　求矩阵

$$A=\begin{pmatrix}0&1&1&1\\0&0&1&1\\0&0&0&1\\0&0&0&1\end{pmatrix}$$

的若尔当标准形 J，并求可逆矩阵 P 使得 $A=PJP^{-1}$，并由此计算 e^A。

分析　容易求出 A 的若尔当标准形为 $J=\begin{pmatrix}0&1&0&0\\0&0&1&0\\0&0&0&0\\0&0&0&1\end{pmatrix}$，设可逆矩阵 P 使得 $P^{-1}AP=J$ 为若尔当标准形。设 $P=(\eta_1,\eta_2,\eta_3,\eta_4)$，则由 $AP=PJ$ 可知

$$A\eta_1=0,A\eta_2=\eta_1,A\eta_3=\eta_2,A\eta_4=\eta_4。$$

证　显然 A 的特征值为 $0,0,0,1$。解线性方程组 $(A-0E_4)x=0$，可以求出 $\alpha_1=(1,0,0,0)^T$。解线性方程组 $(A-0E_4)x=\alpha_1$，可以求出 $\alpha_2=(0,1,0,0)^T$。由 $(A-0E_4)x=\alpha_2$，可以求出 $\alpha_3=(0,-1,1,0)^T$。解线性方程组 $(A-1E_4)x=0$，可以求出 $\beta=(4,2,1,1)^T$。

将 $\alpha_1,\alpha_2,\alpha_3,\beta$ 并列成一个矩阵，得到 $P=\begin{pmatrix}1&0&0&4\\0&1&-1&2\\0&0&1&1\\0&0&0&1\end{pmatrix}$，此时 $J=\begin{pmatrix}0&1&0&0\\0&0&1&0\\0&0&0&0\\0&0&0&1\end{pmatrix}$，

则

$$A=PJP^{-1}。$$

注意到

$$e^J=E_4+J+\frac{J^2}{2!}+\cdots=\begin{pmatrix}1&1&\frac{1}{2}&0\\0&1&1&0\\0&0&1&0\\0&0&0&e\end{pmatrix},$$

则

$$e^A=Pe^JP^{-1}=\begin{pmatrix}1&1&\frac{3}{2}&4e-6.5\\0&1&1&2e-2\\0&0&1&e-1\\0&0&0&e\end{pmatrix}。$$

例 4　设 $n\times n$ 实矩阵 $A=\begin{pmatrix}a_1&1&&&&\\1&a_2&1&&&\\&1&a_3&1&&\\&&\ddots&\ddots&\ddots&\\&&&1&a_{n-1}&1\\&&&&1&a_n\end{pmatrix}$。

(1) 证明：$\text{rank}(A)\geqslant n-1$；

(2) 证明：A 有 n 个互不相同的特征值；

(3) 如果实矩阵 B 与 A 可交换，即 $AB=BA$，证明：存在实数 $c_0,c_1,\cdots,c_{n-1}$，使得 $B=c_0E+c_1A+c_2A^2+\cdots+c_{n-1}A^{n-1}$。

证　(1) 易知

$$\begin{vmatrix}1&&&&\\a_2&1&&&\\1&a_3&1&&\\&\ddots&\ddots&\ddots&\\&&1&a_{n-1}&1\end{vmatrix}$$

是 A 的 $n-1$ 阶非零子式，故 $\text{rank}(A)\geqslant n-1$。

(2) 由于 A 为实对称矩阵，故其特征值的代数重数等于几何重数，即 A 的特征值 λ 作为特征多项式根的重数等于 λ 的特征子空间 $V_\lambda=\{\alpha\mid(A-\lambda E)\alpha=0\}$ 的维数，故只需证明 $\dim V_\lambda=1$ 即可，显然对于 A 的特征值 λ，必有特征向量，从而 $\dim V_\lambda\geqslant 1$，又易知 $\text{rank}(A-\lambda E)\geqslant n-1$，从而 $\dim V_\lambda\leqslant 1$，于是 $\dim V_\lambda=1$。

(3) 由(2)知，存在正交矩阵 P 使得

$$P^{-1}AP=\text{diag}(\lambda_1,\lambda_2,\cdots,\lambda_n),$$

其中 $\lambda_1,\lambda_2,\cdots,\lambda_n$ 为 A 的 n 互不相同的特征值，由 $AB=BA$，有

$$P^{-1}APP^{-1}BP=P^{-1}ABP==P^{-1}BAP=P^{-1}BPP^{-1}AP,$$

故

$$\boldsymbol{P}^{-1}\boldsymbol{B}\boldsymbol{P}=\operatorname{diag}(\mu_1,\mu_2,\cdots,\mu_n)。$$

设 $f(x)=c_0+c_1x+\cdots+c_{n-1}x^{n-1}$,则由

$$\boldsymbol{P}^{-1}\boldsymbol{B}\boldsymbol{P}=\boldsymbol{P}^{-1}f(\boldsymbol{A})\boldsymbol{P}=c_0\boldsymbol{P}^{-1}\boldsymbol{E}\boldsymbol{P}+c_1\boldsymbol{P}^{-1}\boldsymbol{A}\boldsymbol{P}+\cdots+c_{n-1}\boldsymbol{P}^{-1}\boldsymbol{A}^{n-1}\boldsymbol{P},$$

有

$$\begin{cases}\mu_1=c_0+c_1\lambda_1+\cdots+c_{n-1}\lambda_1^{n-1},\\ \mu_2=c_0+c_1\lambda_2+\cdots+c_{n-1}\lambda_2^{n-1},\\ \quad\vdots\\ \mu_n=c_0+c_1\lambda_n+\cdots+c_{n-1}\lambda_n^{n-1},\end{cases}$$

此关于 $c_0,c_1,\cdots,c_{n-1}$ 方程组的系数矩阵可逆,从而有唯一解,于是结论成立。

例 5　设 $\boldsymbol{A},\boldsymbol{B}\in\mathbb{C}^{n\times n}$,其中 $\boldsymbol{A}$ 为幂零矩阵(即存在正整数 m 使得 $\boldsymbol{A}^m=\boldsymbol{0}$)且 $\boldsymbol{AB}=\boldsymbol{BA}$。求证 $|\boldsymbol{A}+\boldsymbol{B}|=|\boldsymbol{B}|$。

证　若 $\boldsymbol{B}$ 可逆,由 $\boldsymbol{AB}=\boldsymbol{BA}$ 可得 $\boldsymbol{AB}^{-1}=\boldsymbol{B}^{-1}\boldsymbol{A}$,从而

$$(\boldsymbol{AB}^{-1})^m=\boldsymbol{A}^m(\boldsymbol{B}^{-1})^m=\boldsymbol{0},$$

故 $\boldsymbol{AB}^{-1}$ 的特征值全为 0。从而存在可逆阵 $\boldsymbol{P}$ 使得

$$\boldsymbol{P}^{-1}(\boldsymbol{AB}^{-1})\boldsymbol{P}=\begin{pmatrix}0 & & *\\ & \ddots & \\ & & 0\end{pmatrix},$$

于是

$$\begin{aligned}|\boldsymbol{A}+\boldsymbol{B}|&=|\boldsymbol{AB}^{-1}+\boldsymbol{E}||\boldsymbol{B}|=|\boldsymbol{P}^{-1}(\boldsymbol{AB}^{-1}+\boldsymbol{E})\boldsymbol{P}||\boldsymbol{B}|\\&=|\boldsymbol{E}+\boldsymbol{P}^{-1}(\boldsymbol{AB}^{-1})\boldsymbol{P}||\boldsymbol{B}|=|\boldsymbol{B}|。\end{aligned}$$

若 $\boldsymbol{B}$ 不可逆,令

$$\boldsymbol{B}_1=t\boldsymbol{E}+\boldsymbol{B},$$

则存在无穷多个 t 的值使得 $\boldsymbol{B}_1$ 可逆,且 $\boldsymbol{AB}_1=\boldsymbol{B}_1\boldsymbol{A}$。故

$$|\boldsymbol{A}+\boldsymbol{B}_1|=|\boldsymbol{B}_1|,$$

由于有无穷多个 t 的值使得上式成立,从而等式恒成立,从而当 $t=0$ 时上式也成立。故结论成立。

例 6　设 V 为复数域上的 n 维线性空间,σ 为 V 的线性变换,i 是小于 n 的正整数,证明存在维数为 i 的 σ 的不变子空间。

证　首先证明 σ 在 V 的基 $\boldsymbol{\alpha}_1,\boldsymbol{\alpha}_2,\cdots,\boldsymbol{\alpha}_n$ 下的矩阵为

$$\boldsymbol{J}_n(\lambda)=\begin{pmatrix}\lambda & 1 & & \\ & \lambda & \ddots & \\ & & \ddots & 1\\ & & & \lambda\end{pmatrix}$$

时,结论成立。由于

$$\sigma(\boldsymbol{\alpha}_1)=\lambda\boldsymbol{\alpha}_1,\quad \sigma(\boldsymbol{\alpha}_j)=\boldsymbol{\alpha}_{j-1}+\lambda\boldsymbol{\alpha}_j,\quad j=2,\cdots,n。$$

令 $W=L(\boldsymbol{\alpha}_1,\boldsymbol{\alpha}_2,\cdots,\boldsymbol{\alpha}_i)$即可。

一般的,设 σ 在 V 的基 $\boldsymbol{\alpha}_{11},\cdots,\boldsymbol{\alpha}_{1r_1},\boldsymbol{\alpha}_{21},\cdots,\boldsymbol{\alpha}_{2r_2},\cdots,\boldsymbol{\alpha}_{s1},\cdots,\boldsymbol{\alpha}_{sr_s}$ 下的矩阵为若尔当标准形

$$\boldsymbol{J}=\begin{pmatrix}\boldsymbol{J}_1 & & & \\ & \boldsymbol{J}_2 & & \\ & & \ddots & \\ & & & \boldsymbol{J}_s\end{pmatrix},$$

其中 $\boldsymbol{J}_i$ 是对角元为 λ_i 的 r_i 阶若尔当块,$r_1\leqslant r_2\leqslant\cdots\leqslant r_s$,$r_1+r_2+\cdots+r_s=n$。

若 $i\leqslant r_1$,则由上面的证明可知

$$L(\boldsymbol{\alpha}_{11},\cdots,\boldsymbol{\alpha}_{1i})$$

即为 σ 的 i 维不变子空间。

若 $i>r_1$,则存在 j 使得

$$r_1+\cdots+r_j\leqslant i\leqslant r_1+\cdots+r_{j+1},2\leqslant j\leqslant s,$$

令

$$L(\boldsymbol{\alpha}_{11},\cdots,\boldsymbol{\alpha}_{jr_j},\boldsymbol{\alpha}_{j+1,1},\cdots,\boldsymbol{\alpha}_{j+1,t}),\quad t=i-(r_1+\cdots+r_j),$$

即可。

例 7　求证:n 阶复矩阵 $\mathbf{A}$ 可以对角化当且仅当对任给 n 维列向量 $\boldsymbol{x}$,若$(\lambda_0\boldsymbol{E}_n-\mathbf{A})^2\boldsymbol{x}=\mathbf{0}$,则$(\lambda_0\boldsymbol{E}_n-\mathbf{A})\boldsymbol{x}=\mathbf{0}$,$\lambda_0\in\mathbb{C}$。

证　(⇒)$\mathbf{A}$ 可以对角化,因此存在可逆矩阵 $\boldsymbol{T}$ 使得

$$\mathbf{A}=\boldsymbol{T}^{-1}\begin{pmatrix}\lambda_1\boldsymbol{E}_{i_1} & & & \\ & \lambda_1\boldsymbol{E}_{i_2} & & \\ & & \ddots & \\ & & & \lambda_s\boldsymbol{E}_{i_s}\end{pmatrix}\boldsymbol{T},$$

这里 $\lambda_1,\lambda_2,\cdots,\lambda_s$ 两两不同,对 $\lambda_0\in\mathbb{C}$,有

$$\lambda_0\boldsymbol{E}_n-\mathbf{A}=\boldsymbol{T}^{-1}\begin{pmatrix}(\lambda_0-\lambda_1)\boldsymbol{E}_{i_1} & & & \\ & (\lambda_0-\lambda_2)\boldsymbol{E}_{i_2} & & \\ & & \ddots & \\ & & & (\lambda_0-\lambda_s)\boldsymbol{E}_{i_s}\end{pmatrix}\boldsymbol{T},$$

$$(\lambda_0\boldsymbol{E}_n-\mathbf{A})^2=\boldsymbol{T}^{-1}\begin{pmatrix}(\lambda_0-\lambda_1)^2\boldsymbol{E}_{i_1} & & & \\ & (\lambda_0-\lambda_2)^2\boldsymbol{E}_{i_2} & & \\ & & \ddots & \\ & & & (\lambda_0-\lambda_s)^2\boldsymbol{E}_{i_s}\end{pmatrix}\boldsymbol{T},$$

由于$(\lambda_0\boldsymbol{E}_n-\mathbf{A})^2\boldsymbol{x}=\mathbf{0}$,故 $\boldsymbol{T}^{-1}(\lambda_0\boldsymbol{E}_n-\mathbf{A})^2\boldsymbol{T}\boldsymbol{T}^{-1}\boldsymbol{x}=\mathbf{0}$,即

$$\begin{pmatrix}(\lambda_0-\lambda_1)^2\boldsymbol{E}_{i_1} & & & \\ & (\lambda_0-\lambda_2)^2\boldsymbol{E}_{i_2} & & \\ & & \ddots & \\ & & & (\lambda_0-\lambda_s)^2\boldsymbol{E}_{i_s}\end{pmatrix}\boldsymbol{T}^{-1}\boldsymbol{x}=\mathbf{0}。$$

从而

$$\begin{pmatrix}(\lambda_0-\lambda_1)\boldsymbol{E}_{i_1} & & & \\ & (\lambda_0-\lambda_2)\boldsymbol{E}_{i_2} & & \\ & & \ddots & \\ & & & (\lambda_0-\lambda_s)\boldsymbol{E}_{i_s}\end{pmatrix}\boldsymbol{T}^{-1}\boldsymbol{x}=\boldsymbol{0}。$$

故$(\lambda_0\boldsymbol{E}_n-\boldsymbol{A})\boldsymbol{x}=\boldsymbol{0}$。

($\Leftarrow$)用反证法。若 $\boldsymbol{A}$ 不能对角化,则其若尔当标准形 $\boldsymbol{J}$ 中至少有一块阶大于 1。记其中的一块为 $\boldsymbol{J}_1$,设其阶为 r,并设 $\boldsymbol{J}_1$ 的主对角线上的元素为 λ_0,则 $\operatorname{rank}(\lambda_0\boldsymbol{E}_r-\boldsymbol{J}_1)=r-1$,而$\operatorname{rank}(\lambda_0\boldsymbol{E}_r-\boldsymbol{J}_1)^2=r-2$,从而$(\lambda_0\boldsymbol{E}_n-\boldsymbol{J})^2$ 的秩比 $\lambda_0\boldsymbol{E}_n-\boldsymbol{J}$ 的秩小,因此$(\lambda_0\boldsymbol{E}_n-\boldsymbol{A})^2$ 的秩小于 $\lambda_0\boldsymbol{E}_n-\boldsymbol{A}$ 的秩,而根据已知条件,可知 $\operatorname{rank}(\lambda_0\boldsymbol{E}_n-\boldsymbol{A})^2=\operatorname{rank}(\lambda_0\boldsymbol{E}_n-\boldsymbol{A})$,此为矛盾,因此 $\boldsymbol{A}$ 可以对角化。

例 8 设 $\boldsymbol{A}$ 是 n 阶方阵,其特征多项式有如下分解

$$p(\lambda)=|\lambda\boldsymbol{E}_n-\boldsymbol{A}|=(\lambda-\lambda_1)^{r_1}(\lambda-\lambda_2)^{r_2}\cdots(\lambda-\lambda_s)^{r_s},$$

其中 $\boldsymbol{E}_n$ 为 n 阶单位方阵,$\lambda_i(i=1,2,\cdots,s)$两两不等。试证明 $\boldsymbol{A}$ 的若尔当标准形中以 λ_i 为特征值的若尔当块的个数等于特征子空间 V_{λ_i} 的维数。

证 设 $\boldsymbol{A}$ 的若尔当标准形为

$$\boldsymbol{J}=\begin{pmatrix}\boldsymbol{J}_{\lambda_i} & \\ & \boldsymbol{B}\end{pmatrix},$$

其中 λ_i 不是矩阵 $\boldsymbol{B}_{k\times k}$ 的特征值,而

$$\boldsymbol{J}_{\lambda_i}=\begin{pmatrix}\boldsymbol{J}_1 & & \\ & \ddots & \\ & & \boldsymbol{J}_t\end{pmatrix},\quad \boldsymbol{J}_i=\begin{pmatrix}\lambda_i & 1 & & \\ & \lambda_i & \ddots & \\ & & \ddots & 1\\ & & & \lambda_i\end{pmatrix}_{n_i\times n_i},$$

则存在可逆矩阵 $\boldsymbol{P}$ 使得 $\boldsymbol{P}^{-1}\boldsymbol{A}\boldsymbol{P}=\boldsymbol{J}$,且 $\boldsymbol{A}$ 的若尔当标准形中以 λ_i 为特征值的若尔当块的个数为 t,而特征子空间

$$V_{\lambda_i}=\{\boldsymbol{\alpha}\mid \boldsymbol{A}\boldsymbol{\alpha}=\lambda_i\boldsymbol{\alpha}\}=\{\boldsymbol{\alpha}\mid(\boldsymbol{A}-\lambda_i\boldsymbol{E}_n)\boldsymbol{\alpha}=\boldsymbol{0}\}$$

的维数为

$$\dim V_{\lambda_i}=n-\operatorname{rank}(\boldsymbol{A}-\lambda_i\boldsymbol{E}_n)=n-\operatorname{rank}(\boldsymbol{P}(\boldsymbol{J}-\lambda_i\boldsymbol{E}_n)\boldsymbol{P}^{-1})=n-\operatorname{rank}(\boldsymbol{J}-\lambda_i\boldsymbol{E}_n)。$$

注意到 $n_1+\cdots+n_t+k=n$,以及

$$\boldsymbol{J}-\lambda_i\boldsymbol{E}_n=\begin{pmatrix}\boldsymbol{J}_0 & \\ & \boldsymbol{B}-\lambda_i\boldsymbol{E}_k\end{pmatrix},$$

其中 $\boldsymbol{J}_0$ 的每个若尔当块的对角元素都是 0,$\boldsymbol{B}-\lambda_i\boldsymbol{E}_k$ 是可逆的,从而

$$\operatorname{rank}(\boldsymbol{J}-\lambda_i\boldsymbol{E}_n)=k+n_1-1+\cdots+n_i-1=n-t。$$

故 $\dim V_{\lambda_i}=t$,从而结论成立。

例 9 证明:对任意的 n 阶复方阵 $\boldsymbol{A}$ 都存在可逆矩阵 $\boldsymbol{P}$ 使得 $\boldsymbol{P}^{-1}\boldsymbol{A}\boldsymbol{P}=\boldsymbol{G}\boldsymbol{S}$,其中 $\boldsymbol{G},\boldsymbol{S}$ 都是对称方阵,而且 $\boldsymbol{G}$ 可逆。

证　由于存在可逆矩阵 $\boldsymbol{Q}$ 使得 $\boldsymbol{Q}^{-1}\boldsymbol{A}\boldsymbol{Q}=\begin{pmatrix}\boldsymbol{J}_1 & & & \\ & \boldsymbol{J}_2 & & \\ & & \ddots & \\ & & & \boldsymbol{J}_k\end{pmatrix}$ 为若尔当标准形，这里 $\boldsymbol{J}_i=\begin{pmatrix}\lambda_i & 1 & & & \\ & \lambda_i & 1 & & \\ & & \ddots & \ddots & \\ & & & \lambda_i & 1 \\ & & & & \lambda_i\end{pmatrix}$，只需考虑 $\boldsymbol{A}$ 为一个若尔当块的情形，因此我们不妨假设 $\boldsymbol{A}=\begin{pmatrix}a & 1 & & & \\ & a & 1 & & \\ & & \ddots & \ddots & \\ & & & a & 1 \\ & & & & a\end{pmatrix}$，令 $\boldsymbol{T}=\begin{pmatrix}0 & 0 & \cdots & 0 & 1 \\ 0 & 0 & \cdots & 1 & 0 \\ \vdots & \vdots & & \vdots & \vdots \\ 0 & 1 & \cdots & 0 & 0 \\ 1 & 0 & \cdots & 0 & 0\end{pmatrix}$。则 $\boldsymbol{T}^2=\boldsymbol{E}_n$，且 $\boldsymbol{T}$ 为正交对称矩阵。

由于

$$
\begin{aligned}
\boldsymbol{T}^{\mathrm{T}}\boldsymbol{A}\boldsymbol{T}=\boldsymbol{T}\boldsymbol{A}\boldsymbol{T}
&=\begin{pmatrix}0 & 0 & \cdots & 0 & 1 \\ 0 & 0 & \cdots & 1 & 0 \\ \vdots & \vdots & & \vdots & \vdots \\ 0 & 1 & \cdots & 0 & 0 \\ 1 & 0 & \cdots & 0 & 0\end{pmatrix}\begin{pmatrix}a & 1 & & & \\ & a & 1 & & \\ & & \ddots & \ddots & \\ & & & a & 1 \\ & & & & a\end{pmatrix}\begin{pmatrix}0 & 0 & \cdots & 0 & 1 \\ 0 & 0 & \cdots & 1 & 0 \\ \vdots & \vdots & & \vdots & \vdots \\ 0 & 1 & \cdots & 0 & 0 \\ 1 & 0 & \cdots & 0 & 0\end{pmatrix} \\
&=\begin{pmatrix}0 & 0 & \cdots & 0 & 1 \\ 0 & 0 & \cdots & 1 & 0 \\ \vdots & \vdots & & \vdots & \vdots \\ 0 & 1 & \cdots & 0 & 0 \\ 1 & 0 & \cdots & 0 & 0\end{pmatrix}\begin{pmatrix} & & & 1 & a \\ & & & a & \\ & & \cdot^{\cdot^{\cdot}} & \cdot^{\cdot^{\cdot}} & \\ 1 & a & & & \\ a & & & & \end{pmatrix} \\
&=\begin{pmatrix}a & & & & \\ 1 & a & & & \\ & 1 & \ddots & & \\ & & \ddots & a & \\ & & & 1 & a\end{pmatrix}=\boldsymbol{A}^{\mathrm{T}},
\end{aligned}
$$

所以 $\boldsymbol{T}\boldsymbol{A}=\boldsymbol{A}^{\mathrm{T}}\boldsymbol{T}$。令 $\boldsymbol{S}=\boldsymbol{T}\boldsymbol{A}$，$\boldsymbol{G}=\boldsymbol{T}$。因为 $(\boldsymbol{T}\boldsymbol{A})^{\mathrm{T}}=\boldsymbol{A}^{\mathrm{T}}\boldsymbol{T}^{\mathrm{T}}=\boldsymbol{A}^{\mathrm{T}}\boldsymbol{T}=\boldsymbol{T}\boldsymbol{A}$，因比 $\boldsymbol{T}\boldsymbol{A}$ 为对称矩阵，因此 $\boldsymbol{A}=\boldsymbol{T}^2\boldsymbol{A}=\boldsymbol{T}(\boldsymbol{T}\boldsymbol{A})=\boldsymbol{G}\boldsymbol{S}$。因此存在可逆矩阵 $\boldsymbol{P}$ 使得 $\boldsymbol{P}^{-1}\boldsymbol{A}\boldsymbol{P}=\boldsymbol{G}\boldsymbol{S}$，$\boldsymbol{G}$ 为对称可逆矩阵，$\boldsymbol{S}$ 为对称矩阵。

第 9 章　欧几里得空间

9.1　基本知识点

1. 欧几里得空间　设 V 是实数域$\mathbb{R}$上的一个线性空间，在 V 上定义了一个二元实函数，记作(α,β)，若满足如下性质：

(1) $(\alpha,\beta)=(\beta,\alpha)$；

(2) $(k\alpha,\beta)=k(\alpha,\beta)$；

(3) $(\alpha+\beta,\gamma)=(\alpha,\gamma)+(\beta,\gamma)$；

(4) $(\alpha,\alpha)\geqslant 0$，$(\alpha,\alpha)=0\Leftrightarrow\alpha=0$。这里 α,β,γ 是 V 中任意的向量，k 是任意的实数，则称(α,β)为一个内积，称 V 为一个欧几里得空间，简称欧氏空间。

2. 向量的长度　设 V 为欧氏空间，$\alpha\in V$，定义长度$|\alpha|=\sqrt{(\alpha,\alpha)}$，显然$|\alpha|\geqslant 0$，$|\alpha|=0\Leftrightarrow\alpha=0$，$|k\alpha|=|k||\alpha|$，长度为 1 的向量称为单位向量，若 $\alpha\neq 0$，则$\dfrac{1}{|\alpha|}\alpha$ 为单位向量，这一过程称为单位化。

3. 柯西-布涅柯夫斯基不等式　设 V 为欧氏空间，对任意的 $\alpha,\beta\in V$，我们有$|(\alpha,\beta)|\leqslant|\alpha||\beta|$，当且仅当 α,β 线性相关时，等式成立。这一不等式称为柯西-布涅柯夫斯基不等式。

若 α,β 不为零，定义夹角

$$\langle\alpha,\beta\rangle=\arccos\frac{(\alpha,\beta)}{|\alpha||\beta|},\quad 0\leqslant\langle\alpha,\beta\rangle\leqslant\pi。$$

4. 正交　设 V 为欧氏空间，$\alpha,\beta\in V$。若$\langle\alpha,\beta\rangle=0$，称 α,β 正交或互相垂直，记作 $\alpha\perp\beta$。

5. 度量矩阵　设 $\varepsilon_1,\varepsilon_2,\cdots,\varepsilon_n$ 为欧氏空间 V 的基，令 $a_{ij}=(\varepsilon_i,\varepsilon_j)$，$\boldsymbol{A}=(a_{ij})_{n\times n}$，则 $\boldsymbol{A}$ 为实对称矩阵，对任意 $\alpha=(\varepsilon_1,\varepsilon_2,\cdots,\varepsilon_n)\boldsymbol{x}$，$\beta=(\varepsilon_1,\varepsilon_2,\cdots,\varepsilon_n)\boldsymbol{y}$，$(\alpha,\beta)=\boldsymbol{x}^{\mathrm{T}}\boldsymbol{A}\boldsymbol{y}$。称 $\boldsymbol{A}$ 为基 $\varepsilon_1,\varepsilon_2,\cdots,\varepsilon_n$ 的度量矩阵。

(1) 度量矩阵是正定的。

(2) 设 $\eta_1,\eta_2,\cdots,\eta_n$ 为 V 的另一组基且$(\eta_1,\eta_2,\cdots,\eta_n)=(\varepsilon_1,\varepsilon_2,\cdots,\varepsilon_n)\boldsymbol{P}$，这里 $\boldsymbol{P}$ 为实的可逆矩阵。则 $\eta_1,\eta_2,\cdots,\eta_n$ 的度量矩阵 $\boldsymbol{B}=\boldsymbol{P}^{\mathrm{T}}\boldsymbol{A}\boldsymbol{P}$，即不同基的度量矩阵是合同的。

(3) 若 $\boldsymbol{D}$ 与 $\boldsymbol{A}$ 合同，设存在可逆矩阵 $\boldsymbol{T}$ 使得 $\boldsymbol{D}=\boldsymbol{T}^{\mathrm{T}}\boldsymbol{A}\boldsymbol{T}$，则 $\boldsymbol{D}$ 是基$(\varepsilon_1,\varepsilon_2,\cdots,\varepsilon_n)\boldsymbol{T}$ 的度量矩阵，即合同的正定矩阵可看作同一内积空间的不同基的度量矩阵。

6. 正交向量组、正交基、标准正交基。

(1) 设 V 为一个 n 维实线性空间。若 $\boldsymbol{\alpha}_1,\boldsymbol{\alpha}_2,\cdots,\boldsymbol{\alpha}_k$ 中的任意两个不同的向量都正交，则称 $\boldsymbol{\alpha}_1,\boldsymbol{\alpha}_2,\cdots,\boldsymbol{\alpha}_k$ 是一个正交向量组。

若 $\boldsymbol{\alpha}_1,\boldsymbol{\alpha}_2,\cdots,\boldsymbol{\alpha}_k$ 为一个正交向量组且其中的每个向量长度都是 1，则称 $\boldsymbol{\alpha}_1,\boldsymbol{\alpha}_2,\cdots,\boldsymbol{\alpha}_k$ 为一个标准正交向量组。

若 $\boldsymbol{\alpha}_1,\boldsymbol{\alpha}_2,\cdots,\boldsymbol{\alpha}_k$ 为一个正交向量组且是 V 的一组基，则称 $\boldsymbol{\alpha}_1,\boldsymbol{\alpha}_2,\cdots,\boldsymbol{\alpha}_k$ 为一个正

交基。

若 $\boldsymbol{\alpha}_1,\boldsymbol{\alpha}_2,\cdots,\boldsymbol{\alpha}_k$ 为一个标准正交向量组且为 V 的一组基,则称 $\boldsymbol{\alpha}_1,\boldsymbol{\alpha}_2,\cdots,\boldsymbol{\alpha}_k$ 为一个标准正交基。

(2) 欧氏空间 V 的一组基为标准正交基的充要条件为它的度量矩阵为单位矩阵,即

$$(\boldsymbol{\varepsilon}_i,\boldsymbol{\varepsilon}_j)=\begin{cases}1, & i=j,\\ 0, & i\neq j。\end{cases}$$

7. 对于 n 维欧氏空间 V 中任意一组线性无关的向量 $\boldsymbol{\varepsilon}_1,\boldsymbol{\varepsilon}_2,\cdots,\boldsymbol{\varepsilon}_m$ 都可以找到一标准正交基 $\boldsymbol{\eta}_1,\boldsymbol{\eta}_2,\cdots,\boldsymbol{\eta}_m$ 使得

$$L(\boldsymbol{\varepsilon}_1,\boldsymbol{\varepsilon}_2,\cdots,\boldsymbol{\varepsilon}_i)=L(\boldsymbol{\eta}_1,\boldsymbol{\eta}_2,\cdots,\boldsymbol{\eta}_i),\quad i=1,2,\cdots,m。$$

对于 n 维欧氏空间 V 中任意一组基 $\boldsymbol{\alpha}_1,\boldsymbol{\alpha}_2,\cdots,\boldsymbol{\alpha}_n$ 都可用施密特正交化方法得到一组标准正交基 $\boldsymbol{\eta}_1,\boldsymbol{\eta}_2,\cdots,\boldsymbol{\eta}_n$ 使得

$$L(\boldsymbol{\varepsilon}_1,\boldsymbol{\varepsilon}_2,\cdots,\boldsymbol{\varepsilon}_i)=L(\boldsymbol{\eta}_1,\boldsymbol{\eta}_2,\cdots,\boldsymbol{\eta}_i),\quad i=1,2,\cdots,n。$$

具体过程如下:

(1) 正交化,取

$$\begin{aligned}
\boldsymbol{\beta}_1&=\boldsymbol{\alpha}_1,\\
\boldsymbol{\beta}_2&=\boldsymbol{\alpha}_2-\frac{(\boldsymbol{\alpha}_2,\boldsymbol{\beta}_1)}{(\boldsymbol{\beta}_1,\boldsymbol{\beta}_1)}\boldsymbol{\beta}_1,\\
&\vdots\\
\boldsymbol{\beta}_n&=\boldsymbol{\alpha}_n-\frac{(\boldsymbol{\alpha}_n,\boldsymbol{\beta}_1)}{(\boldsymbol{\beta}_1,\boldsymbol{\beta}_1)}\boldsymbol{\beta}_1-\frac{(\boldsymbol{\alpha}_n,\boldsymbol{\beta}_2)}{(\boldsymbol{\beta}_2,\boldsymbol{\beta}_2)}\boldsymbol{\beta}_2-\cdots-\frac{(\boldsymbol{\alpha}_n,\boldsymbol{\beta}_{n-1})}{(\boldsymbol{\beta}_{n-1},\boldsymbol{\beta}_{n-1})}\boldsymbol{\beta}_{n-1}。
\end{aligned}$$

(2) 单位化,即令 $\boldsymbol{\eta}_i=\dfrac{\boldsymbol{\beta}_i}{|\boldsymbol{\beta}_i|},i=1,2,\cdots,n$。

8. 正交变换　欧氏空间 V 上的线性变换 σ 称为正交变换,如果它保持向量的内积不变,即任意 $\alpha,\beta\in V,(\sigma(\alpha),\sigma(\beta))=(\alpha,\beta)$。

设 σ 为 n 维欧氏空间 V 的线性变换,则下列条件等价。

(1) σ 为正交变换,即对任意 $\boldsymbol{\alpha},\boldsymbol{\beta}\in V,(\sigma(\boldsymbol{\alpha}),\sigma(\boldsymbol{\beta}))=(\boldsymbol{\alpha},\boldsymbol{\beta})$;

(2) σ 保持向量的长度不变,即任意 $\boldsymbol{\alpha}\in V,|\sigma(\boldsymbol{\alpha})|=|\boldsymbol{\alpha}|$;

(3) σ 把标准正交基变成标准正交基,即若 $\boldsymbol{\varepsilon}_1,\boldsymbol{\varepsilon}_2,\cdots,\boldsymbol{\varepsilon}_n$ 为标准正交基,则 $\sigma(\boldsymbol{\varepsilon}_1),\sigma(\boldsymbol{\varepsilon}_2),\cdots,\sigma(\boldsymbol{\varepsilon}_n)$ 也为标准正交基;

(4) σ 在标准正交基下的矩阵为正交矩阵。

9. 正交矩阵的性质

(1) 因正交矩阵是可逆的,故正交变换是可逆的。

(2) 正交变换是欧氏空间到自身的同构映射,因而正交变换的乘积与正交变换的逆仍是正交变换。进而,正交矩阵的乘积与正交矩阵的逆仍是正交矩阵。

(3) $\boldsymbol{A}$ 为正交矩阵,则 $|\boldsymbol{A}|=1$(旋转或第一类的)或 $|\boldsymbol{A}|=-1$(第二类的)。

10. 正交补　设 V_1 是欧氏空间 V 的一个子空间,称 $V_1^{\perp}=\{\alpha\in V\mid\alpha\perp V_1\}$ 为 V_1 在 V 中的正交补。

11. 对称变换　若 σ 为 n 维欧氏空间 V 上的一个线性变换,对任给 $\boldsymbol{\alpha},\boldsymbol{\beta}\in V$,满足 $(\sigma(\boldsymbol{\alpha}),\boldsymbol{\beta})=(\boldsymbol{\alpha},\sigma(\boldsymbol{\beta}))$,则称 σ 为一个对称变换。

12. 实对称矩阵的性质

(1) 实对称矩阵 $\boldsymbol{A}$ 的特征值均为实数。

(2) 若 $\boldsymbol{A}$ 为实对称矩阵(或 σ 为对称变换),则 $\boldsymbol{A}$(或 σ)的不同特征值的特征向量正交。

(3) 若 $\boldsymbol{A}$ 为实对称矩阵,则存在正交矩阵 $\boldsymbol{T}$ 使得 $\boldsymbol{T}^{\mathrm{T}}\boldsymbol{AT}$ 为对角形矩阵。

9.2 典型例题

例 1 已知实矩阵 $\boldsymbol{A}=\begin{pmatrix}2&2&-2\\2&5&-4\\-2&-4&5\end{pmatrix}$。

(1) 求 $\boldsymbol{A}$ 的特征多项式,并确定其是否有重根;

(2) 求一个正交矩阵 $\boldsymbol{P}$ 使得 $\boldsymbol{PAP}^{-1}$ 为对角矩阵;

(3) 令 V 是所有与 $\boldsymbol{A}$ 可交换的实矩阵全体,证明 V 是实数域上的一个线性空间,并确定 V 的维数。

解 (1) $\boldsymbol{A}$ 的特征多项式为 $f(\lambda)=|\lambda\boldsymbol{E}_3-\boldsymbol{A}|=(\lambda-1)^2(\lambda-10)$。因此其有重零点 1。

(2) 取属于特征值 1 的特征向量为

$$\boldsymbol{\alpha}_1=(-2,1,0)^{\mathrm{T}},\quad \boldsymbol{\alpha}_2=(2,1,0)^{\mathrm{T}}。$$

将其单位正交化可得

$$\boldsymbol{\beta}_1=\left(\frac{-2}{\sqrt{5}},\frac{1}{\sqrt{5}},0\right)^{\mathrm{T}},\quad \boldsymbol{\beta}_2=\left(\frac{2}{3\sqrt{5}},\frac{4}{3\sqrt{5}},\frac{5}{3\sqrt{5}}\right)^{\mathrm{T}}。$$

取属于特征值 10 的特征向量 $\boldsymbol{\alpha}_3=(1,2,-2)^{\mathrm{T}}$,将其单位化,可得

$$\boldsymbol{\beta}_3=\left(\frac{1}{3},\frac{2}{3},-\frac{2}{3}\right)^{\mathrm{T}}。$$

令

$$\boldsymbol{P}=\begin{pmatrix}\frac{-2}{\sqrt{5}}&\frac{1}{\sqrt{5}}&0\\ \frac{2}{3\sqrt{5}}&\frac{4}{3\sqrt{5}}&\frac{5}{3\sqrt{5}}\\ \frac{1}{3}&\frac{2}{3}&-\frac{2}{3}\end{pmatrix},\quad 则\quad \boldsymbol{PAP}^{-1}=\begin{pmatrix}1&&\\&1&\\&&10\end{pmatrix}。$$

(3) 首先 $V=\{\boldsymbol{B}\in\mathbb{R}^{3\times3}\mid\boldsymbol{AB}=\boldsymbol{BA}\}$。易知 V 是 $\mathbb{R}^{3\times3}$ 的子空间,故 V 是实数域上的一个线性空间。由

$$\boldsymbol{PAP}^{-1}\boldsymbol{PBP}^{-1}=\boldsymbol{PBP}^{-1}\boldsymbol{PAP}^{-1},\boldsymbol{PAP}^{-1}=\begin{pmatrix}1&&\\&1&\\&&10\end{pmatrix}$$

可得 $\boldsymbol{PBP}^{-1}$ 形状如下

$$\boldsymbol{PBP}^{-1}=\begin{pmatrix}b_{11}&b_{12}&0\\b_{21}&b_{22}&0\\0&0&b_{33}\end{pmatrix}$$

故易知

$$P^{-1}E_{11}P, P^{-1}E_{12}P, P^{-1}E_{21}P, P^{-1}E_{22}P, P^{-1}E_{33}P$$

为 V 的基，从而 V 的维数为 5。

例 2　设 $\boldsymbol{S}$ 为 n 阶正定矩阵。证明：

(1) 存在唯一的正定矩阵 $\boldsymbol{S}_1$ 使得 $\boldsymbol{S}=\boldsymbol{S}_1^2$；

(2) 若 $\boldsymbol{A}$ 为 n 阶实对称矩阵，则 $\boldsymbol{AS}$ 的特征值是实数。

证　(1) 设正交矩阵 $\boldsymbol{T}$ 使得

$$\boldsymbol{S}=\boldsymbol{T}^{\mathrm{T}}\begin{pmatrix}\lambda_1\boldsymbol{E}_{t_1} & & \\ & \ddots & \\ & & \lambda_s\boldsymbol{E}_{t_s}\end{pmatrix}\boldsymbol{T},$$

这里 $\lambda_i\neq\lambda_j(i\neq j)$，$\boldsymbol{E}_{t_i}$ 为 t_i 阶单位矩阵，令

$$\boldsymbol{S}_1=\boldsymbol{T}^{\mathrm{T}}\begin{pmatrix}\sqrt{\lambda_1}\boldsymbol{E}_{t_1} & & \\ & \ddots & \\ & & \sqrt{\lambda_s}\boldsymbol{E}_{t_s}\end{pmatrix}\boldsymbol{T},$$

则 $\boldsymbol{S}_1$ 为正定矩阵且 $\boldsymbol{S}_1^2=\boldsymbol{S}$。若还有正定矩阵 $\boldsymbol{S}_2$ 满足要求，则 $\boldsymbol{S}_2$ 的特征值也为

$$\sqrt{\lambda_1},\cdots,\sqrt{\lambda_1},\cdots,\sqrt{\lambda_s},\cdots,\sqrt{\lambda_s}(\text{分别为 } t_1,\cdots,t_s \text{ 重})。$$

设正交矩阵 $\boldsymbol{Q}$ 满足

$$\boldsymbol{S}_2=\boldsymbol{Q}^{\mathrm{T}}\begin{pmatrix}\sqrt{\lambda_1}\boldsymbol{E}_{t_1} & & \\ & \ddots & \\ & & \sqrt{\lambda_s}\boldsymbol{E}_{t_s}\end{pmatrix}\boldsymbol{Q},$$

则

$$\boldsymbol{T}^{\mathrm{T}}\begin{pmatrix}\lambda_1\boldsymbol{E}_{t_1} & & \\ & \ddots & \\ & & \lambda_s\boldsymbol{E}_{t_s}\end{pmatrix}\boldsymbol{T}=\boldsymbol{Q}^{\mathrm{T}}\begin{pmatrix}\lambda_1\boldsymbol{E}_{t_1} & & \\ & \ddots & \\ & & \lambda_s\boldsymbol{E}_{t_s}\end{pmatrix}\boldsymbol{Q},$$

即 $\boldsymbol{QT}^{\mathrm{T}}$ 与 $\begin{pmatrix}\lambda_1\boldsymbol{E}_{t_1} & & \\ & \ddots & \\ & & \lambda_s\boldsymbol{E}_{t_s}\end{pmatrix}$ 可交换，故 $\boldsymbol{QT}^{\mathrm{T}}=\begin{pmatrix}\boldsymbol{D}_1 & & \\ & \ddots & \\ & & \boldsymbol{D}_s\end{pmatrix}$ 为正交矩阵，从而

$$\begin{pmatrix}\sqrt{\lambda_1}\boldsymbol{E}_{t_1} & & \\ & \ddots & \\ & & \sqrt{\lambda_s}\boldsymbol{E}_{t_s}\end{pmatrix}\boldsymbol{QT}^{\mathrm{T}}=\boldsymbol{QT}^{\mathrm{T}}\begin{pmatrix}\sqrt{\lambda_1}\boldsymbol{E}_{t_1} & & \\ & \ddots & \\ & & \sqrt{\lambda_s}\boldsymbol{E}_{t_s}\end{pmatrix},$$

即 $\boldsymbol{S}_1=\boldsymbol{S}_2$。

(2) 设 λ 为 $\boldsymbol{AS}$ 的特征值，$\boldsymbol{\alpha}$ 为相应的特征向量，即 $\boldsymbol{AS\alpha}=\lambda\boldsymbol{\alpha}$，故 $\boldsymbol{SAS\alpha}=\lambda\boldsymbol{S\alpha}$，从而 $\bar{\boldsymbol{\alpha}}^{\mathrm{T}}\boldsymbol{SAS\alpha}=\lambda\bar{\boldsymbol{\alpha}}^{\mathrm{T}}\boldsymbol{S\alpha}$，易知 λ 为实数。

例 3　设 $\boldsymbol{A},\boldsymbol{B}$ 为 n 阶实对称矩阵，$\boldsymbol{B}$ 正定。则

(1) $|\lambda\boldsymbol{B}-\boldsymbol{A}|=0$ 的根全为实数。

(2) 设 $|\lambda\boldsymbol{B}-\boldsymbol{A}|=0$ 的根为 $\lambda_1\leqslant\cdots\leqslant\lambda_n$，则 $f(\boldsymbol{x})=\boldsymbol{x}^{\mathrm{T}}\boldsymbol{Ax}(\boldsymbol{x}\in\{\boldsymbol{x}\mid\boldsymbol{x}^{\mathrm{T}}\boldsymbol{Bx}=1\})$ 的最小

值、最大值分别为 λ_1,λ_n。

(3) 设 $\boldsymbol{A},\boldsymbol{B}$ 为 n 阶正定矩阵。则 $|\lambda\boldsymbol{A}-\boldsymbol{B}|$ 的根全为 $1\Leftrightarrow\boldsymbol{A}=\boldsymbol{B}$。

证 (1) 由 $\boldsymbol{B}$ 正定,$\boldsymbol{A}$ 实对称,存在可逆矩阵 $\boldsymbol{P}$ 使得

$$\boldsymbol{P}^{\mathrm{T}}\boldsymbol{B}\boldsymbol{P}=\boldsymbol{E}_n,\boldsymbol{P}^{\mathrm{T}}\boldsymbol{A}\boldsymbol{P}=\operatorname{diag}(\lambda_1,\cdots,\lambda_n)。$$

因为

$$|\lambda\boldsymbol{B}-\boldsymbol{A}|=0\Leftrightarrow|\boldsymbol{P}^{\mathrm{T}}(\lambda\boldsymbol{B}-\boldsymbol{A})\boldsymbol{P}|=0,$$

故 $|\lambda\boldsymbol{B}-\boldsymbol{A}|=0$ 的根为 $\lambda_1,\cdots,\lambda_n$,故命题成立。

(2) $\boldsymbol{x}^{\mathrm{T}}\boldsymbol{B}\boldsymbol{x}=1$,即 $\boldsymbol{x}^{\mathrm{T}}(\boldsymbol{P}^{\mathrm{T}})^{-1}\boldsymbol{P}^{\mathrm{T}}\boldsymbol{B}\boldsymbol{P}\boldsymbol{P}^{-1}\boldsymbol{x}=1$,故 $(\boldsymbol{P}^{-1}\boldsymbol{x})^{\mathrm{T}}(\boldsymbol{P}^{-1}\boldsymbol{x})=1$,令

$$\boldsymbol{P}^{-1}\boldsymbol{x}=\begin{pmatrix}x_1\\x_2\\\vdots\\x_n\end{pmatrix},\quad 则\quad x_1^2+x_2^2+\cdots+x_n^2=1,$$

从而

$$\begin{aligned}f(\boldsymbol{x})=\boldsymbol{x}^{\mathrm{T}}\boldsymbol{A}\boldsymbol{x}&=(\boldsymbol{P}^{-1}\boldsymbol{x})^{\mathrm{T}}\boldsymbol{P}^{\mathrm{T}}\boldsymbol{A}\boldsymbol{P}(\boldsymbol{P}^{-1}\boldsymbol{x})=\lambda_1x_1^2+\lambda_2x_2^2+\cdots+\lambda_nx_n^2\\&\geqslant\lambda_1(x_1^2+x_2^2+\cdots+x_n^2)=\lambda_1。\end{aligned}$$

取 $\boldsymbol{P}^{-1}\boldsymbol{x}=\begin{pmatrix}1\\0\\\vdots\\0\end{pmatrix}$,显然 $\boldsymbol{x}^{\mathrm{T}}\boldsymbol{B}\boldsymbol{x}=1$,$f(\boldsymbol{x})=\lambda_1$,故 λ_1 为 $f(\boldsymbol{x})=\boldsymbol{x}^{\mathrm{T}}\boldsymbol{A}\boldsymbol{x}(\boldsymbol{x}\in\{\boldsymbol{x}\mid\boldsymbol{x}^{\mathrm{T}}\boldsymbol{B}\boldsymbol{x}=1\})$ 的最小值。同理可证 λ_n 为 $f(\boldsymbol{x})=\boldsymbol{x}^{\mathrm{T}}\boldsymbol{A}\boldsymbol{x}(\boldsymbol{x}\in\{\boldsymbol{x}\mid\boldsymbol{x}^{\mathrm{T}}\boldsymbol{B}\boldsymbol{x}=1\})$ 的最大值。

(3) 由 $\boldsymbol{A},\boldsymbol{B}$ 正定,存在可逆矩阵 $\boldsymbol{P}$ 使得

$$\boldsymbol{P}^{\mathrm{T}}\boldsymbol{A}\boldsymbol{P}=\boldsymbol{E}_n,\quad\boldsymbol{P}^{\mathrm{T}}\boldsymbol{B}\boldsymbol{P}=\operatorname{diag}(\lambda_1,\cdots,\lambda_n)。$$

由 $\boldsymbol{B}$ 正定,$\lambda_1>0,\cdots,\lambda_n>0$。

($\Leftarrow$)显然。

($\Rightarrow$)由(1),即 $\boldsymbol{P}^{\mathrm{T}}\boldsymbol{B}\boldsymbol{P}=\operatorname{diag}(\lambda_1,\cdots,\lambda_n)=\boldsymbol{E}_n=\boldsymbol{P}^{\mathrm{T}}\boldsymbol{A}\boldsymbol{P}$,故 $\boldsymbol{A}=\boldsymbol{B}$。

例 4 对于阶数分别为 n,m 的实对称方阵 $\boldsymbol{A}$ 与 $\boldsymbol{B}$,假设 m 阶矩阵 $\boldsymbol{B}$ 是正定矩阵,试证存在非零矩阵 $\boldsymbol{H}$,使得 $\boldsymbol{B}-\boldsymbol{H}\boldsymbol{A}\boldsymbol{H}^{\mathrm{T}}$ 为正定矩阵。

证法 1 设可逆矩阵 $\boldsymbol{P}$ 满足 $\boldsymbol{P}^{\mathrm{T}}\boldsymbol{B}\boldsymbol{P}=\boldsymbol{E}_m$,正交矩阵 $\boldsymbol{T}$ 满足

$$\boldsymbol{T}^{\mathrm{T}}\boldsymbol{A}\boldsymbol{T}=\operatorname{diag}(\lambda_1,\cdots,\lambda_n)。$$

若 $\lambda_i\leqslant0,i=1,2,\cdots,n$,则对任意的列满秩矩阵 $\boldsymbol{H}_{m\times n}$,$\boldsymbol{H}^{\mathrm{T}}\boldsymbol{A}\boldsymbol{H}$ 是半负定的,因此 $\boldsymbol{B}-\boldsymbol{H}\boldsymbol{A}\boldsymbol{H}^{\mathrm{T}}$ 是正定矩阵。

下设 $\lambda_i(i=1,2,\cdots,n)$ 有大于 0 的数,我们不妨设 $\lambda_i>0,i=1,\cdots,r,\lambda_j\leqslant0,j=r+1,\cdots,n$。要找非零矩阵 $\boldsymbol{H}$,使得 $\boldsymbol{B}-\boldsymbol{H}\boldsymbol{A}\boldsymbol{H}^{\mathrm{T}}$ 为正定矩阵,只需找非零矩阵 $\boldsymbol{H}$ 使得

$$\boldsymbol{P}^{\mathrm{T}}(\boldsymbol{B}-\boldsymbol{H}\boldsymbol{A}\boldsymbol{H}^{\mathrm{T}})\boldsymbol{P}=\boldsymbol{E}_m-\boldsymbol{P}^{\mathrm{T}}\boldsymbol{H}\boldsymbol{T}(\boldsymbol{T}^{\mathrm{T}}\boldsymbol{A}\boldsymbol{T})\boldsymbol{T}^{\mathrm{T}}\boldsymbol{H}^{\mathrm{T}}\boldsymbol{P}$$

正定即可,因此只需找 $\boldsymbol{H}$ 使得

$$\boldsymbol{P}^{\mathrm{T}}\boldsymbol{H}\boldsymbol{T}(\boldsymbol{T}^{\mathrm{T}}\boldsymbol{A}\boldsymbol{T})\boldsymbol{T}^{\mathrm{T}}\boldsymbol{H}^{\mathrm{T}}\boldsymbol{P}=\begin{pmatrix}\frac{1}{4}&&&\\&0&&\\&&\ddots&\\&&&0\end{pmatrix}$$

即可。

(1) 当 $m=n$ 时，令 n 阶方阵

$$\boldsymbol{K}=\begin{pmatrix}\frac{1}{2\sqrt{\lambda_1}} & & & \\ & 0 & & \\ & & \ddots & \\ & & & 0\end{pmatrix},$$

取 $\boldsymbol{H}=(\boldsymbol{P}^{-1})^{\mathrm{T}}\boldsymbol{K}\boldsymbol{T}^{\mathrm{T}}$，则

$$\boldsymbol{P}^{\mathrm{T}}(\boldsymbol{B}-\boldsymbol{HAH}^{\mathrm{T}})\boldsymbol{P}=\begin{pmatrix}\frac{3}{4} & & & \\ & 1 & & \\ & & \ddots & \\ & & & 1\end{pmatrix}$$

正定。

(2) 当 $m>n$ 时，令

$$\boldsymbol{K}=\begin{pmatrix}\frac{1}{2\sqrt{\lambda_1}} & & & \\ & 0 & & \\ & & \ddots & \\ & & & 0\end{pmatrix}$$

为 n 阶方阵。取 $\boldsymbol{H}=(\boldsymbol{P}^{\mathrm{T}})^{-1}\begin{pmatrix}\boldsymbol{K}\\ \boldsymbol{0}\end{pmatrix}\boldsymbol{T}^{\mathrm{T}}$，其中 $\boldsymbol{0}$ 为 $(m-n)\times n$ 阶矩阵。此时也有

$$\boldsymbol{P}(\boldsymbol{B}-\boldsymbol{HAH}^{\mathrm{T}})\boldsymbol{P}^{\mathrm{T}}=\begin{pmatrix}\frac{3}{4} & & & \\ & 1 & & \\ & & \ddots & \\ & & & 1\end{pmatrix}$$

正定。

(3) 当 $m<n$ 时，令 m 阶方阵

$$\boldsymbol{K}=\begin{pmatrix}\frac{1}{2\sqrt{\lambda_1}} & & & \\ & 0 & & \\ & & \ddots & \\ & & & 0\end{pmatrix}$$

取 $\boldsymbol{H}=(\boldsymbol{P}^{\mathrm{T}})^{-1}(\boldsymbol{K},\boldsymbol{0})\boldsymbol{T}^{\mathrm{T}}$，这里 $(\boldsymbol{K},\boldsymbol{0})$ 中有 $m-n$ 列 $\boldsymbol{0}$ 向量，此时也有

$$\boldsymbol{P}(\boldsymbol{B}-\boldsymbol{HAH}^{\mathrm{T}})\boldsymbol{P}^{\mathrm{T}}=\begin{pmatrix}\frac{3}{4} & & & \\ & 1 & & \\ & & \ddots & \\ & & & 1\end{pmatrix}$$

正定。

证法 2 只需证 $\exists H \in M_{m\times n}$,使得对于任一 n 维列向量 $\boldsymbol{x}=(x_1,x_2,\cdots,x_n)^{\mathrm{T}}$ 且 $\|\boldsymbol{x}\|=\sqrt{x_1^2+x_2^2+\cdots+x_n^2}=1$ 有 $\boldsymbol{x}^{\mathrm{T}}(\boldsymbol{B}-\boldsymbol{HAH}^{\mathrm{T}})\boldsymbol{x}>0$。

由于矩阵 $\boldsymbol{B}$ 正定,故存在正交矩阵 $\boldsymbol{P}$ 使得

$$\boldsymbol{P}^{\mathrm{T}}\boldsymbol{BP}=\mathrm{diag}(\lambda_1,\lambda_2,\cdots,\lambda_m)。$$

假设 $\boldsymbol{y}=\boldsymbol{P}^{\mathrm{T}}\boldsymbol{x}$,则 $\|\boldsymbol{y}\|=\|\boldsymbol{x}\|=1$,因而有

$$\boldsymbol{x}^{\mathrm{T}}\boldsymbol{Bx}=\boldsymbol{x}^{\mathrm{T}}\boldsymbol{P}\mathrm{diag}(\lambda_1,\lambda_2,\cdots,\lambda_m)\boldsymbol{P}^{\mathrm{T}}\boldsymbol{x}=\sum_{i=1}^{m}\lambda_i y_i^2。$$

设 $k=\min\{\lambda_1,\lambda_2,\cdots,\lambda_m\}$,所以

$$\boldsymbol{x}^{\mathrm{T}}\boldsymbol{Bx}\geqslant k\sum_{i=1}^{m}y_i^2=k\sum_{i=1}^{n}x_i^2=k。$$

对于任一非零矩阵 $\boldsymbol{J}\in M_{m\times n}$,同理存在正交矩阵 $\boldsymbol{Q}$ 使得

$$\boldsymbol{Q}^{\mathrm{T}}\boldsymbol{JAJ}^{\mathrm{T}}\boldsymbol{Q}=\mathrm{diag}(\mu_1,\mu_2,\cdots,\mu_n)。$$

对 $M=\max\{|\mu_1|,|\mu_2|,\cdots|\mu_m|\}+1$,其中 $\mu_1,\mu_2,\cdots,\mu_m$ 是 JAJ^{T} 的特征值。同理得

$$\boldsymbol{x}^{\mathrm{T}}\boldsymbol{JAJ}^{\mathrm{T}}\boldsymbol{x}\leqslant M\boldsymbol{x}^{\mathrm{T}}\boldsymbol{x}=M。$$

那么取 $\boldsymbol{H}=\varepsilon\boldsymbol{J}$ 且 $\varepsilon^2<\dfrac{k}{M}$,则

$$\boldsymbol{x}^{\mathrm{T}}(\boldsymbol{B}-\varepsilon^2\boldsymbol{JAJ}^{\mathrm{T}})\boldsymbol{x}=\boldsymbol{x}^{\mathrm{T}}\boldsymbol{Bx}-\varepsilon^2\boldsymbol{x}^{\mathrm{T}}\boldsymbol{JAJ}^{\mathrm{T}}\boldsymbol{x}\geqslant k-\varepsilon^2 M>0。$$

所以 $\boldsymbol{B}-\boldsymbol{HAH}^{\mathrm{T}}$ 是正定的。

例 5 设 $\boldsymbol{A}$ 是三阶正交矩阵。证明:存在三阶正交矩阵 $\boldsymbol{T}$ 使得

$$\boldsymbol{T}^{-1}\boldsymbol{AT}=\begin{bmatrix}a&0&0\\0&\cos\theta&-\sin\theta\\0&\sin\theta&\cos\theta\end{bmatrix},$$

其中当 $|\boldsymbol{A}|=1$ 时,$a=1$;当 $|\boldsymbol{A}|=-1$ 时,$a=-1$;θ 是实数。

证 当 $|\boldsymbol{A}|=1$ 时,1 是 $\boldsymbol{A}$ 的一个特征值;当 $|\boldsymbol{A}|=-1$ 时,-1 是 $\boldsymbol{A}$ 的一个特征值。记此特征值为 a,对应的单位特征向量为 $\boldsymbol{\varepsilon}_1$,并将之扩充为 $\mathbb{R}^3$ 的一组标准正交基 $\boldsymbol{\varepsilon}_1,\boldsymbol{\varepsilon}_2,\boldsymbol{\varepsilon}_3$,令 $\boldsymbol{T}_1=(\boldsymbol{\varepsilon}_1,\boldsymbol{\varepsilon}_2,\boldsymbol{\varepsilon}_3)$,则

$$\boldsymbol{T}_1^{-1}\boldsymbol{AT}_1=\begin{pmatrix}a&\boldsymbol{\alpha}\\\boldsymbol{0}&\boldsymbol{B}\end{pmatrix}。$$

这里 $\boldsymbol{\alpha}$ 为二维的行向量,$\boldsymbol{B}$ 为二阶实方阵。由于 $\boldsymbol{T}_1^{-1}\boldsymbol{AT}_1$ 为正交矩阵,因此 $\boldsymbol{\alpha}=\boldsymbol{0}$,且 $\boldsymbol{B}$ 为二阶正交矩阵。当 $|\boldsymbol{A}|=1$ 时,由于 $a=1$,因此 $|\boldsymbol{B}|=1$,因此存在二阶正交矩阵 $\boldsymbol{T}_2$ 使得

$$\boldsymbol{T}_2^{-1}\boldsymbol{BT}_2=\begin{pmatrix}\cos\theta&-\sin\theta\\\sin\theta&\cos\theta\end{pmatrix}。$$

令 $\boldsymbol{T}=\boldsymbol{T}_1\begin{pmatrix}1&\boldsymbol{0}\\\boldsymbol{0}&\boldsymbol{T}_2\end{pmatrix}$,则 $\boldsymbol{T}$ 是三阶正交矩阵,且

$$\boldsymbol{T}^{-1}\boldsymbol{AT}=\begin{pmatrix}1&\boldsymbol{0}\\\boldsymbol{0}&\boldsymbol{T}_2\end{pmatrix}^{-1}\begin{pmatrix}1&\boldsymbol{\alpha}\\\boldsymbol{0}&\boldsymbol{B}\end{pmatrix}\begin{pmatrix}1&\boldsymbol{0}\\\boldsymbol{0}&\boldsymbol{T}_2\end{pmatrix}=\begin{bmatrix}1&0&0\\0&\cos\theta&-\sin\theta\\0&\sin\theta&\cos\theta\end{bmatrix}。$$

当 $|\boldsymbol{A}|=-1$ 时,$a=-1$,故 $|\boldsymbol{B}|=1$,因此同上面一样可知存在 $\boldsymbol{T}$ 使得

$$T^{-1}AT=\begin{pmatrix}-1&0&0\\0&\cos\theta&-\sin\theta\\0&\sin\theta&\cos\theta\end{pmatrix}。$$

例6　设 $\mathbf{A}$ 为 n 阶正交矩阵，则

(1) $\mathbf{A}$ 的复特征值的模为1，从而 $\mathbf{A}$ 的实特征值只能为1或-1，虚特征值成对互为共轭。

(2) 若 $\lambda=a+b\mathrm{i}(a,b\in\mathbb{R},b\neq0)$ 是 $\mathbf{A}$ 的特征值，$\boldsymbol{\xi}=\boldsymbol{\alpha}+\boldsymbol{\beta}\mathrm{i}(\boldsymbol{\alpha},\boldsymbol{\beta}\in\mathbb{R}^n)$ 是 $\mathbf{A}$ 的属于特征值 λ 的特征向量，则 $\boldsymbol{\beta}\neq\mathbf{0}$，$\boldsymbol{\alpha},\boldsymbol{\beta}$ 长度相等且正交。

证　只证明(2)。由

$$\mathbf{A}(\boldsymbol{\alpha}+\boldsymbol{\beta}\mathrm{i})=(a+b\mathrm{i})(\boldsymbol{\alpha}+\boldsymbol{\beta}\mathrm{i})$$

可得

$$\mathbf{A}\boldsymbol{\alpha}=a\boldsymbol{\alpha}-b\boldsymbol{\beta},\quad \mathbf{A}\boldsymbol{\beta}=a\boldsymbol{\beta}+b\boldsymbol{\alpha}。\tag{*}$$

若 $\boldsymbol{\beta}=\mathbf{0}$，则由 $\mathbf{A}\boldsymbol{\beta}=a\boldsymbol{\beta}+b\boldsymbol{\alpha}$ 可得 $b\boldsymbol{\alpha}=\mathbf{0}$，而 $b\neq0$，故 $\boldsymbol{\alpha}=\mathbf{0}$，这样 $\boldsymbol{\xi}=\mathbf{0}$，矛盾。从而 $\boldsymbol{\beta}\neq\mathbf{0}$。

下面证明 $\boldsymbol{\alpha},\boldsymbol{\beta}$ 长度相等且正交。

证法1　由(*)式左乘 $\mathbf{A}^{\mathrm{T}}$ 可得

$$\boldsymbol{\alpha}=a\mathbf{A}^{\mathrm{T}}\boldsymbol{\alpha}-b\mathbf{A}^{\mathrm{T}}\boldsymbol{\beta},\quad \boldsymbol{\beta}=a\mathbf{A}^{\mathrm{T}}\boldsymbol{\beta}+b\mathbf{A}^{\mathrm{T}}\boldsymbol{\alpha},$$

于是

$$a\boldsymbol{\alpha}=a^2\mathbf{A}^{\mathrm{T}}\boldsymbol{\alpha}-ab\mathbf{A}^{\mathrm{T}}\boldsymbol{\beta},\quad b\boldsymbol{\beta}=ab\mathbf{A}^{\mathrm{T}}\boldsymbol{\beta}+b^2\mathbf{A}^{\mathrm{T}}\boldsymbol{\alpha},$$

两式相加，注意到 $a^2+b^2=1$ 可得

$$a\boldsymbol{\alpha}+b\boldsymbol{\beta}=\mathbf{A}^{\mathrm{T}}\boldsymbol{\alpha},$$

两边取转置可得

$$a\boldsymbol{\alpha}^{\mathrm{T}}+b\boldsymbol{\beta}^{\mathrm{T}}=\boldsymbol{\alpha}^{\mathrm{T}}\mathbf{A},$$

于是

$$a\boldsymbol{\alpha}^{\mathrm{T}}\boldsymbol{\alpha}+b\boldsymbol{\beta}^{\mathrm{T}}\boldsymbol{\alpha}=\boldsymbol{\alpha}^{\mathrm{T}}\mathbf{A}\boldsymbol{\alpha}=\boldsymbol{\alpha}^{\mathrm{T}}(a\boldsymbol{\alpha}-b\boldsymbol{\beta})=a\boldsymbol{\alpha}^{\mathrm{T}}\boldsymbol{\alpha}-b\boldsymbol{\alpha}^{\mathrm{T}}\boldsymbol{\beta},$$

由于 $\boldsymbol{\beta}^{\mathrm{T}}\boldsymbol{\alpha}=\boldsymbol{\alpha}^{\mathrm{T}}\boldsymbol{\beta}$，故由上式可得 $\boldsymbol{\alpha}^{\mathrm{T}}\boldsymbol{\beta}=0$，即 $\boldsymbol{\alpha},\boldsymbol{\beta}$ 正交。

因为

$$a\boldsymbol{\alpha}^{\mathrm{T}}\boldsymbol{\beta}+b\boldsymbol{\beta}^{\mathrm{T}}\boldsymbol{\beta}=\boldsymbol{\alpha}^{\mathrm{T}}\mathbf{A}\boldsymbol{\beta}=\boldsymbol{\alpha}^{\mathrm{T}}(a\boldsymbol{\beta}+b\boldsymbol{\alpha})=a\boldsymbol{\alpha}^{\mathrm{T}}\boldsymbol{\beta}+b\boldsymbol{\alpha}^{\mathrm{T}}\boldsymbol{\alpha},$$

所以 $\boldsymbol{\alpha}^{\mathrm{T}}\boldsymbol{\alpha}=\boldsymbol{\beta}^{\mathrm{T}}\boldsymbol{\beta}$，即 $\boldsymbol{\alpha},\boldsymbol{\beta}$ 长度相等。

证法2　由(*)式有

$$\boldsymbol{\alpha}^{\mathrm{T}}\boldsymbol{\alpha}=\boldsymbol{\alpha}^{\mathrm{T}}\mathbf{A}^{\mathrm{T}}\mathbf{A}\boldsymbol{\alpha}=(a\boldsymbol{\alpha}-b\boldsymbol{\beta})^{\mathrm{T}}(a\boldsymbol{\alpha}-b\boldsymbol{\beta})=a^2\boldsymbol{\alpha}^{\mathrm{T}}\boldsymbol{\alpha}-2ab\boldsymbol{\alpha}^{\mathrm{T}}\boldsymbol{\beta}+b^2\boldsymbol{\beta}^{\mathrm{T}}\boldsymbol{\beta},$$

$$\boldsymbol{\beta}^{\mathrm{T}}\boldsymbol{\beta}=\boldsymbol{\beta}^{\mathrm{T}}\mathbf{A}^{\mathrm{T}}\mathbf{A}\boldsymbol{\beta}=(a\boldsymbol{\beta}+b\boldsymbol{\alpha})^{\mathrm{T}}(a\boldsymbol{\beta}+b\boldsymbol{\alpha})=b^2\boldsymbol{\alpha}^{\mathrm{T}}\boldsymbol{\alpha}+2ab\boldsymbol{\alpha}^{\mathrm{T}}\boldsymbol{\beta}+a^2\boldsymbol{\beta}^{\mathrm{T}}\boldsymbol{\beta},$$

两式相减可得

$$(a^2-b^2-1)(\boldsymbol{\alpha}^{\mathrm{T}}\boldsymbol{\alpha}-\boldsymbol{\beta}^{\mathrm{T}}\boldsymbol{\beta})-4ab\boldsymbol{\alpha}^{\mathrm{T}}\boldsymbol{\beta}=0。$$

另外

$$\boldsymbol{\alpha}^{\mathrm{T}}\boldsymbol{\beta}=\boldsymbol{\alpha}^{\mathrm{T}}\mathbf{A}^{\mathrm{T}}\mathbf{A}\boldsymbol{\beta}=(a\boldsymbol{\alpha}-b\boldsymbol{\beta})^{\mathrm{T}}(a\boldsymbol{\beta}+b\boldsymbol{\alpha})=(a^2-b^2)\boldsymbol{\alpha}^{\mathrm{T}}\boldsymbol{\beta}+ab(\boldsymbol{\alpha}^{\mathrm{T}}\boldsymbol{\alpha}-\boldsymbol{\beta}^{\mathrm{T}}\boldsymbol{\beta}),$$

于是有

$$\begin{cases}(a^2-b^2-1)(\boldsymbol{\alpha}^{\mathrm{T}}\boldsymbol{\alpha}-\boldsymbol{\beta}^{\mathrm{T}}\boldsymbol{\beta})-4ab\boldsymbol{\alpha}^{\mathrm{T}}\boldsymbol{\beta}=0,\\ ab(\boldsymbol{\alpha}^{\mathrm{T}}\boldsymbol{\alpha}-\boldsymbol{\beta}^{\mathrm{T}}\boldsymbol{\beta})+(a^2-b^2-1)\boldsymbol{\alpha}^{\mathrm{T}}\boldsymbol{\beta}=0。\end{cases}$$

将其视为关于$(\boldsymbol{\alpha}^{\mathrm{T}}\boldsymbol{\alpha}-\boldsymbol{\beta}^{\mathrm{T}}\boldsymbol{\beta})$,$\boldsymbol{\alpha}^{\mathrm{T}}\boldsymbol{\beta}$ 的线性方程组,其系数行列式不为 0,所以方程组只有零解,故 $\boldsymbol{\alpha}^{\mathrm{T}}\boldsymbol{\beta}=0$,$\boldsymbol{\alpha}^{\mathrm{T}}\boldsymbol{\alpha}=\boldsymbol{\beta}^{\mathrm{T}}\boldsymbol{\beta}$,即结论成立。

例 7 设 $\boldsymbol{\eta}$ 是 n 维欧氏空间 V 中的单位向量,定义

$$\sigma(\boldsymbol{\alpha})=\boldsymbol{\alpha}-2(\boldsymbol{\eta},\boldsymbol{\alpha})\boldsymbol{\eta},\quad \forall\boldsymbol{\alpha}\in V。$$

证明:

(1) σ 是 V 上的一个正交变换,这样的正交变换称为镜面反射;

(2) 如果 n 维欧氏空间 V 中,正交变换 σ 以 1 作为一个特征值,且属于特征值 1 的特征子空间的维数为 $n-1$,那么 σ 是镜面反射。

证 (1) $\forall\boldsymbol{\alpha},\boldsymbol{\beta}\in V$,由于

$$\begin{aligned}(\sigma(\boldsymbol{\alpha}),\sigma(\boldsymbol{\beta}))&=(\boldsymbol{\alpha}-2(\boldsymbol{\eta},\boldsymbol{\alpha})\boldsymbol{\eta},\boldsymbol{\beta}-(\boldsymbol{\eta},\boldsymbol{\beta})\boldsymbol{\eta})\\&=(\boldsymbol{\alpha},\boldsymbol{\beta})-2(\boldsymbol{\eta},\boldsymbol{\alpha})(\boldsymbol{\eta},\boldsymbol{\beta})-2(\boldsymbol{\eta},\boldsymbol{\alpha})(\boldsymbol{\eta},\boldsymbol{\beta})+4(\boldsymbol{\eta},\boldsymbol{\alpha})(\boldsymbol{\eta},\boldsymbol{\beta})\\&=(\boldsymbol{\alpha},\boldsymbol{\beta})。\end{aligned}$$

故 σ 是正交变换。

(2) 记 σ 的特征值 1 的特征子空间为 V_1,则 $V=V_1\oplus V_1^{\perp}$,取 V_1 的一个标准正交基 $\boldsymbol{\eta}_1,\cdots,\boldsymbol{\eta}_{n-1}$ 与 $V_1^{\perp}$ 的一个标准基 $\boldsymbol{\eta}$,则 $\boldsymbol{\eta}_1,\cdots,\boldsymbol{\eta}_{n-1},\boldsymbol{\eta}$ 是 V 的标准正交基。设

$$\sigma(\boldsymbol{\eta})=k_1\boldsymbol{\eta}_1+\cdots+k_{n-1}\boldsymbol{\eta}_{n-1}+k\boldsymbol{\eta},$$

注意到 $\sigma(\boldsymbol{\eta}_i)=\boldsymbol{\eta}_i$,$i=1,\cdots,n-1$ 以及 σ 是正交变换,有

$$\begin{aligned}1=(\boldsymbol{\eta},\boldsymbol{\eta})=(\sigma(\boldsymbol{\eta}),\sigma(\boldsymbol{\eta}))&=(k_1,\cdots,k_{n-1},k)\boldsymbol{G}(\boldsymbol{\eta}_1,\cdots,\boldsymbol{\eta}_{n-1},\boldsymbol{\eta})(k_1,\cdots,k_{n-1},k)^{\mathrm{T}}\\&=k_1^2+\cdots+k_{n-1}^2+k^2,\end{aligned}$$

$$\begin{aligned}0=(\boldsymbol{\eta}_i,\boldsymbol{\eta})&=(\sigma(\boldsymbol{\eta}_i),\sigma(\boldsymbol{\eta}))\\&=(0,\cdots,0,1,0,\cdots,0)\boldsymbol{G}(\boldsymbol{\eta}_1,\cdots,\boldsymbol{\eta}_{n-1},\boldsymbol{\eta})(k_1,\cdots,k_{n-1},k)^{\mathrm{T}}\\&=k_i,i=1,\cdots,n-1。\end{aligned}$$

故 $k_1=\cdots=k_{n-1}=0$,$k^2=1$。从而 $\sigma(\boldsymbol{\eta})=\boldsymbol{\eta}$ 或 $\sigma(\boldsymbol{\eta})=-\boldsymbol{\eta}$。又 $\boldsymbol{\eta}\notin V_1$,从而 $\sigma(\boldsymbol{\eta})=-\boldsymbol{\eta}$。

$\forall\boldsymbol{\alpha}\in V$,设

$$\boldsymbol{\alpha}=l_1\boldsymbol{\eta}_1+\cdots+l_{n-1}\boldsymbol{\eta}_{n-1}+l\boldsymbol{\eta},$$

则由$(\boldsymbol{\eta},\boldsymbol{\alpha})=(\boldsymbol{\eta},l_1\boldsymbol{\eta}_1+\cdots+l_{n-1}\boldsymbol{\eta}_{n-1}+l\boldsymbol{\eta})=l$,有

$$\begin{aligned}\sigma(\boldsymbol{\alpha})&=\sigma(l_1\boldsymbol{\eta}_1+\cdots+l_{n-1}\boldsymbol{\eta}_{n-1}+l\boldsymbol{\eta})=l_1\boldsymbol{\eta}_1+\cdots+l_{n-1}\boldsymbol{\eta}_{n-1}-l\boldsymbol{\eta}\\&=\boldsymbol{\alpha}-l\boldsymbol{\eta}-l\boldsymbol{\eta}=\boldsymbol{\alpha}-2(\boldsymbol{\eta},\boldsymbol{\alpha})\boldsymbol{\eta}。\end{aligned}$$

从而结论成立。

例 8 设 V 是 n 维欧氏空间,σ 是 V 的正交变换。$V_1=\{\boldsymbol{\alpha}\in V\mid\sigma(\boldsymbol{\alpha})=\boldsymbol{\alpha}\}$,$V_2=\{\boldsymbol{\alpha}-\sigma(\boldsymbol{\alpha})\}$,证明:(1)$V_1$,$V_2$ 是 V 的子空间;(2)$V=V_1\oplus V_2$。

证 (1) 略。

(2) **证法 1** 只需证明 $V_1=V_2^{\perp}$。

先证明 $V_1\subseteq V_2^{\perp}$,任取 $\boldsymbol{\alpha}\in V_1$,$\boldsymbol{\beta}\in V_2$,则存在 $\boldsymbol{\gamma}\in V$ 使得 $\boldsymbol{\beta}=\boldsymbol{\gamma}-\sigma(\boldsymbol{\gamma})$,且 $\sigma(\boldsymbol{\alpha})=\boldsymbol{\alpha}$,注意到 σ 是正交变换,则

$$(\boldsymbol{\alpha},\boldsymbol{\beta})=(\boldsymbol{\alpha},\boldsymbol{\gamma}-\sigma(\boldsymbol{\gamma}))=(\boldsymbol{\alpha},\boldsymbol{\gamma})-(\boldsymbol{\alpha},\sigma(\boldsymbol{\gamma}))$$

$$=(\boldsymbol{\alpha},\boldsymbol{\gamma})-(\sigma(\boldsymbol{\alpha}),\sigma(\boldsymbol{\gamma}))=(\boldsymbol{\alpha},\boldsymbol{\gamma})-(\boldsymbol{\alpha},\boldsymbol{\gamma})=0,$$

即 $V_1\perp V_2$，从而 $V_1\subseteq V_2^{\perp}$。

再证明 $V_2^{\perp}\subseteq V_1$，任取 $\boldsymbol{\alpha}\in V_2^{\perp}$，由于 $\boldsymbol{\alpha}-\sigma(\boldsymbol{\alpha})\in V_2$，故 $(\boldsymbol{\alpha},\boldsymbol{\alpha}-\sigma(\boldsymbol{\alpha}))=0$，于是

$$\begin{aligned}(\boldsymbol{\alpha}-\sigma(\boldsymbol{\alpha}),\boldsymbol{\alpha}-\sigma(\boldsymbol{\alpha}))&=(\boldsymbol{\alpha},\boldsymbol{\alpha}-\sigma(\boldsymbol{\alpha}))-(\sigma(\boldsymbol{\alpha}),\boldsymbol{\alpha}-\sigma(\boldsymbol{\alpha}))\\&=(\sigma(\boldsymbol{\alpha}),\sigma(\boldsymbol{\alpha}))-(\sigma(\boldsymbol{\alpha}),\boldsymbol{\alpha})\\&=(\boldsymbol{\alpha},\boldsymbol{\alpha})-(\boldsymbol{\alpha},\sigma(\boldsymbol{\alpha}))\\&=(\boldsymbol{\alpha},\boldsymbol{\alpha}-\sigma(\boldsymbol{\alpha}))=0.\end{aligned}$$

从而 $\sigma(\boldsymbol{\alpha})-\boldsymbol{\alpha}=\mathbf{0}$，即 $\sigma(\boldsymbol{\alpha})=\boldsymbol{\alpha}$，故 $\boldsymbol{\alpha}\in V_1$，即证明了 $V_2^{\perp}\subseteq V_1$，从而 $V_1=V_2^{\perp}$，故结论成立。

证法 2　$\forall\boldsymbol{\alpha}\in V_1\cap V_2$，则 $\sigma(\boldsymbol{\alpha})=\boldsymbol{\alpha}$，且存在 $\boldsymbol{\beta}\in V$ 使得 $\boldsymbol{\alpha}=\boldsymbol{\beta}-\sigma(\boldsymbol{\beta})$，于是由 σ 是正交变换有

$$(\boldsymbol{\alpha},\boldsymbol{\alpha})=(\boldsymbol{\alpha},\boldsymbol{\beta}-\sigma(\boldsymbol{\beta}))=(\boldsymbol{\alpha},\boldsymbol{\beta})-(\boldsymbol{\alpha},\sigma(\boldsymbol{\beta}))=(\boldsymbol{\alpha},\boldsymbol{\beta})-(\sigma(\boldsymbol{\alpha}),\sigma(\boldsymbol{\beta}))=0,$$

故 $\boldsymbol{\alpha}=\mathbf{0}$，于是 $V_1\cap V_2=\{\mathbf{0}\}$，又

$$V_1=\ker(I-\sigma),\quad V_2=\mathrm{Im}(I-\sigma),$$

于是

$$\dim(V_1+V_2)=\dim V_1+\dim V_2-\dim(V_1\cap V_2)=\dim V=n,$$

而 V_1+V_2 显然是 V 的子空间，故 $V=V_1\oplus V_2$。

证法 3　由证法 1 的证明知 $V_1\perp V_2$，从而 $V_1\subseteq V_2^{\perp}$。

又易知 $V_1=\ker(\sigma-I)$，$V_2=\mathrm{Im}(\sigma-I)$，故

$$\dim V_1=\dim\ker(I-\sigma)=n-\dim\mathrm{Im}(I-\sigma)=\dim V_2^{\perp}。$$

从而 $V_1=V_2^{\perp}$。故结论成立。

第四部分

决赛试题及参考解答

第一届全国大学生数学竞赛决赛
(数学类,2010 年)

试　　题

一　填空题(共 8 分,每空 2 分)

(1) 设 $\beta>\alpha>0$,则 $\int_0^{+\infty}\frac{e^{-\alpha x^2}-e^{-\beta x^2}}{x^2}dx=$________。

(2) 若关于 x 的方程 $kx+\frac{1}{x^2}=1(k>0)$ 在区间 $(0,+\infty)$ 中有唯一实数解,则常数 $k=$________。

(3) 设函数 $f(x)$ 在区间 $[a,b]$ 上连续,由积分中值公式有

$$\int_a^x f(t)dt=(x-a)f(\xi),\quad a\leqslant\xi\leqslant x<b。$$

若导数 $f'_+(a)$ 存在且非零,则 $\lim\limits_{x\to a^+}\frac{\xi-a}{x-a}$ 的值等于________。

(4) 设 $(\boldsymbol{a}\times\boldsymbol{b})\cdot\boldsymbol{c}=6$,则 $[(\boldsymbol{a}+\boldsymbol{b})\times(\boldsymbol{b}+\boldsymbol{c})]\cdot(\boldsymbol{a}+\boldsymbol{c})=$________。

二(10 分)　设 $f(x)$ 在 $(-1,1)$ 内有定义,在 $x=0$ 处可导,且 $f(0)=0$。证明:

$$\lim_{n\to\infty}\sum_{k=1}^{n}f\left(\frac{k}{n^2}\right)=\frac{f'(0)}{2}。$$

三(12 分)　设 $f(x)$ 在 $[0,+\infty)$ 上一致连续,且对于固定的 $x\in[0,+\infty)$, $\lim\limits_{n\to\infty}f(x+n)=0$。证明函数列 $\{f(x+n):n=1,2,\cdots\}$ 在 $[0,1]$ 上一致收敛于 0。

四(12 分)　设 $D=\{(x,y):x^2+y^2<1\}$, $f(x,y)$ 在 D 内连续, $g(x,y)$ 在 D 内连续有界,且满足条件:

(1) 当 $x^2+y^2\to1$ 时, $f(x,y)\to+\infty$;

(2) 在 D 内 f 与 g 有二阶偏导数, $\frac{\partial^2 f}{\partial x^2}+\frac{\partial^2 f}{\partial y^2}=e^f$ 和 $\frac{\partial^2 g}{\partial x^2}+\frac{\partial^2 g}{\partial y^2}\geqslant e^g$。

证明: $f(x,y)\geqslant g(x,y)$ 在 D 内处处成立。

五(10 分)　分别设 $R=\{(x,y):0\leqslant x\leqslant1,0\leqslant y\leqslant1\}$,

$$R_\varepsilon=\{(x,y):0\leqslant x\leqslant1-\varepsilon,0\leqslant y\leqslant1-\varepsilon\}。$$

考虑 $I=\iint\limits_R\frac{dx\,dy}{1-xy}$ 与 $I_\varepsilon=\iint\limits_{R_\varepsilon}\frac{dx\,dy}{1-xy}$,定义 $I=\lim\limits_{\varepsilon\to0^+}I_\varepsilon$。

(1) 证明 $I=\sum\limits_{n=1}^{\infty}\frac{1}{n^2}$;

(2) 利用变量替换: $\begin{cases}u=\frac{1}{2}(x+y),\\ v=\frac{1}{2}(y-x)\end{cases}$ 计算积分 I 的值,并由此推出 $\frac{\pi^2}{6}=\sum\limits_{n=1}^{\infty}\frac{1}{n^2}$。

六(13 分) 已知两直线的方程:$L: x=y=z$, $L': \frac{x}{1}=\frac{y}{a}=\frac{z-b}{1}$。

(1) 问:参数 a,b 满足什么条件时,L 与 L' 是异面直线?

(2) 当 L 与 L' 不重合时,求 L' 绕 L 旋转所生成的旋转面 π 的方程,并指出曲面 π 的类型。

七(20 分) 设 $\boldsymbol{A},\boldsymbol{B}$ 均为 n 阶半正定实对称矩阵,且满足 $n-1\leqslant \mathrm{rank}\boldsymbol{A}\leqslant n$。证明存在实可逆矩阵 $\boldsymbol{C}$ 使得 $\boldsymbol{C}^{\mathrm{T}}\boldsymbol{A}\boldsymbol{C}$, $\boldsymbol{C}^{\mathrm{T}}\boldsymbol{B}\boldsymbol{C}$ 均为对角矩阵。

八(15 分) 设 V 是复数域 $\mathbb{C}$ 上的 n 维线性空间,$f_j: V\to\mathbb{C}$ 是非零的线性函数,$j=1,2$。若不存在 $0\neq c\in\mathbb{C}$ 使得 $f_1=cf_2$,证明:任意的 $\boldsymbol{\alpha}\in V$ 都可表示为 $\boldsymbol{\alpha}=\boldsymbol{\alpha}_1+\boldsymbol{\alpha}_2$ 使得

$$f_1(\boldsymbol{\alpha})=f_1(\boldsymbol{\alpha}_2),\quad f_2(\boldsymbol{\alpha})=f_2(\boldsymbol{\alpha}_1)。$$

参考解答

一 填空题

(1) 利用分部积分法,可得

$$\begin{aligned}\int_0^{+\infty}\frac{\mathrm{e}^{-\alpha x^2}-\mathrm{e}^{-\beta x^2}}{x^2}\mathrm{d}x&=\int_0^{+\infty}(\mathrm{e}^{-\beta x^2}-\mathrm{e}^{-\alpha x^2})\mathrm{d}\left(\frac{1}{x}\right)\\&=\frac{\mathrm{e}^{-\beta x^2}-\mathrm{e}^{-\alpha x^2}}{x}\Bigg|_0^{+\infty}-\int_0^{+\infty}\frac{-2\beta x\mathrm{e}^{-\beta x^2}+2\alpha x\mathrm{e}^{-\alpha x^2}}{x}\mathrm{d}x\\&=2\int_0^{+\infty}(\beta\mathrm{e}^{-\beta x^2}-\alpha\mathrm{e}^{-\alpha x^2})\mathrm{d}x=2\beta\int_0^{+\infty}\mathrm{e}^{-\beta x^2}\mathrm{d}x-2\alpha\int_0^{+\infty}\mathrm{e}^{-\alpha x^2}\mathrm{d}x\\&=2\beta\cdot\frac{\sqrt{\pi}}{2\sqrt{\beta}}-2\alpha\cdot\frac{\sqrt{\pi}}{2\sqrt{\alpha}}=\sqrt{\pi}(\sqrt{\beta}-\sqrt{\alpha})。\end{aligned}$$

这里用到 $\int_0^{+\infty}\mathrm{e}^{-\alpha x^2}\mathrm{d}x=\frac{\sqrt{\pi}}{2\sqrt{\alpha}}$。

(2) 由 $kx+\frac{1}{x^2}=1$ 知 $kx^3+1=x^2$,进而有 $kx^3-x^2=-1$。令 $f(x)=kx^3-x^2$,则 $f'(x)=3kx^2-2x$,于是当 $x=\frac{2}{3k}$时,$f'(x)=0$,因此当 $0<x<\frac{2}{3k}$时,$f'(x)<0$;当 $x>\frac{2}{3k}$时,$f'(x)>0$,若想使交点唯一,则 $f\left(\frac{2}{3k}\right)=-1$,解得 $k=\frac{2\sqrt{3}}{9}$。

(3) 注意到

$$\frac{f(\xi)-f(a)}{x-a}=\frac{\dfrac{\int_a^x f(t)\mathrm{d}t}{x-a}-f(a)}{x-a}=\frac{\int_a^x f(t)\mathrm{d}t-f(a)(x-a)}{(x-a)^2},$$

$$\frac{f(\xi)-f(a)}{x-a}=\frac{f(\xi)-f(a)}{\xi-a}\cdot\frac{\xi-a}{x-a},$$

则 $\lim\limits_{x\to a^+}\frac{f(\xi)-f(a)}{x-a}=\lim\limits_{x\to a^+}\frac{\int_a^x f(t)\mathrm{d}t-f(a)(x-a)}{(x-a)^2}=\frac{1}{2}f'_+(a)$,且

$$\begin{aligned}\lim_{x\to a^+}\frac{f(\xi)-f(a)}{x-a}&=\lim_{x\to a^+}\frac{f(\xi)-f(a)}{\xi-a}\cdot\frac{\xi-a}{x-a}\\&=\lim_{\xi\to a^+}\frac{f(\xi)-f(a)}{\xi-a}\lim_{x\to a^+}\frac{\xi-a}{x-a}\\&=f'_+(a)\cdot\lim_{x\to a^+}\frac{\xi-a}{x-a},\end{aligned}$$

对比以上两式可得 $\lim\limits_{x\to a^+}\frac{\xi-a}{x-a}=\frac{1}{2}$。

(4) $$\begin{aligned}[(\boldsymbol{a}+\boldsymbol{b})\times(\boldsymbol{b}+\boldsymbol{c})]\cdot(\boldsymbol{a}+\boldsymbol{c})&=(\boldsymbol{a}\times\boldsymbol{b}+\boldsymbol{a}\times\boldsymbol{c}+\boldsymbol{b}\times\boldsymbol{c})\cdot(\boldsymbol{a}+\boldsymbol{c})\\&=(\boldsymbol{b}\times\boldsymbol{c})\cdot\boldsymbol{a}+(\boldsymbol{a}\times\boldsymbol{b})\cdot\boldsymbol{c}=12。\end{aligned}$$

二　根据题目假设和泰勒公式，有

$$f(x)=f(0)+f'(0)x+\alpha(x)x,$$

其中 $\alpha(x)$ 是 x 的函数，$\alpha(0)=0$ 且 $\alpha(x)\to0(x\to0)$。因此，对于任意给定的 $\varepsilon>0$，存在 $\delta>0$，当 $|x|<\delta$ 时，有 $|\alpha(x)|<\varepsilon$。

对于任意自然数 n 和 $k\leqslant n$，总有

$$f\left(\frac{k}{n^2}\right)=f'(0)\frac{k}{n^2}+\alpha\left(\frac{k}{n^2}\right)\frac{k}{n^2}。$$

取 $N>\delta^{-1}$，对上述给定的 $\varepsilon>0$，当 $n>N,k\leqslant n$ 时，$\left|\alpha\left(\frac{k}{n^2}\right)\right|<\varepsilon$。于是当 $n>N$ 时，有

$$\left|\sum_{k=1}^{n}f\left(\frac{k}{n^2}\right)-f'(0)\sum_{k=1}^{n}\frac{k}{n^2}\right|\leqslant\varepsilon\sum_{k=1}^{n}\frac{k}{n^2},$$

即当 $n>N$ 时，有

$$\left|\sum_{k=1}^{n}f\left(\frac{k}{n^2}\right)-\frac{1}{2}f'(0)\left(1+\frac{1}{n}\right)\right|\leqslant\frac{\varepsilon}{2}\left(1+\frac{1}{n}\right),$$

令 $n\to\infty$，对上式取极限即得

$$\overline{\lim_{n\to\infty}}\sum_{k=1}^{n}f\left(\frac{k}{n^2}\right)\leqslant\frac{1}{2}f'(0)+\frac{\varepsilon}{2},$$

$$\underline{\lim_{n\to\infty}}\sum_{k=1}^{n}f\left(\frac{k}{n^2}\right)\geqslant\frac{1}{2}f'(0)-\frac{\varepsilon}{2}。$$

由 ε 的任意性，即得

$$\overline{\lim_{n\to\infty}}\sum_{k=1}^{n}f\left(\frac{k}{n^2}\right)=\underline{\lim_{n\to\infty}}\sum_{k=1}^{n}f\left(\frac{k}{n^2}\right)=\frac{1}{2}f'(0),\quad 故\quad \lim_{n\to\infty}\sum_{k=1}^{n}f\left(\frac{k}{n^2}\right)=\frac{1}{2}f'(0)。$$

三　由于 $f(x)$ 在 $[0,+\infty)$ 上一致连续，故 $\forall\varepsilon>0,\exists\delta>0,\forall x_1,x_2\in[0,+\infty)$，只要 $|x_1-x_2|<\delta$，就有 $|f(x_1)-f(x_2)|<\frac{\varepsilon}{2}$。

取充分大的自然数 m，使得 $m>\delta^{-1}$，并在 $[0,1]$ 中取 m 个点：

$$0=x_1<x_2<\cdots<x_m=1,$$

其中 $x_j=\frac{j}{m}(j=1,2,\cdots,m)$，这样，对于每一个 j，$|x_{j+1}-x_j|=\frac{1}{m}<\delta$。

由于 $\lim\limits_{n\to\infty}f(x+n)=0$，故存在 N，当 $n>N$ 时，有

$$|f(x_j+n)|<\frac{\varepsilon}{2},\quad j=1,2,\cdots,m。$$

设 $x\in[0,1]$是任意一点,则总有一个 x_j 使得$x\in[x_j,x_{j+1}]$,于是

$$|f(x+n)|\leqslant|f(x+n)-f(x_j+n)|+|f(x_j+n)|<\frac{\varepsilon}{2}+\frac{\varepsilon}{2}=\varepsilon,$$

这就证明了函数列$\{f(x+n):n=1,2,\cdots\}$在$[0,1]$上一致收敛于 0。

四 用反证法。假定该不等式在某一点不成立,令 $F(x,y)=f(x,y)-g(x,y)$,那么,根据题目假设,当 $x^2+y^2\to1$ 时,$F(x,y)\to+\infty$。这样,$F(x,y)$在 D 内必然有最小值。设最小值在$(x_0,y_0)\in D$ 达到。根据反证法假设,有

$$F(x_0,y_0)=f(x_0,y_0)-g(x_0,y_0)<0。\tag{1}$$

另一方面,根据题目假设,又有

$$\Delta F=\Delta f-\Delta g\leqslant \mathrm{e}^{f(x,y)}-\mathrm{e}^{g(x,y)},\tag{2}$$

其中 Δ 是拉普拉斯算子:$\Delta\overset{\text{def}}{=\!=}\frac{\partial^2}{\partial x^2}+\frac{\partial^2}{\partial y^2}$。(2)式在 D 中处处成立,特别地在(x_0,y_0)成立:

$$\Delta F_{(x_0,y_0)}=\Delta f\mid_{(x_0,y_0)}-\Delta g\mid_{(x_0,y_0)}\leqslant \mathrm{e}^{f(x_0,y_0)}-\mathrm{e}^{g(x_0,y_0)}。\tag{3}$$

由(1)式与(3)式可知

$$\Delta F_{(x_0,y_0)}<0。\tag{4}$$

但是,(x_0,y_0)是 $F(x,y)$的极小值点,应该有

$$F''_{xx}(x_0,y_0)\geqslant0;\quad F''_{yy}(x_0,y_0)\geqslant0,$$

因此 $\Delta F|_{(x_0,y_0)}\geqslant0$,这与(4)式矛盾。此矛盾证明了题目中的结论成立。

五 显然,$I_\varepsilon=\iint\limits_{R_\varepsilon}\sum_{n=0}^{\infty}(xy)^n\mathrm{d}x\,\mathrm{d}y$。注意到级数$\sum_{n=0}^{\infty}(xy)^n$ 在R_ε 上的一致收敛性,则有

$$I_\varepsilon=\sum_{n=0}^{\infty}\int_0^{1-\varepsilon}x^n\mathrm{d}x\int_0^{1-\varepsilon}y^n\mathrm{d}y=\sum_{n=1}^{\infty}\frac{(1-\varepsilon)^{2n}}{n^2}。$$

由于 $\sum_{n=1}^{\infty}\frac{x^{2n}}{n^2}$ 在点 $x=1$ 收敛,故有 $I=\lim_{\varepsilon\to0^+}I_\varepsilon=\sum_{n=1}^{\infty}\frac{1}{n^2}$。

下面证明 $I=\frac{\pi^2}{6}$,在给定的变换下,

$$x=u-v,\quad y=u+v,$$

那么$\frac{1}{1-xy}=\frac{1}{1-u^2+v^2}$,变换的雅可比行列式为

$$J=\left|\frac{\partial(x,y)}{\partial(u,v)}\right|=2。$$

假定正方形 R 在给定变换下的像为$\tilde{R}$,那么根据$\tilde{R}$ 的图像以及被积函数的特征,有

$$\begin{aligned}I&=2\iint\limits_{\tilde{R}}\frac{1}{1-u^2+v^2}\mathrm{d}u\,\mathrm{d}v\\&=4\int_0^{\frac12}\left(\int_0^u\frac{\mathrm{d}v}{1-u^2+v^2}\right)\mathrm{d}u+4\int_{\frac12}^1\left(\int_0^{1-u}\frac{\mathrm{d}v}{1-u^2+v^2}\right)\mathrm{d}u。\end{aligned}$$

利用$\int\frac{\mathrm{d}x}{a^2+x^2}=\frac{1}{a}\arctan\frac{x}{a}+C(a>0)$,又得

$$I=4\int_0^{\frac{1}{2}}\frac{\arctan\frac{u}{\sqrt{1-u^2}}}{\sqrt{1-u^2}}du+4\int_{\frac{1}{2}}^1\frac{\arctan\frac{1-u}{\sqrt{1-u^2}}}{\sqrt{1-u^2}}du。$$

令 $g(u)=\arctan\frac{u}{\sqrt{1-u^2}}$，$h(u)=\arctan\frac{1-u}{\sqrt{1-u^2}}=\arctan\sqrt{\frac{1-u}{1+u}}$，那么 $g'(u)=\frac{1}{\sqrt{1-u^2}}$，$h'(u)=-\frac{2}{\sqrt{1-u^2}}$，最后，得到

$$\begin{aligned}I&=4\int_0^{\frac{1}{2}}g'(u)g(u)du-8\int_{\frac{1}{2}}^1h'(u)h(u)du\\&=2[g(u)]^2\Big|_0^{\frac{1}{2}}-4[h(u)]^2\Big|_{\frac{1}{2}}^1\\&=2\left(\frac{\pi}{6}\right)^2-0-0+4\left(\frac{\pi}{6}\right)^2=\frac{\pi^2}{6}。\end{aligned}$$

六 (1)L，L'的方向向量分别为

$$\boldsymbol{n}=(1,1,1),\quad \boldsymbol{n}'=(1,a,1)。$$

分别取 L，L'上的点 $O(0,0,0)$，$P(0,0,b)$。L 与 L'是异面直线当且仅当矢量 $\boldsymbol{n}$，$\boldsymbol{n}'$，$\overrightarrow{OP}$不共面，则它们的混合积不为零，即

$$(\boldsymbol{n},\boldsymbol{n}',\overrightarrow{OP})=\begin{vmatrix}1&1&1\\1&a&1\\0&0&b\end{vmatrix}=(a-1)b\neq 0,$$

所以，L 与 L'是异面直线当且仅当 $a\neq1$ 且 $b\neq0$。

(2) 假设 $P(x,y,z)$是 π 上任一点，于是 P 必定是 L'上一点 $P'(x',y',z')$绕 L 旋转所生成的。由于$\overrightarrow{P'P}$与 L 垂直，所以

$$(x-x')+(y-y')+(z-z')=0。\tag{①}$$

又由于 P'在 L'上，所以

$$\frac{x'}{1}=\frac{y'}{a}=\frac{z'-b}{1},\tag{②}$$

因为 L 经过坐标原点，所以，P，P'到原点的距离相等，故

$$x^2+y^2+z^2=x'^2+y'^2+z'^2。\tag{③}$$

下面将①式，②式，③式联立，消去其中的 x'，y'，z'。令$\frac{x'}{1}=\frac{y'}{a}=\frac{z'-b}{1}=t$，将 x'，y'，z'用 t 表示得

$$x'=t,\quad y'=at,\quad z'=t+b,\tag{④}$$

将④式代入①式，得

$$(a+2)t=x+y+z-b。\tag{⑤}$$

当 $a\neq-2$，即 L 与 L'不垂直时，解得

$$t=\frac{1}{a+2}(x+y+z-b),$$

据此，再将④式代入③式，得到 π 的方程为

$$x^2+y^2+z^2-\frac{a^2+2}{(a+2)^2}(x+y+z-b)^2-\frac{2b}{a+2}(x+y+z-b)-b^2=0。$$

当 $a=-2$ 时,由⑤式得,$x+y+z=b$,这表明,π 在这个平面上。同时,将④式代入③式,有

$$x^2+y^2+z^2=6t^2+2bt+b^2=6\left(t+\frac{1}{6}b\right)^2+\frac{5}{6}b^2。$$

由于 t 可以是任意的,这时,π 的方程为

$$\begin{cases}x+y+z=b,\\ x^2+y^2+z^2\geqslant\frac{5}{6}b^2。\end{cases}$$

π 的类型:当 $a=1$ 且 $b\neq0$ 时,L 与 L'平行,π 是一柱面。当 $a\neq1$ 且 $b=0$ 时,若 $a\neq-2$,则 L 与 L'相交,π 是一锥面;$a=-2$ 时 π 是平面。当 $a\neq1$ 且 $b\neq0$ 时,若 $a\neq-2$,则 π 是单叶双曲面;$a=-2$ 时,π 是去掉一个圆盘后的平面。

七 (1) $\boldsymbol{A}$ 的秩为 n 的情形:此时,$\boldsymbol{A}$ 为正定阵。于是存在可逆矩阵 $\boldsymbol{P}$ 使得 $\boldsymbol{P}^{\mathrm{T}}\boldsymbol{AP}=\boldsymbol{E}$。因为 $\boldsymbol{P}^{\mathrm{T}}\boldsymbol{BP}$ 是实对称矩阵,所以存在正交矩阵 $\boldsymbol{Q}$ 使得 $\boldsymbol{Q}^{\mathrm{T}}(\boldsymbol{P}^{\mathrm{T}}\boldsymbol{BP})\boldsymbol{Q}=\boldsymbol{\Lambda}$ 是对角矩阵。令 $\boldsymbol{C}=\boldsymbol{PQ}$,则有 $\boldsymbol{C}^{\mathrm{T}}\boldsymbol{AC}=\boldsymbol{E}$,$\boldsymbol{C}^{\mathrm{T}}\boldsymbol{BC}=\boldsymbol{\Lambda}$ 都是对角矩阵。

(2) $\boldsymbol{A}$ 的秩为 $n-1$ 的情形:此时,存在实可逆矩阵 $\boldsymbol{P}$ 使得 $\boldsymbol{P}^{\mathrm{T}}\boldsymbol{AP}=\begin{pmatrix}\boldsymbol{E}_{n-1} & \boldsymbol{0}\\ \boldsymbol{0} & 0\end{pmatrix}$,因为 $\boldsymbol{P}^{\mathrm{T}}\boldsymbol{BP}$ 是实对称矩阵,所以,可以假定 $\boldsymbol{P}^{\mathrm{T}}\boldsymbol{BP}=\begin{bmatrix}\boldsymbol{B}_{n-1} & \boldsymbol{\alpha}\\ \boldsymbol{\alpha}^{\mathrm{T}} & b\end{bmatrix}$,其中 $\boldsymbol{B}_{n-1}$ 是 $n-1$ 阶实对称矩阵。

因为 $\boldsymbol{B}_{n-1}$是 $n-1$ 阶实对称矩阵,所以存在 $n-1$ 阶正交矩阵 $\boldsymbol{Q}_{n-1}$,使得

$$\boldsymbol{Q}_{n-1}^{\mathrm{T}}\boldsymbol{B}_{n-1}\boldsymbol{Q}_{n-1}=\begin{bmatrix}\lambda_1 & & \\ & \ddots & \\ & & \lambda_{n-1}\end{bmatrix}=\boldsymbol{\Lambda}_{n-1}$$

为对角矩阵。令 $\boldsymbol{Q}=\begin{pmatrix}\boldsymbol{Q}_{n-1} & \\ & 1\end{pmatrix}$,$\boldsymbol{C}=\boldsymbol{PQ}$,则 $\boldsymbol{C}^{\mathrm{T}}\boldsymbol{AC}$,$\boldsymbol{C}^{\mathrm{T}}\boldsymbol{BC}$ 可以表示为

$$\boldsymbol{C}^{\mathrm{T}}\boldsymbol{AC}=\begin{pmatrix}\boldsymbol{E}_{n-1} & \\ & 0\end{pmatrix},\quad \boldsymbol{C}^{\mathrm{T}}\boldsymbol{BC}=\begin{bmatrix}\boldsymbol{\Lambda}_{n-1} & \boldsymbol{\eta}\\ \boldsymbol{\eta}^{\mathrm{T}} & d\end{bmatrix},$$

其中 $\boldsymbol{\eta}=(d_1,d_2,\cdots,d_{n-1})^{\mathrm{T}}$ 是 $n-1$ 维列向量。

为简化记号,不妨假定

$$\boldsymbol{A}=\begin{pmatrix}\boldsymbol{E}_{n-1} & \\ & 0\end{pmatrix},\quad \boldsymbol{B}=\begin{bmatrix}\boldsymbol{\Lambda}_{n-1} & \boldsymbol{\eta}\\ \boldsymbol{\eta}^{\mathrm{T}} & d\end{bmatrix},$$

如果 $d=0$,由于 $\boldsymbol{B}$ 是半正定的,$\boldsymbol{B}$ 的各个主子式均大于等于 0。考虑 $\boldsymbol{B}$ 的含 d 的各个二阶主子式,容易知道,$\boldsymbol{\eta}=\boldsymbol{0}$。此时 $\boldsymbol{B}$ 已经是对角矩阵。

现假设 $d\neq0$。显然,对于任意实数 k,$\boldsymbol{A}$,$\boldsymbol{B}$ 可以通过合同变换同时化成对角矩阵当且仅当同一合同变换可以将 $\boldsymbol{A}$,$k\boldsymbol{A}+\boldsymbol{B}$ 同时化成对角矩阵。由于 $k\geqslant0$ 时,$k\boldsymbol{A}+\boldsymbol{B}$ 仍然是半正定矩阵,由(1),只需证明:存在 $k\geqslant0$,使 $k\boldsymbol{A}+\boldsymbol{B}$ 是可逆矩阵即可。

注意到,当 $k+\lambda_i$ 都不是 0 时,行列式

$$|kA+B|=\begin{vmatrix} k+\lambda_1 & & & d_1 \\ & \ddots & & \vdots \\ & & k+\lambda_{n-1} & d_{n-1} \\ d_1 & \cdots & d_{n-1} & d \end{vmatrix}=\left(d-\sum_{i=1}^{n-1}\frac{d_i^2}{k+\lambda_i}\right)\prod_{i=1}^{n-1}(k+\lambda_i),$$

故只要 k 足够大就能保证 $k\boldsymbol{A}+\boldsymbol{B}$ 是可逆矩阵。从而 $\boldsymbol{A}$,$\boldsymbol{B}$ 可以通过合同变换同时化成对角矩阵。

八　记 $E_j=\ker f_j$,$j=1,2$。由 $f_j\neq 0$ 知 $\dim E_j=n-1$,$j=1,2$。不失一般性,可令

$$V=\mathbb{C}^n=\{\boldsymbol{\alpha}=(x_1,x_2,\cdots,x_n):x_1,x_2,\cdots,x_n\in\mathbb{C}\},$$

$$f_j(\boldsymbol{\alpha})=a_{j1}x_1+a_{j2}x_2+\cdots+a_{jn}x_n,j=1,2。$$

由 $f_1\neq 0$,$f_2\neq 0$,$f_1\neq cf_2$,$\forall c\in\mathbb{C}$,知

$$\begin{cases}a_{11}x_1+a_{12}x_2+\cdots+a_{1n}x_n=0,\\ a_{21}x_1+a_{22}x_2+\cdots+a_{2n}x_n=0\end{cases}$$

的系数矩阵之秩为 2。因此其解空间维数为 $n-2$,即 $\dim(E_1\cap E_2)=n-2$。但

$$\dim E_1+\dim E_2=\dim(E_1+E_2)+\dim(E_1\cap E_2),$$

故有 $\dim(E_1+E_2)=n$,即 $E_1+E_2=V$。

现在,任意的 $\boldsymbol{\alpha}\in V$ 都可表为 $\boldsymbol{\alpha}=\boldsymbol{\alpha}_1+\boldsymbol{\alpha}_2$,其中 $\boldsymbol{\alpha}_1\in E_1$,$\boldsymbol{\alpha}_2\in E_2$。注意到 $f_1(\boldsymbol{\alpha}_1)=0$,$f_2(\boldsymbol{\alpha}_2)=0$,因此

$$f_1(\boldsymbol{\alpha})=f_1(\boldsymbol{\alpha}_2),\quad f_2(\boldsymbol{\alpha})=f_2(\boldsymbol{\alpha}_1)。$$

第二届全国大学生数学竞赛决赛
(数学类,2011 年)

试　　题

一(15 分)　求出过原点且和椭球面 $4x^2+5y^2+6z^2=1$ 的交线为一个圆周的所有平面。

二(15 分)　设 $0<f(x)<1$, 无穷积分 $\int_0^{+\infty} f(x)\mathrm{d}x$ 和 $\int_0^{+\infty} xf(x)\mathrm{d}x$ 都收敛。求证: $\int_0^{+\infty} xf(x)\mathrm{d}x > \frac{1}{2}\left(\int_0^{+\infty} f(x)\mathrm{d}x\right)^2$。

三(15 分)　设 $\sum_{n=1}^{\infty} na_n$ 收敛, $t_n=a_{n+1}+2a_{n+2}+\cdots+ka_{n+k}+\cdots$。证明: $\lim_{n\to\infty} t_n=0$。

四(15 分)　设 $\boldsymbol{A}\in M_n(\mathbb{C})$,定义线性变换

$$\sigma_{\boldsymbol{A}}: M_n(\mathbb{C}) \to M_n(\mathbb{C}),\quad \sigma_{\boldsymbol{A}}(\boldsymbol{X})=\boldsymbol{AX}-\boldsymbol{XA}。$$

证明:当 $\boldsymbol{A}$ 可对角化时, $\sigma_{\boldsymbol{A}}$ 也可对角化。这里 $M_n(\mathbb{C})$是复数域$\mathbb{C}$上 n 阶方阵组成的复线性空间。

五(20 分)　设连续函数 $f:\mathbb{R}\to\mathbb{R}$ 满足

$$\sup_{x,y\in\mathbb{R}} |f(x+y)-f(x)-f(y)|<+\infty。$$

证明:存在实常数 a 满足 $\sup_{x\in\mathbb{R}}|f(x)-ax|<+\infty$。

六(20 分)　设 $\varphi: M_n(\mathbb{R})\to\mathbb{R}$ 是非零线性映射,满足

$$\varphi(\boldsymbol{XY})=\varphi(\boldsymbol{YX}),\quad \forall\, \boldsymbol{X},\boldsymbol{Y}\in M_n(\mathbb{R}),$$

这里 $M_n(\mathbb{R})$是实数域$\mathbb{R}$上 n 阶方阵组成的实线性空间。在 $M_n(\mathbb{R})$上定义双线性型

$$(-,-): M_n(\mathbb{R})\times M_n(\mathbb{R}) \to \mathbb{R} \text{ 为}(\boldsymbol{X},\boldsymbol{Y})=\varphi(\boldsymbol{XY})。$$

(1) 证明(-,-)是非退化的,即若$(\boldsymbol{X},\boldsymbol{Y})=0$, $\forall \boldsymbol{Y}\in M_n(\mathbb{R})$,则 $\boldsymbol{X}=\boldsymbol{0}$。

(2) 设 $\boldsymbol{A}_1,\boldsymbol{A}_2,\cdots,\boldsymbol{A}_{n^2}$ 是 $M_n(\mathbb{R})$的一组基, $\boldsymbol{B}_1,\boldsymbol{B}_2,\cdots,\boldsymbol{B}_{n^2}$ 是其相应的对偶基,即

$$(\boldsymbol{A}_i,\boldsymbol{B}_j)=\delta_{ij}=\begin{cases}0, & \text{当 } i\neq j,\\ 1, & \text{当 } i=j。\end{cases}$$

证明 $\sum_{i=1}^{n^2}\boldsymbol{A}_i\boldsymbol{B}_i$ 是数量矩阵。

参 考 解 答

一　当过原点的平面 Σ 和椭球面

$$4x^2+5y^2+6z^2=1$$

的交线 Γ 为圆时,圆心必为原点。从而 Γ 必在以原点为中心的某个球面上。设该球面方程

为 $x^2+y^2+z^2=r^2$。在该圆上

$$z^2-x^2=5x^2+5y^2+5z^2-5r^2+z^2-x^2=1-5r^2,$$

即该圆在曲面 $H:z^2-x^2=1-5r^2$ 上。

断言 $5r^2=1$，否则 $H:z^2-x^2=1-5r^2$ 是一个双曲柱面。注意到 Γ 关于原点中心对称，H 的一叶是另一叶的中心对称的像，所以 Γ 和 H 的两叶一定都有交点。另一方面，Γ 又要整个地落在 H 上，这与作为圆周的 Γ 是一条连续的曲线矛盾，所以必有 $5r^2=1$。从而 Γ 在 $z^2-x^2=0$ 上，即 Γ 在平面 $x-z=0$ 或 $x+z=0$ 上。所以 Σ 为 $x-z=0$ 或 $x+z=0$。

反过来，当 Σ 为 $x-z=0$ 或 $x+z=0$ 时，Σ 和 $4x^2+5y^2+6z^2=1$ 的交线在 $5x^2+5y^2+5z^2=1$ 上，从而为一个圆。总之，平面 $x-z=0$ 或 $x+z=0$ 即为所求。

二　证法 1　记 $a=\int_a^{+\infty}f(x)\mathrm{d}x$，则 $a\in(0,+\infty)$。

$$\int_a^{+\infty}xf(x)\mathrm{d}x\geqslant a\int_a^{+\infty}f(x)\mathrm{d}x=a\left(a-\int_0^a f(x)\mathrm{d}x\right)$$

$$=a\int_0^a(1-f(x))\mathrm{d}x>\int_0^a x(1-f(x))\mathrm{d}x,$$

所以 $\int_a^{+\infty}xf(x)\mathrm{d}x>\int_0^a x\,\mathrm{d}x-\int_0^a xf(x)\mathrm{d}x$，从而有 $\int_0^{+\infty}xf(x)\mathrm{d}x>\int_0^a x\,\mathrm{d}x=\frac{a^2}{2}$。

证法 2　记 $a=\int_0^{+\infty}f(x)\mathrm{d}x$，则 $a\in(0,+\infty)$，对于 $M\geqslant 1$，记 $a_M=\int_0^M f(x)\mathrm{d}x$，则 $a_M\in(0,M)$。这样，可令 $g_M(x)=\begin{cases}1, & x\in[0,a_M],\\ 0, & x\in(a_M,M],\end{cases}$ 则易见

$$G_M(x)=\int_0^x(g_M(t)-f(t))\mathrm{d}t>0,\ \forall\, x\in(0,M)\text{ 且 }G_M(M)=0。$$

进一步注意到 $a_M\geqslant a_1(M\geqslant 1)$，可知

$$G_M(x)=G_1(x),\ \forall\, x\in[0,a_1],\ \forall\, M\geqslant 1。$$

所以

$$\int_0^M x(g_M(x)-f(x))\mathrm{d}x=xG_M(x)\Big|_0^M-\int_0^M G_M(x)\mathrm{d}x$$

$$=-\int_0^M G_M(x)\mathrm{d}x\leqslant-\int_0^{a_1}G_M(x)\mathrm{d}x$$

$$=-\int_0^{a_1}G_1(x)\mathrm{d}x,$$

于是

$$\int_0^{+\infty}xf(x)\mathrm{d}x\geqslant\int_0^M xf(x)\mathrm{d}x$$

$$\geqslant\int_0^M xg_M(x)\mathrm{d}x+\int_0^{a_1}G_1(x)\mathrm{d}x$$

$$=\frac{1}{2}a_M^2+\int_0^{a_1}G_1(x)\mathrm{d}x,\ \forall\, M>1。$$

令 $M\to+\infty$ 得到

$$\int_0^{+\infty}xf(x)\mathrm{d}x\geqslant\frac{1}{2}\left(\int_0^{+\infty}f(x)\mathrm{d}x\right)^2+\int_0^{a_1}G_1(x)\mathrm{d}x>\frac{1}{2}\left(\int_0^{+\infty}f(x)\mathrm{d}x\right)^2。$$

注 如果 $f(x)$ 连续,则可以采用以下方法证明:

考虑 $F(x)=\int_0^x tf(t)\mathrm{d}t-\frac{1}{2}\left(\int_0^x f(t)\mathrm{d}t\right)^2,\forall x\geqslant 0$,则

$$F'(x)=f(x)\left(x-\int_0^x f(t)\mathrm{d}t\right)>0,\forall x>0。$$

从而 $F(x)$ 在 $[0,+\infty)$ 上严格单调上升。所以 $F(+\infty)>F(0)=0$,即结论成立。

三 $t_n=\sum\limits_{k=1}^{\infty}ka_{n+k}=\sum\limits_{k=1}^{\infty}\frac{k}{n+k}(n+k)a_{n+k}$,由假设,$\sum\limits_{k=1}^{\infty}(n+k)a_{n+k}$ 收敛,而 $\frac{k}{n+k}$ 关于 k 单调且一致有界,从而由阿贝尔判别法知 $\sum\limits_{k=1}^{\infty}ka_{n+k}$ 收敛,即 t_n 有定义。

进一步,$\forall\varepsilon>0,\exists N>0$,使得当 $n>N$ 时,有

$$S_n=\sum_{k=n}^{\infty}ka_k\in(-\varepsilon,\varepsilon),$$

此时对任何 $n>N$ 以及 $m>1$,有

$$\begin{aligned}\sum_{k=1}^{m}ka_{n+k}&=\sum_{k=1}^{m}\frac{k}{n+k}(S_{k+n}-S_{k+n+1})\\&=\sum_{k=1}^{m}\frac{k}{n+k}S_{k+n}-\sum_{k=2}^{m+1}\frac{k-1}{n+k-1}S_{k+n}\\&=\frac{1}{n+1}S_{n+1}-\frac{m}{n+m}S_{m+n+1}+\sum_{k=2}^{m}\left(\frac{k}{n+k}-\frac{k-1}{n+k-1}\right)S_{k+n}。\end{aligned}$$

从而有

$$\begin{aligned}\left|\sum_{k=1}^{m}ka_{n+k}\right|&\leqslant\left(\frac{1}{n+1}+\frac{m}{n+m}\right)\varepsilon+\sum_{k=2}^{m}\left(\frac{k}{n+k}-\frac{k-1}{n+k-1}\right)\varepsilon\\&=\left(\frac{1}{n+1}+2\frac{m}{n+m}-\frac{1}{n}\right)\varepsilon\leqslant 2\varepsilon。\end{aligned}$$

所以 $|t_n|\leqslant 2\varepsilon,\forall n>N$,即 $\lim\limits_{n\to\infty}t_n=0$。

四 **证法1** 利用

$L_{\boldsymbol{A}}:M_n(\mathbb{C})\to M_n(\mathbb{C}),\ L_{\boldsymbol{A}}(\boldsymbol{X})=\boldsymbol{AX};R_{\boldsymbol{A}}:M_n(\mathbb{C})\to M_n(\mathbb{C}),\ R_{\boldsymbol{A}}(\boldsymbol{X})=\boldsymbol{XA}$。

则 $L_{\boldsymbol{A}},R_{\boldsymbol{A}}$ 均为线性。令 $\sigma_{\boldsymbol{A}}=L_{\boldsymbol{A}}-R_{\boldsymbol{A}}$,利用已有的证明可得 $L_{\boldsymbol{A}}$ 是可对角化的。又由 $(R_{\boldsymbol{A}}(\boldsymbol{X}))^{\mathrm{T}}=\boldsymbol{A}^{\mathrm{T}}\boldsymbol{X}^{\mathrm{T}}$。$\boldsymbol{A}$ 可对角化,$\boldsymbol{A}^{\mathrm{T}}$ 可对角化,因此 $R_{\boldsymbol{A}}$ 是可对角化的。

又

$$R_{\boldsymbol{A}}L_{\boldsymbol{A}}(\boldsymbol{X})=\boldsymbol{AXA}=L_{\boldsymbol{A}}R_{\boldsymbol{A}}(\boldsymbol{X}),$$

故 $L_{\boldsymbol{A}}$ 与 $R_{\boldsymbol{A}}$ 可交换,则 $L_{\boldsymbol{A}}$ 与 $R_{\boldsymbol{A}}$ 可同时对角化。所以 $\sigma_{\boldsymbol{A}}=L_{\boldsymbol{A}}-R_{\boldsymbol{A}}$ 可对角化。

证法2 由于 $\boldsymbol{A}$ 可对角化,故存在 $\boldsymbol{\alpha}_1,\boldsymbol{\alpha}_2,\cdots,\boldsymbol{\alpha}_n$ 使得 $\boldsymbol{A\alpha}_i=\lambda_i\boldsymbol{\alpha}_i$,由于 $\boldsymbol{A}$ 与 $\boldsymbol{A}^{\mathrm{T}}$ 相似,$\boldsymbol{A}^{\mathrm{T}}$ 可对角化,则存在 $\boldsymbol{\beta}_1,\boldsymbol{\beta}_2,\cdots,\boldsymbol{\beta}_n$ 使得 $\boldsymbol{A}^{\mathrm{T}}\boldsymbol{\beta}_j=\lambda_j\boldsymbol{\beta}_j$。可以断言 $\{\boldsymbol{\alpha}_i\boldsymbol{\beta}_j^{\mathrm{T}}:i,j=1,2,\cdots,n\}$ 构成 $M_n(\mathbb{C})$ 的一组基。取 $\boldsymbol{\varepsilon}_i$ 为第 i 个分量为 1 的单位向量,由于 $\boldsymbol{E}_{ij}=\boldsymbol{\varepsilon}_i\boldsymbol{\varepsilon}_j^{\mathrm{T}},\boldsymbol{\varepsilon}_i=\sum\limits_{j=1}^{n}l_{ij}\boldsymbol{\alpha}_j=\sum\limits_{j=1}^{n}k_{ij}\boldsymbol{\beta}_j$,所以

$$\boldsymbol{E}_{ij}=\left(\sum_{j=1}^{n} l_{ij}\boldsymbol{\alpha}_j\right)\left(\sum_{j=1}^{n} k_{ij}\boldsymbol{\beta}_j\right)^{\mathrm{T}}。$$

因 $\boldsymbol{E}_{ij}$ 可由$\{\boldsymbol{\alpha}_i\boldsymbol{\beta}_j^{\mathrm{T}}:i,j=1,2,\cdots n\}$，所以$\{\boldsymbol{\alpha}_i\boldsymbol{\beta}_j^{\mathrm{T}}:i,j=1,2,\cdots,n\}$构成 $M_n(\mathbb{C})$的一组基。

$$\sigma_{\boldsymbol{A}}(\boldsymbol{\alpha}_i\boldsymbol{\beta}_j^{\mathrm{T}})=\boldsymbol{A}\boldsymbol{\alpha}_i\boldsymbol{\beta}_j^{\mathrm{T}}-\boldsymbol{\alpha}_i\boldsymbol{\beta}_j^{\mathrm{T}}\boldsymbol{A}=\lambda_i\boldsymbol{\alpha}_i\boldsymbol{\beta}_j^{\mathrm{T}}-\boldsymbol{\alpha}_i(\boldsymbol{A}^{\mathrm{T}}\boldsymbol{\beta}_j)^{\mathrm{T}}=(\lambda_i-\lambda_j)\boldsymbol{\alpha}_i\boldsymbol{\beta}_j^{\mathrm{T}}。$$

所以 $\sigma_{\boldsymbol{A}}$ 可对角化。

五　记 $M=\sup\limits_{x,y\in\mathbb{R}}|f(x+y)-f(x)-f(y)|$，则

$$|f(2x)-2f(x)|\leqslant M,$$
$$|f(3x)-f(2x)-f(x)|\leqslant M,$$
$$\vdots$$
$$|f(nx)-f((n-1)x)-f(x)|\leqslant M,\quad \forall x\in\mathbb{R},n\in\mathbb{N}^+。$$

从而

$$|f(nx)-nf(x)|\leqslant(n-1)M\leqslant nM,\quad \forall x\in\mathbb{R},n\in\mathbb{N}^+。\tag{1}$$

上式中 x 用 mx 代入，则有

$$|f(mnx)-nf(mx)|\leqslant nM,\quad \forall x\in\mathbb{R},m,n\in\mathbb{N}^+。$$

把上式中的 m,n 互换，得

$$|f(mnx)-mf(nx)|\leqslant mM,\quad \forall x\in\mathbb{R},m,n\in\mathbb{N}^+。$$

于是有

$$\left|\frac{f(mx)}{m}-\frac{f(nx)}{n}\right|\leqslant\left(\frac{1}{n}+\frac{1}{m}\right)M,\quad \forall x\in\mathbb{R},m,n\in\mathbb{N}^+。\tag{2}$$

这表明函数列$\left\{\dfrac{f(nx)}{n}\right\}$是关于 $x\in\mathbb{R}$ 一致收敛的。设其极限函数为 $g(x)$，则 $g(x)$连续。由题设，$\forall x,y\in\mathbb{R},n\in\mathbb{N}^+$，有

$$\left|\frac{f(n(x+y))}{n}-\frac{f(nx)}{n}-\frac{f(ny)}{n}\right|\leqslant\frac{M}{n}。$$

令 $n\to\infty$取极限即得

$$g(x+y)=g(x)+g(y),\quad \forall x,y\in\mathbb{R}。\tag{3}$$

而在(1)式除以 n 后取极限可以得到

$$|g(x)-f(x)|\leqslant M,\quad \forall x\in\mathbb{R}。\tag{4}$$

从而$\sup\limits_{x\in\mathbb{R}}|g(x)-f(x)|<+\infty$。

下面证明 $g(x)=g(1)x$。由(3)式可得

$$g\left(\frac{m}{n}\right)=\frac{m}{n}g(1),\quad \forall m\in\mathbb{Z},n\in\mathbb{N}^+。$$

由 $g(x)$的连续性和有理数的稠密性得到

$$g(x)=g(1)x,\quad \forall x\in\mathbb{R}。$$

综上所述，要证的结论成立。

注　如果最后由 $g(x)$的连续性和 $g(x+y)=g(x)+g(y)$得到 $g(x)=ax$，算全对。

六　证　首先证明 $\varphi=a\cdot\mathrm{tr}(-)$，这里 $\mathrm{tr}(-)$是取迹映射：

$$\varphi(\boldsymbol{E}_{ij})=\varphi(\boldsymbol{E}_{i1}\boldsymbol{E}_{1j})=\varphi(\boldsymbol{E}_{1j}\boldsymbol{E}_{i1})=\delta_{ij}\varphi(\boldsymbol{E}_{11}),$$

其中 $\boldsymbol{E}_{ij}$ 是(i,j)位置为 1，其他位置为 0 的矩阵。

取 $a=\varphi(\boldsymbol{E}_{11})$,则 $\varphi(\boldsymbol{E}_{ij})=a\cdot\operatorname{tr}(\boldsymbol{E}_{ij})$,故

$$\varphi=a\cdot\operatorname{tr}(-),\quad a\neq 0。$$

(1) $(-,-)$是双线性型,且是对称点。

设$(\boldsymbol{X},\boldsymbol{Y})=0$, $\forall \boldsymbol{Y}\in M_n(\mathbb{R})$,取 $\boldsymbol{Y}=\boldsymbol{X}^{\mathrm{T}}$,$\boldsymbol{X}$ 的转置矩阵,则$(\boldsymbol{X},\boldsymbol{Y})=a\cdot\operatorname{tr}(\boldsymbol{X}\boldsymbol{X}^{\mathrm{T}})=0$。从而有 $\operatorname{tr}(\boldsymbol{X}\boldsymbol{X}^{\mathrm{T}})=0$,故 $\boldsymbol{X}=\boldsymbol{0}$。

(2) 证明 $\sum\limits_{i=1}^{n^2}\boldsymbol{A}_i\boldsymbol{B}_i$ 与任意 $\boldsymbol{A}_k$ 可交换。因 $\boldsymbol{B}_1,\boldsymbol{B}_2,\cdots,\boldsymbol{B}_{n^2}$ 也是 $M_n(\mathbb{R})$的一组基,因此可设

$$\boldsymbol{B}_i\boldsymbol{A}_k=\sum_l x_l\boldsymbol{B}_l,\quad 其中\quad x_l=(\boldsymbol{B}_i\boldsymbol{A}_k,\boldsymbol{A}_l);$$

又由 $\boldsymbol{A}_1,\boldsymbol{A}_2,\cdots,\boldsymbol{A}_{n^2}$ 为 $M_n(\mathbb{R})$的一组基,可设

$$\boldsymbol{A}_k\boldsymbol{A}_i=\sum_l y_l\boldsymbol{A}_l,\quad 其中\quad y_l=(\boldsymbol{A}_k\boldsymbol{A}_i,\boldsymbol{B}_l)。$$

计算

$$\begin{aligned}\boldsymbol{\Delta}&=\Big(\sum_{i=1}^{n^2}\boldsymbol{A}_i\boldsymbol{B}_i\Big)\boldsymbol{A}_k-\boldsymbol{A}_k\sum_{i=1}^{n^2}\boldsymbol{A}_i\boldsymbol{B}_i=\sum_{i=1}^{n^2}(\boldsymbol{A}_i\boldsymbol{B}_i\boldsymbol{A}_k-\boldsymbol{A}_k\boldsymbol{A}_i\boldsymbol{B}_i)\\&=\sum_{n=1}^{n^2}\Big(\boldsymbol{A}_i\sum_l(\boldsymbol{B}_i\boldsymbol{A}_k,\boldsymbol{A}_l)\boldsymbol{B}_l-\sum_l(\boldsymbol{A}_k\boldsymbol{A}_i,\boldsymbol{B}_l)\boldsymbol{A}_l\boldsymbol{B}_i\Big)\\&=\sum_{i=1}^{n^2}\sum_l[(\boldsymbol{B}_i\boldsymbol{A}_k,\boldsymbol{A}_l)\boldsymbol{A}_i\boldsymbol{B}_l-(\boldsymbol{A}_k\boldsymbol{A}_i,\boldsymbol{B}_l)\boldsymbol{A}_l\boldsymbol{B}_i]。\end{aligned}$$

上式中 $(\boldsymbol{A}_k\boldsymbol{A}_i,\boldsymbol{B}_l)=(\boldsymbol{B}_l\boldsymbol{A}_k,\boldsymbol{A}_i)$。故 $\boldsymbol{\Delta}=\boldsymbol{0}$,从而 $\sum\limits_{i=1}^{n^2}\boldsymbol{A}_i\boldsymbol{B}_i$ 与任意 $\boldsymbol{A}_k$ 可交换,故 $\sum\limits_{i=1}^{n^2}\boldsymbol{A}_i\boldsymbol{B}_i$ 是数量矩阵。

第三届全国大学生数学竞赛决赛
(数学类,2012 年)

试　　题

一(15 分)　设有空间中五点

$$A(1,0,1),B(1,1,2),C(1,-1,-2),D(3,1,0),E(3,1,2).$$

试求过点 E 且与 A,B,C 所在平面 Σ 平行而与直线 AD 垂直的直线方程。

二(15 分)　设 $f(x)$在$[a,b]$上有二阶导数,且 $f''(x)$在$[a,b]$上黎曼可积。证明:

$$f(x)=f(a)+f'(a)(x-a)+\int_a^x(x-t)f''(t)\mathrm{d}t,\forall x\in[a,b]。$$

三(10 分)　设 $k_0<k_1<\cdots<k_n$ 为给定的正整数,$A_1,A_2,\cdots,A_n$ 为实参数,指出函数 $f(x)=\sin k_0x+A_1\sin k_1x+\cdots+A_n\sin k_nx$ 在$[0,2\pi)$上零点的个数(当 $A_1,A_2,\cdots,A_n$ 变化时)的最小可能值并加以证明。

四(10 分)　设正数列$\{a_n\}$满足

$$\varliminf_{n\to\infty}a_n=1,\quad \varlimsup_{n\to\infty}a_n<+\infty,\quad \lim_{n\to\infty}\sqrt[n]{a_1a_2\cdots a_n}=1。$$

求证:$\lim\limits_{n\to\infty}\dfrac{a_1+a_2+\cdots+a_n}{n}=1$。

五(15 分)　设 $\boldsymbol{A},\boldsymbol{B}$ 分别是 $3\times2,2\times3$ 实矩阵,若有 $\boldsymbol{AB}=\begin{pmatrix}8&0&-4\\-\dfrac{3}{2}&9&-6\\-2&0&1\end{pmatrix}$,求 $\boldsymbol{BA}$。

六(20 分)　设$\{\boldsymbol{A}_i\}_{i\in I},\{\boldsymbol{B}_i\}_{i\in I}$是数域 F 上两个矩阵集合,称它们在 F 上相似,如果存在 F 上与 $i\in I$ 无关的可逆矩阵 $\boldsymbol{P}$,使得 $\boldsymbol{P}^{-1}\boldsymbol{A}_i\boldsymbol{P}=\boldsymbol{B}_i,\forall i\in I$,证明:有理数域$\mathbb{Q}$上两个矩阵集合$\{\boldsymbol{A}_i\}_{i\in I},\{\boldsymbol{B}_i\}_{i\in I}$,如果它们在实数域$\mathbb{R}$上相似,则它们在有理数域$\mathbb{Q}$上也相似。

七(15 分)　设 $F(x),G(x)$ 是$[0,+\infty)$上的两个非负单调递减函数,

$$\lim_{x\to+\infty}x(F(x)+G(x))=0。$$

(1) 证明:$\forall\varepsilon>0,\lim\limits_{x\to+\infty}\displaystyle\int_\varepsilon^{+\infty}xF(xt)\cos t\,\mathrm{d}t=0$。

(2) 若进一步有 $\lim\limits_{n\to\infty}\displaystyle\int_0^{+\infty}(F(t)-G(t))\cos\frac{t}{n}\mathrm{d}t=0$,证明

$$\lim_{x\to0}\int_0^{+\infty}(F(t)-G(t))\cos(xt)\mathrm{d}t=0。$$

参考解答

一　平面 ABC 的法向量 $\boldsymbol{n}=\overrightarrow{AB}\times\overrightarrow{AC}=(0,1,1)\times(0,-1,-3)=(-2,0,0)$。设所求

直线的方向向量为 $\boldsymbol{l}=(a,b,c)$,则由条件得 $\boldsymbol{l}\cdot\boldsymbol{n}=0,\boldsymbol{l}\cdot\overrightarrow{AD}=0$。由此可解得 $\boldsymbol{l}=(0,c,c)$ $(c\neq 0)$,取 $\boldsymbol{l}=(0,1,1)$。于是所求直线方程为 $\dfrac{x-3}{0}=\dfrac{y-1}{1}=\dfrac{z-2}{1}$。

二　证法 1　$\forall x\in[a,b]$,利用牛顿-莱布尼茨公式,得

$$\begin{aligned}f(x)&=f(a)+\int_a^x f'(u)\mathrm{d}u=f(a)+\int_a^x f'(a)\mathrm{d}u+\int_a^x \mathrm{d}u\int_a^u f''(t)\mathrm{d}t\\&=f(a)+f'(a)(x-a)+\int_a^x \mathrm{d}t\int_t^x f''(t)\mathrm{d}u\\&=f(a)+f'(a)(x-a)+\int_a^x (x-t)f''(t)\mathrm{d}t。\end{aligned}$$

证法 2　$\forall x\in[a,b]$,利用分部积分公式,得

$$\begin{aligned}\int_a^x (x-t)f''(t)\mathrm{d}t&=[(x-t)f'(t)]_a^x+\int_a^x f'(t)\mathrm{d}t\\&=-f'(a)(x-a)+f(x)-f(a),\end{aligned}$$

即 $f(x)=f(a)+f'(a)(x-a)+\int_a^x (x-t)f''(t)\mathrm{d}t$。

三　当 $A_1=A_2=\cdots=A_n=0$ 时,函数 $f(x)$ 在 $[0,2\pi)$ 上恰有 $2k_0$ 个零点,下面证明无论 $A_1,A_2,\cdots,A_n$ 取什么值,$f(x)$ 在 $[0,2\pi)$ 上都至少有 $2k_0$ 个零点。

考虑函数 $F_1(x)=-\dfrac{1}{k_0^2}\left(\sin k_0x+\sum\limits_{i=1}^{n}\dfrac{A_ik_0^2}{k_i^2}\sin k_ix\right)$,容易得到

$$F_1(0)=F_1(2\pi)=0,\quad F_1''(x)=f(x)。$$

设 $F_1(x)$ 在 $[0,2\pi)$ 上的零点个数为 N,则由罗尔定理知 $F_1'(x)$ 在 $(0,2\pi)$ 内至少有 N 个零点,从而 $F_1''(x)$ 在 $(0,2\pi)$ 内至少有 $N-1$ 个零点,于是 $F_1''(x)$ 在 $[0,2\pi)$ 上至少有 N 个零点。记 $F_0(x)=f(x)$,重复上面的过程,得到一系列函数 $F_s(x)=\dfrac{(-1)^s}{k_0^{2s}}\left(\sin k_0x+\sum\limits_{i=1}^{n}\dfrac{A_ik_0^{2s}}{k_i^{2s}}\sin k_ix\right)$ 满足 $F_{s+1}''(x)=F_s(x)$,$s=0,1,2,\cdots$,从而若 $F_s(x)$ 在 $[0,2\pi)$ 上零点个数为 N,则 $f(x)$ 在 $[0,2\pi)$ 上的零点个数至少为 N。令 $g(x)=\sin k_0x+\sum\limits_{i=1}^{n}\dfrac{A_ik_0^{2s}}{k_i^{2s}}\sin k_ix$,则 $F_s(x)=\dfrac{(-1)^s}{k_0^{2s}}g(x)$。由于 $k_0<k_1<\cdots<k_n$,可取充分大的正整数 s,使得 $\sum\limits_{i=1}^{n}\dfrac{|A_i|k_0^{2s}}{k_i^{2s}}<\dfrac{\sqrt{2}}{2}$,从而有

$$\left|\sum_{i=1}^{n}\frac{A_ik_0^{2s}}{k_i^{2s}}\sin k_ix\right|\leqslant\sum_{i=1}^{n}\frac{|A_i|k_0^{2s}}{k_i^{2s}}<\frac{\sqrt{2}}{2}$$

因此,当 $m=1,2,\cdots,2k_0-1$ 时,或者

$$g\left(\frac{m\pi+\frac{\pi}{4}}{k_0}\right)\geqslant\frac{\sqrt{2}}{2}-\sum_{i=1}^{n}\frac{|A_i|k_0^{2s}}{k_i^{2s}}>0,$$

$$g\left(\frac{m\pi-\frac{\pi}{4}}{k_0}\right)\leqslant-\frac{\sqrt{2}}{2}+\sum_{i=1}^{n}\frac{|A_i|k_0^{2s}}{k_i^{2s}}<0$$

成立，或者

$$g\left(\frac{m\pi-\frac{\pi}{4}}{k_0}\right)\geqslant\frac{\sqrt{2}}{2}-\sum_{i=1}^{n}\frac{|A_i|k_0^{2s}}{k_i^{2s}}>0,$$

$$g\left(\frac{m\pi+\frac{\pi}{4}}{k_0}\right)\leqslant-\frac{\sqrt{2}}{2}+\sum_{i=1}^{n}\frac{|A_i|k_0^{2s}}{k_i^{2s}}<0$$

成立。不论何种情形，都存在 $x_m\in\left(\frac{m\pi-\frac{\pi}{4}}{k_0},\frac{m\pi+\frac{\pi}{4}}{k_0}\right)$，使得

$$g(x_m)=0,\quad m=1,2,\cdots,2k_0-1$$

由此可知，$F_s(x)$ 在 $[0,2\pi)$ 上的零点个数为 $N\geqslant 2k_0$，故 $f(x)$ 零点个数的最小可能值为 $2k_0$。

四 令 $x_n=\ln a_n$，则由题设条件有

$$\varliminf_{n\to\infty}x_n=0,\quad \varlimsup_{n\to\infty}x_n<+\infty,\quad \lim_{n\to\infty}\frac{1}{n}\sum_{k=1}^{n}x_k=0。$$

首先假设所有的 $x_n>0$。由上面第二式可知存在 $A>0$，使得所有的 $x_n\leqslant A$。容易知道当 $0\leqslant x\leqslant\ln 2$ 时，成立不等式 $e^x\leqslant 1+2x$。对于固定的 n，令

$$S_n=\{i\in\mathbb{Z}\mid 1\leqslant i\leqslant n,x_i\leqslant\ln 2\},\quad T_n=\{i\in\mathbb{Z}\mid 1\leqslant i\leqslant n,x_i>\ln 2\},$$

$|T_n|$ 表示 T_n 中元素的个数，则有 $\frac{1}{n}\sum_{k=1}^{n}x_k\geqslant\frac{1}{n}\sum_{k\in T_n}x_k>\frac{|T_n|}{n}\ln 2\geqslant 2$，因此 $\lim_{n\to\infty}\frac{|T_n|}{n}=0$。由于

$$\begin{aligned}\frac{1}{n}\sum_{k=1}^{n}e^{x_k}&=\frac{1}{n}\sum_{k\in S_n}e^{x_k}+\frac{1}{n}\sum_{k\in T_n}e^{x_k}\leqslant\frac{1}{n}\sum_{k\in S_n}(1+2x_k)+\frac{|T_n|}{n}e^A\\&\leqslant 1-\frac{|T_n|}{n}(1-e^A)+\frac{2}{n}\sum_{k=1}^{n}x_k,\end{aligned}$$

并且 $\frac{1}{n}\sum_{k=1}^{n}e^{x_k}\geqslant e^{\frac{1}{n}\sum_{k=1}^{n}x_k}$，由夹逼准则得

$$\lim_{n\to\infty}\frac{1}{n}\sum_{k=1}^{n}a_k=\lim_{n\to\infty}\frac{1}{n}\sum_{k=1}^{n}e^{x_k}=1。$$

对于一般情形，作数列 $z_n=\begin{cases}-x_n, & x_n<0,\\0, & x_n\geqslant 0,\end{cases}$ $n=1,2,\cdots$，则 $\varliminf_{n\to\infty}z_n=0$。

令 $y_n=x_n+z_n$，则 $y_n\geqslant 0$，且

$$\varliminf_{n\to\infty}y_n=0,\quad \varlimsup_{n\to\infty}y_n<+\infty,\quad \lim_{n\to\infty}\frac{1}{n}\sum_{k=1}^{n}y_k=0。$$

由上面已经证明的结论，有 $\lim_{n\to\infty}\frac{1}{n}\sum_{k=1}^{n}e^{y_k}=1$，又因为 $z_n\geqslant 0$，从而 $x_n\leqslant y_n$，于是有

$$e^{\frac{1}{n}\sum_{k=1}^{n}x_k} \leqslant \frac{1}{n}\sum_{k=1}^{n}e^{x_k} \leqslant \frac{1}{n}\sum_{k=1}^{n}e^{y_k}。$$

再由夹逼准则，得到$\lim\limits_{n\to\infty}\frac{1}{n}\sum\limits_{k=1}^{n}a_k=\lim\limits_{n\to\infty}\frac{1}{n}\sum\limits_{k=1}^{n}e^{x_k}=1$。

五 由题设可得 $\boldsymbol{AB}$ 的特征多项式为$\lambda(\lambda-9)^2$。由于 $\boldsymbol{AB}$ 和 $\boldsymbol{BA}$ 有相同的非零特征值(并且重数也相同),可知 $\boldsymbol{BA}$ 的特征值均为 9。由此可知 $\boldsymbol{BA}$ 可逆,即存在二阶矩阵 $\boldsymbol{C}$,使得 $\boldsymbol{CBA}=\boldsymbol{BAC}=\boldsymbol{E}_2$,$\boldsymbol{AB}$ 的最小多项式为$\lambda(\lambda-9)$,从而

$$\boldsymbol{A}(\boldsymbol{BA}-9\boldsymbol{E}_2)\boldsymbol{B}=\boldsymbol{ABAB}-9\boldsymbol{AB}=\boldsymbol{AB}(\boldsymbol{AB}-9\boldsymbol{E}_3)=\boldsymbol{0},$$

于是有 $\boldsymbol{BA}-9\boldsymbol{E}_2=\boldsymbol{CB}\cdot\boldsymbol{A}(\boldsymbol{BA}-9\boldsymbol{E}_2)\boldsymbol{B}\cdot\boldsymbol{AC}=\boldsymbol{0}$,即

$$\boldsymbol{BA}=9\boldsymbol{E}_2=\begin{pmatrix}9&0\\0&9\end{pmatrix}。$$

六 $\forall i\in I$,考虑 $M_n(\mathbb{R})$的子空间

$$U_{i,\mathbb{R}}=\{\boldsymbol{T}\in M_n(\mathbb{R})\mid \boldsymbol{A}_i\boldsymbol{T}=\boldsymbol{TB}_i\}$$

以及 $M_n(\mathbb{Q})$的子空间

$$U_{i,\mathbb{Q}}=\{\boldsymbol{T}\in M_n(\mathbb{Q})\mid \boldsymbol{A}_i\boldsymbol{T}=\boldsymbol{TB}_i\},$$

其中 $M_n(\mathbb{R})$和 $M_n(\mathbb{Q})$分别表示实数域$\mathbb{R}$和有理数域$\mathbb{Q}$上全体 n 阶矩阵构成的向量空间。

令 $U_{\mathbb{R}}=\bigcap\limits_{i\in I}U_{i,\mathbb{R}}$,$U_{\mathbb{Q}}=\bigcap\limits_{i\in I}U_{i,\mathbb{Q}}$,由题意 $U_{\mathbb{R}}\neq\varnothing$。由于涉及的向量空间的维数都不超过 n^2,因此 $U_{\mathbb{R}}$,$U_{\mathbb{Q}}$ 实际上都只能是有限个 $U_{i,\mathbb{R}}$,$U_{i,\mathbb{Q}}$的交集。求 $U_{i,\mathbb{R}}$,$U_{i,\mathbb{Q}}$的基底实际上就是解线性方程组(这些方程组由 $\boldsymbol{A}_i\boldsymbol{T}=\boldsymbol{TB}_i$ 给出),并且求它们的基础解系的步骤相同,因此可以取到一组公共基底,设为 $\boldsymbol{T}_1,\boldsymbol{T}_2,\cdots,\boldsymbol{T}_l$。考虑多项式

$$f(t_1,t_2,\cdots,t_l)=\det\Big(\sum_{k=1}^{l}t_k\boldsymbol{T}_k\Big),$$

由 $U_{\mathbb{R}}\neq\varnothing$ 可知,存在一组实数 $s_1,s_2,\cdots,s_l$ 满足 $f(s_1,s_2,\cdots,s_l)\neq 0$,从而可知 f 作为$\mathbb{Q}$上的多项式不是零多项式,因此存在一组有理数 $r_1,r_2,\cdots,r_l$ 满足 $f(r_1,r_2,\cdots,r_l)\neq 0$,此时矩阵 $\boldsymbol{P}=\sum\limits_{k=1}^{l}r_k\boldsymbol{T}_k\in U_{\mathbb{Q}}$ 且可逆,即 $\forall i\in I$,都有 $\boldsymbol{P}^{-1}\boldsymbol{A}_i\boldsymbol{P}=\boldsymbol{B}_i$。

七 (1) 由条件知,$\lim\limits_{x\to+\infty}xF(x)=0$,从而$\forall\varepsilon>0$,当 $x\to+\infty$,

$$\left|\int_{\varepsilon}^{\frac{\pi}{2}}xF(xt)\cos t\,dt\right|\leqslant xF(\alpha x)\int_{\alpha}^{\beta}|\cos t|\,dt\to 0,$$

取 $\alpha=\min\left\{\varepsilon,\frac{\pi}{2}\right\}$,$\beta=\max\left\{\varepsilon,\frac{\pi}{2}\right\}$,因此下面只需证明

$$\lim_{x\to+\infty}\int_{\frac{\pi}{2}}^{+\infty}xF(xt)\cos t\,dt=0。$$

由狄利克雷判别法可知这个反常积分收敛。将这个积分做如下变形,有

$$\begin{aligned}\int_{\frac{\pi}{2}}^{+\infty}xF(xt)\cos t\,dt&=\sum_{k=0}^{\infty}\int_{\frac{\pi}{2}+k\pi}^{\frac{\pi}{2}+(k+1)\pi}xF(xt)\cos t\,dt\\&=x\sum_{k=0}^{\infty}(-1)^k\int_{\frac{\pi}{2}}^{\frac{3\pi}{2}}F(x(t+k\pi))\cos t\,dt。\end{aligned}$$

这是一个收敛的交错级数,因此

$$\left|\int_{\frac{\pi}{2}}^{+\infty} xF(xt)\cos t\,\mathrm{d}t\right| \leqslant x\left|\int_{\frac{\pi}{2}}^{\frac{3\pi}{2}} F(xt)\cos t\,\mathrm{d}t\right| \leqslant 2xF\left(\frac{\pi x}{2}\right) \to 0, x \to +\infty,$$

于是得到 $\lim\limits_{x\to+\infty}\int_{\varepsilon}^{+\infty} xF(xt)\cos t\,\mathrm{d}t = 0$。

(2) 只需要考虑 $x\to 0^+$ 的情形，这等价于证明

$$\lim_{x\to+\infty}\int_0^{+\infty} x(F(xt)-G(xt))\cos t\,\mathrm{d}t = 0。$$

由(1)的结论，这又只需证明

$$\lim_{x\to+\infty}\int_0^{\varepsilon_0} x(F(xt)-G(xt))\cos t\,\mathrm{d}t = 0,\quad 0<\varepsilon_0\leqslant\frac{\pi}{2}。$$

下面先证明

$$\lim_{n\to\infty}\int_0^{\varepsilon_0} n(G(nt)-G((n+1)t))\cos t\,\mathrm{d}t = 0。$$

事实上，有

$$\begin{aligned}
&\int_0^{\varepsilon_0} n(G(nt)-G((n+1)t))\cos t\,\mathrm{d}t\\
=&\int_0^{n\varepsilon_0} G(u)\cos\frac{u}{n}\mathrm{d}u - \frac{n}{n+1}\int_0^{(n+1)\varepsilon_0} G(u)\cos\frac{u}{n+1}\mathrm{d}u\\
=&\frac{1}{n+1}\int_0^{n\varepsilon_0} G(u)\cos\frac{u}{n}\mathrm{d}u + \frac{n}{n+1}\int_0^{n\varepsilon_0} G(u)\left(\cos\frac{u}{n}-\cos\frac{u}{n+1}\right)\mathrm{d}u -\\
&\frac{n}{n+1}\int_{n\varepsilon_0}^{(n+1)\varepsilon_0} G(u)\cos\frac{u}{n+1}\mathrm{d}u\\
=&I_1+I_2-I_3。
\end{aligned}$$

由题设条件知 $\lim\limits_{x\to+\infty} xG(x)=0$，$\lim\limits_{x\to+\infty} G(x)=0$，从而有

$$\begin{aligned}
|I_1| &= \frac{1}{n+1}\int_0^{n\varepsilon_0} G(u)\cos\frac{u}{n}\mathrm{d}u \leqslant \int_0^{\varepsilon_0} G(nu)\cos u\,\mathrm{d}u\\
&= \int_0^{\frac{1}{\sqrt{n}}} G(nu)\cos u\,\mathrm{d}u + \int_{\frac{1}{\sqrt{n}}}^{\varepsilon_0} G(nu)\cos u\,\mathrm{d}u\\
&\leqslant \frac{G(0)}{\sqrt{n}} + G\left(\sqrt{n}\right)\int_{\frac{1}{\sqrt{n}}}^{\varepsilon_0}\cos u\,\mathrm{d}u \to 0, n\to\infty;
\end{aligned}$$

$$\begin{aligned}
|I_2| &= \frac{n}{n+1}\sum_{k=1}^{n}\int_{(k-1)\varepsilon_0}^{k\varepsilon_0} G(u)\left(\cos\frac{u}{n+1}-\cos\frac{u}{n}\right)\mathrm{d}u\\
&\leqslant \frac{n}{n+1}\sum_{k=1}^{n} G((k-1)\varepsilon_0)\int_{(k-1)\varepsilon_0}^{k\varepsilon_0}\frac{u}{n(n+1)}\mathrm{d}u\\
&= \frac{\varepsilon_0}{(n+1)^2}\sum_{k=1}^{n}(k-1)\varepsilon_0 G((k-1)\varepsilon_0) + \frac{\varepsilon_0^2}{2(n+1)^2}\sum_{k=1}^{n} G((k-1)\varepsilon_0)\\
&= \frac{n\varepsilon_0}{(n+1)^2}\cdot\frac{1}{n}\sum_{k=1}^{n}(k-1)\varepsilon_0 G((k-1)\varepsilon_0) + \frac{n\varepsilon_0^2 G(0)}{2(n+1)^2} \to 0, n\to\infty;
\end{aligned}$$

$$\begin{aligned}
|I_3| &= n\int_{\frac{n}{n+1}\varepsilon_0}^{\varepsilon_0} G((n+1)u)\cos u\,\mathrm{d}u \leqslant nG(n\varepsilon_0)\int_{\frac{n}{n+1}\varepsilon_0}^{\varepsilon_0}\cos u\,\mathrm{d}u\\
&\leqslant \frac{n\varepsilon_0 G(n\varepsilon_0)}{n+1} \to 0, n\to\infty。
\end{aligned}$$

于是得到

$$\lim_{n\to\infty} n\int_0^{\varepsilon_0}(G(nt)-G((n+1)t))\cos t\,\mathrm{d}t=0。\tag{*}$$

现在用类似于估计 I_1 的方法易知

$$\lim_{x\to+\infty}\int_0^{\varepsilon_0}(F(xt)-G(xt))\cos t\,\mathrm{d}t=0。$$

从而只需证明 $\lim\limits_{x\to+\infty}[x]\int_0^{\varepsilon_0}(F(xt)-G(xt))\cos t\,\mathrm{d}t=0$。

这里$[x]$表示不超过 x 的最大整数。记$[x]=n$,由 $F(x)$,$G(x)$的非负递减性以及 $n\leqslant x<n+1$,可得

$$\begin{aligned}&n\int_0^{\varepsilon_0}(F(xt)-G(xt))\cos t\,\mathrm{d}t\\ \leqslant\ &n\int_0^{\varepsilon_0}(F(nt)-G(nt))\cos t\,\mathrm{d}t+n\int_0^{\varepsilon_0}(G(nt)-G((n+1)t))\cos t\,\mathrm{d}t,\\ &n\int_0^{\varepsilon_0}(F(xt)-G(xt))\cos t\,\mathrm{d}t\\ \geqslant\ &n\int_0^{\varepsilon_0}(F((n+1)t)-G((n+1)t))\cos t\,\mathrm{d}t-n\int_0^{\varepsilon_0}(G(nt)-G((n+1)t))\cos t\,\mathrm{d}t。\end{aligned}$$

而由题设条件可知

$$\lim_{n\to\infty} n\int_0^{+\infty}(F(nt)-G(nt))\cos t\,\mathrm{d}t=0。$$

再由(1)的结论得

$$\lim_{n\to\infty} n\int_0^{\varepsilon_0}(F(nt)-G(nt))\cos t\,\mathrm{d}t=0。$$

结合(*)式,由夹逼准则得

$$\lim_{x\to+\infty} n\int_0^{\varepsilon_0}(F(xt)-G(xt))\cos t\,\mathrm{d}t=0。$$

综上可知结论成立。

第四届全国大学生数学竞赛决赛（数学类，2013 年）

试　　题

一（15 分）　设 A 为正常数，直线 l 与双曲线 $x^2-y^2=2(x>0)$ 所围的有限部分的面积为 A。证明：

(1) 所有上述 l 与双曲线 $x^2-y^2=2(x>0)$ 的截线段的中点的轨迹为双曲线。

(2) l 总是(1)中的轨迹曲线的切线。

二（15 分）　设函数 $f(x)$，满足条件：

(1) $-\infty<a\leqslant f(x)\leqslant b<+\infty, a\leqslant x\leqslant b$；

(2) 对于任意不同的 $x,y\in[a,b]$，有 $|f(x)-f(y)|<L|x-y|$，其中 $0<L<1$。设 $x_1\in[a,b]$，令 $x_{n+1}=\dfrac{1}{2}(x_n+f(x_n)), n=1,2,\cdots$。证明 $\lim\limits_{n\to\infty}x_n=\lambda$ 存在，且 $f(\lambda)=\lambda$。

三（15 分）　设 n 阶实方阵 $\boldsymbol{A}$ 的每个元素的绝对值为 2。证明：当 $n\geqslant 3$ 时，有

$$|\boldsymbol{A}|\leqslant\frac{1}{3}\cdot 2^{n+1}n!。$$

四（15 分）　设 $f(x)$ 为区间 (a,b) 内的可导函数。对于 $x_0\in(a,b)$，若存在 x_0 的邻域 U 使得任意的 $x\in U\backslash\{x_0\}$，有

$$f(x)>f(x_0)+f'(x_0)(x-x_0),$$

则称 x_0 为 $f(x)$ 的凹点。类似地，若存在 x_0 的邻域 U 使得任意的 $x\in U\backslash\{x_0\}$，有

$$f(x)<f(x_0)+f'(x_0)(x-x_0),$$

则称 x_0 为 $f(x)$ 的凸点。证明：若 $f(x)$ 为区间 (a,b) 内的可导函数，且不是一次函数，则 $f(x)$ 一定存在凹点或凸点。

五（20 分）　设 $\boldsymbol{A}=\begin{pmatrix}a_{11}&a_{12}&a_{13}\\a_{12}&a_{22}&a_{23}\\a_{13}&a_{23}&a_{33}\end{pmatrix}$ 为实对称矩阵，$\boldsymbol{A}^*$ 为 $\boldsymbol{A}$ 的伴随矩阵。记

$$f(x_1,x_2,x_3,x_4)=\begin{vmatrix}x_1^2&x_2&x_3&x_4\\-x_2&a_{11}&a_{12}&a_{13}\\-x_3&a_{12}&a_{22}&a_{23}\\-x_4&a_{13}&a_{23}&a_{33}\end{vmatrix},$$

若 $|\boldsymbol{A}|=-12$，$\boldsymbol{A}$ 的特征值之和为 1，且 $(1,0,-2)^{\mathrm{T}}$ 为 $(\boldsymbol{A}^*-4\boldsymbol{E})\boldsymbol{x}=\boldsymbol{0}$ 的一个解。试给出一正交变换 $\begin{pmatrix}x_1\\x_2\\x_3\\x_4\end{pmatrix}=\boldsymbol{Q}\begin{pmatrix}y_1\\y_2\\y_3\\y_4\end{pmatrix}$ 使得 $f(x_1,x_2,x_3,x_4)$ 化为标准形。

六(20分)　设$\mathbb{R}$为实数域,n为给定的自然数,A表示所有n次首一实系数多项式组成的集合。证明:

$$\inf_{b\in\mathbb{R},a>0,P(x)\in A}\frac{\int_b^{b+a}|P(x)|\,\mathrm{d}x}{a^{n+1}}>0。$$

参考解答

一　将双曲线图形进行45°旋转,可以假定双曲线方程为$y=\frac{1}{x}(x>0)$。设直线l交双曲线于$\left(a,\frac{1}{a}\right),\left(ta,\frac{1}{ta}\right),t>1$,与双曲线所围的面积为$A$,则有

$$A=\frac{1}{2}\left(1+\frac{1}{t}\right)(t-1)-\int_a^{ta}\frac{1}{x}\mathrm{d}x=\frac{1}{2}\left(1+\frac{1}{t}\right)(t-1)-\ln t=\frac{1}{2}\left(t-\frac{1}{t}\right)-\ln t。$$

令$f(t)=\frac{1}{2}\left(t-\frac{1}{t}\right)-\ln t$。由

$$f(1)=0,f(+\infty)=+\infty,f'(t)=\frac{1}{2}\left(t-\frac{1}{t}\right)^2>0,\quad t>1,$$

所以对于常数A,存在唯一常数t,使得$A=f(t)$,l与双曲线的截线段中点坐标为

$$x=\frac{1}{2}(1+t)a,y=\frac{1}{2}\left(1+\frac{1}{t}\right)\frac{1}{a}。$$

于是,中点的轨迹曲线为$xy=\frac{1}{4}(1+t)\left(1+\frac{1}{t}\right)$,故终点轨迹为双曲线,也就是函数

$$y=\frac{1}{4}(1+t)\left(1+\frac{1}{t}\right)\frac{1}{x}$$

给出的曲线。该曲线在上述终点处的切线的斜率为

$$k=-\frac{1}{4}(1+t)\left(1+\frac{1}{t}\right)\frac{1}{x^2}=-\frac{1}{ta^2},$$

它恰好等于过两交点$\left(a,\frac{1}{a}\right),\left(ta,\frac{1}{ta}\right)$的直线$l$的斜率为$\dfrac{\frac{1}{ta}-\frac{1}{a}}{ta-a}=-\frac{1}{ta^2}$,故$l$为轨迹曲线的切线。

二　由题设$x_1\in[a,b]$,$f(x)\in[a,b]$,$x_2=\frac{1}{2}(x_1+f(x_1))\in[a,b]$,…继续下去,对于任意$n\geqslant1$,有$a\leqslant x_n\leqslant b_n$。由条件(2),有

$$\begin{aligned}|x_3-x_2|&=\frac{1}{2}|(x_2-x_1)+(f(x_2)-f(x_1))|\\&\leqslant\frac{1}{2}(|x_2-x_1|+|f(x_2)-f(x_1)|)\\&\leqslant\frac{1}{2}(|x_2-x_1|+L|x_2-x_1|)\\&=\frac{1}{2}(1+L)|x_2-x_1|,\end{aligned}$$

类似可以推出$|x_4-x_3|\leqslant\left(\frac{1+L}{2}\right)^2|x_2-x_1|$。继续下去，有

$$|x_{n+1}-x_n|\leqslant\left(\frac{1+L}{2}\right)^{n-1}|x_2-x_1|,\quad\forall n\geqslant 3。$$

由于$\sum\limits_{k=1}^{\infty}\left(\frac{1+L}{2}\right)^k$收敛，从而$\sum\limits_{k=1}^{\infty}|x_{k+1}-x_k|$收敛，当然$\sum\limits_{k=1}^{\infty}(x_{k+1}-x_k)$也收敛。故其前$n$项部分和$\sum\limits_{k=1}^{n}(x_{k+1}-x_k)=x_{n+1}-x_1$。当$n\to\infty$时极限存在，即$\lim\limits_{n\to\infty}x_n$存在。记

$$\lim_{n\to\infty}x_n=\lambda,\quad a\leqslant\lambda\leqslant b。$$

由条件(2)可知，$f(x)$满足利普希茨条件，从而是连续的。在$x_{n+1}=\frac{1}{2}(x_n+f(x_n))$中令$n\to\infty$，得$\lambda=\frac{1}{2}(\lambda+f(\lambda))$，即$f(\lambda)=\lambda$。

三　(1) 首先，$|\boldsymbol{A}|=2^n|\boldsymbol{A}_1|$，其中$\boldsymbol{A}_1=\frac{1}{2}\boldsymbol{A}$，它的所有元素为1或$-1$。

(2) 当$n=3$时，

$$|\boldsymbol{A}_1|=\begin{vmatrix}a_{11}&a_{12}&a_{13}\\a_{21}&a_{22}&a_{23}\\a_{31}&a_{32}&a_{33}\end{vmatrix}$$

$$=a_{11}a_{22}a_{33}+a_{12}a_{23}a_{31}+a_{13}a_{21}a_{32}-a_{31}a_{22}a_{13}-a_{32}a_{23}a_{11}-a_{33}a_{21}a_{12}$$

$$\xlongequal{\text{def}}b_1+b_2+b_3+b_4+b_5+b_6。$$

上式b_i每项为±1，且六项的乘积为$(-1)a_{11}^2a_{12}^2a_{13}^2\cdots a_{33}^2=-1$，至少有一个$b_i$为$-1$。从而这六项中至少有两项抵消，故有$|\boldsymbol{A}_1|\leqslant\frac{1}{3}\times2\times3!$。于是命题对于$n=3$成立。

(3) 设此命题对于一切这样的$n-1$阶方阵成立，那么对于n阶矩阵的情形，将$|\boldsymbol{A}|$按第一行展开，记1行k列的代数余子式为M_{1k}，便有

$$|\boldsymbol{A}|=\pm2M_{11}\pm2M_{12}+\cdots\pm2M_{1n}\leqslant2(|M_{11}|+|M_{12}|+\cdots+|M_{1n}|)$$

$$\leqslant2n\cdot\frac{1}{3}\cdot2^n\cdot(n-1)!=\frac{1}{3}\cdot2^{n+1}\cdot n!。$$

四　因为$f(x)$不是一次函数，故存在$a<x_1<x_2<x_3<b$，使得三点

$$(x_1,f(x_1)),(x_2,f(x_2)),(x_3,f(x_3))$$

不共线。不妨设$f(x_2)-\left(f(x_1)+\frac{f(x_3)-f(x_1)}{x_3-x_1}(x_2-x_1)\right)>0$。令

$$g(x)=-\varepsilon(x-x_2)^2+f(x_2)+\frac{f(x_3)-f(x_1)}{x_3-x_1}(x-x_2)。$$

取定$\varepsilon>0$充分小，使得

$$g(x_1)>f(x_1),\quad g(x_3)>f(x_3)。$$

令$h(x)=g(x)-f(x)$，则

$$h(x_1)>0,h(x_3)>0\quad 且\quad h(x_2)=0。$$

令$h(\xi)=\min\limits_{x\in[x_1,x_3]}h(x)$，则$h(\xi)\leqslant0$，$\xi\in(x_1,x_3)$，且$f'(\xi)=g'(\xi)$。故

$$f(x)\leqslant g(x)-h(\xi),\quad x\in(x_1,x_3),$$

注意到 $g(x)-h(\xi)$ 的图像是一个开口向下的抛物线,故对 $x\neq\xi$ 有

$$g(x)-h(\xi)<g'(\xi)(x-\xi)+g(\xi)-h(\xi)=f'(\xi)(x-\xi)+f(\xi),$$

即 $f(x)<f'(\xi)(x-\xi)+f(\xi),x\in(x_1,x_3)\backslash\{\xi\}$。

五 首先,按第一行展开得

$$f(x_1,x_2,x_3,x_4)=x_1^2\mid\boldsymbol{A}\mid-x_2\begin{vmatrix}-x_2&a_{12}&a_{13}\\-x_3&a_{22}&a_{23}\\-x_4&a_{23}&a_{33}\end{vmatrix}+x_3\begin{vmatrix}-x_2&a_{11}&a_{13}\\-x_3&a_{12}&a_{23}\\-x_4&a_{13}&a_{33}\end{vmatrix}-$$

$$x_4\begin{vmatrix}-x_2&a_{11}&a_{12}\\-x_3&a_{12}&a_{22}\\-x_4&a_{13}&a_{23}\end{vmatrix}$$

$$=-12x_1^2+(x_2,x_3,x_4)\boldsymbol{A}^*\begin{pmatrix}x_2\\x_3\\x_4\end{pmatrix}。$$

由此 $f(x_1,x_2,x_3,x_4)$ 为关于 x_1,x_2,x_3,x_4 的二次型。

其次,由 $(\boldsymbol{A}^*-4\boldsymbol{E})\boldsymbol{x}=\boldsymbol{0}$ 得 $(|\boldsymbol{A}|\boldsymbol{E}-4\boldsymbol{A})\boldsymbol{x}=\boldsymbol{0}$,即 $(\boldsymbol{A}+3\boldsymbol{E})\boldsymbol{x}=\boldsymbol{0}$。故由 $(1,0,-2)^{\mathrm{T}}$ 为 $(\boldsymbol{A}^*-4\boldsymbol{E})\boldsymbol{x}=\boldsymbol{0}$ 的一个解知,$\boldsymbol{A}$ 有特征值 -3。现在设 $\boldsymbol{A}$ 的特征值为 $\lambda_1,\lambda_2,-3$,于是由 $|\boldsymbol{A}|=-12$ 及 $\boldsymbol{A}$ 的特征值之和为 1,得方程组

$$\lambda_1+\lambda_2-3=1,\quad -3\lambda_1\lambda_2=-12,$$

解得 $\lambda_1=\lambda_2=2$。所以 $\boldsymbol{A}$ 的特征值为 $2,2,-3$,对应特征值 -3 的特征空间 V_{-3} 的维数为 1,对应特征值 2 的特征空间的维数 V_2 为 2。注意到 $(1,0,-2)^{\mathrm{T}}$ 是 $\boldsymbol{A}$ 对应于特征值 -3 的一个特征向量,因此它是 V_{-3} 的基。求解如下线性方程组的基础解系:$t_1-2t_3=0$,得到正交基础解

$$\boldsymbol{\alpha}=(0,1,0)^{\mathrm{T}},\quad \boldsymbol{\beta}=\left(\frac{2}{\sqrt{5}},0,\frac{1}{\sqrt{5}}\right)^{\mathrm{T}},$$

且令 $\boldsymbol{\gamma}=\left(\frac{1}{\sqrt{5}},0,-\frac{2}{\sqrt{5}}\right)^{\mathrm{T}}$,则 $\boldsymbol{\alpha},\boldsymbol{\beta}$ 为 V_2 的标准正交基,$\boldsymbol{\alpha},\boldsymbol{\beta},\boldsymbol{\gamma}$ 为 $\mathbb{R}^3$ 的标准正交基。

事实上,因为 $\boldsymbol{A}$ 为实对称矩阵,$V_2=V_3^{\perp}$,它是唯一的,维数为 2。现在 $\boldsymbol{A}$ 可写成

$$\boldsymbol{A}=\boldsymbol{P}\begin{pmatrix}2&0&0\\0&2&0\\0&0&-3\end{pmatrix}\boldsymbol{P}^{-1},\quad 其中\ \boldsymbol{P}=\begin{pmatrix}0&\frac{2}{\sqrt{5}}&\frac{1}{\sqrt{5}}\\1&0&0\\0&\frac{1}{\sqrt{5}}&-\frac{2}{\sqrt{5}}\end{pmatrix},$$

从而得

$$\boldsymbol{A}=\begin{pmatrix}1&0&2\\0&2&0\\2&0&-2\end{pmatrix},\quad \boldsymbol{A}^{-1}=\boldsymbol{P}\begin{pmatrix}\frac{1}{2}&0&0\\0&\frac{1}{2}&0\\0&0&-\frac{1}{3}\end{pmatrix}\boldsymbol{P}^{\mathrm{T}},$$

$$\boldsymbol{A}^* = |\boldsymbol{A}|\boldsymbol{A}^{-1} = -12\boldsymbol{P}\begin{pmatrix} \frac{1}{2} & 0 & 0 \\ 0 & \frac{1}{2} & 0 \\ 0 & 0 & -\frac{1}{3} \end{pmatrix}\boldsymbol{P}^{\mathrm{T}} = \boldsymbol{P}\begin{pmatrix} -6 & 0 & 0 \\ 0 & -6 & 0 \\ 0 & 0 & 4 \end{pmatrix}\boldsymbol{P}^{\mathrm{T}}。$$

令 $\boldsymbol{Q} = \begin{pmatrix} 1 & \boldsymbol{0} \\ \boldsymbol{0} & \boldsymbol{P} \end{pmatrix}$，$\begin{pmatrix} x_1 \\ x_2 \\ x_3 \\ x_4 \end{pmatrix} = \boldsymbol{Q}\begin{pmatrix} y_1 \\ y_2 \\ y_3 \\ y_4 \end{pmatrix}$，则由 $\boldsymbol{P}$ 为正交矩阵知 $\begin{pmatrix} x_1 \\ x_2 \\ x_3 \\ x_4 \end{pmatrix} = \boldsymbol{Q}\begin{pmatrix} y_1 \\ y_2 \\ y_3 \\ y_4 \end{pmatrix}$ 为正交变换，其中

$$\boldsymbol{Q} = \begin{pmatrix} 1 & 0 & 0 & 0 \\ 0 & 0 & \frac{2}{\sqrt{5}} & \frac{1}{\sqrt{5}} \\ 0 & 1 & 0 & 0 \\ 0 & 0 & \frac{1}{\sqrt{5}} & -\frac{2}{\sqrt{5}} \end{pmatrix},$$

它使得

$$\begin{aligned} f(x_1,x_2,x_3,x_4) &= -12x_1^2 + (x_2,x_3,x_4)\boldsymbol{P}\begin{pmatrix} -6 & 0 & 0 \\ 0 & -6 & 0 \\ 0 & 0 & 4 \end{pmatrix}\boldsymbol{P}^{\mathrm{T}}\begin{pmatrix} x_2 \\ x_3 \\ x_4 \end{pmatrix} \\ &= -12y_1^2 - 6y_2^2 - 6y_3^2 + 4y_4^2, \end{aligned}$$

此为 $f(x_1,x_2,x_3,x_4)$ 的标准形。

六　我们证明对任意 n 次首一实系数多项式，都有 $\int_b^{b+a} |P(x)|\,\mathrm{d}x \geqslant c_n a^{n+1}$，其中 c_n 满足 $c_0 = 1, c_n = \frac{n}{2^{n+1}}c_{n-1}, n \geqslant 0$。对 n 用数学归纳法。当 $n=0$ 时，$P(x)=1$，则

$$\int_b^{b+a} |P(x)|\,\mathrm{d}x = a \geqslant c_0 a,$$

结论成立。假设在 $k \leqslant n-1$ 时成立。设 $P(x)$ 是 n 次首一实系数多项式，则对任意给定的 $a>0$，$Q(x) = \frac{2}{na}\left(P\left(x+\frac{a}{2}\right) - P(x)\right)$ 是一个 $n-1$ 次首一实系数多项式，由归纳假设，有 $\int_b^{b+a/2} |Q(x)|\,\mathrm{d}x \geqslant \frac{c_{n-1}}{2^n}a^n$，由此推出

$$\begin{aligned} \int_b^{b+a} |P(x)|\,\mathrm{d}x &= \int_b^{b+a/2} \left(|P(x)| + \left|P\left(x+\frac{a}{2}\right)\right|\right)\mathrm{d}x \\ &\geqslant \int_b^{b+a/2} \left|P\left(x+\frac{a}{2}\right) - P(x)\right|\mathrm{d}x \\ &= \frac{na}{2}\int_b^{b+a/2} |Q(x)|\,\mathrm{d}x \geqslant \frac{na}{2}c_{n-1}\left(\frac{a}{2}\right)^n = c_n a^{n+1}。 \end{aligned}$$

第五届全国大学生数学竞赛决赛
(数学类,2014 年)

一、二年级试题[①]

一(15 分) 设 S 为 $\mathbb{R}^3$ 中的抛物面 $z=\frac{1}{2}(x^2+y^2)$,$P=(a,b,c)$ 为 S 外一固定点,满足 $a^2+b^2>2c$,过 P 作 S 的所有切线。证明:这些切线的切点落在同一张平面上。

二(15 分) 设实二次型 $f(x_1,x_2,x_3,x_4)=\boldsymbol{x}^{\mathrm{T}}\boldsymbol{A}\boldsymbol{x}$,其中

$$\boldsymbol{x}=\begin{pmatrix}x_1\\x_2\\x_3\\x_4\end{pmatrix},\quad \boldsymbol{A}=\begin{pmatrix}2&a_0&2&-2\\a&0&b&c\\d&e&0&f\\g&h&k&4\end{pmatrix},$$

a_0,a,b,c,d,e,f,g,h,k 皆为实数。已知 $\lambda_1=2$ 是 $\boldsymbol{A}$ 的一个几何重数为 3 的特征值。试回答以下问题:

(1) $\boldsymbol{A}$ 能否相似于对角矩阵;若能,请给出证明;若不能,请给出例子;

(2) 当 $a_0=2$ 时,试求 $f(x_1,x_2,x_3,x_4)$在正交变换下的标准形。

三(15 分) 设 n 阶实方阵 $\boldsymbol{A}=\begin{pmatrix}a_1&b_1&0&\cdots&0\\ *&*&b_2&\ddots&0\\ \vdots&\vdots&\vdots&\ddots&0\\ *&*&*&\cdots&b_{n-1}\\ *&*&*&\cdots&a_n\end{pmatrix}$有 n 个线性无关的特征向量,其中 $b_1,b_2,\cdots,b_{n-1}$均不为 0。记 $W=\{\boldsymbol{X}\in\mathbb{R}^{n\times n}\mid \boldsymbol{XA}=\boldsymbol{AX}\}$。证明:$W$ 是实数域$\mathbb{R}$ 上的向量空间,且 $\boldsymbol{E},\boldsymbol{A},\cdots,\boldsymbol{A}^{n-1}$为其一组基,其中 $\boldsymbol{E}$ 为 n 阶单位阵。

四(15 分) 设 $f(x,y)$为$[a,b]\times\mathbb{R}$ 上关于 y 单调下降的二元函数。设 $y=y(x)$,$z=z(x)$是可微函数,且满足

$$y'=f(x,y),\quad z'\leqslant f(x,z),\quad x\in[a,b]。$$

已知 $z(a)\leqslant y(a)$,求证:$z(x)\leqslant y(x)$,$x\in[a,b]$。

五(20 分) 设 $f(x)$是$[0,+\infty)$上非负可导函数,且

$$f(0)=0,\quad f'(x)\leqslant\frac{1}{2}。$$

假设 $\int_0^{+\infty}f(x)\mathrm{d}x$ 收敛。求证:对于任意 $\alpha>1$,$\int_0^{+\infty}f^{\alpha}(x)\mathrm{d}x$ 也收敛,并且

$$\int_0^{+\infty}f^{\alpha}(x)\mathrm{d}x\leqslant\left(\int_0^{+\infty}f(x)\mathrm{d}x\right)^{\beta},\quad \beta=\frac{\alpha+1}{2}。$$

---

① 从 2014 年开始,全国大学生数学竞赛数学专业组的决赛试卷分为两类。一类是适用于大一、大二学生的;另一类是适用于大三、大四学生的,这份试卷在低年级试卷的基础上,增加了实变函数、复变函数、抽象代数、数值分析、微分几何、概率论等课程的试题,每门课程出一道试题,由考生选做其中三门课程的试题。基于此书的第二、三部分内容是大一、大二所讲授的内容,为了突出重点,在决赛试题中略去高年级的试题及参考解答。有关心这些内容的读者可通过扫描第二个二维码获取。

六(20 分)　对多项式 $f(x)$，记 $\mathrm{d}(f)$ 表示其最大实零点和最小实零点之间的距离。设 $n\geqslant 2$ 为自然数。求最大实数 C，使得对任意所有零点都是实数的 n 次多项式 $f(x)$，都有

$$\mathrm{d}(f')\geqslant C\mathrm{d}(f)。$$

参考解答

一　设 l 是过 P 点的抛物面 S 的一条切线，它的方向向量为 $\boldsymbol{V}=(u,v,w)$，则切点可以表示为

$$Q=P+t\boldsymbol{V}=(a+tu,b+tv,c+tw),$$

其中 t 是二次方程 $2(c+tw)=(a+tu)^2+(b+tv)^2$，也就是

$$(u^2+v^2)t^2+2(au+bv-w)t+(a^2+b^2-2c)=0$$

的唯一重根。

这时，$(au+bv-w)^2=(u^2+v^2)(a^2+b^2-2c)$，得 $t=\dfrac{w-au-bv}{u^2+v^2}=\dfrac{a^2+b^2-2c}{w-au-bv}$，于是切点 $Q=(X,Y,Z)=(a+tu,b+tv,c+tw)$满足

$$aX+bY-Z=(a^2+b^2-c)+t(au+bv-w)=c。$$

于是所有切点 Q 落在平面 $ax+by-z=c$ 上。

二　(1) 由于 $\mathrm{tr}(\boldsymbol{A})$是 $\boldsymbol{A}$ 的特征值之和，得 λ_1 的代数重数也是 3，而 $\boldsymbol{A}$ 的另一特征值 $\lambda_2=0$，且 $\lambda_2=0$ 的代数重数为 1。结果 $\boldsymbol{A}$ 有 4 个线性无关的特征向量。故 $\boldsymbol{A}$ 可对角化。

(2) 由于 $\lambda_1=2$ 的重数为 3，故有

$$\mathrm{rank}(\boldsymbol{A}-2\boldsymbol{E})=\mathrm{rank}\begin{pmatrix}0&2&2&-2\\a&-2&b&c\\d&e&-2&f\\g&h&k&2\end{pmatrix}。$$

进而，由 $\dfrac{0}{a}=\dfrac{2}{-2}=\dfrac{2}{b}=\dfrac{-2}{c}$，得 $a=0,b=-2,c=2$；

由 $\dfrac{0}{d}=\dfrac{2}{e}=\dfrac{2}{-2}=\dfrac{-2}{f}$，得 $d=0,e=-2,f=2$；

由 $\dfrac{0}{g}=\dfrac{2}{h}=\dfrac{2}{k}=\dfrac{-2}{2}$，得 $g=0,h=-2,k=-2$。于是 $\boldsymbol{A}=\begin{pmatrix}2&2&2&-2\\0&0&-2&2\\0&-2&0&2\\0&-2&-2&4\end{pmatrix}$。注意到 $f(x_1,x_2,x_3,x_4)=\boldsymbol{x}^{\mathrm{T}}\boldsymbol{A}\boldsymbol{x}=\boldsymbol{x}^{\mathrm{T}}\boldsymbol{B}\boldsymbol{x}$，其中

$$\boldsymbol{B}=\frac{\boldsymbol{A}+\boldsymbol{A}^{\mathrm{T}}}{2}=\begin{pmatrix}2&1&1&-1\\1&0&-2&0\\1&-2&0&0\\-1&0&0&4\end{pmatrix},$$

$\boldsymbol{B}$ 的特征值为$\lambda_1=2$(二重)，$\lambda_{1,2}=1\pm 2\sqrt{3}$(一重)。故 $f(x_1,x_2,x_3,x_4)$在正交变换下的标准形为 $2y_1^2+2y_2^2+(1+2\sqrt{3})y_3^2+(1-2\sqrt{3})y_4^2$。

三　(1) $\boldsymbol{A}$ 有 n 个线性无关的特征向量，故 $\boldsymbol{A}$ 可对角化。设 λ_0是 $\boldsymbol{A}$ 的一个特征值，考查 $\boldsymbol{A}-\lambda_0\boldsymbol{E}$，它有一个 $n-1$ 阶子式不为 0，因此 $\mathrm{rank}(\boldsymbol{A}-\lambda_0\boldsymbol{E})=n-1$，故 λ_0 的重数为 1，从而 $\boldsymbol{A}$ 有 n 个互不相同的特征值 $\lambda_1,\lambda_2,\cdots,\lambda_n$。

(2) $\forall \boldsymbol{X}_1,\boldsymbol{X}_2\in W$，$\forall \mu\in\mathbb{R}$，显然 $\boldsymbol{X}_1+\mu\boldsymbol{X}_2\in W$，故 W 为$\mathbb{R}$ 上的向量空间。令 $\boldsymbol{A}=$

$\boldsymbol{P}\operatorname{diag}(\lambda_1,\lambda_2,\cdots,\lambda_n)\boldsymbol{P}^{-1}$,于是

$$\boldsymbol{XA}=\boldsymbol{AX}\Leftrightarrow\boldsymbol{XP}\operatorname{diag}(\lambda_1,\lambda_2,\cdots,\lambda_n)\boldsymbol{P}^{-1}=\boldsymbol{P}\operatorname{diag}(\lambda_1,\lambda_2,\cdots,\lambda_n)\boldsymbol{P}^{-1}\boldsymbol{X}$$
$$\Leftrightarrow\boldsymbol{P}^{-1}\boldsymbol{XP}\operatorname{diag}(\lambda_1,\lambda_2,\cdots,\lambda_n)=\operatorname{diag}(\lambda_1,\lambda_2,\cdots,\lambda_n)\boldsymbol{P}^{-1}\boldsymbol{XP},$$

故若记

$$\boldsymbol{V}=\{\boldsymbol{Y}\in\mathbb{R}^{n\times n}\mid\boldsymbol{Y}\operatorname{diag}(\lambda_1,\lambda_2,\cdots,\lambda_n)=\operatorname{diag}(\lambda_1,\lambda_2,\cdots,\lambda_n)\boldsymbol{Y}\},$$

则 W 与 V 有线性同构 $\sigma:\boldsymbol{X}\to\boldsymbol{P}^{-1}\boldsymbol{XP}$。从而 $\dim V=\dim W$。

注意到 $V=\{\operatorname{diag}(d_1,d_2,\cdots,d_n)\mid d_1,d_2,\cdots,d_n\in\mathbb{R}\}$,故 $\dim V=\dim W=n$。

(3) 显然,$\boldsymbol{E},\boldsymbol{A},\cdots,\boldsymbol{A}^{n-1}\in W$。下面证 $\boldsymbol{E},\boldsymbol{A},\cdots,\boldsymbol{A}^{n-1}$ 线性无关。事实上,若

$$x_0\boldsymbol{E}+x_1\boldsymbol{A}+\cdots+x_{n-1}\boldsymbol{A}^{n-1}=\boldsymbol{0},$$

则得

$$\begin{cases}x_0+x_1\lambda_1+\cdots+x_{n-1}\lambda_1^{n-1}=0,\\x_0+x_1\lambda_2+\cdots+x_{n-1}\lambda_2^{n-1}=0,\\\qquad\vdots\\x_0+x_1\lambda_n+\cdots+x_{n-1}\lambda_n^{n-1}=0,\end{cases}$$

其系数行列式为范德蒙德行列式,由 $\lambda_1,\lambda_2,\cdots,\lambda_n$ 互不相同,故得 $x_0=x_1=\cdots=x_{n-1}=0$,故 $\boldsymbol{E},\boldsymbol{A},\cdots,\boldsymbol{A}^{n-1}$ 线性无关,即 $\boldsymbol{E},\boldsymbol{A},\cdots,\boldsymbol{A}^{n-1}$ 为其一组基。

四　用反证法。设存在 $x_0\in[a,b]$ 使得 $z(x_0)>y(x_0)$,令

$$M=\{x\in[a,b]\mid z(x)>y(x)\},$$

则 M 为 $[a,b]$ 的非空开子集。故存在开区间 $(\alpha,\beta)\subset M$ 满足

$$y(\alpha)=z(\alpha),\quad z(x)>y(x),\quad x\in(\alpha,\beta)。$$

这推出 $z(x)-y(x)$ 单调不增,故 $z(x)-y(x)\leqslant z(a)-y(a)=0$。矛盾。

五　令 $g(t)=\left(\int_0^t f(x)\mathrm{d}x\right)^\beta-\int_0^t f^\alpha(x)\mathrm{d}x$,则 $g(t)$ 可导,且

$$g'(t)=f(t)\left[\beta\left(\int_0^t f(x)\mathrm{d}x\right)^{\beta-1}-f^{\alpha-1}(t)\right]。$$

令 $h(t)=\beta^{\frac{1}{\beta-1}}\int_0^t f(x)\mathrm{d}x-f^2(t)$,则有 $h'(t)=f(t)[\beta^{\frac{1}{\beta-1}}-2f'(t)]$。由于 $\beta>1$,$f'(x)\leqslant\frac{1}{2}$,故有 $h'(t)\geqslant0$。这说明 $h(t)$ 单调递增,从 $h(0)=0$,得 $h(t)\geqslant0$。因而 $g'(t)\geqslant0$。从 $g(0)=0$,得 $g(t)\geqslant0$,即

$$\int_0^t f^\alpha(x)\mathrm{d}x\leqslant\left(\int_0^t f(x)\mathrm{d}x\right)^\beta。$$

令 $t\to+\infty$,即得所证。

六　$C_{\max}=\sqrt{1-\frac{2}{n}}$,不妨设 $f(x)$ 的最小实零点为 0,最大实零点为 a,设

$$f(x)=(x-x_1)(x-x_2)\cdots(x-x_n),\quad 0=x_1\leqslant x_2\leqslant\cdots\leqslant x_n=a。$$

先证以下引理:

引理　若存在 $2\leqslant k,m\leqslant n-1$ 使得 $x_k<x_m$,令 $x_k<x'_k\leqslant x'_m<x_m$ 满足 $x_k+x_m=x'_k+x'_m$,令 $f_1(x)=(x-x'_1)(x-x'_2)\cdots(x-x'_n)$,$x'_i=x_i$,$i\neq k,m$,则 $\mathrm{d}(f'_1)\leqslant\mathrm{d}(f')$。

证　注意到 $f(x)=f_1(x)-\delta F(x)$,其中

$$F(x)=\frac{f_1(x)}{(x-x'_k)(x-x'_m)},\quad\delta=x'_kx'_m-x_kx_m>0。$$

设 α,β 分别为 $f'_1(x)$ 的最大、最小实零点,则有

$$f_1(\alpha)\leqslant0,\quad f_1(\beta)(-1)^n\leqslant0。$$

由罗尔定理 $\alpha \geqslant x_m$，$\beta \leqslant x_k$，并且

$$f'(\alpha)=\delta \frac{2\alpha-x'_k-x'_m}{(\alpha-x'_k)^2(\alpha-x'_m)^2} f_1(\alpha)。$$

则 $f'(\alpha)f_1(\alpha)\geqslant 0$，故 $f'(\alpha)\leqslant 0$，这表明 $f'(x)=0$ 的最大实根大于或等于 α。同理，$f'(x)=0$ 最小实根小于或等于 β，引理证毕。

令

$$g(x)=x(x-a)(x-b)^{n-2}, \quad b=\frac{x_2+x_3+\cdots+x_{n-1}}{n-2}。$$

由引理得到 $\mathrm{d}(f')\geqslant \mathrm{d}(g')$，由于

$$g'(x)=(x-b)^{n-3}(nx^2-((n-1)a+2b)x+ab),$$

$$\mathrm{d}(g')=\sqrt{a^2-\frac{2a^2}{n}+\left(\frac{a-2b}{n}\right)^2} \geqslant \sqrt{1-\frac{2}{n}}a。$$

于是 C 的最大值 $C_{\max}\geqslant\sqrt{1-\frac{2}{n}}$，且当 $f(x)=x(x-a)\left(x-\frac{a}{2}\right)^{n-2}$ 时，$\mathrm{d}(f')=\sqrt{1-\frac{2}{n}}\mathrm{d}(f)$。

第六届全国大学生数学竞赛决赛（数学类，2015 年）

一、二年级试题

一　填空题(20 分，每小题 5 分)

(1) 实二次型 $2x_1x_2-x_1x_3+5x_2x_3$ 的规范形为________。

(2) 级数 $\sum\limits_{n=1}^{\infty}\dfrac{n}{3^n}$ 的和为________。

(3) 计算 $I=\iint\limits_{x^2+y^2+z^2=1}(x^2+2y^2+3z^2)\mathrm{d}S=$________。

(4) 设 $\boldsymbol{A}=(a_{ij})$ 为 n 阶实对称矩阵($n>1$)，$\mathrm{rank}(\boldsymbol{A})=n-1$，$\boldsymbol{A}$ 的每行元素之和均为 0。又设 $2,3,\cdots,n$ 为 $\boldsymbol{A}$ 的全部非零特征值。用 A_{11} 表示 $\boldsymbol{A}$ 的元素 a_{11} 所对应的代数余子式，则有 $A_{11}=$________。

二(15 分)　设空间中定点 P 到一定直线 l 的距离为 p，一族球面中的每个球面都过点 P，且截直线 l 得到的弦长都是定值 a，求该球面族的球心的轨迹。

三(15 分)　设 $\Gamma=\left\{\begin{pmatrix} z_1 & z_2\\ -\bar{z}_2 & \bar{z}_1\end{pmatrix} \middle| z_1,z_2\in\mathbb{C}\right\}$，其中 $\mathbb{C}$ 表示复数域。试证明：$\forall \boldsymbol{A}\in\Gamma$，$\boldsymbol{A}$ 的若尔当标准形 $\boldsymbol{J}_A$ 仍属于 Γ；进一步还存在可逆的矩阵 $\boldsymbol{P}\in\Gamma$ 使得 $\boldsymbol{P}^{-1}\boldsymbol{A}\boldsymbol{P}=\boldsymbol{J}_A$。

四(20 分)　设 $f(x)=\begin{cases} x\sin\dfrac{1}{x}, & x\neq 0,\\ 0, & x=0。\end{cases}$ 求最大常数 α 满足

$$\sup_{x\neq y}\frac{|f(x)-f(y)|}{|x-y|^{\alpha}}<+\infty。$$

五(15 分)　设 $a(t)$，$f(t)$ 为实连续函数，$\forall t\in\mathbb{R}$，有

$$f(t)>0,\quad a(t)\geqslant 1,\quad \int_0^{+\infty}f(t)\mathrm{d}t=+\infty。$$

已知 $x(t)$ 满足 $x''(t)+a(t)f(x(t))\leqslant 0$，$\forall t\in\mathbb{R}$。求证：$x(t)$ 在 $[0,+\infty)$ 有上界。

六(15 分)　设 $f(x)$ 在区间 $[0,1]$ 上连续可导，且 $f(0)=f(1)=0$。求证：

$$\left[\int_0^1 xf(x)\mathrm{d}x\right]^2\leqslant\frac{1}{45}\int_0^1(f'(x))^2\mathrm{d}x,$$

等号当且仅当 $f(x)=A(x-x^3)$ 时成立，其中 A 是常数。

参考解答

一　填空题

(1) 令

$$\begin{cases} x_1=y_1+y_2,\\ x_2=y_1-y_2,\\ x_3=y_3,\end{cases}$$

则 $2x_1x_2-x_1x_3+5x_2x_3=2y_1^2-2y_2^2+4y_1y_3-6y_2y_3=2(y_1+y_3)^2-2y_2^2-2y_3^2-6y_2y_3$
$=2(y_1+y_3)^2-2\left(y_2+\dfrac{3}{2}y_3\right)^2+\dfrac{5}{2}y_3^2$。

再令

$$\begin{cases}z_1=\sqrt{2}\,(y_1+y_3),\\ z_2=\sqrt{\dfrac{5}{2}}y_3,\\ z_3=\sqrt{2}\left(y_2+\dfrac{3}{2}y_3\right),\end{cases}$$

则原二次型化为 $z_1^2+z_2^2-z_3^2$，即规范形为 $z_1^2+z_2^2-z_3^2$。

(2) 令 $S(x)=\sum\limits_{n=1}^{\infty}nx^n$，则该幂级数的收敛域为$(-1,1)$，

$$\forall x\in(-1,1),S(x)=x\sum_{n=1}^{\infty}nx^{n-1}=x\left(\sum_{n=1}^{\infty}x^n\right)'=x\left(\frac{x}{1-x}\right)'=\frac{x}{(1-x)^2}。$$

令 $x=\dfrac{1}{3}$，得 $S=\sum\limits_{n=1}^{\infty}\dfrac{n}{3^n}=S\left(\dfrac{1}{3}\right)=\dfrac{\frac{1}{3}}{\left(1-\frac{1}{3}\right)^2}=\dfrac{3}{4}$。

(3) 根据轮换对称性有

$$\iint\limits_{x^2+y^2+z^2=1}x^2\mathrm{d}S=\iint\limits_{x^2+y^2+z^2=1}y^2\mathrm{d}S=\iint\limits_{x^2+y^2+z^2=1}z^2\mathrm{d}S$$

所以 $\iint\limits_{x^2+y^2+z^2=1}(x^2+2y^2+3z^2)\mathrm{d}S=2\iint\limits_{x^2+y^2+z^2=1}(x^2+y^2+z^2)\mathrm{d}S=2\iint\limits_{x^2+y^2+z^2=1}\mathrm{d}S=8\pi$。

(4) 由于 $\mathrm{rank}(\boldsymbol{A})=n-1$，所以 $|\boldsymbol{A}|=0$，故 0 为此 n 阶实对称矩阵的一个特征值。

$\boldsymbol{A}$ 的行和等于 $0\Rightarrow\boldsymbol{A}\begin{pmatrix}1\\ \vdots\\ 1\end{pmatrix}=\boldsymbol{0}\Rightarrow\boldsymbol{Ax}=\boldsymbol{0}$ 的一组基础解系为 $\begin{pmatrix}1\\ \vdots\\ 1\end{pmatrix}$。

注意到 $\boldsymbol{AA}^*=\boldsymbol{0}$，从而 $\boldsymbol{A}^*$ 的每一列均形如 $a\begin{pmatrix}1\\ \vdots\\ 1\end{pmatrix}$。又由于 $\boldsymbol{A}$ 为实对称矩阵，故 $\boldsymbol{A}^*$ 也为实对称矩阵，故 $\boldsymbol{A}^*=\begin{pmatrix}a&\cdots&a\\ \vdots&&\vdots\\ a&\cdots&a\end{pmatrix}$。

考虑多项式 $f(\lambda)=|\lambda\boldsymbol{E}-\boldsymbol{A}|=\lambda(\lambda-2)\cdots(\lambda-n)$，其一次项系数为$(-1)^{n-1}n!$。

另一方面，由 $f(\lambda)=|\lambda\boldsymbol{E}-\boldsymbol{A}|$ 又知，其一次项系数为$(-1)^{n-1}(A_{11}+\cdots+A_{nn})$，结果为 $a=(n-1)!$。

二　设 l 为 z 轴，以过点 P 且垂直于 z 轴的直线为 x 轴建立直角坐标系，设 $P(p,0,0)$，l 的参数方程为 $l:x=0,y=0,z=t$。

设球面 C 的球心为(x_0,y_0,z_0)，由于 C 过点 P，则

$$C:(x-x_0)^2+(y-y_0)^2+(z-z_0)^2=(p-x_0)^2+y_0^2+z_0^2。$$

求 l 与 C 的交点：将 l 的参数方程代入 C，有

$$x_0^2+y_0^2+(t-z_0)^2=(p-x_0)^2+y_0^2+z_0^2,$$

即

$$t^2-2z_0t+(2px_0-p^2)=0,\tag{1}$$

由此可得两个解为 $t_{1,2}=z_0\pm\sqrt{z_0^2-(2px_0-p^2)}$。故弦长 $a=|t_1-t_2|=2\sqrt{z_0^2-(2px_0-p^2)}$,从而

$$z_0^2-2px_0+p^2-\frac{a^2}{4}=0。\tag{2}$$

反之,如果球面 C 的球心满足(2)式,如果 C 过点 P,此时二次方程(1)的判别式

$$\Delta=4z_0^2-4(2px_0-p^2)=a^2\geqslant 0,$$

方程有两个实根 $t_{1,2}=z_0\pm\frac{a}{2}$,从而 C 和 l 相交,而且截出的弦长为 a。所以所求轨迹方程为

$$z^2-2px+p^2-\frac{a^2}{4}=0。$$

三 $\boldsymbol{A}=\begin{pmatrix}z_1 & z_2\\ -\bar{z}_2 & \bar{z}_1\end{pmatrix}$的特征方程为

$$0=|\lambda\boldsymbol{E}-\boldsymbol{A}|=\lambda^2-2\mathrm{Re}z_1\lambda+|z_1|^2+|z_2|^2,$$
$$\Delta=4(\mathrm{Re}z_1)^2-4(|z_1|^2+|z_2|^2)\leqslant 0。$$

情形1 $\Delta=0$。此时,$z_2=0,z_1=\mathrm{Re}z_1$,从而 $\boldsymbol{A}=\begin{pmatrix}\mathrm{Re}z_1 & 0\\ 0 & \mathrm{Re}z_1\end{pmatrix}=\boldsymbol{J}_{\boldsymbol{A}}\in\Gamma$。

取 $\boldsymbol{P}=\boldsymbol{E}$ 即有 $\boldsymbol{P}^{-1}\boldsymbol{A}\boldsymbol{P}=\boldsymbol{J}_{\boldsymbol{A}}$。

情形2 $\Delta<0$。此时 $\boldsymbol{A}$ 的特征值为

$$\lambda_1=\mathrm{Re}z_1+\mathrm{i}\sqrt{|z_1|^2+|z_2|^2-(\mathrm{Re}z_1)^2},$$
$$\lambda_2=\mathrm{Re}z_1-\mathrm{i}\sqrt{|z_1|^2+|z_2|^2-(\mathrm{Re}z_1)^2},$$
$$\lambda_2=\bar{\lambda}_1,\lambda_2\neq\lambda_1,$$

从而 $\boldsymbol{J}_{\boldsymbol{A}}=\begin{pmatrix}\lambda_1 & 0\\ 0 & \lambda_2\end{pmatrix}\in\Gamma$。

现设 $\boldsymbol{A}$ 关于 λ_1 的一个特征向量 $\begin{pmatrix}x\\y\end{pmatrix}$,则有

$$\begin{pmatrix}z_1 & z_2\\ -\bar{z}_2 & \bar{z}_1\end{pmatrix}\begin{pmatrix}x\\y\end{pmatrix}=\lambda_1\begin{pmatrix}x\\y\end{pmatrix}\Leftrightarrow\begin{cases}\overline{z_1x}+\overline{z_2y}=\bar{\lambda}_1\bar{x},\\ z_2\bar{x}-z_1\bar{y}=-\bar{\lambda}_1\bar{y}。\end{cases}$$

直接检验知 $\boldsymbol{A}\begin{pmatrix}-\bar{y}\\ \bar{x}\end{pmatrix}=\bar{\lambda}_1\begin{pmatrix}-\bar{y}\\ \bar{x}\end{pmatrix}$,因此 $\begin{pmatrix}-\bar{y}\\ \bar{x}\end{pmatrix}$ 为 $\boldsymbol{A}$ 关于 $\bar{\lambda}_1$ 的一个特征向量。令 $\boldsymbol{P}=\begin{pmatrix}x & -\bar{y}\\ y & \bar{x}\end{pmatrix}$,则 $\boldsymbol{P}$ 可逆,且 $\boldsymbol{P}\in\Gamma,\boldsymbol{P}^{-1}\boldsymbol{A}\boldsymbol{P}=\boldsymbol{J}_{\boldsymbol{A}}$。

四 若 $\alpha>\frac{1}{2}$,取 $x_n=(n\pi)^{-1},y_n=\left(\left(n+\frac{1}{2}\right)\pi\right)^{-1}$,则

$$\frac{|f(x_n)-f(y_n)|}{|x_n-y_n|^{\alpha}}=2^{\alpha}\pi^{\alpha-1}n^{2\alpha-1}\left(1+\frac{1}{2n}\right)^{\alpha-1}\to+\infty。$$

下面证明 $\sup\limits_{x\neq y}\frac{|f(x)-f(y)|}{|x-y|^{\frac{1}{2}}}<+\infty$。

由于 $f(x)$ 为偶函数,不妨设 $0\leqslant x<y$,令 $z=\sup\{u\leqslant y\mid f(u)=f(x)\}$,则 $z^{-1}\leqslant y^{-1}+2\pi$。

$$|f(x)-f(y)|=|f(z)-f(y)|\leqslant\int_z^y|f'(t)|\,\mathrm{d}t\leqslant|y-z|^{\frac{1}{2}}\left(\int_z^y[f'(t)]^2\mathrm{d}t\right)^{\frac{1}{2}}$$

$$\leqslant |x-y|^{\frac{1}{2}}\left(\int_z^y\left(\sin\frac{1}{t}-\frac{1}{t}\cos\frac{1}{t}\right)^2\mathrm{d}t\right)^{\frac{1}{2}}$$

$$\xlongequal{s=\frac{1}{t}} |x-y|^{\frac{1}{2}}\left(\int_{y^{-1}}^{z^{-1}}\left(\frac{\sin s}{s}-\cos s\right)^2\mathrm{d}s\right)^{\frac{1}{2}}$$

$$\leqslant |x-y|^{\frac{1}{2}}\left(\int_{y^{-1}}^{y^{-1}+2\pi}(1+1)^2\mathrm{d}s\right)^{\frac{1}{2}}$$

$$\leqslant |x-y|^{\frac{1}{2}}\left(\int_{y^{-1}}^{y^{-1}+2\pi}4\mathrm{d}s\right)^{\frac{1}{2}}=\sqrt{8\pi}\ |x-y|^{\frac{1}{2}}。$$

所以$\sup\limits_{x\neq y}\dfrac{|f(x)-f(y)|}{|x-y|^{\frac{1}{2}}}<+\infty$，因此 α 的最大值为$\dfrac{1}{2}$。

五 由 $x''(t)\leqslant -a(t)f(x(t))<0$，故 $x(t)$ 是凹的。故 $\lim\limits_{t\to+\infty}x'(t)$ 存在或为 $-\infty$。若 $\overline{\lim\limits_{t\to+\infty}}x(t)=+\infty$，则 $x'(t)>0$，$\lim\limits_{t\to+\infty}x(t)=+\infty$。故

$$x'(t)f(x(t))\leqslant a(t)x'(t)f(x(t))\leqslant -x'(t)x''(t),$$

积分得

$$\int_0^t f(x(s))\mathrm{d}x(s)\leqslant\frac{(x'(0))^2-(x'(t))^2}{2}\leqslant\frac{(x'(0))^2}{2}。$$

从而 $\displaystyle\int_0^{x(t)}f(x)\mathrm{d}x\leqslant\frac{(x'(0))^2}{2}$。令 $t\to+\infty$ 得 $\displaystyle\int_0^{+\infty}f(x)\mathrm{d}x\leqslant\frac{x'(0)^2}{2}$，矛盾。

六 分部积分可得

$$\int_0^1 xf(x)\mathrm{d}x=\frac{1}{2}x^2f(x)\Big|_0^1-\int_0^1\frac{x^2}{2}f'(x)\mathrm{d}x=-\frac{1}{2}\int_0^1 x^2f'(x)\mathrm{d}x。$$

因此，根据牛顿-莱布尼茨公式，得

$$6\int_0^1 xf(x)\mathrm{d}x=\int_0^1(1-3x^2)f'(x)\mathrm{d}x。$$

再根据柯西积分不等式，得

$$36\left(\int_0^1 xf(x)\mathrm{d}x\right)^2\leqslant\int_0^1(1-3x^2)^2\mathrm{d}x\int_0^1(f'(x))^2\mathrm{d}x=\frac{4}{5}\int_0^1(f'(x))^2\mathrm{d}x。$$

由此可得 $\left(\displaystyle\int_0^1 xf(x)\mathrm{d}x\right)^2\leqslant\dfrac{1}{45}\displaystyle\int_0^1(f'(x))^2\mathrm{d}x$，等号成立当且仅当 $f'(x)=A(1-3x^2)$，积分并由 $f(0)=f(1)=0$，即得 $f(x)=A(x-x^3)$。

第七届全国大学生数学竞赛决赛
(数学类,2016 年)

一、二年级试题

一　填空题(共 4 小题,每小题 5 分,共 20 分)

(1) 设 Γ 为形如下列形式的 2016 阶矩阵全体:矩阵的每行每列只有一个非零元素,且该非零元素为 1,则 $\sum\limits_{\boldsymbol{A}\in\Gamma}|\boldsymbol{A}|=$________。

(2) 令 $a_n=\int_0^{\frac{\pi}{4}}\tan^n x\,\mathrm{d}x$。若 $\sum\limits_{n=1}^{\infty}a_n^p$ 收敛,则 p 的取值范围为________。

(3) 设 $D: x^2+2y^2\leqslant 2x+4y$,则积分 $I=\iint\limits_D (x+y)\,\mathrm{d}x\,\mathrm{d}y=$________。

(4) 若实向量 $\boldsymbol{x}=(a,b,c)$ 的三个分量 a,b,c 满足 $\begin{pmatrix} a & b \\ 0 & c\end{pmatrix}^{2016}=\boldsymbol{E}_2$,则 $\boldsymbol{x}=$________或________或________或________。

二(15 分)　在空间直角坐标系中,设 S 为椭圆柱面 $x^2+2y^2=1$,σ 是空间中的平面,它与 S 的交集为一个圆。求所有这样平面 σ 的法向量。

三(15 分)　设 $\boldsymbol{A},\boldsymbol{B}$ 为 n 阶实对称矩阵。证明 $\mathrm{tr}((\boldsymbol{AB})^2)\leqslant\mathrm{tr}(\boldsymbol{A}^2\boldsymbol{B}^2)$。

四(20 分)　设单位圆 Γ 的外切 n 边形 $A_1A_2\cdots A_n$ 各边与 Γ 分别切于 $B_1,B_2,\cdots,B_n$。令 P_A,P_B 分别表示多边形 $A_1A_2\cdots A_n$ 与 $B_1,B_2,\cdots,B_n$ 的周长。求证:$P_A^{\frac{1}{3}}P_B^{\frac{2}{3}}>2\pi$。

五(15 分)　设 $a(x),f(x)$ 为 $\mathbb{R}$ 上的连续函数,且对任意 $x\in\mathbb{R}$ 有 $a(x)>0$。已知

$$\int_0^{+\infty}a(x)\,\mathrm{d}x=+\infty,\ \lim_{x\to+\infty}\frac{f(x)}{a(x)}=0,\ y'(x)+a(x)y(x)=f(x),\ x\in\mathbb{R},$$

求证:$\lim\limits_{x\to+\infty}y(x)=0$。

六(15 分)　设 $f(x)$ 是定义在 $\mathbb{R}$ 上的连续函数,且满足方程

$$xf(x)=2\int_{\frac{x}{2}}^{x}f(t)\,\mathrm{d}t+\frac{x^2}{4}。$$

求 $f(x)$。

参 考 解 答

一　填空题

(1) 根据题目可知,对于 $\boldsymbol{A}\in\Gamma$,存在行置换 $\sigma=(a_1,a_2,\cdots,a_{2016})$,使得 $\boldsymbol{A}$ 为单位矩阵。反之,对于一个置换从单位矩阵出发亦能确定 Γ 中的某一个矩阵。从而矩阵与置换形成了一一对应关系。显然当 σ 为奇置换时对应的矩阵 $\boldsymbol{A}_\sigma$ 取行列式的值为 -1,当 σ 为偶置换对应的矩阵 $\boldsymbol{A}_\sigma$ 取行列式的值为 1,而奇偶置换各半。从而 $\sum\limits_{\boldsymbol{A}\in\Gamma}|\boldsymbol{A}|=\sum\limits_{\boldsymbol{A}_\sigma\in\Gamma}|\boldsymbol{A}_\sigma|=0$。

(2) $a_n=\int_0^{\frac{\pi}{4}}\tan^n x\,\mathrm{d}x \xlongequal{令 u=\tan x} \int_0^1\frac{u^n}{1+u^2}\mathrm{d}u$,所以

$$\frac{1}{2(n+1)}=\frac{1}{2}\int_0^1 u^n\mathrm{d}u<\int_0^1\frac{u^n}{1+u^2}\mathrm{d}u=a_n<\int_0^1 u^n\mathrm{d}u=\frac{1}{n+1},$$

由此易知 $\sum\limits_{n=1}^{\infty}a_n^p$ 收敛的充要条件是 $p>1$。

(3) 令 $\begin{cases}x=1+r\sin\theta,\\ y=1+\dfrac{r}{\sqrt{2}}\cos\theta,\end{cases}$ 则 $\begin{cases}0\leqslant\theta\leqslant 2\pi,\\ 0\leqslant r\leqslant\sqrt{3},\end{cases}$ $J=\dfrac{\partial(x,y)}{\partial(r,\theta)}=\dfrac{r}{\sqrt{2}}$，所以

$$\iint\limits_D(x+y)\mathrm{d}x\mathrm{d}y=\frac{1}{\sqrt{2}}\int_0^{2\pi}\mathrm{d}\theta\int_0^{\sqrt{3}}r\left(2+r\sin\theta+\frac{1}{\sqrt{2}}r\cos\theta\right)\mathrm{d}r=3\sqrt{2}\pi。$$

(4) 发现

$$\begin{pmatrix}a&b\\0&c\end{pmatrix}\begin{pmatrix}a&b\\0&c\end{pmatrix}=\begin{pmatrix}a^2&ab+bc\\0&c^2\end{pmatrix},\begin{pmatrix}a&b\\0&c\end{pmatrix}^3=\begin{pmatrix}a^3&a^2b+abc+bc^2\\0&c^3\end{pmatrix},$$

$$\begin{pmatrix}a&b\\0&c\end{pmatrix}^4=\begin{pmatrix}a^4&a^3b+a^2bc+abc^2+bc^3\\0&c^4\end{pmatrix}。$$

因此，猜测 $\begin{pmatrix}a&b\\0&c\end{pmatrix}^n=\begin{pmatrix}a^n&\sum\limits_{k=0}^{n-1}a^kbc^{n-1-k}\\0&c^n\end{pmatrix}$，$n\geqslant 1$(利用数学归纳法也易证明)。

由题设条件，a^{2016} 与 c^{2016} 为 1，$\sum\limits_{k=0}^{2015}a^kbc^{2015-k}=0$。当 a 与 c 均为 1 或 -1 时，则 $2015b=0$，此时 $b=0$。当 a 与 c 有一个为 -1 有一个为 1 时，此时 $\sum\limits_{k=0}^{2015}b(-1)^{2015-k}\equiv 0$。表明这时 b 可取任意值。综上，满足条件的向量为 $(1,0,1)$，$(-1,0,-1)$，$(1,b,-1)$，$(-1,b,1)$，其中 $b\in\mathbb{R}$。

二 由于形如 $\alpha x+\beta y+\gamma=0$ 的平面与 S 只能交于直线或空集，所以可以设平面 σ 的方程为 $z=\alpha x+\beta y+\gamma$，它与 S 交线为圆。令 $x=\cos\theta$，$y=\dfrac{1}{\sqrt{2}}\sin\theta$，则 σ 与 S 的交线可表示为

$$\Gamma(\theta)=\left(\cos\theta,\frac{1}{\sqrt{2}}\sin\theta,\alpha\cos\theta+\frac{\beta}{\sqrt{2}}\sin\theta+\gamma\right),\quad\theta\in[0,2\pi]。$$

由于 $\Gamma(\theta)$ 是一个圆，所以它到定点 $P=(a,b,c)$ 的距离为常数 R，于是有

$$(\cos\theta-a)^2+\left(\frac{1}{\sqrt{2}}\sin\theta-b\right)^2+\left(\alpha\cos\theta+\frac{\beta}{\sqrt{2}}\sin\theta+\gamma-c\right)^2=R^2。$$

利用 $\cos^2\theta=\dfrac{1+\cos2\theta}{2}$，$\sin^2\theta=\dfrac{1-\cos2\theta}{2}$，可以将上式写成

$$A\cos2\theta+B\sin2\theta+C\cos\theta+D\sin\theta+E=0,$$

其中 A,B,C,D,E 为常数。由于这样的方程对所有的 $\theta\in[0,2\pi]$ 恒成立，所以 $A=B=C=D=E=0$。

特别地，可以得到

$$A=\frac{1}{2}(\alpha^2+1)-\frac{1}{4}(\beta^2+1)=0,\quad B=\frac{1}{\sqrt{2}}\alpha\beta=0,$$

于是得 $\alpha=0,\beta=\pm1$,平面 σ 的法向量为

$$(-\alpha,-\beta,1)=(0,1,1)\text{ 或}(0,-1,1)\text{ 的非零倍数。}$$

三　存在可逆方阵 $\boldsymbol{T}$ 使得 $\boldsymbol{T}^{-1}\boldsymbol{A}\boldsymbol{T}=\widetilde{\boldsymbol{A}}$ 为对角阵。令 $\boldsymbol{T}^{-1}\boldsymbol{B}\boldsymbol{T}=\widetilde{\boldsymbol{B}}$,则

$$\operatorname{tr}((\boldsymbol{AB})^2)=\operatorname{tr}((\widetilde{\boldsymbol{A}}\widetilde{\boldsymbol{B}})^2),\quad \operatorname{tr}(\boldsymbol{A}^2\boldsymbol{B}^2)=\operatorname{tr}(\widetilde{\boldsymbol{A}}^2\widetilde{\boldsymbol{B}}^2)。$$

令 $\widetilde{\boldsymbol{A}}=\operatorname{diag}(a_{11},a_{22},\cdots,a_{nn}),\widetilde{\boldsymbol{B}}=(b_{ij})_{n\times n}$,则

$$\operatorname{tr}((\widetilde{\boldsymbol{A}}\widetilde{\boldsymbol{B}})^2)=\sum_{i,j=1}^{n}a_{ii}a_{jj}b_{ij}b_{ji}=\sum_{1\leqslant i<j\leqslant n}2a_{ii}a_{jj}b_{ij}^2+\sum_{i=1}^{n}a_{ii}^2b_{ii}^2,$$

$$\operatorname{tr}(\widetilde{\boldsymbol{A}}^2\widetilde{\boldsymbol{B}}^2)=\sum_{i,j=1}^{n}a_{ii}^2b_{ij}^2=\sum_{1\leqslant i<j\leqslant n}(a_{ii}^2+a_{jj}^2)b_{ij}^2+\sum_{i=1}^{n}a_{ii}^2b_{ii}^2。$$

于是

$$\operatorname{tr}((\widetilde{\boldsymbol{A}}\widetilde{\boldsymbol{B}})^2)-\operatorname{tr}(\widetilde{\boldsymbol{A}}^2\widetilde{\boldsymbol{B}}^2)=-\sum_{1\leqslant i<j\leqslant n}(a_{ii}-a_{jj})^2b_{ij}^2\leqslant 0。$$

四　设 Γ 的圆心为 O,$\alpha_i=\dfrac{1}{2}\angle B_iOB_{i+1}$,$B_{n+1}=B_1$,则

$$P_A=2\sum_{i=1}^{n}\tan\alpha_i,\quad P_B=2\sum_{i=1}^{n}\sin\alpha_i。$$

先证:当 $0<x<\dfrac{\pi}{2}$ 时,有

$$\tan^{\frac{1}{3}}x\sin^{\frac{2}{3}}x>x。\tag{1}$$

令 $g(x)=\dfrac{\sin x}{\cos^{\frac{1}{3}}x}-x$,则 $g(0)=0$,

$$g'(x)=\frac{\cos^{\frac{4}{3}}x+\frac{1}{3}\cos^{-\frac{2}{3}}x\sin^2x}{\cos^{\frac{2}{3}}x}-1=\frac{2\cos^2x+1}{3\cos^{\frac{4}{3}}x}-1>\frac{3\sqrt[3]{\cos^2x\cos^2x\cdot1}}{3\cos^{\frac{4}{3}}x}-1=0,$$

故 $g(x)$ 严格单调递增,因而 $g(x)>g(0)=0$。(1)式得证。

$$\begin{aligned}P_A^{\frac{1}{3}}P_B^{\frac{2}{3}}&=2\Big(\sum_{i=1}^{n}\tan\alpha_i\Big)^{\frac{1}{3}}\Big(\sum_{i=1}^{n}\sin\alpha_i\Big)^{\frac{2}{3}}=2\Big(\sum_{i=1}^{n}\Big(\tan^{\frac{1}{3}}\alpha_i\Big)^3\Big)^{\frac{1}{3}}\Big(\sum_{i=1}^{n}\Big(\sin^{\frac{2}{3}}\alpha_i\Big)^{\frac{3}{2}}\Big)^{\frac{2}{3}}\\&\geqslant 2\sum_{i=1}^{n}\tan^{\frac{1}{3}}\alpha_i\sin^{\frac{2}{3}}\alpha_i>2\sum_{i=1}^{n}\alpha_i=2\pi。\end{aligned}$$

五　令 $F(x)=\int_0^x a(t)\mathrm{d}t$,则由 $y'(x)+a(x)y(x)=f(x)$ 得

$$y(x)=C\mathrm{e}^{-F(x)}+\int_0^x f(t)\mathrm{e}^{F(t)-F(x)}\mathrm{d}t。$$

由 $\lim\limits_{x\to+\infty}\dfrac{f(x)}{a(x)}=0$ 知,对于任意 $\varepsilon>0$,存在 x_0,当 $t\geqslant x_0$ 时,有 $|f(t)|\leqslant\varepsilon a(t)$。

$$\int_0^x f(t)\mathrm{e}^{F(t)-F(x)}\mathrm{d}t=\mathrm{e}^{-F(x)}\int_0^{x_0}f(t)\mathrm{e}^{F(t)}\mathrm{d}t+\mathrm{e}^{-F(x)}\int_{x_0}^x f(t)\mathrm{e}^{F(t)}\mathrm{d}t。$$

注意到

$$\begin{aligned}\left|\mathrm{e}^{-F(x)}\int_{x_0}^x f(t)\mathrm{e}^{F(t)}\mathrm{d}t\right|&\leqslant\mathrm{e}^{-F(x)}\int_{x_0}^x\varepsilon a(t)\mathrm{e}^{F(t)}\mathrm{d}t\\&=\varepsilon\mathrm{e}^{-F(x)}\mathrm{e}^{F(t)}\Big|_{t=x_0}^{t=x}=\varepsilon(1-\mathrm{e}^{F(x_0)-F(x)})<\varepsilon。\end{aligned}$$

所以 $\overline{\lim\limits_{x\to+\infty}}|y(x)|\leqslant\lim\limits_{x\to+\infty}Ce^{-F(x)}+\lim\limits_{x\to+\infty}e^{-F(x)}\int_0^{x_0}|f(t)|e^{F(t)}dt+\varepsilon=\varepsilon$。由 ε 的任意性，知 $\lim\limits_{x\to+\infty}|y(x)|=0$。

六 令 $g(x)=f(x)-x$，则有

$$xg(x)=2\int_{\frac{x}{2}}^{x}g(t)dt。$$

对于 $x>0$，根据积分中值定理，存在 $x_1\in(0,x)$，使得 $\int_{\frac{x}{2}}^{x}g(t)dt=g(x_1)\dfrac{x}{2}$，因而

$$g(x)=g(x_1)。$$

设 $x_0=\inf\{t\in(0,x)\,|\,f(x)=f(t)\}$，则 x_0 存在，且有 $g(x_0)=g(x)$。

设 $x_0>0$，则重复上面的过程，可知存在 $y_0\in(0,x_0)$，使得 $g(y_0)=g(x_0)=g(x)$。这与 x_0 的取法矛盾。因此，必有 $x_0=0$，这说明 $g(x)=g(0)$。

同理，对 $x<0$，也可以证明 $g(x)=g(0)$。

总之，$g(x)$是常数。于是 $f(x)=x+C$，C 是常数。

第八届全国大学生数学竞赛决赛
(数学类,2017 年)

一、二年级试题

一　填空题(共 20 分,每题 5 分)

(1) 设 $x^4+3x^2+2x+1=0$ 的 4 个根为 $\alpha_1,\alpha_2,\alpha_3,\alpha_4$,则

$$\begin{vmatrix} \alpha_1 & \alpha_2 & \alpha_3 & \alpha_4 \\ \alpha_2 & \alpha_3 & \alpha_4 & \alpha_1 \\ \alpha_3 & \alpha_4 & \alpha_1 & \alpha_2 \\ \alpha_4 & \alpha_1 & \alpha_2 & \alpha_3 \end{vmatrix} = \underline{\qquad\qquad}。$$

(2) 设 a 为实数,关于 x 的方程 $3x^4-8x^3-30x^2+72x+a=0$ 有虚根的充分必要条件是 a 满足________。

(3) 计算曲面积分 $I=\iint\limits_S \dfrac{ax\,\mathrm{d}y\,\mathrm{d}z+(z+a)^2\mathrm{d}x\,\mathrm{d}y}{\sqrt{x^2+y^2+z^2}}$($a>0$ 为常数),其中

$S: z=-\sqrt{a^2-x^2-y^2}$,取上侧,则 $I=$________。

(4) 记两个特征值为 1,2 的二阶实对称矩阵的全体为 Γ,$\forall \boldsymbol{A}\in\Gamma$,$a_{21}$ 表示 $\boldsymbol{A}$ 的(2,1)位置元素,则集合 $\bigcup\limits_{\boldsymbol{A}\in\Gamma}\{a_{21}\}$ 的最小元等于________。

二(15 分)　在空间直角坐标系中设旋转抛物面 Γ 的方程为 $z=\dfrac{1}{2}(x^2+y^2)$。设 P 为空间中的平面,它交抛物面 Γ 于交线 C。问:C 是何种类型的曲线?证明你的结论。

三(15 分)　设 n 阶方阵 $\boldsymbol{A},\boldsymbol{B}$ 满足:$\mathrm{rank}(\boldsymbol{ABA})=\mathrm{rank}(\boldsymbol{B})$。证明:$\boldsymbol{AB}$ 与 $\boldsymbol{BA}$ 相似。

四(20 分)　对 $\mathbb{R}$ 上无穷次可微的(复值)函数 $\varphi(x)$,称 $\varphi\in\mathscr{F}$,如果 $\forall m,k\geqslant 0$ 成立 $\sup\limits_{x\in\mathbb{R}}|x^m\varphi^{(k)}(x)|<+\infty$。若 $f\in\mathscr{F}$,可定义 $\hat{f}(x)=\int_{\mathbb{R}}f(y)\mathrm{e}^{-2\pi \mathrm{i}xy}\mathrm{d}y$($\forall x\in\mathbb{R}$)。证明:$\hat{f}\in\mathscr{F}$,且 $f(x)=\int_{\mathbb{R}}\hat{f}(y)\mathrm{e}^{2\pi \mathrm{i}xy}\mathrm{d}y$($\forall x\in\mathbb{R}$)。

五(15 分)　设 $n>1$ 为正整数,令 $S_n=\left(\dfrac{1}{n}\right)^n+\left(\dfrac{2}{n}\right)^n+\cdots+\left(\dfrac{n-1}{n}\right)^n$。

1. 证明:数列$\{S_n\}$单调增加且有界,从而极限 $\lim\limits_{n\to\infty}S_n$ 存在;

2. 求极限 $\lim\limits_{n\to\infty}S_n$。

六(15 分)　求证:常微分方程 $\dfrac{\mathrm{d}y}{\mathrm{d}x}=-y^3+\sin x$,$x\in[0,2\pi]$有唯一的满足 $y(0)=y(2\pi)$的解。

参考解答

一 填空题：

(1) 因为该多项式方程无 3 次项，故 4 个根之和为 0。行列式的每一列加到第一列即可得所求行列式的值为 0。

(2) 记 $f(x)=3x^4-8x^3-30x^2+72x+a$，则

$$\begin{aligned}f'(x)&=12x^3-24x^2-60x+72=12(x^3-2x^2-5x+6)\\&=12(x-1)(x-3)(x+2)。\end{aligned}$$

$f(x)$在-2 和 3 取得极小值$-152+a$ 和$-27+a$。$f(x)$在 1 取得极大值 $37+a$。因此，当且仅当 $a>27$ 或 $a<-37$ 时方程有虚根。

(3) 令 $S_1:\begin{cases}x^2+y^2\leqslant a^2,\\ z=0,\end{cases}$取下侧，则 $S_1\cup S$ 为闭下半球面的内侧。设其内部区域为 Ω，令 D 为 xOy 平面上的圆域 $x^2+y^2\leqslant a^2$，利用高斯公式，得

$$\begin{aligned}I&=\frac{1}{a}\left\{\iint\limits_{S\cup S_1}-\iint\limits_{S_1}[ax\,\mathrm{d}y\,\mathrm{d}z+(z+a)^2\mathrm{d}x\,\mathrm{d}y]\right\}\\&=\frac{1}{a}\left\{-\iiint\limits_{\Omega}(3a+2z)\mathrm{d}V+\iint\limits_{D}a^2\mathrm{d}x\,\mathrm{d}y\right\}\\&=\frac{1}{a}\left\{-2\pi a^4-2\iiint\limits_{\Omega}z\,\mathrm{d}V+\pi a^4\right\}\\&=-\pi a^3-\frac{2}{a}\int_0^{2\pi}\mathrm{d}\theta\int_0^a r\,\mathrm{d}r\int_{-\sqrt{a^2-r^2}}^{0}z\,\mathrm{d}z=-\frac{\pi}{2}a^3。\end{aligned}$$

(4) $\boldsymbol{A}=\boldsymbol{Q}\begin{pmatrix}1&0\\0&2\end{pmatrix}\boldsymbol{Q}^{\mathrm{T}}$，$\boldsymbol{Q}$ 可以表示为 $\begin{pmatrix}\cos t&-\sin t\\ \sin t&\cos t\end{pmatrix}$ 或 $\begin{pmatrix}\cos t&\sin t\\ \sin t&-\cos t\end{pmatrix}$，所以 $a_{21}=-\sin t\cos t=-\frac{1}{2}\sin 2t$，立即得最小元为$-\frac{1}{2}$。

二 (1) 如果平面 P 平行于 z 轴，则相交曲线 $C=\Gamma\cap P$ 可以经过以 z 为旋转轴的旋转，使得 P 平行于 yOz 平面，C 的形状不变。所以不妨设 P 的方程为 $x=c$，交线 C 的方程为

$$z=\frac{1}{2}(c^2+y^2)。$$

将 C 投影到 yOz 平面上，得到抛物线 $z-\frac{c^2}{2}=\frac{1}{2}y^2$。由于平面 P 平行于 yOz 平面，故交线为抛物线。

(2) 如果平面 P 不平行于 z 轴，设平面 P 的方程为 $z=ax+by+c$。代入 Γ 的方程 $z=\frac{1}{2}(x^2+y^2)$，得

$$(x-a)^2+(y-b)^2=a^2+b^2+2c=R^2。$$

将 $C=\Gamma\cap P$ 垂直投影到 xOy 平面，得到圆周

$$(x-a)^2+(y-b)^2=R^2。$$

令 Q 是以这个圆为底的圆柱,则 C 也是圆柱 Q 与平面 P 的交线,在圆柱 Q 中从上或从下放置半径为 R 的球体,它与平面 P 相切于 F_1,F_2,与圆柱 Q 相交于圆 D_1,D_2,对 $C=Q\cap P$ 上的任意一点 A,过 A 点的圆柱母线交圆 D_1 于 B_1,交圆 D_2 于 B_2,则线段 B_1B_2 为定长。这时,由于球的切线长相等,得到 $|AF_1|+|AF_2|=|AB_1|+|AB_2|=|B_1B_2|$ 为常数,故曲线 C 为椭圆。

三 设 $\boldsymbol{A}=\boldsymbol{P}\begin{pmatrix}\boldsymbol{E}_r & \boldsymbol{0}\\ \boldsymbol{0} & \boldsymbol{0}\end{pmatrix}\boldsymbol{Q},\boldsymbol{B}=\boldsymbol{Q}^{-1}\begin{bmatrix}\boldsymbol{B}_1 & \boldsymbol{B}_2\\ \boldsymbol{B}_3 & \boldsymbol{B}_4\end{bmatrix}\boldsymbol{P}^{-1}$,其中 $\boldsymbol{P},\boldsymbol{Q}$ 为可逆方阵,$\boldsymbol{B}_1$ 为 r 阶方阵,则有

$$\boldsymbol{AB}=\boldsymbol{P}\begin{pmatrix}\boldsymbol{B}_1 & \boldsymbol{B}_2\\ \boldsymbol{0} & \boldsymbol{0}\end{pmatrix}\boldsymbol{P}^{-1},\quad \boldsymbol{BA}=\boldsymbol{Q}^{-1}\begin{bmatrix}\boldsymbol{B}_1 & \boldsymbol{0}\\ \boldsymbol{B}_3 & \boldsymbol{0}\end{bmatrix}\boldsymbol{Q},\quad \boldsymbol{ABA}=\boldsymbol{P}\begin{pmatrix}\boldsymbol{B}_1 & \boldsymbol{0}\\ \boldsymbol{0} & \boldsymbol{0}\end{pmatrix}\boldsymbol{Q}。$$

由 $\mathrm{rank}(\boldsymbol{ABA})=\mathrm{rank}(\boldsymbol{B}_1)=\mathrm{rank}(\boldsymbol{B})$ 可得,存在矩阵 $\boldsymbol{X},\boldsymbol{Y}$ 使得 $\boldsymbol{B}_2=\boldsymbol{B}_1\boldsymbol{X},\boldsymbol{B}_3=\boldsymbol{Y}\boldsymbol{B}_1$,从而有

$$\boldsymbol{AB}=\boldsymbol{P}\begin{pmatrix}\boldsymbol{E} & -\boldsymbol{X}\\ \boldsymbol{0} & \boldsymbol{E}\end{pmatrix}\begin{pmatrix}\boldsymbol{B}_1 & \boldsymbol{0}\\ \boldsymbol{0} & \boldsymbol{0}\end{pmatrix}\begin{pmatrix}\boldsymbol{E} & \boldsymbol{X}\\ \boldsymbol{0} & \boldsymbol{E}\end{pmatrix}\boldsymbol{P}^{-1},$$

$$\boldsymbol{BA}=\boldsymbol{Q}^{-1}\begin{pmatrix}\boldsymbol{E} & \boldsymbol{0}\\ \boldsymbol{Y} & \boldsymbol{E}\end{pmatrix}\begin{pmatrix}\boldsymbol{B}_1 & \boldsymbol{0}\\ \boldsymbol{0} & \boldsymbol{0}\end{pmatrix}\begin{pmatrix}\boldsymbol{E} & \boldsymbol{0}\\ -\boldsymbol{Y} & \boldsymbol{E}\end{pmatrix}\boldsymbol{Q}。$$

因此,$\boldsymbol{AB}$ 与 $\boldsymbol{BA}$ 相似。

四 由于 $f\in\mathscr{F}$,因此存在 $M_1>0$ 使得

$$|2\pi\mathrm{i}xf(x)|\leqslant\frac{M_1}{x^2+1},\quad \forall x\in\mathbb{R}。\tag{1}$$

这样 $\int_{\mathbb{R}}(-2\pi\mathrm{i}y)f(y)\mathrm{e}^{-2\pi\mathrm{i}xy}\mathrm{d}y$ 关于 $x\in\mathbb{R}$ 一致收敛,从而可得

$$\frac{\mathrm{d}\hat{f}(x)}{\mathrm{d}x}=\int_{\mathbb{R}}(-2\pi\mathrm{i}y)f(y)\mathrm{e}^{-2\pi\mathrm{i}xy}\mathrm{d}y。\tag{2}$$

同理可得

$$\frac{\mathrm{d}^n\hat{f}(x)}{\mathrm{d}x^n}=\int_{\mathbb{R}}(-2\pi\mathrm{i}y)^nf(y)\mathrm{e}^{-2\pi\mathrm{i}xy}\mathrm{d}y。\tag{3}$$

利用分部积分法可得

$$(\hat{f}^{(n)})(x)=(2\pi\mathrm{i}x)^n\hat{f}(x),\quad \forall n\geqslant 0。\tag{4}$$

结合(3)式和(4)式并利用 $f\in\mathscr{F}$,可得对任何 $m,k\geqslant 0$,有

$$x^m\frac{\mathrm{d}^k\hat{f}(x)}{\mathrm{d}x^k}=\frac{1}{(2\pi\mathrm{i})^m}\int_{\mathbb{R}}\frac{\mathrm{d}^m((-2\pi\mathrm{i}y)^kf(y))}{\mathrm{d}y^m}\mathrm{e}^{-2\pi\mathrm{i}xy}\mathrm{d}y$$

在 $\mathbb{R}$ 上有界。从而 $\hat{f}\in\mathscr{F}$,于是 $\int_{-\infty}^{+\infty}\hat{f}(y)\mathrm{e}^{2\pi\mathrm{i}xy}\mathrm{d}y$ 收敛。

$$\begin{aligned}\int_{-A}^{A}\hat{f}(y)\mathrm{e}^{2\pi\mathrm{i}xy}\mathrm{d}y&=\int_{-A}^{A}\mathrm{d}y\int_{-\infty}^{+\infty}f(t)\mathrm{e}^{2\pi\mathrm{i}(x-t)y}\mathrm{d}t\\&=\int_{-A}^{A}\mathrm{d}y\int_{-\infty}^{+\infty}f(x-t)\mathrm{e}^{2\pi\mathrm{i}ty}\mathrm{d}t\end{aligned}$$

$$
\begin{aligned}
&=\int_{-\infty}^{+\infty}\mathrm{d}t\int_{-A}^{A}f(x-t)\mathrm{e}^{2\pi\mathrm{i}ty}\mathrm{d}y\\
&=\int_{-\infty}^{+\infty}f(x-t)\ \frac{\sin(2\pi At)}{\pi t}\mathrm{d}t\\
&=\int_{-\infty}^{+\infty}\frac{f(x-t)-f(x)}{\pi t}\sin(2\pi At)\mathrm{d}t+f(x)。
\end{aligned}\tag{5}
$$

由于 $f\in\mathscr{F}$ 易得积分$\int_{-\infty}^{+\infty}\left|\frac{f(x-t)-f(x)}{\pi t}\right|\mathrm{d}t$ 收敛,从而由黎曼引理可得

$$
\lim_{A\to+\infty}\int_{-\infty}^{+\infty}\frac{f(x-t)-f(x)}{\pi t}\sin(2\pi At)\mathrm{d}t=0。\tag{6}
$$

组合(5)式和(6)式即得结论成立。

五 1. 先证

$$
\left(\frac{k}{n}\right)^{n}<\left(\frac{k+1}{n+1}\right)^{n+1},\quad k=1,2,\cdots,n-1。
$$

由均值不等式,有 $k+1=\underbrace{\frac{k}{n}+\cdots+\frac{k}{n}}_{n\text{个}}+1>(n+1)\sqrt[n+1]{\left(\frac{k}{n}\right)^{n}}$,因此,有

$$
\left(\frac{k}{n}\right)^{n}<\left(\frac{k+1}{n+1}\right)^{n+1},\quad k=1,2,\cdots,n-1。
$$

于是

$$
\begin{aligned}
S_{n+1}&=\left(\frac{1}{n+1}\right)^{n+1}+\left(\frac{2}{n+1}\right)^{n+1}+\cdots+\left(\frac{n}{n+1}\right)^{n+1}\\
&>\left(\frac{1}{n+1}\right)^{n+1}+\left(\frac{1}{n}\right)^{n}+\cdots+\left(\frac{n-1}{n}\right)^{n}>S_n,
\end{aligned}
$$

即$\{S_n\}$单调递增。另一方面,$\frac{S_n}{n}<\int_0^1 x^n\mathrm{d}x=\frac{1}{n+1}$,故有 $S_n<\frac{n}{n+1}<1$,即$\{S_n\}$有界。所以$\{S_n\}$ 单调递增有上界,所以$\lim\limits_{n\to\infty}S_n$ 存在。

2. 当 $x\neq0$ 时,$\mathrm{e}^x>1+x$,则$\left(1-\frac{k}{n}\right)^n<\mathrm{e}^{n(-k/n)}=\mathrm{e}^{-k}$,从而有

$$
S_n=\sum_{k=1}^{n-1}\left(\frac{n-k}{n}\right)^n<\sum_{k=1}^{n-1}\mathrm{e}^{-k}<\sum_{k=1}^{\infty}\mathrm{e}^{-k}=\frac{1}{\mathrm{e}-1}。
$$

因此,$\lim\limits_{n\to\infty}S_n=S\leqslant\frac{1}{\mathrm{e}-1}$。

另外,对任意正整数 $n>m$,则 $S_n\geqslant\sum\limits_{k=1}^{m}\left(1-\frac{k}{n}\right)^n$,令 $n\to\infty$,则有

$$
S\geqslant\lim_{m\to\infty}\sum_{k=1}^{m}\mathrm{e}^{-k}\geqslant\frac{1}{\mathrm{e}-1}。
$$

故$\lim\limits_{n\to\infty}S_n=S=\frac{1}{\mathrm{e}-1}$。

六 令 $y(x,y_0)$为方程满足初值条件 $y(0,y_0)=y_0$ 的解。由常微分方程解的存在唯一性定理,这样的解局部存在并且唯一。首先证明:

引理 对任意 $r\in\mathbb{R}$ 函数 $y(x,r)$在 $x\in[0,2\pi]$上有定义,且对任意 $r\geqslant2$ 有

$$y(x,r)\leqslant r \quad 和 \quad y(x,-r)\geqslant -r。$$

引理的证明　反证法。假设存在 $x_0\in[0,2\pi]$,$r\geqslant 2$ 使得 $y(x_0,r)>r$,则 $x_0>0$。记

$$t=\inf\{s\in[0,x_0]\mid y(x,r)\geqslant r,\forall x\in[s,x_0]\},$$

则 $y(t,r)=r$,$y'_x(t,r)\geqslant 0$。

但 $y'_x(t,r)=-[y(t,r)]^3+\sin t<0$,矛盾。同理可证,对于任意的 $x\in[0,2\pi]$,$r\geqslant 2$ 有

$$y(x,-r)\geqslant -r。$$

所以引理成立。

考虑函数 $f(r)=y(2\pi,r)$,$r\in\mathbb{R}$,则连续函数 f 满足 $f([-2,2])\subset[-2,2]$,故存在 $y_0\in[-2,2]$,使得

$$f(y_0)=y_0。$$

对恒等式

$$\frac{\mathrm{d}y(x,r)}{\mathrm{d}x}=-[y(x,r)]^3+\sin x$$

两边对 r 求导,得到

$$\frac{\mathrm{d}}{\mathrm{d}x}\left(\frac{\partial y(x,r)}{\partial r}\right)=-[3y(x,r)]^2\frac{\partial y(x,r)}{\partial r},$$

故有 $\dfrac{\partial y(x,r)}{\partial r}=\mathrm{e}^{-3\int_0^x[y(s,r)]^2\mathrm{d}s}$ 于是有

$$f'(r)=\mathrm{e}^{-3\int_0^{2\pi}[y(s,r)]^2\mathrm{d}s}<1。$$

所以 f 至多只有一个不动点。

唯一性的另一种证明方法:设 $y_1(x)$,$y_2(x)$是方程的两个满足边值条件的解。由存在唯一性定理,有

$$y_1(x)\neq y_2(x),\quad \forall x\in[0,2\pi]。$$

不妨设 $y_1(x)>y_2(x)$,$\forall x\in[0,2\pi]$。令 $y=y_1-y_2>0$,则 $y(0)=y(2\pi)$,

$$\dot{y}=-(y_1^2+y_1y_2+y_2^2)y<0\Rightarrow y(0)<y(2\pi)。$$

矛盾。

第九届全国大学生数学竞赛决赛
(数学类,2018 年)

一、二年级试题

一　填空题(共 20 分,每小题 5 分)

(1) 设实方阵 $\boldsymbol{H}_1=\begin{pmatrix}0&1\\1&0\end{pmatrix}$,$\boldsymbol{H}_{n+1}=\begin{bmatrix}\boldsymbol{H}_n&\boldsymbol{E}\\\boldsymbol{E}&\boldsymbol{H}_n\end{bmatrix}$,$n\geqslant 1$,其中 $\boldsymbol{E}$ 是与 $\boldsymbol{H}_n$ 同阶的单位方阵,则 $\operatorname{rank}(\boldsymbol{H}_4)=$________。

(2) $\lim\limits_{x\to 0}\dfrac{\ln(1+\tan x)-\ln(1+\sin x)}{x^3}=$________。

(3) 设 Γ 为空间曲线 $\begin{cases}x=\pi\sin(t/2),\\y=t-\sin t,\\z=\sin 2t\end{cases}$ 从 $t=0$ 到 $t=\pi$ 的一段,则第二型曲线积分

$\int_\Gamma \mathrm{e}^{\sin x}(\cos x\cos y\,\mathrm{d}x-\sin y\,\mathrm{d}y)+\cos z\,\mathrm{d}z=$________。

(4) 设二次型 $f(x_1,x_2,\cdots,x_n)=(x_1,x_2,\cdots,x_n)\boldsymbol{A}\begin{pmatrix}x_1\\x_2\\\vdots\\x_n\end{pmatrix}$ 的矩阵 $\boldsymbol{A}$ 为

$$\begin{pmatrix}1&a&\cdots&a&a\\a&1&a&\cdots&a\\\vdots&\ddots&\ddots&\ddots&\vdots\\a&\cdots&a&1&a\\a&a&\cdots&a&1\end{pmatrix},$$

其中 $n>1$,$a\in\mathbb{R}$,则 f 在正交变换下的标准形为________。

二(15 分)　在空间直角坐标系下,设有椭球面

$$S:\frac{x^2}{a^2}+\frac{y^2}{b^2}+\frac{z^2}{c^2}=1,\quad a,b,c>0$$

及 S 外部一点 $\boldsymbol{A}(x_0,y_0,z_0)$,过 A 点且与 S 相切的所有直线构成锥面 Σ。证明:存在平面 Π,使得交线 $S\cap\Sigma=S\cap\Pi$;同时求出平面 Π 的方程。

三(15 分)　设 $\boldsymbol{A},\boldsymbol{B},\boldsymbol{C}$ 均为 n 阶复方阵,且满足

$$\boldsymbol{AB}-\boldsymbol{BA}=\boldsymbol{C},\quad \boldsymbol{AC}=\boldsymbol{CA},\quad \boldsymbol{BC}=\boldsymbol{CB}。$$

(1) 证明:$\boldsymbol{C}$ 是幂零方阵;

(2) 证明:$\boldsymbol{A},\boldsymbol{B},\boldsymbol{C}$ 同时相似于上三角矩阵;

(3) 若 $\boldsymbol{C}\neq\boldsymbol{0}$,求 n 的最小值。

四(20分)　设 $f(x)$ 在 $[0,1]$ 上有二阶连续导函数,且 $f(0)f(1)\geqslant 0$。求证:

$$\int_0^1 |f'(x)|\,\mathrm{d}x \leqslant 2\int_0^1 |f(x)|\,\mathrm{d}x + \int_0^1 |f''(x)|\,\mathrm{d}x。$$

五(15分)　设 $\alpha\in(1,2)$,$(1-x)^\alpha$ 的麦克劳林级数为 $\sum\limits_{k=0}^{\infty} a_k x^k$,$n\times n$ 常数实矩阵 $\boldsymbol{A}$ 为幂零矩阵,$\boldsymbol{E}$ 为单位阵。设矩阵值函数 $\boldsymbol{G}(x)$ 定义为

$$\boldsymbol{G}(x)\overset{\text{def}}{=\!=}(g_{ij}(x))\overset{\text{def}}{=\!=}\sum_{k=0}^{\infty}a_k(x\boldsymbol{E}+\boldsymbol{A})^k,0\leqslant x<1。$$

试证对于 $1\leqslant i,j\leqslant n$,积分 $\int_0^1 g_{ij}(x)\,\mathrm{d}x$ 均存在的充分必要条件是 $\boldsymbol{A}^3=\boldsymbol{0}$。

六(15分)　有界连续函数 $g(t):\mathbb{R}\to\mathbb{R}$ 满足 $1<g(t)<2,\forall t\in\mathbb{R}$。$x(t)(t\in\mathbb{R})$ 是方程 $\ddot{x}(t)=g(t)x$ 的单调正解。求证:存在常数 $C_2>C_1>0$ 满足

$$C_1x(t)<|\dot{x}(t)|<C_2x(t),\quad t\in\mathbb{R}。$$

参考解答

一　(1) **方法1**　$\boldsymbol{H}_n$ 是 $m=2^n$ 阶对称方阵,存在正交方阵 $\boldsymbol{P}$ 使得 $\boldsymbol{P}^{-1}\boldsymbol{H}_n\boldsymbol{P}=\boldsymbol{D}$ 是对角方阵。从而,$\boldsymbol{H}_{n+1}=\begin{pmatrix}\boldsymbol{P}&\boldsymbol{0}\\\boldsymbol{0}&\boldsymbol{P}\end{pmatrix}\begin{pmatrix}\boldsymbol{D}&\boldsymbol{E}\\\boldsymbol{E}&\boldsymbol{D}\end{pmatrix}\begin{pmatrix}\boldsymbol{P}&\boldsymbol{0}\\\boldsymbol{0}&\boldsymbol{P}\end{pmatrix}$ 与 $\begin{pmatrix}\boldsymbol{D}&\boldsymbol{E}\\\boldsymbol{E}&\boldsymbol{D}\end{pmatrix}$ 相似。设 $\boldsymbol{H}_n$ 的所有特征值是 $\lambda_1,\lambda_2,\cdots,\lambda_m$,则 $\boldsymbol{H}_{n+1}$ 的所有特征值是 $\lambda_1+1,\lambda_1-1,\lambda_2+1,\lambda_2-1,\cdots,\lambda_m+1,\lambda_m-1$。利用数学归纳法容易证明:$\boldsymbol{H}_n$ 的所有不同特征值为 $\{n-2k\mid k=0,1,\cdots,n\}$,并且每个特征值 $n-2k$ 的代数重数为 $\mathrm{C}_n^k=\dfrac{n!}{k!\,(n-k)!}$。因此,$\operatorname{rank}(\boldsymbol{H}_4)=2^4-\mathrm{C}_4^2=10$。

方法2　对 $\boldsymbol{H}_{n+1}=\begin{bmatrix}\boldsymbol{H}_n&\boldsymbol{E}\\\boldsymbol{E}&\boldsymbol{H}_n\end{bmatrix}$ 第二行乘 $-\boldsymbol{H}_n$ 加到第一行,然后类似地清除第二列得到矩阵 $\begin{bmatrix}&\boldsymbol{E}-\boldsymbol{H}_n^2\\\boldsymbol{E}&\end{bmatrix}$。因此 $\operatorname{rank}(\boldsymbol{H}_{n+1})=2^n+\operatorname{rank}(\boldsymbol{E}-\boldsymbol{H}_n^2)$,其中 $n\geqslant 1$。

直接求出 $\boldsymbol{H}_1$ 的特征值为 $1,-1$。因此 $\boldsymbol{E}-\boldsymbol{H}_1^2$ 的特征值为 $0,0$。从而 $\operatorname{rank}(\boldsymbol{H}_2)=2+0=2$,且它的特征值为 $1,1,0,0$。故 $\boldsymbol{E}-\boldsymbol{H}_2^2$ 的特征值为 $0,0,1,1$,从而 $\operatorname{rank}(\boldsymbol{H}_3)=4+2=6$,且它的特征值为 $1,1,1,1,0,0,1,1$,因此,$\boldsymbol{E}-\boldsymbol{H}_3^2$ 的特征值为 $0,0,0,0,1,1,0,0$。于是 $\operatorname{rank}(\boldsymbol{H}_4)=8+2=10$。

(2) $\lim\limits_{x\to 0}\dfrac{\ln(1+\tan x)-\ln(1+\sin x)}{x^3}$

$$=\lim_{x\to 0}\frac{\tan x-\frac{1}{2}\tan^2 x+\frac{1}{3}\tan^3 x-\sin x+\frac{1}{2}\sin^2 x-\frac{1}{3}\sin^3 x+o(x^3)}{x^3}$$

$$=\lim_{x\to 0}\frac{x+\frac{x^3}{3}-\frac{1}{2}\left(x+\frac{x^3}{3}\right)^2+\frac{1}{3}\left(x+\frac{x^3}{3}\right)^3-\left[x-\frac{x^3}{6}-\frac{1}{2}\left(x-\frac{x^3}{6}\right)^2+\frac{1}{3}\left(x-\frac{x^3}{6}\right)^3\right]+o(x^3)}{x^3}$$

$$=\lim_{x\to 0}\frac{x+\frac{x^3}{3}-\frac{1}{2}x^2+\frac{1}{3}x^3-\left(x-\frac{x^3}{6}-\frac{1}{2}x^2+\frac{1}{3}x^3\right)+o(x^3)}{x^3}$$

$$=\lim_{x\to 0}\left(\frac{\frac{x^3}{2}}{x^3}+\frac{o(x^3)}{x^3}\right)=\frac{1}{2}。$$

(3) 记 $P(x,y,z)=\cos x\cos y\mathrm{e}^{\sin x}$，$Q(x,y,z)=-\sin y\mathrm{e}^{\sin x}$，$R(x,y,z)=\cos z$，则 $\frac{\partial Q}{\partial x}=\frac{\partial P}{\partial y}$，$\frac{\partial R}{\partial x}=\frac{\partial P}{\partial z}$，$\frac{\partial Q}{\partial z}=\frac{\partial R}{\partial y}$，因此曲线积分与路径无关，连接起点与终点的直线段的参数方程为 $\begin{cases}x=t,\\ y=t,0\leqslant t\leqslant\pi,\\ z=0,\end{cases}$ 所以

$$\int_\Gamma \mathrm{e}^{\sin x}(\cos x\cos y\,\mathrm{d}x-\sin y\,\mathrm{d}y)+\cos z\,\mathrm{d}z=\int_0^\pi \mathrm{e}^{\sin t}(\cos^2 t-\sin t)\mathrm{d}t$$

$$=\int_0^\pi \mathrm{e}^{\sin t}\cos^2 t\,\mathrm{d}t-\int_0^\pi \mathrm{e}^{\sin t}\sin t\,\mathrm{d}t=\int_0^\pi \mathrm{e}^{\sin t}\cos^2 t\,\mathrm{d}t+\int_0^\pi \mathrm{e}^{\sin t}\,\mathrm{d}\cos t$$

$$=\int_0^\pi \mathrm{e}^{\sin t}\cos^2 t\,\mathrm{d}t+\mathrm{e}^{\sin t}\cos t\,\Big|_0^\pi-\int_0^\pi \mathrm{e}^{\sin t}\cos^2 t\,\mathrm{d}t=-2。$$

(4) 只需求出 $\boldsymbol{A}$ 的全部特征值即可，显然 $\boldsymbol{A}+(a-1)\boldsymbol{E}$ 的秩 $\leqslant 1$，故 $\boldsymbol{A}+(a-1)\boldsymbol{E}$ 的零空间的维数为 $\geqslant n-1$，从而可设 $\boldsymbol{A}$ 的 n 个特征值为

$$\lambda_1=1-a,\lambda_2=1-a,\cdots,\lambda_{n-1}=1-a,\lambda_n。$$

注意到 $\mathrm{tr}\boldsymbol{A}=n$，故得 $\lambda_n=(n-1)a+1$。所以，f 在正交变换下的标准形为 $((n-1)a+1)y_1^2-(a-1)y_2^2-\cdots-(a-1)y_n^2$。

二　解法 1　因为 A 在 S 的外部，故有

$$\frac{x_0^2}{a^2}+\frac{y_0^2}{b^2}+\frac{z_0^2}{c^2}-1>0。\tag{1}$$

对于任意的 $M(x,y,z)\in S\cap\Sigma$，连接 A,M 的直线记为 l_M，其参数方程可设为

$$\tilde{x}=x+t(x-x_0),\tilde{y}=y+t(y-y_0),\tilde{z}=z+t(z-z_0),\quad -\infty<t<+\infty,\tag{2}$$

代入椭球面的方程得

$$\frac{(x+t(x-x_0))^2}{a^2}+\frac{(y+t(y-y_0))^2}{b^2}+\frac{(z+t(z-z_0))^2}{c^2}=1。$$

整理得

$$\frac{x^2}{a_2}+\frac{y^2}{b_2}+\frac{z^2}{c_2}+t^2\left(\frac{x^2}{a^2}+\frac{y^2}{b^2}+\frac{z^2}{c^2}+\frac{x_0^2}{a^2}+\frac{y_0^2}{b^2}+\frac{z_0^2}{c^2}-2\left(\frac{x_0}{a^2}x+\frac{y_0}{b^2}y+\frac{z_0}{c^2}z\right)\right)$$

$$+2t\left(\frac{x^2}{a^2}+\frac{y^2}{b^2}+\frac{z^2}{c^2}-\left(\frac{x_0}{a^2}x+\frac{y_0}{b^2}y+\frac{z_0}{c^2}z\right)\right)=1。$$

因为点 M 在椭球面 S 上，$\frac{x^2}{a^2}+\frac{y^2}{b^2}+\frac{z^2}{c^2}=1$，所以上式化为

$$t^2\left(1+\frac{x_0^2}{a^2}+\frac{y_0^2}{b^2}+\frac{z_0^2}{c^2}-2\left(\frac{x_0}{a^2}x+\frac{y_0}{b^2}y+\frac{z_0}{c^2}z\right)\right)+2t\left(1-\left(\frac{x_0}{a^2}x+\frac{y_0}{b^2}y+\frac{z_0}{c^2}z\right)\right)=0。\tag{3}$$

由于 l_M 与 S 在 M 点相切,故方程(3)有一个二重根 $t=0$。故有

$$\frac{x_0}{a^2}x+\frac{y_0}{b^2}y+\frac{z_0}{c^2}z-1=0。\tag{4}$$

此时由(1)式知,方程(3)的首项系数化为

$$\frac{x_0^2}{a^2}+\frac{y_0^2}{b^2}+\frac{z_0^2}{c^2}-1>0。$$

特别地,方程(4)的系数均不为零,因而是一个平面方程,确定的平面记为 Π。上述的推导证明了 $S\cap\Sigma\subset\Pi$,从而证明了 $S\cap\Sigma\subset S\cap\Pi$。

反之,对于截线 $S\cap\Pi$ 上的任一点 $M(x,y,z)$,由(3)、(4)两式即知,由 A,M 两点确定的直线 l_M 一定在点 M 与 S 相切。故由定义,l_M 在锥面 Σ 上。特别地,$M\in\Sigma$,由 M 的任意性,$S\cap\Pi\subset S\cap\Sigma$。

结论得证。

解法2 因为 A 在 S 的外部,故有

$$\frac{x_0^2}{a^2}+\frac{y_0^2}{b^2}+\frac{z_0^2}{c^2}-1>0。\tag{5}$$

对于任意的 $M(x_1,y_1,z_1)\in S\cap\Sigma$,椭球面 S 在 M 点的切平面方程可以写为

$$\frac{x_1}{a^2}x+\frac{y_1}{b^2}y+\frac{z_1}{c^2}z-1=0。$$

因为连接 M 和 A 两点的直线是 S 在点 M 的切线,所以 A 点在上述切平面上。故

$$\frac{x_1}{a^2}x_0+\frac{y_1}{b^2}y_0+\frac{z_1}{c^2}z_0-1=0。$$

于是,点 $M(x_1,y_1,z_1)$在平面

$$\Pi:\frac{x_0}{a^2}x+\frac{y_0}{b^2}y+\frac{z_0}{c^2}z-1=0$$

上,即有 $M\in S\cap\Pi$。

反之,对于任意的 $M(x_1,y_1,z_1)\in S\cap\Pi$,有

$$\frac{x_0}{a^2}x_1+\frac{y_0}{b^2}y_1+\frac{z_0}{c^2}z_1-1=0。$$

则 S 在 M 点的切平面

$$\frac{x_1}{a^2}x+\frac{y_1}{b^2}y+\frac{z_1}{c^2}z-1=0$$

通过 $A(x_0,y_0,z_0)$点,因而 M,A 的连线在点 M 和椭球面 S 相切,它在锥面 Σ 上。故 $M\in S\cap\Sigma$。

结论得证。

三 (1) 设 $\boldsymbol{C}$ 的不同特征值为 $\lambda_1,\lambda_2,\cdots,\lambda_k$,不妨设 $\boldsymbol{C}$ 具有若尔当标准形 $\boldsymbol{C}=\mathrm{diag}(\boldsymbol{J}_1,\boldsymbol{J}_2,\cdots,\boldsymbol{J}_k)$,其中 $\boldsymbol{J}_i$ 为特征值 λ_i 对应的若尔当块。对矩阵 $\boldsymbol{B}$ 做与 $\boldsymbol{C}$ 相同的分块,$\boldsymbol{B}=(\boldsymbol{B}_{ij})_{k\times k}$,由 $\boldsymbol{BC}=\boldsymbol{CB}$ 可得 $\boldsymbol{J}_i\boldsymbol{B}_{ij}=\boldsymbol{B}_{ij}\boldsymbol{J}_j$,$i,j=1,2,\cdots,k$。这样对任意多项式 p 有 $p(\boldsymbol{J}_i)\boldsymbol{B}_{ij}=\boldsymbol{B}_{ij}p(\boldsymbol{J}_j)$。取 p 为 $\boldsymbol{J}_i$ 的最小多项式,则得 $\boldsymbol{B}_{ij}p(\boldsymbol{J}_j)=\boldsymbol{0}$。当 $i\neq j$ 时,$p(\boldsymbol{J}_j)$可逆,从而 $\boldsymbol{B}_{ij}=\boldsymbol{0}$。因此,$\boldsymbol{B}=\mathrm{diag}(\boldsymbol{B}_{11},\boldsymbol{B}_{22},\cdots,\boldsymbol{B}_{kk})$。同理,$\boldsymbol{A}=\mathrm{diag}(\boldsymbol{A}_{11},\boldsymbol{A}_{22},\cdots,\boldsymbol{A}_{kk})$,由 $\boldsymbol{AB}-\boldsymbol{BA}=\boldsymbol{C}$ 得 $\boldsymbol{A}_{ii}\boldsymbol{B}_{ii}-\boldsymbol{B}_{ii}\boldsymbol{A}_{ii}=\boldsymbol{J}_i$,$i=1,2,\cdots,k$。故 $\mathrm{tr}(\boldsymbol{J}_i)=\mathrm{tr}(\boldsymbol{A}_{ii}\boldsymbol{B}_{ii}-\boldsymbol{B}_{ii}\boldsymbol{A}_{ii})=0$,从而

$\lambda_i=0$，即 $\boldsymbol{C}$ 为幂零方阵。

(2) 令 $V_0=\{\boldsymbol{v}\in\mathbb{C}^n \mid \boldsymbol{C}\boldsymbol{v}=\boldsymbol{0}\}$，显然 V_0 非空。对任意 $\boldsymbol{v}\in V_0$，由于 $\boldsymbol{C}(\boldsymbol{A}\boldsymbol{v})=\boldsymbol{A}(\boldsymbol{C}\boldsymbol{v})=\boldsymbol{0}$，因此 $\boldsymbol{A}V_0\subseteq V_0$。同理，$\boldsymbol{B}V_0\subseteq V_0$。于是存在 $\boldsymbol{0}\neq\boldsymbol{v}\in V_0$ 和 $\lambda\in\mathbb{C}$ 使得 $\boldsymbol{A}\boldsymbol{v}=\lambda\boldsymbol{v}$，记 $V_1=\{\boldsymbol{v}\mid\boldsymbol{A}\boldsymbol{v}=\lambda\boldsymbol{v},\boldsymbol{v}\in V_0\}\subseteq V_0$，由 $\boldsymbol{AB}-\boldsymbol{BA}=\boldsymbol{C}$ 知，对任意 $\boldsymbol{u}\in V_1$，$\boldsymbol{A}(\boldsymbol{Bu})=\boldsymbol{B}(\boldsymbol{Au})+\boldsymbol{Cu}=\lambda\boldsymbol{Bu}$。故 $\boldsymbol{B}V_1\subseteq V_1$。从而存在 $\boldsymbol{0}\neq\boldsymbol{v}_1\in V_1$ 及 $\mu\in\mathbb{C}$ 使得 $\boldsymbol{B}\boldsymbol{v}_1=\mu\boldsymbol{v}_1$，同时有 $\boldsymbol{A}\boldsymbol{v}_1=\lambda_1\boldsymbol{v}_1$，$\boldsymbol{C}\boldsymbol{v}_1=\boldsymbol{0}$。将 $\boldsymbol{v}_1$ 扩充为 $\mathbb{C}^n$ 的一组基 $\{\boldsymbol{v}_1,\boldsymbol{v}_2,\cdots,\boldsymbol{v}_n\}$，令 $\boldsymbol{P}=(\boldsymbol{v}_1,\boldsymbol{v}_2,\cdots,\boldsymbol{v}_n)$，则

$$\boldsymbol{AP}=\boldsymbol{P}\begin{pmatrix}\lambda & \boldsymbol{x}\\ \boldsymbol{0} & \boldsymbol{A}_1\end{pmatrix},\quad \boldsymbol{BP}=\boldsymbol{P}\begin{pmatrix}\mu & \boldsymbol{y}\\ \boldsymbol{0} & \boldsymbol{B}_1\end{pmatrix},\quad \boldsymbol{CP}=\boldsymbol{P}\begin{pmatrix}0 & \boldsymbol{z}\\ \boldsymbol{0} & \boldsymbol{C}_1\end{pmatrix}。$$

其中 $\boldsymbol{A}_1,\boldsymbol{B}_1,\boldsymbol{C}_1$ 为 $n-1$ 阶复方阵且满足 $\boldsymbol{A}_1\boldsymbol{B}_1-\boldsymbol{B}_1\boldsymbol{A}_1=\boldsymbol{C}_1$，$\boldsymbol{A}_1\boldsymbol{C}_1=\boldsymbol{C}_1\boldsymbol{A}_1$，$\boldsymbol{B}_1\boldsymbol{C}_1=\boldsymbol{C}_1\boldsymbol{B}_1$。由数学归纳法即可得知，$\boldsymbol{A},\boldsymbol{B},\boldsymbol{C}$ 同时相似于上三角矩阵。

(3) 当 $n\geqslant3$ 时，取 $\boldsymbol{A}=\boldsymbol{E}_{12}$，$\boldsymbol{B}=\boldsymbol{E}_{23}$，$\boldsymbol{C}=\boldsymbol{E}_{13}$，则 $\boldsymbol{A},\boldsymbol{B},\boldsymbol{C}$ 满足题意。对 $n=2$，不妨设 $\boldsymbol{C}=\begin{pmatrix}0&1\\0&0\end{pmatrix}$，则由 $\boldsymbol{AC}=\boldsymbol{CA}$ 得 $\boldsymbol{A}=\begin{vmatrix}a_1&a_2\\0&a_1\end{vmatrix}$，类似地由 $\boldsymbol{BC}=\boldsymbol{CB}$ 得 $\boldsymbol{B}=\begin{vmatrix}b_1&b_2\\0&b_1\end{vmatrix}$，于是 $\boldsymbol{AB}-\boldsymbol{BA}=\boldsymbol{0}$，这与 $\boldsymbol{AB}-\boldsymbol{BA}=\boldsymbol{C}$ 矛盾！对 $n=1$，显然找不到满足条件的 A,B,C。故满足 $\boldsymbol{C}\neq\boldsymbol{0}$ 的最小 n 为 3。

四 设 $M=\max\limits_{x\in[0,1]}|f'(x)|=|f'(x_1)|$，$m=\min\limits_{x\in[0,1]}|f'(x)|=|f'(x_0)|$，则有

$$\int_0^1|f''(x)|\,\mathrm{d}x\geqslant\left|\int_{x_0}^{x_1}f''(x)\,\mathrm{d}x\right|=|f'(x_1)-f'(x_0)|\geqslant M-m。$$

另一方面，有 $\int_0^1|f'(x)|\,\mathrm{d}x\leqslant M\int_0^1\mathrm{d}x=M$。故只需证明

$$m\leqslant2\int_0^1|f(x)|\,\mathrm{d}x。\tag{$*$}$$

若 $f'(x)$ 在 $[0,1]$ 中有零点，则 $m=0$。此时 $(*)$ 式显然成立。现在假设 $f'(x)$ 在 $[0,1]$ 上无零点，不妨设 $f'(x)>0$，因而 $f(x)$ 严格递增。下面分两种情形讨论。

情形 1 $f(0)\geqslant0$。此时 $f(x)\geqslant0\,(x\in[0,1])$。由 $f'(x)=|f'(x)|\geqslant m$，得

$$\begin{aligned}\int_0^1|f(x)|\,\mathrm{d}x&=\int_0^1f(x)\,\mathrm{d}x=\int_0^1(f(x)-f(0))\,\mathrm{d}x+f(0)\\&\geqslant\int_0^1(f(x)-f(0))\,\mathrm{d}x=\int_0^1f'(\xi)x\,\mathrm{d}x\geqslant\int_0^1mx\,\mathrm{d}x=\frac{1}{2}m。\end{aligned}$$

故 $(*)$ 式成立。

情形 2 $f(0)<0$。此时有 $f(1)\leqslant0$，根据 f 的递增性，有 $f(x)\leqslant0\,(x\in[0,1])$。

$$\begin{aligned}\int_0^1|f(x)|\,\mathrm{d}x&=-\int_0^1f(x)\,\mathrm{d}x=\int_0^1(f(1)-f(x))\,\mathrm{d}x-f(1)\\&\geqslant\int_0^1|f(1)-f(x)|\,\mathrm{d}x=\int_0^1|f'(\xi)|(1-x)\,\mathrm{d}x\\&\geqslant\int_0^1m(1-x)\,\mathrm{d}x=\frac{1}{2}m。\end{aligned}$$

此时 $(*)$ 式也成立。

注 由 $f(0)f(1)\geqslant0$，可不妨设 $f(x)\geqslant0$，$x\in[0,1]$。可只考虑情形 1。

五 **证法 1** $\boldsymbol{A}$ 为幂零矩阵，故有 $\boldsymbol{A}^n=\boldsymbol{0}$，记 $f(x)=(1-x)^{\alpha}$，当 $j>k$ 时，记 $\mathrm{C}_k^j=0$，

$$\boldsymbol{G}(x)=\sum_{k=0}^{\infty}a_k(x\boldsymbol{E}+\boldsymbol{A})^k=\sum_{j=0}^{n-1}\sum_{k=0}^{\infty}a_k\mathrm{C}_k^j x^{k-j}\boldsymbol{A}^j$$

$$=\sum_{j=0}^{n-1}\frac{f^{(j)}(x)}{j\,!}\boldsymbol{A}^j,\quad x\in(-1,1),$$

若有 $2<m<n$ 使得 $\boldsymbol{A}^m\neq\boldsymbol{0},\boldsymbol{A}^{m+1}=\boldsymbol{0}$,则

$$\lim_{x\to1^-}(1-x)^{m-\alpha}\boldsymbol{G}(x)=\frac{\alpha(\alpha-1)\cdots(\alpha-m+1)}{m\,!}\boldsymbol{A}^m。$$

若 $m\geqslant3$,则 $m-\alpha>1$,此时$\int_0^1\boldsymbol{G}(x)\mathrm{d}x$ 发散。

另一方面,若 $m\leqslant2$,则 $m-\alpha<1$,此时$\int_0^1\boldsymbol{G}(x)\mathrm{d}x$ 收敛。

总之,使得对于 $1\leqslant i,j\leqslant n$,积分$\int_0^1 g_{ij}(x)\mathrm{d}x$ 均存在的充分必要条件是 $\boldsymbol{A}^3=\boldsymbol{0}$。

证法 2　用若尔当标准形直接表示出 $\boldsymbol{G}(x)$。

六　证法 1　令 $y=\dfrac{x'(t)}{x(t)}$,则 y 定号。不妨设 $y(t)\geqslant0$(否则考虑 $t\to-t$)。下证结论对 $C_1=1,C_2=\sqrt{3}$ 成立。

若存在 $t_0,y(t_0)>\sqrt{3}\Rightarrow$

$$y'(t)=\frac{x''(t)x(t)-[x'(t)]^2}{x^2(t)}=g(t)-y^2<2-y^2<-1,\quad t<t_0,$$

则 $y'(t)\,|_{t<t_0}<0\Rightarrow\dfrac{y'}{y^2-2}<-1,t<t_0\Rightarrow\displaystyle\int_t^{t_0}\frac{y'\mathrm{d}s}{y^2-2}<t-t_0,t<t_0$,

$t>t_0+\dfrac{1}{2\sqrt{2}}\ln\dfrac{y(s)-2}{y(s)+2}\Bigg|_t^{t_0}>-L,L>0$ 为一个常数。这与 $y(t)$ 在$\mathbb{R}$ 上有定义矛盾。

若存在 $t_0,y(t_0)<1$ 则 $y'=g(t)-y^2>\delta>0,t<t_0$。从而 $\exists\, t_1<t_0$,使 $y(t_1)<0$。矛盾。

证法 2　不妨设 $x(t)$递增(否则考虑方程$\ddot{x}=g(-t)x$)。注意到 $\ddot{x}=g(t)x>0\Rightarrow x(-\infty)=\dot{x}(-\infty)=0$。

$$\dot{x}\ddot{x}=g(t)x\dot{x}\Rightarrow\frac{1}{2}[\dot{x}(t)]^2=\int_{-\infty}^t\dot{x}\ddot{x}\,\mathrm{d}s$$

$$=\int_{-\infty}^t g(s)x\dot{x}\,\mathrm{d}s\Rightarrow\int_{-\infty}^t x\dot{x}\,\mathrm{d}s<\frac{1}{2}[\dot{x}(t)]^2<2\int_{-\infty}^t x\dot{x}\,\mathrm{d}s$$

$$\Rightarrow\frac{1}{2}[x(t)]^2<\frac{1}{2}[\dot{x}(t)]^2<[x(t)]^2\Rightarrow x(t)<\dot{x}(t)<\sqrt{2}x(t)。$$

第十届全国大学生数学竞赛决赛
(数学类,2019年)

一、二年级试题

一　填空题(共20分,每小题5分)

(1) 设 $\boldsymbol{A}$ 为实对称方阵,(1,0,1)和(1,2,0)构成其行向量的一个极大无关组,则有 $\boldsymbol{A}=$________。

(2) 设 $y(x)\in C^1[0,1)$ 满足 $y(x)\in[0,\pi]$ 及 $x=\begin{cases}\dfrac{\sin y(x)}{y(x)}, & y\in(0,\pi],\\ 1, & y=0,\end{cases}$ 则 $y'(0)=$________。

(3) 设 $f(x)=\int_x^{+\infty}\mathrm{e}^{-t^2}\mathrm{d}t$,则 $\int_0^{+\infty}xf(x)\mathrm{d}x=$________。

(4) 设 $\boldsymbol{U}$ 为8阶实正交方阵,$\boldsymbol{U}$ 中元素皆为 $\dfrac{1}{2\sqrt{2}}$ 的 3×3 子矩阵的个数记为 t,则 t 最多为________。

二(15分)　给定空间直角坐标系中的两条直线:l_1 为 z 轴,l_2 过(−1,0,0)及(0,1,1)两点。动直线 l 分别与 l_1,l_2 共面,且与平面 $z=0$ 平行。

(1) 求动直线 l 全体构成的曲面 S 的方程;

(2) 确定 S 是什么曲面。

三(15分)　证明:任意 n 阶实方阵 $\boldsymbol{A}$ 可以分解成 $\boldsymbol{A}=\boldsymbol{A}_0+\boldsymbol{A}_1+\boldsymbol{A}_2$,其中 $\boldsymbol{A}_0=a\boldsymbol{E}_n$,$a$ 是实数,$\boldsymbol{A}_1$ 与 $\boldsymbol{A}_2$ 都是幂零方阵。

四(20分)　设 $\alpha>0$,$f(x)\in C^1[0,1]$,且对任何非负整数 n,$f^{(n)}(0)$均存在且为零。进一步存在常数 $C>0$,使得 $|x^\alpha f'(x)|\leqslant C|f(x)|$ $(\forall x\in[0,1])$。证明:

(1) 若 $\alpha=1$,则在[0,1]上 $f(x)\equiv0$;

(2) 若 $\alpha>1$,举例说明在[0,1]上 $f(x)\equiv0$ 可以不成立。

五(15分)　设 $c\in(0,1)$,$x_1\in(0,1)$ 且 $x_1\neq c(1-x_1^2)$,$x_{n+1}=c(1-x_n^2)$ $(n\geqslant1)$。证明:$\{x_n\}$收敛当且仅当 $c\in\left(0,\dfrac{\sqrt{3}}{2}\right]$。

六(15分)　已知 $a(x),b(x),c(x)\in C(\mathbb{R})$,方程 $\dfrac{\mathrm{d}y}{\mathrm{d}x}=a(x)y^2+b(x)y+c(x)$ 只有有限个 2π 周期解。求它的 2π 周期解个数的最大值。

参考解答

一　(1) 将(1,0,1)分别排列在矩阵 **A** 的第一行,第二行,第三行,由矩阵 **A** 的对称性知,想要让(1,2,0)也可以被排列在矩阵 **A** 中,必然只有如下两种情况:

$$\begin{pmatrix}1&0&1\\0&a&2\\1&2&0\end{pmatrix},\begin{pmatrix}b&1&1\\1&2&0\\1&0&1\end{pmatrix}。$$

由(1,0,1)和(1,2,0)为矩阵 **A** 的行向量组的极大无关组知其行列式为 0,即

$$\begin{vmatrix}1&0&1\\0&a&2\\1&2&0\end{vmatrix}=0,\begin{vmatrix}b&1&1\\1&2&0\\1&0&1\end{vmatrix}=0,$$

解得 $a=-4,b=\dfrac{3}{2}$。故 $A=\begin{pmatrix}1&0&1\\0&-4&2\\1&2&0\end{pmatrix}$ 或 $\begin{pmatrix}\dfrac{3}{2}&1&1\\1&2&0\\1&0&1\end{pmatrix}$。

(2) $\left.\dfrac{\mathrm{d}y}{\mathrm{d}x}\right|_{x=0}=\dfrac{1}{\left.\dfrac{\mathrm{d}x}{\mathrm{d}y}\right|_{y=\pi}}=\dfrac{1}{\left.\dfrac{y\cos y-\sin y}{y^2}\right|_{y=\pi}}=-\pi$。

(3)
$$\begin{aligned}\int_0^{+\infty}xf(x)\mathrm{d}x&=\int_0^{+\infty}x\left(\int_x^{+\infty}\mathrm{e}^{-t^2}\mathrm{d}t\right)\mathrm{d}x=\int_0^{+\infty}\left(\int_x^{+\infty}\mathrm{e}^{-t^2}\mathrm{d}t\right)\mathrm{d}\left(\frac{x^2}{2}\right)\\&=\left.\left(\frac{x^2}{2}\int_x^{+\infty}\mathrm{e}^{-t^2}\mathrm{d}t\right)\right|_0^{+\infty}+\frac{1}{2}\int_0^{+\infty}x^2\mathrm{e}^{-x^2}\mathrm{d}x\\&=\frac{1}{2}\int_0^{+\infty}x^2\mathrm{e}^{-x^2}\mathrm{d}x=\frac{1}{4}\Gamma\left(\frac{3}{2}\right)=\frac{\sqrt{\pi}}{8}。\end{aligned}$$

(4) 假设矩阵有一个 3×3 子块元素均为$\dfrac{1}{2\sqrt{2}}$。因为有初等排列矩阵为正交矩阵,故不妨设矩阵有如下形式:

$$\begin{pmatrix}\frac{1}{2\sqrt2}&\frac{1}{2\sqrt2}&\frac{1}{2\sqrt2}&a_1&\cdots&a_5\\\frac{1}{2\sqrt2}&\frac{1}{2\sqrt2}&\frac{1}{2\sqrt2}&b_1&\cdots&b_5\\\frac{1}{2\sqrt2}&\frac{1}{2\sqrt2}&\frac{1}{2\sqrt2}&c_1&\cdots&c_5\\ *&*&*&*&\cdots&*\\ *&*&*&*&\cdots&*\\ *&*&*&*&\cdots&*\end{pmatrix},$$

进而由矩阵行向量正交性知:$\sum\limits_{i=1}^{5}a_i^2=\dfrac{5}{8},\sum\limits_{i=1}^{5}b_i^2=\dfrac{5}{8},\sum\limits_{i=1}^{5}c_i^2=\dfrac{5}{8},\sum\limits_{i=1}^{5}a_ib_i=-\dfrac{3}{8},\sum\limits_{i=1}^{5}a_ic_i=$

$-\dfrac{3}{8}$，$\sum\limits_{i=1}^{5} b_i c_i = -\dfrac{3}{8}$。此时必有 $\sum\limits_{i=1}^{5}(a_i+b_i+c_i)^2 = -\dfrac{3}{8}$ 矛盾。于是不存在这样的子矩阵，故 $t=0$。

二 (1) **解法 1** 直线 l_1 的参数方程为 $x=0, y=0, z=s$；l_2 的参数方程为

$$x=-1+t,\quad y=t,\quad z=t。$$

设动直线 l 与 l_1, l_2 分别交于点 $(0,0,s)$ 与 $(-1+t,t,t)$，则 l 的方向为 $(-1+t,t,t-s)$。由于 l 与平面 $z=0$ 平行，故 $t=s$，从而动直线 l 的方程为

$$x=(t-1)u,\quad y=tu,\quad z=t。$$

消去 t,u 得动直线构成的曲面 S 的方程为 $xz-yz+y=0$。

解法 2 过直线 l_1 的平面簇为 $\pi_1:(1-\lambda)x+\lambda y=0$，这里 λ 为参数；同理过直线 l_2 的平面簇为

$$\pi_2:(1-\mu)(x-y+1)+\mu(y-z)=0,\quad \mu \text{ 为参数}。$$

动直线 l 是平面簇 π_1 与 π_2 的交线，故直线 l 的方向为

$$\boldsymbol{n}=(1-\lambda,\lambda,0)\times(1-\mu,2\mu-1,-\mu)=(-\lambda\mu,\mu(1-\lambda),-1+2\mu-\lambda\mu)。$$

由直线 l 与平面 $z=0$ 平行，故 $-1+2\mu-\lambda\mu=0$。由 π_1 与 π_2 的方程知

$$\lambda=\frac{x}{x-y},\quad \mu=\frac{x-y+1}{x-2y+z+1}。$$

将上式代入 $-1+2\mu-\lambda\mu=0$，即得动直线 l 生成的曲面的方程为 $xz-yz+y=0$。

(2) 做可逆线性变换 $\begin{cases}x=x'-y'-z',\\ y=-z',\\ z=x'+y',\end{cases}$ 曲面 S 的原方程化为 $z'=x'^2-y'^2$。因此，S 为马鞍面。

三 先证明一个引理。

引理 设 $\boldsymbol{A}$ 是 n 阶实方阵且满足 $\mathrm{tr}(\boldsymbol{A})=0$，则存在可逆实方阵 $\boldsymbol{P}$，使得 $\boldsymbol{P}^{-1}\boldsymbol{A}\boldsymbol{P}$ 的对角元素都是 0。

对 n 进行归纳。当 $n=1$ 时，$\boldsymbol{A}=(0)$，结论显然成立。下设 $n\geqslant 2$，考虑两种情形。

情形 1 $\mathbb{R}^n$ 中的所有非零向量都是 $\boldsymbol{A}$ 的特征向量。由所有基本向量 $\boldsymbol{e}_i, i=1,2,\cdots,n$ 都是特征向量可知，存在特征值 $\lambda_i(i=1,2,\cdots,n)$，使得 $\boldsymbol{A}\boldsymbol{e}_i=\lambda_i\boldsymbol{e}_i$。因此，$\boldsymbol{A}=\mathrm{diag}(\lambda_1,\lambda_2,\cdots,\lambda_n)$。再由所有 $\boldsymbol{e}_i+\boldsymbol{e}_j$ 都是特征向量，存在 μ_{ij} 使得

$$\boldsymbol{A}(\boldsymbol{e}_i+\boldsymbol{e}_j)=\lambda_i\boldsymbol{e}_i+\lambda_j\boldsymbol{e}_j=\mu_{ij}(\boldsymbol{e}_i+\boldsymbol{e}_j),$$

于是 $\mu_{ij}=\lambda_i=\lambda_j$，因此 $\boldsymbol{A}$ 为纯量方阵。由 $\mathrm{tr}(\boldsymbol{A})=0$ 知 $\boldsymbol{A}=\boldsymbol{0}$。

情形 2 存在 $\mathbb{R}^n$ 中的非零向量 $\boldsymbol{\alpha}$ 不是 $\boldsymbol{A}$ 的特征向量，则 $\boldsymbol{\alpha}, \boldsymbol{A\alpha}$ 线性无关，因而存在可逆实方阵

$$\boldsymbol{Q}=(\boldsymbol{\alpha},\boldsymbol{A\alpha},*,\cdots,*)\text{ 满足 }\boldsymbol{AQ}=\boldsymbol{Q}\begin{pmatrix}0 & * \\ * & \boldsymbol{B}\end{pmatrix},$$

或者等价地 $\boldsymbol{Q}^{-1}\boldsymbol{AQ}=\begin{pmatrix}0 & * \\ * & \boldsymbol{B}\end{pmatrix}$，其中 $\boldsymbol{B}$ 为 $n-1$ 阶实方阵。

由 $\mathrm{tr}(\boldsymbol{A})=0$，得 $\mathrm{tr}(\boldsymbol{B})=0$。由归纳假设，存在可逆实方阵 $\boldsymbol{R}$，使得 $\boldsymbol{R}^{-1}\boldsymbol{BR}$ 的对角元素都是 0。令 $\boldsymbol{P}=\boldsymbol{Q}\,\mathrm{diag}(1,\boldsymbol{R})$，则 $\boldsymbol{P}^{-1}\boldsymbol{AP}$ 的对角元素都是 0。引理获证。

现在对于任意 n 阶实方阵 $\boldsymbol{A}$,令 $\boldsymbol{A}_0=\dfrac{\mathrm{tr}(\boldsymbol{A})}{n}\boldsymbol{E}$,则 $\mathrm{tr}(\boldsymbol{A}-\boldsymbol{A}_0)=0$。

根据引理,存在可逆实方阵 $\boldsymbol{P}$,使得 $\boldsymbol{B}=\boldsymbol{P}^{-1}(\boldsymbol{A}-\boldsymbol{A}_0)\boldsymbol{P}$ 的对角元素都是 0。设 $\boldsymbol{B}=\boldsymbol{L}+\boldsymbol{U}$,$\boldsymbol{L}$,$\boldsymbol{U}$ 分别是严格下、上三角方阵,则 $\boldsymbol{L}$,$\boldsymbol{U}$ 都是幂零方阵。于是 $\boldsymbol{A}=\boldsymbol{A}_0+\boldsymbol{PBP}^{-1}=\boldsymbol{A}_0+\boldsymbol{A}_1+\boldsymbol{A}_2$,其中 $\boldsymbol{A}_0$ 是纯量方阵,$\boldsymbol{A}_1=\boldsymbol{PLP}^{-1}$ 和 $\boldsymbol{A}_2=\boldsymbol{PUP}^{-1}$ 都是幂零方阵。

四 (1) 由 $f^{(n)}(0)=0(\forall n\geqslant 0)$ 以及泰勒展开式可得,对于任何固定的 k,成立 $f(x)=o(x^k)$,$x\to 0^+$。特别地 $\lim\limits_{x\to 0^+}\dfrac{f(x)}{x^{2C}}=0$。

另一方面,由假设可得 $\forall x\in(0,1]$,

$$(x^{-2C}f^2(x))'=2x^{-2C-1}(xf(x)f'(x)-Cf^2(x))\leqslant 0,$$

从而 $x^{-2C}f^2(x)$ 在 $(0,1]$ 上单调减少。因此

$$x^{-2C}f^2(x)\leqslant \lim_{t\to 0^+}t^{-2C}f^2(t)=0,\quad \forall x\in(0,1],$$

因此,在 $[0,1]$ 上成立 $f(x)\equiv 0$。

(2) 取 $f(x)=\begin{cases}\mathrm{e}^{-x^{1-\alpha}}, & x\in(0,1],\\ 0, & x=0,\end{cases}$ 则容易验证 $f(x)$ 满足假设条件,但 $f(x)\not\equiv 0$。

五 记 $f(x)=c(1-x^2)(x\in[0,1])$,则 $f(x)\in[0,1]$。所以在题设条件下 $\{x_n\}$ 有界。另一方面,$f(x)=x$ 在 $[0,1]$ 内只有唯一解 $\bar{x}=\dfrac{-1+\sqrt{1+4c^2}}{2c}$。

进一步,由于 $f(x)-x$ 在 $[0,1]$ 上严格单调递减,因此 $f(x)=x$ 在 $[0,1]$ 上只有唯一解 $\bar{x}$,所以题设条件下 $x_n\neq\bar{x}(n\geqslant 1)$。

证法 1 设 $L=\overline{\lim\limits_{n\to\infty}}x_n$,$\ell=\underline{\lim\limits_{n\to\infty}}x_n$,则 $L=c(1-\ell^2)$,$\ell=c(1-L^2)$。从而

$$L-\ell=c(L-\ell)(L+\ell)。$$

当 $c\in\left(0,\dfrac{\sqrt{3}}{2}\right)$ 时,若 $\{x_n\}$ 发散,则 $L\neq\ell$,则 $L+\ell=\dfrac{1}{c}$,从而 $s=L$,ℓ 是满足方程 $cs^2-s+\dfrac{1}{c}-c=0$ 的两个不同的实根,所以 $1-4c\left(\dfrac{1}{c}-c\right)>0$,即 $4c^2>3$,矛盾。因此 $\{x_n\}$ 收敛。

当 $c\in\left(\dfrac{\sqrt{3}}{2},1\right)$ 时,若 $\{x_n\}$ 收敛,则必有 $\lim\limits_{n\to\infty}x_n=\bar{x}$。由于 $f'(\bar{x})=-2c\bar{x}=1-\sqrt{1+4c^2}<-1$。因此存在 $\delta>0$ 使得当 $|x-\bar{x}|<\delta$ 时,成立 $|f'(x)|>1$,而对上述 $\delta>0$,存在 $N\geqslant 1$,使得当 $n\geqslant N$ 时,$|x_n-\bar{x}|<\delta$。于是由微分中值定理,可得

$$|x_{n+1}-\bar{x}|=|f(x_n)-f(\bar{x})|\geqslant|x_n-\bar{x}|。$$

结合 $x_n\neq\bar{x}$ 知 $\{x_n\}$ 不可能收敛到 $\bar{x}$。因此,$\{x_n\}$ 发散。

证法 2 考虑 $g(x)=f(f(x))$,有

$$g'(x)=f'(f(x))f'(x)=4c^3x(1-x^2)。$$

当 $c\in\left(0,\dfrac{\sqrt{3}}{2}\right)$ 时,若 $x\in[0,1]$,则 $0\leqslant g'(x)\leqslant r_c\overset{\text{def}}{=\!=}\dfrac{8c^3\sqrt{3}}{9}<1$,从而

$$|x_{n+2}-\bar{x}|=|g(x_n)-g(\bar{x})|\leqslant r|x_n-\bar{x}|,$$

由此立即得到 $\lim\limits_{n\to\infty}x_n=\bar{x}$。

当 $c=\frac{\sqrt{3}}{2}$ 时，若 $x\in[0,1]$，且 $x\neq\bar{x}$，则 $0\leqslant g'(x)<1$，从而

$$|x_{n+2}-\bar{x}|=|g(x_n)-g(\bar{x})|<|x_n-\bar{x}|。$$

由此可得 $\{|x_{2n}-\bar{x}|\}$ 和 $\{|x_{2n+1}-\bar{x}|\}$ 收敛，设极限为 d 和 t。由致密性定理，存在 $\{x_{2n}\}$ 的子列 $\{x_{2n_k}\}$ 收敛。设极限为 ξ，此时 $\{g(x_{2n_k})\}$ 收敛于 $g(\xi)$。从而

$$|g(\xi)-\bar{x}|=\lim_{k\to\infty}|x_{2n_k+2}-\bar{x}|=d=\lim_{k\to\infty}|x_{2n_k}-\bar{x}|=|\xi-\bar{x}|,$$

因此 $\xi=\bar{x}$，即 $d=0$。同理，$t=0$。因此 $\lim\limits_{n\to\infty}x_n=\bar{x}$。

当 $c\in\left(\frac{\sqrt{3}}{2},1\right)$ 时，若 $\{x_n\}$ 收敛，则必有 $\lim\limits_{n\to\infty}x_n=\bar{x}$。由于

$$f'(\bar{x})=-2c\bar{x}=1-\sqrt{1+4c^2}<-1,$$

因此存在 $\delta>0$ 使得当 $|x-\bar{x}|<\delta$ 时，成立 $|f'(x)|>1$，而对上述 $\delta>0$，存在 $N\geqslant1$，使得当 $n\geqslant N$ 时，$|x_n-\bar{x}|<\delta$。于是由微分中值定理，可得

$$|x_{n+1}-\bar{x}|=|f(x_n)-f(\bar{x})|\geqslant|x_n-\bar{x}|。$$

结合 $x_n\neq\bar{x}$ 知 $\{x_n\}$ 不可能收敛到 $\bar{x}$。因此，$\{x_n\}$ 发散。

六　至多两个 2π 周期解。例如 $a(x)\equiv b(x)\equiv1$，$c(x)=0$，方程只有两个 2π 周期解 $y_1\equiv0$，$y_2\equiv-1$。

现设 $y_1(x)$，$y_2(x)$ 是两个 2π 周期解，则由存在唯一性定理 $y_1(x)\neq y_2(x)$，$\forall x\in\mathbb{R}$。

令 $y=(y_1(x)-y_2(x))z+y_2(x)$，则 $\frac{\mathrm{d}z}{\mathrm{d}x}=a(x)(y_1(x)-y_2(x))z(z-1)$。

若方程除了两个 2π 周期解 $z\equiv0$，$z\equiv1$ 外还有一个 2π 周期解 $z=z_1(x)$，则

$$\begin{aligned}F(x)&=\int_0^x a(x)(y_1(x)-y_2(x))x\\&=\int_0^x\frac{\mathrm{d}z_1(x)}{z_1(x)(z_1(x)-1)}=\ln\left|\frac{z_1(x)-1}{z_1(x)}\right|\Bigg|_0^z\end{aligned}$$

是 x 的 2π 周期函数。由方程通解表达式得 $z(x)=\frac{1}{1-C\mathrm{e}^{F(x)}}$，得到方程有无穷多个解是 2π 周期的，矛盾。

第十一届全国大学生数学竞赛决赛(数学类,2021年)*

一、二年级试题

一　填空题(共20分,每小题5分)

(1) $\lim_{n\to\infty}\left(\prod_{k=n}^{3n-1}k\right)^{\frac{1}{2n}}\sin\frac{1}{n}=$________。

(2) 已知 f 在区间$(-1,3)$内有二阶连续导数,$f(0)=12$,$f(2)=2f'(2)+8$,则 $\int_0^1 xf''(2x)\mathrm{d}x=$________。

(3) 在三维空间的直角坐标系中,方程 $2x^2+y^2+z^2+2xy-2xz=1$ 表示的二次曲面类型是________。

(4) 在矩阵 $\boldsymbol{A}=\begin{pmatrix}1&-2&0\\1&0&1\\0&2&1\end{pmatrix}$ 的奇异值分解 $\boldsymbol{A}=\boldsymbol{U\Lambda V}$ 中(其中 $\boldsymbol{U},\boldsymbol{V}$ 为正交方阵,$\boldsymbol{\Lambda}$ 为对角矩阵)。$\boldsymbol{\Lambda}=$________。

二(15分)　考虑单叶双曲面 $S:x^2-y^2+z^2=1$。

(1) 证明:S 上同一族直母线中任意两条不同的直母线是异面直线;

(2) 设 S 上同一族直母线中的两条直母线分别经过 $M_1(1,1,1)$ 与 $M_2(2,2,1)$ 两点。求这两条直母线的公垂线方程以及这两条直母线之间的距离。

三(15分)　设 V 是有限维欧氏空间,V_1,V_2 是 V 的非平凡子空间且 $V=V_1\oplus V_2$。设 p_1,p_2 分别是 V 到 V_1,V_2 的正交投影,$\varphi=p_1+p_2$,用 $\det\varphi$ 表示线性变换 φ 的行列式。证明:$0<\det\varphi\leqslant 1$ 且 $\det\varphi=1$ 的充要条件是 V_1 与 V_2 正交。

四(20分)　(1) 证明:函数方程 $x^3-3x=t$ 存在三个在闭区间$[-2,2]$上连续,在开区间$(-2,2)$内连续可微的解 $x=\varphi_1(t)$,$x=\varphi_2(t)$,$x=\varphi_3(t)$满足:

$$\varphi_1(-t)=-\varphi_3(t),\ \varphi_2(-t)=-\varphi_2(t),\ |t|\leqslant 2。$$

(2) 若 f 是$[-2,2]$上的连续偶函数,证明:$\int_1^2 f(x^3-3x)\mathrm{d}x=\int_0^1 f(x^3-3x)\mathrm{d}x$。

五(15分)　设 $n\geqslant 2$,对于 $\boldsymbol{A}\in\mathbb{R}^{n\times n}$,规定 $\boldsymbol{A}^0$ 为 n 阶单位矩阵 $\boldsymbol{E}$,形式定义 $\sin\boldsymbol{A}=\sum_{k=0}^{\infty}\frac{(-1)^k}{(2k+1)!}\boldsymbol{A}^{2k+1}$,$\cos\boldsymbol{A}=\sum_{k=0}^{\infty}\frac{(-1)^k}{(2k)!}\boldsymbol{A}^{2k}$ 以及 $\arctan\boldsymbol{A}=\sum_{k=0}^{\infty}\frac{(-1)^k}{2k+1}\boldsymbol{A}^{2k+1}$。记 $\|\boldsymbol{A}\|\equiv\max_{\boldsymbol{x}\in\mathbb{R}^n}\|\boldsymbol{Ax}\|$,其中 $\|\boldsymbol{x}\|\equiv\sqrt{\boldsymbol{x}^{\mathrm{T}}\boldsymbol{x}}$,证明:

(1) $\forall\boldsymbol{A}\in\mathbb{R}^{n\times n}$,$\sin\boldsymbol{A}$,$\cos\boldsymbol{A}$ 均有意义,且$(\sin\boldsymbol{A})^2+(\cos\boldsymbol{A})^2=\boldsymbol{E}$。

---

* 受新冠肺炎疫情影响,原定2020年举办的决赛,后移到2021年举行。

(2) 当$\|\boldsymbol{A}\|<1$时，$\arctan\boldsymbol{A}$有意义，且$\sin\arctan\boldsymbol{A}=\boldsymbol{A}\cos\arctan\boldsymbol{A}$。

六(15分)　设m,n为正整数。证明：当参数$k\neq 0$时，微分方程$y'(x)=ky^{2n}(x)+x^{2m-1}$的所有解都不是全局解(全局解即指定义在$(-\infty,+\infty)$上的解)。

参考解答

一　(1) $\lim\limits_{n\to\infty}\left[\left(\prod\limits_{k=n}^{3n-1}k\right)^{\frac{1}{2n}}\dfrac{1}{\sin n}\right]=\lim\limits_{n\to\infty}\left[\left(\prod\limits_{k=n}^{3n-1}k\right)^{\frac{1}{2n}}\dfrac{1}{n}\right]=\mathrm{e}^{\lim\limits_{n\to\infty}\ln\left[\left(\prod\limits_{k=n}^{3n-1}k\right)^{\frac{1}{2n}}\frac{1}{n}\right]}$，

$$\lim_{n\to\infty}\ln\left[\left(\prod_{k=n}^{3n-1}k\right)^{\frac{1}{2n}}\frac{1}{n}\right]=\lim_{n\to\infty}\frac{\sum\limits_{k=n}^{3n-1}\ln k-2n\ln n}{2n}=\frac{1}{2}\lim_{n\to\infty}\ln\frac{3(3n+1)(3n+2)n^{2n}}{(n+1)^{2(n+1)}}。$$

而
$$\lim_{n\to\infty}\frac{3(3n+1)(3n+2)n^{2n}}{(n+1)^{2(n+1)}}=27\lim_{n\to\infty}\frac{\left(1+\frac{1}{3n}\right)\left(1+\frac{2}{3n}\right)n^2\cdot n^{2n}}{(n+1)^{2(n+1)}}$$
$$=27\lim_{n\to\infty}\left(1+\frac{1}{3n}\right)\left(1+\frac{2}{3n}\right)\left(1-\frac{1}{n+1}\right)^{2(n+1)}=\frac{27}{\mathrm{e}^2},$$

于是$\lim\limits_{n\to\infty}\left[\left(\prod\limits_{k=n}^{3n-1}k\right)^{\frac{1}{2n}}\dfrac{1}{\sin n}\right]=\mathrm{e}^{\frac{1}{2}\ln\frac{27}{\mathrm{e}^2}}=\dfrac{3\sqrt{3}}{\mathrm{e}}$。

(2)
$$\int_0^1 xf''(2x)\,\mathrm{d}x=\frac{1}{4}\int_0^2 tf''(t)\,\mathrm{d}t=\frac{1}{4}\int_0^2 t\,\mathrm{d}f'(t)=\frac{1}{4}tf'(t)\Big|_0^2-\frac{1}{4}\int_0^2 f'(t)\,\mathrm{d}t$$
$$=\frac{1}{2}f'(2)-\frac{1}{4}[f(2)-f(0)]=\frac{1}{4}[2f'(2)-f(2)]+\frac{1}{4}f(0)$$
$$=\frac{1}{4}\times(-8)+\frac{1}{4}\times 12=1。$$

(3) 令$f(x,y,z)=2x^2+y^2+z^2+2xy-2xz$，则二次型的矩阵为$\boldsymbol{A}=\begin{pmatrix}2&1&-1\\1&1&0\\-1&0&1\end{pmatrix}$，由

$$|\lambda\boldsymbol{E}-\boldsymbol{A}|=\begin{vmatrix}\lambda-2&-1&1\\-1&\lambda-1&0\\1&0&\lambda-1\end{vmatrix}=\lambda(\lambda-1)(\lambda-3),$$

可得矩阵$\boldsymbol{A}$的特征值为$\lambda_1=1,\lambda_2=3,\lambda_3=0$，故$2x^2+y^2+z^2+2xy-2xz=1$经正交变换后化为$u^2+3v^2=1$，故方程$2x^2+y^2+z^2+2xy-2xz=1$表示椭圆柱面。

(4) $\boldsymbol{A}^{\mathrm{T}}\boldsymbol{A}=\begin{pmatrix}2&-2&1\\-2&8&2\\1&2&2\end{pmatrix}$，该矩阵特征值为0,3,9，于是$\boldsymbol{A}$的奇异值为$\sqrt{3}$,3，故对角矩阵为$\begin{pmatrix}3&0&0\\0&\sqrt{3}&0\\0&0&0\end{pmatrix}$。

二　(1) 将曲面方程改写为$x^2-y^2=1-z^2$，从而有

$$(x+y)(x-y)=(1+z)(1-z)。$$

现在引进不全为零的参数 λ,μ,以及不全为零的参数 u,v,得到两族直母线方程

$$\begin{cases}\lambda(x+y)=\mu(1+z),\\ \mu(x-y)=\lambda(1-z),\end{cases}\tag{1}$$

以及

$$\begin{cases}u(x+y)=v(1-z),\\ v(x-y)=u(1+z)。\end{cases}\tag{2}$$

首先以第一族直母线(1)为例证明两条不同的直母线是异面直线,取(1)式中两条直母线 L_1 与 L_2 分别为

$$L_1:\begin{cases}\lambda_1(x+y)=\mu_1(1+z),\\ \mu_1(x-y)=\lambda_1(1-z),\end{cases}\quad L_2:\begin{cases}\lambda_2(x+y)=\mu_2(1+z),\\ \mu_2(x-y)=\lambda_2(1-z),\end{cases}$$

其中,$\lambda_1\mu_2\neq\lambda_2\mu_1$。

考虑线性方程组

$$\begin{cases}\lambda_1x+\lambda_1y-\mu_1z-\mu_1=0,\\ \mu_1x-\mu_1y+\lambda_1z-\lambda_1=0,\\ \lambda_2x+\lambda_2y-\mu_2z-\mu_2=0,\\ \mu_2x-\mu_2y+\lambda_2z-\lambda_2=0。\end{cases}\tag{3}$$

设方程组(3)的系数矩阵为 $\boldsymbol{A}$,经计算可得

$$\det(\boldsymbol{A})=\begin{vmatrix}\lambda_1 & \lambda_1 & -\mu_1 & -\mu_1\\ \mu_1 & -\mu_1 & \lambda_1 & -\lambda_1\\ \lambda_2 & \lambda_2 & -\mu_2 & -\mu_2\\ \mu_2 & -\mu_2 & \lambda_2 & -\lambda_2\end{vmatrix}=4(\lambda_1\mu_2-\mu_1\lambda_2)^2\neq 0,$$

所以 L_1 与 L_2 为异面直线。

对于第二族直母线(2),设两条直母线 L_1',L_2'分别为

$$L_1':\begin{cases}u_1(x+y)=v_1(1-z),\\ v_1(x-y)=u_1(1+z),\end{cases}\quad L_2':\begin{cases}u_2(x+y)=v_2(1-z),\\ v_2(x-y)=u_2(1+z),\end{cases}$$

其中 $u_1v_2\neq u_2v_1$。

考虑线性方程组

$$\begin{cases}u_1x+u_1y+v_1z-v_1=0,\\ v_1x-v_1y-u_1z-u_1=0,\\ u_2x+u_2y+v_2z-v_2=0,\\ v_2x-v_2y-u_2z-u_2=0。\end{cases}\tag{4}$$

设方程组(4)的系数矩阵为 $\boldsymbol{B}$,经计算得到

$$\det(\boldsymbol{B})=\begin{vmatrix}u_1 & u_1 & v_1 & -v_1\\ v_1 & -v_1 & -u_1 & -u_1\\ u_2 & u_2 & v_2 & -v_2\\ v_2 & -v_2 & -u_2 & -u_2\end{vmatrix}=-4(u_1v_2-u_2v_1)^2\neq 0,$$

所以 L_1' 与 L_2' 为异面直线。

(2) 将 $M_1(1,1,1)$ 点代入(1)式中可得 $\mu:\lambda=1:1$，则得直母线 L_3 的方程为

$$L_3:\begin{cases}x+y-z=1,\\x-y+z=1。\end{cases}$$

将 $M_2(2,2,1)$ 点代入(1)式中可得 $\mu:\lambda=2:1$，则得直母线 L_4 的方程为

$$L_4:\begin{cases}x+y-2z=2,\\2x-2y+z=1。\end{cases}$$

因为 $(1,1,-1)\times(1,-1,1)=(0,-2,-2)$，取 L_3 的方向 $\boldsymbol{n}_3=(0,1,1)$。因为 $(1,1,-2)\times(2,-2,1)=(-3,-5,-4)$，取 L_4 的方向 $\boldsymbol{n}_4=(3,5,4)$，L_3,L_4 的公垂线 L 的方向为 $\boldsymbol{n}=\boldsymbol{n}_3\times\boldsymbol{n}_4=(-1,3,-3)$。设 $M(x,y,z)$ 为 L 上的任意一点，则 L 的方程满足

$$\begin{cases}(\overrightarrow{M_1M},\boldsymbol{n}_3,\boldsymbol{n})=0,\\(\overrightarrow{M_2M},\boldsymbol{n}_4,\boldsymbol{n})=0,\end{cases}$$

其中

$$(\overrightarrow{M_1M},\boldsymbol{n}_3,\boldsymbol{n})=\begin{vmatrix}x-1 & y-1 & z-1\\0 & 1 & 1\\-1 & 3 & -3\end{vmatrix}=0,$$

$$(\overrightarrow{M_2M},\boldsymbol{n}_4,\boldsymbol{n})=\begin{vmatrix}x-2 & y-2 & z-1\\3 & 5 & 4\\-1 & 3 & -3\end{vmatrix}=0。$$

经化简得公垂线 L 的方程为

$$\begin{cases}6x+y-z=6,\\27x-5y-14z=30。\end{cases}$$

L_3,L_4 之间的距离 $d=\dfrac{|\overrightarrow{M_1M_2}\cdot\boldsymbol{n}|}{\boldsymbol{n}}=\dfrac{2}{\sqrt{19}}=\dfrac{2}{19}\sqrt{19}$。

注 经计算可得公垂线与两条直母线 L_3,L_4 的交点分别为 $\dfrac{1}{19}(19,-3,-3)$ 和 $\dfrac{1}{19}(17,3,-9)$，这两点间的距离为 $\dfrac{2}{19}\sqrt{19}$。因此，也可以通过计算两点间的距离得到异面直线之间的距离。

将 $M_1(1,1,1)$，$M_2(2,2,1)$ 分别代入第二族直母线族(2)中可得到同一条直母线

$$\begin{cases}1-z=0,\\x-y=0,\end{cases}$$

即 M_1,M_2 位于同一条直母线上。因此，只需考虑 L_3,L_4 的情形。

三 设 $\dim V_1=m,\dim V_2=n,m,n>0$。分别取 V_1 和 V_2 的各一组标准正交基，它们合起来是 V 的一组基，φ 在这组基下的矩阵形如

$$\boldsymbol{A}=\begin{pmatrix}\boldsymbol{E}_m & \boldsymbol{B}\\\boldsymbol{C} & \boldsymbol{E}_n\end{pmatrix},$$

其中 $\boldsymbol{B}$ 和 $\boldsymbol{C}$ 分别是 $p_1|_{V_2}:V_2\to V_1$ 和 $p_2|_{V_1}:V_1\to V_2$ 的矩阵。

对于 $v_1\in V_1$ 和 $v_2\in V_2$，$v_1-p_2v_1\in V_2^{\perp}$，故 $\langle p_2v_1,v_2\rangle=\langle v_1,v_2\rangle$，同理 $\langle v_1,p_1v_2\rangle=$

$\langle v_1, v_2\rangle$。由$\langle p_2v_1, v_2\rangle=\langle v_1, p_1v_2\rangle$可得 $\boldsymbol{C}=\boldsymbol{B}^{\mathrm{T}}$。从而 $\boldsymbol{CB}=\boldsymbol{B}^{\mathrm{T}}\boldsymbol{B}$ 为半正定矩阵,它就是 $p_2p_1|_{V_2}:V_2\to V_2$ 的矩阵。

设 λ 为 $p_2p_1|_{V_2}$ 的一个特征值,$v_2\in V_2$ 是相应的特征向量,则 $\lambda\geqslant 0$ 且由于 $v_2\notin V_1$,我们有 $\|p_1v_2\|<\|v_2\|$,所以

$$0\leqslant\lambda\|v_2\|^2=\langle p_2p_1v_2, v_2\rangle=\langle p_1v_2, p_1v_2\rangle=\|p_1v_2\|^2<\|v_2\|^2,$$

故 $0\leqslant\lambda<1$。

由于 φ 在 V 的一组基下的矩阵为 $\boldsymbol{A}$,所以

$$\det\varphi=\det\boldsymbol{A}=\det\begin{pmatrix}\boldsymbol{E}_m & \boldsymbol{B}\\ \boldsymbol{C} & \boldsymbol{E}_n\end{pmatrix}=\det(\boldsymbol{E}_n-\boldsymbol{CB})=\prod_{\lambda}(1-\lambda),$$

这里 λ 取遍矩阵 $\boldsymbol{CB}$ 的所有特征值(记重数)。由于 $\boldsymbol{CB}$ 的特征值即 $p_2p_1|_{V_2}$ 的特征值,故对 $\boldsymbol{CB}$ 的每个特征值 λ 有 $0\leqslant\lambda<1$,从而 $0<\det\varphi\leqslant 1$。

特别地,$\det\varphi=1$ 当且仅当对 $\boldsymbol{CB}$ 的每个特征值 λ,均有 $\lambda=0$,这也等价于 $\boldsymbol{CB}=\boldsymbol{B}^{\mathrm{T}}\boldsymbol{B}=\boldsymbol{0}$,即 $\boldsymbol{B}=\boldsymbol{C}=\boldsymbol{0}$。所以 $\det\varphi=1$ 的充要条件是 V_1 与 V_2 正交。

四　(1) 记 $g(x)=x^3-3x$,那么 g 是奇函数,且 $g'(x)=3(x^2-1)$,于是 g 具有如下性质:

① 在$(-\infty,-1]$和$[1,+\infty)$上严格单调上升,在$[-1,1]$上严格单调下降。

② $x=-1$ 是极大值点,极大值为 2;$x=1$ 是极小值点,极小值为 -2。

③ 记

$$g_1=g|_{[-2,-1]},\quad g_2=g|_{[-1,1]},\quad g_1=g|_{[1,2]}。$$

根据以上性质,g_1,g_2,g_3 分别在其定义的闭区间上严格单调,且值域均为$[-2,2]$。因此,依次有反函数 $\varphi_1,\varphi_2,\varphi_3$,以$[-2,2]$为定义域,依次以$[-2,-1]$,$[-1,1]$,$[1,2]$为值域。

由反函数的连续性得 $\varphi_1,\varphi_2,\varphi_3$ 均为$[-2,2]$上的连续函数,而 g_1,g_2,g_3 依次在$(-2,-1)$,$(-1,1)$,$(1,2)$内连续可导,且导数不等于零.因此,它们的反函数 $\varphi_1,\varphi_2,\varphi_3$ 在$(-2,2)$内连续可微。

另一方面,注意到 g 为奇函数,以及 $\varphi_1,\varphi_2,\varphi_3$ 的值域,g_1,g_2,g_3 的定义域,有

$$-t=-g_3(\varphi_3(t))=-g(\varphi_3(t))=g(-\varphi_3(t))=g_1(-\varphi_3(t)),\quad t\in[-2,2],$$

因此 $\varphi_1(-t)=-\varphi_3(t)$,$t\in[-2,2]$。同理

$$-t=-g_2(\varphi_2(t))=-g(\varphi_2(t))=g(-\varphi_2(t))=g_2(-\varphi_2(t)),\quad t\in[-2,2],$$

从而 $\varphi_2(-t)=-\varphi_2(t)$,$t\in[-2,2]$。

(2) 根据韦达定理,有

$$\varphi_1(t)+\varphi_2(t)+\varphi_3(t)=0,\quad \forall t\in[-2,2],$$

从而

$$\varphi_1'(t)+\varphi_2'(t)+\varphi_3'(t)=0,\quad \forall t\in(-2,2),$$

这样结合 f 为连续偶函数得

$$\begin{aligned}&2\int_1^2 f(x^3-3x)\mathrm{d}x-2\int_0^1 f(x^3-3x)\mathrm{d}x\\ =&\int_{-2}^{-1} f(x^3-3x)\mathrm{d}x-\int_{-1}^{1} f(x^3-3x)\mathrm{d}x+\int_1^2 f(x^3-3x)\mathrm{d}x\\ =&\int_{-2}^{2} f(t)\varphi_1'(t)\mathrm{d}t+\int_{-2}^{2} f(t)\varphi_2'(t)\mathrm{d}t+\int_{-2}^{2} f(t)\varphi_3'(t)\mathrm{d}t=0。\end{aligned}$$

从而结论成立。

五　(1) 由于

$$\left\|\frac{(-1)^k}{(2k+1)!}\boldsymbol{A}^{2k+1}\right\|+\left\|\frac{(-1)^k}{(2k)!}\boldsymbol{A}^{2k}\right\|\leqslant\frac{\|\boldsymbol{A}\|^{2k+1}}{(2k+1)!}+\frac{\|\boldsymbol{A}\|^{2k}}{(2k)!},$$

而 $\sum\limits_{k=0}^{\infty}\frac{\|\boldsymbol{A}\|^k}{k!}$ 收敛,因此,$\sum\limits_{k=0}^{\infty}\frac{(-1)^k}{(2k+1)!}\boldsymbol{A}^{2k+1}$ 和 $\sum\limits_{k=0}^{\infty}\frac{(-1)^k}{(2k)!}\boldsymbol{A}^{2k}$ 均绝对收敛,从而 $\sin\boldsymbol{A}$,$\cos\boldsymbol{A}$ 有定义。

进一步,由绝对收敛级数的性质,有

$$(\sin\boldsymbol{A})^2=\sum_{k=0}^{\infty}\sum_{j=0}^{k}\frac{(-1)^k}{(2j+1)!\,(2k-2j+1)!}\boldsymbol{A}^{2k+2}=-\sum_{k=1}^{\infty}\sum_{j=0}^{k-1}\frac{(-1)^k}{(2k)!}\mathrm{C}_{2k}^{2j+1}\boldsymbol{A}^{2k},$$

$$(\cos\boldsymbol{A})^2=\sum_{k=0}^{\infty}\sum_{j=0}^{k}\frac{(-1)^k}{(2j)!\,(2k-2j)!}\boldsymbol{A}^{2k}=\boldsymbol{E}+\sum_{k=1}^{\infty}\sum_{j=0}^{k}\frac{(-1)^k}{(2k)!}\mathrm{C}_{2k}^{2j}\boldsymbol{A}^{2k},$$

由于

$$\sum_{j=0}^{k}\mathrm{C}_{2k}^{2j}-\sum_{j=0}^{k-1}\mathrm{C}_{2k}^{2j+1}=(1-1)^{2k}=0,$$

因此 $(\sin\boldsymbol{A})^2+(\cos\boldsymbol{A})^2=\boldsymbol{E}$。

(2) 由 $\left\|\frac{(-1)^k}{2k+1}\boldsymbol{A}^{2k+1}\right\|\leqslant\frac{\|\boldsymbol{A}\|^{2k+1}}{2k+1}$ 可得,当 $\|\boldsymbol{A}\|<1$ 时,$\sum\limits_{k=0}^{\infty}\frac{(-1)^k}{2k+1}\boldsymbol{A}^{2k+1}$ 绝对收敛,从而此时 $\arctan\boldsymbol{A}$ 有定义。易见 $\sin\boldsymbol{A}$,$\cos\boldsymbol{A}$,$\arctan\boldsymbol{A}$,$\boldsymbol{A}$ 均两两可交换。

进一步,若在某区间 $[a,b]$ 上的矩阵值函数 $\boldsymbol{A}(t)$ 连续可微,且对任何 $t,s\in[a,b]$,$\boldsymbol{A}(t)$ 和 $\boldsymbol{A}(s)$ 可交换,则 $\sum\limits_{k=0}^{\infty}\left(\frac{(-1)^k}{(2k+1)!}\boldsymbol{A}^{2k+1}(t)\right)'$ 一致收敛,从而 $(\sin\boldsymbol{A}(t))'=\sum\limits_{k=0}^{\infty}\frac{(-1)^k}{(2k)!}\boldsymbol{A}^{2k}(t)\boldsymbol{A}'(t)=(\cos\boldsymbol{A}(t))\boldsymbol{A}'(t)$,同理,$(\cos\boldsymbol{A}(t))'=-(\sin\boldsymbol{A}(t))\boldsymbol{A}'(t)$,以及当 $\|\boldsymbol{A}(t)\|<1$ 时成立 $(\arctan\boldsymbol{A}(t))'=\sum\limits_{k=0}^{\infty}(-1)^k\boldsymbol{A}^{2k}(t)\boldsymbol{A}'(t)=(\boldsymbol{E}+\boldsymbol{A}^2(t))^{-1}\boldsymbol{A}'(t)$。

现考虑 $t\in[0,1]$ 以及矩阵值函数 $\boldsymbol{f}(t)=\sin\arctan(t\boldsymbol{A})-t\boldsymbol{A}\cos\arctan(t\boldsymbol{A})$,则根据上述讨论,有

$$\begin{aligned}\boldsymbol{f}'(t)&=(\cos\arctan(t\boldsymbol{A}))(\boldsymbol{E}+t^2\boldsymbol{A}^2)^{-1}\boldsymbol{A}-\boldsymbol{A}\cos\arctan(t\boldsymbol{A})\\&\quad+t\boldsymbol{A}(\sin\arctan(t\boldsymbol{A}))(\boldsymbol{E}+t^2\boldsymbol{A}^2)^{-1}\boldsymbol{A}\\&=t\boldsymbol{A}^2(\boldsymbol{E}+t^2\boldsymbol{A}^2)^{-1}\boldsymbol{f}(t),\quad t\in[0,1]。\end{aligned}$$

结合 $\boldsymbol{f}(0)=\boldsymbol{0}$ 得到

$$\begin{aligned}\|\boldsymbol{f}(t)\|&=\left\|\int_0^t s\boldsymbol{A}^2(\boldsymbol{E}+s^2\boldsymbol{A}^2)^{-1}\boldsymbol{f}(s)\mathrm{d}s\right\|\leqslant\int_0^t\|\boldsymbol{A}\|^2\left\|\sum_{k=0}^{\infty}(-1)^k s^{2k}\boldsymbol{A}^{2k}\right\|\|\boldsymbol{f}(s)\|\mathrm{d}s\\&\leqslant\int_0^t\sum_{k=0}^{\infty}\|\boldsymbol{A}\|^{2k+2}\|\boldsymbol{f}(s)\|\mathrm{d}s=\frac{\|\boldsymbol{A}\|^2}{1-\|\boldsymbol{A}\|^2}\int_0^t\|\boldsymbol{f}(s)\|\mathrm{d}s,\quad\forall t\in[0,1]。\end{aligned}$$

由此可证 $\boldsymbol{f}(t)=\boldsymbol{0}(\forall t\in[0,1])$.即结论成立。

六　证法 1　我们分两种情况证明,即 $k>0$ 与 $k<0$。

情形 1　$k>0$。

假设 $y(x)$ 为所给方程的一个全局解,则

$$\lim_{x\to+\infty} y'(x)=\lim_{x\to+\infty}(ky^{2n}(x)+x^{2m-1})=+\infty。$$

于是 $\lim\limits_{x\to+\infty} y(x)=+\infty$。

取 $a>k$ 使得 $y(\sqrt[2m-1]{a})\geqslant 1$。令 $d=a^{\frac{1}{2m-1}}$,对任意 $x\in[d,+\infty)$,有

$$y'(x)=ky^{2n}(x)+x^{2m-1}>ky^2(x)+k>0。$$

因为 $y'(x)=ky^{2n}(x)+x^{2m-1}>0,x\in[d,+\infty)$,所以 $y(x)$在$[d,+\infty)$上严格单调增加。做辅助函数

$$z(x)=\arctan y(x),\quad x\in[d,+\infty)。$$

注意到对于 $x\in[d,+\infty)$,有

$$z'(x)=\frac{y'(x)}{1+y^2(x)}=\frac{ky^{2n}(x)+x^{2m-1}}{1+y^2(x)}>\frac{ky^2(x)+k}{1+y^2(x)}=k,$$

于是

$$z(x)\geqslant kx-kd+z(d),\quad x\in[d,+\infty)。$$

另一方面,有 $z(x)\in(-\pi/2,\pi/2)$,与上面的不等式矛盾。

情形 2　$k<0$。

假设 $y(x)$为所给方程的一个全局解,则

$$\lim_{x\to-\infty} y'(x)=\lim_{x\to-\infty}(ky^{2n}(x)+x^{2m-1})=-\infty。$$

于是 $\lim\limits_{x\to-\infty} y(x)=+\infty$。

取 $a<k$ 使得 $y(d)\geqslant 1$。对任意 $x\in(-\infty,d]$,有 $y'(x)=ky^{2n}(x)+x^{2m-1}<ky^2(x)+k<0$。因为 $y'(x)=ky^{2n}(x)+x^{2m-1}<0,x\in(-\infty,d]$,所以 $y(x)$在$(-\infty,d]$上严格单调减少。做辅助函数

$$z(x)=\arctan y(x),\quad x\in(-\infty,d]。$$

注意到对于 $x\in(-\infty,d]$,

$$z'(x)=\frac{y'(x)}{1+y^2(x)}=\frac{ky^{2n}(x)+x^{2m-1}}{1+y^2(x)}<\frac{ky^2(x)+k}{1+y^2(x)}=k,$$

于是,有

$$z(x)\geqslant kx-kd+z(d),\quad x\in(-\infty,d]。$$

另一方面,有 $z(x)\in(-\pi/2,\pi/2)$,与上面的不等式矛盾。

(或者)情形 2:$k<0$。

令 $h(x)=y(-x)$,则

$$h'(x)=-y'(-x)=-(ky^{2n}(-x)+(-x)^{2m-1})=-kh^{2n}(x)+x^{2m-1}。$$

由情形 1 可知函数 $h(x)$的定义域不能延拓到正无穷,于是函数 $y(x)=h(-x)$的定义域不能延拓到负无穷。

证法 2　分两种情况证明,即 $k>0$ 与 $k<0$。

情形 1　$k>0$。

假设 $y(x)$为所给方程的一个全局解,则

$$\lim_{x\to+\infty} y'(x)=\lim_{x\to+\infty}(ky^{2n}(x)+x^{2m-1})=+\infty,$$

于是,$\lim\limits_{x\to+\infty} y(x)=+\infty$。

取 $a>k$ 使得 $y(\sqrt[2m-1]{a})\geqslant 1$,令 $d=a^{\frac{1}{2m-1}}$,对任意 $x\in[d,+\infty)$,有 $y'(x)=ky^{2n}(x)+$

$x^{2m-1}>ky^2(x)+k>0$，即$\dfrac{y'(x)}{ky^2(x)+k}>1$。从而

$$\frac{1}{k}(\arctan y(x)-\arctan y(d))=\int_{\sqrt[2m-1]{a}}^{x}\frac{y'(t)}{ky^2(t)+k}\mathrm{d}t$$
$$\geqslant x-d,\quad \forall x>d。$$

另一方面，上面不等式左边的值落在$(-\pi/k,\pi/k)$内，与上面的不等式矛盾。

情形 2　$k<0$。

假设 $y(x)$为所给方程的一个全局解，则

$$\lim_{x\to-\infty}y'(x)=\lim_{x\to-\infty}(ky^{2n}(x)+x^{2m-1})=-\infty。$$

于是$\lim\limits_{x\to-\infty}y(x)=+\infty$。

取 $a<k$ 使得 $y(d)\geqslant1$，对任意 $x\in(-\infty,d]$，有 $y'(x)=ky^{2n}(x)+x^{2m-1}<ky^2(x)+k<0$，即$\dfrac{y'(x)}{ky^2(x)+k}>1$，从而

$$\frac{1}{k}(\arctan y(\sqrt[2m-1]{a})-\arctan y(x))=\int_{x}^{\sqrt[2m-1]{a}}\frac{y'(t)}{ky^2(t)+k}\mathrm{d}t$$
$$\geqslant d-x,\quad \forall x<d。$$

另一方面，上面不等式左边的值落在$(\pi/k,-\pi/k)$内，与上面的不等式矛盾。

(或者)情形 2：$k<0$。

令 $h(x)=y(-x)$，则

$$h'(x)=-y'(-x)=-(ky^{2n}(-x)+(-x)^{2m-1})=-kh^{2n}(x)+x^{2m-1}。$$

由情形 1 可知函数 $h(x)$的定义域不能延拓到正无穷，于是函数 $y(x)=h(-x)$的定义域不能延拓到负无穷。

第十二届全国大学生数学竞赛决赛（数学类，2021年）

一、二年级试题

一　填空题(20 分,每小题 5 分)

(1) 设 Ω ：$(x-2)^2+(y-3)^2+(z-4)^2\leqslant 1$，则积分 $\iiint\limits_{\Omega}(x^2+2y^2+3z^2)\mathrm{d}x\mathrm{d}y\mathrm{d}z=$

________。

(2) 设 $x_n=\sum\limits_{k=1}^{n}\dfrac{\mathrm{e}^{k^2}}{k}$，$y_n=\int_0^n \mathrm{e}^{x^2}\mathrm{d}x$，则 $\lim\limits_{n\to\infty}\dfrac{x_n}{y_n}=$________。

(3) 矩阵 $\begin{pmatrix}1&0&1&0&0\\0&1&0&1&0\\0&0&1&0&1\\0&0&0&1&0\\0&0&0&0&1\end{pmatrix}$ 的若尔当标准形为________。

(4) 设 $\boldsymbol{A}$ 为 2021 阶对称矩阵，$\boldsymbol{A}$ 的每一行均为 $1,2,\cdots,2021$ 的一个排列，则 $\boldsymbol{A}$ 的迹 $\mathrm{tr}\boldsymbol{A}=$________。

二(15 分)　给定 yOz 平面上的圆 C：$y=\sqrt{3}+\cos\theta$，$z=1+\sin\theta(\theta\in[0,2\pi])$。

(1) 求 C 绕 z 轴旋转所得到的环面 S 的隐式方程。

(2) 设 $z_0\geqslant 0$，以 $M(0,0,z_0)$ 为顶点的两个锥面 S_1 和 S_2 的半顶角之差为 $\pi/3$，且均与环面 S 相切(每条母线都与环面相切)，求 z_0 和 S_1，S_2 的隐式方程。

三(15 分)　设 n 阶复方阵 $\boldsymbol{A}_1,\boldsymbol{A}_2,\cdots,\boldsymbol{A}_{2n}$ 均相似于对角矩阵，$\mathbb{C}^n$ 表示复 n 维列向量空间。证明：

(1) $\mathbb{C}^n=\ker\boldsymbol{A}_k\oplus\mathrm{Im}\boldsymbol{A}_k$。这里 $\ker\boldsymbol{A}_k=\{\boldsymbol{\alpha}\mid\boldsymbol{A}_k\boldsymbol{\alpha}=\boldsymbol{0},\boldsymbol{\alpha}\in\mathbb{C}^n\}$，$\mathrm{Im}\boldsymbol{A}_k=\{\boldsymbol{A}_k\boldsymbol{\beta}\mid\boldsymbol{\beta}\in\mathbb{C}^n\}$ $(k=1,2,\cdots,2n)$。

(2) 若对所有的 $k<j$ 皆有 $\boldsymbol{A}_k\boldsymbol{A}_j=\boldsymbol{0}(k,j=1,2,\cdots,2n)$，则 $\boldsymbol{A}_1,\boldsymbol{A}_2,\cdots,\boldsymbol{A}_{2n}$ 中至少有 n 个矩阵为零矩阵。

四(20 分)　称实函数 f 满足条件(P)：若 f 在$[0,1]$上非负连续，$f(1)>f(0)=0$，$\int_0^1\dfrac{1}{f(x)}\mathrm{d}x=+\infty$，且对任何 $x_1,x_2\in[0,1]$ 成立 $f\left(\dfrac{x_1+x_2}{2}\right)\geqslant\dfrac{f(x_1)+f(x_2)}{2}$。

(1) 令 $c>0$，对于 $f_1(x)=cx$ 和 $f_2(x)=\sqrt{x}$，分别验证 f_1，f_2 是否满足条件(P)，并计算 $\lim\limits_{x\to 0^+}(f_1(x)-xf_1'(x))^m\mathrm{e}^{f_1'(x)}$ 和 $\lim\limits_{x\to 0^+}(f_2(x)-xf_2'(x))^m\mathrm{e}^{f_2'(x)}$。

(2) 证明：$\forall m\geqslant 1$，存在满足条件(P)的函数 f 以及趋于零的正数列$\{x_n\}$，使得 f 在每一点 x_n 可导，且 $\lim\limits_{n\to\infty}(f(x_n)-x_nf'(x_n))^m\mathrm{e}^{f'(x_n)}=+\infty$。

五(15 分) 设 $\alpha,\beta,\alpha_1,\alpha_2,\beta_1,\beta_2$ 和 A 均为实数。回答以下问题：

(1) $\lim\limits_{n\to\infty}\sin(n\alpha+\beta)=A$ 成立的充要条件是什么?

(2) $\lim\limits_{n\to\infty}(\sin(n\alpha_1+\beta_1)+\sin(n\alpha_2+\beta_2))=0$ 成立的充要条件是什么?

六(15 分) 设 g 为$\mathbb{R}$上恒正的连续函数,对于正整数 n 以及 $x_0,y_0\in\mathbb{R}$,考虑微分方程

$$\begin{cases}y'(x)=y^{\frac{1}{2n+1}}(x)g(x),\\ y(x_0)=y_0。\end{cases}\tag{1}$$

证明:(1) 方程(1)有定义在整个$\mathbb{R}$上的解(称为全局解);

(2) 若 $y_0=0$,则方程(1)有无穷多个全局解;

(3) 若 $y=y(x)$ 是方程(1)的解,则 y 在$\mathbb{R}$上非负,或在$\mathbb{R}$上非正。

参考解答

一 (1) 令$\begin{cases}u=x-2,\\ v=y-3,\\ w=z-4,\end{cases}$则 Ω 变为 Ω': $u^2+v^2+w^2\leqslant 1$,所以

$$\begin{aligned}\iiint\limits_{\Omega}(x^2+2y^2+3z^2)\mathrm{d}x\mathrm{d}y\mathrm{d}z&=\iiint\limits_{\Omega'}[(u+2)^2+2(v+3)^2+3(w+4)^2]\mathrm{d}u\mathrm{d}v\mathrm{d}w\\&=\iiint\limits_{\Omega'}(u^2+2v^2+3w^2)\mathrm{d}u\mathrm{d}v\mathrm{d}w+70\iiint\limits_{\Omega'}\mathrm{d}u\mathrm{d}v\mathrm{d}w\\&=2\iiint\limits_{\Omega'}(u^2+v^2+w^2)\mathrm{d}u\mathrm{d}v\mathrm{d}w+70\times\frac{4}{3}\pi\\&=2\times\frac{4}{5}\pi+70\times\frac{4}{3}\pi=\frac{1424\pi}{15}。\end{aligned}$$

(2) 由施托尔茨引理知

$$\lim_{n\to\infty}\frac{x_n}{y_n}=\lim_{n\to\infty}\frac{x_n-x_{n-1}}{y_n-y_{n-1}}=\lim_{n\to\infty}\frac{\frac{\mathrm{e}^{n^2}}{n}}{\int_{n-1}^{n}\mathrm{e}^{x^2}\mathrm{d}x}。$$

因为 $\lim\limits_{x\to+\infty}\dfrac{\frac{\mathrm{e}^{x^2}}{x}}{\int_{x-1}^{x}\mathrm{e}^{t^2}\mathrm{d}t}=\lim\limits_{x\to+\infty}\dfrac{\frac{2x^2\mathrm{e}^{x^2}-\mathrm{e}^{x^2}}{x^2}}{\mathrm{e}^{x^2}-\mathrm{e}^{(x-1)^2}}=\lim\limits_{x\to+\infty}\dfrac{2-\frac{1}{x^2}}{1-\mathrm{e}^{-2x+1}}=2$,所以

$$\lim_{n\to\infty}\frac{x_n}{y_n}=\lim_{n\to\infty}\frac{x_n-x_{n-1}}{y_n-y_{n-1}}=\lim_{n\to\infty}\frac{\frac{\mathrm{e}^{n^2}}{n}}{\int_{n-1}^{n}\mathrm{e}^{x^2}\mathrm{d}x}=2。$$

(3) 由于特征多项式为$(\lambda-1)^5$,尝试易得极小多项式为$(\lambda-1)^3$,而尝试易知 4 阶行列

式因子为 $(\lambda-1)^2$,故不变因子为 $1,1,1,(\lambda-1)^2,(\lambda-1)^3$,故若尔当标准型为
$$\begin{pmatrix}1&1&&&\\&1&1&&\\&&1&&\\&&&1&1\\&&&&1\end{pmatrix}。$$

(4) 因为每一行都是一个排列且矩阵为对称矩阵,进而不存在一行或者一列有重复元素,故每一行或每一列都是一个排列,进而每一个元素在矩阵中出现 2021 次,且位于不同行不同列,进而容易归纳证明下述结论:在奇数阶方阵当中,若有一个元素在每一行每一列出现且仅出现一次,且元素出现的位置关于对角线对称,那么必然有一个元素位于对角线上。

将这个结论对于元素 $1,2,\cdots,2021$ 全部使用一次得到每个元素都在对角线上出现,且共 2021 个元素,故仅有一次,从而 $\mathrm{tr}\boldsymbol{A}$ 为 $1+2+\cdots+2021=1011\times 2021$。

二 (1) 由 yOz 平面的圆 C 的参数方程消去参数 θ 可得
$$C:\begin{cases}(y-\sqrt{3})^2+(z-1)^2=1,\\ x=0,\end{cases}$$
由此可得绕 z 轴旋转获得的环面 S 的方程
$$(\pm\sqrt{x^2+y^2}-\sqrt{3})^2+(z-1)^2=1,$$
化简得到
$$S:(x^2+y^2+(z-1)^2+2)^2=12(x^2+y^2)。$$
参见题二图(a)。

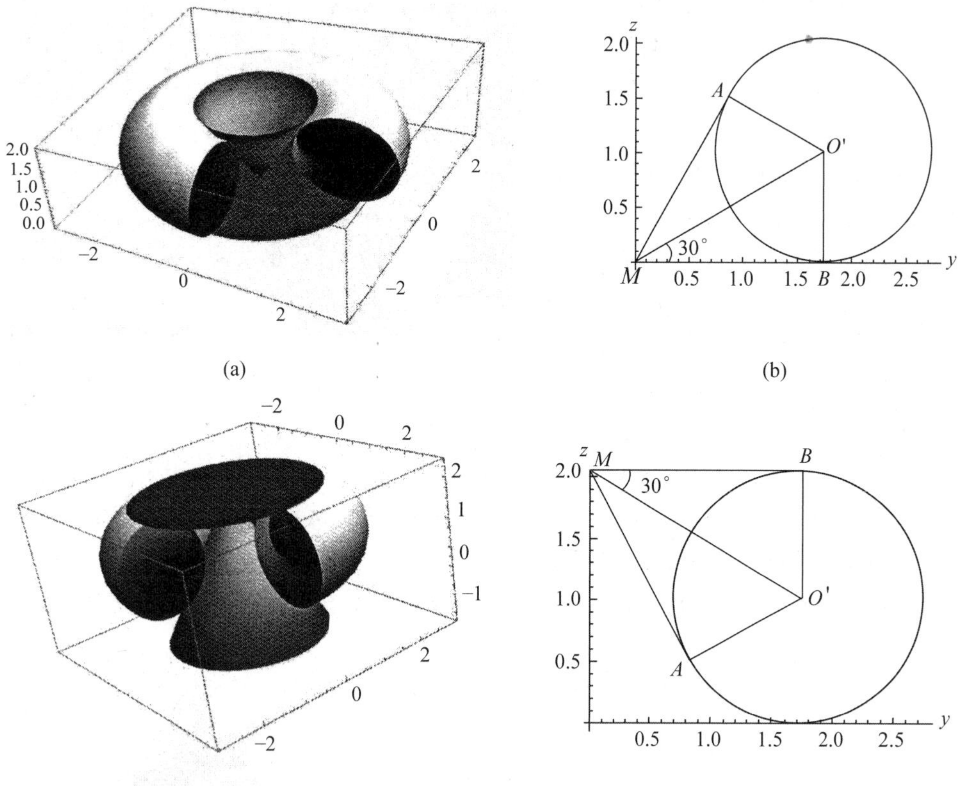

题二图

(2) 记圆 C 的圆心坐标为 $O'(0,\sqrt{3},1)$，M 的坐标为 $(0,0,t)$，M 与圆 C 的两个切点坐标分别为 A,B，则由两个圆锥半顶角之差为 $\frac{\pi}{3}$ 可得 $\angle O'MA=\angle O'MB=\frac{\pi}{6}$，进而通过解三角形可得 $t=0$ 或 $t=2$。

当 $t=0$ 时，如题二图(b)所示，得 $M(0,0,0)$，此时切点坐标为 $A\left(0,\frac{\sqrt{3}}{2},\frac{3}{2}\right)$，$B(0,\sqrt{3},0)$，锥面 S_1 的母线即为直线 MA，其方程为 $L_1:\begin{cases}x=0,\\ \sqrt{3}y-z=0,\end{cases}$ S_1 即为 L_1 绕 z 轴所得旋转面，其方程为 $S_1:z=\sqrt{3(x^2+y^2)}$。锥面 S_2 的母线即为直线 MB，其方程为 $L_2:\begin{cases}x=0,\\ z=0,\end{cases}$ S_2 即为 L_2 绕 z 轴所得旋转面，其方程为 $S_2:z=0$。

当 $t=2$ 时，如题二图(d)所示，得 $M(0,0,2)$，此时切点坐标为 $A\left(0,\frac{\sqrt{3}}{2},\frac{1}{2}\right)$，$B(0,\sqrt{3},2)$，两条母线的方程分别为

$$L_1':\begin{cases}x=0,\\ \sqrt{3}y+z-2=0\end{cases} \quad 和 \quad L_2':\begin{cases}x=0,\\ z=2。\end{cases}$$

对应的锥面方程为

$$S_1':z=2-\sqrt{3(x^2+y^2)} \quad 和 \quad S_2':z=2。$$

参见题二图(c)。

三 (1) 由 $\boldsymbol{A}_k$ 可复对角化可知，存在可逆矩阵 $\boldsymbol{P}_k=(\boldsymbol{p}_1^{(k)},\cdots,\boldsymbol{p}_n^{(k)})$ 使得

$$\boldsymbol{A}_k\boldsymbol{P}_k=\operatorname{diag}(\lambda_1^{(k)},\cdots,\lambda_n^{(k)})\boldsymbol{P}_k。$$

不妨设 $\boldsymbol{p}_1^{(k)},\cdots,\boldsymbol{p}_t^{(k)}$ 为关于特征值 0 的特征向量，$\boldsymbol{p}_{t+1}^{(k)},\cdots,\boldsymbol{p}_n^{(k)}$ 为关于特征值 $\lambda\neq0$ 的特征向量。于是，$\ker\boldsymbol{A}_k=\operatorname{span}\{\boldsymbol{p}_1^{(k)},\cdots,\boldsymbol{p}_t^{(k)}\}$，$\operatorname{Im}\boldsymbol{A}_k=\operatorname{span}\{\boldsymbol{p}_{t+1}^{(k)},\cdots,\boldsymbol{p}_n^{(k)}\}$。这里若 $\boldsymbol{A}_k$ 不以 0 为特征值时，$\ker\boldsymbol{A}_k=\{\boldsymbol{0}\}$。事实上，若 $\dim\ker\boldsymbol{A}_k>t$，则特征值 0 的代数重数 $>t$，矛盾。从而有 $\ker\boldsymbol{A}_k=\operatorname{span}\{\boldsymbol{p}_1^{(k)},\cdots,\boldsymbol{p}_t^{(k)}\}$。

另一方面，$\forall\,\boldsymbol{y}\in\mathbb{C}^n$，$\boldsymbol{y}$ 可写成 $\boldsymbol{y}=a_1\boldsymbol{p}_1^{(k)}+\cdots+a_n\boldsymbol{p}_n^{(k)}$，结果 $\boldsymbol{A}\boldsymbol{y}=a_{t+1}\lambda_{t+1}^{(k)}\boldsymbol{p}_{t+1}^{(k)}+\cdots+a_n\lambda_n^{(k)}\boldsymbol{p}_n^{(k)}\in\operatorname{span}\{\boldsymbol{p}_{t+1}^{(k)},\cdots,\boldsymbol{p}_n^{(k)}\}$。从而有 $\operatorname{Im}\boldsymbol{A}_k=\operatorname{span}\{\boldsymbol{p}_{t+1}^{(k)},\cdots,\boldsymbol{p}_n^{(k)}\}$，故有 $\mathbb{C}^n=\ker\boldsymbol{A}_k\oplus\operatorname{Im}\boldsymbol{A}_k$。

(2) 现由条件 $\boldsymbol{A}_1\boldsymbol{A}_2=\boldsymbol{0}$ 得 $\operatorname{Im}\boldsymbol{A}_2\subseteq\ker\boldsymbol{A}_1$，进而有

$$\mathbb{C}^n=(\ker\boldsymbol{A}_1\cap\ker\boldsymbol{A}_2)\oplus\operatorname{Im}\boldsymbol{A}_2\oplus\operatorname{Im}\boldsymbol{A}_1。$$

事实上，由 $\mathbb{C}^n=\ker\boldsymbol{A}_2\oplus\operatorname{Im}\boldsymbol{A}_2$ 可知，$\forall\,\boldsymbol{u}\in\ker\boldsymbol{A}_1$，$\boldsymbol{u}=\boldsymbol{u}_1+\boldsymbol{u}_2$，其中 $\boldsymbol{u}_1\in\ker\boldsymbol{A}_2$，$\boldsymbol{u}_2\in\operatorname{Im}\boldsymbol{A}_2$。又由 $\operatorname{Im}\boldsymbol{A}_2\subseteq\ker\boldsymbol{A}_1$ 得 $\boldsymbol{u}_1=\boldsymbol{u}-\boldsymbol{u}_2\in\ker\boldsymbol{A}_2\cap\ker\boldsymbol{A}_1$。结果 $\ker\boldsymbol{A}_1$ 有直和分解：$\ker\boldsymbol{A}_1=(\ker\boldsymbol{A}_2\cap\ker\boldsymbol{A}_1)\oplus\operatorname{Im}\boldsymbol{A}_2$，于是 $\mathbb{C}^n=(\ker\boldsymbol{A}_1\cap\ker\boldsymbol{A}_2)\oplus\operatorname{Im}\boldsymbol{A}_2\oplus\operatorname{Im}\boldsymbol{A}_1$。

利用 $\boldsymbol{A}_1\boldsymbol{A}_3=\boldsymbol{0}$，$\boldsymbol{A}_2\boldsymbol{A}_3=\boldsymbol{0}$ 及 $\mathbb{C}^n=\ker\boldsymbol{A}_3\oplus\operatorname{Im}\boldsymbol{A}_3$，重复上述对 $\ker\boldsymbol{A}_1$ 进行分解的过程又可得

$$\ker\boldsymbol{A}_2\cap\ker\boldsymbol{A}_1=(\ker\boldsymbol{A}_3\cap\ker\boldsymbol{A}_2\cap\ker\boldsymbol{A}_1)\oplus\operatorname{Im}\boldsymbol{A}_3,$$

从而有

$$\mathbb{C}^n=(\ker\boldsymbol{A}_1\cap\ker\boldsymbol{A}_2\cap\ker\boldsymbol{A}_3)\oplus\operatorname{Im}\boldsymbol{A}_3\oplus\operatorname{Im}\boldsymbol{A}_2\oplus\operatorname{Im}\boldsymbol{A}_1,$$

$$\vdots$$

最后有

$$\mathbb{C}^n=(\ker\boldsymbol{A}_1\cap\cdots\cap\ker\boldsymbol{A}_{2n})\oplus\mathrm{Im}\boldsymbol{A}_1\oplus\cdots\oplus\mathrm{Im}\boldsymbol{A}_{2n}。$$

两边取维数得

$$n=\dim(\ker\boldsymbol{A}_1\cap\cdots\cap\ker\boldsymbol{A}_{2n})+\mathrm{rank}\boldsymbol{A}_1+\cdots+\mathrm{rank}\boldsymbol{A}_{2n}。$$

因此 $\mathrm{rank}\boldsymbol{A}_1,\cdots,\mathrm{rank}\boldsymbol{A}_{2n}$ 中至少有 n 个为 0,即 $\boldsymbol{A}_1,\boldsymbol{A}_2,\cdots,\boldsymbol{A}_{2n}$ 中至少有 n 个矩阵为零矩阵。证毕。

四 我们指出,注意到 $f(x)-xf'(x)=-x^2\left(\dfrac{f(x)}{x}\right)'$ 对计算与思考是有益的。

(1) 易见 f_1,f_2 都在$[0,1]$上非负连续,$f_1(1)>f_1(0)=0,f_2(1)>f_2(0)=0$。对于 $x>0,f'_1(x)=c,f''_1(x)=0,f'_2(x)=\dfrac{1}{2}x^{-1/2},f''_2(x)=-\dfrac{1}{4}x^{-3/2}$。因此,$f_1,f_2$ 均是$[0,1]$上的凹函数。由于$\int_0^1\dfrac{1}{f_1(x)}\mathrm{d}x=+\infty,\int_0^1\dfrac{1}{f_2(x)}\mathrm{d}x<+\infty$,所以 f_1 满足条件(P)而 f_2 不满足条件(P)。另一方面,$f_1(x)-xf'_1(x)\equiv0$,因此,$\lim\limits_{x\to0^+}(f_1(x)-xf'_1(x))^m\mathrm{e}^{f'_1(x)}=0$。而$\lim\limits_{x\to0^+}(f_2(x)-xf'_2(x))^m\mathrm{e}^{f'_2(x)}=\lim\limits_{x\to0^+}\left(\dfrac{\sqrt{x}}{2}\right)^m\mathrm{e}^{\frac{1}{2\sqrt{x}}}=+\infty$。

(2) 从(1)的结果得到提示,我们用类似函数$\sqrt{x}$与 cx 的函数来构造想要的例子。注意到对于$(0,1]$中严格单调下降并趋于零的点列$\{a_n\}$,当函数 f 的图像为依次连接$(a_n,\sqrt{a_n})$的折线且 $f(0)=0$ 时,条件(P)成立。

于是,我们可以尝试寻找这样一列$\{a_n\}$以及 $x_n\in(a_{n+1},a_n)$以满足题目的要求。

具体地,取 $a_0=1,x_n\in(a_{n+1},a_n)$待定。我们给出 f 的表达式如下:

$$f(x)=\begin{cases}\sqrt{a_{n+1}}+k_n(x-a_{n+1}), & x\in(a_{n+1},a_n];n\geqslant0,\\0, & x=0,\end{cases}$$

其中 $k_n=\dfrac{\sqrt{a_n}-\sqrt{a_{n+1}}}{a_n-a_{n+1}}=\dfrac{1}{\sqrt{a_n}+\sqrt{a_{n+1}}}$。

注意到

$$\int_{a_{n+1}}^{a_n}\frac{1}{f(x)}\mathrm{d}x=\frac{1}{2k_n}\ln\frac{a_n}{a_{n+1}}\geqslant\frac{\sqrt{a_n}}{2}\ln\frac{a_n}{a_{n+1}},$$

取 $a_{n+1}=a_n\mathrm{e}^{-\frac{2}{n\sqrt{a_n}}}$,即有 $0<a_{n+1}<a_n$,且$\int_{a_{n+1}}^{a_n}\dfrac{1}{f(x)}\mathrm{d}x\geqslant\dfrac{1}{n}$。

另一方面,在(a_{n+1},a_n)内,$f'(x)=k_n\geqslant\dfrac{1}{2\sqrt{a_n}}$,

$$f(x)-xf'(x)=\frac{\sqrt{a_n}\sqrt{a_{n+1}}}{\sqrt{a_n}+\sqrt{a_{n+1}}}\geqslant\frac{\sqrt{a_n}\,\mathrm{e}^{-\frac{1}{n\sqrt{a_n}}}}{2}。$$

因此,任取 $x_n\in(a_{n+1},a_n)$,均有

$$\lim_{n\to\infty}(f(x_n)-x_nf'(x_n))^m\mathrm{e}^{f'(x_n)}\geqslant\lim_{n\to\infty}\left(\frac{\sqrt{a_n}\,\mathrm{e}^{-\frac{1}{n\sqrt{a_n}}}}{2}\right)^m\mathrm{e}^{-\frac{1}{2\sqrt{a_n}}}=+\infty。$$

因此，$\lim\limits_{n\to\infty}(f(x_n)-x_nf'(x_n))^m e^{f'(x_n)}=+\infty$。

五　为方便引用，标记

$$\lim_{n\to\infty}\sin(n\alpha+\beta)=A,\tag{1}$$

以及

$$\lim_{n\to\infty}(\sin(n\alpha_1+\beta_1)+\sin(n\alpha_2+\beta_2))=0。\tag{2}$$

解法 1　(1) 条件(1)等价于

$$\sin((n+2)\alpha+\beta)\to A,\quad n\to\infty。\tag{3}$$

(3)式－(1)式并整理得到

$$\sin\alpha\cos(n\alpha+\beta)\to 0,\quad n\to\infty。\tag{4}$$

同理可得

$$\sin^2\alpha\sin(n\alpha+\beta)\to 0,\quad n\to\infty。$$

上式和(4)式表明，必有 $\sin\alpha=0$。否则

$$\sin(n\alpha+\beta)\to 0,\cos(n\alpha+\beta)\to 0,\quad n\to\infty$$

矛盾。

再由(1)式等价于

$$\sin(2n\alpha+\beta)\to A,\quad \sin(2n\alpha+\alpha+\beta)\to A,$$

得到

$$\sin\alpha=0,\quad \sin\beta=\sin(\alpha+\beta)=A。$$

此即为(1)成立的充要条件。

(2) 条件(2)等价于

$$\sin((n+2)\alpha_1+\beta_1)+\sin((n+2)\alpha_2+\beta_2)\to 0。\tag{5}$$

(5)式－(2)式并整理，得到

$$\sin\alpha_1\cos(n\alpha_1+\beta_1)+\sin\alpha_2\cos(n\alpha_2+\beta_2)\to 0。\tag{6}$$

同理，可得

$$\sin^2\alpha_1\sin(n\alpha_1+\beta_1)+\sin^2\alpha_2\sin(n\alpha_2+\beta_2)\to 0。\tag{7}$$

(2)式乘以 $\sin^2\alpha_2$，减去(7)式，得到

$$(\sin^2\alpha_2-\sin^2\alpha_1)\sin(n\alpha_1+\beta_1)\to 0。$$

故必有 $\sin^2\alpha_2=\sin^2\alpha_1$，于是有

$$\sin^2\alpha_2=\sin^2\alpha_1=0\quad 或\quad \sin^2\alpha_2=\sin^2\alpha_1\neq 0。$$

若 $\sin^2\alpha_2=\sin^2\alpha_1=0$，即 $\sin\alpha_2=\sin\alpha_1=0$，代入(2)式即得

$$\sin\alpha_1=\sin\alpha_2=0,\quad \sin\beta_1+\sin\beta_2=\sin(\alpha_1+\beta_1)+\sin(\alpha_2+\beta_2)=0。$$

若 $\sin^2\alpha_2=\sin^2\alpha_1\neq 0$，则 $\sin\alpha_2=\pm\sin\alpha_1\neq 0$，由(6)式和(7)式得到

$$\sin(n\alpha_1+\beta_1)+\sin(n\alpha_2+\beta_2)\to 0,$$
$$\cos(n\alpha_1+\beta_1)\pm\cos(n\alpha_2+\beta_2)\to 0。$$

上两式等价于左边平方和趋于 0，即

$$2\pm 2\cos(n(\alpha_1\mp\alpha_2)+(\beta_1\mp\beta_2))\to 0。$$

由问题(1)，有

$$\sin\alpha_2=\pm\sin\alpha_1\neq 0,$$

$$\sin(\alpha_1 \mp \alpha_2)=0 \Rightarrow \alpha_1 \mp \alpha_2 = 2p\pi,$$
$$1 \pm \cos(\beta_1 \mp \beta_2)=0。$$

从而(2)成立的充要条件是

$$\sin\alpha_2 = \pm\sin\alpha_1 \neq 0, \quad \cos(\alpha_1 \pm \alpha_2)=1, \quad 1 \pm \cos(\beta_1 \mp \beta_2)=0。$$

解法2 问题(1)和(2)都可以视为如下问题的特例:

设 $m \geqslant 2, \lambda_1, \lambda_2, \cdots, \lambda_m$ 均为实数,$C_1, C_2, \cdots, C_m$ 均为非零复数,则$\lim\limits_{n\to\infty}\sum\limits_{j=1}^{m} C_j \mathrm{e}^{n\mathrm{i}\lambda_j}=0$ 成立的充要条件是什么。

若$\lim\limits_{n\to\infty}\sum\limits_{j=1}^{m} C_j \mathrm{e}^{n\mathrm{i}\lambda_j}=0$,则对任何 $\lambda \in \mathbb{R}$,均有$\lim\limits_{n\to\infty}\sum\limits_{j=1}^{m} C_j \mathrm{e}^{n\mathrm{i}(\lambda_j-\lambda)}=0$。

进一步,由斯托尔茨公式,有

$$\lim_{n\to\infty}\frac{1}{n+1}\sum_{j=1}^{m}\sum_{k=0}^{n} C_j \mathrm{e}^{k\mathrm{i}(\lambda_j-\lambda)}=0。 \tag{8}$$

我们断言,$\lambda_2, \cdots, \lambda_m$ 之中必有一个,设为 λ_ℓ,使得 $\mathrm{e}^{\mathrm{i}(\lambda_\ell-\lambda_1)}=1$,即$\dfrac{\lambda_\ell-\lambda_1}{2\pi}$为整数。否则,在(8)式中取 $\lambda=-\lambda_1$,得到

$$0=\lim_{n\to\infty}\frac{1}{n+1}\sum_{j=1}^{m}\sum_{k=0}^{n} C_j \mathrm{e}^{k\mathrm{i}(\lambda_j-\lambda_1)}=C_1+\lim_{n\to\infty}\frac{1}{n+1}\sum_{j=2}^{m} C_j \frac{\mathrm{e}^{(n+1)\mathrm{i}(\lambda_j-\lambda_1)}-1}{\mathrm{e}^{\mathrm{i}(\lambda_j-\lambda_1)}-1}=0。$$

一般地,可得

$$\mathrm{e}^{\mathrm{i}\lambda_1}, \mathrm{e}^{\mathrm{i}\lambda_2}, \cdots, \mathrm{e}^{\mathrm{i}\lambda_m} \text{ 中任何一个必然等于余下 } m-1 \text{ 个中的另一个。} \tag{9}$$

(1) (1)式化为

$$\lim_{n\to\infty}(\mathrm{e}^{\mathrm{i}\beta}\mathrm{e}^{\mathrm{i}n\alpha}-\mathrm{e}^{-\mathrm{i}\beta}\mathrm{e}^{-\mathrm{i}n\alpha}-2\mathrm{i}A)=0。$$

情形1.1 $A=0$。此时 $m=2$。

$$\lambda_1=\alpha, \quad \lambda_2=-\alpha, \quad C_1=\mathrm{e}^{\mathrm{i}\beta}, \quad C_2=-\mathrm{e}^{-\mathrm{i}\beta}。$$

由(9)式得,$\mathrm{e}^{\mathrm{i}\alpha}=\mathrm{e}^{-\mathrm{i}\alpha}$,进而 $\mathrm{e}^{\mathrm{i}\beta}=\mathrm{e}^{-\mathrm{i}\beta}$,即$\dfrac{\alpha}{\pi}, \dfrac{\beta}{\pi}$为整数。

情形1.2 $A \neq 0$。此时 $m=3$,

$$\lambda_1=\alpha, \quad \lambda_2=-\alpha, \quad \lambda_3=0, \quad C_1=\mathrm{e}^{\mathrm{i}\beta}, \quad C_2=-\mathrm{e}^{-\mathrm{i}\beta}, \quad C_3=-2\mathrm{i}A。$$

由(9)式,此时,必有 $\mathrm{e}^{\mathrm{i}\alpha}=\mathrm{e}^{-\mathrm{i}\alpha}=1$,进而 $\mathrm{e}^{\mathrm{i}\beta}-\mathrm{e}^{-\mathrm{i}\beta}-2\mathrm{i}A=0$,即$\dfrac{\alpha}{\pi}$为偶数,且 $A=\sin\beta$。

易见上述条件也是充分的。总之,本小题条件成立的充要条件是:存在整数 k, j 使得

$$\begin{cases} A=0, \\ \alpha=k\pi, \\ \beta=j\pi \end{cases} \quad \text{或} \quad \begin{cases} A=\sin\beta, \\ \alpha=2k\pi。\end{cases}$$

(2) 条件(2)化为

$$\lim_{n\to\infty}(\mathrm{e}^{\mathrm{i}\beta_1}\mathrm{e}^{\mathrm{i}n\alpha_1}-\mathrm{e}^{-\mathrm{i}\beta_1}\mathrm{e}^{-\mathrm{i}n\alpha_1}+\mathrm{e}^{\mathrm{i}\beta_2}\mathrm{e}^{\mathrm{i}n\alpha_2}-\mathrm{e}^{-\mathrm{i}\beta_2}\mathrm{e}^{-\mathrm{i}n\alpha_2})=0。$$

此时 $m=4$,而

$$\lambda_1=\alpha_1, \quad \lambda_2=-\alpha_1, \quad \lambda_3=\alpha_2, \lambda_4=-\alpha_3,$$
$$C_1=\mathrm{e}^{\mathrm{i}\beta_1}, \quad C_2=-\mathrm{e}^{-\mathrm{i}\beta_1}, \quad C_3=\mathrm{e}^{\mathrm{i}\beta_2}, \quad C_4=-\mathrm{e}^{-\mathrm{i}\beta_2}。$$

于是由(9)式，它们必然可以分为两对，每一对有相同的值(不排除四个值均相同)。

情形 2.1　$e^{i\lambda_1}=e^{i\lambda_2}=e^{i\lambda_3}=e^{i\lambda_4}$。

这等价于$\frac{\alpha_1}{\pi}$，$\frac{\alpha_2}{\pi}$均为整数，且有相同的奇偶性。进一步，$C_1+C_2+C_3+C_4=0$，而这等价于 $\sin\beta_1+\sin\beta_2=0$，等价于$\frac{\beta_2-\beta_1}{\pi}$是奇数。

情形 2.2　$e^{i\lambda_1}=e^{i\lambda_2}\neq e^{i\lambda_3}=e^{i\lambda_4}$。

这等价于$\frac{\alpha_1}{\pi}$，$\frac{\alpha_2}{\pi}$均为整数，但有不同的奇偶性。进一步，$C_1+C_2=C_3+C_4=0$，而这等价于$\frac{2\beta_1}{\pi}$，$\frac{2\beta_2}{\pi}$是奇数。

情形 2.3　$e^{i\lambda_1}=e^{i\lambda_3}\neq e^{i\lambda_2}=e^{i\lambda_4}$。

这等价于$\frac{\alpha_1-\alpha_2}{\pi}$为偶数，但$\frac{\alpha_1}{\pi}$不是整数。进一步，$C_1+C_3=C_2+C_4=0$，而这等价于$\frac{\beta_2-\beta_1}{\pi}$是奇数。

情形 2.4　$e^{i\lambda_1}=e^{i\lambda_4}\neq e^{i\lambda_2}=e^{i\lambda_3}$。

这等价于$\frac{\alpha_1+\alpha_2}{\pi}$为偶数，但$\frac{\alpha_1}{\pi}$不是整数。进一步，$C_1+C_4=C_2+C_3=0$，而这等价于$\frac{\beta_2+\beta_1}{\pi}$是奇数。

易见上述条件也是充分的。总之，本小题条件成立的充要条件是：存在整数 k,j,p,q，使得以下四者之一成立

$$\begin{cases}\alpha_1=k\pi,\\ \alpha_2=k\pi+2j\pi,\\ \beta_2=\beta_1+(2p+1)\pi,\end{cases}\qquad \begin{cases}\alpha_1=k\pi,\\ \alpha_2=k\pi+2j\pi+\pi,\\ \beta_1=\left(p+\dfrac{1}{2}\right)\pi,\\ \beta_2=\left(q+\dfrac{1}{2}\right)\pi,\end{cases}$$

$$\begin{cases}\dfrac{\alpha_1}{\pi}\notin\mathbb{Z},\\ \alpha_2=\alpha_1+2k\pi,\\ \beta_2=\beta_1+(2p+1)\pi,\end{cases}\qquad \begin{cases}\dfrac{\alpha_1}{\pi}\notin\mathbb{Z},\\ \alpha_2=-\alpha_1+2k\pi\\ \beta_2=-\beta_1+(2p+1)\pi\end{cases}$$

以上条件可以归并为：存在整数 k,j,p,q，以及 $\varepsilon=\pm1$ 使得以下二者之一成立

$$\begin{cases}\alpha_1=k\pi,\\ \alpha_2=k\pi+2j\pi+\pi,\\ \beta_1=\left(p+\dfrac{1}{2}\right)\pi,\\ \beta_2=\left(q+\dfrac{1}{2}\right)\pi,\end{cases}\qquad \begin{cases}\alpha_2=\varepsilon\alpha_1+2k\pi,\\ \beta_2=\varepsilon\beta_1+(2p+1)\pi。\end{cases}$$

六 (1) 若 $y_0=0$,则 $y\equiv 0$ 为全局解。

若 $y_0\neq 0$。注意到函数 $y=y(x)$为方程(1)的解当且仅当 $y=-y(x)$为方程(1)的解,故不妨设 $y_0>0$。在 $y\neq 0$ 的区间内求解(1)得到

$$y^{\frac{2n}{2n+1}}(x)=y_0^{\frac{2n}{2n+1}}+G(x)$$

其中

$$G(x)=\frac{2n}{2n+1}\int_{x_0}^{x}g(t)\mathrm{d}t,\quad x\in\mathbb{R}\text{。}$$

由于 g 恒正,G 严格单增,而 $G(x_0)=0$。于是 $\alpha=\lim\limits_{x\to-\infty}G(x)\in(-\infty,0]$。

情形 1 $\alpha+y_0^{\frac{2n}{2n+1}}\geqslant 0$。此时 $G(x)+y_0^{\frac{2n}{2n+1}}$ 恒正。取

$$y(x)=\left(y_0^{\frac{2n}{2n+1}}+G(x)\right)^{\frac{2n+1}{2n}},\quad \forall x\in\mathbb{R},$$

即知它为方程(1)的全局解。

情形 2 $\alpha+y_0^{\frac{2n}{2n+1}}<0$。此时,有唯一的 $\gamma\in(-\infty,x_0)$使得 $G(\gamma)+y_0^{\frac{2n}{2n+1}}=0$。取

$$y(x)=\begin{cases}\left(y_0^{\frac{2n}{2n+1}}+G(x)\right)^{\frac{2n+1}{2n}}, & x>\gamma,\\ 0, & x\leqslant\gamma,\end{cases}\quad \forall x\in\mathbb{R},$$

直接计算可得

$$y'_+(\gamma)=\lim_{x\to\gamma^+}\frac{1}{x-\gamma}\left(y_0^{\frac{2n}{2n+1}}+G(x)\right)^{\frac{2n+1}{2n}}=g(\gamma)\lim_{x\to\gamma^+}\left(y_0^{\frac{2n}{2n+1}}+G(x)\right)^{\frac{1}{2n}}=0,$$

于是 $y'(0)=0$。进而可知 y 为方程(1)的全局解。

(2) 由(1)的结论,任取 $\gamma\geqslant x_0$,可见以下函数均是方程(1)的全局解

$$y(x)=\begin{cases}\left(\dfrac{2n}{2n+1}\displaystyle\int_{\gamma}^{x}g(t)\mathrm{d}t\right)^{\frac{2n+1}{2n}}, & x>\gamma,\\ 0, & x\leqslant\gamma,\end{cases}\quad \forall x\in\mathbb{R},$$

(3) 设 $y(x)$是方程(1)在区间 I 上的解(I 不必是$\mathbb{R}$),均有

$$(y^2(x))'=2y(x)y'(x)=2y^{\frac{2n+2}{2n+1}}(x)g(x)\geqslant 0,\quad \forall x\in I\text{。}$$

因此,$y^2(x)$在 I 上单调增加.由连续函数的介值定理即知 $y(x)$或在 I 上非负,或在 I 上非正。